13판

Lewis

인체유전학

개념 및 응용

Human Genetics 13e
Concept and Applications

13판

Lewis 인체유전학 개념 및 응용

Ricki Lewis 지음

정기화 감수

강병용, 강상수, 강창수, 김남근, 김언경, 김창배, 김현섭, 손원석, 송견지, 안광숙, 이환영, 임선희, 정연두, 조경상, 진한준, 차광호, 차희재, 홍승호 옮김

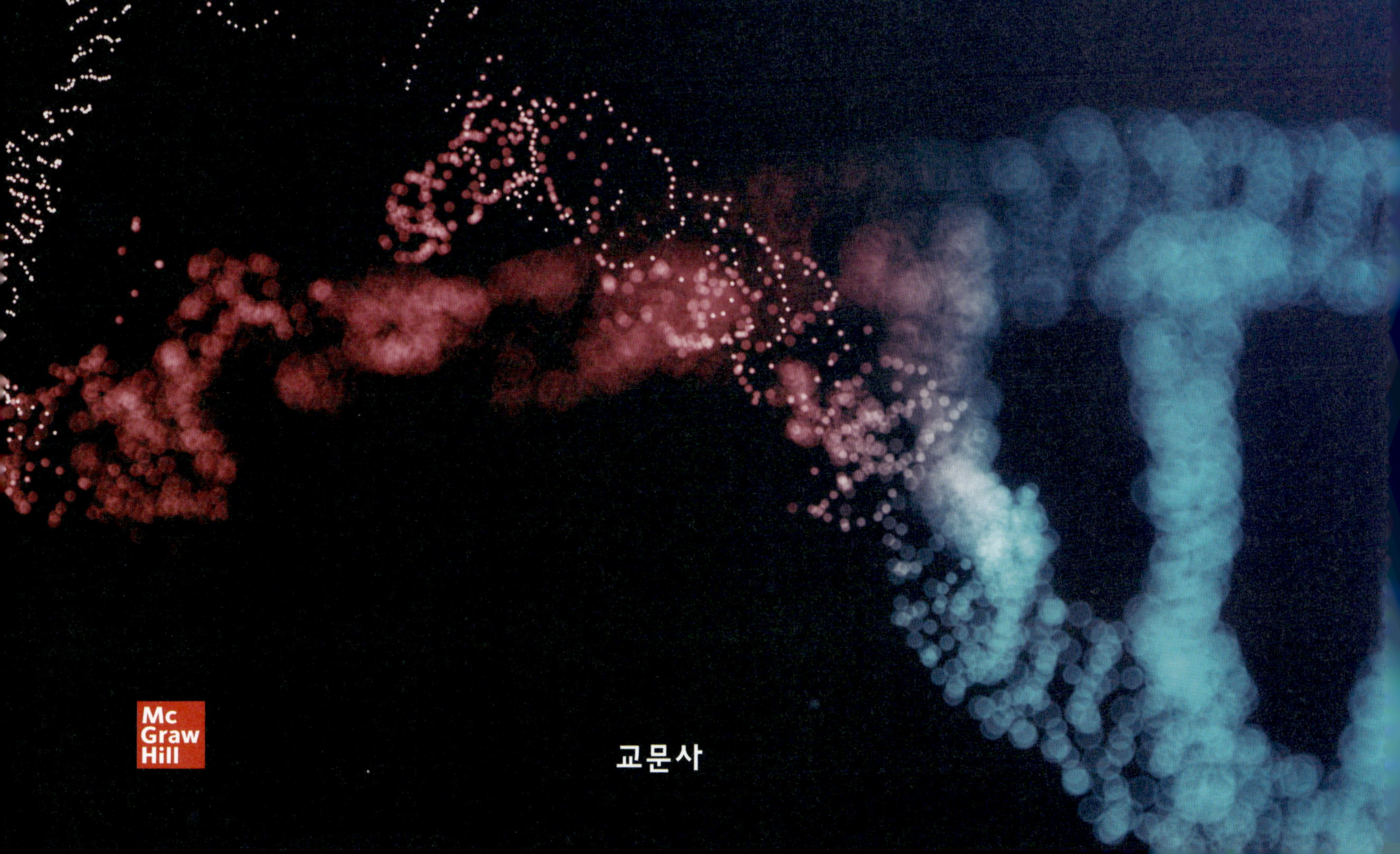

McGraw Hill

교문사

Mc Graw Hill

Human Genetics, 13th Edition

1 2 3 4 5 6 7 8 9 10 GMP 20 23

Original: Human Genetics, 13th Edition © 2021
By Ricki Lewis
ISBN 978-1-260-24089-4

This authorized Korean translation edition is jointly published by McGraw-Hill Education Korea, Ltd. and GYOMOON Publisher. This edition is authorized for sale in the Republic of Korea.

This book is exclusively distributed by GYOMOON Publisher.

When ordering this title, please use ISBN 978-89-3632-408-7

Printed in Korea.

13판
Lewis
인체유전학
개념 및 응용

13판 발행 2023년 2월 24일

지은이 Ricki Lewis
감 수 정기화
옮긴이 강병용·강상수·강창수·김남근·김언경·김창배·김현섭·손원석·송견지·안광숙·이환영·임선희·정연두·조경상·진한준·차광호·차희재·홍승호
펴낸이 류원식
펴낸곳 교문사

편집팀장 김경수 | **책임진행** 권혜지 | **디자인** 신나리 | **본문편집** 다함

주소 10881, 경기도 파주시 문발로 116
대표전화 031-955-6111 | **팩스** 031-955-0955
홈페이지 www.gyomoon.com | **이메일** genie@gyomoon.com
등록번호 1968.10.28. 제406-2006-000035호

ISBN 978-89-363-2408-7 (93470)
정가 42,000원

간략한 차례

역자 소개

감수

정기화　공주대학교 자연과학대학 생명과학과

옮긴이

강병용　삼육대학교 과학기술대학 화학생명과학과

강상수　경상대학교 의과대학 의학과

강창수　성신여자대학교 자연과학대학 생명과학·화학부

김남근　차의과학대학교 생명과학대학 의생명과학과

김언경　경북대학교 자연과학대학 생물학과

김창배　상명대학교 생명화학공학부 생명공학전공

김현섭　공주대학교 사범대학 생물교육과

손원석　공주대학교 자연과학대학 생명과학과

송견지　가톨릭관동대학교 의과대학 의학과

안광숙　대전대학교 혜화리버럴아츠칼리지 생명과학전공

이환영　서울대학교 의과대학 의학과

임선희　동아대학교 자연과학대학 바이오메디컬학과

정연두　서울시립대학교 자연과학대학 생명과학과

조경상　건국대학교 상허생명과학대학 생명과학특성학과

진한준　단국대학교 과학기술대학 생명과학부

차광호　충남대학교 의과대학

차희재　고신대학교 의과대학

홍승호　제주대학교 교육대학 과학교육과

(가나다 순)

역자 서문

Post-genome 시대가 정착되면서, 유전학은 우리의 일상적인 생활 전반에 대해 깊숙이 관여하게 되었다. 멘델성 유전병은 물론, 복합 요인으로 발병하는 질병에 대해서도 유전자 검사는 일반화되었으며, 유전적 원인에 따른 개인 유전체 맞춤형 치료도 종종 시도되고 있다. "인체유전학: 개념과 응용"의 제11판이 출판될 때만 해도 우리나라에서 소비자–직접 유전자 검사는 겨우 시범 사업을 수행하는 단계였지만, 올해부터 민간 유전자 검사 기관들이 소비자를 대상으로 하는 직접적인 유전자 검사 서비스를 수행하게 되었다. 최근의 인체유전학은 다양한 선천적 질병의 유전적 원인을 규명하여, 분자유전학적 진단과 발병 기전의 규명은 물론 질병을 궁극적으로 치료하고자 하는 약물이나 치료법 개발에 노력이 집중되고 있다. 본 교재의 저자인 Lewis 박사는 유전상담사, 유전학 뉴스 기고자, 블로거, 및 대학 강사로서의 폭넓은 인체유전학 및 바이오의과학적 식견과 경험을 바탕으로 인간의 유전체가 담고 있는 빅 데이터 정보의 응용과 활용의 방향을 가장 잘 이해하는 사람일 것이다.

본 교재의 가장 큰 장점은 인체유전학이 궁극적으로 나아갈 방향성을 효과적으로 제시해 준다는 것이다. 구체적으로 살펴보면, 주목받는 사연 소개와 개인의 경험 이야기를 시작으로 이 장이 무엇을 이야기하려고 하는지를 먼저 짐작할 수 있게 하며, 각 장을 시작하는 에세이와 사진은 흥미를 유발하게 하였다. 특히, 과학적 혹은 사회적 관심이 높은 분야에 대해서는 사례 연구, 임상 연계, 생명윤리학, 역사 엿보기, 개관 및 과학적 초점 등의 다양한 코너를 마련하여 독자의 시선을 집중시키고 있다. 또한 이번 13판에서는 "신원을 밝히는 유전학" 이라는 새로운 장을 마련하여 법과학적 DNA 검사법의 발달 및 적용과 유전적 족보에 대해 다루고 있다. 아울러 유전체 빅 데이터의 획득이 쉬워진 만큼 유전적 프라이버시에 대한 이슈도 점점 공론화되는 추세에 맞춰, 이번 13판은 유전정보의 알 권리와 알지 않을 권리에 대해 깊이 있게 기술하고 있다.

본 교재의 번역에 참여한 19명의 역자는 대부분 유전학과 관련된 강의와 연구를 평생 수행해온 생물학자들로서, 세부 전공에 따라 각 장의 번역을 진행하였다. 번역을 진행하면서 주요 용어에 대해서는 국문과 영문을 병기하여 독자의 가독성을 높였다. 본 교재가 출판되기까지 번역진과 출판사 관계자들 모두는 여러 차례에 걸친 수정 및 감수 작업을 통해 오류를 없애기 위해 노력했지만, 여전히 부족한 부분이 많다고 생각한다. 독자 여러분들께서 꾸지람과 충고를 주시면, 겸허하게 받아들여, 앞으로 더 좋은 책이 출판되도록 노력할 것을 약속드린다.

끝으로 본 교재의 출판을 위해 아낌없는 격려와 지원을 해주신 ㈜교문사 류원식 대표님과 원고 정리 및 편집을 꼼꼼히 수행해 주신 권혜지 선생님에게 진심으로 감사드린다.

2022년 12월

첫눈이 내리는 밤에 역자 일동

저자 소개

Courtesy of Larry Lewis

Ricki Lewis는 유전학자이면서 저널리스트로서의 능력을 통합하여 유전학과 유전체학의 깊은 의미와 소통할 수 있는 다양한 경력을 쌓아왔다. 그녀는 현재 공공 과학 도서관에서 인기 있는 주간 블로그인 "DNA 과학"을 지필하고 있으며, Medscape 의학 뉴스와 유전자 바로알기 프로젝트에 종종 기사를 기고한다. Lewis 박사는 여러 권의 대학 교재를 저술하거나 공동 집필하였으며, 내레이션 방식의 논픽션 저서 《영원한 해결책: 유전자 치료와 그것을 구한 소년(*The Forever Fix: Gene Therapy and the Boy Who Saved It*)》, 에세이 모음집, 소설 및 인체유전학의 기초를 담은 작은 책자의 저자이다. 그녀는 알바니 의과대학의 Alden March 생명윤리연구소에서 "유전학"을 온라인으로 가르치고 있으며, 한 민간 의료 실습 기관의 유전상담사이기도 하다. Lewis 박사의 가장 큰 관심과 열정은 희귀 유전병에 있다. 그녀는 DNA-기반 치료를 선구적으로 받은 환자 가족들의 이야기에 대해 자주 글을 쓰고 있다.

"유전병과 함께 살아가는 환자 가족들,

그들을 돕는 의료 서비스 종사자,

그리고 새로운 검사법과 치료법을

개발하는 연구자들에게

이 책을 받칩니다."

저자 서문

인체유전학의 진화: 개념과 응용

이 책은 유전학이 유전체학으로 변신하기 이전인 1990년경 한 출판사의 회의에서 칵테일 냅킨에 적힌 목차로부터 시작되었다. 그 이후, 이 책은 유전의 기초를 명확하게 설명하는 것 외에도 유전체 염기서열 분석의 시작, 유전자 치료의 첫 번째 임상시험, 유전자 검사의 점진적인 확장과 폭발적 증가, 그리고 이제 DNA 정보가 우리 일상으로 파고드는 과정을 연대순으로 기록하였다.

이 책의 중간 본들에서는 우리들의 다양성에 대한 과학으로서 인간 유전학의 초점을 이동시켰으며, 소비자-직접 DNA 검사에 대해서도 기술하였다. 이제 수백만 명의 사람들이 폭발적으로 자신의 건강, 형질, 가족 및 조상에 대해 알기 위해 시험관에 침을 뱉어 넣거나 구강 상피를 채취한다. 동시에 법과학적 범죄 수사에서 DNA 증거는 유전적 프라이버시에 대한 새로운 우려를 불러일으켰다.

2019년에 저자는 여러 이복형제의 소비자 DNA 검사와 추가적인 정보 덕분에, 그녀가 뜻밖의 기증자에 의해 잉태되었다는 사실을 알게 되었다. 그 충격은 크게 다가왔지만, 궁극적으로 긍정적이었다. 그 결과, "인체유전학: 개념 및 응용"의 이번 13판은 "신원을 밝히는 유전학"이라는 새로운 장을 포함하여 유전정보의 힘과 민감성을 중심으로 개정 및 업데이트되었다. 추가된 장에서는 유전적 계보, 개인정보 보호 및 법과학 DNA 검사를 다루고 있다.

본 교재의 차이점은 무엇인가?

교재의 생생한 내레이션 스타일의 서술은 건강 및 과학 관련 저술가, 교수, 연사 및 유전상담사로서의 Lewis 박사의 다양한 경험을 반영한다. 다양한 사례, 역사적인 측면의 분석, 및 새로운 기술의 소개는 개념과 기작에 대한 명확한 설명을 제공한다. 이번 개정판에서는 더 폭넓은 주제를 다루면서도 더 실용적인 정보를 제공하여 독자가 언론 보도를 평가하고, 유전자 검사 결과를 해석하고, 의료 서비스 제공자에게 질문할 수 있도록 수정하였다.

이번 개정판에 추가된 내용은 다음과 같다.

- DNA를 이용하여 골든 스테이트 살인자 찾기
- 유전정보를 알지 않을 권리
- 친척 간에 공유되는 유전체의 비율
- 유전학과 트랜스젠더 정체성
- 우주 비행사의 변경된 유전자 발현
- 정확한 사망 시간을 맞추기 위한 RNA 추적
- 찰스 다윈 가계의 근친혼
- DNA 타이핑은 가족을 재결합시킨다.
- 식물성 버거 제조 공학
- CRISPR, RNAi, 안티센스의 활용

파이 차트는 빅 데이터의 이해를 쉽게 한다.

- 사람 유전체의 구성(그림 11.14)
- 유전자 변이체의 분류(그림 12B)
- 진화적 변화의 5가지 원천(그림 16.2)
- 인종의 추정(그림 18.12a)

소소한 재구성으로 "유전체"를 염색체(13장)에 이어 배열하였는데(이전 판에서는 책의 마지막에 배치), 그 이유는 유전체가 이제 더 이상 미래적이지 않기 때문이다. 새로 추가된 18장의 "정체성의 유전학"은 집단 유전학 영역과 완벽하게 부합한다. 내용이나 개념이 추가되지 않은 그림은 공학 타임라인 및 일부 역사 엿보기 박스들과 마찬가지로 삭제하였다. 이번 개정판에서는 유전학이 일상생활의 일부가 됨에 따라 생명윤리학 박스를 강조시켰다. 이전 판에 있던 일부 박스 속의 내용들을 이번 판에서는 텍스트의 내용으로 기술하였다.

Lewis는 학습 시스템을 안내하였다

각 장은 콘텐츠에 대한 두 가지 아이템으로 시작한다. 목차에 포함된 학습 목표는 학생이 목표를 설정하고 자료를 이해하는 데 도움을 주며, 개관(The BIG Picture)은 해당 장의 주제를 요약하고 있다. 각 장을 여는 에세이와 그림은 시선을 사로잡으며 독자를 진정한 이야기 속으로 끌어들일 것이다.

콘텐츠는 장당 3~5개의 주요 절의 구성을 통해 논리적으로 기술되고 있다. 각 절은 핵심 개념 질문으로 매듭을 짓고 있다. 별표로 표시된 질문에 대한 답변은 콘텐츠의 강의 자료를 통해 강사에게 제공되며, 강사는 자료들을 학생들과 공유할 수 있다.

각 장에 소개된 임상 연계 및 생명윤리학 박스는 토론을 위한 도전적 질문을 포함하고 있다. 역사 엿보기 박스는 맥락과 전망을 제공한다.

각 장은 학습 가이드로 끝을 맺는다. 여기에는 핵심 용어의 정의 및 본문을 직접적으로 회상하게 하는 복습문제가 포함된다. 이어, 각 장의 개시와 연관된 질문으로 시작되는 응용문제, 법과학적 초점 문제 및 사례 및 연구 결과를 제공한다. 이러한 유형의 질문들은 비판적 사고와 데이터 해석 능력을 향상시킬 것이다.

역동적인 그림

인체유전학: 개념 및 응용 교재의 전반에 걸쳐 생동감 있는 색상의 뛰어난 사진과 입체 삽화가 제공된다. 그림 유형에는 과정별로 번호를 매긴 단계 그림, 미시와 거시로 표현된 그림, 실생활의 생물학적 구조와 연결된 사진과 삽화의 조합이 포함된다.

차례

CHAPTER 11 유전자 발현과 후성유전학 226

CHAPTER 12 유전자 돌연변이 240

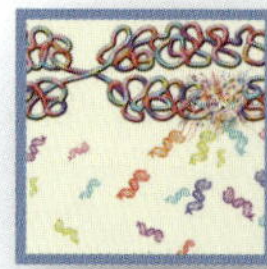

CHAPTER 13 염색체 266

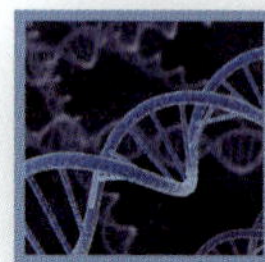

CHAPTER 14 유전체 291

PART 4 집단유전학 305

CHAPTER 15 대립유전자 빈도의 유지 305

CHAPTER 16 대립유전자 빈도의 변화 314

CHAPTER 17 인간 조상과 진화 333

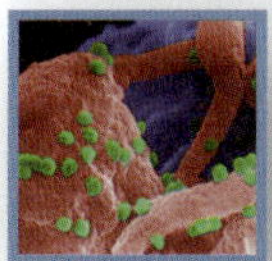

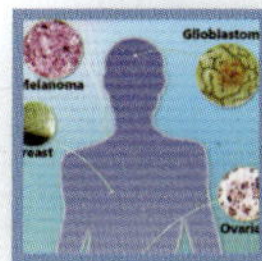

인체유전학의 응용(Applying Human Genetics)

각 장의 시작하기

Matt Garcia

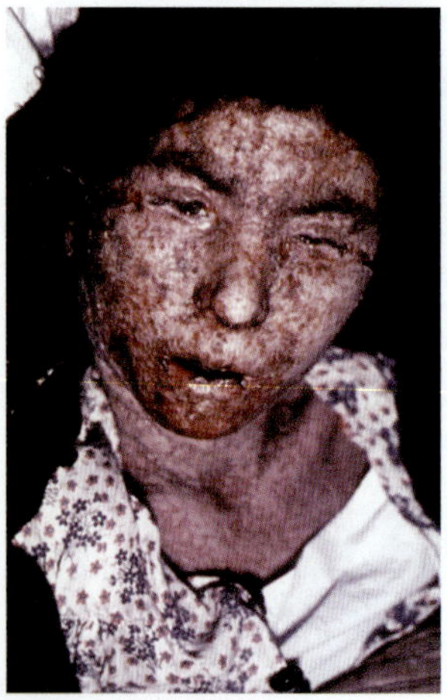

Source: CDC/Carl Flint; Armed Forces Institute of Pathology

역사 엿보기

휴먼 터치(Human touch)

임상 연계

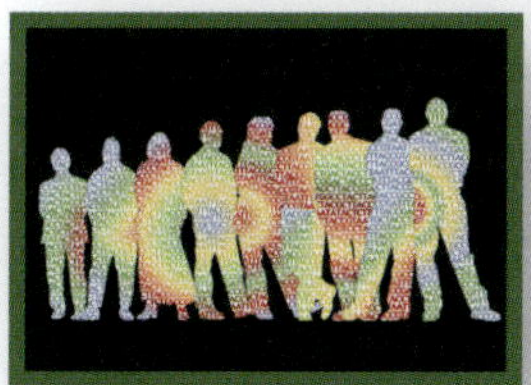

Jane Ades/National Human Genome Research Institute

생명윤리학

PART 1 서론

Tom Grill/Getty Images

CHAPTER 1 인간의 유전체가 담은 정보

한 아기의 유전체에는 아기의 건강, 출신 지역, 그리고 앞으로 경험하고 달성하게 될 일들에 대한 정보가 담겨 있다. 그러나 아기의 현재와 미래를 결정짓는 데에는 환경 또한 매우 중요한 영향을 미친다.

학습 목표

1.1 유전자와 유전체 소개

1. 유전학이 무엇인지 설명하시오. 그리고 유전학의 범주에 포함되지 않은 것도 설명하시오.
2. 유전자, 엑솜 그리고 유전체에 대해 각각 구분하여 설명하시오.
3. 생명윤리학을 정의하시오.

1.2 유전학과 유전체학의 연구 수준

4. 유전학의 수준들을 열거하시오.
5. DNA가 어떻게 유지되며, DNA가 단백질을 만드는 정보를 제공하는 원리를 설명하시오.
6. 돌연변이가 질병을 유발시키는 이유를 설명하시오.
7. 유전적 다양성에 대한 원리를 설명하시오.
8. DNA와 염색체간의 관계를 설명하시오.
9. 멘델성 형질과 복합 형질간의 차이를 설명하시오.
10. 유전학과 진화의 관계를 설명하시오.

1.3 유전학과 유전체학의 응용

11. DNA 정보를 활용한 실용적으로 활용한 예들을 열거하시오.
12. 전통적인 교배를 통해 태어난 생물과 유전자 변형 생물과의 차이점에 대해 설명하시오.

1.4 유전체에 대한 세계적 전망

13. 유전체 연구를 통해 우리가 알 수 있게 되는 것들에 대해 설명하시오.

개관

인간의 유전체는 디옥시리보핵산(DNA)분자의 염기서열로 이루어진 방대한 정보를 담고 있다. 유전정보는 사람의 건강과 형질에 영향을 미치며, 우리가 생물학적으로 어떻게 관련되어 있는지를 알려준다.

이브의 유전체

아기가 태어나고, 발꿈치에서 혈액 몇 방울을 뽑아 소형 분석 장비에 넣어주면 몇 시간 안에 아기의 모든 정보가 전산 의료 기록으로 저장된다. 이 분석 장비는 백혈구의 핵 속에 꼬인 상태로 존재하는 DNA의 전체 염기서열을 밝혀낸다. 이브(Eve)의 유전체인 것이다. 이 아기의 과거, 현재 그리고 미래는 유전정보를 담고 있는 분자인 디옥시리보핵산 즉, DNA에 암호화되어 있다. 물론 환경의 영향을 받을 여지도 있다.

이브의 유전체는 유전적으로 건강 상태가 양호한지 여부를 판단할 수 있게 해준다. 발꿈치의 출혈을 막기 위해 두 장의 거즈가 필요하자 간호사는 혈액응고 과정에 이상이 있는지 의심하였다. 낭포성 섬유증(cystic fibrosis)을 유발하는 유전자상에 발견된 2개 염기서열 변이는 이브가 특정 호흡기 감염에 취약하고 자극에 민감하다는 것을 의미한다. 그러나 이브의 부모는 산전 검사를 통해 이 사실을 미리 알고 있었다. 다행히 그들은 산업공해 및 야생산불 위험에서 벗어난 전원생활을 하고 있었다. 덕택에 이브는 연기와 먼지 자극을 피하기에 용이하였다.

이브가 성장하면서 나타날 유전 형질들은 흥미로운 것에서부터 중요한 것까지 매우 다양하다. 머리카락은 검고 곱슬곱슬할 수 있으며, 뼈의 성장에 관여하는 유전자 변이들은 작은 코, 넓은 이마, 그리고 뚜렷한 광대뼈가 나타나게 할 수 있다. 건강한 식습관을 유지하면 부모처럼 키가 클 수 있다. 반면에 걱정스러운 것은 이브가 가진 유전자 돌연변이는 어느 날 갑자기 특정 암을 유발할 수도 있다. 이브의 유전자는 건강한 심장을 주었지만, 규칙적인 운동과 탄수화물 섭취 조절을 게을리 하면 당뇨병에 걸리게 할 수도 있다.

이브의 성격은 어떨까? 얼마나 영리할까? 스트레스에는 어떻게 반응할까? 무엇에 열정적일까? 이런 것들은 환경요인의 영향으로 인해 예측하기가 어렵다.

유전체 염기서열 결정은 이브의 과거에 대한 실마리도 제공해준다. 아버지가 입양되었음을 밝혀준 것이다. 어머니의 고향인 동유럽인에게서 흔한 유전자 변이를 가지고 있으면서, 모로코인들의 특징도 가지고 있다. 아버지의 유산일까? 이브의 유전체는 부모 유전체의 혼합물로써, 부모의 유전물질을 절반씩 물려받은 것이다.

여러분은 자신의 유전체 정보를 알고 싶은가?

1.1 유전자와 유전체 소개

유전학(genetics)은 DNA에 뿌리를 둔 유전 형질과 변이들 그리고 유전현상에 대해 연구하는 학문이다. 생명과학의 한 분야이며, 약 백 년 전에 진행되었던 식물교배 실험이 유전학의 효시라고 할 수 있다. 유전학은 지난 세기에 희귀유전병을 진단하는 시기를 거쳐, 현재는 정밀의학 분야(1.3절에서 논의됨)의 토대를 형성하고 있다. 정밀의학은 개인별 유전자형 차이, 환경에의 노출 정도, 식습관이나 운동 등의 생활습관의 차이에 맞추어 질병의 예방 및 치료 방법을 시도하는 학문이다.

21세기에 접어들면서 유전학은 유용한 정보를 활용할 수 있게 되었는데 이를 통해 사람의 과거를 더 잘 이해하고, 현재의 건강 문제를 다룰 수 있고, 미래의 건강 상태를 어느 정도 예측할 수 있게 해 주었다. 인체유전학 분야는 법과학, 생명윤리학, 심리학 심지어 역사마저 다룬다. 유전정보 분석을 원하는 소비자가 침이나 구강상피세포를 회사(**그림 1.1**)에 보내면 의뢰자의 DNA를 분석하여 그 결과를 제공해준다.

유전학은 전통적인 족보연구와는 다른데, 흔히 족보연구에서는 개인 간 관계에 대해 다루고 형질에 대해서는 다루지 않는다는 점에서 유전학과 차이가 있다. 그런데 현대적인 관점에서 **유전적 계보학**(genetic genealogy)은 사람들의 혈연관계뿐 아니라 조상들이 살았던 지리학적 장소를 찾아줄 수도 있는데, 흔히 가족들에 대한 문서, 오래된 사진, 지도 그리고 가족들의 진술 및 기억들을 DNA 염기서열 분석 데이터와 비교분석하는 방법이 이용된다.

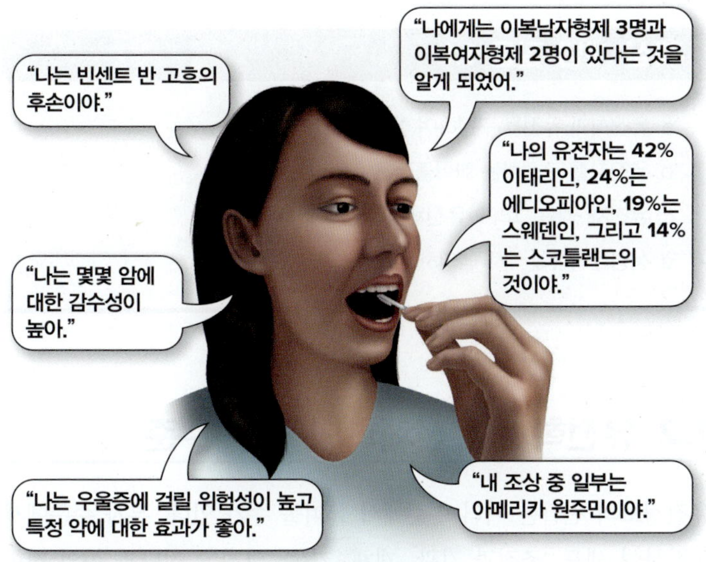

그림 1.1 소비자 유전학. DNA 테스트는 놀랄만한 유전정보를 제공해 줄 수 있다.

유전(heredity)이란 세대 간에 형질과 생물학적 정보들이 전달되는 것을 의미한다. 유전되는 형질에는 구분이 명확한 신체적인 특징들이 있는데, 주근깨, 빨간 머리, 질병 감수성과 같은 다양한 건강지표들이 해당한다. 재능, 기벽, 성격 그리고 정의하기 어려운 특징들도 가계도 내 여러 구성원에게 나타난다면 유전되는 것으로 간주할 수 있다. 물론 가족 구성원들이 공유하고 있는 환경적 요인이 유전적 요인과 함께 복합적으로 작용할 수도 있다. 유머 감각이나 정치적 투표 성향을 유전학에 결부시키는 것은 쉽지 않다. 이러한 것들은 유전으로 인한 원인보다는 연관성으로 보아야 할 것이다.

모든 과학과 마찬가지로, 유전학은 나름의 용어를 가진다. 많은 용어가 친숙하기는 하지만, 실제로는 정확한 과학적인 정의를 내포하고 있다. 그렇지만, 유전학 용어들이 우리의 일상 대화에서도 흔히 사용된다. 예를 들어, **"DNA 속에 들어 있다"**는 말은 보통 선천적 형질을 의미하지, 특정 DNA 염기서열로 이해하지는 않는다. 이 장에서는 다음 장부터 자세히 설명될 용어와 개념을 간략히 소개하고자 한다. 굵은 글씨로 표시된 핵심 용어들은 장의 끝부분에 다시 설명되어 있다.

유전자(gene)는 유전의 단위로서 부모로부터 자손에게 전달된다. 유전자는 생명체를 구성하는 기본 단위인 **세포**(cell)가 어떤 단백질을 만들지를 지시하는 생화학적 지침서이다. 단백질은 개인이 지닌 여러 특징들을 나타나게 하거나 조절한다. 유전자는 **디옥시리보핵산**(deoxyribonucleic acid, DNA)이라고 하는 기다란 고분자로 구성되어 있다. DNA가 가진 유전정보는 네 가지 구성 요소들의 조합 순서로 형성되는데, 이 구성 요소들은 문자에서 알파벳의 역할에 비유할 수 있다. 세포의 DNA 대부분은 **핵**(nucleus)이라고 불리는 소기관 안에 존재한다.

한 생명체가 가지고 있는 모든 유전정보, 즉 단백질 합성 유전자와 기타 DNA 서열을 총칭하여 **유전체**(genome)라고 한다. 거의 모든 세포에는 유전체가 두 사본씩 들어 있다. 국제협력을 통한 수년간의 연구를 통해 결국 2003년에는 최초의 인간 유전체 염기서열 분석이 완료되어 그 결과가 발표되었다. 2000년대 초반 최초의 유전체 염기서열이 분석된 이후 분석에 소요되는 비용은 **그림 1.2**에 예시된 바와 같이 지속해서 감소하였다. 사람의 유전체 염기서열을 분석하

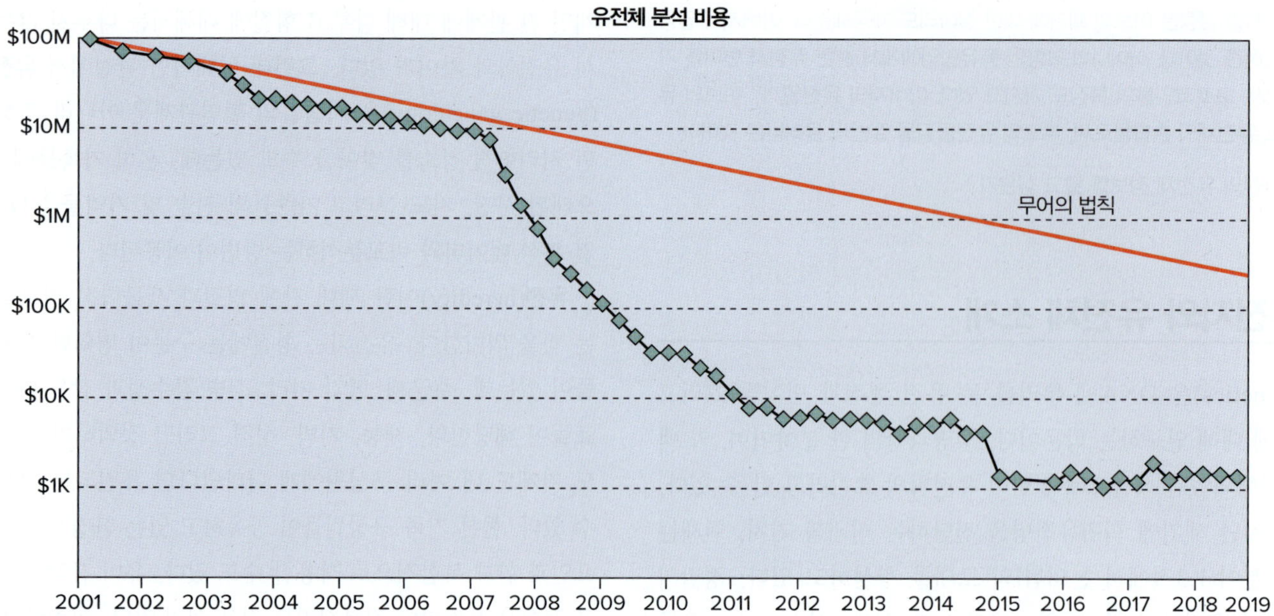

그림 1.2 인간의 유전체 분석 비용은 빠르게 감소해 왔다. 오늘날 유전정보를 제공해 주는 사람들은 그 대가로 비용을 지불받는다. *National Human Genome Research Institute*

려는 아이디어는 1990년에 처음 제안되었는데, 당시에는 약 1조 2천억 원이 소요될 것으로 추정되었다. 그런데 더욱더 효율적인 기술이 점진적으로 발전하면서, 2008년까지 그 비용은 극적으로 감소하게 되었다. 이러한 비용감소는 어떤 지표가 정기적으로 두 배가 되는 것을 설명하는 용어인 무어의 법칙을 거스를 만큼 빨랐다. 오늘날에는 연구하고 제품개발 과정에 있어서 유전체 정보는 상업적으로 이용되고 있다. 지금까지 수백만 명에 대한 유전체 염기서열이 밝혀졌지만, 여전히 유전자들이 어떻게 상호작용하는지 그리고 주변 환경에서 오는 자극에 어떻게 반응하는지를 규명하려는 연구가 활발히 진행되고 있다.

32억 개의 염기서열로 구성된 인간 유전체에서 약 1%만이 단백질을 번역시키는 유전정보에 해당하고, 이것은 흔히 **엑솜**(exome)이라 불린다. 엑솜은 사람의 건강과 형질 그리고 개인 간 차이를 유발하는 유전정보에 해당한다.

엑솜에는 20,325개의 유전자가 포함되며, 유전병의 원인이 되는 돌연변이의 약 85%는 엑솜에 해당되는 유전자에 존재하는 것으로 알려져 있다. 유전체에서 엑솜을 제외한 염기서열들은 대체로 엑솜을 구성하는 유전자의 발현을 조절하는 역할을 수행한다. 유전체 염기서열 분석에 필요한 비용이 지나치게 높을 경우에는 엑솜 염기서열을 결정하고 돌연변이를 찾아내는 방식이 환자들의 유전병 원인을 규명하고 진단할 목적으로 널리 활용되었다. 오늘날에는 유전체 염기서열 분석 비용이 감소하여 진단 목적으로 활용하는데 있어, 비용적 부담이 많이 감소하였다(**임상 연계 1.1**). 유전체 염기서열을 비교분석하는 연구 분야는 흔히 **유전체학**(genomics)이라 불린다.

유전학은 우리 자신, 가족, 그리고 자손에 대해 영향을 미치는 학문 분야가 되었으며, 유전학의 원리는 정치학, 경제학, 사회학, 인류학, 예술, 법학 그리고 스포츠학에 영향을 미치고 있다. 유전학 기술은 우리가 이로움과 위험성이라는 개념 사이에서 씨름하게 만들며, 심지어는 옳고 그름이라는 내면의 문제에까지 침투하였다. **생명윤리학**(bioethics) 학문 분야는 유전학 기술의 발달로 인해 초래될 수 있는 진단, 치료, 사생활 보호, 차별과 같은 이슈들을 다룬다. 이 책에서는 생명윤리학 쟁점에 관한 이야기들을 다룬다.

핵심 개념 질문 1.1

a. 유전학과 유전을 구별하여 설명하시오.

*b. 유전자를 구성하는 화학물질은 무엇인가?

c. 유전자, 엑솜 그리고 유전체를 구분하여 설명하시오.

*d. **생명윤리학**에 대해 정의하시오.

1.2 유전학과 유전체학의 연구 수준

유전정보의 전달은 여러 수준에서 살펴볼 수가 있다. 분자 수준에서 시작하여 세포, 조직과 기관, 개체, 가족, 그리고 집단과 종의 진화 수준에까지 이른다.

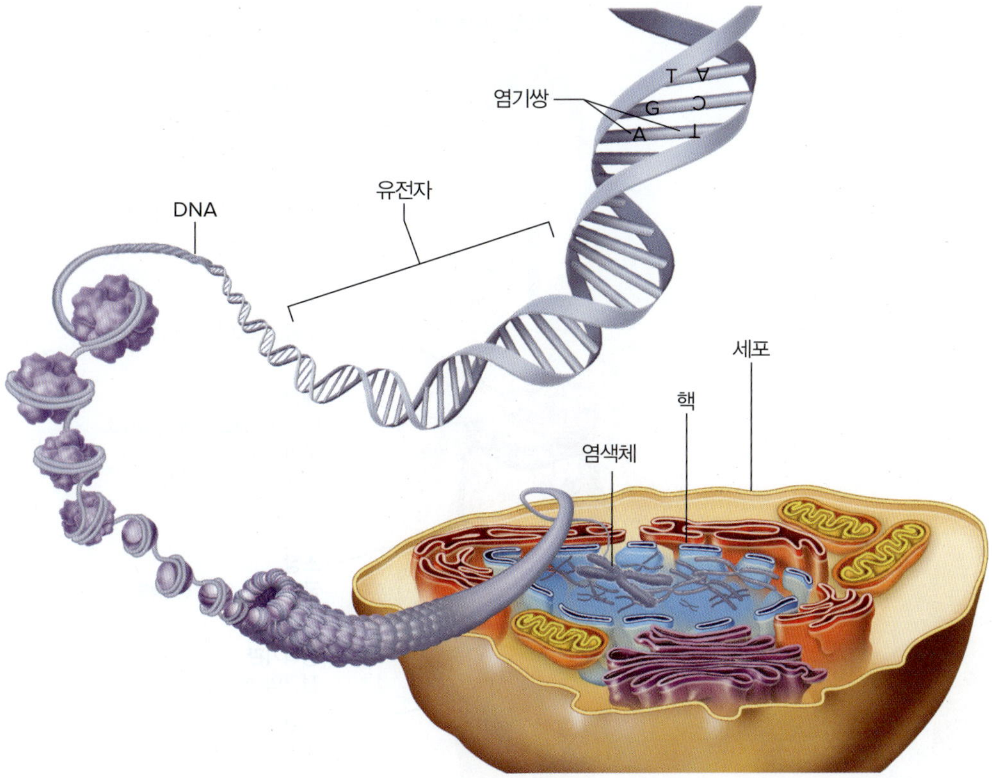

그림 1.3 유전학의 연구 수준. 유전학의 연구는 DNA 염기서열, 유전자, 염색체, 개체, 가족, 그리고 집단 등 여러 수준에서 이루어진다.

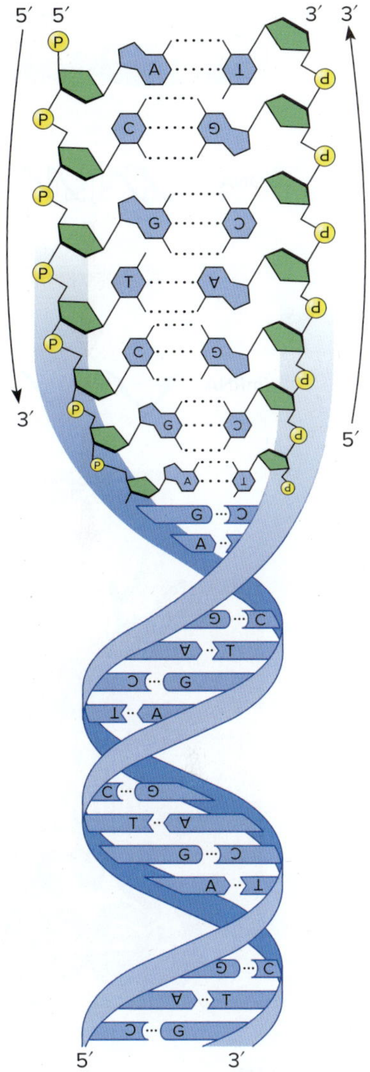

그림 1.4 DNA 이중나선. 5′과 3′ 표시는 DNA 이중나선의 앞쪽과 뒤쪽의 방향성을 의미한다. A, C, T 그리고 G는 염기, S는 당, P는 인산을 의미한다. 녹색 오각형은 당을 의미한다. 염기 쌍 사이에 표시된 점선은 수소결합을 뜻한다.

유전정보와 지령: DNA

DNA는 나선형의 계단을 연상시키는 이중나선 구조 모양(**그림 1.3**)을 하고 있다. "난간" 혹은 등골을 구성하는 화학물질(당과 인산)은 모든 생명체의 DNA 분자에서 동일하다. 이중나선 구조를 구성하는 두 개의 DNA 가닥은 마치 두 마리 뱀이 상대의 꼬리를 물고 있는 모습처럼 서로 반대 방향으로 배열되어 있다. DNA 이중나선 구조에서 보이는 "계단"은 4개의 조립 블록(염기)들 중 2개가 쌍으로 존재하는 것이다. 4개의 조립 블록은 **질소 염기**(nitrogenous bases)인데, **아데닌**(A)은 **티민**(T)과 짝을 이루고, **시토신**(C)은 **구아닌**(G)과 짝을 이룬다(**그림 1.4**). DNA 분자가 가지고 있는 유전정보는 이들 A, T, C, 그리고 G의 배열 순서를 의미한다.

DNA의 화학 구조적 특징 덕분에 세포는 분열할 때 DNA가 복제될 수 있고, 유전정보는 특정 단백질의 합성에 활용될 수 있다.

DNA 복제(DNA replication)가 일어날 때는 나선이 풀려서 서로 분리되고, 이후 각 사슬은 새로운 DNA 염기들과 짝을 이루게 된다. 이러한 복제 방식을 통해서, 세포분열 후 생성된 "딸"세포는 동일한 유전체 사본을 갖게 된다. 염기 A는 T를, G는 C를 각각 인식하고, 수소결합을 통해 짝을 이룬다. 그 후 **전사**(transcription) 과정에서는 DNA 분자의 한쪽 가닥의 일부를 주형으로 이용하여 **전령리보핵산**(mRNA)이 합성된다. RNA 분자에는 5번째 염기인 **우라실**(U) 염기가 티민(T) 대신 존재한다. 전사는 **유전자 발현**(gene expression)이라 불리기도 한다. **번역**(translation) 과정에는 mRNA의 3개 염기가 다른 RNA를 인식하고 결합하는데, 이 RNA는 특정 아미노산을 불러오는 연결자 기능을 수행한다. 이들 아미노산은 나란히 정렬 후 연결되면서 단백질을 형성한다.

단백질은 유전자와 연관된 형질이 실질적으로 나타나게 해 준다. **낭포성 섬유증**(cystic fibrosis, CF)은 유전되는 질병인데, 단백질이 결손되거나 정상적으로 작동하지 못할 경우 나타난다. **낭포성 섬유증 막관통 조절자**(cystic fibrosis transmembrane conductance regulator, *CFTR*) 단백질은 호흡 기능에 관련하는 기도에 위치한 세포

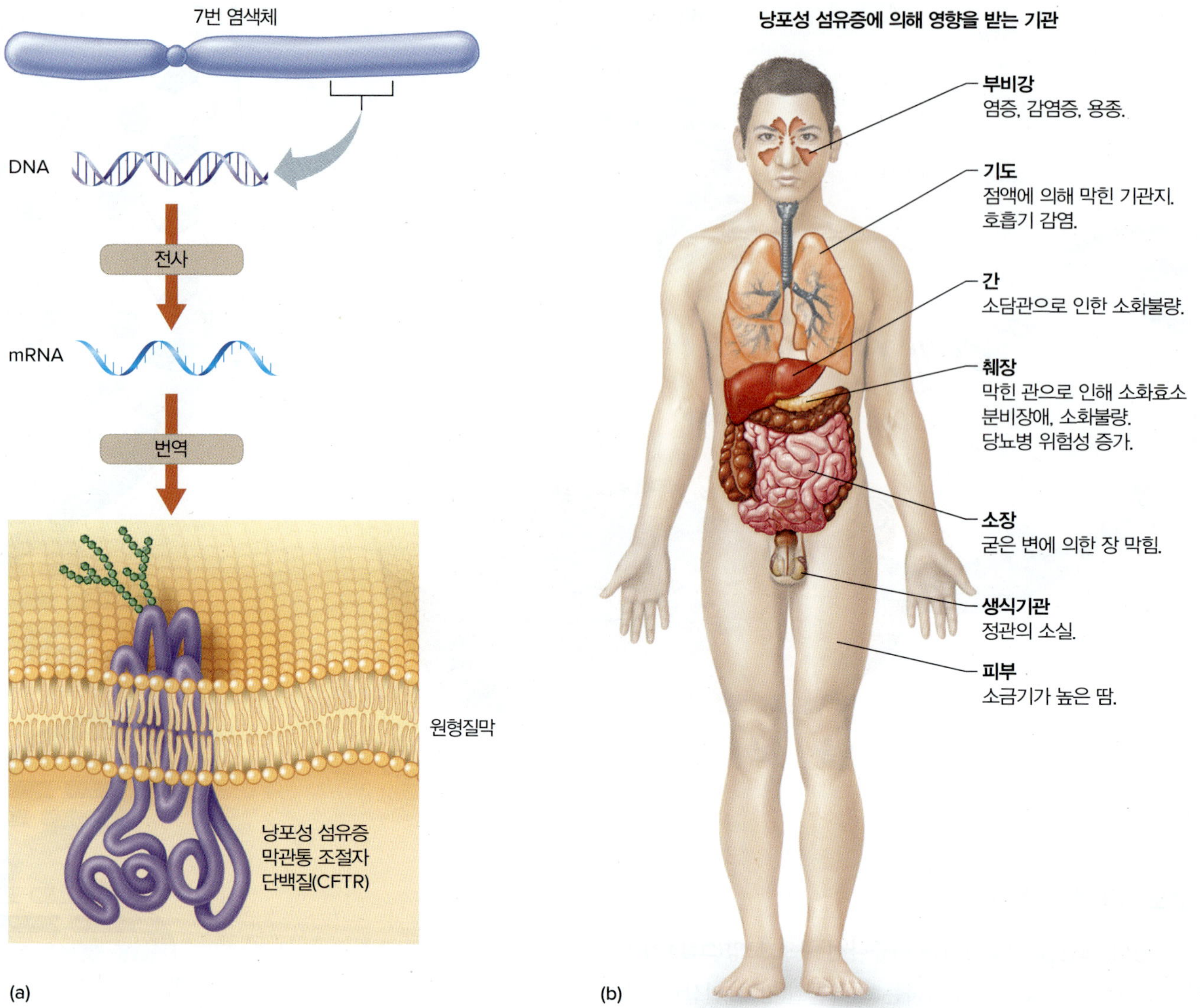

그림 1.5 유전자로부터 단백질 그리고 사람. (a) 돌연변이가 발생하면 낭포성 섬유증을 유발시키는 CFTR 유전자는 7번째로 큰 염색체에 위치한다. CFTR 단백질은 세포막에서 채널 단백질이며, 호흡 기도, 췌장, 소장 등 조직 내 세포에서 이온의 세포막 통과 과정을 조절하는 기능을 수행한다. (b) 낭포성 섬유증은 여러 가지 증상을 유발시킨다.
출처: Data from "Reverse genetics and cystic fibrosis" by M. C. Iannuzi and F. S. Collins. *American Journal of Respiratory Cellular and Molecular Biology* 2:309-316 [1990].

에서 선택적인 이온 통로 역할을 수행한다. 그런데 비정상적으로 작동할 경우에는 기도에 끈적끈적한 점액 성분이 많아져 기도 폐쇄가 유발될 수 있다.

유전자의 염기서열 변이는 **돌연변이**(mutation)라 불리는데, 돌연변이가 있으면 질병을 유발할 수도 있다. **그림 1.6**에는 *CFTR* 유전자에 돌연변이가 생성됨으로써 유발되는 결과를 설명해 준다. 유전자 내 특정 위치의 염기서열이 "C"에서 "T"로 치환이 되면 단백질의 해당 위치에 존재하는 아미노산이 글리신에서 아스파르트산으로 바뀌게 된다. 돌연변이로 인해 세포 표면에 위치한 채널이 특정 염분 성분에 대한 통로 역할을 할 수 없게 되며, 그 결과 **그림 1.5**에 설명된 증상이 나타나게 된다. 호흡곤란, 소화불량 외 여러 가지 증세가 나타나게 된다(임상 연계 4.1 참조).

동일한 단백질을 합성하는 유전자라 할지라도 그 DNA 염기서열은 사람마다 조금씩 다를 수 있다. 이렇게 조금씩 다른 유전자는 **대립유전자**(allele)라 부른다. DNA 염기서열에 차이가 있는 다양한 대립유전자는 돌연변이 현상에 의하여 생겨난다(**돌연변이**라는 용어는 변화된 유전자를 지칭하는 명사로도 사용된다). 일단 유전자에 돌연변이가 생기면, 그 세포가 DNA를 복제하고 세포분열 할 때 변화된 염기서열이 딸세포에 전달된다. 변화가 일어난 정자와 난자가 수정되면 그 변이는 다음 세대로 전달된다.

어떤 돌연변이는 질병을 유발하기도 하지만, 어떤 것은 주근깨와 같이 색다른 형질을 나타나게도 한다. 오히려 유익한 돌연변이도 있

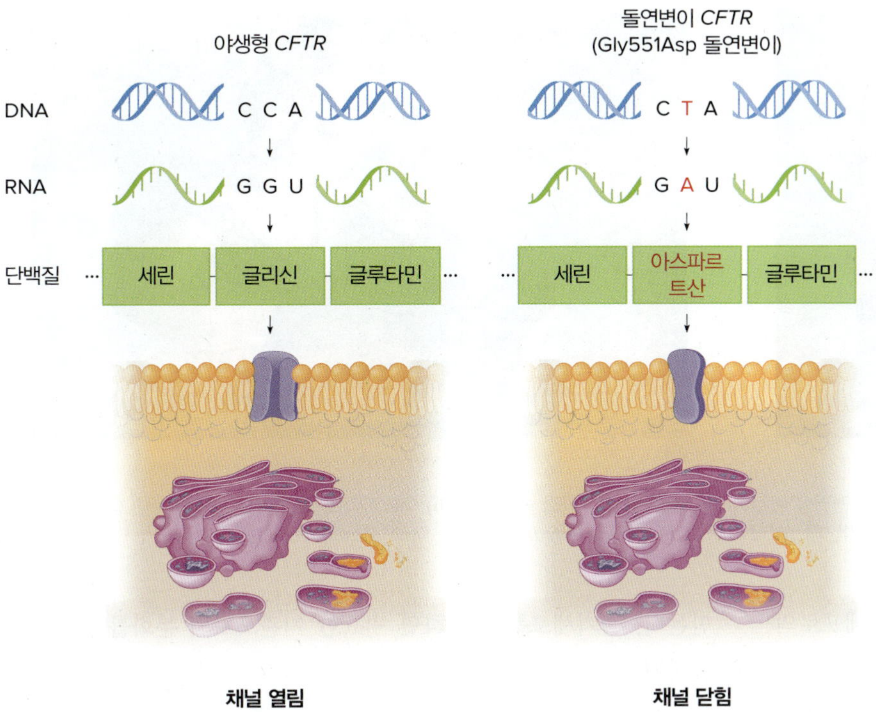

그림 1.6 돌연변이는 단백질을 변형시켜 증상을 유발한다. *CFTR* 유전자의 특정 위치에 일어난 돌연변이는 글리신을 아스파르트산으로 교체한다. 이로 인해 이온채널 역할을 하는 단백질이 닫히게 되어 분비 기능에 장애가 발생한다.

다. 예를 들어, 돌연변이로 인하여 면역결핍 바이러스가 결합하는 세포 표면 단백질을 합성하지 못하는 사람들이 있다. 이 사람들은 면역결핍 바이러스에 감염되지 않는다. 대부분의 돌연변이들은 단백질이 나타내는 기능 자체를 변화시킬 정도는 되지 못하기 때문에 눈에 띄는 효과를 발휘하지는 못한다. 이러한 돌연변이는 흔히 유전자 변이라고 부른다. 마치 한 문장에서 철자 하나가 잘못되어도 문장의 의미는 알 수 있는 것과 같다.

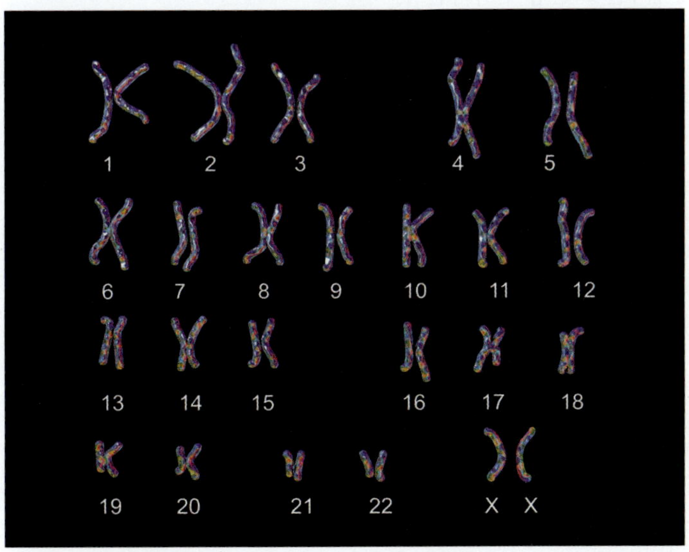

그림 1.7 정상 여성의 핵형. *Kateryna Kon/Shutterstock*

사람의 유전체를 구성하는 DNA 염기서열은 총 23개의 **염색체**(chromosome)에 분배되어 있다. 세포가 분열하지 않을 때, 염색체는 핵 내부에 풀린 상태로 존재한다. 반면, 세포가 분열하게 될 때는 염색체는 감겨서 응축되고, 염색 과정을 거친 후에 현미경으로 관찰하면 막대 모양처럼 보인다. 염색체상의 DNA는 연속적으로 연결되어 있지만, 수백 개의 유전자와 기타 염기서열들로 구성되어 있다.

사람의 **체세포**(somatic cell)에는 23쌍의 염색체가 존재하는데, 이는 전체 유전정보(유전체) 2개를 가지고 있는 것과 같다. 22쌍은 **상염색체**(autosome)라 하며 남녀 간에 차이는 없다. 크기순으로 1번부터 22번까지 순서대로 번호를 붙여 부른다. 나머지 2개는 **성염색체**(sex chromosome)인 X와 Y이다.

사람의 경우, 여성은 X 염색체를 2개 가지고 있고, 남성은 X와 Y를 각각 1개씩 가진다. **핵형**(karyotype)은 모든 염색체를 크기가 큰 것부터 작은 순서로 정렬해 놓은 도표이다(**그림 1.7**).

단일 유전자에 의해서 결정되는 형질은 유전법칙을 발견한 그레고리 멘델(Gregor Mendel)의 이름을 따서 멘델성 형질이라 한다. 대부분의 특징들은 **복합 형질**(complex trait)인데, 왜냐하면 최소 한 개 이상의 유전자와 환경요인의 복합적인 작용에 의한 영향을 받기 때문이다(**그림 1.8**). 형질 또는 질병에 영향을 미치는 요인들–유전적이거나 환경적이거나–이 많아질수록, 가족 구성원 중 누구에게 그 형질이 나타날지를 예상하기는 어려워진다. 뼈가 약해지는 골다공증은 수많은 요인이 그 발병 원인으로 간주되고 있다. 몇몇 유전자에 돌연변이가 발생하면 골절이 발생할 가능성이 커지고, 골다공증 발병 위험성이 증가한다. 또한 흡연, 운동 부족이나 칼슘결핍과 같은 환경적인 원인도 골다공증에 걸릴 위험성을 높인다.

신체: 세포, 조직, 그리고 기관

사람의 몸은 약 30조 개의 세포로 구성되어있다. 적혈구를 제외한 모든 체세포는 유전체를 이배체 형태로 가지고 있지만, 세포들의 모양과 기능이 제각각인 것은 세포들이 전체 유전체에서 일부 유전자만을 사용하기 때문이다. 특정 시기에 세포가 어떤 유전자를 발현하는지는 신체 내외의 환경적 상황에 의해 결정된다.

인터넷처럼, 유전체는 정보의 보고이긴 하지만 특정 환경하에서 일부 세포에서만 유전체의 특정한 정보가 필요하다. 단백질을 합성

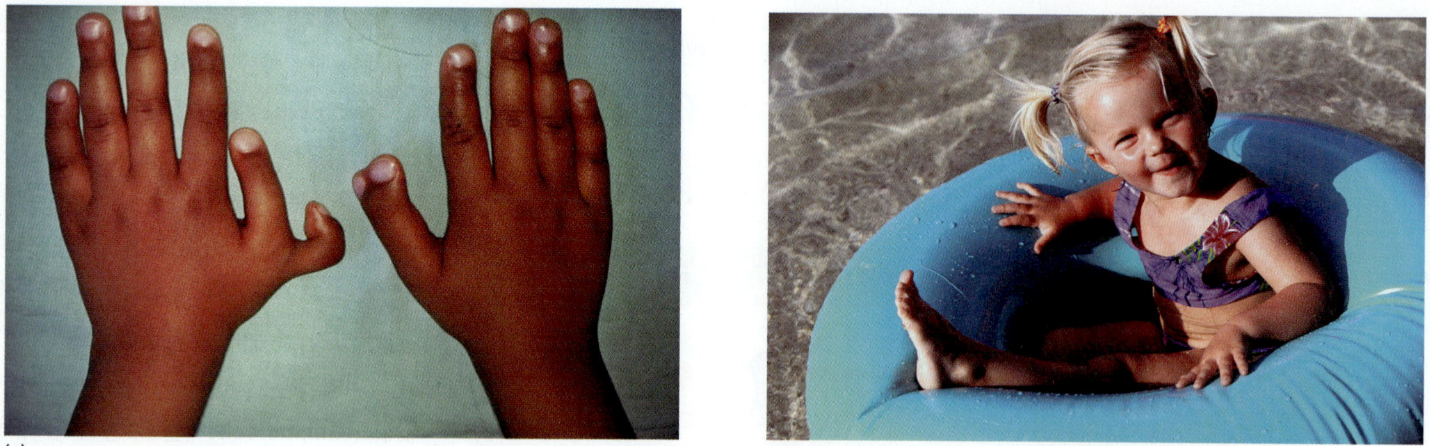

(a) (b)

그림 1.8 멘델성 형질과 복합 형질. (a) 다지증-여분의 손가락/발가락-은 멘델성 형질이며 단일 유전자에 의해 발현된다. (b) 머리카락의 색깔은 복합(다인자성) 형질이며, 최소 3개의 유전자와, 태양광에 의한 표백 효과 같은 환경적 요인이 결합되어 나타난다. *(a): Lester V. Bergman/Getty Images;(b): Steve Mason/Getty Images*

하는 유전자 조합을 달리하여 사용, 즉 발현함으로써 특정 세포로의 **분화**(differentiation) 또는 특수화가 일어난다. 지방세포에는 지방성분이 가득 차 있으나 근육세포의 수축에 관여하는 단백질은 없다. 그러나 이 두 가지 세포는 각각 온전한 유전체를 가지고 있다. 분화된 세포들은 조합과 상호작용 및 결합을 촉진하는 분비물질들에 의해 조직이라 불리는 집합체를 형성한다. 인체에는 4개의 기본 **조직들**(tissues)이 있는데, 이들은 결합조직, 상피조직, 근육조직 및 신경조직이다(**표 2.1**). 이들 조직은 290종류 이상의 세포들로 구성된다.

조직은 서로 엉키고 층을 이루어 기관을 형성하고 이어서 기관계로 연결된다. 예를 들어, 위는 근육으로 이루어진 주머니인데 여기에는 상피조직, 신경조직 그리고 결합조직의 한 종류인 혈액도 포함되어 있다. 많은 기관에는 드물지만 미분화된 **줄기세포**(stem cell)가 들어 있다. 줄기세포는 분열하여 또 다른 줄기세포와 분화될 세포를 만든다. 줄기세포를 활용하면 필요한 기관으로의 분화를 유도하여 손상된 기능을 회복시킬 수도 있다.

관계: 개인에서 가족까지

대립유전자와 관련된 것으로 한 개체가 가지고 있는 상태와 발현된 상태를 표기하는 두 개의 용어가 있다. **유전자형**(genotype)은 한 개체가 가지고 있는 대립유전자의 상태를 표시하며, **표현형**(phenotype)은 한 개체에서 발현된 상태로 눈에 보이는 형질, 생화학적 변화, 건강에 미친 영향이다. 나아가 표현형에 영향을 미치기 위해 필요한 대립유전자가 몇 개인지를 구분하는 경우도 있다. **우성**(dominant) 대립유전자는 하나의 사본(하나의 염색체)만 있어도 표현형으로 발현이 되고, **열성**(recessive) 대립유전자는 두 염색체 모두에 존재해야만 표현형이 나타난다.

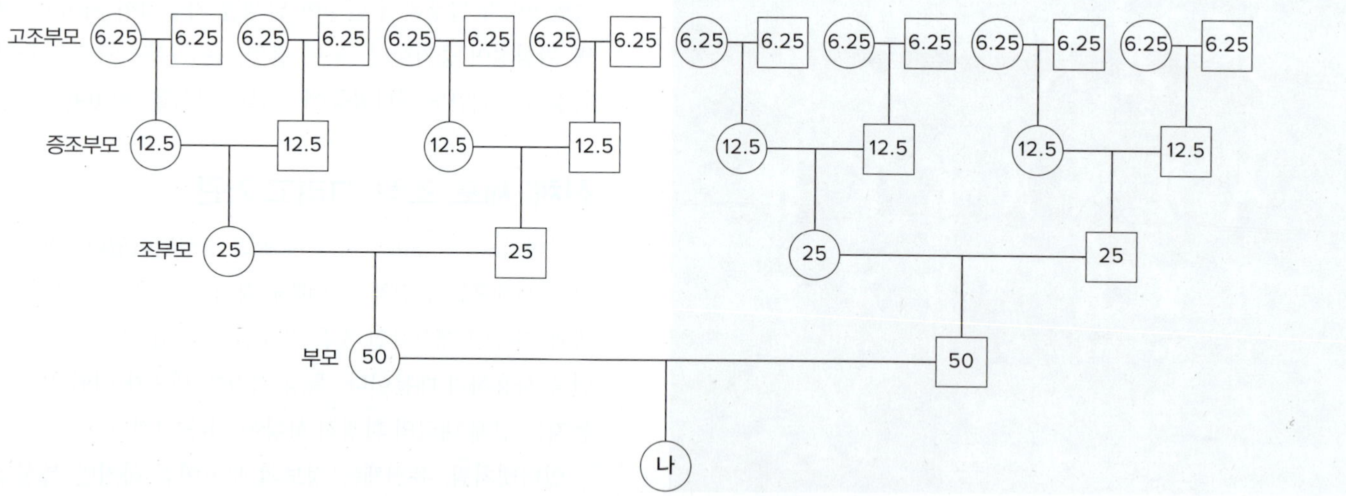

그림 1.9 친척 간에 공유하고 있는 유전체 비율. 가계 구성원들 간에 공유하고 있는 DNA 염기서열의 비율은 다음 세대로 넘어가면 절반이 된다.

개인들은 유전적으로 연결되어 가계를 구성한다. 개인이 가진 유전자 변이는 부모, 형제 그리고 자식들과는 서로 1/2을 공유하고 있다. 그리고 조부모와는 유전자 변이의 1/4, 사촌과는 1/8을 공유한다. **가계도**(pedigree)는 가계 구성원들이 가지고 있는 특정 유전 형질들을 표시한 것이다. **그림 1.9**에는 가족 내 조상들과 공유한 유전체 비율이 다음 세대로 넘어가면서, 또한 이계 교배가 일어나면서 얼마나 줄어드는지를 보여준다. 이러한 방식으로 부모와 공유하는 유전체 비율은 각 세대에서 절반으로 줄어든다.

더 큰 그림: 집단에서 진화까지

집단은 유전학적 구성에서 가계 위의 수준으로, 생물학적인 자손을 얻을 수 있는 개체들을 의미한다. 유전학적으로 볼 때, 집단이란 많은 대립유전자의 총집합이며 각 집단 간에는 빈도 측면에서 뚜렷이 구분된다. 예를 들어, 스웨덴인 집단에서는 머리카락과 피부의 색을 결정짓는 대립유전자 중에서 색을 밝게 해주는 대립유전자가 나이지리아 집단보다 훨씬 높은 빈도로 나타난다. 나이지리아 집단은 어두운 머리카락과 피부색을 가진다. 집단 내에서 나타나는 모든 대립유전자의 총체를 **유전자 풀**(gene pool)이라 한다(개체 수준에는 유전자 풀이 없다).

집단유전학은 건강 복지, 법과학 등 다른 분야에 응용될 수 있다. 집단 내에서 유전자 빈도에 변화가 생기는 것은 진화의 조짐이 있음을 의미한다. 이러한 작은 유전적 변화들이 우리가 보통 진화라 일컫는 종간의 명백한 구분을 가능하게 해주는 원천이 된다.

개별 유전자의 DNA 염기서열이나 유전자가 암호화한 단백질의 아미노산 서열을 비교해 봄으로써 서로 다른 생명체 사이의 근연관계를 알아낼 수 있다. 서열이 서로 유사할수록 보다 최근에 공동 조상으로부터 분지했으며, 더욱 밀접하게 연관되어 있다고 볼 수 있다. 두 종이 우연의 일치로 비슷하거나 동일한 유전자 서열을 가지도록 진화한 것이라는 개념보다는 더 그럴듯하다. 동일한 논리가 가족 내에서 유전되는 형질들에 대해서도 적용될 수 있다. 같은 부모의 가진 형제와 자매가 서로 유전자 변이의 반을 공유할 것이라는 말이 그들의 유전물질의 반이 우연한 일치로 같을 것이라는 말보다 더 신뢰성이 높다.

단일 유전자보다는 전장 유전체 염기서열로부터 얻을 수 있는 정보들이 훨씬 더 많다. 예를 들어, 인간은 침팬지와 비교해 볼 때 98% 이상의 DNA 염기서열이 같다. 그러나 유전자 구성과 유전자 총수에서는 더 많은 차이가 있다. 인간 특유의 유전자 기능–털이 적고 언어를 가진–이 있다는 것이 사람과 침팬지의 차이를 설명해 줄 수 있다. 그림 17.16에는 인간 고유의 형질을 요약하였다.

유전체 수준에서 비교해 보면, 사람은 다른 포유류보다는 사람끼리가 더 비슷하다. 사람 사이에서 나타나는 차이보다 더 뚜렷한 차이를 침팬지와 비교할 때는 볼 수 있다. 유전적으로 가장 최근에 분지한 현대인은 아프리카에서 나왔다. 그래서 아프리카를 인류의 발상지라고 한다. 현재 각 인류집단에서 살펴볼 수 있는 유전자 변이는 원시 아프리카인 유전자 풀에 있던 것이다.

핵심 개념 질문 1.2

*a. 유전정보의 수준들을 열거하시오.

b. DNA 분자는 어떻게 정보를 운반하고 유지하는지 설명하시오.

*c. DNA의 구성 요소 중 질소 염기들을 열거하시오.

d. 돌연변이가 어떻게 질병을 유발할 수 있는지 설명하시오.

*e. **대립유전자**를 정의하시오.

*f. 염색체를 두 종류로 구분하여 설명하시오.

g. 멘델성 형질과 복합 형질의 차이를 설명하시오.

*h. **유전자 발현**에 대해 설명하시오.

I. 유전자형과 표현형; 우성과 열성을 비교 설명하시오.

*j. **유전자 풀**에 대해 정의하시오.

k. DNA 염기서열을 비교하면 진화관계를 어떻게 알 수 있는지 설명하시오.

1.3 유전학과 유전체학의 응용

건강을 위한 선택, 먹는 것, 과거사 해결과 미래 준비 등 우리의 생활에 유전학은 큰 영향을 미친다. "시민 과학자들"은 연구진들이 새로운 진단 검사와 치료법의 개발을 가속화 할 수 있는 데이터베이스를 구축하는 데 도움을 주면서 자신에 대한 유전자 정보를 발견하고 있다.

유전학에 대해 생각해 보면 상황에 따라 공포, 희망, 노여움, 경이로움, 그리고 절망을 느낄 수 있다. 먼저 DNA 정보의 몇 가지 활용 예들을 살펴보고, 다음 장에서는 유전학과 유전체학의 응용 분야들에 대해 간략히 살펴보기로 한다:

- 과일과 채소의 유통기한 예측, 상한 고기 검출, 알레르기 유발물질의 식별 및 치즈의 발효 정도 표시
- 교통센터에서 인신매매에 의한 피해자의 DNA와 친척의 DNA를 대조하여 신원 확인
- 임산부의 혈액에 존재하는 태아의 DNA를 분석하여 태아의 염색체 수를 확인하거나 질병에 대한 감수성 확인

- 애완동물의 대변이 여러 마리 중 어느 개체의 것인지를 확인하고, 수의사에게 전달하여 애완동물이 질병 여부를 진단함
- 전쟁터에서 감염성 질병에 대한 신속 진단
- 모든 생명체 종들이 어떻게 연관되어 있는지를 설명하는 계통수 제작
- 재배 작물 선발 및 동물 교배를 통한 품종 개량
- 데이트할 상대의 선택
- 범죄 현장에 남겨진 DNA와 용의자, 그리고 용의자 친척들의 DNA를 서로 비교하여 범인 검거
- 멸종위기에 처한 동물의 털, 깃털 또는 대변에서 소량의 DNA를 추출하여 유전체 염기서열을 분석하고 관련 정보들을 찾아냄

개인 식별

개인 간 DNA 염기서열을 서로 비교하면 개인 식별, 친척관계 여부 및 이들의 조상에 대해 알 수 있다. 또한 이들이 유전적으로 얼마나 가까운지도 알 수 있다. 물론 이렇게 해석할 수 있는 전제는 두 개인 간에 DNA 염기서열이 유사할수록 유전적으로 더 가까운 사이라는 것이다.

DNA 프로파일링(DNA profiling) 기술은 개인 간 DNA 염기서열을 서로 비교할 때 사용되는 기계학습이나 통계분석에 의존한다. 이 기술은 다양한 방면에서 이용되고 있다. DNA 프로파일링은 흔히 법과학 분야에서 널리 활용되고 있는데, 이를 통해 범죄 증거를 수집할 수 있다. 범죄 현장에서 수집된 DNA와 용의자의 샘플에 있는 DNA를 비교하면, 종종 유죄판결을 위한 증거가 되고, 또한 다른 형태의 증거를 사용하여 잘못 만들어진 유죄판결을 뒤집기도 한다.

DNA 프로파일링은 심한 폭풍우나 지진 같은 자연재해로 인한 희생자들의 신원 확인에도 유용하다. 데이터베이스를 활용한 DNA 프로파일링 기법으로 입양자의 혈육을 찾고 시험관 아기의 생물학적 아버지와 친척들을 찾아낼 수도 있다. 18장에서는 유전학적 기술을 이용한 개인 식별에 관한 내용을 다룬다.

DNA 프로파일링은 음식을 분석하는 데 사용하기도 한다. 음식은 원래 생명체에서 유래된 것이며, 종 특이적 DNA 염기서열을 가진다. 예를 들어, DNA 서열을 분석하여 체인 음식점에서 판매한 미트볼에 말고기가 포함되어 있는지나 값싼 물고기가 식도락 메뉴로 팔리고, 정어리 통조림 속에 벌레가 들어 있는지 여부를 밝힐 수 있다.

역사의 조명

DNA 분석을 통해 과거를 분석할 수도 있다. 즉, 과거와 현재를 연결하여 특정 가족들이 지리학적으로 어느 인종과 유전적으로 유사한지 밝혀낼 수 있다. DNA 정보는 때로 고고학적, 역사적인 발견에 대한 증거자료로 사용될 수도 있고, 때로는 그 반대로 작용할 때도 있다.

DNA 분석을 통해 미국의 전직 대통령 토마스 제퍼슨(Thomas Jefferson)은 그의 여성 노예였던 샐리 헤밍스(Sally Hemings)와의 사이에서 자녀들을 가졌다는 사실도 밝혀졌다. 헤밍스는 일곱 명의 아이들을 출산하였는데, 출산하기 9개월 전에는 제퍼슨과 함께 있었고, 아이들은 모두 대통령인 제퍼슨과 닮았었다. 샐리 헤밍스의 남자 자손들은 대통령의 남자 친척들이 가지고 있는 것과 같은 Y 염색체 서열을 가지고 있었다. 제퍼슨의 친아들은 어렸을 때 죽었기 때문에, 학자들은 제퍼슨의 삼촌의 자손들에게서 대통령의 Y 염색체를 추론하였다. 최근에는 그 집안의 자손들이 한자리에 모이기도 하였다 (**그림 1.10**).

DNA 검사는 과거에 전염병이 유행하였는지 여부를 알려 줄 수도 있다. 예를 들어, 기원전 1323년에 19세에 죽은 이집트 왕 투탕카멘의 미라에서 추출한 DNA를 분석한 결과 말라리아 병원충의 DNA도 함께 검출되었다. 이 유명한 어린 왕은 말라리아 후유증으로 뼈가 약해지고 다리뼈가 부러져 죽은 것으로 보였다. 기존의 추정대로 살해 음모에 의해 말에 차였든지 또는 달리는 전차에서 떨어진 것이 아닌 것 같았다. 그의 묘에서 지팡이와 약물들도 함께 발견된 것으로 보아, DNA 증거에 의한 진단 결과는 신뢰성이 높은 것으로 판단된다.

보존유전학

유전적 다양성 분석 기술과 생식 기술을 결합하여 사용하면 멸종 위

그림 1.10 DNA는 집안의 역사를 밝혀줄 수 있다. DNA 분석으로 토마스 제퍼슨은 그의 노예였던 샐리 헤밍스와의 사이에 자녀들을 낳았다는 사실이 알려졌다. 이를 통해 세간의 소문이 옳았다는 것이 알려졌고, 현재 이들의 후손들은 지속적으로 교류하고 있다. *Lesile Close/AP Photo*

험에 처한 개체군의 수를 증가시킬 수 있다. 아프리카의 북부에 서식하는 흰 코뿔소에 대한 사례가 그 예에 해당한다. 이 동물은 밀렵꾼들이 뿔을 제거한 후에 죽는데, 뿔이 장식품으로 전시되거나 갈아서 약에 사용되기 때문이다.

수단(Sudan)이라는 이름을 가진 마지막 수컷 북방 흰 코뿔소는 2018년 케냐의 한 자연보호시설에서 감염으로 사망하였고, 그래서 불임인 나진(Najin)과 암컷 새끼인 파투(Fatu)만 남게 됐다. 하지만 미국 샌디에이고 동물원에 보관되어 있던 9개의 북방 흰 코뿔소의 유전체는 이 종을 되살릴 수 있을 만큼 충분한 유전적 다양성이 있었다. 덕분에 연구진들은 아종인 남방 코뿔소의 유전체를 이용하여 개체 수를 복원할 수 있었다. 밀렵을 막기 위한 노력 덕분에 남부지역 내 코뿔소 집단은 이제 수천 마리나 된다.

연구원들은 이 동물들을 복원하기 위해 세 가지 방법을 이용하고 있다:

- 해동된 북방 흰 코뿔소의 세포를 화학약품으로 처리해 정자와 난자로 분화시킨 뒤 실험실 배정 접시 위에서 수정이 일어나도록 한다. 생성된 배아를 대리모 역할을 하는 남방 코뿔소의 자궁에 이식한다.
- 북방 코뿔소의 냉동된 세포의 핵을 핵이 제거된 남방 코뿔소의 난자로 이식한다(복제).
- 북방 코뿔소 정자를 해동시켜 남방 흰 코뿔소의 난자에 수정시킨다. 태어나는 자손들은 북방 흰 코뿔소 개체군 수를 늘리기 위해 번식시킨다.

정밀의학

몇몇 국가에서는 사람들이 유전체 염기서열 분석에 필요한 유전체를 스스로 자원하여 기부한다. 덕택에 연구원들은 건강과 질병에 대해 더 많은 정보를 파악할 수 있다. DNA 데이터는 건강에 영향을 미칠 수 있는 다른 유형의 정보들–환경에의 노출, 운동, 식사, 생활 습관, 가족력, 그리고 세균총 또는 **마이크로바이옴**(microbiome)이라 불리는 인체 내 공생 미생물–과 함께 고려된다. 유전학적 데이터를 분석하는 것은 개인별 맞춤치료를 추구하는 정밀의학 분야에서 중요한 요소로 작용한다.

정밀의학은 세부적으로 특정 개인에게 효과가 좋으면서 부작용은 가장 적은 약물을 선택하기 위해 DNA 정보를 활용한다. 이러한 분야는 **약리유전학**(pharmacogenetics)이라 불리며, 미국 식품의약국에 따르면 이미 150개 이상의 약물을 처방하는 데 활용되고 있다. 낭포성 섬유증부터 암까지 다양한 질병을 일괄적으로 치료하는 일부 효과가 높은 신약들은 특정 유전자에 특정 돌연변이가 존재하는 환자들을 대상으로 처방된다.

건강한 사람들은 연구원들이 건강 및 수명과 관련된 유전자형 조합을 연구해 찾아낼 수 있도록 협조해 줌으로써 정밀의학의 발전에 기여할 수 있다. 미국에서의 "우리 모두의" 운동과 영국의 10만 유전체 프로젝트에는 많은 사람이 건강을 개선할 수 있는 정보를 제공하도록 일반 대중을 참여시키고 있다. 예를 들어, 특정 질병을 일으키는 것으로 알려진 돌연변이를 가지고 있지만, 일부는 질병에 걸리지 않는 사람들도 있다. 이들을 대상으로 연구하면 질병의 발병을 막아주는 효과가 있는 환경적 요인이나, 위험을 낮추는 역할을 하는 것을 찾아낼 수 있다.

유전자 변형

유전자 변형이라는 용어는 유전자나 유전체를 자연계에는 존재하지 않는 형태로 변형시키는 것을 의미한다. 예를 들어, 콩 유전자를 당근의 유전체에 삽입하는 것 등이 이에 해당한다. 전통적인 농업이나 축산분야에서의 교배는 '유전자 변형 생물'(genetically modified organisms, GMO)를 만드는 것은 아니다. 왜냐하면 한 종에서 특정 형질을 지닌 개체를 선별하기 때문이다.

1970년대 이후 제약 산업 분야에서는 인간의 유전자를 박테리아에 도입시켜 GMO를 만들었으며, 이를 통해 인슐린, 응고인자 등 많은 의약품을 생산하였다. 농작물은 더 영양가가 높게, 재배하기 쉽고, 제초제와 살충제가 있는 곳에서도 자랄 수 있도록 유전적으로 변형될 수 있다. 미국에서는 옥수수, 콩, 면화의 93% 이상이 GMO이고 사람들은 25년 이상 유전자 변형 농작물을 먹어오고 있다. 그런데 유통기간을 늘릴 목적으로 유전자를 변형시킨 "Flavr Savr" 토마토는 오히려 맛이 저하되어 실패한 GMO였다!

사람이 자연적으로 존재하지 않는 생물체에서 유래한 물질에 알레르기를 보이는 경우를 제외하고는, 일반적으로 유전자 변형 식품은 건강에 위험하지는 않다. 하지만 어떤 사람들은 생태학적 이유로 유전자 변형 식품을 반대하기도 한다. 예를 들어, 바람은 유전자 변형 작물의 꽃가루를 예상보다 훨씬 더 멀리 날려 보낼 수 있다. 또 다른 반대하는 이유는, 유전자 변형 작물의 씨앗이 특정 조건에서만 발아하거나 아예 발아하지 않도록 변형될 수도 있다. 이런 경우에 농부들과 정원사들은 매년 봄마다 새로운 씨앗을 구입해야 하므로 농사 비용이 증가하게 된다.

유전자 변형 농작물과 의약품은 오래전부터 이용되어 왔는데, 다른 생물종에서 유래한 유전자를 도입시키는 **재조합 DNA 기술**(recombinant DNA technology)을 이용하여 개발되었다. 최근에 개발된

유전체 편집(genome editing) 기술은 더욱더 정교해지고 효율적이어서, 특정 유전자를 거의 모든 생명체의 세포에 목적 유전자를 치환, 제거 또는 도입시킬 수 있다. 유전체 편집 기술은 농업이나 의학 분야에 활용할 목적으로 개발되었다. 그러나 인간의 생식세포(정자와 난자)나 수정란에 적용하는 것은 유전자 변형 인간을 만들어 그 유전자가 다음 세대로 유전되기 때문에 논란이 있어왔다. 유전체 편집 기술을 활용하여 말라리아를 유발하는 미생물을 옮기는 모기를 박멸시키는 시도도 논란의 대상이다.

유전체 편집 기술에서 가장 대표적인 것은 CRISPR-Cas9이지만, 2009년 이후 여러 가지 유사한 기술이 개발되고 있다. 이 기술들은 DNA 이중 가닥에서 특정 위치를 절단하는 효소를 이용한다. 유전체 편집 기술 개발 가능성은 1980년대부터 논의되어 왔다.

엑솜 염기서열 결정

엑솜 염기서열 결정이란 유전체에서 단백질을 암호화하는 DNA 염기서열의 순서를 알아내는 것이다. 단일 유전자에 대한 분석이나 염색체 이상 검사 등 기존 진단 검사에서 그 사람의 증상을 제대로 설명하지 못할 경우 엑솜 서열결정이 더욱더 유용하게 이용될 수 있다. 이를 통해 파악된 염기서열 정보는 유전자 변이 데이터베이스와 비교하여 질병이나 특정 표현형과의 연관성을 밝혀내게 된다.

엑솜의 염기서열을 분석함으로써 사람의 생명을 구할 수도 있다. 예를 들어, 심각한 섭식장애가 있고, 저체중의 2세 소년이 주로 팔다리와 손가락이 긴 마르팡 증후군을 일으키는 돌연변이 유전자를 가지고 있는 것으로 나타났다. 그러나 마르팡 증후군의 또 다른 증상은 대동맥이 확대된다는 것인데, 대동맥이 터지고 사람이 죽을 때까지 증세가 확연히 나타나지는 않는다. 엑솜 염기서열 분석을 통해 마르팡 돌연변이를 발견되었으며, 이후 초음파 검사를 통해 소년의 심장 근처 대동맥 혈관 벽이 부풀어 오른 것이 확인되었으며, 이는 소년의 돌연사로 이어질 수 있었다. 다행히 의사들은 미리 혈관을 성공적으로 고칠 수 있었다.

엑솜 염기서열 결정은 매우 희귀한 유전병을 신속하게 진단하는 데 중요하게 활용된다. 과거에는 특이한 증상을 가진 아이들의 부모들은 의사로부터 병명을 진단받을 때까지 다년간 많은 노력을 기울여야 했다. 이러한 어려움을 흔히 그리스 영웅 오디세우스의 10년간의 고향을 향한 여행을 다룬 호메로스의 서사시에 비유하여 "진단 방랑(diagnostic odyssey)"이라고 부른다. 대부분의 경우 통상 5년 또는 그 이상의 시간이 소요되었다. **임상 연계 1.1**에서는 유전체 염기서열 결정을 통해 아이들의 유전병을 진단하는 방법을 다룬다.

핵심 개념 질문 1.3

*a. DNA **프로파일링**이 무엇인지 정의하시오.

b. DNA 검사를 통해 역사적인 사실 관련하여 추가 정보를 알 수 있는 이유는 무엇인가?

*c. 정밀의학이란 무엇인가?

d. 전통적인 육종과 유전자 변형과의 차이점을 설명하시오.

*e. 엑솜 염기서열 결정이란 무엇인가?

임상 연계 1.1

유전체 서열결정으로 아픈 아이들의 "진단 방랑"을 종식

밀리 맥윌리엄스(Millie Mcwilliams)는 2005년 9월 2일에 태어났다. 처음에, 밀리는 건강한 것처럼 보였고, 대부분의 아기들처럼 고개를 들고 몸을 굴릴 수 있었다. "하지만 생후 6개월쯤 되자, 밀리의 머리는 마치 유아들의 머리처럼 흔들렸습니다. 그리고 '아빠'라고 말하는 것을 멈췄어요." 라고 밀리의 어머니 안젤라(Angela)가 회상했다.

첫 번째 생일이 되었을 때, 밀리는 기어 다닐 수도, 앉을 수도 없었고, 머리를 흔드는 것은 이상하고 끊임없이 흔들렸다. 또한 평소 짜증을 많이 내고, 구토를 하였으며 손과 손가락을 물어뜯는 특이한 버릇이 있었다. 유전병 진단 과정에는 이상한 습관과 특정한 얼굴 생김새가 단서가 될 수 있다. 밀리가 받은 많은 검사, 스캔, 그리고 생검 중 어느 것도 정확한 병명을 진단할 수 없었다.

6살 때, 밀리는 말하는 능력을 잃었고, 지적장애가 있었으며, 휠체어에 탔으며, 짧은 거리만 기어 다닐 수 있었다. 오늘날 밀리는 집에서 집중적인 치료를 필요로 한다. 하지만 밀리는 부모와 의사소통을 할 수 있다. "밀리는 원하는 것을 강렬한 눈빛으로 응시한다." 밀리는 컨트리 음악과 가수 비욘세를 좋아하는데, 가끔 재미있는 일이 있을 때는 함박웃음을 짓기도 했다.

밀리의 소아과 의사인 사라 소든 박사(Dr. Sarah soden)는 밀리가 치료를 받고 있는 의료센터에서 이미 시행되고 있는 유전체 염기서열 분석을 하면 병명을 알아낼 수 있다고 제안했다. 그래서 이 어린 소녀와 부모는 2011년 12월에 유전체 염기서열 분석을 하였다. 소든 박사 팀은 의심스러운 돌연변이를 발견했지만, 당시에는 그 유전자는 질병과 관련이 없었다.

2013년 2월, 한 의학 저널에 이 유전자에 돌연변이가 있는 네 명의 아이들에 대한 연구 결과가 발표되었는데, 그들은 밀리와 같은 증상을 가지고 있었다. 그리고 마침내 진단된 병명이 나타났다. 밀리는 베인브릿지-로퍼스 증후군(Bainbridge-Ropers syndrome) 환자인 것으로 판명되었다. 심지어 밀리의 얼굴에 나타난 특징인 아치형 눈썹, 불룩한 콧구멍, 높은 이마, 손 깨무는 증상도 일치했다.

밀리의 경우 *ASXL3* 유전자에 두 개의 DNA 염기가 없었다. DNA 염기 3개는 단백질을 구성하는 아미노산 1개를 암호화한다. 염기 2개의 결손으로 인해 정상보다 작은 단백질이 세포에 존재하였으며, 이로 인해 증상이 유발되었다. 밀리의 엄마 안젤라와 아버지 얼(Earl)은 돌연변이 유전자를 가지고 있지 않기 때문에, 그 돌연변이는 정자나 난자의 생성 과정에서 나타난 것으로 보였다.

밀리가 진단받은 이후, 베인브릿지-로퍼스 증후군 진단을 받은 사람들은 600명이 넘었으며 가족들은 지원단체와 페이스북을 개설하였다. 아직 치료법은 없지만, 부모들이 스스로를 탓할 때가 있기 때문에 가족들은 그나마 병의 원인을 알게 되어서 기뻐하였다. 안젤라는 다음과 같이 말했다. "마침내 병명을 알게 되어, 밀리에게 실제로 무슨 일이 일어나고 있는지 알아냈고, 그리고 다른 가족들도 같은 병을 가지고 있다는 것을 이해하게 되어 다행이었습니다. 저는 밀리의 병명을 알게 되었고, 다른 아이들이 같은 고통을 겪고 있는 것도 알게 되었습니다."

멀지 않아, 신생아들에 대해 유전체 서열분석을 하는 것이 일상화될 수 있다. BabySeq 프로젝트는 신생아 159명에 대한 유전체를 분석하였다. 연구진은 이 프로젝트를 통해 15명의 아이들이 청소년기 이전에 다른 가족 구성원들에게는 없었던 질병이 발병할 것이라고 예측했다. 또한 8명은 특정 약물에 대해 심각한 부작용이 있을 것이며, 3명은 성인이 되면서 치료할 수 있는 병이 발병할 것으로 예상하였다. 갓 태어난 신생아에 대한 유전체 서열분석은 의학 분야의 수정구가 될 수 있을 것인가?

토론을 위한 질문

1. 밀리에게는 언니와 남동생이 있다. 이들은 베인브릿지-로퍼스 증후군이 없는데, 그 이유는 무엇인가?
2. 엑솜 염기서열 분석을 시도하면 밀리의 유전자 돌연변이를 발견할 수 있는가?
3. 치료법이 존재하지 않는다고 하더라도, 환자를 진단하여 병명을 알아내는 것은 가치 있는 일이라고 생각하는가? 그렇게 생각하는 이유를 설명하시오.

1.4 유전체에 대한 세계적 전망

지구상에는 수없이 많은 종이 함께 살아가고 있다. 우리가 서식처를 보지 못하고, 연구실에서 키우지 못하는 등 여러 사유로 친숙하지 못한 생물체들이 많다. **메타유전체학**(metagenomics)은 흙, 곤충의 내장, 쓰레기, 대도시의 공기 등에 서식하는 보이지 않는 생명체의 모든 DNA 염기서열을 밝히는 연구 분야이다. 예를 들어, 뉴욕시 지하철 내 여러 지역의 표면에 서식하는 미생물을 조사하여 새로운 "도시형 마이크로바이옴(urban microbiome)"을 알아낼 수 있다. 메타유전체학은 종간 상호작용을 보여줄 뿐 아니라 신약 개발과 새로운 에너지원을 창출할 수도 있다.

메타유전체학 연구진들은 DNA 염기서열을 분석하고, 그 결과를 이미 알려진 유전체와 비교하여 그 생명체가 무엇과 유사한지를 알아낸다. 최초의 메타유전체학 과제는 사르가소해(Sargasso Sea)의 생명체를 밝히는 것이었다. 버뮤다 해안 밖 200만 제곱마일의 해역으로, 두꺼운 해초 층 바닥에는 생명체가 없으리라 생각되었다. 해초가 얼마나 무성한지 크리스토퍼 콜럼버스(Christopher Columbus)는 그의 배가 이곳에 이르렀을 때 육지에 도착한 것으로 생각할 정도였다. 수많은 배들이 사르가소해에서 사라졌으며, 속칭 버뮤다 삼각지역을 포함한다. 연구진들은 이곳 해저에서 10억 개 이상의 DNA 조각들을 수집하였는데, 이는 1,800종 이상의 미생물에 존재하는 100만 개 이상의 유전자에서 나온 것이었다.

메타유전체학 분야에서 흥미로운 연구 주제 중 하나는 수 조개의 박테리아가 공존하는 인간의 몸에 대한 연구이다. 2.5절에서는 인체에서 수집된 생명체들의 총체인 인간 마이크로바이옴에 대해 살펴볼 것이다.

항생제를 제공하는 미생물 등 산업적으로 유용한 국가 고유의 생물에서 DNA를 확보하려는 "유전자 탐사" 노력을 제한하려는 움직임도 있다. 나고야 의정서에 따르면, 데이터베이스는 자국의 유용한 생명체가 지닌 유전체 서열을 분석하여 저장하고, 자국 고유의 생명체에 대한 DNA 정보를 사용하려는 당사국에게 라이선스 비용을 청구하게 될 것이다. 기금을 형성하여 개발도상국의 생물 다양성을 보존하는 데 사용하려는 움직임도 있다. 그 예로 파라과이와 브라질이 원산지인 식물에서 유래한 감미료인 스테비아(stevia)가 있다. 식음료 제조업자들이 대량으로 스테비아를 추출하고 농축하게 되면, 토종 국가의 농부들은 경쟁력을 잃고 시장을 잃어버리게 될 것이다.

유전학은 우리에게 밀접한 영향을 미치고 있는 생명과학의 특별한 세부 분야이다. 유전자 검사에 대한 획일적인 접근, 유전적 정보의 오용, 그리고 유전학을 의도적으로 악용하는 해악의 초래는 과학의 발달에 따라 어쩔 수 없이 동반되는 사회적 문제일 수 있다.

유전학과 유전체학은 인류의 삶의 질을 크게 향상시킬 수 있는 황금알을 낳는 기술이다. 그러나 진단 검사와 치료는 비용이 많이 들기 때문에 초창기에는 널리 이용되기 어렵다. 모든 사람이 유전자 검사나 엑솜, 유전체 염기서열을 분석할 수 있는 것은 아니다. 다섯 명 중 두 명의 아이들이 AIDS를 앓고 있고, 많은 아이가 여러 전염병으로 사망하는 아프리카 국가에서, 희귀한 유전병을 진단하기 위해 유전자 검사를 하는 것은 비현실적이다. 또한 유전병은 사람들을 약하게 만들어, 전염병에 더 취약한 상황을 초래하기도 한다.

인간의 유전체 정보는 결국 모든 사람에게 도움을 줄 수 있음을 인식하여, 유엔, 세계보건기구, 그리고 세계은행 같은 기관들은 어떻게 하면 우리 자신의 유전정보와 병의 원인인 미생물을 연구하여 알아낸 새로운 진단법과 치료법을 공유할 수 있을까 논의 중이다. 그러나 유전자 검사의 응용 분야가 항상 건강과 관련이 있는 것은 아니다. **생명윤리학** 분야에서는 유전자 검사가 개인의 사생활에 미칠 수 있는 문제점 등을 다룬다.

핵심 개념 질문 1.4

*a. **메타유전체학**이란 무엇인가?

b. 유전학과 관련된 기술의 발전과 함께 제기되는 사회적 이슈들에 대해 설명하시오.

생명윤리학

유전적 프라이버시와 판도라 상자

생명윤리학 분야는 1950년대 제2차 세계대전 중 이루어진 의학 실험에 대한 논쟁에서 시작되었다. 생명윤리학은 원래 사전 동의, 온정주의, 자율, 희귀한 의학 자원의 배분, 정의, 생과 사의 정의 등에 초점을 맞추었다. 오늘날 이 분야는 의학과 생물 기술 그리고 그들이 갖는 딜레마도 다룬다. 유전자 검사는 그 정보의 원천이 프라이버시에 영향을 미치기 때문에 생명윤리학의 주요 관심사가 되었다. 즉, 한 사람에 대한 유전정보는 그 사람의 친척들에게도 영향을 미칠 수 있다. 최근 몇 년 사이에 이러한 이슈들이 더욱더 흔하게 되었는데, 그 이유는 소비자 유전학의 인기가 높아지고, 개인의 정보를 공유하는 것이 용이해졌기 때문이다(**그림 1A**). 하지만 그 결과는 긍정적일 수도 부정적일 수도 있다.

유전자 검사를 통해 발생하는 유전적 프라이버시 논란은 점차 진화하였다. 본인의 유전자에 대한 정보를 처음 알게 된 사람들은 유전학 수업 수강생들과 환자 치료 시 유전자 정보의 활용방안에 대해 탐구하는 의대생이었다. 실제로 일어난 예는 2010년 가을학기 직전에 버클리에 위치한 캘리포니아 대학에서 일어난 것이다. 신입생들은 질병과는 무관한 유전자 3개를 검사하기 위해 DNA 시료 채취 키트를 제공받았다. 참여는 자발적이었고, 데이터 수집 목적이므로 사전 동의는 받지 않았다. 그러나 유전학 단체와 생명윤리학자, 정책분석가, 소비자단체 등이 반발하자 보건복지부는 검사를 위해 개인 의료정보를 요구하였기에, 면허가 있는 의료 연구소에서 실시해야 한다고 판결하였다. 이로 인해 유전자 검사 비용이 5배로 증가하였고, 대학은 비용 증가로 인해 개별적인 검사는 하지 않고, 이미 분석된 집계 결과 데이터를 수집하도록 프로그램을 변경하였다.

세 가지 유전자 검사를 통해 젖당 과민성, 알코올 대사, 그리고 엽산 대사 기능을 확인하였다. 알코올 검사는 음주 후의 안면 홍조, 메스꺼움, 그리고 심계 증진의 원인이 되는 유전자 변이를 검출하는 데 사용된다. 동아시아인 신입생의 다수에서 이러한 증세들이 나타난다. 이 유전자의 특정 돌연변이는 식도암의 발생 위험도를 높여 매우 유용하지만, 검사를 위해 음주를 강요하는 상황을 만들기도 하였다.

버클리 대학에서의 유전자 검사 프로그램이 실패한 지 8년 후, 유전자 프라이버시 문제는 예상치 못한 방식으로 발생했는데, 바로 골든 스테이트 살인범을 검거하기 위해 공공 DNA 데이터베이스를 사용한 것이었다. 범인은 1976년부터 1986년까지 캘리포니아의 특정 마을에서 적어도 12명을 살해하고 50명을 성추행하였다. 법과학자들은 소비자 유전학 회사들이 범인과 가까운 친척들의 DNA 자료를 가지고 있을 수도 있다는 가정하에, 용의자 친척들의 DNA를 찾으려 하였다. 그러나 회사들은 법원의 명령 없이 자료를 제공하는 것을 거부하였고, 경찰은 대신 일반 사람들이 본인이 알지 못했던 친척이 있는지 알아보기 위해 자발적으로 본인의 DNA 데이터를 업로드하는 웹사이트(GEDmatch)를 조사하였다. 경찰은 수백만 명의 사람들이 GED 매치에 업로드한 DNA 서열을 범죄 현장의 DNA 증거와 쓰레기 조각에서 수집한 용의자의 DNA와 비교했다. 결국 용의자의 먼 남자 친척과 DNA 서열이 매우 유사한 것으로 나타났으며, 이를 근거로 용의자를 신속하게 체포할 수 있었다.

그림 1A 유전적 프라이버시. DNA 염기서열 자료를 어떻게 보호할 수 있을까? *Jane Ades/National Genome Research Institute*

이어서 DNA 서열 비교를 통해 여러 미해결 사건을 해결할 수 있었다. 한편, DNA에 기반을 둔 조상 찾기 검사를 받는 사람들이 증가하면서 유전자 프라이버시 문제가 제기되었다. 어떤 사람들은 자신이 엘비스 프레슬리나 에이브러햄 링컨의 먼 친척이라는 것을 알게 되어 기뻐했지만, 일부 사람들은 친부모가 아니라는 가족 내 비밀스러운 관계를 알게 되기도 했다. 예를 들어, 친형제지간이라고 서로 생각해 왔었지만, 검사 결과 이복형제인 사실을 알게 되기도 했다. 또한 평생 알지도 못했던 새로운 이복형제들을 찾을 수도 있었다. 그 외에도 입양, 불륜, 강간, 정자 기증자와 같은 여러 가지 화제들을 수면 밖으로 나오게 하는 영향을 끼쳤다. 이러한 뉴스에 대한 사람들의 반응은 새로운 가족을 찾았다는 기쁨에서부터 비밀스러운 상황에 대한 분노, 또는 두 가지 감정을 모두 느끼는 등 다양하였다. 18장에서는 예상치 못한 DNA 검사 결과가 미치는 영향을 다룬다.

유전자 검사는 놀라운 결과를 초래하기도 하는데, 그리스 신화에서 호기심에 의해 판도라의 상자를 열어 예상치 못한 결과를 초래하는 것에 비유된다. 유전적 프라이버시는 오늘날 생명윤리학 분야에서 중요한 관심 분야다.

토론을 위한 질문

1. 2010년 버클리 대학 학생에게 요구되었던 유전자 검사에 대해 여러 사람이 반대했던 이유는 무엇인가?
2. 정부에서 DNA 검사를 하도록 강제할 수 있는 것은 어떤 상황에서인가?
3. 유전자 검사를 받는 학급 학생들의 장단점은 무엇인가?
4. 평생 가족이라고 생각하는 사람이 가족이 아니었다는 사실을 알게 되거나, 반대로 알지 못했던 이복형제가 존재한다는 것을 처음 알게 되었을 때 사람들이 어떤 반응을 보이는가?

학습 가이드

핵심 용어

아데닌(adenine, A) DNA와 RNA에 존재하는 질소 염기 4가지 중 하나.

대립유전자(allele) 유전자의 또 다른 형태.

상염색체(autosome) 성을 결정하는 유전자가 존재하지 않는 염색체.

생명윤리학(bioethics) 의학기술이나 유전자 정보를 이용할 때 발생하는 개인적 또는 사회적 이슈를 다루는 학문 분야.

세포(cell) 생명체를 구성하는 기본 단위.

염색체(chromosome) 감겨서 꼬여 있으며 연속적인 DNA 분자이며 단백질이 결합되어 있다.

복합 형질(complex trait) 한 개 이상의 유전자와 환경의 영향에 의해 표현형이 결정되는 형질.

시토신(cytosine, C) DNA와 RNA에 존재하는 질소 염기 4가지 중 하나.

디옥시리보핵산(deoxyribonucleic acid, DNA) 유전물질이며 유전자를 구성하는 화합물.

분화(differentiation) 단백질을 만드는 특정 유전자군을 발현시켜 특정 형태의 세포로 변해가는 과정.

DNA 프로파일링(DNA profiling) 개인을 식별하고 혈연관계를 밝히기 위해 사용되는 생명공학 기술. 반복서열의 개수, 단일 염기 다형성 그리고 유전자와 유전체 염기서열을 분석.

DNA 복제(DNA replication) 주형 가닥을 이용하여 새로운 DNA 이중나선 구조를 만드는 과정.

우성(dominant) 한 개의 사본만 존재해도 표현형으로 나타나게 하는 유전자.

엑솜(exome) 단백질을 코딩하는 염기서열이며 전체 유전체에서 약 1%에 해당.

유전자(gene) DNA 분자로 구성되며 세포 내에서 특정 단백질이 만들어지도록 하는 유전정보의 단위체.

유전자 발현(gene expression) 유전자로부터 mRNA 분자를 전사하는 과정.

유전자 풀(gene pool) 집단 내에 존재하는 모든 대립유전자의 총합.

유전적 계보학(genetic genealogy) 혈연관계나 지리학적인 기원을 규명하기 위해 개인 간 DNA 염기서열을 비교하는 것.

유전학(genetics) 유전되는 형질이나 유전자 변이에 대해 연구하는 학문.

유전체(genome) 생명체의 세포 내에 존재하며 유전정보의 총합.

유전체 편집(genome editing) DNA 이중 가닥을 절단하고 특정 염기서열을 삽입시키거나 제거 하는 기술.

유전체학(genomics) 유전체를 분석하고 비교하는 학문 분야.

유전자형(genotype) 형질이나 질병을 초래하는 개인의 대립유전자 조합.

구아닌(guanine, G) DNA와 RNA에 존재하는 질소 염기 4가지 중 하나.

유전(heredity) 부모 세대에서 다음 세대로 형질이 전달되는 현상.

핵형(karyotype) 염색체 쌍의 크기에 따라 배열한 차트.

멘델성 형질(Mendelian trait) 멘델의 분리의 법칙을 따르며 특정 유전자 하나의 발현에 의해 결정되는 형질.

메타유전체학(metagenomics) 특정 환경에 존재하는 모든 유전체의 서열을 결정하고 분석하는 학문.

마이크로바이옴(microbiome) 생물체 내에 살고 있는 모든 미생물들.

돌연변이(mutation) 표현형에 영향을 주며 집단 내에서는 잘 나타나지 않는 DNA 염기서열의 변이.

질소 염기(nitrogenous bases) DNA와 RNA에서 유전정보를 담고 있는 구성 요소이며 질소 원자를 가지고 있는 염기.

핵(nucleus) 내부에 DNA를 가지고 있으며 분열하지 않는 세포에서 관찰되는 소기관.

가계도(pedigree) 가족 내에서 유전학적 관계나 표현형 정보를 보여주며, 기호와 선으로 그려진 도표.

약리유전학(pharmacogenetics) 특정 약물의 대사 과정에 영향을 미치는 유전자 변이를 연구하는 학문.

표현형(phenotype) 유전자 발현으로 인해 형질이나 증세로 나타난 것.

열성(recessive) 표현형으로 발현되기 위해서 염색체 두 개에 각각 존재하는 대립유전자가 모두 필요한 상태.

재조합 DNA 기술(recombinant DNA technology) 한 생명체의 유전자를 다른 생명체의 유전체에 도입시켜 특정 단백질을 생산하거나, 형질을 변화시키는 기술.

리보핵산(ribonucleic acid, RNA) A, C, U, 그리고 G 염기들로 구성된 핵산.

성염색체(sex chromosome) 성을 결정하는 유전자들이 존재하는 염색체.

체세포(somatic cell) 인간의 경우 생식세포가 아니면서 23쌍의 염색체를 가지고 있는 세포.

줄기세포(stem cell) 세포분열을 통해 또 다른 줄기세포로 되거나, 다른 형태의 세포로 분화되는 세포.

티민(thymine, T) DNA에 존재하는 질소 염기 4가지 중 하나.

조직(tissue) 기능을 공유하는 세포들의 집합체.

전사(transcription) DNA의 한쪽 가닥을 이용하여 상보적인 서열을 지닌 RNA를 만드는 과정.

번역(translation) mRNA 상에서 염기 3개로 구성된 서열을 바탕으로 아미노산을 서로 연결시켜 단백질을 만드는 과정.

우라실(uracil, U) RNA에 존재하는 질소 염기 4가지 중 하나.

복습문제

1. 다음 용어들이 나타내는 구조나 개념이 큰 것에서 작은 순으로 배열하시오.
   a. 염색체
   b. 유전자 풀
   c. 유전자
   d. DNA
   e. 유전체
2. 생명윤리학적으로 논쟁 중인 사례를 설명하시오.
3. DNA가 유전정보를 어떤 형태로 가지고 있는지 설명하시오.
4. 두 용어를 서로 비교 설명하시오.
   a. 상염색체와 성염색체
   b. 유전자형과 표현형
   c. DNA와 RNA
   d. 열성과 우성 형질
   e. 가계도와 핵형
   f. 유전자와 유전체
   g. 엑솜과 유전체
   h. 멘델 형질과 복합 형질
5. **대립유전자**란 무엇인지 정의하시오.
6. 동일한 유전체를 가지고 있는데도 사람 몸의 세포들이 모양도 다르고 기능도 다른 이유를 설명하시오.
7. 유전학 분야의 가계도에서 포함하고 있는 두 가지 정보는 무엇인가?
8. **유전자 풀**이란 무엇인지 정의하시오.
9. DNA 염기서열이나 조작을 통한 활용 예 3가지를 설명하시오.
10. 메타유전체학에서 인간의 유전체가 아닌 다른 유전체를 어떻게 분석하는지 설명하시오.

응용문제

1. 소비자 유전학 분야의 장점과 단점은 무엇인가?
2. 사람들이 유전자 변형 생물에서 생산된 약물에는 거부감이 없지만, 반면 유전자 변형 식품의 섭취를 꺼리는 이유는 무엇인가?
3. 당신의 휴대폰에 본인의 엑솜과 유전체 정보를 저장해 두는 것에 찬성하는가? 그 이유를 설명하시오.
4. 가벼운 일상의 사건과 심각한 사안들에 대한 DNA 검사의 응용사례를 들어보시오.
5. 본인의 유전체 정보를 분석하여 알고 싶은 것은 무엇인가?

법과학적 관점

1. 따뜻한 봄날, 보송보송한 흑백 털을 지닌 너구리 고양이인 로미오(Romeo)는 야외에서 놀고 있었다. 몇 시간 후 로미오는 머리가 없는 생쥐를 입에 물고 돌아와서는 바닥에 내려놓았다. 그러고는 해산물이 주재료인 사료 한 캔과 약간의 간이 포함된 간식을 먹었다. 또한 부엌에서 튀긴 가지를 몇 개 물었지만 뱉어내고 삼키지는 않았다. 잠깐 털을 핥고, 떨어진 털을 삼키기도 하다가 곧장 깊은 잠에 빠졌다. 다음날 아침, 로미오의 주인은 고양이가 토하는 소리

에 잠에서 깨어났다. 로미오의 소화를 방해하는 것이 무엇인지 알기 위해 토사물을 뒤적거렸지만, 너무 끈적거려서 알 수 없었다. 로미오의 소화에 장애를 초래한 근본 원인을 찾기 위해 DNA 검사의 활용방안에 관해 설명하시오.

2. 캐나다 연구진은 정신질환이나 약물 사용장애로 인해 신체적 상해나 범죄행위를 하는 것과 "유전적 소인"과의 상관관계를 설명하기 위해 468건의 법적 사례에 대한 보고서를 발표하였다(86건에서는 유전정보 분석 결과가 원고에게 불리하게 작용하지 않았고; 134건에서는 불리하게 작용하였고, 248건에서는 결과가 불명확하였다). 어떤 상황에서 유전정보가 법적 소송에서 유용할 것이라고 생각하는가? 그리고 누구의 관점에서 그렇다고 생각하는가?

3. 내전이나 전쟁으로 인해 가족과 헤어진 사람들이 다시 부모나 다른 친척들과 재회를 하는데 있어 DNA 검사가 기여할 수 있는 방안을 제안하시오.

사례 및 연구 결과

1. 많은 대규모 유전체 염기서열 분석 프로젝트는 심혈관 질환을 가진 성인이나 발달장애, 자폐증 또는 지적장애를 가진 아이들과 같이 유사한 진단을 받은 개인에게 초점을 맞추고 있다. 이와는 대조적으로 유전체 사후 연구 프로젝트에서는 자세한 전자 의료 기록을 보유한 대형 병원의 환자였던 300명의 사망자에 대한 유전체를 조사 분석하고 있다(제14장 참조). 이 유전체 분석 프로젝트를 통해 어떤 종류의 정보를 수집할 수 있는가?

2. 한 예술가가 뉴욕을 여행하면서, 머리카락, 손톱, 버려진 종이컵, 껌, 담배꽁초, 그리고 다른 쓰레기들을 수집하였다. 그러고 나서 DNA를 추출하고 유전정보를 분석한 후, 이를 바탕으로 컴퓨터 프로그램을 사용하여 얼굴을 합성한다. 그 후, 사람의 3차원 조각상을 프린트하고 동시에 DNA가 들어 있는 원본 증거와 함께 갤러리에 전시한다. 조각상의 형태를 결정하는 알고리즘은 조상에 대한 정보를 포함하여 얼굴 모양에 영향을 미치는 50여 개 유전 특성을 반영하여 만들었다. 만약 당신이 갤러리를 구경하다가 당신이나 지인의 얼굴 조각품을 발견하게 된다면 어떻게 행동하겠는가? 버려진 껌에 포함된 당신의 DNA는 사생활 보호 대상인가?

3. 한 연구에서는 정상적인 건강과 발달 과정에 관여하는 유전자를 찾기 위해 주 박람회에 참석한 어린이들의 DNA를 수집하였다. 만약 이 아이의 부모라면, 당신 자녀의 DNA를 기증하기 전에 어떤 질문을 해야 하는가?

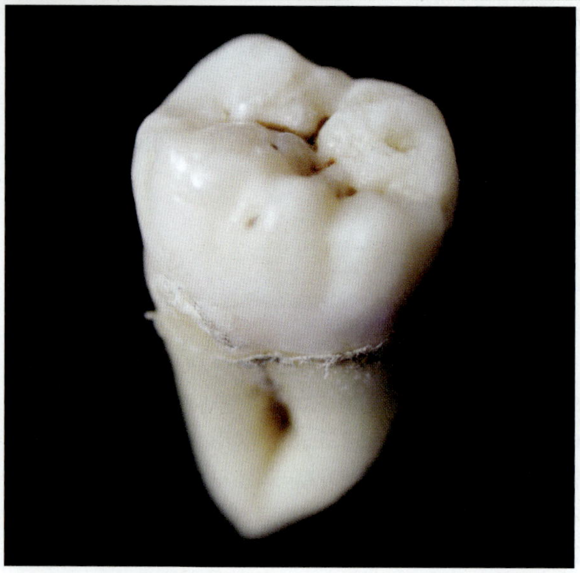

milosljubicic/Shutterstock

CHAPTER 2

세포

주로 여자아이들이 많이 걸리는 레트 증후군의 한 증세는 "손 사용을 마음먹은 대로 잘하지 못하는 것"이다. 오늘날은 널리 알려져 있고 조기 진단이 가능하지만, 2004년에는 한 소녀가 죽고 난 수년 후에 엄마가 보관해 두었던 그 아이의 젖니에서 추출된 DNA를 분석한 결과 레트 증후군이 진단된 경우가 있다. 세포 속의 DNA는 전신 증후에 대한 단서를 담고 있을 수 있다.

학습 목표

2.1 세포 개요

1. 질병의 세포학적 기초를 이해하는 것이 왜 중요한지에 대해 설명하시오.
2. 체세포와 생식세포, 그리고 이배체와 반수체를 구별해서 설명하시오.

2.2 세포의 구성 요소

3. 세포는 어떻게 분화하는지 설명하시오.
4. 세포의 주요 화학물질 네 가지를 열거하시오.
5. 세포소기관들이 어떻게 상호작용하여 분비, 에너지 사용 및 노폐물 제거를 하는지 서술하시오.
6. 생체막의 구조와 기능을 설명하시오.
7. 세포골격의 구성 요소들을 열거하시오.

2.3 세포분열과 죽음

8. 세포주기의 주요 과정에 대해 서술하시오.
9. 유사분열 과정에서 염색체들이 어떻게 변하고 상호작용하는지 서술하시오.
10. 세포주기 조절에 대해 논하시오.
11. 세포자살 과정을 열거하시오.

2.4 줄기세포

12. 줄기세포와 전구세포의 특성을 열거하시오.
13. 인간 줄기세포의 주요 원천 세 곳에 대해 서술하시오.

2.5 인체 마이크로바이옴

14. 인체 마이크로바이옴의 구성 요소에 대해 기술하시오.
15. 인체 마이크로바이옴을 변화시킬 수 있는 요인들을 열거하시오.

개관

우리 몸은 복잡한 방식으로 상호작용하는 수십조의 세포들로 이루어졌다. 몸 안의 모든 세포는 동일한 유전체를 사용하지만, 세포마다 유전체의 서로 다른 부분을 읽기 때문에 서로 다른 구조와 기능을 갖는다.

치아로부터 레트 증후군의 진단

유전체는 사후에도 건강의 단서를 지니고 있는 일종의 데이터베이스와 같다. 호주에 사는 한 어머니는 보관해 두었던 죽은 자기 딸의 젖니를 연구자들에게 제공했다. DNA를 추출하여 분석했을 때, 연구자들은 비로소 이 아이의 증후를 유발한 질병의 병명을 진단하게 되었다: 그것은 레트 증후군(Rett syndrome)이었다.

이 아기는 16개월까지는 건강한 듯 보였지만, 아직 제대로 걷기도 전에 자주 쓰던 말들을 잃어버리기 시작했다. 2살이 되어서는 조그만 물건을 더 이상 조작하지 못하게 되었고, 반복적으로 손을 부들부들 떨기 시작하였다. 3살이 되어서는 발작이 시작되었다. 자폐아가 되었고 점차 장애가 심해지더니 1991년에 병명을 모른 채 사망했다.

2004년에 어머니는 레트 증후군에 관한 논문을 읽고 자기 딸의 증상과 같음을 알았다. 다행히도 어머니는 딸의 젖니를 간직하고 있었다. 연구자는 레트 증후군을 유발하는 *MECP2* 유전자의 돌연변이를 찾아내기 위해 DNA를 검사할 수 있을까? 그녀는 치아의 속질에 세포가 포함된 액체가 있다는 것을 책에서 읽었고, 각 세포는 죽은 딸의 유전체 사본을 두 개씩 가지고 있다는 사실을 알았다. 사람들은 그녀를 호주 레트 증후군 연구회의 연구자들에게 소개해 주었고, 그들은 그 증후를 진단해 냈다.

2.1 세포 개요

우리의 유전된 형질, 버릇 그리고 질병도 세포의 활동에서 비롯된다. 세포 기능의 이해는 건강한 신체가 어떻게 작용하는가와 하나의 세포가 어떻게 수십조의 세포로 발달하는가를 알 수 있게 해준다. 어떤 세포에서 무엇이 잘못되어 증후가 초래되는지를 이해하는 것은 그 증상을 치료하는 방법을 제시해 줄 수 있다. 왜냐하면 우리는 무엇을 고치고 교체해야 하는지를 알기 때문이다. 예를 들면, 유전자들은 세포가 근육의 수축 장치를 구성하도록 정렬되는 단백질을 어떻게 만들 것인가를 지시해 준다. 뒤쉔 근이영양증(Duchenne muscular dystrophy)에서는 근육 단백질 한 종류가 없는 관계로 극심하게 수축하면 근세포는 붕괴한다. 어떤 근육은 어린아이 시절에 약해지고 점차 마비가 일어나게 된다. 이 같은 근이영양증은 성인 초기에 사망에 이르게 한다.

사람의 몸에는 290가지 이상의 특화 또는 분화된 세포 유형이 있고, 이들은 뭉쳐지고 또는 상호작용하여 네 가지 기본 조직형인 상피, 결합, 근육, 그리고 신경조직을 형성한다(**표 2.1**). 그러나 특화된 세포들도 세부 유형으로 나눌 수 있으며, 심지어는 서로 닮은 세포들도 유전자 발현 양상은 서로 다를 수 있다.

대부분의 세포는 **체세포**(somatic cell)이다. 체세포는 두 벌의 유전체를 지니고 있어 **이배체**(diploid)라 불린다. 이에 반하여 정자와 난자세포인 **생식세포**(germ cell)는 한 벌의 유전체를 지녀 **반수체**(haploid)이다. 정자와 난자가 만나 이배체 상태로 복구된다. 줄기세포(stem cell)는 분열하여 분화된 세포가 되거나 또는 **자가재생**(self-renewal)이라 부르는 과정에 의해 다른 줄기세포가 되는 이배체 세포이다. 줄기세포는 신체의 발달, 생장 그리고 손상 회복을 가능하게 해준다.

표 2.1	조직의 종류
조직	기능/위치/설명
결합조직	세포들을 보호하고 지지하며, 세포들에 결합하여, 신체 전역에 걸쳐 공간을 채워주는 다양한 종류의 세포들과 그 주변 물질들. 연골, 뼈 및 지방 등이 해당함
상피조직	방어, 분비, 흡수 및 배설에 관여하는 관의 내층을 형성하는 밀착세포층
근육조직	수축하고 운동성을 제공해주는 세포들
신경조직	뉴런들은 전기 충격파의 형태로 정보를 전달하는데, 이는 운동을 조절하고 감각을 감지하며 환경 자극에 반응하게 함. 신경아교세포들은 뉴런을 지지하고 영양공급을 함

세포는 상호작용한다. 이들은 그림 8.1의 두 신경세포의 정보교환에서 보는 바와 같이, 정보를 주고받고 반응한다. 어떤 세포들은 같은 기능을 하는 다른 세포와 뭉쳐져서 조직을 이루고, 이들은 다시 서로 작용하여 기관과 기관계를 형성한다. 세포 중에는 몸에서 돌아다니는 것도 있다. 세포 수와 서로 다는 세포 유형의 비율은 발생, 생장 그리고 치유를 위해서 중요하다. 건강한 상태를 유지하는 것은 세포 수를 늘리는 세포분열과 세포를 없애는 세포죽음이 균형을 이루고 있음을 의미한다.

핵심 개념 질문 2.1

a. 네 가지 조직을 말하시오.
*b. 이배체 세포는 몇 개의 유전체 사본을 가지고 있는가?
*c. 반수체 세포는 몇 개의 유전체 사본을 가지고 있는가?
d. 체세포와 생식세포를 구별하여 설명하시오.

2.2 세포의 구성 요소

모든 세포는 생식, 생장, 자극에의 반응, 에너지 사용 등 생명의 기본 기능 수행에 필요한 특징들을 공통으로 지니고 있다. 특화된 특성은 세포가 수천 개의 단백질을 암호화하는 유전자 중 서로 다른 유전자군을 발현하기 때문에 생겨난다.

동물, 균류 및 식물을 위시한 모든 다세포 생물들은 분화된 세포들을 가지고 있다. 짚신벌레나 아메바와 같은 몇몇 단세포 생물들도 우리처럼 복잡한 세포 구조를 지니고 있다. 그러나 지구상에 가장 풍부한 생물체는 세균과 같은 단세포 생물이다. 이들 미생물은 우리보다 훨씬 오래전부터 지구를 점령해 왔고 그러므로 진화적으로 볼 때는 우리보다 더 성공적으로 적응해 왔다.

생물학자들은 세 가지 기본 세포 유형이 있다는 것을 알았는데, 이는 생명의 세 가지 주요 "영역(domain)"인 고세균(Archaea), 세균(Bacteria), 그리고 진핵생물(Eukarya)을 정의하는 기준이다. 영역은 계(kingdom)보다 더 상위의 분류 범주이다.

고세균과 세균은 모두 단세포 생물인데, 많은 유전자의 염기서열과 막을 구성하는 분자들의 형태가 서로 다르다. 고세균과 세균은 원핵생물이다. **원핵세포**(prokaryotic cell)는 다른 유형의 생명체에서 볼 수 있는 DNA를 포함하는 구조물인 핵을 가지고 있지 않다. 생명의 세 번째 영역인 진핵생물(Eukarya 또는 eukaryote)에 속하는 생

그림 2.1 진핵세포와 원핵세포. 보라색을 띠는 큰 물체가 사람 면역계의 대식세포이다. 이 사진에서 대식세포는 분홍색으로 염색된 훨씬 작은 세포인 결핵을 일으키는 세균을 집어 삼키고 있다. *SPL/Science Source*

명체들은 핵이 있는 단세포 생물체 및 모든 다세포 생물체를 포함한다(**그림 2.1**). 우리 인간은 진핵생물이다. **진핵세포**(eukaryotic cell)가 원핵세포와 구분되는 또 다른 점은 특화된 기능을 담당하는 **세포소기관**(organelle) 구조이다. 세 영역의 세포들은 모두 RNA와 단백질로 이루어진 구형 복합체인 **리보솜**(ribosome)을 지니고 있고 이곳에서 단백질이 합성된다. 진핵생물은 아주 오래전에 세균과 고세균이 접합하여 생겨났을 것으로 여겨진다.

화학적 구성 성분

세포는 분자들로 구성되어 있다. 몇몇 생물을 구성하는 화합물(생화학 물질)은 매우 커서 고분자라고 불린다.

세포를 구성하고 또 세포가 연료로 사용하는 주요 고분자는 **탄수화물**(carbohydrate, 설탕과 녹말), **지질**(lipid, 지방과 기름), **단백질**(protein) 그리고 **핵산**(nucleic acid, DNA와 RNA)이다. 세포는 소량이긴 하지만 여러 가지 비타민과 미네랄을 필요로 한다.

탄수화물은 에너지를 공급하며 세포의 구조에도 관여한다. 지질은 여러 가지 호르몬의 뼈대를 형성하고, 막을 형성하며, 절연제로 작용하며 에너지를 저장한다. 단백질은 우리 몸에서 매우 다양한 기능을 수행한다. 혈액응고를 가능하게 하고, 근세포의 수축 섬유를 형성하며, 신체의 결합조직 덩어리를 형성한다. 감염에 대항하여 싸우는 항체도 단백질이다. **효소**(enzyme)는 특히 중요한 단백질로 생명유지를 위해 충분히 빠른 속도로 생화학 반응이 일어날 수 있도록 촉진하는 촉매이다. 유전학 연구에서 가장 중요한 것은 핵산인 DNA와 RNA인데, 이것은 선대로부터 물려받은 정보를 해독하여 세포의 특성이 나타날 수 있도록 특정 단백질 군을 생산한다.

고분자들은 세포에서 서로 결합하여 보다 큰 구조를 형성하기도 한다. 예를 들면, 세포를 둘러싸고 있고 또한 세포 내부를 세부 구역으로 나누는 막은 지질 이중층(bilayer)에 탄수화물, 단백질, 그리고 다른 지질이 박혀있는 형태로 이루어져 있다.

생명은 모든 사물을 관장하는 화학 원리에 기초하고 있으며, 유전학은 고도로 잘 체계화되어 있는 생명 화학반응의 일부에 기초를 두고 있다. **임상 연계 2.1**은 이런 주요 생체 분자 종류에 영향을 끼치는 질병에 대해 기술하고 있다.

세포소기관

전형적인 진핵세포는 세균보다 부피가 1,000배나 더 크다. 이렇게 큰 세포가 생명 활동을 수행하기 위해서는 세포소기관들이 어떤 지역을 칸막이처럼 구분하거나 또는 특정 기능을 수행함으로써 분업을 한다. 간단한 원핵세포를 작은 식료품 가게라고 비유한다면, 진핵세포에서 세포소기관들의 협력 기능은 마치 백화점 내의 구획화된 매장 구성과 흡사하다. 일반적으로, 세포소기관들은 효율적으로 작용하기 위해 연관된 생화학 물질이나 구조를 서로 충분히 가까운 인근에 두고 있다. 이러다 보니 특정 생화학 물질을 세포 전역에 걸쳐서 높은 농도로 유지할 필요가 없다.

세포소기관들은 다양한 기능을 수행한다. 이것들은 세포가 물질의 분비, 잔해 제거 및 에너지 획득을 할 수 있도록 유전정보를 저장하고 사용한다. 소낭 같은 세포소기관은 다른 세포 구성물에 해를 끼칠 수 있는 생화학 물질을 격리시킨다. 어떤 세포소기관은 특정 분자를 만드는 화학반응에 참여하는 효소가 순차적으로 점점이 박혀 있는 막을 지니고 있다. **그림 2.2**는 세포소기관들을 보여주고 있다.

대부분의 세포에서 가장 두드러진 세포소기관은 핵이다. 핵막이라고 하는 층이 핵을 둘러싸고 있다. 생화 학물질들은 핵공(nuclear pore)을 통해서 핵 내외로 출입할 수 있는데, 핵공은 마치 군함 측면에 배열된 포문과 같이 여러 종류의 단백질로 이루어진 원형의 구멍이다(**그림 2.3**).

핵막의 안쪽 면에는 핵 라미나(nuclear lamina)라 불리는 하나의 섬유성 물질 층이 있다. 이 층은 단순한 내부 경계가 아니라 여기에 접촉하는 유전자들의 발현을 막는다. 또한 핵 라미나는 물리적 지지대로 작용하며 핵공을 제 위치에 유지시켜 준다. 제3장 도입부에서는 비정상적인 핵 라미나로 인해 초래되는 희귀성 조로병에 대해 논의하고 있다.

현미경으로 관찰하면 핵 안쪽에 조금 어둡게 보이는 **인**(nucleolus,

임상 연계 2.1

선천성 대사이상은 주요 생체 분자들에 영향을 끼친다

효소는 특정 화학 반응을 시작하는데 필요한 "활성화 에너지"를 낮춤으로써 반응을 촉진시킨다. 효소들은 대부분의 세포 내 고분자의 생산을 조절한다. 효소가 생산되지 않거나 기능을 발휘하지 못하면, 마치 정원의 호수가 막힌 것과 같이 그것이 작용하는 화학물이 축적되고 그 반응 산물이 너무 적게 생성된다. 이러한 축적과 부족은 신체에 증후군을 야기할 수 있다. 효소의 부족이나 결핍으로 인한 유전 질병을 "선천성 대사 이상(inborn errors of metabolism)"이라 한다. 아래는 주요 생체 분자들의 결핍이나 축적의 결과 나타나는 증상들의 예이다.

탄수화물

신생아가 음식을 섭취할 때마다 수 시간 내에 고통에 겨워 양다리를 바짝 쳐들고 소리쳐 울며 설사하였다. 이 아기는 **젖당분해효소 결핍**(lactase deficiency)인데, 이는 탄수화물인 젖당을 분해하는 소화효소인 젖당분해효소가 없는 경우이다. 이 아기의 창자 속에서 소화되지 않은 젖당으로 인해 세균이 증식해서 기체를 생성하고 복통을 일으키고 복부팽만이 일어났다. 콩으로 만든 무젖당 이유식으로 바꿔 먹이면 도움이 된다. 좀 가벼운 다른 이상 증상으로는 어른들에게서 흔한 젖당 과민성(lactose intolerance)이 있다(16장을 시작하는 에세이 참조).

지질

팔에서 시작된 갑작스럽고 날카로운 통증이 가슴으로 확산하였다. 심장마비로 고생하는 대부분의 사람보다 젊은 나이인 36세에, 간세포의 콜레스테롤 수용체 단백질이 다른 사람의 절반 정도로 감소하는 돌연변이를 그는 유전 받았다. 콜레스테롤이 효율적으로 간세포에 들어가지 못하기 때문에 동맥에 축적되어 심장에서 혈액 흐름이 느려지고 가벼운 심장마비를 일으켰다. 그는 **가족성 고콜레스테롤혈증**(familial hypercholesterolemia)을 유전 받았다(그림 5.2 참조). 콜레스테롤 수치를 낮추는 약의 복용과 정기적인 운동이 향후 심장마비의 위험을 낮추었다.

단백질

신생아 팀(Tim)은 대부분의 시간을 잠만 잤고, 너무 자주 토해서 성장이 매우 더디었다. 출생 하루 후에 진행되는 신생아 스크리닝의 일환으로 진행된 혈액 검사 결과, 소변에서 단풍당밀 냄새가 나는 **단풍당밀뇨증**(maple syrup urine disease)임이 밝혀졌다. 팀은 세 가지 아미노산(단백질 원료)을 분해하지 못하여 혈액 내에 그것들이 쌓이게 되었다. 이 아미노산들을 매우 적게 함유하고 있는 음식물의 섭취는 이 증상을 조절하였다.

핵산

태어날 때부터 젖은 기저귀에서 오렌지색 모래 같은 알갱이가 보였지만, 이것을 제외하고는 트로이(Troy)는 건강한 아기였다. 그러나 생후 6개월이 되자 배뇨는 심한 통증을 동반하기 시작했다. 의사는 트로이가 정상적으로 기어 다니기보다는 의지와 무관하게 몸부림치고 있음을 알아차렸다. 트로이의 기저귀에서 나온 오렌지색 입자는 **레쉬-니한 증후군**(Lesch-Nyhan syndrome)을 나타내며, 이는 HGPRT라는 효소의 결핍으로 인한 질병이다. 트로이는 네 가지 DNA 염기 중 두 종류(퓨린)를 재활용하지 못하고 요산으로 전환하여 배출하는데, 이것이 오줌에서 결정화된다. 이후에 트로이는 심한 지적장애, 발작, 공격적이고 자기 파괴적인 행동으로 진행되었다. 세 살이 되자 그는 통제 불능으로 손가락과 입술을 물어뜯었다. 자학으로부터 그를 보호하기 위해 치아를 뽑았고 감금 상태를 유지하였다. 이 증상의 예상 수명은 최대 30세이다.

비타민

비타민은 우리 몸이 탄수화물, 지질, 단백질을 이용할 수 있게 도와준다. 카니샤(Kaneesha)는 **바이오티니데이즈 결핍**(biotinidase deficiency)을 유전 받았는데, 이 병은 신체가 비타민인 비오틴을 매우 천천히 사용하게 한다. 만약 카니샤가 신생아 때 진단을 받아서 비오틴 보충제 공급을 받지 못했더라면, 그녀는 지적장애, 발작, 피부발진, 청력과 시력의 상실과 탈모가 진행되었을 것이다. 음식물로부터 에너지를 추출하지 못해 야기되는 성장 저하는 결국엔 죽음으로 이어진다는 것이 밝혀졌다.

미네랄

말도 못하고 걷지도 못하는 인그리드(Ingrid)는 30대에 요양시설에서 살고 있었다. 1980년대에 그녀는 실실 웃고 침을 질질 흘리지만, 정신은 온전해서 그림판과 알파벳 보드를 이용하여 의사소통하였다. 고등학교 상급반 때까지는 건강하던 그녀는 음식물로부터 섭취한 과량의 구리를 간이 조절하지 못하게 되자 **윌슨병**(Wilson disease) 증상을 보이기 시작했다. 초기 증상은 위통, 두통과 간염이었다. 그 후 균형감 상실, 입 근육의 약화로 인한 거칠고 불명료한 저음의 목소리, 그리고 필체의 변화 등 다른 변화도 나타나기 시작하였다. 구리 축적으로 인한 홍채 주위의 초록색 고리는 윌슨병을 나타낸다(**그림 2A**). 페니실아민이라는 약물은 인그리드가 과도한 구리를 오줌으로 배출하도록 해주었다. 이 처방으로 인해 병의 진행이 중지되고 목숨을 건졌지만, 상태가 호전되지는 않았다.

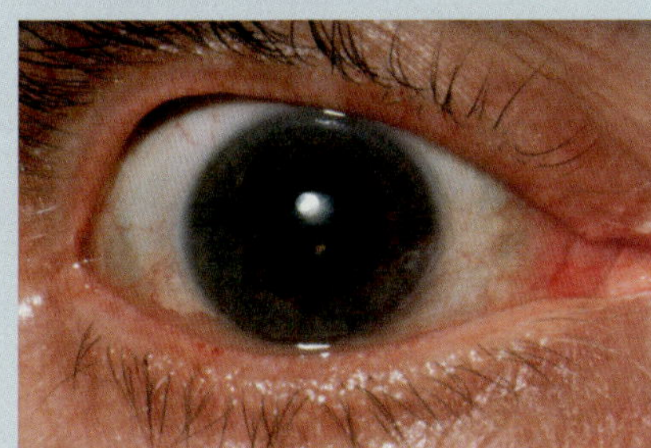

그림 2A 윌슨병. 갈색 홍채 주위의 초록색 고리는 윌슨병에서 보이는 구리 축적의 징후 중 하나이다. *SPL/Science Source*

토론을 위한 질문

1. 유전병이 어떻게 몸 안에서 단백질 이외의 다른 분자에게 영향을 줄 수 있는지에 대해 설명하시오.
2. 효소의 결핍 또는 구조결함은 어떻게 다양한 질병을 일으킬 수 있는지 설명하시오.
3. 젖당분해효소 결핍, 가족성 고콜레스테롤혈증, 단풍당밀뇨증, 바이오티니에이즈 결핍, 그리고 윌슨병을 위한 치료가 어떻게 증상을 완화할 수 있는지에 대해 설명하시오.

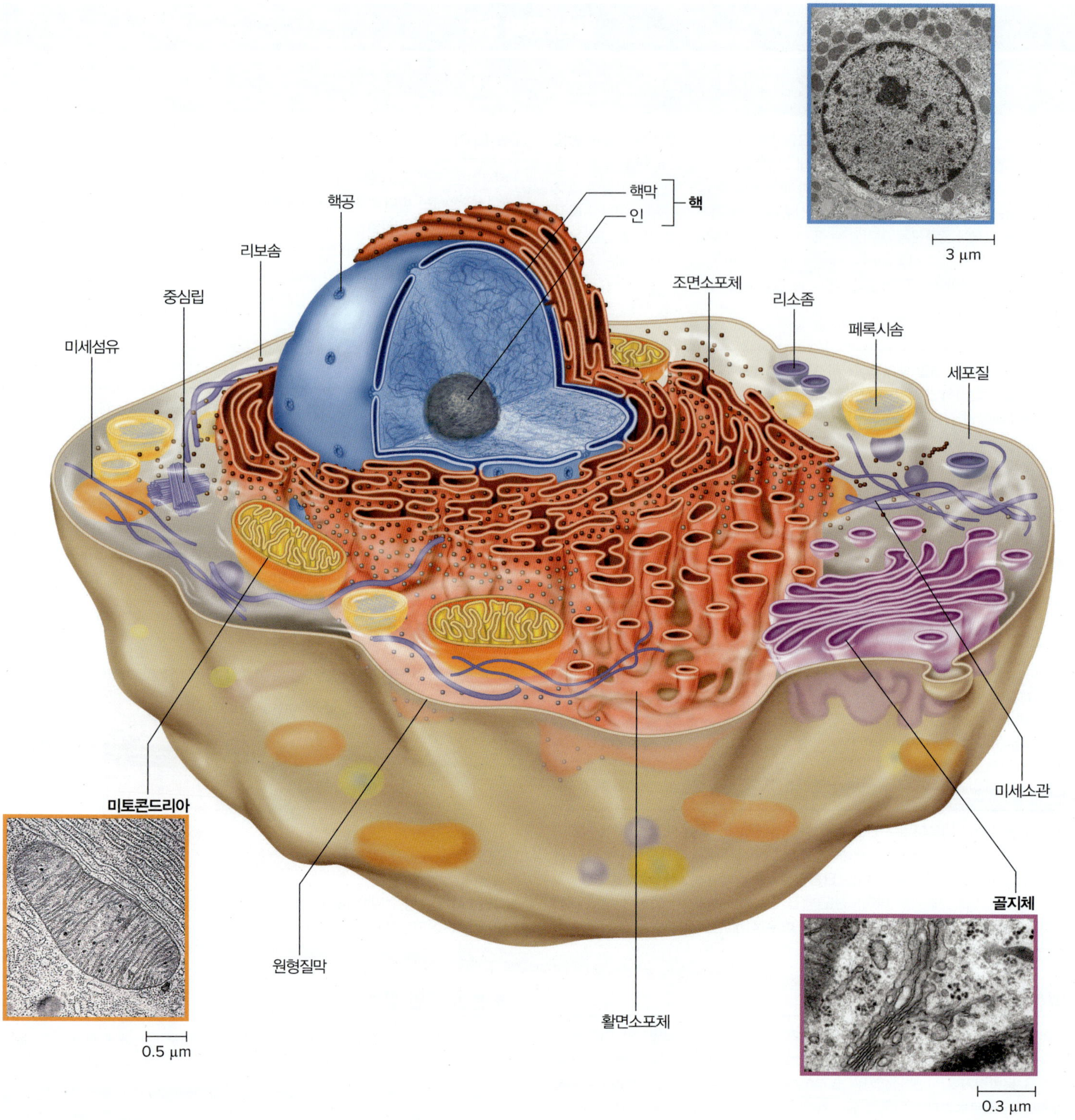

그림 2.2 일반적인 동물세포. 세포소기관들은 특화된 세포 기능을 제공한다. 이들 구조는 대부분 투명하지만, 이 그림에서는 서로 구분하기 위해 색깔을 사용했다. 세포 종류에 따라 세포소기관의 숫자가 다르다. 성숙 과정에서 핵이 배출되는 적혈구를 제외하면, 모든 세포에는 핵이 하나씩 있다. (위): *David M. Phillips/Science Source*; (왼쪽): *Keith R. Porter/Science Source*; (오른쪽): *EM Research Services, Newcastle University*

"작은 핵")이라고 불리는 지역이 있다. 여기서 리보솜이 만들어진다. 핵에는 DNA와 많은 단백질들이 엉켜서 이루어진 염색체가 들어 있다. 또 다른 단백질들은 핵 내부를 채우는 섬유들을 형성해서 핵이 거의 구형에 가까운 모양을 유지하게 한다. RNA도 많이 있을 뿐 아니라, DNA로부터 RNA를 합성하는데 필요한 단백질과 효소들도 역시 많다. 이들을 제외한 핵 내의 액상 성분을 핵질(nucleoplasm)이

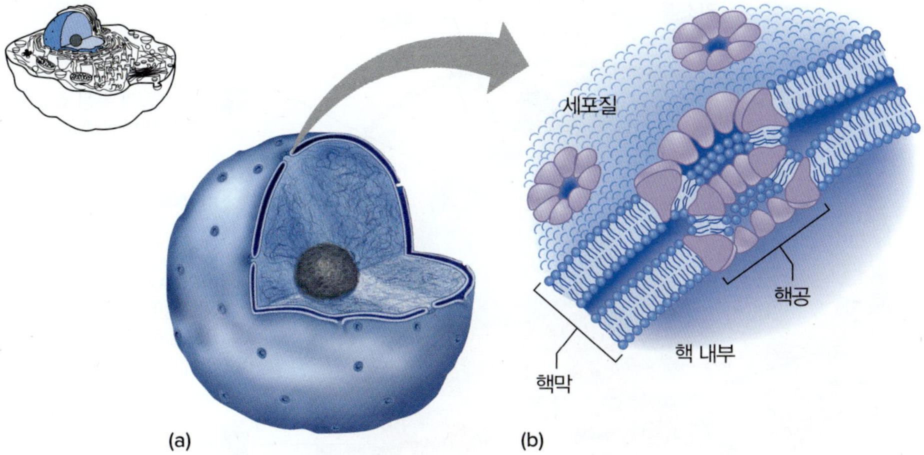

그림 2.3 핵은 유전 본부이다. (a) 전형적인 사람세포에서 가장 큰 구조물인 핵은 핵막을 형성하는 두개의 막 층 안에 들어있다. (b) 핵공은 특정 분자들이 핵막을 거쳐 핵 내외로 움직이게 해준다.

라 부른다.

핵, 세포소기관 그리고 바깥쪽 테두리인 **원형질막**(plasma membrane)을 제외한 세포의 나머지 성분을 **세포질**(cytoplasm)이라 한다(원형질막은 세포막이라고도 불린다). 세포 내 다른 성분들로는 저장된 단백질, 탄수화물, 지질; 색소 분자들; 기타 여러 다른 작은 화학물질들이 있다[이들을 제외한 세포질을 세포기질(cytosol)이라 함]. 세 가지 세포 기능(분비, 세포 내 소화 그리고 에너지 생산)을 자세히 관찰하면, 기본적인 생명 기능을 조율하고 특화된 세포의 특징을 부여할 수 있도록 어떻게 세포소기관들이 상호작용하는지를 잘 볼 수 있다.

분비-진핵생물의 생산 라인

분비는 세포로부터 특정 물질들을 배출하는 것이다. 분비 과정은 신체가 세포에게 그 물질 생산을 개시하도록 생화학 신호를 보내는 것으로부터 시작된다. 예를 들자면, 신생아가 엄마의 젖을 빨 때 엄마의 뇌는 모유를 구성하는 복잡한 물질들의 생산을 급격히 증가시키도록 젖가슴의 세포에게 신호를 보내는 호르몬을 방출한다(**그림 2.4**). 여기에 반응해서, 특정 유전자에 담겨 있는 정보는 **전령 RNA**(messenger RNA, mRNA)로 복사되어 핵 밖으로 나간다(그림 2.4의 1, 2단계 참조). 세포질에서 mRNA는 리보솜과 또 다른 종류의 RNA인 **운반 RNA**(transfer RNA, tRNA)의 도움을 받아 모유 단백질 생산을 유도한다. 여기에는 카세인이라는 영양물질, 감염에 대항하는 항체 단백질, 그리고 다양한 효소들이 포함된다.

대부분의 단백질 합성은 복잡하게 얽힌 막 성분의 관과 소낭의 복합체인 **소포체**(endoplasmic reticulum, ER)의 미로에서 일어난다(그림 2.4의 3단계 참조). 소포체는 핵막으로부터 원형질막 쪽으로 구불구불 뻗어 나오는데, 세포의 한 부분에서 다른 곳으로 분자들을 수송하는 튜브 모양의 거대한 그물망을 형성한다. 핵과 가까이에 있는 소포체는 납작하고 리보솜들이 점점이 박혀 있어 조면소포체라 하는데, 이는 전자현미경으로 보았을 때 리보솜이 소포체를 보풀이 있는 것처럼 거칠게 보이게 하기 때문이다. 단백질 합성은 전령 RNA가 리보솜에 부착하였을 때 조면소포체에서 시작된다. 세포질에 있는 아미노산들은 mRNA의 염기서열에 있는 지령에 따라 연결되어 특정 단백질을 만들고, 이는 세포 밖으로 배출되거나 지질과 함께 막의 한 부분이 된다(그림 2.4의 3단계). 단백질은 또한 소포체와 결합하지 않은 리보솜에서도 합성된다. 이 단백질들은 세포질 내에 머무른다.

소포체는 세포의 품질관리센터 역할을 한다. 이곳의 화학적 환경은 단백질이 고유의 기능을 발휘하기 위한 3차원적 구조로 접히게 한다. 잘못 접힌 단백질은 소포체에서 밀려나 분해되는데, 마치 장난감 공장의 조립 라인에서 불량품을 골라내 폐기하는 것과 같다. 질병을 유발할 수 있는 잘못 접힌 단백질들에 대해서는 10장에서 자세히 다루고자 한다.

조면소포체가 원형질막 쪽으로 뻗어나갈수록, 리보솜의 수가 줄어들며 관이 점차 굵어져 활면소포체(smooth ER)라고 불리는 구획이 된다. 여기에서 지질이 만들어져 조면소포체에서 도착한 단백질에 추가된다(그림 2.4의 4단계). 지질과 단백질은 활면소포체의 관이 좁아지는 끝까지 수송된다. 그 후 단백질은 활면소포체 관의 끝에서 떨어져 나오는 막으로 둘러싸인 주머니 모양의 세포소기관인 **소포**(vesicle)에 담겨서 소포체를 떠난다. 지질은 소포 없이 빠져나가는데 이는 소포 자체가 지질로 구성되어 있기 때문이다.

분비 물질을 담고 있는 소포는 분비물 생산 라인의 다음 정착지인

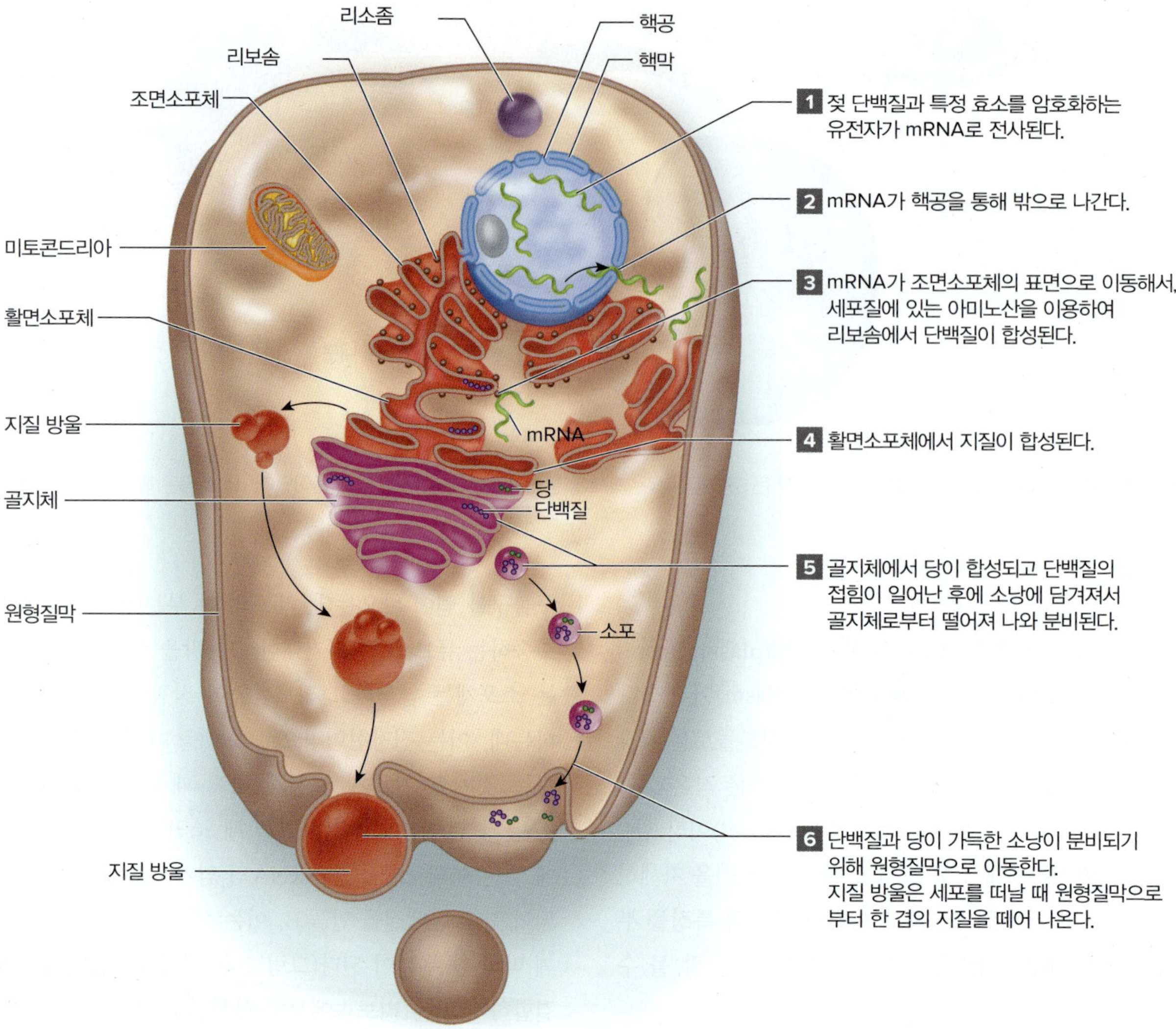

그림 2.4 분비: 젖의 생성. 젖의 생성과 분비는 젖샘 세포 내에서 세포소기관들의 기능과 상호작용을 잘 보여준다. (1)부터 (6)은 세포소기관들이 이 과정에 참여하는 순서를 나타낸다. 지질은 단백질 및 지질에 부착된 당과는 별도의 방울로 분비된다. 여러 구조물의 상대적 크기 면에서 보면 이 그림의 세포는 극도로 단순화된 것이다.

팬케이크 모양의 주머니 형태인 **골지체**(Golgi apparatus)로 내용물을 싣고 간다(그림 2.4의 5단계). 이 공정센터는 4개에서 6개의 서로 연결된 납작한 막으로 둘러싸인 소낭이 쌓여있는 형태이다. 여기에서 젖에 많은 락토오스 같은 당이 만들어진다. 몇몇 당류는 단백질과 결합하여 당단백질 또는 지질과 결합하여 당지질이 되는데, 이것들은 원형질막의 일부가 된다. 단백질들은 골지체에서 접힘이 완성되어 활성화된다. 어떤 종류의 세포는 골지체가 몇 개 없지만, 분비성 세포들은 수백 개를 가지기도 한다.

모유와 같은 복합 분비물의 성분들은 골지체에 임시로 보관된다. 단백질과 당으로 구성된 작은 방울들은 소포로부터 떨어져 나와 원형질막 쪽으로 이동해서 일시적으로 막의 일부가 되어 있다가 세포 밖으로 분비된다. 지질은 막의 일부를 지닌 채 직접 원형질막을 빠져나간다(그림 2.4의 6단계).

젖가슴에는 젖분비세포(lactocyte)라 불리는 상피세포들이 관 벽을 형성해서 관 속으로 젖 성분을 분비한다. 아기가 젖을 빨면 수축세포는 젖을 관속으로 짜서 유두에 있는 구멍 밖으로 밀려 나가게 한다.

골지체는 많은 종류의 단백질을 가공한다. 이 산물들은 여러 다른 형태의 소포로 분류되어 골지체를 빠져나가는데, 마치 물품 창고에서 상품이 떠날 때 배송 목적지에 따라 서로 다른 포장 용기에 포장되는 것과 비슷하다. 소포를 세포 내 특정 부위로 보내느냐, 또는 내용물을 세포 밖으로 방출되도록 하느냐는 분자표지에 의해 표시된다.

세포 내의 물질수송과는 달리, 세포 사이의 물질 수송은 **엑소좀**(exosome)이라고 불리는 소낭을 이용하는데, 엑소좀은 어떤 세포로부터 떨어져 나와서 이동하여 다른 세포와 융합해서 내용물을 그곳에 배출한다. 엑소좀의 직경은 30~100나노미터(1/10억 미터)에 불과하다. 이것은 단백질, 지질 및 RNA를 수송하는데, 여러 유형의 세포에서 그 존재가 밝혀져 있다. 엑소좀은 찌꺼기를 버리고, 면역분자들을 수송하며 세포들 사이의 방대한 연결망을 제공한다.

세포 내 소화–리소좀과 페록시솜

아파트에 쓰레기가 흩어져 있듯이 세포 안에도 찌꺼기들이 쌓인다. **리소좀**(lysosome, "자르는 본체")이라 불리는 세포소기관이 쓰레기를 처리한다. 리소좀은 막으로 둘러싸인 주머니로서 그 속에 세균 잔해, 폐기된 세포소기관, 과다한 콜레스테롤과 같은 물질들을 분해할 수 있는 효소를 함유하고 있다(**그림 2.5**). 이 효소들은 또한 몇몇 소화된 영양물질을 세포가 사용할 수 있는 형태로 분해하기도 한다.

리소좀은 세포 안팎의 찌꺼기들을 지니고 있는 소포와 융합한 후 리소좀 효소를 이용하여 그 내용물을 분해한다. 세포가 자신의 쓰레기를 없애버리는 과정을 **자가포식**(autophagy, "자기 섭취")이라 부른다. 예를 들면, **엔도솜**(endosome)이라 불리는 원형질막에서 형성된 소낭은 과다한 저밀도 지질단백질(low-density lipoprotein, LDL) 콜레스테롤을 리소좀으로 데려간다. 채워진 리소좀은 원형질막 쪽으로 이동하여 막과 융합하고 소화된 내용물을 밖으로 내보낸다. 리소좀은 자신의 효소가 활성을 유지하기 위해 강한 산성을 띠지만, 다른 세포 성분에는 피해를 주지 않는다.

세포마다 리소좀의 숫자가 다르다. 그림 2.1에 나와 있는 세균을 잡아먹는 대식세포는 많은 수의 리소좀을 가진다. 간세포는 콜레스테롤, 독소 및 약물을 분해하기 위해 많은 리소좀이 필요하다.

모든 리소좀에는 43종류의 소화효소가 들어 있는데 이것들은 정확한 균형이 유지되어야만 한다. 특정 효소의 결핍이나 이상 기능은 "리소좀 축적병(lysosomal storage disease)"을 유발하는데, 이 경우 결핍되거나 비정상적인 효소로 인해 원래 분해되어야 할 분자들이

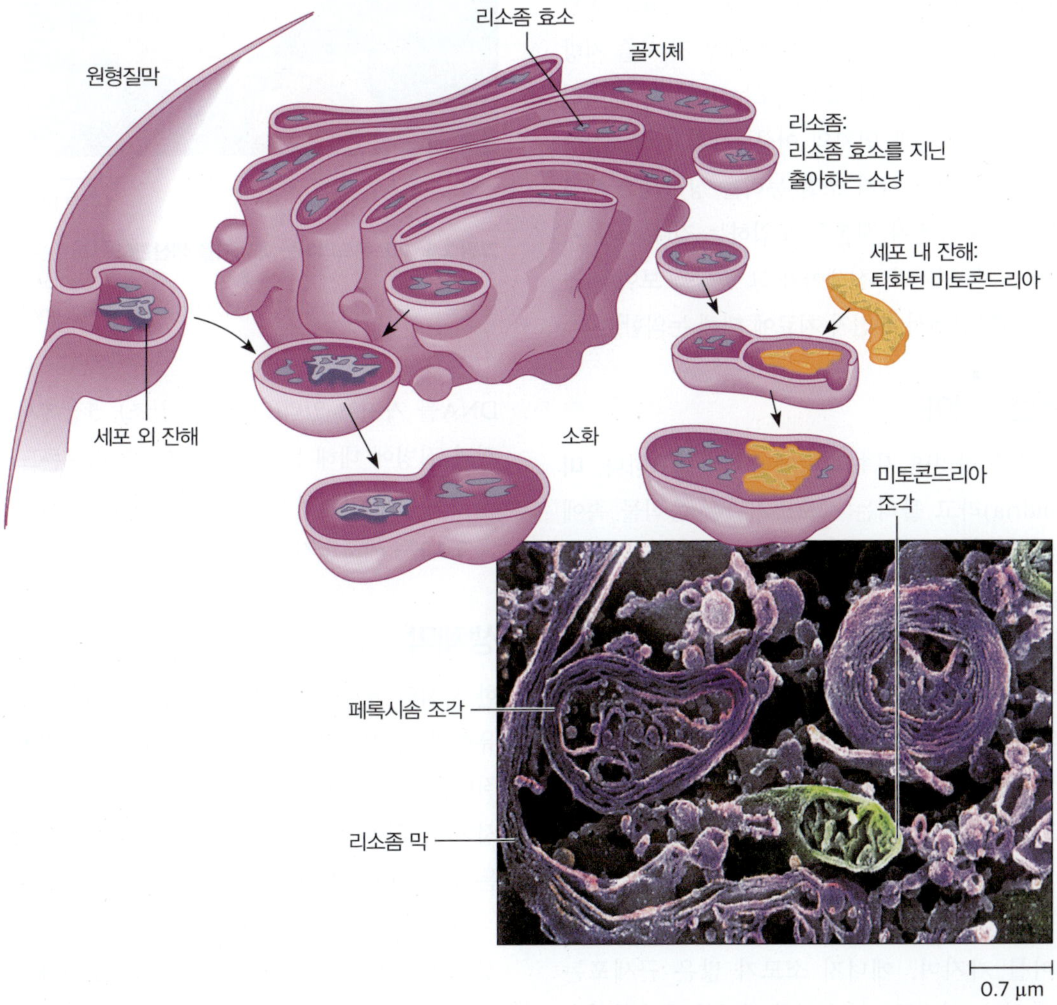

그림 2.5 리소좀은 폐기물 처리장이다. 리소좀은 소낭이나 손상된 세포소기관과 융합하고 그 안의 효소들을 활성화하여 분자들을 재활용한다. 리소좀 효소는 세균 잔해도 분해한다. 효소 활성을 위해서는 산성 환경이 요구된다. *Professors Pietro M. Motta & Tomonori Naguro/Science Source*

축적된다. 다른 세포소기관들이 너무 과밀하게 채워져서 리소좀이 부풀어 올라 세포의 기능을 방해하게 된다. 예를 들면, 테이-삭스병(Tay-Sachs disease)은 신경세포를 둘러싸고 있는 세포에서 지질을 정상적으로 분해하는 효소가 결핍된 것이다. 결과적으로 신경계가 지질에 파묻히게 되어 이 병에 걸린 신생아는 시력과 청력 및 운동 능력을 잃기 시작한다. 대개 3살 전에 사망한다. 심지어 출생 전이라도 영향을 받은 세포의 리소좀은 부풀어 오른다. 리소좀 축적병은 전세계적으로 약 10,000명 정도가 걸린다(표 22.4 및 그림 22.4 참조).

페록시솜(peroxisome)은 한 겹의 외막에 여러 가지 단백질이 부착되어 있고 다양한 기능을 하는 효소들을 담고 있는 주머니이다. 효소들은 특정 지질과 희귀 생화학 물질의 분해, 지방 소화에 사용되는 담즙산의 합성, 그리고 활성산소(쌍을 이루지 않은 전자를 포함하고 있는 산소 원자로 거대분자에 해를 끼침) 노출에 의해 생긴 물질을 해독한다. 페록시솜은 독성물질을 다루는 간과 콩팥 세포에 많이 들어 있다.

부신백질이영양증(adrenoleukodystrophy)은 페록시솜 효소 결핍에 의해 생기는 유전병의 한 예이다. 뇌와 척수에 '매우 긴 사슬 지방산'으로 불리는 지질이 축적된다. 초기 증후으로는 저혈당, 검어진 피부, 근무력증, 시력 상실, 행동과 인지의 이상, 그리고 불규칙한 심장박동 등이 있다. 환자는 점차 사지 조절 능력을 상실하고 수년 내로 사망한다. 정상 기능의 유전자 사본을 도입하는 것(유전자 치료)은 질병의 진행을 막을 수 있거나, 신생아가 그 증상을 보이는 것 자체를 차단할 수 있다(제22장에서 유전자 치료에 대해 논의함).

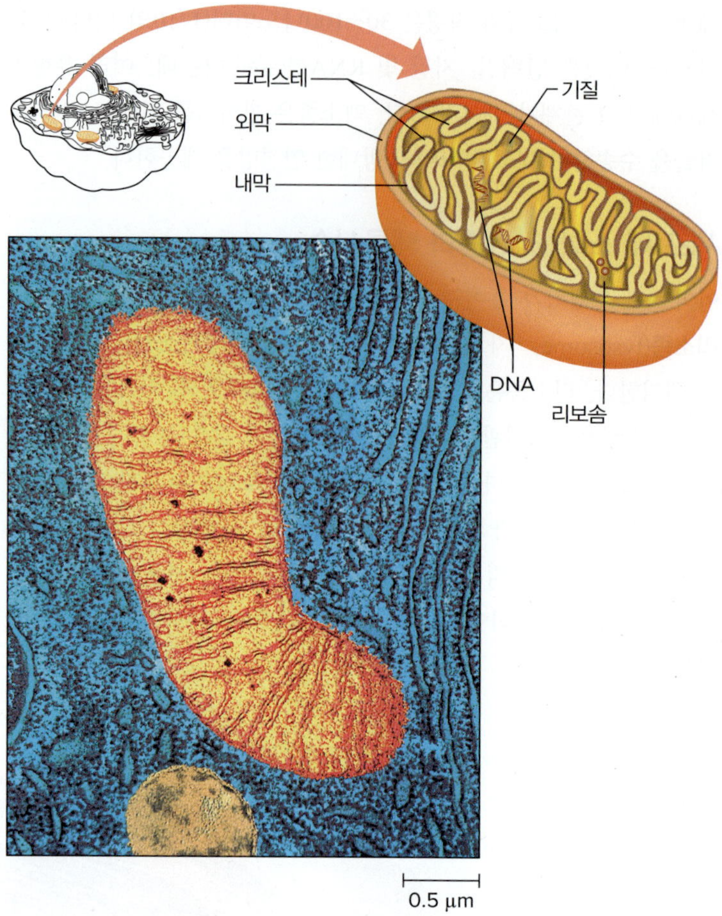

그림 2.6 미토콘드리아는 에너지를 생산한다. 미토콘드리아 내막의 주름진 구조인 크리스타들은 에너지 반응을 위한 효소를 담고 있는 표피의 면적을 넓게 해 준다. 미토콘드리아는 자체 DNA를 가지고 있다. *Bill Longcore/Science Source*

에너지 생산-미토콘드리아

세포가 생명의 화학반응을 하려면 지속적인 에너지가 필요하다. **미토콘드리아**(mitochondria)라고 불리는 세포소기관은 음식물 속에 있는 영양 분자의 화학결합을 분해하여 에너지를 공급한다.

미토콘드리아의 외막은 소포체나 골지체의 것과 비슷하며, 내막은 크리스타(crista)라고 하는 주름진 구조를 형성한다(**그림 2.6**). 이 주름들에는 영양 분자로부터 에너지를 뽑아내는 생화학 반응을 촉진하는 효소들이 포함되어 있다. 방출된 에너지는 수집되어 아데노신3인산(adenosine triphosphate, ATP) 분자의 결합에너지로 축적된다. 이런 방식으로 ATP는 에너지 직불카드처럼 작용한다.

하나의 세포에는 그 세포의 활동 수준에 따라 수백 개에서 수만 개의 미토콘드리아가 있을 수 있다. 전형적인 간세포는 약 1,700개 정도의 미토콘드리아를 가지며, 에너지 소모가 많은 근세포는 10,000개 정도 가지고 있다. 미토콘드리아 이상 질병의 주된 증상은 피로이다. 미토콘드리아는 핵 DNA와는 구분되는 작은 크기의 DNA를 가지고 있다(그림 5.8 참조). 5장에서는 미토콘드리아의 유전과 질병에 대해 논의하고, 17장은 미토콘드리아 유전자가 어떻게 초기 인류의 이동에 대한 이해를 제공했는지에 대해 기술한다.

표 2.2는 세포소기관들의 구조와 기능을 요약한 것이다.

생체막

한 사회의 특징이 드나드는 사람에 의해 형성되듯이 서로 다른 세포 유형의 특성도 부분적으로는 드나드는 물질에 의해 결정된다. 원형질막은 세포를 완전히 둘러싸고 있으며 드나드는 분자의 이동을 감시한다. 원형질막을 구성하는 화학물질이 서로 어떻게 어우러져 있는지는 어떤 물질이 세포로 출입하느냐를 결정한다.

막은 미토콘드리아, 리소좀, 페록시솜 및 소낭의 외부 경계를 형성하고 소포체나 골지체와 같은 다른 소기관들을 전체적으로 구성한다. 세포의 막은 단순한 외피 이상이며, 여기에 박혀 있는 분자들은 특수한 기능을 가지고 있다.

표 2.2 **세포소기관들의 구조와 기능**

세포소기관	구조	기능
소포체	막 네트워크; 조면소포제에는 리보솜이 있고 활면소포체에는 없음	단백질이 합성되고 접히는 곳; 지질 합성
골지체	막으로 둘러싸인 주머니의 포개진 더미	당이 만들어져서 녹말로 연결되거나 혹은 지질이나 단백질에 결합하는 장소; 단백질 접힘 완료; 분비물의 저장
리소좀	소화효소를 지닌 주머니	잔해물 분해; 세포 내용물 재활용
미토콘드리아	이중 막; 내막에 효소가 부착	영양소로부터 에너지 합성
핵	DNA를 지닌 구멍 있는 두 겹의 막으로 된 주머니	세포 내에서 DNA를 격리
페록시솜	효소를 포함한 주머니	다양한 분자의 분해와 해독
리보솜	RNA와 단백질로 구성된 2개의 구형 소단위의 결합체	단백질 합성의 촉매 작용하는 구조물
소포	막으로 둘러싸인 주머니	물질의 일시적인 저장과 이동

막 구조

생체막은 독특한 구조를 하고 있다. 이는 인지질이라 부르는 분자의 이중층이다. 인지질은 인산기가 결합된 지방 분자이다. 인산기는 하나의 인 원자에 4개의 산소 원자가 결합된 것이다. 인지질은 **그림 2.7**에 나와 있는 것과 같이 하나의 머리에 두 개의 나란한 꼬리가 있는 모양으로 묘사된다.

인지질 분자들이 스스로 결합해서 얇은 층을 이루려 하는 성질로 인해 막이 형성된다. 이 분자들이 이렇게 얇은 층을 이루는 이유는 그 끝부분이 물을 피하려 하기 때문이다: 인지질의 머리인 인산 부분은 물에 잘 끌려서 친수성["hydrophilic(물을 좋아하는)"]이다; 반대편의 지방산으로 이루어진 꼬리 부분은 물과 멀어지려고 하므로 소수성["hydrophobic(물을 무서워하는)"]이다. 이러한 힘 때문에 인지질 분자들은 물속에서 자연적으로 이중층으로 배열된다. 친수성 표면은 세포 내외의 물을 향하게 된다. 소수성 표면은 물과 멀어져서 이중층의 안쪽으로 서로 마주 보고 위치해서, 물에 녹아있는 대부분의 물질들의 출입을 막는다. 그러나 특정 분자들은 통로를 구성하는 단백질을 통하거나 또는 일시적으로 수송 단백질에 결합해서 막을 통과할 수 있다.

일부 막단백질들은 이온(전하를 띠고 있는 원자 또는 분자) 통로(channel)를 구성한다. "채널병증(channelopathy)"은 이온 통로의 결함에 의해 생기는 질병이다. 예를 들어, 그림 1.6에서는 낭포성 섬유증(cystic fibrosis)에서 이상을 보이는 이온 통로를 보여주고 있다. 또 다른 종류의 채널병증은 눈에 띄는 자극이 없는 상황에서 극심한 통증을 유발할 수도 있고 통증 상실을 유발할 수도 있다. 유명한 사례로 파키스탄의 한 소년이 있는데, 그는 관중 앞에서 뜨거운 숯 위를 걷거나 자기 몸을 칼로 찌르는 공연가가 되었다. 그는 소듐 이온이 세포 내로 들어가게 해주는 통로를 구성하는 단백질을 암호화하고 있는 10개의 유전자 중 하나에 돌연변이를 가지고 있다. 연구자들은 새로운 진통제 개발을 위해 이와 같은 통증 증후군을 연구하고 있다.

단백질들은 생체막의 인지질 이중층 속에 박혀 있다. 어떤 단백질

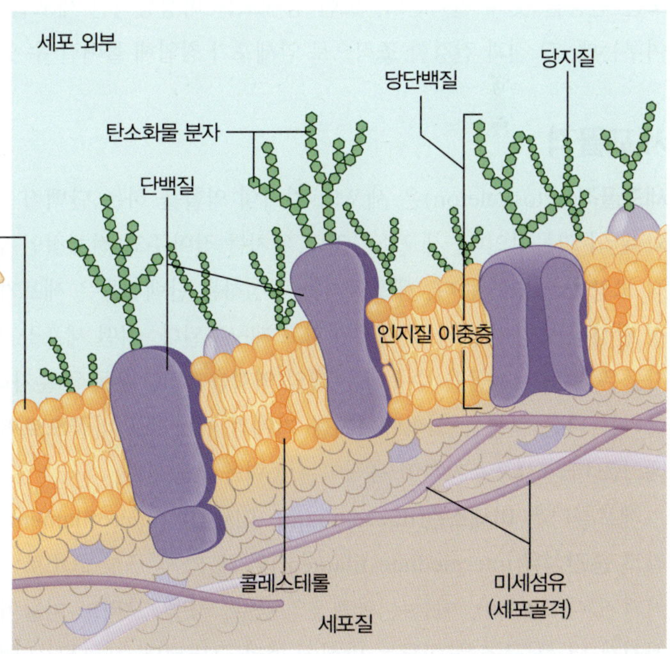

그림 2.7 원형질막의 구조. 이동성 단백질은 인지질 이중층 전역에 파묻혀 있다. 탄수화물이 부착된 단백질은 당단백질이다. 막의 바깥쪽 표면으로 돌출되어 있는 탄수화물은 당지질이다. 왼쪽에 삽입된 그림은 인지질 분자를 보여준다.

은 막 전체를 가로지르는 반면에 다른 것들은 한쪽 면 또는 양쪽 면으로 뻗어 나와 있다(그림 2.7). 인지질 이중층은 기름층이며 바다 위의 배처럼 몇몇 단백질은 그 속에서 움직일 수 있다.

원형질막은 세포 간의 소통을 가능하게 한다

원형질막에 돌출된 단백질, 당단백질 및 당지질들은 세포의 기능과 다른 세포와의 상호작용에 중요한 역할을 하는 표면 구조를 생성한다. 특정인의 세포 표면은 특정 신체의 일부임을 가리킬 뿐만 아니라 특정 기관이나 조직의 일부임을 표시한다.

원형질막에 부착되어 있는 많은 분자는 수용체로서 세포 밖의 분자에 딱 맞게 결합할 수 있는 모양이나 요면 구조를 하고 있다. 수용체에 결합하는 분자를 리간드라 하는데, 분열과 같은 특정 활동을 수행하는 일련의 화학반응을 세포 내에서 일어나게 할 수 있다.

신호전달(signal transduction)이라 불리는 세포 정보교환 과정에서는, 원형질막의 일부분인 일련의 분자들이 세포 외부로부터 신호를 감지하여, 이를 안쪽으로 전달하고, 이곳에 있는 다른 분자들이 세포의 반응을 일으키게 하는 경로를 구성한다. **세포접착**(cellular adhesion)이라고 불리는 다른 과정에서는, 세포가 다른 세포에 접착하도록 원형질막이 도와준다. 이와 같은 세포 사이의 연결은 조직을 이루는 데 중요하다.

잘못된 신호전달이나 세포접착은 건강을 위협할 수 있다. 예를 들어, 암은 세포가 세포분열을 멈추게 하는 신호를 인식하지 못하거나 또는 반응을 못해 일어난다. 또한 암세포는 비정상적인 세포접착을 이루는데, 그 결과 건강한 조직으로 암세포가 침입해 들어갈 수 있다.

세포골격

세포골격(cytoskeleton)은 세포의 지지대 역할을 하는 단백질 막대와 관의 그물망인데, 세포소기관의 위치를 잡아주고 전체적인 입체적 모양을 만들어 준다. 세포골격을 구성하는 단백질들은 세포가 특정 활성을 보임에 따라 계속 부서지고 재구축된다. 어떤 세포골격 인자들은 세포 내용물을 수송하는 레일 역할을 하고, 운동성 분자라고 불리는 다른 부분은 화학에너지를 기계적 에너지로 바꿈으로써 이 레일을 따라 세포소기관이 움직이는 동력을 제공한다.

세포골격은 **미세소관**(microtubule), **미세섬유**(microfilament) 그리고 **중간섬유**(intermediate filament)의 세 가지 구성 요소로 이루어져 있다(**그림 2.8**). 이들은 단백질의 종류, 직경, 그리고 이들이 합쳐져서 더 큰 구조를 이루는 방식에 따라 구별된다. 또 다른 단백질들은 이들에 결합하여 세포가 외부의 힘에 대항해서 버티고 모양을 유지하는 능력과 힘을 제공한다.

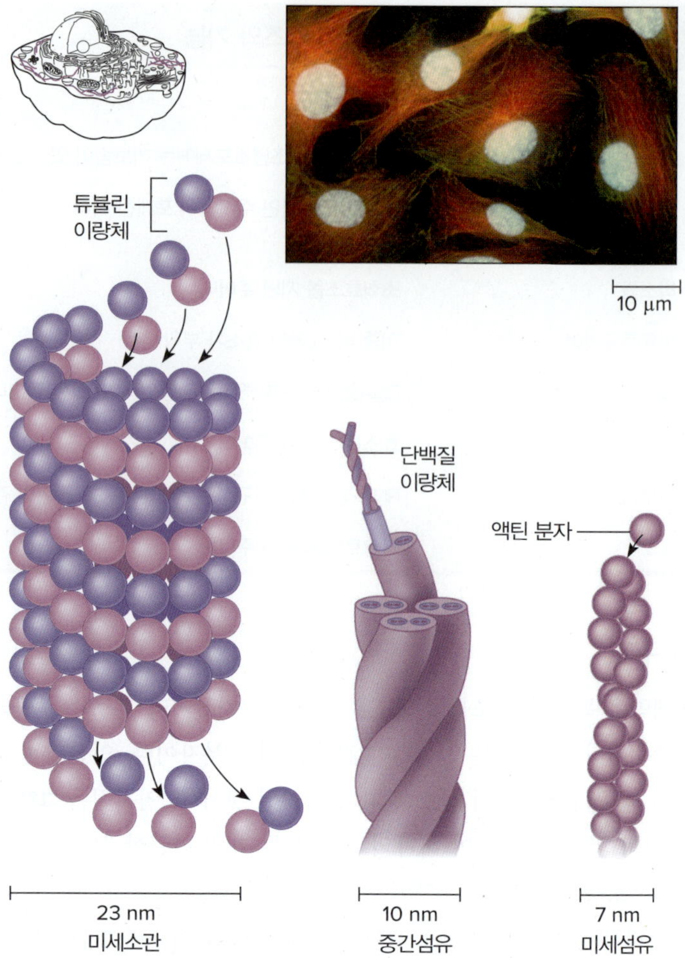

그림 2.8 세포골격은 단백질 막대와 소관으로 구성되어있다. 세 가지 주요 세포골격은 미세소관, 중간섬유, 그리고 미세섬유이다. 특수 염색 후 현미경을 관찰하면, 삽화 내의 세포에서와 같이 세포골격은 초록색 톤의 섬유를 포함하는 오렌지색으로 보인다(nm는 나노미터로 10억분의 1미터이다). 사진: *Dr. Gopal Murti/Science Source*

길고 속이 빈 미세소관은 여러 종류의 세포 운동에 관여한다. 미세소관은 관을 구성하는 튜불린(tubulin)이라 불리는 단백질의 이량체로 이루어져 있다. 튜불린 분자를 더하거나 제거하는 것에 의해 미세소관의 길이가 달라진다.

세포는 형성된 미세소관과 개개의 튜불린 분자들을 모두 지니고 있다. 예를 들면, 세포분열과 같이 미세소관의 특수한 기능이 필요해지면 자유로운 튜불린 이량체들은 스스로 모여서 미세소관을 형성한다. 분열이 끝나면 일부 미세소관은 다시 튜불린 이량체로 해체되어 차후 작업의 원재료로 보충된다. 세포는 끊임없이 미세소관을 조립하고 분해한다.

미세소관은 세포 구조를 유지하고 세포 내에서 물질 수송을 가능하게 해준다. 비정상적인 미세소관은 여러 퇴행성 신경질병을 야기한다. 예를 들어, 비정상적인 미세소관은 뉴런들 간의 또는 뉴런과 근세포 사이의 시냅스에 신경전달물질이 도달하는 것을 막을 수 있다.

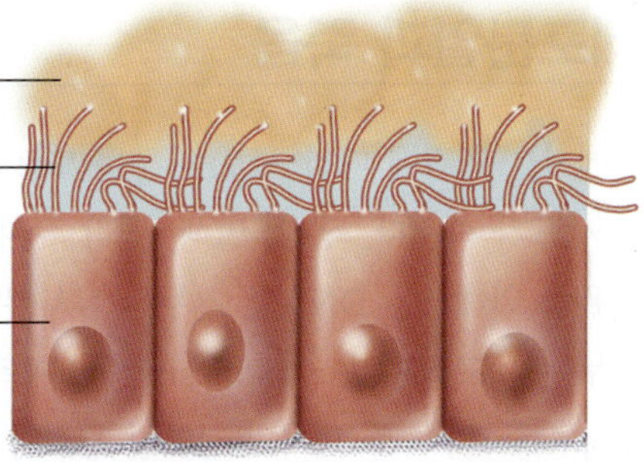

그림 2.9 섬모는 미세소관으로 형성된다. 운동섬모는 호흡기관의 세포 표면에 있는 점액과 같은 분비물을 움직인다. 이에 반해서 일차섬모는 움직이지 않고 변화 감지를 위한 안테나와 같은 기능을 한다. 이 그림에는 운동섬모들만 나와 있다.

미세소관은 머리카락과 같은 구조의 섬모(cilia, 라틴어로 "세포의 속눈썹"이란 의미)를 형성한다(**그림 2.9**). 섬모에는 움직이는 운동섬모와 움직이지 않고 감각 기능을 지닌 일차섬모의 두 가지 형태가 있다.

운동섬모는 일차섬모보다 미세소관 쌍을 하나 더 가지고 있다. 운동섬모의 조화로운 운동은 세포를 움직이거나 세포 표면을 따라 물질을 흘려보내는 파동을 생성한다. 물질 이동에 관여하는 많은 섬모의 조화로운 움직임은 마치 공연자가 관객들 속으로 뛰어들어 그들의 머리 위로 들려서 무대로부터 멀어져가는 "크라우드 서핑(crowd surfing)"을 연상시킨다. 이와 비슷하게 운동섬모는 흡입한 입자들을 호흡관 위로 움직여서 밖으로 보내며, 여성의 나팔관에서 난자를 이동시킨다. 운동섬모는 신체의 여기저기에 널리 퍼져있기 때문에 이들의 장애는 많은 증상을 일으킬 수 있다. 이와 같은 "아픈 섬모 질병"인 섬모병증(ciliopathy) 중의 하나인 바르데-비들 증후군(Bardet-Biedl syndrome)은 비만, 시각장애, 당뇨, 인지장애, 다지증 등을

임상 연계 2.2

거대 축삭을 가진 소녀

해나 세임즈(Hannah Sames)의 세포는 정상적인 경우 분해되어 중간섬유가 되며 그들의 구성성분으로 재활용되는 단백질인 기가소닌(gigaxonin)을 만들지 못한다. 해나의 머리털 세포에는(**그림 2B**) 케라틴 단백질로 구성된 중간섬유가 축적되어 곱슬머리를 만든다. 그녀의 뉴런에는 또 다른 종류의 중간섬유 단백질이 축적되어 근육으로 정보를 전달하는 긴 신경 축삭이 부풀어있다. 해나는 전 세계적으로 단지 수십 명만 알려져 있는 거대 축삭 신경병(giant axonal neuropathy, GAN) 환자이다.

2004년 3월 5일에 해나가 태어났을 때, 곧은 직모 머리카락을 지닌 가족들은 해나의 곱슬머리에 매혹되었다. 할머니가 해나의 발 아치(arch)가 안쪽으로 말리는 것을 발견한 2살 5개월이 될 때까지는 모든 것이 좋아 보였다. 의사는 발이 웃자란다고 생각했는데, 3살이 되었을 때 양쪽 발의 아치가 모두 말렸고, 걸음걸이가 이상해졌다. 여전히 의사는 크게 신경 쓰지 않았다. 그러다가 해나의 이모가 같은 직장의 물리치료사에게 해나가 걷는 동영상을 보여주었는데, 그 물리치료사는 해나의 걸음걸이가 근이영양증 아동의 걸음걸이와 비슷하다고 생각했다.

근이영양증이라는 생각을 소아과 의사에게 말하고, 해나의 가족들은 흔한 유전성 아동 신경증후들에 대한 유전자 검사를 했지만 그 결과는 모두 정상이었다. 그 후 한 소아신경과 의사의 진찰을 받았을 때, 그 의사는 해나를 한번 보고 나서 높은 서재에서 두꺼운 책 한 권을 꺼내서 넘겼다. 그리고 곱슬머리와 넓은 이마 그리고 무릎 아래까지 내려가는 장애 보조기를 착용하고 있는 마른 소년의 사진을 해나의 부모인 로리(Lori)와 매트(Matt)에게 보여주었다. 그 소년은 GAN을 앓고 있었고 해나와 거의 똑같아 보였다.

거대 축삭 유전자 검사 결과 진단이 확인되었는데, 해나는 두 유전자 사본 모두 똑같은 결실을 가지고 있었고, 따라서 그 유전자가 완전히 결여되었다. 이런 극히 희귀한 질병에 대한 연구도 치료 약도 없다는 말을 유전상담사로부터 들었을 때 로리와 매트는 망연자실했다. 해나의 부모는 이 사실을 받아들이려 하지 않았고, 몇 일내에 '해나의 희망 재단'을 설립해서 최초로 척수를 대상으로 하는 유전자 치료법(22.3절 참조) 개발에 대한 연구비를 지원했다.

2016년 해나는 20살 생일 직후에 정상적인 거대 축삭 유전자를 수여 받았다. 그 당시까지 그녀는 휠체어를 이용하고 있었고 말하기와 시력에 문제를 보이기 시작했다. 모든 것이 잘 된다면, 이 유전자 치료는 이 질병의 진행을 막을 것이다. 근육 강화를 위해 피나는 노력을 하고 있다. 척수로의 유전자 치료는 더욱 흔한 질병과 척수 손상을 치료하기 위해서도 개발될 수도 있다.

그림 2B 해나 세임즈는 중간섬유에 영향을 끼치는 거대 축삭 신경병을 앓고 있다. 그녀의 아름다운 곱슬머리는 증후의 일종인데, 요즈음 그녀는 머리를 곧게 펴는 것을 선호한다. *Courtesy, Lori Sames. Photo by Dr. Wendy Josephs*

토론을 위한 질문

1. 비록 소수의 환자뿐이더라도, GAN 치료를 위한 실험적인 유전자 치료는 왜 중요한가?
2. 미세소관 및 미세섬유와 비교하여 중간섬유의 특이점은 무엇인가?
3. 해나의 진단을 위해 소아신경과 의사는 유전자형을 근거로 하였는가 아니면 표현형을 근거로 하였는가?

일으킨다. 다양한 종류의 바르데-비들 증후군이 운동섬모와 일차섬모 모두에 영향을 끼친다.

다양한 종류의 세포들이 일차섬모를 가지고 있는데, 이것은 세포 외부의 신호를 감지해서 세포 내부의 특정 위치로 전달하는 안테나 역할을 한다. 일차섬모는 눈으로 들어오는 빛, 신장 세관을 지나는 소변, 심장혈관에서 흐르는 혈액, 연골에 가해지는 압력 등을 감지한다. 비록 일차섬모는 움직이지는 않지만 다른 몇몇 세포들을 움직이도록 자극하는데, 배아에서 기관을 형성하도록 하는 것이라든가 상처를 낫게 도와주는 세포들이 해당된다. 일차섬모가 없으면 다낭성 신장병(polycystic kidney disease)처럼 건강을 해칠 수 있다. 세포는 매우 많은 운동섬모를 가지고 있을 수 있지만 대개 움직이지 않는 섬모는 한 개만 가지고 있다.

미세섬유는 수많은 액틴 단백질 분자들로 구성된 길고 가는 막대 모양이다. 이것은 속이 차 있고 미세소관보다 가늘며, 세포가 스트레칭과 압박에 견딜 수 있게 하고, 세포와 세포 사이의 연결을 도와준다. 미세섬유는 세포 안에서 액틴과 결합하는 단백질을 통해 여러 다른 기능을 수행한다. 이 단백질들 중에 어떤 것이라도 없거나 비정상적이면 유전 질병이 나타난다. 알츠하이머병과 몇몇 심근 질병에서 세포골격 중 액틴 부분에 이상이 있다.

중간섬유의 직경은 미세소관과 미세섬유의 중간 정도이다. 다른 세포골격들과는 달리 중간섬유는 세포 유형에 따라 서로 다른 단백질로 구성되어 있다. 그러나 모든 중간섬유는 나선형의 막대 속에 단백질 이량체가 감겨져서 들어가 있는 모양이다. 대부분의 세포들에서 중간섬유는 거의 없지만 신경세포와 피부세포에는 매우 풍부하다. **임상 연계 2.2**는 거대 축삭 신경병(giant axonal neuropathy)이란 아주 희귀한 질병을 앓고 있는 어린 소녀에서 비정상적인 중간섬유가 어떻게 여러 종류의 세포에 영향을 주었는지에 대해 설명하고 있다.

핵심 개념 질문 2.2

*a. 원핵세포에는 없지만 진핵세포에는 있는 것은?
*b. 세포의 화학성분들을 나열하시오.
c. 세포소기관들의 일반적인 기능을 설명하시오.
d. 세포가 물질을 분비하고, 잔해를 분해하고, 에너지를 얻을 때 서로 상호작용하는 소기관들을 설명하시오.
*e. 원형질막의 구성 요소들을 나열하시오.
f. **세포골격**이란 무엇인가?

2.3 세포분열과 죽음

사람의 몸에서는 조직에 따라 서로 다른 속도로 새로운 세포가 생기고 오래된 세포가 죽는다. 생장, 발생, 건강 유지와 질병이나 상처로부터의 치유를 위해서는 DNA를 나누는 **유사분열**(mitosis) 및 남은 세포를 나누는 **세포질분열**(cytokinesis)과 세포죽음의 한 형태인 **세포자살**(apoptosis)의 속도 사이의 정교한 상호작용이 요구된다.

성인 사람의 몸은 약 30조 개의 세포로 이루어져 있는데, 매일 약 10억 개의 세포들이 교체된다. 마치 조각가들이 원하는 모양의 작품을 만들기 위해 진흙을 조심스럽게 제거하듯이 기관을 만드는 정상적인 발생의 일환으로 세포들은 죽어야 한다. 예를 들어, 세포자살은 발생 중인 배아에서 뻗어 나온 갈퀴 모양의 구조로부터 손가락과 발가락을 조각한다(**그림 2.10**). *Apoptosis*란 그리스어로 "나무에서 떨어지는 잎"을 의미한다. 이것은 정상적인 발생의 한 부분인 정교하고 유전적으로 설계된 일련의 사건들의 연속이다.

세포주기

무수한 세포분열을 거쳐 하나의 수정란으로부터 수십조의 세포들로 이루어진 생명체가 발생 가능하다. **세포주기**(cell cycle)라 부르는 일

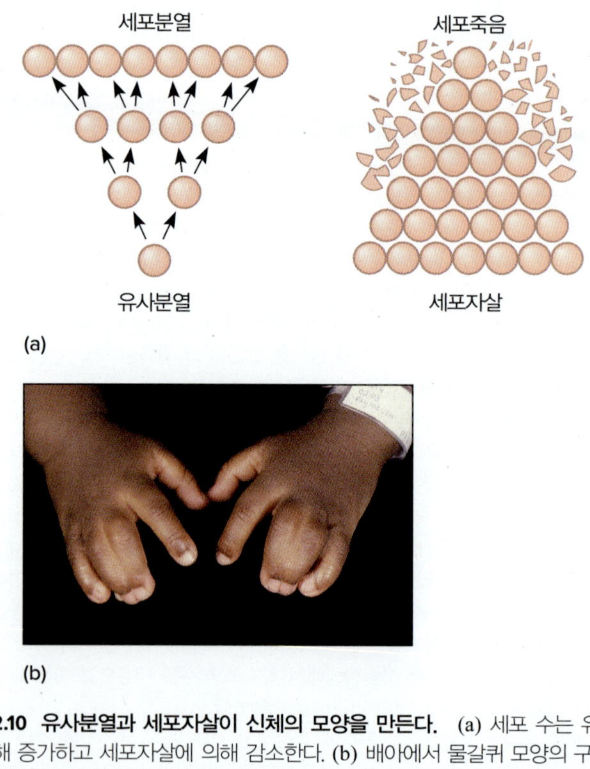

그림 2.10 유사분열과 세포자살이 신체의 모양을 만든다. (a) 세포 수는 유사분열에 의해 증가하고 세포자살에 의해 감소한다. (b) 배아에서 물갈퀴 모양의 구조를 파내어 손가락과 발가락이 형성된다. 합지증(syndactyly)은 위 사진에서 보듯이 세포자살이 일어나지 못하여 손가락이 조각되지 않고 물갈퀴 구조가 유지되는 것이다.
(b): Mediscan/Medical-on-Line/Alamy Stock Photo

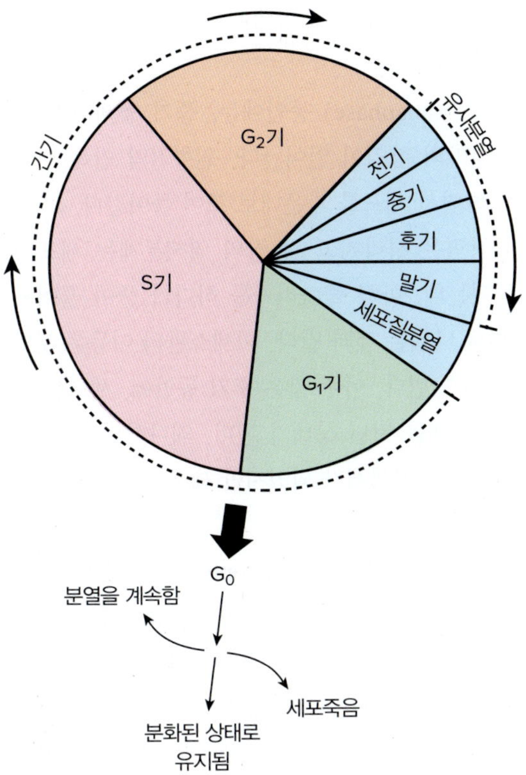

그림 2.11 세포주기. 세포주기는 세포 구성물이 복제되는 간기, 그리고 세포 내용물이 두 딸세포로 배분되는 유사분열로 나뉜다. 간기는 다시 특정 분자와 구조를 복제하는 G_1기 및 G_2기, 그리고 DNA가 복제되는 S기로 나뉜다. 유사분열은 네 단계와 세포들이 갈라지는 세포질분열기로 나뉜다. G_0는 세포가 앞으로 어떻게 할까를 "결정하는" "중간 휴식" 기간이다.

련의 과정은 세포가 분열을 준비하고 수행하는 활동의 연속을 일컫는다.

세포주기의 속도는 조직과 시기에 따라 다르다. 소장의 내벽을 구성하는 세포는 일생동안 자주 분열할 수 있지만, 뇌에 있는 뉴런은 절대 분열하지 않는 듯하다. 피부층의 가장 깊은 곳에 있는 세포는 그 사람이 살아 있는 한 분열할 수 있는데, 심지어 사후에도 몇 번은 분열할 수 있다! 빈번한 유사분열로 인해 배아와 태아가 빨리 성장할 수 있다. 출생 때가 되면 유사분열 속도는 현저히 저하된다. 그 후 유사분열은 조직과 기관에서 특화된 세포의 수와 위치를 유지해준다.

세포주기는 사실 연속적이지만, 우리는 이를 몇 단계로 나누어 살펴보고자 한다. 두 개의 주요 단계는 **간기**(interphase, 분열하지 않음)와 유사분열 시기(분열함)이다(**그림 2.11**). 유사분열 시기에 세포는 염색체를 복제하고, 그 후 세포질분열 시기에 두 개의 딸세포 각각으로 한 벌의 염색체와 세포소기관들을 반분하여 나누어 가진다. 유사분열은 사람 체세포의 특징인 23쌍의 염색체 세트를 보존한다. 또 다른 유형의 세포분열인 **감수분열**(meiosis)은 정자와 난자를 만드는데, 이 세포들은 체세포가 가지는 유전물질의 반(유전체 사본 한 벌로 구성된 23개의 단일 염색체)을 가지고 있다. 3장에서는 발생 상황에서의 감수분열에 대해 논의한다.

간기–왕성한 활동의 시기

간기 동안에 세포는 생명의 기본적인 생화학적 기능을 계속하는 한편 DNA나 몇몇 세포소기관들을 또한 복제한다. 간기는 두 개의 간극기인 **G_1기**(G_1 phase)와 **G_2기**(G_2 phase), 그리고 하나의 합성기인 **S기**(S phase)로 구분된다. 추가적으로, 세포는 활동이 없는 **G_0**기로 들어가기 위해 G_1기에서 세포주기를 빠져나올 수 있다. G_0기의 세포는 그 세포의 특징을 유지하면서 살아 있지만 DNA의 복제나 분열은 하지 않는다. G_0기로부터 세포는 다시 유사분열을 진행할 수도 있고, 혹은 죽을 수도 있다. 만약 암이 생길 수 있을 정도로 세포의 DNA 손상이 너무 크면 세포자살로 간다. 결국 G_0기는 세포의 운명이 결정되거나 보류되는 시기이다.

유사분열 다음에 오는 G_1기 동안에 세포는 단백질, 지질, 그리고 탄수화물의 합성을 재개한다. 이 분자들은 세포분열의 결과로 생길 두 개의 새로운 세포의 원형질막을 구성하는 데 사용될 것이다. G_1기는 세포의 종류에 따라 세포주기의 지속 시간에서 가장 차이가 크게 나는 시기이다. 간에 있는 세포처럼 느리게 분열하는 세포들은 G_1기에서 빠져나와 수년 동안 G_0기에 있기도 한다. 반면에 빠르게 분열하는 골수의 세포들은 G_1기를 16~24시간 만에 통과한다. 초기 배아의 세포에서는 G_1기가 완전히 생략될 수 있다.

S기 동안에 세포는 유전체 전체를 복제한다. 이런 큰일을 완수하기 위해 복제는 여러 시발점으로부터 동시에 일어날 수 있다. DNA 복제 후에 각 염색체는 **동원체**(centromere) 부위에서 접합되어 있는 유전체 사본 두 개로 구성되어 있다. 대부분의 사람세포에서 S기는 8~10시간 걸린다. 많은 단백질이 또한 이 시기에 합성되는데, 이 중에는 염색체를 당겨 분리하는 유사분열 **방추사**(spindle)를 형성하는 단백질들도 있다. 미세소관은 핵 가까이에 **중심립**(centriole)이라는 구조를 형성한다. 다른 단백질과 더불어 중심립 미세소관들은 서로 직각 방향으로 쌍을 이루는 원기둥 구조인 **중심체**(centrosome)를 구성하는데, 중심체는 다른 미세소관들을 배열하여 방추사를 이루도록 한다.

G_2기는 DNA가 복제되고 난 후 유사분열이 시작되기 전에 일어난다. 이 시기 동안 더 많은 단백질이 합성된다. G_1기에 만들어진 분자들로부터 막이 조립되어 작고 속이 빈 소포의 형태로 원형질막 바로 밑에 보관된다. 두 개의 딸세포를 둘러싸기에 충분한 만큼의 경계를 만들 수 있도록 이 소포들은 원형질막에 접합될 것이다.

유사분열-세포가 분열함

유사분열이 시작되면, 염색 후 현미경 하에서 복제된 염색체가 충분히 관찰이 가능 할 정도로 응축될 때까지 DNA는 단단히 감긴다(그림 9.13 참조). 복제된 염색체에서 두 개의 기다란 염색체 물질을 **염색분체**(chromatid)라 하고, 만약 동원체에서 서로 붙어 있으면 그들을 자매염색분체라고 한다. 자매염색분체 사이의 공간을 고랑(furrow)이라 한다(**그림 2.12**). 유사분열의 어느 시점에서 복제된 염색체의 동원체가 갈라진다. 이것은 자매염색분체들이 두 개의 개별 염색체로 분리되게 해준다. 따라서 염색체는 복제되지 않은 형태로 존재할 수 있으며, 두 자매염색분체로 이루어진 복제된 형태로 존재할 수도 있고, 또는 염색해도 보이지 않는 풀어진 형태로 존재할 수도 있다. 비록 복제된 염색체의 동원체는 잘록해 보이지만 그 DNA는 복제되어 있다.

유사분열의 첫 단계인 **전기**(prophase) 동안 DNA가 단단히 감긴다. 이를 통해 염색체는 더 쉽게 분리될 수 있도록 짧고 두꺼워진다(**그림 2.13**). 세포질에서는 튜불린으로부터 미세소관이 조립되어 방추사를 형성한다. 전기가 끝나갈 무렵 핵막이 소실된다. 인은 더 이상 보이지 않는다.

전기 다음에 **중기**(metaphase)가 따라온다. 염색체들은 동원체 부위에서 방추사에 연결되어 적도면(equator)이라 불리는 세포 중앙에 정렬된다. 중기 염색체는 큰 장력 하에 있지만 마치 줄다리기 밧줄이 팽팽하게 당겨지는 것과 같이 양쪽에서 같은 힘으로 당겨서 움직임이 없는 것처럼 보인다.

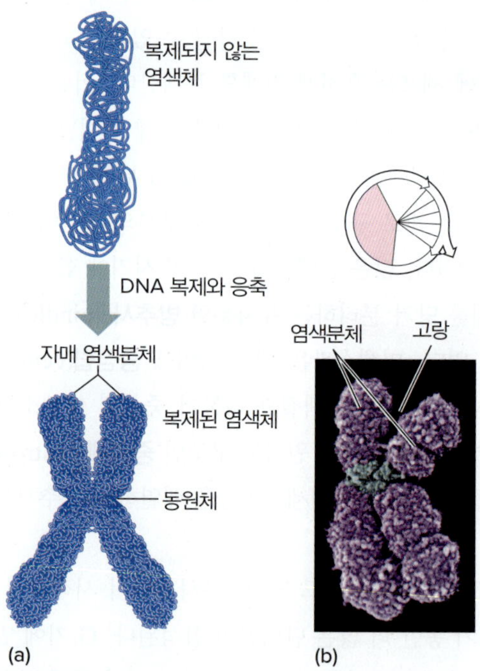

그림 2.12 복제되었거나 복제되지 않은 염색체. 염색체는 유사분열이 시작되기 전 S기에 복제된다. 유전적으로 동일한 복제된 염색체의 두 염색분체는 동원체에서 서로 연결되어 있다 (a). 전자현미경 사진(b)은 복제된 사람 염색체를 보여준다. 복제되지 않은 염색체와 각 자매 염색분체는 매우 긴 개별 DNA 분자이다. *(b): SPL/Science Source*

다음으로 **후기**(anaphase) 동안에는, 중기 염색체가 정렬한 중앙부에서 원형질막의 함입이 일어난다. 원형질막 안쪽 면에 미세섬유가 띠를 형성하면서 세포를 가운데로 조여 들어간다. 그 후 동원체가 갈라지면서 장력은 사라지고 각 쌍의 염색분체는 세포의 양쪽으로 하나씩 이동되는데, 마치 줄다리기를 하다가 줄이 끊어지면서 사람들이 두 무리로 나뉘는 것과 같다. 미세소관의 이동은 분열하는 세포를 더 길쭉하게 늘린다. 아주 짧은 후기 동안에, 세포는 잠깐 정상보다 두 배인 염색체를 지닌 상태가 된다. 왜냐하면 각 염색분체는 독립적으로 움직이는 염색체가 되었지만 세포는 아직 물리적으로 분리되지 않았기 때문이다.

유사분열 마지막 단계인 **말기**(telophase)에 세포는 양쪽에 한 세트씩의 염색체들을 가진 아령처럼 보인다. 방추사는 서로 분리되고, 길쭉해진 세포의 양 끝에서 인과 핵막은 재형성된다. 그다음 단계인 **세포질분열**(cytokinesis) 동안에 세포소기관들과 고분자들이 두 개의 딸세포로 나뉘어 들어간다. 마지막으로 미세섬유 띠는 졸라매는 끈처럼 수축하여 새로 생긴 두 개의 세포를 분리한다.

세포주기의 조절

유사분열의 조절은 쉽지 않은 일이다. 일생동안 수천조 번의 유사분열이 일어나는데, 무작위적으로 일어나는 것이 아니다. 언제 어디서 체세포가 분열하느냐는 건강유지를 위해 중요하다. 유사분열이 너무 적게 일어나면 상처가 치유되지 못하며, 너무 많이 일어나면 비정상적인 성장이 일어난다.

상호 작용하는 일군의 단백질들이 검문점(checkpoint)이라 불리는 세포주기의 특정 시기에 작용하여 염색체들이 정확하게 복제되고 그리고 딸세포로 나뉘어 들어가도록 해준다(**그림 2.14**). "DNA 손상 검문점(DNA damage checkpoint)"은 특정 단백질들이 손상된 DNA를 복구할 때까지 일시적으로 세포주기의 진행을 정지시킨다. 유사분열이 시작되면 "세포자살 검문점(apoptosis checkpoint)"이 작동한다. 이 검문점 동안에 서바이빈(survivin)이란 단백질은 세포가 죽으라는 신호를 무시하게 하여 그 결과 세포자살(죽음) 대신에 유사분열(세포분열)이 일어나게 한다. 유사분열 과정 후반부에 "방추사 형성 검문점(spindle assembly checkpoint)"은 방추사의 형성과 염색체가 여기에 부착되는 것을 감독한다.

세포들은 얼마나 많이 분열해야 하는가를 알려주는 내부 "시계"의 지침을 따른다. 배양 접시에서 자란 포유류 세포는 약 40~60회 정도 분열한다. 시간과 함께 분열 가능 횟수가 점점 줄어드는 방향으로 유사분열 시계가 돌아간다. 예를 들어, 태아의 결합 조직 세포는 50번 정도 더 분열할 수 있으나, 비슷한 성인세포는 단지 14~29번 정도 더 분열한다.

세포들은 어떻게 남은 분열 횟수를 "알아차릴" 수 있을까? 그 해답은 **텔로미어**(telomere)라고 불리는 염색체 끝 부위에 있다(**그림 2.15**). 텔로미어는 말단부터 타 들어와서 닳아 없어지는 세포의 퓨즈와 같은 기능을 한다. 텔로미어는 6개의 특정 DNA-염기서열(TTAGGG, 그림 13.2 참조)이 수백에서 수천 번 반복된 구조로 이루어져 있다. 유사분열 때마다 50~200개의 맨 끝 부위의 염기들이 소실되어 염색체 길이가 점점 짧아진다. 약 50회 정도의 분열을 하고 난 후에는 텔로미어 DNA의 임계 길이가 소실되는데, 이것은 유사분열을 중단시키는 신호로 작용한다. 그 세포는 더 이상 분열 없이 생존해 있거나 또는 죽게 된다.

모든 세포의 텔로미어가 짧아지는 것은 아니다. 정자나 난자, 암세포, 그리고 새로운 세포를 끊임없이 공급하여야만 하는 일부 정상세포(예, 골수세포)에서는 텔로머레이즈(telomerase)라는 효소가 염색체 말단의 길이를 유지시켜 준다. 그러나 대부분의 세포들은 텔로머레이즈를 생산하지 않아 염색체는 점점 줄어든다.

텔로미어 감소의 속도는 세포 "시계"의 기능을 제공한다. 그것은 세포의 남은 수명을 계측할 뿐만 아니라 환경의 자극을 감지한다. 만성적 스트레스, 비만, 운동부족, 높은 혈당은 텔로미어 감소 속도를 가속시키는 것과 관계있다.

세포 외부의 요인들은 세포의 유사분열 시계에 영향을 줄 수 있다. 배양하고 있는 정상세포는 배양 용기 내에서 한 층 두께로 빽빽하게 깔리게 되면 분열이 정지된다. 이러한 분열의 제한을 접촉 저해(contact inhibition)라 한다. 만약 세포층 일부가 떨어져 나가면, 그 인접 부위에 있는 세포가 자라고 분열해서 떨어진 부분을 메운다. 떨

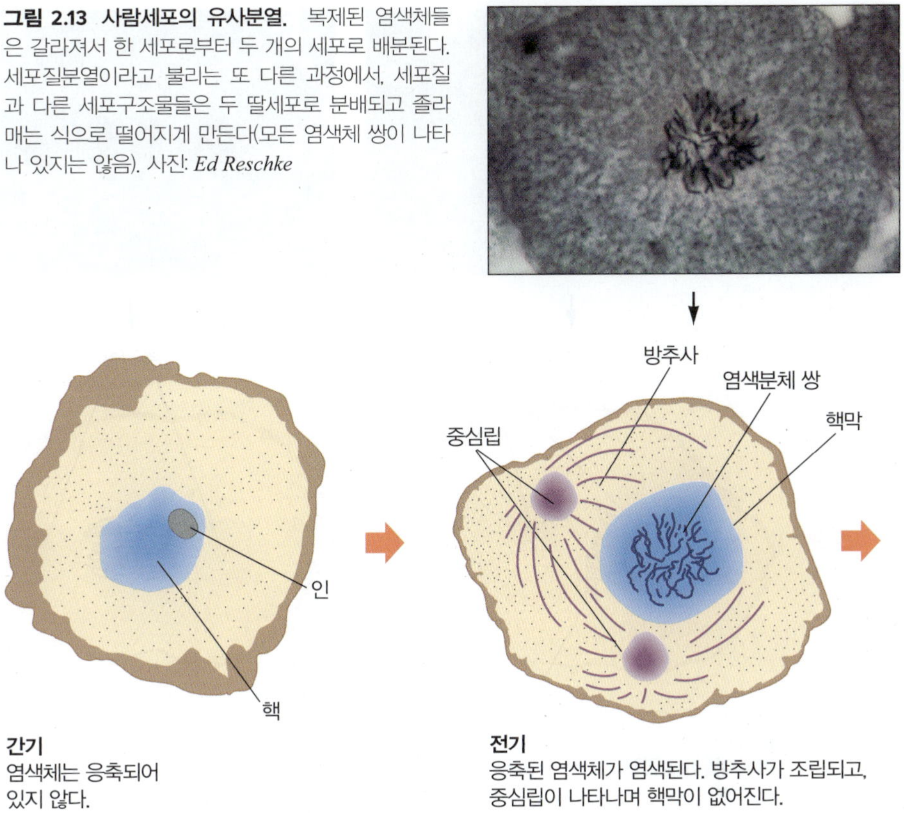

그림 2.13 사람세포의 유사분열. 복제된 염색체들은 갈라져서 한 세포로부터 두 개의 세포로 배분된다. 세포질분열이라고 불리는 또 다른 과정에서, 세포질과 다른 세포구조물들은 두 딸세포로 분배되고 졸라매는 식으로 떨어지게 만든다(모든 염색체 쌍이 나타나 있지는 않음). 사진: *Ed Reschke*

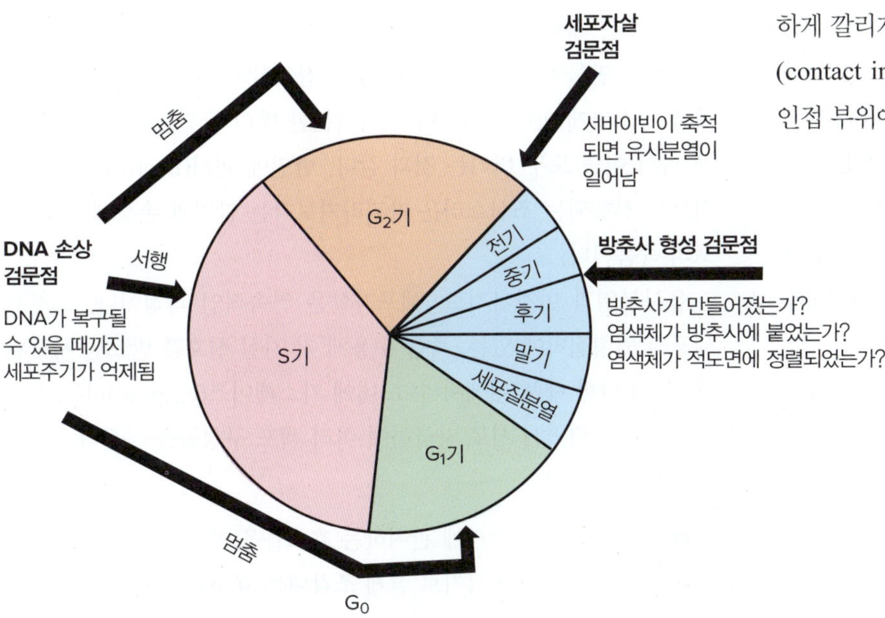

그림 2.14 세포주기 검문점. 검문점은 유사분열이 올바른 순서대로 일어나게 해 준다. 많은 종류의 암은 비정상적인 검문점으로 인해 생긴다.

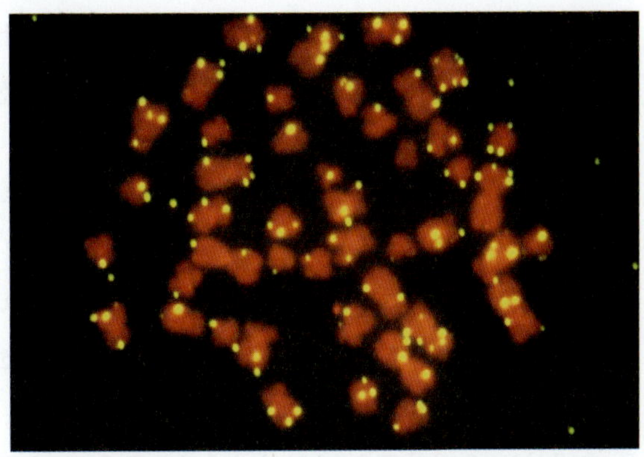

그림 2.15 텔로미어. 사진의 사람세포에서 형광 표식은 텔로미어를 나타낸다. *Health Protection Agency/Science Source*

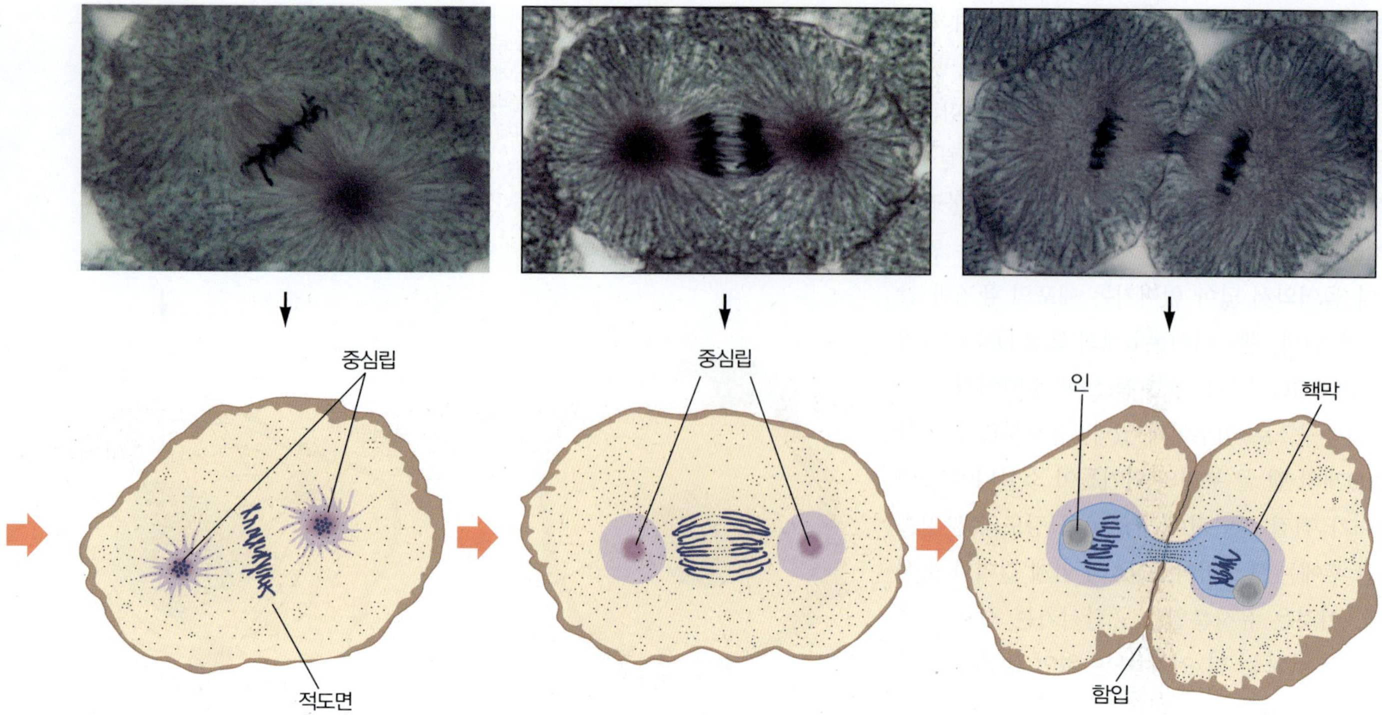

중기
염색체들이 정렬된다.

후기
동원체가 떨어지고
염색분체가 분리된다.

말기
방추사는 해체되고 핵막이
다시 생긴다.

어진 부위가 채워지면 세포는 분열을 멈춘다. 아마 체내에서도 이와 비슷한 기작으로 유사분열이 제한되는 듯하다.

호르몬과 성장인자들은 세포주기를 조절하는 세포 외부의 화학신호들이다. **호르몬**(hormone)은 특정 샘에서 만들어져 혈액을 타고 신체의 다른 부위로 이동한 후 그곳에서 특정 효과를 발휘한다. 예를 들면, 뇌에서 분비되는 호르몬들은 혹시 모를 임신을 준비하기 위해 여성 자궁내막을 이루는 세포에 신호를 주어 유사분열을 통해 매달 세포층이 두꺼워지게 한다. 성장인자는 더욱 국소적으로 작용한다. 예를 들면, 상피성장인자(epidermal growth factor, EGF)는 상처 딱지 아래의 피부에서 세포분열을 촉진한다. 어떤 암 치료제는 암세포에 있는 성장인자 수용체를 막음으로써 분열하는 신호를 차단하도록 하는 것도 있다.

사이클린(cyclin)과 인산화효소(kinase)의 두 종류 단백질들은 세포 내에서 상호작용을 하여 그 산물이 유사분열을 하게 하는 유전자들을 활성화시킨다. 두 종류 단백질은 쌍을 이룬다. 사이클린의 활성은 세포주기 동안에 규칙적으로 변화하는 반면 인산화효소의 활성은 일정하게 유지된다. 일정 수의 사이클린-인산화효소 쌍은 유사분열을 촉발하는 유전자들을 발현시킨다. 그런 후 유사분열이 시작되면, 효소는 사이클린을 분해한다. 다음 간기 동안에 사이클린이 축적되면 주기는 다시 시작된다. 임상 연계 20.1에서는 인산화효소를 표적으로 하는 매우 성공적인 암 치료제들에 대해 논의하고 있다.

세포자살

세포자살은 재빠르고 말끔히 세포를 분해하여 이를 막으로 둘러싸인 조각으로 만들어서 식세포(다른 것을 집어삼켜 파괴하는 세포)로 하여금 청소하게 한다. 이는 마치 지저분한 방의 물건들을 쓰레기봉투에 싸서 이를 모두 버리는 것과 같다. 반면에 괴사(necrosis)는 순차적으로 진행되는 조심스러운 파괴라기보다는 감염과 손상에 의한 세포의 죽음이다.

유사분열과 마찬가지로, 세포자살은 연속적인 과정이다. 그것은 세포의 원형질막에 있는 "죽음 수용체"가 자살 신호를 받으면 시작된다. 운이 다한 세포 내에서 수초 내에 카스페이즈(caspase)라는 효소들이 활성화되면서 서로 자극하여 여러 세포 구성물을 자른다. 이 살해효소들은:

- DNA 복제와 수리에 관여하는 효소들을 파괴하고;
- DNA를 비슷한 크기로 잘게 조각내는 효소들을 활성화시키고;
- 세포골격을 파괴함으로써 핵을 붕괴시켜 그 안의 DNA를 응축시키고;

- 미토콘드리아가 카스페이즈 활성을 증가시키는 분자를 방출하고 에너지 공급을 중단하게 하고;
- 다른 세포에 결합하는 세포의 능력을 없애고; 그리고
- 세포 잔해를 없애는 식세포를 끌어드린다.

죽어가는 세포는 특유의 모습을 보인다(**그림 2.16**). 다른 세포들과의 접촉이 차단되면서 둥글어지고, 원형질막이 쭈글쭈글해져서 수포(bleb)로 부르는 팽창 부위가 형성된다. 핵이 터지면서 DNA가 조각나서 배출되고 미토콘드리아는 분해된다. 결국 세포는 산산이 부서진다. 거의 동시에 감염을 막기 위하여 막 구조가 이 잔해들을 감싸게 된다. 한 시간 이내에 세포는 사라진다.

배아가 발생해 가면서부터 유사분열과 세포자살은 동시에 일어나고, 그 결과 조직은 과도 성장하지도 쪼그라들지도 않는다. 이런 방식으로, 어린이의 간이 어른으로 되면서도 크기는 커지지만 같은 모양을 유지한다. 초기 발생 과정 동안 유사분열과 세포자살은 세포 수의 증가와 감소를 조율해서 새로운 신체 구조를 만들어간다. 나중에는 이런 과정은 신체를 보호한다. 즉, 유사분열은 까진 무릎을 치유하기 위해 새로운 피부를 만들고; 세포자살은 그냥 두면 암세포가 될 수 있는 햇빛 화상을 입은 피부세포를 벗겨서 제거한다.

암은 세포분열과 세포죽음의 균형에 극심한 문제가 생긴 것이다. 암의 경우 유사분열이 너무 자주 또는 많이 일어나거나, 혹은 세포자살이 거의 일어나지 않는다. 이런 이유로 세포주기를 이해하는 것은 수많은 암 치료제의 개발로 나아갈 수 있게 해준다. 20장에서는 암에 대해 상세히 다루고 있다.

핵심 개념 질문 2.3

a. 유사분열과 세포자살 속도의 균형이 깨지면 어떤 일이 생길 수 있는지 설명하시오.

*b. 세포주기의 단계들을 나열하시오.

*c. 유사분열의 단계들을 나열하시오.

d. 유사분열의 각 단계에 일어나는 일을 기술하시오.

*e. 자매 염색분체란?

f. 텔로미어, 세포밀도, 호르몬 및 성장인자 그리고 사이클린과 인산화효소 등이 어떻게 세포주기를 조절하는지 설명하시오.

*g. 세포자살의 단계들을 나열하시오.

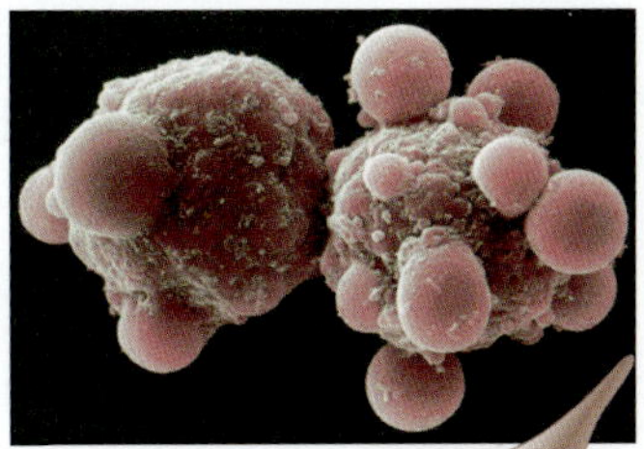

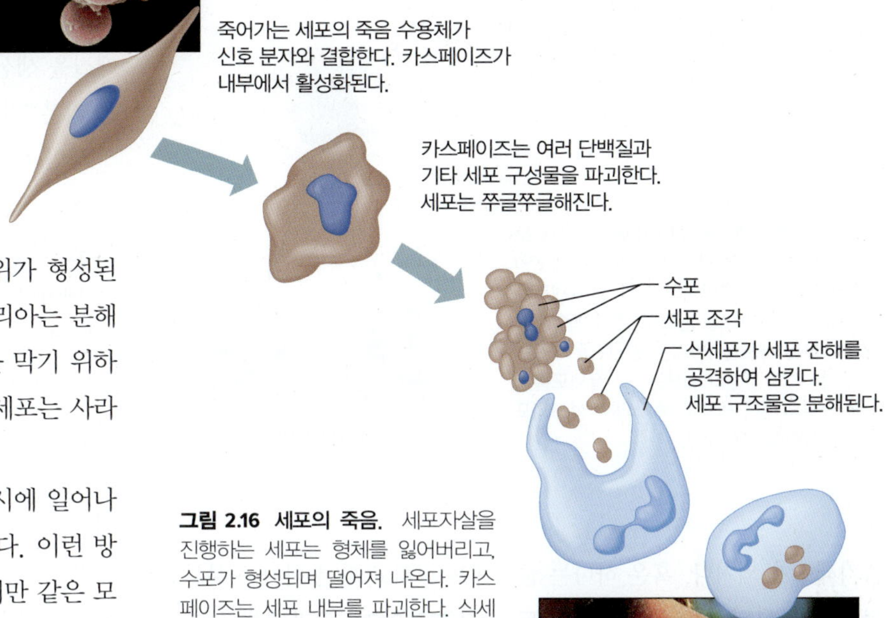

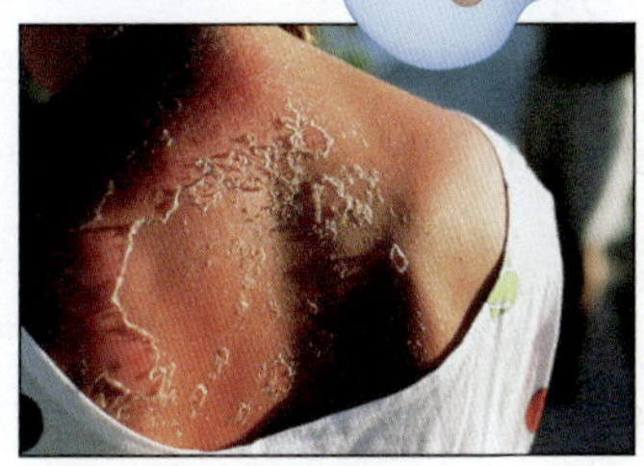

그림 2.16 세포의 죽음. 세포자살을 진행하는 세포는 형체를 잃어버리고, 수포가 형성되며 떨어져 나온다. 카스페이즈는 세포 내부를 파괴한다. 식세포들은 잔해를 소화한다. 맨 위 사진에서 죽어가는 간세포의 수포들을 주목하라. 햇볕에 타서 피부가 벗겨지는 것은 세포자살의 한 예이다. (위): *David McCarthy/Photo Researchers/Science Source;* (아래): *Peter Skinner/Photo Researchers/Science Source*

2.4 줄기세포

성장하는 신체는 서로 다른 세포 유형들의 비율과 숫자를 적절히 유지해야만 된다. 인체에서 세포 유형별로 구성비를 보면 적혈구들의 수가 월등히 많다. 우리에게 친숙한 세포들인 지방 및 근육세포들은 전체 세포 수의 단지 0.2% 미만에 불과하다는 사실은 놀랍다. 그 이유는 지방과 근세포들이 적혈구에 비해 훨씬 크기 때문이다.

자신과 똑같은 새로운 세포와 특화된 세포를 만드는 분열 능력을 지닌 세포들 덕분에 신체는 자라고 상처를 치유한다. **줄기세포**(stem cell)와 **선조세포**(progenitor cell)는 신체가 자랄 때나, 또는 세포자살, 상처 및 질병으로 인해 세포들의 손실이 생길 때 그 자리를 채우는 새로운 세포들을 생성할 수 있도록 조직을 재생한다.

세포 계보

줄기세포가 유사분열을 하면 두 개의 딸세포가 모두 자기와 똑같은

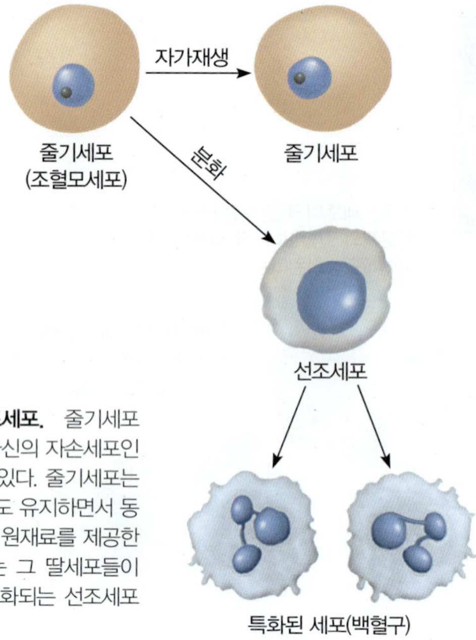

그림 2.17 줄기세포와 선조세포. 줄기세포는 유사분열을 통해 생긴 자신의 자손세포인 선조세포보다 덜 특화되어 있다. 줄기세포는 새로운 세포를 만드는 능력도 유지하면서 동시에 특화된 세포를 만드는 원재료를 제공한다. 골수 속의 조혈모세포는 그 딸세포들이 여러 종류의 혈구세포로 특화되는 선조세포들을 생성한다.

줄기세포가 되거나, 혹은 하나는 줄기세포 그리고 다른 하나는 부분적으로 특화된 선조세포가 되기도 한다(**그림 2.17**). 자가재생(self-renewal)의 특성(분열하여 자신과 똑같은 또 다른 세포를 만들어 낼 수 있는 세포의 계보를 계속 이어갈 수 있는 능력)은 줄기세포를 줄기세포답게 해준다. 줄기세포와는 달리 선조세포는 자가재생을 할 수 없고, 그 딸세포들은 몇몇 제한된 세포 유형 중의 한 유형으로 분화된다.

성숙한 혈구세포처럼 완전히 분화된 세포는 진행될수록 점점 더 줄기세포와는 달라지고 혈구세포를 닮아 가는 일련의 보다 특화된 선조세포 매개체들로부터 유래된다. 우리 몸의 290개가 넘는 분화된 세포 유형들은 줄기세포와 선조세포, 그리고 점차 더 분화된 딸세포들로 이루어진 계보라고 부르는 연속적 사건들로부터 발생한다. **그림 2.18**에서 몇몇 세포 계보의 일부를 보여준다.

줄기세포와 선조세포는 발생 잠재력, 즉 그 딸세포들의 가능한 운명의 가짓수에 따라 구분된다. 수정란은 최고의 줄기세포이다. 수정란은 전능성(totipotent)이 있는데, 이는 배아를 지지하는 막의 세포를 포함하여 모든 종류의 세포를 만들어낼 수 있음을 뜻한다. 다른 줄기세포와 선조세포는 만능성(pluripotent)이다: 이들의 딸세포는 가능한 운명이 좀 더 적다. 어떤 것은 다능성(multipotent)이다: 이들의 딸세포는 오직 몇몇 발생적 "선택"만 가진다. 이것은 마치 강좌를 선택하는 데 있어서 전공이 결정돼서 선택의 폭이 좁은 고학년생들보다 대학 신입생들이 훨씬 더 다양한 전공 분야를 고려해 볼 수 있는 것과 비슷하다.

줄기세포의 자손들은 특화되면서 어떤 유전자들은 발현시키고 다른 유전자들은 무시한다. 미성숙 골세포들은 선조세포로부터 미네랄 결합 단백질과 효소들을 생산함으로써 형성된다. 반면에 미성숙 근육세포들은 수축 단백질을 축적하는 근육 선조세포로부터 형성된다. 골세포는 근육 단백질을 합성하지 않으며, 마찬가지로 근육세포도 골단백질을 생산하지 않는다. 그러나 에너지 획득이나 단백질 합성과 같은 기본 "일상적" 기능을 위한 단백질들은 모든 세포가 생산한다.

성인 신체의 기관은 비록 전부는 아니지만 많은 부분에 줄기세포나 선조세포가 있다. 이들은 상처를 입거나 병이 나면 분열을 개시하여 손상된 세포들을 새로운 것으로 교체할 수 있다. 성인의 줄기세포는 배아나 태아시기에 미래의 치유를 위해 별도로 보관되어 있었을 가능성이 있다. 골수로부터 유래된 줄기세포 등과 같은 몇몇 줄기세포는 상처나 질병 시에 방출되는 신호에 반응하여, 몸의 다른 부위에 있는 손상되거나 죽은 세포를 교체하기 위해 이동할 수 있다. 적혈구를 제외한 모든 세포는 그 사람의 총 DNA를 다 지니고 있기 때문에, 적절한 신호를 받으면 이론적으로는 어떤 세포라도 다른 어떤 종류의 세포로 될 수 있다. 이 개념이 줄기세포를 이용하는 몇몇 기술의 근간이 된다.

연구자들은 생명현상에 대해 좀 더 깊이 이해하고, 그리고 유전병뿐만 아니라 다양한 질병과 상해에 대한 치료법을 개발하기 위해 줄기세포를 연구한다. **그림 2.19**에 나와 있는 것과 같이, 이런 세포들은 환자 자신의 몸이나 공여자로부터 제공된다. 세포들은 실험실의 배양기에서 다량으로 생산될 수 있는데, 만약 이들이 환자의 세포나 핵으로부터 유래되었다면 이들은 유전적으로 일치한다.

줄기세포의 원천

사람 줄기세포의 원천은 일반적으로 세 가지이다: **배아줄기세포**[embryonic stem (ES) cell], **역분화 만능 줄기세포**[induced pluripotent stem (iPS) cell], 그리고 "성체" 줄기세포이다(**표 2.3**).

배아줄기(ES)세포는 이른 초기 배아의 내세포 덩어리(inner cell mass; ICM)라고 하는 단계에서 얻은 세포를 사용하여 실험실의 배양접시에서 만들어진 것이다(그림 3.16 참조). 어떤 조건하에서 몇몇 ICM 세포는 만능성이 있고 자가재생을 할 수 있어서 줄기세포의 기능을 한다.

배아줄기세포를 만드는데 사용하는 ICM 세포를 얻을 수 있는 방법은 두 가지이다. 하나는 불임클리닉에서 사용하고 "남은" 폐기할 배아로부터 얻는 것이다. 다른 하나는 체세포 핵치환이라는 방법인데, 이 과정에서는 핵이 제거된 난자세포에 체세포(예, 피부 섬유세포)로부터 유래된 핵을 이식한다. 이렇게 핵이식된 난자가 배아로 자

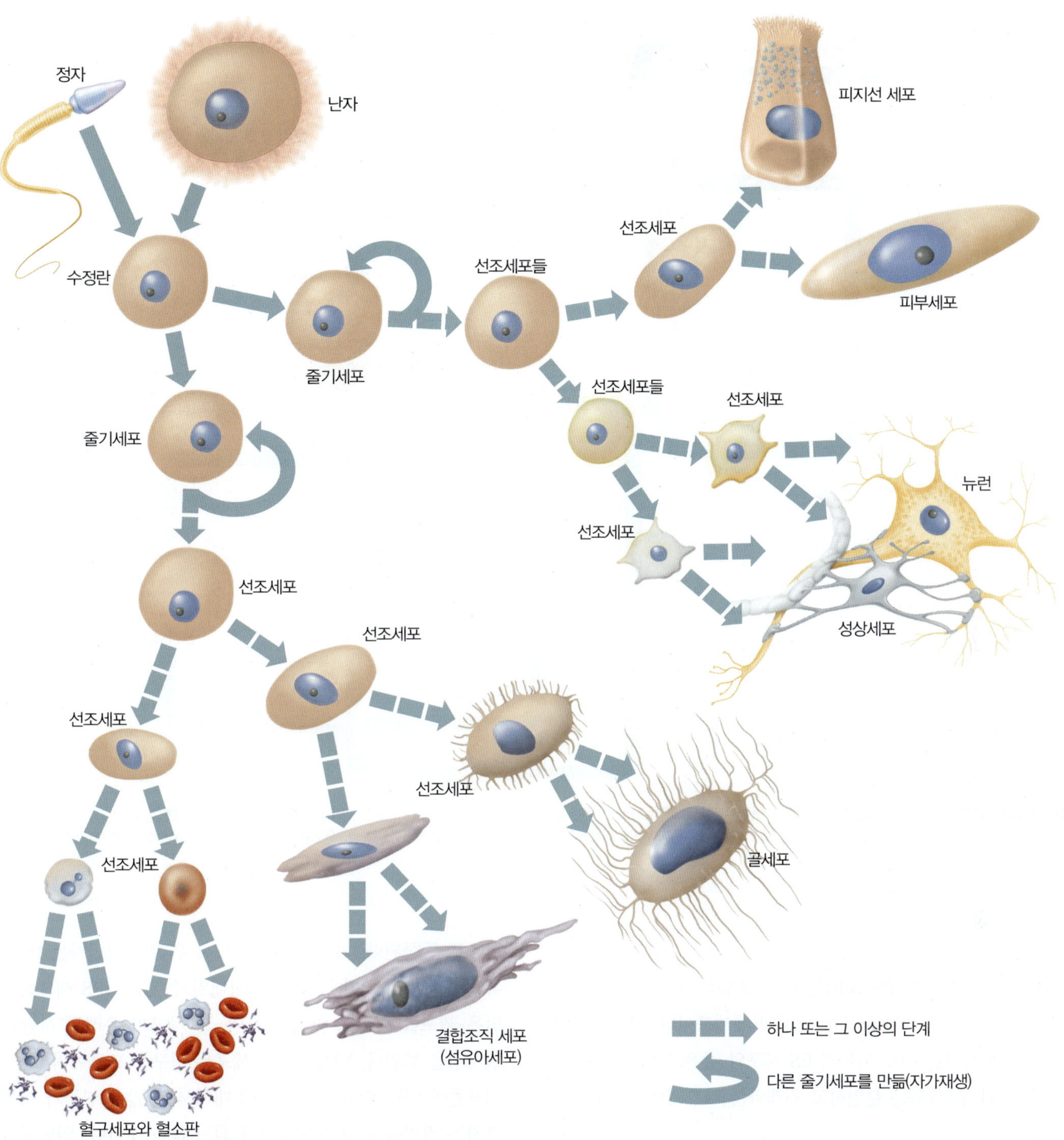

그림 2.18 세포 특화로 가는 과정. 사람 몸을 구성하는 모든 세포는 유사분열과 분화의 과정을 거쳐 줄기세포로부터 유래되었다. 그림 아랫부분의 분화된 세포들은 모두 결합조직(혈액, 결합조직, 뼈)이지만, 혈액세포들은 다른 두 종류의 세포들 보다 서로 더 관계가 가깝다. 오른쪽 위를 보면, 피부와 피지선 세포들은 공통의 선조세포로부터 유래되었으며, 이 둘은 모두 뉴런과 그 보조세포인 성상세포와는 좀 더 먼 공통 선조세포를 공유하고 있다. 사람 몸을 구성하는 290가지 이상의 세포 유형들을 모두 나타낸다면 그 그림이 얼마나 복잡할지를 상상해 보라!

라면 그 내세포 덩어리는 ES 세포를 만드는데 사용된다. 연구자들은 배아를 사용하지 않고 난자세포에 체세포핵이식을 해서 직접 ES 세포를 유도할 수 있다. 체세포핵이식은 '복제(cloning)'라고 흔히 알려져 있는데, 이는 그것이 핵 공여자의 유전체를 복제하였기 때문이다. 이 방법은 복제 양 돌리(Dolly) 때문에 유명해 졌는데, 돌리의 원래 핵은 6살짜리 암양의 젖샘세포에서 유래되었다. 돌리가 자연임신을 통해 태어난 양만큼 오래 살지 못한 이유는 아마 공여자의 나이 때문일지도 모른다. 3장의 **생명윤리학**에서는 "클론은 왜 엄밀한 의미의

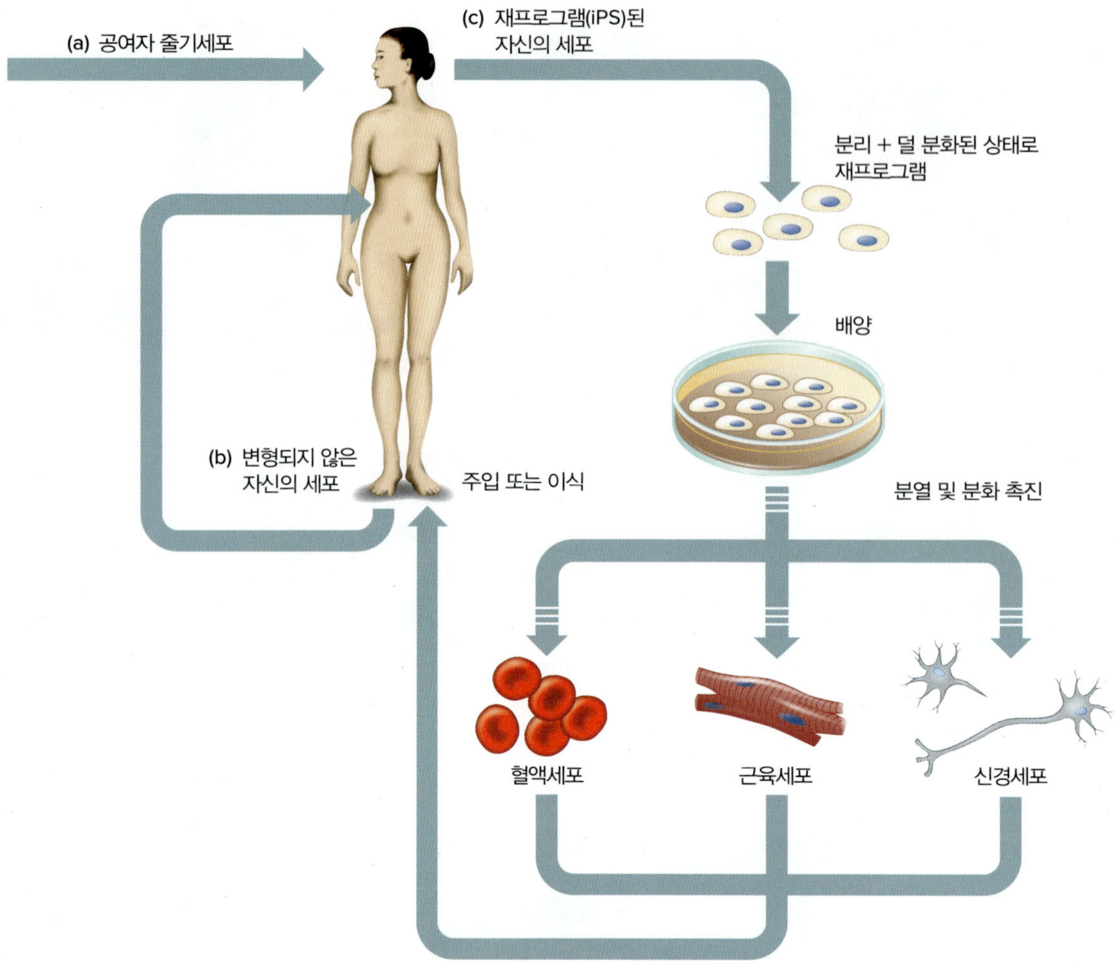

그림 2.19 치유를 위한 줄기세포의 활용. (a) 공여자(골수나 제대혈)로부터 얻는 줄기세포는 이미 활용되고 있다. (b) 어떤 사람의 세포는 변형 없이 그대로, 골수와 같은 손상된 조직을 대체하기 위해 이용될 수 있다. (c) 배양하고 있는 어떤 사람의 세포는 보다 덜 특화된 상태로 되돌린 후, 원하는 세포 유형으로 분화되도록 영양을 공급함으로서 "재프로그램"하는 것이 가능하다.

복제가 아닌가?"에 대해 논하고 있다.

역분화 만능 줄기세포(iPS cell)는 여러 종류의 세포로도 분화할 수 있도록 "재프로그램(reprogrammed)"된 체세포이다. 재프로그램은 세포의 발생 시간을 뒤로 되돌려 ES 세포와 같은 상태가 되게 하는 것이다. 그런 후 세포는 분열하고 원래와는 다른 원하는 세포 유형으로 특화된다. 재프로그램 유도를 위한 명령인자는 DNA, RNA 혹은 다른 화학인자 등 다양한 형태일 수 있다. iPS 세포는 배아에서 얻은 세포를 필요로 하지 않으며, 그 세포가 유래된 사람과 유전적 일치성을 보인다. 당분간 iPS 세포는 연구용 도구이며, 인체에서 이 세포들이 어떤 역할을 하는지에 대해서 더 많은 연구가 이루어질 때까지는 질병을 치료하는 데 사용되지 않을 것이다. 일반적인 접근방법 중 하나는 섬유아세포라는 세포에서 iPS 세포를 유도해서 이것을 관심 있는 세포 유형으로 재프로그램하는 것이다.

표 2.3 줄기세포 원천

줄기세포 종류	원천
배아줄기세포	초기 배아의 내세포 덩어리; 난자로 체세포 핵이식
역분화 만능 줄기세포	유전자나 다른 화학물질로 체세포 핵의 재프로그램; 배아 필요 없음
"성체"줄기세포	수정란에서 노년까지 어떤 발생단계에서도 얻을 수 있는, 원래 줄기세포로 작용하는 체세포

대학 전공의 비유로 돌아가서, 세포를 재프로그램하는 것은 마치 전공을 바꾸기로 한 대학 고학년생의 경우와 비슷하다. 프랑스어 전공생이 공학자가 되기 위해서는 아주 다른 과정을 이수하며 처음부터 다시 시작해야만 한다. 그러나 생물학 전공생이 화학 전공자가 되기 위해서는 출발점부터 시작할 필요는 없는데, 이미 두 전공 사이에는 상당히 많은 과정이 동일하기 때문이다. 줄기세포의 경우도 마찬

생명윤리학

줄기세포 관광

여러분 아이의 제대혈 조혈모세포를 기탁하고 획기적인 기술의 수혜를 받자. 불확실한 미래를 대비하라.라는 회사 공약을 보고 예비 부모들은 매우 기대에 들떴다.

그 회사의 웹사이트는 저장된 제대혈을 사용하여 특정 질병으로부터 살려낸 아이의 프로필을 보여준다. 통계는 설득력이 있어 보인다. 즉, 70가지가 넘는 질병이 현재 제대혈 이식으로 치료가능하며, 10,000회 이상의 시술이 이미 진행되었다.

이 같은 성과를 보고 부모들이 제대혈을 저장하는데 연간 총 $1억 이상을 사용하고 있다는 사실은 별로 놀랄 일이 아니다. 광고문과 통계 자체는 정확하지만, 오해의 소지가 있다. 왜냐하면 그들이 밝히지 않는 것이 있기 때문이다. 대부분의 사람은 그들이 보관한 제대혈 조혈모세포를 결코 사용하지 않는다. 왜냐하면 치료 가능한 질병은 매우 희귀할 뿐만 아니라, 제대혈 줄기세포는 만능성이 그리 높지 않아서 활용이 제한적이기 때문이다. 줄기세포 은행이 초기 보관 이후에 거의 사용되지 않을 수밖에 없는 이유는 도입된 모든 세포가 질병을 야기하는 그 돌연변이를 그대로 가지고 있어서 그 병을 재발시킬 수 있는 환자 자신의 줄기세포가 아니라 **건강한**(healthy) 줄기세포가 요구되기 때문이다. 환자는 건강한 형제자매와 같은 적합성이 높은 공여자가 필요하다.

상업적인 제대혈 은행들은 대개 처음 보관 비용으로 $1,000 이상, 여기에 더해 약간의 연 유지비를 요구한다. 그러나 비영리 은행들은 대개 수수료를 받지 않는다. 이런 시설에 제대혈을 기증하는 것은 기증자를 직접 돕기 위한 것이 아니라, 그 세포를 이용할 수 있는 누구라도 도움을 주기 위한 것이다.

줄기세포 기반 치료와 관련된 온라인 상품들은 병원에서 시술 가능한 검증된 줄기세포 치료를 위한 내과 의사들의 소견서와 상충한다. 미국의 경우, 수백 개의 기업이 수백 개의 병원으로 줄기세포를 공급한다. 전 세계적으로는 이 숫자가 수천 개이다.

국제줄기세포연구학회는 임상실험을 거치고 규제 허가를 받은 치료법과 선전하고 있지만 엄격히 연구되지 않은 시술을 구분하는 가이드라인을 유지하고 있다. 정부, 제약회사, 그리고 재단들에서 임상실험을 지원하며, 실험 참가자에게 비용지불을 요구하는 경우는 드물다.

크라우드펀딩(crowdfunding)이 줄기세포 기탁 치료의 원천이 되었는데, 이를 통해 환자나 그 가족들이 적절히 검증되었느냐의 여부를 불문하고 치료의 도움을 찾아 나서고 있다. 한 연구는 50개 회사가 제공하고 있는 줄기세포 치료를 위한 408개의 크라우드펀딩 모금 운동을 조사하였다. 이 모금 운동의 절반가량이 그 효험이 "절대적 또는 확실"하다고 주장하였고, 약 1/3은 그 효험에 대해 "긍정적 또는 희망적"이라고 주장하였다. 단지 36개 회사만이 위험성에 대해 언급했다. 개인적인 사례에 대한 이야기는 기금을 모으는 데 효과적이지만, 보통 그 주장의 정확성에 대한 검토는 빠져있다.

토론을 위한 질문

1. 당신은 줄기세포 은행이 규제되어야 한다고 생각하는가? 만약 그렇다면 누가 어떻게 해야 하는가?
2. 줄기세포 보관 서비스를 제공하는 회사는 어떤 정보를 웹사이트에 올려야만 하는가?
3. 줄기세포 이식을 받은 대부분의 사람들이 실상은 자신의 세포를 이식받지 않는다는 사실은 언급하지 않은 채, 개인의 주장과 일화들만을 소개하는 제대혈 보관 서비스 광고는 속임수라고 생각하는가? 아니면 이런 정보들을 찾아내는 것은 소비자의 책임이라고 생각하는가?
4. 비록 그 사용처는 아직 알 수 없지만, 여러 회사들이 어린이의 치아로부터 추출한 줄기세포를 보관하고 있다(이 장의 도입부에 나와 있는, 치아로부터 추출한 DNA의 이용은 사후 그 아이를 진단하기 위한 목적이었다). 특정 어린이의 유전체를 지니고 있는 줄기세포를 얻을 수 있는 다른 방법을 제시해 보시오.
5. 줄기세포 치료 지원을 위한 크라우드펀딩 사이트는 그 효험의 증거를 제공해야만 하는가? 아니면 그렇게 하는 것은 언론의 자유에 위배되는 것인가?

가지이다. 심장병을 지닌 사람의 피부세포를 얻어서 이를 건강한 심장 근육 세포로 만들려고 한다면 처음의 피부세포를 ES 세포나 iPS 세포 상태로 되돌려야 하는 것이 요구된다. 왜냐하면 이 세포들이 아주 다른 계보로부터 유래되었기 때문이다. 그러나 골격근 세포를 평활근 세포로 바꾸는 것은 단지 몇 단계만 뒤로 돌리면 되는데, 왜냐하면 이 두 종류의 세포가 같은 종류의 전구세포로부터 분화되었기 때문이다.

줄기세포의 세 번째 원천은 "성체" 줄기세포라고 하는 원래 몸의 일부분인 세포이다. 성체줄기세포는 조직 특이적 또는 체세포 줄기세포로 불리어지는 것이 보다 정확하다. 왜냐하면 이런 줄기세포들은 단지 어른 체내에서만이 아니라 배아, 태아, 어린이의 조직에서도 존재하기 때문이다. 성체줄기세포는 자가재생을 하지만, 단지 몇몇 종류의 특화된 딸세포만을 만들 수 있다. 연구자들은 몸 안에서 성체줄기세포가 밀집되어 있는 미세조직을 여전히 찾고 있을 뿐만 아니라, 심장 등과 같이 성체줄기세포가 없는 기관도 찾고 있다. 지방조직, 태반 및 뇌 조직 등에 있는 성체줄기세포들과 같은 많은 유용한 성체줄기세포들이 의료 폐기물의 형태로 버려지고 있다.

줄기세포의 활용

줄기세포의 기본적 활용 방식은 네 가지이다. 첫 번째는 의약품의 발굴과 개발인데, 이때 실험실 배양이 어렵거나 불가능한 특정 질병에 걸린 사람세포를 줄기세포 배양을 통해 제공한다. 이들 세포에서 의약품을 시험한다. 줄기세포에서 유래된 간세포는 의약품의 부작용을 시험하는 데 특히 유용한데, 왜냐하면 간은 많은 의약품을 해독하기 때문이다. 의약품 개발에서 줄기세포의 사용은 동물실험의 필요성을 최소화할 수 있고, 역효과를 지닌 의약품 후보를 사람에게 직접 시험하기 전에 미리 제거할 수도 있다. 예를 들어, 작은 소장 조각으로부터 유래된 오가노이드(organoid)는 발생이 진행되어 영양소와 약물을 흡수해서 혈관으로 들어가게 해주는 부드러운 주머니 형태의 소장 내벽을 구성한다. 이런 오가노이드는 소장 상태를 연구하는 데 사용된다.

배양된 줄기세포의 두 번째 활용법은 증상이 나타나기 훨씬 이전부터 시작될 수 있는 특정 질병의 초기 징후를 관찰하는 것이다. 사람 iPS 세포를 만든 첫 번째 질환은 루게릭병(Lou Gehrig's disease)으로 알려진 근위축성 측삭 경화증(amyotrophic lateral sclerosis, ALS)이다. ALS에 걸리면 사람을 움직이게 하는 운동 뉴런이 서서히 작동하지 않는다. 근육이 약해지거나 비틀거리는 초기 증상을 보이고 난지 몇 년 내에 호흡기 근육장애로 죽는다. 운동 뉴런은 분열하지 않고 실험실 배양용기에서 오래 유지되지 않기 때문에 ALS는 연구하기가 매우 어려웠다. 그러나 ALS 운동 뉴런이 되도록 재프로그램된 iPS 세포는 배양이 어려운 세포의 무한정한 공급원을 풍부한 섬유아세포로부터 제공하였다. 이 세포들은 또한 실용적인 활용 가치도 있다. 예를 들어, 극심한 통증을 동반하는 생검을 통해 추출한 근육세포 대신에 iPS 세포로부터 만들어진 환자의 근육세포를 대상으로 근이영양증 치료약물을 시험하는 것이 가능하다.

줄기세포의 세 번째 활용법은 이식, 혈관 내 주입 등에 사용될 조직 및 기관을 생성하는 것이다. 예를 들어, 환자의 골수 줄기세포를 추출, 분리해서 필요하다면 변형시킨 후 키운 다음, 특정 인자들이 포함된 배양액에 넣어서 환자의 혈액 속으로 다시 주입하여 그 세포들이 체내의 신호를 따라서 손상된 조직으로 이동할 수 있게 할 수 있다. 골수 이식은 1950년대 말 이후로 실행되어 왔다. 최근에는, 피부가 물집이 잡히고 떨어져 나가는 증상을 보이는 '연접부 수포성 표피박리증(junctional epidermolysis bullosa)'이라는 유전병을 가진 한 아이가 이 병의 원인 유전자에 대한 정상 기능이 있는 유전자 사본이 도입된 자신의 피부세포를 이용하여 표피 전체를 대체하는 시술을 받았다. 보건의료 분야에서, 위와 같은 실험적인 줄기세포 치료술은 **재생의료**(regenerative medicine)의 한 부분이다. 연구자들은 다양한 질병에 해당하는 사람 iPS 세포를 보관하는 세포 은행을 창설했다.

네 번째 활용법은 iPS 세포의 발명으로 분명해졌다. 줄기세포를 원래의 미세 환경에서 자극할 수 있도록 재프로그래밍 단백질들을 신체에 직접 주입하는 것이 가능할 수도 있다. 즉, 일단 재프로그램 신호를 이해하게 되면, 세포를 주입할 필요가 없을 수도 있다.

줄기세포의 활용은 우리의 상상력의 한계로 인한 제한만 있을 뿐인 것처럼 보이는데, 몇몇 기업들은 일반인이 과학에 대해 잘 모른다는 점을 이용하여 이익을 취하고 있다. 생명윤리자들은 이런 관행을 "기탁 줄기세포 타인 치료(stem cell tourism)"라 부른다. **생명윤리학**에서는 줄기세포 은행과 치료법에 대해 논의한다.

핵심 개념 질문 2.4

a. 왜 서로 다른 종류의 세포들이 신체에서 같은 수로 존재하지 않는지 설명하시오.

*b. **자가재생**이 무엇인지 설명하시오.

c. 줄기세포와 선조세포를 구분하여 설명하시오.

*d. **세포 계보가** 무엇인지 설명하시오.

e. 생애동안 줄기세포의 기능은 무엇인지 서술하시오.

*f. 줄기세포의 분열에 의해 생성되며, 분열하여 분화된 세포를 생성할 수 있는 세포의 이름을 말하시오.

g. 줄기세포가 보건의료에 어떻게 활용될 수 있는지 기술하시오.

2.5 인체 마이크로바이옴

인체 내 세포의 대부분은 실제로는 사람세포가 아니다. 우리 몸은 미생물들의 거대한 생태계이다. 평균적으로 한 사람은 약 30조의 세포로 구성되어 있는데, 건강한 사람은 또한 약 39조의 세균, 곰팡이 또는 원생생물세포 그리고 많은 바이러스를 포함하고 있다. 우리 몸속이나 몸에 붙어 있는 우리 자신의 것이 아닌 세포들은 인체 **마이크로바이옴**(microbiome)을 이룬다.

*microbiome*이란 용어는 한 지역에 있는 모든 종을 나타내는 생태학적 용어인 **생물군계**(biome)에서 비롯됐다. 수조 개의 세균들이 사람 몸 안에 들어갈 수 있는데, 이는 원핵세포인 이 세포들이 사람 세포에 비해 아주 작기 때문이다. 비록 우리 몸속의 세균을 처음 주목한 사람은 광학현미경 발명자인 안토니 반 레벤후크(Antonie van Leeuwenhoek)이었지만[1676년 그는 자신의 입속에 있는 "미소동물(animalcule)"에 대해 기술했다], 인체 마이크로바이옴 프로젝트(Human Microbiome project)는 우리 몸속에 서식하고 있는 세균들을 밝혔다. 오늘날 연구자들은 우리 신체 부위에 있는 세균 종들을 밝혀내기 위해 DNA 염기서열을 분석한다. 특정 세균 집합이 특정 질병을 유발 또는 여기에 관여하거나 또는 그 결과물이라는 사실을 일단 알게 된다면, 인체 마이크로바이옴에 대한 지식은 건강증진을 위해 점점 더 많이 응용될 것이다. 예를 들어, 한때 오염된 정맥주사관으로부터 유래됐을 것으로 여겨졌던 몇몇 혈류 감염들은 실제로는 소화관으로부터 새어 나온 세균에 의한 것이다.

우리 개개인 각각은 "핵심 마이크로바이옴"을 이루는 세균 종들뿐만 아니라, 서로 다른 유전체, 환경, 습관, 연령, 식습관 및 건강 상태 등을 반영하고 있는 많은 또 다른 세균 종들을 지니고 있다. 서로

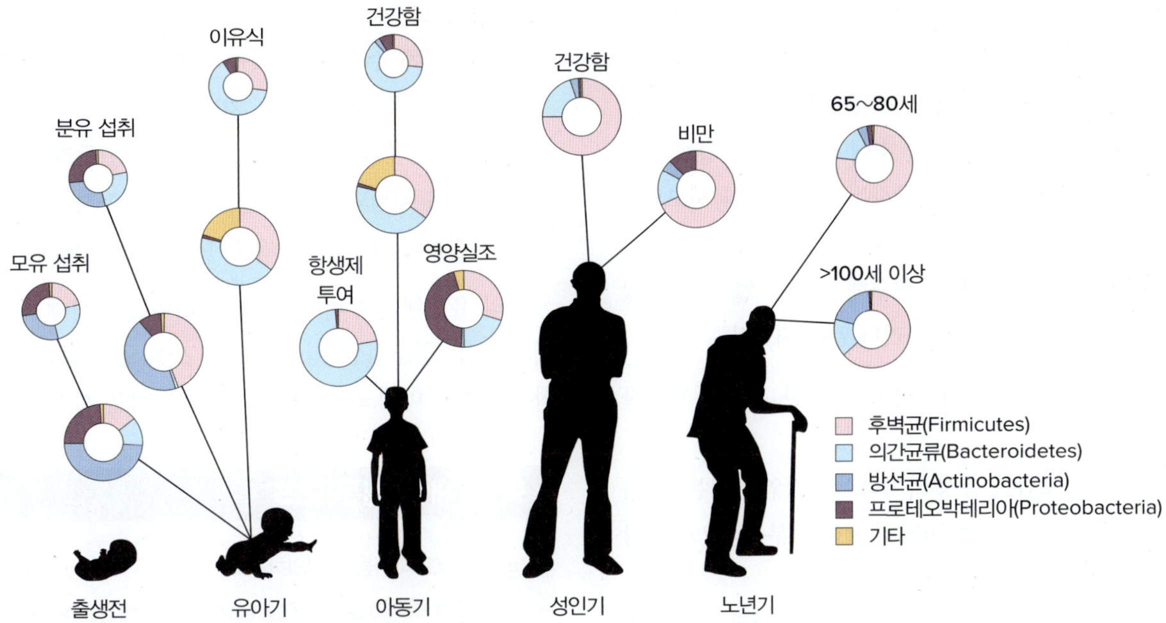

그림 2.20 인체 마이크로바이옴. 우리의 습관, 경험 및 환경 노출은 우리 마이크로바이옴의 구성에 영향을 끼친다. 그림의 색깔은 서로 다른 종의 세균을 나타낸다. 출처: From "The function of our microbiota: who is out there and what do they do?" by N. Ottman, H. Smidt, W. M. de Vos, and C. Belzer. Front. Cell. Inf. Microbio. 2:104(2012). doi:10.3389/fcimb. 2012. 00104. Courtesy U.S. National Library of Medicine.

다른 신체 부위는 경험에 의해 변화되는 고유한 미생물 생태계를 담고 있다. 예를 들면, 포경수술한 음경은 그렇지 않은 음경과는 다른 마이크로바이옴을 가지고 있고, 엄마의 질에서 보이는 마이크로바이옴은 아이를 가져본 적이 없는 여성의 그것과는 다르다. 겨드랑이, 사타구니, 배꼽, 발바닥, 손가락 사이와 엉덩이 사이에는 서로 다른 세균 군집이 서식한다. **그림 2.20**에서 보여주듯이, 마이크로바이옴은 경험과 환경 노출에 따라 변한다.

사람의 "장내 마이크로바이옴"을 구성하는 100조 개의 세균들이 특정 음식물의 소화를 돕는다는 것이 오래전부터 알려져 왔다. 입안에만도 600종이 넘는 세균이 서식하고 있다. 이들의 유전체에 대한 분석은 실용적인 정보를 제공한다. 예를 들어, 세균 **트레포네마 덴티올라**(*Treponema dentiola*)의 유전체 염기서열은 이들이 구강에 있는 다른 세균들의 균막 속에서 어떻게 생존하며, 또한 어떻게 잇몸병을 일으킬 수 있는가를 보여준다.

소화관의 맨 끝 부위에 대해서는 대변을 이용하여 쉽게 연구할 수 있다. 대장에만 6,800종의 세균이 서식하고 있다. 최초의 마이크로바이옴 연구 중의 하나는, 연구책임자의 아기를 포함해서 몇몇 아기로부터 생후 1년간 수집한 젖은 기저귀를 조사하여, 장내 세균 생태계의 형성 과정을 시간적으로 기록하였다. 신생아의 창자는 처음에 깨끗한 상태로 시작된다. 이후 다양한 세균이 드나들다가 첫돌이 될 때 쯤 되면 모든 아이에게 거의 비슷한 종들만이 남게 된다.

연구자들은 어린이들에게서 장내 마이크로바이옴이 형성되는 세단계를 알아냈다. 생후 3~14개월에 해당하는 "발생(developmental)"단계 동안에 세균 종의 수가 증가한다. 생후 15~30개월에 해당하는 "과도기(transitional stage)" 동안에 세균 유형이 확립된다. 마지막으로 마이크로바이옴은 생후 31~46개월에 해당하는 안정화 단계에 접어드는데, 이 시기에는 종들이 일정하게 유지된다. 장내 마이크로바이옴에 가장 큰 영향을 끼치는 요인은 수유 방식이다. 모유를 섭취한 유아는 두 세균 종(*Bifidobacerium breve* 및 *B. bifidum*)이 큰 집단을 이루고 있는데, 이들 세균 종은 모유 소화에 관여하며 많은 사람들이 복용하는 프로바이오틱스(probiotics) 제품의 성분이다. 젖을 떼고 나면, 마이크로바이옴의 성장 속도는 가속된다.

질병은 우리 몸속의 세균집단을 변화시킬 수 있고, 우리는 건강증진을 위해 장내 마이크로바이옴에 대한 지식을 활용한다. 프로바이오틱스는 세균이나 효모와 같이 살아있는 미생물로서 섭취하면 마이크로바이옴을 변화시켜 건강에 도움을 준다. 예를 들어, 요쿠르트에 첨가된 특정 **유산균**(*Lactobacillus*) 균주는 **살모넬라**(*Salmonella*) 식중독을 막는데 도움을 준다.

프로바이오틱스는 대개 한 개 또는 여러 개의 미생물 종으로 구성되어 있다. 이와는 달리 "분변 이식(fecal transplantation)"은 한 번에 수백 종의 세균을 교체하여 마이크로바이옴을 바꾸는데 기반을 둔 치료법이다. 이 시술에서는, 심한 설사를 일으키는 **클로스트리듐 디피실리균**(*Clostridium difficile*)에 의한 재발성 감염을 보이는 환자가 건강한 공여자의 분변을 제공 받는다. 공여자의 분변에 의해 전달된 세균들이 건강한 장내 마이크로바이옴을 재구성해서 감염을 치료한다. 분변 이식은 천 년 전부터 가축에서, 그리고 1958년 이래로 사람에서도 관장을 통해 수행되어져왔다. 내용물들은 살아있는 채로 또는 얼린 상태로 관장을 통해 도입된다. 코에 삽입하여 소장까지 연결된 관을 통하거나 캡슐에 담아서 전달하는 임상실험이 시도되고 있다.

연구자들이 인간 마이크로바이옴을 연구해 온지는 얼마 되지 않지만, 이미 다음과 같은 사실들을 확인하거나 알게 되었다.

1. 특정 피부 세균은 여드름을 야기하지만, 다른 것들은 피부를 청소한다.
2. 포경수술은 HIV를 포함한 특정 바이러스의 감염을 막는다.
3. 체중 감량 수술 후에 수반되는 혈당의 저하는 부분적으로는 장내 마이크로바이옴의 변화에 기인한다.
4. 변화된 마이크로바이옴은 영양실조인 어린이들에게 기아를 촉진한다.
5. 항생제는 일시적으로 장내 마이크로바이옴을 변화시킨다.
6. 일만 년 전 농경의 탄생은 충치를 유발하는 세균을 도입시켰다.
7. 마이크로바이옴의 불균형은 천식, 암, 비만, 건선, 크론병, 치주염 및 다른 증상들을 일으키거나 혹은 여기에 기여할 수도 있다.
8. 제왕절개 수술로 태어난 아이는 자연분만으로 태어난 아이와 다른 마이크로바이옴을 지닌다.
9. 격리된 지역에 사는 사람들은 도시인들과는 다른 마이크로바이옴을 지닌다. 연구자들은 다양한 환경, 특히 오랜 시간 동안 격리된 집단으로부터 얻은 마이크로바이옴을 보관하고 있다.

우리 유전체는 우리의 마이크로바이옴과 함께 진화해 왔다. 항생제의 사용, 공중위생, 항균 비누의 사용 등과 같은 몇몇 현대 생활방식은 개인의 마이크로바이옴 구성에 영향을 끼칠 수 있다.

핵심 개념 질문 2.5

*a. **마이크로바이옴**을 정의하시오.

b. 고유한 마이크로바이옴을 담고 있는 인체 부위의 예를 하나 들어 보시오.

c. 마이크로바이옴이 건강에 영향을 끼치는 방식 한 가지를 인용해 보시오.

*d. 분변 이식은 어떤 종류의 감염을 치료할 수 있는가?

학습 가이드

핵심 용어

후기(anaphase) 복제된 염색체들이 분리되는 유사분열의 한 단계.

세포자살(apoptosis) 정상적인 생장과 발생의 일부로 작용하는 세포죽음의 한 형태.

자가포식(autophagy) 세포가 자신의 찌꺼기를 청소하는 과정.

탄수화물(carbohydrate) 탄소, 수소, 산소가 1:2:1의 비율로 구성된 유기물의 일종. 당류 또는 녹말.

세포주기(cell cycle) 분열을 위한 세포의 준비 또는 분열 자체를 나타내는 사건들의 주기.

세포접착(cellular adhesion) 세포를 연결하는 단백질들 사이의 일련의 상호작용.

중심립(centriole) 미세소관들을 유사분열 방추사로 조직화하는 구조물.

동원체(centromere) 염색체 유형에서 특정 부위로, 염색체에서 가장 크게 수축된 곳.

중심체(centrosome) 중심립과 단백질들로 구성된 구조물로서 세포분열 동안에 미세소관을 방추사로 조직화함.

염색분체(chromatid) 매우 긴 단일 DNA 분자와 여기에 붙어 있는 단백질들. 복제된 염색체의 세로 반쪽을 형성함.

세포질 분열(cytokinesis) 세포질과 그 내용물의 분열.

세포질(cytoplasm) 세포소기관 이외의 세포 내용물.

세포골격(cytoskeleton) 단백질 관과 막대로 구성된 뼈대로서 세포를 지지해주고 그 고유한 형태를 유지시켜 줌.

이배체(diploid) 두 세트의 염색체를 지니고 있는 세포.

배아줄기세포(ES 세포)(embryonic stem (ES) cell) 아주 이른 시기 배아의 내세포 덩어리로부터 추출되어 실험실 배양 조건에서 자란 세포. 자가재생을 할 수 있고 어떠한 세포로도 분화할 수 있는 딸세포를 생성할 수 있음.

소포체(endoplasmic reticulum) 단백질, 지질 및 당류가 합성되는 막 성분의 관들이 미로처럼 형성되어 있는 세포소기관.

엔도솜(endosome) 원형질막 안쪽으로 돋아나와 분리되는 소포.

효소(enzyme) 특정 생화학 반응의 속도를 높여주는 단백질.

진핵세포(eukaryotic cell) 핵을 위시한 세포소기관들을 포함하고 있는 복잡한 세포.

엑소좀(exosome) 세포와 세포사이로 분자들을 실어 나르는 소포.

G_0기(G_0 phase) 세포주기의 한 파생 단계. 이 시기에는 세포가 분화된 상태를 유지하지만 DNA를 복제하거나 분열하지는 않음.

G_1기(G_1 phase) 유사분열기 직후의 세포주기 단계. 이 시기에 세포가 단백질, 지질 및 탄수화물의 합성을 재개함.

G_2기(G_2 phase) S기와 유사분열기 사이에 있는 세포주기 단계. 이 시기에 몇몇 특정 단백질들이 합성함.

생식세포(germ cells) 정자와 난자가 되는 세포.

골지체(Golgi apparatus) 세포소기관 중의 하나로서 분비될 물질들의 포장이 일어나는 납작한 막 성분의 자루로 이루어져 있음.

반수체(haploid) 한 세트의 염색체를 지니고 있는 세포.

호르몬(hormone) 분비샘에서 합성되어 혈류를 따라 표적기관으로 이동한 후 그 곳에서 특정 효과를 발휘하는 생화학 물질.

역분화 만능 줄기세포(iPS 세포)(induced pluripotent stem (iPS) cells) 유전자 발현을 변화시킴으로써 원래와는 다른 운명의 세포가 되도록 재프로그램된 체세포.

중간섬유(intermediate filament) 세포에 따라 서로 다른 단백질들로 구성된 세포골격 성분의 일종.

간기(interphase) 세포가 분열하지 않는 세포주기 단계.

지질(lipid) 산소 원자보다는 탄소와 수소 원자를 더 많이 포함하고 있는 유기 분자의 일종. 지방 또는 기름이 될 수 있음.

리소좀(lysosome) 찌꺼기를 분해하는 효소를 함유하고 있는 자루 모양의 세포소기관.

감수분열(meiosis) 염색체의 수를 반으로 줄이고 생식세포를 형성하는 세포분열의 일종.

전령 RNA(messenger RNA, mRNA) 단백질을 지정하는 유전자의 주형 가닥 염기서열과 상보적인 RNA 분자.

중기(metaphase) 염색체들이 세포의 중앙에 배열되는 유사분열 단계.

미세섬유(microfilament) 세포골격의 일부를 구성하는 액틴 단백질로 이루어진 속이 찬 막대 모양의 구조물.

미세소관(microtubule) 세포골격의 일부를 구성하는 튜불린 단백질로 이루어진 속이 빈 튜브모양의 구조물.

미토콘드리아(mitochondrion) 영양소로부터 에너지를 추출하는 반응을 촉진시키는 효소들을 담고 있는 두 겹의 막으로 구성된 세포소기관.

유사분열(mitosis) 체세포(비 생식세포)의 분열.

핵산(nucleic acid) DNA 또는 RNA.

인(nucleolus) RNA와 단백질로부터 리보솜이 조립되는 핵 속의 구조물.

세포소기관(organelle) 특정 기능을 수행하는 진핵세포의 특수한 구조.

페록시솜(peroxisome) 단백질이 박혀있는 단일 외막을 가진 세포소기관으로서 다양한 반응을 촉진하는 효소들을 담고 있음.

원형질막(plasma membrane) 세포 주위를 둘러싼 선택적 장벽으로서 인지질 이중층 속이나 표면에 단백질, 당지질, 당단백질 및 지질 등이 있는 구조로 이루어져 있음.

선조세포(progenitor cell) 그 자손 딸세포가 모든 발생단계는 아니지만 여러 발생단계들 중 아무 단계라도 따라 갈 수 있는 세포.

원핵세포(prokaryotic cell) 핵이나 다른 세포소기관이 없는 세포. 세균과 고세균 영역에 속하는 세포들.

전기(prophase) 유사분열이나 감수분열의 첫 번째 단계로서 이 시기에 염색체가 응축됨.

단백질(protein) 고분자의 일종으로 유전정보의 직접적인 산물. 아미노산들이 연결된 사슬.

리보솜(ribosome) RNA와 단백질로 구성된 거대 조립 구조물인 세포소기관으로 단백질 합성을 촉매함.

S기(S phase) DNA가 복제되는 간기의 한 단계.

자가재생(self-renewal) 줄기세포의 특징을 정의하는 단어. 자신과 똑같은 딸세포를 생성할 수 있는 능력.

신호전달(signal transduction) 세포 외부로부터의 정보를 내부로 전달해서 반응을 유도하는 일련의 생화학 반응과 상호작용.

방추사(spindle) 분열하는 세포에서 염색체 세트를 당겨서 나누는 미세소관으로 이루어진 구조물.

텔로미어(telomere) 염색체의 말단.

말기(telophase) 유사분열 또는 감수분열의 한 단계로서 이 단계에서 딸세포들이 서로 분리됨.

운반 RNA(transfer RNA, tRNA)) RNA의 일종으로서 단백질 합성 과정에 mRNA를 아미노산과 연결시켜줌.

소포(vesicle) 분비에 관여하는 막으로 둘러싸인 물방울 모양의 세포소기관.

복습문제

1. 각 세포소기관과 그 기능을 연결하시오.

소기관	기능
a. 리소좀	1. 지방 합성
b. 조면소포체	2. DNA 보관
c. 핵	3. 에너지 합성
d. 활면소포체	4. 잔해의 분해
e. 골지체	5. 해독작용
f. 미토콘드리아	6. 단백질 합성
g. 페록시솜	7. 분비물 처리

2. 다음의 세포소기관이나 구조물의 오작동으로 인해 생기는 질병 또는 증상을 설명하시오.
   a. 리소좀
   b. 페록시솜
   c. 미토콘드리아
   d. 세포골격
   e. 이온 통로
3. 크고 복잡한 세포에서 구획화의 장점은 무엇인가?
4. 엑소좀과 엔도솜을 구분해서 설명하시오.
5. 원형질막이 단지 세포 내부를 감싸는 껍질로서의 기능보다 어떻게 더 많은 기능을 수행하는지를 보여주는 두 가지 예를 제시하시오.
6. 세포주기 속도 조절의 네 종류를 나열하시오.
7. 한 개인의 모든 세포들이 동일한 유전물질을 지니고 있음에도 불구하고 어떻게 골세포, 신경세포, 근육세포 그리고 결합조직 세포로 특화될 수 있을까?
8. 다음 용어들을 서로 구별하여 설명하시오.
   a. 세균세포와 진핵세포
   b. 간기와 유사분열
   c. 유사분열과 세포자살
   d. 조면소포체와 활면소포체
   e. 미세소관과 미세섬유
   f. 줄기세포와 선조세포
   g. 전능성과 만능성
9. 중간섬유가 미세소관 및 미세섬유와 같은 점과 다른 점은 각각 무엇인가?
10. 유사분열의 각 단계에서 일어나는 사건들을 열거하시오.
11. 줄기세포를 "어떤 세포 유형으로도 될 수 있는" 세포라고 정의하는 것이 왜 잘못된 것인가?
12. ES 세포, iPS 세포 그리고 성체줄기세포를 구별하여 설명하시오.
13. **마이크로바이옴**을 정의하시오.
14. 건강식품 상점에서 한 젊은 여성이 자신의 친구에게 "창자에 있는 모든 세균을 제거할 수 있는 유기농, 무–글루텐, 무–지질, 저칼로리이며 고에너지 방법에 대해 들었다"라고 들떠서 말했다. 이것은 좋은 아이디어인가, 아닌가? 대답에 대한 근거를 인용하시오.

응용문제

1. 이 장의 서론에서는 보관해 두었던 아기의 치아로부터 유래된 DNA를 이용하여 뇌의 뉴런에 영향을 끼치는 레트 증후군을 진단하였다. 한 세포 유형에서 검출된 돌연변이가 다른 종류의 세포에 영향을 끼치는 유전병을 진단하는 것에 도움이 될 수 있는 이유를 설명하시오.
2. 만약 신약의 독성을 검사하기 위한 목적으로 합성 세포소기관을 만들고자 한다면, 어떤 생체 세포소기관의 기능과 비슷하게 만들어야 하는가?
3. 유전성인 편두통은 뉴런에서 나트륨 통로를 암호화하는 유전자(*SCN1A*)의 돌연변이에 의해 야기된다. 나트륨 통로는 무엇이며, 그것은 어떤 세포 구조물에 위치하는가?
4. 파킨슨병의 한 유형에서는 자가포식의 결함으로 인해 알파 시누클레인(alpha synuclein)이란 단백질이 축적된다. 어떤 세포소기관이 이런 유형의 질병에 관여하고 있나?
5. 배아시기의 세포들은 왜 G_0기에 있을 가능성이 낮은가?
6. 인간 배아의 사용 없이 줄기세포를 유도할 수 있는 두 가지 방법을 설명하시오.
7. 두 룸메이트가 100kcal로 포장된 쿠키를 정기적으로 일정하게 섭취한다. 각자가 한 학기동안 밤에 한 봉지씩 그 쿠키를 먹고, 비슷한 식단과 운동 계획을 따랐더니, 한 친구는 체중이 약 5.4kg이 늘어났지만 다른 친구는 그대로 유지되었다. 체중 증가의 차이를 유전학적으로 설명할 수 없다면, 이 책에서 논의한 다른 어떤 요인이 여기에 관여했는가?
8. 온라인에서 판매되고 있는 어떤 "텔로미어 건강 DNA 검사"는 "텔로미어 길이에 기초해서 당신의 세포 나이를 추적"하기 때문에 당신은 "그것을 향상"시킬 수 있다고 약속한다. 그 회사는 생물학적 젊음을 추구하는 데 도움을 주는 건강보조식품 패키지를 판매한다. 이런 종류의 유전자 검사와 추천하는 보조식품의 구매 여부를 결정하기 위해서는 어떤 추가 정보가 도움이 되는가?

법과학적 초점

1. 사람 조직을 판매하는 회사를 운영하던 어떤 사람이 화장터에서 해체된 시체로부터 동의서 없이 채취한 인체 부위를 유통한 혐의로 수년간 교도소에서 복역했다. 수백 개의 신체로부터 수천 개 부위가 엉덩이 부위 이식, 치아 임플란트 등의 외과적 시술에 사용되었다. 가장 흔히 사용된 품목은 뼈 접착제(bone paste)였다. 어떤 많은 가족 구성원들의 여러 조직이 재판에서 증거를 위해 검사되었다. 왜 골조직에서 유래한 세포의 DNA가 친척들의 혈액이나 입속 표피세포들의 것과 일치할 수 있는가?

사례 및 연구 결과

1. "선천성 피부주름 쿤제형(congenital skin crease Kunze type)"을 가진 한 소년은 팔과 다리에 주름 고리가 있으며, 비정상적 얼굴 표정, 지적장애, 성장둔화 및 구개열을 보인다. 이 소년은 *TUBB* 유전자에 돌연변이가 있으며, 이 증상은 "튜불린병증(tubulinopathy)"이라고 불린다. 그의 어떤 세포들이 손상을 받았는가?
2. 이탈리아의 3대에 걸친 어떤 대가족 구성원들은 화상, 골절, 또는 심지어 피하로 주입된 매운 고춧가루에도 인식하지 못한다. 세포 수준에서 이들은 어떤 문제가 있을까?
3. 연구자들은 지방제거 시술 과정에 제거된 지방으로부터 줄기세포를 분리하였다. 이 줄기세포는 근육, 지방, 뼈 및 연골세포를 만들 수 있다.
   a. 이 줄기세포는 전능성인가 만능성인가?
   b. 이 줄기세포는 ES 세포, iPS 세포, 아니면 성체줄기세포 중 어떤 것에 해당되는가?

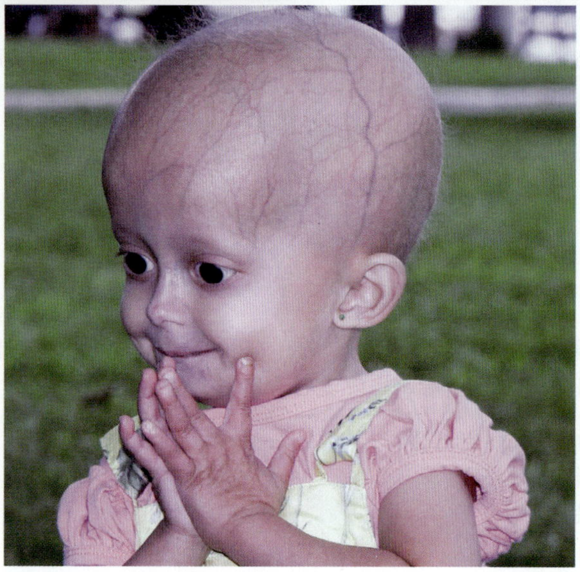

Courtesy The Progeria Research Foundation

CHAPTER 3

감수분열, 발생, 그리고 노화

이 아이는 노화의 징후가 빠르게 가속화되는 희귀 유전 증후군인 조로증을 앓고 있다. 이 질병에 걸린 모든 아이를 찾기 위한 세계적인 노력은 이 질병의 일부 증상 개선이나 수명 연장, 더 나아가 고령화 인구집단에서 나타나는 여러 일반적인 질병들의 치료를 주도할 약물들의 검사를 가능하게 하였다.

학습 목표

3.1 생식계

1. 남성 생식계와 여성 생식계의 구조에 대해 설명하시오.

3.2 감수분열

2. 감수분열은 왜 생식에 필요한지 설명하시오.
3. 감수분열 과정을 간단히 설명하시오.

3.3 생식세포의 성숙

4. 정자형성 과정과 난자형성 과정을 단계별로 정리해 보시오.

3.4 출생 전 발생

5. 초기 배 발생에 대해 설명하시오.
6. 배아와 태아는 어떻게 다른지 설명하시오.

3.5 기형아 출산

7. 임계기간이란 무엇인지 정의하시오.
8. 기형유발원 몇 가지를 제시하시오.

3.6 성인기와 노화

9. 성인이 된 후에야 나타나는 일반적인 질병을 기술하시오.
10. 노화가 촉진되는 증후군은 얼마나 빨리 나타나는지 설명하시오.

개관

우리의 생식계는 새로운 세대를 열어갈 능력을 부여한다. 먼저 우리의 유전물질은 반으로 나누어져야 하며 그렇게 함으로써 배우자의 유전물질과 결합하여 완전한 이배체인 유전체를 재구성할 수 있다. 따라서 유전 프로그램은 최초의 세포분열과 그 결과 만들어진 딸세포들을 분화하도록 조정한다. 만들어진 조직들은 접혀서 기관을 형성하고 기관들은 상호작용하여 새로운 인체를 서서히 완성해 간다. 한편, 돌연변이는 발생과정 또는 나이를 먹어가는 어떤 단계에서도 질병을 유발할 수 있다.

조로증의 진행

허친슨–길포드 조로증(Hutchinson–Gilford progeria syndrome, HGPS)의 어린이는 또래의 아이들보다 늙어 보인다. 출생 후 얼마 안 되어 체중 증가가 느려지고 머리카락이 가늘어진다. 치아가 생기지 않아서 잇몸은 평평한 채로 남아있게 된다. 관절은 뻣뻣해지고 뼈는 연약해진다. 전형적인 어린이의 오동통함이 너무 빠르게 사그라져 피부는 쪼글쪼글해지고 귀여운 어린이의 모습은 점점 야위어 간다.

아이의 탄력이 없는 피부 아래 혈관은 동맥경화로 굳어지고 지방층은 줄어들며 결합조직은 딱딱해진다. 세포 내 염색체 말단부가 조금씩 짧아지는 데 그 속도가 점점 가속화된다. 그러나 어떤 기관들은 건강한 채로 남아 있기도 하고 지능은 남아 있다. 이 어린이는 일반적으로 사춘기에 심장발작이나 협심증으로 사망한다.

전 세계적으로 350~450명의 어린이들이 1886년에 처음 보고된 이 희귀한 병을 가지고 있는 것으로 알려져 있다. 2003년에 연구자들이 HGPS를 일으키는 원인인 *LMNA* 유전자의 돌연변이를 동정했을 때, 기존의 몇 가지 약품들이 분자적인 결손으로 인해 생긴 증상을 뚜렷하게 완화할 수도 있다는 것을 알아냈다.

연구자들은 그 약품이 효과가 있는지 여부를 평가하기 위해 어린이의 체중을 추적하면서 암치료에는 실패한 약품을 가지고 실험하였다. 이 병에 걸린 어린이들은 일반적으로 3살에 성장을 멈추었으나 최초의 임상실험에 응한 25명 중 9명은 50% 이상의 체중 증가를 나타내었다. 동맥이 굳어지고 폐쇄되는 진행이 멈추었을 뿐 아니라 오히려 그 과정이 역전되었다! 어떤 어린이는 소리를 들을 수 있게 되었고 뼈가 이전보다 단단해 졌다. 60명의 아이가 임상 시험에 참여했으며 현재 이 약품은 아이들의 평균 수명(평균 생존)을 1.6년 이상 연장할 수 있는 것으로 알려졌다. 이러한 수명연장 효과로 인해 이제 아이들뿐만 아니라 청년 세대까지도 조로증 환자 범위에 포함되게 되었다. 이 프로그램을 통해, 전 세계의 조로증 환자들이 의사로부터 약을 구할 수 있게 되었다.

조로증 연구재단은 세상의 모든 조로증 어린이들을 찾아내어 몇몇 기존의 약품과 새로운 약품을 이용한 실험에 그들을 포함시키고자 노력하고 있다. 현재 이 병의 치료를 위해 시도되는 유망한 방법 중 하나는 독성의 질병 유발 단백질의 형성을 차단하는 첫 번째 약물과 이 단백질을 배출하도록 세포를 돕는 두 번째 약물을 적절히 조합하는 것이다. 한편, 조로증에 도움이 되기 위해 발명된 이들 약품들은 또한 정상 노화 진행의 한 부분으로써 질병 증상이 나타나는 이들에게도 유용할 수도 있다.

3.1 생식계

유전자들은 수정된 며칠 후부터 성인 이후까지 우리의 생리작용을 조절한다. 어떤 특정 유전자 세트들의 형질 발현은 세포들을 분화시켜 상호작용하고, 모으고, 그리고 접어 포개어 조각품을 만들어 내듯이 신체의 기관들을 형성한다. 비정상적인 유전자의 작용은 전 발생과정에 걸쳐 건강에 좋지 않은 영향을 미칠 수 있다. 어떤 단일 유전자 돌연변이들은 출생 전에 작용하여 골절, 난쟁이, 암 등 기타 증상을 일으키는 원인이 된다. 어떤 돌연변이 유전자들은 유년기 동안에 영향을 미쳐 초기 발생 지연 또는 기능의 상실로 나타난다. 유전성인 심장병과 유방암은 성년 초기 또는 중기에 나타날 수 있는데, 이는 다인자성 형질인 같은 질병보다 일찍 나타나는 것이다. 대머리(pattern baldness)는 매우 흔한 단일 유전자 형질인데 성인이 되어야 명확히 알 수 있다. 이 장에서는 유전자들의 작용이 배경을 이루는 사람의 발생단계들에 관하여 알아보고자 한다.

새로운 생명 발생을 위한 첫 번째 세포는 접합자(zygote)라고 불리는 수정란이다. 이것은 남성으로부터의 **정자**(sperm)와 여성으로부터의 **난자**[oocyte, 혹은 알(egg)로 불림]가 결합하여 만들어진다. 정자와 난자는 **배우자**(gamete) 또는 생식세포라고도 불리며, 조상들에게서 물려받은 받은 유전물질을 혼합하고 있다. 우리는 수만 개의 유전자를 가지고 있고 그 중 어떤 것들은 많은 돌연변이를 갖고 있기 때문에 사람 각 개인은 그 자신만의 (일란성 쌍둥이를 제외하고) 유전 형질의 고유한 조합을 가지고 있다.

정자와 난자는 생식계에서 만들어진다. 생식기관은 남성과 여성이 유사하게 구성된다.

- 정자와 난자를 생산하는 **생식소**(gonad)라고 부르는 한 쌍의 구조
- 정자와 난자를 운반하는 가는 관 구조, 그리고
- 생식을 조절하는 호르몬과 분비액(6장에서 논의).

남성

정자세포는 **정소**(testies, **그림 3.1**)로 불리는 한 쌍의 난원형 기관을 꽉 채우고 있는 125 m에 달하는 그물 모양의 조직인 세정관 내에서 발생한다. 정소는 남성 생식소이다. 정소는 복부 바깥쪽에 음낭이라 부르는 주머니 속에 들어 있다. 이런 위치는 신체의 다른 부분보다 정소를 서늘하게 유지하는데 정자 발생에 필수적이다. 정자세포는 정소에 연결된 단단하게 둘둘 감긴 관인 부정소(epididymis)에서 성숙하고 저장된다. 부정소는 정관(ductus deferens)으로 불리는 다른 관으로 연결된다. 정관은 방관 뒤쪽으로 구부러져 요도(urethra)와 결합하며 관으로 된 요도는 음경을 통과하여 정자와 오줌을 체외로 배출한다.

정자 배출 경로에는 세 개의 분비선들이 있어 분비물을 경로 내에 첨가한다. 정관은 정자의 유영 운동을 활성화하는 묽은 우유 같은 산성 액체를 생산하는 전립선(prostate gland)을 통과한다. 정관으로 열린 저정낭(seminal vesicle)은 에너지가 풍부한 당인 과당과 프로스타글란딘(prostaglandin)을 분비한다. 프로스타글란딘은 여성의 몸에

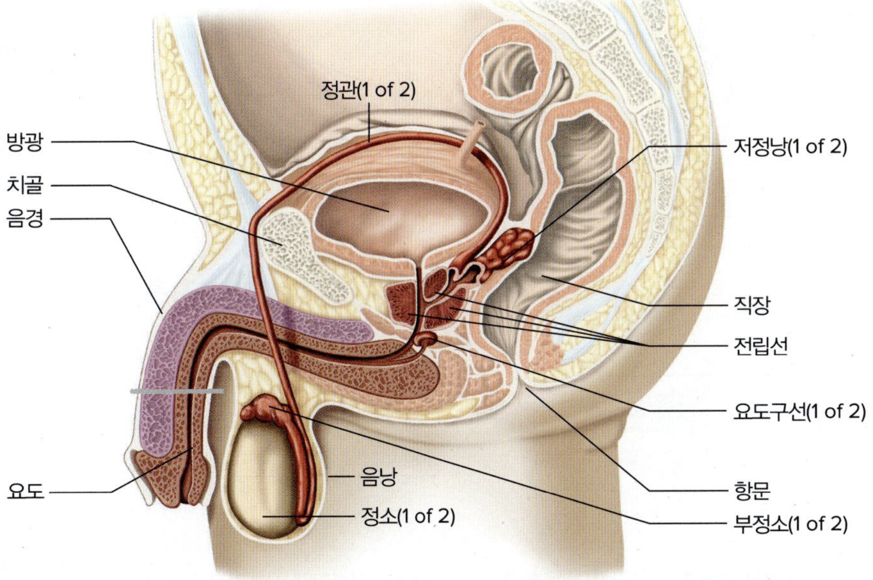

그림 3.1 남성의 생식계. 정자세포는 음낭 내로 내려온 정소 속에서 빈틈없이 감긴 세정관 내에서 만들어진다. 전립선, 저정낭, 요도구선은 정자세포에 분비물을 첨가하여 정액을 형성한다. 정자는 부정소에서 성숙하고 저장되며 정관을 통하여 밖으로 나간다. 쌍으로 된 정관은 요도에서 합쳐지며 요도는 체외로 정액을 배출하는 길이 된다.

서 수축을 촉진하여 정자와 난자가 만나는 것을 도와주는 호르몬 같은 물질이다. 완두콩알 정도 크기의 요도구선(bulbourethral gland)은 체벽을 통과하여 요도와 합쳐진다. 요도구선은 정자가 방출되기 전에 요도 표면을 덮는 알칼리성 점액을 분비한다. 이들 분비액은 모두 합쳐져 정자를 운반하는 정액을 형성한다. 정액은 알칼리성이다.

성적인 흥분을 일으키는 동안 음경은 발기되어 여성의 생식기관 내로 삽입하여 정자를 넘겨줄 수 있게 된다. 성적인 자극의 최고점에 이르면 오르가즘(orgasm)이라고 하는 기분 좋은 흥분이 일어나며 강한 근육 수축이 뒤따라 일어나 각 수정관으로부터 요도를 통하여 음경 밖으로 정자를 분출한다. 음경으로부터 정자가 배출되는 것을 사정이라 하며 1회 사정된 정액에는 약 2억~6억 개의 정자세포가 포함되어 있다.

여성

여성의 생식세포는 복강 내에 한 쌍으로 이루어진 여성의 생식소인 **난소**(ovary, **그림 3.2**)에서 발생한다. 갓 태어난 여자아이의 2개의 난소 각각은 약 1백만 개의 미성숙 난모세포를 포함하고 있다. 각 난모세포는 자양분을 주는 여포세포 속에 자리 잡고 있으며 각 난소는 각기 다른 발생단계의 난모세포들을 수용하고 있다. 사춘기 이후에 한 달에 한 번씩 한 난소에서 가장 성숙한 난모세포가 방출된다. 물결치듯이 움직이는 섬모운동에 의해 2개의 자궁관[나팔관이라고도 한다(감수 주: uterine tube를 번역하면 자궁관이 맞지만, 일반적으로 oviduct(수란관) 혹은 fallopian tube(나팔관)으로 불린다)]중 하나의 손가락같이 새긴 돌기 속으로 내보낸다. 나팔관은 난모세포를 근육질의 주머니 같은 기관인 자궁(uterus 또는 womb)으로 운반한다.

난소로부터 방출된 난모세포는 일반적으로 자궁관에서 정자를 만나게 된다. 정자가 난모세포로 들어가서 두 생식세포의 DNA가 융합하여 새로운 핵을 이루면 그 결과 수정란이 된다. 수정 1일 후 자궁관을 통과하는 동안에 첫 번째 세포분열이 일어난다. 수정란은 자궁내막에 정착하여 세포분열을 계속하여 배 발생이 이루어진다. 수정이 이루어지지 않으면 난모세포는 증식되었던 자궁내막과 함께 월경으로 흘러내리게 된다. 여러 가지 성호르몬들이 한 달에 한 번인 월경주기를 조정한다.

자궁 아래 끝 부분은 좁아져서 자궁경부가 되고 튜브 모양의 질로 이어진다. 질구는 바깥쪽에 두 쌍의 근육질 층이 있어서 보호되고 있다. 이들 두 쌍의 접합 점에는 길이가 2 cm 되는 음핵(clitoris)이 있다. 음핵은 해부학적으로 음경과 유사하다. 음핵을 문지르면 여성의 오르가즘이 유발된다. 여러 가지 성호르몬들이 난자의 성숙주기와 자궁이 수정란을 받아들이기 위한 준비를 조절한다.

핵심 개념 질문 3.1

*a. 정자는 어디에서 발생되는가?

*b. 난자는 어디에서 발생되는가?

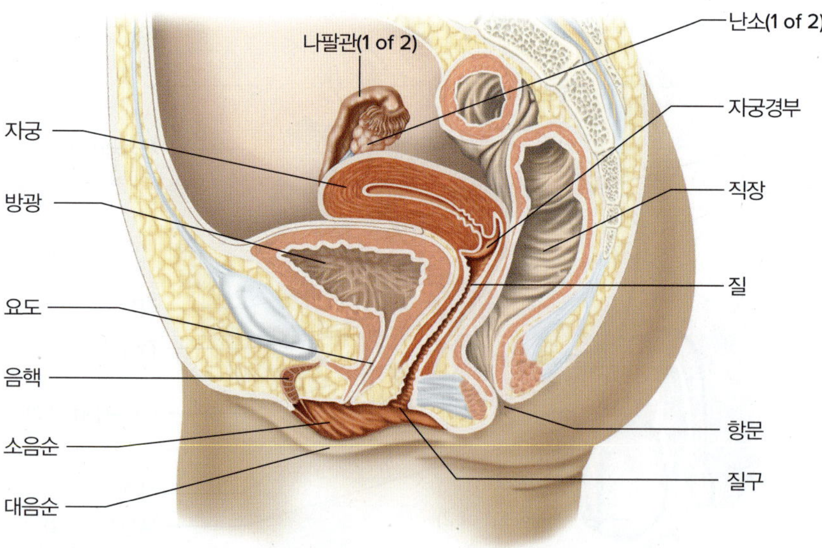

그림 3.2 여성의 생식계. 난모세포들은 쌍으로 된 난소에서 성숙한다. 사춘기 이후에 한 달에 한 번씩 한쪽 난소에서 한 개의 난모세포가 방출되어 가까이에 있는 나팔관으로 내려온다. 정자가 나팔관에서 난모세포를 수정시키면 수정란은 자궁으로 내려와서 자궁 속에서 9개월 동안 세포분열을 계속하여 발생이 이루어진다. 난모세포가 수정이 안 되면 증식되었던 자궁내막과 함께 체외로 배출시켜버리는데 이것이 월경이다.

3.2 감수분열

생식세포는 특수한 생식계통 세포로부터 염색체의 수가 반씩 나누어지는 일종의 세포분열 형태인 **감수분열**(meiosis)에 의해 만들어진다. 성숙 과정을 통해 독특한 특징을 가진 정자와 난자로 다시 태어난다. 소기관으로 채워진 난모세포는 유선형인 정자보다 90,000배 이상 크다.

생식세포는 유전체의 한 복사본을 구성하는 23개의 염색체를 가지고 있다. 반면에 체세포는 23쌍, 즉 46개의 염색체를 가지고 있다. 각 쌍 중의 하나는 어머니에게서, 다른 하나는 아버지에게서 온 것이다. 이 염색체 쌍들을 각각 상동인 쌍(homologous pair), 또는 줄여서 **상동염색체**(homolog)라 한다. 상동염색체들은 동일한 서열의 동일한 유전자들을 가지고 있지만 동일 유전자의 다른 대립유전자인 변이형을 가질 수도 있다. 제2장에서 언급한 바와 같이

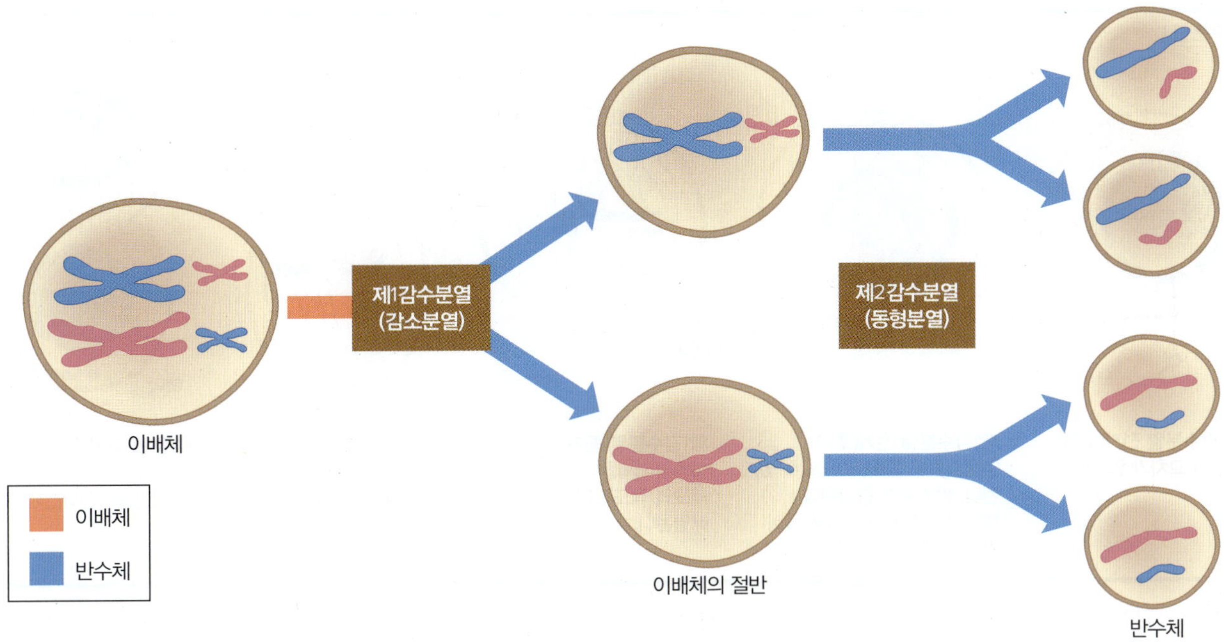

그림 3.3 감수분열 개요. 감수분열은 세포분열의 한 형태로 반수체인 생식세포를 만든다. 이 그림은 23쌍이 아니라 2쌍의 염색체에 대해서 만을 요약하여 나타낸 것이다. 사실상 제1감수분열에서 염색체의 수는 23개로 반감되고 모두 복제된 형태이다. 제2감수분열에서 세포들은 필수적으로 유사분열을 거친다. 2회의 감수분열 결과(이 그림에서 보는 바와 같이) 4개의 반수체 세포가 만들어진다. 이 그림에서는 상동염색체 쌍은 같은 크기로 나타내었으며 모계와 부계는 각각 다른 색으로 나타내었다.

생식세포는 **반수체**(haploid; 1*n*)이다. 이는 생식세포는 각 염색체를 한 개씩만 가지고 있다는 것을 의미한다. 반면에 체세포는 각각의 염색체를 2 복사본씩 가지는 **이배체**(diploid; 2*n*)이다.

2개의 완전한 유전체로 복원되는 것은 정자와 난자의 만남을 통해서이다. 감수분열이 없다면 정자와 난자는 각각 46개의 염색체를 가지게 되고 수정란은 정상 염색체 수의 2배인 92개를 가지게 될 것이다. 이렇게 유전적으로 과부하 된 세포를 **배수체**(polyploid)라고 부르며, 이러한 세포는 몇 번의 세포분열 후 더 이상 분열을 하지 못한다.

감수분열은 배우자 형성에 그치지 않고 형질을 섞어 새로운 조합을 만든다. 예를 들어, 어떤 사람이 생산한 생식세포 중 하나가 녹색 눈동자와 죽은 깨 암호를 가진 대립유전자를 가지고 있다면 다른 생식세포는 갈색 눈동자와 죽은 깨가 없는 암호를 가진 대립유전자를 가지고 있게 될 수 있다. 감수분열은 형제자매가 유전적으로 왜 서로 다르며 부모와는 왜 다른지를 설명해 준다.

보다 더 넓은 의미에서 유성생식 기구로서의 감수분열은 유전적 다양성을 제공해 주고 있다. 유성생식을 하는 생물집단은 유전자형도 다르고 표현형도 다른 개체들로 구성되어 있다. 유전적 다양성에 의해 어떤 생물집단은 환경의 변화에 적응하여 살아남을 수도 있다. 유전적으로 동일한 농작물이나 세균같이 무성생식을 하는 생물집단은 동일한 유전체 염기서열을 가진 개체들로 구성되어 있다. 어떤 특정 인자형을 가진 개체들만 죽게 하는 어떤 전염병과 같은 새로운 위협이 생긴다면 무성생식 집단 전체가 사라져 버릴 수도 있다. 그러나 유성생식으로 번식하는 집단에서는 어떤 특정 유전자 조합을 유전적으로 물려받은 개체들은 살아남을 수도 있다. 이러한 특정 인자형의 차별적인 생존이 자연 선택에 의한 진화의 기초가 되며 제16장에서 논의 할 것이다.

감수분열은 사실상 2번에 걸친 유전물질 분열 과정이다. 첫 번째 분열은 **감소분열**(reduction division, meiosis I)이라 하는데 이는 복제된 염색체의 수를 46개에서 23개로 감소시키기 때문이다. 두 번째 분열은 **동형분열**(equatorial division, meiosis II)이라 부르는데 첫 번째 분열에서 만들어진 2개의 세포로부터 복제된 염색체를 분리함으로써 4개의 세포를 만들기 때문이다. **그림 3.3**은 감수분열 과정의 전체적인 개략을 보여주고 있다. 색깔의 차이를 통해 각 염색체의 부모 기원을 나타내며, 크기 차이는 각기 다른 염색체를 구분하고 있다. 지면에 한계가 있으므로 단 2개의 염색체 유형만 현재 표시하고 있다. 감수분열이 시작되는 시점에서 몸에는 23쌍의 복제된 염색체가 있을 것이다.

체세포분열에서와 마찬가지로 감수분열은 DNA가 복제되는 간기 이후에 일어난다(**표 3.1**). 간기 후에 제1감수분열 전기가 시작되며 복제된 염색체들이 응축되기 때문에 염색하면 볼 수 있게 된다(**그림 3.4**). 방추사가 형성된다. 제1감수분열 중기에 상동염색체들은 접합(synapsis)이라고 부르는 현상으로 인해 한 유전자씩 짝을 이루어 1열

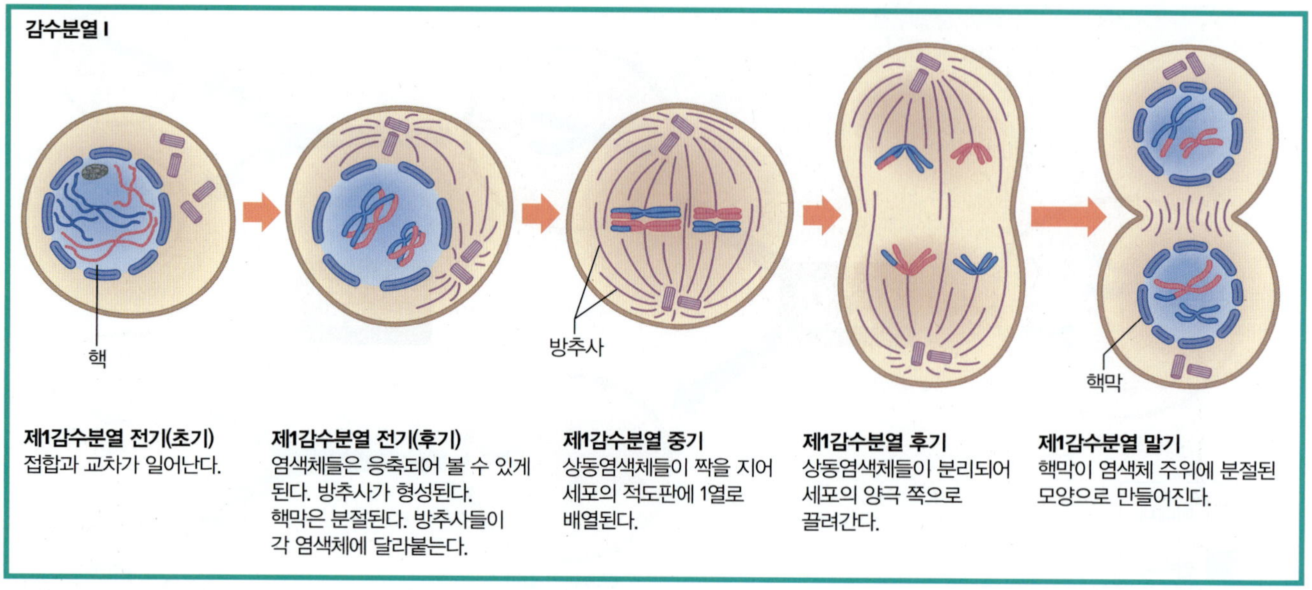

그림 3.4 감수분열 I. 감수분열 I 시기에 일어나는 감수분열 효과를 통해 인간 세포 내 복제된 염색체의 수는 46개에서 23개로, 즉 절반으로 줄어들게 된다(그림은 교차가 일어난 대표적인 두 개의 상동염색체 쌍을 나타낸다).

표 3.1 체세포분열과 감수분열의 비교

체세포분열	감수분열
1회 분열	2회 분열
분열 시마다 2개의 딸세포	분열 시마다 4개의 딸세포
딸세포들은 유전적으로 동일	딸세포들은 유전적으로 다름
딸세포들의 염색체 수는 모세포와 같음(2*n*)	딸세포들의 염색체 수는 모세포의 절반(1*n*)
체세포에서 발생	생식계통 세포에서 발생
평생 발생	사람에서는 성적인 성숙 이후에 완성
성장, 수리, 비성적인 증식에 이용	유성생식에 이용, 새로운 유전자 조합 형성

로 나란히 정렬하게 된다. RNA와 단백질 혼합체가 염색체 쌍들을 결합시킨다.

접합시기에 상동염색체 사이에서는 **교차**(cross over) 과정을 통해 염색체의 일부분이 서로 교환된다(**그림 3.5**). 각 상동염색체 쌍으로 이루어진 4개의 염색분체 모두가 교환이 일어나도록 영향을 받는다. 교차가 일어난 각 상동염색체는 양쪽 부모로부터 온 유전자를 가지게 된다. 교차가 일어나기 이전 상동염색체 상의 모든 유전자는 부모 한쪽으로부터 온 것이다. 부모가 서로 다른 대립유전자를 가지고 있으면 교차를 통해 새로운 유전자 조합이 만들어지게 된다. 제1감수분열 전기 끝에 접합했던 염색체들은 분리되지만 몇몇 부위는 접합된 채로 남아있다.

교차에 의해 어떻게 형질 조합이 바뀌는지 이해하기 위해 간단한 예를 생각해 보자. 상동염색체가 머리카락 색, 눈동자 색, 그리고 손가락 길이에 대한 유전자를 가지고 있다고 가정한다. 상동염색체 중 하나는 금발 머리, 파란 눈과 짧은 손가락에 대한 대립유전자를 가지고 있다. 다른 상동염색체는 검정 머리, 갈색 눈동자와 긴 손가락에 대한 대립유전자를 가지고 있다. 교차 후 염색체 중 하나는 금발 머리, 갈색 눈동자와 긴 손가락에 대한 대립유전자를, 다른 염색체는 검은 머리, 파란 눈과 짧은 손가락에 대한 대립유전자를 가질 수 있다.

감수분열은 계속하여 제1감수분열 중기에는 상동염색체들이 세포의 중

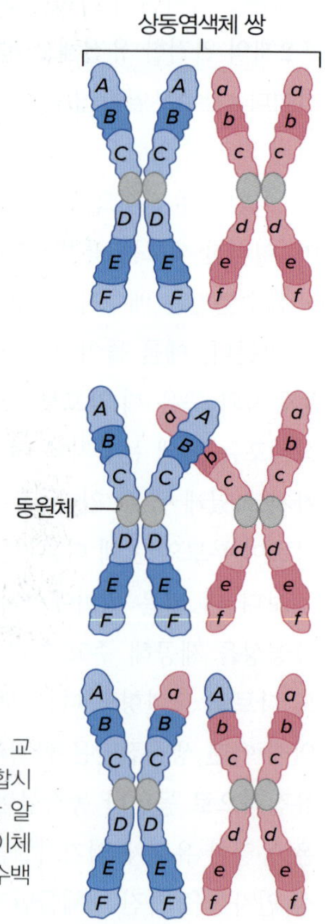

그림 3.5 교차에 의해 유전자들이 재조합된다. 교차는 유전자들을 재조합하여 부모의 형질들을 혼합시킴으로써 유전적인 다양성을 만들어 낸다. 동일한 알파벳 대문자와 소문자는 동일 유전자의 다른 변이체(대립유전자)를 나타낸 것이다. 한 개의 염색체는 수백 개에서 수천 개의 유전자를 가지고 있다.

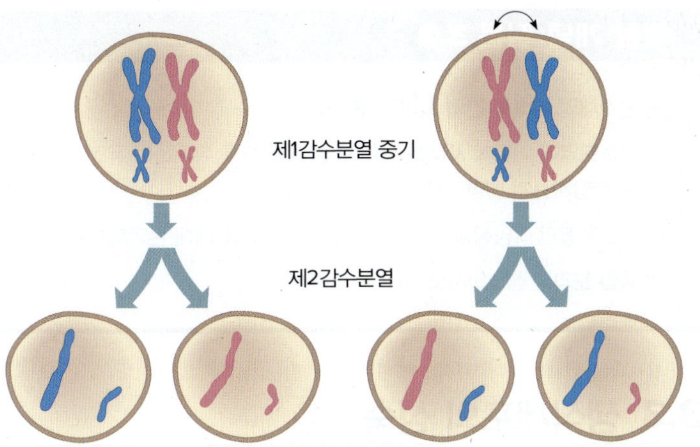

그림 3.6 독립 분리 제1감수분열 중기 동안에 임의로 일직선 배열이 되는 양식이 딸세포에서 부계의 염색체와 모계에서 온 염색체들의 조합을 결정한다. 2쌍의 염색체는 2가지 다른 방법으로 배열될 수 있어서 4가지 다른 조합을 가진 딸세포를 생산할 수가 있다. 23개의 염색체 쌍과 그것들이 만들어내는 교차의 영향을 고려할 때 감수분열이 만들어낼 수 있는 다양성은 고도로 증대된다.

앙에 1열로 늘어선다. 각 상동염색체 쌍은 서로 반대쪽 극의 방추사에 붙는다. 제1감수분열 중기에 염색체들이 1열로 늘어서는 양식이 유전적인 다양성을 일으키게 되는 것이다. 각 상동염색체 쌍에 대해 부계 또는 모계에서 온 것 중 어느 것이 어느 극으로 이동하는 가는 임의로 일어난다. 즉, 23명의 소년과 23명의 소녀가 서로 반대 성끼리 짝을 이루는 방법이 여러 가지 있는 것과 비슷하다.

염색체의 수가 많으면 많을수록 제1감수분열에서 만들어지는 유전적 다양성은 증가한다. 2쌍의 상동염색체에 대하여 4(2^2)가지의 다른 중기 때 염색체 배열이 가능하다. 3쌍의 상동염색체에 대해서는 8(2^3) 가지의 다른 배열이 생길 수 있다. 우리의 23쌍의 염색체는 8,388,608(2^{23}) 가지의 다른 방법으로 배열이 가능하다. 염색체들의 이러한 임의의 배열 방법은 염색체들이 가지고 있는 유전자들의 **독립 분리**(Independent assortment)의 원인이다. 독립 분리는 한 염색체상의 어떤 유전자의 운명은 다른 염색체상의 어떤 유전자에 의해 영향을 받지 않는다는 것을 의미한다(**그림 3.6**). 독립 분리는 유전의 기본 법칙에 대한 설명이며 제4장에서 논의가 이루어질 것이다.

상동염색체는 제1감수분열 후기에 분리되며 제1감수분열의 말기에 각각 반대편 극으로 이동한다. 이 이동은 잡아 늘려진 세포의 양쪽 끝에 아직 복제된 염색체의 반수의 세트를 자리 잡게 한다. 유사

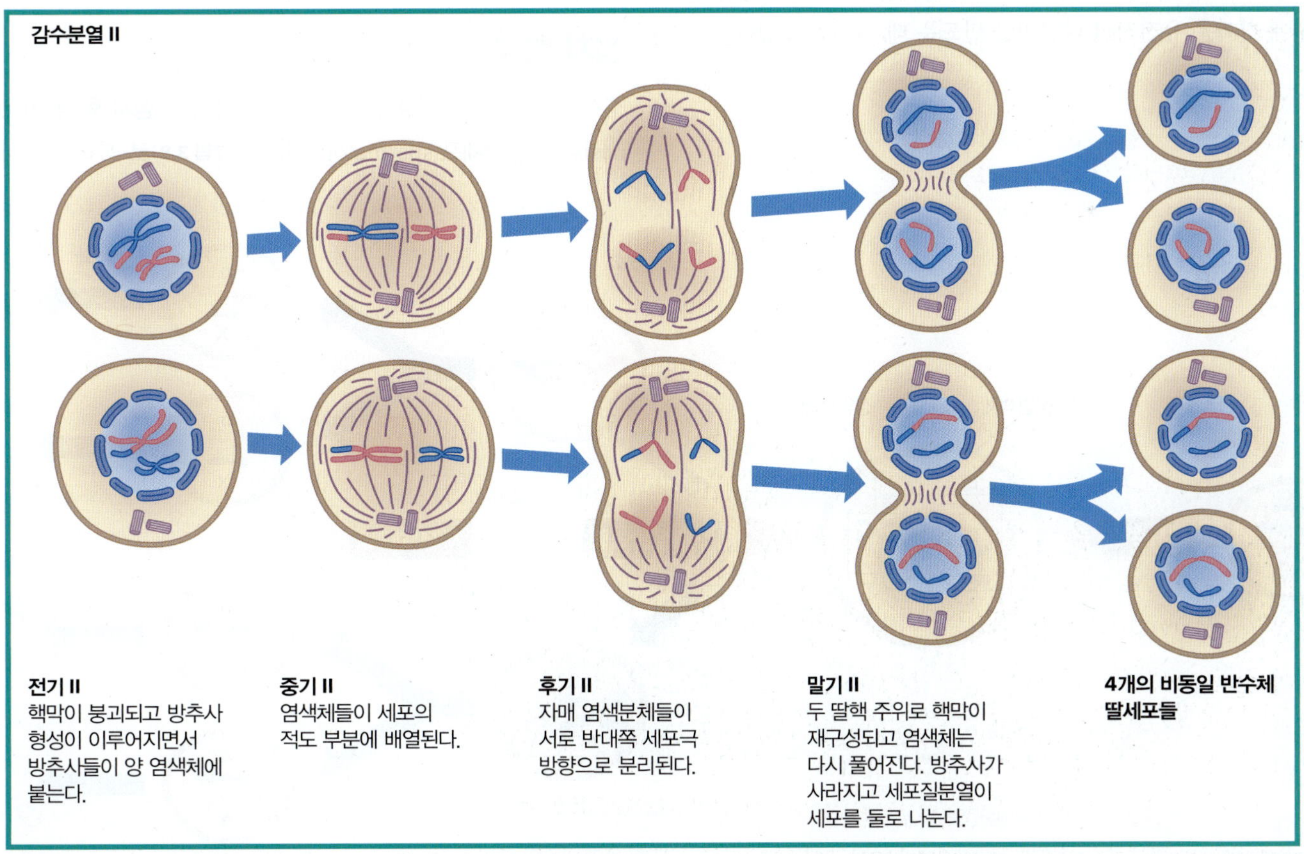

그림 3.7 감수분열 II. 감수분열 II의 동형분할은 46개의 복제된 염색체를 분리시켜 미복제 상태의 염색체를 생성하게 되며, 각 세포에는 23개의 염색체가 들어가게 된다(이 그림에서는 두 가지 대표적인 염색체 유형을 나타내고 있다).

분열에서와는 달리 제1감수분열에서 각 염색체의 동원체는 붙어있는 채로 남아있다. 제2감수분열 간기 동안에 염색체들은 아주 가는 실과 같은 모양으로 풀어지게 된다. 단백질들이 생산되지만 DNA는 다시 복제되지 않는다. 2회의 감수분열 동안에 DNA 복제는 1회만 이루어짐으로써 염색체의 수는 반감된다. 따라서 이제 세포는 반수체가 된다.

제2감수분열 전기는 제2감수분열을 시작하는 표시이다(**그림 3.7**). 염색체들은 다시 응축되어 볼 수 있게 된다. 제2감수분열 중기에 복제된 염색체들이 세포의 가운데 1열로 배열된다. 제2감수분열 후기에 동원체가 분리되고 새로 형성된 복제 이전 상태의 염색체들이 양극으로 이동한다. 제2감수분열 말기에 4개의 핵 주위에 핵막이 형성되고, 그런 다음 각각 분리되어 4개의 세포를 형성한다. 감수분열의 결과로 4개의 반수체 세포가 만들어지는데, 이들 각 세포는 새로 분리된 유전자들과 염색체를 가진 한 개의 유전체 복사본을 갖게 된다.

감수분열은 깜짝 놀랄 정도의 유전적 다양성을 만들어낸다. 사람들은 누구나 8백만 개 이상의 가능한 염색체 조합을 가지고 있어서 그중에서 한 개가 배우자의 8백만 개 이상의 조합 중 한 개와 만날 수 있음으로써 70조($8,388,608^2$) 가지 이상의 가능한 다양성을 가진 유전적으로 하나밖에 없는 유일한 개체가 만들어지는 것이다! 교차는 거의 무한에 가까운 유전적인 다양성을 만드는 데 기여하고 있다.

핵심 개념 질문 3.2

a. 반수체와 이배체 간의 차이를 구별하시오.

b. 감수분열이 어떻게 세대를 넘어서 염색체 수를 유지하며 유전자 조합을 혼합하는지 설명하시오.

c. 유전자형의 다양성을 만들어내는 2가지 기작에 대해 논의하시오.

*d. 독립 분리를 정의하시오.

3.3 생식세포의 성숙

감수분열은 남성과 여성 모두에서 일어나지만, 여러 단계를 거쳐 모양이 아주 다른 정자와 난자를 정교하게 만들어 낸다. 세포를 구성하는 성분의 분포가 다른 것이 정자와 난자의 차이를 만들어낸다. 성숙한 남성 생식세포와 여성의 생식세포 형성은 유사한 단계를 통해서 진행되지만 성 특이적인 용어와 다른 시간표에 따라 진행된다. 남성은 사춘기에 정자 생산을 시작하여 평생 지속되는 반면, 여성은 태아 시기에 감수분열이 시작된다. 여성에서의 감수분열은 난모세포가 정자와 수정이 이루어졌을 때만 비로소 완성된다.

정자 형성

정세포의 형성이며 정자세포의 생성 과정인 **정자 형성**(spermatogenesis)은 **정원세포**(spermatogonium, **그림 3.8**)로 불리는 이배체인 줄

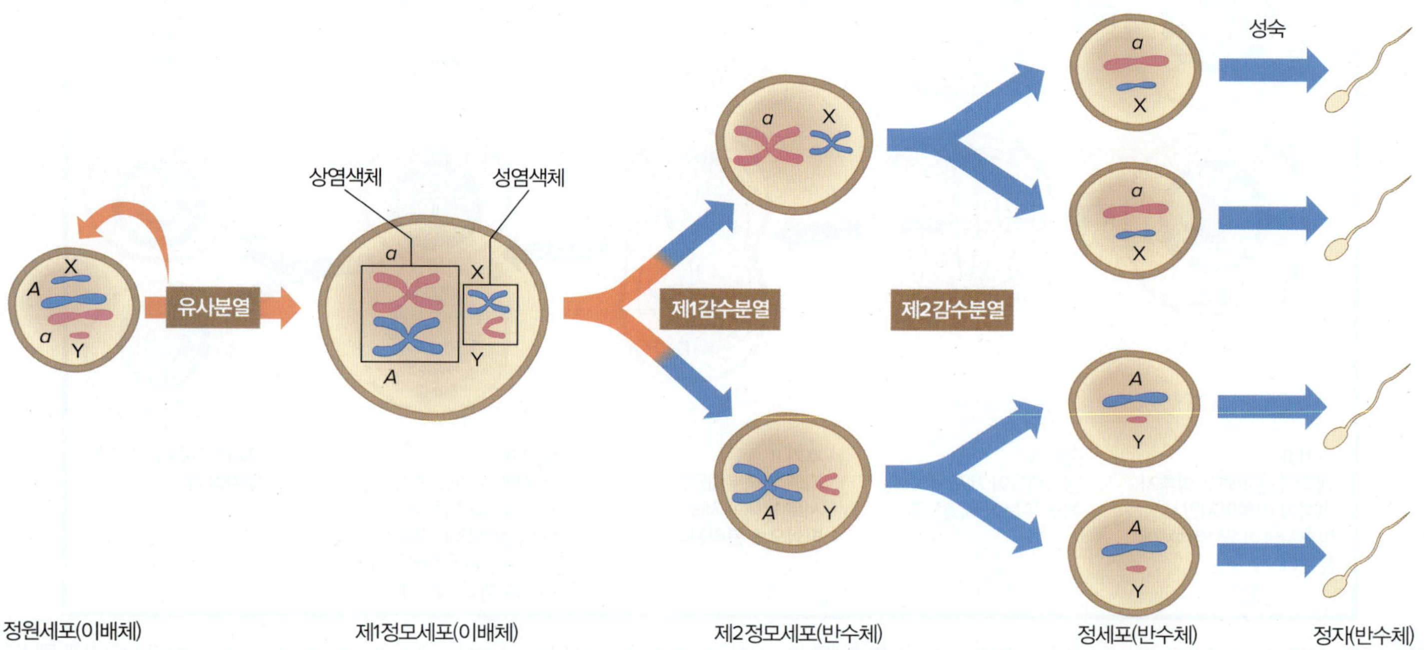

그림 3.8 정자 형성 과정. 제1정모세포는 정상적인 이배체인 23쌍의 염색체를 가지고 있다. 그림에서 큰 염색체 쌍은 상염색체를 나타낸다. X와 Y 염색체는 성염색체이다.

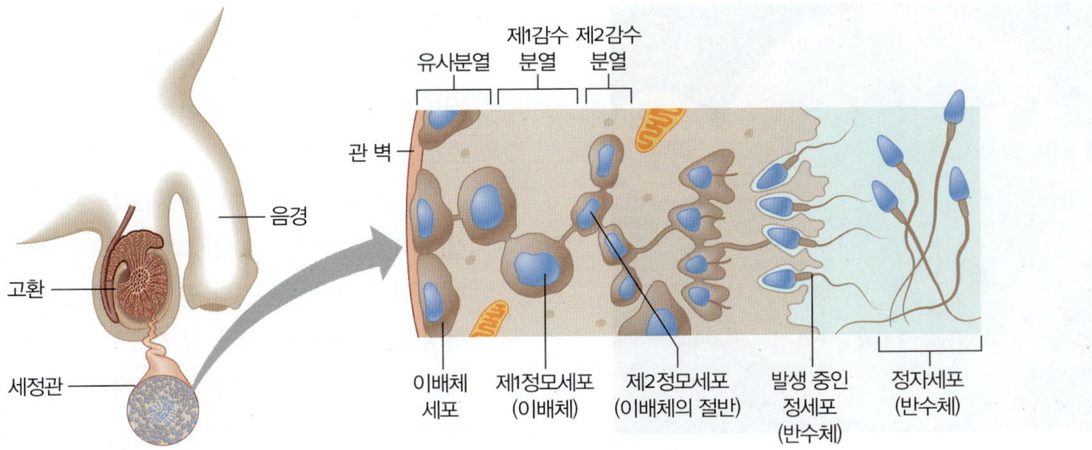

그림 3.9 감수분열과 성숙 과정에 의해 정자가 만들어진다. 이배체인 세포들이 세정관 내면에서 유사분열에 의해 분열한다. 그런 다음 딸세포들 중에서 어떤 것들은 감수분열로 들어가서 반수체인 제2정모세포를 만들고 이것들이 성숙한 정자로 분화된다.

기세포에서 시작된다. 이 세포는 유사분열에 의해 2개의 딸세포를 만들어낸다. 그중 하나는 계속하여 특수하게 분화되어 성숙한 정자가 된다. 다른 딸세포는 줄기세포로 남아 자가재생을 계속해서 더 많은 정자를 생산할 수 있게 된다.

몇 개의 정원세포들이 세포질 다리에 의해 결합되어 있으며 그들의 딸세포들이 함께 감수분열로 들어간다. 이들 정원세포가 성숙하여 세포질을 축적하고 DNA를 복제하여 제1정모세포가 된다.

감수분열(제1감수분열) 동안에 각각의 제1정모세포는 분열하여 복제 형태의 같은 크기의 2개의 반수체 세포인 제2정모세포를 형성한다(그림 2.12 참조). 제2 감수분열에서 각각의 제2정모세포는 분열하여 같은 크기의 2개의 정세포를 만든다. 그런 다음 각 정세포는 특징적인 정자 꼬리인 편모를 발생시킨다. 정세포가 분화한 후 정세포들을 연결하고 있던 세포질 일부는 떨어져 나가고 올챙이 모양의 **정자**(spermatozoa, 단수 *spermatozoon*)로 성숙하는 데 참여한다. **그림 3.9**는 세정관 내에서 정자 형성단계를 보여주는 해부학적인 모양을 나타낸 것이다.

길이가 0.006 cm(0.0023 inch) 밖에 안 되는 정자는 난자와 만나기 위해 약 18 cm(7 inch)를 여행해야 한다. 정자는 꼬리, 몸체(또는 중부), 그리고 머리로 구성되어 있다(**그림 3.10**).

중부에는 많은 미토콘드리아를 가지고 있어서 이것들이 ATP를 분해하여 방출되는 에너지를 이용하여 여성의 생식관 내에서 정자가 전진 운동을 할 수 있게 된다. 맨 앞부분에 막으로 둘러싸인 첨체는 효소를 포함하고 있어서 난모세포 주위의 보호막을 뚫고 통과하는 데 도움을 준다. 정자의 큰 머릿속에는 단백질로 둘러싸인 DNA를 가지고 있다. 이 시기의 정자의 DNA는 유전적으로 활성화되어있지 않다. 남성은 평생 수조 개에 달하는 정자를 생산한다. 이들 중 많은

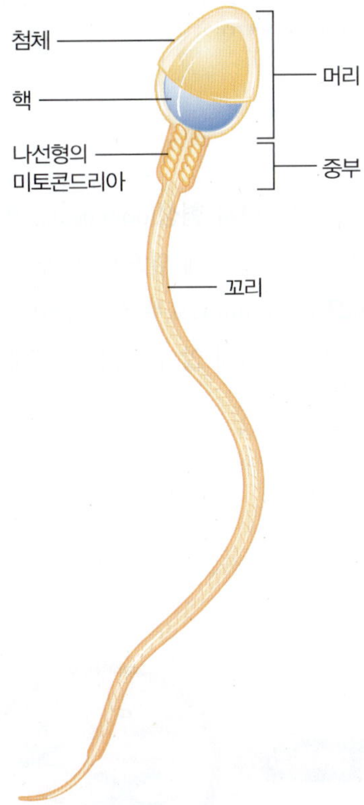

그림 3.10 정자. 정자는 난모로 DNA를 운반한 데 도움이 되는 특수한 부위들을 가지고 있다.

정자가 난모세포 근처까지 온다고 해도 실제로 난모세포와 만나는 것은 극히 적은 수에 지나지 않는다.

남성에서의 감수분열은 몇몇 기형아 출산이 정자가 원인이 되는 것을 예방하는 보호장치의 역할을 한다. 독소에 노출된 정원세포들은 너무 손상을 입어서 절대로 정자로 성숙할 수 없다. 독소에 노출된 과성숙된 정자는 너무 손상되어 헤엄을 칠 수가 없는 것이 보통이다.

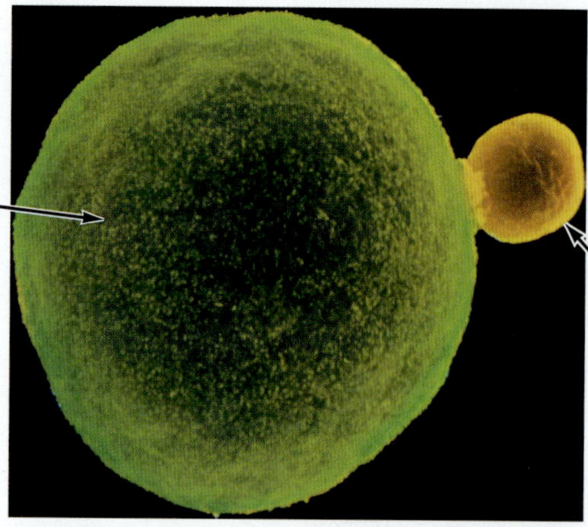

그림 3.11 여성에서의 감수분열은 한 개의 제2난모세포와 한 개의 극체를 만든다. 불균등분열과 세포 부분들의 할당은 그 세포로 하여금 제1난모세포로부터 대부분의 세포질과 소기관들이 축적된 수정난이 되도록 결정된다. 그러나 유전체는 한 사본만을 가지게 된다. 난모세포는 만약 그 분열이 균등분열이었다면 극체가 된 감수분열 산물로 들어갈 수도 있었던 세포질을 풍성하게 축적한다. *Prof. P.M. Motta/Univ. "La Sapienza", Rome/Science Source*

난자 형성

여성에서의 감수분열인 **난자 형성**(oogenesis, 알 생산)은 이배체 세포이면서, 자가재생하는 동시에 앞으로 분화할 세포들의 계보를 생성하게 될 **난원세포**(oogonium)로부터 시작된다. 남성에서와 다르게 난원세포들은 서로 붙어있지 않다. 대신 여포세포들이 각 난원세포를 둘러싸고 있다. 각 난원세포가 성장함에 따라 세포질이 축적되고 DNA가 복제되어 난원세포는 제1난모세포가 된다. 정자 형성에서와는 달리 난자 형성에서는 감수분열을 계속하여 크기가 다른 세포들을 만들어낸다.

제1감수분열에서 제1난모세포는 2개로 분열하여 한 개는 세포질을 거의 포함하지 아니한 작은 세포인 제1**극체**(polar body)를 형성하고 다른 하나는 이보다 훨씬 큰 제2난모세포(secondary oocyte)를 형성한다(**그림 3.11**). 이들 각 세포는 반수성이며 복제된 형태의 염색체를 가지고 있다. 제2감수분열에서 크기가 작은 제1극체는 분열하여 복제가 안 된 같은 크기의 2개의 극핵을 만들거나 또는 제1극체로 퇴화 될 수도 있다. 그러나 제2난모세포는 제2감수분열에서 불균등분열을 통해 미복제된 염색체들을 가진 다른 작은 극체와 세포질을 다량 함유한 성숙된 난세포(egg cell 또는 ovum)를 형성한다. **그림 3.12**는 여성에서의 감수분열을 요약하여 보여주고 있으며, **그림 3.13**은 그 과정의 해부학적인 모양을 제공하고 있다.

여성의 감수분열에서는 세포질의 대부분은 4개의 감수분열 산물 중 난자 하나에만 집중된다. 발생에서 더 이상 정상적으로 어떤 역할도 하지 않는 극체들은 체내에 흡수된다. 드문 일이지만 정자가 극체를 수정시키기도 한다. 이 경우 여성의 성호르몬들은 그 여성이 마치 임신한 것처럼 반응하지만 태아가 아닌 조직화하지 않은 세포 덩어리는 몇 주 동안 자라다가 여성의 몸을 떠난다. 이를 유산의 한 형태

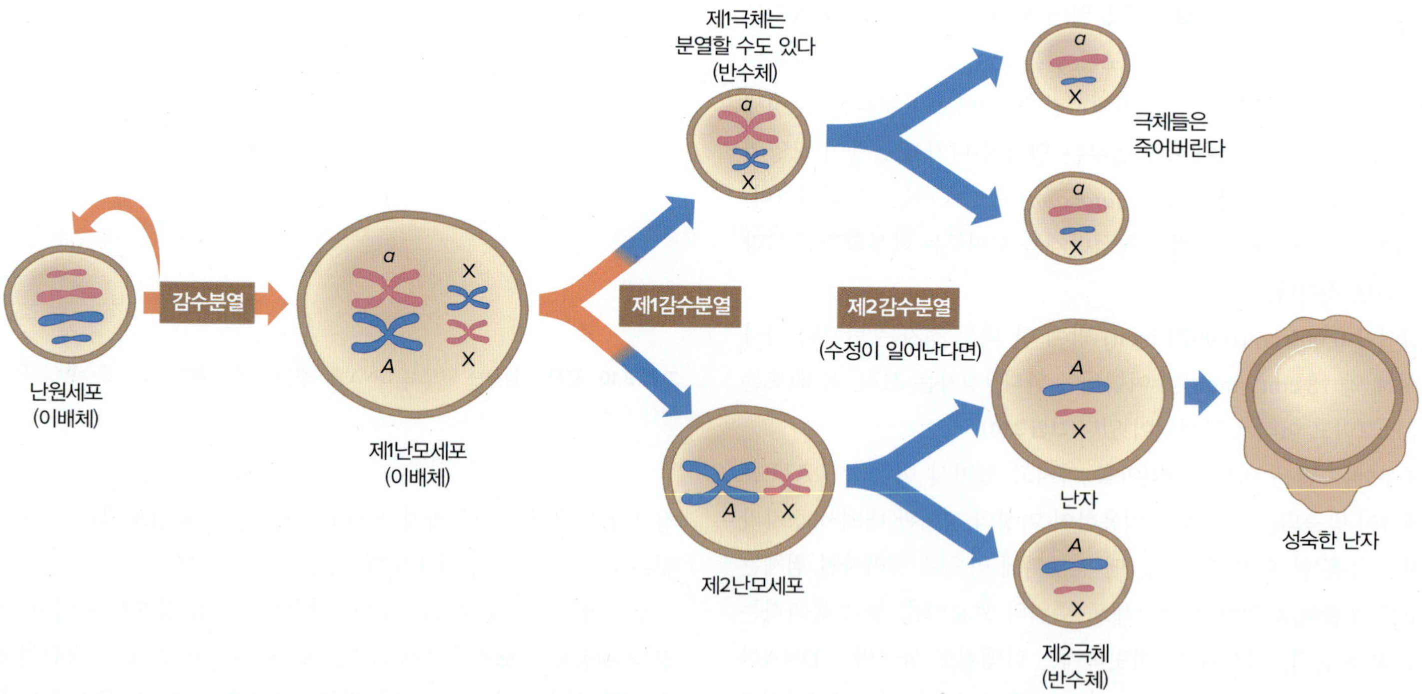

그림 3.12 난자 형성. 제1난모세포들은 이배체인 23쌍의 염색체를 가지고 있다. 여성에서의 감수분열은 하나의 난모세포(또는 난자)라고 하는 한 개의 큰 세포로 대부분의 세포질을 집중시킨다. 다른 감수분열 산물인 극체들은 다른 3세트의 염색체를 포함하며 정상적으로 퇴화된다.

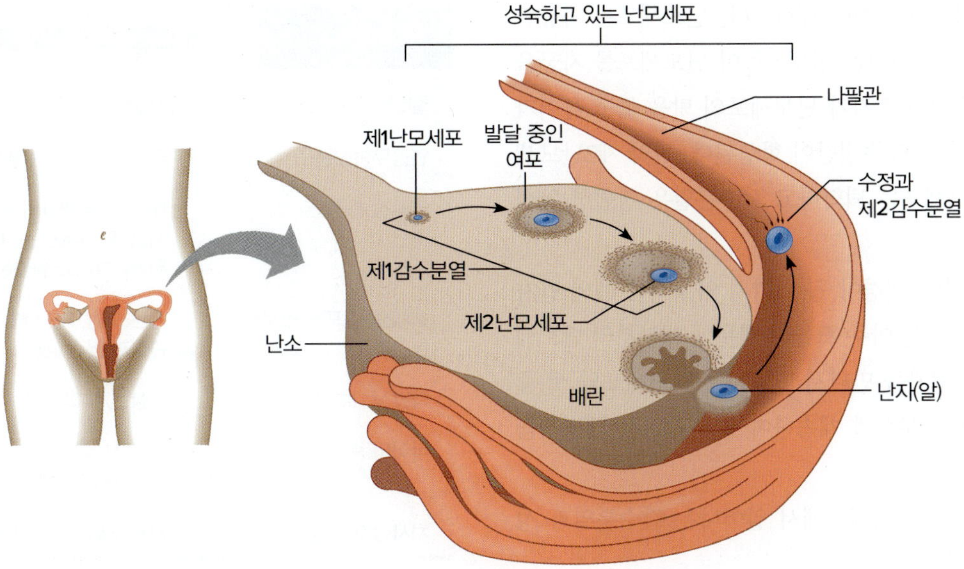

그림 3.13 난모세포 형성. 난모세포는 난소 내 여포 속에서 발육된다. 난소는 다양한 성숙단계에 있는 수많은 난모세포를 포함하고 있다. 사춘기 이후 매달 한 쪽 난소에서 가장 성숙된 난모세포가 터져 나오는 데 이를 배란이라고 한다.

인 "고사 난자(blighted ovum)"라 한다.

여성은 출생전에 이미 1백만여 개의 제1감수분열 전기에 머무르고 있는 난모세포들을 가지고 있다(이는 당신의 외할머니가 당신의 어머니를 임신했을 때, 결국 수정이 되어 당신이 된 난모세포가 이미 거기에 있었다는 것을 의미한다). 사춘기까지는 약 4십만 개의 난모세포가 남아있다. 사춘기 이후에 매달 1개 또는 몇몇 개의 난모세포에서 제1감수분열이 계속되지만 또 다시 제2감수분열 중기에 멈추어 있다. 매달 특정 호르몬의 신호에 반응하여 한쪽 난소에서 한 개

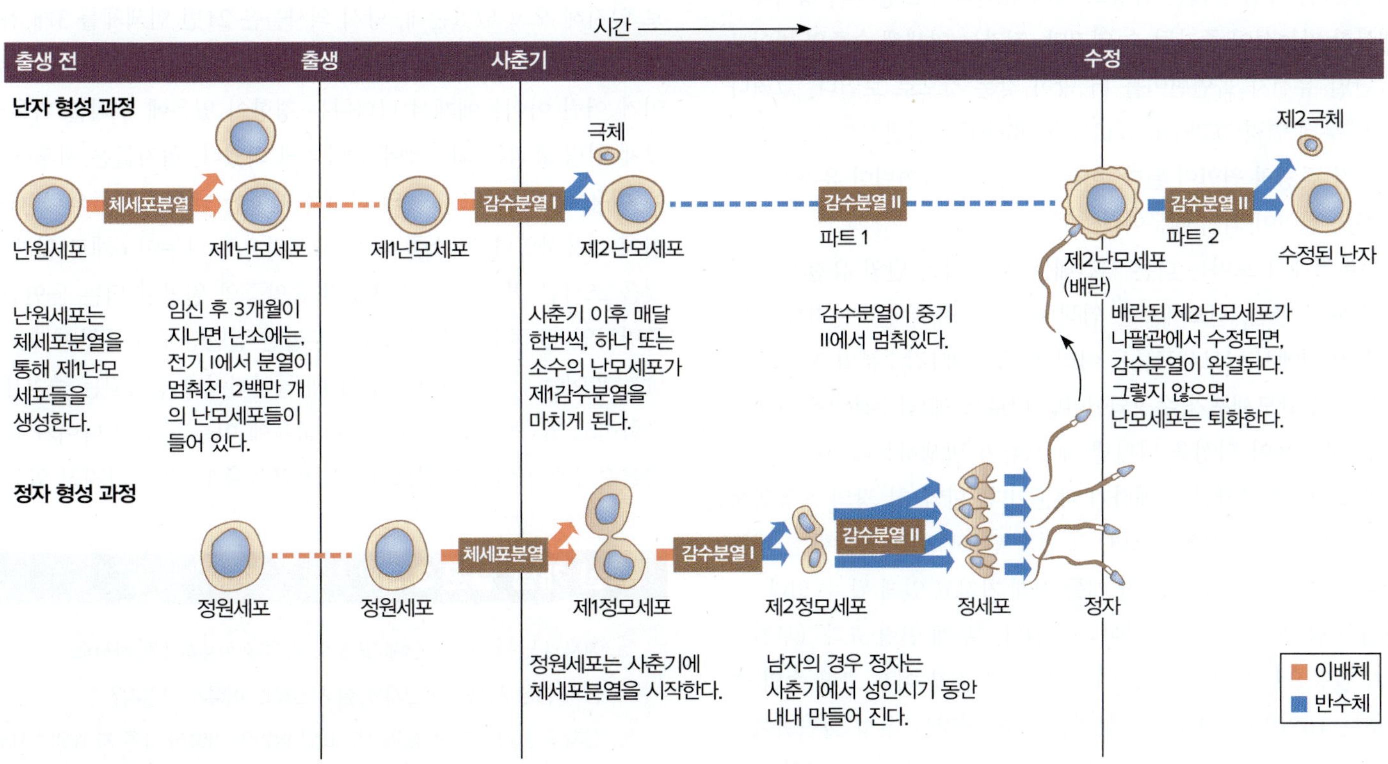

그림 3.14 난자 형성과 정자 형성 비교. 정자와 난모세포의 형성단계는 유사하며, 각각의 생성물은 반수체이다. 그러나 남성과 여성의 생식세포는 매우 다르게 생겼고 매우 다른 시간표를 따라 형성된다.

의 제2난모세포가 방출되는데 이것이 배란이다. 난모세포는 자궁관 속으로 들어가며 거기에서 물결치는 섬모운동이 난모세포를 자궁을 향하여 운반한다. 그 과정에서 정자가 난모세포의 막을 뚫고 들어가면 여성의 감수분열은 완성되고 수정란이 형성된다. 만약 제2난모세포가 수정이 안 되면 난모세포는 퇴화하고 감수분열은 영원히 완성되지 못한다.

여성은 사춘기에 시작하여 폐경이 될 때까지 약 4백여 개의 난자를 배란한다. 수정이 되는 일은 아주 드물기 때문에 대부분의 난모세포들은 퇴화한다. 더욱이 정자를 만나서 합쳐지는 난모세포의 셋 중 하나만이 성장, 분열 그리고 분화를 계속하여 결국 새로운 생명체를 형성하게 된다.

그림 3.14는 남성과 여성의 생식세포에서 일어나는 감수분열과 성숙 과정을 비교하고 있다.

감수분열과 돌연변이

나이 든 사람의 생식세포들은 젊은 사람들의 생식세포 보다 새로운 돌연변이(유전되어 받은 돌연변이가 아닌)를 더 많이 가지고 있는 것 같다. 나이가 많은 여성들은 한 개의 염색체를 더 가지거나 또는 한 개를 적게 가진 난모세포를 생산할 위험성이 증대된다. 이러한 난모세포가 수정되면 제13장에서 논의될 염색체 이수성을 가진 신생아가 태어난다. 나이가 많은 남성도 역시 유전적으로 잘못된 생식세포를 생산할 가능성이 증가될 수 있지만, 정자는 염색체 수준의 변이보다는 단일 유전자 돌연변이를 더 많이 갖는 것으로 보인다. 그러나 이러한 "부계 연령 효과(paternal age effect)"는 일반적으로 우성 단일 유전자 질병의 원인이 된다. 이는 한 카피의 돌연변이 유전자만이 그 질환의 원인이 되기 때문이다.

감수분열에서 보이는 다른 시간대는 왜 정자는 단일 유전자 질병을 유발하는 반면, 난모세포는 염색체 불균형을 유발하는지를 설명해준다. 여성에서 난모세포들은 여러 해 동안 제1감수분열 직전의 상태에 있다가 난모세포가 수정되어야만 비로소 제2감수분열을 완성한다. 생식세포들이 활성을 나타낼 때 오류가 발생하는데, 이는 그때 생식세포들이 염색체를 분배하기 때문이다. 만약 한 쌍의 상동염색체가 분리되지 않고 붙어있으면, 그 결과 난모세포는 염색체 한 개를 더 많이 가지고 있거나 또는 한 개를 적게 가지고 있게 될 수 있다.

정자의 발생에는 오직 74일이 소요된다. "부계 연령 효과" (부친의 나이가 많음으로써 미치는 영향) 질환은, 사춘기 이후 고환 속의 줄기세포는 16일마다 계속하여 분열하는 데 이것이 우성 돌연변이를 발생시키는 DNA 복제(제9장에서 논의 예정) 오류를 만들 기회를 더 많이 제공함으로써 발생한다. **표 3.2**는 일부 부계 연령 효과에 의한 질병을 설명하고 있다. 이들은 섬유아세포 성장인자 수용체(FGFR) 족의 유전자로 골격 성장에 영향을 미친다. 나이가 들수록 고환에서 변이된 *FGFR* 유전자들이 감수분열에 이상을 일으키게 되어, 더 많은 고환 줄기세포들이 돌연변이가 없는 세포들보다는 돌연변이 된 세포들을 더 많이 생성하게 된다. 그 결과는 모자이크 세포집단의 발생이며, "고환 시한폭탄(testicular time bomb)"이라고 불리는 것이다.

표 3.2 부계 연령 효과 질병들

질병	표현형
연골무형성증	팔다리가 짧은 난쟁이증(그림 5.1a 참조)
크루잔 증후군	태아 시 두개골의 미성숙 융합으로 인해 넓게 퍼지고 튀어나온 눈, 매부리코, 짧은 윗입술, 작은 위 턱, 그리고 돌출된 아래턱이 특징임
허치슨-길포드 조로증	가는 모발, 약한 뼈, 거칠고 주름진 피부, 뻣뻣한 관절과 혈관 내면
다발성 내분비 종양증 2	갑상선, 부갑상선, 부신의 암
파이퍼 증후군	태아 시 두개골의 미성숙 융합, 손가락과 발가락이 짧고 서로 붙음
치사성 이형성증	사지가 매우 짧은 난쟁이증

모계 연령 영향이 염색체 불균형의 원인이라는 것을 19세기 이래로 인지해 오고 있었는데, 당시 의사들은 21번 염색체를 3개 가지고 있는 다운증후군(Down syndrome)의 아기들이 대가족에서 가장 나이가 어린 아이들에게서 나타나는 경향이 있음에 주의를 기울였다. 부계 연령 효과는 최근에야 알아내게 되었다. 학자들은 사후에 실험에 이용해도 좋다고 그들의 시신을 제공한 남성 노인들의 신체를 실험에 이용하였다. 정소를 각각 32조각으로 나누어 6개로 얇게 나눈 것을 조사한 결과 다발성 내분비 종양증의 원인이 되는 돌연변이를 증명하였다. 정소들을 따로따로 분할한 절단면에서 돌연변이가 일어났는데 이는 줄기세포가 분열할 때 돌연변이가 영속되는 줄기세포를 포함하고 있음을 암시하고 있다. 죽음에 이른 남성의 나이가 많으면 많을수록 돌연변이를 일으킨 정소세포들을 더 많이 가지고 있었다.

핵심 개념 질문 3.3

*a. 정자와 난자 형성의 단계 및 분화 과정을 상세히 설명하시오.

b. 정자 형성 시간표와 난자 형성 시간표는 어떻게 다른가?

*c. 정자 형성과 난자 생성의 시간표와 방법이 어떻게 다른 지 설명하시오.

d. 부계 및 모계 연령 효과 조건이 어떻게 다른지 설명하시오.

3.4 출생 전 발생

수정 후 모든 신체 부위의 기초가 형성되었을 때, 첫 8주 동안의 사람의 출생 전 상태를 **배아**(embryo)라고 한다. 배아기는 수정란이 유사분열에 의해 분열될 때 시작된다. 수정 후 첫 주의 배는 아직 자궁 내면에 자리를 잡지 못 하였기 때문에 "착상 전 단계(preimplantation stage)"이다. 8주 후 출생 전 발생은 태아기(fetal period)로서 신체의 구조물들이 자라고 분화하는 시기이다. 9주부터 시작하여 태어날 때까지 출생 전 상태를 **태아**(fetus)라고 한다.

정자와 난모세포가 만나서 수정을 이룬다

성교하는 동안 수억 개의 정자가 질 내로 사출된다. 정자는 여성의 몸 안에서 3일 동안 살 수 있으나 난모세포는 배란 후 12~24시간 내에만 수정이 가능하다.

여성의 몸은 정자가 난모세포에 도달하는 데 도움을 준다. 여성에서 수정능획득이라고 하는 과정을 통해 화학적으로 정자를 활성화하며 난모세포는 정자를 유인하는 화학물질을 분비한다. 여성의 근육 수축과 정자 자신이 꼬리를 움직여 정자를 앞으로 나아가도록 한다. 그럼에도 불구하고 2백여 개의 정자만이 난모세포 근처에 도달한다.

정자는 먼저 제2난모세포를 보호하기 위해 여포세포로 덮고 있는 방사관(corona radiata)과 마주친다. 그러면 정자의 첨체가 터져서 효소를 방출하여 방사관 아래에 있는 당단백질층인 투명대(zona pellucida)를 뚫고 나아갈 수 있다. 수정 또는 임신은 정자의 외막과 제2난모세포가 만나서 정자 머리에 있는 단백질이 난모세포의 다른 단백질과 접촉했을 때 시작된다(**그림 3.15**). 전기파장이 일으킨 물리, 화학적인 변화가 난모세포 표면 전체로 퍼져나가서 다른 정자가 들어오지 못하도록 한다. 두 개 이상의 정자가 난모세포 속으로 들어갈 수 있지만, 그렇게 되면 그 세포는 발생을 위한 유전물질의 양을 너무 많이 가지고 있게 되어 발생을 계속할 수 없다. 일반적으로 정자의 머리 부분만이 난모세포로 들어간다.

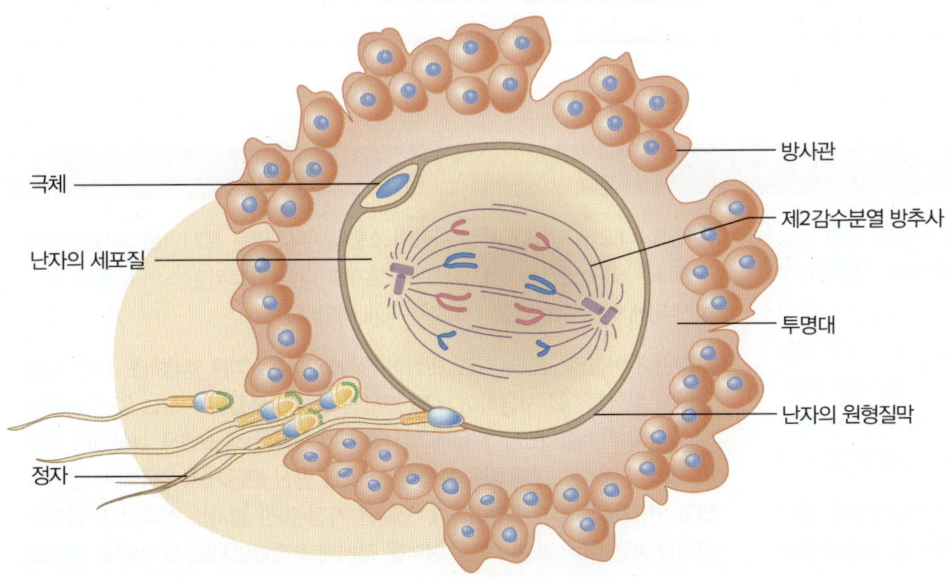

그림 3.15 수정. 정자의 침입은 난모세포(제2감수분열 중기에 머물러 있는)로 하여금 감수분열을 완성하도록 유도한다. 수정이 일어나기 전 정자의 첨체가 터져서 효소를 방출하여 정자의 핵이 난모세포 속으로 들어가도록 도와준다.

정자 침투 후 12시간 안에 난자의 핵막은 분해되고, 전핵(pronucleus)이라고 부르는 두 세트의 염색체가 서로서로 접근한다. 각 전핵 내의 DNA가 복제된다. 유전물질을 싸고 있는 2개의 포장상자가 만나서 합쳐지면 하나의 완전한 유전적 지침이 완성된다. **생명윤리학** 읽기 부분에서는 왜 수정란 없이 발생을 시작하는 방법인 클로닝이 대상 개체와 동일한 사본을 생성하지 못하는 지에 대해 논의하게 될 것이다.

배아는 난할을 하고 착상한다

수정 후 하루가 지나면 접합자는 유사분열에 의해 분열을 하는데 **난할**(cleavage)이라고 하는 자주 일어나는 세포분열의 주기가 시작되는 것이다(**그림 3.16**). 그 결과로 만들어진 초기 세포들을 **할구**(blastomere)라 한다. 할구가 16개 이상의 세포로 공 모양을 형성하면 그 배를 **상실배**(morula; 뽕나무 열매인 오디를 닮았다하여 라틴어 오디 "mulberry"에서 유래)라 한다.

난할이 일어나는 동안 제2난모세포의 세포질로부터의 소기관과 분자들이 계속하여 세포 활성을 조절하지만 배의 일부 유전자들이 기능을 나타내기 시작한다. 공 모양을 이룬 세포 덩어리는 속이 비어있으며 중앙에 액체로 채워진 **배반포**(blastocyst)를 형성한다[주머니(*cyst*)라는 용어는 중심부에 액체로 채워져 있음을 뜻한다]. 어떤 세포들은 내면에 **내세포 덩어리**(inner cell mass)라 부르는 덩어리를 형성한다. 내세포의 형성은 세포들이 그들의 상대적인 위치에 따라 서로 구분되는 첫 번째 사건이다. 내세포 덩어리는 발생을 계속하여 배를 형성한다.

수정 후 일주일이 되면 배반포는 자궁내막에 자리 잡게 되는데 이를 착상(implantation)이라 부르며 약 1주일이 걸린다. 착상이 시작되면 영양막(trophoblast)이라 부르는 배반포의 가장 바깥쪽 세포들이 사람 융모성 생식선 자극 호르

생명윤리학

클론은 왜 엄밀한 의미의 복제가 아닌가?

클로닝은 어떤 생명체의 유전적인 복제물을 만드는 것이다. 이는 두 개체로부터 유전물질이 결합하는 정상적인 생식과 발생과는 현저히 다르다. 소설에서 과학자들이 나치, 정치인, 다이노사우르스, 어린이들 그리고 기관 제공자들을 복제한 적이 있다. 실제 과학자들이 면양, 생쥐, 고양이, 돼지, 개, 원숭이, 그리고 양서류들을 복제해 오고 있다.

쌍둥이, 세 쌍둥이와 같은 쌍둥이들은 자연적으로 생긴 클론이다. 아르마딜로는 자연적으로 항상 똑같은 네 쌍둥이 새끼를 낳는다(**그림 3A**). 2.4절에서 논의된 바 있는 **체세포 핵이식**에서는, 체세포에서 추출된 핵을 핵이 제거된 난모세포에 삽입함으로서 핵 제공자의 클론이 생성된다.

몇 가지 이유들로 인해 클로닝 기법으로는 인간의 정확한 복제본을 생성할 수 없다.

- **조숙한 세포 노화.** 어떤 생물종에서는 제공자 핵의 염색체의 텔로미어가 수용자 세포의 텔로미어보다 짧다.
- **변형된 유전자 발현.** 정상적인 발생에서 어떤 유전자들은 1카피가 부모 중 어느 쪽이 그 유전자를 전달하였는지에 따라 불활성화 된다. 이 현상을 유전체 각인(genomic imprinting)이라 한다(6.5절 참조). 클로닝에서 제공자 핵의 유전자들은 정자나 난자를 통해 전달되는 것이 아니기 때문에 유전자가 각인되지 않는다. 각인이 없기 때문에 클로닝 된 동물들은 일반적으로 크다.
- **더 많은 돌연변이.** 제공된 세포로부터의 DNA는 여러 해에 걸쳐 돌연변이가 축적되어 온 것이다. 그러한 체세포 돌연변이는 수백만에 달하는 체세포 중 하나에서는 주목할 만한 것이 못 되지만, 그 체세포 핵이 새로운 개체 발생 프로그램에 이용된다면 참화를 불러올 수 있다.
- **X 염색체 불활성화.** 모든 포유류 암컷에서 초기 배 발생의 어느 시기에 X 염색체 중 한 개가 불활성화된다. 그 X 염색체는 모계 또는 부계 어느 쪽에서 온 것에 상관없이 각 세포에서 임의로 일어나기 때문에 X 염색체상의 전체 유전자 발현에 대하여 모자이크 모양을 나타내게 된다. 암컷 클론의 X 염색체 불활성화 양상은 아마도 핵 공여자의 것과 일치하지 않을 것이다. 왜냐하면 X 염색체 불활성화는 첫 번째 세포에서 일어나는 것이 아니라 발생이 진행 중인 배에서 일어나기 때문이다(6.4절 참조).
- **미토콘드리아 DNA.** 미토콘드리아는 DNA를 포함하고 있다. 미토콘드리아는 핵에 있는 것이 아니라 세포질 내에 있기 때문에 어떤 클론의 미토콘드리아는 제공자의 세포에서 오는 것이 아니라 수용자 난모세포로부터 유래한다(그림 5.10 참조).

환경은 왜 클론이 똑같은 복제가 아닌지를 밝혀 줄 또 다른 유력한 인자이다. 예를 들면, 클론 된 송아지와 고양이들의 털색 무늬가 서로 다르다. 그 동물들이 배(embryo)였을 때, 색소를 만들도록 정해진 세포들이 각 개체만의 고유한 방법으로 이동되어 각기 다른 털색 무늬를 만들었기 때문이다. 사람에서는 경험, 영양, 스트레스, 전염병 노출과 그 외의 여러 가지 다른 인자들이 자신의 유전자와 결합하여 오늘의 우리 자신을 만들었다.

토론을 위한 질문

1. 당신의 특징 중 어떤 것이 클론을 통해 복제될 수 없다고 생각하는가? 이유는 무엇인가?
2. 사람을 복제할 이유가 있는가?
3. 사람 또는 동물 을 복제한다면 생길 수 있는 잠재적인 위험성들은 어떤 것이 있는가?
4. 사람 클론이 자연적으로 존재하는가?

그림 3A 이 아르마딜로들은 클론이다. 이러한 기갑 포유류는 항상 유전적으로 동일한 네 마리의 자손을 낳는다. 즉, 네 쌍둥이 클론들이다. *Bianca Lavies/National Geographic Creative*

역적 엿보기

여성이 임신했는지를 알 수 있는 방법이란 측면에서 호르몬 hCG에 의한 가정용 임신 진단은 오랜 역사를 갖고 있다. 기원전 1350년에 제작된 이집트 파피루스에는 월경이 늦은 여성이 밀과 보리 씨앗에 소변을 보는 것에 대한 내용이 적혀 있다. 이때, 밀이 싹을 틔우면 소녀, 보리가 자라면 소년이고, 아무 일도 일어나지 않으면 그 여자는 임신한 것이 아니라고 하였다. 이런 종자에 미치는 영향은 소변의 에스트로겐 때문일 수 있다. 수 세기에 걸쳐 이러한 "소변 예언자들"은 소변의 색깔과 질감에서 임신 상태 여부를 파악하려고 시도하였다.

20세기 초반에 임신 여부를 확정하기 위한 방법을 모색하던 연구자들은, 월경 주기 중 변동하는 호르몬 수치 및 이에 영향을 받는 신체 부위를 측정하게 되었다. 그들은 임신 가능성이 있는 여성의 소변을 토끼, 쥐, 생쥐 또는 개구리에 주사하였고, 그 결과 부모가 됐음을 알리는, 한때 유명했던 "토끼가 죽었다!"라는 말이 나오게 되었다. 사실 사람의 소변을 주사 맞은 토끼들은 의사들이 인구에 회자되던 인간의 임신호르몬의 존재를 나타낼 토끼 난소의 부종을 조사하기 위해 해부하는 과정에서 모두 죽게 되었다.

1970년대 여성의 건강에 대한 관심이 증가하면서 토끼를 희생하는 대신 시험관에서 화학물질을 사용하여 hCG 분자의 활성 부분을 감지하는 임신 진단법의 개발이 가속화되었다. 처음에 의사들은 분석을 위해 소변을 실험실로 보냈다. 그러나 곧 1978년에 최초의 가정용 "초기 임신 진단기"가 약국에서 판매되었고, 이것은 당시에 혁명이었다. 오늘날 가정 임신 검사는 신속하고, 정확한 결과를 제공하며, 여성의 임신 여부를 강하게 추정하면서도, 그 여부를 확인하기까지 있을 수 있었던 여러 미스터리와 불안감을 제거할 수 있게 되었다.

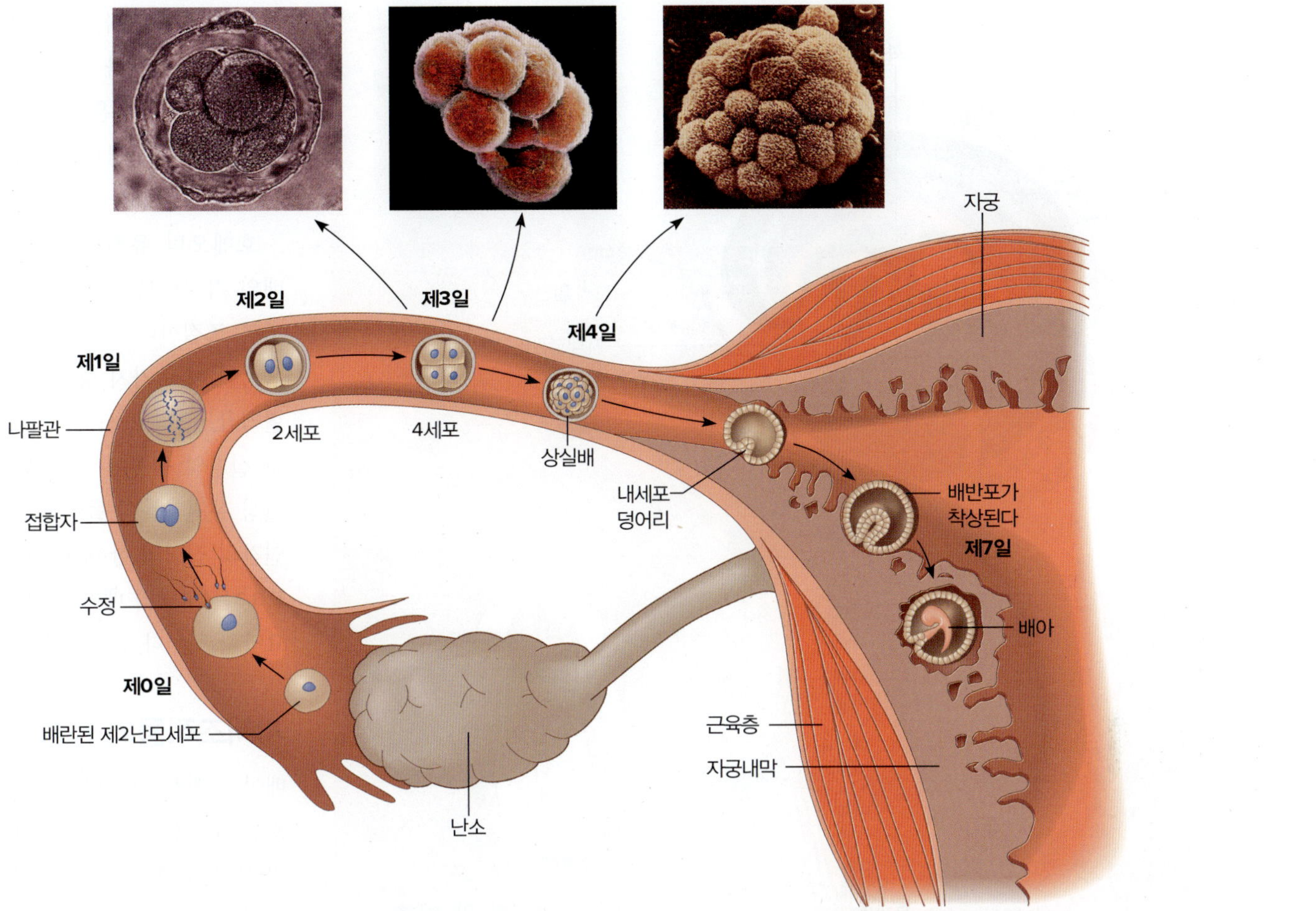

그림 3.16 난할: 배란에서부터 착상까지. 나팔관 내에서 정자의 핵과 난모세포의 핵이 융합하여 접합자가 형성된다. 접합자가 자궁을 향하여 이동하는 동안에 첫 번째 분열이 진행된다. 7일째 배아는 배반포가 되며 자궁내막에 착상하기 시작한다. (좌측): *Petit Format/Nestle/Photo Researchers/Science Source;* (중앙): *PROFESSORS P.M. MOTTA and J. VAN BLERKOM/Science Source;* (우측): *PETIT FORMAT/Science Source/Science Source*

몬(human chorionic gonadotropin; hCG)을 분비한다. 이 호르몬은 월경을 못 하도록 막는다. 여성의 오줌이나 혈액에서 이 호르몬의 검출은 임신의 한 징후이다.

배아의 형성

배 발생 둘째 주 동안에 내세포 덩어리와 자궁내막에 정착된 외세포층 사이에 양막강(amniotic cavity)이라 부르는 구역이 형성된다. 그런 다음 내세포 덩어리는 납작하게 되어 2층의 배반(embryonic disc)을 이룬다. 양막강에 가까운 층이 **외배엽**(ectoderm)이고 배반포강에 가까운 내층이 **내배엽**(endoderm)이다. 얼마 지나지 않아 세 번째 층인 **중배엽**(mesoderm)이 가운데에 형성된다. 이들 3층 구조를 원시배(primordial embryo) 또는 **낭배**(gastrula)라고 한다(**그림 3.17**).

원시배의 층을 형성하는 세포들을 **제1차 배엽**(primary germ layer)이라 하며 이 세포들은 특정 세포 형태로 발생할 운명이 "결정되게 된다". 이 세포들은 초기 배에서 중요하고 활성적인 유전자들의 형질 발현의 스위치가 점진적으로 꺼짐으로써 다른 유전자들이 발현되기 시작하여 특수화된다. 메틸(CH_3; 1개의 탄소가 3개의 수소 원자와 결합된 것)이라 부르는 작은 분자가 어떤 유전자와 단백질에 결합하면 그 유전자의 발현은 차단된다. 초기 배에서는 메틸 그룹들이 코일 상태의 긴 DNA 분자를 지지하고 있는 히스톤 단백질과 결합한다(그림 9.13과 그림 11.3 참조). 후기 배에서는 메틸 그룹이 결합하면 특정 유전자 세트가 억제된다. 배의 특수화 방향을 지시하는 메틸그룹의 결합 양상은 후성유전체(epigenome)를 확립한다. **후성유전학**(epigenetics)이라는 용어는 DNA 뉴클레오타이드 염기서열에서 변화가 아닌 다른 DNA에 대한 변화와 관련이 있다.

배아의 각 층은 개체가 발생을 진행하는 동안 줄기세포들을 유지한다. 특정 조건에서 이들 줄기세포들은 이후 다양한 세포 유형으로 전문화될 수 있는 딸세포들을 생성하게 된다.

발생이 진행됨에 따라, 각 초기 배엽에서 일정한 구조물들이 발생된다. 외배엽 세포들은 피부, 신경조직과 일정한 분비선의 주요 부분

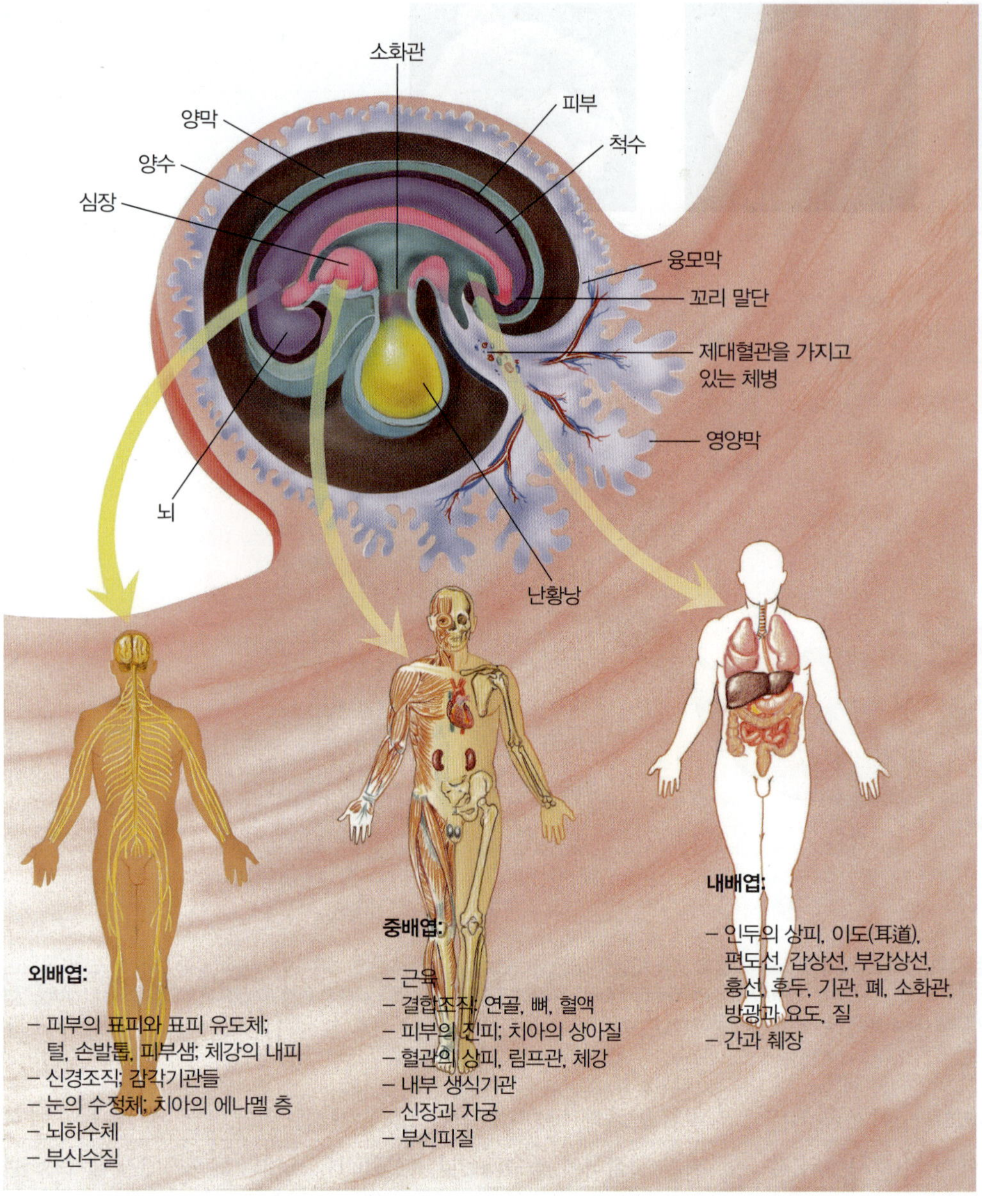

그림 3.17 원시 배아. 낭배 형성에서 배의 3개의 1차 배엽이 형성되면 많은 세포들이 특수한 발생 경로를 따르도록 "운명이 결정"되게 된다.

표 3.3	**사람의 배아 발생 초기의 각 단계와 사건**	
단 계	**기간**	**주요 사건**
수정란	배란 후 12~24시간	난모세포 수정, 수정란은 23쌍의 염색체를 가지고 있으며 유전적으로 구별
난할	30시간에서 3일째 까지	유사분열로 세포의 수가 증가
상실배	제3일에서 4일까지	공 모양의 고형세포 덩어리
배반포	제5일부터 둘째 주까지	속이 빈 공은 영양막(외부에)과 내세포 덩어리를 형성하고 납작해져서 배반을 형성하여 착상
낭배	제2주 끝	제1차 배엽들의 형성

들이 만들어 진다. 내배엽 세포들은 간, 췌장의 주요 부분과 여러 기관들의 내피를 형성한다. 배의 가운데 층인 중배엽은 근육, 결합조직, 생식기관, 그리고 신장을 포함하는 많은 조직들을 형성한다.

호메오틱 유전자(체절결정 유전자)들은 배의 각 부위들이 올바른 위치에서 발생되도록 조절한다. 이들 유전자에 돌연변이가 생기면 여러 가지 형태의 지능장애, 자폐증, 혈액암, 그리고 시각을 포함하는 매우 심각한 질환의 원인이 된다. **임상 연계 3.1**은 체절결정 유전자들의 돌연변이에 의해 발생되는 인간의 질병의 한 예에 대해 기술하고 있다. **표 3.3**은 사람의 배아 발생 초기의 각 단계를 요약한 것이다.

지지조직들의 형성

배아가 발생됨에 따라 배아를 지지하고 보호할 조직들이 만들어진다. 그것들은 융모막 융모, 태반, 난황낭, 요막, 제대와 양막낭 등이 포함된다.

임신 후 3주까지 융모막 융모라고 하는 손가락 같은 모양의 생성물이 자궁벽에 가까이 있는 배반부로부터 뻗어 나와 임신한 여성의 혈액 풀(pool) 속으로 삐져나온다. 임신모의 혈액계와 태아의 혈액계는 분리되어 있으나 영양분과 산소는 융모막 융모를 통해 모체의 순환으로부터 태아로 확산한다. 노폐물은 태아의 순환계를 떠나서 모체의 순환계로 들어가 배출된다.

10주까지에는 태반이 완전하게 형성된다. 태반은 나머지 임신 기간 동안 태아와 모체를 연결한다. 태반은 임신을 유지하는 호르몬들을 방출하며 태아에게 영양분을 보내기 위해 모체의 대사 작용을 변화시킨다.

다른 조직들은 발생 중인 배를 양육한다. 난황낭은 혈구들을 생산하며 제재혈관을 발생시키는 배를 둘러싸고 있는 막인 요막을 만든다. 제대는 이들 혈관 주위에서 형성되

임상 연계 3.1

팔이 사실상 다리가 되었을 때: 호메오 돌연변이

환자의 팔이 이상야릇하고 뻣뻣한 것은 팔꿈치가 사실상 무릎이었기 때문이었다. X-ray를 톡톡 치면서 의사인 스테판 문들로스(Stefan Mundlos, MD)는 그의 예감이 옳았다는 것을 증명하였다. 리벤베르크 증후군(Liebenberg syndrome; OMIM 186550)인 이 질병은 1973년에, 남아프리카의 한 백인 가계의 구성원들 사이에서 5대에 걸쳐 기록되었다(**그림 3B**). 4명의 남성과 6명의 여성에서 뻣뻣한 팔꿈치와 손목, 손가락의 위치가 제자리에 있지 않고 이상하게 보이는 짧은 손가락들을 가지고 있었다. 매 세대마다 남녀 상관없이 걸리게 되는 이 질병은 고전적인 상 염색체성 우성 유전을 나타낸다. 이상한 다리를 가지고 있는 사람의 각각의 아이들도 이 병에 걸릴 기회는 50 : 50이었다.

2000년에 한 의학 잡지에서 리벤베르크 증후군을 가진 제2의 가계를 기록하였다. 그 가계의 몇몇 구성원들은 거대하고 보기 흉한 팔꿈치를 구부릴 수가 없기 때문에 몸짓이 자유롭지 못하고 제한적이었다. 그 후 2010년에는 이상한 경직된 팔꿈치와 긴 팔, 그리고 발가락 같이 보이는 손가락을 가진 이란성 쌍둥이 소녀를 보고 하였다.

2012년에 문드로스 박사(Dr. Stefan Mundlos)는 그의 환자 중에 팔꿈치의 근육과 건들이 마치 팔의 뼈와 같아서 전혀 상태가 좋지 않은 것에 주목하였다. 여러 가지 동물들의 수족 뼈 비교해부학의 전문가인 그 의사는 뻣뻣한 팔꿈치는 마치 무릎처럼 움직인다는 것을 알아내었다. 그 사람의 팔꿈치 관절은 경첩을 단 것처럼 회전되었으나 무릎은 하지를 뻣뻣하게 뻗치게 했다. 그런데 그 환자의 X-ray 스캔이 마루에 떨어졌다. 그는 갑자기 팔다리 전체가 다리처럼 생겼다는 것을 깨달았다.

신체의 각 부분의 방향을 결정하는 유전자를 **호메오틱**(homeotic)유전자라 한다. 이 유전자들은 유생의 체절, 꽃잎, 다리, 기타 등에 영향을 미치는 유전자로써 초파리처럼 다양하게 진화되어 온 현화식물과 생쥐와 같은 실험 동물에서 연구가 잘 이루어졌다. 신체 부위의 결정은 초기 배에서 시작된다. 이 시기의 세포들은 서로 비슷해 보이지만 그들은 이미 특정 조직으로 될 운명이 결정되어 있다. "형태형성사(morphogen)"이라는 단백질들의 농도 경사(양이 많고 적음)에 의해 배의 특정 부위가 예정된 방법으로 발생되도록 계획이 되어있다. 이 메시지에 혼란이 일어나면 촉수가 다리가 되거나 팔꿈치가 무릎이 된다.

호메오박스(homeobox)라고 하는 호메오 유전자는 180개의 염기로 이루어진 DNA 서열이다. 그 암호화된 단백질은 다른 유전자 세트를 활성화시키는 다른 단백질에 결합할 수 있으며 배를 한 체절 한 체절 매 체절을 정교하게 만든다. 체절 결정 유전자들은 정확한 순서로 염색체상에 1열로 정열되어 있으며 거기에서 마치 몸을 만들 명령서 중의 여러 장 같이 발생으로 배정된다.

사람의 유전체는 네 개 집단의 호메오 유전자를 가지고 있으며 그들 중에 돌연변이가 일어나면 질환의 원인이 된다. 어떤 특정 림프종에서의 호메오틱 돌연변이는 백혈구 발생 경로에 오류를 일으켜, 그 결과 어떤 백혈구는 너무 많이, 또 어떤 것은 너무 적게 만들어 내는 결과를 초래한다. 디조지 증후군(DiGeorge syndrome; OMIM 188400)에서의 비정상적인 귀, 코, 입과 인후에 발생하는 이상 증상은 초파리에서 머리에 다리가 생기는 돌연변이인 *Antennapedia*의 이상으로 나타난다. 다지증과 융합지증(Extra and fused fingers) 그리고 여러 가지 뼈의 이상 역시 호메오틱 돌연변이에 의해 발생한다.

팔에서 다리의 리벤베르크 표현형 뒤에 그 돌연변이에 대한 연구는 염색체 이상과 함께 시작되었다. 3개의 알려진 가계에서 그 질병에 걸린 가계 구성원들은 모두 5번 염색체의 동일 부위에서 134개의 DNA 염기를 상실하고 있었다. 학자들은 차례로 다리 발생을 지시하면서 다른 유전자를 조절하는 *PITX1* 이라고 하는 유전자에 초점을 맞추었다. 리벤베르크 가계에서 상실한 DNA는 *PITX1* 근처에 있는 "인핸서" 유전자에 위치하고 있으며, 팔을 만드는 대신에 다리가 되도록 발생 신호를 교란하는 방법으로 그것의 형질 발현을 변화시킨다.

토론을 위한 질문

1. 리벤베르크 증후군의 유전자형과 표현형은 무엇인가?
2. 호메오 돌연변이의 분자적인 근거와 그 결과 생기는 표현형에 대해 설명하시오.
3. 리벤베르크 증후군 외에 호메오 돌연변이로 인해 생기는 사람의 또 다른 질환에 대해 기술하시오.

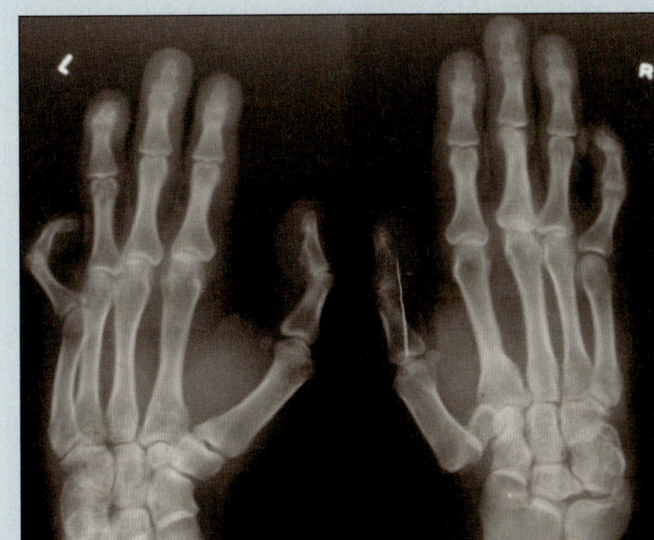

그림 3B 리벤베르크 증후군인 사람의 손이 발같이 생겼다. 팔은 다리 모양이다.
Dr. Malte Spielmann/Institut für Medizinische Genetik

어 태반의 중심부에 부착한다. 배아기가 끝날 즈음에 난황낭은 수축하고 양막낭은 액체로 채워져 팽창되어 배아가 받는 충격을 완화해 주며 일정한 온도와 압력이 유지되도록 한다. 양수에는 태아의 오줌과 세포들이 포함되어 있다.

임신 중에 발생하는 지지 조직 중 둘은 출생 전 검사를 위한 재료를 제공하는데 제13장과 20장에서 논의한다. **융모막 융모 검사**(chorionic villus sampling)은 10주 된 배아에서 떼어낸 융모막 융모세포로부터 염색체를 검사한다. 융모세포와 배아의 세포는 동일한 수정란으로부터 온 것이기 때문에 융모세포에서 비정상적인 염색체가 검출되면 배아도 역시 비정상적인 염색체를 가지고 있음이 분명하다. **양수천자**(amniocentesis)에서는 양수 시료를 채취하여 양수 속에 있는 태아세포들의 생화학적, 유전학적 검사와 염색체 이상에 대한 검사를 실시한다. 그러나 융모막 융모 검사 및 양수천자는 임산부의 혈류에서 존재하는 무세포 태아 DNA의 수집 및 분석으로 대체될 수 있다. 이 DNA는 혈액세포 외부, 혈액의 액체 부분에 존재하고 있다. 산모 기원의 DNA 조각도 혈류 내 존재할 수 있기는 하나, 그러나 임신 후 8주까지는 산모 순환계에서 발견되는 무세포 DNA의 약 10%는 태아 또는 태반으로부터 기원한 것이다.

제대는 의학적으로 활용되는 또 다른 태아조직이다. 줄기세포들은 신생아의 호흡기 질환을 치료하는 데 사용되기도 한다. 탯줄 줄기세포는 7개월 된 태아에서 계면활성제를 분비하는 폐세포를 만들 수도 있다. 이 화학물질은 태아의 미세한 기낭을 팽창시키는 역할을 하며, 결과적으로 신생아가 숨을 쉴 수 있도록 한다. 제대로부터는 줄기세포들을 채취하기도 쉽고 조작하기도 쉬울 뿐 아니라 그 양도 많으며 그 줄기세포를 이용하여 거의 모든 형태의 세포를 만들어낼 수 있다.

쌍둥이

두 쌍둥이와 셋 이상의 여러 쌍둥이는 발생 초기에 생긴다. **이란성 쌍둥이**[dizygotic (DZ) twins]는 두 개의 정자가 두 개의 난자와 수정하였을 때 생긴다. 이런 현상은 배란이 같은 달에 양쪽 난소에서 일어나거나 두 개의 난모세포가 한 난소에서 나와서 둘 다 수정되었을 때 생길 수 있다. 이란성 쌍둥이는 자궁에서 아주 이른 시기의 환경을 공유하지만, 다른 형제자매들처럼 닮지 않았다. 한 달에 두 개의 난모세포가 배란되어 결과적으로 이란성 쌍둥이를 임신하게 되는 이러한 경향은 가계 대대로 물려받을 수도 있다.

일란성 쌍둥이[monozygotic (MZ) twins]는 한 개의 수정란에서 유래되기 때문에 유전적으로 같다. 그러나 환경적 영향은 일란성 쌍둥이 간의 차이점을 만들어 낼 수 있다.

한 연구를 통해 체력 수준이 크게 다른 52세 일란성 쌍둥이가 비교되었다. "TT"는 오랜 기간 동안 철인 3종 경기 선수를 활동했고, "UT"는 주로 자리에 앉아있는 트럭 운전사였다. 그들은 서로 모든 유전자를 공유하기 때문에, 이 두 사람 간의 체력의 차이는 물려받은 것이 아니라 하고 그들이 하거나 했던 것이 반영되어 나타난 것이다.

쌍둥이 형제들은 체력 평가를 위해 사흘 동안 검사를 받았다. 운동을 하고 있던 쌍둥이는 주로 좌식생활을 하던 쌍둥이보다 평소 심박수, 혈압, 체지방, 콜레스테롤, 중성지방 및 혈당이 더 낮았고, 지구력 및 유산소 능력이 더 높았다. 현재 연구자들은 5년 간격으로 이들을 추적 조사하면서 이들이 얼마나 좋은 건강 상태를 유지하며 오래 살고 있는지 평가하고 있다.

수정란이 분리된 것인지 또는 매우 이른 시기의 배아가 분리된 것인지 그 분리된 시기에 따라 세 가지 유형의 일란성 쌍둥이가 형성될 수 있다(**그림 3.18**). 분리된 시간의 차이에 따라 쌍둥이들이 어떤 지지조직을 공유하고 있는지 결정된다. 모든 일란성 쌍둥이들의 1/3 정도가 완전히 분리된 융모막과 양막을 가지며 약 2/3는 융모막을 공유하지만 양막은 분리되어 있다. 1% 미만의 일란성 쌍둥이들이 양막과 융모막을 공유한다(양막은 태아를 둘러싸고 있는 액체로 채워진 주머니이다. 융모막에서 태반이 발생한다). 이러한 차이가 다른 형의 일란성 쌍둥이들이 약간 다른 자궁 내 환경에 노출될 수 있게 된다. 예를 들어, 한 쌍둥이의 융모막이 산모의 순환에 더 가까운 위치에 붙어서 발생한다면, 이 쌍둥이는 다른 쌍둥이보다 더 많은 영양분을 받게 되어 다른 쌍둥이보다 체중이 더 나갈 수 있다.

정자 2개가 하나의 난자에 수정되면 반-일란성 쌍둥이(semi-identical twins)가 생긴다. 쌍둥이는 첫 번째 분열 시에 생기게 되며, 각각의 쌍둥이에 서로 다른 부계 유전체는 보내지게 된다. 모계 유전체는 이 쌍둥이는 모두 공유하게 된다.

5만~10만 임신 사례 중에서 배 발생 13~15일 이후에 세포들이 두 그룹으로 나누어져 두 배아가 각각 발생하여 쌍둥이가 되는 경우도 있다. 그 결과 결합된 쌍둥이 즉, "샴 쌍둥이(Siamese)"가 된다. 샴 쌍둥이라는 이름은 1811년 태국에서 태어난 챵과 엥 벙커(Chang and Eng Bunker)로부터 온 것이며 그래서 샴(Siam; 태국의 옛 이름)이라 한다. 그들은 배꼽에서부터 흉골까지 이르는 한 그룹의 조직이 유합되어 있었으며 오늘날에는 쉽게 분리시킬 수 있게 되었다. 챵과 엥은 서로 붙은 채로 63년 동안 살았다. 그들은 22명의 아이의 아버지가 되었고 한 주씩 교대로 그들의 부인과 지냈다.

그림 3.19에서 보는 바와 같이 애비게일 헨젤(Abigail Hensel)과 브리트니 헨젤(Brittany Hensel)은 14일 전인 발생 9일 후에 분리되었다. 생물학자들은 이 사건이 외배엽, 중배엽, 내배엽에서 만들어진 기관들을 공유하고 있었기 때문인 것으로 알고 있다. 다시 말해서 세포 덩어리들이 불완전하게 나누어지면 세 개의 제1차 배엽들은 아직 완전히 구분되지 않았다. 헨젤과 같은 경우는 극히 드문 "불완전 쌍둥이(incomplete twins)"이다. 그들은 두 개의 머리를 가지고 있다는 뜻의 "2두(dicephalic)"이다. 챵과 엥은 서로에게서 나왔으므로, 그들은 해부학적으로 구별할 수 없다는 사실에도 불구하고 두 젊은 여성은 각각 개별적 인격체이다.

이들 각 쌍둥이는 자신만의 목, 머리, 심장, 위, 담낭, 폐 그리고 신경계를 가지고 있다. 각자는 다리와 팔을 한 개씩 가지고 있으며 그들의 머리 사이에 있던 제3의 팔은 외과적인 수술로 제거하였다. 그들은 큰 간, 단일 순환계, 그리고 3개의 신장을 가지고 있다. 애비게일과 브리타니는 태어났을 때 건강하였기 때문에 의사들은 외과수술로 그들을 분리할 것을 권유하였다. 그러나 그들의 부모는 다른

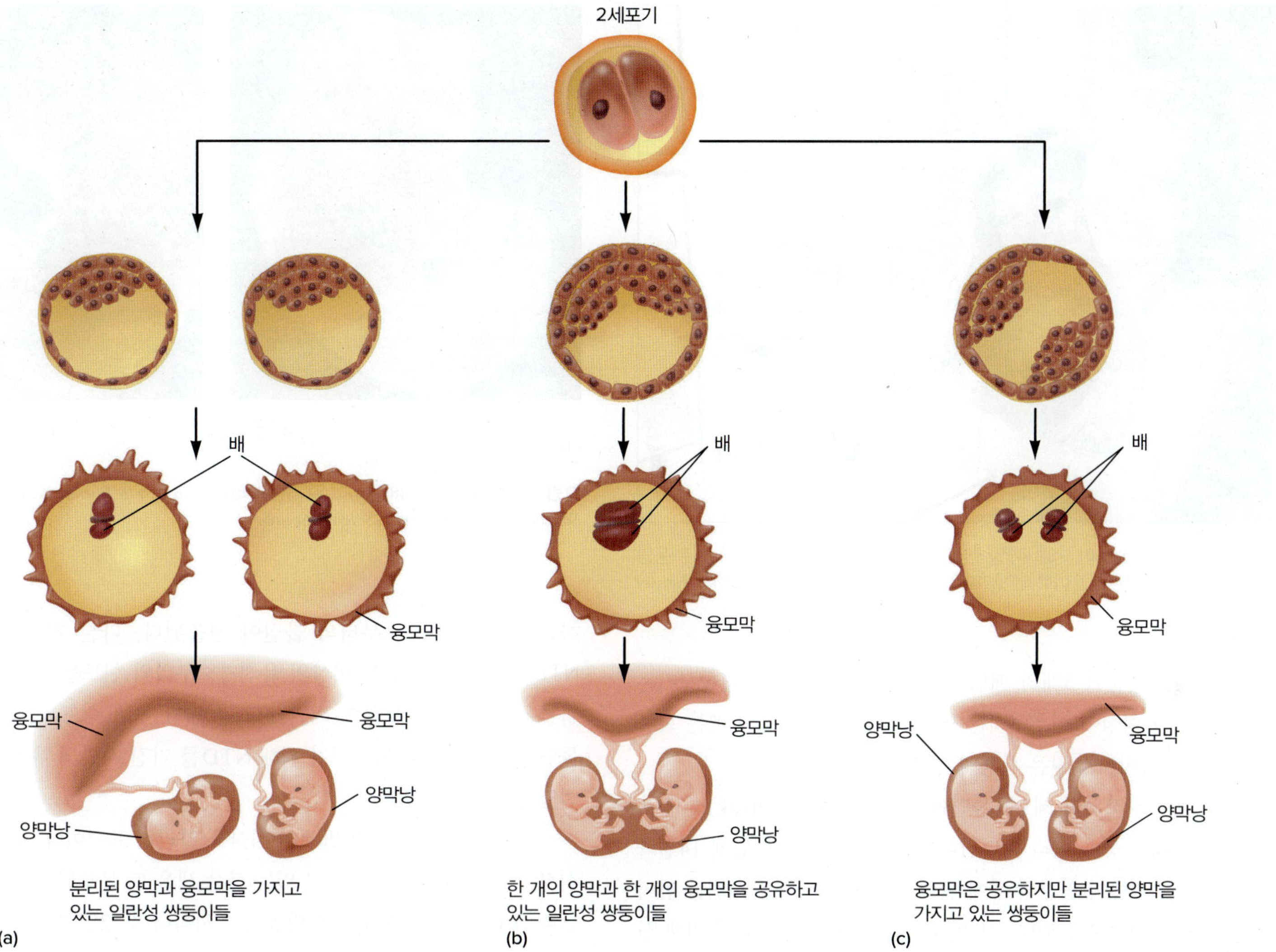

그림 3.18 여러 형태의 일란성 쌍둥이. 일란성 쌍둥이는 발생 과정의 3지점에서 시작된다. (a) 약 1/3 정도의 일란성 쌍둥이에서 세포들이 두 그룹으로 나누어지는 것은 영양막이 형성되기 전인 수정 후 5일에 일어난다. 이들 쌍둥이들은 분리된 융모막과 분리된 양막을 가지고 있다. (b) 일란성 쌍둥이의 약 1%는 융모막과 양막을 공유한다. 왜냐하면 그 조직은 이들 조직(융모막과 양막)이 이미 형성된 후에 두 그룹으로 분리되기 때문이다. (c) 쌍둥이의 약 2/3에서 수정 5일 후, 9일 전에 분리가 일어난다. 이들 쌍둥이는 융모막은 공유하지만 양막은 분리되어 있다. 이란성 쌍둥이는 두 개의 정자가 두 개의 제2난모세포와 수정함으로써 생긴다. 이들 쌍둥이는 각각 그들의 양막낭, 난황낭, 요막, 태반과 제대를 발생시킨다.

사례에서 분리한 결과 한 아이만이 살아남았다는 것을 알고 외과 수술을 거절하였다.

헨젤 쌍둥이는 아기 때 기어 다니기부터, 오늘날에는 자전거 타기와 운전을 위해 함께 일하는 법을 배웠습니다. 10대가 되어 애비게일과 브리트니는 스포츠를 즐기고 각자 다른 좋아하는 옷과 음식취향을 가지게 되었다. 그들은 대학을 졸업하였고 그들만의 실질적인 TV 시리즈를 가지고 있으며 그들 자신이 경영하는 유튜브 비디오를 게시하여 알리고 있다. 그들은 초등학교 교사이다.

전 세계적으로 1천 명이 태어날 때마다 3~4명의 일란성 쌍둥이들을 임신한다. 북아메리카에서는 81명의 임신 사례 중 하나 정도로 쌍둥이가 발생하며 이는 우리의 40명 중 하나는 쌍둥이라는 의미이다.

그러나 모든 쌍둥이가 살아서 태어나는 것은 아니다. 임신 초기에 검출된 쌍둥이에 대한 한 연구는 최종적인 출생의 70%까지는 단 하나의 아이만이 태어날 수 있는 것을 보여주었다. 이를 "사라지는 쌍둥이(vanishing twin)" 현상이라 한다.

배 발생

배 발생이 진행됨에 따라 배의 여러 다른 부위에서 세포분열 속도가 다르게 일어나 만들어지는 조직들이 접혀서 복잡한 형태를 형성한다. 배아 유도라고 하는 과정에서 한 그룹의 세포의 특수화는 인접한 그룹의 세포들을 특수화하도록 하는 원인을 제공한다. 점차 이러한 변화는 기초 3배엽을 여러 기관과 기관계로 형성하여 나간다. 기관

그림 3.19 결합된 쌍둥이. 애비게일 헨젤과 브리트니 헨젤은 배 발생 첫 2주 동안에 불완전하게 발생된 쌍둥이로 태어났다. *Courtesy Brittany, Abby and Patty Hensel*

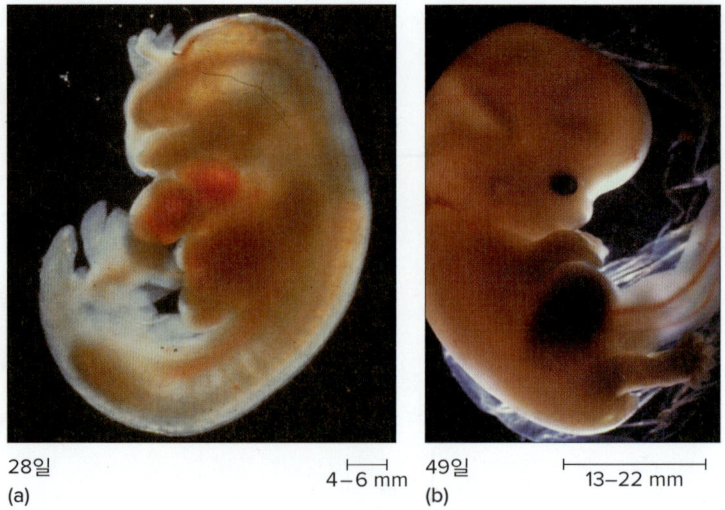

그림 3.20 28일(a)과 48일(b)이 된 사람의 배아. *(a): Petit Format/Nestle/Science Source; (b): Petit Format/Science Source*

형성은 배의 단순한 3개의 배엽을 각각 다른 기관들로 변형시키는 것이다. 기관 형성이 이루어지는 몇 주 동안에 발생 중의 배는 특히 화학약물과 바이러스 같은 환경의 영향에 민감하다.

배 발생이 시작되어 제3주 동안에 원조(primitive streak)라고 부르는 띠가 배의 등을 따라 나타난다. 어떤 나라들은 배 발생 14일과 원조 형성을 그들이 인간의 배에 관한 연구를 금지하는 시점을 넘어서는 것으로 지정하고 있다. 그 이유는 원조는 신경계의 첫 번째 신호이며 14일은 착상이 완료되는 때이기 때문이다.

원조는 점점 길어져서 그들이 발생한 주위에 있는 다른 조직들을 조직화하는 축을 형성한다. 원조는 결국 결합조직 선조세포와 골격의 기초 뼈대를 형성하는 조직인 척삭을 발생시킨다. 척삭은 위에 놓여있는 외배엽판을 접어서 뇌와 척수(중추신경)를 발생시키는 속이 빈 **신경관**(neural tube)을 유도한다.

만약 신경관이 28일까지 완전히 닫히지 않으면 신경관 결손(neural tube defect, NTD)이라고 하는 기형아가 출산된다. 머리나 척추가 열려, 뇌 또는 척수의 일부가 그 열린 부위로부터 비어져 나와서 결손 부위의 아래 신체 부분들은 움직일 수가 없다. 외과적인 수술에 의해 일부 NTD는 교정될 수도 있다. 비타민 B 엽산의 결핍은 유전적인 감수성과 함께 배아에서 NTD의 원인이 될 수 있다. 이러한 이유로 미국 정부는 곡물에 그 비타민을 추가하며 임신부들은 엽산 보충제를 먹는다. 임신 15주째 동안에 혈액 검사를 통해 만약 열린 NTD가 있다면, 임신 여성의 순환 속으로 비정상적으로 빠른 속도로 이동하는 알파 태아 단백질(alpha fetoprotein, AFP)이라고 하는 태아의 간으로부터의 물질이 검출된다. 다른 척추동물에서 NTD와 관련된 2백 개 이상의 유전자로부터의 힌트를 이용하여 학자들은 이 질병에 도움이 되거나 또는 원인이 될 수도 있는 유전자 돌연변이의 형태를 확인하기 위해 NTD를 가진 사람의 유전체 염기서열을 탐색하고 있다.

신경관의 출현은 기관 발생의 시작을 알리는 표시이다. 뒤이어 곧 심장이 될 세포들을 내포하고 있는 붉은 색을 띤 볼록한 부위가 나타난다. 18일쯤에 이 세포들은 박동하기 시작하며 22일까지는 쉽게 탐지할 수 있다. 곧 중추신경계가 형성되기 시작한다.

배가 형성된 지 4주째는 눈부시게 빠른 성장과 분화가 일어난다(**그림 3.20**). 팔과 다리가 몸통 위에 있는 작은 봉오리들로부터 뻗어 나오기 시작한다. 혈구들이 만들어져서 원시 혈관을 채운다. 아직 덜 성숙한 폐와 신장이 발생하기 시작한다.

5주에서 6주까지에는 배의 머리가 나타나는데 몸체에 비해서 너무 크다. 작은 융기들을 가진 판 모양의 구조에서 다리는 끝나고 점차 세포사가 일어나 손가락과 발가락들을 조각하듯이 만들어간다. 눈이 열리지만 눈꺼풀이나 홍채는 아직 가지고 있지 않다. 7주와 8주까지 연골로 이루어진 골격이 형성된다. 이제 배아는 크기와 무게가 종이 클립 정도 된다. 임신 8주에 사람의 배아는 출생 시에 존재하는 구조물들을 아주 작은 모습으로 모두 가지고 있다. 이제는 태아(fetus)이다.

태아의 성장

태아기 동안에 신체의 비율은 신생아의 신체 비율에 가까워진다. 처음에 귀는 아래에 놓이고 눈과 눈 사이의 간격은 넓게 띄워진다. 말랑말랑한 연골은 뼈로 대치되기 시작한다. 신경과 근육의 기능이 조화를 이루어 태아가 움직이게 된다.

한 개의 X 또는 Y 염색체를 가진 정자가, 언제나 한 개의 X 염색체를 가지고 있는 난모세포를 만나서 수정이 된 때 바로 성이 결정된다. 두 개의 염색체를 가진 태아는 여성이고, 한 개의 X 염색체와 한 개의 Y 염색체를 가진 태아는 남성이다. *SRY*("Y 염색체의 성 결정 부위")라고 부르는 Y 염색체 상의 한 유전자가 남성을 결정한다.

성별 간의 해부학적인 차이는 *SRY* 유전자가 남성으로 형질을 발현한 후인 6주 후에 나타난다. 남성호르몬이 남성 생식기관과 생식선들을 자극하여 이미 존재하고 있는 미분화 조직들을 분화시킨다. 여성에서는 초기 배아의 두 가지 가능성을 가진 구조들이 다른 유전자들의 조절에 의해 여성 생식기관과 생식선으로 발생된다. 12~15주에 초음파로 탐지해 보면 상당한 차이가 남을 알 수 있다. 성적인 발생에 대해서는 제6장에서 더 자세히 다룬다.

12주째 태아는 엄지손가락을 빨고 발길질하며 주먹을 움켜쥐고 얼굴을 찡그리기도 하며 치아의 원기를 가지고 있다. 태아는 양수를 들이쉬기도 하고 내쉬기도 하며 양수 속으로 배뇨와 배변을 한다. 임신 첫 3개월이 끝난다.

4개월째 태아는 머리털, 눈썹, 속눈썹, 유두와 손톱, 발톱을 가지게 된다(**그림 3.21**). 18주에 발성기관이 형성되지만, 태아는 공기를 호흡하지 않기 때문에 소리를 내지는 못한다. 5개월 말에 태아는 머리를 무릎에 대고 웅크린 자세를 한다. 몸무게가 약 454 g 정도 된다. 6개월 동안에 피하에 지방이 많지 않기 때문에 피부가 쭈글쭈글해 보이고 모세혈관이 혈액으로 채워져 분홍색을 띠게 된다. 두 번의 3개월(6개월) 말에 산모는 뚜렷한 발길질과 주먹질을 느끼게 되고 태아의

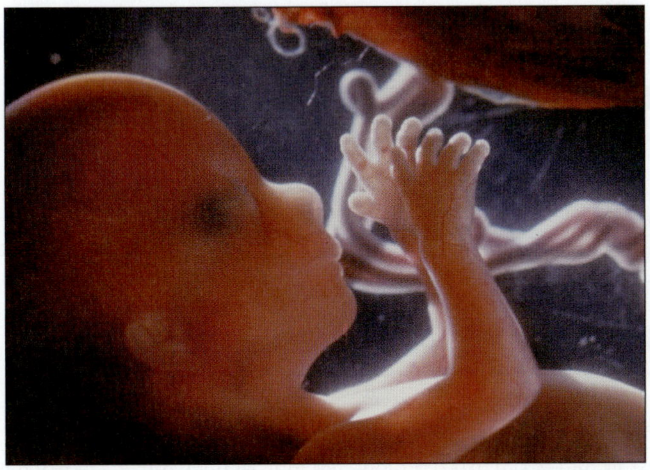

그림 3.21 16주 된 태아. 이 시기의 태아는 머리털, 눈썹, 속눈썹을 가지며, 기타 사람의 모양을 갖추고 있다. *Nestle/Petit Format/Science Source*

딸꾹질조차도 구분할 수 있다. 이제 태아의 몸 길이는 약 23 cm 정도 된다.

마지막 3개월에 기관들이 세밀하게 다듬어서 잘 만들어지고 성장함으로써 태아의 뇌세포는 빠르게 네트워크를 연결한다. 피하에 한 층의 지방층이 형성된다. 소화기계와 호흡기계가 마지막으로 완성된다. 이 때문에 미성숙 출산아들이 종종 우유 소화와 호흡에 어려움을 겪게 되는데, 이는 계면활성제의 부족에 기인한다. 한 개의 정자가 한 개의 난모세포 속으로 돌진하여 들어간 지 약 266일 후 아기가 태어날 준비가 된다.

산통을 겪은 끝에 건강한 아기가 태어난다. 정자와 만난 1백 개의 제2난모세포 중에서 84개가 수정된다. 이들 84개 중 69개가 자궁에 착상되며 42개가 일주일 이상 생존하며, 37개가 6주 이상 생존하며 살아서 태어나는 것은 31개에 불과하다. 수정된 난자 가운데 살아남지 못한 것들 중, 거의 절반은 염색체 이상을 가지고 있기 때문에 발생을 계속 진행하기에는 매우 심각한 문제의 원인이 된다.

핵심 개념 질문 3.4

*a. 출산 전 발생의 어느 시점에서 배아가 태아가 되는가?
b. 수정 과정에서 일어나는 사건들을 나열하시오.
c. **접합자**, **상실배** 및 **배반포**를 정의하시오.
*d. 내세포 덩어리의 형성의 중요성은 무엇인가?
e. 발생 과정 중 일부 유전자의 발현이 어떻게 억제되는지 설명하시오.
*f. 1차 배엽층의 명칭을 쓰시오.
g. 배아 발생을 가능하게 하는 지지 구조들에 대해 설명하시오.
h. 쌍둥이가 어떻게 생기는지 설명하시오.
i. 12주 된 태아는 무엇을 할 수 있는가?

3.5 기형아 출산

어떤 유전적인 이상이나 독성물질의 노출은 배아나 태아의 발생에 영향을 미치며 기형아 출산의 원인이 된다. 유전적인 원인으로 생기는 선천적인 기형만이 다음 세대로 전달될 수 있다. 발생은 여러 가지 방법으로 원래의 계획이 틀어질 수 있지만 신생아의 약 97%가 출생 시 건강하게 세상에 나온다.

임계 기간

기형아 출산의 특수한 성질은 손상이 일어났을 때 발생하고 있는 조

직에 반영된다. 유전적인 이상, 독성물질, 또는 바이러스가 특정 조직을 변화시킬 수 있는 그 기간이 바로 그것의 **임계 기간**(critical period)이다(**그림 3.22**). 손가락, 발가락과 같은 신체 부위는 짧은 기간 동안 민감하다. 이와는 대조적으로 뇌는 배아의 발생 동안 처음부터 끝까지 민감하며, 신경세포 사이의 연결은 평생 동안 변화가 계속된다. 뇌의 임계기는 계속적이기 때문에 여러 가지 선천적 기형 증후군들은 학습장애 또는 지능장애를 포함하고 있다.

모든 기형아 출산의 약 2/3는 배아기 동안에 생긴 결함으로 발생한다. 학습장애와 같이 소아기 이후에만 눈에 띄는 보다 포착하기 힘든 이상 증상은 종종 배아기 동안 간섭에 의해 생긴다. 처음 3개월 내의 결함은 심각한 지능장애의 원인이 될 수도 있다. 임신 7개월에는 읽기 학습에 어려움을 가져오는 원인이 될 수도 있다.

어떤 기형아 출산은 배아 발생의 특정한 시기에 작용하는 비정상적인 유전자에 기인할 수 있다. 예를 들어, 단지증(phocomelia; OMIM 276826)이라 불리는 희귀한 유전성 질병에서는 배아기의 셋째 주에서 다섯째 주까지 사이에 일어난 돌연변이는 팔다리의 발생을 정지시켜 팔과 다리의 성장을 심하게 방해한다. 유전적인 원인으로 생기는 선천적 기형이 특정 가족 구성원에게 나타날 위험성은 계산이 가능하다.

수많은 기형아 출산이 임신한 여성이 우연히 마주치게 되는 독성물질에 의해 일어난다. 이들 환경적으로 원인이 되는 문제들은 다른 가족 구성원들도 역시 그와 똑같은 환경적인 유인에 노출되지 않는 한 그들에게는 영향을 미치지 않을 것이다. 기형아 출산의 원인이 되는 화학약품이나 다른 요인들을 **기형유발원**[teratogen; 그리스어의 "괴물을 일으키는(monster-causing)"에서 유래]이라 한다. 임신 동안에는 기형유발원을 피하는 것이 최상인 반면 어떤 여성들은 그들 자신의 건강을 유지하기 위해 혹시 모르는 기형유발 약물을 계속 복용할 필요가 있을 수도 있다.

기형유발원

대부분의 약품은 기형유발원이 아니다. 특정 약물에 노출된 것이 기형아 출산의 원인이 되는지 안 되는지 여부는 여성의 유전자에 좌우된다. 예를 들어, 호모시스테인이라 불리는 아미노산의 체내 이용을 조절하는 유전자의 어떤 돌연변이는 발프로인산(Valproic acid) 투약이 기형아 출산의 원인이 되는지 여부에 영향을 미친다. 발프로인산은 발작과 조울증 증상을 예방하는 데 이용된다. 드물게 발프로인산은 NTD, 심장 결손, 헤르니아, 물갈퀴 모양의 발가락을 일으키는 원인이 될 수 있다. 이 유전자 돌연변이(*MTHFR C677T*)를 가진 여성들은 임신하고 싶으면 발작이나 조울증을 치료하기 위해 다른 약품을 사용하는 것이 좋다.

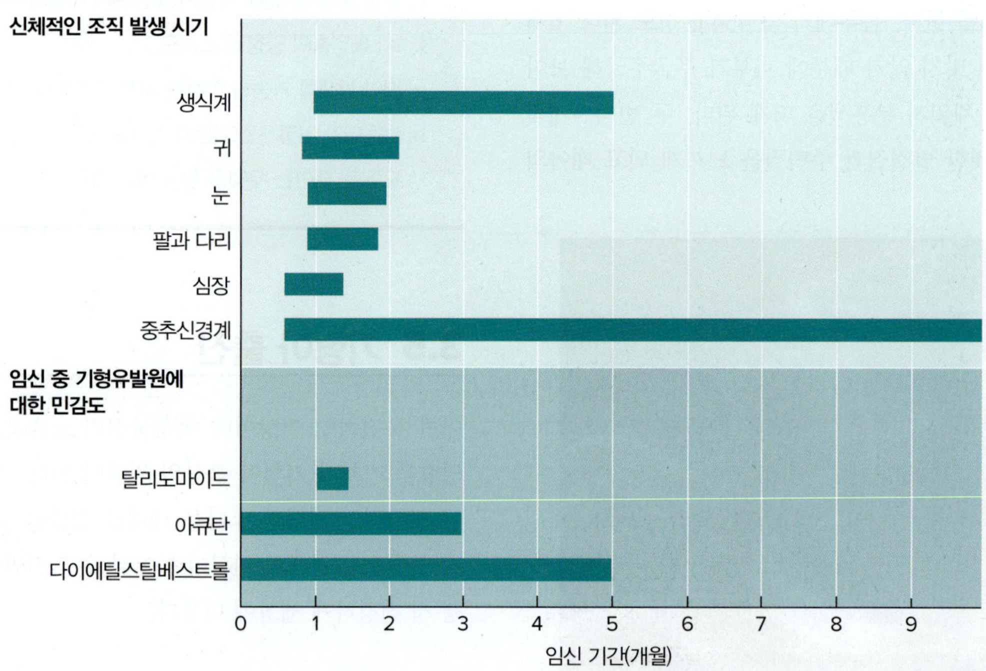

그림 3.22 발생에서의 임계 기간. 약물에 노출된 결과 생기는 기형아 출산의 특징은 노출되었을 때 어떤 조직이 발생하고 있었는가에 따라 좌우된다. 여드름 치료제인 아이소트레티노인 아큐탄은 구개열을 일으키는 원인이 되며 눈, 뇌, 그리고 심장 결손의 원인을 제공한다. 다이에틸스틸베스트롤(DES)은 1950년대에 유산 예방을 위해 사용되었다. 그것은 "DES 딸들"이라 불리는 질암(vaginal cancer)을 일으키는 원인이 되었다. 탈리도마이드는 입덧을 예방하는 데 사용되었다.

코카인

1980년대 후반과 1990년대 코카인 사용이 급증했을 때, 의사들은 산전 노출로 인한 지적장애와 사회적 능력이 떨어지는 아이들이 태어날 것으로 예측했다. 심각한 문제가 발생하지는 않았으나, 지속적인 연구에서 태아의 코카인 노출이 자기 통제력 부족, 정보처리의 어려움, 주의력과 기억력 문제 및 불안의 위험이 더 높다고 나타났다. 그러나 영양실조와 같은 빈곤과 관련된 문제가 공존하는 경우에는 약물만의 고유한 효과를 분리하기는 어렵다.

담배

담배 연기 속의 화학물질들이 태아에게 스트레스를 준다. 일산화탄소는 태반을 통과하여 태아의 헤모글로빈 분자가 산소와 충분히 결합하는 것을 방해한다. 니코틴은 영아 돌연사 증후군, 저체중 출생 및 어린 시절의 청력 문제 등과 관련이 있다. 연기 속의 다른 화학물질들은 태아로의 영양물질 이동을 차단시킨다. 담배 연기에 노출된 태반은 중요한 성장인자들이 결핍되어 출생 전은 물론 출생 후에도 성장이 원활하지 못한 원인이 된다. 임신 중 흡연은 자연 유산, 사산, 미성숙아와 저체중아 출산 위험을 증가시킨다.

전자담배는 겨우 2007년부터 사용되기 시작했지만, 전자담배가 기형아 출산과 연관되어 있다는 관련 정보를 제공하는 수많은 연구가 있었으며, 현재 동물 연구단계에 있다. 이러한 연구들에서는 전자담배가 얼굴 및 입 형태 발생 이상과 연관이 있다고 보고 있다. "베이핑"은 니코틴(더 적은 양으로) 및 위험할 것으로 추정되는 향과 기타 독소들을 내지만, 일산화탄소를 내지 않기 때문에, 처음에 전자담배는 일반담배보다 더 안전한 것으로 알려졌다. 그러나 이제 전자담배는 치명적일 수 있는 폐 손상과 관련이 있다고 알려져 있다. 임신 중 금연을 위한 약물을 복용하는 것도 위험하다.

탈리도마이드

태반이 기형유발원으로부터 배아와 태아를 보호한다는 생각은 1957년과 1961년 사이에 처음으로 유럽에서 단지증으로 보이는 이상 증상을 가진 1만 명의 아이들이 태어났을 때 처참하게 깨어졌다. 유전적인 이상은 매우 희귀하기 때문에 그 갑작스러운 문제의 원인일 수 없었다. 대신에 그 아이들의 어머니들은 모두 임신 초기 팔다리가 형성되는 임계 기간에 메스꺼움을 완화하기 위해서 신경안정제인 탈리도마이드를 투여했다. 팔다리가 없거나 불완전한 팔다리를 가진 많은 "탈리도마이드 아기들"이 태어났다.

정부의 한 의사가 실험실 원숭이들에게서 그 약의 부작용을 알아냈기 때문에 미국은 탈리도마이드 참사를 면하였다. 임신한 여성들에게 이 약을 투여한 남아메리카에서는 1994년에도 여러 명의 "탈리도마이드 아기들"이 태어났다. 기형 유발을 하는 부작용이 있음에도 불구하고 탈리도마이드는 한센병, 에이즈, 그리고 일부 혈액암과 골수암을 치료하는 데 쓰이고 있다.

알코올

그리스의 철학자 아리스토텔레스(Aristotle)는 지금으로부터 23세기 이전에 알코올 중독자 어머니에게서 태어난 아이들에게서 문제점들을 지적하였다. 임신한 여성이 매일 한, 두 잔의 알코올 음료를 마시거나 어쩌다가 한 번 중요한 시기에 많은 양을 마시면 태내 아기가 태아 알코올 스펙트럼 증후군(fetal alcohol spectrum syndrome)에 걸릴 위험성이 있다. 태아기 알코올 노출은 그녀의 태어나지 않은 아이에게 알코올 스펙트럼 장애, 행동 문제, 의사소통 어려움, 비정상적인 인지, 과잉행동 및 주의 집중 시간이 짧은 증상 등을 유발할 수 있다. 태아 알코올 스펙트럼 장애가 있었던 사람들은 또한 청력 및/또는 시각 손실이 있을 가능성이 더 높다. 국립 보건원(National Institutes of Health)에 따르면 미국 어린이의 1~5%가 태아시기 알코올 노출에 의해 의한 영향을 받은 것으로 보고 있다.

태아 알코올 스펙트럼 장애에는 각기 다른 증상들이 포함된다. 그 중 출생 전 알코올 노출에 의한 가장 심각한 징후는 태아 알코올 증후군(fetal alcohol syndrome, FAS)이다. 대부분의 FAS인 아이들은 머리가 작고 얼굴 모양이 납작하며(**그림 3.23**), 출생 전과 출생 후 성장이 더디다. 10대와 젊은이들은 키가 작고, 머리 크기도 작다. 알코올 연관 신경발생 이상은 지적 능력 및 학습 능력에 영향을 미친다. 알코올 연관 선천적 결함은 심장, 신장, 뼈 및 청각에 손상을 일으킨다.

FAS를 가진 성인들 대다수는 지능이 초등학교 저학년 수준이다.

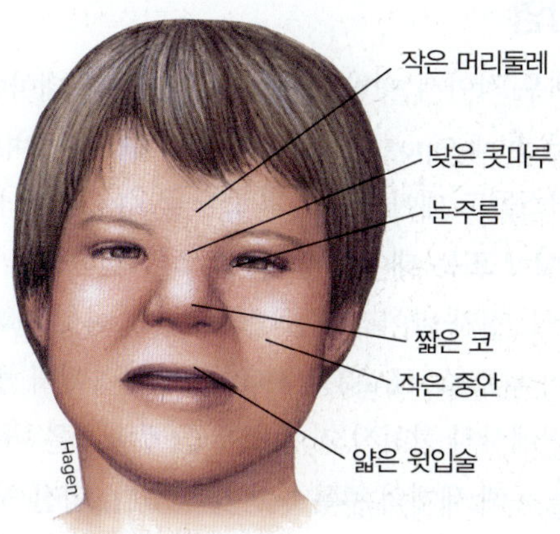

그림 3.23 태아 알코올 증후군. 임신 중 그들의 어머니가 알코올을 섭취하여 낳은 아이들 중에는 특징적인 납작한 얼굴을 가진 아이들이 있다.

그들은 사회적 기능과 소통하는 기능을 발달시키지 못하고 자기의 행동이 어떤 결과를 가져오는지 이해하지 못하며 친구를 사귀는 일, 솔선해서 행하기, 그리고 사회적인 신호들을 이해하지 못한다.

앞으로 알코올 대사조절 단백질 암호를 가진 유전자의 돌연변이에 대한 테스트를 통해 여성과 태아가 태아 알코올 스펙트럼 장애를 일으킬 위험성이 높아져 있는지를 예측할 수도 있게 될 것이다. 그러나 이 테스트의 정확성이 입증될 때까지는, 임신 여성들은 어떤 알코올도 피하도록 권고되고 있다.

영양소

다량으로 섭취한 영양물들, 특히 비타민은 약물로 작용한다. 여드름 치료제인 이소트레티노인(아큐탄)은 비타민 A 유도체로 이것에 노출된 배아는 자연 유산의 원인이 되며 심장 결손, 신경계와 안면 기형을 일으킨다. 건선(마른버짐) 치료에 사용되는 다른 비타민 A에 기초한 약품은 그 자체로서 비타민 A 과잉으로 이 또한 기형아 출산의 원인이 된다. 비타민 A의 어떤 형태들은 3년까지도 체지방에 저장되어 있다.

여성이 습관적으로 많은 양을 섭취하면 과잉 섭취된 비타민 C는 태아에게 해로울 수 있다. 출생 후 비타민 공급이 갑자기 감소하면 아기는 비타민 C 결핍증(scurvy, 괴혈병)을 일으킬 수 있으며, 세균에 쉽게 감염되고 타박상을 쉽게 일으키는 것 같은 비타민 C 결핍증상(괴혈병)을 나타낼 수 있다.

영양결핍은 태아를 위협한다. 임상 연계 11.1은 1944년에서 1945년 사이의 냉혹했던 "네덜란드의 기아 겨울" 동안 굶주림이 태아들에게 미친 영향에 대해 설명하고 있다. 임신 후기에 불충분한 영양 섭취는 태반 발육에 영향을 미쳐 저체중아 출산, 작은 키, 치아 부식, 성적인 발육 지연, 그리고 학습 부진을 일으키는 원인이 될 수 있다.

바이러스 감염

바이러스는 매우 작아서 태반을 충분히 통과하여 태아에 도달한다. 수두 바이러스(chickenpox virus)같이 성인에서는 가벼운 증상을 일으키는 바이러스들도 태아에게는 피해가 클 수 있다. 남성들이 성교하는 동안에 배아 또는 태아에게 바이러스를 전파하여 감염시킬 수 있다. 예를 들어, 지카 바이러스는 정액을 따라 이동 전파될 수 있다.

지카 바이러스(Zika virus)는 1947년 우간다에서 발견되었지만 2015년 브라질에서의 선천적 기형 소두증(매우 작은 머리) 발병률의 엄청난 증가를 통해 세계의 주목을 받게 되었다. 임신 첫 3개월 기간 중 이 바이러스에 노출된 여성이 바이러스 감염 증상이 있는지와 상관없이 약 11%의 태아에서 소두증이나 기타 뇌 이상이 확인되었다. 태아시기에 지카 바이러스에 노출된 아기들은 운동장애, 발작, 수면 이상 및 청각과 시각 능력 감퇴와 같은 다양한 신경학적 문제를 겪게 된다. 그러나 학령기 아동에서는 발달 지연이 나타나지 않았다. 지카 바이러스의 주 매개동물은 모기이며, 일부 성인에서 발열, 발진, 관절통 및 적목 현상의 경미한 질병을 일으킨다.

사람 면역결핍 바이러스(HIV)는 태반을 통과하여 태아에 이를 수 있으며 출산 과정에서 혈액 접촉을 통해 신생아를 감염시킬 수 있다. 임신 여성에게 항 HIV 약물을 투여하면 전이 위험성은 현저히 감소된다. HIV에 감염된 산모의 태아들은 산모의 건강이 쇠약하면 저체중아 출산, 조산, 그리고 사산에 대한 위험성이 매우 높다.

풍진(rubella)은 잘 알려진 바이러스성 기형유발원이다. 1960년대에 미국에서 보통 경증의 풍진 감염으로 2만 명의 기형아와 3만 명의 사산아 출산의 원인이 되었다. 임신 첫 3개월 동안에 노출은 백내장, 농아, 심장기형의 원인이 되었다. 임신 둘째 또는 셋째 3개월 동안에 노출은 학습 능력 부진, 언어와 청력의 문제, 그리고 제1형 당뇨병(소아당뇨)의 원인이 되었다. 선천적인 풍진 증후군이라고 하는 이상과 같은 문제의 발생빈도는 미국에서 예방접종으로 풍진을 퇴치한 이후 현저히 감소하였다.

핵심 개념 질문 3.5

*a. **임계 기간**을 정의하시오.

b. 배아기 동안에 발생되는 기형아 출산의 대부분은 태아 발생 동안에 생기는 문제보다 더 심각한 이유는 무엇인지 설명하시오.

c. **기형유발원**을 정의하고 그중 한 예를 들어보시오.

3.6 성인기와 노화

노화를 되돌릴 희망이 있다는 성과물에 대한 많은 광고가 있지만 "노화(aging)"는 생활사를 혹은 생활주기(life cycle) 통해서 이동하는 것을 의미한다. 우리는 나이가 들면 세포들의 한정된 수명이 생물학적 구조와 기능의 증감에 반영된다. 뇌세포의 수나 예민한 청력과 같이 소아기에 최고에 달하는 우리의 어떤 해부 생리 양상은 매우 이른 시기에 최고에 달하지만 30세가 쇠퇴의 전환점인 것으로 보인다. 어떤 학자들은 이 나이(30세) 이후에 사람의 몸은 해마다 약 0.8%씩 기능적으로 효율이 떨어지게 된다고 평가한다.

성인이 된 다음에야 시작되는, 또는 노화와 연관된 여러 가지 질병들이 유전적인 요소들을 가지고 있다. 이들 질병은 복잡한데, 이는 환경에 노출되는 것이 괄목할 만큼 건강에 영향을 미칠 정도로 유전자를 변화시키는 데는 여러 해가 걸리기 때문이다. 다음은 유전자들이 평생을 통하여 건강에 어떻게 영향을 미치는지를 보다 가까이에서 본 것이다.

성인 발병 유전성 질환

배 발생은 특정 시기에 신체의 특정 부위에서 작동되는 유전 스위치가 고도로 조절된 프로그램이다. 환경인자들은 한참 후에 나타나는 위험성을 일으키는 방법으로 출생 전 어떤 유전자들이 어떻게 발현되는지에 영향을 미칠 수 있다. 강력한 환경적 영향 중 하나로 영양요소가 있다. 거의 기아 상황임에도 불구하고 태아가 성장할 수 있도록 적응하는 것은, 칼로리 보존이 더 이상 필요하지 않을 때 성인의 어떤 일상적인 질병에 대한 위험인자가 된다. 이러한 질병에는 관상동맥질환, 비만, 뇌졸중, 고혈압, 조현병, 그리고 제2형 진성 당뇨병이 포함된다. 영양실조의 태아는 자궁 내 성장지연(intrauterine growth retardation, IUGR)과 제때 태어난다고 해도 그 크기가 매우 작다. 이와는 대조적으로 조산한 아기는 작지만 달이 차기 전에 태어나고 IUGR로 인해 생기는 질병에 쉽게 걸리지 않는다.

IUGR에 의한 저체중 출산은 이후 심혈관 질환이나 당뇨병의 유병률 증가와 연관이 있다. 사람이 나이가 든 다음 태아기 때 영양부족의 영향을 연구하기에는 시간이 너무 많이 흘렀기 때문에 이 데이터의 많은 부분은 전쟁 기록에서 전해진 것이다.

출생 전 영양부족이 10여 년 후에 어떻게 병을 일으키는 원인이 될 수 있는가? 아마도 살아남기 위해서 영양이 부족한 태아는 생명유지에 필요한 기관들을 보호하기 위해 혈액 순환의 방향을 수정하며, 동시에 에너지를 보존하기 위해 근육량과 호르몬 생산을 변화시킨다. 성장이 지체된 아기들은 근육조직을 거의 가지고 있지 않으며, 근육은 인슐린 작용의 제1차적인 부위이기 때문에 포도당 대사가 바뀐다. 출생 시 빈약함, 그리고 이를 보상하기 위해 소아기에 종종 일어나는 가속화된 체중증가는 관상동맥 심장병과 제2형 당뇨병이 후년에 발생하도록 한다.

태아기의 영양부족 영향이 뒤늦게 나타나는 것과는 대조적으로 단일 유전자 이상으로 인한 증상은 시기에 상관없이 시작될 수 있다. 어린이들에게 영향을 주는 대부분의 유전성 질환은 열성이다. 불완전 골형성증(osteogenesis imperfecta, "무른 뼈 병")에서 볼 수 있는 뼈 부러짐 현상과 같은 유전성 질환 증상이 태아에게조차 나타날 수 있는 것이다.

우성으로 유전되는 대부분의 질환은 성인 초기에서부터 중년의 건강에 영향을 미치기 시작한다. 다낭성 신장병(OMIM 173900)의 경우, 이미 있었을 수도 있지만 20대 동안에 신장에서 검출되지 않았던 주머니 모양의 낭들은 혈뇨, 고혈압과 복통을 30대 되어서야 일으키기 시작한다. 골관절염으로 인한 관절 파괴는 30대에 시작될 수도 있으나 20대 동안에는 통증을 일으키지 않을 수도 있다.

40대~50대에 처음으로 증상이 나타나는 알츠하이머병(Alzheimer disease)은 5~10%가 단일 유전자 돌연변이에 의해서 발생한다. 비유전적 알츠하이머병도 일반적으로 인생주기 후반에 나타난다.

발병 연령에 상관없이 알츠하이머병은 서서히 시작된다. 우울증과 단기간 기억상실과 같은 증상이 처음으로 나타난 후 3년에서 10년 동안에 지적 능력이 점차 떨어진다. 사물을 인식하는 기능이 점차 감퇴한다. 어떤 사람은 발을 어떻게 앞으로 내디디는지 잊어버림으로써 걸음을 옮길 수 없게 될 수도 있고, 혼란스러워 뭐가 뭔지 모르게 되고 잘 잊어버리게 되며, 방황하게 될 수도 있다. 결국 이 환자들은 사랑하는 사람들도 알아보지 못하며 말을 하거나 음식을 먹는 일 같은 기본적인 기능조차 하지 못하게 된다.

알츠하이머병 환자의 뇌는 학습과 기억을 담당하는 중추에 베타아밀로이드(beta amyloid)라고 하는 단백질이 축적되어있다. 알츠하이머병 환자의 뇌는 또한 타우(tau)라고 하는 단백질로 구성된 신경원섬유 농축체(neurofibrillary tangles)라고 하는 조직들을 포함하고 있다. 타우는 신경세포 가지에 있는 미세소관과 결합하여 파괴하고 그 세포의 형태를 붕괴시키며 신경세포의 통신기능을 손상시킨다. 임상 연계 5.1에서 알츠하이머병에 대해 더 자세히 논의하고 있다.

촉진된 노화와 공통점이 있는 증후군들

유전자들은 수동적으로(조직을 파괴함으로써) 그리고 능동적으로(새로운 활성을 시작함으로써) 노화를 조절한다. 이 장의 서두에서 논의된, "조숙 노화" 유전성 질환의 그룹은 매우 희귀하지만, 어떻게 유전자들이 우리들 모두에게서 노화를 조절하는지에 대하여 단서를 가지고 있을 수도 있다.

정상 사람들의 기대 수명보다 노화가 촉진되고 수명을 단축시키는 증후군들, 또는 사람을 자신보다 나이가 많아 보이게 만드는 증후군들 모두 조로증(progeroid)이라고 한다[기대 수명(life expectancy)이란 한 종의 평균 사망 연령이다. 수명(life span)이란 그 종에서 알려진 개체 중 가장 나이 많은 개체를 통해 밝혀진다]. 이중 가장 심각한 조로증 증후군은 조로증(progerias)으로 기대 수명을 단축시킨다. 대부분의 노화 가속 상태는 12.7절에서 논의될 DNA를 적절하게 복구하기 위해 세포가 갖고 있는 능력의 이상으로 인해 발생한다. DNA 복구가 불량하면 일반적으로 수정됐어야 할 돌연변이들이 지속해서 남아 있게 된다.

표 3.4	여러 가지 조로 증후군	
질병	출현빈도	평균 기대 수명
혈관확장성 운동실조증	1/60,000	19-25
코케인 증후군	1/100,000	20
허친슨-길포드 증후군	<1/1,000,000	13
로스문드-톰슨 증후군	<1/100,000	정상
선모세포 이영양증	<1/1,100,000	?
베르너 증후군	<1/100,000	50

표 3.4는 보다 흔히 발생하는 조로증 증후군들을 나타내고 있다. 기대 수명이나 증상의 심한 정도가 다양한 것을 확인할 수 있다. 예를 들어, 로스문드-톰슨 증후군(Rothmund-Thomson syndrome)인 사람은 정상적인 기대 수명을 갖고 있지만 백발, 대머리, 백내장, 암, 그리고 젊은 나이에 골다공증이 발생한다. 선모세포 이영양증(Trichothiodystrophy)은 드문드문 나는, 부서지기 쉬운 모발 및 비늘 모양의 피부; 짧은 상태; 지적장애; 및 눈 및 치아 이상과 같은 증상을 유발한다. 감염으로 인해 10세 이전에 사망하는 경우가 많다. 베르너 증후군(Werner syndrome)은 20세 전에 나타나게 되고 노화와 관련된 질병으로 50세 전에 사망에 이른다. 베르너 증후군의 젊은이는 동맥경화, 제2형 진성당뇨병, 백발 진행과 탈모, 골다공증, 백내장, 그리고 쭈글쭈글한 피부를 나타낸다. 그들은 성인으로의 진행이 급격히 이루어지기 때문에 키가 작다.

허친슨-길포드 조로증(Hutchinson-Gilford progeria syndrome)은 가장 심하게 빠른 노화가 진행되는 질병이다. 이 증상에 첨가하여 이 장의 서두에서는 세포 수준에서의 기형에 대해 기록하고 있다. 정상세포는 배양기에서 배양하면 성장을 계속하여 약 50회 정도 세포분열을 하고 사멸한다. 허친슨-길포드 조로증 환자의 세포는 배양기에서 겨우 10~30회 정도 세포분열을 한 후 사멸하고 만다.

Lamin A라는 단백질을 암호화하는 유전자 *LMNA*의 돌연변이는 허친슨-길포드 조로증의 유전적 원인이다. 노화와 관련된 유전자의 조기 활성화 경로는 복잡하다. 핵막 내면에서 일어난 일련의 분자적 상호 작용들에 의해 점성을 가진 프로게린이라고 하는 라민 A의 생성을 촉진하며, 이것은 빠른 시간 내에 세포자살(그림 2.16 참조)을 유발한다. 핵막 안쪽의 주름이 텔로미어에 닿으면 염색체 끝이 더 빠르게 수축한다. 그 결과 세포가 너무 빨리 노화되어 핵막이 특징적인 방식으로 붕괴된다(**그림 3.24**). 하지만 우리는 모두 나이가 들면서 약간의 프로게린을 생산한다. 그러나 허친슨-길포드 조로증에서는 점성의 단백질이 빠르게 축적되어 조기 세포사멸을 일으킨다. 위와 같은 상태에 있는 일부 어린이를 돕기 위해 만들어진 새로운 약물은 핵막을 안정화시켜 질병의 진행을 지연시킨다.

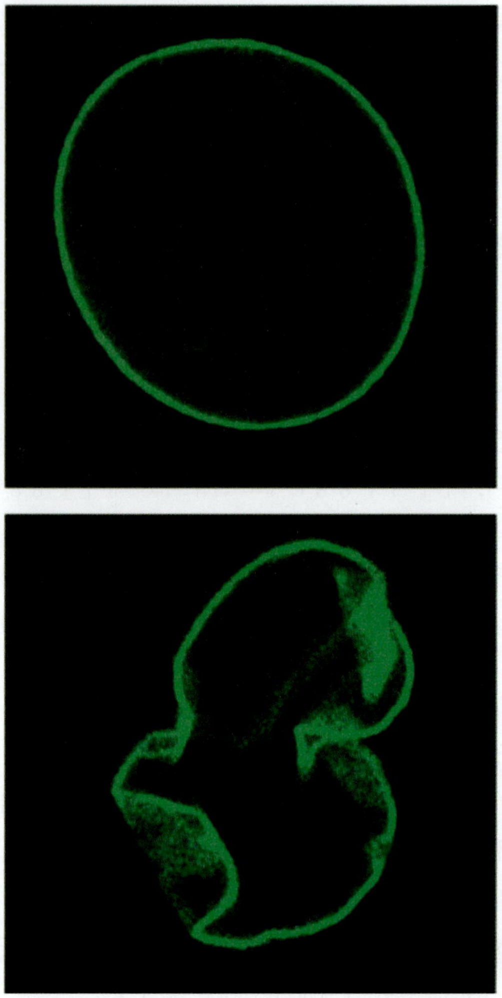

그림 3.24 조로증으로 인해 세포자살을 진행하고 있는 세포의 핵막은 독특한 형태를 보인다. 세포자살 중인 세포의 핵막은 독특한 방법으로 붕괴된다.

유전자와 장수

노화는 유전자의 기능에 환경의 영향을 받는 수명을 합하여 반영한다. 나이가 아주 많이 든 구성원을 많이 가진 가계와 유전적으로 격리된 집단은 좋은 영양, 훌륭한 건강관리, 그리고 헌신적인 가족관계와 같은 공유하고 있는 환경의 영향에 더하여 행운의 유전자 변이의 집합을 가지고 있다. 100번째 생일을 넘긴 사람(백세인, centenarian)들 간에, 노년에 같은 병으로 사망한 사람들과의 유전체 비교에 의해 장수에 영향을 미치는 유전자들을 밝혀내고 있다.

대부분의 백세인은 탁월한 건강을 즐기며 사회적으로 활동적이다. 그 시간이 지난 후, 수십 년 전부터 전형적으로 사람들을 사망에 이르게 한 병으로 인해 곧 죽음에 이른다. 이들은 크게 세 그룹으로 나뉜다. 약 20% 정도는 대부분의 사람을 사망에 이르게 한 병에 결코 걸리지 아니한다. 40%는 이러한 병에 걸리기는 하지만 아주 나이가 든 후에 걸린다. 그리고 나머지 40%는 심장병, 뇌졸중, 악성종양, 제2형 진성 당뇨병, 그리고 조발성 치매 등 보다 공통의 노화 질병과 함께 살고 또 살아남는다. 110세를 넘은 사람들은 초 백세인이라 부르며, 전 세계적으로 약 80명이 알려져 있다.

환경이 60세에서 85세 사이의 사람들의 사망에 중요한 역할을 하는 것 같다. 반면에 이 연령을 지나면 유전적인 영향이 지배적이다. 말하자면 폐암으로 68세에 사망한 어떤 사람은 아마도 수명을 흡연 탓으로 돌릴 수도 있다. 그러나 같은 병으로 101세에 사망한 흡연자는 아마도 폐암에 대항하여 보호하는 유전자 변이체를 가졌을 수 있다. 백세인들은, 학자들이 20년의 수명을 더 보태는 것으로 평가하고 있는 콜레스테롤을 운반하는 큰 지질단백질(고밀도 지질단백질; HDL)의 수준이 다른 사람들보다 높다.

백세인들의 자녀들과 형제자매들은 마찬가지로 장수하는 경향이 있어서 장수는 유전된다는 의견을 지지한다. 백세인들의 형제들은 100세 이상 살 가능성이 평균치의 사람들보다 17배, 자매들은 8.5배나 된다. 어떤 백세인들 사이에 건강치 못한 생활습관은 그들이 유전자들에 의해 보호받고 있다는 것을 암시한다. 한 학자는 다음과 같이 제안하였다. "나이가 많으면 많을수록 병에 더 잘 걸린다."는 말을 "나이가 많으면 많을수록 더 건강하게 생을 지내왔다."로 바꿔야 한다고 제안하고 있다.

백세인들은 두 가지 유전자 변이형, 즉 직접적으로 그들을 보호하는 유전자와 돌연변이가 생기면 질병을 일으키는 야생형의 대립유전자를 유전을 통해 물려받았다.

이들 기능에 연관된 유전자들은 장수 조절에 영향을 미칠 수 있다:

- 면역계 기능;
- 인슐린 분비와 포도당 대사;
- 스트레스에 대한 반응;
- 세포주기;
- DNA 회복;
- 지질(콜레스테롤 포함)대사;
- 영양소 대사; 그리고
- 항산화효소의 생산

학자들은 사람이 얼마나 오래 동안 살 것인가에 영향을 미치는 최소한 130개의 유전자가 변이형을 가지고 있다고 예측하고 있다.

연구가 잘 이루어진 한 개의 노화 유전자는 세포를 크게 하는 신호에 반응할 수 있는 단백질인, 초기 발생에 있어서 매우 중요한 부분인 성장호르몬 수용기를 암호화하고 있다. 그 유전자에 두 개의 열성 돌연변이를 유전 받은 사람들은 라론 증후군(Laron Syndrome)을 가지게 된다. 그 사람들은 키가 매우 작아서 성인이 되어도 약 120 cm(4 feet) 이하이다. 그러나 암이나 당뇨병을 일으키지는 않는다. 이렇게 흔한 노화성 질병들이 잘 나타나지 않기 때문에 라론 증후군인 사람들은 매우 장수한다. 남부 에콰도르의 엘 오로 주(El Oro Province)에는 100명 이상의 사람들이 라론 증후군을 가지고 있다. 그들은 15세기에 스페인의 종교탄압을 피하고자 이 지역으로 몰려든 동유럽의 유대인 후손들이다. 그리고 피난 교회가 사람이 살고 있지 않은 지역으로 그들을 인도하였다.

엘 오로에서와 같이 격리된 집단은 그곳에서 친척 간 혼인으로 자식들을 가지게 되어 돌연변이가 지나치게 나타나는 상황을 만들어 내게 된다. 그러나 더 많은 족외 결혼집단보다 확인하기가 더 쉬운 유전자 변이형을 만듦으로써 유전체는 비교적 균일하다. 유전성 라론 증후군에 대하여 어떤 것은 노년의 두 가지 주된 질병으로부터 이

표 3.4 장수 유전자들

유전자	보호받는 질병	연구 집단
아포리포프로테인 C3(*APOC-3*)	고혈압, 당뇨병 심장혈관질환	아슈케나지 유대인 아미쉬족
쓴맛 수용체(*TAW2R16*)	독소탐지, 소화문제	이탈리아의 칼라브리아
콜레스테릴 에스텔 전이 단백질(*CETP*)	심장혈관 질환	아슈케나지 유대인
포크헤드 박스 O3(*FOXO3*)	암, 심장혈관질환	미국 거주 일본인
성장호르몬 수용체(*GHR*)	당뇨병, 암	에콰도르, 이스라엘
짝풀림 단백질(*UCP 2, 3, 4*)	산화적 손상, 부족한 에너지 사용	이탈리아의 칼라브리아

들을 보호한다. **표 3.5**는 격리된 집단에서 장수와 관련된 다른 단일 유전자들을 목록으로 만든 것이다. 장수와 관련하여 환경인자 역시 중요하다. 예를 들면, 남부 이탈리아의 한 지역인 칼라브리아(Calabria)에서 장수한 사람들은 주로 과일과 채소를 먹는데 이것이 그들의 남다른 건강 유지에 공헌했을 수도 있다.

몇몇 연구계획들에 의해, 남 에콰도르의 "작은 사람들"처럼 그들 중 많은 사람들이 대개의 사람들보다 유전적으로 더 균일한 특수 집단으로부터 얻어진 유전체 서열들이 수집되고 관장되어지고 있다. 뉴잉글랜드 100세 시대 연구(New England Centenarian Study)는 1995년에 시작되었으며, 미국에서 알려진 가장 나이 든 시민들의 가족에 대한 정보를 축적하고 있으며, 여기에는 연령이 103세 이거나 100세 이상이면서, 형제자매가 있는 사람들의 정보를 망라하고 있다. 이 사람들은 삶이 거의 끝날 때까지 아파본 적이 거의 없다는 경향이 있다. 또한 그들의 가족들은 장수한다고 알려져 있으며 나이가 들수록 유전적 영향이 더 증가하여, 일반 집단에서 중년부터 겪게 되는 강력한 환경 영향에 대응하는 것으로 보인다. 나이가 많은 사람 중 가장 노인도 더 어린 나이에 죽는 사람들과 동일한 질병 유발 유전자 변이를 가지고 있으며, 이는 다른 유전자들이 있어 그들을 보호한다는 것을 암시한다. 또 다른 연구로는 요양원 거주자들의 유전체를 조사한 것이 있다.

캘리포니아의 한 프로그램에서 "웰더리(wellderly)"들의 유전체를 조사하고 있다. 지금까지 이 사람들은 심장병을 앓은 적이 없으며, 담배를 피우지도 않는다고 한다. 일부 매우 긴 수명을 가졌던 사람들이 암에 걸렸던 적도 있었다는 점은, 역으로, 사람들이 암에 걸렸어도 살아날 수 있음을 보여준다. 피츠버그 대학의 연구원들은 인지 능력 보존에 관여된 변이를 갖고 있는 "성공적인 노화 유전자들"의 유전체상 위치를 확인하였다. 한편 또 다른 연구에서는, 백세인들의 유전자 발현에 대해 조사한 결과, 그들의 체내에 노폐물 처리하는 자가포식에 최적화된 세포들이 더 많다는 것을 발견했다. 이상의 내용들을 볼 때, 위에 언급된 연구들과 상업용 유전검사를 받은 사람들로부터 건강 및 장수 관련 쏟아져 들어오는 데이터들이 더해진다면, 이런 정보들은 장수 유전자 변이를 물려받을 만큼 운이 좋지 못한 대다수 사람에게 도움이 될 수 있는 정보를 제공할 수 있을 것이다.

핵심 개념 질문 3.6

a. 출생 전 기아가 후기 발병 질병에 대한 시기를 어떻게 정할 수 있는지 설명하시오.

*b. 알츠하이머병을 앓는 사람들 중 약 몇 %가 이 증상이 유전에 의한 것인가?

c. 노화의 양상을 촉진하는 단일 유전자 이상에 대해 쓰시오.

*d. 조기 노화 증후군에서 DNA 복구가 가진 역할은 무엇인가?

*e. 백세인들의 3가지 특징들을 나열하시오.

학습 가이드

핵심 용어

양수천자(amniocentesis) 양수 내 태아의 염색체 및 생화학 물질을 검사하는 산전 진단 기법.

배반포(blastocyst) 수정된 난자로부터 이어져 온 액체로 채워진 공 모양의 세포체.

할구(blastomere) 배반포를 이루고 있는 세포들.

융모막 융모 검사(chorionic villus sampling, CVS) 산전 진단 기법 중 하나로서 태아와 마찬가지로 수정된 난자로부터 기원되어 나온 융모막 융모세포의 염색체를 분석하는 진단 기법.

난할(cleavage) 수정 후 일어나는 일련의 빠른 유사분열.

임계 기간(critical period) 태아 발생시기에 구조는 돌연변이나 환경 개입에 의한 손상에 민감하다.

교차(crossing over) 세포분열 전기 1단계 동안에 일어나는 현상으로서 상동인 염색체끼리 부분을 서로 교환하는 이벤트.

이란성 쌍둥이(dizygotic twins, DZ) 수정된 두 난자들에 의해 태어난 쌍둥이; 이란성 쌍둥이.

외배엽(ectoderm) 원시 배아의 가장 바깥쪽 1차 배아층.

배아(embryo) 수정 이후부터 기본적 구조가 존재하는 8주 말까지 인간의 태아기 생명체.

내배엽(endoderm) 원시 배아의 가장 안쪽 1차 배아층.

후성유전학적(epigenetic) 메틸화와 같이 DNA 서열을 변경하지 않고 유전자 발현을 조절하는 모든 효과.

동형분열(equational division) 제2감수분열로서, 두 개의 세포에서 4개의 세포들이 생성.

태아(fetus) 생후 발생 8주 이후에 구조들이 성장하고 전문화되고 있는 태아기 인간.

배우자(gamete) 생식세포.

낭배(gastrula) 3개 층이 형성된 배아.

생식소(gonad) 생식기관의 짝을 이루는 구조로서 정자나 난모세포가 생산되는 시스템.

상동 쌍(homologous pair) 두 개의 염색체가 동일한 유전자 서열을 가질 때를 의미.

독립 분리(independent assortment) 한 염색체상의 유전자는 다른 염색체상의 또 하나의 유전자의 유전에 영향을 미치지 않는다(멘델의 제2법칙). 이는 모계 및 부계 기원의 관점에서, 세포분열 중기 1인 세포의 중심에서 일어나는 상동 염색체의 무작위 배열 때문임.

내세포 덩어리(inner cell mass) 배아로 계속 발생하게 될 배반포 내부에 있는 세포 덩어리.

중배엽(mesoderm) 중간 1차 생식층.

일란성 쌍둥이(monozygotic twins, MZ) 단일 수정란으로부터 탄생한 쌍둥이; 동일 쌍둥이.

상실배(morula) 뽕나무 열매를 닮은 매우 초기의 배아시기.

신경관(neural tube) 뇌와 척수로 발생하는 배아의 구조.

난모세포(oocyte) 여성형 배우자 세포(성 세포).

난자 형성(oogenesis) 난모세포(난자) 형성 과정.

난원세포(oogonium) 난소의 세포 중 하나로 감수분열을 통해 난자를 만드는 세포.

난소(ovary) 여성의 생식소.

극체(polar body) 여성 감수분열의 산물. 세포질 거의 없으며, 난모세포로 계속 발생하지 못함.

다배체(polyploid) 하나 또는 그 이상의 수의 염색체 세트를 가진 세포.

1차 배아층(primary germ layers) 배아의 3개 층을 말함.

감소분열(reduction division) 염색체 수를 절반으로 줄이는 첫 번째 감수분열.

정자(sperm) 남성 성 세포(배우체).

정자 형성(spermatogenesis) 정자세포 형성 및 분화.

정원세포(spermatogonium) 감수분열과 성숙에 따른 정자세포를 생성할 수 있는 정세관의 미분화 세포.

정자(spermatozoon) 성숙한 남성의 생식 세포(감수 분열 생성물).

기형유발원(teratogen) 태아에 선천적 결함을 일으키는 물질.

정소(testis) 남성 생식소.

접합자(zygote) 난자 수정 시기 직후부터 초기 배아가 형성될 때까지 약 2주까지 출생 전 태아기 인간.

복습문제

1. 다음의 세포 형에서 사람의 염색체는 몇 세트인가?
   a. 난원세포
   b. 제1정모세포
   c. 정세포
   d. 제1감수분열 후기의 생식세포
   e. 제2감수분열 후기의 생식세포
   f. 제2난모세포
   g. 제1난모세포로부터 생긴 극체
2. 남성과 여성의 생식계의 구조와 기능을 나열하시오.
3. 개는 39쌍의 염색체를 가지고 있다. 염색체들이 임의적으로만 배열한다고 생각하면, 두 마리의 개가 교배하였을 때 유전적으로 다른 강아지들을 얼마나 많이 낳을 수 있는가? 이 숫자는 실제의 수보다 과소평가되었는가, 아니면 과대평가 되었는가? 이유는 무엇인가?
4. 감수분열은 유사분열과 어떻게 다른가?
5. 난자 형성과 정자 형성의 공통점은 무엇인가? 그리고 어떻게 다른가?
6. 남성 생식세포의 성숙과 여성 생식세포의 성숙은 어떻게 다른가?
7. 정자 형성과 난자 형성이 줄기세포를 만드는데 왜 필요한가?
8. 수정 과정을 설명하시오.
9. **후성유전체**를 정의하시오.
10. 다음의 조직들이 발생을 시작하는 시기는 언제인가?
    척삭, 낭배, 내세포 덩어리, 태아, 수정란, 상실배
11. 기형유발원의 노출은 태아에서보다 배아에서 건강상의 영향이 더 심각한 이유는 무엇인가?
12. 돌연변이 유전자 또는 기형유발원에서의 노출이 원인이 되어 동일한 선천적 기형 증후군이 생길 수 있다. 다음 세대에서 각 원인에 의해 나타나는 결과는 어떻게 다른가?
13. 기형유발원 3가지를 들고 그들이 태아기의 발생을 어떻게 혼란시키는지 설명하시오.
14. 유전자가 노화를 조절한다는 두 가지 증거를 설명하시오.

응용문제

1. 조로증은 희귀질환 중 하나이다. 일부 사람들은 매우 희귀한 질병에 대한 치료제 개발의 유용성에 대해 의문을 제기하기도 한다. 조로증의 특정 측면에 대한 치료법 발견이 다른 많은 사람들을 도울 수 있을 한 가지 방법을 제안하시오.
2. 출생 전 사람 배아에 대한 실험을 한다면 어느 단계까지 하는 것이 윤리적이라고 생각하는가? 답에 대한 이유를 설명하시오.
3. 현미경 하에서 제1극체와 제2극체는 비슷하게 보인다. 그들을 구분할 수 있는 구조는 무엇인가?
4. 임신 200건 중 1건의 비율로 정자는 난자 대신 극체(polar body)와 수정되기도 한다. 그 결과 배아가 아닌 조직 덩어리가 발생하게 된다. 극체가 전체 배아로의 발생을 유지할 수 없는 이유는 무엇인가?
5. "축하합니다! 당신이 건강한 아기를 낳을 확률은 97%입니다." 질(Jill)이 임신 초기 테스트 결과를 막 읽은 자나(Jauna)에게 말하였다. 질의 이 발언은 통계적으로 어떻게 틀린 것인가?
6. 만약 임신 중에 음주, 흡연, 혹은 마약을 남용하여 태아에 해를 끼쳤다면 그 여성은 법적으로 책임이 있는가? 태아를 손상시킬 수 있는 모든 것들에 책을 물어야 하는가, 아니면 불법적인 것에만 적용해야 하는가?
7. 한 사람이 지카 바이러스 감염을 어떻게 자손에게 전파시킬 수 있는지 설명하시오.
8. 어떤 사람의 유전체 염기서열을 분석하여 그가 얼마나 오래 살 것인지를 예측한다면 예상되는 이점과 위험 요소는 무엇인가?

사례 및 연구 결과

1. "정소 발현 11" 유전자 상의 한 돌연변이는 남성 불임을 유발한다. 이 유전자가 암호화하는 단백질은 일반적으로 정자에서 만들어진다. 이 돌연변이가 어떻게 불임을 일으킬 수 있는지 설명하시오.
2. 인간 배아줄기세포를 추출 및 배양은 8세포 분열 배아 또는 내세포 덩어리의 세포 하나를 사용하여 가능하다고 알려져 있다. 인간 태아 발생의 이들 단계 간의 차이점을 설명하시오.
3. 해부학과 발생학에서 수련을 받고 있던 한 소아과 의사가 귓바퀴 관절융기 증후군(auriculocondylar syndrome)인 어린 소녀의 턱을 검사하고 있었다. 그 아이는 귀도 작고, 머리통과 입도 작고, 그리고 턱도 매우 비정상적이었다. 그 소아과 의사는 그 소녀의 아래턱의 모양이 정확히 위턱과 매우 비슷하다는 것을 X선 검사를 통해 확인하였다. 그리고 그녀의 어머니도 그녀와 꼭 닮았다. 이 가족은 어떤 형의 돌연변이를 가지고 있는가? 그것이 어떻게 이런 표현형의 원인이 되는지 일반적인 용어로 설명하시오.
4. 가늘고 듬성듬성한 머리털, 뼈가 튀어나와 있는 얼굴,, 체지방의 저하, 그리고 외모상의 나이 들어 보인다는 특징을 가진 소수의 어린이들이 보고되었다. 이 밖에 어떤 추가 정보가 이들이 조로증 증후군을 앓고 있다는 진단 결과를 확인시켜 줄 수 있는가?
5. 남부 이탈리아의 칼라브리아에서 살고 있는 90세 이상의 노인 202명을 대상으로 한 연구에서 이들의 형제자매를 그들의 배우자와 비교하였다. 이 연구가 장수의 유전적인 토대를 어떻게 밝힐 수 있었을까?

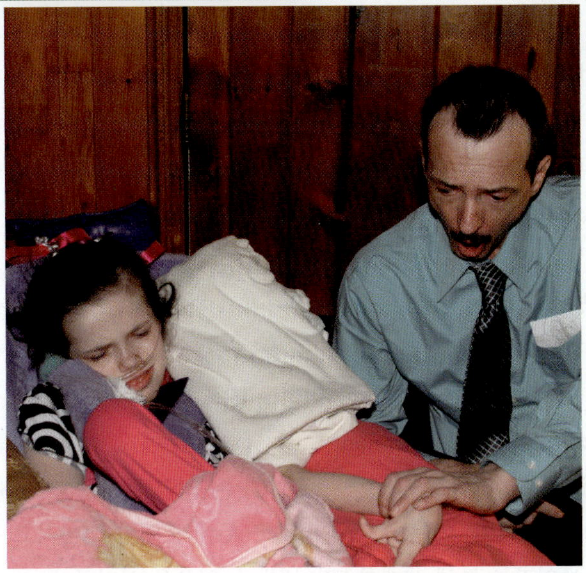

Courtesy, Jane Mervar

CHAPTER 4

단일 유전자 유전

카를리 메르바(Karli Mervar)와 그녀의 아버지 카를(Karl)은 동시에 헌팅톤병을 앓았다. 카를의 수척한 표정은 질병의 일부인 끊임없는 움직임의 결과이다. 그의 세포는 에너지를 빠르게 사용했다.

학습 목표

4.1 단일 유전자와 유전

1. 단일 유전자 질병을 다른 유형의 질병들과 구별하는 특징을 나열하시오.
2. 멘델이 열성 형질이 잡종에서 사라지는 것처럼 보인다는 것을 어떻게 추론했는지 설명하시오.
3. 이형접합자와 동형접합자 우성 및 열성; 표현형과 유전자형을 정의하고 구별하시오.
4. 분리법칙이 감수분열의 과정을 어떻게 반영하는지 설명하시오.
5. 퍼네트 사각형이 유전의 패턴을 추적하는 데 사용되는 방법을 설명하시오.

4.2 단일 유전자 유전은 드물다

6. 하나의 유전자만으로는 전적으로 형질을 결정할 수 없다는 것을 설명하시오.
7. 상염색체 열성 유전과 상염색체 우성 유전을 구별하시오.

4.3 둘 이상의 유전자 유전

8. 멘델의 실험이 어떻게 둘 이상의 유전자의 유전을 따랐는지 설명하시오.
9. 독립의 법칙이 감수분열의 사건을 어떻게 반영하는지 설명하시오.

4.4 가계도 분석

10. 단일 유전자의 유전을 나타내기 위해 가계도가 어떻게 사용되는지 설명하시오.
11. 건강한 부모를 둔 아픈 아이가 두 개의 상염색체 열성 돌연변이를 유전 받았는지 아니면 새로운 우성 돌연변이가 있는지 여부를 엑솜과 유전체 염기서열 분석이 어떻게 밝혀낼 수 있는지 설명하시오.

개관

단일 유전자 형질과 질병의 유전에 기초한 법칙은 그레고르 멘델이 100년 전에 수행한 완두콩 식물을 사용한 실험에서 그 기원을 두고 있다. 멘델의 법칙은 단일 유전자 연구에서 엑솜 및 유전체 염기서열 분석에 이르기까지 오늘날 수행되는 DNA 검사의 해석에 반향을 일으키며, 이를 통해 유전학자는 유전된 돌연변이를 새로운 돌연변이와 구별할 수 있다.

유년기 헌팅톤병: 잔혹한 돌연변이

헌팅톤병(무도병, Huntington disease, HD)은 일반적으로 성인 초기에 시작되어 제어할 수 없는 움직임과 행동 및 사고(인지)의 변화를 일으키며 10~20년 후에 사망한다. HD는 우성 유전으로, 환자의 각 자녀가 발병하기 위해서는 돌연변이 유전자의 사본을 하나만 전달받으면 된다. 그러나 HD가 있는 사람의 10%는 20세 미만으로 유년기 헌팅톤병을 앓고 있다.

메르바 가족은 성인인 아버지 카를과 그의 어린 자녀들이 HD로 발병했다는 점에서 이례적이다. 카를의 첫 번째 증상은 막내딸 카를리가 학교에서 주의를 기울이는 데 어려움을 겪기 시작했을 때 나타났다. 카를은 그 질병으로 인해 폭력적이고 편집증이 있었으며, 발걸음이 불안정해졌다. 5살이 되자 카를리의 왼쪽이 뻣뻣해지고 움직임이 느려졌다. 곧 그녀는 더 이상 뛰기나, 한발로 뛰기, 두발로 점프를 할 수 없게 되었고, 심장 박동이 빠르게 뛰고, 가려움, 통증을 동반하며 알아들을 수 없는 말을 하게 되었다. 카를은 2002년 딸 카를리가 진단받은 이후로부터 6주 후에 진단을 받았다. 그는 35세였고 그녀는 겨우 6세였다. 카를리의 병은 빠르게 진행되었다. 9살이 되자 그녀는 급식관이 필요했고 발작을 일으켰으며 간신히 잠을 잤다. 카를은 너무 폭력적으로 되어 말년을 요양원에서 보냈다. 아버지와 딸은 2010년 초에 몇 주 차이를 두고 사망했다.

유전질환은 각 자녀들에게 독립적으로 걸리므로 막내인 카를리가 아프다는 사실은 자매들에게도 발병의 가능성을 제시한다. 한 명은 2004년 13세에, 다른 한 명은 2007년 17세에 HD로 진단되었다. 이 가족은 모든 세대와 남녀 모두에 영향을 미치는 전형적인 상염색체 우성 유전을 보여준다. 제인(Jane)은 그들 모두를 돌보았다.

4.1 단일 유전자와 유전

Online Mendelian Inheritance in Man(OMIM, http://omim.org)은 알려진 모든 인간 유전자와 유전자가 하는 일에 대한 개요이다. 인터넷 시대 이전에 *OMIM*은 연간 발간되는 거대한 책이었다. 이제 더 많은 인간 유전체의 염기서열이 결정되고 돌연변이가 표현형과 연관됨이 알려짐에 따라 연구자들이 새로운 유전자-질병 관련성을 보고하면서 지속적으로 업데이트되는 데이터베이스이다. OMIM은 약 23,000개의 유전자에 해당하는 약 8,000개의 단일 유전자 질병 및 형질을 설명한다. 모든 정보가 포함된 것은 아니다. 세계보건기구(WHO)는 **단일 유전자성**(monogenic)이라고 하는 단일 유전자의 돌연변이로 인해 약 10,000가지의 질병이 발생한다고 추정한다. 미국에서 약 3천만 명(10명 중 1명)이 희귀병을 앓고 있으며 전 세계적으로 3억 5천만 명의 희귀병 환자가 추정되며 이들 중 약 80%가 단일 유전자성이다. 많은 단일 유전자 질병이 10,000명 중 1명 미만에 영향을 미치며 대부분의 친숙한 질병은 하나 또는 그 이상의 유전자 변이와 환경적 영향으로 인해 발생한다.

단일 유전자 질환의 특징

단일 유전자의 돌연변이로 인한 유전병은 여러 면에서 다른 유형의 질병과 다르다. 가족에서 우리는 특정 사람이 환자의 친척과 어떻게 관련되어 있는지를 고려하여 단일 유전자 질병을 물려받았을 확률을 추론할 수 있다. 예를 들어, 이번 장의 시작 부분에 설명된 가족의 자매들은 각각 아버지의 헌팅톤병을 상속받을 확률이 1/2이었다. 대조적으로, 전염병은 병원체가 한 사람에게서 다른 사람으로 옮겨야 하므로 예측하기가 훨씬 어렵다.

단일 유전자 질병의 두 번째 차이점은 검사가 때때로 증상 발병 위험을 예측할 수 있다는 것이다. 이것은 특정 사람이 질병을 물려받았다면 그 사람의 모든 세포에 돌연변이가 있기 때문에 가능하다. 헌팅톤병이 있는 부모를 가진 사람은 질병이 혈액이 아닌 뇌에 영향을 미치더라도 모든 연령에서 돌연변이를 탐지하는 혈액 검사를 받을 수 있다. HD 돌연변이를 유전하면 거의 확실하게 질병을 예측할 수 있지만 많은 조건에서 이것은 사실이 아니다. 이 예측력은 특정 유전자의 특징이다. 예측력이 낮은 유전자의 경우, 유전자 검사는 증상 발병 위험이 증가했음을 나타낼 수 있지만 HD 돌연변이에서 발생하는 것처럼 거의 확실한 예측을 할 수는 없다. 침투도(penetrance)라고 하는 이 예측 능력은 제5장에서 자세히 설명한다.

단일 유전자 질병의 세 번째 특징은 일부 집단에서 다른 집단보다 훨씬 더 흔할 수 있다는 것이다. 유전자는 특정 유형의 사람들을 좋아하지도 싫어하지도 않는다. 오히려 돌연변이는 사람들이 같은 조상 그룹의 사람들과 자녀를 가질 때 특정 집단에 남아있다. 유전 질환의 네 번째 특징은 누락된 효소 또는 응고인자를 제공하거나 심지어 영향을 받은 세포에 유전자의 작업 복사본(working copy)을 주입하는 것과 같은 비정상적인 상태를 보상함으로써 "고칠 수 있다"는 것이다.

HD 및 낭포성 섬유증(cystic fibrosis, CF)과 같은 단일 유전자 질병은 **유전방식**(modes of inheritance)이라고 하는 패턴으로 가족에 영향을 미친다. 이러한 패턴을 알면 특정한 방식으로 관련된 사람들이 가족의 돌연변이를 물려받았을 위험을 예측할 수 있다. HD는 **상염색체 우성**(autosomal dominant)으로 남녀 모두에게 영향을 미치고 모든 세대에 나타난다. 대조적으로, CF는 **상염색체 열성**(autosomal recessive)이며, 이는 질병이 남녀 모두에게 영향을 미치고 증상이 없는 보인자를 통해 세대를 "건너뛸" 수 있음을 의미한다.

오늘날, 엑솜 및 유전체 서열분석을 포함한 유전자 검사는 우리가 가지고 있거나 가지고 있거나 발전할 수 있는 단일 유전자 건강 상태를 보여준다. 아픈 아이들과 그들의 부모로 구성된 "트리오"의 검사는 아이가 보인자 부모로부터 두 가지 질병을 유발하는 돌연변이를 유전 받았는지 또는 아이에게서 새로운 우성 돌연변이가 새로 발생했는지 여부를 밝혀낼 수 있다. **4.4절**에서는 임상적으로 중요한 특성을 다시 검토한다.

단일 유전자 형질과 질병은 이러한 형질이 한 세대에서 다음 세대로 전달되는 방식을 결정하는 두 가지 유전법칙을 도출한 그레고르 멘델을 기리기 위해 "멘델 형질(Mendelian trait)"이라고도 한다. 멘델이 19세기 후반에 일했지만 수백만 개의 인간 유전체의 염기서열 결정이 많은 단일 유전자 조건의 발견 및 설명으로 이어지기 때문에 그의 공헌은 그 어느 때보다 중요하다. 멘델의 이야기는 지금의 체코 공화국의 오래된 정원에서 자라는 완두콩 식물로 시작된다.

멘델의 실험

멘델은 특정 형질의 유전을 예측할 수 있게 하는 논리의 기본 규칙을 조사한 최초의 연구자였다. 식물의 자연적 변이 패턴에 매료된 멘델은 완두콩 식물을 배양하여 유전의 단위인 "요소(elementen)"를 설명하며, 이는 대대로 형질을 전달한다고 하였다. 그는 요소를 볼 수 없었지만 식물의 모습에서 요소의 존재를 추론했다. 그는 DNA, 유전자, 염색체, 감수분열, 심지어 세포에 대해서도 전혀 몰랐다. 그러나 멘델의 법칙은 현재에도 모든 이배체 종에 적용된다.

1857년부터 1863년까지 멘델은 여러 식물 세대를 거쳐 24,034개의 식물에서 형질을 교배하고 분류했다. 그는 자손에서 일관된 비율

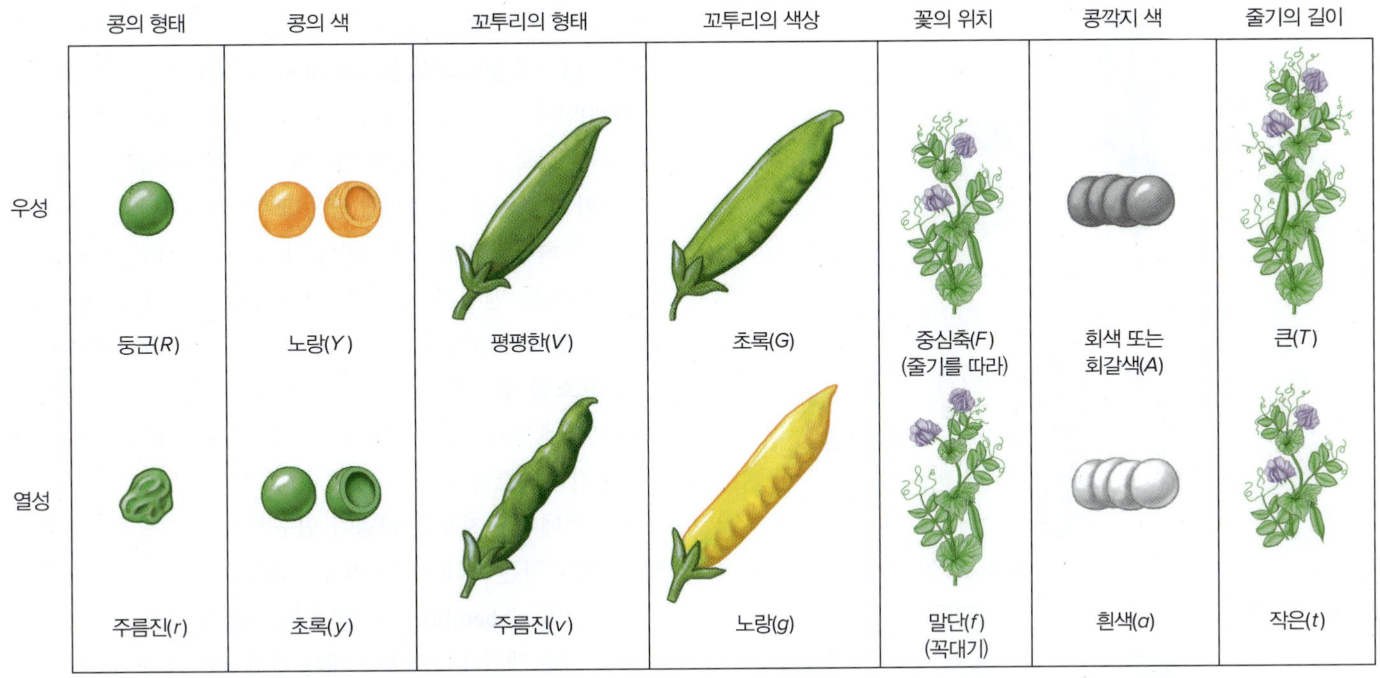

그림 4.1 멘델이 연구한 형질들. 멘델은 완두콩에서 7가지 형질의 전달을 연구했다. 각 형질에는 쉽게 구별되는 두 가지 특징 또는 표현형이 있다.

의 형질이 특정한 단위를 통해 식물에서 전달된다고 추론했다. 그의 두 가지 법칙(여러 종에서 증명될 때까지의 가설)은 이런 추론이 어떻게 일어나는지를 제안했다. 멘델은 1866년에 그의 발견을 발표했지만 그 논문을 읽는 사람은 거의 없었다. 1901년에 세 명의 식물학자가 독립적으로 멘델의 논문을 읽었을 때, 그들은 두 가지 기본 유전법칙을 추론한 멘델의 공로를 인정했다. 곧 멘델은 "유전학의 아버지"로 알려지게 되었다.

역적 엿보기

농부의 아들이자 정원사의 손자인 멘델은 일찍부터 과일 나무를 가꾸는 법을 배웠다. 10살 때 그는 집을 떠나 똑똑한 학생들을 위한 특수학교에 다녔고, 과외로 생계를 꾸렸다. 그는 결국 수도원의 수도사가 되었고, 교사의 역할을 하면서 자연과학을 연구했다. 여기에서 멘델은 번식을 통제하기 위해 작물을 인위적으로 수분시키는 방법을 배웠다. 대학생 때 멘델은 식물 육종에 통계를 적용하는 데 관심을 갖게 되었다. 그는 다른 식물 육종가들을 혼란스럽게 했던 질문 *"특정 형질이 한 세대에는 사라졌다가 다음 세대에는 다시 나타나는 이유는 무엇일까?"*에 대해 생각했다.

그레고르 멘델
Pixtal/AGE Fotostock

완두콩은 성장하기 쉽고 빠르게 발달하며 쉽게 구별할 수 있는 두 가지 형태 중 하나를 취하는 많은 특성을 가지고 있기 때문에 유전을 조사하는 데 이상적이다. **그림 4.1**은 멘델이 관심을 가졌던 7가지 특성을 보여준다. 유전자 교배를 분석할 때 첫 번째 세대는 부모 세대 또는 P_1이다. 2세대는 자손 1세대, 즉 F_1이다. 다음 세대는 두 번째 자손, 즉 F_2 등이다.

멘델의 첫 번째 실험은 "작은"과 "키가 큰"것과 같은 두 가지 특징의 단일 형질들에 대한 것이었다. 그는 여러 세대에 걸쳐 재배된 식물로 시작하여 항상 "순계"를 확립하여 동일한 형질을 나타내도록 했다. 그는 키가 큰 식물과 키가 큰 식물, 작은 식물과 작은 식물, 키가 큰 식물과 작은 식물을 교배하는 인공 수분의 가능한 모든 조합을 설정하였다. 이 마지막 조합은 하나의 형질 변이를 가진 식물이 다른 형질을 가진 식물과 교배되어 잡종을 생산하였다. 잡종은 각 부모로부터 다른 유전자 변이(대립유전자)를 상속하는 자손이다. 그는 또한 잡종식물을 자가 교배하였다.

멘델은 다른 작은 식물과 교배된 작은 식물이 "순종"이며 항상 동일한 표현형, 이 경우 작은 식물을 생산한다는 점에 주목했다. 키가 큰 식물간의 상호 교배하는 것이 더 혼란스러웠다. 일부 키가 큰 식물은 번식력이 있었으나, 큰 키만을 보였고, 다른 것들은 서로 교배하여 다음 세대의 약 1/4에서 작은 식물을 산출했다. 일부 식물에서는 키가 작은 것을 가리는 키가 큰 것도 존재하는 것으로 나타났다. 다른 형질을 가리는 형질이 우성(dominant)이고, 가려진 형질은 열

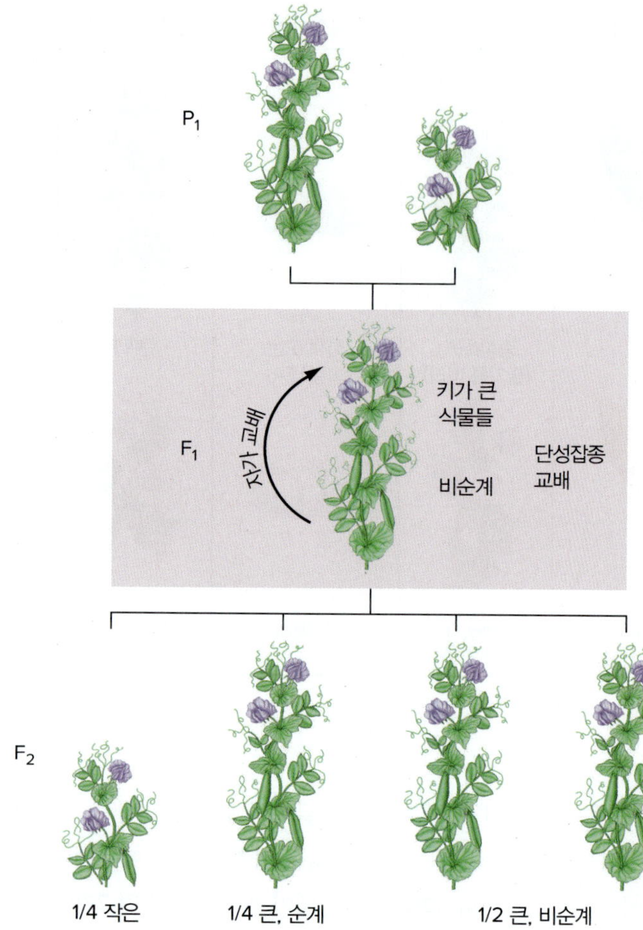

그림 4.2 단성잡종 교배. 멘델이 키가 큰 식물과 키가 작은 식물을 교배했을 때 차세대 식물은 모두 키가 컸다. 그가 F_1 식물을 자가 교배했을 때 다음 세대인 F_2 식물의 4분의 1은 키가 작고 4분의 3은 키가 컸다. F_2의 키가 큰 식물 중 3분의 1은 순계이었고 나머지 2/3는 순계가 아니었다. 그는 키가 큰 식물과 작은 식물을 교배하여 어느 것이 순계인지 확인함으로써 이것을 밝힐 수 있었다. 단성잡종 교배는 F_1 세대이다.

성(recessive)이다.

멘델은 7가지 형질 각각에 대해 최대 70개의 잡종 자가 교배를 수행했다. 이 실험은 하나의 형질을 따르고 자가 교배된 식물이 잡종이기 때문에 단성잡종 교배라고 한다. 자손은 키가 큰 4분의 3과 키가 작은 4분의 1인 식물의 비율이었다(**그림 4.2**). 추가 교배에서 F_2 세대의 키 큰 식물의 3분의 2는 잡종이었고 나머지 3분의 1은 순종이었다.

이 실험을 통해 잡종은 한 가지 형질의 표현(이 경우에는 작음)을 숨기고 있다는 사실을 확인했다. 이 형질의 표현은 잡종이 자가 교배될 때 다시 나타났다. 멘델은 이것이 어떻게 일어났는지 설명하려고 했다. 배우자(gamete)는 물리적으로 세대를 연결하기 때문에 "요소"를 배포하는데 즉, 짝을 이루는 요소가 배우자 형태로 분리되는 것이다. 배우자가 수정 시 결합하면 요소가 다시 결합한다. 멘델은 각 요소가 별도의 배우자에 포장되어 있다고 추론했다. 이성 배우자가 무작위로 결합하면 그는 완두콩 교배에서 생산된 형질의 다른 비율을 수학적으로 설명할 수 있다. 배우자에서 요소가 분리된다는 멘델의 생각은 나중에 **분리의 법칙**(low of segregation)이라고 불렸다.

1900년대 초 여러 종에서 멘델의 비율이 나타났을 때, 염색체가 발견되던 바로 그때, 요소와 염색체가 공통점이 많다는 것이 분명해졌다. 한 쌍의 요소와 염색체 쌍은 모두 각 세대에서 분리되며 각 부모로부터 하나씩 자손에게 전달된다. 둘 다 무작위 조합으로 전달된다. 염색체는 멘델의 가설에 대한 물리적 메커니즘을 제공했다. 1909년 영국의 발생학자 윌리엄 베이트슨(William Bateson)은 멘델의 요소를 유전자(*gene*, 그리스어로 "낳는다")로 명명하였다. 1940년대에 과학자들은 제9장에서 논의된 유전자의 화학적 기반을 연구하기 시작했다.

20세기에 연구자들은 멘델이 연구한 특정 형질의 분자적 기반을 발견했다. "작은" 식물과 "키가 큰" 식물은 식물이 줄기를 크게 만드는 지베렐린(gibberellin) 호르몬을 생산할 수 있게 하는 유전자의 발현으로 인해 생긴다. DNA에 대한 단지 조그만 변이로서 작은 식물을 만들었다. 마찬가지로, "둥근" 및 "주름진" 완두콩은 암호화된 단백질이 당을 분지하는 다당류 분자로 연결하는 *R* 유전자에서 발생한다. 돌연변이 *R* 유전자를 가진 종자는 당을 붙일 수 없다. 결과적으로 물은 세포에서 빠져나오고 주름진 완두콩이 생긴다.

분리되는 유전자 연구의 용어 및 도구

분리법칙은 염색체의 작용과 감수분열 동안 운반하는 유전자를 설명한다. 유전자는 긴 DNA 서열이기 때문에 여러 면에서 변할 수 있다. 유전자에 대해 두 개의 동일한 대립유전자를 가진 개체는 해당 유전자에 대해 **동형접합**(homozygous)이다. 두 개의 서로 다른 대립유전자를 가진 개체는 **이형접합**(heterozygous)이다. 멘델은 이를 "비순계(non-true-breeding)" 또는 "잡종(hybrid)"이라고 불렀다.

두 개의 대립유전자를 가진 유전자의 경우 우성 유전자는 대문자로 표시되고 열성 유전자는 해당 소문자로 표시한다. 두 대립유전자가 모두 열성인 경우 개인은 동형접합 열성이며 두 개의 소문자로 표시한다. 두 개의 우성 대립유전자를 가진 개체는 동형접합 우성이며 두 개의 대문자로 표시한다. 비순종 키 큰 완두콩 식물에 대한 *Tt*와 같은 하나의 우성 대립유전자와 하나의 열성 대립유전자는 이형접합자를 나타낸다. 대부분의 유전자는 2개 이상의 대립유전자와 관련 형질의 2개 이상의 변이를 가지고 있다. 동일한 유전자에 대해 두 개의 다른 열성 대립유전자를 가진 개체를 **복합 이형접합자**(compound heterozygote)라고 한다. 유전질환이 있는 일부 사람들은 복합 이형접합자이다.

어떤 개체의 모습이 항상 대립유전자를 드러내는 것은 아니다. *TT*

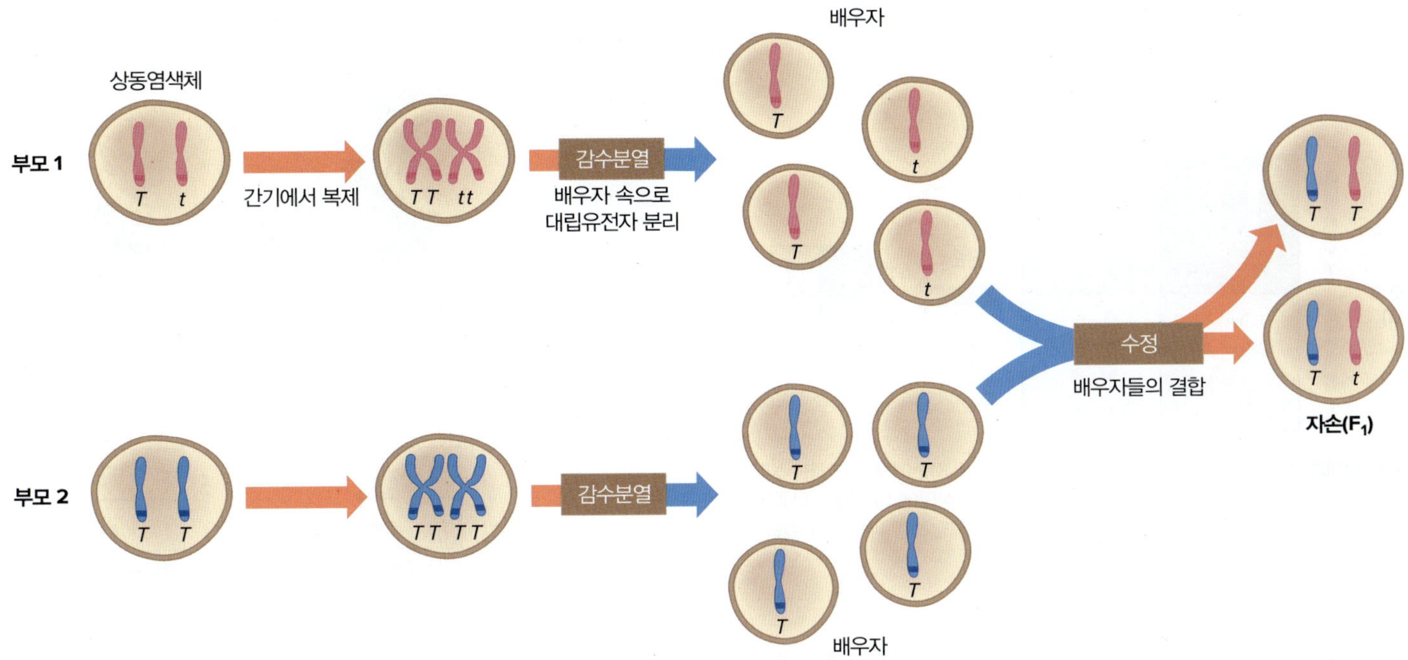

그림 4.3 멘델의 제1법칙-유전자 분리. 감수분열 동안 상동염색체 쌍과 그 유전자가 분리되어 별도의 배우자로 포장된다. 수정 시 배우자는 무작위로 결합한다. 분홍색과 파란색은 염색체의 다른 부모 기원을 나타낸다. 이 교배는 유전자형 *TT* 및 *Tt*의 자손을 산출한다.

와 *Tt* 완두콩 식물은 모두 키가 크지만 *TT*는 동형접합자이고 *Tt*는 이형접합자이다. 유전자형은 개체의 대립유전자 조합을 설명하고 표현형은 대립유전자 조합의 외부 표현을 설명한다. **야생형**(wild type) 표현형은 집단에서 특정 대립유전자 조합의 가장 일반적인 표현형이다. 야생형 대립유전자는 열성 또는 우성일 수 있다. **돌연변이체**(mutant) 표현형은 유전자가 변화 또는 돌연변이를 겪을 때 발생하는 유전자 발현의 변형이다.

멘델은 감수분열 현상을 관찰하고 있었다. 배우자가 생성될 때 유전자의 두 사본은 이를 운반하는 상동체와 분리된다. 예를 들어, 유전자형이 *Tt*인 식물에서 *T* 또는 *t*를 보유하는 배우자는 제1감수분열 후기 동안 동일한 수로 형성되고 이 비율은 제2감수분열 후기에서 자매 염색분체가 분리될 때까지도 지속된다. 배우자는 무작위로 결합한다. t-보유 난모세포는 T-보유 난모세포보다 정자에게 더 많거나 덜 매력적이지 않다. 이 두 가지 요인, 즉 배우자로의 동일한 대립유전자 분배와 배우자의 무작위 조합은 멘델의 분리법칙의 기초가 된다(**그림 4.3**).

멘델이 작은 식물(*tt*)과 순종의 키가 큰 식물(*TT*)을 교배했을 때, 종자는 모두 키가 큰 F_1 식물로 자랐다(유전자형 *Tt*). 다음으로 그는

표 4.1 멘델의 분리 법칙을 보여주는 결과

실험	전체	우성	열성	F_2 표현형 비율
1. 콩의 형태	7,324	5,474	1,850	2.96 : 1
2. 콩의 색	8,023	6,022	2,001	3.01 : 1
3. 콩깍지 색	929	705	224	3.15 : 1
4. 꼬투리의 형태	1,181	882	299	2.95 : 1
5. 꼬투리의 색	580	428	152	2.82 : 1
6. 꽃의 위치	858	651	207	3.14 : 1
7. 줄기의 길이	1,064	787	277	2.84 : 1
				평균 = 2.98:1

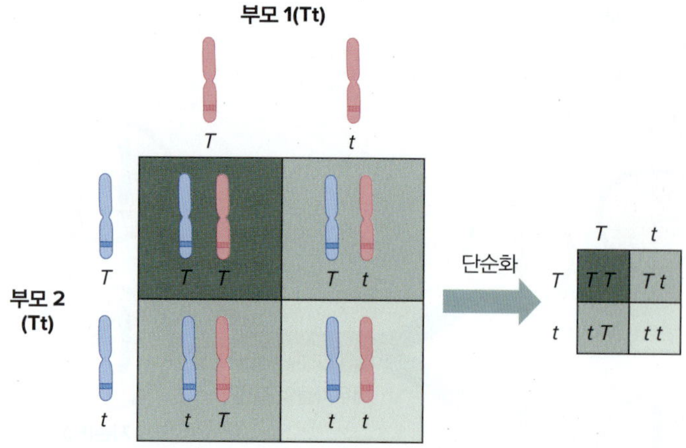

그림 4.4 퍼네트 사각형. 퍼네트 사각형은 대립유전자가 자손에서 결합하는 방법을 보여준다. 한 부모의 다양한 유형의 배우자는 사각형의 상단에 나열되고 다른 부모의 배우자는 왼쪽에 나열된다. 각 구획은 해당 구획에 해당하는 배우자가 결합할 때 나타나는 유전자형을 표시한다.

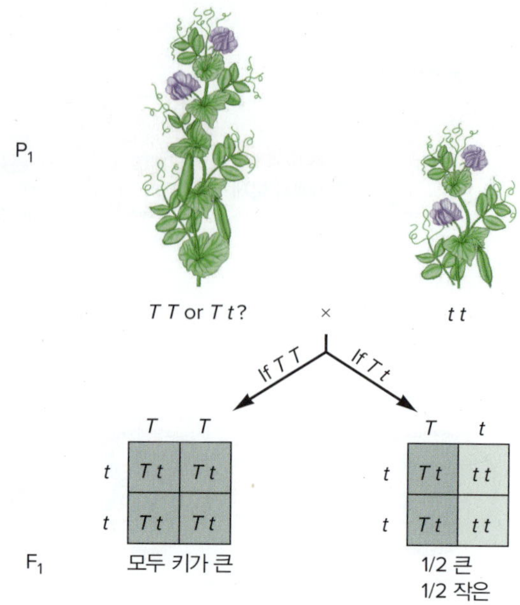

그림 4.5 검정 교배. 동형접합 열성의 작은 식물과 키 큰 완두콩 식물을 교배하면 키 큰 식물이 순종(*TT*)인지 아니면 잡종(*Tt*)인지 알 수 있다. 퍼네트 사각형은 일반적으로 대립유전자만을 나타낸다.

F 식물을 자가 교배했다. 자손은 *TT*, *tt* 및 *Tt* 이었다. *T* 정자가 *T* 난모세포와 수정했을 때 *TT* 개체가 생성되다. *tt* 식물은 *t* 난모세포가 *t* 정자를 만났을 때 생성되다. *Tt* 개체는 *t* 정자가 *T* 난모세포와 수정하거나 *T* 정자가 *t* 난자세포와 수정했을 때 발생했다.

4개의 가능한 배우자 조합 중 2개는 이형접합자를 생성하고 나머지 각각은 동형접합자를 생성하기 때문에 단성잡종 교배의 예상 유전자형 비율은 1*TT* : 2*Tt* : 1*tt*이다. 해당 표현형 비율은 3 : 1 비율인 키가 큰 식물 3 대 작은 식물 1이다. 멘델은 그가 연구한 7가지 형질 모두에 대해 이러한 결과를 보았다(**표 4.1**). **퍼네트 사각형**(Punnett square)이라는 다이어그램은 이러한 비율을 보여준다(**그림 4.4**). 퍼네트 사각형은 배우자의 유전자가 다른 염색체에 있는 경우 결합하는 방법을 나타낸다. 실제 교배 실험은 이러한 비율에 가까운 자손의 수를 산출했다.

멘델은 두 유전자형을 구별하기 위해 추가 교배를 설정하여 키가 큰 자손인 *TT*와 *Tt*를 구분했다(**그림 4.5**). 그는 작은(*tt*) 식물과 함께 알려지지 않은 유전자형의 키가 큰 식물을 키웠다. 키가 큰 식물이 *tt* 식물과 교배되어 키가 큰 자손과 짧은 자손을 모두 생산하면 유전자형 *Tt*이다. 키가 큰 식물만 생산했다면 *TT*여야 한다.

유전자형이 알려지지 않은 개체와 동형접합 열성 개체를 교배하는 것을 **검정 교배**(test-cross)라고 한다. 논리는 동형접합 열성 유전자형이 표현형으로 식별할 수 있는 유일한 유전자형이라는 것이다. 즉, 키가 작은 식물은 항상 *tt*이다. 동형접합 열성은 그것이 교배되는 다른 개체의 알려지지 않은 유전자형을 밝힐 수 있는 "알려진 유전자형"인 것이다.

핵심 개념 질문 4.1

a. 단일유전자 질병이 다른 유형의 질병과 다른 4가지 방식을 나열하시오.
b. 멘델은 키에 대한 유전 단위가 분리된 다음 수정 시 상대 배우자의 유전 단위와 무작위로 결합한다는 것을 어떻게 추론하였는가?
c. 동형접합자와 이형접합자, 우성 및 열성을 구별하시오.
*d. 단성잡종 교배의 유전자형 비율은 얼마인가?
*e. 단성잡종 교배의 표현형 비율은 얼마인가?
f. 퍼네트 사각형은 자손 간에 예상되는 유전자형 및 표현형 비율을 어떻게 표시하는가?
*g. **검정 교배**를 정의하시오.

4.2 단일 유전자 유전은 드물다

단일 유전자 유전은 단일 유전자와 관련된 많은 표현형이 환경요인뿐만 아니라 다른 유전자의 영향을 받기 때문에 녹색 또는 황색 완두콩이 있는 완두 식물보다 해석하기 어려울 수 있다. 즉, 단일 유전자가 형질 전달을 제어하지만 다른 유전자와 환경이 형질의 정도 또는 질병의 중증도에 영향을 미친다. 눈 색깔은 유전체에 대한 지식이 증가함에 따라 단일 유전자 특성에 대한 우리의 견해가 어떻게 진화했는지 보여주는 좋은 예시이다.

눈 색깔

대부분의 사람은 갈색 눈을 가지고 있다. 파란색과 녹색 눈은 거의 독점적으로 유럽 혈통 사람들에게 있다. 홍채의 색은 멜라닌 색소로 인한 것으로 암갈색/검은색 유멜라닌(eumelanin)과 적황색 페오멜라닌(pheomelanin)의 두 가지 형태가 있다. 눈에서 멜라닌 세포라고 불리는 세포는 홍채의 가장 바깥층에 있는 멜라노솜이라는 구조에 저장되는 멜라닌을 생성한다. 사람들의 멜라닌의 양과 멜라노솜의 수에 차이가 있지만 눈에 있는 멜라닌 세포의 수는 거의 같다.

눈 색깔의 미묘한 차이는(밝음 대 짙은 갈색, 옅은 파란색 대 녹색 또는 개암) 홍채 뒤쪽의 독특한 봉우리와 골짜기에서 나타난다. 더 두꺼운 영역은 안료의 모양을 어둡게 하여 일부 부분에서는 갈색 눈을 거의 검은색으로 만들고 파란색 눈은 자주색에 더 가깝게 만든다. 가장 파란 눈은 색소가 거의 없는 얇은 홍채를 가지고 있다. 색상에 대한 홍채 표면의 효과는 거친 질감의 캔버스가 페인트에 미치는 시각적 효과와 약간 비슷하다.

15번 염색체에 있는 단일 유전자인 *OCA2*는 멜라닌 합성을 조절하여 눈에 색깔을 부여한다. 이 유전자가 없으면 백색증이 나타나 피부가 창백하고 눈이 충혈된다(**그림 4.6**, 그림 4.15 참조). 이 유전자의 열성 대립유전자는 청색을 부여하고 우성 대립유전자는 갈색을 부여한다. 그러나 눈 색깔의 유전은 이것보다 더 복잡하다. 15번 염색체의 *OCA2* 유전자 근처에는 *OCA2* 유전자의 발현을 조절하는 두 번째 유전자인 *HERC2*가 있다. *HERC2*의 열성 대립유전자는 *OCA2*에 대한 조절 기능을 없애고 파란 눈을 나타낸다. 사람이 파란 눈을 가지려면 *HERC2*의 열성 대립유전자 사본 2개를 물려받아야 한다.

유전의 방식

유전의 방식을 알면 부부가 특정 표현형을 상속하는 자녀를 가질 확률을 계산할 수 있다. 형질이 전달되는 방식은 그것을 결정하는 유전자가 상염색체에 있는지 성염색체에 있는지, 대립유전자가 열성인지 우성인지에 따라 다르다. **표 4.2**는 상염색체(염색체 1에서 22)의 유전자 전달에 적용되는 네 가지 유전 방식 중 두 가지를 비교한다. 표 6.2는 성염색체(X 및 Y)를 통해 전달되는 형질을 나타낸다.

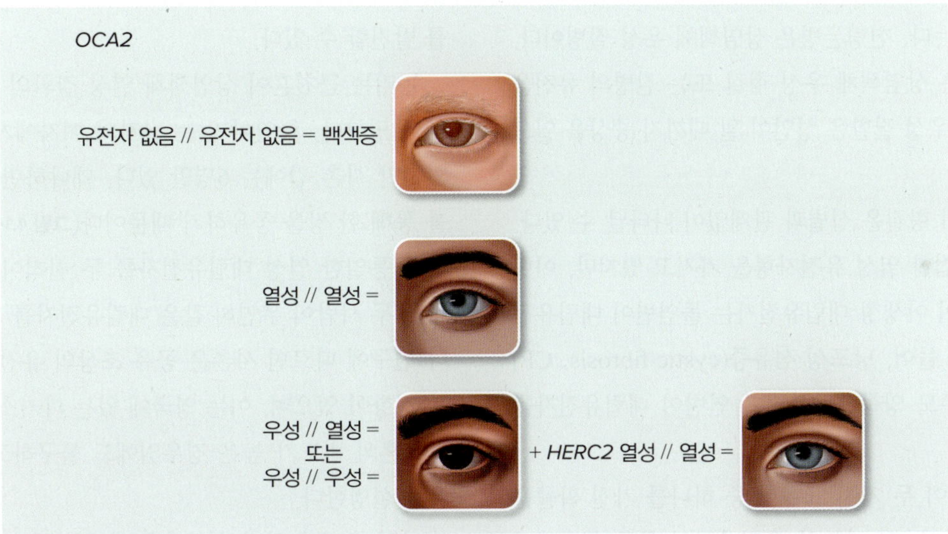

그림 4.6 눈 색깔. 적어도 두 개의 유전자가 인간의 눈 색깔을 결정한다. *HERC2*에서 두 개의 열성 대립유전자를 가지하면 *OCA2*의 효과가 없어져 파란 눈이 생긴다. 두 유전자는 15번 염색체 상에서 서로 가깝다.

표 4.2 상염색체 우성과 열성 유전의 비교

상염색체 우성	상염색체 열성
남성과 여성이 동일한 빈도로 출현함	남성과 여성이 동일한 빈도로 출현함
돌연변이를 유전 받은 사람이 사라지기 전까지는 연속으로 세대에 나타남	세대를 건널뛸 수 있음
남성 또는 여성에서 신생 돌연변이가 발생하지 않는 한, 부모 중 한 명은 해당 형질을 보유함	특성 형질을 가진 개체의 부모는 동일한 형질을 가지거나 보인자임

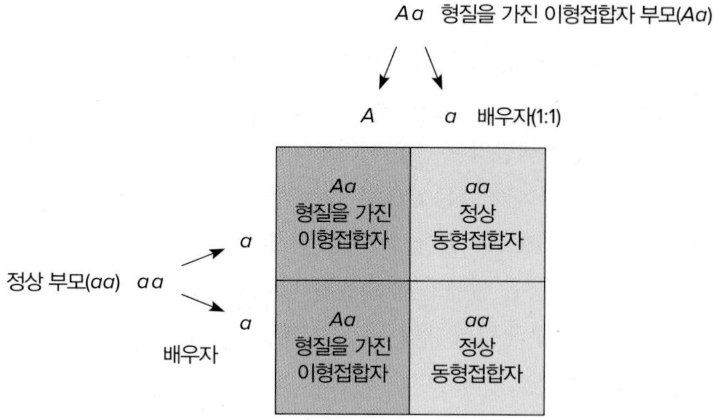

그림 4.7 상염색체 우성 유전. 한 부모는 상염색체 우성 상태를 갖고 다른 한쪽은 그렇지 않은 경우, 각 자손은 돌연변이 대립유전자와 그 상태를 유전 받을 확률이 50%이다. 이 장의 시작 부분의 가족에서 카를은 "*Aa*" 부모이고 제인은 "*aa*" 부모였다. 그들의 딸들은 각각 헌팅톤병을 유전 받을 확률이 1/2에 직면했었다.

상염색체 우성 유전에서는 상염색체가 유전자를 가지고 있기 때문에 어느 성별에서나 형질이 나타날 수 있다. 아이에게 그 형질이 있다면 적어도 한 부모에게도 그 형질이 있다. 상염색체 우성 형질은 한 세대에 돌연변이를 물려받은 자손이 없으면 전달이 중단되기 때문에 세대를 건너뛰지 않는다. 헌팅톤병은 상염색체 우성 질병이다. **그림 4.7**의 퍼네트 사각형은 상염색체 우성 형질 또는 질병의 유전을 나타낸다. 많은 상염색체 우성 질환은 성인이 될 때까지 증상을 일으키지 않는다.

상염색체 열성 유전에서 형질은 성별과 관계없이 나타날 수 있다. 영향을 받는 개체는 동형접합 열성 유전자형을 가지고 있지만, 이형접합자(보인자)에서와 같이 야생형 대립유전자는 돌연변이 대립유전자의 발현을 가린다. 예를 들어, 낭포성 섬유증(cystic fibrosis, CF)이 있는 사람은 보인자 부모 양쪽으로부터 돌연변이 대립유전자를 물려받는다.

멘델의 제1법칙은 개인이 두 가지 표현형 중 하나를 가질 확률을 계산하는 데 사용할 수 있다. 각 가능한 유전자형의 확률이 추가된다. 예를 들어, 부모가 모두 낭포성 섬유증의 보인자인 아이가 질병을 앓지 않을 확률은 그녀가 두 개의 정상 대립유전자를 물려받았을 확률(1/4)에 그녀 자신이 이형접합자일 확률(1/2)을 합한 총 3/4이다. 이것은 또한 1에서 그녀가 동형접합 열성이 되는 확률(1/4)을 뺀 값과 같다.

멘델의 제1법칙이 상염색체 열성 유전에 대해 예측하는 비율은 각 자손에게 새로 적용된다. 부부에게 상염색체 열성 질환이 있는 자녀가 있는 경우 미래의 자녀 각각은 해당 질환을 유전 받을 동일한 25%의 위험에 직면한다.

대부분의 상염색체 열성 질병은 이형접합자(보인자)를 통해 조용히 전달되기 때문에 가족에서 예기치 않게 나타난다. **임상 연계 4.1**은 그 중 하나인 낭포성 섬유증에 대해 설명한다. 그러나 상염색체 열성 형질이 발생할 가능성이 더 높은 상황은 혈연관계의 부부가 함께 자녀를 가질 때이다. 해당 부모가 증조부모와 같이 조상으로부터 물려받은 동일한 대립유전자를 보유할 수 있기 때문에 상염색체 열성 질환이 있는 자녀를 가질 위험이 더 높다(그림 1.9 참조). 친척 간의 결혼은 유전자가 혈액으로 전달되지 않기 때문에 비유적이지만 "공유된 피"를 의미하는 **근친혼**(consanguinity)에 해당한다. 공유 조상으로부터 물려받은 대립유전자는 "혈통에 의해 동일(identical by descent)"하다고 한다.

근친혼은 많은 문화의 일부이다. 예를 들어, 한 집단에 대한 조사에 의하면 영국에 있는 파키스탄 공동체의 약 1/3에서 사촌 간의 결혼이 이루어진다. 이 그룹에서 근친혼에 의한 기형 출산율은 두 배로 높지만, 출생의 4% 미만으로 여전히 낮은 수준이다. 근친혼은 사람들이 자신이 혈연이라는 사실을 인지하지 못하는 긴밀한 공동체와 동일한 정자 기증자를 사용하는 가족 간에 무의식적으로 발생할 수 있다. 유전 혈통 검사를 받는 사람들은 그들이 전혀 몰랐던 이복형제를 발견할 수 있다.

논리는 근친혼이 상염색체 열성 질환의 유전 위험을 높이는 이유를 설명한다. 혈연이 없는 남자와 여자에게는 8명의 다른 조부모가 있지만 사촌 간에는 6명만 있다. 왜냐하면 그들은 형제자매인 부모를 통해 한 쌍을 공유하기 때문이다(**그림 4.14c** 참조). 즉, 질병을 유발하는 동일한 열성 대립유전자를 두 친척이 물려받을 확률은 혈연이 아닌 두 사람이 우연히 같은 대립유전자를 가질 확률보다 크다. 그러나 연구에 따르면 사촌은 공유 조상의 유전체의 다른 부분을 상속하는 경향이 있으며, 이는 영국에 있는 파키스탄 공동체와 같은 집단이 근친혼의 빈도가 높은 경우임에도 불구하고 예상보다 더 건강한 이유를 설명한다.

단일 유전자 형질의 전달을 평가할 때 표현형의 특성이 중요하다. 일부 질병은 사람들이 충분히 오래 살거나 자녀를 가질 수 있을 만큼 건강하다고 느끼기에는 너무 심하다. 예를 들어, 테이-삭스병(Tay-Sachs disease) 보인자로 알려진 사람의 성인 형제자매는 성인에게 야생형의 동형접합자와 부모 중 한쪽으로부터 돌연변이 대립유전자를 받은 보인자 두 가지 유전자형만 가능하기 때문에 보인자가 될 확률이 3분의 2이다. 양쪽 부모로부터 돌연변이 대립유전자를 물려받은 이 뇌 질환에 대한 동형접합 열성 개인은 어린 시절을 살아남지 못했을 것이다.

인간의 특성과 질병을 연구하는 유전학자들은 멘델이 유전방식을

임상 연계 4.1

"장미 65송이": 낭포성 섬유증 치료의 진전

질병의 이름을 발음할 수 없는 어린아이들은 그것을 "65송이의 장미(65 roses)"라고 부른다. 낭포성 섬유증(CF)은 여전히 심각한 질병이지만 많은 사례를 유발하는 단백질 접힘의 근본적인 문제를 해결하는 새로운 종류의 약물 덕분에 유전 질환 성공사례의 하나이다.

그림 1.5와 1.6에서 낭포성 섬유증이 특정 기관의 세포 밖으로 염소이온의 이동을 조절하는 이온 통로에 영향을 미친다는 것을 상기하라. 낭포성 섬유증 환자의 폐에는 두껍고 끈적한 점액이 축적되어 건강한 폐에서는 흔하지 않은 특정 박테리아가 살기 좋은 환경을 만든다. 막힌 췌장은 소화효소 분비물이 장에 도달하는 것을 막아 영양소 흡수를 방해한다. 낭포성 섬유증이 있는 어린이는 호흡과 체중 유지에 문제가 있다.

심한 낭포성 섬유증을 가진 삶은 도전적이다. 여름철에는 폐를 좋아하는 *Pseudomonas* 박테리아가 서식하는 호스의 물을 피해야 한다. *Burkholderia cepacia*라는 박테리아는 여름 캠프에서 쉽게 퍼진다. 요리는 폐를 자극하는 미립자를 뿜어낸다. 수영장의 지나친 양의 염소는 폐를 자극하는 반면 너무 적은 양은 박테리아 감염을 유발한다. 새로운 감염도 발생한다. 지난 몇 년 동안 결핵을 일으키는 병원체와 관련된 여러 약물에 내성을 갖는 *Mycobacterium abscessus*가 미국과 유럽에서 낭포성 섬유증 환자의 최대 10%에 영향을 미쳤다. 실험실에서 자랄 수 없는 다른 박테리아는 낭포성 섬유증 환자를 감염시킨다. 낭포성 섬유증이 있는 어린이의 폐액에서 박테리아 DNA를 시퀀싱 한 결과 60종 이상의 박테리아가 발견되었다.

낭포성 섬유증은 2명의 보인자 부모에게서 유전되며 낭포성 섬유증 재단에 따르면 미국에서 30,000명 이상, 전 세계적으로 70,000명 이상의 환자가 존재한다. 다른 많은 사람은 경미한 증상으로 낭포성 섬유증으로 진단되지 않았으나 대신 빈번한 호흡기 감염이 생기는 경우가 흔히 있다. 1,700개 이상의 변이체가 염소이온 통로 단백질을 암호화하는 낭포성 섬유증 막횡단 조절자(*CFTR*) 유전자에 알려져 있다. 변이의 약 절반이 건강에 영향을 미치는 것으로 알려져 있다. 오늘날 임산부는 보인자인지 확인하기 위해 보다 일반적인 돌연변이에 대해 검사를 받고, 보인자인 경우 파트너를 검사한다. 두 부모가 모두 보인자인 경우, 태아는 낭포성 섬유증을 유전 받을 확률이 25%이며 검사도 받을 수 있다. 대부분의 주에서 모든 신생아는 낭포성 섬유증에 대한 유전자 검사를 받는다. 유전자 검사가 상용화되기 전에 진단은 일반적으로 몇 달이 걸렸으며 성장장애, 염분이 높은 땀, 악취가 나는 대변 관찰을 기반으로 했다.

낭포성 섬유증이 1938년에 처음 인지되었을 때, 환자의 기대 수명은 고작 5년이었다. 영국의 낭포성 섬유증 환자기록에 따르면 오늘날 평균 생존은 47년이며 여러 유형의 치료법 덕분에 많은 환자가 더 오래 살고 있다. 흡입 항생제는 호흡기 감염을 조절하고 일상의 "기관지 배액" 운동은 폐에서 점액을 흔든다(**그림 4A**). 춤과 같은 다른 형태의 운동도 도움이 된다. 30분 동안 하루에 2~4번 착용하는 진동 조끼는 점액을 풀어준다. 일부 환자에게는 영양 튜브가 필요하지만 부드러운 음식에 혼합된 소화효소는 영양소 흡수를 향상한다.

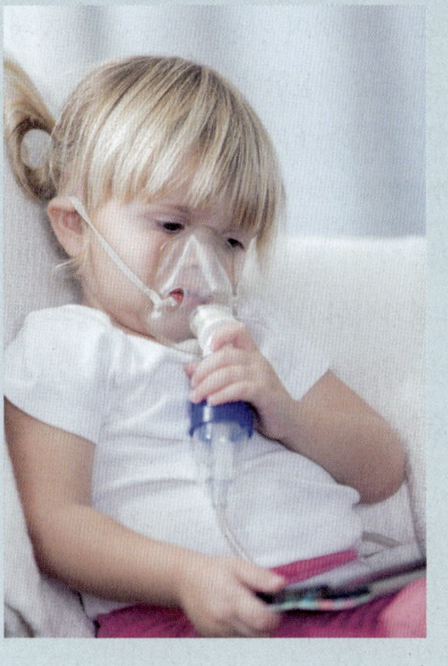

그림 4A 흡입기는 기도를 열고 감염을 예방하며 점액을 분해한다. 최신 치료법은 매일 복용하는 알약이다. *Getty Images*

낭포성 섬유증을 치료하는 새로운 약물은 잘못 접힌 CFTR 단백질 교정, 기도 표면의 액체 복원, 점액 분해, 영양 개선, 염증 및 감염 퇴치 등 다양한 방식으로 작용한다. 2012년에 출시된 ivacaftor(Kalydeco)라는 약물은 G551D라는 돌연변이 환자의 5%만 효과가 있었다. 이 돌연변이는 이온 통로 단백질이 원형질막에 도달하지만 일단 그곳에 있으면 잠긴 게이트처럼 닫힌 상태를 유지한다. 약물은 통로를 여는 방식으로 단백질에 결합한다. 두 번째 약물과 함께 투여되는 Kalydeco는 돌연변이로 인해 소포체에서 CFTR이 분해되는 다른 낭포성 섬유증 환자와 단백질이 원형질막에 도달하여 이온 통로로 안착하지만 작동할 만큼 충분히 오래 머물지 못하는 사람들을 돕는다. 세 번째 신약은 단백질 합성이 단백질을 짧게 만드는 돌연변이를 무시할 수 있도록 한다. 현재 3가지 약물을 사용할 수 있어 환자의 90%가 치료될 수 있다. 이 약들은 모두 매일 먹는 알약이다.

토론을 위한 질문

1. 낭포성 섬유증에서 세포의 어떤 부분이 손상을 받는가?
2. 낭포성 섬유증이 있는 아이에게 질병이 없는 두 부모가 있는 경우 미래의 형제가 낭포성 섬유증을 유전 받을 위험은 얼마인가?
3. 약물 Kalydeco는 어떻게 작동하는가?

입증하기 위해 완두콩을 가지고 했던 것처럼 교배를 설정할 수 없지만, 유전 방식을 추론하기 위해 동일한 특성이나 질병을 가진 구성원의 가족으로부터 정보를 수집할 수 있다. 두 파트너가 겸형 적혈구병 보인자인 50쌍의 간단한 예를 생각해보자. 100명의 어린이가 태어난다면 그 중 약 25명이 겸형 적혈구병에 걸릴 것으로 예상된다. 나머지 75명 중 이론적으로 50명은 부모와 같은 보인자이고 나머지 25명은 2개의 야생형 대립유전자를 갖는다.

단일 유전자 추적 문제의 해결

멘델의 법칙을 사용하여 표현형과 유전자형을 예측하려면 관련 정보를 구성하기 위해 문제를 주의 깊게 읽어야 한다. 상식도 유용하다. 다음의 일반적인 단계는 단일 유전자 형질의 유전을 기반으로 한 문제를 해결하는 데 도움이 될 수 있다:

1. 형질에 대해 가능한 모든 유전자형과 표현형을 나열하시오.

2. 첫 번째(P_1) 세대에서 개인의 유전자형을 결정한다. 그 개인의 부모에 대한 정보를 사용하시오.
3. 유전자형을 추론한 후, 각 개인이 생산하는 생식세포에서 가능한 대립유전자를 도출한다.
4. 이 생식세포를 모든 조합으로 결합하여 가능한 모든 유전자형을 밝힌다. F_1 세대에 대한 비율을 계산한다.
5. 예측을 F_2 세대로 확장하려면 지정된 F_1 개체의 유전자형을 사용하고 3단계와 4단계를 반복한다.

예를 들어, 곱슬머리를 생각해보자. *C*가 곱슬머리를 부여하는 우성 대립유전자이고 *c*가 열성 대립유전자이면 *CC* 및 *Cc* 유전자형은 곱슬머리를 부여한다. *cc* 유전자형을 가진 사람은 직모를 가지고 있다.

웬디(Wendy)는 아름다운 곱슬머리를 가지고 있고, 그녀의 남편 릭(Rick)은 직모를 가지고 있다. 웬디의 아버지는 대머리지만 한때 곱슬머리였고, 그녀의 어머니는 직모였다. 웬디와 릭의 아이가 직모를 가질 확률은 얼마인가? 1~5단계는 문제를 해결하시오.

1. 가능한 유전자형을 기술하시오. *CC*, *Cc* = 곱슬머리; *cc* = 직모.
2. 유전자형 결정: 릭은 머리가 직모이기 때문에 *cc*여야 한다. 웬디는 *Cc*임에 틀림없다. 그녀의 어머니가 직모를 가지고 있어서 그녀에게 *c* 대립유전자를 주었기 때문이다.
3. 생식세포 결정: 릭의 정자는 *c*. 웬디의 난모세포의 절반은 *C*를, 절반은 *c*를 운반한다.
4. 생식세포를 통합하시오.

		웬디	
		C	*c*
릭	*c*	*Cc*	*cc*
	c	*Cc*	*cc*

5. 결론: 웬디와 릭의 각 자녀는 곱슬머리(*CC*)를 가질 확률이 50%이고 직모(*cc*)를 가질 확률이 50%이다.

우성과 열성의 의미

대립유전자가 우성인지 열성인지 아는 것은 특정 상태(표현형)가 유전될 위험을 결정하는 데 중요하다. 우성 및 열성은 유전자형에서 발생하며 단백질의 특성 또는 풍부함을 반영한다.

멘델은 우성과 열성에 대한 정의를 자신이 볼 수 있는 것, 즉 한 대립유전자가 다른 대립유전자의 효과를 가리는 것을 기반으로 했다. 오늘날 우리는 종종 세포적 또는 분자적 설명을 추가할 수 있다.

신진대사의 선천적 대사 이상의 기전은 이해가 쉽게 된다. 이러한 질

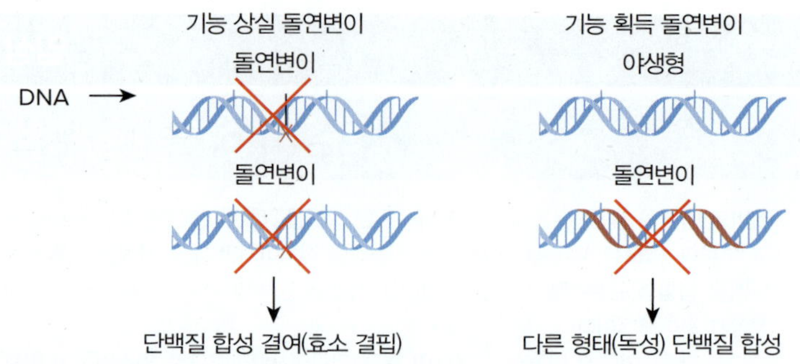

그림 4.8 돌연변이는 기능 상실 또는 기능 획득을 부여할 수 있다. 기능 상실 돌연변이는 일반적으로 열성이며 그 결과 유전자의 단백질 산물이 결손되거나 결핍된다. 기능 획득 돌연변이는 일반적으로 우성이며 암호화된 단백질을 변경하여 새로운 활성을 나타낸다.

병은 일반적으로 보인자가 생산하는 효소가 정상 양의 절반이면 건강을 유지하기에 충분하기 때문에 일반적으로 열성이다. 그러므로 하나의 정상 대립유전자는 돌연변이 유전자를 보완하는 우성에 해당한다.

열성 대립유전자는 일반적으로 정상 단백질의 생산이나 활동을 방해하기 때문에 열성 형질은 “기능 상실”에서 발생한다. 대조적으로, 일부 우성 유전 질환은 정상 단백질의 기능을 방해하는 비정상 단백질의 작용으로 인해 발생하기 때문에 “기능 획득”에 의해서 일어난다. 헌팅톤병은 우성 돌연변이 대립유전자가 비정상적으로 긴 단백질을 암호화하여 정상적인 단백질이 특정 뇌 세포에서 기능하지 못하게 하는 기능 획득으로 인해 발생한다. 헌팅톤병은 유전자의 한 복사본이 없는 개인에게는 질병이 없기 때문에 기능 획득이다. 즉, 돌연변이 헌팅톤병의 대립유전자에 의해 암호화된 단백질은 질병을 유발하기 위해 결손이 아니라 비정상이어야 한다. 헌팅톤병의 기능 획득 특성은 하나의 돌연변이 대립유전자를 가진 사람들이 드물지만 두 개의 돌연변이 대립유전자를 가진 개인과 동일한 표현형을 갖는 이유이다(**그림 4.8**).

열성질환은 우성질환에 비해 증상이 더 심하고 조기에 증상이 나타나는 경향이 있다. 질병을 유발하는 열성 대립유전자는 건강한 이형접합자가 미래 세대에 전달하기 때문에 집단에 남아 있다. 대조적으로, 초기에 건강에 해를 끼치는 우성 돌연변이가 발생하면 대립유전자를 가진 사람들은 너무 아프거나 후손을 남기기에 충분히 오래 생존하지 못한다. 대립유전자는 질병이 없는 사람의 생식세포에서의 돌연변이에 의해 새로 발생하지 않는 한 결국 집단에서 희귀해진다. 성인이 될 때까지 증상이 나타나지 않거나 건강을 심각하게 해치지 않는 우성의 질병은, 사람이 자녀를 낳고 돌연변이를 전달하는 것을 막지 못하기 때문에 집단에 남아있다.

특정 상황에서 일부 유전자의 경우, 이형접합 개체(보인자)가 증상을 나타낼 수 있다. 이것은 겸형 적혈구병의 경우이다. 보인자는 주변

의 열, 격렬한 신체 활동 및 탈수 등의 조건의 조합에 노출되면 생명을 위협하는 근육 파괴를 일으킬 수 있다. 몇몇 대학 운동선수가 이러한 증상으로 사망했고, 스포츠 당국은 겸형 적혈구병 보인자 여부를 운동선수를 대상으로 검사를 시작했다. 검사는 이제 일상이 되었다.

핵심 개념 질문 4.2

*a. 인간이 어떻게 눈 색깔을 유전하는지 설명하시오.

*b. **유전의 방식**을 정의하시오.

*c. 유전의 방식을 결정하는 두 가지 요소의 이름을 열거하시오.

d. 상염색체 우성 형질 대 상염색체 열성 형질의 유전 패턴을 구별하시오.

e. 친척 간에 자녀를 둔 사람들(근친혼)의 유전 형질 전달에 미치는 영향은 무엇인가?

f. 유전 문제를 해결하기 위해 멘델의 제1법칙과 논리가 어떻게 사용되는가?

g. 열성 형질이나 질병은 기능 상실로 인해 발생할 수 있는 반면, 우성 형질은 기능 획득으로 인해 어떻게 발생할 수 있는지 설명하시오.

4.3 둘 이상의 유전자 유전

두 번째 실험 세트에서 멘델은 한 번에 두 가지 형질의 유전을 조사했다. 오늘날, 여러 유전자를 동시에 고려하는 기술 덕분에 하나 이상의 형질 유전에 대한 그의 고전적인 실험이 그 어느 때보다 적절하다.

멘델의 제2법칙

독립의 법칙(The low of independent assortment)은 다른 염색체에 있는 두 개의 유전자에 대해 한 유전자의 유전이 다른 유전자의 유전 가능성에 영향을 미치지 않는다는 것이다. 두 유전자는 무작위로 생식세포에 배정되기 때문에 "독립적으로 분리"된다고 한다(**그림 4.9**). 동일한 염색체에서 멀리 떨어져 있는 두 유전자도 독립적으로 분리되는 것처럼 보인다. 왜냐하면 그들 사이에 너무 많은 교차가 일어나서 마치 분리된 염색체의 일부인 것처럼 보이기 때문이다(그림 3.5 참조).

멘델은 둥글거나 주름진 종자 모양(*R* 유전자에 의해 결정됨)과 노란색 또는 녹색인 종자 색상(*Y* 유전자에 의해 결정됨)을 관찰했다.

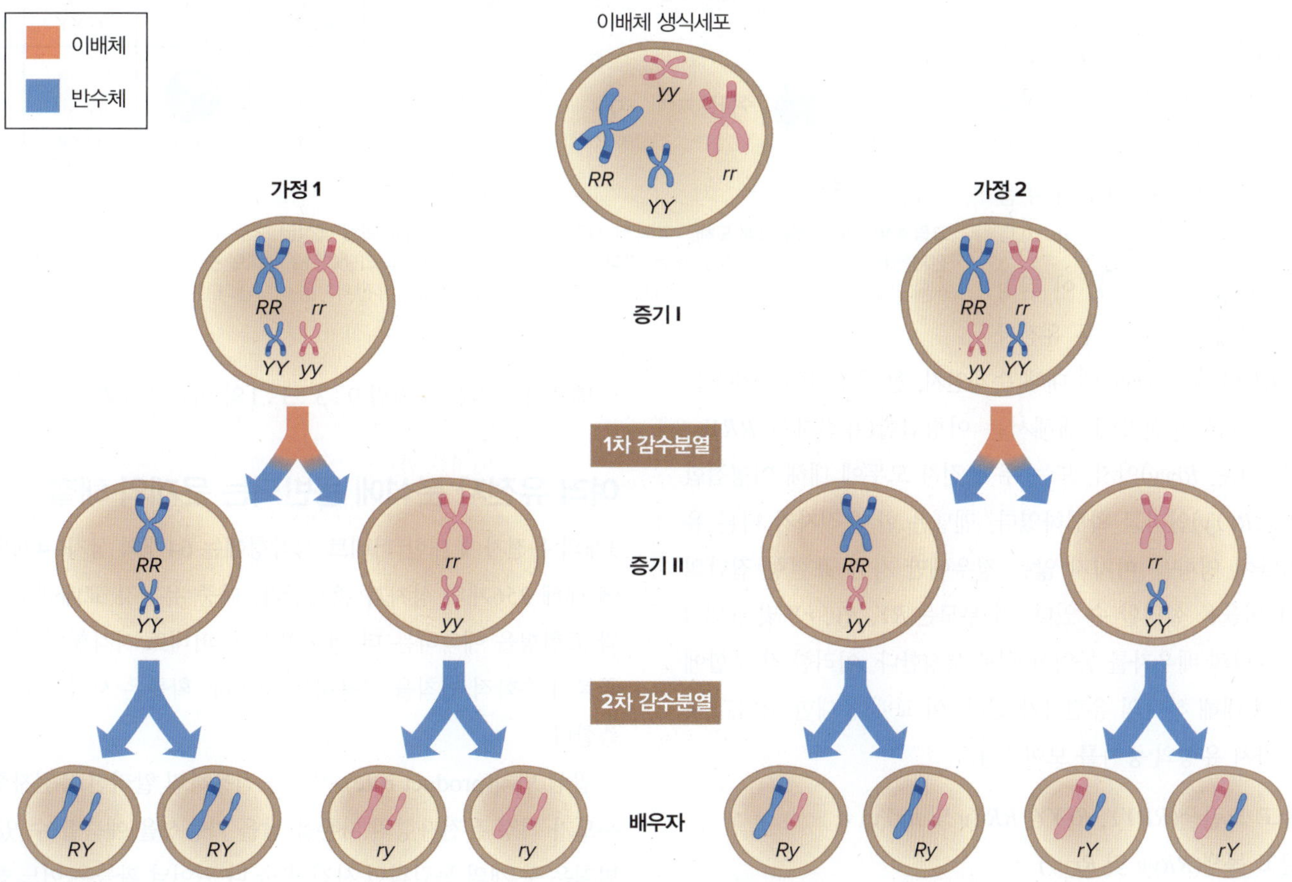

그림 4.9 멘델의 제2법칙-독립의 법칙. 서로 다른 염색체에 있는 유전자의 독립적인 분배는 감수분열 I의 중기 동안 염색체 쌍의 무작위 정렬의 결과이다. 예를 들어, 유전자형 *RrYy*의 개체는 두 유전자의 우성 대립유전자(*RY*), 두 유전자의 열성 대립유전자(*ry*)와 하나의 우성 대립유전자와 다른 쪽의 열성 대립유전자(*Ry* 또는 *rY*)를 포함하는 4가지 유형의 배우자를 생산한다. 대립유전자 조합은 어떤 염색체가 배우자에 함께 포장되어 있는지에 따라 달라지며 이는 무작위로 발생한다.

그가 둥근 노란색 종자를 가진 순계 식물을 주름진 녹색 종자를 갖는 순계 식물로 교배시켰을 때, 모든 자손은 둥근 노란색 종자가 되었다(**그림 4.10**). 이 자손은 유전자형 *RrYy*의 이중 이형접합자(double heterozygotes) 또는 양성잡종(dihybrid)이었다. 그들의 표현형에서 멘델은 둥근형이 주름진 것에 대해 우성이고 노란색이 녹색에 대해 우성임을 추론했다.

다음으로, 그는 이 잡종 식물을 자가 교배했는데, 두 개의 유전자와 형질을 따랐기 때문에 **양성잡종 교배**(dihybrid cross)로 명명되었다. 멘델은 다음 3세대에서 네 가지 유형의 종자를 발견했다. 둥근 노란색 종자가 있는 식물 315개; 둥근 녹색 종자를 가진 108개의 식물; 주름진 노란색 종자가 있는 101개의 식물; 주름진 녹색 종자가 있는 32개의 식물. 이 표현형 집단은 9 : 3 : 3 : 1의 비율로 나타났다.

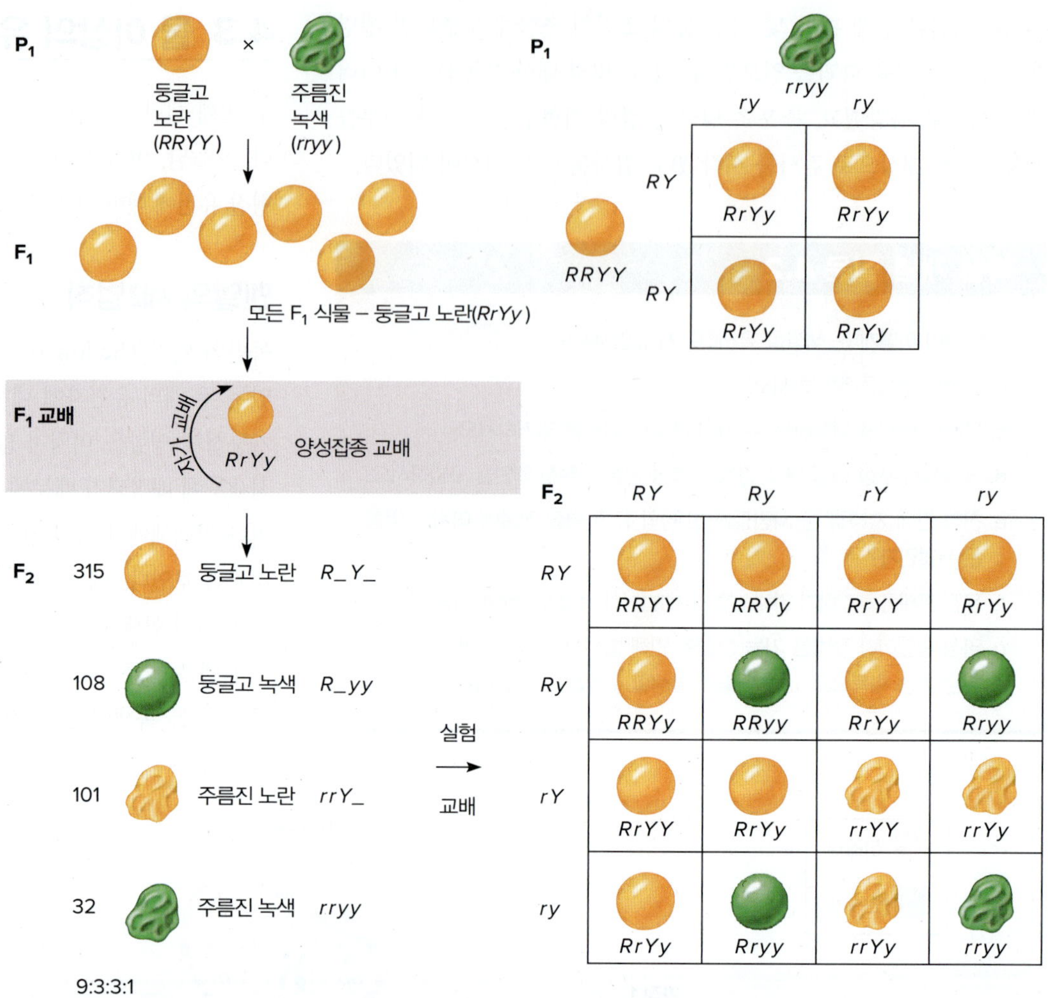

그림 4.10 양성잡종 교배 도해. 퍼네트 사각형은 양성잡종 개체에 의해 생성된 배우자의 무작위 조합을 나타낼 수 있다. 유전자형(F_2 세대)의 밑줄은 우성 또는 열성 대립유전자가 가능함을 나타낸다. F_2 세대의 숫자는 멘델의 실험 데이터이다. *rryy* 식물과의 검정 교배는 16-박스 퍼네트 사각형에 묘사된 F_2 세대의 유전자형을 나타낸다.

그런 다음 멘델은 3세대에서 주름진 녹색 종자(유전자형 *rryy*)가 있는 식물로 각 식물을 교배했다. 이 검정 교배는 3세대의 각 식물이 두 유전자(유전자형 *RRYY* 또는 *rryy*)에 대해 순계인지, 한 유전자에 대해서는 순계이지만 다른 유전자에 대해서는 이형접합(유전자형 *RRYy*, *RrYY*, *rrYy* 또는 *Rryy*)인지, 또는 두 유전자 모두에 대해 이형접합성(유전자형 *RrYy*)인지를 확립하였다. 멘델은 한 유전자가 다른 유전자의 전달에 영향을 미치지 않는 경우에만 자손 표현형 집단의 9 : 3 : 3 : 1 비율을 설명할 수 있다. 각 부모는 *RY*, *Ry*, *rY* 및 *ry*의 4가지 다른 유형의 배우자를 동일한 수로 생성한다. 이러한 각 조합에는 각 형질에 대해 하나의 유전자가 있다. 이 교배에 대한 퍼네트 사각형은 네 가지 유형의 종자를 보여준다.

1. 둥글고 노란색(*RRYY*, *RrYY*, *RRYy* 및 *RrYy*)
2. 둥글고 녹색(*RRyy* 및 *Rryy*)
3. 주름지고 노란색(*rrYY* 및 *rrYy*)
4. 주름지고 녹색(*rryy*)

멘델이 발견한 것처럼 9 : 3 : 3 : 1의 비율로 존재한다.

여러 유전자 분석에 동반되는 문제의 해결

3개의 유전자에 대한 퍼네트 사각형에는 64개의 상자; 4개의 유전자에 대해 256개의 상자가 존재한다. 다중 유전자 교배에서 유전자형과 표현형을 예측하는 더 쉬운 방법은 퍼네트 사각형의 기초가 되는 확률의 수학적 법칙을 사용하는 것이다. 확률은 사건의 가능성을 예측한다.

곱셈 법칙(product rule) 이론을 적용하면 알려진 유전자형을 가진 부모가 특정 유전자형의 자손을 낳을 가능성을 예측할 수 있다. 곱셈 법칙은 두 개의 독립적인 사건이 둘 다 일어날 확률은 어느 하나의 사건이 단독으로 일어날 확률의 곱과 같다고 말한다. 양성잡종(*RrYy*) 부모로부터 주름지고 녹색인 완두콩(유전자형 *rryy*)의 식물을 얻을

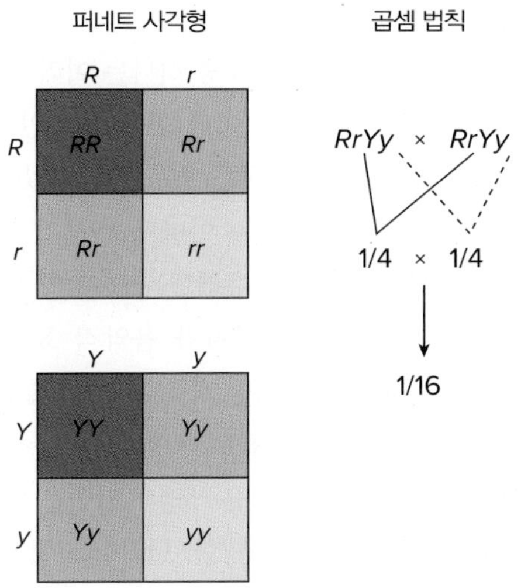

그림 4.11 곱셈 법칙.

확률을 고려한다. 한 번에 하나의 유전자에 대한 추론을 수행한 다음 결과를 곱한다(**그림 4.11**).

두 개의 *Rr* 식물의 교배를 나타내는 퍼네트 사각형은 *rr* 자손을 생산할 확률이 25% 또는 1/4임을 나타낸다. 유사하게, 2개의 *Yy* 식물이 *yy* 식물을 생산할 확률은 1/4이다. 따라서 양성잡종 부모(*RrYy*)가 동형접합 열성(*rryy*) 자손을 낳을 확률은 1/4 곱하기 1/4 또는 1/16이다. 이제 멘델의 양성잡종 교배에 대한 16상자 퍼네트 사각형을 다시 참조해보자(그림 4.10 참조). 곱셈 법칙이 예측하는 것처럼 16개의 상자 중 하나만 *rryy*이다. **그림 4.12**는 이러한 도구를 사용하여 세 가지 인간 형질에 대한 자녀의 유전자형과 표현형을 동시에 예측하는 방법을 보여준다.

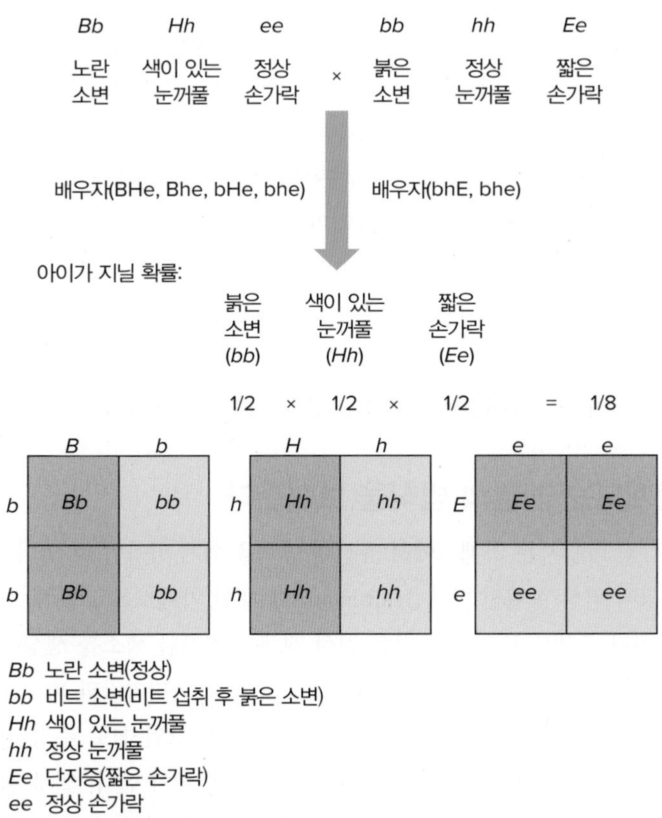

그림 4.12 사람의 세 가지 형질을 추적하는 데 있어 확률의 사용. 한 남자는 정상적인 소변, 색깔 있는 눈꺼풀, 정상적인 손가락을 가지고 있다. 그의 파트너는 사탕무를 먹은 후 붉은 소변을 보였으며 정상적인 눈꺼풀과 짧은 손가락을 가지고 있다. 그들의 아이가 사탕무를 먹은 후 붉은 소변이 나오고, 색깔 있는 눈꺼풀과 짧은 손가락을 갖게 될 확률은 1/8이다.

핵심 개념 질문 4.3

*a. 멘델의 제2법칙을 설명하시오.

b. 감수분열의 과정이 두 개 이상의 유전자에 대한 독립의 법칙에 적용되는 점을 설명하시오.

*c. 멘델이 다른 염색체에 있는 유전자가 독립적으로 분배된다는 것을 어떻게 증명했는지 설명하시오.

d. 퍼네트 사각형과 확률은 둘 이상의 형질을 유전하는 데 어떻게 사용하는가?

4.4 가계도 분석

유전학 연구자와 유전상담사에게는 가족이 많을수록 좋다. 한 세대에 자녀가 많을수록 유전방식을 추론하기가 더 쉽다. 가계도(pedigree)라고 하는 차트는 가족관계를 표시하고 특정 표현형과 때로는 특정 유전자형을 가진 친척을 나타내는 데 사용된다. 사람의 가계도는 순종 개, 고양이 또는 순종 말들의 관계와 때로는 형질을 나타내는 것과 동일한 목적을 위해 사용된다. 유전학의 가계도는 족보의 가계도와 다르며, 사회사업의 가계도와 다르게 유전적인 질병이나 형질뿐만 아니라 친척관계 및 조상을 나타낸다. 가계도에는 분자적 데이터, 검사 결과 및 여러 유전자의 변이에 대한 정보가 포함될 수 있다.

가계도에서 선은 모양을 연결한다. 세로선은 세대를 나타내고, 중심에서 두 모양을 연결하는 가로선은 파트너를 나타낸다. 수평으로 결합한 수직선으로 연결된 모양은 형제를 나타낸다. 사각형은 남성, 원은 여성, 다이아몬드는 불특정 성별의 사람을 나타낸다. 로마 숫자는 세대를 나타내며, 아라비아 숫자 또는 이름은 개인을 나타낸다. **그림 4.13**은 이러한 기호와 일반적으로 사용되는 기타 가계도 기호를 보여준다. 유색 또는 음영 모양은 형질을 발현하는 개인을 나타내며 반쯤 채워진 모양은 보인자를 나타낸다.

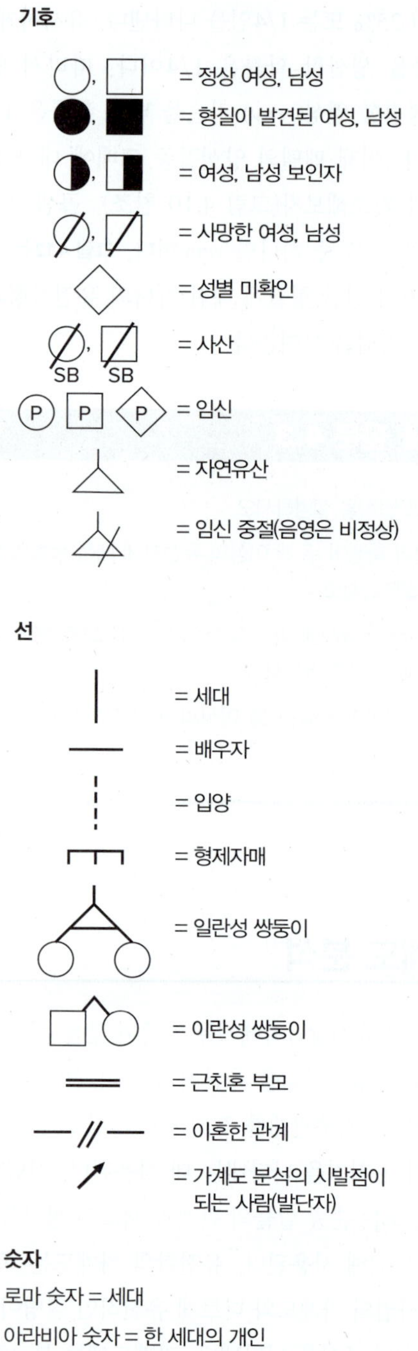

그림 4.13 가계도의 구성 요소. 개인을 나타내는 기호는 가계도를 형성하기 위해 연결되어 형질의 유전 패턴을 밝혀준다.

가계도의 과거와 현재

가장 초기의 가계도는 형질을 나타내지 않는 족보였다. **그림 4.14a**는 이러한 형태의 가계도로 고대 이집트 왕실 가계도의 높은 근친혼을 보여준다. **가계도**라는 용어는 "학의 발"을 의미하는 프랑스어 *pie de grue*에서 15세기에 생겼다. 일반적으로 대가족을 묘사하는 그 당시의 가계도는 부모가 곡선으로 연결된 많은 자손을 보여준다. 전체 다이어그램은 종종 새의 발과 비슷했다.

유전질환을 추적한 최초의 가계도 중 하나는 여러 유럽 왕실에 대한 광범위한 가계도였는데, 이는 어떤 구성원이 인자 IX 결핍증(factor IX deficiency)이라고도 하는 혈우병을 앓았는지 나타낸다(그림 6.7 참조). 돌연변이 유전자는 아마도 19세기 영국 빅토리아 여왕이나 여왕의 여성 조상에게서 유래했을 것이다. 1845년에 플리니 얼(Pliny Earle)이라는 계보학자가 음악적 표기법인 기보법(musical notation)을 사용하여 색맹 가족의 가계도를 구성했다. 반음표는 색맹이 아닌 여성, 1/4 음표는 색맹인 여성, 색이 채워진 것과 빈 사각형 헤드의 음표기호는 많은 색맹의 남성을 나타내었다. 20세기 초에 우생학자들은 범죄성, 나약함, 난잡함과 같은 형질이 결함이 있는 유전자의 결과라는 것을 보여주기 위해 가계도를 사용하려고 했다(16.7절 참조).

오늘날 가계도는 가족이 유전성 질병을 유발시킬 위험을 감별하도록 돕고 인간 유전체 서열의 유전자를 식별하고 설명하거나 주석을 달기 위한 출발점으로서 모두 중요하다. 모르몬교도와 아미시교도와 같이 자세하게 가족 기록을 유지한 사람들은 연구자들이 특정 유전자의 유전을 추적하도록 돕는 데 매우 중요하다(임상 연계 16.1 참조). 매우 광범위한 가계도는 특정 희귀질환을 가진 많은 개인에 대한 정보를 제공할 수 있다. 그런 다음 연구자들은 질환을 보유한 개인의 DNA를 검색하여 건강한 가족 구성원에게는 없는 유전된 특정 서열을 식별한다. 염색체의 이 부분에는 원인 돌연변이가 있다. 예를 들어, 조기 발병 형태의 알츠하이머병을 유발하는 돌연변이의 발견은, 연구자들을 콜롬비아의 외딴 마을로 불러 모았다. 그곳에서 오늘날 1,000명 이상의 구성원 가족에 존재하는 원인 돌연변이가 17세기 콜롬비아에 도착한 스페인 정착민에게서 왔다는 것이 밝혀졌다. 이 기원 이야기는 16.4절에서 논의된 창시자 효과의 예시이다.

가계도는 멘델의 법칙을 보여준다

시각적 학습자는 가계도에서 유전의 방식을 쉽게 파악할 수 있다. 상염색체 열성 형질인 백색증(albinism)에 대한 가계도를 고려해 보기로 한다. 3세대 F_2의 동형접합 열성 개체는 멜라닌 색소를 생성하는 데 필요한 효소가 부족하여 결과적으로 창백한 머리카락과 피부색을 나타낸다(**그림 4.15**). 그들의 부모는 이형접합자(보인자)로 추정된다. 조부모의 각 쌍에서 한 명의 파트너도 보인자이어야 한다. 일부 질병의 경우, 정상 양의 절반을 나타내는 유전자 산물의 혈액 또는 소변 검사로 보인자 상태를 감지할 수 있다.

상염색체 우성 형질은 세대를 건너뛰지 않으며 남녀 모두에 발병할 수 있음을 기억하자. 상염색체 우성 형질에 대한 전형적인 가계도

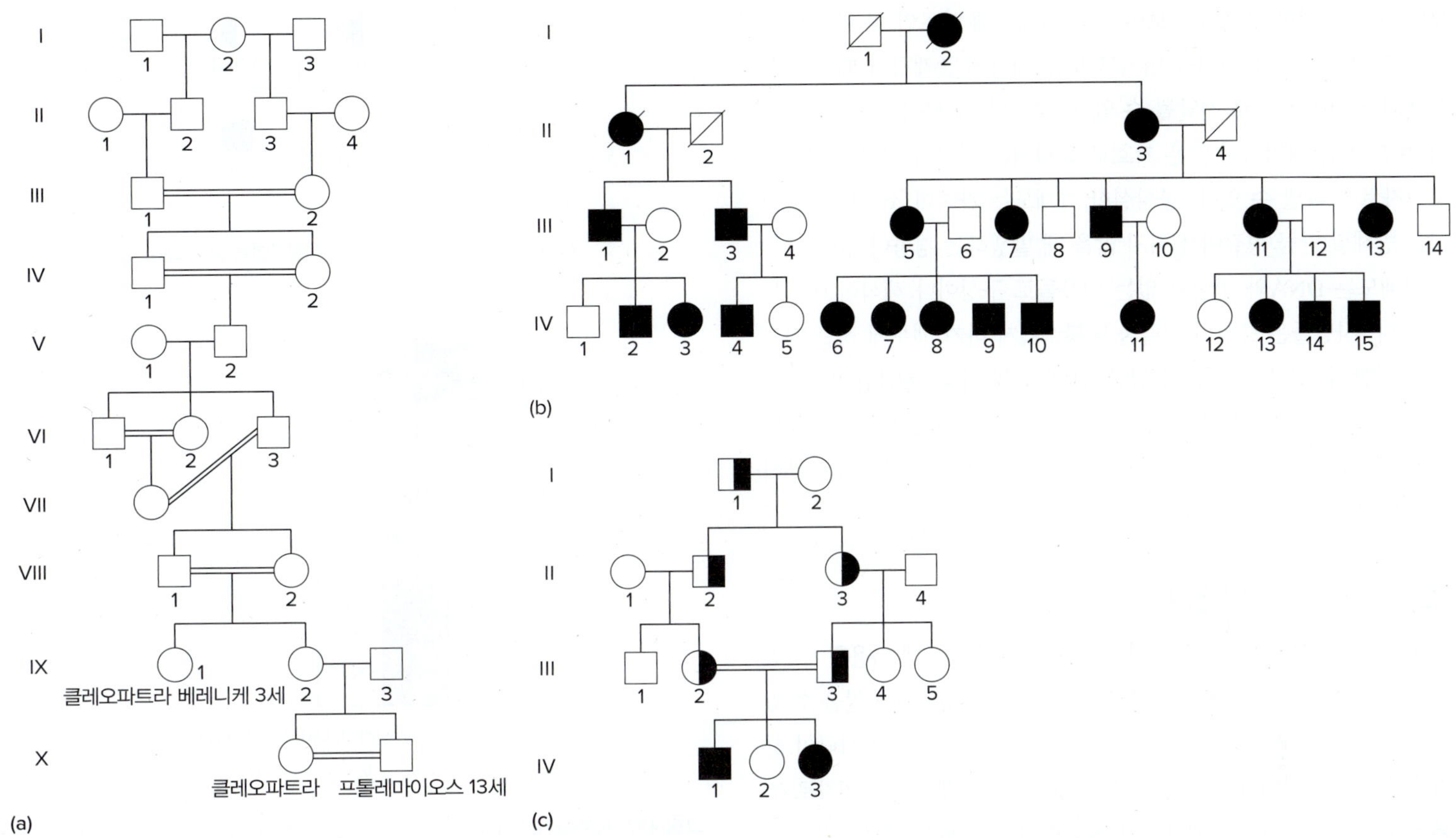

그림 4.14 특이한 가계도. (a) 이집트 프톨레마이오스 왕조의 부분 가계도는 형질의 표시없는 계보만을 보여준다. 광범위한 근친혼으로 인해 이 가계도는 거의 사다리처럼 보인다. 기원전 323년부터 기원전 30년 클레오파트라가 사망할 때까지, 가족은 사촌간에 근친혼을 통해 이복형제(3세대), 4명의 형제자매(IV, VI, VIII, X세대)와 삼촌–조카(VI 및 VII)간 혼인이 일어났다. 클레오파트라는 10살인 그녀의 오빠 프톨레마이오스 13세와 결혼했다! 이러한 결혼 패턴은 왕족의 혈통을 보존하려는 시도였다. (b) 표현형이 생식에 영향을 미치지 않기 때문에 다지증(추가 손가락과 발가락)이 있는 가족은 많은 자녀를 통해 집단이 커진다. (c) 이 가계도는 사촌간의 결혼을 보여준다. 그들은 한 쌍의 조부모를 공유하므로 동일한 열성 대립유전자를 자손에게 전달할 위험이 있다.

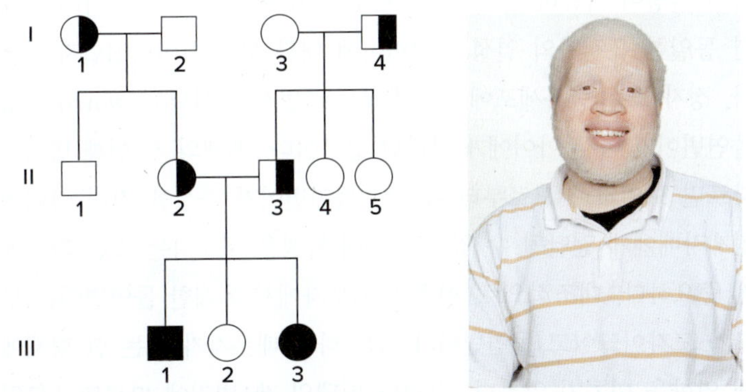

그림 4.15 백색증은 상염색체 열성 유전병이다. 백색증은 남성과 여성에게 나타나며 이 가계도의 I 및 II 세대에서와 같이 세대를 건너뛸 수 있다. 동형접합 열성 개인은 눈, 피부 및 머리카락을 착색하는 멜라닌을 생성하는 데 필요한 효소가 결핍되어 있다. 보인자는 조부모 중에 있을 것이다. 사진: *Paul Burns/Digital Vision/Getty Images*

에는 각 세대에서 형질을 가진 개인을 나타내기 위해 음영으로 채워진 일부 사각형과 원이 있다. 그림 4.14b는 상염색체 우성 형질인 다지증(여분의 손가락과 발가락)에 대한 가계도이며, 이는 그림 1.8a에 나와 있다.

하나의 가계도는 충분하지 않을 수 있는데 이는 상염색체 열성 또는 상염색체 우성 유전 중 하나만 형질 발현(채워진 기호)의 패턴을 설명할 수 있음을 의미한다. **그림 4.16**은 원형 탈모증이라는 유형의 탈

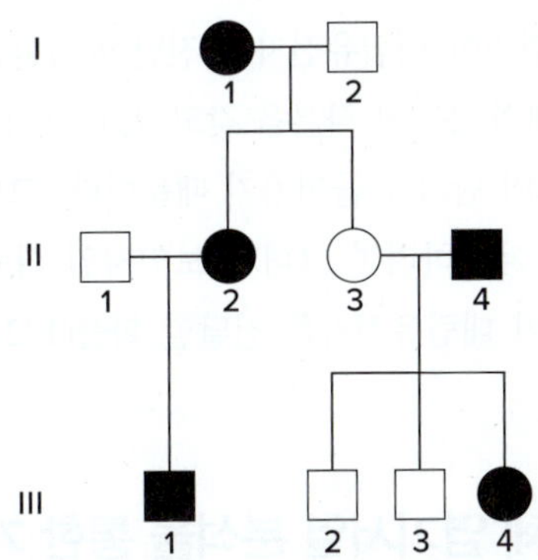

그림 4.16 불확실한 가계도. 이 가계도는 형질을 가진 개인이 자녀를 갖는 것을 방해받지 않을 만큼 증상이 약해서, 상염색체 우성 형질 또는 상염색체 열성 형질인지를 확인할 수 없다(채워지지 않은 기호가 보인자를 나타낼 수 있다).

모에 대한 그러한 가계도를 보여준다. 가계도에 따르면 이 형질은 남성과 여성 모두에게 영향을 미치고 모든 세대에 존재하기 때문에 상염색체 우성 방식으로 전달될 수 있다. 그러나 가계도는 상염색체 열성 유전 또한 채워지지 않은 기호로 표시되는 정상의 개인의 경우를 보인자로 나타낼 수 있다. 불확실한 가계도는 가족이 소규모이고 임신을 방해할 만큼 형질이 심하지 않을 때 발생하는 경향이 있다.

가계도는 DNA와 관련이 없는 이유들로 구성이나 해석이 어려울 수 있다. 사람들은 증상이 그들을 당황스럽게 하기 때문에 정보 제공을 주저할 수 있다. 가족들이 입양, 혼외 출생 아동, 복잡한 관계, 혼혈 가족, 보조 생식 기술(22장 참조)의 사용 등의 사례로 인해 가계도 구성 규칙에 쉽게 맞지 않을 수 있다. 많은 사람은 유전방식을 충분히 밝힐 만큼 그들의 가족을 추적할 수 없다.

조건부 확률 문제 풀기

가계도 및 퍼네트 사각형은 조건부 확률을 추적하는 데 사용할 수 있다. 조건부 확률은 자손의 유전자형이 표현형에서 명확하지 않을 수 있는 부모의 유전자형에 의존하는 경우이다. 예를 들어, 어떤 사람이 상염색체 열성 형질이나 상태를 가지고 있다면 그의 부모가 보인자로 추론된다(형질을 가진 개인에서 신생 돌연변이가 발생하지 않는 한).

그림 4.17에 표시된 가족은 조건부 확률을 보여준다. 드숀(Deshawn)은 겸형 적혈구병을 앓고 있다. 영향을 받지 않은 그의 부모인 키지(Kizzy)와 아이크(Ike)는 각각 이형접합자(보인자)여야 한다. 드숀의 여동생 테니샤(Taneesha)도 건강하며 첫 아이를 임신하고 있다. 테니샤의 남편 앙투안(Antoine)은 겸형 적혈구병 가족력이 없다. 테니샤의 아이가 돌연변이 대립유전자를 물려받아 보인자가 될 확률은 얼마인가?

테니샤의 우려는 두 가지 질문을 제기한다. 첫째, 그녀가 보인자일 확률은 얼마인가? 그녀는 단성잡종 교배의 산물이고 동형접합 열성(병)이 아니기 때문에 보인자가 될 확률은 2/3이다. 만약 보인자인 경우, 그녀가 돌연변이 대립유전자를 전달할 확률은 1/2이다. 왜냐하면 그녀는 두 개의 유전자 사본을 갖고 있고 오직 하나의 대립유전자만 각 생식세포인 난자에 들어가기 때문이다. 그녀의 아이에 대한 전반적인 위험을 계산하려면 그녀가 보인자일 확률(2/3)에 그녀가 보인자로 돌연변이 대립유전자를 전달할 확률(1/2)을 곱하면 된다. 결과는 1/3이다.

엑솜 및 유전체 염기서열 분석을 통한 가계도 명확화

점점 더 흔한 임상 시나리오는 이전에 볼 수 없었던 증후군(증상의 집합)이 아이에게 있고 부모 모두가 무증상인 경우에 발생한다. 두 가지 설명이 가능하다. 두 부모 모두 아직 확인되지 않은 상태에 대한 동일한 유전자의 열성 돌연변이에 대한 보인자(이형접합자)이거나, 정자 또는 난자세포에서 자발적으로 발생한 신생(*de novo*) 우성 돌연변이가 아픈 아이에게 나타난 경우이다. 멘델의 첫 번째 법칙에 따르면 보인자 부모로부터 유전된 돌연변이가 증상을 가진 자녀의 형제자매에게 전달될 수 있기 때문에 특성을 구분하는 것은 가족에게 중요하다. 대조적으로, 한쪽의 배우자에서 유래한 돌연변이는 부모가 모자이크이고 돌연변이가 있는 다른 배우자가 없는 한 형제에게 영향을 미치지 않는다. 그러나 멘델의 제1법칙에 따르면 1/2의 확률로 신생 우성 돌연변이가 증상을 가진 어린이로부터 다음 세대로 전달될 수 있다. 제12장에서는 신생 돌연변이에 대해 더 자세히 설명한다.

부모-자식 "트리오"의 엑솜 및 유전체 염기서열 분석은 증상을 가진 어린이의 돌연변이 유전자를 식별하고 상태가 상염색체 열성이고 유전되었는지 또는 상염색체 우성이며 신규인지 구별할 수 있다. 알고리즘은 증상을 가진 자녀와 정상인 부모의 DNA 서열을 비교하여

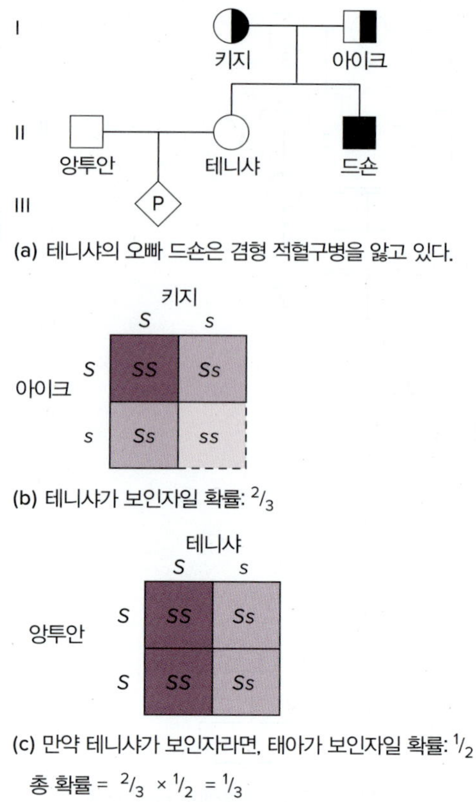

그림 4.17 예측하기. 테니샤의 오빠 드숀은 겸형 적혈구병을 앓고 있다(a). 테니샤는 태아가 겸형 적혈구 대립유전자를 물려받았는지 궁금해한다. 우선, 그녀는 자신이 보인자일 확률을 계산해야 한다. (b)의 퍼네트 사각형은 이 위험이 2/3임을 보여준다. (그녀는 유전형 *SS* 또는 *Ss*여야 하며 질병이 없기 때문에 *ss*일 수 없다.) 배우자인 아버지가 보인자가 아니라는 가정하에 태아가 보인자일 확률은 테니샤가 보인자일 위험의 절반에 해당하는 1/3이다(c).

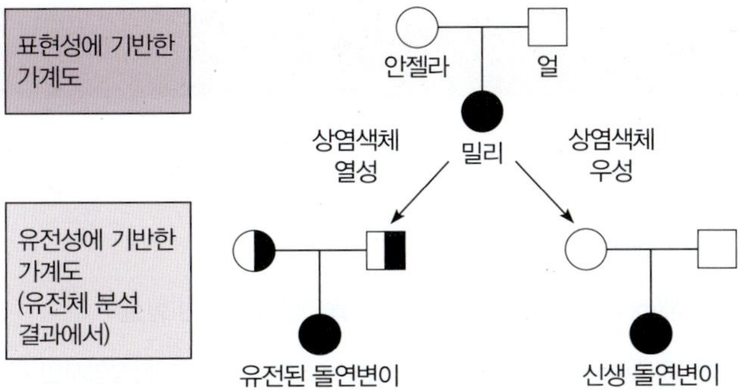

그림 4.18 유전학자는 부모 및 자식의 엑솜 또는 유전체의 염기서열 분석을 통해 열성 돌연변이 보인자 부모로부터의 멘델 유전과 자녀에서 발생한 새로운 우성 돌연변이를 구별할 수 있다. 표현형에 기반 한 가계도는 두 명의 건강한 부모에게 아픈 아이가 있다는 것만 보여준다. 유전형에 기반 한 가계도는 보인자 부모로부터 상속받은 돌연변이의 유전과 어린이의 새로운 돌연변이를 구별할 수 있다.

기능 또는 오작동이 특정 증상을 설명할 수 있는 "후보 유전자"의 변이를 찾는다. 이 도전은 건초 더미에서 바늘 찾기와 비슷하다. 엑솜 염기서열 분석은 일반적으로 70~175개의 신생 유전자 변이체를 감지하지만 표현형에 영향을 줄 수 있는 방식으로 인코딩된 단백질을 변경하는 경우는 3개 미만이며 종종 하나도 없는 경우가 있다. 확인된 유전자 변이체의 수는 전체 유전체의 염기서열을 분석하는 경우 더 많다.

임상 연계 1.1에 설명된 밀리 맥윌리엄스(Millie McWilliams)와 그녀의 부모의 유전체 염기서열 분석 결과 18번 염색체의 *ASXL3* 유전자에서 그녀의 신생 돌연변이가 밝혀졌다. 그녀는 유전자에서 두 개의 염기가 누락되어 희귀한 베인브릿지-로퍼스 증후군이 발생했다. 그녀의 부모는 이 유전자에 대해 야생형이다(**그림 4.18**). 밀리와 유전 증후군을 가진 수천 명의 다른 사람들의 사례(대부분 어린이)는 유전체 염기서열 분석의 결합과 가족을 관찰하고, 그들의 특성을 도표화하는 더욱 전통적인 유학적 기법들은 이 모든 것들이 멘델의 유전법칙에 기반을 둔다는 것을 보여준다. **생명윤리학**은 이번 장 시작의 주제인 헌팅톤병의 보다 일반적인 형태인 성인 발병의 재해석을 불러일으킨다.

핵심 개념 질문 4.4

*a. 가계도는 어떤 정보를 제공하는가?

b. 가계도와 퍼네트 사각형은 어떻게 멘델의 법칙을 적용하여 유전 질환이나 형질의 발현 위험을 예측하는가?

c. 엑솜 및 유전체 염기서열 분석을 사용하여 "부모-자식 트리오"의 상염색체 열성 유전과 어린이에게 영향을 미치는 신생 우성 돌연변이와 구별하는 방법을 설명하시오.

생명윤리학

유전정보를 알지 않을 권리: 헌팅톤병

피터(Peter)와 마사(Martha)는 28세였으며, 피터의 어머니 브리스톨(Bristol)이 헌팅톤병(HD)의 첫 번째 증상으로 단골 식료품점에서 물건을 고를 때의 혼란스러움, 극도의 과민 반응, 손과 다리의 지속적인 작은 움직임 등을 보이기 시작했을 때 첫 아이를 임신했다.

브리스톨은 알려진 가족 병력 없이 입양되었지만, 그녀의 주치의는 비정상적인 움직임을 보고 신경과 전문의에게 진료를 의뢰했다. 예약된 진료 시간에 브리스톨은 그녀가 동의한 일련의 테스트를 주문한 신경과 전문의에게 팔 동작의 흔들리는 원과 꼼지락거리는 발이 더 자주 발생했다고 말했다. 한 검사에서 헌팅톤병의 이면에 있는 3염기 반복이 확장된 헌팅틴(huntingtin) 유전자를 감지했다. 브리스톨의 움직임은 인지력이 감소함에 따라 빈도와 강도가 증가했다. 이 질병은 궁극적으로 치명적이다.

헌팅톤병을 가진 사람의 각 자녀는 그것을 전달받을 확률이 50:50이다. 그렇다면 자손 중 아들 또는 딸에게 증상이 나타날 확률은 결국 거의 100%이다.

피터는 DNA 반복을 판단할 수 있는 검사받기를 거부했는데, 만약 받았다면 이 검사로 인해 그가 사전 확진자로 밝혀졌을 수 있다. 그는 알고 싶지 않았고, 언젠가 자신이 어머니에게서 보고 있는 질병에 걸릴 것이라는 것을 알게 되면 자신의 인생을 망칠 것이라고 말했다. 그러나 마사는 태아를 검사하라고 주장했다. 피터는 반대했다. 태아에게 돌연변이가 있다면 그도 그럴 테니까.

유전상담사는 본인들이 그러한 지식을 갖는 것의 장기적인 의미를 이해할 만큼 충분히 나이가 들었을 때인 18세 이상인 경우에만 이 특정 질병에 대해 검사하는 것이 일반적이라고 설명했다. 유전 상담사는 또한 핵에서 세포질로 돌연변이 헌팅틴을 제조하라는 메시지를 전달하는 RNA 분자를 차단하는 약물을 테스트하는 여러 임상시험에 대해 피터에게 말했다. 초기 결과는 분자 수준에서 질병의 교정을 보여주었다. 그는 그러한 실험 중 하나에 등록하거나 HD를 가진 가족의 20,000명을 추적하여 질병을 나타내는 가장 초기의 변화를 확인하는 다른 실험에 참여할 수 있다.

새로운 연구의 소식에 용기를 얻은 피터는 자신의 상태를 알고 싶지 않다는 생각이 더욱 강해졌다. 향후 진단을 받으면 치료가 가능하다. 마사는 태아를 검사하지 않기로 동의했다.

토론을 위한 질문

1. 어떤 유형의 정보와 어떤 전문가가 헌팅톤병에 대한 예측 검사를 받을지 여부에 대해 조언해야 하는가?
2. 상염색체 열성 상태에서 발생하는 문제와 달리 상염색체 우성 상태에 대한 유전상담에서 어떤 문제가 발생하는가?
3. 치료법이 없는 유전 질환에 대한 새로운 치료법을 평가하기 위한 임상시험에 참여하는 것에 대한 찬성과 반대의 주장은 무엇인가?
4 피터와 마사의 자녀가 헌팅톤병을 상속받을 조건부 확률은 얼마인가?

학습 가이드

핵심 용어

상염색체 우성(autosomal dominant) 하나의 상염색체 대립유전자가 표현형을 유발하는 유전 방식. 이러한 형질은 남성과 여성에게 나타날 수 있으며 세대를 건너뛰지 않음.

상염색체 열성(autosomal recessive) 두 개의 상염색체 대립유전자가 표현형을 유발하는 데 필요한 유전 방식. 이러한 특성은 남성과 여성에게 영향을 미칠 수 있으며 세대를 건너뛸 수 있음.

복합 이형접합자(compound heterozygote) 같은 유전자에 서로 다른 두 개의 열성 대립유전자를 가진 개체.

근친혼(consanguinity) 혈연간에 자녀를 가진 경우.

양성잡종 교배(dihybrid cross) 두 가지 형질에 대해 이형접합자인 두 개체를 교배하는 것.

이형접합(heterozygous) 유전자의 두 개의 다른 대립유전자를 가짐.

동형접합(homozygous) 유전자의 두 개의 동일한 대립유전자를 가짐.

유전의 방식 유전자 변이가 대대로 전달되는 패턴. 우성 또는 열성, 상염색체, X 또는 Y염색체 연관일 수 있음.

단일 유전성(monogenic) 단일 유전자의 돌연변이로 인한 형질.

단성잡종 교배(monohybrid cross) 단일 유전자에 대해 이형접합자인 두 개체의 교배.

돌연변이체(mutant) 집단에서 정상 또는 가장 일반적인 대립유전자와 다르고 표현형을 변경하는 대립유전자.

퍼네트 사각형(Punnett square) 부모의 유전자 기여도를 따라 결합한 다이어그램.

분리(segregation) 멘델의 제1법칙은 유전자의 대립유전자가 감수분열 과정에서 별도의 배우자로 분배된다는 것.

검정 교배(test cross) 유전자형을 알 수 없는 개체와 동형접합 열성 개체를 교배하여 태어난 자손의 형질을 관찰하여 유전자형을 모르는 개체의 유전자형을 추론하는 것.

야생형(wild type) 특정 유전자에 대한 집단에서 가장 흔한 표현형.

복습문제

1. 헌팅톤병과 낭포성 섬유증과 같은 단일 유전자 질병이 말라리아나 독감과 같은 전염병과 다른 점 4가지를 나열하시오.
2. 감수분열은 멘델의 법칙을 어떻게 설명하는가?
3. 파란 눈을 유전 받는 두 가지 방법을 설명하시오.
4. 상염색체 열성 상태가 가족에 미치는 영향과 상염색체 우성 상태가 가족에 미치는 영향을 비교하시오.
5. 멘델이 염색체에 대해 알지 못한 채 유전의 두 법칙을 도출한 방법을 토론하시오.
6. 다음을 구별하시오.
   a. 상염색체 열성 및 상염색체 우성 유전.
   b. 멘델의 제1법칙과 제2법칙.
   c. 동형접합자 및 이형접합자.
   d. 단성잡종 교배와 양성잡종 교배.
   e. 기능 상실 돌연변이와 기능 획득 돌연변이.
   f. 퍼네트 사각형과 가계도.
7. 우성 질병의 증상이 생식을 방해하는 경우 어떻게 발생할 수 있는지 설명하시오.
8. 멘델이 추적한 형질에 대한 유전자가 동일한 염색체에서 서로 가까이 있었다면 양성잡종 교배에 대한 멘델의 결과가 왜 달랐는가?
9. 왜 극도로 드문 상염색체 열성질환은 근친혼 가정의 자녀에게 더 많이 나타나는 것인가?
10. 그림 4.14a에 있는 고대 이집트 왕족의 가계는 오늘날 유전상담사가 사용하는 가계와 어떻게 다른가?
11. 백색증과 같은 상염색체 열성 형질을 가진 두 사람이 그들과 같이 유전자형과 표현형이 같은 아이를 낳을 확률은 얼마인가?
12. 어떤 증후군을 가진 아이에게서 신생 돌연변이가 발견되었을 때 그녀의 형제자매에게 높은 위험을 나타내지 않지만, 그녀의 자녀들에게 높은 위험률을 나타내는 이유를 설명하시오.

응용문제

1. 메르바 가족의 세 자녀 모두가 헌팅톤병을 유전받을 확률을 계산하시오.

2. 다음 완두콩 식물을 교배했을 때 위한 표현형 및 유전자형 비율을 예측하시오.

   a. 작은 완두콩 × 작은 완두콩
   b. 작은 완두콩 × 순계 큰 완두콩
   c. 순계 큰 완두콩 × 순계 큰 완두콩

3. 평평한 꼬투리를 가진 식물과 주름진 꼬투리를 가진 식물을 3:1의 비율로 생산하기 위해 재배되어야 하는 완두콩 식물의 유전자형은 무엇인가?

4. 모두 흰색 종자 껍질을 가진 완두콩 식물을 교배하면 자손의 가능한 표현형은 무엇인가?

5. 주름진 노란색 꼬투리가 있는 완두 식물을 순계의 평평한 녹색 꼬투리 식물로 교배하고 F_1 식물을 자가 교배한다. F_2 세대에 대한 표현형 및 유전자형 비율을 도출하시오.

6. 100개 이상의 유전자가 각각에서 돌연변이가 발생하면 난청을 유발한다. 모든 자녀와 부모가 청각 장애인으로 태어난 가정에서 가장 가능성이 높은 유전 방식은 무엇인가?

7. 맥도날드(MacDonalds)는 래브라도 리트리버를 키운다. 한 배에서 8마리의 강아지 중 2마리(수컷과 암컷)는 운동 유발성 허탈(collapse)이라는 질병을 가지고 있다. 약 15분 동안 격렬한 운동을 한 후 개는 몸을 덜덜 떨고 열이 나며 뒷다리가 무기력하게 된다. 모견과 부견은 모두 건강하다. 유전 방식은 무엇인가?

8. 찬드 증후군(Chands syndrome)은 상염색체 열성이며 곱슬머리, 미발달 손톱, 비정상적 모양의 눈꺼풀을 유발한다. 다음 가계도에서 어떤 개인이 보인자여야 하는가?

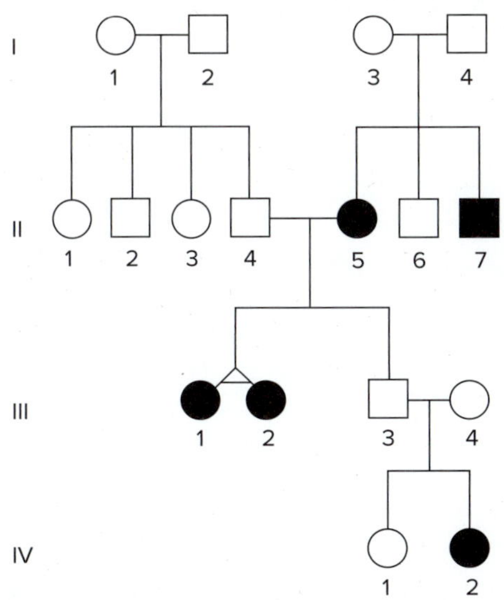

찬드 증후군

9. 로렌조(Lorenzo)는 두 줄의 속눈썹을 가지고 있는데, 이는 그가 어머니로부터 우성 형질로 물려받은 것이다. 그의 외할아버지는 두 줄의 속눈썹을 가지고 있는 유일한 친척이다. 평범한 속눈썹을 가진 파티마(Fatima)는 로렌조와 결혼하였다. 첫 아이인 니콜라(Nicola)는 정상적인 속눈썹을 가지고 있다. 파티마는 다시 임신을 했고 쌍꺼풀을 가진 아이를 원한다. 아이가 쌍꺼풀을 물려받을 가능성은 얼마나 되는가?

10. 피부 박리 증후군(peeling skin syndrome)에서는 손과 발의 바깥쪽 피부층이 벗겨진다. 가계도에는 이 증후군을 보이는 세 가족을 보여준다. 이 희귀한 상태의 발현을 설명할 수 있는 가족들간의 공통점은 무엇인가?

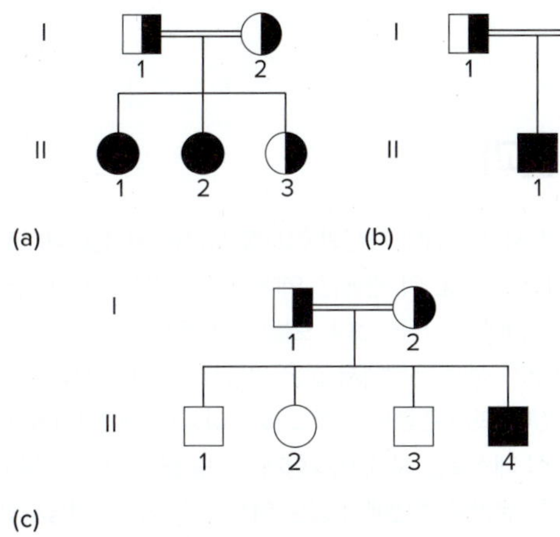

피부 박리 증후군

11. 그림 4.12에 언급된 아이는 사탕무를 먹은 후 붉은 소변을 보고, 색깔 있는 눈꺼풀, 짧은 손가락을 지니고 있으며 유전자형은 *bbHhEe*이다. 이러한 형질에 대한 유전자들은 서로 다른 염색체상에 있다. 만약 이 아이가 삼중잡종(trihybrid)인 여성과 자녀를 갖는다면 자녀의 예상되는 유전자형 및 표현형 비율은 얼마인가?

법과학적 관점

1. 다가오는 이산가족 상봉을 위한 족보를 완성하기 위해 필사적인 한 여성이 패스트푸드점에서 낯선 사람을 궁지에 몰아넣었다. 그녀의 가계 조사에서 그를 먼 친척으로 식별했으며 그녀는 그의 DNA가 필요했다. 그는 협조를 거부하고 겁에 질린 듯 도망쳤다. 그 여성은 버려진 커피잔을 가지고 타액의 흔적에서 DNA를 수집하여 면봉으로 DNA 조상 검사 회사에 보냈다(실화이다).

   a. 당신은 그녀의 행동이 정당하다고 생각하는가? 정당하다고 생각하는 경우와 그렇지 않은 이유는 무엇인가?

   b. 가계도를 구성하기 위해 가계정보(가족 기록, 입소문)를 사용하는 것과 DNA 검사를 사용하는 것의 장단점은 무엇인가?

2. 늦은 밤 주차장에서 자신의 차로 걸어가던 젊은 여성이 공격을 받고 성폭행을 당했다. 그녀는 강간범이 녹색 실크 셔츠, 그녀의 복부에 타박상을 남긴 금속 버클이 달린 벨트, 청바지, 운동화를 신고 있었다고 회상했다. 또한 그녀는 그가 하얀 피부, 면도한 머리, 선명한 파란 눈을 가졌다는 것을 기억했다. 그녀는 다가오는 발소리와 그다음 누군가가 남자를 그녀로부터 잡아당겼지만 그녀는 넘어지면서 포장도로에 부딪혀 의식을 잃었음을 기억했다.

   강간 몇 주 후, 나체 남성의 시신이 인근 강으로 떠내려갔고 경찰은 하류에서 여성의 타박상 패턴과 일치하는 벨트 버클을 발견했다. 그러나 시체에는 머리가 없었다. 경찰은 그를 강간범으로 식별하거나 배제하는 데 단서가 되도록 시체의 눈 색깔을 어떻게 결정할 수 있는가?

사례 및 연구 결과

1. 수십 명의 환자를 수정시키기 위해 자신의 정자를 사용한 의사를 상대로 여러 집단 소송이 제기되고 있다. 이 관행은 의대생이나 젊은 의사가 유료로 정자를 제공하던 1950년대에 시작되었다. 오늘날 남성당 기증 횟수는 제한되어 있지만 불임 부부가 정자 은행에서 같은 기증자로부터 정자를 주문하는 사례가 계속되고 있다. 과거 관행의 결과 오늘날 다양한 연령대의 수천 명의 사람들이 DNA 조상 테스트를 통해 이복형제가 있음을 발견하고 있다. 단일 유전자 질병의 향후 유병률 측면에서 많은 여성에게 동일한 기증자의 정자를 사용하는 경우 가능한 결과는 무엇인가? 당신의 대답을 설명하시오.

2. 한나 사메스(Hannah Sames)(임상 연계 2.2 참조)는 gigaxonin 유전자의 일부가 결실된 두 개의 동일한 돌연변이를 물려받았다. 유전성 실명을 치료하기 위해 유전자 치료를 받은 소년(20.3절 참조)은 *RPE65* 유전자에 두 가지 다른 열성 돌연변이를 가지고 있습니다. 어떤 아이가 복합 이형접합자인가?

3. 주간 드라마〈*The Young and the Restless*〉에서는 성인이 된 몇몇 사람들이 '드라마 급속 노화 증후군'의 약어인 SORAS로 어린 시절 고통받았다. SORAS에서 어린아이는 기숙학교에 보내졌다가 3개월 후 화난 10대로 돌아온다. 뉴먼(Newman) 가족의 니콜라스(Nicholas)와 빅토리아(Victoria) 형제는 불과 몇 달 만에 어린 시절부터 청소년기까지 급속 노화되었다. 어머니가 애슐리(Ashley)인 이복자매 애비(Abby)는 정상적인 시간표에 따라 성숙했다. 니콜라스와 빅토리아의 부모인 니키(Nikki)와 빅터(Victor)는 영향을 받지 않았다. SORAS의 가장 가능성 있는 유전 방식은 무엇이며 이를 어떻게 알 수 있나?

4. 클리버(Cleaver) 가족은 큰 기대를 하고 클로데트(Claudette)의 강아지의 탄생을 기다렸다. 그러나 정상적인 어미개가 여섯 마리의 새끼를 낳은 직후 새끼 중 수컷과 암컷 두 마리가 발작을 일으켜 사망했다. 살아남은 강아지 실베스터(Sylvester)는 한 살 때 실베스터의 부견 오티스(Otis)의 새끼인 미뉴에트(Minuette)와 교배되었다. 미뉴에트의 네 마리 강아지 중 하나도 안타깝게 발작장애로 사망했다. 이런 증상의 유전 방식은 무엇인가?

Courtesy of Matthew Garcia

CHAPTER 5

멘델 법칙을 넘어서

붉은 머리색 형질 결정에는 최소 9개 이상의 유전자 상호작용이 필요하다.

학습 목표

5.1 유전자 발현이 멘델 비율을 변경시킬 때

1. 치사 대립유전자의 효과로 멘델 비율이 변형되는 과정을 설명하시오.
2. DNA 구조적 원인에 의해 다양한 유전자 변이가 생성될 수 있는 과정을 기술하시오.
3. 완전 우성과 불완전 우성, 공우성의 차이를 구분하시오.
4. 상위를 동일 유전자 대립유전자 사이의 관계와 구분하여 설명하시오.
5. 침투도와 발현도, 다면발현의 효과를 표현형 발현의 관점에서 설명하시오.
6. 일반적 유전 현상처럼 보이는 표현형모사에 대해 설명하시오.

5.2 미토콘드리아 유전자

7. 미토콘드리아 관련 형질의 유전 양상을 기술하시오.
8. 미토콘드리아 DNA와 핵 DNA의 차이를 설명하시오.

5.3 연관

9. 연관 형질의 유전 양상을 서로 다른 염색체에 위치한 유전자의 유전과 비교하여 설명하시오.
10. 연관을 감수분열에 기초하여 설명하시오.
11. 연관을 이용하여 유전지도를 작성하는 과정을 설명하시오.

개관

그레고르 멘델(Gregor Mendel)의 완두콩 실험은 이배체 생물의 일반 유전 법칙을 잘 보여주었다. 그러나 이러한 멘델 유전 법칙과 외견상 일치하지 않는 유전 현상을 다수 확인할 수 있는데, 즉 대립유전자 수가 많거나, 여러 유전자들 사이 상호작용 및 환경 조건에 따른 유전 발현 변화, 미토콘드리아 유전, 동일 염색체상 연관 유전 등의 원인에 의해 다양한 유전 양상이 나타날 수 있다.

붉은 모발 형질의 다인성 유전

멘델 실험에서 완두콩 색깔은 오직 단일 유전자에 의해 노란색 혹은 녹색 형질이 결정되었다. 인간 머리카락 색깔은 금발에서부터 붉은색, 연한 갈색, 짙은 갈색, 흑발에 이르기까지 여러 가지로 나타나는데, 이 중 붉은 머리색 형질은 최근까지, 멘델의 완두콩 색깔 결정과 비슷하게, *MC1R*이라는 한 유전자에 발생한 특정 변이의 열성 형질로 간주되어 왔었다. 하지만 영국 생물은행(UK Biobank)에 수록된 35만여 명분의 유전정보를 분석한 결과는 붉은 모발 유전이 그렇게 단순하지 않다는 것을 확인해주었다.

두피의 멜라닌 세포(melanocytes)에서 생성된 멜라닌(melanin) 색소는 멜라노솜(melanosome)을 거쳐 모낭 팽부세포로 전달되고, 이어 모발에 침착된다. 이 멜라닌 색소 중 진멜라닌(eumelanin)은 머리카락에 어두운 계열 색을 입히고, 연멜라닌(pheomelanin)의 경우는 연붉은 노란색 모발을 나타낸다.

영국 생물은행에 기탁된 유전정보의 분석 결과에 따르면, 붉은 머리색 형질의 93%는 연멜라닌 생성을 유도하는 두 가지 *MC1R* 변이에 해당한다는 것을 알 수 있었다. 그러나 같은 변이를 공유한 집단의 견지에서 보면, 이 *MC1R* 변이를 보유한 인구 중 15%만이 붉은 모발에 해당하였다. 즉, 붉은 머리색 집단에서 다수를 차지하는 이 *MC1R* 변이가 바로 붉은 모발 형질 발현으로 이어진다고 보기 어려우며, 따라서 붉은 머리색 형질 결정에 다른 유전자들의 관련을 고려할 수밖에 없었다.

이후의 연구에서 *MC1R* 발현과 진멜라닌/연멜라닌 생성을 조절하는, 혹은 다른 경로로 붉은 색소 생성과 관련된 8가지 유전자를 추가 확인하였다. 이들 유전자는 각자 서로의 기능 활성에도 영향 주고 있었으며 일부는 모발 질감이나 곱슬머리 등 다른 머리카락 형질에도 관련되었다.

대표적 다유전자성 형질(polygenic trait)로 최소 200 이상의 유전자 활성 조합에 따라 결정되는 금발과 비교하면 붉은 머리색 형질은 단일 유전자성(monogenic trait)에 가까운 편이지만, 붉은 모발 역시 다른 유전자의 활성에 따라 그 형질 발현이 조절되고 있다. 이런 붉은 모발 유전의 예와 같이, 다른 유전자들의 뉘앙스(유전자 활성)에 따라 한 유전자형이 다양한 표현형으로 나타나게 되는 과정이 이 장의 주제이다.

5.1 유전자 발현이 멘델 비율을 변경시킬 때

멘델의 완두콩 실험에서와 같이 단일 유전자가 특정 표현형을 완전히 결정하는 경우는 현실에서는 오히려 찾아보기 드문 예이다. 일반적으로 유전자들은 상호작용하는 방식으로 기능하며, 또한 유전자 발현에 있어 환경의 영향 또한 무시할 수 없다. 그러나 관찰된 유전 양상이 멘델 법칙에 따른 우성/열성 형질의 유전과 외견상 일치하지 않는 것처럼 보인다고 해도, 그 유전 법칙이 작동하지 않는 것은 아니다. 실제 유전의 기저에 있는 유전자형 조합비는 멘델 유전 법칙과 부합하지만 다만 해당 유전자형의 표현형 발현이 다른 요인들에 영향받아 변형되었을 뿐이다.

이 장에서는 외견상 멘델 법칙에서 빗겨나 있는 것처럼 보이지만 실제로는 이에 부합하는 유전 현상을 크게 세 가지 상황으로 나누어 설명한다. 다양한 양상의 유전자 발현 결과들과 미토콘드리아 유전, 그리고 연관 유전이다. 특정 조건에 따라 멘델 법칙에서 벗어난 양상으로 유전 결과가 표현되고 있지만, 실제로는 그 유전 법칙이 작동하는 사례들이다. 제11장에서는 이들 특이적 유전자 발현 현상을 분자생물학적 수준에서 재조명할 것이다.

치사 대립유전자 조합

일반적 용어 정의에서 치사 유전자형(lethal genotype)은 발생 및 생활사 시기와 무관하게 어느 때라도 치사성(lethality)이 나타날 수 있는 모든 치사 유전 조합이다. 예를 들어, 3~4세 유아시기에 사망하는 테이-삭스병(Tay-Sachs disease)이나 중년 늦게까지도 생존할 수 있는 헌팅톤병(Huntington disease) 모두 치사 유전에 해당한다. 그러나 집단유전학이나 진화유전학의 견지에서는 좀 더 좁은 의미로 치사 유전자형을 정의하는데, 즉 해당 유전자형 개체의 번식 이전에 치사성이 발현하여 다음 세대로의 유전이 방해받게 되는 경우에 한정한다.

치사 대립유전자 때문에 자손 세대에서 특정 유전자형 조합이 소거되는 효과는 초파리나 완두콩, 혹은 쥐와 같은 모델 생물의 교배 실험에서 쉽게 확인할 수 있다. 즉, 배아시기 치사성을 나타낼 수 있는 치사 대립유전자의 이형접합 유전자형 사이의 교배로부터 얻은 자손에서는 오직 부모와 같은 이형접합 유전자형이나 우성 대립유전자의 동형접합형만을 확인할 수 있다. 사람의 경우에서도 이 같은 배아시기 치사 유전자가 자연유산(spontaneous abortion), 심지어 산모의 임신 자각 전 조기유산의 원인이 될 수 있다. 실험모델 생물의 경우와 같이, 두 부모가 모두 치사 대립유전자의 보인자라면 열성 대립유전자의 동형접합형 확률과 같은 25%의 비율로 자연유산하며, 해당 치사 유전자형의 자손은 찾아볼 수 없게 된다.

이러한 치사 유전자형 조합의 한 예로 인간에서 연골무형성 난장이증(achondroplastic dwarfism) 변이의 동형접합 경우를 들 수 있다. 연골무형성 난장이증은 상대적으로 긴 몸통과 짧은 사지, 그리고 평평한 안면의 큰 머리와 같은 특징적 외형을 나타내는데(**그림 5.1**), 이는 상염색체 우성 형질이며, 대부분 자연 발생 돌연변이(spontaneous mutation)의 결과로 발생한다. 그런데 이 연골무형성증 부부 사이의 자손에서 해당 변이의 동형접합형 아이는 확인할 수 없는데, 이로써 해당 유전자형 조합이 치사 유전자형이라는 것을 짐작할 수 있다. 따라서 이 부부는 2/3 확률로 같은 질환을 가진 아이와 함께 1/3 확률의 일반 신체형 아이의 출산을 기대할 수 있다. 모델 동물에서 이 연골무형성증 변이의 동형접합성 배아를 제작하여 확인해 보면, 폐가 기능할 수 있는 신체 공간이 발달하지 않아 호흡이 불가능하게 되는 것을 확인할 수 있었다. 이 우성 표현형 연골무형성증은 *FGFR3* 유전자에 생긴 기능-획득 돌연변이(gain-of-function mutation)에서 비롯하는데, 이 변이의 우성 표현 형질로 장관골 성장이 지체된다.

다중 대립유전자

한 쌍의 상동염색체로 구성되는 이배체 생물에서 한 개체는 각 상염색체 유전자에서 최대 두 대립유전자를 보유할 수 있다. 그러나 해당 생물의 전체 집단 견지에서는 이론상 무수한 변이가 축적될 수 있다. 이러한 여러 대립유전자의 다양한 조합은 보다 복잡한 표현형 발현으로 이어질 수 있다. 4장에서 다뤘던 **복합 이형접합자**(compound heterozygote)와 같이, 한 유전자의 서로 다른 두 열성 대립유전자의 조합으로 관련 열성 형질이 발현하는 경우도 생각할 수 있다.

일부 유전병에서는 유전자형 확인으로 해당 질환의 예후 전망이 가능하다. 낭포성 섬유증(cystic fibrosis, CF)이 그 예의 하나이다(그림 1.4, 그림 1.6, 임상 연계 4.1 참조). 일부 낭포성 섬유증 유전자형은 습관적 급성 호흡기 감염, 중증 폐부종(highly congested lungs), 체중 감소 등 심각한 증상을 나타내지만, 다른 유전자형에서

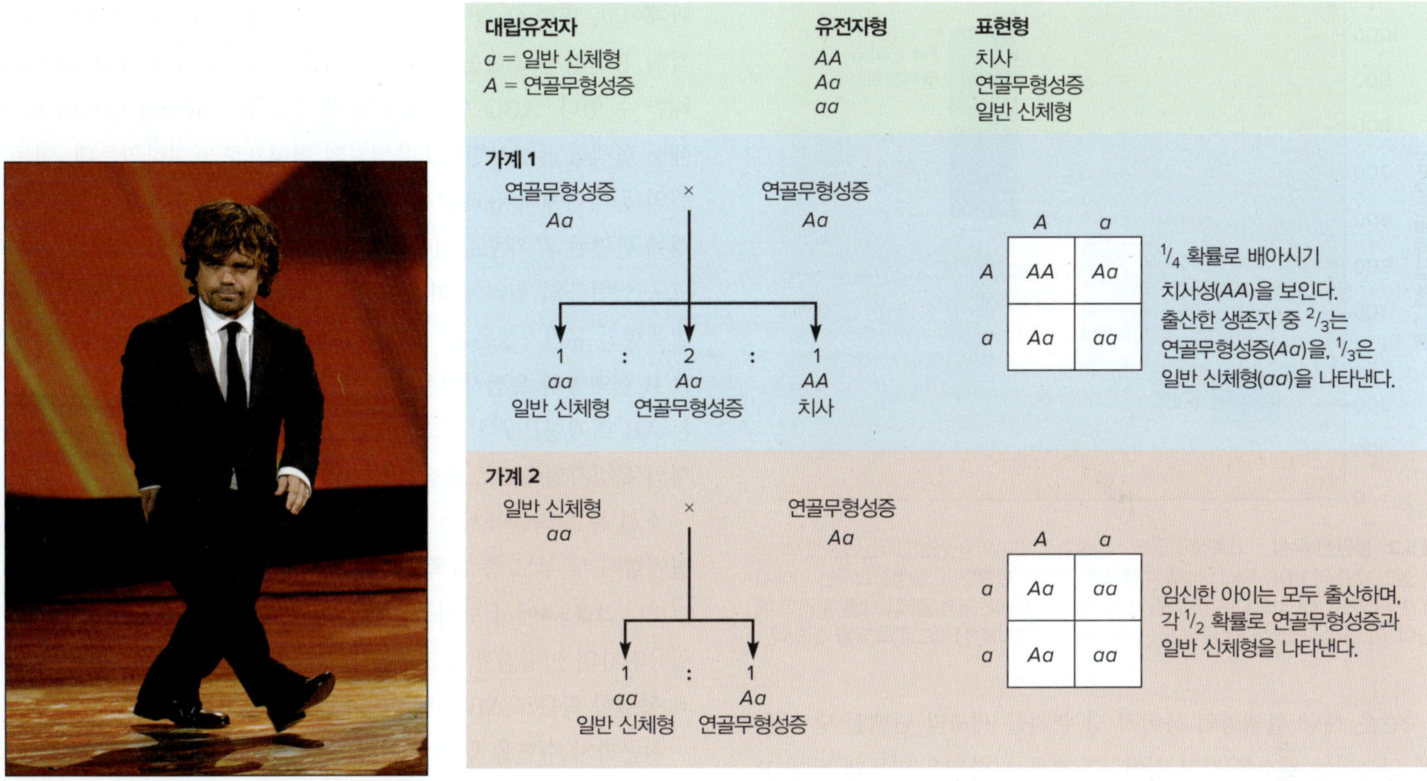

(a) (b)

그림 5.1 치사 대립유전자. (a) 연골무형성증은 우성 변이로 발병하며, 이 변이 대립유전자의 동형접합은 배아시기 치사성을 보인다. (b) 연골무형성증 부부의 자녀는 2/3의 확률로 같은 질환 증상을 보이고, 1/3 확률로 일반 신체형 자녀도 기대할 수 있다. 이런 조건 확률은 임신한 태아의 1/4이 태어날 수 없기 때문이다. *(a): Kevin Winter/Getty Images*

는 기관지염, 부비동염, 폐렴 등에 취약한 정도이다. 남성 불임에 국한한 영향에 그치는 유전자형도 있다.

대립유전자 우열관계의 다양성

완전 우성(complete dominance)관계에서 표현형은 우성 대립유전자 한쪽을 따라 결정된다. 반면, **불완전 우성**(incomplete dominance)관계에서는 두 대립유전자 조합의 표현형이 각 대립유전자 동형접합자의 중간 표현형 발현으로 나타난다.

이러한 완전/불완전 우성관계는, 가령 특정 효소의 기능 부족에 기인한 표현형 발현의 경우, 해당 효소 기능의 역치 수준(threshold level)으로 설명할 수 있다. 예를 들어, 테이-삭스병의 유전은 정상 유전자형의 완전 우성 발현을 보이는데, 즉 해당 유전병 변이의 이형접합 보인자는 정상 유전자형의 동형접합자와 표현형 차이가 없다. 그러나 실제로 이 보인자는 정상 유전자형과 비교해 중간 수준의 효소만을 발현하고 있다. 다만 이 정도 효소 수준으로도 정상형과 비교해 차이 없는 기능을 나타낼 수 있기에 완전 우성 관계가 성립하는 것이다.

반면, 불완전 우성의 예인 가족성 고콜레스테롤혈증(familial hypercholesterolemia, FH)의 경우, 해당 유전 변이의 이형접합 환자는 정상 유전자형과 비교해 부족한 효소 수준에 비례하여 해당 유전질환을 발현한다. 가족성 고콜레스테롤혈증은 간세포가 혈류의 저밀도 지질단백질(low density lipoprotein, LDL)을 흡수하는데 필요한 수용체가 발현되지 않아 혈류 지질이 높게 유지되는 질환인데, 따라서 해당 유전 변이의 동형접합 환자는 소년기에 심혈관계 질환으로 조기 사망한다. 이뿐 아니라, 이형접합 환자들 또한 정상형의 절반에 그치는 효소 수준에 따라 청년기부터 이른 심혈관계 질환을 앓는다. **그림 5.2**는 해당 유전 변이의 동형접합자, 이형접합자 및 정상형의 세 유전자형 그룹에서 혈중 콜레스테롤 농도 범위를 보여주고 있다.

또 다른 우열관계로, 이형접합 유전자형의 표현형 발현에 두 대립유전자 발현 결과가 모두 반영되는 경우를 **공우성**(codominant) 관계라고 한다. 대표적인 예가 ABO 혈액형 결정에 관련된 공우성 대립유전자의 발현이다.

혈액형은 적혈구 표면 단백질에 따라 결정되는데, 이들 대부분은 세포막 단백질로서 세포 표면 쪽으로 특정 당 사슬(carbohydrate chains)과 결합한 형태의 당단백질이다. 바로 이 당 부분이 혈액형 결정에서 면역계가 반응하는 **항원**(antigen)으로 기능한다. A 혈액형

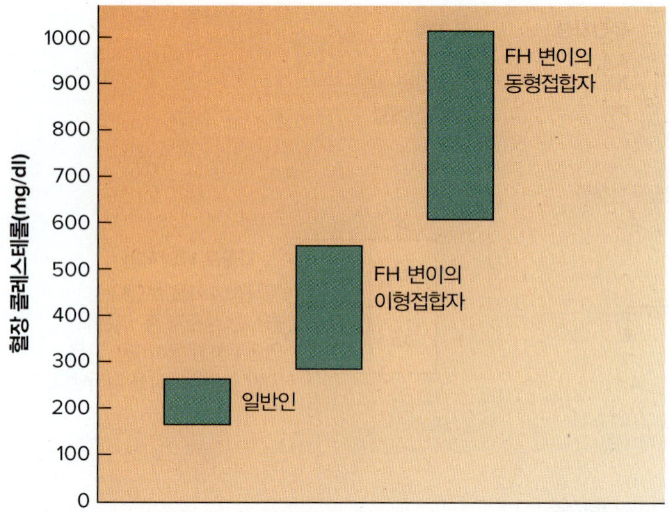

그림 5.2 불완전 우성. 가족성 고콜레스테롤혈증 변이의 이형접합자는 일반인과 비교해 절반 수준의 LDL 콜레스테롤 수용체를 간에서 발현한다. 동형접합자는 간에서 해당 수용체가 전혀 없으므로 더 중증의 병세를 나타내며, 혈청 콜레스테롤 수준이 매우 높다. 이 콜레스테롤은 각 관절과 신체 여러 부위에 비정상적으로 축적될 수 있다.

의 사람은 해당 혈액형의 특이적 당 분자를 세포막 단백질 당 사슬 끝에 덧붙이는 효소를 갖고 있어, 그 결과 A 항원을 만들게 된다. B 혈액형에서는 이 효소의 대립유전자가 A 혈액형과 달라 적혈구 표면 당 사슬에 덧붙이는 당 분자가 바뀌고 B 항원이 만들어진다. AB 혈액형에서는 두 종류의 항원 모두를 발현한다. O 혈액형에서는 이 효소 기능의 상실로 당 사슬 끝에 덧붙여지는 추가 당 분자가 없고, 따라서 면역계가 반응하는 A, B 항원이 모두 없다(**그림 5.3**).

A 혈액형과 B 혈액형을 결정하는 두 대립유전자는 서로 공우성

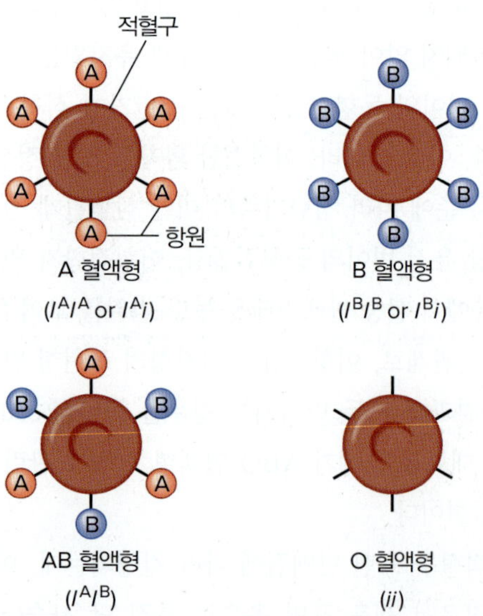

그림 5.3 ABO 혈액형의 공우성 관계. ABO 혈액형은 적혈구 표면 항원에 대한 면역반응에 기초하고 있다. 그림에서 각 항원은 과장된 크기로 표현하였다. 괄호 안에 해당 유전자형을 표시하였다.

관계이고, 또한 O 혈액형 대립유전자에 대해 완전 우성관계이다. 각각의 유전자형 조합을 정리하면 이러한 우열관계의 성립 원리를 이해할 수 있다. ABO 혈액형 결정 원리를 최초 규명한 당시의 표기법에서 혈액형 유전자형을 I 유전자의 변형으로 표현하였는데, 이는 항원의 동의어에서 유래한 *isoagglutinin*의 약어 표현이다. 혈액형 결정에 관련된 각 대립유전자를 I^A, I^B, i로 표기하였다. 그리고 혈액응고 면역반응의 원리에 따라 적혈구 표면에 A 항원만을 발현하는 A 혈액형의 유전자형은 I^A 또는 I^Ai 라고 추론할 수 있었다. 같은 원리로 B 혈액형의 유전자형은 I^BI^B 또는 I^Bi, A, B 항원을 모두 갖고 있는 AB 혈액형은 I^AI^B라고 정리하였다. 두 항원이 모두 없는 O 혈액형의 유전자형은 ii로 표현하였다.

소설 등 창작물에서는 ABO 혈액형 결정 원리를 오해하여 아이의 혈액형이 두 부모 중 한쪽과는 일치해야 한다는 오류를 보이곤 한다. 그러나 **그림 5.4**에서 보여주고 있는 바와 같이, A 대립유전자와 B 대립유전자의 이형접합 부모 사이의 아이는 부모와 같은 A, B 혈액형과 동일한 확률로 AB 혈액형이나 O 혈액형으로 태어날 수도 있다.

최근까지 수혈을 위한 혈액형 확인은 수혈 수용자 혈장의 항체와 공여자 적혈구 표면의 항원 사이 면역반응을 실제 실험해 보는 방식으로 진행하였다. 그러나 이런 면역반응 확인 과정에서 여러 기술적 문제가 발생할 수 있다. 최근의 추세는 각종 혈액형 관련 유전자들에 대한 유전자 검사를 통해 수혈 가능 혈액형 조합을 확인한다. 이러한 DNA 검사 방식이 더 정확하며, 오히려 비용도 절감한다.

상위

각 형질이 다른 형질 발현에 영향이 없는 경우만을 대상으로 했던 멘델 실험과는 달리, 많은 유전자는 다른 유전자 발현에 주요한 영향을

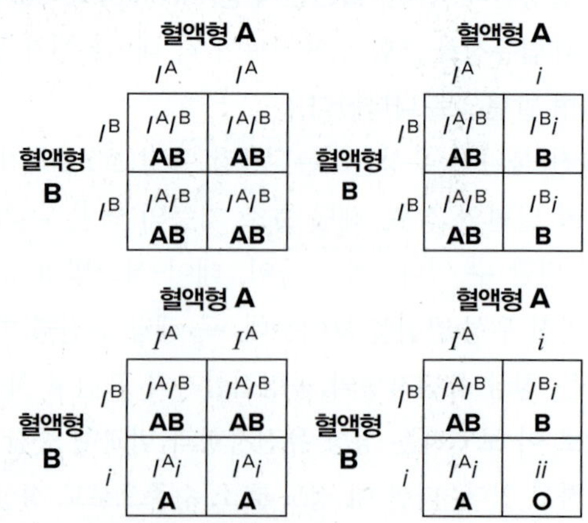

그림 5.4 공우성. I 혈액형 유전자의 I^A와 I^B 대립유전자는 멘델의 분리 법칙에 따라 유전되지만 서로 공우성 관계에 있다. 이 퍼네트 사각형은 혈액형 A형과 B형 부부의 각기 다른 유전자형에 따라 그사이 자녀의 혈액형이 다른 비율들로 나타날 수 있음을 보여준다.

미칠 수 있다. 이처럼 특정 유전자형이 다른 유전자 표현형을 가리거나 변형할 수 있는 관계를 **상위**(epistasis)라고 하는데, 이는 같은 유전자의 여러 대립유전자 사이의 우열관계와 달리 서로 다른 유전자 사이의 상호작용에서 비롯한 관계이다. 이때 다른 유전자 발현에 영향을 주는 유전자를 변경 유전자(modifier gene)라고 하고, 변경 유전자는 그 영향을 받는 유전자에 대해 상위관계에 있다고 한다.

분자생물학적 수준에서 상위는 다양한 방식으로 구현되는데, 가령 조절을 받는 유전자의 RNA 전사 등은 정상적으로 유전자 발현하였다 하더라도 정상적 유전자 활성에 필요한 단백질 구조가 변경 유전자에 의해 비활성화 되거나, 혹은 그 유전자 활성과 반대 방향의 변경 유전자 상쇄 작용이 있을 수 있다.

봄베이 표현형(Bombay phenotype)이라는 특이적 혈액형은 이러한 상위 관계의 한 예이다. 이는 ABO 혈액형을 결정하는 *I* 유전자와 *H* 유전자 사이의 유전관계인데, *H* 유전자의 기능은 A, B 항원의 당 분자가 첨가되는 적혈구 표면 당 사슬의 발현을 조절한다. 따라서 이 당 사슬이 만들어지지 않는 *hh* 유전자형은 *I* 유전자의 여러 유전자형과는 상관없이 혈액형 검사에서 항상 O 혈액형으로 판정받을 수밖에 없다. 이 부분에서 *H* 유전자는 *I* 유전자에 대해 상위관계에 있다고 한다.

특정 사례에서 상위는 같은 질환을 물려받은 동일 유전자형의 자녀에서 병증 발현이 서로 달라지는 이유가 되기도 한다. 척추성 근위축증 1형(spinal muscular atrophy type I)이라는 유전질환을 물려받은 형제에 관한 연구가 한 예인데, 척추성 근위축증은 신경 축삭의 감퇴로 근육 조직에 신경 신호를 보내지 못해 근육이 위축되고 소년기에 조기 사망하는 유전병이다. 그런데 같은 유전질환을 물려받은 형제 중 한쪽은 아무런 병증을 나타내지 않았는데, 이는 플라스틴 3(*plastin 3*)라는 다른 유전자에 생긴 변이 때문이었다. 이 유전자 변이는 세포골격단백질 액틴 생산을 촉진하여 신경 축삭 성장을 유도함으로써 척추성 근위축증 변이로 인한 신경 축삭 감퇴를 상쇄하는 상위효과가 있었다. 즉, 건강한 쪽의 형제는 척추성 근위축증 변이와 더불어 신경 축삭 성장 관련 유전 변이도 함께 물려받아 해당 유전병이 발병하지 않았다.

침투도와 발현도

같은 유전자형도 각 개체 조건에 따라 여러 표현형으로 달리 나타난다. 이에는 다른 유전자 영향에 의한 유전적 조건과, 또한 영양 조건, 주변의 독소, 스트레스 등의 환경적 조건도 영향을 미친다. 가령, 동일한 낭포성 섬유증 유전자형을 지닌 두 환자 중, 천식과 호흡기 알레르기 소인을 함께 지녔던 한쪽 환자에서 더 중증의 낭포성 섬유증 병증을 확인할 수 있었다.

침투도와 발현도 두 용어는 특정 유전자형이 표현형으로 발현되는 정도 차이를 설명한다. **침투도**(penetrance)는 해당 유전자형의 집단에서 관련 표현형을 발현한 비율을 가리킨다. **발현도**(expressivity)는 개체마다 다른 표현형 발현 강도 혹은 유전자 발현 강도 차이를 얘기한다. 즉, 침투도는 유전자 견지에서 특정 유전자형이 관련 표현형 발현으로 이어질 확률을 이야기하고, 발현도는 개체의 입장에서 다양한 발현 강도를 나타낸다.

특정 유전자형의 집단이 모두 관련 표현형을 발현할 때 이를 완전 침투(complete penentrant)라고 한다. 예를 들어, 헌팅톤병(4장 참조)은 거의 완전 침투에 해당한다. 평균 수명 증가에 비례하여 특정 유전 변이에 따른 질환 증상 발현 비율 역시 올라가지만, 일반적으로 완전 침투는 드문 편이다.

해당 유전자형이 일부에서 관련 표현형이 나타나지 않는다면 그 유전자형은 불완전 침투(incomplete penentrant)라고 한다. 다지증(polydactyly, 그림 1.8a)은 불완전 침투를 보여주는 한 예인데, 다지증의 우성 변이 보유자 일부는 5개 이상의 손발가락을 보인다. 그러나 가계도에서 다지증 증상의 부모나 자식 등으로 미루어 볼 때 같은 변이를 공유하고 있음이 분명한데도 불구하고 해당 증상을 나타내지 않는 개체 또한 존재한다. 침투도는 계량 수치로 표현하는데, 우성 다지증 대립유전자를 물려받은 100명 중 80명에서만 추가 손발가락을 찾을 수 있다면 이 유전자형은 80% 침투도를 보인다고 말한다.

또한 개체 조건에 따라 특정 유전자형의 표현형 발현 강도가 달라질 수 있다. 가령 어떤 다지증 환자는 두 손과 한 발에까지 각각 추가 손발가락을 보이는 반면, 같은 유전자형의 다른 이에서는 한 손에 추가 손가락 흔적만 나타나기도 한다. 이처럼 다지증 유전 변이는 불완전 침투도와 다양한 발현도의 표현형을 보인다.

다면발현

단일 유전자 변이가 여러 병증으로 나타나거나, 혹은 한 유전자의 기능이 여러 과정에 관련되어 다방면의 효과를 미칠 때, 이를 **다면발현**(pleiotropic)이라고 한다. 가계도 조사에서 이러한 다면발현 유전 양상을 파악하기는 쉽지 않은 편인데, 서로 상이해 보이는 병증들이 각기 다른 병인에 기인한 것으로 생각하기 쉽기 때문이다.

분자생물학적 수준에서 다면발현이 나타나는 원리를 보면, 해당 유전자가 신체 여러 부위에서 기능하거나, 여러 생화학적 과정에 관련되어 있거나, 혹은 정량적 수위에 따라 각기 상이한 유전자 효과가 있는 경우 등에 해당한다. 한 예로 마르팡 증후군(Marfan syndrome)을 얘기할 수 있다. 이 상염색체 우성질환은 피브릴린(fibrillin)이라는 결합조직 단백질의 결핍에서 비롯하는데, 피브릴린은 안구 수정체, 대동맥, 사지 및 손가락뼈, 갈비뼈 등에서 주요하게 발현하는 단백질이다. 따라서 마르팡 증후군은 수정체 이탈 및 관련 안과질환, 긴 팔다리, 가는 손가락, 함몰 가슴 등의 특징과 함께, 대동맥 파열로 갑작스럽게 사망할 수 있는 위험이 있다. 해당 유전 변이의 조기 진단 후 약화한 대동맥 부분을 합성 혈관으로 대체하는 수술로 연명할 수 있다.

유전적 이질성

서로 다른 유전자에서 발생한 변이가 비슷한 표현형으로 나타나는 현상을 **유전적 이질성**(genetic heterogeneity)이라고 한다. 동일한 생화학적 과정에 관련된 여러 유전자나, 혹은 동일 신체 부위에서 기능하는 여러 유전자에서 발생한 변이들이 서로 비슷한 표현형으로 나타날 수 있다. 유전적 이질성 또한 외견상 멘델 법칙에서 빗겨나 보이는 유전 양상의 원인이 된다. 예를 들어, 20가지 이상의 유전자에서 발생한 변이들이 서로 비슷한 망막변성증(retinal dystrophy) 증상을 나타내는데, 안구 망막에서 시각 정보를 수용하는 막대세포(rod cell)나 원뿔세포(cone cell), 혹은 망막 지지세포 등 어느 곳에서의 변이 결함으로도 비슷한 병증이 나타날 수 있다(**그림 5.5**). 이때, 특정 망막변성증 변이의 동형접합 유전자형으로 실명한 남성이 다른 유전자에서의 동형접합 변이로 실명한 여성과 아이를 낳는다면, 그 자녀는 부모 실명의 원인인 두 유전자 변이에 대해 이형접합일 가능성이 크므로 실명 가능성이 매우 낮다.

인간 유전체의 서열결정 이후 각 유전질환에 대해 더 많은 원인 유전자를 발견할 수 있었고, 이러한 신규 유전자 발견에 힘입어 해당 질환에 더 잘 대처할 수 있게 되었다. 예를 들어, 비정상 콜라겐 때문에 골절 위험이 증가하는 불완전골형성증(osteogenesis imperfecta)의 경우, 이 질환의 신규 원인 유전자 규명 전에는 아이의 습관적 골절 때문에 병원을 찾았던 부모들이 아동학대로 기소되는 사례도 있었다. 인간 유전체 서열결정 전에는 불완전골형성증의 원인 유전자로 단지 한 유전자만 알려져 있었지만, 지금은 최소 여덟 이상의 주요 원인 유전자를 확인하고 있다.

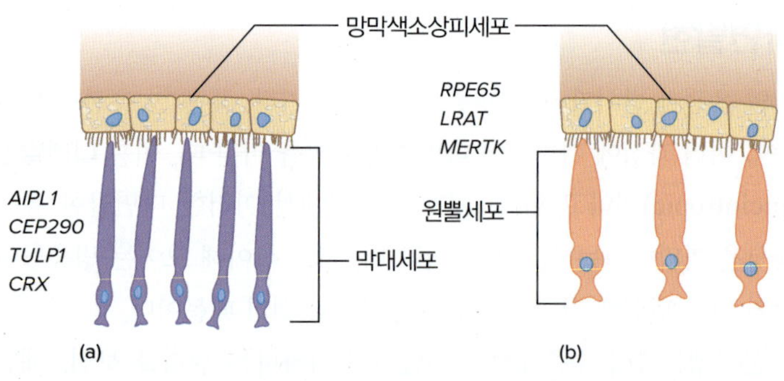

그림 5.5 유전적 이질성. 망막의 유지와 기능에 관련된 다양한 유전자에 발생한 변이들이 실명이라는 동일한 결과로 이어진다. 망막은 안구 뒤쪽에 여러 겹의 세포층으로 구성되어 있는데, 이 중 막대세포와 원뿔세포는 시각 정보를 받아 뇌로 전달하는 광수용체 세포(photoreceptors)에 해당한다. 여기서는 망막변성증이라는 실명 질환을 유발하는 여러 변이 중, 막대세포 특이적 혹은 망막색소상피세포 특이적 기능 상실에 관련된 변이 유전자를 표시하였다.

임상 연계 5.1에서는 유전적 이질성을 보이는 유전질환 중 발생 빈도가 높은 알츠하이머병(Alzheimer disease)을 소개한다.

표현형모사

환경의 영향에 따른 효과가 마치 유전 형질로 보이는 현상을 **표현형모사**(phencopy)라고 한다. 다른 유전성 병증과 비슷한 증상을 보이거나, 마치 가족 사이 유전되는 것과 같은 양상으로 병증이 반복될 수 있기 때문이다. 예를 들어, 제3장에서 다뤘었던 내용인 탈리도마이드(thalidomide) 부작용의 사지 발달장애 기형은 희귀 유전성 질환인 단지증(phocomelia) 증상과 비슷하게 보이는 표현형모사라고 할 수 있다. 하지만 이 유전질환과 외견상 비슷해 보이는 기형아의 출생 빈도가 갑자기 증가하면서, 이를 설명할 수 있는 다른 환경적 원인을 찾아보게 되었다. 아무래도 희귀 유전질환 발생 빈도의 급격한 변화보다는 특정 기형 유발원에 대한 노출 증가의 가능성이 더 높아 보였기 때문이다.

감염성 질환의 일부 또한 가족 사이 유전처럼 보이는 표현형모사의 사례가 된다. AIDS 아동의 대부분은 그 부모에게서 해당 질환을 물려받은 상황에 해당한다. 하지만 이 아이들이 앓고 있는 AIDS의 원인은 어디까지나 바이러스 감염에서 비롯된 것이지, 면역결핍 유발의 다른 유전성 변이 때문은 아니다.

환경적 상황으로 나타나는 일반 증상들도 종종 유전성 병증으로 오해하기 쉽다. 예를 들어, 자주 감기를 앓는 체중미달 아이는 낭포성 섬유증을 앓는 것일 수도 있지만, 그 대신 영양실조의 증상일 수도 있다.

인간 유전체 서열결정 이후 유전 현상의 이해

인간 유전체의 서열결정 이후 연구 대상 유전자 수가 증가하면서, 과거에는 희귀 유전 사례로 보았던 현상들을 점차 보편적 유전 특성으로 이해하게 되었다. **상위**와 **유전적 이질성**과 같은 유전학 용어는 적용례가 겹치고 구분이 모호해졌다. 예를 들어, 마르팡 증후군 환자 대부분은 피브릴린 변이에서 비롯하지만, 일부는 TGFβR(transforming growth factor beta receptor) 유전자에서 발생한 변이로 발병한다. 피브릴린과 TGFβR은 동일한 생화학적 경로에서 기능하는데, 따라서 마르팡 증후군은 서로 다른 두 유전자 변이가 비슷한 병증을 유발하는 유전적 이질성 질환의 정의에 부합한다. 하지만 TGFβR 변이가 정상적 피브릴린 활성을 억제한다는 측면에서 TGFβR의 상위 관계로 표현할 수도 있다.

침투도와 발현도 차이와 같은 유전 현상도 유전자들 사이 상호작용에서 비롯한다고 할 수 있는데, 그것은 유전자 발현 조직이나 발현 시기는 직접 겹치지 않더라도 다른 유전자의 간접효과로도 특정 유전자 발현이 영향받을 수 있기 때문이다. 헌팅톤병의 예를 얘기할 수 있다. 헌팅톤병 환자는 뇌 일부 부위를 중심으로 광범위한 세포사멸을 앓는데, 같은 헌팅톤병 변이를 보유한 형제 사이에서도 병증이 나타나는 뇌 조직에 남아 있는 세포 수에서 큰 차이를 보일 수 있다. 가령, 태아시기 발생 중 뇌에서 신경줄기세포 증식률과 관련한 유전적 조건 차이로 태아시기부터 더 많은 뇌세포를 발달시켰던 한쪽 형제는, 같은 헌팅톤병 변이를 공유하지만 그런 여분의 뇌세포를 갖지 못한 다른 쪽 형제와 비교해, 병세 진행을 크게 늦출 수 있다. 심지어 그 건강한 쪽 형제가 다른 이유로 사망할 때까지도 헌팅톤병 발병이 늦춰진다면, 이때 해당 헌팅톤병 변이는 불완전 침투라고까지 할 수 있다.

각 유전자의 조직별 발현 양상 분석 기술의 발달로 다면발현 유전의 구체적 분석이 가능하게 되었다. 그 결과, 많은 유전성 질환이 그 대표 병증들 외에도 다른 조직이나 여러 장기 기능에 영향이 있음을 알게 되었다. 이와 달리, 점점 더 많은 유전자가 서로 발현이 반복되고 기능이 서로 겹친다는 것을 이해하게 되면서, 유전적 이질성 유전자의 사례 또한 증가 추세이다.

표 5.1에서는 멘델 법칙에 따른 단일 유전자 유전 양상이 변경된 것처럼 보이는 유전 현상들을 요약 정리하였다. 분석 기술의 발달과 각 유전질환에 대한 이해가 증가하면서, 현재 통용되고 있는 여러 유전 현상에 대한 정의와 규정은 지속적인 수정을 겪는 중이다. 과거에는 특이적 유전 사례로 여겼던 다양한 발현도, 불완전 침투, 상위, 다면발현, 유전적 이질성과 같은 유전 현상들이 실제 유전의 보편적 특성으로 정리될 전망이다.

멘델이 정리한 두 유전 법칙은 기본적으로 세포 핵에 존재하며 서로 독립된 염색체에 위치한 유전자에서 비롯한 형질들을 대상으로 도출한 것이다. 반면, 동일 염색체에 함께 자리한 유전자들로는 멘델 법칙의 표현형 조합비를 맞출 수 없다. 따라서 이 장의 나머지 부분에서는 멘델 법칙에 따르지 않는 유전들인 미토콘드리아 유전과 연관에 대해 다뤄보겠다.

핵심 개념 질문 5.1

*a. **치사 유전자형**을 정의하시오.
b. 완전 우성과 불완전 우성, 공우성의 차이를 구분하시오.
*c. 상위를 설명하시오.
d. 침투도와 발현도의 차이를 설명하시오.
*e. 다면발현을 설명하시오.
f. 유전적 이질성을 보이는 유전 양상의 예를 제시하시오.
*g. 표현형모사를 설명하시오.

표 5.1 단일 유전자 표현형 비가 변경되는 유전 현상

유전 현상	표현형 발현에 미치는 영향	사례
치사 대립유전자	생식 연령까지 생존하지 못한다.	연골무형성증
다중 대립유전자	다양한 종류와 강도의 표현형이 나타날 수 있다.	낭포성 섬유증
불완전 우성	이형접합 표현형이 두 동형접합 표현형의 중간형으로 나타난다.	가족성 고콜레스테롤혈증
공우성	이형접합 표현형이 두 동형접합 표현형 및 그 중간형과 상이한 형태로 나타난다.	ABO 혈액형
상위	특정 유전자의 효과에 따라 다른 유전자의 표현형이 가려지거나 변형된다.	봄베이 표현형
침투도	같은 유전자형의 일부 개체에서 관련 표현형이 나타나지 않는다.	다지증
발현도	같은 유전자형의 개체들 사이에서 표현형 발현 강도가 다양하다.	다지증
다면발현	다양한 종류의 병증이 개체에 따라 각기 다른 조합으로 나타난다.	마르팡 증후군
표현형모사	환경적 원인에 기인한 질환이 유전병의 병증과 비슷하거나, 유전 현상과 유사한 양상으로 발생한다.	감염
유전적 이질성	서로 다른 유전자에 발생한 유전 변이가 같은 증상의 표현형을 나타낸다.	불완전골형성증

임상 연계 5.1

가족성 알츠하이머병의 근원

"그 쪼끄만 화면에 있는 게 뭐니?" 82세 지니(Ginny)는 휴대폰을 보고 있는 아들에게 반시간 동안 다섯 번째 질문을 반복하고 있었다.

"엄마, 제가 여기 온 뒤로 벌써 몇 번이나 같은걸 묻고 있는 거 아세요? 이건 그냥 휴대폰 바탕화면이라고요. 말했다시피, 제 고양이 트라우저 사진이고요." 아들은 인내심을 잃지 않으려 애쓰며, 오렌지색 고양이 사진이 깔린 휴대폰 화면을 모친에게 보여주었다.

"아닌데? 지금 처음 물어보는 거야." 그러다 지니는 말을 멈추고 또 혼란스러운 표정을 지었다. "그 고양이 이름이 뭐라고?"

이 대화로부터 수개월 후, 지니의 단기 기억력은 더욱 악화하여 짧은 독서나 대화조차 마치지 못할 정도가 되었다. 동네 가게에서 그녀가 수십 년 동안이나 사왔던 물건들의 장 보기도 힘들게 되었고, 점점 심해지는 증상으로 지니는 우울증까지 앓게 되었다. 결국 아들은 모친에게 신경과 종합 검사를 권했다. 그 뒤 진료를 받게 될 즈음에는 다른 증상들도 나타났는데, 지니는 우편번호나 그녀가 자란 마을 이름도 기억해 낼 수 없었고, 과일을 욕조에 갖다 놓는 등 물건들 제자리 찾는 일도 어려워하게 되었다.

지니는 경도인지장애(mild congnitive impairment, MCI) 판정을 받았다. 이는 전 세계적으로 2,600만 명이나 앓고 있는 알츠하이머병의 초기 징후일 수 있었다. 먼저 비타민 결핍증이나 저산소증 병인은 아니라는 것을 확인한 후, 신경과 담당의는 뇌에서 신경전달물질 아세틸콜린(acetylcholine) 분해를 늦추는 처방을 내렸다. 함께 처방해 준 항우울제 덕분에 지니는 스스로 외출할 생각까지 할 정도로 호전되었다. 그러나 그녀의 증상이 결국 알츠하이머병으로 진행한다면 지니는 지속적으로 사고와 논리력, 학습 능력과 의사소통 능력을 잃고, 심지어 그녀가 사랑했던 사람들마저 알아보지 못하게 될 것이다. 최종적으로는 말하거나 웃을 수도 없고, 또한 걷지도 못하게 되는데, 이는 다리 문제가 아니라 그녀가 걷는 법을 잊어버릴 것이기 때문이다. 가끔은 눈앞의 안개가 걷히고 잠깐씩 그녀의 소중했던 때를 떠올려볼 순간들은 있겠지만.

알츠하이머병에서는 뇌의 편도체(감정 중추)와 해마(기억 중추)에 두 종류의 단백질이 축적된다. 아밀로이드 전구단백질(amyloid precursor protein)은 원래 철 이온을 안전한 형태로 바꾸고 있는데, 알츠하이머병에서 이 전구단백질이 비정상적으로 조각나 생성된 아밀로이드 베타(amyloid beta)는 쉽게 분해되지 못하고 뇌세포 바깥쪽 아밀로이드 반(amyloid plaques) 형태로 축적된다. 이에 따라 뇌 신경세

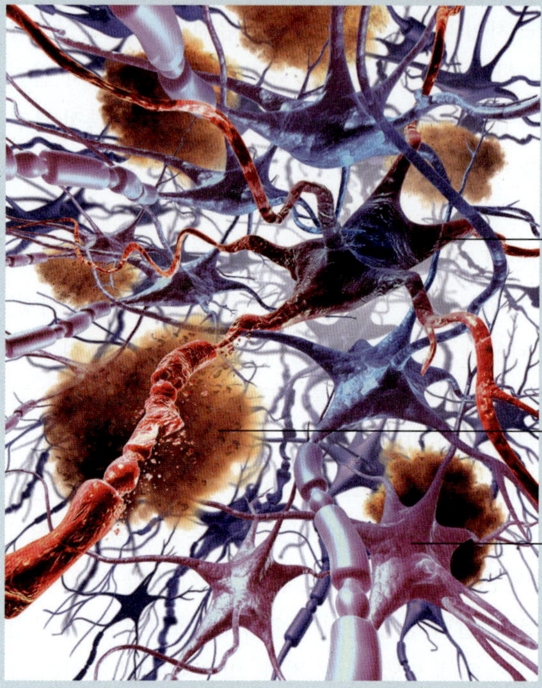

그림 5A 알츠하이머병에서 신경세포 바깥으로 아밀로이드 반(amyloid plaques)이 형성되고 세포 안에는 신경섬유 다발이 생긴다. *Marc Phares/Science Source*

표 5A	알츠하이머병 관련 유전자	
원인 유전자	**염색체**	**기작**
Amyloid precursor protein (*APP*)	21	비정상 절단 조각들이 신경세포 바깥에 축적
Calcium homeostasis modulator 1 (*CALHM1*)	10	아밀로이드 절단 조절
Presenilin 1 (*PSEN1*)	14	APP 절단 기능의 단백질분해효소를 구성
Presenilin 2 (*PSEN2*)	1	APP 절단 기능의 단백질분해효소를 구성
위험 유전자		
Apolipoprotein E4 (*APOE4*)	19	비정상 절단 조각들이 타우(tau) 단백질 인산화, 타우 병괴 형성, 타우-미세소관 결합 방해
Triggering receptor expressed on myeloid cells (*TREM*)	6	뇌 염증 촉진

(계속)

포 안에는 철의 산화 스트레스(oxidative stress)가 증가하고, 세포 바깥 아밀로이드 반에는 아연이 쌓인다. 지니의 뇌 사진에서도 이러한 아밀로이드 베타 반을 확인할 수 있었다. 이뿐 아니라 알츠하이머병 뇌세포에는 타우(tau)라는 단백질도 덩어리져 신경섬유 다발(neurofibrillary tangle)을 형성한다(**그림 5A**). 하지만 이러한 병반과 병괴(plaques and tangles)는 정상인에게서도 어느 정도는 발견되는 것들이어서, 이들 병인으로 알츠하이머병이 발병하는 것인지, 혹은 병이 진행하며 나타난 병증일 뿐인지는 분명하지 않다. 어느 쪽이든, 지니의 인지장애 증상과 함께, 그녀의 뇌척수액에서 이들 단백질이 다량으로 검출된다는 것은 그녀가 알츠하이머병 환자라는 것을 시사하였다.

이러한 아밀로이드 축적이나 분해와 관련한 어느 유전자에 발생한 변이든, 가족성(유전성)으로 분류할 수 있는 알츠하이머병 환자는 전체의 1% 미만이다(**표 5A**). 그런데 가족성 알츠하이머병 관련 유전자의 일부 변이는 오히려 알츠하이머병에 대한 억제 효과가 있다. *APOE* 유전자의 어떤 변이는 이형접합자에서도 노인성 치매 위험을 높이고, 동형접합자에서는 무려 15배나 높은 위험도를 보인다. 반면, 고위험도 *APOE4* 변이를 복합 이형접합자로 보유한 일부는 알츠하이머병 억제 효과가 있는 *RAB10* 유전자 변이 덕분에 고령에서도 알츠하이머병 증상이 없다.

31-유전자 검사(31-gene test)를 통해 알츠하이머병 발병의 **다유전자성 위험 점수**를 확인할 수 있다. 개별 유전자 하나씩은 알츠하이머병 발병과 적은 상관성에 그치지만, 전체적으로 발병 위험도를 진단할 수 있다. 이러한 다유전자성 형질(polygenic traits)에 대해 7장에서 더 자세히 다룰 것이다.

토론을 위한 질문

1. 알츠하이머병 진단이 어려운 이유는 무엇일까? 특히 조기 진단이 어려운 이유는?
2. 알츠하이머병 관련 유전은 얼마나 복합적인가?
3. 알츠하이머병 진행과 관련한 단백질 이상에 대해 기술하시오.
4. 알츠하이머병 발병에서 유전성 비율은 어느 정도인가?

5.2 미토콘드리아 유전자

미토콘드리아는 세포에서 영양소의 에너지 전환 반응이 집중된 세포소기관이다(그림 2.6 참조). 세포에 따라 수백에서 수천 개에 이르는 미토콘드리아마다 수 개의 자체 소염색체(mini-chromosome)를 갖고 있는데, 이 미토콘드리아 염색체는 불과 37개의 유전자로 구성되어 있다. 미토콘드리아의 기능에 이 미토콘드리아 DNA (mtDNA) 유전자는 필수적이며, 또한 핵에 존재하는 일부 유전자의 활성 또한 필요하다.

미토콘드리아 유전자의 유전 양상이나 변이율은 핵 유전자와 사뭇 다른데, 두 부모로부터 균등하게 유전되는 세핵 유전자와는 달리, 미토콘드리아 유전자는 모계 유전만을 따른다. 수정란 형성에서 정자는 미토콘드리아 없이 정자핵만 난자와 수정하기 때문에(그림 3.10 참조), 수정란의 미토콘드리아는 기본적으로 모계의 난자에서 비롯한 것이다. 수정 과정에서 예외적으로 정자 미토콘드리아 일부가 전달되기도 하지만, 이 경우에도 초기 배아발생 과정에서 대부분 제거된다. 따라서 미토콘드리아 유전자의 유전 가계도는 부계의 영향이 없는 오직 모계에 따른 유전 양상만을 보여준다(**그림 5.6**).

미토콘드리아 DNA는 핵 DNA와 비교해 다음과 같은 기능적 차이점을 보인다(**그림 5.7**).

- 미토콘드리아 DNA에서는 교차가 일어나지 않는다.
- 미토콘드리아 DNA의 변이율은 핵 DNA보다 높다. 그것은 미토콘드리아의 DNA 수리 시스템이 핵에서보다 기능적으로 부족하고, 또한 에너지 생산 세포소기관의 특성상 미토콘드리아 DNA는 활성 산소에 더 많이 노출된다.
- 미토콘드리아 유전자는 단백질에 싸여있지 않는다.
- 미토콘드리아 유전자에는 단백질로 번역되지 않는 인트론 구조가 없다.
- 세포 하나에 많은 수의 미토콘드리아가 있고, 각 미토콘드리아도 여러 본의 미토콘드리아 유전체를 갖고 있다.
- 한 세포에도 서로 다른 변이를 가진 미토콘드리아가 공존할 수 있다.

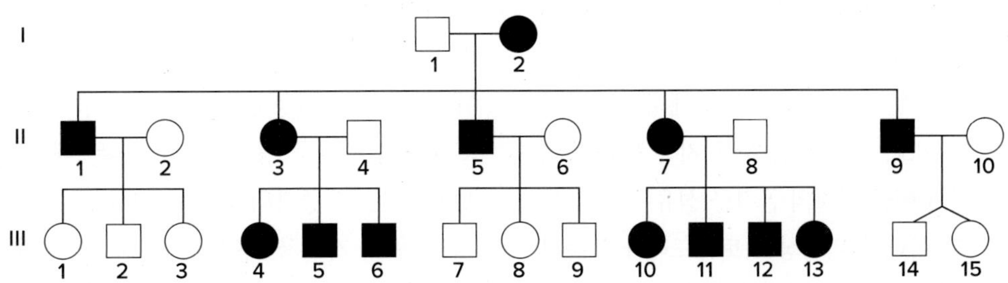

그림 5.6 미토콘드리아 유전자의 유전. 미토콘드리아 유전자는 모계를 통해 유전된다. 각 세대의 부친은 미토콘드리아 유전에 관여하지 못하는데, 이는 수정란에 정자 미토콘드리아는 거의 전달되지 않기 때문이다. 드물게 난자 안에 들어간 것도 거의 항상 제거된다.

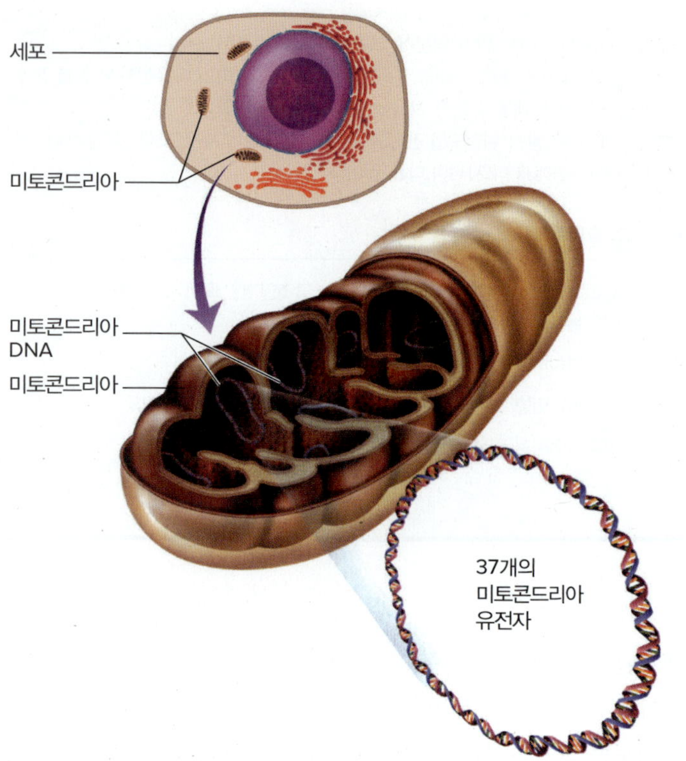

그림 5.7 미토콘드리아 DNA. 미토콘드리아는 여러 개의 DNA 링을 가진다. 다른 대립유전자가 미토콘드리아의 "미니-염색체" 복사본에 존재할 수 있다. 일반적으로 세포는 수백 개에서 수천 개의 미토콘드리아를 가지며, 각 미토콘드리아 안에는 많은 미니-염색체의 사본을 가진다.

미토콘드리아 질환

미토콘드리아 염색체는 단백질 번역과 에너지 변환과 관련한 유전자로 구성되어 있다. 전체 37개 미토콘드리아 유전자 중 24개 유전자는 단백질 번역과 관련한 비암호화 RNA(noncoding RNAs, ncRNAs) 유전자에 해당한다: 22개 운반 RNA(transfer RNAs, tRNAs) 유전자와 2개의 리보솜 RNA(ribosomal RNAs, rRNAs) 유전자(10장에서 이들 RNA의 기능을 다룬다). 다른 13개 미토콘드리아 유전자는 세포호흡(cellular respiration) 기능, 즉 세포가 흡수한 영양소를 대사하여 세포 에너지원 ATP를 생산하는 생화학 과정에서 기능한다.

일부 유전성 질환은 이 미토콘드리아 유전자에서 발생한 변이에서 비롯하는데, 미토콘드리아성 근병증(mitochondrial myopathy), 혹은 통칭하여 미토콘드리아 질환(mitochondrial disease)이라고 한다. 보통 다량의 미토콘드리아가 필요한 골격근 같은 조직에서 우선하여 병증이 나타나기 쉬운데, 심한 피로, 근무력증, 운동 지속 불능 등의 증상을 보인다. 현미경 관찰에서 이들 환자의 골격근 섬유는 붉고 불규칙한 구성을 보이는데, 근막 아래로 비정상 미토콘드리아가 축적되는 것을 확인할 수 있다. 하지만 미토콘드리아성 질환 중 일부는 미토콘드리아 기능에 필요한 핵 유전자의 변이에서 비롯하기도 한다.

미토콘드리아 tRNA 및 rRNA 유전자에 발생한 변이는 매우 심한 병증으로 나타날 수 있는데, 이 세포소기관의 단백질 번역 과정이 전반적으로 영향받기 때문이다. 한때는 활동적이고 언변 좋은 치과 위생사였던 린지(Lindzy)라는 이름의 환자 사례를 보겠다. 40대가 되자 그녀는 업무에 뒤처지고, 이명 증상과 함께 대화와 보행에 곤란을 느끼기 시작했다. 이어 기억력 문제가 생기고, 일상 장소에서도 길을 잃고, 횡설수설 말하기 시작했다. 린지는 미토콘드리아성 근병증 뇌병증 유산증 증후군(mitochondrial myopathy encephalopathy lactic acidosis syndrome, MELAS)으로 진단받았다. 그 특징적인 붉고 불규칙한 근섬유 병증을 그녀의 근육세포에서 확인할 수 있었고, 결국 이 미토콘드리아 질환으로 사망하였다. 그녀의 자식들에서도 같은 유전질환이 나타날 수 있는데, 그들 미토콘드리아 역시 모친에게서 물려받은 것이기 때문이다.

대략 200명 중 한 명의 높은 비율로 질환으로까지 발달할 수 있는 미토콘드리아 변이를 발견할 수 있다. 하지만 미토콘드리아 질환의 실제 발병 빈도는 낮은 편인데(1/6500), 난자 성장에 영향을 미칠만한 미토콘드리아 문제를 가진 난모세포는 난자 성숙 과정에서 제거되기 때문이다.

이론적으로, 미토콘드리아 질환 문제가 있는 여성도 다른 사람에게서 정상 미토콘드리아를 공여받는 방식으로 자신의 변이 미토콘드리아 유전을 피할 수 있다. **생명윤리학**에서 이 미토콘드리아 교체의 두 가지 방법을 소개하고, 이에 따른 세 부모(three-parent) 자녀와 관련한 논란을 다룰 것이다.

이형세포질성

세포 하나에도 다수의 미토콘드리아가 존재하기 때문에 각기 다른 변이를 가진 미토콘드리아가 한 세포에 공존할 수 있는 **이형세포질성**(heteroplasmy) 상태가 된다. 그리고 세포분열마다 이들 미토콘드리아는 각 딸세포로 무작위 분배된다. 미토콘드리아에 여러 본으로 존재하는 염색체는 각 미토콘드리아마다 점차 단일 유전자형으로 단순해지는 반면, 한 세포의 미토콘드리아끼리는 다양한 변이가 공존할 수 있다. 난자 성숙 과정에서 난자의 미토콘드리아는 약 만 개에서 백 개 남짓으로 급감하는데, 이에 따라 특정 미토콘드리아 변이에 대해 이형세포질성이었던 여성은 기회 확률로 대부분 정상형 미토콘드리아의 난자를 생산하거나, 혹은 대부분 변이형 미토콘드리아의 난자 또는 그 중간의 난자를 생산할 수도 있다(**그림 5.8**). 이 같은 과정을 통해, 자기 신체에서는 미토콘드리아 질환 취약 조직에서 낮게 유지된 미토콘드리아 변이 비율로 관련 병증을 나타내지 않았던 여성도, 하지만 그녀의 자녀에게는 해당 미토콘드리아 질환이 유전되

생명윤리학

미토콘드리아 교체

16,569 bp의 작은 크기로 구성된 미토콘드리아 유전체는 rRNA와 tRNA 유전자 및 단백질 발현 유전자까지 모두 37개 유전자를 포함하고 있는데, 이들 중 어느 하나의 변이로도 심각한 미토콘드리아 질환이 발병할 수 있다. 미토콘드리아 질환에 대한 이론적 해결책으로, 미토콘드리아 질환 여성의 임신 과정에서 해당 여성 난자의 변이 미토콘드리아를 정상인의 것으로 대체하는 방안이 있다.

미토콘드리아 교체 과정은 다음과 같은 방법들이 있는데, (1) 인공 수정란(*in vitro* fertilized ovum)에서 남성과 여성의 전핵(pronucleus)을 채취하여 난자 핵을 제거한 건강한 공여자 난자에 주입하는 방안(공여자의 난자는 공여자의 정상 미토콘드리아를 보유), (2) 핵을 제거한 공여자 난자에 다른 여성의 전핵을 주입하고, 이후 인공 수정(*in vitro* fertilization)을 진행하는 방안, (3) 공여자 세포에서 미토콘드리아가 밀집한 방추체(spindle apparatus)를 채취하여 수정란에 주입하는 방안 등이 있다. 그런데 이렇게 미토콘드리아 교정된 수정란은 각 부모의 반수체 유전체와 함께 미토콘드리아 공여자의 미토콘드리아 DNA도 물려받은 것이 되어, 모두 세 사람으로부터 유전한 셈이 된다. 2016년, 두 자녀가 리 증후군(Leigh syndrome)으로 사망했던 여성은 두 번째 미토콘드리아 교체 방법에 따라 사내아이를 출산했고 현재까지 건강하다.

원숭이에서도 미토콘드리아 교체술 적용은 가능했으나, 실험동물에서의 미토콘드리아 치환은 각종 발생학적 부작용도 확인해주었는데, 노화 촉진, 발달 지체, 번식력 저하, 짧은 수명 등의 영향이 있었다. 일부 과학자는 미토콘드리아 DNA의 높은 변이율에 반해 미토콘드리아 질환 발병의 희귀성을 들어, 해당 질환은 배아 발생 과정에서 자연적으로도 충분히 제거될 수 있는 질환이라는 점을 강조하였다. 또 다르게는, 다른 공여자로부터 유래한 세포질에서 비롯한 후성유전학적 효과(epigenetic effects)에 대한 염려도 있었다.

미국식품의약국(U.S. Food and Drug Administration)은 미토콘드리아 교체술 아이의 첫 출산 전에 이 기술 관련 회의를 주최하여, 이 세 부모 배아(three parent embryo)와 관련한 생명윤리학적 문제의 공개 토론회도 가졌다. 이때, 10년 넘게 미토콘드리아성 질환을 앓고 있던 한 여성의 항의가 있었는데, 미토콘드리아 질환 연구는 이미 해당 질환의 발병으로 고통받는 환자에 대한 도움에 집중해야 한다는 것이 그녀의 주장이었다.

토론을 위한 질문

1. 많은 기사나 논설에서 주장하듯, 미토콘드리아 교체술로 태어난 아이는 실제로 세 부모 유래 자녀라 할 수 있는가? 만약 그렇다면, 이 기술은 비윤리적인가? 그 근거는 무엇인가?
2. 미토콘드리아 교체의 다른 방안이 있다면 무엇인가?
3. 미토콘드리아 교체술의 잠재적 위험과 기대할 수 있는 이점은 무엇인가?

어 발병할 수 있다. 이렇듯, 미토콘드리아 유전은 생각보다 더 복잡하고 예측하기 힘들다.

미토콘드리아 이형세포질성은 다양한 표현형 결과로 이어질 수 있는데, 즉 수정란을 형성한 난자에 변이 미토콘드리아 비율이 어느 정도였는지에 따라 해당 질환의 병증 발현도가 자녀마다 크게 차이 날 수 있다. 또한 자녀의 신체 중 어느 조직에 변이 미토콘드리아가 집중되었는지에 따라서도 증상의 강도가 차이 날 수 있다. 리 증후군(Leigh syndrome)의 한 가계 사례를 들 수 있는데, 이 미토콘드리아 질환은 ATP 생산 기능의 효소 문제에서 비롯한다. 이 가계의 두 아들은 뇌의 운동 중추가 급격히 감퇴하는 심각한 병증으로 조기 사망

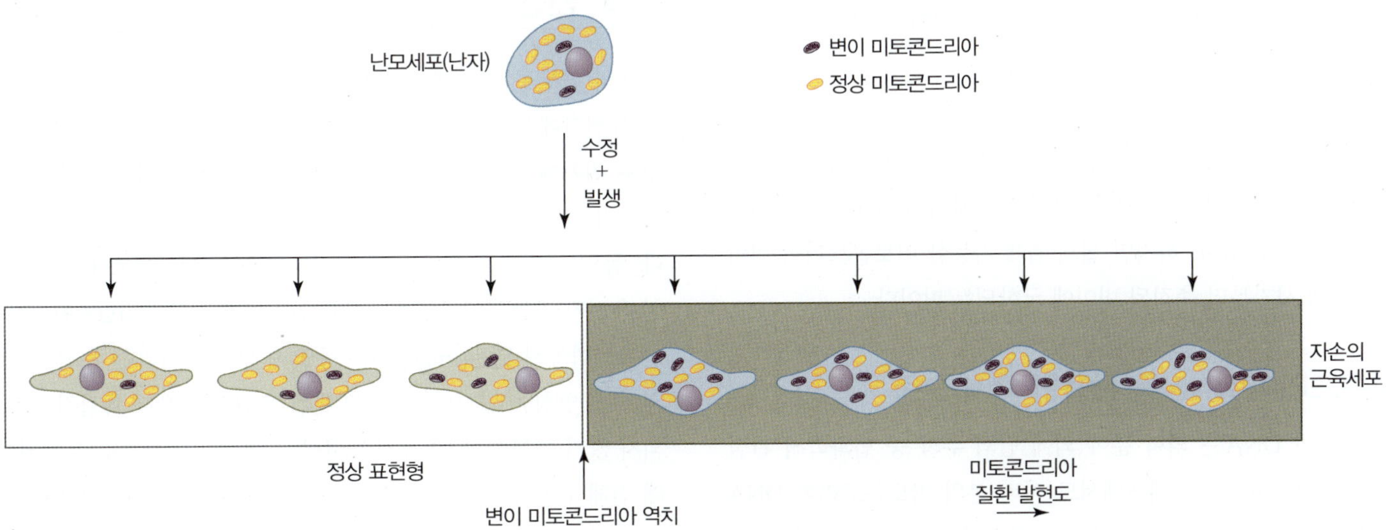

그림 5.8 미토콘드리아의 이형세포질성. 미토콘드리아와 그 유전자는 오직 모계를 따라 유전된다. 각 세포는 다수의 미토콘드리아를 보유하므로, 이형세포질성 난모세포의 세포분열 중 특정 미토콘드리아 변이가 서로 다른 비율로 배분될 수 있다. 이런 불평등 배분의 누적으로 변이 미토콘드리아 비율이 달라지면서 관련 질환이 발병할 수 있다.

> **역사 엿보기**
>
> 1918년 7월의 어느 날 밤 러시아 차르 니콜라스 2세(Tsar Nicholas II)와 그의 가족, 로마노프(Romanovs) 왕가 일가는 집단 총살당했고, 사체까지 산으로 훼손된 채 매장됐다. 1991년 7월에 두 아마추어 역사가에 의해 매장지가 발견되었다. DNA 검사로 사체들을 확인하였는데, Y 염색체로 남성과 여성을 구분하고 미토콘드리아 DNA로 왕후와 세 딸을 확인할 수 있었다.
>
> 이때, 생존 로마노프 왕족과의 DNA 비교에서 들어맞지 않는 부분이 있었는데, 차르로 추정되었던 유해와 그의 증조카 손녀 제니아(Xenia)는 미토콘드리아 DNA 16,169 위치의 염기서열이 서로 달랐다. 재분석 결과에서도 다른 유해의 해당 위치 미토콘드리아 염기는 모두 시토신(C)이었지만, 오직 차르 추정 유해만 티민(T)이었다.
>
> 그런 중, 1994년 역시 7월에 니콜라스의 형제였던 대공 조자이 로마노프(Georgij Romanov)의 유해를 조사하면서 마침내 미스터리가 풀렸다. 대공의 뼈세포에서 추출한 16,169 위치 염기서열은 티민과 시토신 모두에 해당하였다. 즉, 로마노프 일가는 해당 미토콘드리아 DNA 서열에서 이형세포질성이었다.

하였고, 생존한 다른 자녀도 실명하였다. 그러나 같은 미토콘드리아 변이를 공유한 몇 친척은 주변시(peripheral vision) 영향 정도에 그쳤다. 각 가계 구성원의 병증 강도는 변이 미토콘드리아를 지닌 뇌세포 비율에 비례하였다.

심각한 병증으로 나타날 수 있는 미토콘드리아 질환은 대부분 이형세포질성을 보인다. 이는 해당 변이 미토콘드리아의 동형세포질성(homoplsmy)에 가까운 개체는 정상적 발생 과정을 마치지 못할 것이기 때문이다. 이러한 이형세포질성으로 성인이 될 때까지도 해당 질환이 발병하지 않는 경우도 흔한데, 여러 번의 세포분열로 변이 미토콘드리아가 축적된 세포가 늘어난 뒤에야 병증 발현으로 이어지기 때문이다. **역사 엿보기**에서는 러시아 왕가 가계와 관련한 미토콘드리아 이형세포질성 사례를 소개하고 있다.

원론적으로 미토콘드리아 DNA 염기서열 중 1/10 정도가 이형세포질성이라고 할 수 있는데, 따라서 한 개체에서도 매우 다양한 미토콘드리아 구성을 예상할 수 있다. 일생에 걸쳐 무수한 미토콘드리아 변이가 생성될 수 있다. 하지만 실제 검색 가능한 미토콘드리아 변이는 배아발생 시기부터 축적된 변이에 국한되는 편이다.

미토콘드리아 DNA를 활용한 역사 고증

미토콘드리아 DNA는 의학 분야 외에 범죄 추적 등 법과학적 관심의 대상이기도 하다. 한 세포에서도 여러 본의 미토콘드리아 DNA가 존재하기 때문에, 심각한 사체 훼손으로 세포 핵 DNA 확인이 어려운 경우에도 미토콘드리아 DNA 분석은 가능할 수 있다.

전사자 확인이나 역사 기록 고증에도 미토콘드리아 DNA 분석을 활용할 수 있다. 마리 앙투아네트(Marie Antoninette)와 루이 16세(Louis XVI) 사이에 태어나 프랑스 대혁명으로 수감 중 사망한 10세 소년의 확인에도 미토콘드리아 DNA 분석이 적용되었다. 1845년에 이르러서야 왕실 장례에 따라 왕자의 장례를 치렀는데, 새로 매장한 사체의 신원은 불확실하였다. 소년의 사망 후 부검에서 그의 심장은 따로 적출되어 도난당했다가 여러 사건 끝에 결국 왕가 소유로 돌아와 건조 상태로 보관되어 있었다. 이 심장에서 추출한 미토콘드리아 DNA를 소년의 모친 마리 앙투아네트(왕비의 목 잘린 사체 신원은 그녀의 의상으로 확인)와 그녀의 두 자매, 그리고 생존 친족인 루마니아의 앤(Anne) 여왕과 그 형제들의 머리카락과 심장 등에서 확보한 미토콘드리아 DNA와 비교하였다. 이 미토콘드리아 DNA 분석 결과는 심장의 주인이 루이 17세 왕자가 맞는다는 것을 확인해주었다. 17장에서는 미토콘드리아 DNA 분석을 활용하여 고인류의 확산 동선을 재구성하는 내용을 다룰 것이다.

> **핵심 개념 질문 5.2**
>
> *a. 미토콘드리아 DNA의 유전 양상을 설명하시오.
>
> b. 핵 DNA에 비해 미토콘드리아 DNA의 변이율이 높은 이유를 설명하시오.
>
> *c. **이형세포질성**을 설명하시오.
>
> d. 미토콘드리아 DNA가 법과학 조사에 유용한 이유를 설명하시오.

5.3 연관

멘델의 완두콩 실험에서 다뤘던 형질들은 서로 다른 염색체에 위치한 유전자에서 비롯한 것들이었다. 하지만 같은 염색체에서 서로 가까운 위치에 자리한 유전자들은 멘델 법칙의 전제인 무작위 분리를 따르지 않아 멘델 유전 비율과 다른 양상의 유전을 보일 수밖에 없다. 동일 염색체 인근 위치의 유전자들은 각 생식세포에 함께 분배되어 유전될 가능성이 높은데, 이를 연관이라고 한다(**그림 5.9**).

유전학에서 **연관**(linkage)은 동일 염색체에 자리한 유전자들 사이의 유전 양상을 말한다. 서로 연관된 유전자는 각자 독립적으로 분배되지 않기 때문에 멘델 유전 비율에서 어긋난 양상으로 유전된다. 근래 전체 유전체 서열결정 결과를 활용할 수 있게 되기 전에는 연관의 이해 및 이를 활용한 유전 지도 작성이 각 병인성 유전자 파악에 있어 결정적으로 중요하였다. 오늘날에도 조상 검사(ancestry testing) 등

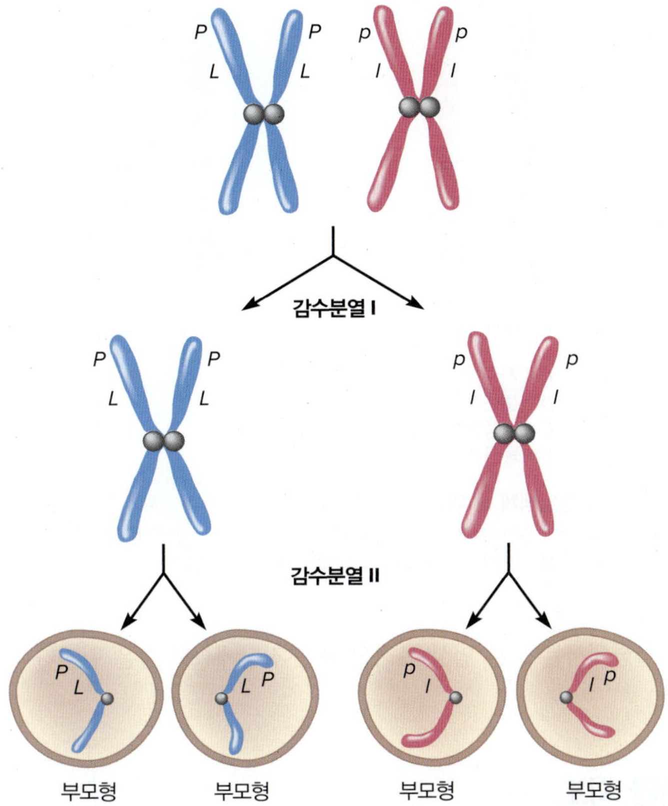

그림 5.9 연관 유전자의 유전. 서로 가까이 연관된 유전자는 같은 생식세포 염색체로 함께 묶여 유전되기 쉽다.

의 원리로 연관의 이해가 필요하다. 즉, 혈연관계가 가까울수록 서로 연관된 변이 조합이 나타날 확률이 높다(18.3절 참조).

완두콩에서의 연관

20세기 초, 베이트슨(William Bateson)과 퍼네트(R.C. Punnett)는 완두콩 실험을 반복하던 중 예상외 유전 결과를 얻었는데, 이는 연관과 관련한 최초의 발견이었다. 자주색 꽃과 길쭉한 꽃가루 형질의 순계(true-breeding) 품종(*PPLL* 유전자형)과 붉은 꽃과 둥근 꽃가루 형질의 순계 품종(*ppll* 유전자형)을 교배하여 얻은 잡종 세대(*PpLl* 유전자형)를 자가 교배하였는데, 그 결과는 기대했던 멘델 양성잡종 교배의 9 : 3 : 3 : 1 표현형 비와 일치하지 않았다 (**그림 5.10**).

이때, 베이트슨과 퍼네트는 3세대 완두콩에서 1세대 완두콩 표현형과 일치하는 그룹(*P_L_* 유전자형과 *ppll* 유전자형)이 다수이고 일치하지 않는 그룹(*ppL_* 유전자형과 *P_ll* 유전자형)이 상대적으로 적다는 사실에 주목하였다. 그들은 1세대 대립유전자 조합이 다수로 나타난 이유가 두 유전자가 같은 염색체에 위치해 감수분열 중 독립적으로 분리되지 않았기 때문이라고 생각했다. 반면, 상대적 소수로 나타난 대립유전자 조합은 감수분열 현상 중 하나인 염색체 교차로 설

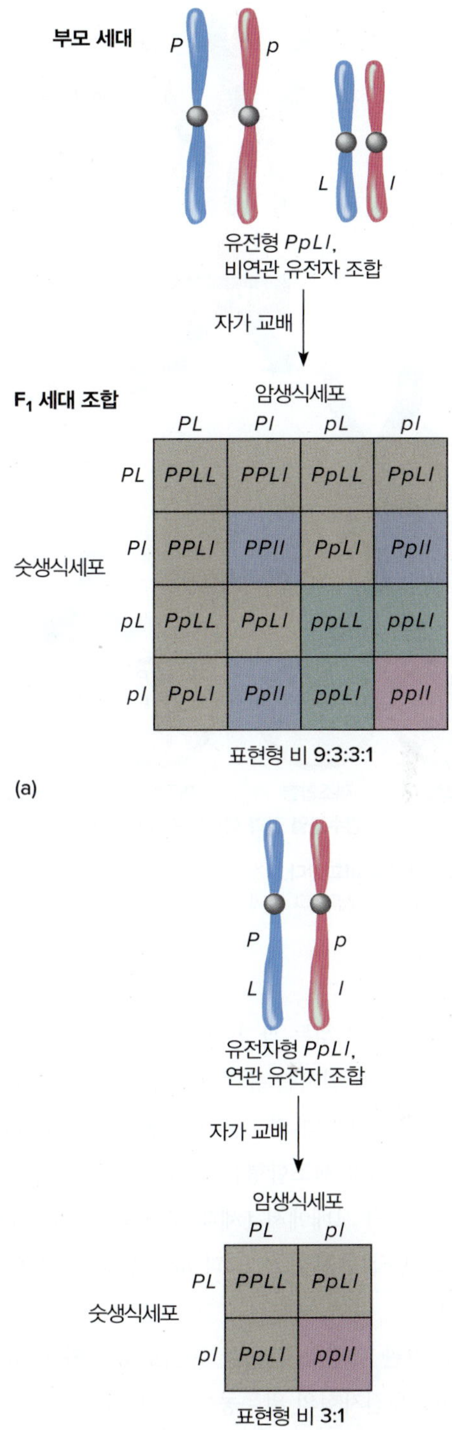

그림 5.10 비연관 유전자와 연관 유전자의 양성잡종 교배. (a) 비연관 유전자는 각기 독립적으로 분배되고, 예상할 수 있는 생식세포의 유전자형은 각 대립유전자의 모든 조합을 나타낼 수 있다. 이에 따라 해당 양성잡종 교배의 표현형 비는 멘델 유전의 9 : 3 : 3 : 1과 일치한다. (b) 하지만 매우 가까운 위치의 연관 유전자는 생식세포 유전자형에서 두 가지 조합만 가능하다. 그 결과 연관 유전자의 양성잡종 교배는 단성잡종 교배 결과와 같은 3 : 1의 표현형 비를 보인다.

명할 수 있을 터였다. 교차의 생물학적 기능이 상동염색체끼리의 유전정보 교환을 통해 염색체상 유전자 위치 변경 없이도 모계와 부계

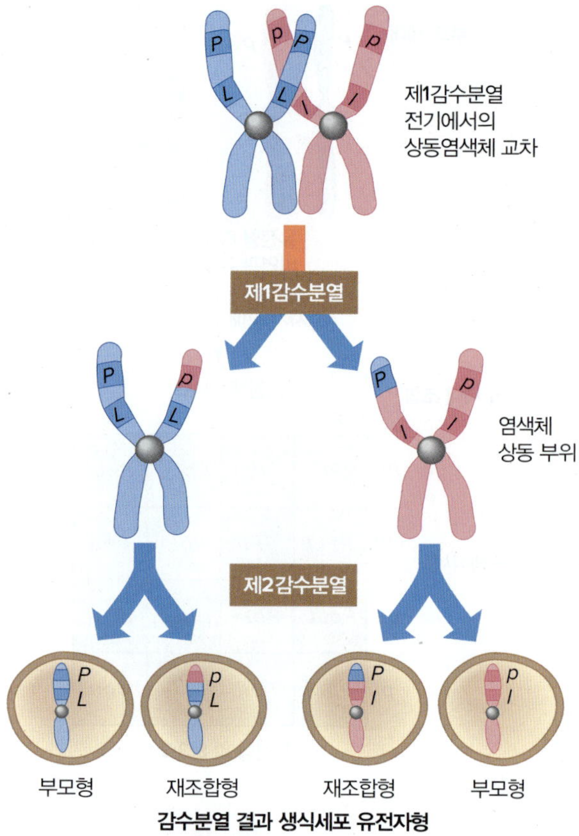

그림 5.11 교차는 연관을 파괴한다. 상동염색체 교차에 따라 동일 염색체 두 유전자 사이 연관이 해체될 수 있다. 그 결과 연관 유전자의 재조합형 조합이 생식세포로 전달된다.

유전정보를 효과적으로 섞는 과정이라는 점을 상기해 보자(**그림 5.11**).

이렇게 한 염색체에 위치한 유전자들의 모계 및 부계 유래 대립유전자가 뒤섞인 유전자형의 자손을 **재조합형**(recombinant)이라고 한다. **부모형**(parental)과 **재조합형**은 각각 상대적 의미의 용어들인데, 베이트슨과 퍼네트의 교배에서 1세대 부모형을 *ppL_*과 *P_ll* 유전자형 사이 교배로 시작했다면, *P_L_*과 *ppll* 유전자형들이 재조합형이 되었을 것이다.

양성잡종의 연관 유전과 관련한 용어로 *cis*-와 *trans*-배열 또한 중요하다. *PpLl* 유전자형의 완두콩에서 각 대립유전자가 두 상동염색체에 배열하는 방식을 생각해 보자. 두 우성 대립유전자끼리 한 염색체에 자리하고 다른 열성 대립유전자끼리 반대편 염색체에 위치한다면, 이들 각 우성 및 열성 대립유전자끼리는 *cis*-배열로 자리한다고 할 수 있다. 이와 달리 한 우성 대립유전자가 다른 열성 대립유전자와 짝을 지어 각 상동염색체에 위치한다면, 이들 우성 및 열성 대립유전자끼리 *trans*-로 배열한다고 할 수 있다(**그림 5.12**). 양성잡종에서 상동염색체 상 대립유전자 배열은 부모형과 재조합형 구분을 위해 중요한데, 비단 완두콩이나 생쥐와 같은 실험모델 생물의 유전 교

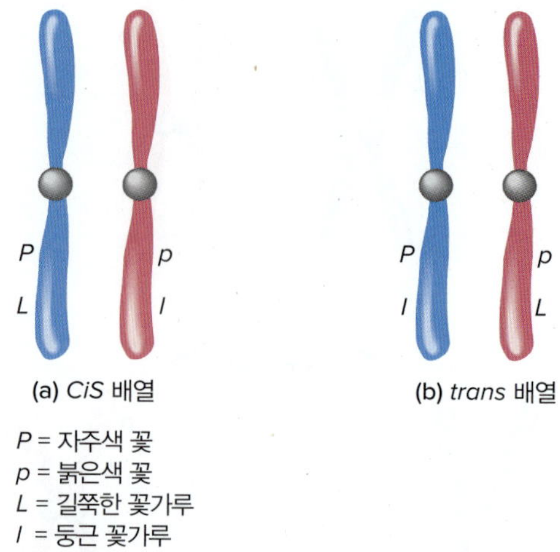

그림 5.12 상동염색체 상 대립유전자 배열. 부모형 상동염색체와 재조합형 상동염색체 구별을 위해 각 대립유전자의 상동염색체 상 배열을 확인해야 한다. 그림은 각 우성 및 열성 대립유전자끼리의 (a) *cis*-배열과 (b) *trans*-배열.

배 실험에서는 물론 임상 목적의 유전 진단에서도 같은 원리가 적용된다.

연관 지도

베이트슨과 퍼네트가 완두콩에서 연관을 규명할 즈음, 컬럼비아 대학의 유전학자 모건(Thomas Hunt Morgan)과 동료들은 "파리방"에서 초파리(*Drosophila melanogaster*)를 이용하여 같은 유전 현상을 체계적인 규모로 실험하고 있었다. 임의의 염색체 번호를 할당한 임의의 초파리 유전 형질과 여러 다른 형질과의 조합에서, 각 형질 조합의 양성잡종 교배를 통해 해당 형질 짝의 연관 여부를 확인하였다. 여러 초파리 형질을 대상으로 같은 작업을 반복하여 각 형질 짝 중에 멘델의 양성잡종 교배비와 어긋나는 조합을 그룹으로 분류하였는데, 그 결과 많은 초파리 형질들은 정확히 네 그룹으로 나눌 수 있었다. 이 연관 유전 그룹 수와 마찬가지로 초파리 염색체 역시 네 쌍이다. 두 숫자의 일치는 우연이라기보다, 네 쌍의 염색체에 나뉘어 자리하고 있는 초파리 유전자들이 (네 그룹으로 나뉜 유전자들이) 각 그룹 유전자끼리는 연관되어 유전되었기에 (같은 염색체 인근 유전자끼리는 높은 확률로 함께 유전되며) 나타난 결과이다.

이 초파리를 이용한 연관 유전 실험에서 천재적인 발상은 다음 두 가지 부분이다. 첫째, 그들은 검정 교배를 고안하여 각 개체 유전자형의 부모형/재조합형 여부를 정확하게 판별할 수 있었다(그림 4.5 참조). 둘째, 파리방 연구자들은 그들의 연관 유전 결과를 활용하여 최종적으로 각 초파리 유전자의 염색체상 위치 표기, 즉 유전 지도를 작성하였다.

유전 지도 작성의 아이디어는 각 형질 조합마다 재조합형 자손의

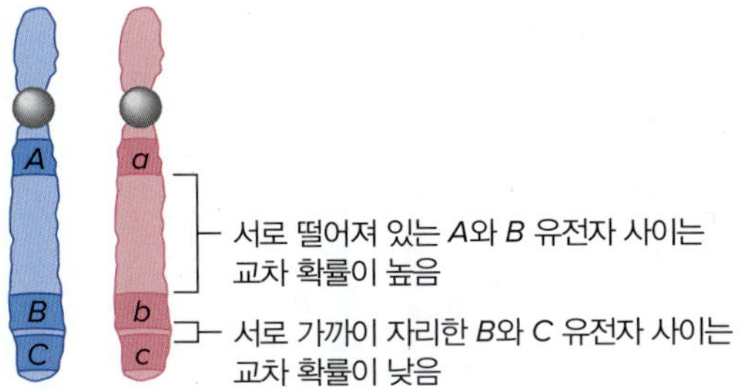

그림 5.13 염색체상 거리에 따른 연관과 교차. 염색체상 인근 위치에 자리한 *B*와 *C* 유전자 사이에서보다, 충분한 거리를 두고 떨어진 유전자 사이에서 교차 확률이 높다(*A*와 *B* 유전자, 또는 *A*와 *C* 유전자 사이).

비율이 다르다는 관찰에서 비롯되었다. 1911년, 모건은 같은 염색체에 존재하는 형질 조합들 가운데서도 더 멀리 떨어져 자리한 형질 짝에서 상동염색체 교차 확률이 높다고 생각했다. 즉, 재조합형 자손 비율은 두 유전자 사이 염색체상 물리적 거리에 비례한다는 것이다(**그림 5.13**). 이 가정에 따라 알프레드 스터디번트(Alfred Sturtevant)는 교차율과 염색체상 유전자 거리와의 상관관계를 정리하여 **연관 지도**(linkage map)를 작성했다. 이런 유전 지도 작성을 통해 각 유전자의 염색체상 배열 순서와 유전자 사이 상대적 거리를 확인할 수 있었다. 유전자 사이 유전 거리는 **센티모건**(centimorgans, cM)이라고 하는 유전 지도 단위(map units)로 표시하였는데, 1 cM은 양성잡종 교배에서 1%의 재조합률을 나타낸다. 이러한 연관 지도는 다방면에서 유용한데, 가령 인간 유전체 서열결정 사업 역시 기존의 연관 지도에 기초하여 1차 서열 지도를 완성할 수 있었다. 현재도 연관 지도는 염색체상 실제 유전 거리를 나타낸다는 점에서 중요하며, 예를 들어 **표 5.2**에 제시한 바와 같이, 조상 검사에서 개인들 사이 혈연관계는 공유 변이 조합의 센티모건 단위 거리에 비례한다.

두 연관 유전자 사이 교차 확률은 교배 결과 재조합형 자손의 비율로 알 수 있다. 이 재조합률이 감수분열 중 두 부모형 대립유전자의 연관이 해체되는 비율, 즉 상동염색체 교차 확률에 근거하기 때문이다. 한 염색체의 양 말단에 위치한 유전자끼리는 교차율이 높고, 따라서 재조합형 자손 비율이 크기 마련이다. 반면 서로 인접한 유전자끼리는 그사이 교차 가능성이 작다. 실제로 동일 염색체 유전자 그룹에서도 양 말단 위치 유전자의 조합은, 그 유전자들 사이 높은 교차율 때문에, 서로 다른 염색체의 유전자 조합과 비슷할 정도로 독립적 분배(약 50% 분배)되는 것처럼 보인다. **그림 5.14**에서 두 경우를 비교할 수 있다.

유전자 연관과 교차 현상은 마치 길 양편으로 상점이 늘어선 거리에서 도로를 가로질러 반대편 상점가로 건너가는 상황에 비교할 수 있다. 도로 양 끝에 자리한 상점들 사이에서는 그 사잇길을 건널 수 있는 건널목을 쉽게 찾을 수 있을 것이고, 반면 길 양편 상점이 서로 가깝게 있다면 그 사이에서 반대편 상점으로 건너가는 것이 쉽지 않을 터이다. 같은 원리로 동일 염색체에 위치한 두 유전자에서 그사이 거리에 비례하여 교차율이 높고 재조합형 자손 비율이 높다.

컬럼비아 대학 유전학자들이 많은 초파리 유전자를 네 쌍의 염색체에 나눠 배치하는 동안, 다른 실험실에서는 인간 X 염색체 유전자를 분류하고 있었다. X 염색체 유전자는 다른 상염색체 유전자와 쉽게 구별할 수 있는데, 이는 상염색체 유전과 상이한 X 염색체 연관 형질의 유전 특성 덕분이다. 즉, 남성은 보유한 X 염색체가 하나밖에 없으므로 X 염색체의 열성 대립유전자도 표현형으로 나타날 수 있다. 6장에서 이 부분을 다시 다루도록 하겠다.

표 5.2 공유 DNA의 센티모건 거리와 친족관계

공유 DNA 거리(cM)	추정 혈연관계(친족관계)	공유 유전체 비율
3,400–3,475	부모-자식	50
2,400–2,800	친형제자매(이란성 쌍둥이 포함)	50
1,450–2,050	이복형제자매, 고모, 삼촌, 조부	25
680–1,150	사촌, 증조부(4촌)	12.5
200–620	재종(6촌)	3.12
90–180	삼종(8촌)	0.781
20–85	10촌	0.195
6–20	12촌 이상	< 0.059

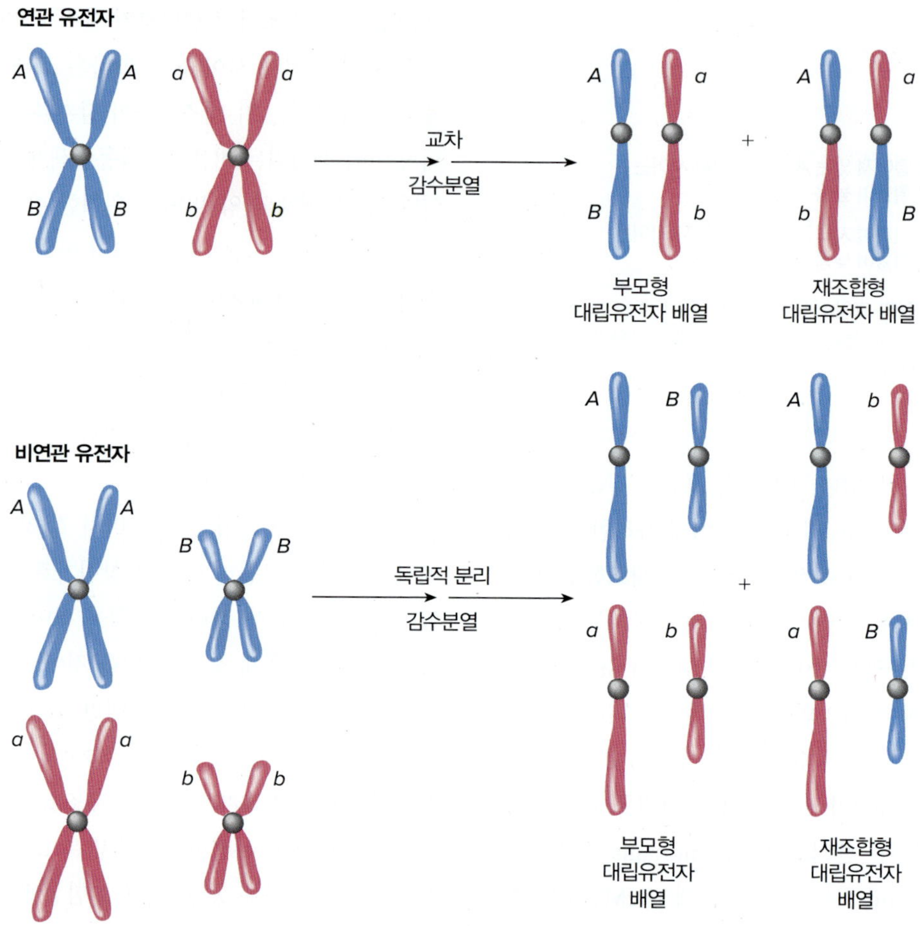

그림 5.14 연관과 비연관(독립적 분리). 동일 염색체에 위치한 연관 유전자라도 염색체상 충분한 거리를 두고 떨어져 있다면, 그사이 높은 교차 가능성으로 50%에 가까운 재조합률을 보일 수 있다. 이는 결과적으로 서로 다른 염색체에 자리한 비연관 유전자의 독립적 분리와 유사한 유전 결과를 보인다.

인간 상염색체의 경우, 1950년경 유전학자들은 가장 작은 염색체인 22번 염색체의 유전 지도 작성을 궁리해보기 시작했다. 하지만 먼저 이 염색체에 할당할 수 있는 첫 유전자를 찾아야했는데, 이는 이후 특이 염색체를 가진 환자의 유전 형질을 분석하며 가능하게 되었다.

1968년, 도너휴(R.P. Donohue)는 자신의 백혈구 염색체를 조사하던 중 한쪽 1번 염색체의 동원체 근처에서 특이적 흑점(dark area)을 발견했다. 이어 자신의 가족을 조사한 도너휴는 가족 일부의 염색체에서도 같은 특징을 찾아냈고, 또한 놀랍게도 그런 흑점 염색체를 공유한 가족은 모두 더피 혈액형(Duffy blood type)에 해당함을 확인할 수 있었다(대부분 혈액형이 적혈구 표면에 분포한 당 사슬 종류에 기인함을 상기하자). 즉, 도너휴는 특이 염색체 형질과 특정 혈액형 형질과의 연관을 발견한 것이다. 달리 말해, 1번 염색체 흑점 여부에 따라 가족과 친척의 더피 혈액형을 예측할 수 있었다. 이는 인간에서 상염색체상 위치를 결정할 수 있었던 최초의 유전 형질 사례였다.

도너휴 사례와 같이 특정 가계 형질과 연관되어 있는 식별 가능한 특이 염색체 변이는 사실 희귀한 경우이다. 그 대신 초파리와 같은 실험모델 생물에서는 두 유전자 사이 재조합률(감수분열 중 교차율)을 계량하여 이미 알려진 유전자의 염색체상 위치로부터 순차적으로 유전 지도를 작성할 수 있다. 하지만 인간의 경우는 한 부모가 생산할 수 있는 자손 수가 한정되어 있고, 세대 간 시간 간격도 짧지 않으므로, 그 대신 특정 형질을 발현하는 다수의 가계 결과를 종합하는 방식으로 유전자 사이 연관을 추정한다. 인간의 전체 유전체 서열정보를 활용할 수 있게 된 현재에서도, 연관은 특정 질환 관련 유전자를 추적하는 데 효과적 수단으로 활용된다.

연관 문제의 해석 논리

다수 가계의 유전 결과를 종합하여 재조합률을 계산하고 유전자 연관도를 결정하는 과정으로, Rh 혈액형과 타원적혈구증(elliptocytosis)이라고 하는 빈혈 질환의 간단한 가상 예를 보겠다. 이때 Rh

양성 혈액형은 *RR* 혹은 *Rr* 유전자형에 해당하고, 빈혈 표현형은 *EE* 또는 *Ee* 유전자형에서 나타난다.

한 자녀인 100가구에서 한 부모는 빈혈증이 없는 Rh 음성(*rree* 유전자형)이었고, 다른 부모는 빈혈을 앓는 Rh 양성(*RrEe* 유전자형)의 조합이었으며, 또한 부모의 우성 및 열성 대립유전자끼리는 서로 *cis*-배열하고 있었을 경우를 가정한다. 이때 100명의 자녀 중 96명은 부모와 같은 부모형이었으며(*re/re* 또는 *RE/re* 유전자형), 4명은 재조합형으로 나타났다면(*Re/re* 또는 *rE/re* 유전자형), 이 4% 재조합률에 따라 두 연관 유전자 사이 거리는 4 cM으로 결정할 수 있다.

다른 연관 유전자 사례로 9번 염색체 유전자들인 손톱-슬개 증후군(nail-patella syndrome)의 병인 유전자와 ABO 혈액형의 *I* 유전자 사이의 연관 관계를 보겠다. 손톱-슬개 증후군은 손발톱 발달이 생략되거나 지체되며 무릎 및 팔꿈치 부위의 심한 관절염이 특징인 희귀 상염색체 우성질환이다. 다수 가계 결과를 종합한 두 유전자 사이 거리는 10 유전 지도 단위(cM)로 계산되었다. 이 결과를 이용해 자손에서 유전자형 및 표현형 발현의 예측 과정을 설명한다.

그렉(Greg)과 수잔(Susan)은 둘 모두 손톱-슬개 증후군을 앓고 있으며, 그들의 혈액형은 각각 A형과 B형이다. 이들 부모의 자식이 O형 혈액형이며 해당 유전질환이 나타나지 않을 확률은 어느 정도일까? 우선 이들 커플의 부모 정보를 수집하여 각자의 대립유전자 구성을 추론할 수 있었다(**그림 5.15**).

그렉의 모친은 같은 유전질환을 앓으며 A형이고, 질환 증상이 없는 부친은 O형 혈액형이다. 따라서 그렉은 모친으로부터 우성 병인성 대립유전자와 I^A 대립유전자 짝의 상동염색체를 물려받았다. 부친이 O형이기 때문에 그렉의 A형 혈액형은 모친의 I^A 대립유전자에 따라 결정된 것이다. 그렉이 부친으로부터 받은 다른 9번 상동염색체는 두 열성 대립유전자 *n*과 *i* 조합이다. 즉, 두 우성 및 열성 대립유전자들은 그렉의 유전자형에서 *cis*-배열이다.

수잔의 모친 역시 같은 유전질환을 앓으며 O형 혈액형이고, 질환이 없는 부친은 B형이다. 이에 따라 수잔은 모친에게서 병인성 *N* 대립유전자와 *i* 열성 대립유전자 짝의 상동염색체를 물려받았고, 부친에게서는 *n*과 I^B 대립유전자 조합을 받았다. 그렉과 다르게 *trans*-배열의 구성이다.

수잔과 그렉 부부는 그들 사이의 아이가 해당 유전질환에 대해 정상이면서도 O형 혈액형으로 태어날 가능성에 대해 생각해 볼 수 있다. 이때 두 열성 대립유전자의 동형접합자(*ni/ni*)가 태어날 경우는 오직 *ni* 정자(그렉이 생산한 정자의 45%)와 ni 난자(수잔의 난자 중 5%) 사이의 수정뿐이다. 따라서 그들 아이가 *nnii* 유전자형으로 태어날 확률은 2.25%로 예측할 수 있다.

열성 대립유전자의 동형접합이 아닌 다른 표현형 발현은 여러 유전자형 생식세포끼리의 조합 확률을 더해야 한다. 예를 들어, 부모와 같은 유전질환의 아이가 태어날 확률은 부계나 모계의 *N* 대립유전자를 하나 이상 물려받는 경우 모두를 합산한다(*NN* 유전자형과 *Nn* 유전자형의 표현형은 동일하다고 가정).

	그렉		수잔
표현형	손톱-슬개 증후군 A 혈액형		손톱-슬개 증후군 B 혈액형
유전자형	$NnI^{A}i$		$NnI^{B}\_$
대립유전자 배열	$\frac{N\ I^A}{n\ i}$		$\frac{N\ i}{n\ I^B}$
생식세포	정자	빈도	난자
부모형	$N\ I^A$	45%	$N\ i$
	$n\ i$	45%	$n\ I^B$
재조합형	$N\ i$	5%	$N\ I^B$
	$n\ I^A$	5%	$n\ i$

N = 손톱-슬개 증후군 대립유전자
n = 정상 대립유전자

그림 5.15 손톱-슬개 증후군의 유전. 그렉은 모친으로부터 *N*과 I^A 대립유전자를 받았고, 부친에게서 받은 상동염색체에는 *n*과 *i* 대립유전자를 갖고 있다. 수잔은 모친으로부터 *N*과 *i* 대립유전자의 상동염색체를, 부친으로부터는 *n*과 I^B 의 상동염색체를 물려받았다. 이들 부부 자녀의 표현형 확률 예측에 일반적 유전집단 확률 계산을 적용한다. 이때, 손톱-슬개 증후군의 병인 유전자 *N*과 ABO 혈액형 유전자 *I* 사이의 유전 거리는 사전에 알려졌다(10 cM).

유전자 쌍 사이의 재조합률(%)	
$x-y$	10
$x-z$	4
$z-y$	6

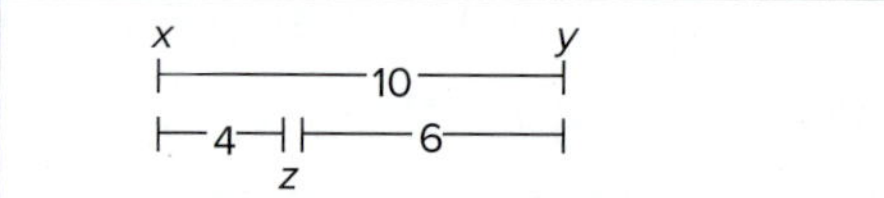

그림 5.16 재조합 지도 작성. 세 유전자에서 각 가능한 유전자 조합의 재조합률을 알면, 이 유전자들의 염색체상 상대적 위치를 결정할 수 있다.

Rh 혈액형과 타원적혈구증, 그리고 손톱-슬개 증후군과 ABO 혈액형 관계는 인간에서 서로 연관된 유전자의 유전 양상 예들이다. 연관 지도는 셋 이상의 연관 유전자들 사이에서 위와 같은 추론 과정을 거쳐 결정된 재조합률에 따라 작성할 수 있다. **그림 5.16**에서 *x*, *y*, *z* 세 유전자의 연관 지도 작성을 보겠다. *x*와 *y* 유전자 사이의 재조합률이 가장 커 10이고, 나머지 조합에서 각각 4와 6의 재조합률을 확인했다면, 이들 세 유전자의 염색체상 위치는 *x-z-y* 순서로 추론할 수 있다. 이는 마치 실제 지형 지도 작성에서 도시 간 거리를 측정하고 이에 바탕하여 각 도시 위치를 기재하는 방식 닮았다.

연관 유전자 사이의 재조합률에 기초한 유전 지도는 염색체 상 각 유전자의 위치 순서는 정확하게 반영할 수 있지만, 유전자들 사이 거리는 계량치에 그칠 수밖에 없다. 이는 감수분열 교차 현상이 전 유전체에 걸쳐 균등하게 나타나는 것이 아니기 때문이다. 실제로 유전체 일부 부위는 거의 분리되지 않는다. 무작위적 배분에 따르지 않는 유전 부위 관계를 **연관 불평형**(linkage disequilibrium, LD)이라고 하는데, 인간 유전체에서도 교차가 활발한 지역들 사이로 재조합이 거의 일어나지 않는 **단상형 블록**(haplotype block)이 다수 존재한다. 7장과 16장, 17장에서 이 단상형 블록의 집단유전학적 활용에 대해 다루도록 한다.

유전자 연관과 전유전체 연관성

특정 유전자의 염색체상 위치를 밝힌 첫 사례는 혈액형 관련 유전이었는데, 혈구 단백질이 비교적 용이한 연구 대상이었기 때문이다. 1980년경부터 연구자들은 관심 유전자 근처에 존재하는 특정 DNA 서열을 유전적 이정표로 활용하기 시작했는데, 이를 **유전적 마커**(genetic marker)라고 한다. 이 마커 서열이 표현형 발현으로 이어지는 유전자 서열에 해당할 필요는 없다. 예를 들어, DNA 절단효소가 작용하는 대상 서열의 변이일 수도 있고, 별 기능 없는 짧은 반복서열(short repeated sequence)의 반복 수 차이일 수도 있고, 나아가 개체들 사이 변이가 잦은 단 하나의 염기서열일 수도 있다. 특정 표현형 발현(주로 의학적 관련 증상)과 연관된 어떤 종류의 DNA 서열 차이도 유전적 마커가 될 수 있다.

알고리즘을 통해 목표 유전자형과 특정 유전적 마커 사이의 연관 정도를 측정한다. 이때 연관 강도(tightness of linkage)는 *LOD* 수치로 표현하는데, 확률의 로그 값(logarithm of the odd)을 의미한다. 이는 각 교차율 수치에 기초하여, 두 유전 형질의 우연한 동반 확률 대비 연관되고 있을 가능성을 나타낸다. 따라서 LOD 값이 높을수록, 유전자나 유전적 마커 등 해당 유전 특징들은 서로 더 가깝게 위치하고 있는 것이다.

보통 3 이상의 LOD 값은 현저한 연관 가능성을 나타내는데, 이는 수집한 유전 결과의 해석에 있어, 비연관 대비 연관 가능성이 1,000배(10^3배) 이상이라는 의미이다. 즉, 각기 다른 염색체에 존재하는 유전 특징들이 우연히 함께 전달되었을 가능성보다, 특정 병인성 유전자와 그의 유전적 마커 같은 유전 특징들이 같은 염색체의 연관으로 묶여 함께 나타났을 확률이 1,000배 이상이라는 내용이다. 이는 마치 두 개의 주화를 1,000번 동전 던지기 하여 그동안 두 주화 모두 앞면이나 뒷면만 나오는 상황과 비슷하다. 1,000번의 동전 던지기에서 우연히 비롯된 결과였을 가능성도 없지는 않겠지만, 보통은 두 주화가 서로 붙어 있다는 해석이 그럴듯할 것이다. LOD 값 3 이상의 연관 또한 비슷한 상황으로 이해할 수 있다.

현재는 인간 유전체 정보를 이용할 수 있게 되었지만, 그전에는 유전적 마커를 활용하여 특정 질환의 발병 전에 해당 질환의 유전 가능성을 확인해볼 수 있었다. 예를 들어, 헌팅톤병의 병인 유전자(*huntingtin* gene)가 발견된 후(4장 내용 참조), 해당 질환 발병 예측을 위한 유전적 마커 발굴이 1983년부터 1993년까지 이어졌다. 현재는 이런 간접적 분석보다 병인성 유전자를 직접 확인하는 유전자 검사를 통해 정확성을 높이고 있다.

유전적 마커는 염색체 부분 부위의 식별 용도로 여전히 활용되고 있는데, 가계도에서도 관련 염색체 구성을 보여주기 위해 각 개체 표식에 덧붙여 단상형 연관 유전적 마커(haplotype-linked markers)를 표시하기도 한다. **그림 5.17**의 낭포성 섬유증 가계에서 각 개체 표식 아래의 숫자 조합은 해당 염색체의 단상형 배열을 나타낸다. 예를 들어, 질환이 발병한 II-2 개체의 단상형 분석으로부터 병인성 대립유전자를 물려받은 부계 염색체를 확인할 수 있다. II-2의 3233 단상형 염색체는 같은 질환을 앓고 있는 모친에서 유래한 것이므로, 다른 2222 단상형 염색체는 부친 유래로 결정할 수 있다. 따라서 질환 증상이 없는 그의 부친은 해당 질환의 이형접합성 보인자이며, 그 부계 2222 단상형 염색체에 병인성 *CFTR* 대립유전자가 포함되어 있다고 결론지을 수 있다.

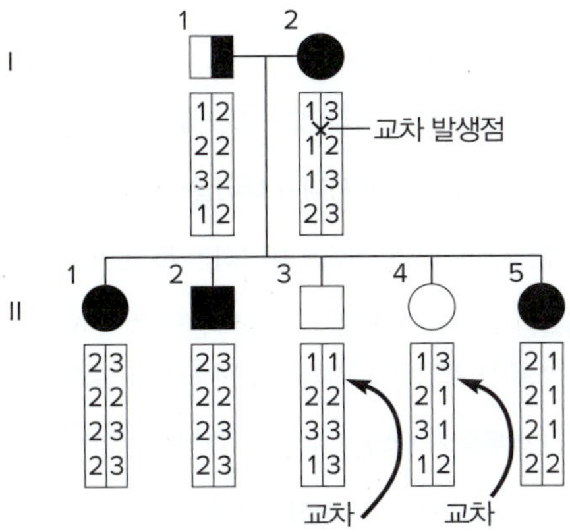

그림 5.17 단상형. 각 개체 표식 아래에 표기된 숫자 막대는 해당 질환 유전자가 위치한 염색체 구성을 나타낸다. 숫자는 유전적 마커를 이용해 확인한 해당 염색체 부위의 단상형 종류를 표시한다. 일부 염색체의 단상형 배열이 바뀐 것은 교차 자리를 의미한다.

현재는 한 개인의 전체 유전체도 하루 안에 서열결정이 가능하다. 그러나 아직도 많은 유전자가 단순 서열정보만으로 해석되지 않은 채 연구 대상으로 남아있고, 이에 필요한 염색체상 위치 결정과 그 유전자 기능, 상호작용에 관한 많은 연구가 필요하다.

핵심 개념 질문 5.3

*a. **연관 유전**을 정의하시오.

b. 연관 유전과 비연관 유전의 유전 양상이 다른 이유를 설명하시오.

c. 유전자 사이 교차율과 염색체상 상대적 위치와의 상관관계를 설명하시오.

*d. 연관 지도를 설명하시오.

*e. 연관 불평형을 설명하시오.

*f. 유전적 마커를 설명하시오.

*g. LOD 값을 설명하시오.

*h. **단상형**을 정의하시오.

학습 가이드

핵심 용어

항원(antigen) 면역반응의 대상 물질.

센티모건(centimorgan) 동일 염색체 상 연관된 두 유전 위치의 재조합률을 표현한 유전 지도 단위, 상대적 유전 거리를 표시.

공우성(codominant) 두 대립유전자 발현 결과가 모두 반영된 형태의 이형접합자 표현형 발현.

상위(epistasis) 변경 유전자가 그 하위 유전자 발현을 가리거나 변경.

발현도(expressivity) 특정 유전자형의 해당 표현형 발현 강도.

유전적 이질성(genetic heterogeneity) 둘 이상 여러 유전자의 변이가 공통된 표현형으로 나타나는 유전 현상.

유전적 마커(genetic marker) 목표 유전자와 연관 강도가 높은 인근 DNA 서열.

단상형(haplotype) 교차로 분리되기 힘든, 동일 염색체상 연관 유전자 그룹.

이형세포질성(heteroplasmy) 한 세포에 서로 다른 변이를 지닌 미토콘드리아가 공존.

불완전 우성(incomplete dominance) 이형접합 표현형이 두 대립유전자 표현형의 중간형으로 발현.

연관(linkage) 동일 염색체에 위치한 유전자들.

연관 불평형(linkage disequilibrium, LD) 두 유전자 혹은 DNA 서열이 매우 가까이 위치한 탓에 감수분열 중 분리되지 않고 함께 유전된 결과.

연관 지도(linkage maps) 각 유전자 사이 교차율에 기초하여 작성된, 유전자 위치 순서 및 거리를 보여주는 염색체 지도.

침투도(penetrance) 특정 유전자형의 그룹에서 관련 표현형이 발현된 비율.

표현형모사(phenocopy) 환경적 영향에 따른 효과가 외견상 유전성으로 보이는 현상.

다면발현(pleiotropy) 단일 유전자 변이가 여러 병증으로 나타나거나, 혹은 한 유전자 기능이 여러 과정에 관련되어 다방면의 영향으로 개체 별로 서로 다른 병증을 나타내는 경우.

재조합형(recombinant) 한 염색체의 대립유전자 조합이 부모의 각 염색체와 일치하지 않음.

복습문제

1. 다음 각 유전 현상이 멘델 법칙의 멘델 표현형 비를 변경하는 과정을 설명하시오.

    a. 치사 대립유전자
    b. 다중 대립유전자
    c. 불완전 우성
    d. 공우성
    e. 상위
    f. 불완전 침투도
    g. 다양한 발현도
    h. 다면발현
    i. 표현형모사
    j. 유전적 이질성

2. 한 유전자의 우성 및 열성 대립유전자 관계와 상위와의 차이를 설명하시오.
3. 불완전 침투도의 상염색체 우성 형질 유전이 상염색체 열성 유전과 비슷하게 보일 수도 있는 이유를 설명하시오.
4. 완전 우성과 공우성을 함께 나타내는 ABO 혈액형 유전 원리를 설명하시오.
5. 백색증 부모에서 정상 피부색 자녀가 태어날 수 있는 경우를 설명하시오.
6. 이 장에서 유전적 이질성의 경우에 해당하는 두 질환을 제시하시오.
7. 유전체 서열결정 결과로 과거에는 희귀한 멘델 법칙 예외 사례로 보았던 현상들을 보편적 유전 양상으로 이해하게 된 과정을 설명하시오.
8. 상위로 불완전 침투도가 나타날 수 있는 과정을 설명하시오.
9. 폐기종(emphysema) 증상은 유전적 병인에 기인하거나, 혹은 흡연으로 발병할 수도 있다. 어느 쪽이 표현형 모사에 해당하는가?
10. 미토콘드리아 DNA가 세포핵 DNA와 다른 점 세 가지를 제시하시오.
11. 미토콘드리아 DNA 유전과 연관이 멘델 법칙을 따르지 않는 이유를 설명하시오.
12. 모계 유전자 형질의 가계도와 상염색체 우성 형질 가계도의 차이를 설명하시오.

응용문제

1. (a–i) 상황의 각 질환을 (A–H) 유전 현상 중 어느 사례에 해당하는지 짝지으시오. 하나 이상의 선택도 가능하다.

    A. 치사 대립유전자
    B. 다중 대립유전자
    C. 상위
    D. 불완전 침투도
    E. 다양한 발현도
    F. 다면발현
    G. 표현형모사
    H. 유전적 이질성

    a. 중증의 신경섬유종증 1형(neurofibromatosis type 1)을 앓고 있는 한 여성은 피부에 갈색 반점이 나타나고 피하 대형 종양도 여러 개 발생하였다. 유전자 검사 결과, 그녀 아들 역시 같은 병인성 상염색체 우성 대립유전자를 보유하고 있었지만, 관련 병증을 나타내지 않았다.
    b. 어떤 남자의 가계 유전 이력에 따르면, 그는 대머리가 아니면 V자 머리 모양(widow's peak)을 보일 것으로 예상할 수 있다.
    c. 6명의 아이를 둔 어떤 부부는 사산(stillbirths)의 경험 또한 두 차례 있었다.
    d. 유전성 심장질환인 확장성 심근병증(dilated cardiomyopathy) 사례의 22%는 근단백질 titin의 유전자에서 발생한 변이에 기인한다. 나머지는 다른 단일 유전자 변이 등에 기인한다.
    e. 피부가 짙은 갈색인 여자가 한 미백 크림 제품을 사용했는데, 마치 유전 병인 알캅톤뇨증(alcaptonuria)처럼 손가락 끝과 귀가 까매졌다.
    f. 래브라도 리트리버에서, B 대립유전자는 검정색 털을, b 대립유전자는 갈색 털을 나타낸다. E 유전자는 B 유전자 발현을 통제한다. E 대립유전자는 B 유전자 유전자형에 상관없이 금빛 털색을 나타낸다. ee 유전자형에서만 B 대립유전자 표현형(검정)이 나타날 수 있다.
    g. 두 양친 모두 백색증 유발 변이를 이형접합으로 갖고 있지만, 이 변이들은 피부 색소 합성의 생화학적 경로에서 각기 다른 유전자에 발생한 변이다. 따라서 그들 자녀가 백색증을 나타낼 위험은 25%가 아니다.
    h. 아이카디 증후군(Aicardi syndrome)의 아이들은 망막에 흰 분화구 모양의 병변(chorioretinal lacunae)들이 나타나는데, 지금까지 확인된 4,000개의 사례 중 일부에서는 뇌들보(corpus callosum, 대뇌반구를 이어주는 신경섬유) 발달 또한 지체되었다.
    i. 어떤 가정에서 어린아이 둘 다 치아가 심하게 부식되었다. 부모는 유전성 원인을 생각했는데, 사실은 보모가 아이들 입에 주스 병을 물려 재웠던 때문이었다.

2. O형 혈액형 남자와 A형 혈액형 여자가 아이를 가졌다(여자의 모친은 AB형이고 부친은 O형이었다). 그들 아이가 O형 혈액형을 나타낼 확률은 얼마인가?
3. 혈액은행에서는 A형이나 B형 혈액에서 항원을 제거하는 효소를 사용하여 O형 혈액을 생산한다. 이 과정은 표현형과 유전자형 중 어느 것의 변경에 해당하는가?
4. 손톱-슬개 증후군의 그렉과 수잔 부부에서, 같은 질환이 있는 AB형 아이가 태어날 확률은 얼마인가?
5. 가주크(Gazook)라는 이름의 화성 생명체는 17쌍의 염색체를 갖고 있다. 가장 큰 염색체에 세 종류의 형질 유전자가 위치하는데, 각각 둥글거나 각진 안구(R 또는 r), 털투성이 또는 매끈한 꼬리(H 또는 h), 그리고 9개 혹은 11개의 발가락(T 또는 t)의 유전자가 그것들이다. 둥근 안구, 털투성이 꼬리, 9개 발가락 형질들이 우성이다. 이들 유전자 모두 이형접합인 3성 잡종 수컷이 각진 안구에 매끈한 꼬리, 11개 발가락의 암컷과 교배하여 100마리의 가주크를 낳았

는데, 다음과 같은 표현형 비율을 보였다.

- 40마리: 둥근 안구, 털투성이 꼬리, 발가락 9개
- 40마리: 각진 안구, 매끈한 꼬리, 발가락 11개
- 6마리: 둥근 안구, 털투성이 꼬리, 발가락 11개
- 6마리: 각진 안구, 매끈한 꼬리, 발가락 9개
- 4마리: 둥근 안구, 매끈한 꼬리, 발가락 11개
- 4마리: 각진 안구, 털투성이 꼬리, 발가락 9개

a. 가주크 부모의 대립유전자 배열을 그리시오.
b. 부모형 자손과 재조합형 자손을 구분하시오.
c. *R* 유전자와 *T* 유전자 사이의 교차율은 얼마인가?

법과학적 관점

1. 1954년 5월 6일, Earthquake McGoon이라는 별명의 32살 조종사는 북베트남 비행 중 지상포에 피격되었다. 그를 빼고 다른 다섯 명의 승무원 중에서도 두 명만 살아남았다. McGoon의 실제 이름은 제임스 맥거번(James B. McGovern)인데, 2차 세계대전 중 활약상과 더불어 유쾌한 성격으로 유명했던 조종사였다. 2002년 말, 비슷한 키와 나이의 유해가 발견되었는데, 치과 기록으로는 신원 확인이 불가능했지만, 다리뼈에서 채취한 DNA로 맥거번을 확인할 수 있었다. 이때 어떤 종류의 DNA가 사용됐을지, 그리고 나아가 어떤 정보가 신원 확인에 도움이 되었을지 서술해보시오.

사례 연구 및 결과

1. 엉킴머리 증후군(uncombable hair syndrome)은 은빛의 마르고 가는 곱슬머리가 사방으로 빳빳이 뻗쳐대며 빗질하기 힘든 머리를 나타낸다. 세 유전자에 발생한 변이가 같은 증상을 나타내는데, *TCHH*(머리카락 중심줄기 구성 단백질의 유전자)와 *PAD13*, 그리고 *TGM3*(TCHH 단백질의 활성 조절 유전자)가 그것들이다. 알버트 아인슈타인(Albert Einstein) 또한 같은 유전 증상에 해당하였을 것으로 짐작한다. 해당 질환의 다섯 아이를 조사한 결과는 다음과 같다.

   - 환자 1은 동형접합의 *PAD13* 대립유전자를 보였다.
   - 환자 2도 동형접합의 *PAD13* 대립유전자를 보였으나, 환자 1과는 다른 대립유전자였다.
   - 환자 3은 동형접합의 *TCHH* 대립유전자를 보였다.
   - 환자 4는 이형접합의 *TGM3* 대립유전자를 보였다.
   - 환자 5는 환자 3과 같은 *TCHH* 대립유전자를 보였으나, 증상은 훨씬 심했다.

   a. 어느 환자가 복합 이형접합자에 해당하는가?
   b. 엉킴머리 증후군이 유전적 이질성 질환이라는 증거는 무엇인가?
   c. 엉킴머리 증후군의 다양한 발현도에 해당하는 증거는 무엇인가?

2. 청각장애가 있는 수잔(Suzanne)은 어릴 때부터 흥분하면 종종 실신하는 증상을 보였다. 크리스마스 카드를 열어보다 실신했을 때 그녀 부모는 병원에 데려갔으나, 의사는 문제 원인을 진단하지 못했다. 증상이 반복되며 수잔은 그 조짐을 자각하게 되었고, 부모에게 그녀의 두통에 대해 얘기했다. 신경과 의사는 수잔의 심장을 확인해 보고, 청각장애를 수반한 긴 QT 증후군(long QT syndrome)이라고 진단했다. 이는 유전성 부정맥(heartbeat irregularity) 질환이며, 10가지 원인 유전자가 밝혀져 있다. 의사는 1856년 사례를 얘기해 주었는데, 교칙 위반으로 교장 호출을 받은 어린 소녀가 흥분하여 돌연사한 사고였다. 그 뒤, 소녀 부모의 다른 두 자녀 또한 흥분 상태에서 사망했었음을 확인할 수 있었다.
   수잔의 가족은 임상 유전학자를 방문했는데, 두 부모 모두 약한 부정맥은 있어도 수잔의 중증 심장 증상은 나타내지 않는다는 것을 확인했고, 청각도 정상이었다. 그런데 수잔의 남동생 프랭크(Frank)는 청각장애가 있었고, 야경증(night terror)은 있었지만 실신 증상은 보이지 않았다. 프랭크도 수잔과 같은 유전성 심장질환으로 진단받았다. 아직 아기인 바네사(Vanessa)는 어떤 증상도 보이지 않았고, 심장 박동도 정상이었다.
   현재 수잔과 프랭크는 베타 차단제(beta blocker)를 처방받아 복용하고 있고 치명적 부정맥을 예방하기 위해 제세동기(implantable defibrillator)를 이식받았다. 수잔의 진단 덕분에 그녀 남동생도 목숨을 구할 수 있었던 셈이다.

   a. 다음 중 이 가족의 질환 증상이 해당하는 유전 현상을 고르시오.
      i. 유전적 이질성
      ii. 다면발현
      iii. 다양한 발현도
      iv. 불완전 우성
      v. 표현형모사
   b. 이 긴 QT 증후군의 유전 양상과 가족성 고콜레스테롤혈증의 유전양상을 비교하시오.
   c. 바네사가 수잔이나 프랭크와 같은 중증 형태나 혹은 그녀 부모와 같은 거의 무증상 형태의 질환도 유전 받지 않을 수 있었던 원리를 설명하시오.
   d. 수잔 가족의 치료는 유전자형과 표현형 중 어디에 영향 미치는 것인가?

3. 어떤 미토콘드리아 질환을 진단받은 5살 소녀는 매우 쉽게 지치고 무기력해졌다. 유전자 검사 결과, 1번 염색체의 한 유전자 변이는 확인했으나 미토콘드리아 유전자에서는 문제가 없었다. 이때 이 가족의 다른 자녀에서도 같은 유전질환이 발병할 위험도와 미토콘드리아 유전자가 병인인 다른 미토콘드리아 질환의 형제자매들이 해당 유전질환을 공유할 가능성을 비교하시오.

CHAPTER 6
성 연관 유전

2016년, 중국 정부는 인구 구성에서 오랜 기간 심각한 성비 불균형을 초래한 35년간의 한 자녀 정책을 공식적으로 종결하였다.

학습 목표

6.1 성의 본성

1. 남자나 여자로 느끼게 하는 요인들을 말하시오.
2. X와 Y 염색체의 차이점을 말하시오.
3. 성비 조절은 사회에 어떤 영향을 미치는지 토론하시오.

6.2 성염색체 연관 유전 형질

4. X 연관 형질과 Y 연관 형질의 차이점을 말하시오.
5. X 연관 열성 유전과 우성 유전을 비교하시오.

6.3 한성 형질과 종성 형질

6. 한 가지 성에서만 나타나는 형질의 유전 양상을 토의하시오.
7. 종성 유전 형질을 정의하시오.

6.4 X 불활성화

8. X 염색체 불활성화가 필요한 이유를 설명하시오.
9. X 염색체 불활성화가 어떻게 후성적 변화를 나타내는지 설명하시오.
10. X 염색체 불활성화가 어떻게 암컷 포유동물의 표현형에 영향을 미치는지 토의하시오.

6.5 부모 기원 효과

11. 한 부모에게 물려받은 유전 형질이 침묵하는 화학적 기반을 설명하시오.
12. 정자와 난모세포 형성 과정의 어떤 차이가 부모 유래 영향을 유도하는지 설명하시오.

개관

성은 여러 측면에서 우리 삶에 영향을 미친다. 남성과 여성의 신체기관으로의 발생 프로그램은 성염색체에 내재하여 있으나, 그 프로그램이 어떻게 진행될 것인지는 출생 전후의 유전자 발현에 크게 영향을 받는다.

중국의 한 자녀 정책이 인구의 노령화를 가져왔다

중국의 한 자녀 정책은 인구 과잉을 막기 위해 공산당이 가족의 크기를 제한하는 자발적 프로그램을 1980년 9월에 발표하면서 시작되었다. 한 자녀만을 갖는 부부에게는 정부로부터 재정적 혜택이 주어졌는데, 만약 둘째 아이를 갖게 되면 그 혜택이 취소되었다.

여자아이인지를 확인하는 산전 진단이 성행하였다. 한 자녀로 남자아이를 갖기를 원하는 가정에서는 여자아기를 임신한 경우 낙태하거나 알리지 않았다. 임신 중절은 여아에게 집중되었고 남아가 많아지는 성비 불균형을 초래하였다. 이것은 아들은 늙은 부모를 보살피게 되지만, 딸은 시부모를 보살피게 된다는 사회적 관습 때문이었다.

중국의 한 자녀 정책은 수억 명의 출생을 막을 수 있었다. 2005년까지, 여아 100명 당 남아 121명이 태어났다. 2007년에는 전문위원회에서 한 자녀 정책이 사회적인 문제들을 야기함으로 종결할 것을 정부에 요청하였다. 그러나 그 정책은 2016년이 되어서야 종결되었다. 곧바로 두 아이 갖기 정책이 시작되었으나 너무 늦은 감이 있다. 임신 가능 연령대의 여자들이 너무 적어서 출산율은 여전히 낮은 상태이기 때문이다.

오늘날 중국의 많은 아이는 형제, 사촌, 아주머니, 삼촌이 거의 없다. 농촌의 총각들은 결혼할 신부를 찾을 수 없는 상태이다. 외국 관련 협회에 따르면, 젊은 세대에서는 남자가 여자보다 3천 3백만 명 더 많은 것으로 알려졌다.

2050년에는 중국 인구의 25%가 65세 이상이 될 것으로 예상되는데, 그들 대부분은 남자이며, 그들을 돌볼 젊은 사람이 거의 없는 상태이다. 중국의 한 자녀 정책은 세계에서 가장 급진적인 사회적 실험으로 회자되고 있다.

6.1 성의 본성

생물학적인 남성과 여성은 성염색체에 의해서 결정되는데, 여성은 두 개의 X 염색체를 받았을 때, 남성은 X 와 Y 염색체를 받았을 때 만들어진다(**그림 6.1**). 다른 수준에서의 성적 정체성은 생식기관을 발달시키는 호르몬에 의해서 조절된다. 결국, 생물학적 요소와 사회적 역할이 우리가 여성인지 남성인지를 의식하거나 성적 정체성 등과 같은 성적 감정에 영향을 미친다.

성적 발달

신체적인 성적 차이는 태아 발생 9주 정도가 되면 나타나게 된다. 5주 동안은 모든 배아의 생식소는 정소와 난소로 모두 발달할 수 있는 미분화된 상태이다. 각각의 "양성 잠재성(bipotential)" 생식소 부근에는 두 개의 발생 선택권이 주어지는 두 세트의 관이 존재한다. 한 세트는 뮐러관이라고 하며 난소 부근에 발달하여 여성의 성적 구조를 형성한다. 다른 세트는 볼프관이라고 하며 정소 부근에서 발달하여 남성의 성적 구조를 형성한다.

발생 6주째부터는 하나의 성적 발달 경로를 선택하게 되는데, 이것은 성염색체에 들어 있는 어떤 유전자의 작용에 의해서 나타난다. Y 염색체에 있는 *SRY*(Y의 성 결정 영역) 유전자가 활성화되면 호르몬에 의해서 남성으로 발달하게 되고, *SRY* 유전자가 불활성화되면 여성으로 발달하게 된다(**그림 6.2**).

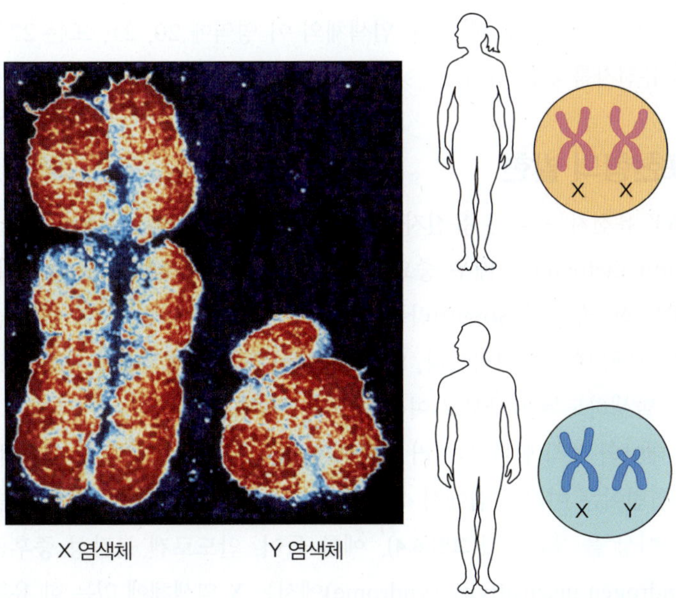

그림 6.1 성 염색체. 사람에서 여성은 두 개의 X 염색체를 갖고 있고 남성은 하나의 X 염색체와 하나의 Y 염색체를 갖고 있다. *Biophoto Associates/Photo Researchers/Science Source*

여성의 성은 사람의 발생에서 남성 성의 결핍으로 나타나는 기본적인 선택인 것으로 생각되었지만, 성 결정 과정은 미분화된 선구적 구조에 부여되는 숙명적인 것으로 설명하는 것이 더 정확할 것이다. *SRY* 유전자 외에 여러 개의 유전자가 생식기관의 초기 발달에 관여한다. 예를 들어, *Wnt4* 유전자의 돌연변이는 여성에서 남성호르몬이 많이 분비되는 원인이 되며, 질과 자궁이 만들어지지 않는다. 난소가 적절하게 발달하지 않고 2차 성징도 나타나지 않는다. 그러므로 *Wnt4* 유전자는 여성으로 발생하고 성숙하는 데 매우 중요하다.

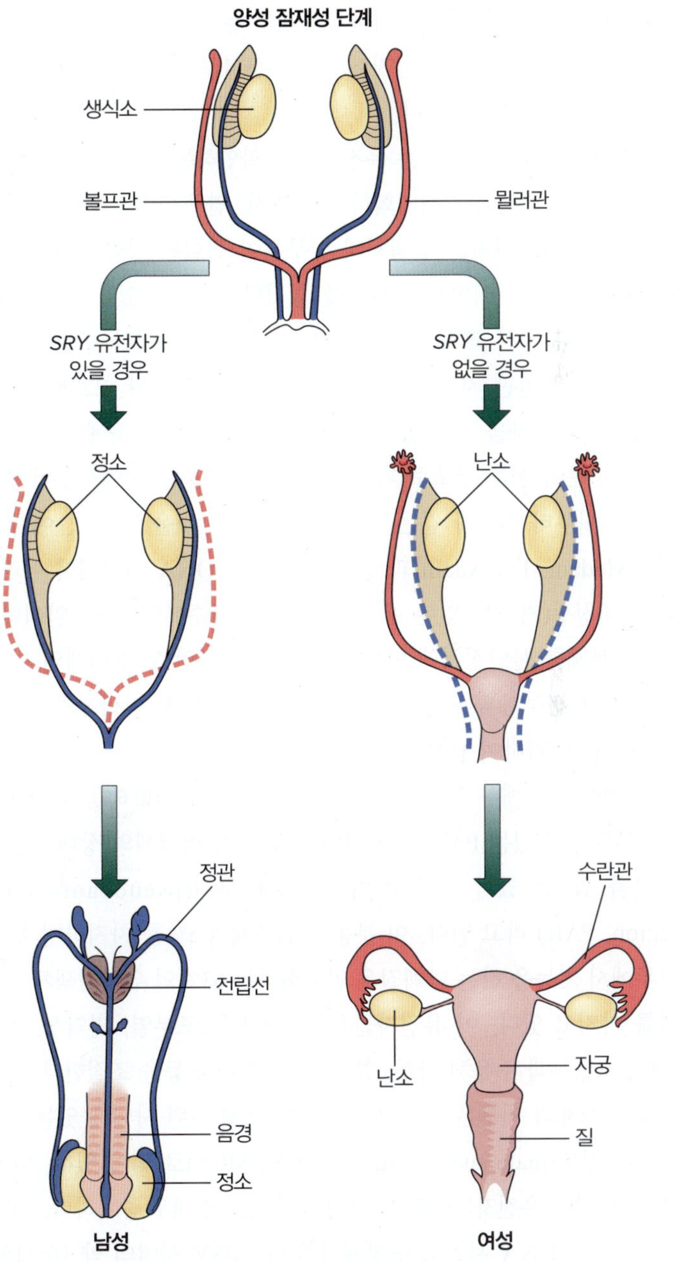

그림 6.2 남성 또는 여성? 초기 사람의 배아에서 쌍으로 된 관은 남성이나 여성의 생식기관으로 발달하게 된다. 붉은 관은 여성 구조이고 푸른 관은 남성 구조를 나타낸다.

성염색체

서로 다른 성 염색체를 갖고 있는 성을 **이형염색체 배우자성**(heterogametic sex)이라고 하고, 똑같은 성 염색체를 갖고 있는 것을 **동형염색체 배우자성**(homogametic sex)이라고 한다. 사람에서 남성은 이형염색체이고, 여성은 동형염색체이다. 다른 종에서는 이것이 반대로 되어 있는 경우가 있는데, 새와 뱀의 경우는 수컷의 성염색체 구성이 ZZ로 동형염색체이며, 암컷은 ZW로 이형염색체이다.

성염색체는 크기와 갖고 있는 유전자 수가 다르다. 사람의 X 염색체는 1,500개 이상의 유전자를 갖고 있으며 Y 염색체보다 훨씬 더 크다. Y 염색체는 훨씬 더 적은 231개의 유전자(단백질을 암호화하는 유전자)를 갖고 있다. 남자에서 감수분열 시 X와 Y 염색체는 서로 상동인 것처럼 행동한다.

사람의 Y 염색체에 있는 유전자들을 확인하는 것은 매우 어렵다. 사람의 유전체를 쉽게 서열화하기 전까지, 연구자들은 Y 연관 유전자들의 기능과 위치를 염색체의 일부분이 결실된 사람을 조사하고 그것이 정상인과 어떻게 다른지를 결정하여 추론하였다. Y 염색체는 모든 부분에서 교차가 일어나지 않고, 매우 특이한 구성을 하고 있기 때문에 연관 지도를 작성하는 것이 불가능하다. 22개의 남성 특이적인 유전자를 갖고 있는 염색체의 약 95%와 이곳에 있는 많은 DNA 부분이 회문 구조로 되어 있다. 회문 구조는 앞에서부터 읽으나 뒤에서부터 읽으나 같은 철자로 되어 있는 것을 말한다. 예를 들면, "Madam, I'm Adam"과 같은 경우이다. DNA 서열에서 이러한 좌우 대칭성(거울이 있는 홀과 비교됨)은 감수분열 동안 일어나는 DNA 복제를 불안정하게 만든다. 감수분열 동안 Y 염색체의 이 부분은 서로 접혀서 루프를 형성하게 되고, 이것이 Y 염색체의 부분적인 결실을 야기하여 남성 불임의 원인이 되기도 한다.

Y 염색체는 매우 짧은 팔과 긴팔을 갖고 있다(**그림 6.3**). Y 염색체의 양 말단에 있는 PAR1과 PAR2 부분은 X 염색체의 상대 부위와 교차를 할 수 있기 때문에 위상염색체 부위(pseudoautosomal region, PAR) 라고 한다. 이 부분은 염색체의 5%를 차지하며 두 성 모두에서 기능을 하는 단백질을 암호화하는 63개의 위상염색체 유전자를 가지고 있다. 이 유전자들은 뼈 성장, 세포분열, 면역성, 신호 전달, 호르몬과 수용체 합성, 임성, 에너지 대사 등을 조절한다.

Y 염색체의 대부분은 두 개의 위상염색체 부위 사이에 있는 남성 특이적 부위(male specific region of Y, MSY)로 되어 있다. MSY에 있는 많은 유전자는 *SRY*를 포함하여 임성에 매우 중요하다. MSY는 3부류의 DNA 서열로 구성되어 있다. MSY 서열의 약 10~15%는 X 염색체에 있는 상대 부위와 99% 일치한다. 이 부분에는 단백질을 암호화하는 유전자가 거의 없다. MSY의 또 다른 20%는 X 염색체의 서열과 어느 정도 비슷한 DNA 서열로 구성되어 있다. 이것은 오래전 X 염색체를 만든 상염색체의 잔유물인 것으로 생각된다. MSY의 나머지 부분은 회문 구조가 들어 있는 영역을 가지고 있다. MSY는 많은 반복서열을 가지고 있고 다른 방법으로 특이한 단백질들이 결합한다. 남성들은 Y 염색체의 이 영역에 20, 21, 또는 22개의 유전자를 갖고 있다.

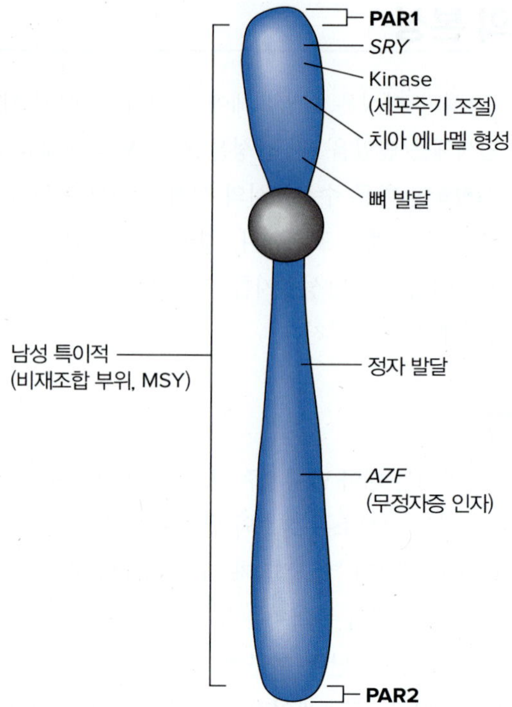

그림 6.3 Y 염색체의 해부. Y 염색체는 두 개의 위상염색체 영역(PAR1과 PAR2)과 염색체의 95%를 차지하면서 22개의 유전자를 갖고 있는 가운데 큰 영역(MSY)으로 구성되어 있다. *SRY*는 성을 결정한다. *AZF*는 정자 생산에 중요한 단백질을 암호화하고 있어, 이곳에서 돌연변이가 일어나면 불임이 된다.

표현형의 발현

SRY 유전자는 다른 유전자의 발현을 조절하는 **전사인자**(transcription factor)라는 매우 중요한 형태의 단백질을 암호화하고 있다. SRY 전사인자에 Sox9이라는 또 다른 전사인자는 신호를 보내어 남성으로의 발달을 자극한다. Sox9은 양성 잠재성 생식소가 남성 구조로 발생하도록 자극하고 여성 구조의 발생을 억제한다.

태아의 성적 발달은 여러 단계의 과정을 통하여 일어나기 때문에, 돌연변이는 여러 지점에서 생식소나 생식기에 영향을 미치는 "성 발달 이상"을 초래한다(**그림 6.4**). 예를 들어, 안드로겐 불감성 증후군(androgen insensitivity syndrome)에서는 X 염색체에 있는 한 유전자의 돌연변이가 안드로겐[남성 성호르몬인 테스토스테론과 디하이드로테스토스테론(DHT)] 수용체 형성을 방해한다. 그 결과, 초기에

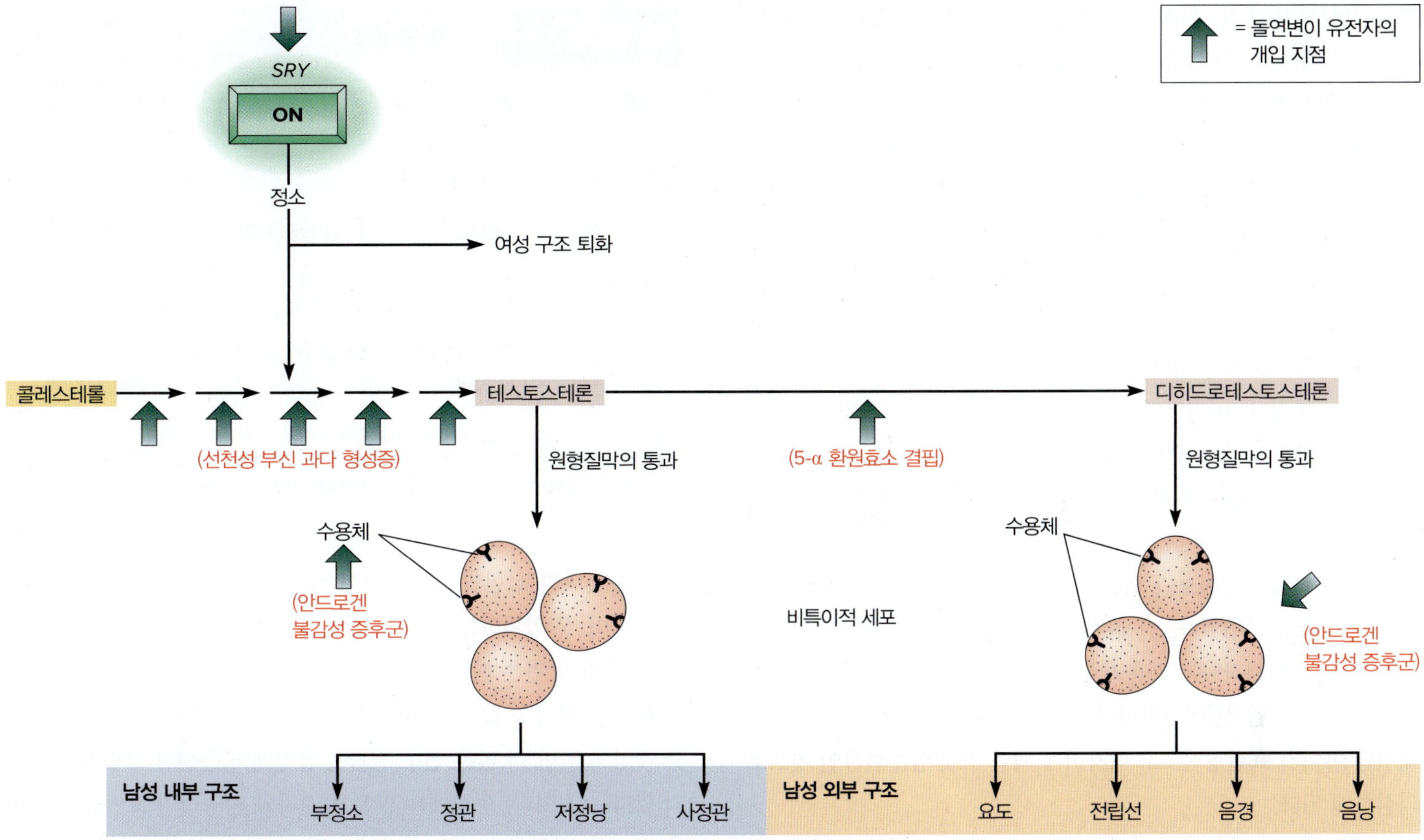

그림 6.4 남성의 성적 발달에 영향을 미치는 돌연변이들. 정상적인 남성의 태아 발생에서, *SRY* 유전자로 시작하는 유전자 세트가 활성화되어 여성 생식기관이 될 부분을 퇴화시키는 신호를 보낸다. 반면 테스토스테론과 DHT를 생산하는 생화학적 경로가 활성화되면, 테스토스테론과 디하이드로테스토스테론은 남성 생식기관의 발달을 촉진한다. 녹색 화살표는 돌연변이가 정상적인 성적 발달을 방해하는 곳을 가리킨다. 질병들은 빨간 글씨로 표시하였다. 선천성 부신 과다형성증에서 효소가 기능을 하지 못하면 테스토스테론과 디하이드로테스토스테론이 과다하게 되지만, 다른 두 이상에서는 남성호르몬의 수준이 더 낮아진다는 것을 주목하라.

생식소 세포들이 신호를 받지 못하여 남성으로 발생하지 못한다. 따라서 이러한 XY의 사람은 여성으로 보이게 된다.

유전적/염색체적 성과 내적 외적인 신체적 구조를 가진 사람을 설명하는 데 사용하는 용어들은 하나의 성과 일치하지 않는다. **암수한몸**(Hermaphroditism)은 남성과 여성의 성적 구조를 모두 가지고 있는 사람을 지칭할 때 오랫동안 일반적으로 사용되어온 용어이다. **간성**(Intersex)은 내부 구조와 외부 구조가 일치하지 않거나 생식기가 불분명한 개체를 일컫는 용어이다. **거짓 암수한몸**(Pseudohermaphroditism)은 여성과 남성의 두 가지 형태의 구조를 갖고 있지만 생애의 다른 단계에서 나타나는 경우에 사용되는 용어이다.

거짓 암수한몸을 갖는 사람의 생활은 매우 혼란스러울 수 있다. 상염색체에 있으면서 열성으로 유전하는 5-α 환원효소(5-alpha reductase) 결핍을 생각해보자. 이 질환을 가진 사람이 정상적인 Y 염색체와 정상적인 *SRY* 유전자, 그리고 정소를 가지고 있으면, 내부에 남성 생식기관만 발달하게 되고 여성 구조는 발달하지 않게 되어 내부는 해부학적으로 남성 구조만 존재하게 된다. 그러나 이러한 아이는 내부 구조와는 다르게 외적으로는 여자처럼 보인다. 5-α 환원효소(테스토스테론이 DHT를 형성하는 반응을 촉매)가 결핍되면, 음경이 형성되지 않는다. 사춘기 때 신장의 윗부분에 있는 부신이 테스토스테론을 생산하기 시작하면, 여성이라고 인식되었던 이러한 XY 개체는 남성적인 특징이 나타나게 된다. 즉, 목소리가 굵어지고, 수염이 나고, 근육이 남성적으로 발달하게 된다. 가슴 발달과 월경 대신 음핵이 음경처럼 커진다. 그리고 보통 정상적으로 정자가 생산된다. 5-α 환원효소 결핍이 있는 XX 개체는 여성이 된다.

거짓 암수한몸 개인을 혼란스럽게 하는 정도는 유전학적인 측면보다 사회적인 수용성 측면이 훨씬 더 크다. 도미니카 공화국에서 1970년대에 일어났던 실례를 들어보면, 22명의 여자아이들이 사춘기 연령이 되었을 때 남자로 변하기 시작하였다. 그들은 근친결혼으로 인하여 5-α 환원효소 결핍이 있었다. 그들의 부모는 모두 아들을 갖게 되어서 행복하였다. 그리고 이 특별한 청년들에게 남자 이름인 **12살의 음경**(guevedoces)이라는 이름을 지어주었다. 그들이 원했던 모든 것들이 수용되었지만, 항상 원하는 대로 되는 것만은 아니었다.

매우 사실적인 소설, 《*Middlesex*》는 여자로 자랐던 이러한 처지의 젊은 남자에 대한 이야기를 다루고 있다.

거짓 암수한몸의 더 흔한 형태인 선천적 부신 과형성[adrenal hyperplasia(CAH)]은 21-하이드록실레이즈(21-hydroxylase) 결핍에 의하여 나타나는데, 이 효소는 테스토스테론과 DHT가 축적되는 것을 막는다. 이것은 상염색체에 있는 열성 형질로 남성과 여성 모두에서 나타난다. 안드로겐의 양이 많아지면 남성에서 사춘기가 일찍 나타나고 여성에게서는 남성의 2차 성징이 나타난다. 남자아이에게서는 3살 때 사춘기가 나타나면서, 근육이 발달하고, 정소가 작아지며 음경이 커진다. 여자아이에게서는 태어날 때 작은 음경처럼 보이는 부풀어 오른 음핵을 갖게 된다. 이 아이들은 내부적으로는 여자이지만 사춘기에 도달하면 목소리가 굵어지고 수염이 나며, 월경을 하지 않는다.

염색체적 성을 알아보기 위한 태아 검사에서 거짓 암수한몸을 진단하는 방법이 바뀌었다. 전에는 이러한 특징이 여자아이가 남자아이처럼 보이기 시작하는 사춘기 이후에만 검출되었다. 현재는 태아기의 염색체를 검사했을 때 하나의 X와 Y 염색체를 갖고 있으면서 태어난 아이가 표현형적으로 여자이게 되면 거짓 암수한몸인 것으로 의심하게 된다.

트랜스젠더로 인식되는 사람은 태어날 때 성 정체성이 생식기와 일치하지 않는 경우이다. 염색체적 성은 두 가지(여성 또는 남성)로 구분되지만, 성 정체성은 더 "유동적인" 현상이다. **생명윤리학**에서는 확인된 유전자 변이와 트랜스젠더 정체성이 관련되어 있다고 설명하고 있다.

동성애는 유전되는가?

동성애(Homosexuality)를 하는 사람들은 개인의 표현형과 유전자형이 일치하면서, 육체적으로 같은 성에게 매력을 느낀다. 동성애는 모든 문화에서 볼 수 있고, 수천 년 동안 관찰되었다. 1,500종 이상의 동물에서 동성애의 기록을 찾아볼 수 있다.

동성애는 유전과 환경의 복합적인 영향으로 나타난다. 동성의 개체들이 그들 자신의 성적 정체성을 알기 전인 어린아이 때부터 서로 간의 강한 감정을 느끼게 되는 것은 유전적인 영향 때문인 것 같다. 또 다른 증거는 쌍둥이에게서도 살펴볼 수 있는데, 일란성 쌍둥이가 이란성 쌍둥이보다 서로 더 많은 동성애적 감정을 가지고 있다는 것이다. 동성애에 영향을 미치는 유전 형질의 변이성에 대한 대략적인 비율을 측정하기 위하여 일란성 쌍둥이와 이란성 쌍둥이의 형질을 비교하는 연구를 하였다. 제7장에서 이러한 연구와 관련된 내용을 더 논의할 것이다.

표 6.1 **성적 정체성**

수준	현상	시기
염색체적/유전적 성	XY = 남성 XX = 여성	수정
생식소 성	미분화된 구조가 정소나 난소로 발달	수정 후 6주
표현형적 성	생식기관의 내외부 구조가 호르몬에 반응하여 남성이나 여성으로 발달	수정 후 8주, 사춘기
성 정체성	남성이나 여성적 감정을 강하게 갖도록 발달	유년기나 더 이른 시기부터
성적 경향	같은 성이나 반대성에 매력을 느낌	유년기부터

출처: Courtesy Jennifer A. Marshall-Graves, Australian National University.

1990년대의 실험연구를 통하여 일반 형제들보다 동성애적 형제들에서 더 잘 일치하는 X 염색체에 있는 유전적 표지들을 확인하였다. 이러한 발견은 하나 또는 몇 개의 유전자가 성적 편애를 나타나게 한다는 생각을 갖게 하지만 정확하게 확인되지는 않았다. 쌍둥이를 대상으로 한 더 많은 연구 결과는 동성애의 근원이 그렇게 단순하지 않다는 것이다. 동성애는 많은 유전자와 환경적인 요인들의 영향을 받으며, 다양한 형태로 나타나는 것 같다.

동성애에 영향을 미치는 유전자 연구에 대한 또 다른 접근으로 영국 생물은행(UK Biobank)에서 DNA 검사를 하는 사람들을 대상으로 **"당신은 동성과 섹스를 한 경험이 있습니까?"** 라는 설문 조사를 하였다. 그 결과 연구자들은 전적으로 이성애 경험만 있는 450,939명과 다르게 한 번 이상 동성애 경험이 있는 26,890명에서 공통으로 나타나는 단일 염기 변이체 표지들을 찾아냈다. 이들 확인된 4개의 유전자 변이체는 1993년 쌍둥이 연구에서 확인된 X 염색체에 존재하는 표지와는 다르게 다른 상염색체에 존재하였다. 이런 결과로부터 동성애는 많은 유전적 영향을 받는다는 것을 알 수 있다. 이것은 다른 측면에서 동성이나 이성에게 매력을 느끼게 하는 하나의 특이적 유전자는 없다는 것을 의미하기도 한다.

표 6.1은 성적 정체성을 구성하는 여러 요소들을 요약한 것이다.

성비

멘델의 분리의 법칙에 따르면 인류 집단에서 신생아의 남녀 숫자는 거의 같을 것으로 예상된다. 즉, 남성에서 감수분열을 하게 되면 같은 수의 X-정자와 Y-정자가 만들어진다. 태어난 후에는 사회적, 환경적 요인에 의하여 한쪽 성이 다른 쪽 성에 비해 생존에 더 유리하게 된다.

생명윤리학

트랜스젠더 정체성에 대한 유전적 근거 탐색

트랜스젠더로 확인된 사람들은 태어날 때 외부 생식기로 구분된 성과 남성성, 여성성, 또는 두 성 사이의 어떤 감정과 같은 성적 감정이 일치하지 않는다.

정신병 상태를 잘 정리한 표준서인 정신 질환자들의 진단과 통계적 소책자(*DSM*)에서는 개인의 신체적인 성적 특징과 성적 정체성이 일치하지 않는 것을 "성 불쾌감(gender dysphoria)"으로 정의하고 있다. 개인의 성적 정체성과 해부학적 특징이 일치하지 않아 고통받는 사람들을 의미하는 뜻으로 성 불쾌감이란 명칭은 2013년에 사용하기 시작하였다. 이전에 이것은 **성적 정체성 질환**(gender identity disorder)으로 불렸었다. 지금은 트랜스젠더 정체성을 질환자보다는 변이체로 보는 관점이 더 우세하지만, *DSM*에서는 신체적인 특징을 바꾸기 위해서 호르몬 치료와 성전환 수술 같은 의학적 치료를 권하고 있다.

트랜스젠더 정체성에 대한 유전적 신체적 근거는 아직 완전히 이해하지 못하고 있다. 최초 연구 중의 하나는 19개 유전자의 변이체들이 표현형적 성과 성적 정체성이 일치하지 않게 한다는 단서를 제공하고 있다.

조지아 의과대학의 의사인 그라함 테이센(Graham Theisen) 팀은 30명의 트랜스젠더의 엑솜(exome)에 대한 서열을 분석하였다. 출생 시 외부 생식기를 기준으로 13명은 여성에서 남성으로, 17명은 남성에서 여성으로 성전환한 경우이다. 이들 연구팀은 뇌 발달 과정에서 스테로이드 성호르몬의 물질대사를 조절하는 형태로 성적 표현형에 영향을 미치는 것으로 보이는 유전자들의 변이체를 찾았다. 그들은 또한 일반 집단에서는 10,000명에 1명 이하로 발견되는 드문 유전자 변이체를 조사하여, 이것이 보기 드문 형질과 관련이 있다는 것을 알아내었다. 만약 일반 집단에서 매우 드문 유전자 변이체가 트랜스젠더 집단에서 더 흔하게 나타난다면, 이들 변이체의 특정한 조합들이 출생 시 성과 성적 정체성이 일치하지 않게 하는 성적 감정에 영향을 미친다고 볼 수 있다.

이 연구팀들은 19개 유전자에서 나타난 30개 변이체를 선별하여 더 조사하였다. 9개 변이체에서 신경계의 발달과 성호르몬 대사에 관여하는 유전자에 있는 아미노산 암호가 바뀌어 있었으며, 11개의 다른 변이체에서는 아미노산이 바뀌어 있었지만 다른 방법으로 성적 정체성에 영향을 미치는 것으로 나타났다.

성적 정체성에 중요한 역할을 하는 19개 유전자에 대한 연구가 시작되었기 때문에, 이것들이 성적 정체성과 상호 관련성이 있는지 아닌지, 또는 원인 유전자인지 아닌지 등이 밝혀지게 될 것이다. 그 밖에 여러 데이터는 트랜스젠더가 정신질환이나 생활방식의 선택이 아니며, 단지 사람에게서 나타나는 변이일 뿐이라는 것을 말해주고 있다.

토론을 위한 질문

1. DSM에서 언급하고 있는 트랜스젠더 정체성에 대한 내용들의 긍정적인 측면과 부정적인 측면은 무엇인가?
2. 트랜스젠더 정체성의 유전적 측면이 밝혀져, 이를 신생아 검사에 활용하게 된다면 어떤 결과가 나타날 수 있는가?
3. 사람들이 트랜스젠더의 가능성을 증가시키는 유전자형 발견에 대해 나타낼 수 있는 서로 다른 반응 방식은 무엇인가?
4. 수요자를 대상으로 트랜스젠더 유전자 변이에 대한 유전적 검사를 해야하나? 검사를 하게 된다면, 어떤 잠재적 이익과 위험이 있겠는가?

인류집단에서 남성과 여성의 비율을 **성비**(sex ratio)라고 한다. 성비는 특정 연령의 남성의 숫자를 여성의 숫자로 나눈 다음 1,000을 곱한 값으로 나타낸다(일부 기관은 1.0을 근거로 하여 성비를 나타내기도 한다). 따라서 같은 수의 남성과 여성의 성비는 1,000으로 나타낸다. 보통 성비의 개념은 일차 성비를 의미한다. 미국에서는 지난 60년 동안 남자아이가 여자아이보다 약간 더 많이 출생하여 평균적인 1차 성비가 1,050이었다. 남자아이가 약간 더 많은 것은 Y-정자가 X-정자보다 약간 더 가벼워서 난자에 더 빠르게 도착하고 더 많이 수정에 참여하기 때문이다.

출생 시의 성비를 2차, 성장했을 때의 성비를 3차 성비라고 한다. 성비는 전쟁에 참전하거나 출생 시에 성에 따라 다르게 영향을 미치는 질병과 환경적인 요소들 때문에 연령에 따라 크게 변할 수 있다. 이장의 서두에서 언급한 것처럼, 한 사회의 성비를 인위적으로 변하게 했을 때, 그 결과는 매우 심각해질 수 있다.

노년기가 되면, 대부분의 인류집단에서 여성이 많은 성비로 바뀐다. 예를 들면, 미국에서 65세 이상인 사람들의 성비는 720이다. 이것은 여자 1,000명 당 남자 720명이라는 것을 의미한다. 노인들의 이러한 성비는 남자들이 여자들보다 평균수명을 짧게 하는 행위를 하고 난치병에 더 잘 걸리기 때문에 나타난 결과이다.

핵심 개념 질문 6.1

a. 사람에서 남성과 여성의 성염색체 구성의 차이점은 무엇인가?
b. 양성 잠재성 형태로부터 남성과 여성의 성적 구조가 어떻게 발달하는지 설명하시오.
*c. 유전자 분석을 통하여 알게 된 Y 염색체 구조의 특징은 무엇인가?
*d. *SRY* 유전자의 기능은 무엇인가?
e. 성적 발달을 저해하는 조건을 설명하시오.
f. 유전자와 환경은 동성애에 어떻게 영향을 미치는지 설명하시오.
*g. **성비**를 정의하시오.

6.2 성염색체 연관 유전 형질

Y 염색체에 있는 유전자를 **Y-연관**(Y-linked), X 염색체에 있는 유전자를 **X-연관**(X-linked)되어 있다고 한다. Y-연관 형질은 Y 염색

체에 들어 있는 유전자가 거의 없기 때문에 매우 드물다. 반면에 X 염색체에는 많은 유전자가 들어 있다. 여성은 Y 염색체를 갖고 있지 않기 때문에 이 형질들은 남성에서 남성으로만 계속 전달된다. 불임증 이외의 다른 Y-연관 형질은 분명하게 밝혀진 것이 없다. 처음에 Y 염색체에 연관된 것으로 알려진 귀머거리 유전자 같은 몇몇 형질들의 유전자는 다른 염색체로부터 Y 염색체로 삽입된 것이다.

X-연관 유전자의 불균등한 수로 인하여 돌연변이체가 되면 질병이 유발된다. X 염색체에는 사람 유전체에 있는 전체 유전자의 4%만 들어있지만, 멘델성(단일 유전자) 질병의 약 10%가 X 염색체 유전자에 의해서 나타난다.

여성은 두 개의 X 염색체를 갖고 있고, 남성은 하나의 X 염색체만을 갖고 있기 때문에 X 염색체에 있는 유전자는 여성과 남성에서 다른 양상으로 발현된다. 여성에서 X-연관 형질은 상염색체 형질처럼 유전되기 때문에 열성 형질은 두 개의 열성 대립유전자를 가지고 있어야 나타나며, 우성 대립유전자는 하나만 있어도 나타난다. 그러나 남성에서는 X-연관 대립유전자가 하나만 있어도 그 형질이 나타나고 질병이 유발된다. 이것은 그 형질의 발현을 막아줄 또 다른 X 염색체의 유전자가 없기 때문이다. 남자는 X-연관 형질을 어머니로부터 받으며, 이것을 딸에게만 전달하게 된다. 남성은 X-연관된 유전자를 단지 하나만 갖고 있기 때문에 X-연관 형질에 대해 **반접합성**(hemizygous)이다.

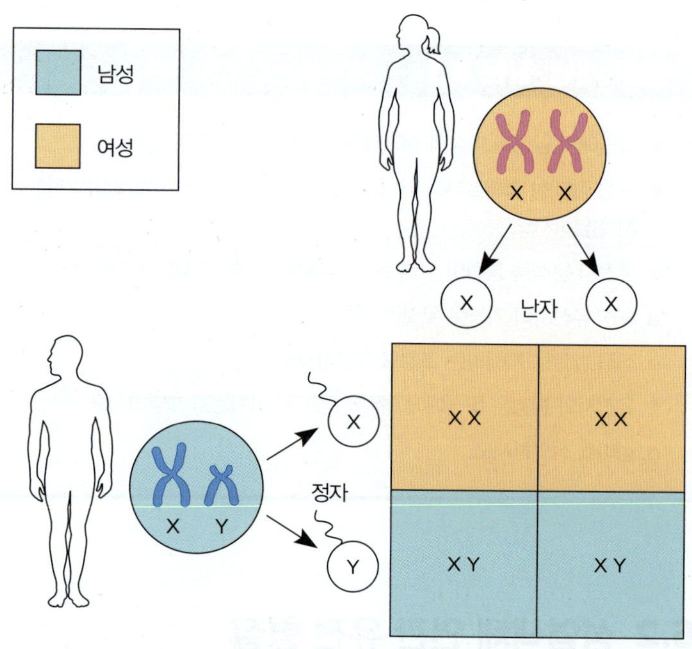

그림 6.5 사람에서의 성 결정. 난모세포는 하나의 X 염색체를 가지고 있고, 정자세포는 하나의 X나 Y 염색체를 가지고 있다. 만약 기능적인 *SRY* 유전자를 가지고 있는 Y 정자세포가 난모세포와 수정을 하게 되면, 그 접합자는 남성(XY)이 된다. 만약 X 정자세포가 난모세포와 수정하게 되면, 그 접합자는 여성(XX)이 된다.

성염색체의 유전 양상을 잘 이해해야 자손에서 나타나는 표현형과 유전자형을 정확하게 예측할 수 있다. 남성은 Y 염색체는 아버지로부터, X 염색체는 어머니로부터 받는다(**그림 6.5**). 여성은 아버지와 어머니로부터 각각 하나씩의 X 염색체를 받는다. 만약 어머니가 특정한 X-연관 유전자에 대해서 이형접합성이라면, 그녀의 아들과 딸이 어머니로부터 두 대립유전자를 받을 확률은 50%이다. X-연관 형질은 항상 어머니로부터 아들로, 양친으로부터 딸로 유전된다. X-연관 형질은 남성에서 남성으로는 전달되지 않는다.

X-연관 열성 유전

여성에서 X-연관 열성 형질은 두 개의 열성 대립유전자를 가지고 있어야 나타난다. 많은 경우에, X-연관 열성 형질은 이형접합성인 보인자 어머니로부터 아들로 유전된다. **표 6.2**에 다음 절에서 논의 할 X-연관 우성 형질의 유전과 비교하여 X-연관 열성 형질의 유전을 요약하였다.

만약 X-연관 열성 형질이 치사되지 않는다면, 남자는 자손에게 그 형질을 전달할 수 있을 것이다. **그림 6.6**에 나타낸 작은 가계도를 보면, 중년 남자가 가지고 있는 거칠고 갈색의 비늘 모양의 피부 형질이 그의 딸을 거쳐 외손자에게로 유전된 것을 알 수 있다. 나이가 들자

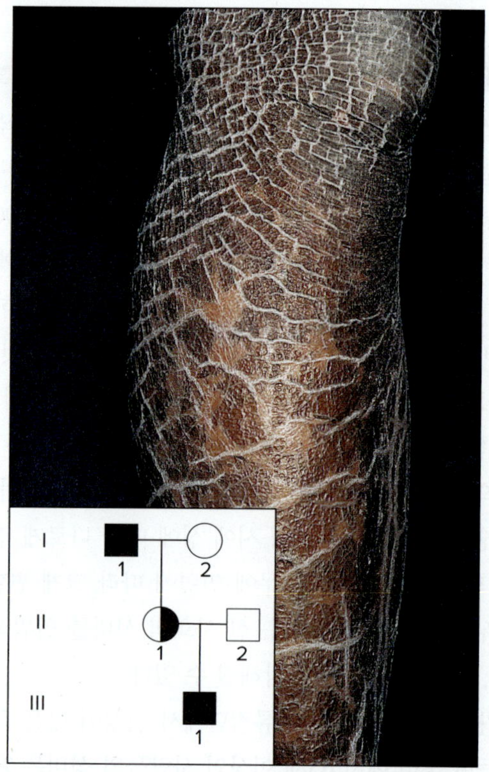

그림 6.6 X-연관 열성 유전 형질. 어린선은 X-연관 열성 형질로 유전된다. 할아버지와 손자에서 그 형질이 나타난 것을 가계도에서 볼 수 있다. *Courtesy Dr. Mark A. Crowe*

임상 연계 6.1

색맹과 사색형 사각형

영국의 화학자 존 달톤(John Dalton)은 대부분의 사람과 다르게 사물들이 보였다. 다른 사람들이 붉은색으로 보는 봉인 왁스가 달톤 형제에게는 나뭇잎과 같은 녹색으로 보였다. 분홍색 야생화는 파란색으로 보였다. 달톤 형제는 X-연관 열성 형질인 색맹이었다.

자신이 가진 색맹의 원인에 대해서 알고 싶었던 달톤은 의사인 조세프 란솜(Joseph Ransome)에게 자신이 죽은 후 눈을 해부할 것을 부탁하였다. 그가 죽은 후 란솜은 그의 눈을 하나 떼어내어 해부하고 망막을 제거하였다. 망막에는 색깔을 구별하는 추상세포(cone cell)가 있는데, 이것은 그 수가 훨씬 많으면서 명암을 구별하게 하는 간상세포(rod cell)에 둘러싸여 있다. 란솜은 정상적으로 붉은색과 녹색을 구별할 수 있었기 때문에 해부한 달톤의 안구를 자세히 관찰할 수 있었고, 색맹이 나타나는 원인이 눈 앞부분에 있는 색깔을 바꿔주는 비정상적인 필터 때문이 아니라는 결론을 내렸다. 그는 달톤의 안구를 건조한 곳에 보관하여, 1994년 런던에 있는 안과 연구소의 연구원들에게 DNA 분석을 하도록 하였다. 그 결과 달톤의 망막에 있는 추상체에는 어떤 파장의 빛을 흡수할 수 있게 해주는 세 가지 형태의 광색소 중의 하나가 결핍되어 있었다.

색각의 원리

추상세포는 "삼색형 색각"이라고 하는 세 종류의 광색소(photopigment)와 일치하는 세 가지 형태가 있다. 원숭이 같은 유인원 외에 영장류들은 이색성 색각(dichromat)이다. 물체의 색은 그것이 반사하는 빛의 파장에 따라 결정되고, 각 광색소가 특수한 범위의 파장을 흡수한다. 이어서 뇌가 시각을 통하여 인식한 정보를 해석한다. 이것은 마치 예술가가 많은 색상을 만들어내기 위하여 삼원색을 혼합하는 것과 같다.

각각의 광색소는 레틴알(retinal)이라고 하는 비타민 A 유도체 부분과 옵신(opsin)이라고 하는 단백질 부분을 가지고 있다. 옵신은 빛의 파장이 짧거나, 중간이거나, 긴 것과 일치하는 세 가지 형태가 있다. 그래서 옵신 유전자에서 돌연변이가 일어나면 세 가지 다른 형태의 색맹이 나타난다. 7번 염색체에 있는 유전자는 짧은 파장의 옵신을 암호화하고 있는데, 그곳에서 돌연변이가 일어나면 드문 형태인 청색맹이 된다. 달톤은 중간 파장의 옵신이 결핍되어 나타나는 녹색맹(deuteranopia)을 가지고 있었다. 세 번째 형태는 긴 파장의 옵신이 결핍되어 나타나는 적색맹(protanopia)이다. 녹색맹과 적색맹은 X-연관되어 있다.

분자적 관점

존스 홉킨스 대학교의 제레미 네이선스(Jeremy Nathans)도 또한 색각에 대한 이해를 증진시키는데 기여하였다. 그는 사람의 로돕신 유전자를 확인하기 위하여 소에서 명암을 구별하는 소의 로돕신 단백질을 이용하였다. 이어서 그는 자신의 DNA를 찾기 위하여 사람의 로돕신 유전자를 이용하였고, 유사한 서열을 갖고 있는 세 개의 유전자를 찾아냈다. 하나는 7번 염색체에, 두 개는 X 염색체에 들어 있었다.

네이선스는 색을 구별할 수 있었지만, 그의 옵신 유전자는 색맹이 어떻게 생기는지 실마리를 제공하였다. 그의 X 염색체에는 정상적으로 각각 하나씩이 아닌, 하나의 적색 옵신 유전자와 두 개의 녹색 유전자가 있었다. 적색과 녹색 유전자의 염기서열이 유사하기 때문에, 여성에서 감수분열 동안에 이들 유전자가 잘못 정렬될 수 있다(**그림 6A**). 그 결과 난모세포들이 어떤 것은 한 염색체에 두 개의 옵신 유전자를 갖게 되고, 또 다른 것은 하나도 갖지 못하게 된다. 이렇게 옵신 유전자가 결핍된 난모세포가 Y 정자와 수정을 하게 되면 색맹 남자가 태어나게 된다.

하나의 옵신 유전자에서의 돌변변이는 또한 유익할 수도 있다. 감수분열 동안 염색체가 잘못 짝지어진 일부 여성에서는 정상적인 적색 및 녹색 DNA 서열 외에 다른 하나가 더 있는 세 종류의 옵신 유전자가 있는 X 염색체가 만들어진다. 이런

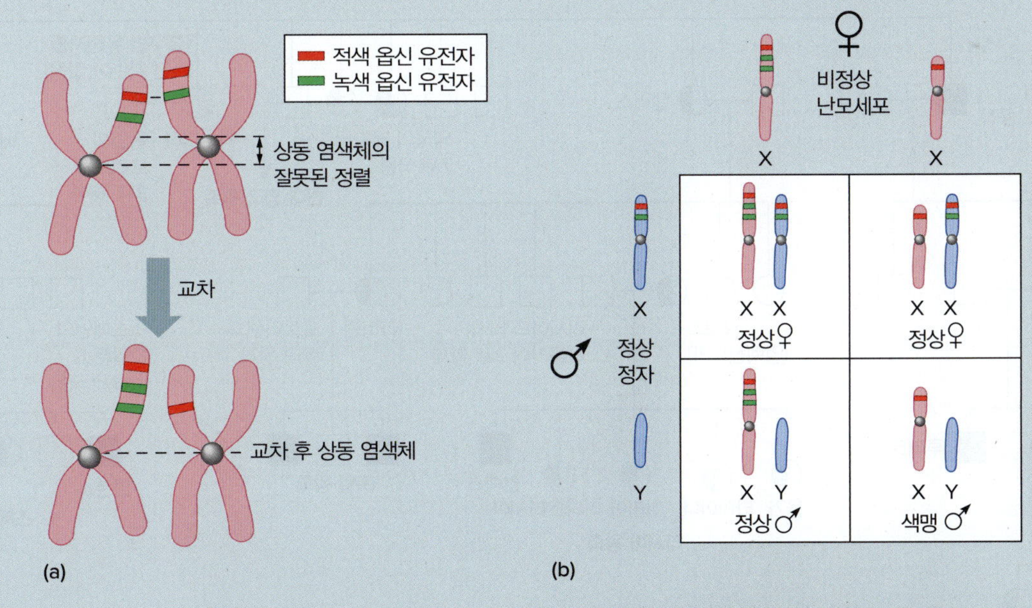

그림 6A 색맹은 어떻게 나타나는가? (a) 색각을 나타내는 옵신 유전자는 염기서열이 유사하기 때문에 여성에서 감수분열 시 염색체가 잘못 정렬될 수 있다. 이렇게 되면 옵신 유전자를 많이 갖게 되는 자손과 적게 갖게 되는 자손이 생긴다. 하나의 옵신 유전자가 없는 X 염색체를 물려받은 아들은 색맹이 된다. 딸은 두 개의 돌연변이 유전자를 물려받아야 색맹이 된다. (b) 결실된 유전자는 X-연관 색맹의 원인이 된다.

(계속)

여성은 7번 염색체에 있는 청색 옵신과 합쳐져 4개의 옵신 유전자를 갖게 되는데, 이를 사색형 색각(tetrachromat)라고 한다. 만약 그 여성이 미술가이고 훌륭한 어휘 구사력(둘 다 환경적인 영향)을 가지고 있다면, 다른 사람들이 볼 수 없는 색깔을 감지하게 될 것이고 그것들을 더 잘 설명할 수 있을 것이다. 예를 들어, 옷의 색깔이 탈색되어 나타나는 숨은 색깔을 볼 수 있는 사색형 색각인 사람은 정확한 색깔을 만들지 못하는 자동화된 물감 혼합기에 실망하게 될 것이다. 그리고 토네이도와 같은 강한 바람이 시작되기 전에 하늘의 변화조차도 감지할 수 있을 것이다. 화장품 회사에서 상품을 디자인하는 데 도움을 받기 위해 그녀를 고용할 것이다.

토론을 위한 질문

1. 세 가지 형태의 색맹의 유전자형과 표현형은 어떻게 다른지 토의하시오.
2. 네이선스는 어떻게 색맹을 유발하는 돌연변이를 발견하였는지 설명하시오.
3. 사색형 색각은 삼색형 색각과 어떻게 다른가?

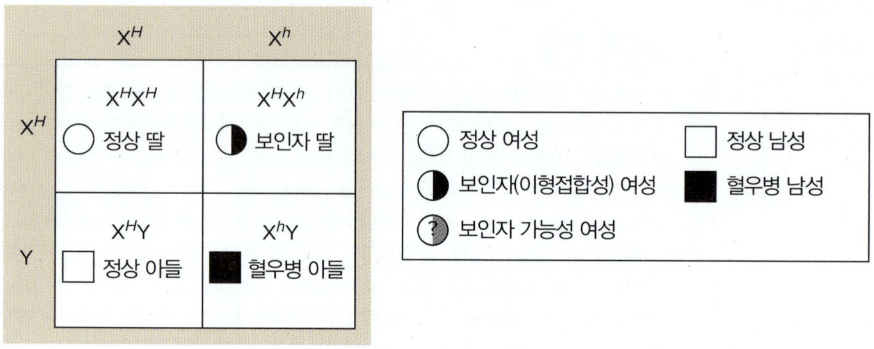

(a)

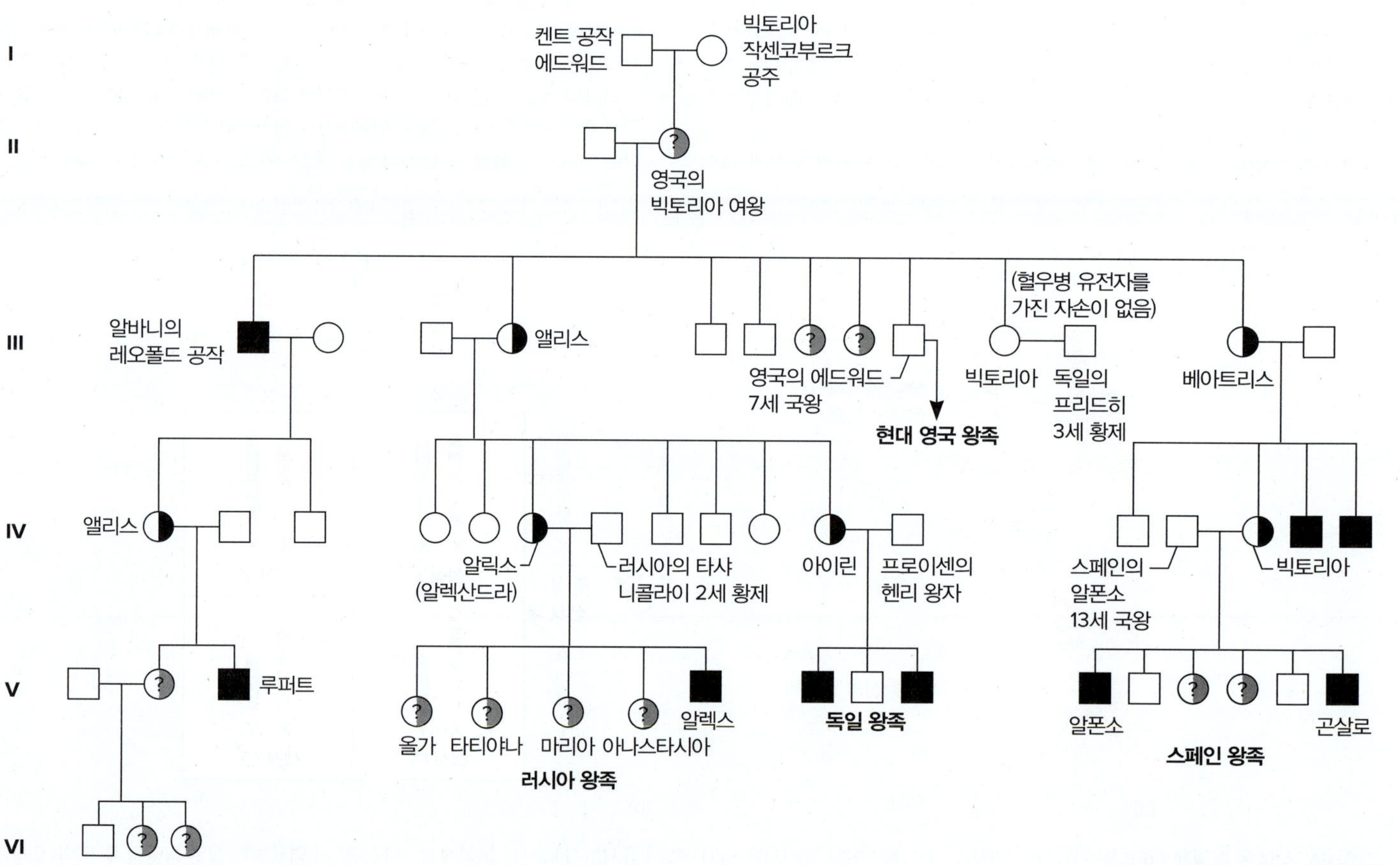

(b)

그림 6.7 혈우병 B(혈액응고인자 IX 결핍). (a) 이 X-연관 열성 유전병은 보통 이형접합성의 어머니(X^HX^h, h는 혈우병을 일으키는 대립유전자)로부터 이형접합성 딸과 반접합성 아들에게 유전된다. 아버지는 정상적으로 혈액이 응고된다. (b) 이 유전병은 영국, 독일, 스페인, 러시아 왕실에서 나타났다. 지금의 영국 왕실에는 혈우병이 유전되지 않았다.

표 6.2	X-연관 열성과 X-연관 우성 유전의 비교
X-연관 열성 형질	**X-연관 우성 형질**
항상 남성에서 발현된다.	하나만 갖고 있어도 여성에서 그 형질이 발현된다.
동형접합자인 여성과 아주 드물게 이형접합자인 여성에서도 발현된다.	남성에서 그 증상이 훨씬 더 심하다.
남성의 형질은 이형접합자이거나 동형접합자의 어머니로부터 유전된다.	남자아이의 조기 사망으로 유산율이 높다.
여성의 형질은 그 형질을 갖고 있는 아버지와 형질을 갖고 있거나 이형접합자인 어머니로부터 유전된다.	남성에서 딸에게 전달되고 아들에게는 전달되지 않는다.

그 소년의 피부는 외할아버지처럼 되었다. 이 형질을 어린선(ichthyosis)이라고 하는데, 효소의 결핍으로 인하여 피부세포에서 콜레스테롤을 제거하지 못하기 때문에 나타난다. 이 갈색의 비늘 모양의 피부는 벗겨낼 수 없다. 그의 딸의 피부세포를 검사한 결과 효소의 양이 정상인의 절반인 것으로 나타나, 보인자인 것으로 밝혀졌다.

색맹은 남자에게서 많이 나타나는 또 다른 X-연관 열성 형질이다. 유럽인 조상의 남성의 약 8%, 아프리카 남성의 약 4%가 색맹이다. 두 집단에서 여성의 색맹 비율은 0.4%에 불과하다. **임상 연계 6.1** 자료를 보면 이 흥미로운 형질에 대해서 잘 알 수 있을 것이다.

그림 6.7은 또 다른 X-연관 열성 형질인 혈우병 B의 광대한 가계도를 나타낸 것이다. 이 형질은 크리스마스 질병으로도 알려져 있으며, 혈액응고인자 IX("FIX") 결핍으로 나타난다. (a) 부분은 이 형질의 유전 양상을 추적한 가계도 기호와 퍼네트 사각형의 조합을 나타낸 것이다. 우성과 열성 대립유전자는 X에 위첨자로 나타내었다. (b) 부분은 처음에 빅토리아 여왕의 X 염색체에 있던 하나의 돌연변이 대립유전자가 어떻게 영국, 독일, 스페인, 러시아 왕가로 전해 졌는지를 보여주고 있다. 여왕의 그것은 새로운 돌연변이였거나 물려받은 것이다. 어떤 경우이건, 그 돌연변이 유전자는 딸들에게 전해져 보인자를 만들고, 한 명의 아들에게 전해져 혈우병을 만들었다.

오랫동안 역사학자들은 유럽 왕가는 더 흔한 형태인 혈우병 A로 고통받았던 것으로 생각했다. 그러나 2009년에 연구자들은 알렉산드라(Alexandra) 왕비와 그녀의 아들 알렉스(Alexei) 왕자의 뼈조각을 검사하여 이들이 혈우병 A뿐만 아니라 B에 대해서도 정상 대립유전자와 돌연변이 대립유전자를 모두 갖고 있다는 것을 알 수 있었다. 연구 결과, 어머니인 알렉산드라 왕비는 드문 형태인 혈우병 B에 대한 보인자였으며, 심각한 불임 증상이 있었던 것으로 알려진 아들인 알렉스 왕자는 혈우병 B 형질을 갖고 있었다.

혈우병 B의 유전 양상은 표 6.2에서 나열한 X-연관 열성 형질의 기준과 일치한다. 만약 딸이 X-연관 열성 형질을 가진 아버지와 보인자인 어머니로부터 X-연관 열성 형질의 대립유전자를 각각 받게 되면, 그녀에게서 열성 질병이나 형질이 나타나게 된다. 보인자인 여자가 열성 형질을 가진 아들을 낳지 않은 경우, 생화학적인 검사를 하지 않으면 그녀가 보인자라는 것을 알 수 없게 된다.

혈우병 B를 가진 남자 형제가 있는 여자는 보인자가 될 확률이 1/2이다. 그녀의 부모는 모두 정상이지만, 남동생이 혈우병이기 때문에 그녀의 어머니는 보인자이다. 그녀가 어머니로부터 혈우병 대립유전자가 있는 X 염색체를 받게 된다면 그녀는 보인자가 될 것이다. 그리고 그녀가 아들을 낳을 확률은 1/2이고, 그 아들이 혈우병 유전자를 받을 확률도 1/2이다. 이런 방법으로 계산하면, 그녀가 보인자가 되어 혈우병 아들을 낳을 확률은 $1/2 \times 1/2 \times 1/2 = 1/8$이 된다.

X-연관 우성 유전

X-연관 우성 유전 형질은 드물다. 또한 유전자 발현도 성에 따라 다르다(표 6.2 참조). 우성의 X-연관 대립유전자를 갖고 있는 여성은 그 형질이 나타나거나 질병을 갖게 된다. 그러나 이 대립유전자를 갖고 있는 남성은 이 형질의 발현을 완화시킬 수 있는 다른 대립유전자가 없기 때문에 훨씬 더 심각한 증상을 보인다.

정상적인 X 염색체를 갖고 있는 남자와 우성 돌연변이 대립유전자를 갖고 있는 여자 사이에서 태어난 아이가 이 질병에 걸릴 위험성을 **그림 6.8**에 요약하였다. 그러나 레트 증후군(Rett syndrome, 제2장 서문 참고)과 같이 증상이 심한 경우, 여성은 아이를 가질 수 없을 것이다. 아들은 어머니로부터 돌연변이가 있는 X 염색체를 받고 생존하기 어렵기 때문에 레트 증후군과 유사한 X-연관 우성 증상은 딸에게만 영향을 미친다. X-연관 우성 조건은 남성에서 치사를 유발하고 여성에서도 심각한 증상을 나타내기 때문에, 대부분의 경우는 돌연변이가 유전되기 보다는 신생 돌연변이의 결과로 나타나게 된다.

어린아이에게 유전되는 X-연관 우성 유전 형질로 잘 알려진 것은 색소실조증(incontinentia pigmenti, IP; 그림 6.8b 참조)이다. 이 질병을 앓는 여성에서는 멜라닌 색소가 피부 깊숙이 침투하여 소용돌이 반점 형태의 피부 색소 침착이 나타난다. IP를 갖고 태어난 여자아이는 처음 몇 주 동안 팔과 다리에 노란 수포가 생긴다. 나중에는 그 부분이 무사마귀가 되고, 시간이 지나면서 옅어지기는 하지만 결국은 평생 갈색 반점으로 남게 된다. 이형접합성 어머니로부터 이 돌연변이 대립유전자를 물려받은 남성은 그 증상이 심각하여 살아서 태어나지 못한다. 그래서 이 질병을 가진 여자들이 임신하게 되면 약 25%의 유산율을 보인다.

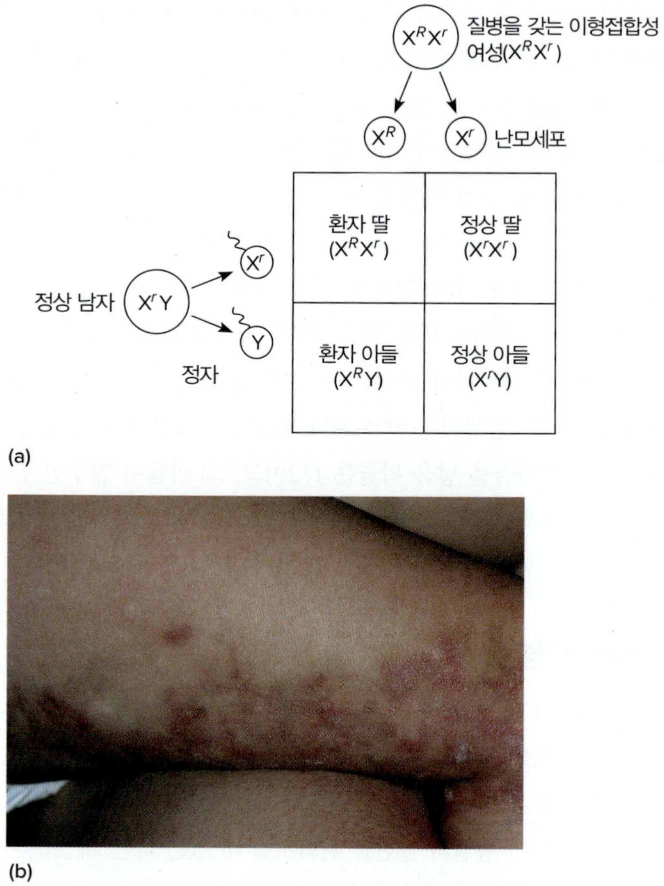

그림 6.8 X-연관 우성 유전. (a) X-연관 우성 형질을 갖고 있는 여성은 그녀의 자손(아들 또는 딸)에게 1/2 확률로 그 형질을 전달한다. 일반적으로 남성은 여성보다 더 심각한 증상을 나타낸다. (b) 색소실조증을 갖고 있는 여자의 다리에 볼 수 있는 특징적인 색소 침착 현상을 주목하자. *Courtesy Richard Alan Lewis M.D., M.S., Baylor College of Medicine.*

X-연관 유전에 대한 문제 풀기

멘델의 제1법칙(분리)은 X 염색체에 있는 유전자에도 적용된다. X-연관 유전에 대한 문제를 해결하는 것도 퍼네트 사각형에서 X와 Y 염색체를 고려하면, 상염색체 있는 유전 형질과 같은 방법으로 문제를 해결할 수 있다. 이들 단계는 다음과 같다.

1. 유전 양상을 살펴본다. 각 세대에서 그 형질을 갖고 있는 남성과 여성의 빈도가 다르면 X-연관 유전 형질일 것이다. 그것이 X-연관 열성 형질일 경우에는,
   - 그 형질이 나타난 남성의 어머니는 보인자이다.
   - 그 형질이 나타난 남성 형제가 있는 정상적인 여성은 보인자일 확률이 50%(1/2)이다.
   - 그 형질이 나타난 여성의 경우는 보인자이거나 형질이 나타난 어머니와 그 형질이 나타난 아버지를 갖는다.
   - 보인자(여성)인 경우는 보인자이거나 형질이 나타난 어머니 또는 그 형질이 나타난 아버지를 갖는다.

   그것이 X-연관 우성 형질일 경우에는,
   - 남성은 일찍 사망하기 때문에 그 형질이 나타난 남성은 없다.
   - 그 형질이 나타난 여성은 그 형질이 나타난 어머니를 갖는다.
2. 가계도를 그린다.
3. 모든 사람의 유전자형과 표현형 그리고 확률을 정리한다.
4. 부모의 유전자형과 표현형을 추정한다. 친척들의 표현형에서 실마리를 찾는다.
5. X와 Y 염색체에 있는 관심 있는 유전자에 대한 대립유전자들이 어떻게 배우자로 분리되었는지 결정한다.
6. 퍼네트 사각형에서 배우자를 결합한다.
7. F_1세대의 표현형 비율과 유전자형 비율을 결정한다.
8. 그 다음 세대를 예측하기 위하여, F_1의 유전자형을 이용하고 4단계에서 6단계를 반복한다.

냄새를 잘 못 맡거나 전혀 맡을 수 없으며, 정소나 난소가 작은 증상을 나타내는 칼만 증후군(Kallmann syndrome)에 대해 생각해보자. 그것은 X-연관 열성 형질이다. 브렌다(Brenda)는 칼만 증후군을 갖고 있지 않지만, 그녀의 남동생인 자말(Jamal)과 이종사촌(이모 아들)인 말콤(Malcolm)은 그 증후군을 갖고 있다. 브렌다와 말콤의 부모는 모두 정상이며, 브렌다 남편인 샘(Sam)도 정상이다. 브렌다와 샘 부부는 그들의 아들이 이 증후군에 걸릴 위험성에 대해 알고 싶다. 샘의 친척들도 모두 정상이다.

풀이

유전 양식: 그 형질은 보인자인 어머니로부터 그 형질을 물려받은 남성이 있기 때문에 X-연관 열성이다.

K=정상; k=칼만 증후군

유전자형	표현형
X^KX^K, X^KX^k, X^KY	정상
X^kX^k, X^kY	칼만 증후군

사람	유전자형	표현형	확률
브렌다	X^KX^k 또는 X^KX^K	정상(보인자)	각각 50%
자말	X^kY	칼만 증후군	100%
말콤	X^kY	칼만 증후군	100%
샘	X^KY	정상	100%

브렌다의 생식세포

만약 그녀가 보인자라면:	X^K	X^k
샘의 생식세포:	X^K	Y

퍼네트 사각형

	X^K	X^k
X^K	X^KX^K	X^KX^k
Y	X^KY	X^kY

해석: 만약 브렌다가 보인자라면, 그녀의 아들이 칼만 증후군에 걸릴 확률은 50%(1/2)이다. 이것은 조건 확률이다. 어떤 특정한 아들이 그 증후군을 가질 기회는 실제적으로 1/4이다. 왜냐하면 브렌다가 보인자가 아닌 X^KX^K 유전자형을 가질 확률도 50%이기 때문이다.

핵심 개념 질문 6.2

a. 남성과 여성에서 X-연관 형질의 발현은 어떻게 다른지 설명하시오.

*b. 왜 X-연관 우성 형질이 남성에서 드문지 설명하시오.

c. 멘델의 제1법칙은 X 염색체에 존재하는 유전자의 유전과 관련된 문제를 해결하는데 어떻게 적용될 수 있는지 논의하시오.

6.3 한성 형질과 종성 형질

일반적으로 X-연관 열성 형질은 여성보다 남성에서 더 많이 나타난다. 그러나 상황이 달라지면 성에 따라 유전자 발현이 달라질 수 있다.

한성 형질

한성 형질(sex-limited trait)은 남성 또는 여성에게만 존재하는 몸의 구조와 기능에 영향을 미친다. 한성 형질의 유전자는 X-연관되어 있거나 상염색체에 있게 된다.

한성 유전을 이해하는 것이 동물 교배에서 중요하다. 예를 들어, 뉴질랜드 암소인 머쥐(Marge)는 일반 소 떼 무리에서 발견된 것으로 포화지방이 매우 적게 들어 있는 우유를 생산하는 돌연변이이다. 이 돌연변이 유전자는 우유를 만들지 못하는 수컷으로부터 물려받은 것이다. 사람에서 볼 수 있는 한성 유전의 예로 수염이 자라는 것을 들 수 있다. 여자에게서는 수염을 자라게 하는 호르몬이 만들어지지 않기 때문에 수염이 자라지 않는다. 그러나 여자는 수염을 덥수룩하게 자라게 하는 유전자를 아들에게 전달한다.

이상하게도, 아버지가 가지고 있는 것이 어머니가 가지고 있는 신체 기관의 건강에 영향을 미칠 수 있다. 임신과 관련된 증상을 유발하는 유전적 질병은 분명히 한성적이지만, 남성의 유전체가 태반 같은 보조적 구조의 발생에 영향을 미친다. 이와 관련된 것으로 임신 말기에 갑자기 혈압이 올라가는 자간전증(preeclampsia)을 들 수 있다. 이 질병으로 인하여 해마다 전 세계적으로 50,000명의 여자가 사망한다. 노르웨이에서 170만 명의 임산부를 대상으로 연구한 결과, 남자의 첫 번째 부인이 자간전증이었다면, 그의 두 번째 부인에서 자간전증이 나타날 확률은 두 배로 증가한다. 또 다른 연구에서 시어머니가 그녀의 남편을 임신했을 때 자간전증이 나타난 경우, 그 여자에게서 자간전증이 나타날 확률은 그렇지 않은 경우보다 두 배가 된다. 이것은 아마도 아버지로부터 받은 유전자가 임신한 여자의 혈압을 높이는 방법으로 태반에 영향을 미쳤기 때문일 것이다.

종성 형질

종성 형질(sex-influenced trait)은 하나의 대립유전자가 한 성에서는 우성으로 나타나고, 다른 성에서는 열성으로 나타난다. 그 유전자는 X-연관되어 있거나 상염색체에 있게 된다. 발현의 차이는 성에 따른 호르몬 차이 때문이다. 예를 들어, 머리카락의 성장과 관련된 상염색체의 유전자는 두 개의 대립유전자가 있는데, 하나는 머리카락이 나게 하고 또 다른 하나는 대머리가 되게 한다. 대머리 대립유전자는 남성에서는 우성이지만 여성에서는 열성이기 때문에 여자보다 남자에서 대머리가 많이 나타난다. 이형접합성 남자는 대머리이지만, 이형접합성 여자는 대머리가 아니다. 대머리인 여자는 동형접합성 열성이다. 그리고 여자는 대머리인 경우라도 어느 정도의 머리카락이 있지만, 남성이 대머리인 경우는 정수리 부분의 머리카락이 거의 없게 된다.

대머리 양상은 하나의 유전자에 의해서 조절되는 종성 형질의 전형적인 예이다. 최근에 확인된 예로는 뇌종양의 한 형태인 악성신경교성상세포종(glioblastoma)의 치료에 대한 반응이다. 임상의들은 이 환자들을 대상으로 외과적 치료, 방사선 치료, 테모졸로마이드(temozolomide)같은 의약품 사용 등과 같은 치료를 했을 경우, 여성 환자가 남성 환자보다 유의미하게 더 오래 생존한다는 것에 오랫동안 주목하고 있다. 연구자들은 치료된 환자의 암세포에서 유전자가 발현되는 것이 성에 따라 차이가 있다는 것을 발견하였다. 여자의 암세포에서는 세포와 세포 사이의 신호에 관여하는 9개의 유전자 발현이 억제된 반면, 남자의 암세포에서는 세포주기를 조절하는 15개의 유전자 발현이 저하되었다. 이러한 유전자 발현의 차이가 약물에 반응하는 정도에 영향을 주게 된다. 이러한 발견이 확실해진다면, 남자들은 수명을 더 연장하는 다른 약을 먹을 수 있게 될 것이다.

핵심 개념 질문 6.3

*a. **한성 형질**을 정의하시오.

*b. **종성 형질**을 정의하시오.

6.4 X 불활성화

여성은 X 염색체에 있는 모든 유전자에 대해 두 개의 대립유전자를 가지고 있는 반면, 남자는 하나의 대립유전자만을 갖고 있다. 포유류에서는 **X 불활성화**(X inactivation)라는 기작을 통하여 이러한 X 염색체에 있는 유전자 발현의 불균등성 문제를 해결한다.

성간의 균등성 유지

포유류 암컷 배(embryo) 시기가 8개의 세포로 되었을 때, 각 세포에 있는 하나의 X 염색체의 유전자 약 75%가 불활성화되고, 나머지 25%는 암컷에 따라 다른 정도로 발현된다. 각 세포에서 불활성화되는 X 염색체(하나는 부계, 다른 하나는 모계로부터 받은 것)는 보통 무작위로 결정된다. 그 결과 포유류 암컷의 경우, 어떤 세포에서는 부계로부터 받은 X 염색체 유전자만 발현되고 또 다른 세포에서는 모계로부터 받은 X 염색체 유전자만 발현된다. 따라서 암컷에서 X 염색체에 있는 대부분의 유전자 발현은 모자이크 형태로 나타난다 (**그림 6.9**).

X 불활성화 센터(X inactivation center)라고 불리는 부분에 존재하는 *XIST* 유전자가 X 불활성화를 조절한다. *XIST* 유전자는 불활성화되는 X 염색체의 특수한 부위에 결합하는 RNA를 암호화하고 있다. 불활성화는 이곳으로부터 염색체의 끝부분으로 도미노처럼 진행되면서 X 염색체 대부분이 불활성화된다.

일단 한 세포에서 하나의 X 염색체가 불활성화되면, 그 세포로부터 나온 모든 딸세포는 같은 계통의 X 염색체만 불활성화된다. 불활성화는 발생 초기에 일어나기 때문에 성체 암컷에서는 X-연관 유전자의 발현이 서로 다른 조직을 갖게 된다. 암컷 체내의 각 세포에서는 하나의 X 염색체만 활성화되기 때문에 유전자 발현 정도가 대략 수컷과 같게된다.

X 불활성화는 표현형(유전자 발현)을 바뀌게 할 수 있지만, 유전자형은 바뀌지 않는다. 난자가 될 생식원세포에서는 불활성화가 계속되지 않고 활성화 상태로 전환된다. 그래서 수정란은 불활성화된 X 염색체를 갖고 있지 않다. X 불활성화는 **후성유전학적**(epigenetic)인 변화의 한 예이다. 즉, 이러한 유전자 발현의 변화는 한 세포 세대로부터 다음 세포 세대로 전달은 되지만, DNA의 염기서열은 변하지 않는다.

불활성화 된 X 염색체는 활성적인 X 염색체보다 훨씬 더 빠르게 염색되기 때문에 세포 수준에서 관찰할 수 있다. 이러한 염색의 차이는 불활성화된 DNA에 메틸기(CH_3)가 붙어 있기 때문이다. 이것은 RNA의 전사를 방해하고 염색약을 흡수할 수 있게 한다.

X 불활성화는 성을 구별하는 데에도 이용할 수 있다. 간기동안 암

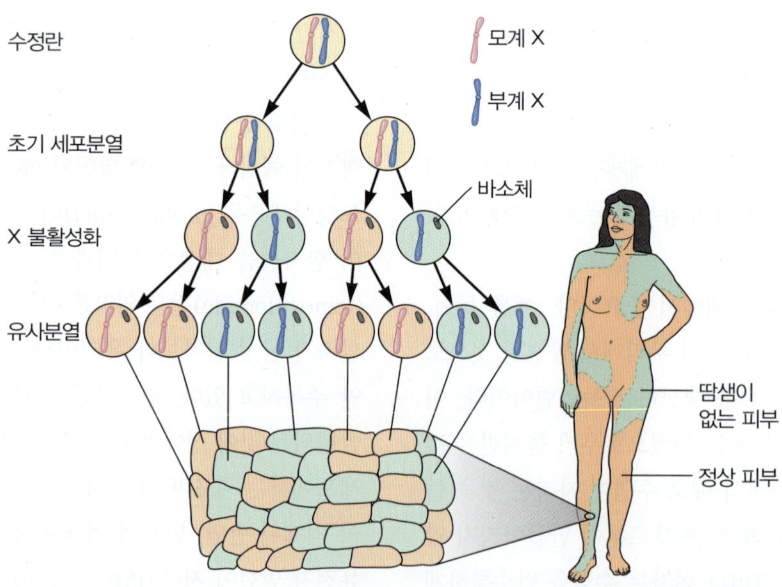

그림 6.9 X 불활성화. 초기 발생 단계에서 각 세포에 있는 X 염색체는 처음에 무작위적으로 불활성화 되기 때문에 여성에서 X 염색체에 있는 유전자 발현 양상은 모자이크 형태를 보인다. 무수성 외배엽 형성이상(anhidrotic ectodermal dysplasia: 선천적 외배엽성 결함)이 있는 여자는 땀샘과 털이 결핍된 피부의 일부를 갖고 있다(색깔로 불활성화된 X 염색체를 갖고 있는 세포들을 구별하였다: 그 세포들은 피부색으로 나타내지 않았다).

컷의 세포핵에서는 바소체(Barr body)라고 하는 진하게 염색되는 X 염색체를 관찰할 수 있다. 그러나 수컷의 세포에서는 하나의 X 염색체가 활성화된 상태로 존재하기 때문에 바소체를 관찰할 수 없다.

X 불활성화가 표현형에 미치는 영향

X 불활성화가 표현형에 미치는 결과는 흥미롭게 나타난다. 동형접합성의 X-연관 유전자형의 경우는 어떤 X 염색체가 불활성화 되어도 같은 대립유전자가 발현되기 때문에 X 염색체 불활성화에 대한 영향이 없다. 그러나 이형접합성인 경우는 어떤 X 염색체가 불활성화 되느냐에 따라 표현형은 다르게 된다. 이러한 경우에도 많은 세포에서 기능적인 유전자 산물(단백질)이 만들어진다면 건강에 영향을 미치지 않게 된다. 그러나 피부나 모피에 영향을 미치는 형질들이 X 염색체 불활성화를 나타내는 경우가 있는데, 색소실조증(incontinentia pigmenti, IP) 환자의 피부색의 소용돌이 양상은 피부세포의 X 염색체 불활성화에 기인한 것이다(그림 6.8b 참조). 멜라닌 색소를 만드는 정상적인 대립유전자가 불활성화 되면 엷은 소용돌이 반점이 나타나지만, 멜라닌 색소가 만들어지면 갈색의 소용돌이 반점이 나타난다.

X 염색체 불활성화에 대한 잘 알려진 예로 별갑(tortoiseshell)과 얼룩(calico) 고양이의 털색을 들 수 있다. 이 X-연관 유전자에서는 흑갈색은 우성으로, 오렌지색은 열성으로 나타난다. 이 유전자에 대해서 이형접합성인 암컷 고양이에서는 세포마다 발현되는 대립유전자가 다를 수 있기 때문에 별갑 형태의 털색을 갖게 된다(**그림 6.10**). X 염색체의 불활성화 시기가 더 이르면 이를수록 불활성화 이후에 더 많은 세포분열이 일어나 더 많은 딸세포를 만들기 때문에 더 큰 반점을 갖게 된다. 흰색 털 부분은 색소 합성을 중지시키는 상염색체에 있는 유전자의 상위 결과로 형성된다. 흰색 바탕에 색깔이 있는 털을 가진 고양이를 얼룩 고양이라고 한다. 별갑(작은 반점)과 얼룩(큰 반점) 고양이는 거의 항상 암컷이다. 수컷은 이것 중 하나의 털색만을 갖게 되며, 여분의 X 염색체가 있을 때만 이러한 양상을 나타낸다.

X 염색체 불활성화는 임상적인 관련성이 있다. X-연관 열성 유전자를 이형접합으로 갖고 있는 여성의 경우, 어떤 조직에서 정상 대립유전자가 불활성화되면 질병이 나타날 수 있다. 혈우병 A(혈액응고인자 VIII 결핍)에 대해 보인자인 여성의 경우를 생각해보자. 만약 그녀의 간세포에서 정상적인 혈액응고인자의 대립유전자가 있는 X 염색체가 불활성화된다면, 미약한 혈우병 증상이 나타나는 형태로 느리게 혈액이 응고될 것이다. 다행히 느리게 응고되어 응고된 혈액에 의해 혈액순환이 잘 안되어 생기는 심장혈관 질환의 위험성은 감소되기는 할 것이다.

그림 6.10 X 불활성화의 가시화. X 염색체 불활성화는 얼룩 고양이에서 확실하게 볼 수 있다. 사람에게서는 X 염색체 불활성화를 거의 관찰할 수 없는데, 이것은 고양이 피부세포에서 볼 수 있는 것처럼 발생 동안 나타난 대부분의 세포가 그대로 남아 있지 않기 때문이다. *G.K. & Vikki Hart/Getty Images*

혈우병 A나 B에 대해 이형접합자와 같이 X-연관 형질을 보인자로 갖고 있으면서 그 형질이 발현되어 표현형으로 나타난 사람을 **발현 이형접합자**(manifesting heterozygote)라고 한다. X 염색체 불활성화가 표현형을 결정하는 것은 세포들이 어떻게 나누어지는지에 따라 좌우된다. 두 종류의 리소솜 저장 질환을 예로, 발현 이형접합자에서 X 염색체 불활성화가 세포 간 상호작용에 어떻게 영향을 미치는지 알아보자. 리소솜 저장 질환은 리소솜에서 세포 부스러기를 정상적으로 제거하는 특정 효소가 결핍되어 나타난다.

헌터 증후군[Hunter syndrome; 정액다당류증 II(mucopolysaccharidosis II) 이라고도 함] 보인자에서는 효소를 만드는 세포들이 효소를 만들지 못하여 결함이 생긴 이웃세포에게 그 효소를 쉽사리 전달한다. 헌터 증후군의 보인자는 세포들이 충분한 양의 효소를 갖고 있기 때문에 증상이 나타나지 않는다. 이 증후군이 있는 남자아이는 귀머거리, 지적장애, 난쟁이, 기형적인 얼굴, 심장 이상, 비대해진 간과 비장을 갖게 된다. 대조적으로, 파브리병(Fabry disease) 환자의 세포에서는 알파-갈락토시데이즈 A(alpha-galactosidase A) 효소가 쉽게 방출되지 않는다. 그래서 이형접합자인 여성의 내부 기관의 세포들은 효소가 결핍된 것들이 있게 된다. 이러한 여자에게서는 피부 손상, 복통과 같은 이 증후군의 증상들이 미약하게 나타나고, 남자에게서는 신장 이상이 나타난다.

사람에서 X 염색체 불활성화는 몇몇 X-연관 질환의 보인자를 확인하는 데 이용할 수 있다. 이것의 예로 레쉬-니한 증후군(Lesch-Nyhan syndrome)을 들 수 있는데, 이 질환에 걸린 남자아이는 뇌성마비가 되어 손가락, 발가락, 입술을 깨물고, 지적 이상과 고통스러운 요도결석을 앓게 된다. 이 질환은 HGPRT 효소가 결핍되거나 없게 되는 돌연변이 때문에 나타난다. 레쉬-니한 증후군 유전자를 가진 여자는 머리의 여러 부분의 머리카락에서 HGPRT를 검사하면 찾아낼 수 있다(머리카락은 쉽게 얻을 수 있으면서 효소를 만들기 때문에 검사에 이용된다). 만약 어떤 머리카락에서는 HGPRT가 검출되었지만 다른 머리카락에서는 검출되지 않았다면, 그 여자는 보인자이다. 효소가 결핍된 머리카락 세포는 정상적인 대립유전자를 가진 X 염색체가 불활성화된 것이고, 효소가 있는 머리카락 세포는 질병을 유발시키는 대립유전자를 갖고 있는 X 염색체가 불활성화된 것이다. 여자의 경우는 뇌 속에 충분한 양의 HGPRT를 갖고 있기 때문에 건강하지만, 그녀의 아들은 50% 확률로 그 질병에 걸리게 된다.

이론적으로 X 염색체 불활성화는 X-연관 유전자 발현에 대한 성적인 균형을 맞추는 것이다. 그러나 실제로, 여성은 두 종류의 세포 집단을 갖고 있지만, 남성은 한 종류의 세포 집단을 갖고 있기 때문에 유전자 발현 측면에서 여성과 남성은 균등하지 않다. 여성의 두 세포 집단 중 하나는 아버지로부터 받은 X 염색체가 활성화되고, 다른 하나는 어머니로부터 받은 X 염색체가 활성화된다. X-연관 유전자를 이형접합성으로 가진 여자에서, 어떤 세포는 하나의 대립유전자에 암호화된 단백질이 만들어지고, 또 다른 세포에서는 다른 대립유전자에 암호화된 단백질이 만들어진다. 대부분의 이형접합성에서 두 대립유전자의 산물이 동등하게 만들어지지만, 때때로 이러한 평형이 깨지기도 한다. 이런 경우에, 대부분의 세포가 한쪽 부모로부터 받은 X 염색체만 활성화되는 경우가 있다. 만약 두 X 염색체가 세포분열율을 조절하는 한 유전자에 대해 서로 다른 대립유전자를 갖게 된 상태에서 이러한 불균등한 X 염색체 불활성화 양상이 나타난다면, 어떤 특정 세포들이 더 생존에 유리한 현상이 발생하게 될 것이다.

핵심 개념 질문 6.4

*a. X 염색체 불활성화는 무엇인가?

*b. X 염색체 불활성화는 태아 발생의 어느 시기에 시작되는가?

c. 왜 X 염색체 불활성화가 유전적 변화가 아닌 후성유전적 변화의 하나인지 설명하시오.

*d. 발현 이형접합자는 무엇인가?

6.5 부모 기원 효과

멘델의 완두콩 실험에서, 어떤 한 형질이 어느 배우자에게서 왔는지는 그렇게 중요하지 않다. 그러나 포유류의 어떤 유전자에서는 이것이 어느 부모 기원이냐에 따라 질병의 증상이 나타나기 시작하는 연령이나 심각성 정도에 미치는 영향이 다르게 나타난다. 부모 기원 효과(parental-of-origin effect)와 관련된 두 기작으로 유전체 각인(genomic imprinting)과 정자와 난자의 발생 예정표 차이가 있다.

유전체 각인

유전체 각인(genomic imprinting)에서 메틸기(CH_3)가 하나의 유전자나 여러 연관된 유전자들을 보호하고 이들 유전자에서 단백질 합성(전사되고 번역되는)을 못하게 한다(**그림 6.11**).

각인된 유전자는 그것이 아버지나 혹은 어머니로부터 유전된 것이냐에 따라 다른 사람일지라도 항상 같은 유전자만 메틸기로 보호된다. 즉, 어떤 특정 유전자는 아버지로부터 유전된 경우는 기능을

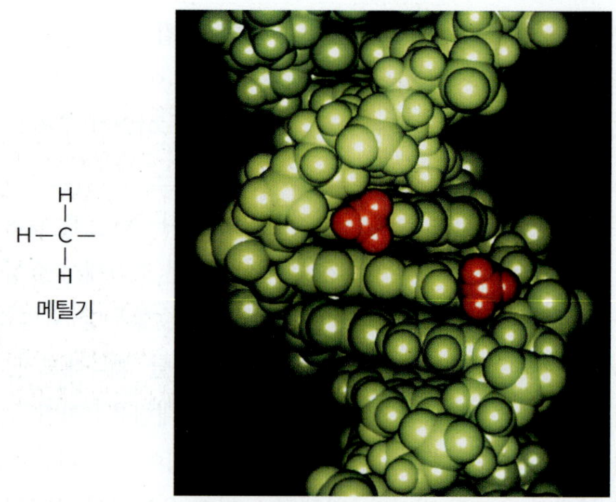

그림 6.11 메틸기(CH_3)(빨간색)는 특정 유전자를 "침묵"시킨다. *Provided by Arthur Riggs and Craig Cooney.*

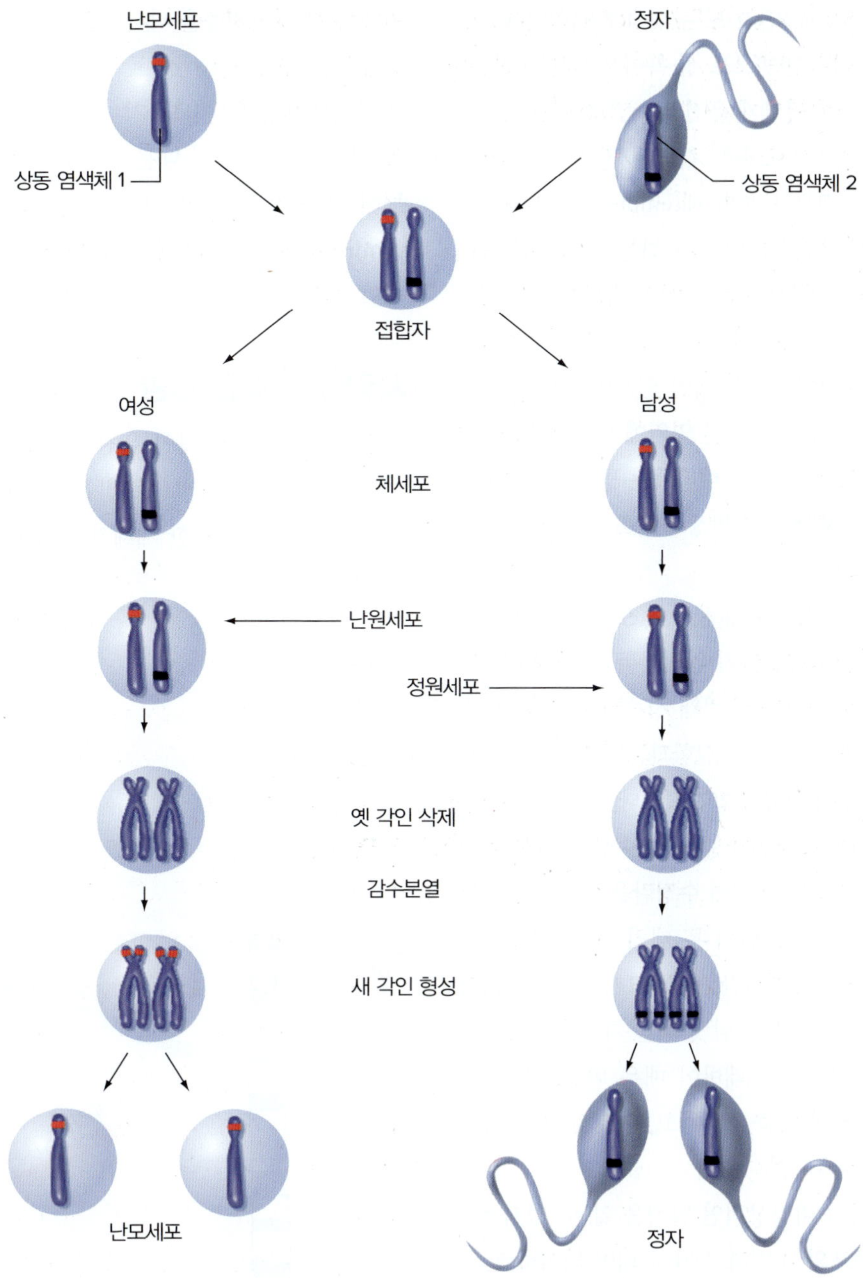

그림 6.12 유전체 각인. 각인은 감수분열 동안 지워지고, 새로운 개체의 성에 따라 재구성된다. 염색체는 상염색체 쌍의 대표적인 각인된 영역을 강조하기 위해 동일한 색으로 표시하였다.

하고, 어머니로부터 유전된 경우는 기능을 하지 않으며, 그 반대가 되기도 한다. 이러한 유전자 발현에 대한 양친의 영향은 어떤 질병이 항상 어머니 또는 아버지로부터 유전되는 것을 통하여 알 수 있다. 예를 들어, 진성 성조숙증(central precocious puberty)은 항상 아버지로부터 유전된다. 아버지로부터 받은 *MKRN3* 유전자가 메틸화되어서 각인된다. 이렇게 되면 여자아이는 8살 전에 사춘기가 오고, 남자아이는 9살 전에 사춘기가 온다.

각인은 DNA 서열의 변화 없이 한 유전자의 정보를 그대로 새기는 후성적인 변화이다. 각인 양상은 체세포분열을 통하여 세포에서 세포로 전해지지만, 감수분열을 통하여 개체에서 개체로 전해지지는 않는다. 침묵한 DNA가 체세포분열 동안 복제될 때 양친의 DNA에 있는 것과 똑같은 침묵 유전자의 새로운 DNA가 각인된다(**그림 6.12**). 이러한 방법으로 각 유전자가 어느 양친에게서 왔는지를 기억한다면 불활성화에 대한 각인은 지속될 것이다.

감수분열 시에는 각인은 지워지고 재구성된다. 난모세포와 정자가 형성되면, 각인된 유전자를 보호하던 메틸기(CH_3)기가 떨어져 나가고, 수정란이 염색체적으로 남성(XY)인지 또는 여성(XX)인지에 따라 새로운 형태로 재구성된다. 이런 방법으로 성 특이적 각인이 전달되지 않고 여자는 아들에게, 남자는 딸에게 유전자를 전달할 수 있다.

유전체 각인의 기능은 아직 잘 모르지만, 각인된 많은 유전자가 초기 발생(특히 뇌)에 관여하는 것으로 보아 배(embryo) 시기에 중요한 단백질들의 양을 정교하게 조절하는 역할을 하는 것 같다. 각인된 일부 유전자들이 출생 후에 사라지는 것을 보면, 각인이 초기 발생에 중요한 역할을 할 것이라는 생각을 더욱더 지지하고 있다. 또한 각인된 유전자들은 하나의 염색체에 집단화되어 있으며, 각인 중심(imprinting center)이라고 하는 DNA의 다른 영역에 의해서 조절된다. 아마도 서로 가까이 있는 것들 사이에 나타나는 방관자 효과에 의해서 집단 속에서 하나의 유전자만 초기 발생에 중요하고, 다른 유전자들은 단순히 각인되는 것 같다.

유전체 각인은 사람의 초기 발생을 이해하는 데 도움을 준다. 그것은 포유류에서 건강한 배와 태반을 만들기 위해서는 두 반대 성 양친이 있어야 한다는 것을 의미한다. 이러한 반대 성 양친의 필요성은 1980년대에 생쥐의 초기 배를 대상으로 한 실험과 사람에서 드물게 나타나는 임신 관련 문제의 조사를 통하여 발견되었다.

연구자들이 각각 하나의 정핵과 난핵이 수정된 수정란 대신, 두 개의 정핵과 두 개의 난핵으로 구성된 생쥐의 수정란을 만들어 본 결과, 매우 특이한 현상이 나타났다. 수정란이 두 개의 수컷 유전체를 가졌을 때 태반은 정상적으로 발생하였지만, 배의 크기가 아주 작았고 배의 발생이 빠르게 멈추었다. 두 개의 암컷 핵을 가지고 있는 접합자는 배는 정상적으로 발생하였지만, 태반이 매우 비정상적이었다. 따라서 수컷 유전체는 태반의 발생을 조절하고, 암컷의 유전체는 배의 발생을 조절하는 것 같다.

생쥐에서의 결과는 사람에서의 비정상적인 발생을 알 수 있게 하였다. 두 마리의 정자가 난모세포와 수정하고 암컷 핵이 퇴화하였을 때, 포상기태(hydatidiform mole)라고 하는 태반 같은 조직의 비정상적인 성장이 나타났다. 반대로, 만약 수정란이 두 개의 암컷 유전체만 가지고 있고 수컷 유전체를 가지고 있지 않다면, 기형종(teratoma)이라고 하는 무작위적으로 분화된 조직 덩어리가 만들어진다. 기형종은 피부와 이빨 등과 같은 것들이 기이하게 혼합된 조직으로 구성되어 있다. 포상기태나 기형종이 생기게 되면 배는 형성되지 않는다.

유전체 각인은 특정한 표현형을 나타내는 유전자형을 가지고 있으면서도 그 형질이 나타나지 않는 현상인 불완전 침투도를 설명할 수 있다. 사람에서 부모와 자식이 다지증을 갖고 있는 가계에서 정상적인 손가락을 갖는 사람이 존재하는 경우가 여기에 해당한다. 각인된 유전자가 다지증을 나타내는 우성 돌연변이 대립유전자를 침묵시킨다.

각인은 불임을 치료하기 위하여 배우자를 조작하는 생식적 기술을 지원해줄 수 있기 때문에 중요한 관심의 대상이 되고 있다. 예를 들어 매우 드문 베크위트-비데만 증후군(Beckwith-Wiedemann syndrome)은 시험관 수정과 세포질 내 정자 주입(23장에서 논의) 방법을 이용하여 임신한 사람들의 자손에서 더 흔하게 나타난다.

사람에서 각인 질환

사람의 유전체에서 각인 유전자는 156개가 넘으며, 그것들 중에 최소한 60개는 비정상적으로 발현되었을 때 건강에 영향을 미친다. 유전체 각인의 영향은 한 개체가 정상적으로 각인(침묵)된 대립유전자

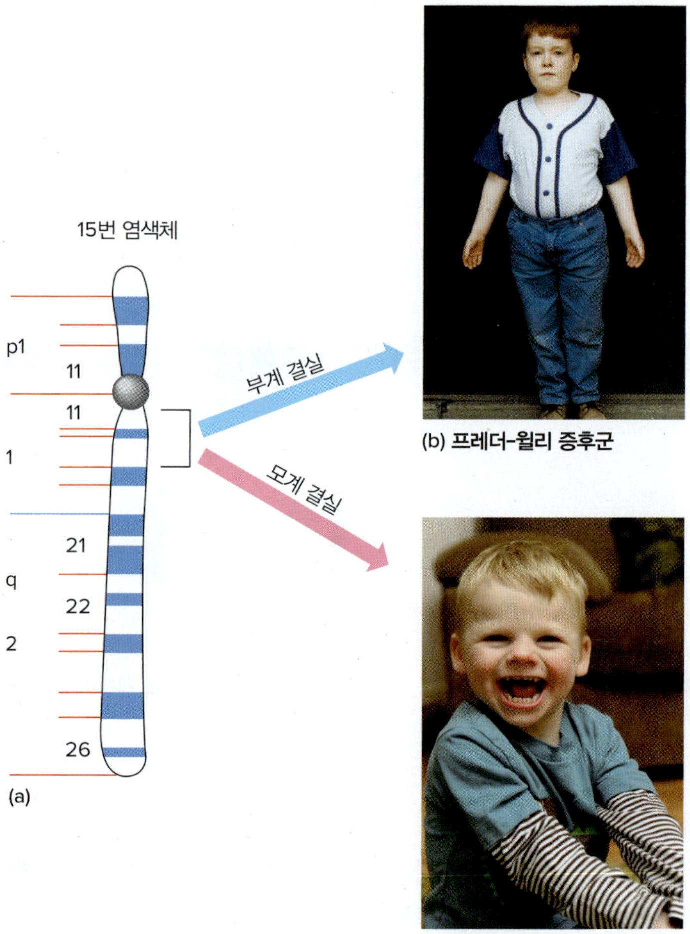

(b) 프레더-윌리 증후군

(c) 엔젤만 증후군

그림 6.13 프레더-윌리 증후군과 엔젤만 증후군은 한 유전자의 비각인된 카피가 결실되었을 때 나타난다. (a) 두 개의 다른 증후군은 15번 염색체의 같은 영역에 있는 유전물질이 결실되어 나타난 것이다. (b) 이 아이는 아버지로부터 받은 염색체의 결실로 인하여 프레더-윌리 증후군이 되었다. 그의 작은 손을 주목하자. (c) 이 아이는 어머니로부터 받은 15번 염색체의 결실로 인하여 엔젤만 증후군이 되었다. *(b): Carla D. Kipper; (c): Dan James/Caters News Agency*

하나와 또 다른 활성적인 대립유전자가 불활성되거나 결실되었을 때 나타난다.

각인 질환은 15번 염색체의 같은 영역이 약간 결실되어 나타나는 두 개의 증후군처럼 극적일 수 있다(**그림 6.13**). 프레더-윌리 증후군(Prader-Willi syndrome)인 아이는 작게 태어나고 유아기에도 몸무게가 거의 늘지 않는다. 1살에서 3살 사이에 이 아이는 먹는 것에 집착하게 되고, 물질대사는 매우 느리게 된다. 부모들은 아이가 음식을 계속 먹어 소화관 파열로 사망하는 것을 막기 위하여 부엌 장과 냉장고를 잠가 놓는다. 15번 염색체의 작은 결실 때문에 나타나는 또 다른 질환인 엔젤만 증후군(Angelman syndrome)은 자폐증과 지적 이상, 긴 혀, 큰 아래턱, 근육 운동의 부조화, 팔이 떨리는 경련 등이 나타난다.

프레더-윌리 증후군의 많은 경우는 어머니의 15번 염색체 영역만 발현되고, 아버지 염색체의 그 영역은 결실되어 있다. 엔젤만 증후군에서는 반대로 나타나는데, 아버지의 유전자는 발현되고 어머니의 염색체는 결실되어 있다.

프레더-윌리 증후군의 증상들은 정상적으로 각인되지 않은(즉, 그것은 정상적으로 활성적이다) 여러 양친 유전자가 결실되었기 때문에 나타난다. 엔젤만 증후군에서는 정상적으로 활성적인 하나의 모계 유전자가 결실되었다. 15번 염색체의 이 부분은 고도로 반복적인 DNA 서열이 이 증상을 유발하는 유전자들과 함께 있기 때문에 특히 불안정하다.

비정상적인 각인은 당뇨병, 자폐증, 알츠하이머병, 조현병, 그리고 남성의 동성애 등과 관계가 있다. 어떤 질환이 유전체 각인과 관계된 것인지를 알려면, 그것이 아버지나 어머니로부터 유전되었는지에 따라 증상의 차이가 크게 나타나는지를 확인하면 된다.

정자와 난모세포 형성 과정에서 서로 다른 타임 테이블

변화된 각인이 유전적 질병의 표현형에 미치는 부모 기원 효과 기작에만 국한되어 나타나는 것은 아니다. 헌팅톤병의 경우, 그 돌연변이 유전자를 아버지로부터 받게 되면, 더 젊은 나이에 발병하여 더 빠르게 진행되며 더 심한 증상을 보인다. 이런 사례는 아버지로부터 돌연변이 유전자를 받아 유년기나 청소년기에 그 질병이 나타난 3명의 어린 딸들이 있는 4장의 서문에서 논의한 가족에서 볼 수 있다. 헌팅톤병에서의 이런 영향은 정자와 난자 형성 과정에서 서로 다른 타임테이블을 갖기 때문인 것 같다. 사춘기 여성은 감수분열이 끝나기 전에 분열이 멈춘 약 400,000개의 난자를 갖고 있다. 그러나 남자는 사정할 때마다 2억 5천만 마리의 정자가 나오기 때문에 잘못 복제되는 유전자가 훨씬 더 많게 되고 생식 수명이 더 길게 된다.

부친 연령에 영향을 받는 또 다른 예로 아버지의 나이가 많을수록 누난 증후군(Noonan syndrome)의 아이가 태어날 확률이 증가하는 것을 들 수 있다. 그 돌연변이는 다른 줄기세포보다 더 빠르게 분열하는 정자를 만드는 줄기세포에서 발생한다. 나이가 들면, 돌연변이 정자가 더 많이 만들어진다. 누난 증후군에서는 독특한 외모, 심장 결함, 지적 이상, 작은 키, 높은 혈액암 위험 등이 나타난다. 여러 유전자에서의 돌연변이가 이러한 증상의 원인이 될 수 있다.

핵심 개념 질문 6.5

*a. 유전체 각인이란 무엇인가?

*b. 유전체 각인에서 DNA에 메틸기 결합은 어떤 역할을 하는가?

c. 비정상적인 각인이 어떻게 질병을 유발시킬 수 있는가?

d. 정자와 난모세포 형성 과정에서의 타임 테이블의 차이가 어떻게 양친 부모 기원 효과를 나타나게 하는가?

학습 가이드

핵심 용어

유전체 각인(genomic imprinting) 양친으로부터 유전된 대립유전자에 따라 메틸기가 하나의 유전자나 여러 연관된 유전자들을 보호하여 유전자 발현을 막고 표현형에 영향을 미치는 현상.

반접합성(hemizygous) X-연관 유전자를 절반만 갖고 있는 성; 남성은 반접합성이다.

이형염색체 배우자성(heterogametic) 서로 다른 성 염색체를 갖고 있는 성; 남성.

동형염색체 배우자성(homogametic) 똑같은 성 염색체를 갖고 있는 성; 여성.

발현 이형접합자(manifesting heterozygote) 어떤 조직에서 정상 대립유전자가 불활성화되어 X-연관 열성 형질을 보인자로 갖고 있으면서 그 형질이 발현되어 표현형으로 나타난 사람.

성비(sex ratio) 어떤 연령 집단의 사람에서 남성의 숫자를 여성의 숫자로 나눈 다음 1,000을 곱한 값.

종성 형질(sex-influenced trait) 하나의 대립유전자에 대한 표현형이 한 성에서는 열성으로 나타나고, 다른 성에서는 우성으로 나타나는 형질.

한성 형질(sex-limited trait) 단지 한 성에만 존재하는 구조나 기능에 영향을 미치는 형질.

전사인자(transcription factor) 어떤 유전자의 전사를 활성화시키는 단백질.

X 불활성화(X inactivation) 포유동물 암컷의 초기 배발생 과정에서 나타나는 현상으로 각 세포에 있는 하나의 X 염색체의 대부분의 유전자가 발현되지 않는 기작.

X-연관(X-linked) X 염색체에 있는 유전자들.

Y-연관(Y-linked) Y 염색체에 있는 유전자들.

복습문제

1. 표 6.1에 나열된 성적 정체성에 대한 5가지 수준의 차이를 설명하시오.
2. Y 염색체의 위상염색체 부위에 있는 유전자와 남성-특이적 부위(MSY)에 있는 유전자는 어떻게 다른지 토의하시오.
3. 다음의 표현형을 설명하시오.
   a. *SRY* 유전자가 결실된 사람의 표현형.
   b. 정상적인 XX 사람.
   c. 테스토스테론 합성이 되지 않는 XY 사람.
4. 태아가 여성으로 발생하기 위하여 필요로 하는 과정들을 나열하시오.
5. X-연관 우성 형질이 남성에서 드문 이유 두 가지를 설명하시오.
6. 출생 시 성비의 기준을 설명하시오.
7. 다른 성보다 특정한 한 성에서 더 흔하게 나타나는 형질들은 X-연관, 한성 및 종성 양상으로 유전되는 유전자 때문이다. 하나의 주어진 개체에서 이것들의 가능성을 어떻게 구별할 수 있는가?
8. 왜 수컷 얼룩 고양이는 매우 드문가?
9. 어떻게 X 염색체 불활성화가 두 성 사이의 X-연관 유전자량을 동일하게 하는지 설명하시오.
10. 정상적인 태아 발생을 위해서는 양친 모두의 유전적 기여가 필요하다는 증거를 들어보시오.

응용문제

1. 아래의 각 나라의 성비에 대한 데이터를 보고 다음 물음에 답하시오.

출생 시 성비		65세 이후 성비	
국가	성비	국가	성비
코스타리카	970	르완다	620
탄자니아	1,000	남아프리카	630
리히텐슈타인	1,010	프랑스	700
남아프리카	1,020	미국	720
미국	1,050	카타르	990
스웨덴	1,060	몬세라트	1,060
이탈리아	1,070	방글라데시	1,160
중국	1,150	나이지리아	990

   a. 르완다, 남아프리카, 프랑스, 미국의 남자들은 평균적으로 여자들보다 통계적으로 유의미하게 더 젊을 때 죽는다. 어떤 형태의 정보가 이러한 차이를 설명할 수 있는가?
   b. 코스타리카에서는 출생 시에 여자 100명 당 남자들은 몇 명인가?
   c. 65세 이후 남성들이 여성들보다 더 오래 사는 나라는 어디인가?

2. 증상이 심한 헌터 증후군에서는, 효소인 iduronate sulfate sulfatase가 결핍되어 간, 지라, 심장을 붓게 하는 어떤 탄수화물의 형성을 유도한다. 경증일 때는 난청 증후군만 나타난다. 보통 정상적인 지능을 갖고 있으며, 정상적인 생활을 영유할 수 있다. 헌터 증후군은 X-연관 열성 형질이다. 경증의 헌터 증후군을 갖고 있는 남자가 보인자인 여자와 결혼하여 아이를 갖는다고 하자.
   a. 아들이 헌터 증후군이 될 확률은 얼마인가?
   b. 딸이 헌터 증후군이 될 수 있는 것은 어떤 경우인가?
   c. 딸이 보인자가 될 수 있는 것은 어떤 경우인가?
3. 법랑질(에나멜질)형성부전증(Amelogenesis imperfecta)은 X-연관 우성 형질이다. 이 질환을 갖고 있는 남자는 모든 치아의 에나멜 층이 매우 얇다. 보인자인 여자는 에나멜이 고르게 침착되지 않아 홈이 파인 치아를 갖게 된다. 이렇게 성에 따라 표현형이 달라지는 이유는 무엇인가?
4. X 염색체 불활성화가 어떻게 어머니에서 아들로 레트 증후군을 전달할 수 있는지 설명하시오.
5. 암을 치료하는데 사용하는 약품은 엔젤만 증후군을 치료하는 데에도 사용할 수 있는 것으로 보인다. 그 약품은 15번 염색체의 각인 영역에 있는 *UBE3A* 부계 유전자의 메틸기를 제거한다. 어떻게 그 약품이 이러한 작용을 하는지 설명하시오.

사례 및 연구 결과

1. 아래의 각각의 사례를 설명하기 위하여, 이것들이 작용하는 원리를 확인하고 각 사례 별로 하나 이상의 응용 예를 들어보시오.

   A. Y-연관 유전
   B. X-연관 열성 형질
   C. X-연관 우성 유전
   D. 한성 유전
   E. 종성 유전
   F. X 염색체 불활성화 또는 발현 이형접합자
   G. 각인 이상

   a. 러셀-실버 증후군(Russell-Silver syndrome)을 갖고 있는 아이는 머리가 크고, 삼각형 얼굴과 소화기관의 이상이 있으며 키가 작다. 어떤 경우에 11번 염색체에 있는 메틸화된 부계 유전자가 메틸화되지 않는다.

   b. 6살인 리쿠안(LeQuan)은 어머니로부터 파버리병(Fabry disease)병을 물려받았다. 그의 어머니는 리소솜 효소를 암호화하고 있는 X 염색체에 들어 있는 유전자의 돌연변이 대립유전자에 대한 이형접합자이다. 리쿠안은 심장 쇠약, 신장 기능부전이나 뇌졸중으로 50세 전에 사망할 것이지만, 그전까지는 몸속에서 만들지 못하는 효소를 한 달에 두 번씩 주입하여 살아갈 수 있다. 그의 어머니는 최근 들어 시작된 주기적인 발열과 손과 발에 통증이 매우 심하고, 발진이 생기며 추위에 매우 민감하게 되기 전까지는 아프지 않고 잘 지냈다. 그녀는 가벼운 파브리병을 앓고 있다.

   c. 찬들러(Chandler) 가계에는 점차 시력을 잃게 되는 색소성 망막염(retinitis pigmentosa, RP)을 가진 남자들이 많다. 이 가계의 몇몇 여자들은 그들의 아들이 이 질환을 가진 것으로 보아 보인자인 것으로 추정된다. 그 여자들을 대상으로 1, 3, 6번과 X 염색체에 있는 RP 유전자를 검사하였지만, 이들 유전자에서 돌연변이가 전달되지 않았다. 여러 해 전에 라첼(Rachel)은 그녀의 사촌이면서 가족형 RP를 가진 로스(Ross)와 결혼하여 6명의 아이를 낳았다. 그들의 세 아들은 모두 RP 질환을 앓고 있었고, 딸들은 모두 정상적인 시력을 갖고 있었다.

   d. 시몬(Simon)의 어머니와 이모는 유방암 생존자이고, 외할머니는 유방암으로 사망하였다. 시몬의 여동생도 암 발생 위험을 증가시키는 *BRCA1* 돌연변이 유전자를 갖고 있었다. 시몬은 두 명의 딸을 두었는데, 그는 남자는 여성에서 더 많이 발병하는 신체 부위에 영향을 끼치는 형질을 전달하지 않는다고 생각하여 유전적 검사를 받는 것을 원하지 않았다.

   e. 트리블스(Tribbles)은 오래전 텔레비전 프로그램 스타트렉(*Star Trek*)에서 우주선을 침입한 외계 포유류이다. *frizzled*라는 유전자는 암컷 트리블스에서 하나의 대립유전자로 곱슬머리를 나타낸다. 그러나 수컷 트리블스에서는 두 개의 돌연변이 대립유전자가 있어야만 곱슬머리가 된다. 그 유전자는 상염색체에 있다.

   f. 데본(Devon)은 로우 증후군(Lowe syndrome)으로 16살에 사망하였다. 그는 약간의 지적장애와 시력에 문제(백내장과 녹내장)가 있었고, 발작, 약한 근육수축, 진행성 신장 기능 부전이 있었으며, 결국 사망하였다. 그의 여동생인 릴리(Lily)가 임신을 하였는데, 그녀는 자신이 오빠를 사망하게 한 그 질병에 대한 보인자가 아닌지 걱정하였다. 그녀는 어머니 드루칠라(Drucilla)가 보인자였다는 의사의 말을 상기하였다. 의사는 릴리가 수정체가 흐려지는 백내장을 가지고 있었기 때문에 보인자라고 결론을 내렸다. 그러나 그녀의 시력은 아직 나빠지지 않았다. 태아 검진 결과 릴리의 태아는 여자아이였으며, 의사는 그녀에게 로우 증후군 걱정을 하지 말라고 하였다.

   g. 텍사스 지역에서 귀뚜라미들의 교미는 암컷이 수컷의 교미 신호 소리에 반응함으로써 이루어진다. 그 소리는 특정한 빈도로 암컷에 전달되어야만 자극이 된다. 그러나 암컷은 "정확한" 신호 소리 빈도에 대한 대립유전자를 전달할 수 있다.

   h. 윈스럽(Winthrop)은 성장장애로 진단을 받은 어린아이였다. 태어난지 14달이 되었을 때, 그 아이는 갑자기 음식에 관심을 갖게 되었고, 부모는 그 아이가 음식을 적게 먹도록 할 수 없었다. 4살이 되면서 윈스럽은 뚱뚱하게 살이 찌게 되고 부모는 그가 먹는 것을 절제하도록 하였다. 그러나 그는 그에게 주어진 음식과 다른 사람들이 남긴 음식까지 먹고도 배가고파서 음식쓰레기에서 먹을 것을 찾기도 하였다. 결국 정신의학자는 그 아이를 프레더-윌리 증후군으로 진단하였다. 그리고 윈스럽이 갖고 있는 프레더-윌리 유전자에 대한 대립유전자는 아버지로부터 유전되었고, 비정상적으로 메틸화된 것으로 나타났다.

   i. 어떤 개의 품종이 정소가 음낭으로 내려오지 않는 잠복고환증(cryptoorchidism)을 갖고 있다. 그리고 이 형질은 이것이 발현되지 않는 암컷으로부터 유전된다.

2. 레지널드(Reginald)는 응고인자를 섭취하여 조절할 수 있는 가벼운 혈우병 A를 갖고 있다. 그는 리디아(Lydia)와 결혼할 예정인데, 리디아의 오빠인 마빈(Marvin)도 레지날드와 같은 치료를 받고 있다. 리디아와 마빈의 어머니와 아버지인 엠마(Emma)와 클라이드(Clyde)는 혈우병을 갖고 있지 않다. 레지날드와 리디아의 아들이 혈우병 A가 될 확률은 얼마인가?

3. 해럴드(Harold)는 생선가게에서 일하고 있지만, 생선 비린내로 인한 불편함이 전혀 없다. 왜냐하면, 그는 냄새를 잘 맡지 못하는 X-연관 열성 형질인 후각상실증(anosmia)을 갖고 있기 때문이다. 해롤드의 부인인 셜리(Shirley)는 정상적인 후각을 갖고 있다. 해롤드의 여동생인 마우드(Maude) 또한 정상적인 후각을 갖고 있으며, 그녀의 남편인 필(Phil)과 딸인 마샤(Marsha)도 정상이다. 그러나 그들의 일란성 쌍둥이 아들인 알빈(Alvin)과 시몬(Simon)은 후각상실증이다. 해롤드와 마우드의 부모인 에드가(Edgar)과 프로렌스(Florence)는 정상이다. 이 가족에 대한 가계도를 작성하고 후각상실증 돌연변이에 대하여 보인자인 사람을 표시하시오.

4. 남아프리카의 육상선수가 2009년 세계육상선수권 대회의 800m에서 예전에 비해 크게 단축된 기록으로 우승하였을 때, 국제 육상경기 연맹에서는 그녀에게 염색체 검사를 받도록 하였다. 공개적인 검사를 요구한 것은 그녀가 남자일 것으로 생각했기 때문이다. 그러나 프라이버시 때문에 검사 결과는 발표되지 않았다. 육상선수의 염색체적 성을 결정하기 위해 어떤 유전자를 검사하였는가? 이것은 정상적인 성과 같을까?

anetta/Shutterstock

CHAPTER 7
복합 형질

부모는 그들의 어린 자녀가 지망할 스포츠 분야를 결정하기 위해서, 유전자 검사를 위한 자녀의 DNA를 제공해야 하는가?

학습 목표

7.1 형질은 유전자와 환경에 의해 만들어진다

1. 단일유전자 형질과 다유전자성 형질을 구별하시오.
2. 복합 형질에 대한 정의를 내리시오.

7.2 다유전자성 형질은 연속변이의 양상을 나타낸다

3. 연속변이 양상을 나타내는 형질이 어떻게 유전자와 환경의 영향을 반영하는지에 대해서 설명하시오.

7.3 복합 형질의 연구 방법

4. 경험적 위험률이 멘델 유전의 빈도를 계산하는 것과 어떻게 다른지에 대해서 설명하시오.
5. 유전력에 대한 정의를 내리시오.
6. 입양아와 쌍둥이에 대한 연구가 형질이 유전되는 정도를 어떻게 나타낼 수 있는 것인지에 대해서 논의하시오.
7. 전유전체 연관성 연구에서 얻을 수 있는 정보가 무엇인지에 대해서 설명하시오.

7.4 더 자세히 보기: 체중

8. 체중의 개인차에 대한 원인을 조사하기 위해서 사용되고 있는 방법에 대해서 논의하시오.

개관

우리가 누구이며, 대상을 어떻게 느끼는지는 유전자와 환경의 영향으로 인한 복잡한 상호작용에서 비롯된다. 형질과 질환에 대한 유전적인 기여를 이해하게 되면, 우리의 삶을 개선하기 위해서 우리의 환경을 어떻게 변화시켜야 하는지를 알 수 있게 된다.

운동선수의 복합 형질 유전학

한 웹사이트에서는 스피드나 파워 혹은 지구력을 요구하는 팀 스포츠나 개인 스포츠 종목에서, 장차 자녀의 성취 가능성을 부모나 운동지도자에게 알려주기 위한 단일 유전자 검사를 제공해주고 있다. 이 유전자 검사는 골격근에서 발현되는 액티닌 3(actinin 3)라는 이름의 단백질을 암호화하고 있는 하나의 유전자에 있는 변이형을 확인하는 것이다. 한 종류의 유전자형은 엘리트 단거리 육상선수 군에서 높은 빈도를 나타내는 반면에, 다른 유전자형은 세계 수준의 지구력 운동선수 군에서 높은 빈도를 나타내고 있다. 하지만 이 유전자 검사는 복잡한 인간의 형질을 지나치게 단순한 관점으로 다루고 있다.

한 개인이 자신의 활동 무대나 스포츠 현장에서 탁월한 성취를 이루기 위해서는 많은 유전자의 영향뿐 아니라, 환경의 영향을 받게 되는 것이다. 일반적으로, 단일유전자는 형질에 대해서 커다란 영향을 미치지 않는다. 스포츠에 참여하는 기회뿐 아니라, 오염과 독성물질에의 노출과 같은 환경요인들도 이러한 영향에 포함이 된다. 하나의 팀 내에서 잘할 수 있는 능력이 단지, 단백질을 암호화하는 일련의 DNA 문자에 새겨진 정보에 의해서만 결정되는 것이 아니다.

운동 능력과 관련된 유전자를 마케팅에 활용하려는 아이디어는 훌륭한 육체적인 기량을 발휘하게 해주는 다른 유전자들의 드문 돌연변이에 대한 지식으로부터 유래되었다. 이중근(double muscle) 유전자에서 돌연변이를 지니고 있는 독일인 가족의 한 일원은 놀라운 능력을 지닌 역도선수이며, 스칸디나비아의 올림픽 스키선수 가족 중 한 사람은 적혈구의 수효를 증가시켜서 근육으로 더 많은 산소를 운반할 수 있게 해 주는 돌연변이를 지니고 있다. 이 외에도, 유전자들은 신진대사율, 골밀도, 지방의 저장, 당의 이용과 함께, 폐의 기능 등에도 영향을 미친다.

스포츠 분야에서의 성공을 예측하기 위한 유전자 검사는 경쟁에 관심이 없는 어린이에게 스트레스를 주거나, 특정한 스포츠 종목을 좋아하는 어린이가 낙담하여 이 종목에 더 이상 관심을 두지 않게 만들 수도 있다. 그렇지만, 체력 관련 유전자 검사는 한 아이가 미래에 직면할 수 있는 건강에 대한 위협이 어떠한 것인지를 알려줄 수 있기 때문에, 아이의 부모가 건강식이나 규칙적인 운동계획을 통한 중재 요법을 실행하는 일을 가능하게 해 줄 수도 있다.

7.1 형질은 유전자와 환경에 의해 만들어진다

수많은 작품을 쓰는 여성에게는 훗날 성공적인 작가가 되는 딸이 한 명 있다. 과체중인 남성과 여성으로부터 태어난 아이들은 비만이다. 알콜중독인 아버지를 둔 남성도 역시 같은 문제를 지니고 있다. 글 쓰는 재능, 비만 및 알콜중독과 같은 이러한 특징들은 유전일까 아니면 학습일까? 다른 거의 모든 특징들을 포함하는 이러한 특징들은 "이것인지 저것인지를 선택해야 하는 양자택일"을 하는 기작의 결과가 아니라, 입력된 여러 종류의 유전자와 환경의 영향이 반영되어 나타난 결과이다. 심지어, 단일 유전자 이상 역시 환경적인 요인과 다른 유전자에 의한 영향으로 인하여 그 표현형에 변화를 불러일으키기도 한다.

하나의 특정한 형질은 단지 하나의 유전자에 의해 지배를 받거나 (멘델 형질 혹은 단일 유전자성 형질의 경우), 혹은 **다유전자성**(polygenic)에 의해 지배를 받을 수도 있다. 그리고 그 형질이 단일 유전자성이거나 혹은 다유전자성이건 간에, 환경적인 요인에 의한 영향도 함께 받는다면, 이를 **복합 형질**(complex trait)이라고 한다(또한 복합 형질은 다른 말로 다인자성 형질이라고도 한다).

폐암은 복합 형질의 일종이다(**그림 7.1**). 비록, 니코틴 중독의 위험을 증가시키거나, 암을 발병시키는 유전자의 변이형이 작용할 수 있다고 해도, 흡연하지 않고 오직 신선한 공기로 호흡한다면, 이러한 종류의 유전자들이 절대 발현되지 않을 수도 있다. 환경의 영향을 받지 않는 순수한 다유전자성 형질은 매우 드물며, 4장에서 다루었던 눈의 색깔이 순수한 다유전자성 형질에 가까운 하나의 사례라고 볼 수 있다.

다유전자성인 복합 형질들은 키, 피부색, 체중, 많은 질병은 물론이고, 행동의 양상이나 경향성에 이르는 다양한 일반적인 형질들을 포함하고 있다. 행동과 관련된 형질들도 다른 형질들과 유전적인 측면에서 다르지는 않은데, 다만, 이 형질들은 다른 기관들보다는 특별히 뇌의 기능과 밀접하게 관련되어 있으며, 이 주제에 대해서는 제8장에서 논할 예정이다. "복합 형질"은 그 이름과는 달리, 이러한 형질을 지배하는 유전자들이 개별적으로는 다른 형질을 지배하는 유전자들보다 더 복잡한 것은 아니다. 이들 역시 기본적으로는 멘델의 유전법칙을 따르기는 하지만, 표현형에 대해서는 단지 부분적으로만 기여하기 때문에 형질 발현을 추적하기가 더욱 어렵다.

그림 7.1 폐암의 위험과 관련된 유전적, 환경적 요인들. 돌연변이는 DNA 수리 기능의 손상, 염증 반응의 촉진, 발암물질의 해독 억제, 텔로미어 길이의 유지 및 중독의 촉진과 같은 몇 가지 방식으로 폐암의 발병 위험을 증가시킨다. 이러한 유전적인 위험 요인들은 흡연, 오염된 공기의 흡입 및 식이요법 등과 같은 환경에 의한 영향과 함께, 유전적인 요인들 간에도 상호작용한다. *Akbudak Rimma/Shutterstock*

다유전자성 복합 형질이나 상태는 여러 유전자가 작용한 결과 때문에 나타나는데, 여기에서, 이 형질에 관여하는 각각의 개별 유전자들이 각 개인의 감수성에 기여하는 정도가 반드시 동등한 것은 아니다. 어떠한 유전자의 드문 대립유전자가 형질의 발현에 커다란 기여를 할 수도 있고, 비교적 일반적인 대립유전자가 형질의 발현에 약한 기여를 할 수도 있다. 일례로, 3종류의 유전자들이 제2형 당뇨병의 발병에 커다란 기여를 하지만, 다른 유전자들은 비교적 약한 효과를 나타낸다.

서로 다른 여러 종류의 유전자들이 특정한 표현형의 서로 다른 부

임상 연계 7.1

심장 건강을 조절하는 많은 유전자들

많은 종류의 세포와 여러 과정들은 심장과 혈관(즉, 심혈관계)이 혈액을 원활하게 순환시킬 수 있도록 서로 간에 상호작용을 해야 하며, 많은 유전자들이 이 정교한 시스템을 유지하고 있다. 물론, 그 외에도 환경 역시, 강력한 효과를 발휘한다. 심혈관계 질환은 현재, 3명 중 1명 꼴로 발병하고 있다.

여기에서 유전자는 지질의 수송, 혈액의 응고, 혈압 및 백혈구가 혈관벽에 부착하는 정도를 결정한다. 지질은 단백질과 결합해서 지단백질을 형성해야 혈액을 따라 순환할 수 있다.

건강한 심혈관계를 유지하기 위해서, 세포 내에서는 충분한 지질을 함유하고 있어야 하지만, 그렇다고 해서 세포 밖에 과도한 지질이 축적되지 않도록, 적절한 균형이 잘 이루어져 있어야 한다. 여기에서 유전자는 그 종류에 따라서 지질을 가공하는 효소나 지질을 수송하는 단백질, 그리고 지질을 세포 내로 수송할 수 있도록 허용하는 수용체 단백질을 암호화할 수 있다.

죽상동맥경화증(atherosclerosis)은 동맥의 내면에 플라그(plaque)라고 부르는 지방으로 이루어진 물질들이 축적되어 있는 질환을 지칭한다. 몇 종류의 유전자들은 아포지방단백질(apolipoprotein)이라고 불리우고 있는 지단백질 중의 단백질 성분을 암호화한다. 몇 종류의 지단백질들은 혈액을 따라서 그들을 필요로 하는 조직으로 수송이 이루어지고 있으며, 또 다른 종류의 지단백질들은 그들이 포함하고 있는 지질 성분(주로, 콜레스테롤임)을 간으로 수송하여, 그곳에서 인체가 체외로 배출할 수 있는 형태의 생화학 물질로 분해되기도 한다. 아포지방단백질 E(apolipoprotein E) 유전자의 한 대립유전자 형태(APOE4)는 흡연자들의 심장마비에 대한 발병 위험을 3배나 증가시킨다.

혈액의 유동성도 건강에 매우 중요한데, 혈액응고인자의 과도한 활성이나, 백혈구의 과도한 점성 증가는 보통 심장이나 다리의 혈관에 대해서 혈류를 차단할 수 있다. 하지만 불충분한 혈액의 응고는 위험한 출혈을 야기한다. 혈액응고인자도 일종의 단백질이기 때문에, 혈액응고 역시 유전적인 지배하에 있다고 볼 수 있다.

효소의 일종인 지단백질 지질분해효소(lipoprotein lipase, LPL)는 혈관의 내벽에 위치하면서, 소장과 간으로부터 방출되는 지단백질에 있는 중성지방을 분해하는 역할을 담당하고 있다. 지단백질 지질분해효소는 고밀도 지단백질(high density lipoprotein, HDL)에 의해 활성화되고, 중성지방이 풍부한 지단백질로부터 중성지방을 분해함으로써, 지단백질의 크기를 작게 하면서, 밀도를 높여준다. 낮은 LDL 수치는 많은 가계에서 건강한 심혈관계와 관련이 있기 때문에, 낮은 LDL 수치는 심장 건강에 대한 생체 마커(biomarker)로 사용되고 있다. 높은 HDL은 일반적으로 좋은 건강 상태에 대한 생체마커이기는 하지만, 심장에 대한 아무런 문제가 없는 일부 가계에서는 HDL 수치가 낮은 양상을 나타낼 수도 있다. 식이요법이나 운동에 의해서 조절할 수 없으면서 높은 LDL 수치를 나타내는 사람들은 간에서 콜레스테롤을 합성하기 위해서 필요한 효소인 스타틴(statin) 제제를 복용한다. 식품은 급원 식품의 종류에 따라서 콜레스테롤을 제공해 줄 수 있지만, 간은 이 물질을 자체적으로 합성한다.

혈중 콜레스테롤 수치의 상승은 심혈관계 질환의 다인자성인 특징을 잘 설명해주고 있다. LDL 수용체 유전자의 돌연변이 대립유전자 한 개를 물려받은 사람은 보통 성인기의 초기에 심장마비 증상을 겪으며, 드물게도 두 개의 돌연변이 대립유전자를 물려받은 사람은 훨씬 더 이른 시기에 치명적인 심장마비 증상을 나타낸다(그림 5.2 참조). 하지만 높은 콜레스테롤 수치는 적어도 12종류의 다른 유전자들의 작용에 의한 결과로 나타난다.

유전자 검사 전문가들은 심혈관계 질환의 발병위험과 관련된 유전자들에 존재하는 대립유전자들을 검출하고 있다. 500종류 이상의 유전자들이 혈압을 조절하고 있으며, 95종류 이상의 유전자들이 혈중 콜레스테롤과 중성지방 수치에 대한 유전적인 변이에 기여하고 있다. 유전자 발현 검사는 어떠한 종류의 콜레스테롤 저해제가 효과적일 것인지, 그리고 어느 특정인에게 투약을 허용할 수 있을 것인지에 대한 정보를 제공해줄 수 있다. 다수의 유전자에 대한 컴퓨터 분석은 운동, 금연 그리고 건강 체중의 유지와 같은 조절이 가능한 환경적인 요인들을 잘 설명해주고 있다(**표 7A**). **그림 7A**는 지방 프라그에 의해 막혀있는 동맥혈관을 보여주고 있다. 식이요법과 규칙적인 운동 및 약물치료는 동맥혈관 내벽에 콜레스테롤이 풍부한 물질이 침착하는 유전적인 경향성에 대항할 수 있도록 도움을 제공한다.

표 7A 심혈관계 질환의 위험요인

조절 불가능 요인	조절 가능 요인
나이	고지방식
남성	고혈압
유전자	흡연
지질대사	높은 혈중 콜레스테롤
아포지방단백질	스트레스
지질단백질 지질분해효소	당뇨병
혈액응고	
섬유소원	
혈액응고인자	
염증	
C-반응성 단백질	
호모시스테인 대사	
백혈구 부착	

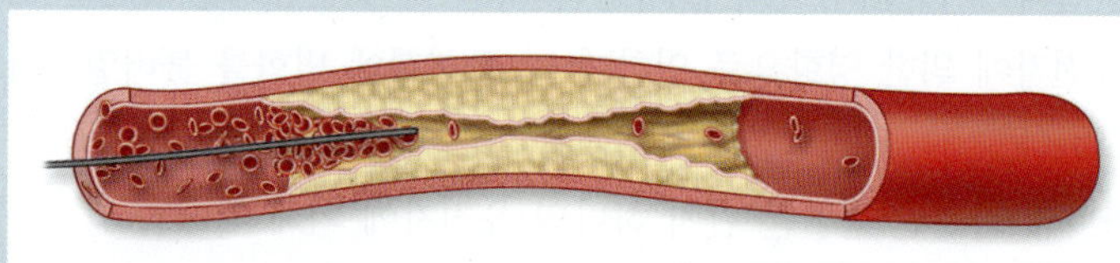

그림 7.A 심혈관계 질환. 지방 프라그의 축적은 동맥을 통한 혈액의 순환을 방해한다.

토론을 위한 질문

1. 심혈관계 질환의 발병 가능성을 증가시키는 유전자 변이를 물려받아서 이를 지니고 있는 사람이, 이 질환에 대항하기 위해서 실천할 수 있는 3가지 방법은 무엇인가?
2. 유전자가 심혈관계의 건강을 조절하는 4가지 방식을 열거하시오.
3. 식이요법과 운동처방을 거부하는 사람에게 스타틴 제제를 처방해야 하는가?

분들에 영향을 미칠 수 있는데, 이전에는 이를 하나의 유전자에 의한 결과인 것으로 추측하였다. 편두통이 바로 그러한 사례인데, 1번 염색체상에 있는 유전자는 소리에 대한 민감도에 영향을 미치고 있으며, 5번 염색체상의 유전자는 지끈거리는 두통과 빛에 대한 민감성을 유발하고, 8번 염색체 상의 유전자는 구역질과 구토에 관련된 것으로 알려졌다. 이에 덧붙여서, 어떠한 사람들에게는 특정한 음식의 섭취와 같은 환경적인 영향이 편두통을 유발하기도 한다. **임상 연계 7.1**에서는 흔한 질환인 심장 질환의 발병과 관련된 위험 요인들을 좀 더 자세하게 보여주고 있다.

핵심 개념 질문 7.1

a. 다유전자성 형질은 단일유전자성 형질(멘델 유전 형질)과 어떻게 다른가?

*b. **복합 형질**이란 무엇인가?

c. 각각의 유전자들이 다유전자성인 복합 형질에 미치는 영향은 반드시 같아야만 하는가?

7.2 다유전자성 형질은 연속변이의 양상을 나타낸다

많은 유전자에 의한 복잡한 상호작용에 의해서 나타나는 다유전자성 형질은, 양적 형질이라고도 불리는 소위 "회색 명암색조" 또는 "연속인 변이(continuously varying)"를 나타내는 일련의 다양한 표현형을 생성한다. 다유전자성 형질에 기여하는 DNA 염기서열을 **양적 형질 좌위**(quantitative trait loci 또는 QTLs)라고도 불린다. 복합 형질은 이 형질이 다유전자성인 경우에 연속적인 변이 양상을 나타낸다. 즉, 이 형질은 표현형의 연속적인 변이에 기여하는 특정 형질에 대한 다유전자성인 요소들을 지니고 있다. 비록, 다유전자성 형질에 기여하는 각각의 개별 유전자들이 멘델의 유전법칙을 따르기는 하지만, 이 유전자들 모두가 함께 단일유전자에 의한 표현형의 분리비를 만들어 주지는 못한다. 이들 유전자 모두가 해당하는 표현형에 기여하기는 하지만, 서로에 대해서 우성이나 열성의 관계는 아니다. 이와는 달리, 단일유전자에 의해 지배받는 형질들은 흔히, "정상" 대 "이상"의 경우와 같이 실무율의 법칙(all or none)을 나타내는 표현형을 생성하기 때문에, 불연속적이면서 질적인 특징을 나타낸다.

다유전자성 형질에 대한 표현형의 분포 양상은 머리 색깔, 체중 및 콜레스테롤 수치 등에서의 미묘한 차이를 통해서 입증된 바와 같이, 집단 내에서 매우 다양하다. 또한 어떠한 유전자들은 다른 유전자들보다 다유전자성 형질에 대해서 보다 더 크게 기여할 수도 있다. 같은 유전자를 구성하는 대립유전자들도 그들이 암호화하는 단백질을 어떻게 변형시키는지에 대한 여부와 함께 집단 내에서의 빈도 차이에 의해서 해당하는 형질에 대해서 서로 다른 효과를 나타낼 수 있다. 일례로, LDL 수용체 유전자상에 존재하는 하나의 돌연변이가 혈중 콜레스테롤 수치를 많이 증가시킬 수 있다. 하지만 대부분의 집단에서 이 돌연변이를 지니고 있는 사람들의 빈도가 겨우 1% 미만에 해당하기 때문에, 집단 내에서 콜레스테롤 수치의 변화 양상에 대해서는 적은 기여밖에 하지 못한다. 그렇지만, 이러한 돌연변이를 지니고 있는 사람은 혈중 콜레스테롤 수치에 커다란 효과가 나타나게 된다.

비록, 다유전자성 형질의 발현이 연속적인 양상을 나타내는 것이기는 하나 각각의 대상자들을 특정한 범위의 구간을 갖는 집단에 위치시킬 수 있으며, 이를 통해서 각각의 해당 집단에 속하는 사람들의 빈도를 계산할 수도 있다. 우리가 이러한 작업을 수행하면서, 각각의 표현형 구간을 갖는 집단의 빈도를 그래프로 그려보면, 종형곡선의 분포 양상이 나타나게 된다. 그리고 형질마다 관련된 유전자들의 수효가 다르다고 해도 그림 7.2, 7.3 및 7.4에서 보여주는 바와 같이, 그래프의 전체적인 양상은 동일하다.

지문의 패턴

손가락 끝의 피부는 피부융선이라고 하는데, 이는 피부가 접히면서 융기된 부분들이 생기게 되고, 이로 인하여 고리형(제상문, loops), 소용돌이형(와상문, whorls)과 함께 활형(궁상문, arches)으로 구분할 수 있는 독특한 피부의 패턴이 나타나며, 이러한 패턴을 지문이라고 한다. 피문학("피부 문자")이라고 불리는 학문 분야는 지문을 구성하는 융선의 수를 비교함으로써, 개체를 확인하고 식별하는 기술을 의미한다(**그림 7.2**). 또한 피문학도 유전학의 한 하위 분야라고 볼 수 있는데, 다운 증후군(Down syndrome)과 같은 특정한 장애가 있는 경우에는 독특한 지문의 패턴을 나타내기 때문이다. 법의학적인 지문 분석 역시, 피문학의 한 응용 분야라고 볼 수 있다.

지문을 구성하는 융선의 수는 주로 유전에 의해 결정되기는 하지만, 환경 역시 영향을 미친다. 태아 발생 6~13주 동안에 융선의 패턴은 태아의 손가락과 발가락의 표면이 양막낭 안쪽의 벽과 접촉하면서 변하게 된다. 이러한 출생 전의 초기 환경 조건에 의한 효과가 동일한 유전자를 공유하는 일란성 쌍둥이의 지문 패턴이 어떠한 경우에는 완전히 같지 않은 이유를 잘 설명해 주고 있다.

지문은 소용돌이형, 고리형 및 활형의 융선 수를 집계한 총 융선

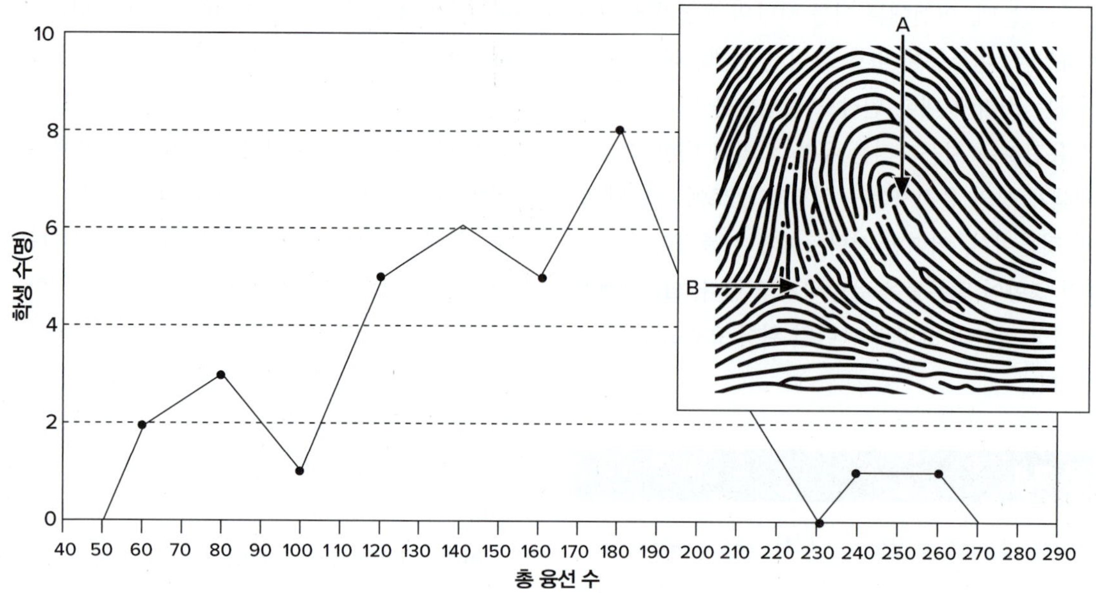

그림 7.2 지문의 해부학. 많은 사람들은 대상으로 해서 총 융선 수에 대한 분포 양상을 그래프로 표시하면, 대략 종 모양의 곡선이 그려진다. 고리형 지문의 기준점인 A와 B 지점 사이의 융선 수는 12개이다. 총 융선 수는 모든 손가락의 융선 수에 대한 총합이다. 출처: Data from Gordon Mendenhall, Thomas Mertens, and Jon Hendrix, "Fingerprint Ridge Count" in The American Biology Teacher, vol. 51, no. 4, April 1989, pp. 204–206).

수라고 하는 척도를 사용해서 정량화할 수 있다. 평균 총 융선 수는 남성의 경우에는 145개이며, 여성의 경우에는 126개이다. 총 융선 수의 분포를 그래프로 그려보면, 연속변이 형질의 전형적인 특징인 종형곡선의 모양이 나타난다.

키

키에 미치는 환경의 효과는 분명한데, 충분한 영양 섭취를 받지 못한 사람들은 유전적으로 성장이 가능한 키에 도달하지 못하게 된다. 20년 동안 서로 다른 환경에서 자란 학생들을 키 순서에 따라 세우면, 연속변이 형질에 미치는 유전자와 환경의 효과를 잘 확인할 수 있다. 1920년에 조사한 학생들의 평균 키는 최근의 학생들에 비해서 훨씬 작았다. 1920년에 조사한 학생 중 가장 키가 큰 학생은 5피트 9인치였던 것에 비해서, 오늘날 가장 큰 학생의 키는 6피트 5인치이다. 그 당시와 오늘날 키에서 나타나는 이러한 차이는 오늘날의 개선된 영양 상태와 함께, 전반적인 건강증진 효과에 기인한 측면이 있기는 하지만, 과거 제1차 세계대전 당시에 키가 큰 군인들의 전사 비율이 더욱 높았기 때문에, 그 당시의 키에 대한 분포가 다소 작은 쪽으로 이동했기 때문일 수도 있다. 그렇지만, 그렇게 극단적인 유전적 효과가 단지 한 두 세대 만에 나타나지는 않았을 것이다. 적어도 50종류 이상의 유전자들이 키의 변이에 대해서 영향을 미치고 있는 것으로 보고되어 있는데, 그들 중 일부는 비교적 커다란 효과를 나타내지만, 다른 일부는 상대적으로 작은 효과를 나타내는 것으로 알려졌다. **그림 7.3**은 키에 대한 종형곡선을 보여주고 있다.

그림 7.3 키의 유전. 노트르담 대학교(university of Notre Dame)의 유전학과 학생들이 인치(inches) 단위로 측정한 키의 순서대로 줄지어 서 있는데, 키가 보여주는 연속변이의 특징이 잘 드러나고 있다. *David Hyde/Wayne Falda/McGraw-Hill Education*

피부색과 인종

대략 100여 종류 이상의 유전자가 피부, 머리카락 및 홍채의 색소침착에 영향을 미치는 것으로 알려져 있다(제5장의 서문 참조). 멜라닌 색소는 각 개인의 다양한 피부색을 특징짓게 한다. 멜라닌세포는 멜라노좀(melanosome)이라고 부르는 소포 안에 멜라닌 색소를 함유한 세포를 지칭한다. 멜라닌세포는 타일과 같은 피부세포들 사이에 흩어져 있으며, 피부층으로 색소과립이 분포될 수 있도록 해준다. 어떤 멜라닌 색소는 멜라닌세포를 벗어나서, 피부의 최상층에 있는 경화된 세포에 들어가기도 한다. 여기에서, 멜라닌 색소는 작은 조각으로 분해되고, 피부세포는 그 하층에 있는 줄기세포가 분열함에 따라 피부의 표면 쪽으로 밀려 올라가는데, 이때 잘게 분해된 멜라닌 색소

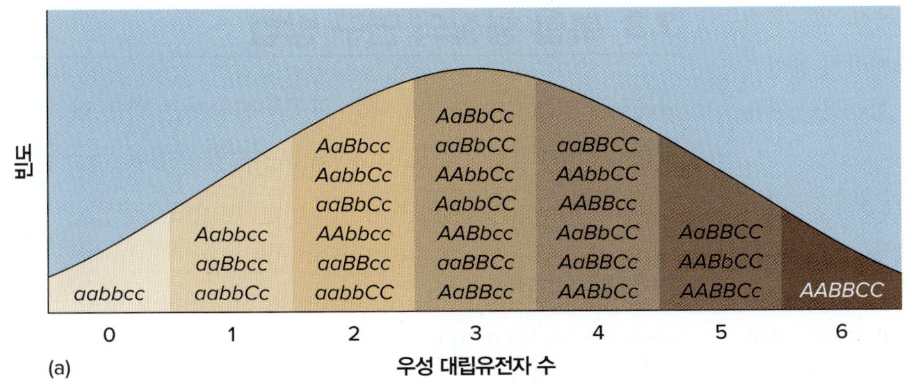

그림 7.4 피부색의 변이. (a) 각각이 2종류의 대립유전자를 지니고 있는 3종류의 유전자에 대한 모델은, 넓은 범위에 걸친 인간의 피부색에 대한 분포 양상을 잘 설명해주고 있다. 실제로 이 형질은 3종류 이상의 유전자가 관련되어 있는 것으로 알려져 있다. (b) 인간의 피부색은 매우 다양하다. 피부색에 영향을 미치는 유전자들은 흥미로운 방법으로 분류될 수 있다. 예쁜 두 어린아이인 마르시아(Marcia)와 밀리(Milli)는 쌍둥이이다. 이들의 아버지는 검은 피부색과 빽빽한 검은 곱슬머리의 자메이카 사람이고, 어머니는 연한 피부색과 황갈색의 머리카락 색을 지닌 유럽인이다. *(b): SWNS/South West News Service Ltd.*

조각들에 의해서 피부색의 차이가 나타나게 되는 것이다. 피부의 색소는 자외선에 의한 DNA 분자의 손상으로부터 우리의 신체를 보호해준다. 햇빛에의 노출은 멜라닌 색소의 합성을 증가시킨다. **그림 7.4a**는 인간 피부색의 분포 양상에 대한 3 유전자 모델을 보여주고 있다. 이 모델이 실제 현상을 지나치게 단순화시킨 것이기는 하지만, 여러 종류의 유전자들이 어떻게 다양한 형질의 결정에 기여하고 있는지를 잘 보여주고 있다.

우리는 모두 단위 피부 면적 당 같은 수의 멜라닌세포를 지니고 있다. 사람들 사이에 서로 다른 피부색을 나타내는 이유는 멜라닌세포 내에서의 멜라노좀의 수, 크기, 그리고 색소 분포의 밀도 등에서 개인차를 나타내기 때문이다. 결국, 사람들 간의 서로 다른 피부색은 피부 최상층의 세포에 있는 멜라닌 색소 조각의 수와 분포의 차이로 인해서 생겨나는 것이다.

피부색은 인종을 구별하기 위해서 사용될 수 있는 신체적인 형질 중의 하나이다. 하지만 피부색이나 그 이외의 다른 신체적인 형질에 의해서 인종을 정의하는 것은 생물학적인 정의라기보다는 사회적인 개념이라고 볼 수 있는데, 피부색이라는 형질은 인류 집단에 따라 그 빈도가 다양할 뿐만 아니라, 태양광선에의 노출과 같은 환경요인들에 의한 영향도 받을 수 있기 때문이다. 유전적인 관점에서, 인간 이외의 다른 생물종을 언급하는 경우에, 종족(race)은 서로 다른 대립유전자 빈도에 의해 구분할 수 있는 종 내의 집단들을 지칭한다. 인간은 사실, 다른 포유동물들에 비해서 외모에서의 변이가 훨씬 덜 다양한 편이다(피부색은 육안에 의해 각 개인을 구분할 수 있는 수단이기 때문에, 우리는 피부색을 통해 사람을 분류하지만, 이 형질이 우리 조상에 대한 믿을 만한 지표라고 말할 수는 없다).

다수의 유전자가 개입되어 있음을 고려한다면, 피부색을 기반으로 하는 인종이라는 개념이 매우 허구임을 곧바로 드러내게 해준다. 즉, 매우 어두운 피부색을 지니고 있는 두 사람이 매우 밝은 피부색을 지니고 있는 다른 사람보다 그 관계가 덜 가까울 수 있다. 예를 들어, 사하라사막 이남의 아프리카인과 호주의 원주민은 모두 어두운 피부색을 나타내고 있기는 하지만, 그 밖의 다른 유전 형질에 있어서는 서로 간에 유사하지 않다. 그들의 어두운 피부색은 그들의 조상이 최근에 갈라진 공통 조상으로부터 함께 물려받은 형질이라기보다는, 강한 햇빛의 열대성 기후에서 생활했던 결과로 인한 적응을 반영한 것이다. 전체적으로, 변이를 나타내는 유전 형질의 약 93%는 다른 피부색을 지닌 사람보다 한 가지의 피부색을 지닌 사람들 사이에서 더 이상 공통적으로 나타나지 않는다.

인간의 피부색에 대한 지식 중 일부는 주로 유럽인들에 대한 연구에 초점이 맞추어져 있기 때문에 다소 편향되어 있다고 볼 수 있다. 최근의 한 연구에서 연구자들은, 유럽인들이 아메리카 대륙에 상륙하기 훨씬 이전에 베링해협을 건너온 아메리카 인디언의 조상에 의해 유입된 *MFSD12* 유전자에 존재하는 한 변이형에 대해서, 멕시코, 페루, 콜롬비아, 브라질 및 칠레를 포함하는 라틴 아메리카에 사는 6,000명 이상의 사람들을 대상으로 한 추적조사를 수행하였다. 이 변이형은 오늘날의 동아시아와 아메리카 인디언들 사이에서 발견되고 있으며, 라틴 아메리카 집단의 유전자 풀(gene pool)에도 기여하고 있다. 이 유전자에 대한 산물의 발현 부족은 어두운 피부색을 나타내며, 이 유전자 산물의 발현 과다는 더욱더 밝은 피부색을 나타나게 해준다.

사람들을 가계의 조상에 의해 분류하고자 하는 경우, 피부색보다는 DNA 검사가 생물학적으로 보다 더 의미가 있다. 가족관계에 대한 정보를 제공해주는 소비자를 위한 유전자 검사 회사는 신체적인 형질이 아닌, 정확한 가족관계 여부를 파악하기 위한 목적으로 각 개인 쌍 간의 DNA 자료를 비교한다. 18.3절에서는 소비자의 유전적인 가족관계 검사를 통해서 민족에 대해 추정을 하는 합리적인 이유를 설명하고 있다.

유전학적인 관점에서는 피부색에 기초한 인종의 개념이 큰 의미가 없기는 하지만, 실용적인 측면에서, 인종집단들 간에는 특정한 질환의 발병률에 있어서 분명한 차이를 나타내고 있는데, 이는 특정한 대립유전자를 보유하고 있는 특정한 집단의 구성원들이 그들이 속한 집단 내에서 결혼 상대자를 선택하려는 경향에 일부 기인하는 것이다. 하지만 질환에 대한 유병률에 있어서 나타나는 인종 간의 차이는 좋은 영양공급이나 혹은 건강관리에 대한 접근성과 같은 사회적인 불평등에 의한 결과일 수도 있다. 여전히, 유전정보는 적절한 치료법을 선택하기 위한 결정을 내리기 위해 사회적으로 정의된 인종과 함께 고려될 수 있는데, 이에 해당하는 하나의 사례로써, 새로운 종류의 한 콜레스테롤 저해제는 유럽인 집단을 대상으로 하여 *PCSK9* 유전자의 특정한 변이형에 대한 검사를 통해서 개발되었다. 그 유전자의 다른 변이형의 경우, 다른 약물로부터 혜택을 받는 아프리카계 미국인의 혈중 콜레스테롤 수치에 대해 이 새로운 약물이 정반대의 효과를 나타내고 있는 것으로 알려졌다.

특정한 약물이 좋은 효과를 나타내거나 혹은 부작용을 나타낼 것인지를 결정하기 위해서는 피부색보다는 유전자형에 의해서 약물을 처방하는 일이 보다 더 정확하다. 연구자들이 흑인(반투족, 에티오피아인 및 아프리카의 카리브해인), 백인(노르웨이인과 아르메니아인)과 함께, 아시아인(중국인과 뉴기니인)을 대표하는 총 354명의 사람에 대해서 약물대사를 조절하는 23종류의 유전적 마커(genetic markers)를 사용하여 그들을 분류했을 때, 이들 유전적 마커들은 몇 종류의 혈액응고 억제제, 화학요법제 및 진통제 중 어느 것이 효과적일지를 예측할 수 있게 해 주는 4종류의 뚜렷한 집단으로 나누어질 수 있게 하지만, 피부색에 의한 집단과는 일치하지 않았다. 약물의 선택과 관련된 논의는 22장에서 계속 언급하게 될 것이다.

핵심 개념 질문 7.2

*a. 양적 형질 좌위란 무엇인가?
b. 연속변이의 의미는 무엇인가?
c. 종형곡선이 어떻게 다유전자성 형질의 표현형에 대한 계층분포를 나타내고 있는지를 설명하시오.
d. 지문의 패턴, 키, 그리고 피부색이 복합 형질에 대한 사례인 이유를 설명하시오.

7.3 복합 형질의 연구 방법

다유전자성 형질의 재발에 대한 위험을 예측하는 일은 단일 유전자 형질보다 훨씬 더 어렵다. 연구자들은 이러한 형질을 연구하기 위한 몇 가지 전략을 세워두고 있다.

경험적 위험률

멘델의 유전법칙을 사용하면, 단일유전자 형질에 의한 질환이 가계 내에서 발병될 위험을 예측하는 일이 상염색체 우성이나 열성과 같은 유전 방식에 대한 이해를 통해서 가능해질 수 있다. 다유전자성인 복합 형질이 특정한 개인에게서 나타날 가능성을 예측하기 위해 유전학자들은 특정한 집단 내에서의 발병률을 기반으로 하는 **경험적 위험률**(empiric risk)을 사용한다. **발병률**(incidence)은 개체 수가 알려진 집단에 대해서 한 해 동안에 새롭게 발병된 환자의 수로 나타낸 질환의 발병 비율인 것이다. **유병율**(prevalence)은 어떠한 집단 내에서 특정한 시간 간격(예, 1년 동안)의 기간 동안에 특정한 질환을 가진 개인의 비율이나 수를 의미한다.

경험적 위험률은 계산에 의해서 산출된 값이 아니라 관찰에 기반을 둔 일종의 통계값이다. 집단은 민족이나 지역사회처럼 광범위한 규모일 수도 있고, 낭포성 섬유증의 구성원들을 포함하는 가계와 같이 유전적으로 잘 정의되어 있기도 하다.

경험적 위험률은 질환의 심각성, 가족 구성원 중 질환을 가진 사람의 수, 그리고 질환자와 혈연적으로 가까운 정도에 따라서 점차 증가하는 경향이 있다. 일례로, 경험적 위험률은 신경관결손(neural tube defect, NTD)을 갖는 아이가 태어날 가능성을 예측하는 데 사용될 수 있는데, 미국에서 신경관의 결함을 지닌 태아를 임신할 확률은 1천 명당 대략 1명 정도(0.1%)이다. 하지만 영국인이나 아일랜드인 혹은 스코틀랜드인 조상을 둔 후손인 경우에는 그 위험률이 1천 명당 대략 3명 정도로 증가한다. 그러나 어떠한 민족집단이든지 간에 형제나 자매 중 한 사람이 신경관의 결함을 보였다면, 이 질환이 발병할 확률은 3%까지 증가하고 두 사람이 이 질환을 가진다면, 세 번째로 태어나는 아이의 위험도는 더욱더 증가한다.

어떠한 형질이 유전적인 요인을 포함하는 경우라면, 두 사람 중에서 한 사람이 특정한 질환을 가질 경우, 그들 간의 혈연관계가 가까우면 가까울수록 나머지 다른 사람 역시 그 질환에 걸릴 가능성이 증가하는데, 이는 그들의 혈연관계가 가까워짐에 따라서 보다 더 많은 유전자를 공유할 것이기 때문이다. 경험적 위험률에 대한 많은 연구가 상기한 논리를 지지하고 있다. **표 7.1**은 구순열(cleft lip)을 보이는 사람들의 친척들에게서 나타날 수 있는 경험적 위험률을 정리해서

표 7.1	구순열 발병의 경험적 위험률
환자와의 관계	**발병의 경험적 위험률**
일란성 쌍둥이	40.0%
형제자매	4.1%
어린이	3.5%
조카	0.8%
사촌	0.3%
일반인(친척 중에 질환자 없음)	0.1%

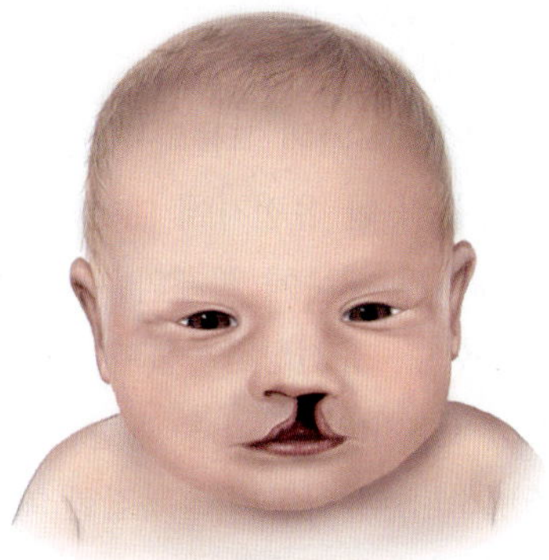

그림 7.5 구순열. 구순열은 같은 질환을 가진 친척이 있는 경우에, 발병 우려가 더 높아진다. 외과수술은 매우 효과적인 치료법이다.

보여주고 있다(**그림 7.5**).

경험적 위험률은 단지 관찰을 토대로 한 것이기 때문에 유전 방식에 대한 이해가 충분하게 이루어져 있지 않은 질환에 대한 위험도를 도출해내는 데 있어서 유용하다. 일례로, 어떠한 복합 형질에 해당하는 질환이 단지 한쪽의 성별에서 보다 더 빈번하게 발병하는 경우가 있는데, 위와 소장 사이의 연접 부위 근처에서의 과도한 성장의 결과로써 발병하는 유문 협착증(pyloric stenosis)은 여성에서보다는 남성에서 5배나 더 빈번하게 발병하는 것으로 알려져 있다. 이 질환에 걸릴 경우에는 출생 직후에 외과적인 수술에 의한 치료를 받아야 하는데, 이러한 치료를 제대로 받지 못한 신생아는 음식물을 제대로 소화할 수가 없게 된다. 경험적인 자료에 의하면, 이 질환을 가진 남자 형제가 있는 경우에는 남자의 발병위험도가 3.8%이지만, 이 질환을 가진 여성 자매가 있는 남성 형제에게서의 발병위험도는 9.2%에 달한다. 경험적 위험률은 현실 세계에서의 관찰 결과를 토대로 한 것이기 때문에 질환의 원인이나 발병률에서 성적인 차이가 나타나는 이유를 알 필요가 없다.

유전력

유전력(heritability, H)이라는 측정치는 특정한 시간대에 어떠한 집단 내에서 유전적인 차이에 의한 특정한 형질의 표현형적 변이의 비율을 추정한 것이다. 경험적 위험률과 유전력의 차이는 경험적 위험률이 비유전적인 영향으로 인한 결과일 수 있는데 반해서, 유전력은 형질 변이의 유전적인 요인에 초점을 맞추고 있다는 것이다. 유전력은 유전자에 의한 형질의 비율이 아닌, 유전에 의한 형질 변이의 정도를 의미한다.

그림 7.6은 특정한 형질에서 관찰되는 변이에 기여하는 요인들을 요약한 그림이다. 동일한 환경을 공유하는 실험실의 생쥐 집단처럼, 어떠한 변이가 완전하게 유전자에 의한 작용의 결과로 나타나는 형질에 대해서는 유전력이 1.0의 값을 나타낸다. 환경에서의 차이가 없다면, 단지 유전적인 차이가 집단 내에서 형질의 발현을 결정한다. 하지만 형질에서 나타나는 변이의 대부분은 유전적인 요인과 환경적인 요인들 사이의 차이에 의해서 나타난다. 유전자는 형질 변이의 정도 차이에 기여한다. 예를 들어, 키의 경우에는, 주로 유럽인 집단에서 우세한 유전자 변이형이 유전력의 25.7%에 기여하지만, 드문 변이형은 단지 1.7% 정도만 기여한다. 전체적인 관점에서 유전자는 이 집단의 경우에, 키의 변이에 대해서 대략 1/4 정도 기여하고 있음을 나타내주고 있다. **표 7.2**는 몇 가지 형질과 그에 대한 유전력을 나타내고 있다.

유전력은 환경이 변화함에 따라 변화한다. 일례로, 피부색에 대한 유전력은 태양광선에 의한 노출로 멜라닌 색소의 합성이 증가할 가능성이 적어지는 겨울철에 더 높아지게 된다. 같은 형질이 두 집단에서 모두 높은 유전력을 나타낼 수도 있기는 하지만, 집단 간의 장기간에 걸친 환경의 차이로 인해서 어떠한 변이형이 단지 한 집단에서만 보다 더 높은 빈도를 나타낼 수도 있다. 적도 지역의 아프리카인 집단을 예시로 보면, 상대적으로 태양광선에 적게 노출되는 스칸디

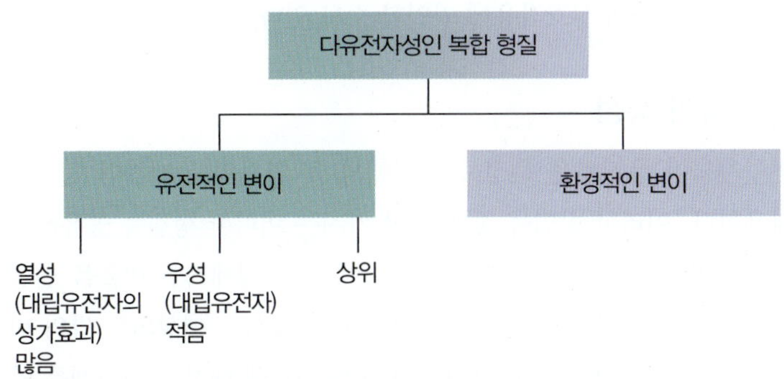

그림 7.6 형질의 변이에 대한 유전적인 기여를 추정하는 유전력의 측정. 다유전자성인 복합 형질에서 관찰되는 변이는 유전적인 영향과 환경적인 영향을 모두 반영하고 있다.

표 7.2	몇 가지 인간 형질의 유전력
형질	유전력
내반족	0.8
키	0.8
혈압	0.6
체질량지수	0.4-0.7
언어적 소질	0.7
수학적 소질	0.3
맞춤법 소질	0.5
총 지문 융선 수	0.9
지능	0.5-0.8
혈중 총 콜레스테롤	0.6

나비아인에 비해서 더욱더 어두운 피부색을 나타내는 경향이 있다.

누락 유전력

다수의 형질과 질환에 대해서, 유전자나 혹은 다른 위치의 DNA 염기서열들이 표현형의 다양성에 미치는 효과를 전부 반영하지 못하는데, 이러한 상황을 **누락 유전력**(missing heritability)이라고 한다. 일례로, 유전자는 인간의 기대수명에서의 다양성에 관해 단지 7%만 설명할 수 있지만, 과거의 연구에서의 유전력은 20~30%의 범위에 있었다. 다음 장에서 논의하게 되는 질환(주요 우울장애, 양극성 장애 및 자폐증) 중 일부에서는 누락 유전력을 보여주고 있는데, 이는 이러한 질환들의 경우 환경적인 영향이 상당하다는 사실을 나타내고 있다. 확인된 유전적인 변이형에 의해서 특정한 형질의 변이를 설명할 수 없는 경우에는 적어도 부분적으로는 측정하거나 평가하기 어려운 유전자들의 상호작용에 기인할 수도 있다.

유전력의 측정

연구자들이 유전력을 측정하기 위해서 몇 가지의 통계적인 방법을 사용한다. 이러한 방법들 중에서 한 가지는 어떠한 형질을 공유하는 특정한 방식으로 관련된 사람들의 쌍에 대한 실제적인 비율을 멘델의 유전 방식으로 유전되는 경우에 공유할 것으로 예상되는 쌍의 비율과 비교하는 것이다. 예상되는 비율은 서로에 대한 혈연관계를 알고 있는 경우에 특정한 방식으로 관련된 두 사람이 공유하는 유전자들의 비율인 **근연계수**(coefficient of relatedness)라고 부르는 측정

표 7.3	친척 간의 근연계수	
친척관계	친척도	공유 유전자 비율 (근연계수)
형제자매	1°	50%(1/2)
부모/자식	1°	50%(1/2)
삼촌/외숙모, 고모와 조카	2°	25%(1/4)
이복형제자매	2°	25%(1/4)
조부모와 손자	2°	25%(1/4)
사촌	3°	12.5%(1/8)

값을 사용해서 얻을 수 있다(**표 7.3**).

부모와 자녀는 감수분열에 의해 그들의 유전자 중에서 50%를 공유한다. 그들의 부모로부터 한 유전자에 대한 각각의 대립유전자를 물려받을 확률이 50%이기 때문에 형제와 자매간에는 평균적으로 50%의 유전자를 공유한다. 유전상담사들이 위험성을 계산하는 경우에, 1차(1°), 2차(2°) 및 3차(3°) 친척 등과 같은 명칭을 사용한다(**표 7.3**과 **그림 7.7**을 참조). 보다 더 확장되고 복잡한 가계에 대해서 형제자매간이나 부모/자녀 간에 1/2(혹은 50%)의 값은 다른 방식으로 관련된 사람들 사이에 공유되고 있는 유전자들을 추적하고 공유되어 있는 유전자들에 대한 비율을 계산하는 경우에 사용될 수 있다.

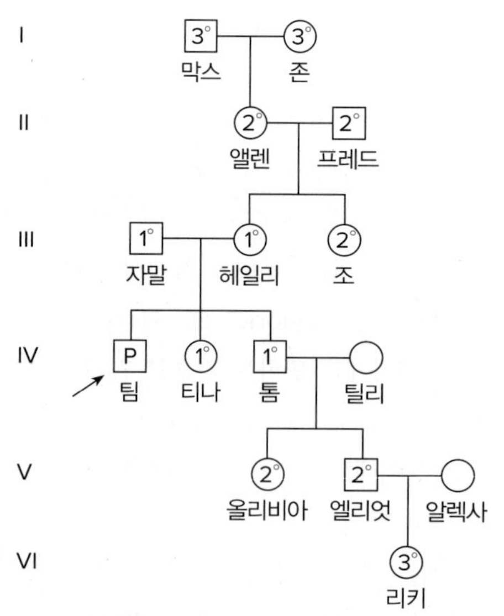

그림 7.7 친척의 추적. 팀(Tim)은 어떤 유전병을 가지고 있다. 한 유전상담사가 팀이 친척과 공유한 유전자들의 대략적인 비율을 알기 위해 가계도를 작성했다. 이런 정보는 어떤 친척 구성원이 병에 걸릴 위험률을 추정하는데 도움을 줄 수 있을 것이다("P"로 표시된 사람은 본 연구를 개시하게 한 질병을 보유한 발단자를 나타낸다. 1*, 2*, 및 3*으로 표시된 친척 관계에 대해서는 표 7.3을 참조하기 바란다).

어떠한 형질에 대한 유전력이 매우 큰 경우, 100쌍의 형제자매를 갖는 집단은 거의 50쌍 정도가 동일한 표현형을 나타내는 것으로 예상할 수 있는데, 이는 형제자매들이 평균적으로 그들이 지니고 있는 유전자들의 50% 정도를 공유할 것이기 때문이다. 그 유전력이 영양으로 인한 환경의 영향을 반영하는 키에 대한 경우로 되돌아가면 100쌍의 형제자매 쌍 중에서 40쌍이 동일한 키의 값을 나타낼 것으로 예상할 수 있다. 즉, 이러한 경우에 키에 대한 유전력은 0.40/0.50으로, 혹은 80%를 나타낸다고 말할 수 있을 것이다. 이와 같은 유전력에 대한 값은 환경에 의한 영향이 없는 경우에 관찰된 표현형에 대한 변이를 기대되는 표현형에 대한 변이로 나누어서 계산한 값으로 나타낸 것이다.

다유전자성 형질에서 나타나는 유전적인 변이는 주로 서로 다른 유전자들의 열성 대립유전자들에 의한 상가적인 효과에 의해서 나타난다. 일부 형질들의 경우, 몇 종류의 우성 대립유전자가 표현형에 대해서 큰 영향을 미칠 수는 있지만, 그들의 빈도가 집단 내에서 드물기 때문에 유전력에 대해서 큰 기여를 하지는 못하게 된다. 불완전한 LDL 수용체(receptor)로 인한 심장질환의 발병이 여기에 해당하는 하나의 사례인 것이다. DNA 염기서열의 사본 수에서 차이를 나타내는 **사본 수 변이**(copy number variant, CNVs)를 고려하지 않고 DNA 염기서열을 변화시키는 돌연변이만을 비교한다면 어떠한 형질이나 질환에 대한 유전력이 과소평가될 수도 있다.

상위(서로 다른 유전자에 대한 대립유전자 간의 상호작용) 역시, 유전력에 영향을 미칠 수 있다. 하나의 표현형에 대해서 서로 다른 정도의 영향을 미친다는 사실을 설명하기 위해서 유전학자들은 단지 상가적인 열성 대립유전자에 의한 효과만을 고려하는 "협의의 유전력"과 드문 우성 대립유전자와 상위에 의한 효과를 함께 고려하는 "광의의 유전력"을 계산한다. 여기에 해당하는 사례로써, LDL-콜레스테롤 수치의 경우에, 협의의 유전력이 0.36인 반면에, 광의의 유전력은 0.96인 것으로 나타나서 이 형질의 경우, 드문 우성 대립유전자가 상당히 커다란 효과를 나타내고 있음을 보여주고 있다.

복합 형질에 대한 유전을 이해하는 일은 농업 분야에서도 역시 중요하다. 육종가는 유전적이거나 환경적인 영향이 출생 시의 체중이나, 우유의 생산량 및 난부화력 등과 같은 형질의 변이에 대해서 어느 정도의 비율로 기여하고 있는지를 알아야 할 필요가 있다. 또한 유전적인 영향이 상가적이거나 혹은 상위에 의해서 형질의 변이가 나타나는 것인지를 아는 일 역시 중요하다. 육종가가 가축을 기르고, 농작물을 재배하는 조건을 조정해줌으로써 주어진 환경을 통제할 수 있으며, 특정한 개체들 간의 교배 조건을 새롭게 맞추어줌으로써 유전적인 효과에 대해서도 통제할 수 있다.

인간을 대상으로 해서 복합 형질을 연구하는 일은 많은 가계로부터 필요한 정보를 얻어야 하기 때문에 매우 어렵다. 그렇지만, 입양아와 쌍둥이라는 2가지의 특별한 조건하에 있는 사람들의 경우에는 유전학자들이 복합 형질에 대한 유전적이고 환경적인 성분들을 개별적으로 분리하여 연구를 하는데 있어서, 도움을 제공해 줄 수 있다.

입양아

입양아는 일반적으로 환경의 영향만을 나눌 뿐, 입양한 가족들과 유전적인 변이를 공유하지 않는다. 또한 이와는 반대로, 입양아들은 그들의 친부모들과는 환경을 공유하고 있지는 않지만 유전자는 공유하고 있다. 그러므로 입양아와 양부모 간의 유사성은 주로 환경에 의한 영향에 기인하고 있지만, 입양아와 친부모 간의 유사성은 주로 유전적인 영향에 의한 결과인 것으로 간주한다. 그러므로 상기한 두 가지 부류의 부모에 대한 정보는 특정한 형질에 대해서 유전과 환경이 각각 어떠한 방식으로 관여하고 있는지를 나타낼 수 있다.

입양 연구는 오랜 역사를 지니고 있다. 1924년에서부터 1947년까지 덴마크의 가계를 대상으로 하는 초창기에 수행했던 연구에서, 입양아에 대한 데이터베이스를 사용했던 기록이 있을 뿐 아니라, 또 다른 연구에서는 친부모나 양부모와 입양아 간의 사망 원인에 대한 상관관계를 추적했던 연구 결과도 알려져 있다. 이 연구 결과에 의하면, 만약 친부모가 50세 이전에 감염으로 인하여 사망했다면, 다른 집안으로 입양된 친자녀가 젊은 나이에 감염으로 인하여 사망할 확률이 일반 집단에 비해서 5배나 더 증가한 것으로 나타났다. 이러한 연구 결과가 나온 이유로는 면역계를 구성하는 유전자들의 변이가 어떠한 종류의 감염에 대한 각 개인의 감수성을 증가시켰기 때문이었던 것으로 추측된다. 이러한 가설은 입양아가 감염으로 인하여 젊은 나이에 사망할 위험이 그들의 양부모가 50세 이전에 감염으로 인하여 사망하는 사건과는 아무런 상관관계가 없다는 연구 결과에 의해서도 지지를 받고 있다. 연구자들은 주로 유전이 부정적인 환경적 영향과 함께 수명을 결정하는 것으로 결론을 내렸다. 그 예로 양부모가 심혈관계 질환으로 인하여 50세 이전에 사망했을 경우에는 그들의 입양된 자식들이 심혈관계 질환으로 인하여 사망할 확률이 일반 집단에 비해서 대략 3배 정도 더 높은 것으로 알려져 있다. 이러한 연구 결과를 설명할 수 있는 환경요인은 무엇인가?

쌍둥이

표현형에 기여하는 환경에 의한 기여로부터 유전적인 기여를 분리하기 위한 목적의 쌍둥이를 이용하는 연구는 입양아를 대상으로 하는 연구에 비해서 보다 더 의미 있는 정보를 얻을 수 있다.

표 7.4	쌍둥이 사이의 형질의 일치도	
형질	일란성 쌍둥이	이란성 쌍둥이
여드름	14%	14%
알츠하이머병	78%	39%
신경성 식욕부진	55%	7%
자폐증	90%	4.5%
양극성 장애	33%-80%	0%-8%
구순구개열	40%	3%-6%
고혈압	62%	48%
조현병	40%-50%	10%

이러한 쌍둥이 연구의 이론적인 근거는 이란성 쌍둥이 쌍보다 일란성 쌍둥이 쌍에서 서로 빈번하게 공유하는 형질은 적어도 부분적으로는 유전적인 지배하에 있는 형질이라는 것이다. 2명의 쌍둥이 중에서 1명이 특정한 형질을 지니고 있는 쌍둥이 집단에 대해서, 2명의 쌍둥이 모두가 그러한 특정한 형질을 발현하는 비율로써, 형질에 대한 **일치도**(concordance)를 계산한다. 특정한 형질에 대해서 쌍둥이가 서로 다른 경우에는 그 형질에 대해서 서로 간에 "불일치"하다고 판정한다.

모두 142쌍의 일란성 쌍둥이 쌍과 이란성 쌍둥이 쌍으로 이루어진 한 연구에서는 적어도 하나의 음표가 변형된 26종류의 친숙한 노래를 들려주는 변형 곡조 실험을 실시하였다. 만약에, 실험 참여자가 적어도 3개 이상의 곡조에 대해서 오류를 찾아내지 못했을 경우에는 이들을 곡조 귀머거리(tune deaf)인 것으로 간주하였다. 곡조 귀머거리에 대한 일치도는 일란성 쌍둥이의 경우에는 67%인 반면, 이란성 쌍둥이의 경우에는 단지 44%인 것으로 나타나며, 음높이를 정확하게 감지하는 능력에 있어서도 상당한 정도의 유전적인 성분이 관여하고 있음을 나타내고 있다. **표 7.4**는 다양한 종류의 측정하기 어려운 형질들에 대한 쌍둥이 유형들 간의 비교 결과를 보여주고 있다(그림 3.18은 일란성 쌍둥이와 이란성 쌍둥이가 어떻게 생겨나는지를 보여주고 있다).

그 유전 방식이 우성이거나 혹은 열성이건 간에, 100%에 근접하는 침투도(penetrance)에 근접하는 단일 유전자에 의한 질환은 일란성 쌍둥이의 경우 100%의 일치도에 근접하게 된다. 즉, 일란성 쌍둥이의 한쪽에서 특정한 질환이 발병하는 경우에는 다른 쪽에서도 역시, 동일한 질환이 발병하게 된다는 것이다. 하지만 이란성 쌍둥이의 경우에는 우성 형질에 대한 일치도가 일반적으로 50%를 나타내는 반면에, 열성 형질의 경우에는 25%를 나타내는데, 이러한 비율은 쌍둥이가 아닌 두 형제자매에게 보편적으로 적용되는 멘델 유전 방식이 그대로 적용되는 경우라고 볼 수 있다. 환경의 영향을 거의 받지 않는 다유전자성인 형질의 경우에는 일란성 쌍둥이의 일치도가 이란성 쌍둥이보다 상당히 커지는 양상을 나타낸다. 주로 환경의 영향으로 인해서 형성되는 형질의 경우에는 2가지 유형의 쌍둥이 모두 서로 유사한 일치도 값을 나타낸다.

2가지 유형의 쌍둥이들을 비교하면 이들 모두가 유사한 경험을 공유하고 있음을 짐작할 수 있다. 사실상 일란성 쌍둥이들은 이란성 쌍둥이들보다 정서적인 면에서 보다 더 가까운데, 이와 같은 2가지 유형의 쌍둥이 쌍들 사이의 가까운 정도에 대한 불일치는 경우에 따라서 잘못된 결과를 도출할 수도 있다. 일례로, 1940년대에서 수행했던 한 연구에서는 결핵에 대한 일란성 쌍둥이들 간의 일치도가 이란성 쌍둥이들 간에 비해서 보다 더 높았기 때문에 이 질환이 유전되는 질환인 것으로 잘못된 결론을 내린 적도 있었다. 실제로, 감염성 질환은 일란성 쌍둥이들 사이에서 보다 더 쉽게 전파되는데, 이는 그들의 부모가 이 쌍둥이들을 보다 더 가까이에서 양육하기 때문이다. 하지만 우리는 어떠한 감염성 질환에 대한 감수성을 물려받는 것도 사실이다. 일란성 쌍둥이들은 이러한 감수성을 나타내는 유전자들을 서로 간에 더 많이 공유하는 데 비해서, 이란성 쌍둥이들은 단지 형제자매 정도의 수준으로 공유하는 정도가 상대적으로 더 낮은 경향이 있다.

복합 형질의 유전적인 요인들을 측정하기 위한 보다 더 유용한 방법으로는 출생 후에 서로 떨어져서 아주 다른 환경에서 자란 일란성 쌍둥이를 연구하는 것이다. 기록 영화인 〈*Three Identical Strangers*〉에서는 유년기에 서로 떨어져 있다가 19세 때인 1980년에 처음으로 만났던 세 쌍둥이에 대한 주목할 만한 이야기를 전해주고 있다. 그들의 서로 일치하는 얼굴 모습, 버릇, 행동이나 기벽이 이 영화를 통해서 관객들에게 커다란 반향을 불러일으켰을 뿐 아니라, 그들이 경제적으로 서로 다른 조건하에서 성장했음에도 불구하고, 그들의 이러한 일치된 모습은 매우 놀랄만한 것이었다. 하지만 그 영화는 무엇이 그들을 서로 다르게 만들어주었는가에 대해서는 훨씬 더 적은 관심을 기울였다. 이처럼, 서로 떨어져서 양육된 쌍둥이를 이용한 대부분의 연구는 미네소타 대학교의 미네소타 쌍둥이 가계 연구(Minnesota Twin Family Study)에서 보다 더 과학적인 관점에서 이루어졌다.

1989년 이래로, 태어나자마자 서로 헤어졌던 수천 쌍의 쌍둥이와 세 쌍둥이가 그 대학의 토마스 부챠드(Thomas Bouchard)의 실험실을 방문했다. 일주일 이상에 걸쳐서, 이들 쌍둥이와 세 쌍둥이는 24

그림 7.8 일란성 쌍둥이는 서로 많은 부분에서 공통적인 특징을 지니고 있다. 신체적인 형질 이외에도, 일란성 쌍둥이들은 서로 간에 미각, 선호도 및 행동상의 많은 특징들을 공유하고 있다. 출생 직후에 헤어져서, 떨어져 살다가 다시 만난 일란성 쌍둥이에 대한 연구는 어떠한 형질이 유전되는 것인지를 평가하기 위한 하나의 방법을 제공해 줄 수 있다. *Bob Kreisel/Alamy Stock Photo*

종류의 혈액형, 잘 쓰는 손(즉, 오른손잡이이거나 왼손잡이인지에 대한 여부), 머리털의 성장 방향, 지문의 패턴, 키, 몸무게, 각 기관계의 기능, 지능, 알레르기와 함께, 치아의 형태에 이르기까지 신체적 · 행동적 형질에 대한 검사를 받았다. 이들 참가자는 그들의 DNA 시료도 제공하였다. 연구자들은 서로 다른 다양한 상황 속에서, 그들의 표정과 신체적인 움직임을 촬영하였으며, 참가자들의 공포감, 흥미, 그리고 종교 등도 정밀하게 조사하였다.

출생 직후에 서로 떨어져서 자란 이들 쌍둥이와 세 쌍둥이는 양육으로부터 본성을 구분할 수 있게 해주는 자연적인 실험을 제공해준 셈이었다. 그들이 공유하고 있는 많은 형질은 특별히, 그들이 처한 환경조건이 심하게 서로 다른 경우에는 유전에 기인하는 바가 크다는 사실을 시사해주고 있다. 쌍둥이들은 일란성인 쌍둥이나 세 쌍둥이에 대한 경우에서처럼 서로 간에 유사하기 때문에 그들 사이에서 나타나는 차이는 주로 양육방식에 의한 차이에서 기인하는 경향이 있다.

출생 직후에 떨어져서 자란 후에 다시 재회한 일란성 쌍둥이들은 비록, 그들이 서로 다른 입양 가정에서 성장했다고 하더라도 매우 유사한 양상을 나타내는 경향이 있는데(**그림 7.8**), 특이한 성격(idiosyncrasy) 등은 특별히 더 현저하다. 30대의 나이에 처음으로 만났던 한 쌍의 쌍둥이는 질문을 했을 경우에 둘 다 똑같이 반응했다. 즉, 그들은 둘 다 30초 정도 말을 멈추고 금목걸이를 3번 돌린 다음에 비로소 질문에 대한 답을 했다. 이러한 행동은 단지 우연의 일치인가? 아니면, 유전에 의한 결과인가?

하지만 "서로 떨어져서 양육된 쌍둥이"를 이용한 접근법은 양육으로부터 본성을 구분하기 위한 이상적인 방법은 아니다. 일란성 쌍둥이와 그 밖의 다수의 쌍둥이는 자궁 내에서 동일한 환경조건을 공유할 뿐 아니라, 영유아기 초기의 환경조건도 서로 간에 공유할 수 있으며, 이는 그들이 추후에 발달을 하는 데 있어서 일정부분 영향을 미칠 수 있다. 입양관계이거나 생물학적인 관계인지의 여부와는 관계없이, 형제자매가 동일한 가정환경을 항상 공유하는 것은 아니다. 성별이나 전반적인 건강 상태, 학교와 또래 친구와의 경험, 기질이나 성격 등이 각 개인으로 하여금 부모의 애정이나 훈육과 같은 환경적인 영향을 인지하는 데 영향을 미칠 수 있다.

전유전체 연관성 연구

전유전체 연관성 연구(genome-wide association study, GWAS)는 진정한 형질이나 질환을 지니고 있는 규모가 큰 한 집단과 그렇지 않은 또 다른 대규모의 집단을 대상으로 하여 그들 간에 많은 유전적 마커를 서로 비교하는 것이다. 특정한 형질이나 질환을 지니고 있는 사람들에게서 매우 빈번하게 나타나는 유전체의 일부를 확인하는 작업은 연구자들이 이러한 표현형에 관여하는 유전자를 확인할 수 있게 해주는 것이다.

표 7.5 전유전체 연관성 연구에서 사용되는 정보의 형태

마커 유형	정의
단일 염기 다형성	단일 염기 다형성은 특정한 집단에서 1% 이상 염기가 다른 유전체 상의 한 자리이다.
사본 수 변이	사본 수 변이는 CGTA CGTA CGTA 등과 같이 직렬 반복되는 DNA 염기서열이다.
유전자 발현	어느 특정한 형질을 지니고 있거나, 특정한 질환을 가진 사람들에게서 과발현되거나 저발현되는 유전자들의 발현 양상이다. DNA 분자에 메틸기의 결합은 후성유전학적인 징후를 나타낼 수 있다.

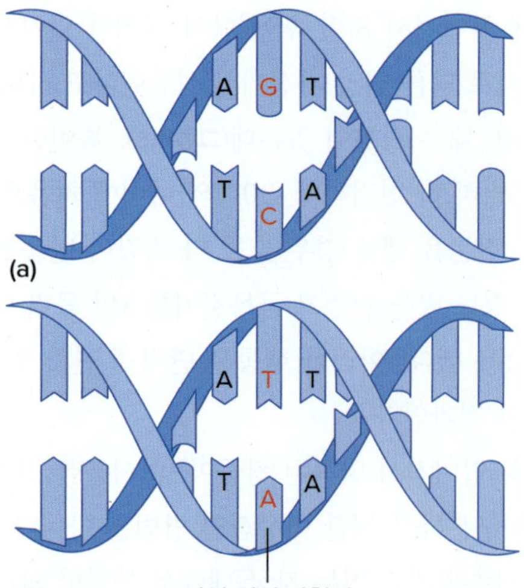

그림 7.9 SNP는 유전적인 변이를 나타내는 자리이다. 붉은색으로 표시한 DNA 염기쌍이 SNP이다. - 한 집단 내에서 1% 이상의 차이를 나타내는 자리이다. 보다 더 많은 개체들에서 SNP가 확인이 되는 경우에, 백분율(%) 값이 변할 수도 있다. 이 경우 자리에서 98%의 사람들이 GC를 가지고 (a) 2% 사람이 TA를 가진다고 가정해 볼 수 있다(b).

전유전체 연관성 연구에서 사용하는 유전적 마커

전유전체 연관성 연구는 여러 종류의 유전적 마커를 사용한다(**표 7.5**). **단일 염기 다형성**(single nucleotide polymorphisms, SNPs)과 사본 수 변이(copy number variants, CNVs)는 여기에 해당하는 DNA 염기서열의 일종이다. 단일 염기 다형성은 한 집단 내에서 적어도 1%의 서로 다른 염기를 갖는 유전체 상의 한 부위인 것이다(**그림 7.9**). CNV는 각 개인마다 반복 횟수가 다른 DNA 염기서열을 의미한다(**그림 7.10**). CNV 경우에는, 비록 단백질을 암호화하는 유전자와 같은 방식으로 정보를 제공하는 것은 아니지만, 이들을 비교하는 일은 각 개인을 구별하는 또 다른 방법을 제공해준다. CNV는 18.2절에서 논의한 바와 같이, 법과학 분야에서 유용하게 활용되고 있다.

유전자 발현 양상 역시, 전유전체 연관성 연구에서 널리 사용되고 있다. 특정한 형질이나 질환을 지니고 있는 사람들이 이에 해당하지 않는 사람들에 비해서 특정한 단백질이 과발현되거나 저발현되는지를 비교하면서, 두 집단 간에 이러한 발현 양상의 차이를 보여줄 수 있다. 유전체를 비교하는 또 다른 방법으로는 메틸기가 결합함으로

GATTACA	대립유전자 1
GATTACAGATTACA	대립유전자 2
GATTACAGATTACAGATTACA	대립유전자 3
GATTACAGATTACAGATTACAGATTACA	대립유전자 4

그림 7.10 사본 수 변이는 다른 종류의 유전정보를 제공한다. 사본 수 변이의 경우, 짧은 DNA 염기서열의 서로 다른 반복 수가 곧 서로 다른 대립유전자이다.

그림 7.11 집단 내에서 유전자의 추적. 전유전체 연관성 연구는 동일한 질환이나 형질을 지니고 있지 않은 집단 보다는, 지니고 있는 집단의 구성원들 사이에서 훨씬 더 높은 빈도로 공유하고 있는 DNA 염기서열 상의 변이를 탐색하는 작업이다. 사각형의 모양은 짧고 표지된 DNA 조각이 배열되어 있는 DNA 미세배열이다(그림 20.7 참조). 여기에서, 서로 다른 양상은 서로 다른 대립유전자를 나타낸다.

써 유전자 발현을 차단하는 부위를 관찰하는 것이다. 이는 DNA 염기서열의 변화를 수반하지 않기 때문에, 일종의 후성유전학적 변화라고 볼 수 있다. 일례로, DNA상의 특정 부위에서의 메틸화는 집단 내에서 혈압의 변이에 대해서도 중요한 영향을 미칠 수 있다.

통계적인 유의성에 도달하기 위해서, 전유전체 연관성 연구는 적어도 100,000개 이상의 유전적 마커를 포함해야 한다(**그림 7.11**). 전형적으로, 전유전체 연관성 연구는 적어도 1백만 개 이상의 SNP를 사용하고 있으며, 이는 다시 50만 개 정도의 단상형(haplotype)으로 구분된다. 이 경우에 표식 단일 염기 다형성(tag SNP)은 특정한 단상형을 식별하기 위해서, 서로 연관된 다수의 SNP에 대한 대용물로 사용되고 있다.

다유전자성 위험 점수

전유전체 연관성 연구는 특정한 형질이나 질환과 관련된 유전체 상의 위치를 단계적으로 좁혀 나가는 데 초점을 맞추고 있다(**그림 7.12**). 이 기술은 실용적인 적용이 가능한 유전자들을 확인하는 경우에, 유용한 연구 수단으로써 급속한 발전이 이루어지고 있다.

기계 학습 알고리즘으로 독특한 SNP를 확인하는데, 보통은 동일한 특정 형질을 지니고 있거나 질환을 가진 사람들로 이루어진 하나의 대규모 집단과 이에 해당하지 않는 사람들로 이루어진 동등한 규

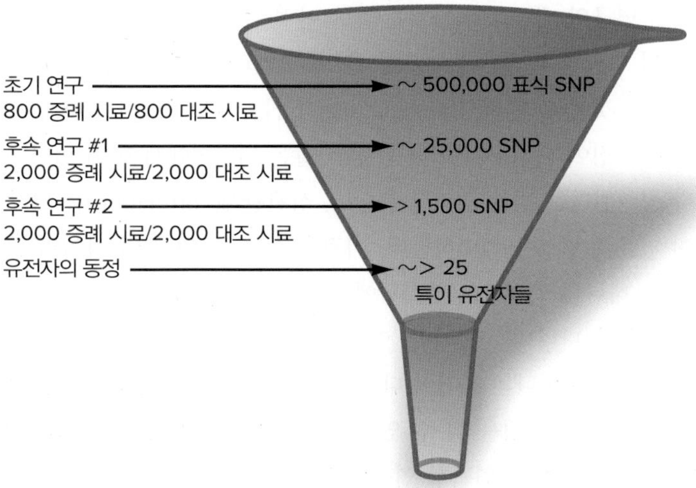

그림 7.12 유전자의 발굴을 위한 단계적인 접근 전략. 전유전체 연관성 연구 결과는 반드시, 몇 개의 서로 다른 집단을 대상으로 하는 후속 연구에 의해서 검증이 이루어져야만 한다. 연관성과 원인을 정확하게 입증하기 위해서는 단순한 연관성을 넘어서는 후속 연구가 필요하다.

모의 집단에 속하는 사람들로부터, 대략 50만 개의 표식 SNP에 대한 유전자형을 분석한다. 추가적으로 보다 더 많은 시료를 대상으로 해서 반복 실험을 수행하면, 관련성을 나타내는 SNP의 수효를 더 줄일 수 있으면서, 더욱 분명한 특징적인 양상을 파악할 수 있게 되는 것이다. 데이터의 조합에 의해서 연구 결과는 좀 더 정교하게 다듬어지게 되고 결국에는, 확증이 이루어지는 단계에 도달하게 되는 것이다.

SNP에 대한 양상은 특정한 질환을 예측하기 위해서 사용될 수 있는 **다유전자성 위험 점수**(polygenic risk score)로 전환될 수 있다. 알츠하이머병(Alzheimer disease)에 대해서 연구자들은, 이 질환에 걸리지 않은 37,154명의 사람과 이 질환을 가진 17,008명의 사람에 대해서 31종류의 유전자에 위치하고 있는 SNP에 대한 분포를 추적하기 위한 연구를 수행했다. 그 당시의 연구자들은 알츠하이머병으로 진행할 가능성이 높은 상태인 경도 인지장애(mild cognitive impairment, MCI)를 가진 571명의 사람과 함께, 정상적인 인지기능을 나타내고 있기는 하지만, 알츠하이머병에 걸린 친척이 있는 국립 알츠하이머병 조정 센터(National Alzheimer's Coordinating Center, NACC)로부터 온 1,081명의 사람에 대해서 일련의 단일 염기 다형성 분석을 수행했다. 다유전자성 위험 점수는 이미 임상 연계 5.1에서 논의했던 잘 알려져 있는 유전적인 변이를 지니고 있지 않은 사람들에 대해서도 알츠하이머병으로의 진행을 예측했다. 낮은 점수는 85세까지 알츠하이머병에 대한 증상의 발현을 예측했던 반면에, 높은 점수는 78세까지 이 질환의 증상 발현을 예측했다. 다유전자성 위험 점수는 이 점수를 계산하기 위한 기반이 되는 전유전체 연관성 연구에 의한 데이터에서 언급하지 않았던 집단을 대상으로 해서, 재현성을 확인하기 위한 추가적인 작업이 필요하다.

SNP의 양상은 친척관계를 판별하기 위한 가계 검사에서 비교될 수 있다. 한 회사에서 사용하는 대략 770,000종류의 SNP를 사용해서, 알려진 많은 사촌관계의 사람들에 대해서 연습이 이루어졌다. 만일에, 어떠한 사람이 소비자를 위한 유전자 검사 회사(그림 1.1 참조)에 DNA 시료를 보낸다면, 그녀나 그는 사촌과 전형적으로 공유하는 표식 SNP의 수효에 의해서 사촌관계에 부합하는 양상을 나타낼 수 있을 것이다. SNP에 대한 양상을 비교하는 일은 항우울제에 대한 반응 여부나 조산의 위험을 예측하기 위해서도 사용될 수 있다. 이것은 매우 넓은 응용범위를 가진 기술이라고 볼 수 있다.

전유전체 연관성 연구의 설계

전유전체 연관성 연구를 수행하기 위해서 몇 가지 실험방법이 사용되고 있는데(**표 7.6**), 일례로, 코호트(cohort study)에서는 연구자들이 장기간에 걸쳐서 많은 인원으로 이루어진 대규모 집단을 추적하면서, 그들의 건강과 관련된 많은 측면을 측정한다. 이에 해당하는 가장 유명한 사례로써는, 프래밍햄 심장 연구(Framingham Heart Study)를 들 수 있는데, 이 연구는 1968년에 매사추세츠에서 수천 명의 사람과 그들의 자손들에 대해 추적을 함으로써 시작되었다. 이들 중 9천 명의 사람들은 전유전체 연관성 연구에도 함께 참여하기도 하였다.

증례-대조 연구(case-control study)는, 한 집단에 속하는 각 개인을 나이, 성별, 활동성 및 환경적 노출 등을 포함하는 가능한 한 많은 특징들을 함께 공유하고 있는 다른 집단의 사람들과 비교하기 위해

표 7.6 복합 형질에 대한 연구 설계

연구 형태	정의
코호트	연구자들이 오랜 기간 동안 사람들을 추적 조사하면서 형질들을 측정한다.
증례-대조	여러 특징들을 함께 공유하는 두 집단에 속한 사람들에 대해서 SNP의 패턴 차이를 확인한다.
형질 공유 형제자매 짝	특정한 형질이나 질환 등의 특징을 함께 지니고 있는 형제자매는 공유하지만, 이러한 특징을 함께 지니고 있지 않은 형제자매는 공유하지 않는 SNP를 확인한다.
동형접합성 지도 작성	근친혼으로 인하여 서로 친척관계인 부모로부터 물려받은 자녀의 동형접합성인 유전체 부위에서 질병을 유발하는 돌연변이를 확인한다.

서, 짝을 맞추어주는 것이다. 단지, SNP의 분포에서의 차이가 특정 한 질환이나 형질의 유무와 관련짓게 되는 것이다. 한 예시로 고혈압이 이환되어 있는 5천 명의 사람들이 그들의 유전체 상의 6곳에서 독특한 DNA 염기를 지니고 있는 반면에, 고혈압이 없는 다른 5천 명의 사람들은 단지 상기한 6곳에서 이와는 다른 염기를 지니고 있는 경우에, 유전체 상의 해당하는 위치에서는 혈압을 조절하는 단백질을 발현시키는 유전자들을 포함하고 있다고 볼 수 있다.

형질 공유 형제자매 짝 연구(affected sibling pair study)에서는 형제자매의 경우, 그들이 지니고 있는 유전자들 중에서 50%를 공유하고 있기 때문에, 형제자매들이 공유하고 있는 형질은 유전에 의한 결과일 가능성이 높을 것이라는 논리를 따르고 있다. 연구자들은 같은 질환을 공유하고 있는 대부분의 형제자매가 함께 공유하고 있기는 하지만, 둘 다 해당하는 질환을 가지지 않는 공유하고 있지 않은 SNP를 찾기 위해 유전체를 정밀하게 조사한다. 이러한 특징을 나타내는 유전체 상의 특정한 부위에서는 상기한 형질에 관여하는 유전자들이 있을 가능성이 있다.

형질 공유 형제자매 짝 전략을 다소 변형시킨 방법이 바로 **동형접합성 지도 작성**(homozygosity mapping)인데, 이 방법은 부모들이 근친혼으로 맺어져 있는 이유로 인해서 부모가 서로 유전적 친척관계로 연결되어 있는 가계를 대상으로 하여 연구를 수행하는 방법이다. 근친혼으로 인해서 같은 조상을 공유하는 부모를 둔 자녀들의 유전체는 그렇지 않은 부모를 둔 자녀들에 비해서 보다 더 많은 동형접합성 부위를 지니고 있을 것이기 때문에, 질환에 대한 감수성이나 질환을 유발하는 돌연변이에 대해서 2개의 유전자 사본을 양친으로부터 물려받았을 가능성이 커지게 되는 것이다.

키나 체질량 지수(body mass index, BMI) 값과 같은 일반적인 특징들 역시, 이와 같은 전유전체 연관성 연구에 의한 분석이 이루어졌다. 한 연구에서는 안면의 특징이라는 형질에 대한 연구가 수행되기도 하였는데, 이 연구를 수행한 연구자들은 피실험자들의 눈과 코의 위치나 크기와 함께 20종류의 입술 관련 특징 및 코와 윗입술 간의 간격에 해당하는 길이 등을 측정하였다. 이 연구를 통해 얼굴 특징의 정상적인 발달을 방해하는 특이 증후군에서 돌연변이형인 것으로 이미 알려져 있었던 몇몇 유전자들에 존재하는 변이를 다시 한 번 확인할 수 있었다.

전유전체 연관성 연구의 한계

전유전체 연관성 연구가 유전체의 염기서열을 결정하는 것보다는 적은 정보를 제공해 주기는 하지만, 연구자들이 찾고자 하는 유전자들의 정확한 위치를 결정하는 데 있어서 도움을 제공해 준다. 전유전체 연관성 연구의 개념상의 한계는 바로 이 방법을 통해서는 일련의 정보 간의 연관성을 드러낼 수 있을 뿐이지, 인과관계를 규명해 주지는 못한다는 것이다. **연관성**(association)이라는 의미는 단지 하나의 사건이나 특징이 다른 사건이나 특징과 같은 시간대에서 함께 일어나거나 공존한다는 것을 의미할 뿐이다. **상관관계**(correlation)는 방향성이 있는 관련성을 의미하는데, 이것은 스트레스와 혈압 사이의 관계처럼, 하나의 측정값이 증가함에 따라서 다른 측정값이 함께 증가하는 현상을 나타내는 것이다. 이와는 대조적으로, 인과관계를 확립한다는 의미는 하나의 사건이 다른 사건을 일어날 수 있게 하는 특별한 기전에 대한 설명을 할 수 있어야만 한다. 스트레스는 **어떻게** 혈압을 증가시키는가? 연관성 연구(association study)는 유전자의 기능에 대해서 어떠한 종류의 직접적인 정보도 제공해주지 않으며, 오히려 유전자를 발견하기 위한 하나의 도구라고 볼 수 있다.

전유전체 연관성 연구의 실질적인 한계는 이 연구기법이 단지 질환에 대한 발병 위험에 약하게 관여하는 유전체상의 특정 부분만을 확인할 수 있게 해 준다는 것이다. 예를 들면, 폐암에 대한 발병 위험을 1% 증가시키는 유전자 검사 결과는, 환경적인 위험이 더 큰 흡연자에게는 그다지 커다란 영향을 미치지 않는다는 것이다.

전유전체 연관성 연구를 수행하는 경우에는 연구자들이 환자집단을 선택하는 방법에 따라서 편견이 개입될 수도 있다. 일례로, 임상병리실에서 추출한 시료는 병세가 심하지 않거나, 이미 사망한 사람 등은 포함되어 있지 않을 것이다. 또 다른 오류의 원인으로는 대조군 집단의 구성원 중에서 실제로는 건강하지 않은 사람들이 포함되어 있을 수도 있다는 것이다. 추측건대, 현재 언급했던 문제 이외에도, 아직 언급하지 않은 다른 문제들이 있을 수도 있다.

전유전체 연관성 연구는 모든 인류집단을 충분하게 대표하지 않는다. 전유전체 연관성 연구는, 특별히 규모가 작으면서 각각의 구성원들에 대한 정보가 부족한 경우에는 모든 인류집단을 대표할 수가 없다. 미국 국립 인간 유전체 연구소(National Human Genome Research Institute)와 유럽 생물정보학 연구소(European Bioinformatics Institute)에서 보관 중인 전유전체 연관성 연구를 수행하기 위한 대상자들의 목록을 살펴보면, 80%가 유럽인, 10%는 아시아인, 아프리카인은 단지 2%인 것으로 나타났다.

5장에서 논의했던 교란 요인들 또한, 전유전체 연관성 연구 결과에 대한 정확성에 영향을 미칠 수 있다. 표현형모사(phenocopy)의 경우, 그 표현형이 유전 형질에 의한 것과 유사하지만, 실제로는 환경적인 원인에 의한 결과였음을 상기하자. 만일에, 약물반응으로 인한 빈혈이 있는 사람을 유전성 빈혈이 있는 사람들로 이루어진 집단에 포함을 시킨다면, 결과를 오도하게 된다. 서로 다른 유전자들이

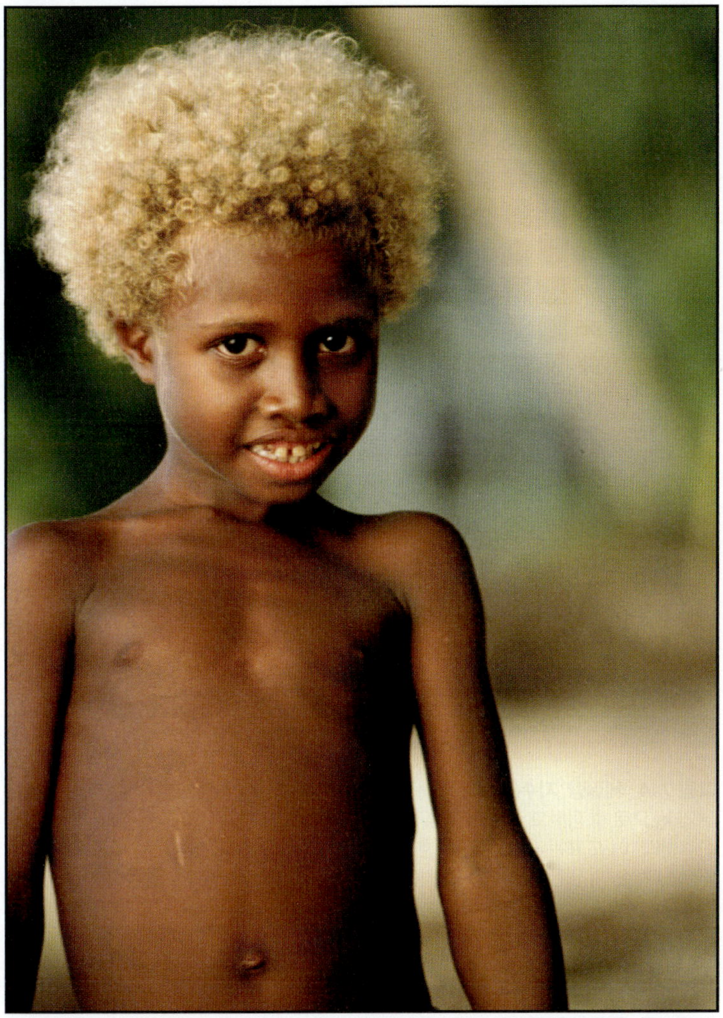

그림 7.13 놀라운 표현형. 솔로몬 제도의 거주자들 중에서 나타나는 금발머리를 지닌 표현형은 한 유전자 상의 염기 하나의 차이에 의한 결과인 것이다. *Darryl Leniuk/age fotostock*

동일한 형질이나 질환을 유발하는 유전적 이질성(genetic heterogeneity) 역시, 오류의 원인이 될 수 있다. 한 유전자가 다른 유전자의 효과를 감추는 현상인 상위(epistasis) 또한, 이러한 연구에 혼란을 초래할 수 있다.

전유전체 연관성 연구의 또 다른 한계는 증상과 SNP에 대한 특징을 공유하는 사람들이 위험염성의 결과를 초래할 수 있는 환경에의 노출과 같은 관련성에 영향을 미칠 수 있는 그 밖의 다른 요인들도 공유할 수 있다는 것이다. 일례로, 돌연변이가 죽상동맥경화증(atherosclerosis)의 발병에 기여할 수 있기는 하지만, 감염이나 흡연, 운동의 부족이나 고지방 식습관 등과 같은 환경요인들 역시 마찬가지로 이 질환의 발병에 기여할 수 있는 것이다. 이러한 환경요인들은 너무나도 보편적이기 때문에, 연구집단의 크기가 충분히 크지 않으면 전유전체 연관성 연구에 의해서 유전적인 영향을 정확하게 규명하기가 어려워지게 되는 것이다.

전유전체 연관성 연구에 대한 성공 여부는 요구하는 질문들의 질적인 수준에 의존적이다. 일례로, 솔로몬 제도(Solomon Islands)에 거주하는 사람 중 일부가 왜 금발 머리인지를 설명하는 데 있어서 이 기술이 매우 유용한 수단이 되었다(**그림 7.13**). 이 적도 부근의 섬에 사는 대부분의 사람은 같은 위도의 아프리카 지역에서 사는 사람들과 마찬가지로 검은 머리카락과 피부색을 지니고 있었다. 43명의 금발 머리와 42명의 검은 머리 색깔을 나타내고 있는 솔로몬 제도의 주민들을 대상으로 하는 증례-대조 전유전체 연관성 연구 결과는 금발 머리인 주민의 경우, 9번 염색체상의 특징적인 단일 염기 다형성을 지니고 있을 확률이 보다 더 높은 것으로 관측되었다. 연구자들이 유전체의 염기서열을 탐색한 결과, **타이로신-관련 단백질**(tyrosine-related protein 1, *TYRP1*)을 발견하였다. 이 유전자에 의한 발현된 단백질은 모든 척추동물의 멜라닌 색소 침착을 조절하고 있으며, 이 유전자에서 발생한 돌연변이는 인간의 경우에 한 종류의 백색증(albinism)을 발병시키는 것으로 알려졌다. 한 DNA 염기의 변화가 일부 솔로몬 제도의 거주민들에 대해서 특유의 금발 머리를 형성시켰다.

종종 복합 형질에 관한 연구 수행에 과거와 현재의 기술이 모두 유용한 역할을 수행한다. 말더듬이가 바로 이에 해당하는 하나의 사례이다. 이 형질에 대한 일란성 쌍둥이의 일치도가 20~83%인 반면, 이란성 쌍둥이의 경우에는 4~9% 정도인데, 이러한 연구 결과는 이 형질이 상당히 강력한 유전적인 영향하에 있음을 시사하고 있이

표 7.7 복합 형질을 평가하기 위해 사용되는 용어

근연계수 친척관계인 두 사람 사이에 공유되는 유전자의 비율. 유전력을 계산하기 위해 사용한다.

일치도 쌍둥이 쌍을 구성하는 두 사람 모두 특정한 형질을 공유하고 있는 쌍둥이의 백분율(%)이다.

경험적 위험률 특정한 집단 내에서 발생 빈도를 알고 있는 어떠한 형질이나 질환이 나타날 위험률에 대한 추정치이다.

전유전체 연관성 연구(GWAS) 유전적 마커와 특정한 질환의 발병 위험 사이의 연관성을 검출하기 위한 작업이다.

유전력 어떠한 형질의 표현형 다양성에 대해서 유전적인 차이에 기인하는 효과가 차지하는 비율을 백분율로 나타낸 추정치이다. 집단 내에서 기대하는 표현형 변이 대비 관찰된 표현형 변이의 비율과 같다.

다. 말더듬이인 친척이 있는 사람이 말더듬이가 될 위험도는 경험적인 증거를 토대로 해서 15%인데, 이는 일반집단의 위험도인 5% 보다 높은 결과로써, 이러한 증가분의 일부가 말더듬이인 친척을 모방한 결과에 기인한 측면이 있다고 하더라도, 비교적 높은 빈도라고 볼 수 있다. 적어도 가족 구성원들 중 2명의 말더듬이를 포함하고 있는 100가족을 대상으로 하는 전유전체 연관성 연구 결과는, 3곳의 염색체상에서 이 형질과 관련된 후보 유전자의 존재를 확인할 수 있었다.

표 7.7은 복합 형질을 연구하기 위해 사용하는 용어들을 제시하고 있다. 7.4절에서는 이에 해당하는 형질에 대한 사례로써, '체중'에 대해서 살펴보고자 한다.

핵심 개념 질문 7.3

*a. **경험적 위험률**에 대해 정의하시오.

*b. **유전력**에 대해 정의하시오.

c. 유전력을 계산하는데 있어서, 근연계수는 어떻게 이용되는가?

d. 특정한 형질에 대한 환경적인 요인과 유전적인 요인을 연구하는 경우에, 입양아와 쌍둥이를 어떠한 방식으로 활용하고 있는가?

*e. 전유전체 연관성 연구는 어떠한 종류의 정보를 제공해주고 있는가?

7.4 더 자세히 보기: 체중

체중은 이 장에서 논의된 방법을 사용해서 연구할 수 있는 복합 형질의 일종이다. 음식이 섭취되는 비율과 신체가 연료로 사용하는 비율이 체중을 결정한다.

체중에 대한 과학적인 연구에서는 키에 대한 체중의 비율인 체질량 지수(body mass index, BMI, kg/m^2)라는 측정값을 사용한다(**그림 7.14**). BMI 값은 의미가 있는데, 170파운드의 체중에 키가 6피트인 사람은 날씬하지만, 같은 체중에 키가 5피트인 사람은 비만한 것이다. 이때, 키가 큰 사람의 BMI 값은 23 kg/m^2이고, 키가 작은 사람의 BMI 값은 33.5 kg/m^2이다.

다양한 연구 결과에 의하면, BMI 값에 대한 유전력은 0.4에서 0.7 사이이며, 이는 우리의 식욕과 체중에 대한 환경적인 영향이 관여할 여지를 남긴다. 수십 종류의 유전자가 우리가 얼마나 많이 먹고, 어떻게 칼로리를 사용하며, 신체에서 지방이 어떻게 분포하는지에 영향을 미친다. 체중을 조절하는 생화학적인 경로와 함께 각종 호르몬에 의한 상호작용을 살펴보면 약물을 투여해야 하는 대사경로 내의 지점을 예측할 수 있다(**표 7.8**).

몸무게(단위: 파운드)

키(단위: 피트와 인치)	120	130	140	150	160	170	180	190	200	210	220	230	240	250
4'6"	29	31	34	36	39	41	43	46	48	51	53	56	58	60
4'8"	27	29	31	34	36	38	40	43	45	47	49	52	51	56
4'10"	25	27	29	31	34	36	38	40	42	44	46	48	50	52
5'0"	23	25	27	29	31	33	35	37	39	41	43	45	47	49
5'2"	22	24	26	27	29	31	33	35	37	38	40	42	44	46
5'4"	21	22	24	26	28	29	31	33	34	36	38	40	41	43
5'6"	19	21	23	24	26	27	29	31	32	34	36	37	39	40
5'8"	18	20	21	23	24	26	27	29	30	32	34	35	37	38
5'10"	17	19	20	22	23	24	26	27	29	30	32	33	35	36
6'0"	16	18	19	20	22	23	24	26	27	28	30	31	33	34
6'2"	15	17	18	19	21	22	23	24	26	27	28	30	31	32
6'4"	15	16	17	18	20	21	22	23	24	26	27	28	29	30
6'6"	14	15	16	17	19	20	21	22	23	24	25	27	28	29
6'8"	13	14	15	17	18	19	20	21	22	23	24	26	26	28

정상체중 / 과체중 / 비만

Developed by the National Center for Health Statistics in collaboration with the National Center for Chronic Disease Prevention and Health Promotion

그림 7.14 체질량 지수(BMI). 체질량 지수는(체중, kg)/(키, m)^{2}와 같은데, 체중은 위의 kg으로 측정하고, 키는 m 단위로 측정한 값을 위의 계산 과정을 통해서 그 값을 산출한다. 이 도표는 미리 계산을 한 후에, 영어권의 단위로 전환시킨 대조표이다. 색이 칠해져 있지 않은 사각형의 모양은 저체중임을 나타내고 있다. (출처: CDC.gov)

체중에 영향을 미치는 유전자들

1994년에 록펠러 대학의 제프리 프리드먼(Jeffrey Friedman)이 유전학적인 기술을 사용해서 쥐와 인간에게서 단백질 호르몬인 렙틴(leptin)을 암호화하는 유전자를 발견함으로써 비만 연구에서 돌파구를 마련하게 되었다. 일반적으로, 음식물의 섭취는 지방세포를 자극해서 렙틴을 분비하게 하고 이 호르몬은 혈류를 타고 뇌의 시상하부로 간 다음에, 그곳의 신경세포에 존재하는 수용체에 결합하게 한다. 렙틴이 수용체에 결합한 결과로 인해서 생성된 신호는 그곳에 있는 신경세포로 하여금 또 다른 형태의 호르몬을 분비하게 하고 이 호르몬 역시, 또 다른 형태의 수용체와 결합함으로써, 궁극적으로는, 이미 섭취된 음식물의 소화는 촉진하면서 동시에 식욕을 억제하게 되는 것이다. 사람이 몇 시간 동안 음식을 먹지 않게 되면, 렙틴의 수치가 떨어지게 되고, 이렇게 떨어진 렙틴의 농도는 식욕 촉진제의 분비를 유발하게 되는 것이다.

식욕에 영향을 미치는 유전자와 단백질의 발견은 그 유전자와 단백질을 표적으로 해서 체중을 증가시키거나 감소시킬 수 있는 약물의 개발에 대한 지대한 관심을 불러일으키게 되었다. 프리드먼이 쥐에게 렙틴을 투여하자 사료를 덜 섭취하였고, 체중이 감소하는 결과

표 7.8	체중의 유전적인 조절과 관련된 몇 가지 단백질	
단백질	기능	식욕에 대한 효과
렙틴	시상하부 세포들을 자극하여, 식욕을 감소시키고, 영양물질을 대사시킨다.	↓
렙틴 수송체	렙틴을 혈류를 따라 뇌로 수송한다.	↓
렙틴 수용체	시상하부 세포 표면에서 렙틴이 결합하는 부위로써, 이로 인하여 호르몬에 의한 효과를 촉발시킨다.	↓
뉴로펩타이드 Y	렙틴의 농도가 낮아지거나, 체중이 감소하는 경우에, 시상하부에서 생성된다.	↑
멜라노코르틴-4 수용체	렙틴의 농도가 높아지거나, 체중이 증가하는 경우에, 활성화된다.	↓
그렐린	위로부터의 배고픔에 대한 신호를 단시간 내에 뇌로 전달함으로써, 뉴로펩타이드 Y를 자극한다.	↑
펩타이드 YY(PYY)	포만감을 위로부터 뇌로 전달한다.	↓
스테아로일-코엔자임A 불포화효소	지방을 저장할 것인지 혹은 사용할 것인지를 조절한다.	↑

를 나타내었다. 언론 매체에서는 이러한 결과에 대해서 새로운 체중 감소 묘약을 발견했다고 보도하였고, 생명공학 회사들은 이 호르몬에 대한 권리를 갖기 위해서 2천만 달러를 지불하였을 뿐 아니라, 임상시험이 그 뒤를 이었다. 이 연구의 아이디어는, 비만한 사람들이 렙틴이 결핍되어있다고 가정하고, 그들에게 렙틴을 투여함으로써 포만감을 느끼게 하는 전략을 사용하는 것이었다. 대략 15%의 사람만이 체중이 감소하였으며, 나머지 85%의 경우에는 실제로 렙틴 결핍이 없었다. 그 대신에, 그들 대부분은 결함이 있는 렙틴 수용체로 인하여 렙틴을 인식하는 능력이 감소된 상태인 렙틴 저항성을 지니고 있었다. 이들에게 렙틴을 투여하는 것은 식욕에 아무런 영향을 미치지 않았다. 하지만, 이 발견은 실제로 렙틴 결핍이 있는 고도비만 어린이가 수년간에 걸쳐서 매일 렙틴 주사를 맞은 후에 정상 체중을 회복하는 것에 도움을 주기는 하였다.

위장은 체중 관련 단백질의 또 다른 공급원이다. 그렐린(ghrelin)은 위장에서 생성되는 펩타이드(저분자 단백질임) 호르몬으로써, 공복 시에 반응하여 시상하부로 하여금 식욕을 더욱 촉진하도록 하는 신호를 보낸다. 체중 감소를 위한 효과적인 수술법들 중 하나는 위장의 일부를 절제하여 그렐린의 분비를 감소시키는 것이다.

렙틴은 체중의 유지를 위해서 비교적 장기적으로 작용하는 반면에, 위장의 식욕조절 호르몬은 단기적으로 작용한다. 이러한 모든 호르몬들의 신호가 통합되어, 체중을 유지하는 하나의 방법으로 식욕을 미세하게 조절하는 것이다.

체중에 영향을 미치는 단일 유전자들을 확인하는 작업을 통해 체중이라는 형질이 복합 형질이라고 간주할 수 있게 되었다. 연구자들은 이러한 유전자들의 조합이 어떠한 방식으로 상호작용을 해서 궁극적으로 체중을 조절하는지를 계속 연구 중에 있다. 한 연구에서는 그 유전자 산물이 체중과 관련된 생화학적인 경로에 관여하는 37종류의 유전자들과 함께 돌연변이의 발생이 비만을 포함하는 증상을 유발하는 21종류의 유전자를 종합적으로 관찰하였다. 이러한 접근법은 체중을 증가시키는 경향을 설명할 수 있는 많은 희귀한 유전자 변이형의 조합을 확인할 수 있었다.

체중에 대한 환경의 영향

입양아와 쌍둥이를 대상으로 한 많은 연구 결과에 의하면, 비만은 75%의 유전력을 나타내고 있음을 시사하고 있다. BMI에 대한 유전력은 이보다 낮기 때문에, 이와 같은 유전력의 불일치는 쉽게 체중이 증가하는 경향이 있는 사람들 사이에서 유전자의 역할이 더 크다는 사실을 시사하고 있다. 비만에서 유전자의 역할은 쉽게 체중이 증가하는 유전적인 경향이 있는 집단의 사람들에게 갑작스럽게 식단의 질이 저하하는 경우에 잘 나타날 수 있다.

서부 사모아의 작은 섬 나우라(Naura)에서는 수 톤에 달하는 새의 분뇨를 비료로 팔 수 있는 시장을 발견하게 되면서, 거주민들의 생활양식이 크게 바뀌었다. 축적된 부는 주민들의 활동성을 저하하고 농업 위주의 생활양식과 생선이나 채소를 주식으로 하는 식단을 높은 칼로리와 고지방 음식으로 대신하게 되었다. 한 세대도 채 지나지 않아서, 집단 구성원의 2/3가 비만으로 이환되었으며, 1/3에서 제2형 당뇨병이 발병하게 되었다.

피마 인디언(Pima Indian)은 체중에 대한 환경의 영향을 보여주는 또 다른 사례를 제공한다. 그들은 중세 시대에 두 집단으로 분리되었는데, 한 집단은 멕시코의 시에라 마드레(Sierra Madre) 산에 정착하였고, 다른 한 집단은 남부 애리조나(southern Arizona)에 정착하였다. 1970년대가 되자 애리조나 인디언들(Arizona Indians)은 농사를 짓지도 않았고, 저열량과 저지방 음식을 섭취하지도 않았으며, 대신에 그들이 소비하는 열량의 40%를 지방으로부터 섭취하였다. 이와 같은 급격한 생활양식의 변화와 함께 그들은 지구상에서 비만에 대한 유병률이 가장 높은 집단이 되었다. 애리조나 인디언 집단의 절반은 35세에 당뇨병이 발병하며, 그들의 체중은 저지방 식습관과 함께 매우 활동적인 남쪽 지방의 친척들보다 평균 57파운드(26kg)나 더 나간다.

피마 인디언들에 대한 이러한 교훈을 통해서, 미래의 비만에 대한 문제가 단지 유전적인 개념에 국한된 것은 아니며, 과도한 열량과 고지방 식이를 제공하는 환경 조건이 주어지는 경우에 더욱더 쉽게 일어날 수 있음을 보여주고 있다. 1962년에 유전학자인 제임스 닐(James Neel)은 이러한 생각을 "절약 유전자 가설(thrifty gene hypothesis)"이라고 명명하였다. 그에 의하면, 아주 오래전에 기근으로부터 살아남은 수렵-채집인들은 지방을 저장하는 유전자를 체내에 보유하고 있다고 주장하였다. 하지만 오늘날의 음식물이 풍부한 조건 으로는 그들이 보유하고 있는 지방을 저장하려는 유전적인 성향이 더 이상 건강에 도움이 되는 것이 아니라, 오히려 그들의 건강을 해치는 요인이 되었다는 것이다.

체중에 영향을 미치는 또 다른 환경적인 요인으로는 "장내 마이크로바이옴(gut microbiome)", 즉 우리 체내의 소화관에서 정상적으로 사는 일군의 세균들을 들 수 있다(2.5절 참조). 이러한 장내 세균들의 활동은 특정한 음식물로부터 추출하는 열량에 영향을 미친다. 비만한 사람은 쉽게 날씬함을 유지하는 사람과는 다른 장내 마이크로바이옴을 지니고 있다. 장내 마이크로바이옴은 체중 감량을 위한 수술 후에 극적으로 바뀌는데, 이처럼 변화된 마이크로바이옴을 다시 재현하는 방법을 찾는다면, 언젠가는 수술을 대체할 수도 있을 것이다.

아마도 행동 특성, 미묘한 차이, 특이 기질이나 각종 질환 등과 같은 형질들보다도 더 복잡하고, 유전자-환경 상호작용의 난해한 양상을 규명하기 위한 도전적인 과제를 제시하는 주제는 어디에도 없을 것이다. 이 중 몇 가지는 8장에서 살펴볼 것이다.

핵심 개념 질문 7.4

a. 렙틴, 그렐린 및 그 밖의 다른 단백질들은 체중에 대해서 어떠한 방식으로 영향을 미치고 있는가?

*b. 체질량 지수와 비만에 대한 유전력이 차이를 나타내는 이유는 무엇인가?

c. 갑작스럽게 앉는 생활을 하면서 고칼로리 음식을 섭취하는 생활방식으로 전환한 집단은 체중에 미치는 환경의 영향에 대해서 무엇을 보여주고 있는가?

학습 가이드

핵심 용어

형질 공유 형제자매 짝 연구(affected sibling pair study) 특정한 형질을 지니고 있는 형제자매는 공유를 하지만, 그 형질을 지니고 있지 않은 형제자매는 공유를 하지 않는, 단일 염기 다형성(SNP)을 탐색하는 유전자 확인을 위한 접근법.

근연계수(coefficient of relatedness) 특정한 방식으로 친척관계인 두 사람이 공유하고 있는 유전자들의 비율.

복합 형질(complex trait) 환경에 의해 영향을 받는 단일 유전자성이거나 다유전자성인 표현형.

일치도(concordance) 형질이 유전되는 정도를 나타내는 척도임. 두 구성원 모두가 특정한 하나의 형질을 발현하는 쌍상이 쌍의 백분율.

사본 수 변이(copy number variant, CNV) 서로 다른 개인에서 사본(즉, 반복)의 수가 다르게 나타나는 DNA 염기서열.

경험적 위험률(empiric risk) 관찰을 기반으로 해서, 한 집단 내에서 발병률에 따라 특정한 하나의 형질이 발현될 확률.

전유전체 연관성 연구(genome-wide association study, GWAS) 표현형에 기여하는 유전체상의 특정한 부위를 확인하기 위해서, 특정한 질환을 가진 사람들과 그렇지 않은 사람들 사이에 단상형을 형성하는 수천 또는 수백만 개의 변이형(단일 염기 다형성 또는 사본 수 변이)을 비교하는 일.

유전력(heritability) 유전적 차이로 인한 집단 내에서의 표현형적 변이의 비율에 대한 추정치.

동형접합성 지도 작성(homozygosity mapping) 서로 친척관계로 맺어져 있는 각 개인의 유전체상에서 동형접합성인 일련의 DNA 염기서열을 특정한 형질이나 질환과 관련시킴으로써 유전자를 발견하기 위한 하나의 접근법임.

발병율(incidence) 한 집단 내에서 일정 시간 동안에, 특정한 질환에 새로이 발병된 환자의 수.

다유전자성(polygenic) 두 종류 이상의 유전자들에 의해 결정되는 형질.

다유전자성 위험 점수(polygenic risk score) 특정한 질환에 이환된 사람들로부터 유래한 여러 유전자의 단일 염기 차이를 점수로 나타낸 것으로써, 이 질환에 대해서 고위험군에 속하는 사람들을 식별하기 위해 사용됨.

유병률(prevalence) 정해진 시간 동안에 한 집단 내에서, 특정한 질환에 걸려있는 환자들의 수.

양적 형질 좌위(quantitative trait loci, QTLs) 다유전자성 형질에 기여하는 DNA 염기서열.

단일 염기 다형성(single nucleotide polymorphism, SNP) 한 집단 내에서 적어도 1% 이상 염기서열에 차이를 나타내는 DNA 상의 한 부위.

복습문제

1. 멘델의 법칙이 복합 형질에 어떻게 적용되는지를 설명하시오.
2. 멘델의 복합 형질과 다유전자성 복합 형질 간의 차이점을 설명하시오.
3. 다유전자성 형질에 기여하는 모든 유전자들이 모두 같은 정도로 기여하는가?
4. 그림 7.2, 7.3 및 7.4에서 보이는 곡선은 그들이 각각 서로 다른 형질을 나타내고 있음에도 불구하고, 그들 모두가 동일한 종형곡선을 나타내는 이유를 설명하시오.
5. 피부색은 어떻게 1년 중 다른 시기에 다른 유전력을 나타낼 수 있는 것인가?
6. 혈압은 "누락 유전력"을 갖는 형질이다. 이는 무엇을 의미하는가?
7. 그림 7.4에서 보이는 쌍둥이는 어떻게 서로 다른 피부색을 나타내고 있는 것인지에 관해 설명하시오.
8. 아주 크고 다양한 한 집단에서 중간 정도의 갈색 피부색이 아주 희거나 아주 검은 피부색 보다 더 흔하게 관찰되는 이유는 무엇인가?
9. 눈 색깔과 키 중에서 어느 것의 유전력이 더 큰가? 이 문제의 답에 대한 이유를 기술하시오.
10. 경험적 위험률이란 무엇인가?
11. 복합 형질을 연구하는 데 있어서, 입양된 사람과 쌍둥이는 어떻게 사용되는가?
12. 다유전자성 위험 점수는 무엇을 평가하는가?
13. 전유전체 연관성 연구의 한계는 무엇인가?

응용문제

1. 미국에서의 비만의 발병률은 지난 20년 동안 두 배로 증가했다. 이것은 유전적인 요인과 환경적인 요인 중 어느 요인의 영향이 더 큰가? 답에 대한 이유는 무엇인가?
2. 유전력을 계산하는 한 가지 방법은 일란성 쌍둥이와 이란성 쌍둥이의 일치도 값의 차이를 두 배로 계산하는 것이다. 다발성 경화증(multiple sclerosis)의 경우, 일란성 쌍둥이의 일치율은 30%이고 이란성 쌍둥이는 3%이다. 이때의 유전력은? 다발성 경화증을 발병시키는 데 있어서 유전자들과 환경의 상대적인 기여에 대해서 유전력이 시사하는 것은 무엇인가?
3. 닭의 경우, 높은 체중은 일종의 복합 형질이다. 몇 개의 유전자가 이 형질에 대해서 상가적으로 낮은 효과를 나타내고 있으며, 소수의 유전자는 비교적 큰 효과를 나타낸다. 몇 개의 유전자가 광의의 유전력을 제공하고, 소수의 유전자가 협의의 유전력을 제공하는 것인가? 아니면, 그 반대인가?
4. 환경에 의한 후성유전학 가설에 의하면, 돌보지 않고 방치되었거나 학대를 받았거나 혹은 극심한 스트레스를 받았거나 하는 등의 유년기 초기의 부정적인 경험이 지속되는 유전자 발현에 대한 효과를 통해 나중에 성인이 되어서 우울증, 불안장애, 중독, 그리고 비만 등이 발병할 위험을 증가시킨다고 한다. 이 가설의 진위 여부를 확인하기 위한 실험 내용을 제시하시오.
5. 제약회사들은 *proprotein convertase subtilisin/kexin type 9(PCSK9)*이라 불리는 유전자에 있는 동형접합성의 열성인 돌연변이에 의해 저밀도 지질단백질 수치가 현저하게 낮은 몇 안 되는 소수의 사람들을 근거로 해서 의약품을 개발하고 있다. 이들이 고안한 아이디어는 이러한 돌연변이가 없는 사람들에 대해서 이 돌연변이의 효과를 흉내 내게 되면, 심장질환의 증가된 위험에 대항해서 싸울 수 있기에 충분한 정도로 저밀도 지질단백질 수치를 낮출 수 있다는 것이다. 이처럼 새롭게 개발된 약물들 중의 하나가 심장질환을 막아줄 수 있을 것인지를 평가하는데 있어서, 어떠한 종류의 정보가 중요한 것인가?
6. 많은 종류의 유전자들이 특별히 흡연자의 폐암 위험에 기여한다. 이에 해당하는 유전자들로는 *p53*, *IL1A*, *IL1B*, *CYP1A1*, *EPHX1*, *TERT*, 그리고 *CRR9*와 같은 유전자들이 거론되고 있다. 이러한 유전자들 중 하나를 인터넷을 통해서 검색한 다음에, 어떻게 이 유전자 상에 위치하고 있는 변이가 폐암을 발병시킬 수 있는 것인지에 대해서 기술하시오.

사례 및 연구 결과

1. 연구자들은 쌍둥이 중 한 명이 파킨슨병에 걸린 49쌍의 일란성 쌍둥이와 50쌍의 이란성 쌍둥이를 대상으로 한 사례 연구를 통해서, 이미 선행연구를 통해 파킨슨병과 관련되어 있다고 알려진 6종류의 화학 용제(chemical solvent)에 일생 동안 노출된 것에 대해서 일련의 질문을 했다. 그들은 평균적으로 66세의 나이에 파킨슨병으로 진단받았으며, 이러한 화학물질에 노출된 지 10~40년 후부터, 이 질환에 대한 증상이 서서히 나타나기 시작하였다. 연구자들은 두 유형의 쌍둥이 모두에서 트리클로로에틸렌(trichloroethylene)에 장기간 노출되면, 파킨슨병의 발병 위험이 6배가 되고, 퍼클로로에틸렌(perchloroethylene)은 9배에 이르게 됨을 발견하였다. 이 연구의 설계와 결과는 파킨슨병이 유전되거나 환경에 노출됨으로써 유발된다는 두 종류의 가설 중에서 어떠한 가설을 어떻게 지지하는 것인지 이에 대한 설명을 하시오. 이 결과가 좋은 소식인지 혹은 나쁜 소식인지에 대해서 생각을 해보고, 왜 그러한 생각을 했는지에 대해서도 서술하시오.

2. 연구원들은 암에 걸린 94,075명의 여성들과 함께 암에 걸리지 않은 75,017명의 여성들에 대해서 그들 모두 313개의 SNP의 조합을 고려하여 여성들 사이에서 빈번한 유방암의 한 유형(에스트로겐 수용체 양성)에 대한 고위험군인지의 여부를 예측하기 위한 검사법을 개발했다. 그들은 영국 생물은행(UK Biobank)으로부터 추가적으로 11,428명의 환자군과 18,323명의 대조군으로 이루어진 190,040명의 여성에 대해서 이 검사법에 대한 예측력(predictive power)을 검증했다. 위험도의 상위 1%에 속하는 여성은 인구집단 내의 평균 여성에 비해서 이러한 종류의 암이 발병할 확률이 4.37배가 더 증가하였으며, 위험도가 가장 낮은 1%에 속하는 여성은 0.16배로 낮은 발병 확률을 나타내었다.

   a. 이러한 유형의 분석을 무엇이라고 하는가?
   b. 이러한 발견이 유방암의 진단과 치료에 어떻게 사용될 수 있는가?
   c. 일련의 SNP에 대한 분석을 통해서 파생된 이 검사법은 *BRCA1* 유전자 상의 돌연변이에 대한 유전자 검사법과 어떠한 점에서 차이를 나타내는 것인가?

3. 섭식장애의 일종인 신경성 식욕부진증에 대한 일치도는 일란성 쌍둥이의 경우 55%인 반면에, 이란성 쌍둥이의 경우에는 7%이다. 애슐리(Ashley)와 매기(Maggie)는 서로 이란성 쌍둥이의 관계에 있는데, 그 중에서 매기는 신경성 식욕부진증을 가졌다. 이러한 경우에, 애슐리는 이 질환을 유발하는 유전적인 경향에 대해서 걱정을 해야 하는가? 이에 대한 당신의 견해를 설명하시오.

4. 한 연구에서는 일찍 머리카락이 백발로 전환되는 형질을 지니고 있는 1,820명의 피험자들과 이러한 종류의 형질을 지니고 있지 않는 1,820명의 대조군에 속하는 피험자들을 대상으로 해서 유전체 전체에 걸쳐 있는 총 200,000개의 단일 염기 다형성에 대한 분석을 수행했다. 이 경우에, 일찍 백발로 전환되는 형질을 지닌 사람들은 9번 염색체상의 여러 SNP를 공유하고 있는 것으로 관측되었다. 이는 어떠한 유형의 연구로 볼 수 있겠는가?

5. 형질 공유 형제자매 짝 연구 결과에 의하면, 1번, 14번 및 20번 염색체상에서 조현병을 발병시키거나, 혹은 이 질환에 걸린 환자들과 유사한 생각이나 행동을 하게 만드는 유전자가 있을 것으로 보이는 특정한 부위를 확인하였다. 이와 같은 연구가 어떻게 수행되었는지를 설명하시오(8.6절에서는 조현병에 대해 논의하고 있다).

6. 영국에서는 총 20,430명의 사람들을 대상으로 해서 비만의 위험을 증가시키는 것으로 알려진 12종류의 유전자에 대한 각각의 대립유전자들을 검사하였다(이 연구에 참여한 각각의 피험자들에 대해서는 그들의 아버지와 어머니로부터 각각 12개씩 물려받은 총 24개의 대립유전자에 대한 검사가 이루어졌음). 비만이 발병할 위험성을 증가시키는 많은 수의 대립유전자들이 동시에 체질량 지수와도 관련되어 있었음에도 불구하고, 운동을 많이 하면 할수록 체질량 지수가 낮아졌다. 이러한 결과는 체중이라는 형질에 대한 유전결정론을 지지하는가 혹은 그렇지 않은가? 당신의 견해와 함께, 이에 대한 이유를 설명하시오.

7. 한 연구원이 비교적 소규모의 토착민 집단들(indigenous populations)과 함께 보다 더 인구 규모가 크고 다양한 집단들을 대상으로 하는 전유전체 연관성 연구를 수행하기 위해서 연구비를 신청했다. 이때, 이러한 연구계획을 검토했던 한 심사위원은 단지 수백 ~ 수천 명으로 이루어진 소규모의 인구집단을 유럽인이나 아시아인 집단과 같은 훨씬 큰 규모의 인구집단과 비교하는 경우에, 강력한 통계적인 검정력을 나타낼 수 없기 때문에 이러한 신청에 대해서 비판적인 의견을 개진하였다. 그렇다면, 전유전체 연관성 연구를 수행하는 경우에, 소규모의 인구집단을 제거하는 경우에 발생할 수 있는 실제적인(임상) 문제에 대해서 이를 인용하여 보시오.

Sami Sarkis/Photographer's Choice RF/Getty Images

CHAPTER 8

행동의 유전학

아동 학대와 PTSD. 특정 유전자의 특정 변이를 물려받는 것은 한 사람이 남은 일생동안 아동학대의 기억에 대해 어떻게 대처하느냐에 영향을 끼칠 수 있다.

학습 목표

8.1 유전자와 행동

1. 행동 형질의 물리적 기초를 뇌에서 찾아보시오.
2. 유전자가 어떻게 행동에 영향을 끼치는지 설명하시오.

8.2 수면

3. 개를 이용한 연구를 통해 어떻게 기면증 유전자를 찾았는지 설명하시오.
4. *period 2* 유전자의 돌연변이가 어떻게 수면-각성 주기를 손상시키는지 설명하시오.

8.3 지능과 지적장애

5. 지능 검사에 대해 설명하시오.
6. 지적장애의 원인들을 나열하시오.

8.4 약물중독

7. 약물중독의 두 가지 알려진 특징을 말하시오.
8. 약물중독이 생물학적 현상이라는 증거에 대해 논하시오.
9. 약물중독에 관여하는 두 종류의 수용체에 대해 설명하시오.

8.5 기분장애

10. 유전자들이 어떻게 주요우울장애에 영향을 끼칠 가능성이 있는지 설명하시오.
11. 조울증의 유전학적 특징이 어떻게 복합 유전을 보이는지 설명하시오.

8.6 조현병

12. 조현병이 기분장애와 어떻게 다른 지 설명하시오.
13. 어떻게 시냅스 가지치기가 조현병의 원인을 설명할 수 있는지 논하시오.

8.7 자폐증

14. 자폐증의 위험 요인을 나열하시오.
15. 자폐증에 관여하는 유전자들을 발굴하기 위한 DNA 염기서열 데이터의 세 가지 활용 방법에 대해 설명하시오.
16. 자폐증에서 뉴렉신과 뉴로리긴의 역할에 대해 논하시오.

개관

뇌의 구조와 기능에 영향을 끼치는 유전자들은 수면 양상, 중독 및 지능 등과 같은 특정 행동 형질 또는 경향성의 근원이 된다. 이들 유전자의 변이들은 환경적 요인과 협력하여 기분장애, 조현병 및 자폐증 등에 관여하거나 이들을 일으킨다. 우리의 사고방식 및 의사소통 방식 등 기존에 심리학 및 정신의학 분야에 속한다고 간주되었던 현상들이 이제 신경학 및 유전학 분야가 되고 있다.

외상 후 스트레스 장애: 소인이 있는 사람은?

어린 시절에 육체적으로나 정신적으로 학대당한 경험이 있는 어떤 젊은 여성은 사회생활에서 성공하고 따듯하며 자애로운 엄마가 되었다. 비슷한 성장 과정을 거친 다른 한 여성은 외상 후 스트레스 장애(posttraumatic stress disorder, PTSD)를 앓고 있는 정서적으로 불안정한 여성이 되었다.

PTSD는 심각한 육체적 외상을 당했거나 상해 위협을 인지했을 때 나타나는 반응의 한 형태로서 그 사건이 지난 후에도 오랜 기간 동안 지속된다. 환자는 그 사건 발생 당시에 혈관으로 분출된 스트레스 호르몬의 부적절한 활성으로 인해 차후에 불안증세, 과거 장면의 환영 및 그 사건에 대한 기억 거부 등에 시달린다. PTSD는 전쟁, 이주, 심각한 건강 이상, 자연재해, 난폭한 범죄, 학대 및 다른 정서적 교란을 주는 사건 등과 같은 다양한 종류의 불안한 경험들에 대한 반응의 일종이다.

여러 요인이 PTSD의 발병에 관여한다. 어떤 한 연구에서 아동기 또는 성인기의 성폭행으로 인해 심각한 정신적 외상을 입은 적이 있는 2,000명을 대상으로 분석하였는데, 아동기 성폭행 경험 이후 성인기에 PTSD로 발병된 사람들은 그렇지 않은 사람들에 비해 *FKBP5* 유전자의 특정 변이형을 가지고 있을 가능성이 훨씬 높았다. 메틸화의 감소 결과, 스트레스 호르몬(글루코코르티코이드) 수용체가 제대로 작동하지 않으며, 따라서 신체가 스트레스에 대해 적절히 반응하거나 대응하지 못한다. 후성유전학에 대해서는 11장에서 다룬다.

위 연구는 백혈구에서 이런 후성유전학적 변화를 관찰했지만, 실험실에서 배양된 세포를 이용한 다른 연구에서는 대뇌 신경세포(일생동안 계속 생존)로 분화되는 신경 선조세포에서 이런 변화가 일어나고 유지된다는 것을 관찰하였다. 한 개인의 경우 후성유전학적 변화는 발생 과정의 특정 임계기(critical period)에 일어나는데, 아동기의 그 시기에 향후 일생에서 스트레스 호르몬을 제대로 사용할 수 없게 세팅하게 된다. 그 결과 PTSD가 된다.

8.1 유전자와 행동

제7장의 주제인 복합 형질을 분석하기 위해 사용하는 방법들은 행동의 특성을 이해하고 행동장애(behavioral disorder)를 치료하는 데 또한 유용하게 활용될 수 있다. 행동은 감정, 기분, 지능 및 우리의 일상적 반응 방식을 결정하는 개성 등의 복합적인 집합이다. 우리는 일정 부분 우리의 여러 행동에 의해 규정되고 평가되어 진다. 행동은 우리가 어떻게 의사소통하고, 불편한 감정에 대처하고, 스트레스에 반응할지를 조절한다. 행동장애는 흔히 볼 수 있는데, 그 범위가 다양하며 때로는 서로 겹치는 증후를 보인다. 앞의 여러 장에서 그 정확한 원인이 밝혀진 증상들을 유전된 **질병**(disease)이라고 불렀다. 행동과 관련된 증상들은 여러 요인이 관여하고 있고, 아직 밝혀져 있지 않은 요인들도 있을 수 있기 때문에 **장애**(disorder)라고 부른다.

우리의 많은 행동은 환경적 요인에 대한 반응이지만, 이 장 도입부에서 기술한 아동기의 학대에 대한 이후 삶 속에서의 반응과 같이 어떻게 반응할 것인가는 유전적 바탕에 따라 달라진다. 행동의 토대를 구성하는 생명현상에 대한 이해는 행동장애에 대한 치료법을 개발하는 데 도움을 줄 수 있다.

행동유전학(behavioral genetics)은 그 성질을 정의하기 쉽지 않은 기분(mood)과 마음(mind)을 포함하여 신경계의 기능과 변화를 다룬다. 사람의 뇌는 약 1.4 kg에 불과하고 큰 회색 호두 모양을 하고 있는데, 겉모습과 단단함 정도가 푸딩과 유사하다. 이것은 약 천억 개의 신경세포 또는 **뉴런**(neuron)과 뉴런을 지지하고 영양분을 제공해주는 1조 개 이상의 **신경아교세포**(neuroglia)라고 불리는 다른 세포들도 이루어져 있다.

뇌 뉴런들은 신체의 모든 부위를 조절하는 복잡한 네트워크의 형태로 서로 연결되어 상호작용하고 있다. 천억 개의 각 뇌 뉴런들로부터 뻗어 나온 신경돌기들은 다른 1,000~10,000개의 뉴런들과 **시냅스**(synapse)라고 불리는 밀접한 연결을 형성한다. 뉴런들은 **신경전달물질**(neurotransmitter)라고 불리는 화학 신호를 이용하여 이 미세한 공간을 가로질러 서로 신호를 주고받는다. 연결망을 형성한 뉴런들은 감각수용, 인지, 기억, 사고 및 근육 운동 등과 같은 광범위한 기능들을 관장한다.

유전자들은 신경전달물질의 생성과 분비를 조절하는 다양한 단백질에 대한 정보를 암호화함으로서 행동에 영향을 끼친다. 유전자들

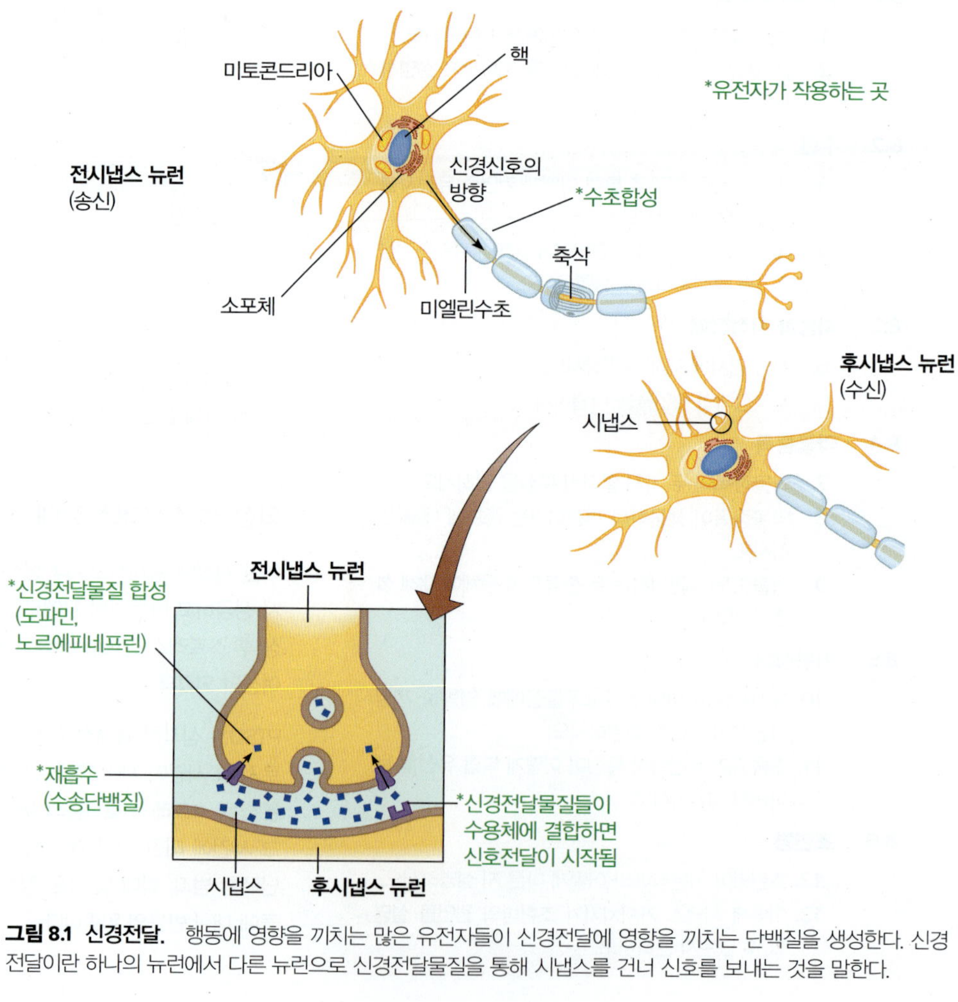

그림 8.1 신경전달. 행동에 영향을 끼치는 많은 유전자들이 신경전달에 영향을 끼치는 단백질을 생성한다. 신경전달이란 하나의 뉴런에서 다른 뉴런으로 신경전달물질을 통해 시냅스를 건너 신호를 보내는 것을 말한다.

은 또한 뉴런들이 형성하는 연결의 수와 패턴에도 영향을 끼친다. **신경 가소성**(neural plasticity)이라는 용어는 신경계의 구조와 기능의 지속적인 변화를 일컫는다. **그림 8.1**은 유전자들이 어느 단계에서 신경계의 정보를 주고받는 데 관여하는지를 보여주고 있다.

효소들은 신호를 보내는 뉴런(전시냅스 뉴런, presynaptic neuron)에서 신경전달물질의 합성과 막수송에서부터 시냅스를 건너 신호를 받는 뉴런(후시냅스 뉴런, postsynaptic neuron)의 수용체에 이르기까지 여러 단계를 관장한다. 수송체(transporter)라고 불리는 단백질들은 신경전달물질들을 신호를 보내는 뉴런으로부터 신호는 받는 뉴런으로 수송하며, 단백질들은 또한 신경전달물질이 결합하는 수용체의 소단위를 구성한다. 유전자들은 단백질과 지질로 구성된 물질로서 축삭(axon)을 감싸는 역할을 하는 수초(myelin)의 합성을 조절한다. 수초는 뉴런을 전기적으로 격리시켜서 신경전도의 속도를 높여준다. 수초가 풍부한 신경아교세포들은 마치 손가락을 감싸는 밴드처럼 축삭둘레를 감싼다.

많은 행동 형질 및 장애는 다른 형질들과 마찬가지로 단일 유전자(특히 그 단백질 산물이 신경전달에 직접적으로 관여하는 유전자)의 영향을 크게 받지만, 수백 개의 다른 유전자들의 변이형으로부터 조금씩 영향을 받는다. 이들 유전자의 특정 대립유전자 조합을 물려받는 것은 그 사람이 특정 환경적 자극하에서 특정 장애를 일으키기 쉽게 만든다. 우울증, 약물중독, 조현병 등과 같은 서로 다른 행동장애를 앓고 있는 사람들이라도 동일한 대립유전자들이 그 증상의 바탕에 자리 잡고 있을 수도 있다. 사람의 행동은 유전적으로 매우 복잡하다!

행동 형질 및 질병의 유전적 요인을 밝혀내기 위하여 여기에 관여하는 특정 유전자의 변이형을 찾아내기 위해 전통적인 경험적 위험률 결정 입양아 및 쌍둥이 연구 데이터, 엑솜(exome) 및 유전체 염기서열 분석 등을 이용한다. 이런 접근방법은 행동장애를 생물학적으로 의미 있게 세분화하는 것을 가능하게 해서, 그 결과 개별화된 진단과 효율적인 처방이 곧 가능해 질 것이다.

표 8.1은 몇몇 행동장애의 12개월 유병률을 나타낸 것인데, 이는 조사 시점 기준으로 1년 이내에 증후가 나타난 사람들의 비율을 의미한다. 이와 대조적으로 평생 유병률(lifetime prevalence)은 일생 동안 언제라도 증후를 보이는 사람들의 비율을 의미한다.

표 8.1 미국 성인집단에서 몇몇 행동장애의 12개월 유병률

증상	유병률(%)
불안장애(Anxiety)	18.0
공포증(Phobia)	6.8
외상 후 스트레스 장애(Posttraumatic stress disorder)	3.5
범불안장애(Generalized anxiety disorder)	3.1
강박장애(Obsessive compulsive disorder)	1.0
공황장애(Panic disorder)	2.7
자폐 스펙트럼 장애(Autism spectrum disorder)	1.5
식이장애(Eating disorder)	3.0
신경성 식욕부진(Anorexia nervosa)	여성 0.9/남성 0.3
폭식(Binge eating)	1.2
신경성 폭식증(Bulimia nervosa)	0.3
기분장애(Mood disorder)	9.5
주요우울장애(Major depressive disorder)	6.7
조울증(Bipolar disorder)	2.6
조현병(Schizophrenia)	1.1

핵심 개념 질문 8.1

*a. 뇌 세포 두 종류는 무엇인가?

*b. **시냅스**를 정의하시오.

*c. 유전자들이 어떻게 행동에 영향을 끼치는가?

8.2 수면

수면은 "그 기능을 알 수 없는 필수적인 행동"으로 불려 왔는데, 실제로 수면 없이는 동물은 죽는다. 우리는 일생의 삼분의 일을 이 불가사의한 상태로 보낸다.

유전자들은 수면의 특성에 영향을 준다. 수면시간, 시기, 수면의 질, 낮잠 습성, "야행성인지 아닌지" 등을 질문했을 때, 일란성 쌍둥이들은 이란성에 비해 훨씬 더 유사한 특성을 보인다. 비록 태어나서 바로 헤어진 일란성 쌍둥이들의 경우라도 이 사실은 마찬가지다. 수면의 다섯 단계 중 네 단계 동안에 나타나는 뇌파의 패턴에 대한 쌍둥이 연구 결과, 유전적 영향성이 확인되었다. 다섯 번째 단계인 급속 안구 운동(rapid eye movement) 또는 렘(REM) 수면은 꿈과 관련이 있는데, 따라서 유전자들 보다는 경험에 의해 더 영향을 받는 듯하다.

기면증

과학자들은 1999년 수면에 관련된 최초의 유전자를 밝혔는데, 그것은 강아지들에게서 보이는 "급 발작성 마비를 동반한 기면증(Narcolepsy with cataplexy)"이라고 불리는 수면 이상 증상에 관련된 유전자이다. 사람에게서도 여러 유전자의 이상에 의해 기면증이 유발된다.

기면증에 걸린 사람(또는 개)은 하루에 여러 번씩 갑자기 잠에 빠진다. 낮 동안의 심각한 졸림 증상 때문에 정상적인 일과 활동이 거의 불가능하다. 기면증에 걸린 사람들은 교통사고율이 10배나 높다. 또 다른 증상은 깨어난 후 수 분 동안 움직일 수 없는 수면 기절(sleep paralysis) 현상이다. 기면증의 가장 극적인 표시는 급 발작성 마비(cataplexy)이다. 이 같은 짧고 급작스러운 근육 약화가 진행되는 동안, 턱은 늘어지고, 고개는 숙이고 무릎은 구부러지고, 환자는 땅에 쓰러진다. 이 증상은 종종 크게 웃음보를 터트리거나 흥분되었을 때 일어난다. 유럽과 북아메리카 인구 중 단지 0.02~0.06%만이 급 발작성 마비를 동반한 기면증에 걸리지만, 특정 가계에서는 그 빈도가 훨씬 높다는 사실은 이 증상이 유전됨을 암시해준다.

개를 이용한 연구는 사람의 기면증 유전자 하나를 밝히는 계기를 마련해 주었다. 1999년 과학자들은 하이포크레틴(hypocretin)이라 불리는 신경펩타이드(신경전달물질로 작용하는 작은 단백질)의 수용체를 암호화하고 있는 한 유전자에서 돌연변이를 발견하였다. 도베르만 핀셔와 래브라도 리트리버 품종의 개에서 그 수용체는 특정 뇌세포의 세포 표면으로 이동하지 못한다. 그 결과 그 세포들은 각성 상태를 촉진할 수 있는 신호를 받을 수 없다. **그림 8.2**는 기면증 개들이 노는 장면을 찍은 동영상 중의 한 장면이다. 갑자기 그 개들은 모두 실신한다. 잠시 후 일어나서 그 개들은 다시 재롱을 부린다. 개에서 기면증 증상을 유발하기 위해서 과학자들은 개들이 서로 놀게 만들어 준다. 늙은 개에게 고기를 먹이는 것은 그 개들을 너무 기쁘게 만들어서 흥분한 상태로 매우 자주 쓰러지게 만들기 때문에 먹이를 다 먹는 데 시간이 꽤 걸린다. 기면증에 걸린 개들을 번식시키는 것 또한 매우 힘들다. 왜냐하면 섹스는 놀이나 음식보다 훨씬 흥분되기 때문이다.

그림 8.2 잠에 빠져 누워있는 개들. 이 도베르만 핀셔들은 선천성 기면증을 가지고 있다. 이 개들은 놀다가 갑자기 짧고 매우 깊은 잠에 빠져든다. 기면증 개를 이용한 연구는 사람의 수면에 영향을 끼치는 유전자를 발견하고 불면증 치료제를 개발할 수 있는 길을 열어 주었다. *Stanford University Center for Narcolepsy*

하이포크레틴 수용체에 결합하는 신경펩타이드 하이포크레틴을 지정하는 유전자는 음식 섭취를 조절하는 오렉신(orexin)이라고 불리는 신경펩타이드를 암호화하고 있는 유전자와 같은 유전자임이 그보다 1년 전에 밝혀졌다. 이 신경펩타이드를 생성하는 뇌의 서로 다른 부위에 있는 뉴런들이 두 가지 서로 다른 기능, 즉 수면과 식욕에 관여한다. 과학자들은 불면증 치료제를 개발하기 위해 하이포크레틴/오렉신 및 이것과 상호작용하는 분자들에 대해 연구하고 있다. 적어도 세 개의 또 다른 유전자들이 불면증에 관여한다. 가장 심각한 증상은 "중증 가족성 불면증(fatal familial insomnia)"인데, 이것은 감염성 단백질 잘못 접힘에 의해 유발된다(10.4절 참조).

가족성 수면주기 전진 증후군

수면-각성주기와 같은 일주기는 뇌의 시교차상핵(suprachiasmatic nuclei)이라고 불리는 두 개의 뉴론 집합체에 존재하는 "생체주기 조절자(circadian pacemaker)" 세포들에 의해 정해진다. **생체주기**(circadian)란 "하루와 관련된"이라는 뜻이다. 이들 세포에서 특정 "시계 유전자(clock gene)"들이 외부 환경의 빛과 어둠에 반응해서 발현된다.

시계 유전자들의 놀라운 기능은 이 유전자에 돌연변이가 있는 특정 가계에서 잘 보인다. 예를 들면, 유타 주의 어떤 가계는 다섯 세대에 걸쳐 가족성 수면주기 전진 증후군(familial advanced sleep phase syndrome, FASPS)을 가지고 있다. 이 증상을 가진 사람들은 저녁 7:30에 잠들어서 새벽 4:30에 일어난다. 그들은 2번 염색체에 있는 *period 2*라는 유전자에 단일 염기 돌연변이를 가지고 있었는데, 이 돌연변이는 수면-각성주기와 일출 및 일몰과의 동기화를 저해한다(생체주기의 일례가 이런 동기화 현상임). 이 증상은 상염색체 우성이며, 각 세대마다 여러 명의 환자가 나타난다.

period 2 유전자의 다른 부위에 돌연변이가 생기면 우리가 일어나는 시간에 영향을 끼친다. 이 부위에 두 개의 아데닌을 가진 사람(*AA* 유전자형)은 두 개의 구아닌을 가진 사람(*GG* 유전자형)보다 한 시간 일찍 일어난다. 유전자형이 *AG*인 이형접합자의 경우 두 동형접합자의 중간 시간쯤에 깬다.

핵심 개념 질문 8.2

*a. 수면 습성이 유전된다는 증거는 무엇인가?

b. 수면을 변화시키는 돌연변이 두 개를 기술하시오.

8.3 지능과 지적장애

지능은 여러 유전적, 환경적 영향을 받는 매우 복잡하고 다양한 표현형질이다. 일반적으로 지능은 이성적으로 판단하고, 배우고, 기억하고, 생각을 연계시키고, 추론하고, 창의적 발상을 할 수 있는 능력을 말한다.

19세기 후반에 개발된 최초의 지능 검사는 다양한 자극에 대한 감각인지와 반응 시간을 측정하였다. 1904년 프랑스의 알프레드 비넷(Alfred Binet)은 발육부진 상태의 어린아이들이 얼마나 학교생활을 잘 할 수 있는지를 예측하기 위해 언어, 수리 및 그림을 이용한 질문으로 구성된 검사법을 개발했다. 그 검사법은 이후 스탠퍼드 대학에서 백인 중산층 미국인들을 측정하기 위해 조금 변형되었다. 이 "지능 지수(intelligence quotient)" 또는 IQ라고 불리는 검사에서 평균값은 100이며, 그 값의 분포 양상은 전체 검사 대상자 중 3분의 2가 85에서 110에 속하는 정규분포를 이루는 종 모양의 곡선 형태를 보인다(**그림 8.3**). IQ 값이 50에서 70 사이인 경우 약한 지적장애로 간주하며, 50 이하인 경우는 심한 지적장애로 간주한다. IQ는 학교나 직장에서 성공 여부를 예측할 수 있는 꽤 정확한 척도로 이용되어 왔지만, 그것만으로는 지능에 끼치는 생물학적 영향력을 대변해 주지 않는다. 낮은 IQ는 가난, 저학력, 투옥(남성의 경우), 혼외 임신(여성의 경우) 등 다양한 사회적 환경과도 연관성이 있다.

심리학자들은 IQ 검사에서 측정하는 4가지 기본 능력을 나타내기 위해 '일반인지 능력(*g*라고 부름)'을 사용한다. 이 4가지 기본 능력은 어휘력, 수리력, 기억력, 공간능력이다. 일반인지 능력 측정은 기회의 불평등이 지능 평가에 끼치는 영향을 낮추기 위해 개발되었다.

입양아 및 쌍둥이 연구와 같은 전통적인 복합 형질 연구 방법에 의하면 지능의 유전력(heritability)은 0.5~0.8로서 매우 높은 유전적 영향을 보여준다. 새로운 방법을 이용한 연구는 이전 방법으로 측정한 유전력이 옳음을 확인해 주었으며, 또한 지능에 영향을 끼치거나 관여하는 유전자들을 밝혀냈다.

과학자들은 일생에 걸쳐 지능의 변화를 측정하기 위해 일종의 전유전체 연관성 연구(7.3장 참조)를 사용하였다. 그들은 약 2,000명의 스코틀랜드인을 대상으로 11세에 일반 인지 능력 검사를 한 후, 대상자들이 늙었을 때(65, 70 또는 79세) 다시 측정하였다. 11세에 똑똑했던 사람은 노인이 되었을 때 역시 똑똑하다는 사실을 그들은 발견했다.

미국 인구의 100명 중 3명꼴로 나타나는 몇몇 지적장애(지적장애는 정신지체를 포함한 매우 포괄적인 용어임)의 원인은 유전학적으로 설명이 가능하다. 원인은 다양한데, 후천성 출생 기형, 비정상적인 유전자와 염색체, 그리고 환경적인 독소 노출, 감염 및 영양실조 등이 있다. 아마 20,325개 정도의 유전자 중 적어도 1,000개가 뇌에 영향을 끼치며 이들의 변이들은 지능에 영향을 준다.

가장 연구가 많이 된 지적장애의 유전적 요인은 다운 증후군(Down syndrome; 13장의 생명윤리학 참조)과 취약 X 증후군(fragile X syndrome; 임상 연계 12.1 참조)이다. 가장 친숙한 환경적 요인 중의 하나는 태아 알코올 증후군(fetal alcohol syndrome; 그림 3.23 참조)이다. 엑솜 및 유전체 서열분석은 지능 이상이나 다른 흔한 증상들이 아직 정확히 진단되지 않은 지적장애 어린이들에게서 그 원인 유전자를 찾는 데 도움이 되어왔다.

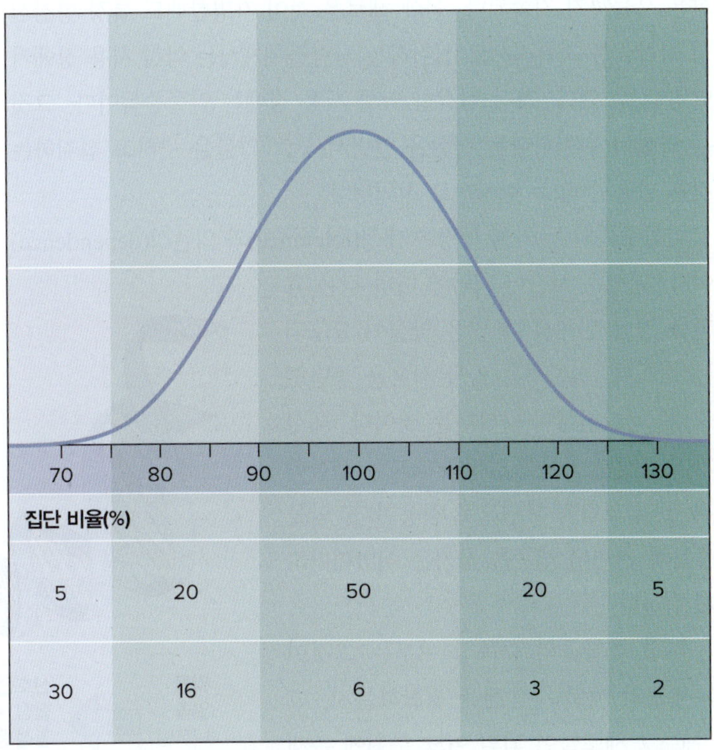

IQ	70	80	90	100	110	120	130

집단 비율(%)					
전체 집단 분포	5	20	50	20	5
가난한 사람들	30	16	6	3	2

그림 8.3 성공과 IQ. IQ 값은 미국 사회에서 학교와 직장에서 성공 여부를 예측해 준다. 종 모양의 IQ 값 곡선은 대부분의 사람들이 85에서 115 사이에 존재함을 보여준다. 그러나 빈곤층의 경우 IQ가 낮은 경향이 있다.

핵심 개념 질문 8.3

*a. 지능이란 무엇인가?

*b. 일반 인지 능력 측정을 이용하는 것은 지능의 유전적 영향 측정을 위한 IQ 값의 이용을 어떻게 더 개선하였는가?

c. 지적장애를 유발하거나 여기에 관여하는 유전자 변이를 발굴하기 위해 새로운 유전학적 기술들이 어떻게 이용되고 있는가?

8.4 약물중독

어떤 사람은 사랑하는 사람이 폐암으로 투병하고 있는 것을 보면서 다시는 담배를 피우지 않는다. 또 다른 사람은 폐암에 걸려있는데, 담배를 피우기 위해서 산소마스크를 잠시 벗는다. 어떤 사람은 특정 약물에 쉽게 중독되고 다른 사람은 그렇지 않은 데에 유전자들이 큰 영향을 끼친다는 증거들이 쌓이고 있다.

약물 사용 장애

오래전 우리 선조들은 특정 천연물, 특히 식물에서 유래된 특정 천연물을 먹으면 기분 좋은 느낌이 든다는 것을 발견했을 것이다. 그 경향은 오늘까지 지속된다. 몸에 해로운 것이 자명한데도 특정 향정신성 화합물을 지속적으로 섭취하는 사람들에게서는 약물 사용 장애가 발병할 수 있다. 가장 심각한 약물 사용 장애는 약물중독이다. 그것은 약물이 위험하다는 사실을 알면서도 그 약물을 구하고 섭취하는 것을 멈출 수 없는 현상으로 정의된다.

약물중독의 두 가지 특징은 내성(tolerance)과 의존성(dependence)이다. 내성은 시간이 지남에 따라 같은 효과를 얻기 위해서 더 많은 약물이 요구되는 것이다. 의존성은 약물 사용을 중단했을 때 금단현상이 나타나는 것이다. 내성과 의존성은 약물을 갈망하게 되는 생물학적 및 심리학적 요인으로 작용한다. 약물중독과 관련된 행동을 끊기는 어마어마하게 힘들다.

특정 화합물의 중독성 여부는 그것이 뇌세포의 어떤 수용체에 결합하는지, 그리고 그 세포들이 뇌의 어느 부위에 존재하는지에 의해 좌우된다. 약물중독은 뇌의 구조와 기능에 장기적인 변화를 가져온다. 심지어 중독자가 몇 년간 약물을 끊은 후에도 약물에 대한 욕망과 재발 위험성이 높다. 약물중독의 유전력은 0.4에서 0.6 정도인데, 친부모 중 한 명이 약물중독 병력이 있는 입양아의 경우 그 가능성이 두 세배 높아진다. 쌍둥이 연구 또한 선천적 요인이 약물중독에 영향을 끼침을 보여준다.

어떤 사람이 약물 복용을 갈망할 때 신경전달물질들이 결합하는 세포 표면 수용체를 표지함으로써 뇌 영상기술을 통해 약물중독과 관련 있는 대뇌 부위의 위치가 밝혀졌다. 약물중독에 관련된 뇌 부위의 변화는 대뇌변연계(limbic system)의 일부인 측중격핵(nucleus accumbens), 중뇌피개 하부(ventral tegmental area) 및 전두엽(prefrontal cortex) 부위에서 일어난다(**그림 8.4**). 코카인의 영향은 대부분 측중격핵 부위에 제한되고, 알코올은 주로 전두엽 부분에 영향을 끼친다.

비록 특정 약물중독에 관여하는 특정한 유전자나 단백질들은 다양하게 다르지만, 몇몇 일반적인 뇌 기능 교란 경로들이 작용한다. 약물 중독에 관여하는 단백질들의 기능은 아래와 같다.

- 효소처럼 신경전달물질의 합성
- 과도한 신경전달물질들을 시냅스로부터 제거[재흡수 수송체(reuptake transpoters)라고 불림]
- 특정 신경전달물질이 결합했을 때 활성화 되거나 불활성화 되는 후시냅스 뉴런의 수용체 형성
- 후시냅스 뉴런에서 화학 신호전달

중독성 약물들

많은 중독성 약물들은 코카인, 아편 및 마리화나의 주성분인 테트라

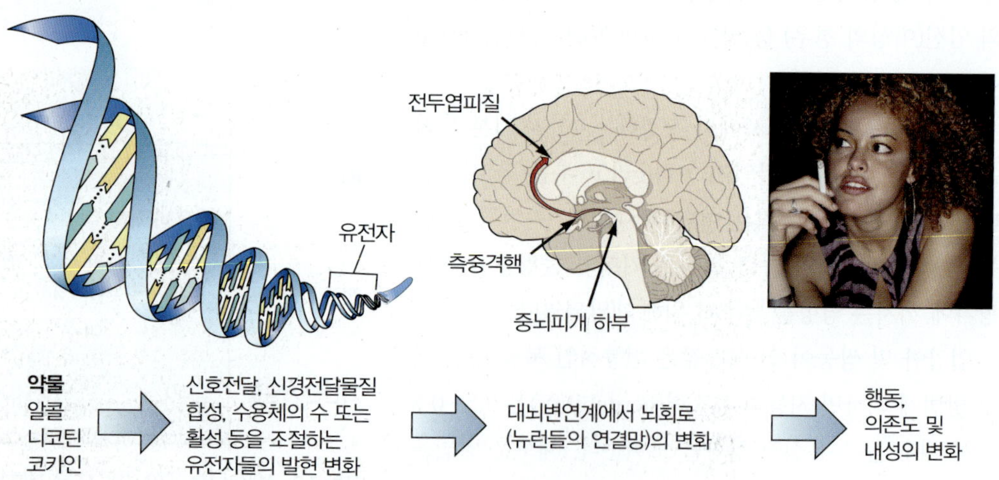

그림 8.4 약물중독 과정. 약물중독은 다양한 수준에서 나타낼 수 있다: 분자적 수준, 대뇌의 뉴런-뉴런 상호작용 수준 및 행동적 반응 수준. *Ryan McVay/Photodisc/Getty Images*

하이드로카나비놀(tetrahydrocannabinol, THC) 등과 같이 식물에서 유래되었다. 이른 물질들은 인체 뉴런의 수용체에 결합하는데, 이는 우리 몸속에 이들 약물과 유사한 물질이 있다는 것을 의미한다.

사람 몸에서 아편제에 해당하는 것은 엔도르핀(endorphin)과 엔케팔린(enkephalin)인데, 이것들은 통증을 완화하고 기분을 좋게 만드는 짧은 펩타이드이다. 엔도르핀은 왜 어떤 사람들은 헤로인이나 오시콘틴(oxycontin) 같은 아편제에 중독되고, 멈추면 금단현상이 생기는지 그 이유를 설명해 준다. 엔도르핀 수용체에 약물들이 빈번하게 결합하는 것을 우리 몸은 처음에 엔도르핀의 과다로 해석한다. 그 수준을 낮추기 위해서 우리 몸은 엔도르핀의 합성을 줄인다. 그러면 약물을 끊을 경우 우리 몸은 아편제의 부족에 직면한다. 그 결과는 통증이다. 통증을 유발하는 의학적 상황이 없는 상태에서 지속해서 섭취할 때 아편제 약물들은 강력한 중독성이 있다. 바로 이 약물들이 수술이나 죽음을 앞둔 질병에 의한 통증을 완화시키는 데 매우 유용하다.

우리 몸에서 THC에 해당하는 것이 아난다마이드(anandamide)이다. 아난다마이드는 전시냅스 뉴런의 막수용체에 결합하여 뇌세포가 자극에 어떻게 반응할지를 조율하며, 스트레스 반응과 사회성 행동

임상 연계 8.1

대마초: 중독성 약물과 발작 치료

삼(또는 대마)(*Cannabis sativa*)은 500개 이상의 화학물질을 함유하고 있는 식물인데, 그중 113개가 동일한 수용체 군에 결합하는 카나비노이드로 분류된다(**그림 8A**). 마리화나(대마의 꽃)의 향정신 및 중독 효과를 일으키는 카나비노이드는 테트라하이드로카나비놀(THC)이다. '전유전체 연관성 연구'(그림 7.11 참조)를 통해 사람 유전체에서 THC 의존성을 조절하는 유전자를 포함하고 있는 세 부위가 밝혀졌다.

또 다른 풍부한 카나비노이드는 카나비다이올(cannabidiol, CBD)이다. THC를 높게 함유하고 있는 식물들은 CBD 함유량이 낮은 경향이 있으며, 그 반대의 경우도 마찬가지이다. CBD는 여러 종류의 수용체에 결합하는데 의존성이나 향정신 효과를 야기하지 않는다. 그러나 기름 성분으로서의 CBD는 드라베 증후군(Dravet syndrome)이라고 불리는 유전병의 난치성 발작 증상을 완화한다. 현재 다른 발작 장애뿐만 아니라 불안장애, 조현병, 과민성 대장 증후군, 주의력결핍과잉행동장애, 다발성 경화증으로 인한 통증 등에 대한 CBD의 치료 효과를 검사하기 위한 여러 임상실험이 진행 중이다.

식물 기반 약제들은 오랜 역사가 있다. 19세기에 마리화나는 간질을 치료하기 위해 사용했었고, 그 후로 수년간 소수의 연구들이 그 효과를 실험했었다. CBD는 2013년에 드라베 증후군 5세 아이의 사연과 함께 주목받기 시작했다. 그 아이는 시간당 3~4회의 짧은 발작과 함께 간헐적으로 2~4시간 지속되는 긴 발작을 보이고 있었다. 그 아이는 여러 번 심장이 멎기도 했고, 음식을 먹지도 걷지도 말하지도 못했으며, 거의 죽음 직전까지 가는 일이 다반사였다. 일반적인 발작 치료제의 효과가 없자, 그 가족들은 두 명의 의사의 도움을 받아 의료용 마리화나로 치료제를 바꾸었다.

그 아이의 부모는 THC 함유량은 매우 낮고 CBD는 높아서 쾌락용 약물로는 팔 수 없는 대마 품종을 재배하고 있는 재배자를 찾았다. 그 아이가 이 식물 기름을 마시자 발작이 일주일 동안이나 멈추었다! 지속적인 처치를 하면서 시간이 흐르자 발작 빈도가 일주일에 300회에서 한 달에 2~3회로 급격히 떨어졌다.

오늘날 그 아이는 그 기름을 음식에 섞어서 하루에 두 번 섭취한다. 2018년 식품의약청(FDA)은 드라베 증후군 및 비유전성 간질 한 종류에 대한 치료제로 카나비다이올 사용을 허가했다.

그림 8A 대마초(Cannabis sativa). *travelab india/Alamy Images*

토론을 위한 질문

1. 최근에 몇몇 주에서 소량의 오락용 마리화나 사용이나 의료용 마리화나 사용을 허락하기 전까지, 대마를 소지하는 것은 미국에서 불법이었다. 그러나 대마는 여전히 중독성 물질을 포함하고 있다. 어떻게 식물 유래 제품을 허용하면서 중독의 위험을 최소화 할 수 있을까?
2. 뒤에서 기술하겠지만, 대마중독에 관련된 몇몇 유전자 변이형들은 또한 주요우울장애 및 조현병 발병 위험을 증대시키는 것과 관련되어 있다. 이런 연관성이 대마 의존성을 어떻게 설명해 줄 수 있을까?
3. 몇몇 주에서는 대마 소유가 여전히 불법이며 그 중독성이 최근에서야 밝혀지고 있는 반면, 이미 1960년대부터 폐암을 유발하고 중독성이 매우 높다는 것이 밝혀진 담배는 합법이라는 사실은 어떤 논리로 설명 가능한지 논의하시오.

에도 관여한다. 반면 신경전달물질들은 후시냅스 뉴런의 수용체에 결합한다. **임상 연계 8.1**에서는 발작이나 다른 증상의 치료에 이용되는 또 다른 종류의 아난다마이드에 대해 다루고 있다.

LSD(lysergic acid diethylamide; 리세르그산 다이에탈아마이드)는 뇌 전역에 걸쳐 낮은 수준으로 존재하는 흔적 아민(trace amine)이라고 불리는 신경전달물질들의 수용체에 결합한다. LSD는 조현병 증상(8.6절 참조)과 유사한 효과를 유발하는데, 이는 흔적 아민의 수용체로 작용하는 단백질들이 그 질병에 관여함을 암시해 준다.

암페타민(amphetamine)은 오용될 경우 중독성이 매우 높다. 1887년에 알려진 이후로, 암페타민은 코 막힘(nasal congestion), 주의력결핍과잉행동장애(attention deficit hyperactivity disorder), 기면증 및 다른 증상의 치료를 위해 사용되어 왔다. 그것들은 운동능력 향상을 위한 새로운 목적으로 이용되는데, 도취감, 각성, 인식력 조절, 근력 강화 및 성적 충동을 증대시키기 때문에 남용된다. 암페타민은 전시냅스 뉴런에서 소포로부터 신경전달물질인 도파민의 분비를 촉진하며, 도파민 수송체를 조절함으로써 시냅스에 도파민이 축적되게 만든다. 암페타민 중독은 망상이나 환각을 유발하는 현실감 상실 현상인 정신 이상(psychosis)을 초래할 수 있다.

다양한 약물에 중독된 사람들은 특정 유전자 변이형을 공통으로 가지고 있는데, 이런 변이형들이 중독을 일으키기 위해서는 환경적 요인이 동시에 작용해야 한다. 예를 들어, 도파민 D(2) 수용체 유전자의 *A1* 대립유전자에 대한 동형접합인 사람의 경우 알코올중독이나 다른 약물중독자 중에서 높은 빈도로 발견된다. 전유전체 연관성 연구의 결과, 약물중독에 관여하는 유전자가 포함되어 있을 것으로 예상되는 염색체 지역이 50개 이상 발견되었다. 유전자 발현 연구는 어떤 사람이 약물을 갈망하고 그것을 복용할 때 일어나는 생화학적 변화를 실시간으로 관찰함으로써 이런 염색체 지역에 대한 정보를 더 풍부하게 해 주었다.

니코틴 중독의 유전적 토대를 알아내는 것은 약물중독 일반에 대한 우리의 이해를 증진시키고 있으며, 실용적인 측면도 있어 보인다. 담배 속의 니코틴이 어떻게 폐암을 유발하고 왜 니코틴이 그렇게 중독성이 높은지에 대해 유전학적으로 설명할 수도 있다.

매년 3천 5만 명의 사람들이 담배를 끊으려고 노력하지만, 단지 7%만 성공한다. 왜 이런 일이 생기는지 전신 수준에서 설명하는 것은 쉽다: 담배를 들이마신 후 10초 후에 니코틴 수준이 최고치에 도달하고 잠시 후 뇌세포에서 우리를 기분 좋게 만드는 도파민의 분비가 점점 약해져서 사라져 간다. 좋은 기분을 유지하기 위해서는 계속 담배를 피워야 한다.

분자적 수준에서 니코틴은 '니코틴 수용체'라고 불리는 다섯 개의 소단위로 구성된 단백질을 통해서 해를 끼친다. 이 수용체는 원래 신경전달물질인 아세틸콜린(acetylcholine)에 결합하지만, 이것은 또한 유사한 분자구조를 가진 니코틴 분자와도 결합한다(**그림 8.5**). 이 수용체의 특정 변이형들은 니코틴에 매우 강하게 결합하는데, 이는 신경 신호를 촉발하여 그 결과 기분 좋게 만드는 도파민의 분비를 촉진한다. 이것을 통해 중독을 설명할 수 있을 것이다. 이런 수용체들은 또한 여러 종류의 폐세포에서도 존재하는데, 여기서 이것들은 발암물질들과 결합한다. 그래서 담배의 니코틴은 중독과 폐암 위험성을 유발하며, 담배 연기는 예민한 폐세포에 발암물질들을 전달해 준다.

이 수용체의 다섯 소단위는 서로 다른 유전자들에 의해 암호화되어있다. 만약 5개 중 두 개의 소단위가 특정 변이형을 가지고 있다면, 그 사람은 처음 흡연을 한 후 계속 담배를 피우고 싶은 욕구를 경험하게 된다.

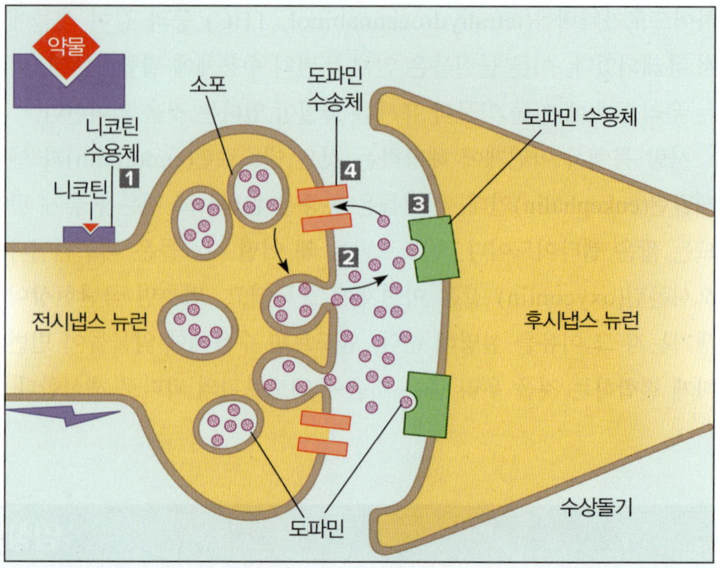

그림 8.5 세포 수준에서 니코틴의 효과. (1) 니코틴이 니코틴 수용체(이것은 또한 신경전달물질인 아세틸콜린에도 결합함)에 결합하는 것은 (2) 소포로부터 시냅스로 도파민의 분비를 촉진한다. 일부 도파민은 후시냅스 뉴런에 있는 수용체에 결합하며 (3), 다른 일부는 도파민 수송체라고 불리는 막단백질을 통해 전시냅스 뉴런으로 재흡수 된다 (4). 도파민이 전시냅스 뉴런을 자극하는 것은 기분 좋은 느낌을 촉발시킨다. 삽입 그림은 금연약물이 어떻게 니코틴 수용체를 억제하는지를 도식적으로 나타낸 것이다.

핵심 개념 질문 8.4

*a. 약물중독에서 내성과 의존성을 구분해서 설명하시오.

*b. 유전자들이 어떻게 중독을 조절하는가?

c. 사람들은 어떻게 식물 유래 화학물질에 중독되게 되었는가?

d. 니코틴 중독의 원리를 설명하시오.

8.5 기분장애

우리는 모두 여러 기분을 느끼지만, 수백만 명이 앓고 있는 기분장애는 일상생활을 저해한다. 극단적인 기분을 평가할 때는 전후 사정이 중요하다. 특별한 이유 없이 나타난다면 우울증이라고 진단받을 수 있는 증후는 깊은 슬픔을 경험하는 상황에서는 정상이다. 가장 흔한 대표적인 기분장애 두 종류는 주요우울장애(major depression disorder)와 조울증(bipolar disorder 또는 manic-depression)이다.

주요우울장애

주요우울장애는 단지 기분이 바닥에 가라앉아있는 것 이상이며, 그 사람이 그런 기분에서 간단히 빠져나올 수 있는 것도 아니다. 임상적 의미의 우울증은 슬픔 그 이상의 무기력한 증후의 집합이다. 우울증에 걸린 사람은 좋아하던 활동을 더 이상 즐기지 않는다. 극도의 피로감을 보일 수 있으며, 판단이나 집중, 그리고 세세한 것을 기억해내는 데 어려움이 있다. 자존감 저하와 절망감이 생기면서 동기부여, 에너지, 식욕이 저하된다. 하루에 여러 번씩 예상치 않게 갑자기 울기 시작할 수도 있다. 우울증이 있는 사람은 사회활동을 회피할 수 있다. 그들은 잠에 들거나 숙면을 하는 것이 어려운데, 이것은 일과 중에 피로를 증폭시킨다. 일상적인 단순 업무들이 감당할 수 없는 것이 될 수도 있고, 일이나 공부하는 것이 어려워질 수 있다. 음식과 거의 모든 것들에 대한 관심이 떨어져서 체중이 줄어들 수 있다. 심각하고 되풀이되는 우울증 때문에 입원한 사람들의 15%는 결국 목숨을 끊는다. 그 하위 유형 중 하나가 지속적 우울장애(persistent depressive disorder)인데, 이 경우 저하된 기분이 거의 매일 2년 이상 지속된다.

유전자와 환경적 요인이 거의 동등하게 우울증에 관여한다. 가장 가까운 가족(부모 또는 형제자매) 중에 환자가 있는 사람의 경우 위험도는 높다. 사촌지간 결혼의 자녀는 3배나 높은 우울증 위험성에 직면한다.

처음에 과학자들은 수면 이상에 초점을 맞춤으로써 우울증 위험을 증가시키는 유전자들을 발굴했다. 그들은 생체리듬(잠, 호르몬 수치 및 체온)를 조절한다고 알려진 유전자들을 조사했는데, 정상인의 뇌에 비해 우울증을 앓고 있는 사람들의 뇌에서 발현이 변하는 것이 관찰되는 8개의 유전자를 발견했다. 한 GWAS 연구는 우울증에 관여하는 변이형을 가진 유전자를 포함하거나 그 인근 부위 44개를 사람 유전체에서 발굴했다. 남성보다 여성이 약 2배 정도 더 많이 우울증을 앓는다.

우울증의 유력한 원인은 시냅스에서 신경전달물질인 세로토닌(serotonin)의 결핍이다. 세로토닌은 기분, 감정, 식욕 및 수면에 영향을 끼친다. 선택적 세로토닌 재흡수 억제제(selective serotonin reuptake inhibitors, SSRIs)라고 불리는 항우울제(antidepressant) 약물은 전시냅스 뉴런이 시냅스로부터 세로토닌을 흡수하는 것을 억제하여 후시냅스 세포를 자극할 수 있는 세로토닌을 더 많이 남겨둔다(**그림 8.6**). 이런 작용은 신경전달물질 결핍을 상쇄하는 것처럼 보인다. 유전적 연결고리는 우울증 환자의 경우 세로토닌 수송체(serotonin transporter)라고 불리는 전시냅스 뉴런의 막에 존재하는 단백질의 활성이 너무 강해서 시냅스로부터 세로토닌을 너무 많이 제거하는 것으로 보인다. SSRI는 그 수송체를 "유출만" 가능한 형태로 고정해서 세로토닌이 전시냅스 세포막 수송체에 결합하는 것을 막는다. 이 약물은 복용 후 1주일이 지나면 대개 효과를 내는데, 종종 다소 경미한 또는 심각한 우울증 환자들이 일부의 활동을 할 수 있게

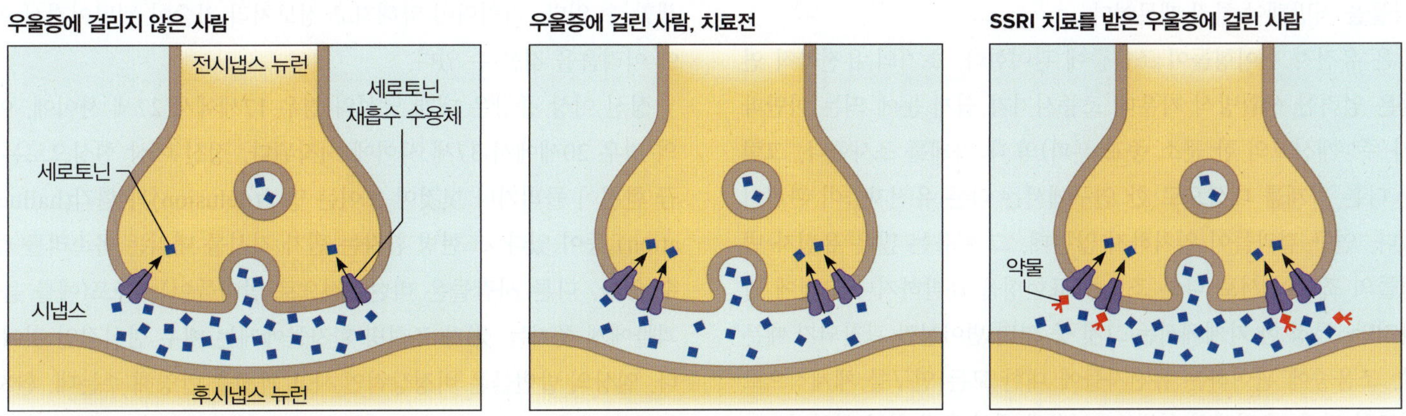

그림 8.6 항우울제의 작용 기전. 선택적 세로토닌 재흡수 억제제(SSRI)는 세로토닌의 재흡수를 방해해서 더 많은 신경전달물질을 시냅스에 남겨둔다. 이것은 우울증의 요인일 것으로 예상되는 신경전달물질 결핍을 보정한다. 과도한 재흡수는 결핍을 유발할 수 있다.

해주지만, 최대의 효과가 나오기 위해서는 길게는 8주까지 걸릴 수도 있다. 다른 약물들인 세로토닌-노르에피네프린 재흡수 억제제(serotonin-norepinephrine reuptake inhibitor, SNRI)들은 세로토닌과 노르에피네프린을 표적으로 한다.

과거에는 우울증을 치료하기 위해 의사들은 다른 환자의 경험을 바탕으로, 한 종류의 항우울제를 사용해보고 나서 다른 약물을 시도했다. 이런 시행착오적 접근방법은 종종 몇 달이 걸린다. 인간 유전체에서 유전자가 밝혀지고 그 변이들이 알려져 있기 때문에, 과학자들은 특정 약물에 대한 반응과 연관된 유전적 단면도를 구축하고 있는데, 이는 시간을 절약하고 부작용을 줄일 수 있다. 개인 맞춤형 치료에 대한 힌트는 정신병적 우울증(psychotic depression)이라고 불리는 주요우울장애의 한 유형을 앓고 있는 환자들에게서 나왔다. 그들은 항정신병 약물뿐만 아니라 SSRI나 SNRI도 필요하다. 정신병은 임상적 측면에서 보면 마음의 동요, 건강염려증(hypochondria), 변비 및 예상 밖의 분노 등이 추가된다.

조울증

조울증은 우울증보다 훨씬 드물게 나타난다. 인구의 약 2.6% 정도가 증상을 보이며, 일반적으로 일생에 조울증에 걸릴 위험성은 0.5~1.0% 정도 된다. 이 병에 걸릴 경우, 몇 주 또는 몇 달 동안 우울증과 조증(mania)이 번갈아 나타난다. 조증시기에는 쉴 새 없이 매우 활동적으로 되는데, 상상력이 넘쳐나고 매우 들뜬 기분을 경험할 수도 있다. 평소 검소하던 사람이 조증시기가 되면 갑자기 충동적으로 돈을 사치스럽게 낭비하게 된다. 조울증의 한 종류 중 어떤 경우는, 들뜬 행동을 하는 시기를 경조증(hypomania)이라고 부르는데, 좀 더 일시적으로 우울 상태에서 벗어난다. 경조증을 보이는 조울증의 경우 단순한 우울증처럼 보일 수 있다. 그러나 이 둘을 임상적으로 구분하는 것은 매우 중요하다. 왜냐하면 우울증과 조울증은 서로 다른 약물을 처방해야 하기 때문이다.

많은 유전자 변이형들이 조울증에 관여한다. 초기의 유전학적 연구들은 엄격한 생활방식 가운데 조증시기가 쉽게 눈에 띄는 아만파(역자 주: 개신교의 한 군소 종교 분파)의 대 가계를 조사했다. 그렇지만 다른 가계를 대상으로 한 연구에서는 다른 유전자들이 관련이 있었다. 연구 결과들이 일치하지 않는데, 그 이유는 많은 유전자 변이형들의 조합이 서로 다른 조울증 표현형을 유발하거나 그것에 관여하지만, 특정 한 가계에서는 그것 중 몇몇 변이형만 관찰되기 때문이다. 조울증에 관여하는 유전자들에 대한 모든 연구를 체계적으로 재검토한 결과, 유전체의 최대 10%(수백 개의 유전자)가 임상적으로 의미 있는 집합의 일부분일 것으로 예상된다.

핵심 개념 질문 8.5

*a. 주요우울장애의 증상은 무엇인가?

*b. 유전자들이 주요우울장애에 관여한다는 증거는 무엇인가?

c. 어떤 종류의 유전자들이 우울증 발병 위험에 영향을 끼칠 가능성이 있는가?

*d. 조울증의 증상은 무엇인가?

e. 조울증에서 유전자의 역할은 얼마나 복합적인가?

8.6 조현병

조현병(schizophrenia)은 생각과 감각 인식을 체계화하는 능력을 상실하는 것인데, 이로 인해 현실로부터 동떨어지게 된다. 이것은 사고와 자아 인식의 이상이 있는 일종의 정신병이다. 반면 기분장애는 감정(emotion)과 관계있으며, 치매(demantia)는 인식(cognition)과 관계가 있다. 세계인구의 1%가 다양한 종류의 조현병에 걸린다. 조현병 환자의 10%는 자살한다.

조현병의 유전적 요인을 밝히려고 하는 것은 행동 증상의 분석이 얼마나 어려운 것인지를 잘 보여준다.

- 어떤 증상의 경우 다른 병리 현상과 함께 나타남.
- 많은 유전자의 변이형들이 조현병을 유발하거나 여기에 관여함.
- 여러 환경적 요인들이 조현병 유사 현상을 유발함.

징후 및 증상

조현병의 초기 징후는 종종 사고력에 영향을 끼친다. 후기 아동기나 사춘기 초기에 학교에서 주의를 집중하는 데 어려움을 겪는 일이 발생할 수 있다. 기억력이 약해지고 정보처리 기술이 뒤떨어져서 학습에 어려움을 겪을 수 있다.

정신 이상 증상은 대개 남성의 경우 17세에서 27세 사이에, 여성의 경우 20세에서 37세 사이에 시작된다. 정신 이상 현상으로는 가끔 환청이 들리거나 헛것이 보이는 망상(delusion)과 환각(hallucination) 등이 있다. 조현병 환자는 뭔가 지시를 내리는 목소리를 들을 수 있다. 다른 사람들은 비현실적으로 받아들이는 공포(예를 들어, 괴물에게 쫓기는 것)가 조현병 환자들에게는 매우 현실적인 것이 된다. 일상의 발언들은 비정상적인 사고 과정을 반영해 주는데, 환자는 어떤 확실한 논리적 줄거리가 없이 이 주제에서 저 주제로 뛰어 너머 이야기를 한다. 슬픈 소식에 대해 웃음을 터트리는 것과 같이 부적절

그림 8.7 조현병은 생각을 변형시킨다. 조현병 환자들의 혼돈된 사고는 특징적인 뒤죽박죽된 그림으로 나타낸다. *BSIP/UIG/Getty Images*

한 반응을 보일 수도 있다. 폐경기가 다가오거나 폐경기를 지난 노년 여성의 조현병은 최근에 또 다른 취약계층으로 분류되고 있다.

조현병 환자가 그린 그림은 특징적인 정신의 분열(fragmentation of the mind)을 잘 보여줄 수 있다(**그림 8.7**). 조현병을 나타내는 영어 단어 schizophrenia는 "분열된 정신"을 뜻하지만, 인간성이 망가지거나 다중인격이 나타나는 것은 아니다. 조현병의 진행 경과는 종종 일정한 상태로 지속되기도 하고 일시적 증상이 되기도 한다. 그것은 치매의 경우처럼 점진적으로 계속해서 나빠지는 것이 아니다.

시냅스 가지치기 장애

유전력 0.9 그리고 경험적 위험률 수치를 통해서 보면 조현병을 야기하는 데에 유전자들이 큰 작용을 하는 것을 알 수 있다(**표 8.2**). 그러나 사고력 장애와 같은 몇몇 증상은 다른 조현병 환자와 함께 생활하면서 그 행동을 모방해서 생겨났을 가능성도 있다. 비록 일치도(concordance)가 높기는 하지만, 일란성 쌍둥이 중 한 명이 조현병에 걸렸더라도 다른 한 명이 그 병에 걸리지 않을 확률은 52%에 달한다. 따라서 상당한 환경적 요인 역시 이 병과 관련이 있다.

많은 환경적 요인들이 조현병 발병위험을 높일 수 있다. 그중에는 출생 합병증(birth complications), 태아기 산소 결핍, 출생 시 헤르페스 바이러스 감염, 그리고 외상성뇌손상(traumatic brain injury) 또는 산모 영양실조 등의 요인들이 있다(임상 연계 11.1 참조). 특히 임신 중 감염은 잘 알려진 환경요인 중 하나이다.

임산부가 감염되면, 산모의 면역계가 배아나 태아의 뇌 부위로 염증을 유발하고 뇌 발생을 미세하게 변화시킬 수 있는 사이토카인을 분비한다. 출생 후 나중에 조현병 발병을 유도하는 것은 감염 자체가 아니라 감염에 반응하는 산모의 면역반응이다. 과학자들은 조현병 환자들이 겨울, 특히 독감이 창궐한 해의 겨울에 많이 태어나는 경향성이 있다는 사실을 오랫동안 주목해 왔다. 많은 연구는 조현병과 산모 감염에 대한 반응 사이의 상관관계가 있다는 아이디어를 지지해 준다. 1950년대 및 1960년대 동안 임신한 1,200명의 임산부로부터 채취되어 보관된 혈액 시료는 사이토카인 인터류킨-8의 높은 농도와 조현병 발병 아이를 가지는 것 사이에 상관관계가 있음을 보여준다.

표 8.2 조현병의 경험적 위험률

관계	위험도
일란성 쌍둥이	48%
이란성 쌍둥이	17%
자녀	13%
형제자매	9%
부모	6%
이복형제자매	6%
손자손녀	5%
조카	4%
삼촌/이모/고모	2%
4촌	2%
일반집단	1%

많은 연구 결과, 발생 중 핵심적인 시기의 과도하거나 부적절한 면역반응은 조현병을 유발하는 역할을 한다는 것이 더 확실해졌다. 이와 같은 임계시기는 태아 발생 시기 및 눈에 띄는 증상이 전형적으로 나타나는 후기 사춘기가 포함된다. 면역반응은 환경적 요인(감염)과 유전적 요인(면역 단백질의 작용)을 모두 포함한다.

유전적 연구는 적은 수의 조현병 원인 유전자 후보군들, 특히 강력한 요인으로 떠오른 유전자 하나에 점점 초점을 맞추고 있다. 처음에 조현병 가계의 전유전체 검색 결과 조현병에 걸린 형제자매들 사이에 멘델 제1법칙(분리의 법칙)에서 예상되는 50%보다도 더 높은 확률로 공유하고 있는 대립유전자가 있는 부위가 적어도 24개 발견되었다. 이후 전유전체 연관성 연구(그림 7.11 참조)는 유전체의 108개 지역이 조현병 유전자를 포함하고 있을 가능성이 있다는 것을 보여주었다. 특히 눈에 띄는 한 부위는 6번 염색체상에 유전자들이 극도로 밀집된 주조직적합성 복합체(major histocompatibility complex, 19.1절 참조)이다. 연구자들은 *C4 complement component 4*라고 불리는 거의 동일한 유전자 두 개가 연관성이 높다는 것을 발견했다.

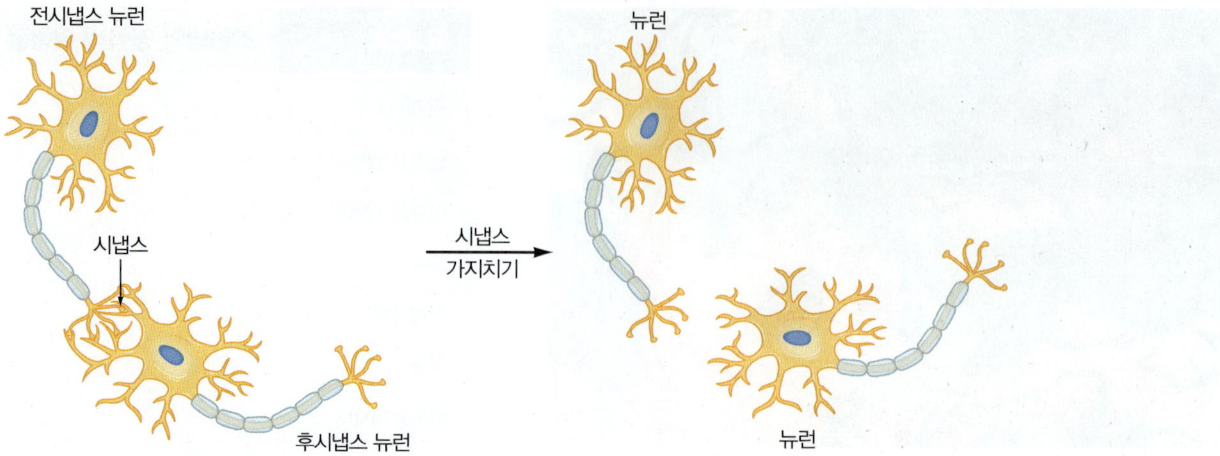

그림 8.8 시냅스 가지치기. 미세아교세포는 수상돌기에 있는 *C4A* 단백질 표지들에 결합해서(그림에 표시되지 않음), 뉴런들 사이의 연결을 절단한다. 그 결과 시냅스 수의 감소와 약간의 뇌 기능 상실이 일어난다.

이 유전자들은 *C4A*와 *C4B*라고 불린다. "보체(Complement)"는 면역반응의 한 부분에 관여하는 일련의 상호작용을 하는 단백질을 말한다(19.2절 참조).

C4 유전자들은 매우 다양성이 높다. 즉, 사람들은 서로 크기도 다르고, 사본 수도 다르고, 단일 염기 다형성(SNP)이 있는 이 유전자들을 가지고 있다. *C4A* 특정 변이형은 조현병 환자들에게서 훨씬 흔하다. 이 유전자가 만드는 단백질이 하는 일을 고려해 보면 그럴듯하다. 그 단백질은 시냅스를 파괴한다.

말기 사춘기와 20대 초반에 뇌 뉴런으로부터 뻗어 나온 풍성한 수상돌기들은 정상적인 발생 과정의 일환으로 시냅스 가지치기(Synaptic pruding)가 일어난다(**그림 8.8**). 조현병과 연관된 *C4A* 변이체를 가진 사람들은 이런 가지치기가 너무 심하게 일어나서 사고, 계획 및

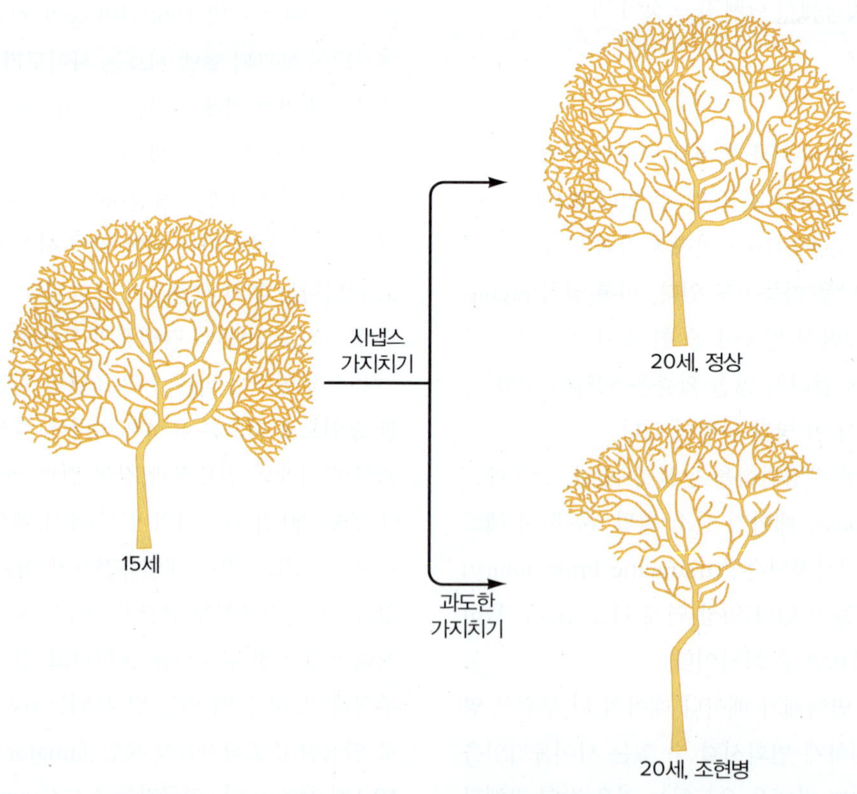

그림 8.9 조현병은 과도한 시냅스 가지치기에 의해 발생할 수 있다. 성인이 되면서 하루에 최대 20억 개의 시냅스가 사라지는 것이 정상이다. 그러나 이 과정의 가속은 조현병의 원인이 될 수 있다.

외부 세계의 정확한 인식을 조절하는 뇌 부위에서 신경 연결이 너무 적게 남아있게 된다(**그림 8.9**). *C4A* 단백질 표식이 붙어 있는 표적 시냅스에서 미세아교세포(microglia)라고 불리는 세포가 가지치기를 한다. 미세아교세포는 주로 세포 찌꺼기를 청소하는 역할을 하는 신경아교세포의 일종이다. 감염에 대한 반응 등에 의해 이것들의 활성이 너무 높으면, 인체는 시냅스를 과도하게 잃게 되고, 뇌에서 뉴런 간의 소통에 문제가 발생하며 조현병 증상이 나타난다.

핵심 개념 질문 8.6

*a. 조현병의 증상은 무엇인가?

b. 조현병은 기분장애와 어떻게 다른가?

c. 유전적 또는 환경적 요인에 의해 유발되는 조현병을 발병시키거나 그 위험도를 높이는데 면역계가 어떻게 작용하는지 설명하시오.

d. 과도한 시냅스 가지치기가 어떻게 조현병 발병시기를 조절할 수 있는지 설명하시오.

8.7 자폐증

자폐 스펙트럼 장애(autism spectrum disorder)는 사회성과 의사소통 기술의 장애를 일으키는데, 증상은 3세 이전에 나타나기 시작한다. 미국에서 40명 중 한 명의 아동이 자폐증에 걸리며 남자아이가 여자아이보다 4배 많다. 자폐증 환자의 약 25%는 나이가 들어감에 따라 간질을 보인다. 비록 자폐증 환자의 70%는 지적장애가 있지만, 나머지 다른 사람들은 매우 지능이 높을 수도 있으며, 많은 사람이 과학이나 예술 분야에서 재능이 뛰어나다(**표 8.3**).

심한 자폐증의 경우, 걸음마 단계의 아동이 실어증에 걸리고 대화를 중단할 수도 있다. 그 아이는 다른 아이들과 노는 것을 거부하고 혼자 있는 것을 선호한다. 앞뒤로 흔들거나, 소중한 물건을 쥐고 있거나, 반복적인 움직임을 하는 것은 일부 아동들이 마음을 진정시키는 행동이다. 자폐아들은 자신을 지칭할 때 "나" 대신에 자신의 이름을 말하고, 눈 맞춤을 피하며, 표정이나 목소리와 같은 비언어적 단서들을 알아차리지 못할 수 있다. 엄격하게 일상적인 일을 반복하게 하는 특수교육과정은 자폐아들이 세상과 접하는 것을 도와 줄 수 있다. 아스퍼거 증후군(Asperger syndrome)이라고 불리는 자폐증의 일종을 앓는 환자는 사회성에 문제가 있지만, 언어 능력 자체는 정상이다.

대부분의 자폐증의 경우, 여러 유전자가 환경적 배경에 대해 다양한 정도로 대응한다. 환경적 촉발요인들로는 태아시기에 풍진(rubella)이나 밸프로에이트(valproate) 약물에 노출되는 것이 포함된다. 임신 후기에 엽산첨가제를 섭취하는 것은 자폐증의 위험을 높이는 후성유전학적 변화를 유도할 수 있다는 증거들이 점점 늘어나고 있다. 환경적 위험요인들을 밝혀낼 보다 좋은 방법은 서로 다른 유전적 유형을 고려해서 같은 유전적 문제점을 가지고 있는 사람들을 비교하는 연구를 하는 것일 수 있다.

표 8.3 자폐 행동을 보인 유명 인사들

이름	특징
알버트 아인슈타인 (Albert Einstein)	몸이 무언가에 닿는 것을 싫어함 교과 학습의 어려움 서투른 대인관계
찰스 다윈 (Charles Darwin)	대면으로 대하기보다는 편지로 소통하는 것을 선호함
에밀리 디킨슨 (Emily Dickinson)	매우 강한 후각 흰 복장 선호 은둔생활 꽃을 열렬히 좋아함
미켈란젤로 (Michelangelo)	관심사가 협소하고 일에 대한 집착 대인관계나 의사소통 기술 부족 확고한 루틴에 대한 집착

자폐증의 유전력은 높다: 약 0.9(유전적 요인에 의한 차이가 90%). 비록 자폐아의 형제자매들은 15%의 걸릴 위험성이 있지만(일반집단의 경우 1.5% 이하인 것을 비교해 보면 매우 높은 수치임), 몇몇 일란성 쌍둥이의 경우 한 명은 걸리고 다른 한 명은 걸리지 않는다. 30개 이상의 의심 유전자 또는 원인 유전자들이 밝혀졌다.

15%의 자폐환자에서 그 증상은 특정 증후군의 일부로서 나타난다. 단일 유전자 이상인 레트 증후군(Rett syndrome; 제2장 도입부 참조), 미토콘드리아 질병(5.2절 참조), 취약 X 증후군과 같은 염색체 이상(임상 연계 12.1 참조) 및 다운증후군(제13장 생명윤리학 참조) 등이 이런 증후군에 포함된다. 자폐증 진단을 위한 정밀 검사는 위와 같은 증상을 검사해보는 것뿐만 아니라 사본 수 변이(copy number variants)를 감지해내는 염색체 마이크로어레이 분석이라고 불리는 검사 등이 포함된다.

자폐증의 유전에 대한 우리의 이해는 유전학 기술의 발전에 따라 향상되어왔다. 처음에는 자폐증과 함께 비정상적인 염색체를 가진 소수의 사람을 대상으로 한 연구를 통해서 병에 걸리기 쉽게 만들거나 원인이 되는 돌연변이를 포함하고 있을 가능성이 있는 유전체(비정상적 염색체) 상의 특정 위치를 발견할 수 있는 길이 열렸다. 이후

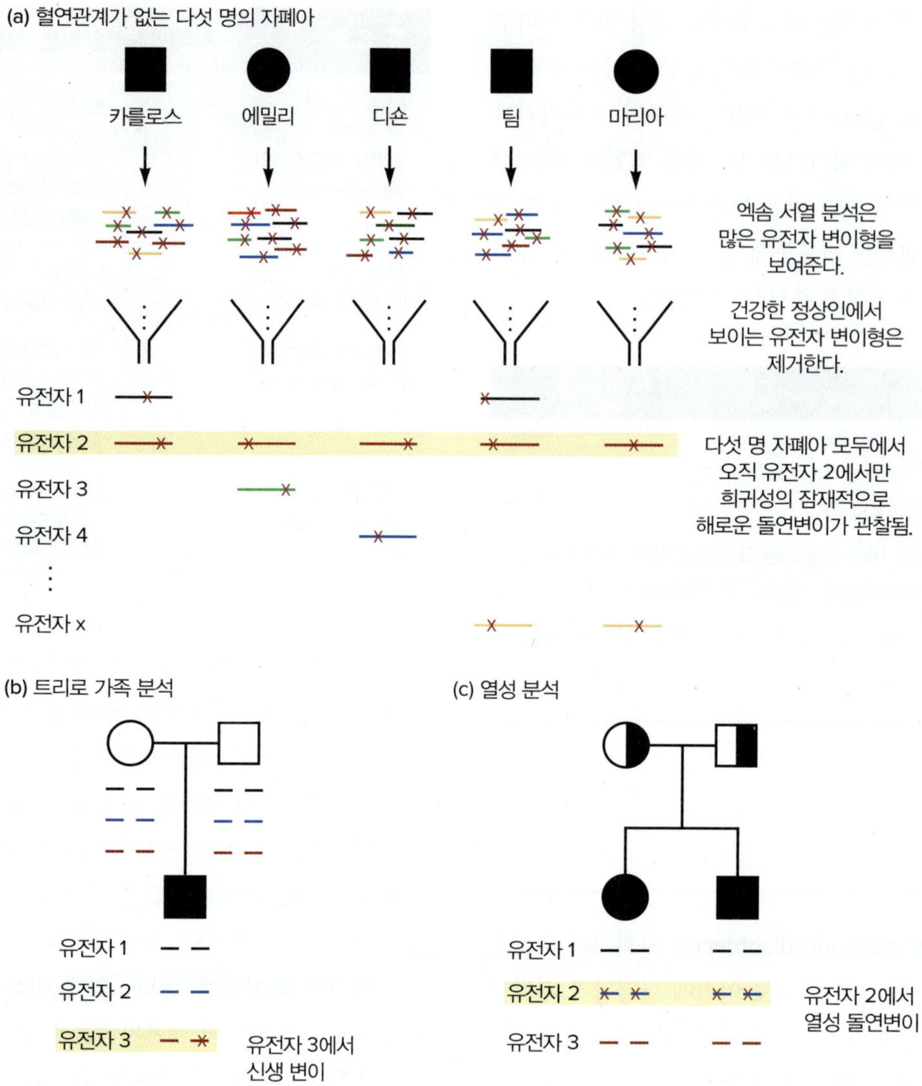

그림 8.10 자폐증에 기여하는 유전자들의 발굴을 위한 엑솜 서열 분석 이용의 세 가지 접근방법. (a) 참조 유전체와의 비교를 통해 혈연관계가 없는 자폐증 환자들이 공유하고 있는 유전자들을 찾아낸다. (b) 트리오 가족 분석은 자녀에서 당대에 생긴 신생 돌연변이를 찾아낸다. (c) 열성 분석은 한명 이상의 자폐아가 있는 가계에서 돌연변이를 찾아낸다.

전유전체 연관성 연구는 자폐 발병위험을 높여주는 유전자들을 포함하는 유전체 부위를 찾아냈다.

자폐증이 매우 많은 유전 증후의 일부분이라는 사실은 다수 유전자의 변이형에 대한 공통적인 반응일 가능성을 암시해 준다. 비정상적인 표정, 발달 지연, 또는 지적장애 등의 증후에서 자폐증이 생기는 경향이 있다. 각 유전 증후들은 자폐증 사례의 1% 미만을 차지하지만, 위의 각 증상을 보이는 개인들의 상당수는 자폐 행동을 보인다.

오늘날 엑솜 및 전유전체 염기서열 분석 사업은 과학자들이 자폐증의 배후에 있는 더 많은 유전자를 밝혀내는 것을 가능하게 해주고 있다. 연구는 이런 기술들에 의해 축적된 방대한 데이터 세트 내에 있는 후보 유전자들에 초점을 맞춘다. **그림 8.10**은 엑솜 또는 유전체 데이터로부터 자폐증 유전자(또는 표현형을 공유하는 다른 유전자)를 밝혀내기 위한 세 가지 일반적인 전략을 보여준다.

첫 번째 전략인 "혈연관계가 없는 다수의 환자(multiple unrelated affected subjects)"는 혈연관계가 없는 많은 자폐증 환자의 엑솜 또는 유전체 염기서열을 집단 데이터베이스에 등록되어있는 건강한 사람들로부터 얻어진 참조 유전체와 비교한다. 어떤 유전자에서 비자폐아에게는 없지만 자폐아들은 공유하고 있는 변이체가 발견되는가? 한 연구에서 과학자들은 여러 명의 자폐증 환자가 있는 55 가계의 구성원들로부터 얻은 유전체 염기서열을 비자폐인의 참조 염기서열과 비교했다. 그들은 153개의 유전체 부위를 찾아냈다. 이후 과학자들은 탐침(밝혀낸 DNA 염기서열을 형광으로 표지해서 복제한 것)을 만들어서 2,175명의 자폐아와 5,801명의 비자폐아들의 DNA에 붙였다. 그런 153개 유전체 부위들 중에서 자폐아들에서 볼 수 있고

생명윤리학

자폐증에 대한 오해의 발견

자폐증 증상이라고 부르는 행동은 명명되지도 않고 심지어는 알아차려지지도 못하고 수 세기 이상 존재해왔다. 초창기 언급된 환자 중 한 명은 "아발론의 야생아"라고 불린 빅터(Victor)이다. 1910년 스위스 정신과 의사인 오이겐 블로일러(Paul Bleuler)가 그리스어로 자신(self)을 의미하는 'autos'와 상태를 의미하는 'ismos'를 합쳐서 독일어로 "autosmus"라는 용어를 처음 만들었는데, 이는 "병적인 자기 몰두(morbidself의 absorption)"라는 의미이다.

미국의 소아 정신과 의사 레오 캐너(Leo Kanner)는 1943년 "유아기의 자폐증"이라고 정의한 11세 소년에 대한 보고를 했는데, 이는 최초의 자폐증에 대한 논문으로 알려져 있다. 그 아이는 특정 물체에 대한 강박관념을 가지고 있었고, 다른 사람과 관계 맺는 것을 할 수 없었으며, 항상 동일한 것을 고집했다. 1944년 빈 대학의 소아과 의사 한스 아스퍼거(Hans Asperger)는 비슷한 특징을 보이는 아동 환자 그룹에 대한 보고를 출판했는데, 수년 동안 이 논문은 주목받지 못했다.

자폐증이 의학적 증상으로 인식되기 이전에, 심한 증상을 보이는 아이들은 무시되거나 학대받는 경향이 있었는데, 심지어 일부는 정신병원에 수감되거나 잔인한 체벌을 받는 경우도 있었다. 1959년 심리학자 브루노 베텔하임(Bruno Bettelheim)은 "조이, 기계소년"이라는 논란의 논문을 《*Scientific American*》에 게재했는데, 여기서 그는 그 소년의 문제 행동을 어머니의 애정 부족 탓으로 돌렸다. 캐너 박사는 "냉혈 엄마(refrigerator motor)"라는 용어를 사용하여 처음에는 여기에 동조했지만, 곧 자폐 행동에 대한 생물학적 해석 증거들이 쌓이고 있다는 사실을 인지했다. 엄마와의 관련성은 여러 명의 자녀가 있는 집에서 왜 한 명의 자폐아만 있는지를 설명하지 못한다.

자폐증이라는 용어가 널리 알려지고 나자, 절망적이던 일부 부모들은 기적적인 치료가 가능해질 것이라는 큰 기대를 가졌다. 물론 몇몇 자폐환자의 경우 뛰어난 재능 덕분에 비정상적 행동이 묻히는 경향이 있기도 했다.

1980년대에 영국의 정신과 의사 로나 윙(Lorna Wing)은 아스퍼거 박사의 업적을 재발견하고, 자폐 스펙트럼 중 일부분인 언어 능력은 큰 문제없지만 미묘한 언어를 구분하지 못하면서 뛰어난 재주나 재능을 가진 사람들을 지칭하기 위해 아스퍼거의 이름을 따서 병명을 지었다. 자폐증은 1980년 **질환의 진단 및 통계편람**(Diagnostic and Statistical Manual)에 등록되었다. 1990년의 장애인 교육법(Individuals with Disability Education Act) 이래로 미국의 공립학교는 자폐 스펙트럼 장애아들을 위한 서비스를 제공하고 있다.

토론을 위한 질문

1. 어떤 사람들은 자폐증이 "환자로 간주되어온" 정상 행동의 극단적 경우의 일환이거나 "신경 다양성"의 발현이라고 주장한다. 자폐증이 의학적 증상인지 아니면 정상 행동의 극단적 경우인지 중 한 견해를 지지해주는 증거는 무엇인가?
2. 자폐증이 질병의 하나로 간주되는 것의 위험성과 이로운 점은 무엇인가?
3. 자폐증이 있는 유명 인사들에 대해 조사하시오. 이 사람들을 연구하는 것의 잠재적 이득은 무엇인가?
4. 베텔하임 박사는 왜 엄마에게 책임을 돌렸는가? 그의 이론을 반박할 수 있는 일상생활 속의 증거는 무엇인가?

자폐증의 위험을 2배 증가시키는 것과 관련이 있는 총 24개의 유전자 변이형을 포함하고 있는 부위가 15로 좁혀졌다.

두 번째 접근방법인 **트리오 가족 분석**(trio analysis)은 양친과 자식 3인조의 DNA 서열을 비교한다. 그림 4.18과 임상 연계 1.1에서는 유전적 자폐증이 있는 아동의 트리오 가족 분석에 대해 설명하고 있다. 이런 연구방법은 부모가 상염색체 열성 유전 또는 X-연관 유전에 대해 보인자인지 또는 자식의 자폐증이 당대에 생긴 신생인지 여부를 판별한다.

세 번째 접근방법인 "열성 분석(recessive analysis)"은 한명 이상의 자녀가 자폐증에 걸렸지만 부모는 정상인 가족에서 DNA 서열을 비교해서 자폐아에서 대립유전자 두 개 모두 돌연변이인 유전자를 찾는다. 이런 방법으로 진행된 한 연구에서 4촌간의 결혼이 빈번한(이 경우 조상을 공유하므로 상염색체 열성 증후가 나타날 위험이 매우 높음) 중동지역의 매우 큰 3가계를 조사했다. 이미 다른 질병을 유발한다고 알려진 3개의 돌연변이를 발견했을 때, 과학자들은 어떤 자폐증의 경우 알려진 다른 증후군의 매우 약한 또는 특이한 형태일 것이라고 가정했다. 과학자들은 자폐증을 동반하는 7개의 다른 알려진 상염색체 열성 증후를 발현했다. 이런 장애는 다면발현성, 즉 그것들은 여러 증후들을 보이는데, 몇몇 아동의 경우 자폐증이 유일한 증후이다.

자폐증을 보이는 사람들로부터 이것을 유발하거나 여기에 기여하는 돌연변이를 찾아낸 후, 다음 과정은 이런 유전자들의 역할이 무엇인지를 알아보는 것이다. 이런 유전자들의 기능 손상이 어떻게 사회성과 의사소통 기술의 장애를 초래하였을까? 예를 들어, **뉴렉신**(neurexins)과 **뉴로리긴**(neuroligins)이라고 불리는 두 종류의 시냅스 단백질의 이상은 일부 자폐증의 원인으로 작용한다.

신호를 보내는 전시냅스 뉴런으로부터 세 종류의 뉴렉신이 뻗어 나오며, 뉴로리긴은 신호를 받는 후시냅스 뉴런으로부터 뉴렉신 쪽으로 뻗어 나온다. 두 단백질이 서로 만날 때, 그것들은 두 뉴런을 서로 가까이 끌어당겨서 하나의 뉴런이 글루탐산 신경전달물질을 이용하여 다른 뉴론으로 신호를 보낼 수 있게 해준다. 돌연변이는 두 단백질의 구조를 변형시켜서 그것들이 원래 할 수 있던 상호작용을 못 하게 만드는데, 그 결과 한쪽 뉴런에서 다른 뉴런으로 신호를 보내는 것을 저해한다(**그림 8.11**). 주위 환경을 경험함으로써 자연스럽게 시냅스가 형성되는 시기인 유아기에 이런 저해 작용이 일어난다면 학습과 기억을 관장하는 뇌 부위에서 시냅스의 감소나 파손에 의해

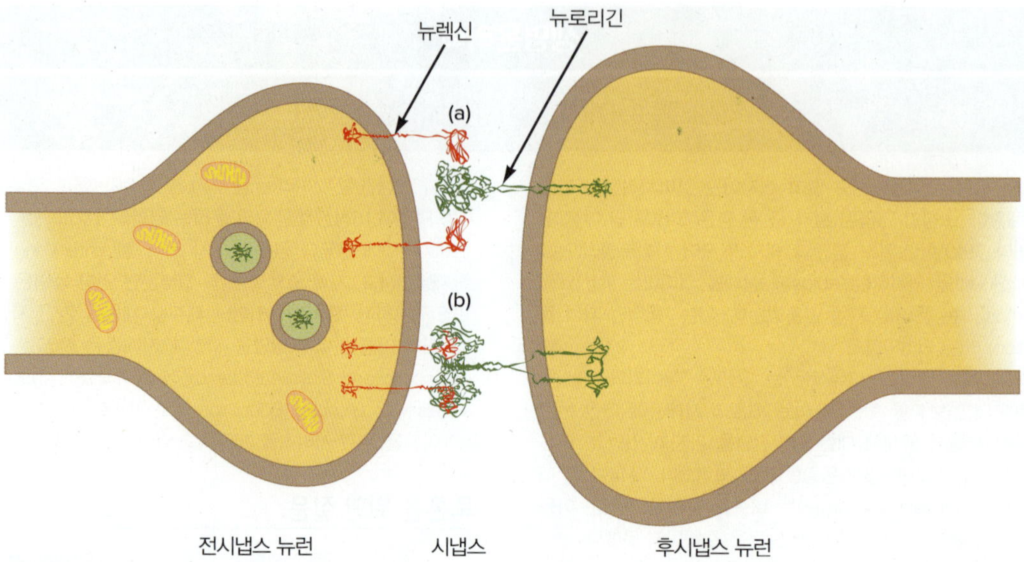

그림 8.11 자폐증에 대한 설명. 몇몇 자폐증의 경우, 뉴렉신과 뉴로리긴이 시냅스에서 충분히 강하게 결합하지 못한다(a). 정상적인 경우 두 단백질은 (b)에서처럼 서로 결합한다.

자폐증 행동이 나타날 수 있다. **생명윤리학** 부분에서는 자폐 스펙트럼 장애에 대한 치료법과 사람들의 시선의 발전에 대한 문제를 다루고 있다.

자폐증 및 이 장에서 논의한 다른 행동장애[또한 신경정신장애(neuropsychiatric disorder)라고도 함]의 배후에 있는 유전자를 밝히는 것은 임상적인 이득이 있다. 유전학적 정보는 증후에 기반을 둔 전통적인 진단 보다 정확성을 높일 수 있으며, 기존 진단방법으로 찾아냈던 증후들의 임상적 세부 유형을 구분할 수 있고, 또한 친척이 그 증상을 보일 위험도(이것은 일반집단의 발병 위험률보다 높음)를 예측할 수 있는 한 방법을 제공해 줄 것이다. 마지막으로 행동장애의 배후에 있는 유전자를 찾아내는 것은 신약 개발 연구에서 중요하다. 언젠가 우리는 지금까지 표현형에 기초해서 전통적으로 묶어서 취급했던 복합 증상의 세부 유형에 대해 유전학적 기반의 개인맞춤형 치료를 받을 수 있을지도 모른다.

핵심 개념 질문 8.7

a. 자폐증이란?

*b. 자폐증 위험에 유전자가 기여한다는 증거는 무엇인가?

*c. 자폐증 발병에 기여하는 환경요인으로는 어떤 것들이 있는가?

d. 엑솜과 유전체 서열 분석이 어떻게 자폐증에 관여하는 유전자를 찾아냈는지 설명하시오.

e. 뉴렉신과 뉴로리긴의 상호작용이 어떻게 몇몇 자폐증 현상을 설명할 수 있는가?

학습 가이드

핵심 용어

뉴렉신(neurexin) 글루탐산을 신경전달물질로 사용하는 전시냅스 뉴런의 세포막에 있는 단백질로서, 구조 변형이 생기면 자폐증에 관여.

신경아교세포(neuroglia) 뉴런을 지지해 주고 영양공급을 해주는 여러 종류의 신경계 세포들.

뉴로리긴(neuroligin) 글루탐산을 신경전달물질로 사용하는 후시냅스 뉴런의 세포막에 있는 단백질로서, 구조 변형이 생기면 자폐증에 관여.

뉴런(neuron) 신경세포.

신경전달물질(neurotransmitter) 신경계에서 시냅스를 건너서 신호를 전달해주는 분자.

시냅스(synapse) 신경전달물질이 신호를 전달하기 위해서 반듯이 건너야 하는 두 뉴런 사이의 공간.

복습문제

1. 뇌에 있는 두 종류의 주요 세포는 무엇이며, 그들의 역할은 무엇인가?
2. 기분장애, 조현병 및 자폐증은 왜 복합 형질로 간주되는가?
3. 결여되거나 비정상적으로 되었을 때 행동의 변화를 유도할 수 있는 단백질들을 포함하는 경로 또는 기전 두 가지를 나열하시오.
4. 아래 유전자들의 변이형이 어떻게 특정 행동장애의 발병위험에 영향을 끼치는지 설명하시오.
   a. 오렉신 수용체를 암호화하는 유전자
   b. *period 2* 유전자
   c. 도파민 D(2) 수용체 유전자
   d. 니코틴 수용체 소단위 유전자
   e. 세로토닌 수송체 유전자
   f. *C4 complement componnet 4*
   g. 뉴렉신과 뉴로리긴을 암호화하는 유전자
5. 가족성 수면주기 전진 증후군을 보이는 가족의 경우, 단지 모든 가족들이 우연히 비정상적인 수면시간에 익숙해졌지 때문이라기보다는 유전적 요인이 있다는 사실을 보여주는 증거는 무엇인가?
6. 중독을 정의하는 두 가지 특징은 무엇인가?
7. 우리 몸이 코카인, THC 및 아편제에 대한 자체 용도를 가지고 있다는 증거는 무엇인가?
8. 우울증 치료에서 SSRI들의 예상 작용 원리는?
9. 주요우울장애를 유전적으로 세분류하는 것은 어떻게 임상적 효과를 향상시킬 수 있는가?
10. 어떻게 환경적 요인과 유전적 요인이 함께 조현병을 야기할 수 있는지 설명하시오.
11. 그림 8.10에 나와 있는 자폐증 유전자 발굴을 위한 세 가지 접근방법의 차이를 설명하시오.
12. 뇌 시냅스에서 뉴렉신과 뉴로리긴의 비정상적인 상호작용이 어떻게 자폐증을 유도할 수 있는지 설명하시오.

응용문제

1. 외상 후 스트레스 장애 발병위험을 현저히 높일 수 있는 유전자 변이형과 환경적 요인을 찾으시오(법과학적 관점 문제 1 참조).
2. 벨솜라(Belsomra)라는 약물은 오렉신을 저해한다. 이 약물은 어떤 증상을 치료하는가?
3. 많은 고연령자는 수면주기 전진 증후군을 경험한다. 비록 이런 현상이 정상적인 노화의 한 부분일지라도, 선천성 질환을 가진 유타(Utah) 가족들의 연구 결과는 어떻게 고연령자들이 정상적인 수면을 취할 수 있도록 돕는 약물을 과학자들이 개발하는데 도움을 줄 수 있는가?
4. 사람들의 거부감을 일으키지 않게 몇몇 용어들이 바뀌고 있다. "정신지체(mental retardation)"는 이제 "지적장애"의 한 증상으로, "약물중독"은 "약물사용 장애"의 한 발현로 간주된다. 이런 용어의 재정의가 도움이 된다고 생각하는가 아니면 혼란만 야기한다고 생각하는가? 대답에 대한 이유를 나열하시오.
5. 니코틴 수용체의 소단위 구조를 통해 어떻게 상위(epistasis)의 기작을 설명할 수 있는가? (상위란 어떤 유전자가 다른 유전자의 발현에 영향을 끼치는 것을 말한다. 제5장 참조)
6. 출생 시 그 사람이 약물중독으로 발전할 위험이 높은지 여부를 알아보기 위해 시행하는 유전학적 검사의 장단점은 무엇인가?
7. 조울증의 어떤 측면이 매우 창의적인 사람들에게서 이 질병이 더 많이 관찰된다는 사실을 설명할 수 있을까?
8. 조현병 환자의 손자와 조카 중에서 누가 조현병에 걸릴 위험이 더 높은가?
9. 미국에서 2012년 이후 자폐증 발병빈도는 급격히 증가하고 있다.
   a. 위 발견은 자폐증 요인으로서 환경적 요인과 유전적 요인 중 어떤 것에 대한 증거로 더 적합한가?
   b. 자폐증 발병빈도 증가를 설명할 수 있는 비유전적 요인은 무엇인가?
10. 어떤 유전자 검사 회사에서 전유전체 연관성 연구 결과를 바탕으로 우울증과 특정 약물에 대한 반응 위험도 검사 서비스를 제공한다. 특정 개인에 대한 위 검사의 가치를 높이기 위해서는 어떤 추가적인 정보가 필요한가?

법과학적 관점

1. 43세의 프랜시스(Francis)가 곧 헤어질 예정인 부인이 남자친구와 함께 침대에 있는 것을 발견했을 때, 그는 두 사람을 총으로 쏴서 살해했다. 변호사는 신경전달물질인 세로토닌, 도파민 및 노르아드레날린을 분해하는 효소인 모노아민옥시다아제 A(monoamine oxidase A, *MAOA*), 그리고 세로토닌 수송체(serotonin transporter, *SLC6A4*)의 유전자형 분석을 포함한 법과학적 정신병 분석을 주문했다. *MAOA*의 "고활성" 대립유전자는 아동학대를 경험한 적이 있는 사람에서 폭력성과 관련성이 있다. *SLC6A4* "짧은" 대립유전자를 하나 또는 두 개 물려받는 것은 높은 스트레스에 시달리는 사람들의 우울증 및

자살 충동과 관련이 있다. 프랜시스는 고활성 *MAOA* 유전자형과 두 개의 짧은 *SLC6A4* 대립유전자를 가지고 있었고, 평생 학대와 스트레스에 시달려 왔었다. 그러나 판사는 유전자형 검사 결과를 증거로 받아들일 수 있을 만큼 과학은 법적 증거로 충분하지 않다고 판결했다.

a. 위와 같은 경우에, 어떤 조건 또는 상황에서 유전자형 검사 결과를 포함하는 것이 유효하다고 생각하는가?
b. 한 네덜란드 가계에서 *MAOA*를 손상시킨 한 돌연변이가 약한 지적장애와 행동 이상 증후를 유발한다고 알려져 있다. 그 가계의 구성원들이 방화와 강간 미수를 저지르고, 노출증을 보였다. 어떻게 특정 효소 활성이 높거나 낮은 것이 둘 다 모두 행동 문제를 야기할 수 있는가?
c. 범죄 재판에서 행동학적 유전자형 분석을 활용하는 것의 한계점은 무엇인가?
d. 대중매체에서는 종종 MAOA를 "투사 유전자(warrior gene)"라고 부르는 기사를 싣는다. 이런 별명을 사용하는 것의 부정적인 결과는 무엇인가?

사례 및 연구 결과

1. 유흥가에서 엑스타시, X, E 그리고 디스코 비스킷이라고 알려져 있는 MDMA 약물은 26명의 참전용사, 소방관 및 경찰관들의 PTSD 치료를 위해 임상실험된 적이 있다. 정신과 치료와 병행했을 때 이 약물은 PTSD 증상을 완화시켰다. 식약청이 이 약물을 PTSD 치료제로 승인하기 전에 어떤 추가적인 정보가 필요한가?

2. 《*Sleep Donation*》이라는 커렌 러셀(Karen Russell)의 단편 전자책(e-Book)에서는, 밝은 스크린을 과도하게 사용하는 것이 이 장에서 언급한 어떤 단백질을 암호화 하고 있는 유전자의 비정상적 발현으로 인한 전염성 치명적 불면증의 대유행을 초래한다. 여기에 관여하는 유전자의 이름을 말하고, 불면증을 유발하기 위해서 그 유전자가 과발현될지 또는 저발현될지 말해보시오(이 소설은 픽션이다).

3. 많은 연구에서 작가, 배우, 무용수, 음악가 및 시각예술가등의 창의적 직업에 종사하는 사람 중에는 조울증이나 조현병 환자의 친척들이 많다는 사실을 밝혔다. 아이슬란드의 과학자들은 수십만 명의 사람들로부터 유전정보를 분석하고, 다음 사실을 발견했다. 위 두 증상을 보이는 사람들과 연관된 유전자 변이형들은 어떤 정신병 진단도 받지 않았지만 아이슬란드 예술가협회 회원인 사람들의 가족 구성원들에게서도 높게 발견된다.

   a. 어떻게 같은 유전자 변이형들이 어떤 가족 구성원들에게는 조증이나 조현병을 야기하고, 다른 사람들에게는 창의성을 야기할 수 있는가?
   b. 위와 같은 발견에 비추어 볼 때, 위의 장애 중 하나 또는 둘 모두 정상 행동의 극단으로 간주해야만 하는가?

CHAPTER 9

DNA 구조와 복제

Dinodia/age fotostock

DNA 염기서열 비교는 야생동물 밀렵과 같은 문제를 해결하는 하나의 방법이다.

학습 목표

9.1 실험을 통한 유전물질의 동정 및 기술

1. 유전물질이 단백질이 아닌 DNA임을 증명한 실험을 설명하시오.
2. 왓슨(Waston)과 크릭(Crick)이 어떻게 DNA의 구조를 추론하였는지 설명하시오.

9.2 DNA의 구조

3. DNA 뉴클레오타이드의 구성 요소들을 나열하시오.
4. DNA 분자 가닥을 형성하기 위해 어떻게 뉴클레오타이드가 2개의 사슬(체인)로 연결되는지 설명하시오.
5. 어떻게 긴 DNA 분자가 접혀 고리를 형성하는지 설명하시오.

9.3 DNA 복제-유전정보의 유지

6. DNA 반보존적 복제에 대해 설명하시오.
7. DNA 복제 과정을 설명하시오.
9. 중합효소 연쇄반응(PCR)으로 세포 밖 DNA가 증폭되는 방법에 대해 설명하시오.

9.4 DNA 염기서열의 결정

9. DNA 분자의 염기서열을 밝히는 기본 전략에 대해 설명하시오.
10. 차세대 염기서열 결정법은 생어(Sanger)의 분석방법에 비해 어떻게 향상되었는지 설명하시오.

개관

DNA는 생명의 기본이 될 수 있는 세 가지 조건을 갖췄다: 정보를 가지고 있고 스스로 복제가 가능하며 변하기도 한다. DNA 염기서열은 개인 식별 및 유전질환 진단 검사의 기초로 사용될 수 있다.

코끼리 법과학

매년 밀렵꾼들은 아프리카의 코끼리 엄니에서 50톤 이상의 상아를 가져간다. 코끼리의 개체수는 50만 마리 정도이며 멸종 위기에 있다.

연구원들은 밀렵당한 상아의 지리적 출처를 확인하기 위해 아프리카 29개국 71구역에 있는 1,350마리(사바 코끼리 1,001마리, 숲 코끼리 349마리)의 코끼리 배설물을 수집하였다. 연구원들은 16개 유전자의 짧은 반복서열을 이용하여 DNA 유전자형을 확인하였다. 그들은 1996년부터 2014년까지의 대규모 포획의 20%에 해당하는 500kg에 달하는 28개의 상아에서 유전자형을 분석하였다.

연구원들은 코끼리의 배설물과 엄니의 DNA 패턴을 비교하여 밀렵이 어디서 발생했는지 추론하였다. 사바나 코끼리 엄니는 모잠비크와 탄자니아에서 왔고, 숲 코끼리 엄니는 가봉, 콩고, 중앙아프리카 공화국에서 왔다. DNA 분석 결과, 상아는 보관장소에서 선적장소로 이동하였다는 사실도 밝혀냈다.

엄니의 DNA는 바깥쪽인 백악질 층에 있다. 연구원들은 샘플을 분쇄한 다음, 유전자형을 결정하기에 충분한 DNA를 얻기 위해 화학물질을 사용하여 미네랄과 단백질을 제거하였다.

9.1 실험을 통한 유전물질의 동정 및 기술

"유전물질은 두 가지 일을 수행해야 한다: 자신을 복제하는 것과 구체적인 방법으로 세포 나머지 부분의 발달(development)을 조절하는 것이다." 1953년에 제임스 왓슨(James Watson)과 함께 DNA의 3차원 구조를 발견한 프란시스 크릭(Francis Crick)이 기술한 글이다(*Nature*, 1953: 737-738). 이러한 조건은 오직 DNA만이 이를 만족시킬 수 있다.

DNA는 19세기 중반 스위스의 내과 의사이자 생화학자인 미셔(Freidrich Miescher)에 의해 오염된 붕대 속 고름에 들어있는 백혈구의 핵에서 최초로 묘사되었다. 핵 속에서 그는 질소와 인을 포함하고 있는 특이한 산성 물질을 찾아냈다. 그와 다른 연구자들은 다양한 출처에서 나온 세포들에서 그것을 발견하였고 그 물질이 세포핵 안에 존재하고 있었기 때문에, 미셔는 1871년의 논문에서 그것을 **뉴클레인**(nuclein)이라고 불렀는데, 이후 그것은 핵산이라 칭해졌다. 그 당시, 유전질환의 원인은 단백질일 것이라고 일반적으로 생각했었기 때문에 오직 소수의 사람만이 미셔의 발견을 제대로 인정해주었다.

1902년, 영국의 내과 의사 개로드(Archibald Garrod)가 처음으로 유전질환과 단백질을 연관시켰다. 그는 물질대사에 특정한 선천적 오류를 가지고 있는 사람들이 특정한 효소가 결여되어 있음을 주목했다. 다른 연구자들에 의해 특이한 눈 색깔의 초파리와 영양소 합성 결함을 가진 빵 곰팡이에서도 효소와 유전적 이상 사이에 관련이 있다는 증거들이 추가로 발견되었다. 이들 두 종에서는 특정 효소가 없거나, 혹은 비정상적이었다. 연구자들은 정확히 무엇이 효소와 유전 간의 연결고리인지를 알고 싶어 했고, 미셔의 핵산 발견으로 돌아왔다.

DNA는 유전되는 분자이다

1928년, 영국의 미생물학자인 그리피스(Frederick Griffith)는 DNA를 유전물질로써 규명하기 위한 첫 번째 단계를 밟았다. 그는 1918년 유행성 독감 이후, 인플루엔자보다 더 치명적인 폐렴을 수년에 걸쳐 연구하고 있었다. 그리피스는 특정 형태의 폐렴을 앓는 쥐가 두 가지 형태의 **폐렴쌍구균**(*Streptococcus pneumoniae* bacteria) 중 하나를 가지고 있다는 것에 주목했다. R형 균은 표면이 거칠고, S형 균은 다당류(탄수화물의 한 종류)로 쌓여 있기 때문에 매끈하다. R형 균을 주사한 쥐는 폐렴을 앓지 않지만(**그림 9.1a**), S형 균을 주사한 쥐는 폐렴으로 죽었다(그림 9.1b). 다당류 막으로 싸인 박테리아가 바이러스성 감염을 야기했다. 변하지 않은 R형 균이나 S형 균을 주사

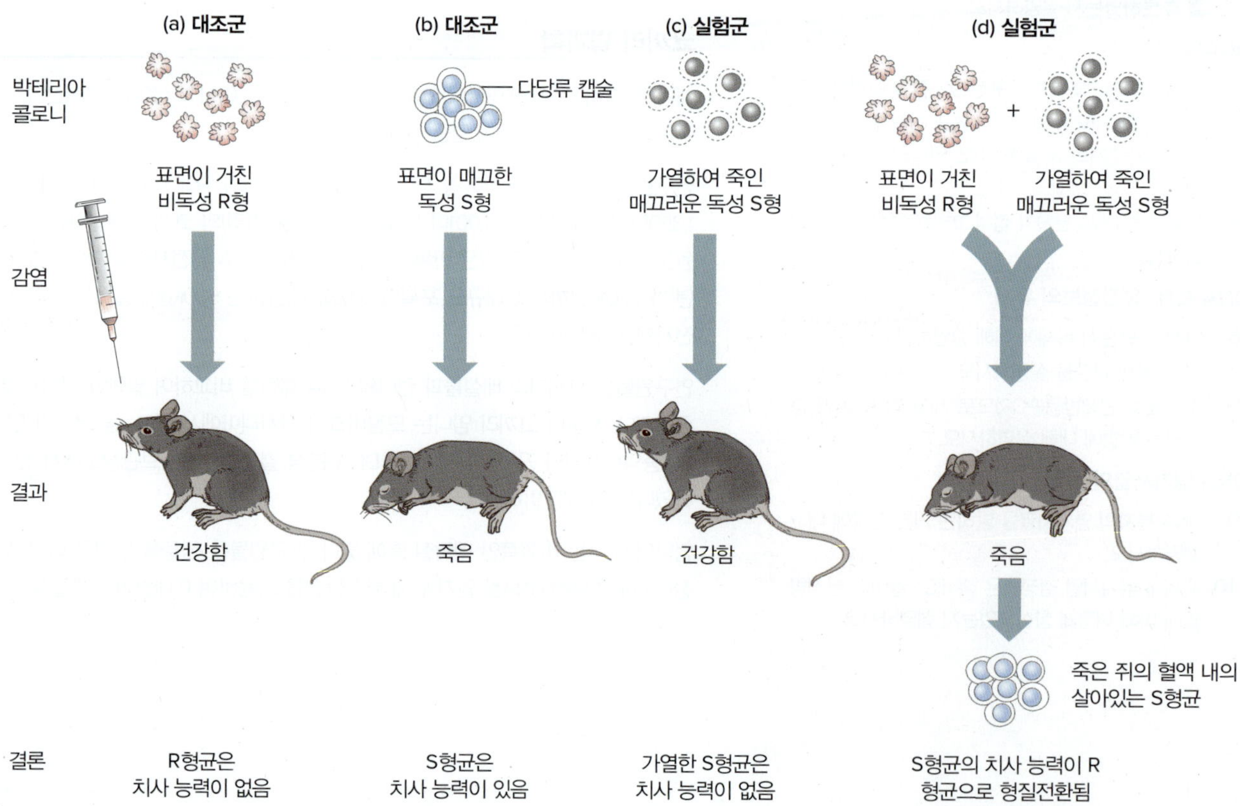

그림 9.1 박테리아 형질전환의 발견. 그리피스 실험은 치사 형균의 물질이 비병원성 박테리아를 병원성으로 형질전환될 수 있다는 것을 보여준다.

한 쥐는 대조 실험으로, 실험적인 조작이 없는 상황을 나타낸다.

S형 균을 가열하면 세균이 죽어서, 더 이상 쥐에게 폐렴을 일으키지 못한다(그림 9.1c). 그러나 그리피스가 R형 균과 열을 가하여 죽인 S형 균의 혼합물–둘 중 무엇도 독자적으로는 쥐에게 치명적이지 않다–을 쥐에게 주사했을 때, 그 쥐는 폐렴으로 죽었다(그림 9.1d). 그들은 다당류로 둘러싸인, 살아있는 S형 균을 함유하고 있었다. 그리피스는 이와 같이 한 종류의 세균이 다른 종류로 명백하게 전환된 것을 '형질전환(transformation)'이라고 불렀다. 그것은 어떻게 일어났을까? 죽어있는 매끈한 균 속에 들어있는 어떤 구성 요소가 R형을 S형으로 형질전환 시킨 것일까? 1941년 제2차 세계대전 당시, 그는 독일의 런던 폭격으로 인해 사망하며 추가적인 실험을 통해 이 질문들에 답을 할 수는 없었다.

미국의 내과 의사 에이버리(Oswald Avery), 맥클리오드(Colin MacLeod), 매카티(Maclyn McCarty)가 실험의 다음 단계를 실행하였다. 그들은 핵산이 '형질전환의 본질'일 것이라는 가설을 세웠다. 그들은 단백질을 분해하는 효소인 단백질분해효소와 손상되어 깨진 S형 균을 함께 처리하였을 때 무독성 균이 유독성 균으로 형질전환을 하나, 그러한 균을 DNA만을 분해하는 효소인 DNA 분해효소(DNase)와 함께 처리하였을 때는 무독성 균이 유독성 균으로 형질전환 되지 않는 것을 관찰했다. 1944년에, 그들은 DNA가 세균을 형질전환 시켰다는 것을 확인했다. 그들은 열을 가하여 죽인 S형 균으로부터 DNA를 분리한 후 그것을 R형 균과 함께 쥐에게 주사했다(**그림 9.2**). 그 쥐는 죽었고, 죽은 쥐의 몸 안에서는 활성형의 S형 균이 발견되었다. 따라서 결론은 다음과 같다: DNA가 S형 균으로부터 R형 균으로 전해져, R형 균이 감염에 필요한 매끈한 막을 생성할 수 있도록 했다. R형 균이 매끄러운 표면의 막을 갖게 되면, 더 이상 R형 균이 아니다.

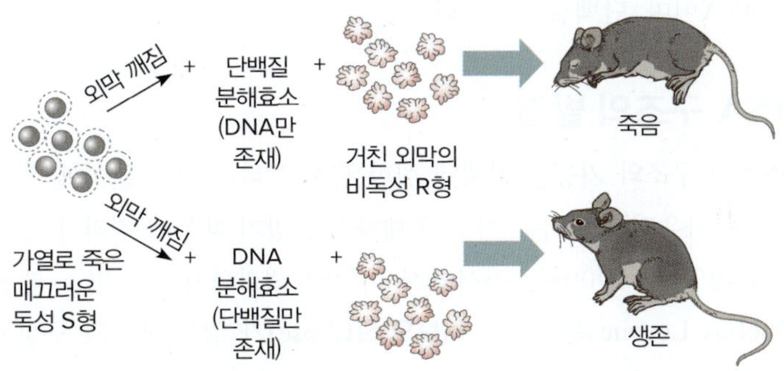

그림 9.2 DNA는 "형질전환 본질"이다. 에이버리, 맥클리오드, 매카티는 DNA가 그리피스의 형질전환 물질임을 증명하였다. 박테리아의 세포 내 물질을 분해하여 방출시키기 위해 박테리아에 단백질을 분해하는 효소(protease)나 DNA 분해효소(deoxyribonuclease 또는 DNase)를 첨가함으로써 연구자들은 단백질이 아닌 DNA가 박테리아를 형질전환 한다는 것을 입증하였다.

단백질은 유전되는 분자가 아니다

과학자들은 생명현상들을 설명하기 위해 실험을 계획하고 실행하며 이를 통해 일부 가설들을 제거한다. 그러한 실험적 가설들은 명백한 사실이 아닐 수 있는, 증거를 제공하기 때문에 이후 새로운 자료가 나왔을 때 결론이 바뀔 수도 있다. 유전물질을 확인하기 위한 일련의 실험에서, 연구자들은 또한 단백질이 유전적 정보를 전달하지 않는다는 것도 보여 줘야 했다. 이를 위해, 1953년 미국의 미생물학자 허쉬(Alfred Hershey)와 체이스(Martha Chase)는 DNA를 둘러싼 'Head' 단백질로 이루어진 바이러스에 감염시킨 **대장균**(*E.coli*)을 이용했다. 바이러스는 대장균의 세포 안으로 그들의 DNA(혹은 RNA)를 주입하여 대장균을 감염시킨다. 그렇게 되면 감염된 세균은 더 많은 바이러스를 생산할 수 있다. 바이러스의 단백질 외피는 세균세포의 바깥쪽에 남아있다.

연구자들은 바이러스가 흡수하는 방사성 화학물질을 포함하고 있는 배지에서 바이러스를 증식시킴으로써 그것을 분석할 수 있었다. 만약 그 화학물질이 DNA 또는 RNA의 일부라면, 그 "표지된" 바이러스의 핵산은 방사선을 방출하여 다양한 방법으로 검출될 것이다. 허쉬와 체이스는 단백질이 인(P)이 아닌 황(S)을 포함하고 있고 핵산은 황(S)이 아닌 인(P)을 포함하고 있는 것을 알고 있었다. 두 물질 모두 방사성 형태로 존재하기에, 허쉬와 체이스는 오직 바이러스의 유전물질이 세균에 들어감으로 인해 감염이 일어난다는 가설을 세웠다.

허쉬와 체이스가 방사성 황이 있는 배지에서 바이러스를 배양할 때, 바이러스의 **단백질 외피**(protein coat)가 방사성 물질을 함유하므로 방사능을 방출하였지만, 방사성 인을 이용하여 실험을 수행하였을 때에는 바이러스의 DNA가 방사능을 방출했다. 만약 단백질이 유전물질이라면, 감염된 세균은 방사성 황을 가지고 있을 것이다. 그러나 만약 DNA가 유전물질이라면, 세균은 방사성 인을 가지고 있을 것이다.

허쉬와 체이스는 두 그룹의 바이러스 중 한 그룹은 방사성 황(^{35}S로 표기)을 포함한 배지에서 증식시키고, 다른 한 그룹은 방사성 인(^{32}P로 표기)을 포함한 배지에서 증식시켜 표지했다. 단백질은 황과 결합하고 있지만 DNA는 그렇지 않으므로, 황 배지에서 증식된 바이러스의 경우 그들의 단백질이 표지되었지만, DNA는 표지되지 않았다. 반대로, 표지된 인 배지에서 증식된 바이러스는 그들의 DNA가 표지되었지만, 단백질은 표지되지 않았는데 그 이유는 인은 단백질이 아닌 DNA에서 발견되기 때문이다.

바이러스 입자들이 세균에 부착되어 세균 속으로 유전물질을 주입하도록 몇 분을 경과시킨 후 허쉬와 체이스는 각각의 혼합물을 혼

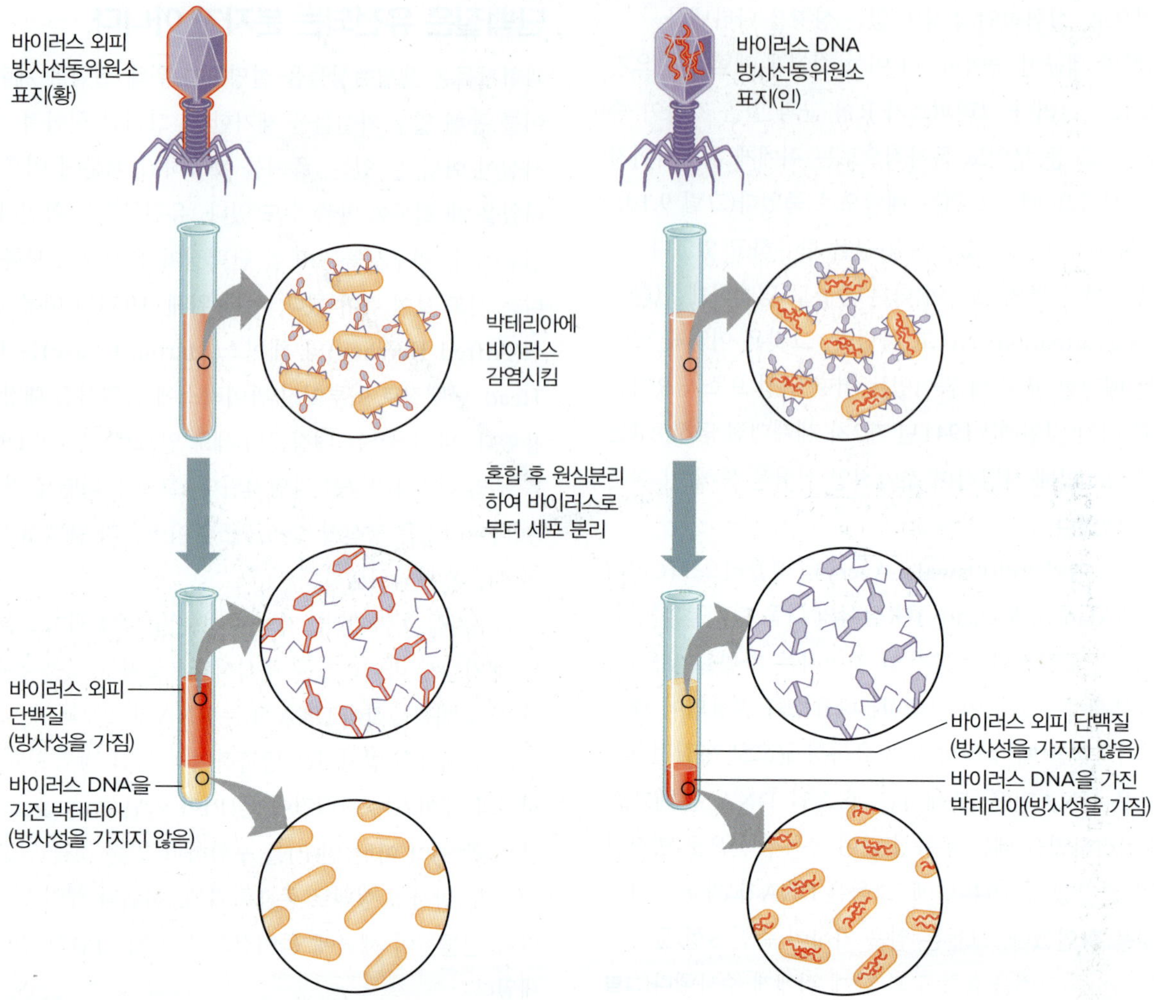

그림 9.3 DNA는 유전물질이다. 단백질이 아니다. 허쉬와 체이스는 서로 다른 방사성 물질을 사용하여 바이러스 외피의 단백질과 유전물질(DNA)을 구별하였다. 이것은 "블렌더 실험(blender experiments)"으로 바이러스가 단백질이 아닌 DNA를 박테리아에 옮긴다는 것을 증명하였다. 그러므로 DNA는 유전물질이다. 블렌더 실험은 검출이 가능한 방사선을 방출하는 인과 황의 방사성동위원소를 사용하였다.

합기에 넣고 저어서 바이러스의 빈 단백질 외피가 떨어져 나가도록 했다. 각각의 혼합기 안의 내용물은 시험관에 모여서 원심분리기에서 빠른 속도로 돌려졌다. 이 작업으로 더 큰 세균이 튜브의 바닥에 쌓이며 "pellet(펠렛)"을 만들고 가벼운 바이러스의 외피가 그 펠렛 이외의 액체에 남아 있게 된다.

과정이 끝났을 때, 허쉬와 체이스는 각 시험관에서 가장 위쪽에 존재하는 바이러스 외피와 바닥에 가라앉은 감염된 세균을 모두 포함하는 파편들을 조사했다(**그림 9.3**). 황으로 표지된 바이러스를 포함하는 시험관에서는, 바이러스의 외피가 방사선을 띠었지만 바이러스에 감염되어 바이러스의 DNA를 가지고 있는 세균은 방사성을 띠지 않았다. 바이러스가 방사성 인과 혼합되어 있던 다른 시험관에서는, 바이러스 외피는 방사성 표지를 지니지 않았지만 감염된 세균은 방사성을 띠었다. 따라서 바이러스의 일부분은 세균 안으로 들어갈 수 있으며 더 많은 바이러스를 대량 생산하도록 명령하는 바이러스의 부분은 인과 혼합되어 있던 부분, 즉 DNA였다. 그러므로 유전물질은 DNA이며, 단백질이 아니다.

DNA 구조의 발견

DNA의 구조와 기능을 밝혀낸 실험은 서로 다른 학문 분야에서 나왔고 분자유전학 분야는 아직 존재하지 않았기 때문에 결과가 일정하지 않았다. 1909년, 러시아계 미국인 생화학자인 피버스 레빈(Phobus Levene)은 5탄당 **리보오스**(ribose)가 일부 핵산의 구성성분임을 확인했고, 1929년에서는 유사한 당인 **디옥시리보오스**(deoxyribose)을 다른 핵산에서 발견하였다. 그는 RNA와 DNA의 주요한 화학적 차이를 밝혀냈다: RNA는 리보오스를, DNA는 디옥시리보오스를 가지고 있다(특정 단백질을 생성하기 위해 세포에 지시하는

그림 9.4 **DNA 구조 해독.** (a) 로잘린 프랭클린의 B형 DNA의 "Photo 51"은 왓슨과 크릭이 3차원 구조를 추론하는 데에 결정적인 역할을 하였다. 중앙의 "X" 자는 이중나선을 의미하는 것이고 어두운 지역은 대칭적이고 조직적인 구조임을 보여준다. (b) 프랭클린은 암으로 요절하였다. *(a): Science Source/Science Source; (b): National Library of Medicine/Science Source*

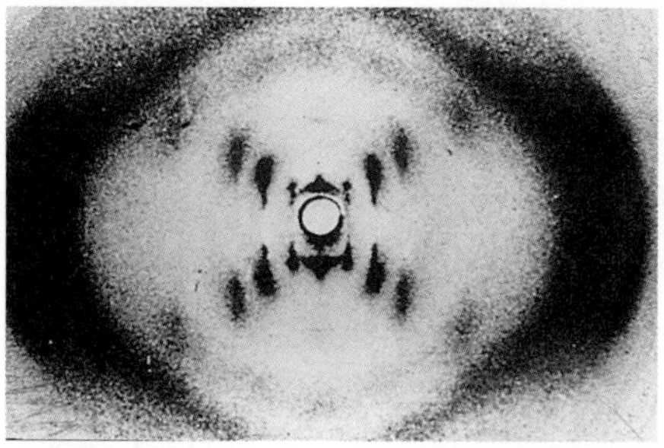

(a)

(b) 로잘린 프랭클린 1920–1958

그림 9.5 **왓슨과 크릭.** 이 유명한 사진에 사인을 하여 2003년도에 열린 DNA 구조 발견 50주년 행사에서 팔았다면 높은 가격에 판매되었을 것이다. 크릭이 계산적으로 DNA 구조 모델을 가리키며 설명하고 있다. *A. Barrington Brown/Science Source*

DNA 분자 내에서 RNA는 DNA의 정보 운반체로 사용된다).

그 후 레빈은 핵산의 3가지 부분–당, 질소를 포함하는 염기, 인을 포함하는 구성 성분–이 대략 같은 비율로 존재함을 발견했다. 그는 핵산의 구조에는 각 구성 요소가 반드시 하나씩 포함되어 있을 것이라고 추론하였다. 그리고 설령 당과 인산 부분이 항상 같다고 해도 질소를 포함하는 염기 부분은 4가지의 유형이 있다고 주장하였다. 과학자들은 처음에는 각 염기가 같은 양으로 이루어져 있다고 생각하였다. 만약 그렇다면, 각 염기가 다양하게 존재할 때보다 DNA는 많은 정보를 암호화하지 못할 것이다. 4가지의 염기가 같은 비율로 존재한다면 얼마나 많은 유용한 단어들이 줄어들지 상상해 보자.

1950년대 초, 2가지 증거가 융합되어 결정적인 단서로 작용되어 마침내 DNA의 구조가 밝혀졌다. 오스트리아계 미국인 생화학자인 샤가프(Eriwin Chargaff)는 DNA에 아데닌(adenine, A)과 티민(thymine, T)의 양이 같고 구아닌(guanine, G)과 시토신(cytosine, C)의 양이 같음을 증명하였다. 그 후 영국인 물리학자 윌킨스(Maurice Wilkins)와 영국인 화학자인 프랭클린(Rolsalind Franklin)은 X–선 회절이라고 불리는 X–선 기술을 이용하여 DNA의 X–선을 조사했다. X–선에 노출된 무늬로부터 DNA가 이중나선 구조(helix)라는 것을 포함해서 그 구조의 몇몇 특징들을 보여줬다. 윌킨스와 프랭클린의 자료가 이중나선을 구성하는 원자들 간에 거리가 있다는 것을 보여줬다.

로잘린 프랭클린은 DNA가 두 가지 형태가 있다는 중요한 단서를 제공하였다. 그녀는 건조하고 결정체 구조인 "A형"과 세포에서 관찰되는 물기가 많은 "B형"으로 구분했다. 그녀는 100여 시간 동안 관찰한 결과 1952년 5월에 B형에서 "photo 51"을 얻게 된다(**그림 9.4a**). 그녀가 대학원생이었던 시절, 윌킨스에게 이 photo 51를 보여주었고 그는 1953년 1월 말에 그 사진을 왓슨에게 보여주었다. 그는 이 주목할 만한 구조가 대칭임을 알아보았고 사진에서 인산기의 위치를 알아내었으며 매끈한 나선형이 가장 적합하다고 생각했다.

이들의 경쟁은 2월에도 지속되었다. 이때 생화학자인 폴링(Linus Pauling)은 DNA의 3중 나선구조를 제안하여 유명해졌다. 하지만 이는 틀렸다. 반면에 왓슨과 크릭은 "photo 51"을 본 후, 거의 대부분을 차지하는 특정한 당–인산 골격에서 염기들에 주목하게 되었다. 그들은 정교한 화학이나 결정학이 아닌 마분지를 도려낸 그림을 이용한 작업을 통해서 DNA의 구조에 대한 답을 찾았다.

2월 28일 토요일 아침 왓슨은 크릭을 만나기 위해 일찍 도착하였다. 그를 기다리는 동안 왓슨은 4개의 DNA 염기를 마분지 카드로 잘라 맞춰 보기 시작하였다. A와 A를 맞춰보고 난 후, 다시 A와 G를 맞춰보고 A와 T를 조합하여 보고 그리고 G와 C를 조합하였다. 그는 비슷한 모양임을 알게 되었고 갑자기 모든 조각이 맞게 되었다. 그는 이중나선을 만드는 "과정"에서 필요한 염기 사이의 화학적 인력(수소결합)을 고려하여 모델을 제작해 나갔다. 40분 후 크릭이 도착하였을 때 둘은 빠르게 DNA 구조의 퍼즐을 완성하였다(**그림 9.5**). 왓슨과 크릭은 더 자세하고 전형적인 "공과 막대기" 금속 모델을 만들

표 9.1	이중나선의 역사	
연구자	공헌도	시대
미셔	백혈구 핵에서 핵산(nuclein; 뉴클레인)을 분리함	1869
그리피스	이형 박테리아 간의 치사성 형질전환을 유도함	1928
에이버리, 맥클리오드, 매카티	DNA가 박테리아 치사성을 전염시키는 물질임을 발견함	1940년대
허시, 체이스	바이러스의 일부분을 감염시켜 단백질이 아닌 핵산이 복제되는 것을 발견함	1950
레빈, 샤가프, 윌킨스, 프랭클린	DNA의 구성 요소, 비율, 위치 발견함	1909~195년대 초
왓슨, 크릭	DNA의 3차원 구조를 상세히 설명함	1953
왓슨	자신의 DNA 염기서열을 분석함	2008

었고, 단 한 번의 반복 실험도 없이 그들의 발견을 1953년 4월 25일 〈*Nature*〉 잡지에 논문을 발표하였다.

왓슨, 크릭 그리고 윌킨스는 마침내 노벨상을 받았다. 1958년 프랭클린이 37세에 난소암으로 사망하지 않았다면 노벨상을 받았을 것이다. 그러나 최근 몇 년 동안 DNA 구조에 대한 해답을 구하는 과정에서 공헌한 그녀의 뛰어난 역할로 인해 그녀는 영웅이 되었다. 2010년, 연구자들은 대부분 윌킨스가 크릭에게 보낸 6박스 분량의 잃어버린 서신들을 찾아내었다. 그 편지들과 사진들 그리고 엽서들은 그 당시 젊었던 왓슨과 크릭이 그 연구 경쟁에 참여하게 된 것에 대해 윌킨스가 얼마나 화가 났는지 보여준다.

표 9.1은 유전물질 구조의 발견에 이바지한 실험들을 정리하였다. 그러나 연구자들은 실제 DNA 분자를 아직까지 시각적으로 구현하지 못했다. 투과전자현미경은 결정화된 DNA 이중나선을 7개의 복사본으로 보여준다. 우리가 DNA의 구조와 기능에 대해 알고 있는 것은 대규모의 실험들과 관찰들로부터 추론하고 추정해왔기 때문이다.

핵심 개념 질문 9.1

*a. 유전물질의 두 가지 필요 조건을 서술하시오.
b. 유전물질의 본질(특성)을 밝혀낸 실험에 대해 설명하시오.
c. 유전물질의 3차원 구조를 밝혀낸 실험에 대해 설명하시오.

9.2 DNA의 구조

유전물질의 구조는 몇 가지 수준으로 나눠질 수 있다. 이는 개인적 정보(염기)와 유전자와 염색체, 그리고 유전자가 발현할 때 고리를 만들고 접히고 만지고 상호작용하는 유전체이다.

유전자는 단백질의 아미노산 서열을 지정하는, 전체 DNA 분자의 일부분이다. 단백질의 활성이 나타나는 것을 표현형이라고 한다. 사실 이들 유전자로 인하여 서로 다른 DNA 분자 구조가 서열로 결합하여 핵산이 일정한 정보를 전달하는 것을 가능하게 한다. 마치 단어를 만들기 위해 알파벳으로 글자를 조합하는 것과 같다.

유전 형질이 다양한 이유는 단백질이 다양한 기능을 갖기 때문이다(**표 10.1**). 비정상적이거나 비활동적인 단백질은 건강한 상태를 파괴한다. 아미노산들은 단백질을 합성에 이용되고, 대부분은 식품으로부터 유래하지만 나머지는 체내에서 합성된다.

뉴클레오타이드 분자 구조

DNA를 이루는 단일 요소는 **뉴클레오타이드**(nucleotide)이다(**그림 9.6**). 그것은 하나의 디옥시리보오스 당과 하나의 인산그룹(4개의 산소 원자와 결합한 한 개의 인산), 그리고 하나의 염기로 구성되어 있다. 아데닌 (A)과 구아닌 (G)은 **퓨린**(purine)이고 이들은 2개의 고리를 갖는다. 시토신 (C)과 티민 (T)은 **피리미딘**(pyrimidine)으로

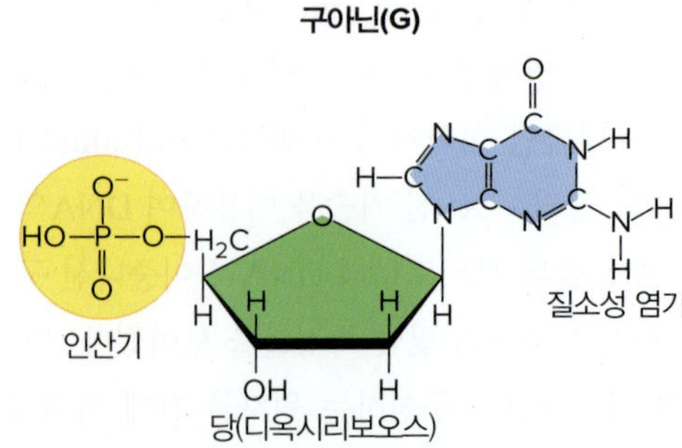

그림 9.6 뉴클레오타이드. 핵산의 뉴클레오타이드는 5탄당과 인산기 그리고, 한 개의 질소를 포함한 질소성 염기(G, A, C, T)로 구성되어 있다.

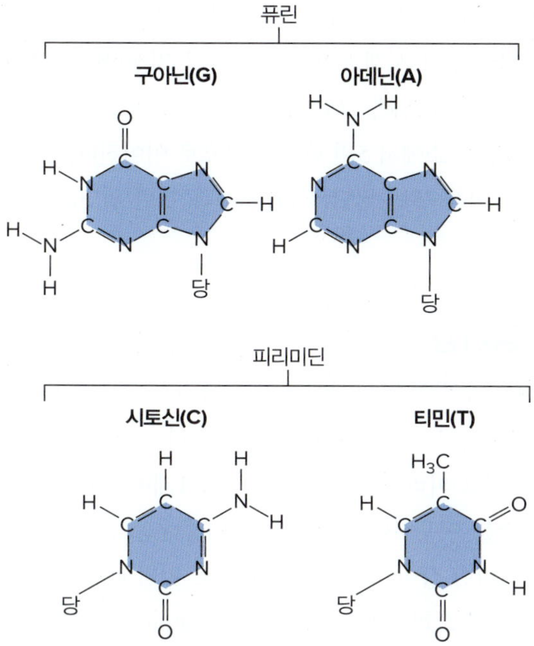

그림 9.7 DNA 염기는 뉴클레오타이드의 정보 부분이다. 아데닌과 구아닌은 퓨린계이며, 각각 6개의 원소가 포함된 유기성 고리와 5개의 유기성 원소가 포함된 고리로 이루어져 있다. 시이토신과 티민은 피리미딘계로, 각각 6개의 유기성 원소 고리가 있다(분자 사이의 C과 H, N, O는 탄소, 수소, 질소, 산소를 나타낸다).

1개의 고리 구조를 갖는다(**그림 9.7**).

질소 함유 염기들은 DNA 부분 중에서 유일하게 정보를 포함하고 있다. 왜냐하면 염기들만이 오직 서열을 형성하는 구성 성분이기 때문이다. DNA 염기서열은 많은 쌍의 염기로 이루어져 있다. 킬로베이스(kb)와 메가베이스(mb)는 각각 수천의 DNA 염기 수와 수백만의 염기 수를 나타낸다. 유전자는 수백에서 수백만의 뉴클레오타이

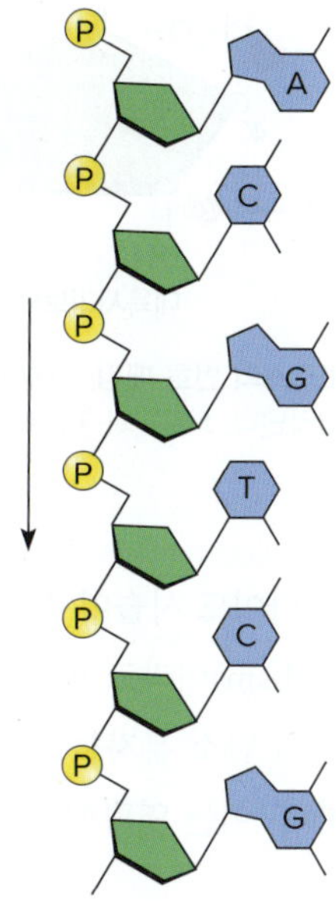

그림 9.8 뉴클레오타이드의 사슬(체인). 단일 가닥 DNA의 하나의 뉴클레오타이드에는 디옥시리보오스 당(녹색)과 인산기(노란색)가 당-인산 골격을 형성하며 결합되어 있다. 파란색은 염기인 A와 C, G 그리고 T 이다.

드 길이를 가진다.

폴리뉴클레오타이드 사슬은 역평행이다

뉴클레오타이드는 인산디에스테르 결합이라고 불리는 강한 결합이 디옥시리보오스당과 인산기 사이에 존재할 때 긴 "폴리뉴클레오타이드"로 결합한다. 이 연결이 연속적인 **당-인산 골격**(sugar-phosphate backbone)을 형성한다(**그림 9.8**). 뉴클레오타이드의 두 사슬은 **그림 9.9a**에서 묘사한 것과 같이 머리부터 발 끝까지 반대 방향으로 배열된다.

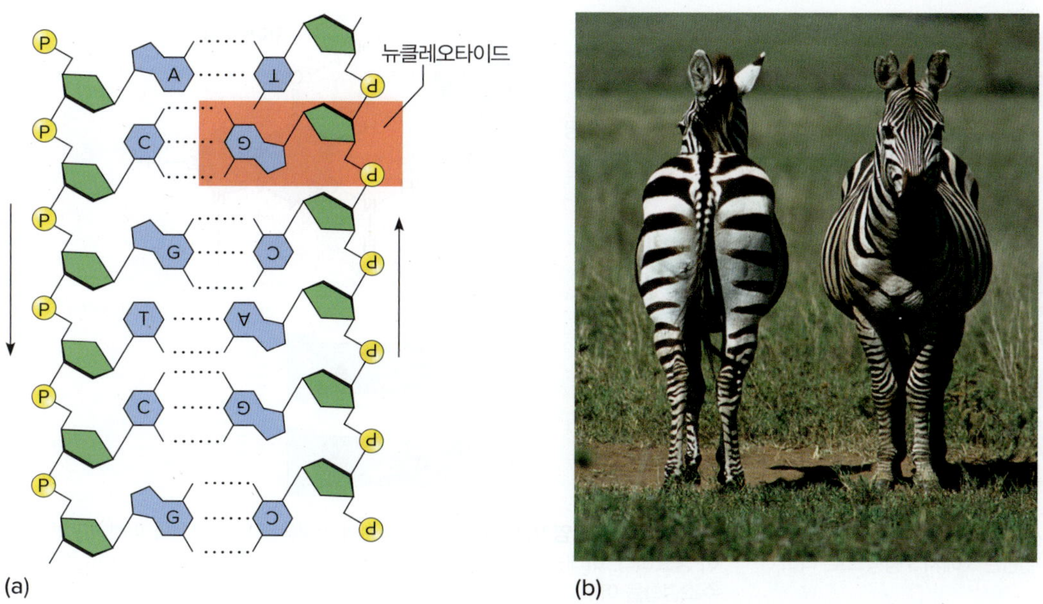

그림 9.9 DNA는 두 개의 폴리뉴클레오타이드 사슬의 역평행 배열로 구성되어 있다. (a) 한 가닥의 질소 염기들은 수소결합(점선)에 의해 두 번째 가닥의 질소 염기들을 붙잡고 있다. 당들이 반대 방향을 가리키고 있다-두 가닥은 서로 역평행이다. (b) 사진의 얼룩말들이 역평행 방향으로 서 있다. *(b): Mark Boulton/Science source*

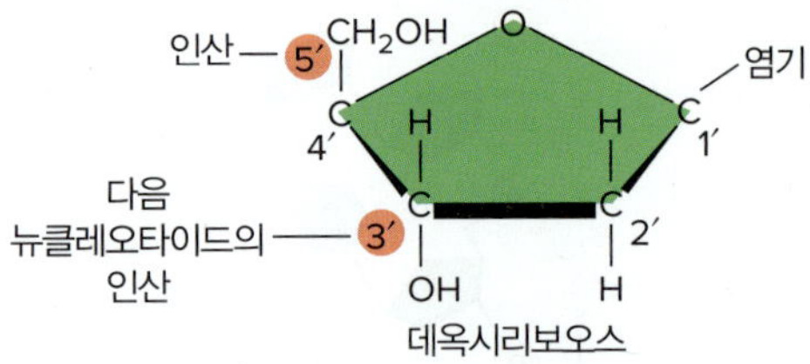

그림 9.10 5탄당의 데옥시리보오스의 번호 매김. DNA 이중나선의 역평행 성질은 당의 탄소에 번호를 붙일 때 나타난다. 5′말단과 3′탄소는 각 DNA 가닥의 방향성을 설정한다.

두 개의 DNA 뉴클레오타이드 사슬이 서로 반대 방향으로 진행하는 것을 **역평행**(antiparallelism)이라고 한다. 그것은 당과 인산 골격의 구조에서 유래한다. 당의 탄소 분자들은 그들의 위치를 지정하기 위해 숫자(번호)를 부여하며, 이는 역평행의 증거가 된다(**그림 9.10**).

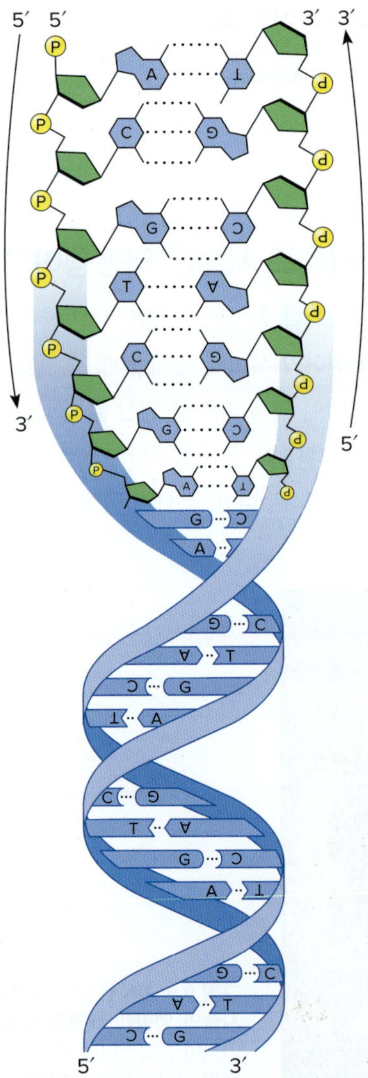

그림 9.11 DNA는 방향성을 가지고 있다. DNA 분자에서 나타나는 역평행은 데옥시리보오스 당의 방향으로부터 일어난다. 이중나선의 절반은 5′에서 3′방향으로, 나머지 절반은 3′에서 5′방향으로 이동한다.

탄소에는 1에서 5번까지의 숫자가 있고 그림 9.10에서처럼 각 당에 있는 산소로부터 시계 방향으로 번호를 지정한다. **그림 9.11**에서는 한 사슬은 5번 탄소(위쪽 그림)에서 3번 탄소 쪽으로 이어지며, 반대편 사슬은 3번 탄소에서 5번 탄소 방향으로 이어진다. 끝부분을 5′과 3′으로 쓰며 이를 "5번 말단(5 prime)"과 "3번 말단(3 prime)"으로 읽는다.

상보성 염기쌍

이중나선 DNA의 한쪽 나선에 A가 포함되어 있으면 T와 쌍을 이루고, G를 포함하고 있으면 C와 쌍을 이룬다. 왜냐하면 퓨린은 질소 고리가 2개이고 피리미딘은 질소 고리가 1개이기 때문이다. 왓슨이 마분지 조각을 이용하여 발견했듯이 이중나선의 폭이 일정한 것은 퓨린과 피리미딘 상이 일정하게 유지되고 있기 때문이다. 이것이 바로 왓슨이 판지 오려 붙이기(cardboard cutout)를 이용해 밝혀낸 것

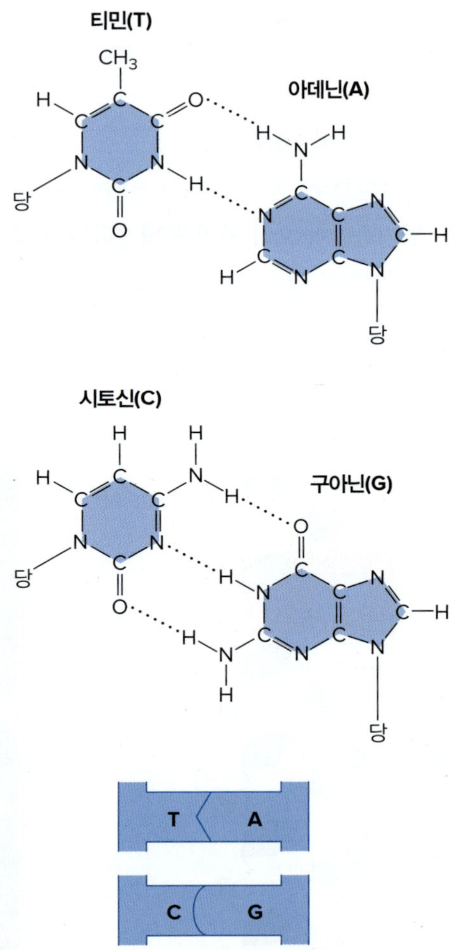

그림 9.12 DNA 염기쌍. DNA 이중나선의 일정한 폭은 퓨린계와 피리미딘의 결합이 중요하다. 아데닌과 티민은 이중 수소결합을 하고 있고 시토신과 구아닌은 삼중 수소결합을 이루고 있다. 점선은 수소결합을 나타낸다.

이다. 이러한 퓨린과 피리미딘의 결합을 **상보성 염기쌍**(complementary base pair)이라고 한다.

수소결합이라는 화학적 인력은 염기쌍들을 계속 유지할 수 있게 한다. 수소결합에서, 수소 분자는 **그림 9.12**에서처럼 다른 분자에 있는 산소 원자나 질소 원자를 끌어당긴다. A와 T 사이와 G와 C에 존재하는 수소결합은 상보적인 염기를 만들어 내고 매우 대칭적인 DNA 이중나선 구조를 나타나게 한다.

각각의 수소결합은 약하지만 DNA 분자의 많은 염기 간의 수소결합은 엄청난 견고성을 가지고 있다. A와 T사이에는 2개의 수소결합이 존재하고 G와 C사이에는 3개의 수소결합이 존재한다. 마지막으로 DNA는 이중나선으로 역평행이며, 염기쌍으로 된 가닥들이 서로 꼬여 있다. 단일 가닥 DNA는 나선형 구조를 갖지 못한다.

핵에서의 DNA 구조

DNA 분자는 정말 길다. 사람의 가장 작은 염색체의 DNA를 펼치면 14 mm(밀리미터는 미터의 천분의 1이다)이다. 그러나 DNA 분자가 세포분열 중에는 단지 2 μm(마이크로미터는 미터의 백만분의 1이다) 길이의 염색체로 뭉쳐지게 된다. 핵 안에 존재하기 위해서는 DNA 분자가 약 7,000배로 압축되어 접힌다.

여러 종류의 단백질은 DNA를 손상이나 얽힘 없이 압축시킨다. 염색체의 단백질 골격은 DNA 가닥을 인도하는 골격을 형성한다. 그래서 DNA는 **히스톤**(histone)이라고 불리는 주변 단백질과 꼬임을 형성하며 줄 위에 있는 구슬(beads on the string)과 같은 구조를 형성한다. 이 "구슬" 부분을 **뉴클레오솜**(nucleosome)이라고 부른다. 그것은 여러분의 손가락에 끼우고 풀었다 꼬았다 할 수 있는 얇고 기다란 줄처럼 보인다.

DNA는 응축되어 염색체가 될 때까지 몇 단계 동안 겹쳐진다(복제되지 않는 형태로 하나의 이중나선 구조를 구성하고 있는 염색체)(**그림 9.13**). 특히 뉴클레오솜은 8개의 히스톤 단백질 묶음으로 형성되어 있으며(4가지 형태가 한 쌍씩으로 구성) 여기에 147개의 뉴클레오타이드가 감겨있다. 다섯 번째 히스톤 단백질의 형태는 DNA의 짧은 "링커(linker)" 부분에 뉴클레오솜을 고정하고 있다. 링커는 뉴클레오솜을 지름 30 nm 섬유로 팽팽하게 묶는다. 그 결과 DNA 이중나선의 가장 작은 부분만이 노출되는데 이것은 마치 두 손으로 줄을 잡아당겨 중간의 한 부분만 쭉 뻗은 가닥으로 만드는 것과 같다. 히스톤의 화학적 변형은 특정 DNA 서열이 풀리거나 세포가 단백질 합성이 가능하게 그 서열에 접근할 수 있는 때를 조절하는 한 방법이다(제11장에서 논의됨). DNA가 또한 복제될 때 부분적으로 풀리게 된다.

요컨대, 염색체를 이루는 물질을 통틀어 **염색질**(chromatin)이라

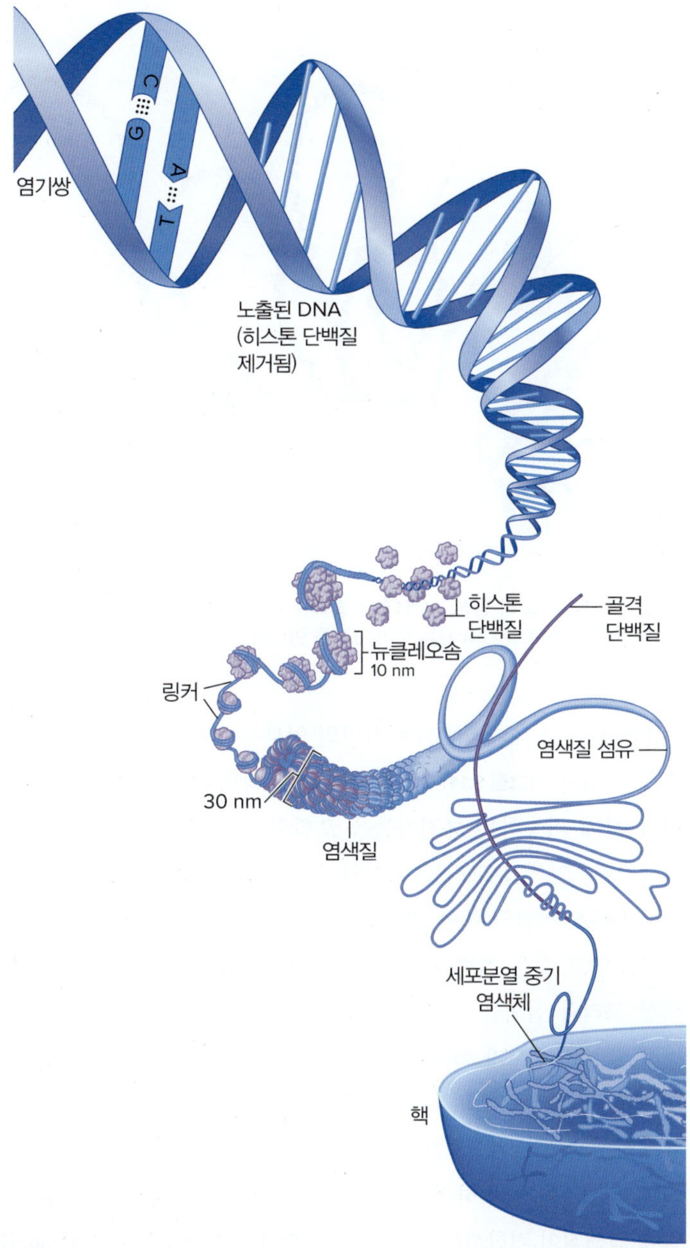

그림 9.13 DNA는 매우 응축되어 있다. DNA는 8량체(octet)로 이뤄진 4가지 종류의 히스톤 단백질에 감겨 뉴클레오솜을 형성하고 있다. 다섯 번째 타입은 링커로 뉴클레오솜을 연결시켜주는 역할을 한다. 이 연결은 섬유 내 뉴클레오솜을 30 nm 지름으로 단단하게 묶어준다. 또한 이 응축은 DNA를 핵 안으로 밀어 넣어준다. 이 염색체는 복제된 형태인 두 개의 염색분체로 구성되어 있다. 두 개의 DNA 분자는 동원체에 연결되어 있다.

부르며, "색깔이 있는 물질"이란 의미를 갖는다. 염색질은 모두 DNA가 아니며, 그것은 30%의 히스톤 단백질과 30%의 뼈대 단백질과 30%의 DNA와 10%의 RNA로 구성된다.

염색질이 느슨할 때(염색 시 관찰 가능한 염색체로 응축되지 않은), 유전체에서 약 10,000개의 위치에 고리를 형성한다. CTCF (CCCTC-binding factor)라고 하는 "부착" 단백질("anchor" protein)은 동일한

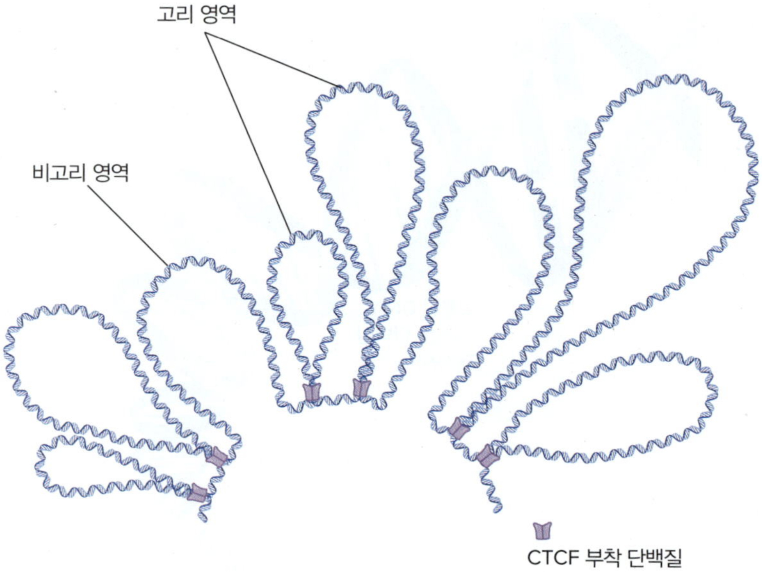

그림 9.14 DNA 고리 형성. CTFG로 불리는 단백질은 발현이 공조되는 유전자들을 포함한 긴 DNA 분자의 끝을 모아 고리를 만든다.

긴 DNA 분자 내에서 DNA 서열의 일부를 결합하여 전체 "고리" 구조를 형성한다(**그림 9.14**). 이때 고리는 무작위로 만들어지는 것이 아니라 함께 기능하는 유전자들을 포함하는 유전체 부분을 포함하며 형성한다. 염색질 고리들은 거의 겹치지 않으며 200만 염기쌍보다 작은 DNA 서열의 폭에 영향을 미친다. 연구자들은 염색질 구조 변경 시, 암과 같은 질병을 유발할 수 있는 "숨겨진 스위치" 역할의 염색질 고리와 접힘을 조사하고 있다. 또 다른 수준의 고리 형성과 유전자 발현은 루프가 핵막의 안쪽 면에 부착되어 발생하며, 핵막은 특정 염색체 부분을 핵의 특정 위치에 배치한다. 염색질의 결합 부위는 임의적이지 않으며 그 결합 부위에서 단백질을 생산하기 위해 이용되는 유전자를 결정하거나 반영한다는 사실들이 밝혀지고 있다. 핵막에 염색질이 결합하는 것에 지장이 생기는 선천성 조로증(Progeria)은 빠른 속도로 노화가 진행되는 유전적 질환으로 제3장 시작 부분에서 다루어졌다.

핵심 개념 질문 9.2

*a. DNA 이중나선의 구성 요소는 무엇인가?

*b. 역평행의 기초를 설명하시오.

*c. 상보성 염기쌍이 어떻게 대칭적인 이중나선 구조를 만드는지 설명하시오.

d. 매우 긴 DNA 분자는 어떻게 세포 핵막 안에 존재할 수 있는가?

e. DNA 고리의 중요성은 무엇인가?

9.3 DNA 복제—유전정보의 유지

DNA는 단백질 생산을 위한 정보를 제공하는 동안에도 DNA가 보유하고 있는 정보를 유지하고 미래 세포 세대로 전달될 수 있도록 복제된다. 왓슨과 크릭이 DNA의 구조를 해독하자마자 곧바로 DNA 복제 기작이 명확하게 밝혀졌다. 그들은 DNA의 구조에 대한 보고서를 다음과 같이 서술하면서 끝을 맺고 있다. **"DNA의 특정 염기끼리의 쌍구조 결합은 우리의 주목을 피할 수 없었고, 이것은 유전물질에 대한 복제 기전 제시를 가능케 하였다."**

DNA 복제는 반보존적이다

왓슨과 크릭은 DNA 이중나선의 두 가닥을 풀고 분리할 계획을 세웠다. 노출된 짝을 이루지 않는 염기는 영양소로부터 세포가 얻을 수 있는 부착되지 않은 자유 뉴클레오타이드 중에 상보적인 염기를 끌어당길 것이다. 이러한 일련의 복제 방식은 새로운 DNA 이중나선 중 원래의 주형인 한 가닥은 그대로 보존되기 때문에 **반보존적**(semiconservation) 복제라고 불린다. 그러나 긴 가닥을 분리하는 것은 물리적으로 힘들다.

1957년 매튜 메셀슨(Matthew Meselson)과 프랭클린 스탈(Franklin Stahl)이라는 이 두 젊은 연구자들은 DNA의 반보존적 복제 기작에 대해 일련의 "밀도 변화(density shift)" 실험으로 설명하였다. 그들은 여러 세포 세대 동안 복제된 세균의 DNA를 중(heavy)질소로 표지를 하고, 한 번의 세포 세대 동안 박테리아를 덜 조밀하고 "가벼운" 질소를 가진 배지에서 배양시킨다. 복제 후, 각 이중나선은 하나의 "무거운" 가닥과 하나의 "가벼운" 가닥으로 구성되었다(**그림 9.15**). 실험에서 배제된 다른 기작들은 완전히 중질소로만 표지된 뉴클레오

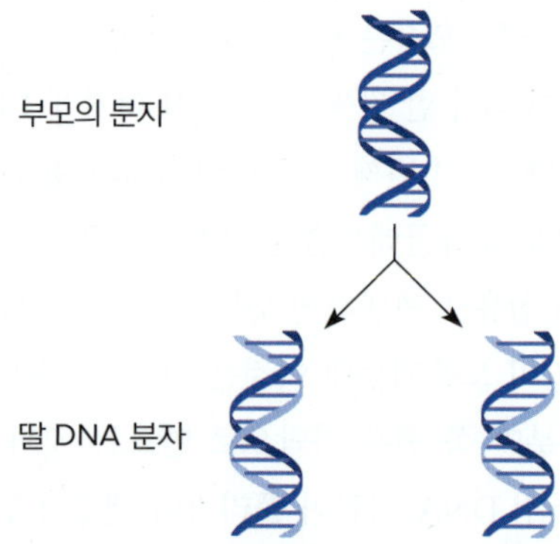

그림 9.15 DNA 복제는 반보존적이다. DNA 서열에서 복제된 두 개의 이중 가닥은 기존의 주형 이중 가닥과 동일하다. 그러나 딸 DNA 분자의 연한 청색 나선 반쪽은 각각 부모(무거운) DNA의 한 가닥과 새로 복제된(가벼운) DNA의 한 가닥으로 이루어져 있음을 나타낸다.

타이드로 구성된 새로운 DNA 이중나선을 복제하거나(보존적 복제) 두 가닥에 "경(light)질소"와 "중질소"가 표지된 뉴클레오타이드의 조각들로 이루어진 새로운 이중나선 가닥을 복제하는 것이다(분산적 복제).

DNA 복제 기작의 단계

세포분열의 S기에서 DNA의 복제가 일어난다(그림 2.11 참조). DNA가 복제될 때, 처음으로 사슬이 풀리고, 그런 다음 부분적으로 분리가 일어난다. 염기쌍을 잡고 있던 수소결합이 서로 끊어지고, 염기가 새로운 상보적인 쌍을 형성함에 따라 두 개의 동일한 뉴클레오타이드 사슬이 하나로부터 구축된다(**그림 9.16**). DNA가 부분적으로 펼쳐져 분기점과 비슷한 이 부분을 **복제 분기점**(replication fork)이라 한다.

DNA 복제는 DNA 가닥을 풀어주는 효소인 헬리케이즈가 염기쌍을 연결하고 있는 수 소결합을 깨는 것으로 시작된다(**그림 9.17**). 헬리케이즈(helicase)는 국소적인 부분을 열어 다른 효소들이 새로운 DNA 가닥을 합성할 수 있게 한다. 결합한 헬리케이즈는 두 단일 가닥이 떨어져 있도록 유지한다. 또 다른 효소인 프리메이즈(primase)

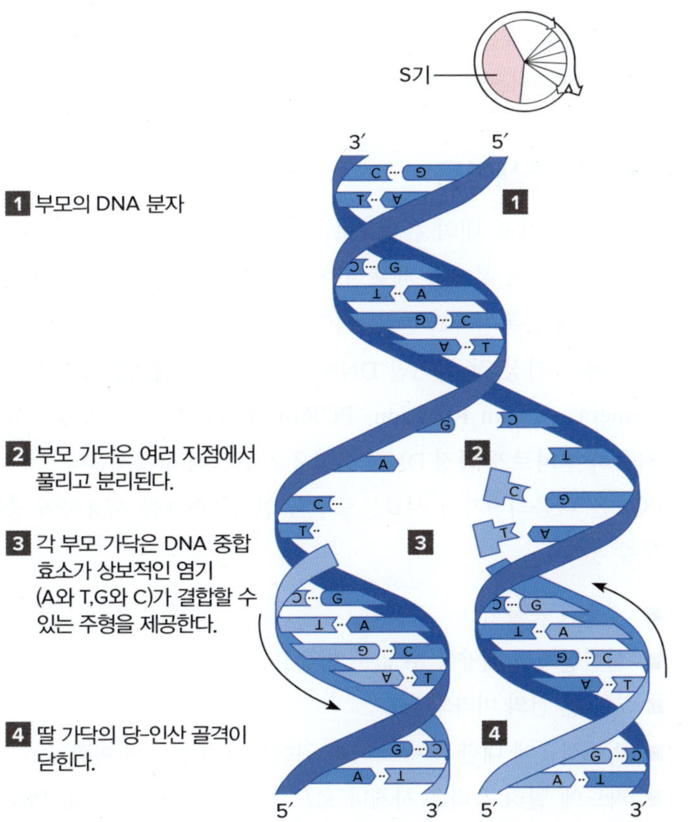

그림 9.16 DNA 복제의 개요. DNA 복제의 반보존적인 특성을 실험을 통해 설명한 후 복제 과정에 대한 단계를 밝히는 것이 그 다음의 도전이었다.

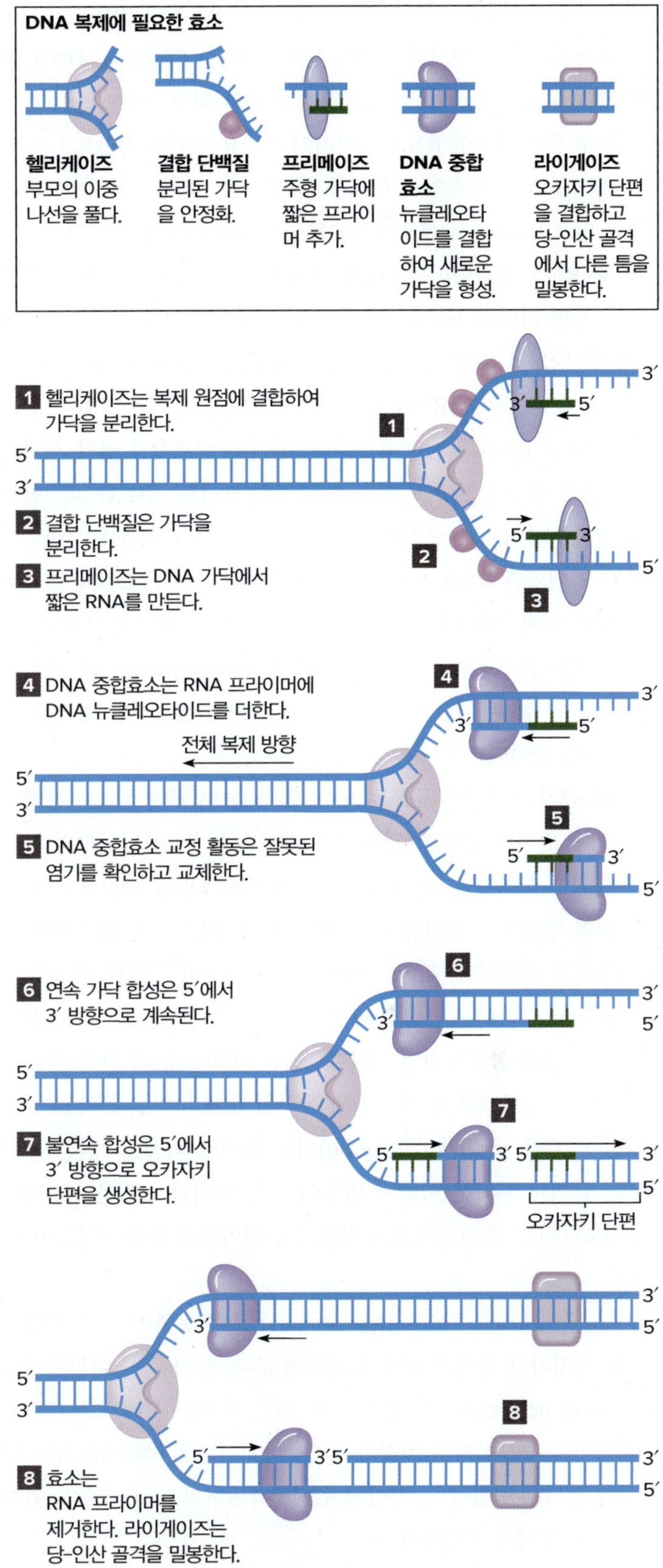

그림 9.17 복제 기점에서의 활발한 움직임들. DNA 복제는 많은 단계를 거쳐 복제된다(연속적인 가닥은 선도 가닥으로 불리며, 불연속적인 가닥은 지연 가닥이라고 한다).

는 복제될 DNA의 각 가닥의 시작 지점에서 RNA 프라이머라고 불리는, DNA 가닥에 상보적인 짧은 RNA 가닥을 합성한다. **DNA 중합효소**(DNA polymerase, DNAP)는 기존의 핵산 가닥에만 염기를 추가할 수 있기 때문에 RNA 프라이어가 필요하다(이 중합효소는 화학적 골격 구조의 사슬인 중합체를 합성한다). 프리메이즈는 그러한 제한이 없으며, 따라서 세포에서 DNA 합성을 시작할 수 있다.

그 후 RNA 프라이머는 DNA 중합효소와 결합하고, DNA 중합효소는 주형 가닥의 노출된 염기에 상보적인 DNA 뉴클레오타이드를 가져온다; 이 부모 가닥(parental strand)은 원본(mold) 혹은 주형(template)이 된다. RNA 프라이머에서부터 새로운 염기가 추가된다. 새로운 DNA 사슬에서 기존의 염기와 상보적인 염기 사이에 수소결합이 형성되고 당-인산 골격은 강한 고리로 새로 합성된 염기를 연결해준다. DNA 중합효소는 이러한 두 가지 과정을 수행하며 복제가 진행되면 RNA 프라이머를 제거하고 올바른 DNA 염기로 대체한다. 이때 사용되는 뉴클레오타이드는 세포 내에 풍부하며, 이는 식이 영양분으로부터 합성된다. 염기-쌍(base-pairing)의 규칙은 반드시 주형 DNA 가닥 각각의 염기가 각자의 상보적인 염기를 끌어당긴다는 것이다.

DNA 분자는 역평행 구조로 되어 있어 DNA 중합효소는 방향성을 가진다. 당이 노출된 3′-말단 쪽에 새로운 뉴클레오타이드가 첨가되어 사슬이 신장된다. 화학적인 배열에 의해 DNA 중합효소가 염기를 한쪽 방향으로 첨가할 수 있어 디옥시리보오스 당의 5′에서 3′의 방향으로 진행된다. 각각의 DNA 주형 가닥이 복제될 때 성장분기점(growing fork)은 어떻게 한 방향으로만 진행하는 것일까? 질문의 답은 복제의 불연속적인 가닥에 있다. 기점(fork)의 안쪽 부분에서 바깥 부분으로 향하는 박음질과 유사한 형태의 작은 조각들이 만들어진다. 다음, **라이게이즈**(ligase)라는 효소에 의해 당-인산 골격 부분을 붙여서 새로운 사슬이 만들어진다. 이러한 조각은 150개의 뉴클레오타이드 정도 크기로 오카자키 단편이라고 불린다(그림 9.17 참조).

DNA 중합효소는 "교정자(proofreads)"로 작용하여 잘못 결합한 염기를 제거하고 올바른 염기로 교체해 준다. 한편 결합 헬리케이즈(annealing helicase)라고 불리는 또 다른 효소는 풀려 있는 DNA 분자의 어느 부분이라도 되감아 준다. 마지막으로 라이게이즈는 당과 인산 골격을 결합한다. **라이게이즈**는 라틴어의 "to tie(묶다, 연결하다)"라는 뜻에서 기원한다.

인간의 DNA는 초당 약 50 bp의 속도로 복제된다. 한 지점에서만 복제가 일어난다면 복제가 완료되기까지 한 달 정도 걸리겠지만 인간의 염색체는 수백 개의 지점에서 복제가 동시다발적으로 일어나는

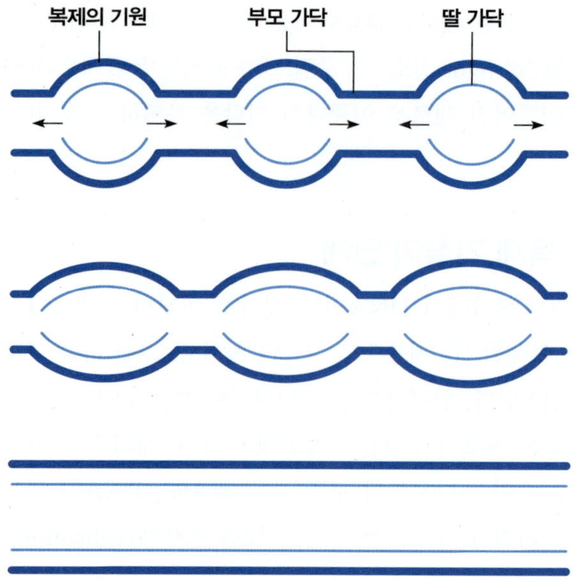

그림 9.18 DNA 복제 기포(bubbles). DNA 복제는 인간의 염색체에 존재하는 평균 15억 개의 염기쌍에서 동시다발적으로 일어난다. 복제 지점은 기포와 비슷하며 복제된 이중나선 구조와 합쳐진다. © *James Cavallini/Science Source*

복제 기포(bubble)를 가지고 있어 1시간 정도면 복제가 완료된다. 그리고 그 조각들은 서로 연결된다(**그림 9.18**). 인체는 수조 개의 세포가 자라는데, DNA 복제는 약 1백만 조 회 일어난다. 그러나 텔로미어(말단소체)의 끝은 복제되지 않기 때문에 염색체는 각 세포분열에 따라 길이가 줄어들게 된다(그림 2.15 참조).

중합효소 연쇄반응

DNA 복제는 세포 내의 유전정보를 영속화 하기 위해서 중요하다. 연구자들은 DNA 복제를 세포 밖에서 수행하였고 이러한 생명공학 기술을 DNA 증폭이라고 한다. 이것은 다양하게 응용되고 있다.

첫 번째는 가장 잘 알려진 DNA 증폭 기술인 **중합효소 연쇄반응**(Polymerase Chain Reaction, PCR)이다. PCR은 DNA 중합효소를 사용하여 빠르게 특정 DNA 서열을 시험관에서 복제한다.

PCR은 다음의 9가지 시료들로부터 얻은 DNA를 사용하여 증폭시킬 수 있다:

- 멸종된 동물.
- 실험실에서 배양할 수 없는 미생물.
- 7천 년 전의 미라의 뇌.
- 먹이사슬에 대한 관계 조사를 위한 육식동물의 소화관.
- 파도에 밀려 올라온 사체나 로드 킬 당한 동물의 사체, 멸종위기종 보호 목적으로 필요.
- 실지 시험을 위해 방사된 유전자 변형 박테리아, 확산 정도를

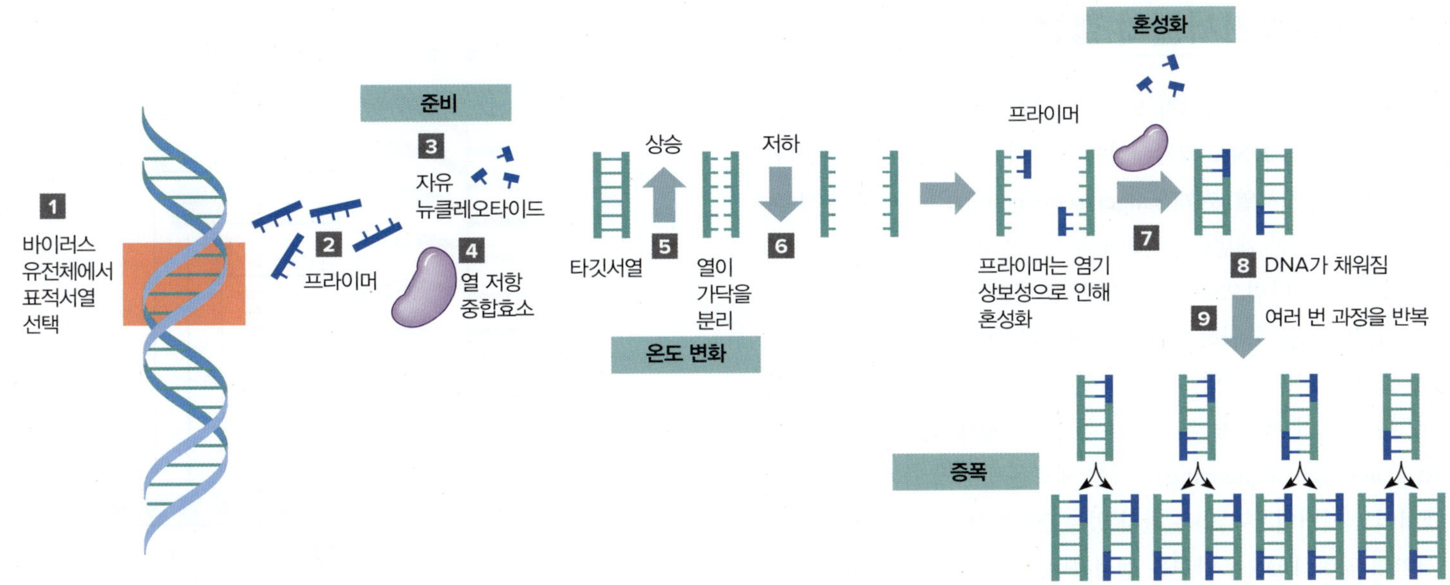

그림 9.19 PCR은 특정 핵산서열을 증폭한다. 많은 종류의 바이러스는 호흡기 감염의 원인이 된다. 이 그림은 이중가닥 DNA를 유전물질로 사용하는 아데노바이러스를 확인하기 위해 분비물에 PCR을 사용하는 방법을 보여준다. 독감 바이러스는 유전물질로 RNA를 가지고 있으며, 역전사 PCR이라는 방식의 PCR를 통해 바이러스 유전물질을 분석한다.

조사하고자 함.

- 햄버거 안의 데친 말코손바닥사슴(엘크)의 고기
- 확실한 신원확인을 위한 유골[예, 제시 제임스(Jesse James)의 무덤].
- 성폭행 용의자의 DNA와 동일한지 구별하고자 피해자의 창자에 존재하는 사면발이(crab lice).

그림 9.19는 호흡기 질환의 원인인 바이러스에서 특정 DNA 서열을 구별하기 위해 PCR을 사용하여 DNA를 증폭시키는 과정을 보여준다. 괄호 안의 숫자는 그림의 숫자와 일치한다.

PCR 실행 순서는 다음과 같다:

- **표적 DNA 서열** (1). 의심되는 병원체로부터의 표적서열은 알아야 한다.
- **프라이머라고 불리는 실험실에서 만든 단일 가닥 짧은 DNA 조각의 두 가지 다른 서열** (2). 이들은 표적서열의 반대쪽 말단에 서열적으로 상보적이며, 자연적인 DNA 복제에서의 RNA 프라이머와 동일한 기능을 한다.
- **많은 뉴클레오타이드** (3) 네 가지 유형의 DNA 뉴클레오타이드가 많이 필요하다.
- **Taql, 고온의 호수에 생존하는 박테리아의 DNA 중합효소** (4). 이 효소는 DNA 가닥이 분리되는 고온에서 견딜 수 있기 때문에 PCR을 용이하게 한다.

PCR의 첫 번째 과정은, 표적 DNA를 두 가닥으로 분리할 수 있는 온도로 올려주고 (5) 낮춰준다 (6). 다음 과정은 (7), 두 가닥의 짧은 DNA 프라이머와 Taq1 DNA 중합효소를 첨가해준다. 프라이머는 분리된 표적 DNA에 상보적인 염기와 짝을 이루어 결합한다. 중합효소가 주형 가닥 반대편에 염기를 채우는 과정을 통해 분리된 표적 이중나선 가닥으로부터 각각 두 개의 복제 가닥이 합성된다 (8). 한 번의 증폭이 진행될 때 2개의 이중나선 가닥이 생성되고 다음 복제의 주형 가닥이 되어 (9), 네 개의 이중나선을 생성하고, 다시 온도가 올라가며 과정을 반복한다.

PCR을 통해 동일한 DNA 조각들이 기하급수적으로 누적된다. 증폭된 DNA 조각의 수는 2개이고, n은 온도 주기의 횟수이다. 30번 증폭 후에는 PCR을 통해 표적 DNA 염기를 대략 10억 개 합성할 수 있다. PCR은 소량의 DNA 시료를 증폭할 수 있기 때문에 법과학적인 조사에서 유용하게 쓰인다(**생명윤리학** 참조).

핵심 개념 질문 9.3

*a. DNA 복제의 목적은 무엇인가?

*b. **반보존적 복제**를 설명하시오.

c. 반보존적 DNA 복제가 다른 두 가지 가능한 기작과 어떻게 다른지 설명하시오.

d. 세포를 유지되기 위해 DNA 복제가 빠르게 진행될 수 있는 방법은 무엇인가?

e. 중합효소 연쇄반응을 DNA 복제를 바탕으로 설명하시오.

9.4 DNA 염기서열의 결정

1977년, 영국인 생화학자이자 노벨상을 2회 수상한 생어(Frederick Sanger)는 단편의 DNA 염기서열을 분석하는 방법을 고안하였다. 오늘날, **생어 염기서열 분석**(Sanger sequencing)은 인간 유전체 서열분석 기술의 기본 개념이다. 생어 분석법은 여전히 유전자를 개별적으로 분석하는 방법으로 사용되며 또한 부분적으로 서열이 분석된 유전체의 정확도를 확인하기 위해 이용되고 있다. 수백만 개의 작은 DNA 조각을 한 번에 염기서열을 분석하는 기술은 더 큰 크기의 DNA 분자를 더 빠르게 분석할 수 있는 **차세대 염기서열 분석법**(next-generation sequencing)이라는 새로운 방법의 기본이다.

생어의 염기서열 분석법은 관심 있는 DNA 서열에 상보적인 동일한 서열의 일련의 DNA 단편을 생성하며, 이는 주형 가닥 역할을 한다. 생성된 DNA 절편들은 아래의 예에서처럼 길이가 한 개의 염기씩 차이가 난다:

연구하고자 하는 염기서열: T A C G C A G T A C
상보적 염기서열: **A** T G C G T C A T G
염기 조각:
T G C G T C A T G
G C G T C A T G
C G T C A T G
G T C A T G
T C A T G
C A T G
A T G
T G
G

DNA 염기서열 분석법 기술은 화학의 응용을 기반으로 한다. 생거 분석법은 **연쇄 종결**(chain termination)반응을 이용한다. 오늘날에는 PCR을 통해 하나의 DNA 염기서열을 여러 번 복제하면서 A와 T, C, G에 따라 다른 색상의 형광이 표지된 염기를 첨가한다. 형광이 표지된 염기가 합성 중인 DNA 고리에 추가되면 다른 염기가 붙지 못하기 때문에 DNA 복제는 중지된다. 결과는 부분 DNA 분자의 집합이다.

연쇄 종결반응이 몇 차례 반복되면, 동일한 서열의 많은 사본의 복제의 다른 지점에서 부분 분자의 집합이 발생한다. 말단 염기는 서열을 나타낸다. 조각은 크기에 따라 구분된다. 레이저 광이 4가지 형광 표지를 방출시켜 신호를 수집하는 판독기에 제공한다(**그림 9.20**과 **9.21**). 알고리즘은 DNA 서열을 일련의 파장과 문자 A, T, C 및 G로 추론하고 표시한다.

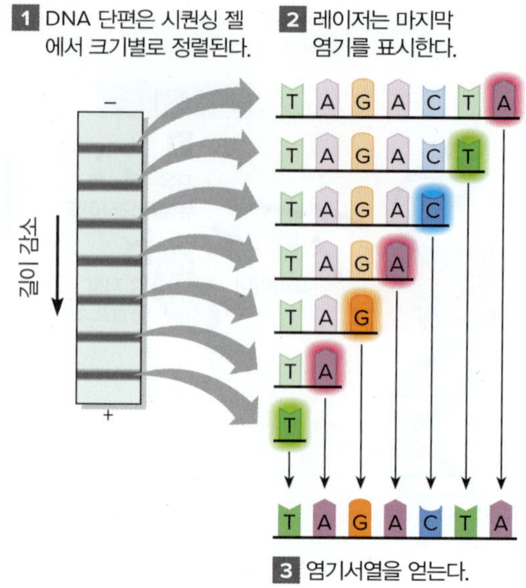

그림 9.20 DNA 염기서열 분석. 컴퓨터의 알고리즘은 일련의 크기가 다른 DNA 절편으로부터 끝 부분의 염기를 감지하고 기록한다.

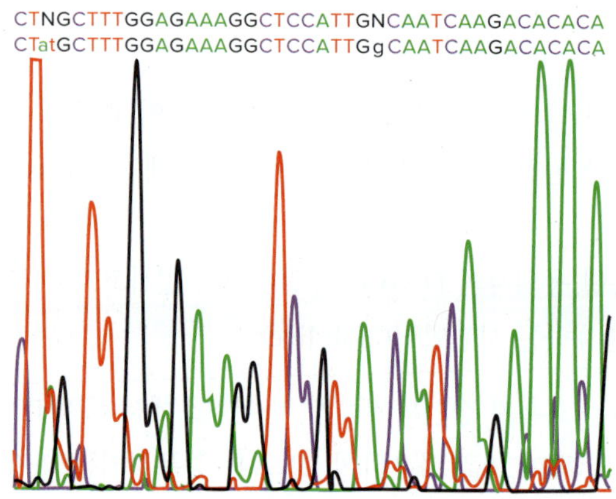

그림 9.21 DNA 염기서열 데이터. 자동화된 1세대 DNA 염기서열 분석에서, 염기서열의 판독은 형광 분자로 표시된 말단 DNA 염기를 나타내는 일련의 파장이다.

2007년, 새로운 DNA 염기서열 분석법인 "플랫폼(Platforms)"이 연구자들에게 제공되기 시작했으며, 클라우드에 메가 데이터를 저장하면서 정기적으로 개선되고 있다. 플랫폼은 생어 분석법을 기본으로 하지만 화학적 원리와 사용되는 재료, 분석된 결과를 보여주는 방식에서 차이가 있다. 신기술에서도 여전히 인간 유전체를 수백만 개의 가닥으로 조각나지만, 유리나 비드(bead)와 같은 단단한 표면 위에 있는 DNA 가닥을 수집하여 고유한 비드 또는 유리 상의 위치에 각 단편의 동일한 복제 가닥을 만든다. 반복되는 이 과정을 "합성에 의한 서열결정법(sequencing by synthesis)"이라고 하며 수천만 개의 클러스터 또는 비드에서 한 번에 하나의 염기를 읽음으로써 한 실험 당 4백억에서 6천억 개의 염기를 해독할 수 있다.

생명윤리학

부정 검사

브리짓(Bridgette)은 어느 날 일찍 출장에서 집으로 돌아와 자신의 남편인 로이(Roy)가 그의 직장 동료인 티파니(Tiffany)와 함께 자신의 부엌에서 커피를 마시고 있는 것을 알았다. 그들은 화기애애하게 웃고 있다가 브리짓이 부엌에 서있다는 것을 몇 분이 지나고서야 깨달았다. 그러자 티파니는 얼굴을 붉혔고, 로이는 재빨리 팔에서 손을 떼고 커피 잔을 두드렸다.

브리짓은 짐을 풀기 위해 위층으로 올라갔다. 침대에 지갑을 던지면서 그녀는 베개에 붉은 머리카락 몇 가닥을 발견하였다. 브리짓의 머리카락은 짙은 갈색이었다. 그녀는 또한 침대 밑의 바닥에서 구겨진 휴지를 발견하였다.

브리짓은 "방치된 DNA(abandoned DNA)"을 실험하는 업체에 대한 기사를 기내에서 읽었다. 그녀는 아래층에서 비닐봉투를 가지러 가면서 티파니가 들었던 머그잔을 함께 가지고 위층으로 다시 올라왔다. 침실에서 신속히 증거들을 모았다. 숨길 수 없었던 머리카락들과 쓰고 버린 휴지, 그리고 립스틱이 묻은 머그컵의 가장자리를 면봉으로 닦아냈다. 브리짓은 gotchaDNA.com에 이메일을 보냈고 며칠이 지나자 구강상피세포 채취용 키트를 받아 이를 이용하여 수집한 머리카락, 조직 및 커피 컵 샘플과 비교하기 위해 필요한 자신의 DNA를 채취하여 600달러와 함께 보냈다. 그런 다음 그녀는 기다렸다.

gotchaDNA.com의 직원들은 시료로부터 DNA를 추출하여 증폭시켰다. 먼저 그들은 Y 염색체 마커를 확인하였고 쭈글쭈글한 화장지에서 Y 염색체를 찾아냈다. 그런 다음 그들은 티파니가 사용한 머그잔과 모발세포의 DNA에서 수천 개의 SNP(그림 7.9 참조)의 패턴이 일치함을 확인하였다. 티파니 혹은 적어도 티파니의 붉은 머리카락이 브리짓의 베개에 닿았다는 것을 알 수 있다.

세포는 DNA를 이용하여 단백질을 생산한다. 사람들은 DNA를 이용하여 개인을 식별한다. 수십 개의 회사는 "부정 DNA 검사(Infidelity DNA testing)"를 제공한다. 비록 많은 웹사이트가 문서상으로 보여주는 부정이 입증될 만한 시료들은 자진해서 받을 수도 있지만 많은 경우가 그렇지 않기 때문에 심지어 "간통 추적(adultery tracing)"을 하기 위한 DNA를 추출할 시료에 대한 추천 목록이 있다. 속옷이나 칫솔, 치실, 손톱깎이, 껌, 담배필터, 면도기가 DNA의 출처로 사용될 수 있다.

토론을 위한 질문

1. 해리 왕자와 찰스 왕자의 부자관계를 생물학적으로 확인해보고 싶었던 누군가가 해리 왕자의 머리카락을 훔치려는 시도가 있고 난 뒤, 영국에선 유명 인사의 DNA를 채취하는 것에 대한 금지법이 제정되었다. 하지만 미국에는 이러한 법이 없다. 타당한 법이라고 생각하는가?
2. 동의 없이 DNA에 대한 정보를 습득하는 것이 합법적이라고 생각하는가? 당신의 의견에 대한 근거를 말하시오.
3. DNA 부정 감식에 대한 찬성과 반대의 이유를 한 가지씩 제시하시오.
4. 비윤리적 행동을 했음이 의심되는 누군가를 당신은 어떻게 구별할 것인가?

몇몇 회사들은 차세대 염기서열 분석법을 변형하였다. 한 제품은 현미경 슬라이드와 유사한 유동세포에 짧은 DNA 조각을 부착한다. 또 다른 장치는 물-기름 혼합물에 DNA가 수술처럼 달려있는 아주 작은 구슬(tiny DNA-fringed beads)을 사용한다. 레이저는 형광으로 표지가 붙어 있는 염기에 해당하는 염기를 판독하고 가닥을 지나 흘러서 보체와 결합한다.

또 다른 접근법은 나노공(nanopore)을 통해 DNA 분자가 초당 약 1,000개 염기의 속도로 지나갈 때 4개의 뉴클레오타이드 염기 각각이 전기장을 파괴하는 방법을 구별한다. 그러한 물질 중 하나는 강하고 매우 얇으며 전기를 전도하는 문자소(grapheme)라 불리는 한 겹의 탄소 원자 벽으로 이루어져 있다. DNA는 그 안에 있는 나노공을 통해 문자소에 끼워진다. 4가지 DNA 염기 유형 각각은 약간 다른 방식으로 전기장을 방해한다. 알고리즘은 이러한 전압 변화를 그들이 나타내는 DNA 서열로 변환한다.

생어 분석법을 기반으로 하는 새로운 DNA 염기서열 분석법은 회사의 기밀이 될 만큼 그 규모가 다르다. 차세대 염기서열 분석법은 수백만 개의 염기서열을 한 번에 읽기 때문에 "대량 병렬 DNA 서열 결정(massively parallel DNA sequencing)"이라고 한다. 짧은 염기 조각은 "리드(reads)"라고 불린다. 염기서열 분석 실험은 표적서열 또는 유전체를 구성하는 인접한 염기의 각각의 모든 서브 세트의 많은 복제를 생성할 것이다. 대상의 특정 사이트가 조각들 사이에서 표현되는 횟수가 많을수록 추론된 서열이 더 정확해진다. 이것은 같은 책을 여러 번 읽어 더 많이 배우는 것과 같다. 예를 들면, 같은 유전체를 20회 반복 복제한 것보다 30회 한 것이 더 정확하다. 차세대 염기서열 분석법 덕분에 인간의 유전체는 몇 시간 만에 분석이 가능해졌다. 초기 분석법으로는 10년이 걸렸지만 말이다!

핵심 개념 질문 9.4

a. 생어 분석법에 대해 설명하시오.

b. 복제된 DNA 가닥으로 염기서열을 결정하는 방법에 대해 설명하시오.

*c. 유전체 분석 시 이를 여러 조각으로 자르는 이유는 무엇인가?

*d. 차세대 염기서열 분석법이란 무엇인가?

학습 가이드

핵심 용어

역평행(antiparallelism) DNA 이중나선의 두 뉴클레오타이드 사슬의 머리에서 발끝 방향.

염색질(chromatin) DNA 및 관련 단백질.

상보적인 염기쌍(complementary base pairs) 수소결합을 형성하는 DNA 염기쌍; 아데닌은 티민에 결합하고 구아닌은 시토신에 결합한다.

데옥시리보오스(deoxyribose) DNA 뉴클레오타이드의 일부인 5탄당.

DNA 중합효소(DNA polymerase, DNAP) 복제 DNA에 새로운 염기를 추가하고 일치하지 않는 염기쌍을 수정하는 효소.

히스톤(histone) DNA가 규칙적인 패턴으로 감겨 있는 단백질의 한 종류.

라이게이즈(ligase) 핵산의 당-인산 골격에서 공유 결합 형성을 촉매하는 효소.

뉴클레오솜(nucleosome) 히스톤 단백질의 옥텟(octet) 주위에 감긴 DNA로 구성된 염색질 구조의 단위.

뉴클레오타이드(nucleotide) 인산기, 질소 염기 및 5탄당으로 구성된 핵산의 빌딩 블록.

중합효소 연쇄반응(polymerase chain reaction, PCR) DNA 염기서열을 시험관에서 복제하는 핵산 증폭 기술. 특정 DNA 서열의 많은 사본을 빠르게 생성하는 데 사용한다.

퓨린(purine) 2-고리 구조를 갖는 핵산 염기; 아데닌과 구아닌은 퓨린이다.

피리미딘(pyrimidine) 단일 고리 구조의 핵산 염기; 시토신, 티민 및 우라실은 피리미딘이다.

복제 분기점(replication fork) 복제 중인 DNA 이중나선의 국부적으로 열린 부분.

리보오스(ribose) RNA의 일부인 5탄당.

반보존적 복제(semiconservative replication) 이중나선의 각 분리된 가닥을 따라 DNA를 합성.

당-인산 골격(sugar-phosphate backbone) 교대로 디옥시리보오스와 인산염 그룹으로 구성된 DNA 이중나선의 "레일"로 서로 반대 방향이다.

복습문제

1. 뉴클레오타이드의 구성 요소를 나열하시오.
2. 퓨린은 피리미딘과 어떻게 다른가?
3. DNA 분자에서 인산다이에스테르 결합과 수소결합의 위치를 구별하시오.
4. DNA가 복제되어야 하는 이유는 무엇인가?
5. 각 염기 유형이 다른 세 가지 염기 유형과 수소결합을 형성할 수 있는 DNA 구조가 쉽게 복제되는 분자를 생성하지 않는 이유는 무엇인가?
6. DNA 분자의 어떤 부분이 정보를 암호화하는가?
7. DNA가 화학적 의미에서 어떻게 방향성 분자인지 설명하시오.
8. 다음 진술은 DNA 구조의 어떤 특성을 나타내는가? "새로운 DNA는 5'에서 3' 방향으로 형성되지만 주형 가닥은 3'에서 5' 방향으로 읽힙니다."
9. 1-5의 각 실험을 a-e의 적절한 설명이나 결론에 연결하시오.

1. 밀도 이동 실험	a. 첫 번째 실험으로 유전물질을 구별하였다.
2. 더러운 붕대에서 질소와 인을 함유하는 산성물질 발견	b. 상보성 염기쌍은 DNA 구조의 일부분이며 대칭적인 이중나선 구조를 유지하도록 한다.
3. 세균 감염실험에서 바이러스의 일부분은 인을 함유하고 있었으나 황은 발견되지 않는 "블렌더 실험"	c. 핵산의 확인.
4. DNA는 같은 양의 G-C, A-T를 가지고 있다는 결정	d. 단백질이 아니라 DNA가 유전물질이다.
5. 세균의 치사성이 전달되어 해를 끼치지 않는 균주가 형질전환되는 "요소"를 발견	e. DNA 복제는 반보존적이다.

10. DNA 복제중에 작용하는 효소 중 복제를 시작하게 하는 효소는 무엇인가: 라이게이즈, 프리메이즈, 엑소뉴클레이즈, 헬리케이즈, DNA 중합효소
11. 매우 긴 DNA 분자가 세포핵 속에 들어가려면 어떻게 되어야 하는가.
12. 다음 중 크기가 작은 것에서 큰 순서대로 정렬하시오: 뉴클레오솜, 히스톤 단백질, 염색질
13. 고리 형성이 어떻게 유전자-유전자 상호작용을 가능하게 하는지 설명하시오.
14. 매우 긴 DNA 사슬이 꼬이지 않고 복제가 진행되는 것에 대해 설명하시오.

15. DNA 복제의 과정을 설명하시오.

16. DNA 복제가 연속적으로 일어날 뿐만 아니라 불연속적으로도 일어나야 하는 이유는 무엇인가?

17. DNA 복제에 RNA가 참여하는 것에 대해 설명하시오.

18. DNA 복제 과정은 인터넷에서 문서를 다운 받는 것과 유사한가? 의견과 근거를 제시하시오.

응용문제

1. 코뿔소 DNA 색인 시스템(RhODIS)은 뿔이 사냥하는 코뿔소를 추적하기 위해 남아프리카에 설립되었다. 일부 아시아 국가에서는 코뿔소 뿔이 많은 질병을 치료한다고 믿어지며 지위의 상징으로 수집되었다. 검은 코뿔소는 2011년에 멸종되었으며 나머지 5종 중 3종이 심각한 멸종 위기에 처해 있다. 법집행관이 RhODIS를 사용하여 밀렵꾼을 잡는 방법을 설명하시오.

2. 다음 염기서열로부터 복제되는 DNA 염기서열을 적으시오.

   a. T C G A G A A T C T C G A T T
   b. C C G T A T A G C C G G T A C
   c. A T C G G A T C G C T A C T G

3. '질투 유발 유전자', '행동 유전자'와 같이 단백질의 기능과는 전혀 무관하게 '무엇을 위한 유전자'라는 단어를 사용하여 인간의 특성을 말하려는 사람들이 있다. 그들에게 당신은 실제로 유전자가 무엇인지를 어떻게 설명할 것인가?

4. 다음은 혈액뿐만 아니라 달걀의 흰자에도 풍부한 단백질인 혈청 알부민을 암호화하는 유전자의 DNA 염기서열의 일부이다. 염기서열은 다음과 같다.

   A G C T T T T C T C T T C T G T C A A C

   이 염기서열은 세포가 단백질을 구성하기 위한 정보를 담고 있다. 상보적인 염기서열을 써보시오.

5. 어떤 환자의 뇌염(뇌 면역반응)을 진단하기 위해서는 백만 개 복사본의 바이러스 유전자가 요구된다. 연구원은 환자의 뇌 척수액 시료를 이용하여 PCR을 하기로 결정하였다. 만약 PCR의 한 온도 주기마다 2분이 걸린다면 백만 개의 PCR 결과물을 얻기 위해서는 얼마나 걸릴지 예상해보시오.

사례 및 연구 결과

1. DNA 구조를 알아낸 것과 인간 유전체 염기서열을 해독한 것 중 어느 것이 더 중요한 성과라고 생각하는가? 이유는 무엇인가?

2. 이 장에서 언급된 발명가 또는 연구자 중 한 명에 대한 추가 정보를 찾고, 그 또는 그녀의 영감이나 사고 과정을 설명하시오.

3. 로잘린 프랭클린에 관한 책이나 기사를 읽고 그녀가 여성 과학자로서 직면했던 도전에 대해 토론하시오. 그녀의 상황을 오늘날 일하는 여성 물리학자나 유전학자의 상황과 비교하시오.

4. 검은 멧닭의 암컷은 초원들꿩을 닮은 멸종된 새이다. 미국 동부 해안을 따라 서식하였지만, 19세기 중반까지 매사추세츠주 케이프코드 앞바다의 섬인 마사스 비니어드에서만 발견되었다. 마지막 암탉은 1932년에 죽었다. 한 비영리 단체가 마사스 비니어드 박물관의 새 샘플에서 멧닭의 고유한 유전자를 식별하여 초원들꿩의 유전자에 합성, 도입하여 멧닭을 번식시키는 "멧닭 다시 데려오기"을 제안하고 있다.

   a. 멧닭을 데려오려는 계획이 프셰발스키(Przewalskiil)의 말을 데려오는 것과 어떻게 다른지 설명하시오. 이 "야생당나귀"는 1960년대에 멸종된 것으로 생각되었지만, 몽골 평야를 돌아다니며 발견된 몇 마리의 전통적인 번식은 소수의 개체군을 되살렸다.
   b. "유전자 구조(유전자 조작)"를 통한 "멸종 생물 복원"이 좋은 생각이라고 생각하는가, 나쁜 생각이라고 생각하는가?
   c. 털북숭이 매머드를 어떻게 재현할 것인가?

NASA Photo/Alamy Stock Photo

CHAPTER 10

유전자 활동 : DNA에서 단백질까지

우주에서 인류 유전체에게 어떤 일이 일어날까? 그 경험은 다른 경험에서와 마찬가지로 유전자 발현에 일시적인 변화가 일어나는 원인이 될 수 있다. 오랜 기간을 두고 우주에 간 쌍둥이와 지구에 있었던 그의 형제의 유전체를 비교하는 연구를 하였다.

학습 목표

10. 1 단백질의 중요성

1. 단백질과 아미노산의 관계를 설명하시오.
2. 유전자와 단백질의 관계를 설명하시오.

10.2 전사는 DNA의 정보를 복사한다

3. 주요 RNA 분자의 유형과 기능을 열거하시오.
4. 전사인자의 중요성을 설명하시오.
5. 전사의 단계를 열거하시오.

10.3 단백질의 번역

6. 유전학자들이 어떻게 유전암호를 유추했는지 논의하시오.
7. 단백질 합성의 단계를 열거하시오.

10.4 단백질 공정

8. 단백질 구조의 네 가지 구성을 정의하시오.
9. 단백질 접힘의 중요성을 설명하시오.

개관

DNA 배열은 생명체의 청사진이다. 세포는 이 정보를 유지하여야만 하고, 또한 이 정보를 이용하여 단백질을 합성한다. RNA는 DNA 서열을 단백질의 아미노산 서열로 연결시켜주는 중개자 역할을 한다.

우주에서 유전자 발현의 변화

스코트(Scott)와 마크 켈리(Mark Kelly)는 일란성 쌍둥이이다. 스코트가 국제우주정거장에서 일 년을 보내고 돌아왔을 때, 스코트와 마크는 의학적·생화학적 검사를 받았다. 스코트가 지구 밖에 있는 동안 마크와 비교하여 우주비행사인 스코트의 몸에 어떤 변화가 일어났을까?

의학계에서는 **미국 항공 우주국**(National Aeronautics and Space Administration, NASA)에서 나온 소식에 따라 그의 DNA가 변화하였을 거라고 성급하게 보고하였다. 소속기관에서는 스코트와 마크 켈리의 비교를 "완전한 천연 대 양육의 연구"라고 제안하였다.

쌍둥이의 DNA는 변화하지 않았다. 우주에 있는 1년 동안 변화한 것은 스코트의 유전자 발현(expression)으로 이것은 유전자가 정보가 RNA의 분자로 전사된 것을 의미한다. 다른 유형의 RNA 분자들은 유전정보를 아미노산의 서열인 단백질로 번역하는데 관여한다. 한 유전자의 DNA 서열이 변화하는 것은 유전자 변화의 한 종류인 돌연변이(mutation)로 12장에서 다룬다.

스코트가 지낸 우주와 같은 특별한 환경은 대부분의 환경 변화가 일으키는 것과 같이 일시적으로 그의 DNA **기능**(function)을 변화시킬 수는 있으나 **구조**(structure)를 변화시킬 수는 없다. 우리가 살아가는 동안 수만 개의 유전자는 끊임없이 발현이 증가하거나 감소한다. 피자의 냄새를 맡고, 침 속의 아밀레이즈가 입안에 흘러넘친다. 혈액이 응고된다. 머리카락과 손톱이 자란다. 엔도르핀이 마음을 진정시킨다. 근육이 수축한다. 호르몬이 난자를 방출한다. 세포가 혈액으로부터 포도당을 취한다.

스코트가 우주에서 돌아와서 몇 개월이 지난 후, 연구자들은 그의 소변과 염증에서 단백질을 합성하는 유전자의 발현이 일시적으로 변화한 것을 발견하였다. 염색체의 텔로미어 부분이 약간 확장되었다가, 다시 오그라들었다. 스코트가 지구에 돌아와 우주식을 그치자 그의 장내 미생물도 바뀌게 되었다.

DNA를 좀 더 오랜 기간 살펴본다면 쌍둥이의 혈액 속에 실제로 유전적인 변화를 나타냈을지도 모른다. 연구자들은 DNA를 추출하여, 돌연변이를 찾아내고, 유전체 염기서열의 유전적 차이를 비교하고, 돌연변이 발생률과 돌연변이의 종류가 형제 사이에 다르다는 것을 결정하게 될 것이다.

10.1 단백질의 중요성

유전자는 세포가 특정한 단백질 분자를 합성하도록 지시한다. 세 가지 주요 영양분 중의 하나인 단백질은 고기, 달걀과 콩에 풍부하다. 우리가 단백질을 먹을 때 우리의 소화기관은 단백질을 소장의 내부를 관통하여 혈액으로 들어가기에 충분히 작은 분자인 **아미노산**(amino acids)으로 분해한다. 그곳으로부터, 아미노산은 세포로 들어가 그곳에서 유전자로부터 RNA 분자를 전사시키도록 유도하고, 새로운 단백질 분자를 만든다. 근육 단백질 미오신은 햄버거를 먹은 사람의 햄버거로부터 직접 근육 단백질인 미오신이 되지 않는다. 대신에, 소의 미오신은 그 단백질을 구성하는 아미노산으로 분해된다. 이 아미노산이 소장에서 흡수되어 유전자의 지시에 따라 연결되어 우리 근육을 구성하는 수축 섬유사의 일부분인 미오신이 되어 사람 신체의 일부분을 구성한다.

500개 이상의 아미노산이 화학적으로 가능하지만, 오직 20개 정도가 아미노산으로 이루어진 단백질 분자를 만드는 데 필요하다. 20개의 아미노산 중에 9개의 아미노산은 필수적 아미노산으로 사람의 몸에서는 그들을 합성할 수 없다. 그 필수 아미노산은 음식물로부터 섭취해야만 한다. 다른 6개의 아미노산은 조건에 따라 필수적인데 이는 뼈가 완성되지 않거나 신진대사 질병과 같은 어떤 환경을 제외하고 사람의 체내에서 만들어지는 것을 의미한다. 다른 5개는 불필수 아미노산으로 이 아미노산은 신체에서 만들 수 있다.

20개의 생물에 필요한 아미노산은 비슷한 구조로 되어 있다. 각 아미노산은 중앙에 탄소 원자를 가지고 있으면 이 탄소 원자는 아미노기(NH_2), 카르복실기(COOH), 수소 원자(H) 그리고 R 작용기 와 결합한다(**그림 10.1**). 인체에서 이용되는 20개 아미노산의 R 작용기는 아미노산에 따라 다르다. 아미노산은 한 아미노산의 아미노기가 다른 아미노산의 카르복실기와 결합하는 펩타이드 결합에 의해 사슬처럼 연결된다. 그림 10.19는 아미노산이 어떻게 결합하고 있는지 보여준다. 한 단백질 분자가 형성됨에 따라, 연결된 많은 아미노산이 단백질이 기능에 필수적인 3차 구조로 접혀진다. 한 단백질은 한 개 혹은 여러 개의 아미노산이 길게 연결된 **폴리펩타이드**(polypeptide)

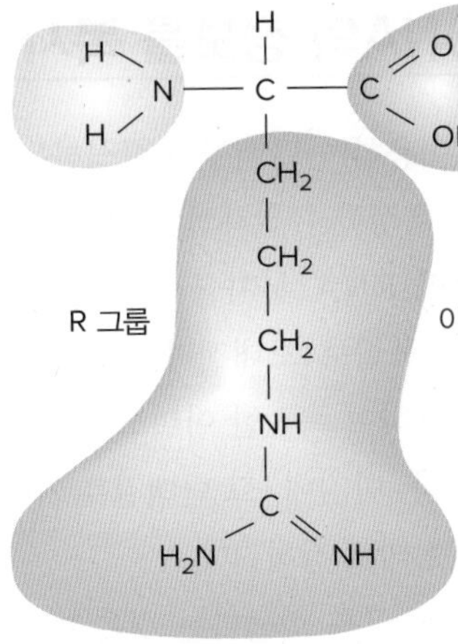

그림 10.1 아미노산 구조. 한 아미노산은 중심 탄소 원자가 수소 원자, 아미노기, 카르복실기, 및 특징적인 R 그룹과 결합한다. 이 아미노산은 아르기닌이다.

라고 하는 긴 사슬로 이루어져 있다. 단백질의 3차 구조는 **입체 구조**(conformation)라 부르며 10.4절에서 좀 더 다루고자 한다.

살아있는 인체 내에서 단백질을 합성하지 못하는 상황은 상상하기 어렵다. 단백질이 없이 혈액은 응고할 수 없고, 근육은 수축할 수 없으며 항체는 감염되었을 때 싸울 수 없고 우리는 머리, 피부 혹은 결합조직이나 생명을 유지하는데 촉매를 필요로 하는 신진대사 과정이 일어날 수 없다.

사람의 엑솜을 암호화하고 있는 것이 파괴되면 20,325개의 단백질 혹은 그 이상의 단백질 중에 단지 한 개라도 이용할 수 없게 된다. 거대 축삭 신경병을 가진 어린이는 그녀의 운동 뉴런의 기가소닌 단백질을 만들 수 없기 때문에 더 이상 걸을 수 없다(임상 연계 2.2 참조). 낭포성 섬유증(그림 1.5와 1.6 및 임상 연계 4.1 참조)을 가진 사람은 이온 수송 단백질이 적절하게 굽혀지지 않기 때문에 호흡기관과 소화기관에 문제가 생긴다.

단백질이 만들어지고 나면 단백질의 기능과 상호작용은 유전자형이 표현형으로 번역되는 것이다. 그 과정은 유전자의 정보가 좀 더 이용 가능한 형태로 복사하는 것부터 시작된다.

핵심 개념 질문 10.1

*a. 아미노산 각 부분의 이름을 말하시오.

b. 단백질의 모양이 어떻게 형성되는 지 설명하시오.

*c. 유전자와 단백질 사이의 관계는 무엇인가?

d. 인체 내에서 단백질의 일부 기능을 적어보시오.

10.2 전사는 DNA의 정보를 복사한다

세포는 유전적 지시를 이용하여 단백질을 합성하는데 두 가지 과정을 거친다. 전사는 먼저 특정한 유전자의 DNA 이중나선 구조 중 한 가닥에 대하여 상보적인 RNA 분자를 합성하는 것이다. 복사된 RNA는 핵에서 나와 세포질로 보내진다. 그곳에서, 번역 과정은 RNA에 있는 정보를 이용하여 특정한 아미노산들이 길게 늘어서 결합하여 단백질을 합성한다. 마침내, 그 단백질은 기능을 수행하는 데 필요한 특별한 3차원적 형태로 접혀진다.

유전체가 단백질을 만들도록 접근하는 것은 매우 거대하고 지속적인 일이다. 세포는 DNA를 세포주기의 S(합성)기에만 복제하지만, 전사와 번역은 M기를 제외하고 지속해서 일어난다. 이 두 과정은 세포의 구체적인 특성을 부여할 뿐만 아니라 사는데 필요한 단백질을 제공한다.

왓슨(Watson)과 크릭(Crick)이 1953년에 DNA의 구조에 대하여 발표한 지 얼마 안 되어 "중심설(entral dogma)"이라고 하는 정보의 흐르는 방향으로 핵산과 단백질의 관계를 기술하였다(**그림 10.2**). 1957년에 프랜시스 크릭(Francis Crick)이 설명한 바와 같이 "**핵산의 특징은 염기서열에 의해 나타나며, 이러한 서열은 특정한 단백질을 구성하는 아미노산을 암호화한다.**" 이러한 서술은 10년 이상 단백질 합성에 관여하는 물질을 확인하고 그들이 어떻게 상호작용하는지 발견하기 위한 집중적인 연구에 영감을 불러일으켰다. 다음에 두 개의 소단원에서 전사단계에 대하여 소개하고 그다음의 두 개 소단원에서는 복잡한 단계에 대하여 설명한다.

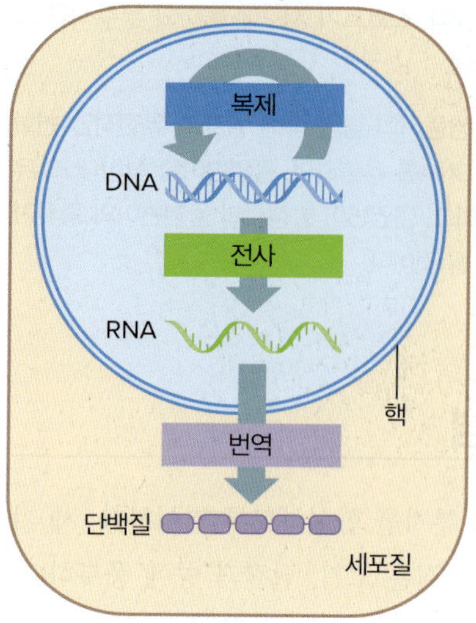

그림 10.2 DNA에서 RNA를 거쳐 단백질까지. DNA에 보관되어 있는 일부 정보는 RNA로 복사되고(전사), 이들 중 어떤 것은 아미노산을 조립하여 단백질을 합성하며(번역), DNA 복제는 유전정보를 연속시킨다. 이 그림은 이 장에서 계속 반복되며 강조될 것이다.

RNA 구조와 종류

RNA는 **그림 10.3**에서 묘사한 바와 같이 유전자와 단백질의 가교 역할을 한다. RNA 배열의 염기는 이중 가닥의 한 가닥에 대하여 상보적이고, 이런 가닥은 **주형 가닥**(template strand)이라고 한다. **RNA 중합효소**(RNA polymerase)라는 효소는 RNA분자를 합성한다. 한편 DNA 이중가닥의 비주형가닥은 **암호화 가닥**(coding strand)이라고 부른다.

RNA와 DNA는 비슷하지만 다르다(**그림 10.4** 및 **표 10.1**). DNA와 RNA는 질소를 포함한 염기서열이 당-인산 골격 구조로 연결되어 있는 핵산이다. 그럼에도 불구하고, 그들의 구조는 다르다.

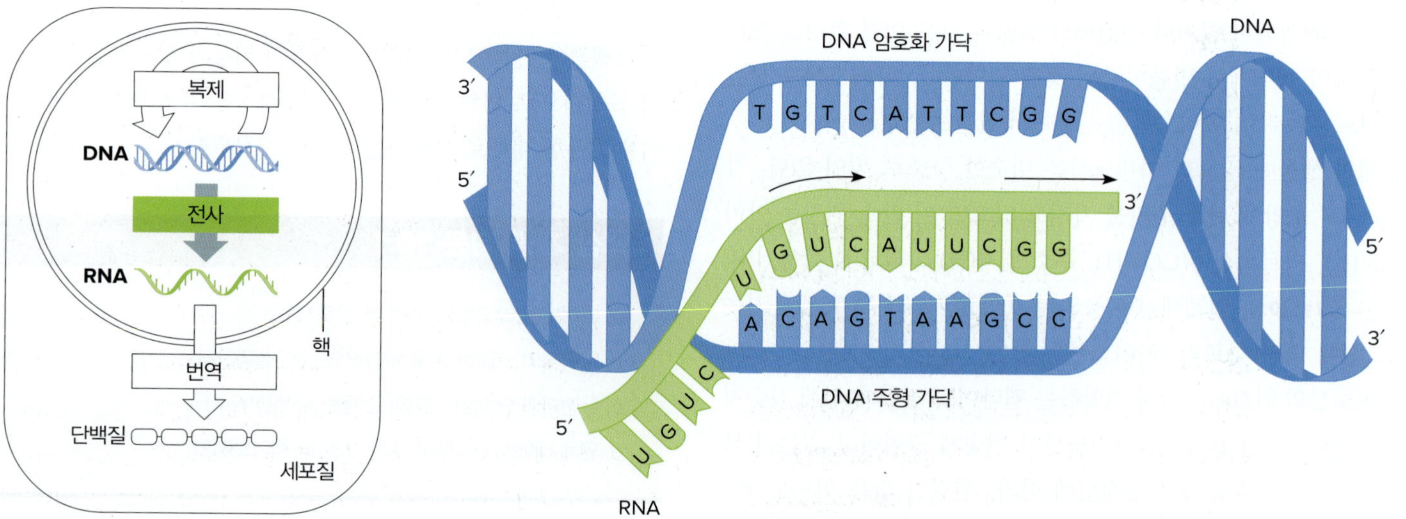

그림 10.3 RNA와 DNA 주형 가닥, 그리고 DNA 암호화 가닥 사이의 관계. RNA 염기배열은 DNA 주형 가닥과 상보적으로, 티민(T) 대신에 우라실(U)을 가짐으로써 DNA 암호화 가닥의 염기배열과 동일하다.

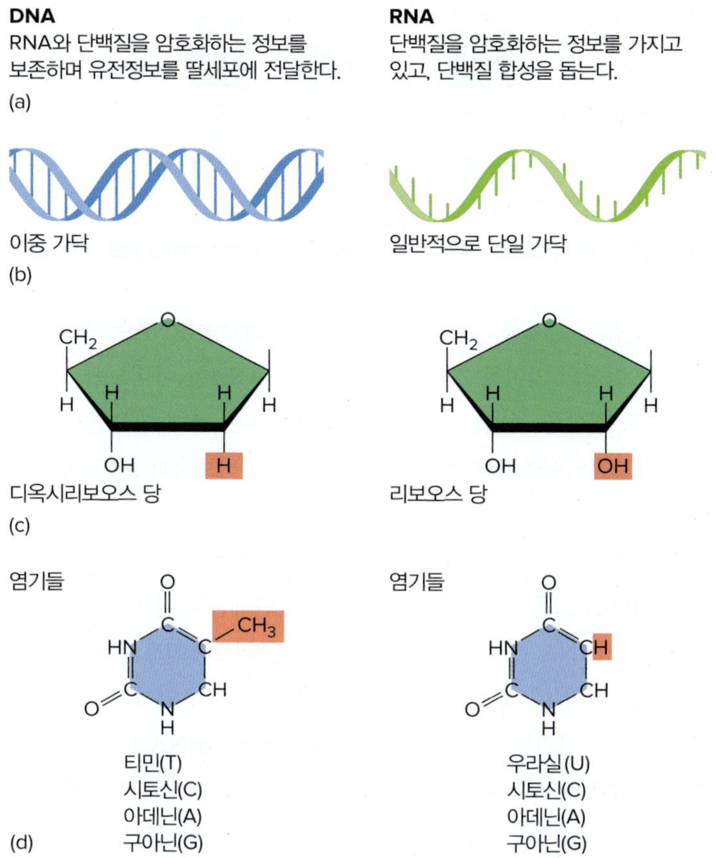

그림 10.4 DNA와 RNA 차이. (a) DNA와 RNA는 기능이 다르다. (b) DNA는 이중 가닥이고; RNA는 대개 단일 가닥이다. (c) DNA 뉴클레오타이드는 디옥시리보오스를 가지며 RNA 뉴클레오타이드는 리보오스를 가진다. (d) DNA 뉴클레오타이드는 피리미딘계인 티민을 가지는 반면 RNA 뉴클레오타이드는 우라실을 가진다.

RNA는 대개 단일 가닥인 반면, DNA는 이중 가닥이다. 또한 RNA는 피리미딘계 염기인 우라실을 갖는 반면 DNA는 티민을 갖는다. RNA(ribonucleic acid)의 뉴클레오타이드는 리보오스 당을 가지고 있다. DNA(deoxyribonucleic acid)의 뉴클레오타이드는 디옥시리보오스 당을 가지고 있다.

DNA와 RNA는 기능 역시 다르다. DNA는 유전정보를 저장하지만, RNA는 그 정보가 어떻게 사용되는 지를 조절한다. 리보오스의 2′ 위치에 OH 작용기가 존재하는 DNA 보다 RNA는 구조상 덜 안정적이다. 이런 차이는 RNA가 유전정보를 보관하는 시간이 짧은 이유에 결정적인 영향을 미친다.

표 10.1 DNA와 RNA의 차이점

DNA	RNA
1. 보통 이중 가닥	1. 보통 단일 가닥
2. 티민 염기	2. 우라실 염기
3. 디옥시리보오스 당	3. 리보오스 당
4. 단백질 암호화하는 정보 유지	4. 단백질을 암호화하는 정보를 운반하고 정보가 어떻게 사용될 것인지를 조절
5. 효소로 작용할 수 없음	5. 효소로 작용할 수 있음
6. 지속성	6. 짧은 수명

RNA가 DNA를 따라 합성되면서, 같은 RNA 분자 내에서 상보적인 염기쌍을 갖는 부분에서 RNA가 입체 구조를 갖도록 접혀진다. 예를 들어, AAUUUCC의 서열은 같은 분자 내에 상보적인 UUAAAGG의 서열이 있는 경우 마치 팔꿈치가 무릎에 닿는 것과 같이 수소결합이 이루어질 수 있다. RNA의 입체 구조는 RNA의 기능에 매우 중요하다. RNA의 세 가지 주요 형태는 입체 구조가 다른데, 전령 RNA, 리보솜 RNA와 운반 RNA이다(**표 10.2**). 다른 RNA는 유전자들이 특별한 환경에서 발현(전사와 번역)되는 것을 조절한다(표 11.2의 설명 참조).

전령 RNA(mRNA)는 특정한 단백질에 대한 정보를 가지고 있다. mRNA를 구성하는 3개의 염기는 하나의 유전암호, 특정한 아미노산에 해당하는 **코돈**(codon)을 형성한다. 유전자는 길이가 매우 다양하기 때문에, 성숙 mRNA 분자의 길이도 다양하다. 대부분 mRNA는 500개에서 4,500개 염기로 되어 있다.

분화된 세포는 특정 유전자를 발현하기 때문에 특정 기능을 수행할 수 있다. 즉, 특정 세포들은 전사 산물이라고 하는 특정 mRNA 분자를 생산한다. 전사 산물에 있는 유전정보는 암호화된 단백질을

표 10.2 RNA의 주요 형태

RNA 유형	크기(염기의 수)	기능
전령 RNA(mRNA)	500~4,500 이상	아미노산 서열 암호화
리보솜 RNA(rRNA)	100~3,000	단백질과 결합하여 리보솜 형성, 구조적 지지 및 단백질 합성 촉매
운반 RNA(tRNA)	75~80	단백질 합성을 위한 특정 아미노산을 리보솜으로 운반

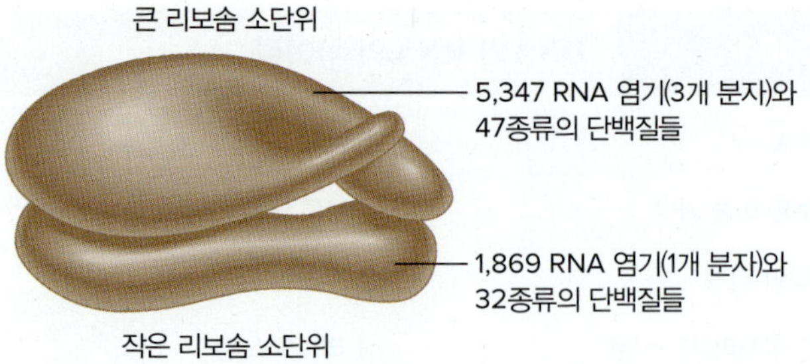

그림 10.5 리보솜. 진핵세포의 리보솜은 두 개의 소단위로 구성되어 있는데, 79종류의 단백질과 4개의 rRNA 분자로 이루어져있다.

합성하는데 이용된다. 예를 들어, 근육세포는 근수축 단백질인 액틴과 미오신을 합성하는데 필요한 많은 mRNA를 가지는 반면에, 피부세포는 비늘 모양의 케라틴 단백질을 합성하는 mRNA를 다량 함유하고 있다.

mRNA 서열에 들어 있는 정보를 단백질로 만들어 사용하기 위해 세포는 다른 두 종류의 RNA를 필요로 한다. **리보솜 RNA**(rRNA) 분자는 대부분 100~3,000개의 뉴클레오타이드 길이로 구성되어 있다. 리보솜 RNA는 어떤 단백질과 결합하여 리보솜을 형성한다. 앞서 2장에서 리보솜이 여러 종류의 단백질과 RNA 소단위로 구성되어있다는 내용을 다시 한번 생각해보자. 전체적으로 보았을 때 리보솜은 기계와 같이 아미노산을 조립하고 연결하여 단백질을 형성한다(**그림 10.5**).

리보솜은 두 개의 소단위를 가지고 있어 세포질에서 나뉘어져 있으나 단백질 합성 개시단계에서 두 개가 결합한다. 큰 리보솜 소단위는 세 가지 유형의 rRNA 분자를 가지고 있으며, 작은 리보솜 소단위는 한 유형 분자를 가지고 있다. 그러나 리보솜 RNA는 구조적으로 지지 이상의 의미를 가지고 있다. 어떤 rRNA는 아미노산 사이에 펩타이드 결합을 촉매한다. 이와 같은 RNA는 촉매 기능을 가지고 있어 리보자임이라고 부른다. 다른 rRNA는 리보솜과 mRNA의 연결을 돕는다.

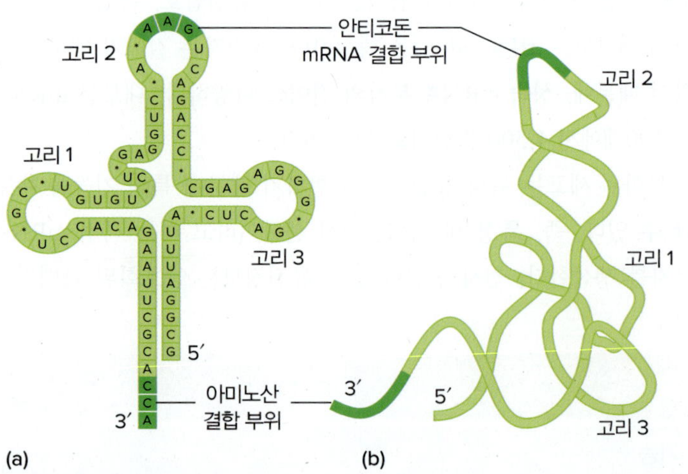

그림 10.6 운반 RNA. (a) tRNA 내에 일부 뉴클레오타이드는 서로 수소결합을 하여 평면 구조에서 봤을 때 "클로버잎"과 같은 입체 구조를 형성한다. 꼭대기 부분의 좀 더 진한 색의 염기는 안티코돈을 형성하는데, 이 서열은 mRNA의 코돈과 상보적으로 결합한다. 각 tRNA는 CCA로 끝나고 이곳에서 특정한 아미노산과 공유결합을 한다. (b) tRNA의 3차원적 구조는 고리 구조가 리보솜과 상호작용하는 형태를 보여준다.

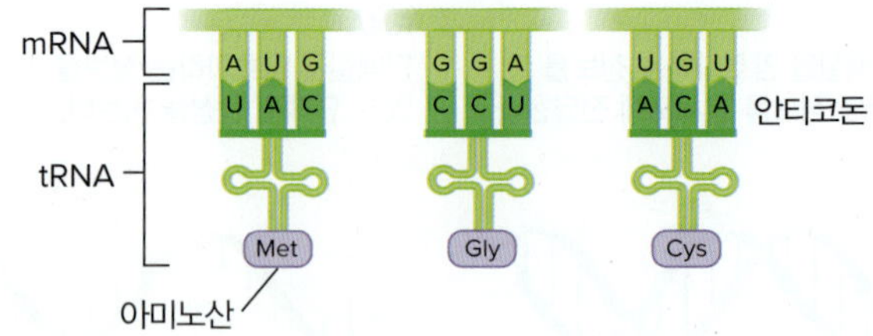

그림 10.7 특정한 안티코돈 서열을 가진 tRNA는 항상 같은 아미노산과 결합한다.

RNA 분자의 세 번째 주요 유형인 운반 RNA(tRNA)는 한쪽 말단은 mRNA 코돈을 연결하고, 다른 쪽 말단에는 특정한 아미노산을 연결한다. tRNA 분자는 단지 75~80 뉴클레오타이드 길이를 가진다. tRNA의 일부 염기들은 서로 약하게 결합하여 있어 tRNA가 클로버 형태의 고리들로 접히도록 한다(**그림 10.6**). tRNA의 고리 중 하나는 **안티코돈**(antidodon)을 형성하는 연속된 세 개의 염기를 가지는데, 이는 mRNA 코돈에 상보적이다. tRNA 안티코돈의 반대쪽 3말단은 특정 아미노산과 강하게 결합하여 있는데, 특정한 안티코돈 서열을 가지는 tRNA는 항상 같은 아미노산을 운반한다(생물체는 20종의 아미노산을 가지고 있다). 예를 들면, GAA 안티코돈 서열을 갖는 tRNA는 항상 페닐알라닌 아미노산과 결합한다. 효소는 적절한 안티코돈을 가진 tRNA에 특정한 아미노산을 부착시킨다(**그림 10.7**).

전사인자

만약에 인간의 유전체에 있는 모든 유전자가 동시에 전사되고 번역되어진다면 혼란스러울 것이다. 이것은 컴퓨터의 모든 파일과 프로그램이 동시에 열리는 것과 같다. 대신에 유전정보가 이용되는 과정은 선택적이고 효율적이다.

세포 유형에 따라 서로 다른 유전자들이 발현된다. 이를 수행하기 위해서 전사인자라고 불리는 일련의 단백질들이 서로 결합하고, DNA의 특정 서열에 적절히 결합하고, 염색체의 특정 부위에서 전사를 개시하는 전사 기구를 형성한다. 이 전사인자는 세포 바깥으로부터 호르몬이나 성장인자와 같은 신호에 의해 활성화된 후, RNA 사슬을 만드는 효소인 RNA 중합효소가 들어갈 오목한 부분을 형성함으로써 특정한 유전자에서 RNA 분자를 합성하기 시작한다.

전사인자는 결합 부위를 가지고 있어 유전자와 결합하여 전사를 조절한다. DNA 결합 부위는 그들의 모양에 따라 **나선-꺽임-나선**

(helix-turn-helix), **아연 집게**(zinc finger)와 **류신 지퍼**(leucine zipper)와 같은 이름을 가지고 있다.

적지 않은 전사인자는 유전자를 전사하기 위해 상호작용하여 유전자 발현을 넘어 정교한 조절에 영향을 미친다. 유전체와 연결된 전사인자의 효과는 환경까지 영향력을 미친다. 예를 들어, 질식이나 흡연으로 인하여 산소가 결핍되는 경우, 전사인자에 신호를 보내서 수십 개의 유전자를 활성화시켜 세포가 산소 농도가 낮은 환경에서도 세포를 감당할 수 있도록 한다.

전사인자 유전자의 돌연변이는 파괴적일 수 있다. 레트 증후군(2장의 여는 글)과 임상 연계 3.1에서 묘사된 호메오 돌연변이는 전사 인자 유전자에서 돌연변이가 일어난 결과이다. 과발현된 전사 인자는 많은 경우 암의 원인이 된다. 전사인자는 다른 전사인자나 다른 유형의 분자에 의해 조절된다.

전사의 단계들

전사는 개시, 신장 및 종결, 세 단계로 설명될 수 있다. 이 과정은 DNA 정보를 RNA로 복사하기 때문에 **전사**(transcription)라고 부르지만, DNA 염기가 갖고 있는 유전정보를 보전한다.

DNA에 결합하는 전사인자와 RNA 중합효소는 특정한 유전자의 전사를 시작하기 위해 DNA의 어느 곳에 결합해야 하는 지 "어떻게 알까? 전사의 개시단계에서, 전사인자와 RNA중합효소는 한 문장의 시작 부분의 대문자처럼 유전자의 시작을 알리는 특별한 부위인 **프로모터**(promoter)와 결합한다.

그림 10.8은 전사인자가 결합하는 것을 간단하게 보여주고 있는데, 이 결합을 통해 RNA 중합효소를 받아들이는 개시전복합체라 불리는 부위를 설명한다. TATA 결합 단백질이라고 하는 첫 번째 전사 인자가 DNA 서열의 TATA 상자에 결합하는데, 이 상자는 G와 C에 둘러싸인 모양으로 길게 연결되어 있는 염기서열이다. 첫 번째 전사인자가 결합하면 그것은 다른 전사인자들을 단체로 유인한다. 마침내, RNA 중합효소가 유전자 서열의 시작 부분 바로 앞에 결합하여 복합체를 형성한다. 이런 요소들의 결합이 전사의 개시를 알린다.

다음으로 전사의 신장단계에서는 DNA의 이중나선을 부분적으로

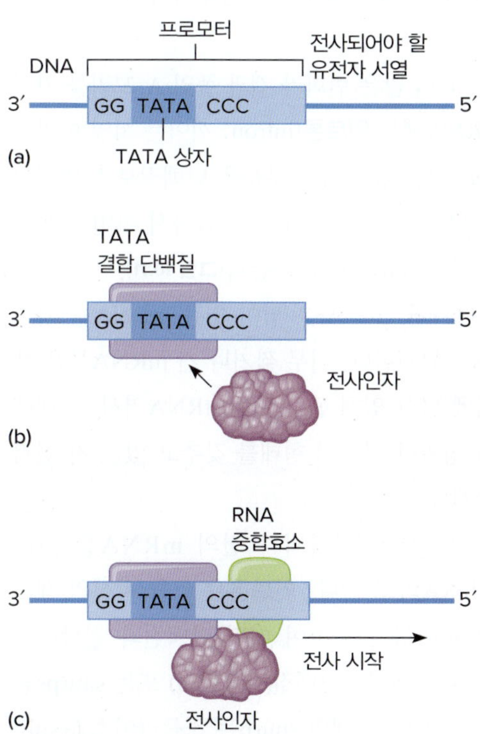

그림 10.8 전사를 시작하기 위한 준비. (a) 전사를 개시하는 단백질이 유전자의 특별한 서열인 프로모터 부위를 인식한다. (b) 결합 단백질이 TATA 부위를 인식하고 DNA와 결합한다. 이로 인하여 다른 전사인자들이 결합하도록 한다. (c) 결합한 전사인자가 RNA 중합효소가 결합할 수 있게 해주어 RNA 합성이 시작된다.

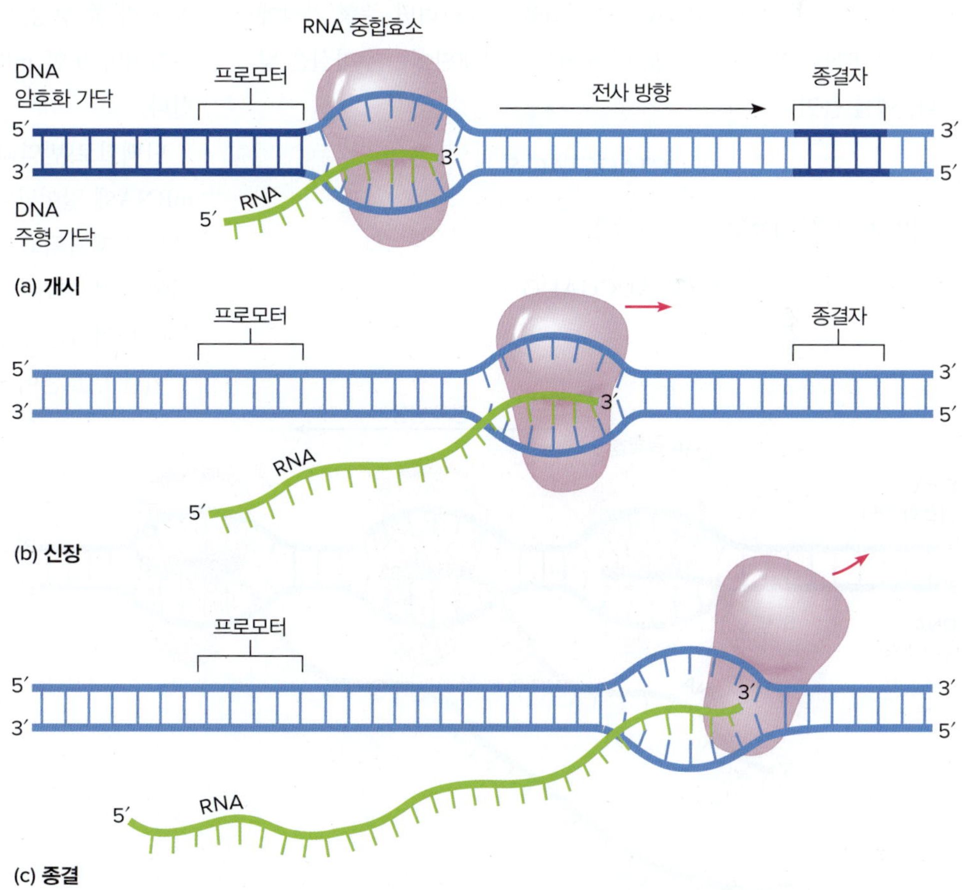

그림 10.9 DNA로부터 RNA의 전사. 전사는 개시, 신장 및 종결의 세 단계로 일어난다. 개시는 전사될 유전자를 결정하는 부위를 조절한다. 신장단계 동안에는 RNA 뉴클레오타이드들이 첨가된다. 유전자의 종결 서열은 전사의 끝부분을 나타낸다.

풀며, 유리된 RNA 뉴클레오타이드는 DNA 주형 가닥의 염기에 상보적으로 부착한다(그림 10.3). RNA 중합효소는 주형 가닥의 3′에서 5′ 방향으로 DNA 가닥을 따라 이동하면서, 5′에서 3′ 방향으로 주형 DNA가 지정하는 염기서열에 따라 RNA 분자를 붙인다. 주형 DNA의 종결자 서열은 유전자의 RNA를 암호화하는 부위가 끝났음을 나타낸다. 이곳에 이르게 되면 세 번째 단계인 전사 종결이 일어난다(**그림 10.9**). 인간 유전자의 일반적인 전사 속도는 1초 당 20개 염기이다.

RNA는 일반적으로 유전자의 주형 가닥만을 전사에 이용한다. 하지만 같은 염색체에 존재하는 다른 유전자들은 이중나선 가닥 중 다른 가닥으로부터도 전사될 수 있다. DNA의 암호화 가닥은 티민(T)이 우라실(U)로 교체되는 것을 제외하면 이 가닥의 염기서열이 RNA의 염기서열과 같기 때문에 암호화 가닥이라 불린다.

같은 주형 가닥으로부터 동시에 몇 개의 RNA가 전사되어 질 수도 있다(**그림 10.10**). mRNA는 10분에 절반이 분해될 정도로 짧은 수명을 가지기 때문에, 세포는 필요한 단백질의 공급을 유지하기 위해 지속적으로 특정 유전자를 전사해야 한다.

유전자로부터 전사된 RNA 염기서열을 결정하려면 주형 가닥에 상보적인 RNA 염기를 쓰는데, 이때 아데닌 반대편에는 우라실을 넣는다. 예를 들면,

3′ CCTAGCTAC 5′

서열을 가지는 DNA 주형 가닥은

5′ GGAUCGAUG 3′

를 가지는 RNA로 전사되며, 암호화 DNA 가닥의 서열은

5′ GGATCGATG 3′

이다.

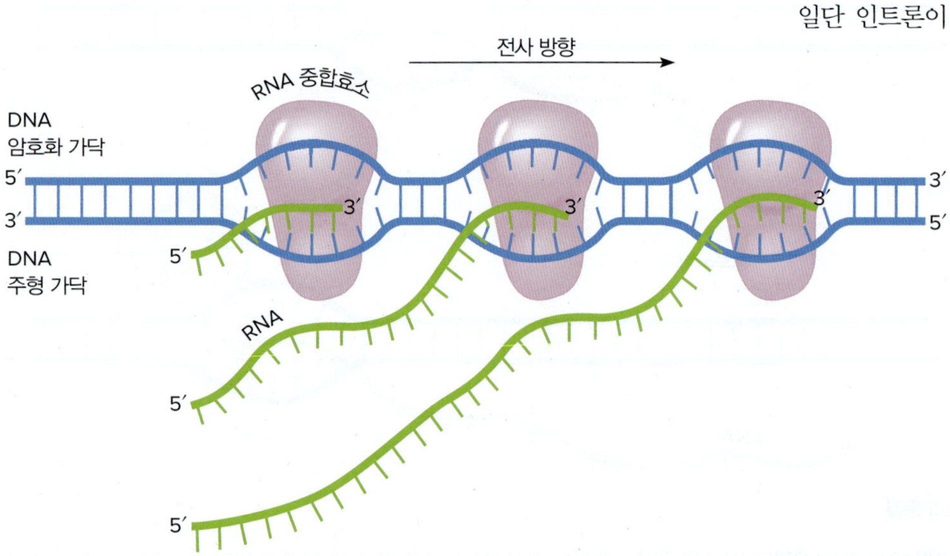

그림 10.10 동일한 RNA가 동시에 여러 개로 전사된다. 일반적으로 RNA 중합효소 사이에 100개 혹은 그 이상의 DNA 염기가 놓여 있다.

RNA 공정

박테리아에서는 핵이 물리적으로 전사와 번역 두 과정을 분리하지 않기 때문에, RNA가 DNA로부터 전사되자마자 단백질로 번역된다. 진핵세포는 일단 mRNA가 핵에서 리보솜이 있는 세포질로 이동해야만 한다. 좀 더 복잡한 세포 내에서 전령 RNA는 번역되기 전에 여러 단계에 걸쳐 변형된다.

처음에, mRNA가 전사된 후 캡이라고 하는 변형된 뉴클레오타이드로 구성된 짧은 서열이 mRNA 분자의 5′ 말단에 더해진다. 캡은 역방향으로 삽입된 구아닌(G)으로 구성되어 있는데, 이것은 구아닌과 한두 개의 인접한 뉴클레오타이드에 메틸기(CH_3)를 결합시키는 효소를 유도한다. 이 메틸화된 캡은 단백질 합성을 위한 인식 부위이다. 3′ 말단에는 특별한 중합효소가 200개의 아데닌을 더하여 "폴리 A 꼬리"를 형성한다. 폴리 A 꼬리는 단백질 합성을 시작하는 데 필수적이며 또한 mRNA가 손상되지 않도록 안정화시켜 주는 역할도 한다.

단백질로 번역되기 전에 더 많은 변화가 캡과 폴리 A 꼬리를 가진 mRNA에 일어난다. mRNA에는 **인트론**(intron: 끼어든 서열)이라는 부분이 제거되고, 잘리고 남은 분자의 끝부분은 단백질로 번역되기 전에 서로 결합한다. mRNA 중 제거되지 않고 남아서 아미노산 서열로 번역되는 부분을 **엑손**(exon)이라고 부른다(**그림 10.11**).

일단 인트론이 잘려 나가면, 효소들은 남아 있는 mRNA를 확인하고 교정한다. 너무 짧거나 긴 mRNA들은 핵 내에 남아 있게 될 것이다. tRNA역시 핵 내에서 정확한 클로버 형태를 갖추고 있는 지 점검받게 된다.

인트론이 제거되기 전의 mRNA를 pre-mRNA라고 한다. 인트론은 그들 자신의 제거에 관여하기도 하여 어떤 단백질과 결합하여 작은 핵 리보핵단백질(snRNPs) 또는 snurps을 형성한다. 네 개의 snurp는 스플라이소좀(spliceosome)이라고 하는 구조를 형성하는데, 성숙한 mRNA를 형성하도록 인트론을 잘라 내거나 엑손을 붙이는 역할을 한다.

인트론의 크기는 65~10,000 혹은 그 이상

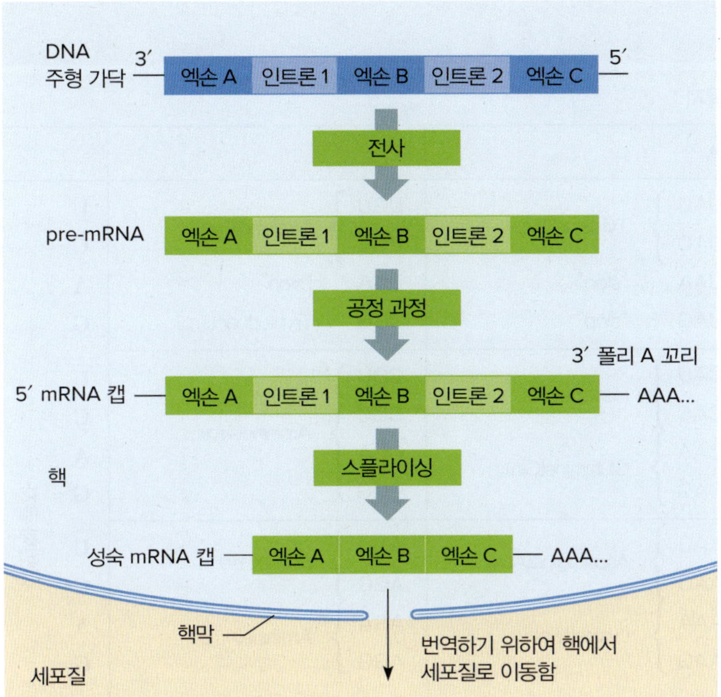

그림 10.11 전령 RNA 공정-메시지의 성숙. pre-mRNA가 성숙 mRNA로 되는데 몇 단계를 거친다. 처음에 유전자를 포함한 많은 DNA가 전사된다. 그리고 뉴클레오타이드 캡과 폴리 A 꼬리가 더해지고 인트론이 제거된다. 마침내, 완전한 성숙 mRNA가 핵 바깥 부분으로 보내진다.

의 염기로 되어 있으며, 평균적으로 3,365염기로 되어 있다. 이와는 대조적으로 엑손은 평균적으로 145염기로 되어 있다. 인트론의 수, 크기와 구성은 유전자에 따라 다르다. 사람 유전자의 암호화된 부위는 평균 1,340염기를 가지는 반면, 유전자의 평균 크기는 27,000염기이다. 디스트로핀 유전자는 2,500,000염기를 가지지만, 이에 대응하는 mRNA 서열은 단지 14,000염기로 매우 짧다. 이 유전자는 총 80개의 인트론으로 구성되어 있다.

1970년대 인트론의 발견은 유전자의 모든 정보가 의미 있는 문장처럼 생각해 왔던 유전학자들을 깜짝 놀라게 했다. 초기에 일부 유전학자들은 인트론을 **쓰레기(쓸모없는) DNA**(junk DNA)라고 불렀다. 일부 인트론은 RNA를 암호화하고 있어서 유전자 발현을 조절하고 반면에 다른 인트론은 DNA의 상보적 가닥의 엑손이기도 하다. 인트론은 또한 본래의 기능을 잃어버린 오래된 유전자이거나 세포의 염색체 안에 삽입된 바이러스의 DNA가 흔적으로 남기도 한다.

유전자의 인트론/엑손의 구성은 유전정보를 극대화시킬 수 있다. 사람 유전자의 95%의 엑손이 여러 가지 방식으로 재조합하여 다른 종류의 단백질을 암호화하고 있어 이를 **이성질체**(isoforms)이라 한다. 한 유전자의 엑손이 다양하게 조합되는 기작을 **선택적 스플라이싱**(alternative splicing)이라고 한다. 이 방법에 의하여 세포는 조직에 따라 동일한 단백질이 약간 다른 형태로 이용될 수 있다. 선택적 스플라이싱은 제11장에서 다시 다룬다.

핵심 개념 질문 10.2

*a. RNA와 DNA의 구조는 어떻게 다른가?

*b. RNA와 DNA 기능의 차이는 무엇인가?

c. 전령 RNA는 단백질 합성에 지시사항을 어떻게 전달하는지 설명하시오.

*d. 단백질 합성 과정에서 운반 RNA의 기능은 무엇인가?

e. 전사의 단계를 적으시오.

*f. **선택적 스플라이싱**을 정의하시오.

10.3 단백질의 번역

번역은 mRNA 서열에 있는 정보를 이용하여 단백질을 만든다. 특정한 mRNA 코돈은 특정한 아미노산에 대응한다(**그림 10.12**). 이 mRNA의 화학적 언어와 단백질 사이에 대응하는 것이 **유전암호**(genetic code)이다(**표 10.3**).

1960년대에 과학자들은 유전암호를 설명하고 판독했다. 그들은 mRNA 코돈과 대응하는 아미노산을 발견하기 위하여 바이러스와 합성 DNA 분자와 같은 간단한 유전체계를 가지고 논리적이고 현명한 실험을 수행하였다.

유전암호

연구자들이 mRNA 코돈과 암호화하는 아미노산을 짝짓기 전에, 그들은 이와 같은 암호에 대한 가설을 세워야만 했다.

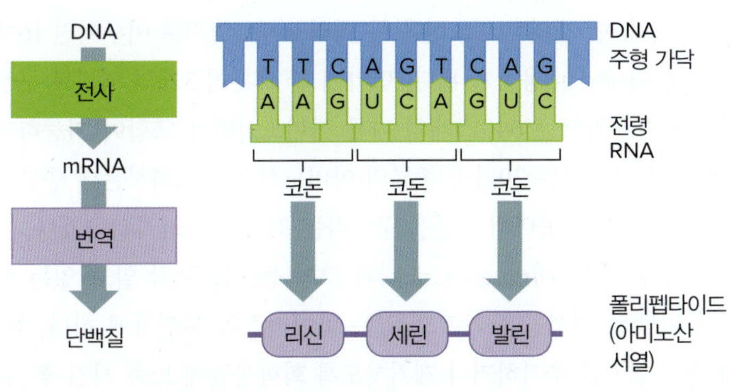

그림 10.12 DNA로부터 RNA, 단백질. 전령 RNA는 DNA의 이중 가닥이 풀어진 부분부터 전사된다. 번역에서 운반 RNA는 가지고 있는 아미노산과 대응되는 mRNA 코돈과 짝을 이룬다.

표 10.3 **유전암호표***

	두 번째 글자				
첫번째 글자	U	C	A	C	세번째 글자
U	UUU, UUC: Phenylalanine(Phe) UUA, UUG: Leucine(Leu)	UCU, UCC, UCA, UCG: Serine(Ser)	UAU, UAC: Tyrosine(Tyr) UAA "stop" UAG "stop"	UGU, UGC: Cysteine(Cys) UGA "stop" UGG Tryptophan(Trp)	U C A G
C	CUU, CUC, CUA, CUG: Leucine(Leu)	CCU, CCC, CCA, CCG: Proline(Pro)	CAU, CAC: Histidine(His) CAA, CAG: Glutamine(Gln)	CGU, CGC, CGA, CGG: Arginine(Arg)	U C A G
A	AUU, AUC, AUA: Isoleucine(Ile) AUG Methionine(Met) and "start"	CCU, CCC, CCA, CCG: Threonine(Thr)	AAU, AAC: Asparagine(Asn) AAA, AAG: Lysine(Lys)	AGU, AGC: Serine(Ser) AGA, AGG: Arginine(Arg)	U C A G
C	GUU, GUC, GUA, GUG: Valine(Val)	GCU, GCC, GCA, GCG: Alanine(Ala)	GAU, GAC: Aspartic acid(Asp) GAA, GAG: Glutamic acid(Glu)	GGU, GGC, GGA, GGG: Glycine(Gly)	U C A G

* 유전암호는 3염기와 그들이 지정한 아미노산으로 구성된다.

1. 유전암호는 3염기이다

서로 다른 단백질을 구성하는 기본 단위의 수(20개)는 서로 다른 mRNA를 구성하는 기본 단위의 수(4개)를 능가한다. 그러므로 각 코돈은 한 개 이상의 mRNA 염기로 구성되어야만 한다. 만약에 한 개의 코돈이 오직 한 개의 mRNA 염기로 구성된다면 코돈 A, C, G 및 U 코돈은 특정한 4개의 아이노산 밖에 만들 수 없다. 만약에 코돈이 두 개의 염기로 구성된다면, 오직 16(4^2)개의 다른 아미노산을 만들 수 있어, 한 개의 아미노산은 두 개의 RNA 염기로 이루어진 16개 조합 중 하나와 대응하게 된다. 만약에 한 코돈이 3개의 염기로 구성된다면 유전암호는 64(4^3)개의 다른 아미노산만큼 조합이 가능하여 단백질을 구성하는 20가지 종류의 아미노산을 암호화하는데 충분하게 된다. 따라서 하나의 코돈을 구성하는 최소 염기의 수는 3개다.

프랜시스 크릭(Francis Crick)과 그의 동료들은 잘 알고 있는 서열과 단백질 생성물을 가지고 있는 바이러스의 유전자에 하나, 둘, 세 개의 염기를 추가하거나 제거하도록 화학물질에 노출 시킨 후 유전암호가 세 개의 염기로 되어 있음을 확인했다. 한 개나 두 개의 염기를 변경했을 때에는 다른 아미노산 서열이 생성되었는데, 이는 그러한 변경이 DNA 서열의 특정 시작점으로부터 암호화되는 아미노산 서열인 **번역틀**(reading frame)을 혼란시켰기 때문이다. 그러나 세 개의 연속적인 염기의 추가 혹은 제거는 번역틀을 망가뜨리지 않고 단백질에서 하나의 아미노산만을 추가하거나 제거되었다. 나머지 아미노산 서열은 그대로 존재했다. 그리하여 연구자들이 추론해낸 암호는 3염기이다(**그림 10.13**). 번역틀을 변화시키는 돌연변이는 **번역틀 이동 돌연변이**(frameshift mutation)이다.

더 많은 실험들이 유전암호의 3염기 배열 특성을 확인하기 위해 이루어졌다. 유전자의 한 부위에 한 개의 염기를 넣거나 다른 부위에서 하나의 연기를 제거하는 것은 이 부위 이하의 번역틀만을 혼란시켰다. 그 결과 마치 중간에 몇 개의 철자가 틀린 문장처럼 잘못된 아미노산이 연결된 단백질이 생성된다.

2. 유전암호는 중복되지 않는다

mRNA 서열이 다음과 같다고 가정해 보자.

AUGCCCAAG

만약에 유전암호가 3염기이고 DNA 염기서열이 중복되지 않게 "읽

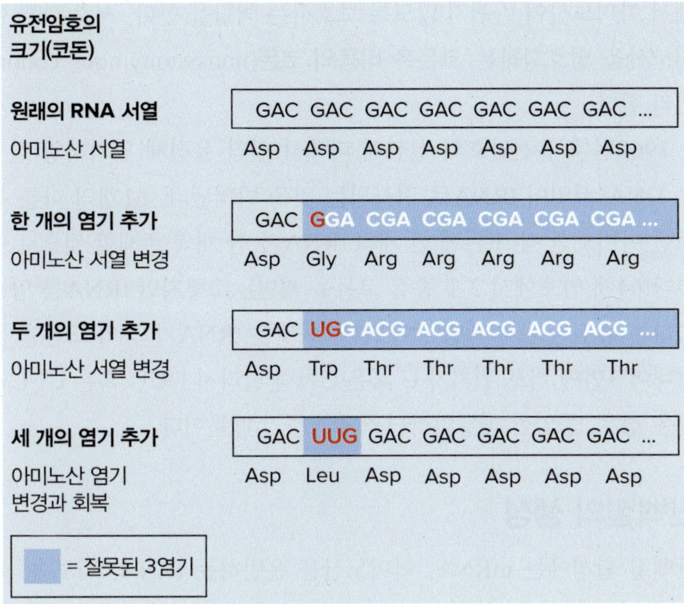

그림 10.13 한 번에 3개씩. DNA 서열에 한 개 혹은 두 개 뉴클레오타이드가 추가되거나 제거되면 번역틀이 이동되어 암호화되어있던 아미노산 서열이 변경된다. 세 개의 염기가 추가되거나 제거되면 번역틀의 암호가 3염기이기 때문에 번역틀이 변경되지 않는다. 이것은 크릭의 실험을 간단하게 나타낸 것이다.

힌"다면, 이 서열의 단지 세 개의 코돈을 가지게 되어 세 개의 아미노산만을 지정하게 된다.

AUGCCCAAG
AUG(메티오닌)
CCC(프롤린)
AAG(리신)

그러나 만일 DNA 염기서열이 중복된다면, 그 서열은 일곱 개의 코돈을 지정하게 된다.

AUGCCCAAG
AUG(메티오닌)
UGC(시스테인)
GCC(알라닌)
CCC(프롤린)
CCA(프롤린)
CAA(글루타민)
AAG(리신)

DNA 염기서열의 중복은 제한된 염기 수에 최대의 정보를 채울 수 있는 것으로 여겨지지만, 특정 아미노산이 항상 또 다른 특정한 아미노산에 이어지기 때문에 단백질 구조를 제한할 수 있다. 예를 들면, AUG는 항상 UG로 시작하는 아미노산이 그 코돈에 뒤따른다.

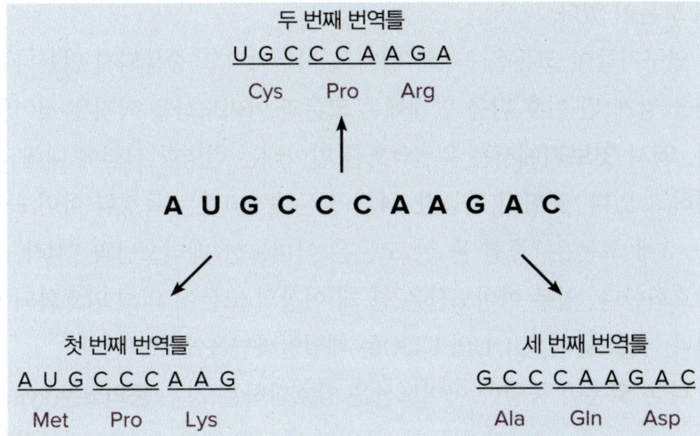

그림 10.14 서열의 시작점에 따른 번역틀. DNA의 서열은 3개의 번역틀을 가지고 있다.

이러한 일은 발생하지 않는다. 그러므로 단백질을 암호화하는 DNA 염기서열은 중복되지 않는다.

유전암호는 중복되지 않아도 "시작하는" 염기에 따라 모든 DNA 혹은 RNA 염기서열은 3개의 다른 번역틀로 읽혀진다. **그림 10.14**에서 좀 전에 논의되었던 염기서열을 약간 늘여서 3개의 번역틀을 나타냈다.

3. 유전암호는 조절 부위를 포함한다

유전암호는 번역의 시작과 종료의 지시를 포함하고 있다. AUG 코돈은 "시작"을, UGA, UAA, UAG 코돈은 종료를 의미한다. 종료 코돈이 나타나기 전의 DNA 염기서열을 **열린 번역틀**(open reading frame)이라고 하며, 이는 단백질을 암호화하는 유전자를 의미한다. 만약에 DNA 염기서열이 무작위적이고 각 염기의 수가 동일하다고 가정하면 종결코돈은 21개 코돈에 한번씩 존재할 것이다.

유전암호에서 "마침"을 의미하는 다른 경우는 각 mRNA의 시작 부위에 있는 짧은 염기서열이 리보솜의 rRNA와 수소결합을 형성하게 하는 것이다. 이것을 선도서열이라고 부른다.

4. 유전암호는 모든 종에서 동일하다

모든 생물은 같은 아미노산을 지정하기 위해 같은 mRNA 코돈을 사용하므로 유전암호가 동일하다. 유전암호는 서열이 아니라 일치한다. 참고로 "인류의 유전암호"는 인류 유전체 염기서열을 의미한다.

유전암호의 "보편성"에 대한 가장 단순한 설명은 유전암호가 모든 종에서 동일하고, 모든 생물이 같은 조상에서 진화하였다는 것이다. 세포의 활동을 지시하는데 이만큼 효율적인 어떤 다른 기작도 유지되지 않았다. 유전암호의 보편성에 대한 유일한 예외는 미토콘드리아와 특정한 단세포성 진핵세포(섬모성 원생동물)에 존재하는 몇 개의 코돈이 있다.

연구자들이 코돈은 3개의 염기로 이루어지고 중복되지 않는다는 것을 알게 된 이후 다음 단계에는 코돈과 아미노산을 짝짓는 것이었다. **역사 엿보기**에서는 유전암호를 알아내는 현명한 실험에 대해 설명하고 있다. 조합이 가능한 64개 코돈 중 60개는 특정한 아미노산을, 3개 코돈은 "종결"을 한 코돈은 아미노산 메티오닌과 "시작"을 암호화한다. 일부 아미노산은 한 개 이상의 코돈에 의해 암호화되어 있다. 예를 들면, UUU와 UUC는 페닐알라닌을 암호화한다.

다른 코돈이 동일한 아미노산을 암호화하는 경우 **동의코돈**(synonymous codons)이라 하는데, 동의란 단어는 같은 의미를 갖는다는 단어이다. 대부분 특정한 아미노산을 지정하는 코돈이 여러 개이기 때문에 이를 유전암호의 **퇴보성**(degenerate)이라고 한다. 몇몇 동의 코돈은 코돈의 3번째 염기가 다르다. 이에 대응하는 tRNA 안티코돈의 염기는, 동의 코돈의 한 개 이상의 염기와 결합할 수 있기 때문에, **기포 위치**(wobble position)라고 한다. 유전 암호의 퇴보성은 대체된 동의 코돈 DNA가 변화하는 돌연변이가 일어나더라도 단백질 내에서 아미노산이 바뀌지 않도록 보호하는 역할을 한다. 서로 다른 아미노산을 암호화하는 코돈은 **비동의 코돈**(nonsynonymous codon)이라 한다.

1960년대 유전암호의 실험에 더해서 인간 유전체 염기서열 결정은 DNA 서열이 tRNA로 전사되는 것을 밝혀냈다. 61개의 다른 특정한 아미노산 각 코돈에 한 개의 tRNA가 한 개씩 존재할 것으로 여겼다(64개 암호에서 3개 종결 코돈을 빼면). 그렇지만 tRNA를 암호화하는 유전자는 49개만 존재한다. 이것은 tRNA가 동의 코돈을 찾아내어 3번째 기포 위치가 U 혹은 C처럼 달라서 UUU 혹은 UUC와 같은 경우, 동일한 페닐알라닌을 결정하기 때문이다.

단백질의 생성

단백질 합성에는 mRNA, 아미노산을 운반하는 tRNA, 리보솜, 에너지 저장 분자인 아데노신 3인산(ATP)과 구아노신 3인산(GTP)과 단백질 인자와 같은 여러 가지 요소가 필요하다. 이런 요소들은 번역 개시단계에서 나타난다(**그림 10.15**). 화학결합에 의하여 이런 구성 요

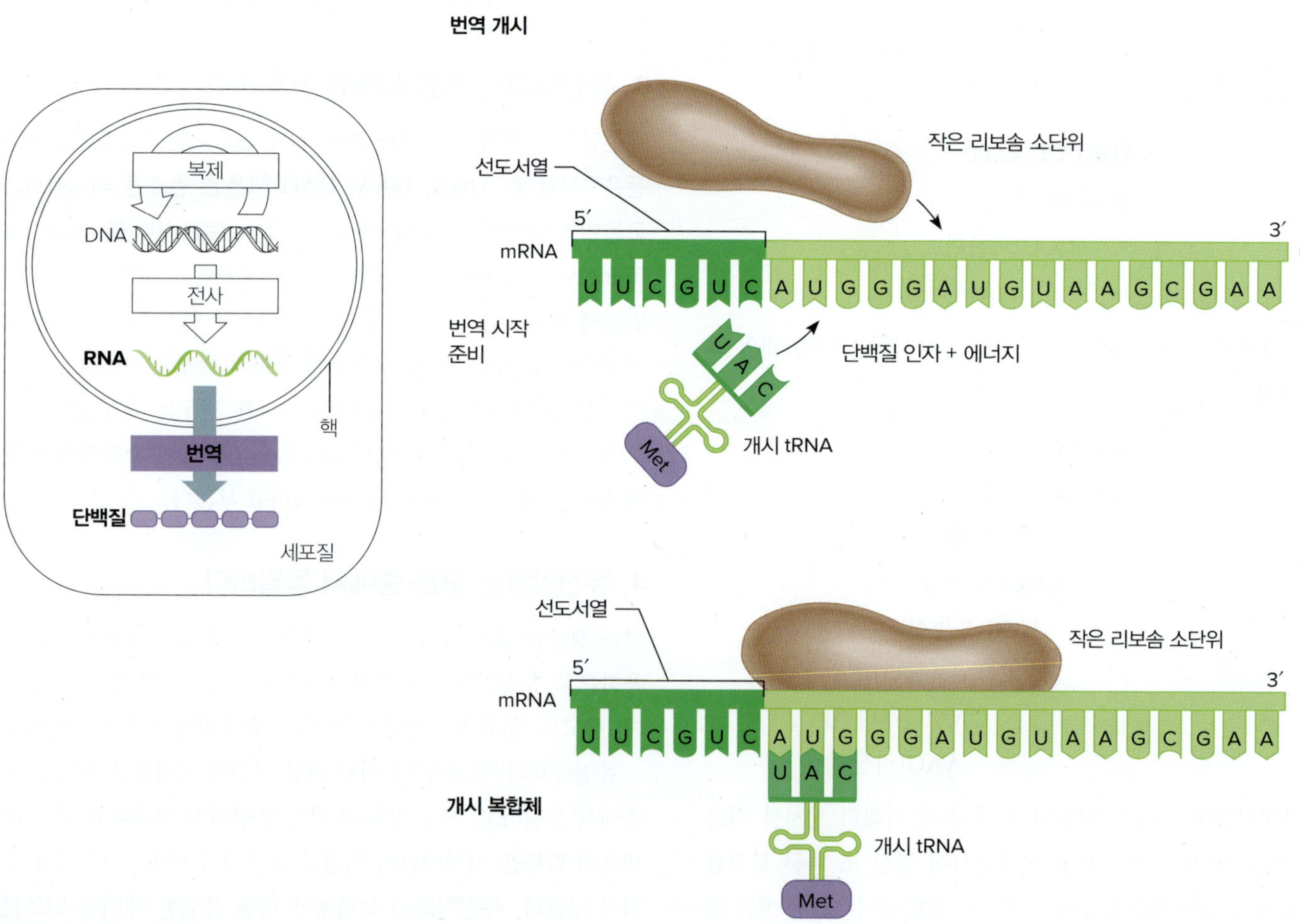

그림 10.15 번역은 개시 복합체를 형성하며 시작된다. 번역의 개시는 작은 리보솜 소단위, mRNA, 개시 tRNA가 번역을 시작하기 위해 적당한 위치에 나란히 정렬한다.

역사 엿보기

1961년 국민보건원의 마샬 니렌버그(Marshall Nirenberg)와 하인리히 마테이(Heinrich Mattaei)는 유전암호를 해독했다. 그들은 합성한 단순한 mRNA 분자와 유전암호를 아미노산으로 번역하는 데 필요한 모든 분자들을 시험관에 넣음으로써 유전암호를 해독했다. 그 물질들은 세균으로부터 추출되었다.

니렌버그와 마테이는 이 시스템을 각 합성된 RNA가 어떤 아미노산을 지정하는 지 추론하는데 사용하였다. 예를 들어, mRNA 서열 UUUUUUUUU는 페닐알라닌이라는 하나의 아미노산만으로 구성된 펩타이드로 번역되었다. 그러므로 UUU는 페닐알라닌을 지정한다. 아미노산과 짝이 되는 더 복잡한 코돈을 밝히기 위해서 연구자들은 염기들을 번갈아가며 사슬로 만들었다. AUAUAU...... AUA 코돈과 UAU 코돈을 나타내고, 이소류신과 티로신이 번갈아나는 아미노산 서열을 지정한다. 그러나 AUA가 이소류신을 암호화하고 UAU가 티로신을 암호화하는가, 아니면 그 반대인가? 또 다른 실험이 그 답을 알려주었다. 그 합성된 mRNA UUUAUAUUUAUA는 페닐알라닌과 이소류신을 번갈아가며 암호화했다. 그 첫 번째 실험에서 UUU가 페닐알라닌을 암호화한다는 것을 보여주었기 때문에, 그 뒤의 AUA는 이소류신을, 그러므로 UAU는 티로신을 암호화한다. 이러한 방법으로, 연구자들은 표 10.3의 유전암호 표를 완성하였다.

1960년대 말, 이 실험과 이론이 합쳐져서 전체 유전암호를 밝혀냈다. 그 암호를 밝힌 사람들은 주로 물리학자들이었고, RNA 타이클럽을 형성했다. 그들은 유전암호의 퍼즐에 조각을 더할 때마다 밝혀낸 아미노산의 구조가 새겨진 타이와 핀을 부여하면서 정식 회원으로 임명하였다.

소들이 함께 결합한다.

mRNA의 선도 배열은 작은 리보솜 소단위의 rRNA의 짧은 서열과 수소결합을 한다. 첫 번째 mRNA 코돈은 AUG로 개시 tRNA는 메티오닌(간단하게 Met) 아미노산을 가지고 있어 항상 한 아미노산을 지정한다. 이 메티오닌은 폴리펩타이드의 시작을 의미한다. 작은 리보솜 소단위는 mRNA와 결합하고 메티오닌이 부착된 개시 tRNA는 mRNA의 적당한 AUG 코돈에서 개시 복합체를 형성한다.

신장단계가 시작되면, 큰 리보솜 소단위는 개시 복합체와 결합한다. **그림 10.16**에서와 같이 개시코돈(AUG)과 이웃한 GGA는 이에 상보적인 안티코돈에 결합하는데, 이 안티코돈은 글리신이라는 아미노산을 운반하는 tRNA의 한 부분이다. 두 개의 아미노산은 여전히 나란히 각자의 tRNA에 붙어 있다.

리보솜에서 mRNA와 tRNA가 결합하는 부분은 두 개의 부위를 가지는 것으로 묘사된다. 리보솜에 존재하는 부위들은 번역이 진행될 때 서로에 대해 위치가 변하지 않고 남아 있지만, 리보솜이 이동함에 따라 mRNA의 다른 부위들을 덮게 된다. P("peptide") 부위는 성장하는 아미노산 사슬을 지탱하고, 바로 이웃에 있는 A("acceptor")

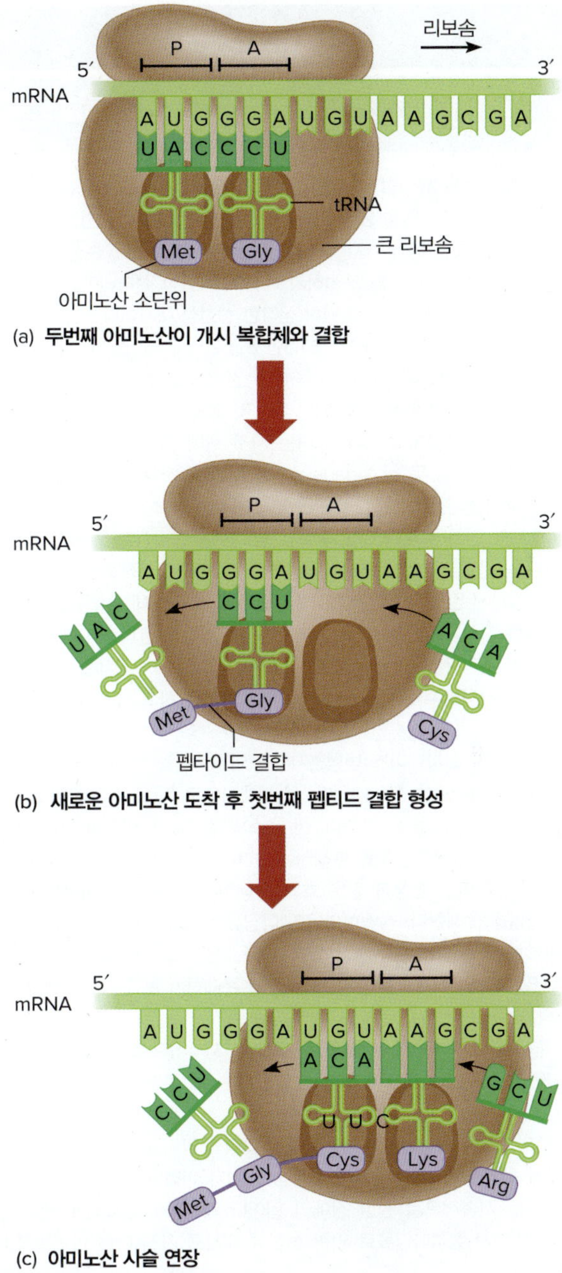

그림 10.16 폴리펩타이드 형성. (a) 큰 리보솜 소단위는 개시 복합체와 결합하고 tRNA는 두 번째 아미노산(예를 들면, 글리신)을 가지고 있어 A 부위에 있는 mRNA의 두 번째 코돈은 안티코돈 사이에 수소결합을 형성한다. 첫 번째 아미노산인 메티오닌은 P 부위를 차지하고 있다. (b) 첫 번째 tRNA가 가지고 온 메티오닌은 두 번째 tRNA가 가지고온 아미노산과 펩타이드 결합을 형성하고 이 예시에서는 세 번째 tRNA가 시스테인 아미노산을 가지고 일시적으로 비어있는 A 부위에 온다. (C) 네 번째 그리고 다섯 번째 아미노산이 성장하는 폴리펩타이드 사슬에 결합한다. 이 과정은 종결코돈에 이르게 될 때 까지 계속된다.

부위는 사슬에 추가되는 다음 아미노산을 지탱한다. 그림 10.16a에서 단백질이 단지 처음 두 개의 아미노산으로 구성될 때, Met은 P 부위에 Gly은 A 부위를 차지하게 된다. 먼저의 A 부위가 P 부위로 바뀌게 된다(그림 10.16b). 부착한 mRNA는 P 부위에서 두 개의 아미

임상 연계 10.1

한 소실된 효소에 의한 다른 9개 효소의 소실: 다발성 설파테이즈 결핍

효소는 신체 기능을 유지할 수 있도록 빨리 생화학 반응을 가능하게 하는 단백질에서 중요한 요소이다. 임상 연계 2.1에서 소개한 여러 가지 "선천성 신진대사 이상"은 하나의 효소 혹은 여러 가지 효소를 잃은 경우 발생한다. 손상 입은 하나의 효소가 아홉 개의 다른 효소를 조절하기 때문에 다발성 설파테이즈 결핍증(multiple sulfatase deficiency, MSD)은 특별히 심각한 선천성 대사이다.

윌로우 캐넌(Willow Cannan)은 2013년 8월 21일에 태어났다. 처음에 그녀는 우유 먹이는 우유를 먹는데 어려운 것을 빼면 건강해 보였고, "심각한 것은 없었으나 시간이 지나면서 무엇인가 잘 못 되어 가는것 같았다. 그녀는 늦게 기었고, 그녀는 18개월이 되어서야 늦게 걸었다. 그녀는 자주 귀에 감염이 되었고 피부가 건조했다. 그녀는 전혀 말을 못 하고 dada 같은 단어조차 사용하지 못하였다. 그녀는 그녀의 엄마 앰버 올슨(Amber Olsen)을 부르는 약간의 소리만을 내었다. 두 번째 생일에 윌로우는 언어 치료와 편도 수술을 받았지만 여전히 말을 하지 못했다.

"윌로우는 걷고 뛰기는 했지만, 정상적인 유아처럼 성장하지 않았다. 윌로우가 제대로 성장하지 않았기 때문에 마침내 소아과 의사는 내분비학 상담을 받으라고 했다. 호르몬 검사가 정상 수치로 돌아왔을 때, 소아 신경과 의사에게 상담을 받았는데, 특이한 사항은 없으나 윌로우는 평형감각과 보행에 문제를 나타내기 시작했다. 지금까지 사용하지 않은 기술을 이용해 보기로 하고 유전자 검사가 좋겠다고 하였다.

유전자 검사가 설파테이즈 변형인자 1을 암호화하는 유전자 *SUMF1* 부분의 작은 결실(DNA의 손실)을 찾아내었다. 전 세계적으로 어린 소녀 50명 중 한명이 다발성 설파테이즈 결핍을 앓고 있다. 한 효소의 결핍으로 인하여 당과 단백질이 많은 점액 성분의 점액다당류를 분해하는 9가지 다른 효소가 부족하게 된다(**그림 10A**). 이것은 도미노 현상과 같은 효과를 내어 각 기능을 잃어버린 효소가 다른 효소의 결핍을 초래한다. 점액성의 점액다당류는 세포 안의 리소좀에서 만들어지는데 MSD는 중증의 리소좀 저장 질병이다(2.2절 참조). (정확한 효소 번호는 알려져 있지 않지만 일부 효소들이 리소좀 안에 존재하기 보다는 주변에 작은 방울을 형성한다.)

의사들은 윌로우 부모에게 윌로우가 집에서 지속적으로 물리치료나 언어치료와 같은 일반적인 치료를 받도록 했지만 윌로우는 세 번째 생일까지 밖에 생존하지 못했다.

윌로우의 리소좀에 있는 점액성 물질은 그녀의 각막에서 시력을 손상시키고, 청력을 잃게 하였으며; 기관이 좁아져서 숨 쉬기가 어려워졌고; 간과 비장이 비대해졌다. 그녀는 지속적으로 발달 장애가 일어나 경관식이 필요하게 됐다. 윌로우의 인상이 거칠어져 점액다당류로 인한 선천성 대사를 가진 다른 아이들과 비슷하게 되었다.

앰버는 희귀한 유전병을 가진 다른 아이들의 부모들처럼 유전병을 가진 가족들을 찾아내고 그들 사이에 네트워크를 형성하고, 과학 모임에 참석하였다. 기금 마련을 위한 비영리기구를 조직하여, 유전자 치료에 관여하는 과학자들과 MSD를 연구하는 과학자들이 모여 공동 연구를 시작하게 되었다(임상 연계 2.1과 제21장 참조).

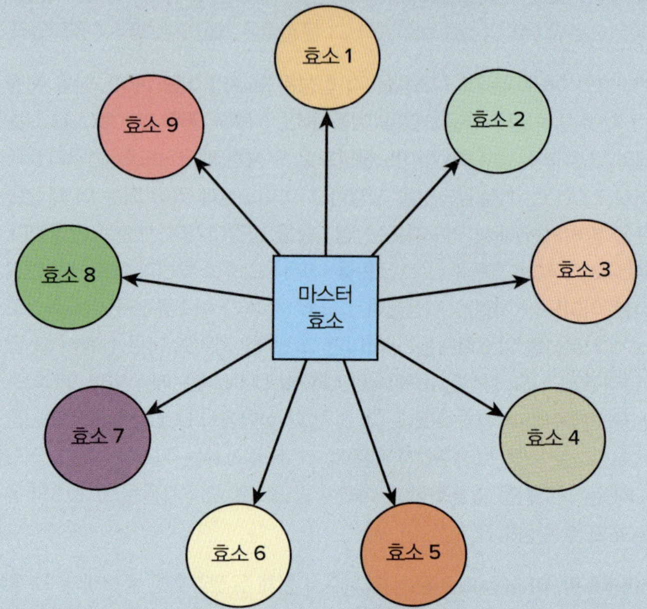

그림 10A 다발성 설파테이즈 결핍증. 다발성 설파테이즈 결핍증은 치명적 증세의 원인인 마스터 효소를 암호화하는 유전자의 복사본에 돌연변이가 일어나 9개의 다른 효소의 합성을 정지시킨다.

토론을 위한 질문

1. MSD는 왜 다른 '선천성 신진대사 이상'보다 더 치명적인가?
2. 윌로우의 세포는 왜 설파테이즈 변형인자 1을 합성할 수 없는 지 설명하시오.
3. MSD가 9가지 단백질의 수준에 영향을 준다는 것을 배운 친구의 가족들은 앰버에게 단백질 가루를 섞어서 아이들이 마시도록 제안했다. 이런 제안은 왜 윌로우의 효소 결핍을 바로 잡지 못하는지 설명하시오.
4. 이 질병이 발생되는 세포소기관의 이름을 적어보시오.

노산이 뻗어나간 하나의 tRNA만 결합되어 있다. 이 과정은 폴리펩타이드의 시작 부분이다.

그리고 리보솜은 하나의 코돈씩 mRNA를 따라 내려가고, 아미노산을 가지고 있는(그림 10.16b 에서는 Cys) 세 번째 tRNA로 이동한다. 이 세 번째 아미노산은 다른 두 아미노산과 나란히 배열하여 자라나는 폴리펩타이드 상의 두 번째 아미노산과 펩타이드 결합을 형성한다. 두 번째 아미노산에 부착되어 있던 tRNA는 방출되고 재사용된다. 두 번째 아미노산에 붙어 있는 tRNA는 방출된 후 재사용된다. 폴리펩타이드는 한 번에 한 개의 아미노산을 생성하며 리보솜이 mRNA를 따라 내려갈 때 각 아미노산은 그 안티코돈이 연속적인 mRNA 코돈에 일치하는 tRNA에 의하여 운반된다(그림 10.16c).

신장은 리보솜의 A 부위에 "종결"코돈(UGA, UAG 혹은 UAA)을 가질 때 tRNA 분자에 대응하는 아미노산이 없기 때문에 정지된다. 단백질 방출인자가 폴리펩타이드를 방출하기 시작한다. 마지막

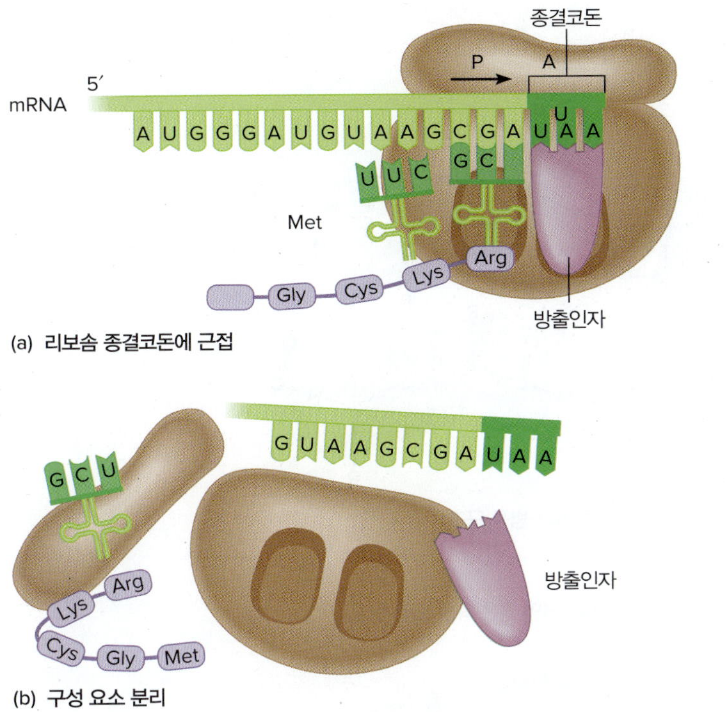

그림 10.17 번역의 종결. (a) 단백질 방출인자가 종결코돈과 결합하면 tRNA로부터 완성된 폴리펩타이드가 방출되고 (b) 번역 복합체의 각 구성 요소들이 분리된다.

tRNA가 리보솜을 떠나면, 리보솜의 소단위들은 분리된 후 재사용되고, 새로운 폴리펩타이드가 방출된다(**그림 10.17**).

단백질 합성은 효율적이다. 하나의 세포는 특정한 단백질을 단지 한, 두 개의 유전자 사본으로부터 대량으로 생성할 수 있다. 예를 들면, 면역계에서 혈장세포는 초당 2,000개의 동일한 항체 분자를 만든다. 이러한 속도로 단백질을 대량 생산하기 위해 RNA, 리보솜, 효소 그리고 다른 단백질들은 계속해서 재사용된다. 또한 전사는 특정한 mRNA를 여러 복사본을 생산하고 각 mRNA는 **그림 10.18**에서 보는 것과 같이 수십 개의 리보솜이 결합한다. 동일한 mRNA로부터

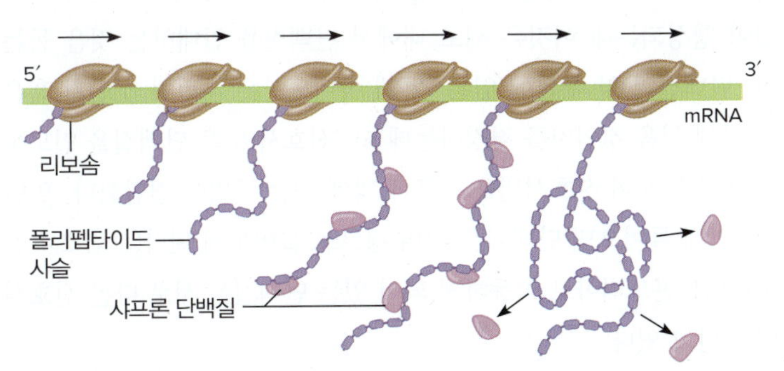

그림 10.18 단백질의 대량 사본 만들기. 한 개의 mRNA에 여러 개의 리보솜이 동시에 단백질을 번역할 수 있다. 이 리보솜은 크기가 다른 폴리펩타이드를 가지고 있는데 유전자의 끝 부분으로 갈수록 폴리펩타이드의 길이가 길어진다. 샤페론 단백질은 폴리펩타이드가 접혀지는 것을 돕는다.

많은 단백질 분자가 만들어진다.

일부 단백질은 기능을 할 수 있게 되기 전에 번역 후 공정이라고 불리는 변형단계를 거쳐야 한다. 51개의 아미노산으로 구성된 인슐린을 예로 들면, 초기에는 80개 아미노산 길이의 폴리펩타이드인 프로인슐린으로 번역된다. 효소들은 이것을 51개 아미노산으로 자른다. 일부 단백질은 기능을 갖기 위해 당이 결합되거나 폴리펩타이드들이 결합한다. **임상 연계 10.1**은 효소 결핍으로 인한 유전병에 대하여 묘사하고 있다.

핵심 개념 질문 10.3

*a. 유전암호의 일반적인 특성을 적으시오.

*b. 번역의 단계를 적으시오.

c. 번역이 어떻게 효율적인지 설명하시오.

10.4 단백질 공정 과정

번역은 세포질에 있는 유리 리보솜과 소포체와 결합한 리보솜에서 일어난다. 단백질은 한 개 혹은 그 이상의 입체 구조로 접혀진다. 이 접힘은 화학적으로 일어나게 되는데: 단백질과 주변 환경의 화학물질 사이에 상호작용은 물론이고 원자들 사이의 인력과 반발력 때문에 나타난다. 예를 들면, 수천 개의 물 분자들이 신장하는 아미노산 사슬 주위를 둘러싼다. 일부 아미노산은 물에 이끌리고, 일부는 반발하므로, 물은 단백질의 형태를 뒤틀리게 한다. 황 원자를 가지고 있는 두 가지 아미노산(시스테인과 메티오닌) 사이에 가교역할을 함으로써 단백질 입체 구조에 영향을 준다.

한 단백질의 입체 구조는 몇 단계로 나누어 설명할 수 있다(**그림 10.19**). 폴리펩타이드 사슬의 아미노산 서열은 **1차 구조**(primary (1°) structure)를 결정한다. 1차 구조에서 아미노산들 사이의 화학적 인력은 폴리펩타이드 사슬을 **2차 구조**(secondary (2°) structure)로 접히게 하는데, 이 2차 구조는 고리, 코일, 통, 나선, 평면 모양을 형성한다. 가장 흔한 두 가지 2차 구조는 알파 나선과 베타-병풍 구조이다. 2차 구조는 더욱 넓게 흩어져 있는 아미노산들이 물 분자와 끌고 당기는 반응에 의하여 더 큰 **3차 구조**(tertiary (3°) structures)가 된다. 마지막으로, 한 개 이상의 폴리펩타이드로 형성된 **4차 구조**(quaternary (4°) structure)가 된다. 산소를 운반하는 혈액 단백질인 헤모글로빈은 두 개의 폴리펩타이드 사슬을 가진다(그림 11.1 참조). 간 단백질인 페리틴은 200개의 아미노산으로 이루어진 동일한 20개 폴

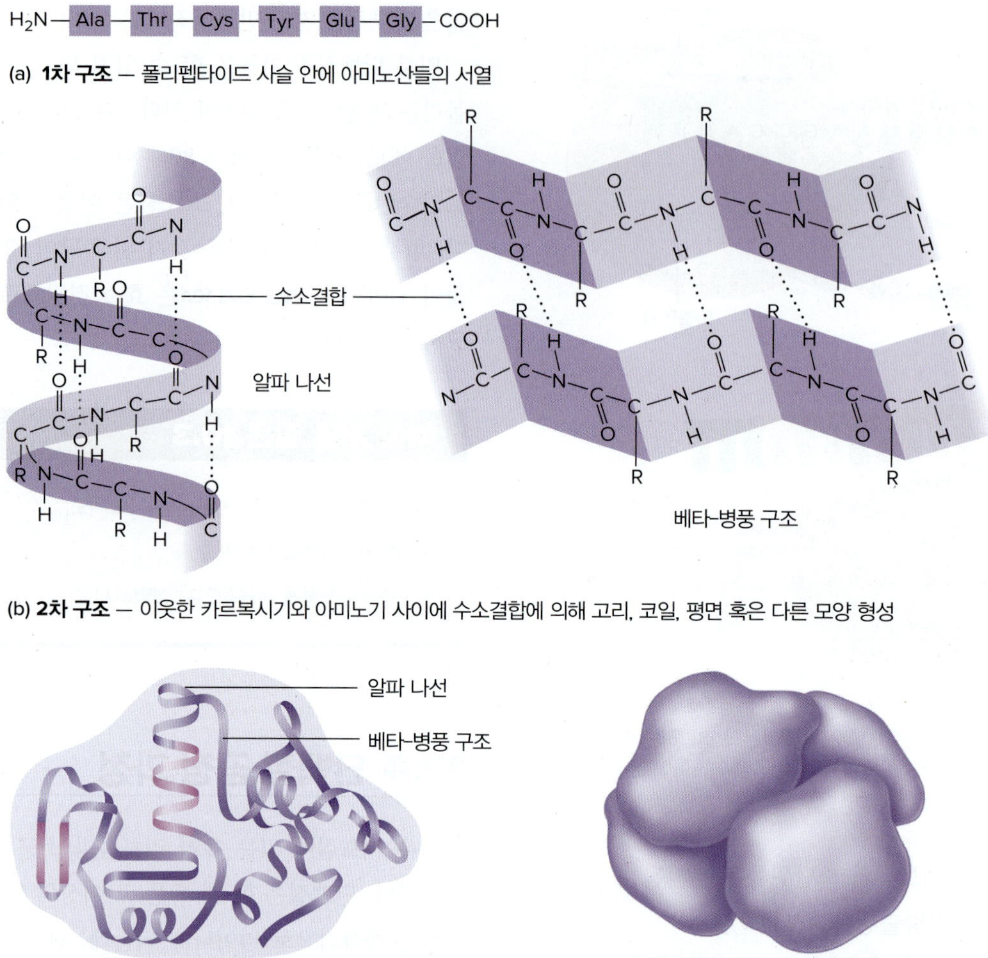

(a) **1차 구조** — 폴리펩타이드 사슬 안에 아미노산들의 서열

(b) **2차 구조** — 이웃한 카르복시기와 아미노기 사이에 수소결합에 의해 고리, 코일, 평면 혹은 다른 모양 형성

(c) **3차 구조** — 그룹 사이에 결합과 R 그룹과 물 사이 상호작용에 의해서 3차 구조 형성

(d) **4차 구조** — 분리된 폴리펩타이드들이 결합하여 단백질 복합체 형성

그림 10.19 단백질 구조의 4단계. (a) 폴리펩타이드의 아미노산 서열은 1차 구조를 형성한다. 각 아미노산은 아미노 말단(H_2N)과 카르복시기 말단(COOH)를 가지고 'R' 그룹은 20가지 아미노산에 따라 다르다. (b) 비 "R" 그룹 사이에 수소결합이 나선과 병풍과 같은 2차 구조를 형성한다. (C) 3차 구조는 R 그룹과 다른 R 그룹 사이 혹은 물 사이의 상호작용으로 형성되어 폴리펩타이드가 독특한 모양으로 접힌다. (d) 단백질이 하나보다 많은 폴리펩타이드로 이루어져 4차 구조를 갖는다.

리펩타이드로 구성된다. 대조적으로, 근육 단백질 미오글로빈은 한 개의 폴리펩타이드 사슬이다.

만약 유전자의 변화가 비동의적이라면 아미노산의 변화를 의미하며 단백질의 1차 구조가 바뀌는 돌연변이가 일어난다. 반대로, 만약 아미노산이 다른 방법으로 접혀진다면 한 단백질의 3차 구조 또는 4차 구조가 바뀔 수 있다.

단백질 접힘과 잘못 접힘

단백질 접힘은 아미노산 사슬이 리보솜으로부터 떨어져 나간 후 1분 이내에 시작된다. 작은 단백질은 마이크로초 내에 한 번의 단계를 거쳐 기능을 할 수 있는 최종의 구조로 접힌다. 더 큰 단백질은 짧은 시간 동안 존재하는 연속된 중간 산물로 접혀진다.

단백질은 합성되는 대로 단백질들의 목적지를 향해 이동하기 시작한다. 일부 단백질은 아미노산 사슬의 처음 부분에 꼬리표와 같은 것이 형성되는데 이것은 세포 내에서 단백질을 안내하는 것을 돕는다. 단백질의 앞 부분에 있는 몇 개 아미노산은 분비될 것인지 혹은 막 안에 있을 것인지를 결정하는데 이 "신호서열"은 단백질을 인도하며 리보솜은 이 신호서열을 소포체 막에 있는 구멍에 결합한다. 일단 ER 안에 들어오면 단백질은 분비 경로로 들어오게 된다(그림 2.4 참조). 미토콘드리아로 이동하게 되어 있는 단백질은 서로 다른 신호서열을 달고 있다.

신호서열은 세포질 내에 유리된 리보솜에서 합성된 단백질에서는 찾아볼 수 없다. 이 단백질들은 단백질이 합성된 곳에서 곧바로 기능을 한다; 세포골격의 관과 섬유(그림 2.8 참조), 신진대사 과정에 관여하는 효소 같은 것을 예로 들 수 있다. 전사인자와 같은 핵으로 이동하는 단백질들은 유리 리보솜 상에서 합성된다.

다양한 단백질들이 정확하게 접히는 과정에 관여한다. **샤페론 단백질**(Chaperone protein)은 부분적으로 접힌 부위가 올바른 형태를 유지할 수 있도록 안정화하고, 단백질이 기능을 제대로 하지 못하는 중간 생성물의 형태로 기능을 수행하지 않도록 한다. 샤페론 단백질은 잘못 접힌 단백질로 인한 질병을 치료하는 약품으로 개발되기도 한다. 다른 단백질은 최종 모양을 만들 수 있도록 새로운 화학결합이 형성되도록 돕거나 정확하게 접혔는지 살피기도 한다. 만약에 단백질이 잘못 접혀지면 "잘못 접힘 단백질 반응"이 일어나는데 이는 단백질이 느리게 합성되거나 합성이 중지되는 반면, 샤페론 단백질을 암호화하고 있는 유전자와 다른 접힘 단백질의 전사가 촉진된다. 적절한 단백질 접힘이 빠르게 회복된다.

만약에 이런 보호에도 불구하고 단백질이 잘못 접히면 세포는 단백질을 정확하게 다시 접거나 제거해야 한다. 잘못 접힌 단백질은 소포체에서 세포질로 보내지고 이곳에서 유비퀴틴이라고 하는 단백질의 "표지" 가 붙는다. 잘못 접힌 단백질은 하나의 유비퀴틴 표지가 붙어 곧은 형태로 바뀌어 다시 정확하게 접혀질 수 있으나, 한 개 이상의 표지가 결합하게 되면 **프로테아솜**(proteosome)이라고 하는 세포의 다른 폐기물 처리장으로 들어가게 된다(**그림 10.20**). 프로테아솜은 터널 모양의 다중 단백질로 형성된 구조물이다. 이를 통해서 단백질은 길게 늘어진 후, 잘게 잘리고, 펩타이드 조각들은 아미노산으로 분해된다.

프로테아솜은 적절하게 접혀진 단백질이 과다하게 만들어졌거나 더 이상 필요하지 않은 경우 파괴할 수도 있다. 예를 들어, 세포가 전사 인자를 과다하게 생성하거나 유전자가 너무 오랫동안 활성화되거나 억압된 채로 남아 있는 경우는 분해해야만 한다. 프로테아솜은 또한 바이러스와 같은 병원균의 단백질을 파괴한다.

단백질 잘못 접힘의 질병

단백질은 두 가지 방법에 의해 잘못 접힐 수 있는데, 돌연변이가 일어나거나 입체구조가 한 개 보다 많이 지는 경우이다. 돌연변이는 아미노산 서열을 바꿀 수 있어 단백질의 각 부분에서 인력과 반발이 달라져 구조를 일그러뜨린다. 대부분의 낭포성 섬유증의 경우, 소포체 내에서 CFTR 단백질이 잘못 접혀 많은 샤페론 단백질에 둘러싸여 세포질로 보내지고 정상적으로 염소 통로를 형성하고 있는 원형질막에 도달하지 못한다(그림 1.5, 1.6 및 임상 연계 4.1 참조).

일부 단백질은 동일한 아미노산 서열을 가지고 있지만 한 개 보다 많은 입체구조로 접혀진다. 드물게도 이런 단백질은 하나의 입체구조를 다른 입체구조를 가진 것으로 전환시켜 같은 복사본을 더 많이 만들어내는 "감염성"을 갖는다. 감염성 단백질을 **프리온**(prion)이라 한다. 이 용어는 **단백질성 감염 물질**(proteinaceous infectious agent)을 줄인 것이다. 단 단백질의 감염성 형태가 다른 개체를 거치는 유전보다는 전파될 수 있는 질병의 원인이 된다.

뇌에 영향을 주는 몇 가지 장애에서, 잘못 접힌 단백질들이 모이게 되는데, 이들은 프로테아솜을 막는 물질을 형성하여, 그것이 잘못된 형태를 가진 단백질을 처리하지 못하도록 한다. 질병에 따라 영향을 주는 단백질이 다르다. 예를 들어, 헌팅톤병은, 여분의 글루타민을 가진 헌팅톤 단백질이 프로테아솜을 방해하게 된다. 프로테아솜을 방해하는 잘못 접힌 단백질은 **표 10.4**에 나타났으나, 축적된 단백

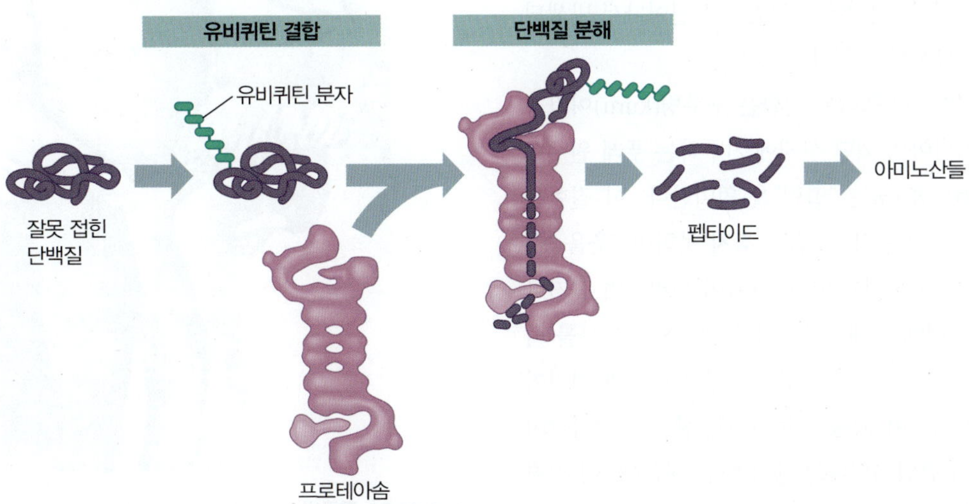

그림 10.20 프로테아솜 품질 조절. 유비퀴틴은 잘못 접힌 단백질과 결합하여 프로테아솜까지 인도한다. 프로테아솜은 여러 가지 단백질로 이루어져있고 잘못 접힌 단백질을 감싸고 곧게 편 다음 분해한다.

표 10.4 단백질 잘못 접힘과 연관된 질병

질병	잘못 접힌 단백질
알츠하이머병	아밀로이드 베타 전구 단백질, 타우 단백질
가족성 근위축성 축삭경화증	과산화물불균화효소, TDP-43
전두측두엽 치매	타우 단백질, TDP-43
유전성 ATTR 아밀로이드증	트렌스티레틴
헌팅톤병	헌팅틴
파킨슨병	알파 시누클레인
루이소체 치매	알파 시누클레인
페닐케톤뇨증	페닐알라닌 수산화효소
프리온병	프리온 단백질

(헌팅톤병을 제외한 모든 질병은 유전적으로 이질적이다. 즉, 다른 단백질의 이상은 유사한 증후군을 일으킨다.)

질들이 항상 질병을 일으키거나 혹은 반응하는지의 여부는 정확하지 않다.

프리온 질병

단백질 잘못 접힘 조건의 하위집단은 프리온 질병이다. 처음에 양에서 언급되었는데 프리온에 감염된 양의 뇌를 먹었을 때 이것이 스크래피라고 하는 질병으로 발달하였다. 이 이름은 병에 걸린 양이 자기 자신을 물건에 문질러서 상처 내는 것을 의미한다. 뇌는 구덩이와 같이 구멍이 났다. 85개 이상의 동물 종이 유사한 질병의 발생을 보였다. **표 10.5**는 사람에서 **프리온과 연관된 단백질 유전자**(PRPN) 혹은 전파되는 구조를 가진 프리온 단백질에 돌연변이가 일어나서 발생되는 세 가지 프리온 질병을 묘사하고 있다.

사람에서 제일 처음에 발견된 프리온 질환은 쿠루병(kuru)이라고 하는 데, 이는 파우아 뉴기니아의 외딴 산지에 거주하는 푸레 원주민에게서 나타났다(**그림 10.21**). *Kuru*는 "떨림"을 의미한다. 이 질환은 다리를 시작으로 전신이 흔들거린다. 웃음을 참지 못하여 "웃음 병"이라는 이름이 지어졌다. 말이 분명치 않고, 생각이 느려지며 걷거나 먹을 수 없게 되어 일 년 이내에 죽게 된다. 사람들이 전쟁 용사를 먹는 의식이 전해내려 오고 있었는데, 이 질병은 대부분 여성과 어린이에게 나타났다. 여성과 아이들이 뇌를 준비할 때, 상처와 찰과상이 있는 피부를 통해 프리온이 감염되었다고 생각했다. 처음에, 이 질병은 가족 중 몇 명에게만 나타나기 때문에 유전된다고 생각되었다.

1950년대 푸레의 역경에 대하여 많은 사람들이 알지 못했다. 그

표 10.5 사람의 프리온병

질병	증세
크로이츠펠트-야콥증	기억력 상실, 신경과민, 수전증, 무표정, 요동치는 움직임, 불안정한 걸음걸이, 인격 변화, 긴장, 우울, 사고 장애, 불면증, 시각 상실, 말하고 침 삼키기 어려움, 혼수, 심장사, 폐렴 혹은 일 년 이내 감염
중증 가족성 불면증	점진적으로 수면 중 수면과 생생한 꿈 구분 불가. 신체 및 정신적 저하, 혼수, 수개월 내에 죽음
세르슈트만-슈트라우슬러 병	기억력 상실, 치매, 운동 실조, 뇌 안에 아밀로이드반 형성. 7년 이내에 죽음

후 1990년대 중반에 프리온 질병은 영국에서 120명 이상의 사람들이 소고기에 감염된 프리온을 먹고 죽은 사실이 알려 진 것이 유명하다. 대중적으로 **광우병**(mad cow disease)이라고 불리는데 이 상황은 뇌 질환인 크로이츠펠트-야콥병(CJD)의 변이체로 여겨진다. 이 질환 또한 CJD를 가진 줄 모르는 수천 명의 갑상선 공여자로부터 성장 호르몬을 수여받은 성장 저하의 수백 명 어린이들에게 전파되었다.

프리온은 변형된 형태(감염형 혹은 돌연변이체)로 전파되거나 응집된 단백질에 의해 질병을 일으킨다.

그림 10.21 쿠루병. 쿠루병은 뉴기니아의 원주민들이 인육 섭취를 통해 감염성 프리온 단백질이 퍼지는 의식을 그만둘 때까지 영향을 주었다. *The Nobel Foundation, 1976.*

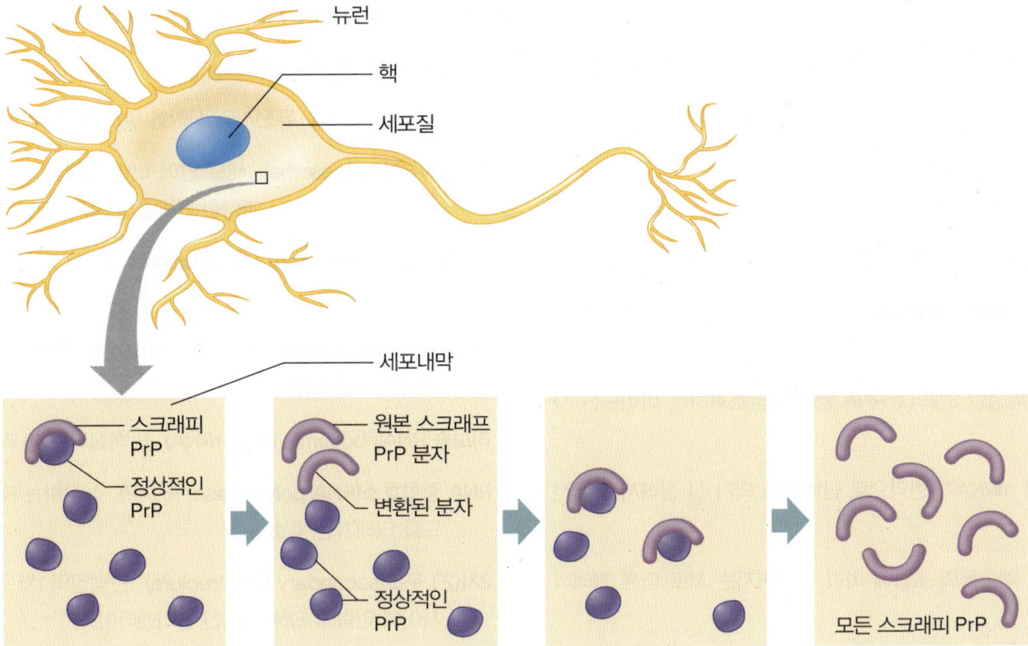

그림 10.22 프리온이 모양을 바꾼다. 스래피는 첫 번째로 양에서 프리온 질병으로 발견된 질병이다. 단일 스크래피 프리온 단백질(PrP)와 정상적인 PrP와 접촉하고 있는 그것을 스크래피 형태로 바꾼다. 형태가 변화됨에 따라 질병이 일어난다. 축적된 스크래피 프리온 단백질들은 뇌 조직과 엉겨 붙고, 결국 증세가 나타난다.

프리온 단백질의 일반적인 기능은 잘 알려지지 않았다. 뉴론의 표면에 있거나 많은 동물 종에 존재한다는 점은 신경계를 방어하는 데 중요할지도 모른다. 이러한 집합체들은 베타 아밀로이드 반점과 알츠하이머 신경섬유망의 타우 단백질, 파킨슨 질환에 축적된 알파 시누클레인과 같은 좀 더 알려진 질환 내에서 볼 수 있을지도 모른다(표 10.4 참조).

좀 더 일반적인 질환뿐만 아니라 쿠루, 스크래피와 광우병과 같은 희귀한 프리온 질환은 모두 단백질 잘못 접힘에 의한 질환이다. 베타-주름 평면을 가진 감염 형태가 있는 곳에 정상적인 형태의 알파 나선 구조도 가지고 있다. **그림 10.22**에서는 정상적인 단백질이 어떻게 프리온이 되는지 나타내고 있는데, 직접 뇌 부분을 파괴할 수 있고 응집한다. 드물게는, 돌연변이가 단백질을 잘못 접히게 한다. 개발된 치료제의 효과는 직접 잘못 접힌 단백질과 반응하여 다시 접히게 하는 것이다.

핵심 개념 질문 10.4

a. 단백질 구조의 4단계를 쓰고 설명하시오.

b. 세포는 어떻게 잘못 접힌 단백질은 조절하는가?

*c. **프로테아솜**을 정의하시오.

d. 한 개 이상의 구조를 가지는 단백질은 어떻게 질환을 일으키는가?

학습 가이드

핵심 용어

선택적 스플라이싱(alternative splicing) 한 유전자의 엑손을 부분적으로 조합한 것으로 암호화하는 단백인의 수와 다양성을 증가시킴.

아미노산(amino acid) 단백질을 형성하는 작은 유기 분자.

안티코돈(anticodon) 전달 RNA 분자의 고리 구조에 놓여진 3개 염기서열로 mRNA 코돈과 상보적이며 적절한 아미노산과 mRNA를 연결시킴.

샤페론 단백질(chaperone protein) 폴리펩타이드와 결합하여 접힘을 유도하는 단백질.

암호화 가닥(coding strand) 특정한 유전자의 이중나선 구조 중 RNA로 전사되지는 않는 가닥.

코돈(codon) mRNA의 연속적인 3개 염기로 특정한 아미노산을 지정.

입체 구조(conformation) 분자의 3차 입체 구조.

엑손(exon) 아미노산을 암호화하는 mRNA와 대응하는 유전자 부분.

번역틀 이동 돌연변이(frameshift mutation) 유전자의 번역틀을 변경하는 돌연변이.

유전암호(genetic code) 특정한 3개의 mRNA 염기와 암호화하는 아미노산 사이의 대응관계.

인트론(intron) 전사되지만 mRNA가 번역으로 단백질로 되기 전 잘려지는 유전자 부분.

이성질체(isoform) 번역된 엑손들의 조합에 따라 만들어지는 서로 다른 형태의 단백질.

비동의 코돈(nonsynonymous codon) 다른 아미노산을 암호화 하는 서로 다른 코돈.

열린 번역틀(open reading frame) 정지코돈을 포함하지 않은 DNA 서열.

폴리펩타이드(polypeptide) 아미노산의 긴 사슬로 한 개 이상의 폴리펩타이드로 이루어진 단백질.

1차(1°) 구조(primary (1°) structure) 구조 단백질을 구성하는 아미노산 서열

프리온(prion) 감염성 단백질.

프로모터(promoter) 유전자의 시작을 알리는 DNA의 조절 부위.

프로테아솜(proteasome) 세포 안에 터널 형태의 여러 단백질로 이루어진 구조물로 잘못 접히거나 과다한 단백질이 통과하면 분해.

4차(4°) 구조(quaternary (4°) structure) 한 개 이상의 폴립펩타이드로 구성된 단백질.

번역틀(reading frame) 단백질의 아미노산을 암호화하는 연속적인 3염기로 이루어진 DNA 서열.

리보솜 RNA(ribosomal RNA, rRNA) 단백질과 함께 리보솜을 구성하는 RNA.

RNA 중합효소(RNA polymerase, RNAP) 성장하는 RNA 사슬에 뉴클레오타이드를 더해가는 효소.

2차(2°) 구조(secondary (2°) structure) 단백질의 1차 구조에서 가까운 아미노산 사이에 인력에 의해 접혀진 폴리펩타이드.

동의코돈(synonymous codons) 동일한 아미노산을 지정하는 DNA 3염기.

주형 가닥(template strand) 전사될 정보를 가지고 있는 DNA 가닥.

3차(3°) 구조(tertiary (3°) structure) 아미노산 및 물 분자 사이의 상호작용에 의해 접혀진 폴리펩타이드로 1차 구조에서 멀리 떨어져있는 아미노산들을 끌어당김.

복습문제

1. 상보적 염기쌍이 다음의 경우 어떻게 나타나는지 설명하시오.
   a. DNA의 이중나선 구조
   b. DNA 복제
   c. DNA로부터 RNA 전사
   d. mRNA의 리보솜 부착
   e. 코돈-안티코돈 쌍 형성
   f. tRNA 구조
2. 다음 단백질의 기능을 서술하시오.
   a. RNA 중합효소
   b. 유비퀴틴
   c. 샤페론 단백질
   d. 전사인자
3. 유전정보를 전달하는 과정에서 수소결합과 펩타이드 결합이 어디에서 형성되는지 설명하시오.
4. RNA와 DNA의 차이점을 기술하시오.
5. 세포에서 DNA 복제, 전사 및 번역이 어디에서 일어나는가?
6. 전사는 세포 분화를 어떻게 조절하는가?
7. 동일한 mRNA 코돈이 리보솜의 A 부위에는 어느 시기에 존재하며 P 부위로 언제 옮겨가는가?
8. 전사 과정의 개시단계를 설명하시오.
9. RNA의 세 가지 주요 유형과 기능을 설명하시오.
10. 전사 후 RNA가 변형되는 세 가지 방법을 설명하시오.
11. 리보솜의 구성 요소는 무엇인가?
12. 유전암호의 중복성은 왜 제한적인가?
13. 2개의 뉴클레오타이드로 구성된 코돈은 단백질을 구성하는 다수의 아미노산을 암호화하는데 왜 불충분한가?
14. 전사와 번역 과정은 어떻게 경제적인가?
15. 단백질이 특정한 입체 구조로 접혀지는 것은 어떤 요인에 의해 결정되는가?
16. 단백질의 1차 구조, 2차 구조, 3차 구조가 단백질의 입체 구조에 어떻게 영향을 미치는가? 단백질 입체구조 결정에 어떤 것이 가장 중요한 인자인가?
17. 단백질이 어떻게 감염성이 되는지 설명하시오.

응용문제

1. 광고에서 공약한 것처럼 "당신의 유전자를 바꿔라"는 새로운 활동 프로그램을 시작할 수 있는가?
2. DNA 주형 가닥의 서열 TTACACTTGCTTAGAGAGTC로부터 전사된 RNA 서열을 쓰시오.
3. 주어진 mRNA의 부분서열 GCUAUCUGUCAUAAAAGAGGA에 대응하는 DNA 주형서열을 재구성하시오.
4. 표 10.3을 이용하여 히스티딘-알라닌-아르기닌-세린-루이신-발린-시스테인으로 이루어진 아미노산을 암호화하는 3가지 다른 형태로 mRNA 서열을 쓰시오.
5. 발린-트립토판-리신-프롤린-페닐알라닌-트레오닌의 아미노산 서열을 암호화하는 DNA서열을 쓰시오.
6. 복제된 공룡에 대한 영화 〈*Jurassic Park*〉에서 주인공인 Mr. DNA는 DNA에서 수십억 개의 유전암호에 대해 이야기하는데 이 상황이 잘못된 이유는 무엇인가?
7. 티틴(titin)은 그 크기가 커서 이런 이름이 붙여진 근육 단백질이다. 이 유전자는 암호화 서열이 80,781개 염기로 되어있다. 얼마나 긴 아미노산을 가질 수 있는가?
8. 외계 생명체가 다섯 가지 다른 염기로 구성된 3염기 코돈을 갖는다. 최화되지 않는다고 가정한다면 얼마나 많은 유전암호가 다른 아미노산을 지정할 수 있는가?
9. 악성 고온체증(malignant hyperthermia)은 특정 형태의 마취약을 복용하면 생명을 위협하는 고열이 발생하는 증후군이다. 한 가족에서 엑손 44에 있는 3개의 연속된 염기가 결손되는 돌연변이가 일어났다. 얼마나 많은 아미노산이 그 단백질로부터 결실되는가?
10. 인슐린이 세포 내로 들어와 결합하는 수용체인 단백질은 태아와 성인의 경우 아미노산의 숫자가 다르게 구성되어 있다. 이런 차이가 어떻게 발생할 수 있는 지 설명하시오.
11. 노인에서 좀 더 흔한 백내장(cataract)은 시력이 흐려지는 것이다. 렌즈 크리스탈린이라 하는 단백질은 렌즈를 형성하지만 나이가 들어가면 단백질의 일부분이 잘못 접히고 시간이 지나면 더 많은 단백질이 잘못 접히게 된다. 이 장에서 비슷한 병리학 특징을 가지고 있는 질환명을 적으시오.

사례 및 연구 결과

1. 다섯 명의 환자가 가족 병원에서 만났는데 그들 중 몇몇은 초기에 발병하는 파킨슨병을 가지고 있었다. 이 질환은 경직, 떨림, 다른 운동장애의 원인이 된다. 이런 파킨슨병의 2%만이 유전된다. 5명의 환자 모두 12개 엑손의 파킨 단백질을 암호화하는 유전자에 돌연변이를 가지고 있다. 각 환자들은 단백질 크기의 변화가 없거나, 짧아져 있거나 길어진 돌연변이가 있거나 다음과 같은 경우 어떤 효과가 나타난다고 말할 수 있는가?
   1. 매니(Manny)의 **파킨** 유전자는 엑손 3이 결실되었다.
   2. 프랭크(Frank)의 **파킨** 유전자는 인트론 4가 중복되었다.
   3. 테레사(Theresa)의 **파킨** 유전자는 엑손 1에 연속된 6개의 뉴클레오타이드가 결실되었다.
   4. 엘리스(Elyse)의 **파킨** 유전자는 엑손 8과 인트론 8사이에 스플라이싱 돌연변이가 일어났다.
   5. 스코트(Scott)의 **파킨** 유전자는 결손되었다.
2. 인간 유전체 염기서열은 유전자보다 더 많은 mRNA 전사물을 암호화한다. 왜 유전자의 수와 전사물의 수가 같지 않은가?
3. 프란시스 크릭(Francis Crick)은 다음과 같이 회상하였다. "20개의 다른 매개분자가 각 아미노산에 하나씩 존재하며 20가지 효소가 아미노산을 매개자에 결합시킨다." 크릭이 설명한 이 분자는 무엇인가?

The Natural History Museum/Alamy Stock Photo

CHAPTER 11

유전자 발현과 후성유전학

한때 법곤충학자들은 사망 시간을 추정하기 위해 시체에 있는 파리의 발생단계를 검사하는데 의존했다. 오늘날에는 사망 후 지난 시간을 추정하는데 희생자 조직의 유전자 발현 패턴을 검사한다.

학습 목표

11.1 시간과 조직에 따른 유전자 발현

1. 후성유전학을 정의하시오.
2. 어떻게 유전자 발현의 조절이 글로빈 사슬의 전환, 조직과 기관 발달, 그리고 세포가 만드는 단백질의 종류를 결정하는지 설명하시오.

11.2 유전자 발현 조절

3. 어떻게 저분자 물질이 히스톤 단백질에 결합하여 염색질 리모델링을 조절하여 유전자 발현을 조절하는가?
4. 어떻게 microRNA가 유전자 전사를 조절하는가?

11.3 유전정보의 극대화

5. 여러 엑손과 인트론으로 구성되어 있는 하나의 유전자가 어떻게 여러 종류의 단백질을 만들어 낼 수 있는가?

11.4 인간 유전체의 대부분은 단백질을 암호화하지 않는다

6. 바이러스 유전체, 비암호화 RNA, 반복서열 등이 인간 유전체의 많은 부분을 차지하고 있음을 토론하시오.

개관

유전물질의 성질을 발견하고, DNA 구조를 결정하고, 유전암호를 해독하고, 인간 유전체의 서열 분석을 함으로써 오늘날의 새로운 도전을 이끌어 냈다: 어떻게 각 유전자가 조직 특이적이고, 시간 특이적으로 발현이 조절되는지 공부한다.

사망 시간을 정확히 찾아내기 위한 RNA 추적

범죄 현장 조사관들은 전통적으로 사람의 시체를 먹는 곤충 유충의 발달 단계를 추정하여 사람이 죽은 후부터의 시간(사후 간격)을 추정해 왔다. 곤충이 크고 발달할수록 시신은 죽은 지 오래다. 더 최근에는 희생자의 몸 일부에서 인간 mRNA의 변화 역학에 눈을 돌렸다.

특정 상황에서 개별 세포의 mRNA를 분석하는 생명공학의 한 응용 분야를 전사체학이라고 한다. 이것은 발생, 삶, 그리고 죽음 동안의 유전자 발현 변화를 드러낼 수 있다. 브로드 연구소(Broad Institute)의 연구원들은 사후에 몸이 식으면서 변화하는 전령 RNA(messenger RNAs)를 식별하기 위해, 태양 노출 유무와 피부를 포함한 여러 장기, 침샘 및 피부를 포함한 신체 일부의 샘플들을 포함한 수천 개의 시료를 분석했다.

사망 및 뇌사 후에도 DNA에서 RNA로의 전사는 한동안 계속된다. 처음 7시간 동안 많은 유전자가 사망 전보다 더 많이 발현되는데, 이는 트라우마에 대한 반응일 수 있다. 유전자 발현은 7시간에서 14시간 간격으로 변동하는데, 수천 개의 유전자가 사람이 살아있을 때보다 훨씬 더 많이 또는 훨씬 적게 전사된다. 이는 마치 DNA-to-RNA-단백질의 시스템이 정지되면서 엉망이 되는 것 같다. 사망 후 14시간에서 24시간 동안 일부 유전자들은 여전히 그 사람이 살아있을 때보다 더 빠르거나 더 느린 속도로 전사되고 있다.

유전자 발현 변화의 물결은 마치 미시적 차원에서 죽음의 전경을 그린다. 유사분열은 멈춘다. 백혈구 수치가 떨어지고 감염은 더 이상 위협이 되지 않다. 혈액응고, DNA 복구, 스트레스 반응이 증가하는 동안 세포괴사(부상으로 인한 세포사망)가 발생한다. 이온 수송, 탄수화물 대사, 콜레스테롤 합성이 멈춘다. 폐가 더 이상 산소를 가져오지 않고 순환이 산소를 전달하지 않기 때문에 세포는 유산소 호흡에서 무산소 호흡 경로로 바꾼다.

연구원들은 폐, 피하지방, 갑상선, 아랫다리의 햇볕에 노출된 피부 등 4개의 조직 RNA만으로도 죽은 후 경과된 시간을 알 수 있는 기계학습 툴을 개발했다. 사망시각이 알려진 시신 129구를 대상으로 검사한 결과, 실제 사망 시각 10분 이내까지 정확한 결과가 나왔다. 법의학 수사는 사망 시간을 정확하게 결정하는 것이 중요하다. 이 기술은 또한 이식이 가능한 조직과 장기를 식별하는 데 유용할 수 있다.

11.1 시간과 조직에 따른 유전자 발현

유전체는 마치 오케스트라 악보와 유사하다. 모든 악기가 항상 동일한 강도로 연주되지 않는 것처럼, 모든 유전자가 같은 정도로 계속 발현되지 않는다. 일부의 유전자들은 세포의 일상을 유지하는데 필요한 유전자로서, 모든 세포에서 항상 전사되고 번역되며, 이들을 "하우스키핑 유전자(house keeping gene)"라고 부른다. 일부 유전자들은 보다 특별한 기능을 가지며, 분화된 특정 세포에서만 활성화된다.

유전체 연구가 시작되었던 1990년대 이전에는 유전자를 하나씩 각각 연구하였다. 이는 마치 바이올린, 비올라, 플루트가 오케스트라에 어떻게 기여하는지를 알기 위해 각 악기의 음을 개별적으로 듣는 것과 유사하다. 그러나 오늘날의 유전학 연구는 생명체에 일생 어느 시기에 특정 유전자 활성의 강도를 측정한다. 이러한 새로운 관점에 따라 유전 분석에 시간적인 요소가 도입되었다. 염색체상의 유전자 배열 즉, 예전의 유전자 지도와는 달리, 새로운 형태의 지도에는 발생 프로그램 및 환경에 대한 반응으로 일어나는 일련의 사건 순서를 나타낸다.

1950년대와 1960년대에 DNA 구조와 기능이 발견되어 유전자 발현에 대한 일부 의문들이 풀렸다. 그러나 어떻게 골세포는 근단백질을 암호화하는 유전자는 전사하지 않으면서, 콜라겐 합성을 조절하는 유전자는 전사하는지, 어떻게 백혈병에 걸린 환자에게서는 혈액세포 종류의 비율이 변화되는지, 어떻게 메틸기 같은 화학 잔기가 겪어보지도 않은 특정 환경에서 DNA에 결합하여 유전자 전사를 막을 것인가 등과 같은 더 많은 의문이 제기되었다. 세포 내 mRNA의 집합은 **전사체**(transcriptome)를 구성한다. 단세포 전사체학이라 불리는 연구 기술은 특정 시간에 특정 세포 유형에서 만들어진 mRNA 분자들을 분석하여 분류할 수 있다.

DNA에 결합하는 화학 잔기의 변화가 어떤 조건에서, 어떤 부분의 유전체 일부에 전사인자가 들어가 유전자 발현을 조절하도록 영향을 미친다. DNA에 결합하는 분자에 대한 이러한 후성적 변화는 세포가 분열할 때 딸세포로 전달된다. 후성유전학적 변화는 DNA 염기서열을 바꾸지 않으며 가역적이다. 그러나 유전체의 일부 부위에서는 감수분열을 통해 3세대까지 후성유전적 변화가 지속될 수 있지만, 이는 드문 것으로 보인다. 그림 6.11은 메틸기가 어떻게 DNA에 결합하여 후성유전학적 변화를 일으키는지 보여준다.

이 장에서는 유전자 발현이 신체 내부와 외부의 환경에 반응하여 어떻게 변화하는지에 대한 예시를 제시한다.

태반에서의 유전자 발현

조직이나 장기의 특정 유형의 세포에서 만들어진 RNA를 분석하는 것은 발달 과정이나 부상에 대한 반응과 같은 순간에서 생물학적 과정의 분자적 관점을 제공한다. 연구자들은 분석에 필요한 충분한 mRNA를 얻기 위해 중합효소 연쇄반응(그림 9.19 참조)을 사용한다. 그 RNA 모음이 전사체이다.

단일세포 전사체학은 다음과 같은 새로운 세부 사항을 제공했다. 임산부와 태아를 연결하는 기관인 태반의 기능에 대한 자세한 새로운 사실을 제공했다. 태반은 아기가 태어나자마자 여성의 몸에서 나오는 분홍색 팬케이크처럼 보이지만, 그것은 복잡한 세포집단들의 집합체이다. mRNA 패턴을 사용하여 다양한 시간에 태반의 생리를 이해하는 것은 일부 유산이나 사산을 예방하는 데 도움이 될 수 있다.

인간의 태반에서 발현되는 유전자는 다섯 가지로 나뉜다. 한 그룹만 여성을 대표한다. 그리고 mRNA는 그 그룹의 유전자가 그녀의 면역 반응을 약화한다는 것을 나타낸다. 그렇지 않으면 태아를 거부할 수 있다. 다른 네 개의 유전자 그룹은 자궁 내벽을 침범하는 단백질을 암호화하고, 혈액 공급을 증가시키며, 임신을 유지하는 데 필요한 호르몬을 방출한다. 가장 중요한 발견은 같은 종류 유전자의 전사를 켜거나 끄면서 궁극적으로 같은 유형으로 전문화하는 세포들이 다른 순서로 그렇게 한다는 것이다. 마치 여러 대의 자동차가 같은 목적지로 다른 경로를 택하는 것처럼, 이는 적어도 일부 세포가 적절하게 분화되도록 하는 보호 메커니즘일 수 있다.

글로빈 사슬의 전환

단세포 전사체학은 비교적 새로운 기술이다. 유전자 발현 조절의 고전적인 예는 배아 및 태아 발달 과정과 출생 후에 혈중 단백질 헤모글로빈의 구성 요소를 전환하는 것이다.

성인의 혈액에 있는 헤모글로빈 분자는 4개의 폴리펩타이드 사슬로 구성되어 있으며, 각각의 사슬은 구상 형태로 감겨 있다(**그림 11.1**). 두 개의 사슬은 146개의 아미노산으로 이루어져 있으며 "베타(β)"라고 불린다. 다른 두 사슬은 141개의 아미노산으로 이루어져 있으며, "알파(α)"라고 불린다. 서로 다른 염색체의 유전자는 알파 글로빈과 베타 글로빈 폴리펩타이드 사슬을 암호화한다.

인간의 발생 과정에서 다른 글로빈 소단위체들이 이용된다. 헤모

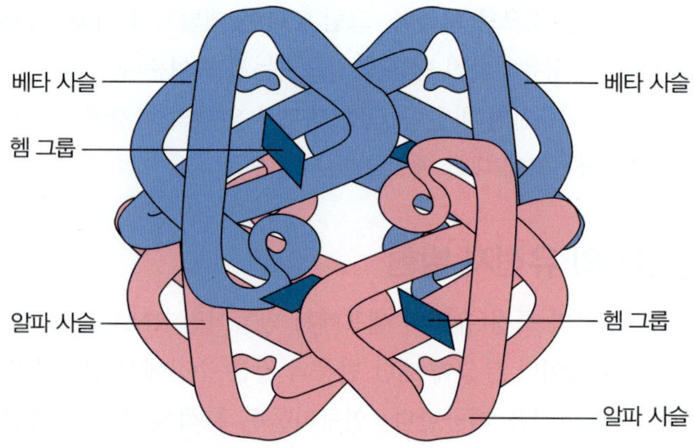

그림 11.1 헤모글로빈의 구조. 헤모글로빈 분자는 구형인 2개의 β 사슬(베타 사슬그룹)과 2개의 α 사슬(알파 사슬그룹)로 구성된 4량체이다. 각 글로빈 사슬 내부에는 헴이라고 불리는 철을 함유한 화학기를 포함하고 있다.

글로빈 분자에서 소단위체 구성은 신체 내의 산소 농도 변화에 따라 결정된다. 산소가 배아 또는 태반을 통해 태아로 이동하는지 혹은 호흡에 의해 신생아의 폐에 도달하는지에 따라 소단위체 구성이 전환된다. 글로빈 유전자의 프로모터에 결합하는 전사조절인자들이 발생 과정 동안 글로빈 단백질의 조화로운 발현을 조절한다. 또한 헤모글로빈 유전자의 다른 조절 부위는 더 이상 필요하지 않은 글로빈 유전자 발현을 억제한다. **그림 11.2**는 출생 전후의 글로빈 단백질의 변화를 추적한다.

화학적으로 헤모글로빈 분자를 구성하는 각 소단위체가 산소 분자에 대한 친화도가 서로 다르기 때문에 글로빈 사슬이 전환된다. 배아시기 헤모글로빈은, 태반이 형성됨에 따라 2개 ε 사슬(β 사슬그룹에 속함)과 2개 ζ 사슬(α 사슬그룹에 속함)로 구성된다. 배아시기에 헤모글로빈의 4% 정도는 β 사슬로 구성되어 있으며 점차 그 비율은 증가한다. 배아의 난황낭에서 글로빈 사슬이 처음 만들어지고, 그 이후 태아시기에는 간과 비장에서 만들어지며, 태어나면서 그 발현은 골수로 이동된다.

배아가 태아로 발달함에 따라, ε과 ζ 사슬은 그 수가 감소하고, γ 사슬과 α 사슬이 증가한다. γ 사슬 2개와 α 사슬 2개로 구성된 헤모글로빈을 태아 헤모글로빈이라 한다. γ 글로빈 소단위체는 모체 혈액에서 태반으로 방출된 산소에 대한 결합력이 높기 때문에, 태아 혈액은 성인 혈액보다 20~30% 많은 산소를 운반할 수 있다. 태아가 성장함에 따라 γ 사슬은 점차 β 사슬로 대치된다. 그렇지만 출생 시 신생아의 헤모글로빈 전부가 성체 헤모글로빈으로 전환되는 것은 아니다. 신생아 혈액의 50~85%는 태아 헤모글로빈($\gamma_2\alpha_2$)이다. 생후 4개월이 되면 태아 헤모글로빈은 10~15%까지 감소하고, 4살이 되면 태아 헤모글로빈은 1% 이하로 줄어든다.

조직과 기관 생성

혈액은 구조적으로 단순한 조직으로 구성 요소가 쉽게 분리되기 때문에 쉽게 얻고 쉽게 연구할 수 있다. 고형 샘이나 기관은 더 복잡하다. 그것은 독특한 3차원 형태를 가지고 있으며, 특수화된 유형의 세포와 일반적으로 한 종류 이상의 조직으로 구성된다. 기관의 구체적이고 견고한 조직은 성장, 수리, 그리고 변화하는 외부 조건 동안 지속되어야 하는 반면, 그 세포는 그들의 전문성을 유지해야 한다.

모든 조직과 장기에서, 줄기세포가 스스로 재생되고 더 분화된 딸세포를 생산하기 때문에, 유전자는 발달하는 동안 켜지고 또한 꺼지기도 한다. 췌장의 조직은 세포가 어떻게 전문화되는지를 밝힐 정도로 간단하다. 그것은 두 종류의 세포 클러스터를 가진 이중 샘이다. 외분비 담당 세포는 소화효소를 분비관으로 방출한다. 내분비 담당 세포는 영양소 흡수 조절하는 펩타이드 호르몬을 혈류로 직접 분비한다. 이러한 내분비 세포군을 췌장섬이라고 부른다.

췌장의 이중성은 도관이 형성될 때 배아에서 확장된다. 도관 벽 안에는 희귀한 줄기세포와 전구세포가 있다(그림 2.17 참조). 전사인자는 활성화되고 일부 전구세포가 분열하도록 자극하는 방식으로 다른 유전자의 발현을 조절한다. 특정 딸세포는 외분비 경로를 따라 소화효소를 생산한다. 다른 전구세포는 다른 신호에 반응하여 분열하여 내분비 경로를 따르는 딸세포를 생성한다. **그림 11.3**은 두 개의 세포 계통으로부터 형성되는 분화된 세포 유형을 보여준다. 가장 친

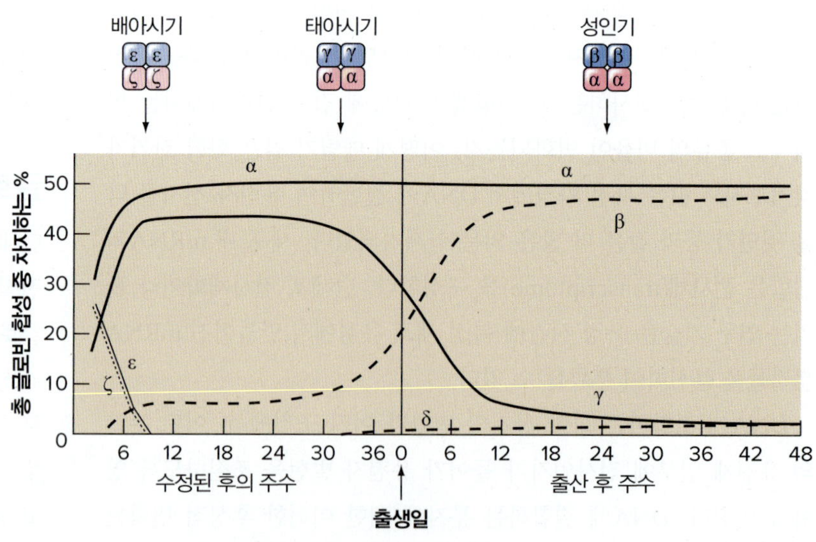

그림 11.2 발생단계에 따른 글로빈 사슬 전환. 사람 헤모글로빈 분자의 소단위체 구성이 환경의 변화에 따른 산소 농도에 따라 전환된다. 각 글로빈 4량체는 두 개의 α 글로빈 사슬(염색체 16번)과 두 개의 β 글로빈 사슬(염색체 11번)로 구성되어 있다. 태반에서 나와서 신생아가 폐호흡을 하게 될 때, γ 글로빈 사슬이 β 사슬로 교체되는 것을 관찰할 수 있다.

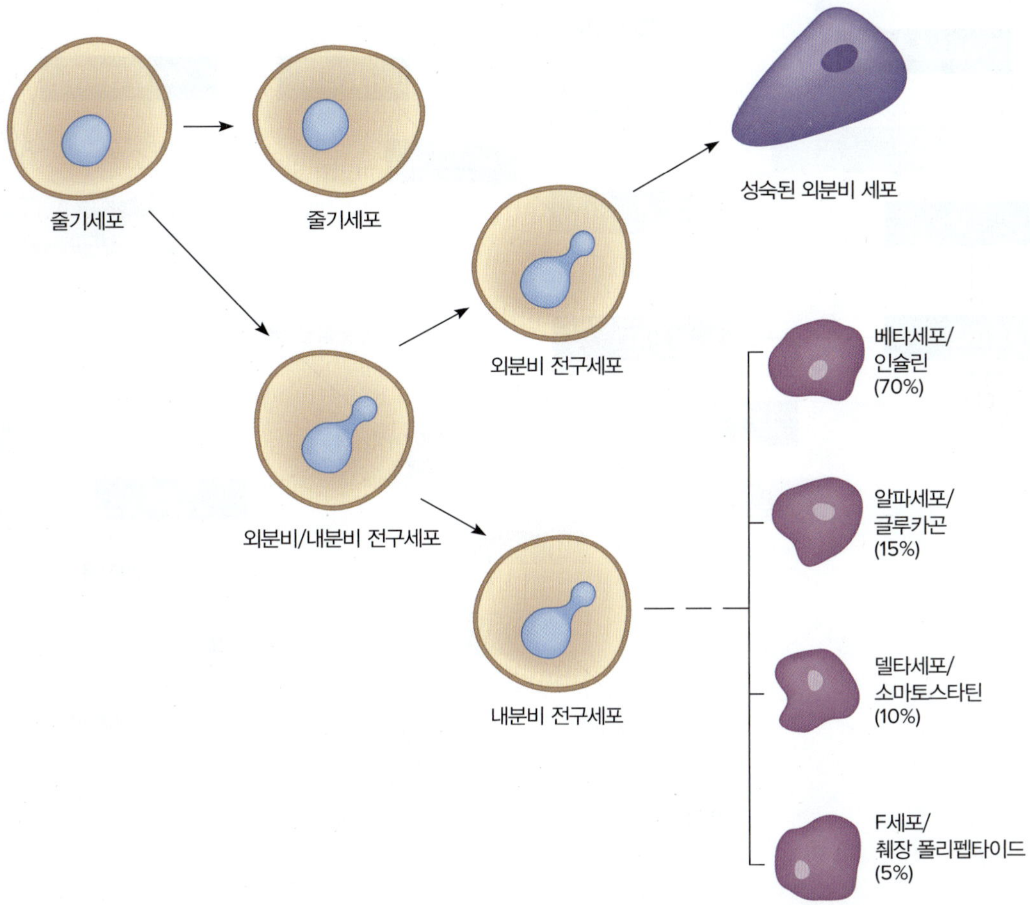

그림 11.3 췌장 생성. 단일 종류의 줄기세포에서 외분비 혹은 내분비 간세포가 생성되며, 세포분열이 더 일어나면 더 분화된 세포로 된다. 이 세포들이 분열하여 외분비 및 내분비 세포로 성숙한다. 내분비 간세포가 분열되고 분화되어 특정 호르몬을 만들어 낼 수 있는 세포로 분화된다.

숙한 췌장호르몬은 췌장의 베타세포가 분비하는 인슐린이다. 인슐린이 없거나 세포가 인슐린을 인식하지 못하면 당뇨병을 유발한다.

유전자 발현에서 질병 연결

유전자의 발현에 대한 보다 완벽한 초상화는 전사체학뿐만 아니라 세포가 특정한 조건 하에서 생산하는 모든 단백질을 식별하는 **단백질체학**(proteomics)을 통해 나타난다. 세포에서 mRNA와 단백질을 식별하고 그룹화하는 것은 세포가 어떻게 분화되는지를 이해하는 첫 번째 단계이다. 다음 과제는 관련 기능을 가진 단백질이 어떻게 상호작용하는지 결정하는 것으로, 이는 의학적 상태와의 연관성을 밝힐 수 있다. **그림 11.4**는 "질병체(diseasome)"라고 불리는 거대한 질병 지도의 일부를 보여준다. 이것은 공통된 유전자 발현 변화를 보이는 질병을 연결한다. 몇 개의 주요 연결고리와 클러스터는 잘 알려져있는 비만, 고혈압, 당뇨와 같은 질환이다. 뒤쉔 근이영양증(Duchenne muscular dystrophy)와 심장마비와 같은 다른 것들은 놀랍다. 유전자 발현 정보를 이용한 이 연관성의 발견에 따라, 연구자들은 현재 DMD를 가진 소년들을 대상으로 심장약을 실험하고 있다. 뿐만 아니라, 발현이 올라가거나 내려가는 유전자와 질병의 연관성은 개발 시도할 약물을 제안할 수 있다.

전사체학과 단백질체학은 또한 기초 생물학을 더 잘 이해하는 데 유용하다. 예를 들어, 단백질체학 실험으로 임신에서 출생까지, 그리고 임신에서 노년에 이르기까지 주요 단백질들의 상대적 기여도를 비교했다. 특정한 시기에 만들어진 단백질 수치의 차이는 의미가 있다. 전사인자는 장기가 형성되는 이 기간에 세포 분화가 활발하기 때문이다. 출생 전 배아에는 많은 양이 관찰되는데, 이는 태아가 태반을 통해 효소를 받기 때문에 태아기에 생성되는 효소는 덜 풍부하다. 항체는 출생 후 면역체계가 환경 자극에 반응해 기능을 발휘하기 시작할 때 나타난다.

다양한 조건에서 다양한 세포들의 유전자 발현 프로파일은 위험한 상태나 질병을 진단하거나 치료에 대한 반응을 모니터링하는 많은 새로운 의학 테스트의 기초이다. 예를 들어, 55개의 유전자가 과도하게 발현되고 480개의 유전자가 적게 발현된 패턴의 전립선 암세

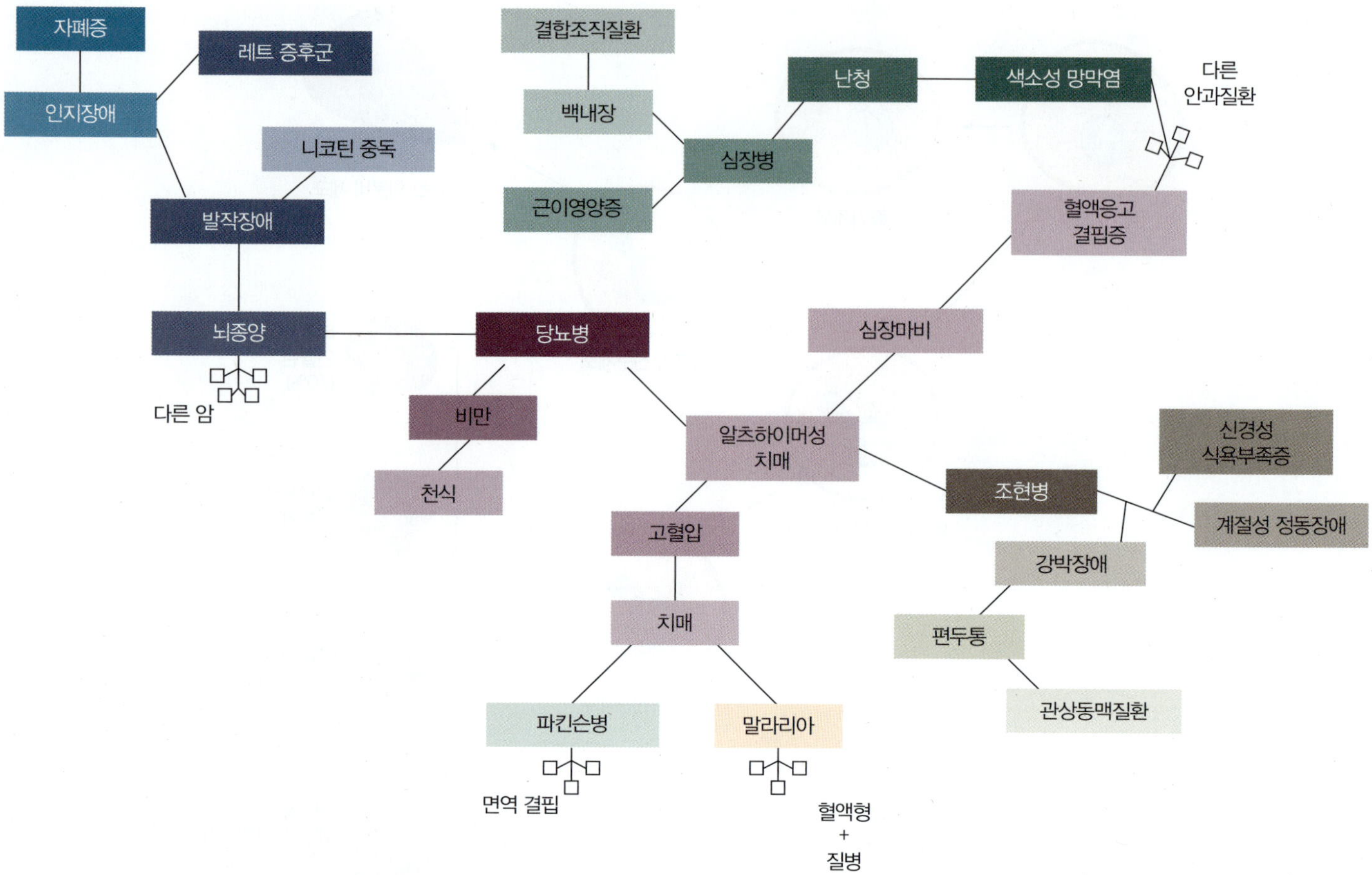

그림 11.4 질병체의 일부. 이 도식화는 공통된 유전자 발현에 의해 질병을 연결시킨 것이다. 즉, 특정 유전자는 두 가지 질병에서 지속적으로 과발현되거나 과소발현될 수 있다. 선들은 직사각형들에 묘사된 질병들을 연결하는 적어도 하나의 유전자를 의미한다. 모든 상황에서 유전자 발현은 변하기 때문에 질병이 반드시 유전되는 것은 아니다. (A-L 바라바시와 동료들의 연구에 기초한다.)

포가 전이될 가능성이 높은 특성을 보였다면, 유전자 발현 패턴이 다른 전립선암은 전이되지 않을 것이다. 이러한 발견에 기초한 검사는 의사가 암의 전이 가능성이 더 높은 환자에게 시행하는 침습적이고 위험한 치료를 안전하게 지연시키거나 피할 수 있는 환자를 구별하는 데 도움이 될 수 있다.

핵심 개념 질문 11.1

*a. 단일세포 전사체는 무엇을 평가하는가?

b. 단일세포 전사체학이 어떻게 태반에서 일어나는 현상을 드러내는지 설명하시오.

c. 헤모글로빈의 폴리펩타이드 구성에 대한 유전자 발현은 시간이 지남에 따라 어떻게 변하는가?

d. 췌장이 발달함에 따라 유전자 발현은 어떻게 변하는가?

e. 전사체학과 단백질체학은 어떻게 다른가?

11.2 유전자 발현 기작

인간 유전체에서 단백질을 만들기 위한 청사진은 단백질이 언제 어디서 합성되고 기능하는지 지시하는 것보다 훨씬 적은 부분의 DNA를 차지한다. 단백질을 암호화하는 유전자는 자신의 발현을 제어하는 기능을 포함하고 있으며, 그 유전자가 일부인 염색질의 구성에 의해서도 제어된다.

유전자 발현을 위한 내부 조절 부위는 프로모터(prornoter) 서열이다. 제10장에서 프로모터가 RNA 중합효소와 전사인자가 결합하는 유전자의 부분임을 상기하여 전사의 시작점을 표시한다. 유전자의 프로모터 서열의 변화는 인코딩된 단백질이 얼마나 빨리 합성되는지에 영향을 미칠 수 있다. 예를 들어, 초기 알츠하이머병의 한 형태에서, 아밀로이드 전구체 단백질을 암호화하는 유전자에 대한 프로모터의 돌연변이(임상 연계 5.1 참조)는 충분히 빨리 제거되지 않기 때문에 끈적끈적한 단백질이 정상보다 두 배 더 빨리 뇌에 축적되도록 한다. 유전자의 발현이 정상적인 속도를 초과할 수 있는 두 번째 방법은 한 사람이 한 개 이상의 유전자를 가지고 있는 경우이다.

단일 유전자의 관점에서 보면, 세포는 전사인자들의 다양한 조합이 세포의 특성을 제공하는 많은 유전자에 결합하여 발현을 유도하기 때문에 그 고유의 특성을 나타낸다. 전사인자는 유전자의 프로모터 또는 유전자에서 떨어진 DNA 배열에 결합할 수 있으며, 장거리 조절도 제공한다.

유전자 발현 조절은 단계별로 이루어진다. **염색질 리모델링**(chromatin remodeling)에서 DNA와 관련된 히스톤 단백질은 DNA의 일부 부분을 전사인자에 노출시키고 다른 부분을 차폐하여 발현을 차단하는 방식으로 다른 화학 그룹과 상호 작용한다. 단백질 생산 과정의 후반부에서, 적절하게, **microRNA**라고 불리는 작은 RNA는 특정 mRNA에 결합하여 단백질로의 변환을 막는다. 전반적으로, 이 두 가지 과정, 즉 염색질 리모델링과 microRNA에 의한 번역 차단은 서로 다른 단백질의 간조와 흐름을 결정하여 세포가 변화하는 조건에 적응할 수 있게 한다. 단백질은 또한 전사인자의 주요 역할을 넘어 서로를 통제한다. **미세 단백질**(microprotein)이라 불리는 작은 단백질이 더 큰 단백질의 기능을 조절할 수 있다.

염색질 리모델링

그림 9.13에서 DNA가 단백질과 RNA와 결합하여 염색질을 형성한다는 것을 기억하라. 여러 해 동안, 생물학자들은 긴 DNA 분자를 뉴클레오솜으로 감아주는 히스톤 단백질이 작은 실뭉치에 불과하다고 생각했다. 하지만, 히스톤은 훨씬 더 많은 것을 한다. 효소는 히스톤에 작은 유기 화학그룹을 추가하거나 삭제하여 이러한 단백질이 결합하는 단백질 암호화 유전자의 발현에 영향을 미친다.

히스톤에 결합하는 세 가지 주요 유형의 작은 분자는 아세틸기, 메틸기, 인산기이다(**그림 11.5**). 히스톤이 유전자 발현을 조절하는 데 있어 중요한 역할은 아세틸기(CH_3CO_2)에 있다. 이들은 특정 히스톤의 특정 부위에 결합하며, 특히 아미노산 라이신에 결합한다.

그림 11.6은 아세틸 결합이 전사를 시작할 수 있는 방식으로 히스톤 상호작용을 어떻게 변화시키는지 보여준다. 일련의 단백질은 히스톤 복합체를 TATA 상자라고 불리는 DNA 서열로부터 멀리 이동시켜

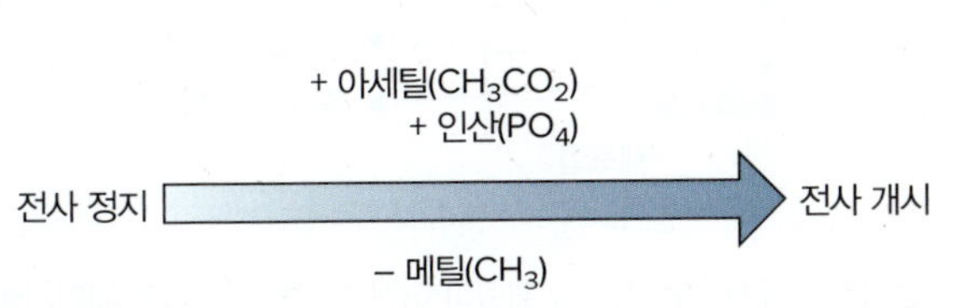

그림 11.5 염색질 리모델링. 염색질 리모델링은 히스톤 단백질에 특정 유기 화학기가 첨가 혹은 제거되는 것이다. 유기 화학기의 부착 여부에 따라 히스톤 주위를 감싸고 있는 DNA의 전사 여부가 조절된다.

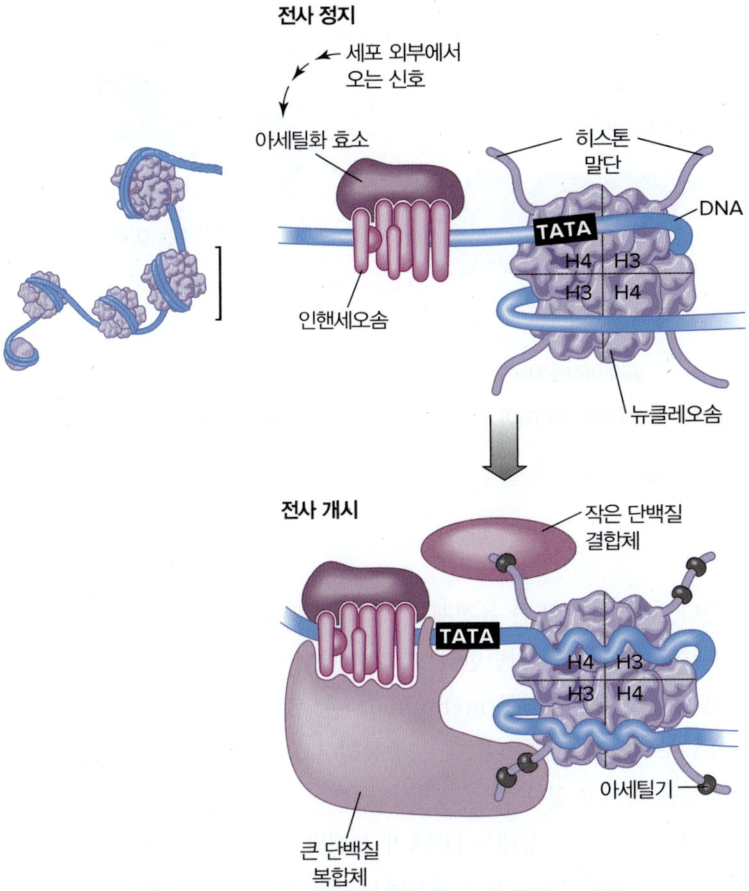

그림 11.6 히스톤의 아세틸화는 전사를 활성화시킨다. 특정 히스톤의 독특한 아미노산에 아세틸기가 첨가되면, TATA 박스에 전사인자들이 접근할 수 있다. H3와 H4는 히스톤의 종류이다.

RNA 중합효소가 결합하고 전사를 시작하도록 충분히 노출시킨다(그림 10.8 참조). 첫째, 인핸세오솜(enhancesome)이라고 불리는 단백질 그룹은 특정 히스톤의 특정 라이신에 아세틸기를 추가하는 효소(아세틸레이즈)를 끌어당겨 히스톤의 양전하를 중화시킨다. DNA가 음전하를 띠기 때문에, 이 변화는 히스톤을 DNA로부터 멀리 이동시켜, 전사인자들이 결합하고 전사를 시작할 수 있는 공간을 만든다. 탈아세틸레이즈라고 불리는 효소는 유전자 발현을 차단하는 아세틸기를 제거한다.

대부분의 세포 유형에서, 약 2%의 염색질만이 “열려 있고” 읽기 쉽다(**그림 11.7**). 연구자들은 이 영역들을 DNA의 나머지 부분으로부터 분리하고 특정 조건에서 특정 세포 유형으로 전사되는 유전자를 식별할 수 있다.

메틸기(CH_3)는 또한 히스톤에 첨가되거나 히스톤에서 제거된다. 메틸기가 특정 히스톤 유형의 특정 아미노산에 결합할 때, 전사를 억제하는 단백질을 끌어당긴다. 메틸기가 첨가되면 메틸화는 한 히스톤의 꼬리에서 인접한 히스톤으로 확산되어 유전자 발현 억제를 유

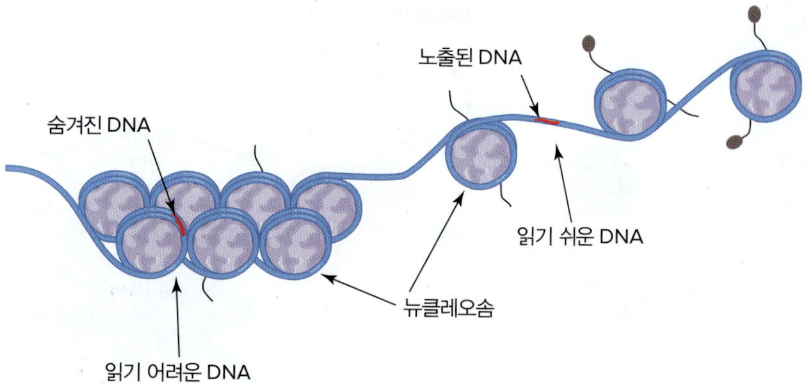

그림 11.7 염색질은 폐쇄되어 접근할 수 없거나 개방되어 접근할 수 있다. DNA의 빨간색 부분은 숨겨져 있고 읽기 어렵거나 노출되어 있으며 읽기 쉬운 DNA를 나타낸다. 단지 146개의 염기쌍의 DNA가 뉴클레오솜을 감싸고 있다.

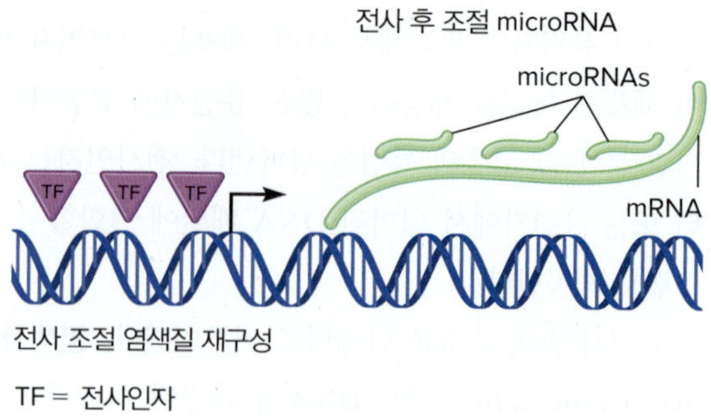

그림 11.8 유전자 발현의 조절. 염색질이 열려서 전사인자가 결합되어 mRNA가 만들어 졌지만 mRNA에 microRNA가 결합하여 유전자의 번역을 억제한다.

도한다. 메틸기는 또한 유전체의 약 16,000개 위치에서 DNA에 직접 결합하여 전사를 차단한다. 따라서 메틸기는 히스톤과 DNA 모두에 결합한다. **메틸롬**(methylome)은 유전체의 모든 메틸화된 DNA 부위의 집합체이다. 다른 종류의 세포는 다르게 메틸화된 유전자들을 가지고 있다.

염색질의 변형된 상태는 DNA가 복제될 때 전달될 수 있다. 이러한 유전자 발현 변화는 세포 생성에서 세포 생성으로 유전될 수 있지만, DNA 염기서열을 바꾸지는 않는다. 아세틸기, 메틸기 또는 인산기의 추가 및 제거는 모두 후성유전학적 변화이다. 일란성(동일한) 쌍둥이가 같은 질병을 유발하는 유전자형을 물려받지만, 한 쌍둥이만 아픈 경우 DNA 메틸화의 효과를 볼 수 있다. 불일치의 이유는 하나 이상의 유전자의 상이한 메틸화 패턴일 수 있다.

아세틸기, 메틸기, 인산기를 추가하거나 삭제하는 효소는 어떤 유전자가 발현되고 어떤 유전자가 침묵하는지를 조절하는 균형 상태에 있어야 한다. 이 균형을 깨뜨리면 질병이 발생할 수 있다. 적어도 44개의 멘델성 질병은 상태는 "후성유전학적 기작"의 비정상적인 기능에서 발생한다. 거의 모든 것이 지적장애를 포함하고 있는데, 많은 유전자들이 뇌 기능을 통제한다는 것을 고려하면 이치에 맞다. 유전성 질환을 치료하기 위해 염색질 리모델링을 변경하는 것의 한 가지 한계는 이러한 작용이 질병과 관련된 유전자뿐만 아니라 많은 유전자의 발현에 영향을 미칠 수 있다는 것이다. **임상 연계 11.1**은 조현병에 대한 후성유전적 설명인 출생 전 기아에 대해 논의한다.

microRNA

염색질 재배열은 유전자 전사를 조절한다. microRNA는 mRNA가 단백질로 번역되는 것을 억제한다. 염색질 재배열이 전사에 On/Off 스위치라면 microRNA는 더 나중 단계에서 작용하는 정교한 유전자 발현을 조절하는 미세조정 스위치라고 할 수 있다. **그림 11.8**은 본 염색질 재배열 및 microRNA의 작용을 비교를 보여주고, **그림 11.9**에 유전정보의 전반적인 조절작용을 도표로 나타내었다.

MicroRNA는 길이가 21~22개 염기 정도로 작기 때문에 그렇게 이름 붙여졌다. 이들은 전구 RNA 분자에서 절단된다. microRNA는 비암호화 RNA의 일종으로, 아미노산 서열을 암호화하지 않는다.

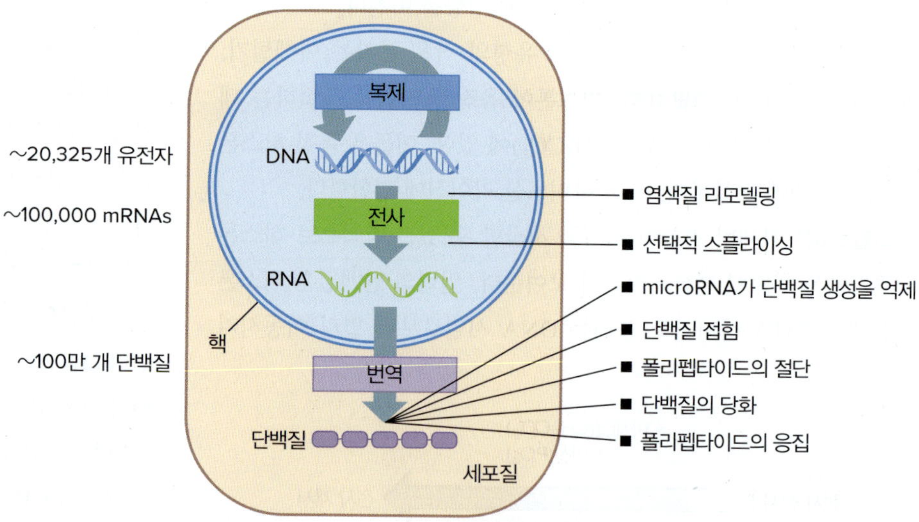

그림 11.9 유전자 발현 과정 요약. 전사 수준에서, 염색질 리모델링이 어떤 유전자가 전사될 것인지를 결정한다. 선택적 스플라이싱은 엑손을 다양한 방식으로 이어 맞춤으로서 다양한 형태의 단백질을 생성할 수 있다. microRNA가 전사체에 상보적으로 결합하여 번역을 억제한다. 번역 후에는, 단백질은 독특한 3차 구조로 접힌다. 일부 단백질은 길이가 짧아지고, 탄수화물(당)이 첨가되거나, 혹은 응집 덩어리를 형성한다.

임상 연계 11.1

네덜란드의 기아 겨울: 조현병으로 가는 한 가지 경로

태아가 배고플 때, 유전자 발현에 대한 조절은 즉각적인 생존을 가능하게 하는 방식으로 변화하지만, 건강을 해칠 수 있다. 네덜란드 기근 연구는 제2차 세계대전 중 태아 기아가 건강에 미치는 영향을 수십 년 추적하고 있으며, 1976년부터 연구 결과를 발표했다.

1944년 11월부터 1945년 5월까지의 "네덜란드 기아 겨울" 동안 나치는 네덜란드 서부의 6개 대도시로의 식량 공급을 차단했다. 심각한 영양실조가 악화해 사망자가 발생하자 돌이켜보면 잔인한 실험이 벌어졌다. 정확한 일일 칼로리 섭취량, 특정 여성의 임신 기간, 그리고 출생 전에 피폭된 사람들에 대한 정신과 등록 및 입대 기록의 진단을 보여주는 식량 배급 기록을 참조함으로써, 네덜란드의 컬럼비아 대학과 라이덴 대학의 연구원들은 태아 전 영양실조와 몇 년 후 건강 문제들 사이의 명확한 연관성을 발견했다. 그들은 네덜란드 기아 겨울 동안 태어난 사람들의 건강을 더 좋은 시기에 태어난 동성 형제자매와 비교했다.

기아는 메틸기(CH_3)가 DNA에 결합하는 패턴을 변화시켜 선택적으로 유전자를 침묵시키기 때문에 태아 영양실조는 성인 표현형에 영향을 미친다. 60년 뒤 연구된 '네덜란드 기아 겨울 아이들'의 DNA는 대사를 조절하는 유전자의 메틸화 패턴이 형제자매와 달랐다. 노출된 아이들은 성장했을 때 포도당 조절이 잘 안되었고, 체질량 지수가 높았으며, 혈청 콜레스테롤이 증가했다. 그들은 또한 생각에 영향을 미치는 유전자를 조절하는 인슐린 유사 성장인자 2(IGF-2)를 암호화하는 유전자의 변형된 발현과 관련이 있을 수 있는 조현병에 걸릴 위험이 현저하게 증가한다. IGF-2가 중요한 유전자들의 발현을 조절하기 때문에, 기아에 시달렸던 시기에 태어난 사람에서는 IGF-2가 너무 적게 메틸화되어 있고 뇌에서 과발현되기 때문에 조현병으로 발달할 수도 있다는 가설을 세웠다.

토론을 위한 질문

1. 유전자 발현 변화가 유전자 돌연변이와 같지 않은 이유를 설명하시오.
2. 네덜란드 기근 연구는 어떻게 산전 영양실조가 조현병 위험 증가의 원인이라는 결론을 내렸는가?
3. 지난 20년 동안 미국과 유럽에서 조현병 발병률이 두 배 이상 증가했다. 동시에, 대마초 제품의 THC 농도가 증가했고(임상 연계 8.1 참조), 더 많은 주에서 대마초 제품의 사용을 합법화했으며, 더 많은 형태로 제품을 사용할 수 있다. 연구원들은 대마초 사용 증가와 조현병 발병률 증가 사이의 연관성을 확인하거나 명확히 하기 위해 조사를 설계하기 위해 네덜란드 기근 연구에서 무엇을 배울 수 있는가?

인간 유전체는 단백질 암호화 유전자의 적어도 3분의 1을 조절하는 최소 2,555개의 구별되는 microRNA 서열을 암호화한다. 일반적인 인간 세포는 1,000에서 200,000개의 개별 microRNA 분자를 가지고 있다.

각 유형의 microRNA는 특정 mRNA 내의 상보적인 서열에 결합한다. microRNA가 표적 mRNA와 결합할 때, 그것은 번역을 방해한다. 단일 유형의 microRNA는 많은 표적을 가지고 있기 때문에, 유전자 세트의 발현을 조절한다. 또한 단일 유형의 mRNA는 여러 개의 다른 microRNA를 결합할 수 있다.

microRNA 기능을 분석하는 과정에서 특정 microRNA 표적이 상호작용하는 유전자를 발견할 수 있기 때문에 질병을 극복하는 새로운 약물 개발에 대한 단서가 될 수 있다. 이러한 관계를 발견하면 기존 약물의 새로운 용도와 복합 복용 방법을 제안할 수 있다. 특정 microRNA가 암세포에 더 많거나 적기 때문에 이 특정 microRNA는 암 치료에 적용될 수 있을 것이다. 일반적으로 암의 너무 빠른 세포 분열을 억제하는 microRNA의 수준을 복원하거나 암에 너무 풍부한 microRNA의 생성을 차단하는 것은 정상적인 세포분열 속도를 회복하는 데 도움이 될 수 있다.

microRNA의 또 다른 응용은 기포와 같은 엑소좀에 실려서 세포들 사이에서 운반된다는 것에의 시작되었다. microRNA는 외상성 뇌 손상으로 인해 더 심각한 신경인지장애로 지속될 가능성이 높은 뇌진탕 사례를 식별하기 위해 마커로 검사되고 있다. 연구원들은 뇌진탕을 앓고 있는 사람들의 뇌척수액에서 그 양이 다른 15개의 microRNA를 확인했다. 뇌진탕으로 합병증 등을 일으킨 사람과 그렇지 않은 사람 microRNA는 혈액이나 소변에서 검사될 수 있으며, 크기가 작기 때문에 체액의 핵산분해효소에 의한 분해에서 벗어날 수 있다. 이 15개의 microRNA 세트는 손상된 뉴런의 복구와 신경세포가 신호를 보내고 받는 방법을 제어하는 거의 2,500개의 유전자의 조절할 수 있다. 다른 microRNA 패턴이 피로와 기억상실과 같은 특정 뇌진탕 증상을 추적했다. 만약 이것이 많은 부상자에게서 입증된다면, microRNA "타액 검사(spit test)"는 장기간의 뇌진탕 증상을 겪을 위험이 높은 운동선수를 식별하는 데 도움이 될 수 있다.

미세 단백질

단백질은 서로를 통제할 수 있다. 제10장에서 논의된 전사인자는 유전자의 집합을 통제한다. 전사인자는 작지만 길이가 100개 미만인 미세 단백질만큼 작지는 않다. 미세 단백질은 세포 표면 수용체 및 이온채널과 같은 큰 단백질의 구석구석 내부에 들어갈 수 있으며, 그 큰 단백질의 기능에 영향을 미친다.

미세 단백질을 암호화하는 유전자는 다른 유전자 안에 있을 수 있지만, 미세 단백질은 더 큰 단백질의 일부가 아닐 뿐 아니라 microRNA에 의해 암호화되지 않는다. 그들은 그림 11.9에 묘사된 과정보다 나중에 유전정보의 활용에 크게 작용한다.

연구자들은 이제 막 인간 유전체에 암호화되어 있는 미세 단백질을 발견하고 설명하기 시작했다. 미세 단백질의 한 종류는 더 이상 필요하지 않은 mRNA 분자를 쓸어 담는 쓰레기 처리와 같다. 쥐에서, 미세 단백질은 근육을 조절한다. 전갈, 거미, 지네 등의 독에 있는 미세 단백질이 상대의 이온 통로를 차단해 마비를 일으킨다.

1990년대는 연구진들이 단백질을 각 유전자에 매칭시키기 시작했을 때이며, 이때는 단백질의 크기를 100개의 아미노산을 최소로 임의로 설정했기 때문에 최근에야 미세 단백질이 발견되었다. 이러한 접근 방식은 이렇게 중요한 작은 분자들을 놓치게 했다.

핵심 개념 질문 11.2

*a. 유전자 발현을 조절하는데 히스톤 단백질의 기능은 무엇인가?

b. 어떻게 아세틸기, 메틸기와 인산기는 유전자 발현을 조절하는가?

c. 어떻게 microRNA가 유전자 발현을 조절하는가?

d. 미세 단백질은 어떻게 다른 단백질의 활동을 조절하는가?

11.3 유전정보의 극대화

인간 유전체 내에 존재하는 유전자 수는 20,325이며 이는 약 10만 개의 mRNA를 암호화하고 있고 이들 유전자로부터 100만 개 이상의 단백질이 생성된다. 그림 11.9에서 보여주듯이 DNA 유전자에서 RNA로 그리고 단백질로 그 유전정보를 극대화하는 것을 볼 수 있다.

몇몇 증거들은 단백질이 유전자보다 많다는 사실을 설명한다. 유전자의 엑손과 인트론의 선택적 스플라이싱은 여러 개의 단백질을 만들 수 있다(**그림 11.10**). 그림 10.11에서 단일 유전자의 선택적 스플라이싱은 여러 개의 전사체를 생성할 수 있다는 것을 기억하라. 넓은 의미에서 이 메커니즘은 mRNA의 정보 내용을 확장시킨다. 예를 들어, 22번 염색체에 위치한 245개의 유전자를 가진 부분은 642개의 mRNA 전사를 생성한다. 단일 유전자 수준으로 드릴 다운하면 선택적 스플라이싱이 제공하는 정보의 확장도 드러난다.

기관의 크기를 조절하는 생화학적 경로의 네트워크인 히포(Hippo) 경로를 생각해보자. 히포 경로의 일부인 효소 및 다른 단백질은 세포 기능의 많은 구성 요소(부착, 형태, 강성 및 분열 속도)와 통신함으로써 이를 수행한다. 히포 경로의 유전자 돌연변이는 이러한 과정을 방해하여 암을 유발할 수 있다. 선택적 스플라이싱은 많은 유전자에 영향을 미친다. 한 개의 유전자(*MAP4K*)는 5개의 단백질을 암호화하는 15개의 전사체로 나타난다. 다른 *LATS1*은 7 mRNA와 4개의 단백질로 전사 및 번역된다. 또 다른 *MOB1*은 6개의 스플라이스 변이체를 가지고 있지만 216개의 아미노산을 갖은 하나의 단백질을 암호화하는 단일 mRNA를 가지고 있다.

유전체가 보이는 것보다 더 많은 정보를 가지고 있는 또 다른 방법은 한 조직에서 인트론인 DNA 서열이 다른 조직에서 단백질(엑손으로 기능)을 암호화할 수 있다는 것이다. 전립선 특이 항원(prostate specific antigen, PSA)을 보자. 전립선의 특정 세포 표면에 있는 단백질로 정액을 액화시키고 선체가 비대해지면 과잉생산이 되는데, 이는 양성 종양이나 암을 유발할 수 있다. 혈중 PSA 수치는 50세 이상의 남성들에게서 암의 가능성을 나타내는 생체지표로 정기적으로 측정된다.

PSA를 암호화하는 유전자는 5개의 엑손과 4개의 인트론을 가지고 있다. 7개의 이형 단백질을 만들어내기 위해 선택적으로 스플라이싱된다. 그중 하나인 PSA-LM은 첫 번째 엑손과 네 번째 인트론에 의해 암호화된다(**그림 11.11**). 두 단백질(PSA와 PSA-LM)은 서로 길항작용을 한다. 한 가지 수준이 높을 때, 다른 하나는 낮다. 두 단백질의 수치를 측정하는 혈액 검사는 PSA를 단독으로 검사하는 것보다 전립선암 발병 위험을 더 정확하게 평가할 수 있다.

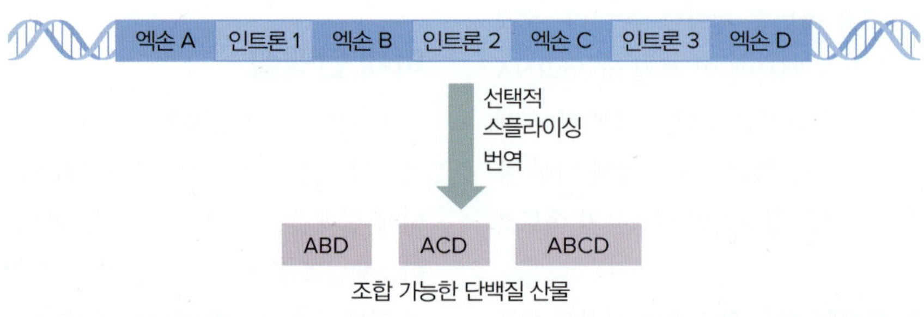

그림 11.10 엑손은 유전자 수를 확장할 수 있는 유전자 구조의 융통성을 제공한다. 세포는 선택적 스플라이싱에 의해 유전자 부분을 부가 혹은 제거해서 다른 단백질을 생성할 수 있다. 인트론은 제거되고 엑손은 보존된다.

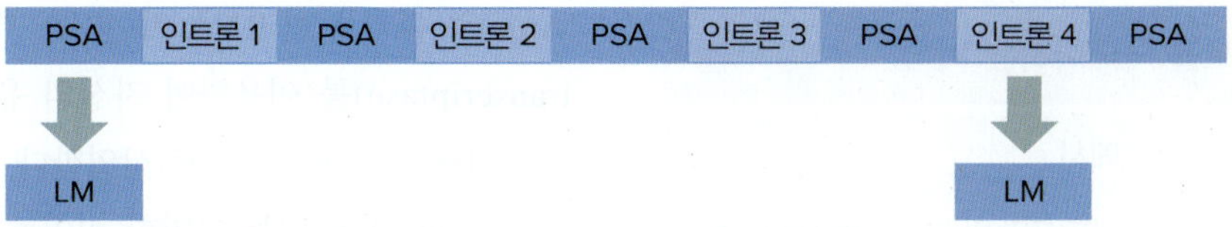

그림 11.11 하나의 유전자에서 두 개 단백질을 암호화하는 방법. PSA 유전자가 두 단백질을 코딩하는 서열을 포함. PSA 유전자는 5개의 엑손으로 이루어진 단백질이고 PSA-LM은 2개의 엑손으로 이루어진 단백질(엑손 1과 인트론 4)이다.

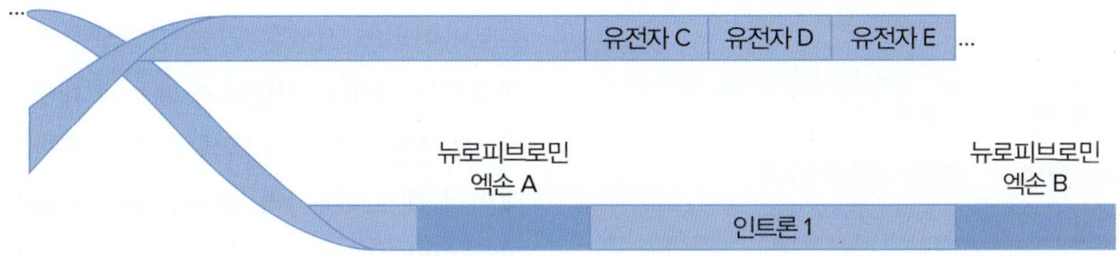

그림 11.12 인트론 내의 유전자. 뉴로피브로민(neurofibromin) 유전자의 인트론 DNA의 반대쪽 가닥에 세 개의 유전자를 포함하고 있다.

또한 인트론이 유전자의 수에 비해 단백질의 수를 증가시킬 수 있는 또 다른 방법은 유전자 가닥의 인트론 내의 DNA 서열이 단백질을 암호화할 수 있다는 것이다. 이것은 뉴로피브로민(NF)을 암호화하는 유전자에 대한 것이다. 이 유전자의 돌연변이는 피부 아래에 양성 종양을 일으키고 피부 표면에 반점이 생기는 상염색체 우성질환인 신경섬유종증 1형(neurofibromatosis type 1)을 유발한다(**그림 11.12**). 유전자의 인트론 안에, 그러나 암호화 가닥에는 세 개의 다른 유전자에 대한 명령이 있다. 유전자에서 그러한 이중적 의미를 찾는 것은 소설을 거꾸로 읽고 두 번째 이야기를 발견하는 것과 약간 비슷하다!

단백질은 당이나 지질을 첨가해 당단백질과 리포 단백질을 각각 만들어 서로 다른 형태로 변형하면 번역 후 유전체 정보가 극대화된다. 세포 표면의 많은 단백질은 특정 조직, 장기 및 개인의 일부로 표시하면서 이러한 첨가물을 가지고 있다.

하나의 유전자가 하나 이상의 단백질을 암호화할 수 있는 또 다른 방법은 단백질이 둘로 잘려 나가는 것이다. 이는 상염색체 우성질환으로 치아가 변색되고 에나멜이 벗겨지는 상염색체 우성질환인 치아의 발생에서 발생한다. 치아의 대부분을 형성하는 에나멜 아래에 있는 뼈와 같은 물질인 덴틴은 이 상태에서는 비정상이다.

덴틴은 세포 외 기질 단백질의 혼합물이며, 그중 90%는 콜라겐 형태이다. 그러나 두 가지 단백질, 즉 풍부한 상아질 인단백질(dentin phosphoprotein, DPP)과 희귀한 상아질 시알로단백질(dentin sialoprotein, DSP)은 덴틴에 고유한 단백질이다. DSP는 덴틴으로의 광물 침착을 조절하고, DPP는 광물화된 덴틴의 성숙을 조절한다. 단일 유전자는 두 단백질을 암호화한다. DPP와 DSP는 단일 mRNA 분자로부터 전구 단백질인 상아질 시알로인단백질(DSPP)으로 번역된다(**그림 11.13**). 그리고 나서 그들은 분리된다. 두 단백질은 한 단백질(DSP)이 다른 단백질(DPP)보다 훨씬 빠르게 분해되기 때문에 서로 다른 양으로 존재한다. 치아의 발생 불완전성 질병은 두 개의 최종 단백질인 DSP와 DPP의 비정상적인 비교 수준에서 비롯된다.

표 11.1은 유전정보를 최대화하는 기작을 요약한 것이다.

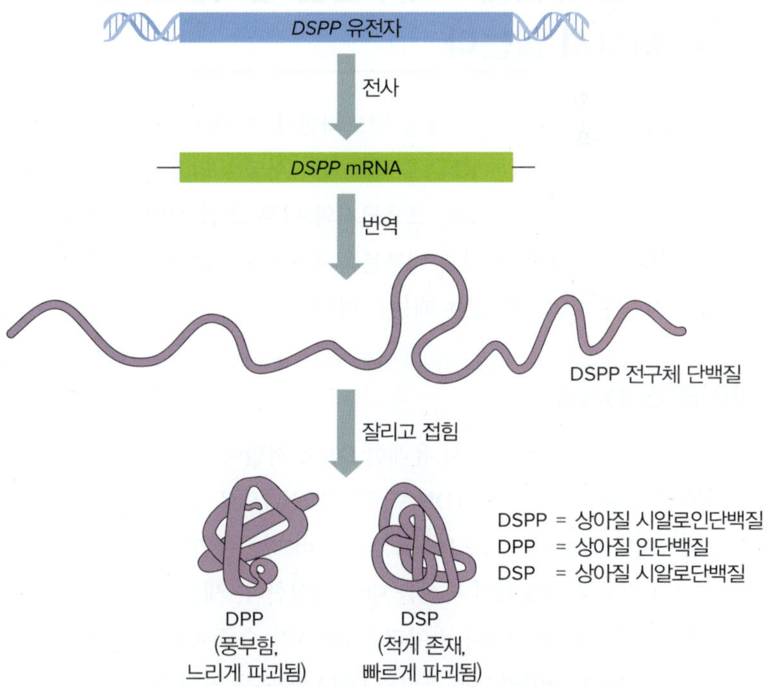

그림 11.13 그림 11.11과는 다른 방식임. 상아질 생성 불완전증 발병에서 큰 전구체 단백질(DSPP)이 두 개로 절단된다(DPP와 DSP). 두 개 중 하나는 다른 것보다 훨씬 빨리 분해된다.

표 11.1	유전자 정보를 극대화하는 기작
기작	**예시**
선택적 스플라이싱	세포 표면 및 분비된 형태의 항체
하나의 동형 단백질을 암호화하는 인트론이 다른 동형 단백질의 엑손으로 작용	전립선 특이항원(PSA) 및 PSA 연결 분자(PSA-LM)
한 DNA 가닥의 인트론은 다른 DNA 가닥의 엑손이다.	뉴로피브로민과 다른 3개의 유전자
당을 첨가하여 당단백질을 형성하거나 지질을 첨가하여 지질 단백질을 형성함	세포-세포 인식에 중요한 세포 표면 분자
전구 단백질은 두 개의 단백질을 생산하기 위해 절단된다.	상아질 생성 불완전증

핵심 개념 질문 11.3

*a. 왜 유전체 내의 유전자 수와 단백질의 수가 다른가?

b. DNA가 암호화하는 단백질 수를 최대화하는 방법 즉, 선택적 스플라이싱, 단백질을 암호화하는 인트론, 전구체 단백질의 절단 등을 설명하시오.

11.4 인간 유전체의 대부분은 단백질을 암호화하지 않는다

인간 DNA의 1.5%만이 단백질을 암호화한다. 나머지는 바이러스 유전체, mRNA 외의 다른 RNA를 암호화는 서열(비암호화 서열 혹은 ncRNA라고 부름), 인트론, 프로모터와 다른 조절 서열, 그리고 반복 서열들이다. 사실, 유전체 대부분은 전사되고 있으며 단백질을 암호화하지 않는다고 쓸모없는 폐물은 아니다.

바이러스 DNA

인간 유전체에는 바이러스에서 유래한 DNA 서열이 있다. 바이러스는 단백질 코팅에 싸인 핵산(DNA 또는 RNA)으로 구성된 무생물 감염 입자이다(임상 연계 19.1 참조). 바이러스는 감염된 세포의 전사 및 번역 기구를 이용하여 자신을 대량 생산한다. 새로운 바이러스는 숙주세포를 빠져나가거나 바이러스 DNA가 숙주세포에 남아 있을 수 있다. DNA 바이러스는 자신의 DNA를 숙주 염색체에 삽입하거나 에피솜(episosome)이라고 하는 환형의 DNA 형태로 숙수세포 핵 안에 남아 있을 수 있다. HIV를 포함하는 레트로바이러스(retrovirus)로 불리는 한 RNA 바이러스 계통은 먼저 역전사 효소(reverse transcriptase)를 이용하여 자신의 유전 물질을 DNA로 복제한 후, 숙주세포의 염색체 속으로 삽입한다.

우리 DNA에 있는 다양한 길이로 유전체의 대략 8%를 차지하는 약 100,000개의 서열이 한때 레트로바이러스였다. 그 이름은 레트로바이러스의 유전자 정보 전달 방향을 가리키는데, DNA에서 RNA로 그리고 단백질로 가는 방향과 반대이다. 우리 염색체의 레트로바이러스 서열은 급성 감염으로 획득되는 것이 아니라 숙주의 세대에서 세대로 전달되기 때문에 **내인성**(endogenous)이라고 불린다. 유전물질이 우리 염색체 내에 존재하는 레트로바이러스는 인간 내인성 레트로바이러스(human endogenous retrovirus, HERV)라고 불린다.

HERV는 약 500만 년 전에 우리 조상들의 유전체를 감염시켰을 가능성이 있으며 아직 우리 안에 남아 있다. 연구자들은 HERV 염기서열을 다른 영장류의 유사한 바이러스와 비교함으로써 이를 추론했다. 대부분의 HERV 서열은 재조합되거나 변이되어서 더이상 우리를 아프게 하지 않는다. 무해한 HERV는 우리 염색체의 일부로서 인간 세대에서 세대로 조용히 전달된다. 시간이 지남에 따라 그 수가 증가되며, 그러나 몇몇 작은 규모의 연구들에서 특정 질병(근위축성 측삭경화증, 다발성 경화증, 흑색종)을 가진 사람들이 HERV를 과도하게 발현했다는 것을 보여 주었다.

비암호화 RNA

인체에서 생성되는 많은 단백질의 개수로 예상할 수 있는 유전자의 수보다 더 많은 RNA가 만들어진다. RNA를 두 가지 종류로 분류하면 하나는 단백질을 코딩하는 암호화 RNA(mRNA)이고 다른 하나는 암호화되지 않은 비암호화 RNA(non-coding RNA)로 모든 나머지 RNA를 통칭한다. 가장 연구가 많이 된 비암호화 RNA는 tRNA와 rRNA이다. **표 11.2**는 비암호화 RNA의 목록이다.

세포의 tRNA 유전자의 전사 속도는 세포의 특성에 맞춰져 있다. 예를 들어, 골격근세포의 단백질은 백혈구의 단백질과 비교할 때 구성 아미노산이 매우 다르기 때문에 tRNAs 구성 역시 다르다. 인간의 tRNA 유전자는 염색체상에 집단으로 모여서 분포하고 있다. 전체적으로 500여 개 이상 tRNA 유전자들이 인간 유전체에 0.1%를 차지한다.

243종의 rRNA 유전자는 6개의 염색체에 집단으로 있으며, 각 rRNA 유전자 집단은 44,000염기로 구성된 서열이 150~200번 반복되어 존재한다. 일단 이러한 군집화된 유전자로부터 전사되면, rRNA는 작은 인 RNA(snoRNA)라고 불리는 또 다른 유형의

표 11.2	인간 유전체에서 단백질을 암호화하지 않는 부분
종류	**기능 혹은 특성**
바이러스 DNA	과거 감염의 증거
비암호화 DNA 유전자	
tRNA 유전자	mRNA의 코돈을 아미노산과 연결시킴
rRNA 유전자	리보좀의 구성 성분
긴 비암호화 RNA	유전자 발현을 조절
위유전자	번역되지는 않지만 이미 알려진 유전자의 서열과 매우 유사함
Piwi-상호작용 RNA(piRNA)	생식세포에서 전이인자를 유지
큰 유전자간 비암호화 RNA	유전자들 사이에 존재
작은 인 RNA(sroRNAs)	인에서 rRNA 공정에 관여함
작은 핵 RNA(snRNAs)	스플라이세오솜의 구성 성분
텔로머레이즈(Telomerase) RNA	염색체 말단에 염기를 첨가함
Xist RNA	여성세포에서 X 염색체 불활성화에 관여
인트론	mRNA 성숙 과정에서 제거되는 유전자 부분
프로모터와 다른 조절 서열	DNA 복제, 전사, 번역 수행 과정에서 관련 효소들을 유인
작은 간섭 RNAs(siRNAs)	전사 조절
microRNAs(miRNAs)	여러 유전자의 전사 조절
반복서열	
트랜스포존	유전체 상에 이동하는 반복서열
말단 소립	세포주기를 조절하는 염색체 말단 부위
동원체	염색체 내에서 가장 응축된 부위로 방추사 접착 부위를 제공
반복 서열	1,000염기 이상의 반복된 DNA 염기서열
단순 짧은 반복 서열(Alu 등)	기능 모름

ncRNA가 그들을 최종 형태로 절단하는 핵으로 간다.

수십만 개의 비암호화 RNA 중에는 tRNA, rRNA, snoRNA, microRNA가 아니고 또는 표 11.2에 설명된 다른 덜 풍부한 유형의 RNA도 아니다. 일부 비암호화 RNA는 **위유전자**(pseudogenes)라고 불리는 DNA 서열과 일치한다. 위유전자는 전사될 수 있는 단백질 인코딩 유전자와 서열이 유사하지만, 조상 유전자에서 번역 또는 접힘을 손상시킬 수 있는 방식으로 서열이 변경되었기 때문에 단백질로 변환되지 않는다. 위유전자는 과거에 기능했던 유전자의 잔재일 수 있는데, 정상 서열에서 너무 크게 갈라져서 작동하는 단백질을 암호화하지 못하는 변이체일 수 있다. 알파 및 베타 글로빈 유전자 복합체(그림 11.1 참조)는 위유전자를 포함한다.

다른 RNA 분자는 각각 200개 이상의 뉴클레오타이드 길이인 12,000개의 **긴 비암호화 RNA**(long non-coding RNAs)이다. 이들은 엑손, 인트론, 유전자 사이의 영역에서 전사되며, 염색질과 연관되고 유전자 발현을 조절한다. 긴 비암호화 RNA의 3분의 1은 영장류의 유전체에서만 발견되며, 많은 RNA는 뇌에서만 전사된다. 이러한 연구 결과는 긴 비암호화 RNA가 우리를 인간으로 만드는 것에 대한 단서를 가질 수 있음을 시사한다. 보다 실질적으로, lnc13이라고 불리는 낮은 수준의 긴 비암호화 RNA는 글루텐 불내증(셀리악병)의 원인이 되는 과도한 면역 반응과 상관관계가 있다.

반복서열

인간의 유전체는 단백질의 아미노산 서열이 나타내는 것과는 다른 종류의 정보를 가지고 있는 반복적인 서열로 가득 차 있다. 가장 풍부한 유형의 반복서열은 유전체에서 움직일 수 있는 DNA 서열이다. 그것은 전이 요소 또는 줄여서 **트랜스포존**(transposon)이라고 불린다. 유전학자 바바라 맥클린톡(Barbara McClintock)은 1940년대에 옥수수에서 트랜스포존을 처음 확인했고, 1960년대에 박테리아에서 재발견하였다.

트랜스포존은 인간 유전체 서열의 약 45%를 차지하며, 일반적으로 많은 사본이 존재한다. 일부 트랜스포존은 한 염색체 부위에서 이들을 잘라내고 다른 염색체 부위로 통합하는 효소를 암호화하는 부분을 포함한다. 불안정한 트랜스포존은 다른 유전자에 삽입되기 때문에 여러 증상을 가진 유전성 질환의 원인일 수 있다. 레트 증후군이 한 예이다(2장의 여는 글 참조).

반복의 특정 유형의 예로는 Alu 서열이 있다. 각각의 Alu 서열은 약 300개의 염기이며, 인간 유전체에 30만에서 50만개가 존재한다. Alu 서열은 유전체의 2~3%를 구성하며, 시간이 지남에 따라 스스로 복제할 수 있기 때문에 그 수가 증가하고 있다. 우리는 이러한 Alu 서열이 정확히 무엇을 하는지는 아직 모른다. 이들은 복제된 염색체가 분리될 때 유사분열의 후기 이전에 새로 복제된 DNA를 부모 가닥에 결합하는 단백질의 부착점 역할을 할 수 있다.

희귀 종류의 반복서열에는 말단소립, 동원체, rRNA 유전자 무리들이 포함된다. 10,000~300,000염기(10~300 kb); 위유전자의 사본 수, 1~3개 염기의 단순 반복 등도 희귀 종류 반복서열이다. 실제로, 전체 인간 유전체는 한번 또는 두 번의 중복서열을 갖고 있다.

반복서열(repeat)은 진화, 과거와 미래의 관점에서 의미가 있다.

위유전자는 우리의 인류 이전의 조상들에게 기능이 있었던 유전자의 흔적이다. 오늘날에 분명한 기능이 없는 반복서열이 미래 유전자를 만드는 원료로 이용될지 모른다. **그림 11.14**는 인간 유전체의 일부를 요약한 것이다.

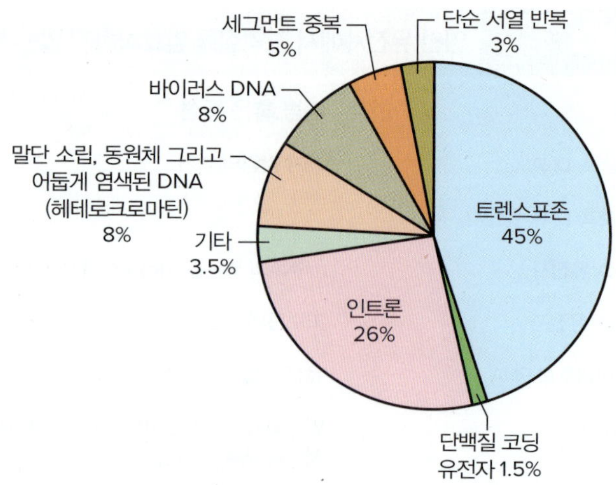

그림 11.14 인간 유전체의 일부. 원형 차트는 유전체를 차지하고 있는 주요 서열을 보여준다.

핵심 개념 질문 11.4

a. 바이러스는 어떻게 우리 유전체의 일부인가?

*b. 역전사효소의 역할은 무엇인가?

c. 다섯 가지 유형의 단백질을 암호화하지 않은 RNA를 나열하시오.

*d. **트랜스포존**을 정의하시오.

학습 가이드

핵심 용어

염색질 리모델링(chromatin remodeling) 히스톤에 화학기를 추가하거나 제거함으로써 유전자 발현을 변화시킬 수 있음.

긴 비암호화 RNA(long noncoding RNA) 핵에서 염색질과 연관되고 특히 뇌에서 유전자 발현을 조절하는 것을 돕는 RNA 분자.

마이크로 RNA(microRNA) 특정 mRNA에 결합하여 단백질로의 번역을 차단하는 21염기 또는 22염기 길이의 RNA.

단백질체학(proteomics) 특정 세포 유형이 특정 조건에서 만드는 모든 단백질 분류.

위유전자(pseudogene) 단백질을 암호화하지 않지만 알려진 암호화 유전자의 염기서열과 매우 유사한 DNA 염기서열.

레트로바이러스(retrovirus) 유전물질에 RNA를 가지고 있는 바이러스의 하위 집합.

역전사효소(reverse transcriptase) RNA 서열을 DNA 서열로 복사하는 바이러스의 효소로 여러 생명공학 기술에 사용.

전사체(transcriptome) 세포 내 mRNA 분자의 집합.

트랜스포존(transposon) 유전체 내에서 움직일 수 있는 전이 가능한 요소 또는 DNA 서열.

복습문제

1. **하우스키핑 유전자**를 정의하시오.
2. 단일세포 전사체학은 무엇을 분석하는가?
3. 글로빈 분자의 구성이 바뀌어 환경에 적응하는 환경 신호는 무엇인가?
4. 췌장의 발달은 어떻게 차별적 유전자 발현을 보여주는가?
5. 프로모터의 돌연변이가 유전자 발현에 어떻게 영향을 미칠 수 있는지 설명하시오.
6. 히스톤은 어떻게 유전자 발현을 조절하는지, 유전자는 또한 히스톤을 조절하는가?
7. 히스톤이 그것들을 감싸고 있는 DNA를 전사할 수 있게 만드는지 여부를 제어하는 것은 무엇인가?
8. 메틸기가 유전자 발현을 조절하는 두 가지 방법을 진술하시오.
9. 유전자의 전사를 침묵시키는 기작과 mRNA의 번역을 차단하는 기작의 이름을 말하시오.

10. 인간 유전체에서 microRNA 기능을 평가하는 것이 계산적으로 복잡한 이유를 설명하시오.

11. 미세 단백질이 다른 단백질에 어떤 영향을 미치는가?

12. 인간 유전체에서 단백질의 수가 그 단백질을 암호화하는 유전자의 수를 초과하는 3가지 이유를 나열하시오.

13. 어떻게 선택적 스플라이싱(alternative splicing)으로 하나의 유전자 정보로부터 둘 이상의 단백질을 생성할 수 있는지 설명하시오.

14. 1960년대까지는 유전자는 DNA 상에 연속적인 서열로 존재하고, 염색체 상 한 위치에 고정되어 있으며, 한 가닥의 DNA만 아미노산 서열을 암호화한다고 믿어왔다. 이러한 개념이 변화시킨 세 가지 방법을 나열하시오.

15. 일부 긴 비암호화 RNA가 인류 진화에 대한 단서를 보유한다는 증거는 무엇인가?

응용문제

1. 세계 반 도핑기구는 유전자 도핑에 대해 경고하고 있다. 유전자 도핑이란 "운동선수의 능력을 증가시키는 능력을 갖는 세포, 유전자, 또는 유전자 발현의 조절 유전 요소의 비치료적 사용"이라 정의 내릴 수 있다. 조직에 과발현될 때 유전자 도핑효과를 보일 수 있는 후보로는 다음과 같은 유전자를 나열할 수 있다.

   인슐린 유사 성장인자(*IGF-1*)
   성장호르몬(*GH*)
   에리스로포이에틴(*EPO*)
   혈관 내피 성장인자(*VEGF*)
   섬유아세포 성장인자(*FGF*)

   이들 유전자 중 하나를 선택하고 어떻게 그 유전자의 과발현이 운동 성능을 향상시킬 수 있는 방법에 대해 설명하시오.

2. 감마 글로빈 유전자 중 성인에서 전사인자가 결합하는 유전자 부분에 돌연변이가 일어나면 어떤 영향을 미칠 수 있는가?

3. 유방암 환자 중 암이 뇌로 전이 되지 않은 종양과 뇌로 전이 된 종양조직에서의 microRNA의 패턴을 비교했다. 이 결과의 임상적 적용을 제안하시오.

4. 몇몇 신약들은 히스톤에 아세틸기를 붙이거나 제거하는 효소를 억제한다. 일반적으로 세포분열을 억제하는 유전자의 발현감소로 인한 암을 퇴치하는 약이 아세틸기를 추가하거나 제거할 것인가?

5. 7번 염색체에는 863개 단백질을 암호화하는 유전자가 들어있다. 그러나 이보다 훨씬 많은 단백질이 생성된다. 유전자의 평균 크기는 69,877염기 크기인 반면 mRNA의 평균 크기는 2,639염기이다. 이러한 두 가지 현상을 어떻게 설명할 수 있는가?

6. 3개의 엑손으로 구성된 하나의 유전자로부터 두개의 엑손을 포함하는 몇 종류 단백질이 생성될 수 있는가?

법과학적 관점

1. 어떻게 부패한 시체에서 채취한 유충의 나이를 파악하는 것 보다 더 정확한 사후 시간을 예측하게 되었는지 인간의 유전자 발현 프로파일링 방법을 통해 설명하시오.

사례 및 연구 결과

1. 가부키 증후군(Kabuki syndrome)은 가부키라고 불리는 일본의 전통 극장에서 사용되는 극적인 화장을 한 연기자와 닮았다고 해서 붙여진 이름이다. 얼굴은 긴 속눈썹, 아치형 눈썹, 눈꺼풀, 납작한 코끝, 큰 귓불을 가지고 있다. 이 증후군은 발달 지연과 지적장애, 발작, 작은 머리(소두증), 약한 근육 톤, 살찐 손끝, 구개열, 작은 키, 난청, 심장 문제를 포함한 많은 증상들과 관련이 있다. 이 질환과 관련된 두 유전자 모두 염색질 폐쇄(closed chromatin) 부위가 많았다. 히스톤 탈아세틸화효소(히스톤 단백질에서 아세틸기를 제거하는 효소)를 억제하는 약물이 이들 환자에게 효과적이다. 약이 어떻게 작용하는지 설명하시오.

2. 재프로그래밍된 역분화 만능줄기(iPS) 세포를 만들기 위해서는 피부에서 채취한 섬유아세포를 전사인자 '칵테일'를 처리한다. 섬유아세포에서 iPS 세포로 분열시키고 발생되면, iPS 세포는 다른 전사인자에 노출될 때 원래의 섬유아세포와는 다른 독특한 방식으로 분화된 딸세포를 분열시키고 생성한다. 어떻게 전사인자들은 세포 유형의 변화를 조정하는가?

3. DNAse 1이라는 효소를 사용하여, 연구원들은 유전체의 어떤 부분이 특정 세포에서 "열린 염색질" 배치에 있는지를 결정할 수 있다. 어떻게 이 기술이 새로운 암 치료법을 개발하기 위해 사용될 수 있었는가?

CHAPTER 12
유전자 돌연변이

켄터키주 트러블썸 크릭의 푸카트(Fugate) 가족은 헤모글로빈에 영향을 미치는 돌연변이를 가지고 있다. 화가 월트 스피츠밀러(Walt Spitzmiller)는 사진을 바탕으로 상상력을 발휘하여 유령과 같은 그림을 그렸다.

학습 목표

12.1 유전자 변이의 특성

1. 돌연변이와 돌연변이체를 구분하시오.
2. 다형성을 정의하시오.
3. 생식세포 돌연변이와 체세포 돌연변이의 차이를 정의하시오.

12.2 두 가지 돌연변이 자세히 살펴보기

4. 베타 글로빈과 콜라겐을 암호화하는 유전자들에서의 돌연변이를 설명하시오.

12.3 대립유전자성 질환

5. 단일 유전자의 돌연변이가 어떻게 하나 이상의 질환을 유발할 수 있는지에 대한 예를 설명하시오.

12.4 돌연변이의 원인

6. 돌연변이가 어떻게 자연발생적으로 일어나고 어떻게 유도되는지 설명하시오.

12.5 돌연변이의 종류

7. 단일 염기 돌연변이의 두 가지 유형을 설명하시오.
8. 스플라이싱-자리 돌연변이의 결과를 설명하시오.
9. DNA 뉴클레오타이드를 추가, 제거, 이동시키는 돌연변이에 대해 논의하시오.
10. 위유전자와 트랜스포존이 어떻게 돌연변이를 일으킬 수 있는지 설명하시오.

12.6 위치의 중요성

11. 유전자의 돌연변이 위치가 표현형에 어떻게 영향을 미치는지 예를 들어 설명하시오.
12. 조건부 돌연변이 설명하시오.

12.7 DNA 수리

13. DNA 수리 기작이 복구하는 손상 유형을 나열하시오.
14. DNA 수리의 종류를 설명하시오.

개관

DNA의 정보적 특성으로 각 유전자에서 다양한 변이(variant)가 발생할 수 있다. 다양한 변이 조합(유전자형)이 질환을 유발하거나 질환에 대한 감수성을 증가시킬 수도 있지만, 어떤 것은 영향을 주지 않을 수 있다. 유전자 암호와 자연적 DNA 복구 기작 특성으로 인해 돌연변이와 DNA 손상의 영향을 최소화한다.

트러블썸 크릭의 푸른 사람들

헤모글로빈 분자의 4가지 단백질 소단위를 암호화하는 글로빈 유전자들은 다양한 돌연변이를 가진다. 드물지만 매우 눈에 띄는 비정상적인 헤모글로빈 상태가 "트러블썸 크릭의 푸른 사람들"에게 영향을 미친다. 7세대 전인 1820년, 켄터키의 이 지역에 정착한 마틴 푸가트(Martin Fugate)라는 프랑스 고아는 "청인병(blue person disease)"이라고도 알려진 제 1형 메트헤모글로빈혈증(methemoglobinemia type I)을 유발하는 돌연변이를 가지고 있었다. 마틴의 돌연변이는 *CYP5R3* 유전자에 있었다. 이 유전자는 일반적으로 메트헤모글로빈이라고 하는 산소 친화도가 낮은 헤모글로빈에 전자를 추가하여 정상 헤모글로빈으로 전환하는 반응을 촉매하는 효소(사이토크롬 b_5 메트헤모글로빈 환원효소; cytochrome b_5 methemoglobin reductase)를 암호화한다.

마틴은 이형접합자였으며 약간 푸르스름했다. 그의 아내 엘리자베스 스미스(Elizabeth Smith)도 하나의 돌연변이를 갖고 있었다. 그들의 7명의 자녀 중 4명은 파란색이었고, 양쪽 부모에게 각각의 돌연변이를 물려받아 두 돌연변이를 가진 자녀는 한 개의 돌연변이를 물려받은 자녀보다 더 푸른색을 나타냈다. 고립된 지역 사회에서 광범위한 근친혼(예: 사촌 간의 결혼) 후, 두 성별의 "푸른 사람들"의 큰 혈통이 생겨났다(특정 약물에 대한 노출은 유전되지 않는다).

"청인병"에서는 산소가 부족한 헤모글로빈이 과다하게 분비되어 안색이 짙은 청색을 띠게 된다. 이형접합자는 태어날 때 입술과 손톱이 푸르스름할 수 있으나 이후에 대개 옅어진다. 치료는 간단하여 일반적으로 사용되는 염료인 메틸렌 블루(methylene blue) 또는 경증의 경우 아스코르브산(ascorbic acid; 비타민 C) 정제가 전자를 다시 메트헤모글로빈에 추가하여 정상 헤모글로빈으로 전환시킬 수 있다.

푸가트 가족의 대부분의 구성원에서 청색증이 유일한 증상이었다. 일반적으로 헤모글로빈 분자의 1% 미만이 산소와 결합하지 않는 메트헤모글로빈 형태를 가진다. 푸가트는 이 메트헤모글로빈을 10~20%를 가졌다. 메트헤모글로빈이 20% 이상인 유전질환이 가진 사람들은 발작, 심부전, 심지어 사망까지 겪을 수 있다. 이 질병은 여전히 드물지만 켄터키 가족, 알래스카와 알제리의 특정 가계와 나바호(Navajo)족 인디언들 사이에서 볼 수 있다.

12.1 유전자 변이의 특성

돌연변이는 DNA 서열의 변화이다. **돌연변이**(Mutate)는 DNA 서열을 바꾸는 과정을 말한다. 돌연변이의 범위는 단일 DNA 염기의 치환에서부터 수십, 수백, 수천 또는 수백만 개의 염기가 결실되거나 중복되는 것과 전체 염색체의 결실 또는 중복에 이르기까지 다양하다. 이 장에서는 소규모 돌연변이에 대해 논의하고 13장에서 염색체 수준에서의 돌연변이를 다룬다. 그러나 돌연변이 범위는 연속적이다.

돌연변이는 단백질을 암호화하거나 전사를 제어하는 서열, 인트론, 반복 부위, 인트론 제거 및 엑손 스플라이싱의 중요한 부위 등 유전체의 모든 부분에 영향을 미칠 수 있다. 모든 DNA 서열이 동일하게 돌연변이를 일으키는 것은 아니고, 돌연변이가 항상 야생형에서 변화되는 것은 아니다. 표현형과 관련된 돌연변이는 실제로 다시 돌연변이를 일으켜 야생형으로 되돌아갈 수도 있다.

돌연변이의 영향은 매우 다양하여 어떤 돌연변이는 유전자의 기능을 손상할 수도 있으나, 영향을 나타내지 않거나 심지어 유익할 수도 있다. 해로운(유해한) 돌연변이는 단백질 생산을 멈추거나 적게 생산하거나 과잉생산하기도 하며, 분비 또는 활동할 위치의 변경시키거나 다른 단백질과의 상호작용을 변형시키는 것과 같이 단백질의 기능을 손상할 수 있다. 돌연변이의 효과는 유전자 산물이 감소하거나 없을 때 "기능 상실(loss-of-function)"이라고 하고, 유전자의 활성이 변화하였을 때 "기능 획득(gain-of-function)"이라고 한다. 대부분의 돌연변이는 열성이며 기능 상실을 유발한다(그림 4.8 참조). 기능 획득 돌연변이는 우성의 경향이 있으며 **독성**(toxic)이라고도 한다.

엑솜과 유전체의 염기서열 결정이 가능해짐에 따라 기능 상실 돌연변이를 가지고 있지만 건강한 사람들이 발견되었다. 이러한 돌연변이를 **녹아웃**(knockouts)이라고도 한다. 이 사람들의 유전체를 더 자세히 조사하면 새로운 치료 전략에 대한 연구에 영감을 줄 수 있는 정보인 기능 상실에 대응하는 다른 유전자의 변이를 밝힐 수 있을 것이다.

유전자는 정보 분자이고 돌연변이는 DNA 서열을 변경하기 때문에 유전자는 다른 형태 또는 변이로 존재할 수 있다. 인구의 1% 이상에 존재하는 변이를 **다형성**(polymorphism)이라고 한다. 전 유전체 연관(genome-wide association) 분석에 사용되는 대부분의 단일 염기 다형성(single nucleotide polymorphism, SNP)은 대부분 일반적이고, 예에 따라 각 SNP의 아주 작은 일부만이 질병이나 다른 표현형에 관여한다. 따라서 그것을 가진 사람들이 생식에 문제를 갖지 않는 충분히 건강한 상태로 후손에 전달된다. 대조적으로, 동형접합자에서 생식에 문제를 일으키거나, 성적 성숙 이전에 치사가 나타난다면 심각한 질병을 유발하는 돌연변이는 희귀하게 나타나게 된다.

변이(variant)라는 용어는 다형성과 돌연변이를 모두 나타낸다. 이 장의 끝부분에 있는 **생명윤리학**(bioethics) 상자에서는 유전자 검사를 통해 발견된 "불확실성 변이형(variants of uncertain significance)"을 식별하여 환자에게 보고하는 임상 문제에 대해 설명한다.

돌연변이가 도움이 될 수도 있다. 예를 들어, 인구의 약 1%는 세포 표면 단백질을 암호화하는 CCR5의 열성 대립유전자에 대해 동형접합체이다(그림 19.11 참조). 면역체계 세포를 감염시키기 위해 HIV가 CCR5와 다른 단백질에 결합해야 한다. 돌연변이는 CCR5가 세포 내부에서 세포 표면으로 이동하지 못하기 때문에 HIV는 결합할 수 없다. *CCR5* 돌연변이에 대한 동형접합자는 HIV 감염에 대한 저항성이 높으며 이형접합자는 부분적으로 보호된다. 제19장의 시작 부분은 *CCR5* 돌연변이를 모방하여 HIV 감염을 치료하는 방법을 설명한다.

돌연변이(mutation)라는 용어는 유전자형, 즉 DNA 또는 염색체 수준의 변화를 의미한다. **돌연변이체**(mutant)라는 친숙한 용어는 표현형을 의미하며 대립유전자를 설명하기도 한다. 돌연변이 표현형은 돌연변이가 유전자의 산물이나 활성에 어떻게 영향을 미치는지에 따라 달라지며, 일반적으로 비정상적이거나 특이한 특성을 내포한다. 그러나 돌연변이 표현형은 빨간 머리와 같이 "정상"이지만 드문 변이일 수 있다. 젖당을 소화하는 능력은 돌연변이로 생겨났다(16장의 서두 참조).

생식세포 돌연변이와 체세포 돌연변이

돌연변이는 개체의 모든 세포에 존재할 수도 있고 일부 세포에만 존재할 수도 있다. **생식세포 돌연변이**(germline mutation)의 경우, **감수분열**(meiosis)에 앞서 DNA 복제 중에 변화가 발생한다. 그 결과

그림 12.1 체세포 돌연변이는 골든 리트리버와 래브라도 리트리버에 색소 패치를 발생시킨다. *All rights reserved by Sally McBurney*

로 생긴 배우자와 수정 후 분열된 모든 세포에서 돌연변이를 가지게 된다. 생식세포 돌연변이는 다음 세대에 전달된다.

체세포 돌연변이(somatic mutation)는 **유사분열**(mitosis) 전 DNA 복제 중에 발생하며, 다음 세대의 세포로 전달되지만 개인의 신체에 있는 모든 세포로 전달되지는 않는다. 원래 변이된 세포에서 분열된 모든 세포는 변이를 가지지만 신체의 일부만을 구성할 수 있다. 체세포 돌연변이가 있는 사람은 **체세포 모자이크성**(somatic mosaicism) 현상을 나타낸다. 체세포 돌연변이는 피부나 혈액세포처럼 자주 분열하는 세포에서 더 많이 발생하는데, 이는 DNA 복제 오류가 발생할 가능성이 높기 때문이다.

그림 12.1은 체세포 돌연변이가 어떻게 골든 리트리버의 털에 부분적 어두운 반점을 만드는지를 보여준다. *MC1R* 색상 유전자(제5장의 서문 참조)의 유전자형 e/e를 가진 개는 황금색 또는 크림색인 반면 유전자형 E/e를 가진 개는 검은색 또는 초콜릿색이다. e/e에서 E/e로 변이된 출생 전 세포에서 일어난 체세포 돌연변이는 색소를 가진 세포들의 많은

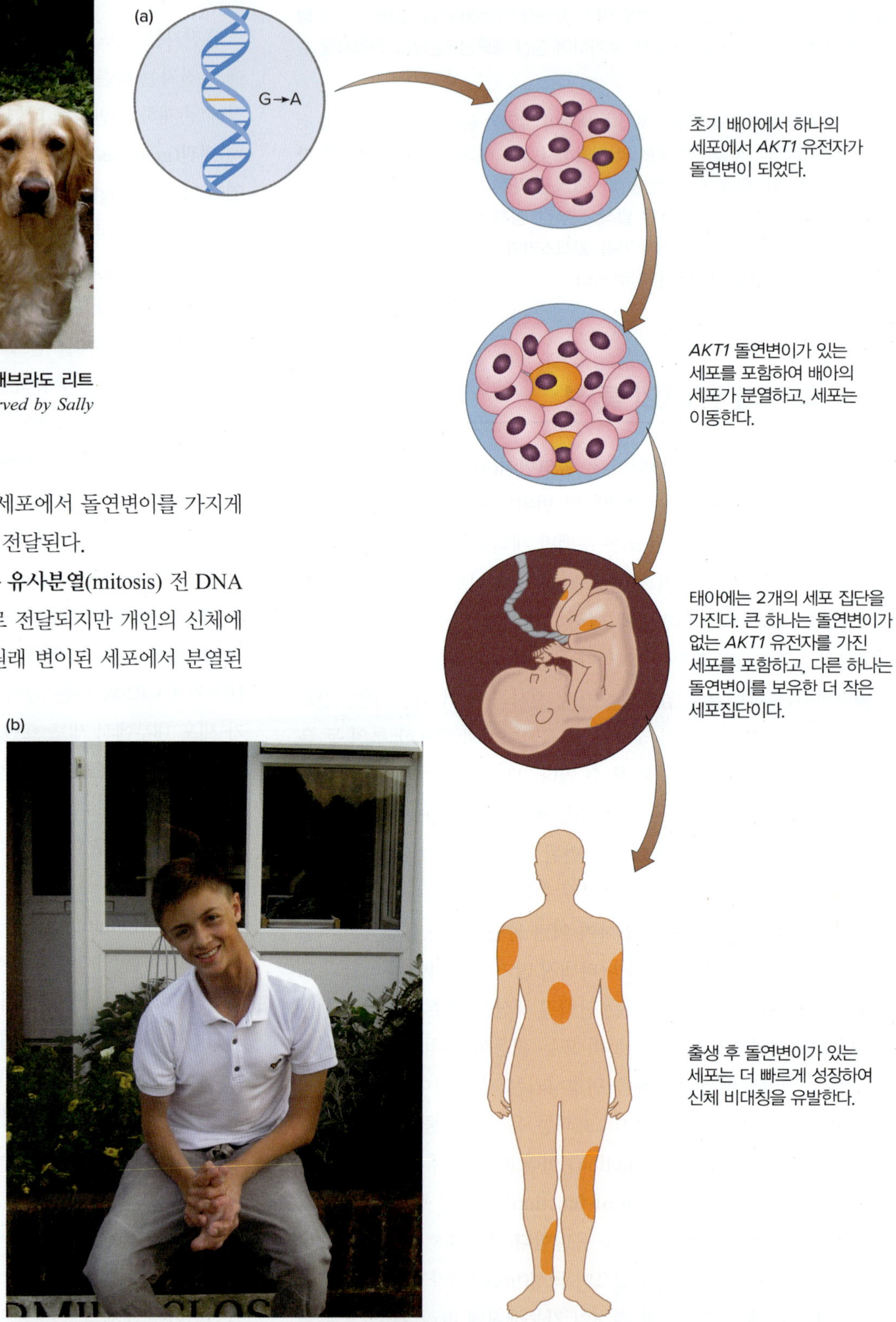

그림 12.2 체세포 모자이크성. (a) 초기 배아에서 이러한 변이는 세포에 *AKT1* 변이를 가지고 신체에 패치를 형성하게 된다. (b) 프로테우스 증후군을 앓고 있는 소년의 거대 성장한 손과 손가락을 볼 수 있고, 목과 척추도 역시 커진 것을 볼 수 있다. 그의 세포 중 일부에만 돌연변이를 가지고 있다. *(b): Courtesy The Proteus Syndrome Foundation, UK*

세포분열과 이동 후, 개의 털에서 다른 색깔의 패치를 가질 수 있다.

인간의 어떤 유전질환은 매우 심각하여 모자이크성으로만 볼 수 있다. 즉, 모든 세포에 돌연변이가 있다면 생존이 가능하지 않다. 돌연변이는 초기 배아의 하나의 세포에서 발생하며, 얼룩무늬 골든 리트리버와 같이 돌연변이가 발생한 세포에서 유래한 조직 패치를 가진 개체로 이어진다. 영향을 받은 세포가 발생 중에 이동하면서 패턴이 나타난다. 이 예로 전 세계적으로 수백 명의 질환자에서 보이는 희귀 변이인 프로테우스 증후군(Proteus syndrome)을 볼 수 있다. 이 변이는 피부와 뼈의 과도한 성장을 나타내며, 신체의 일부에서만 *AKT1* 유전자에 돌연변이를 가진다(**그림 12.2a**). 신생아가 성장하며 시간이 지남에 따라 신체의 다른 부분에 비해 차이가 나는 성장률을 보여 기형으로 보여지며, 이는 생후 18개월에 명백하게 차이를 보인다(**그림 12.2b**). 이러한 변형은 시간이 지날수록 더욱 악화된다.

체세포 돌연변이는 약 300번의 유사분열 중 DNA 복제 과정에서 오류로 발생한다. 연구진은 2005년 115세의 나이로 사망한 헤네 홀스테지(Henne Holstege)라는 여성을 부검했을 때, 자주 분열하는 세포 유형에서 체세포 돌연변이가 발생할 가능성이 더 높다는 사실을 확인했다. 헤네의 백혈구의 전체 유전체 염기서열 결정에서 450개의 돌연변이를 밝혀냈지만, 그녀의 뇌 뉴런은 변이가 하나도 없었다. 백혈구는 줄기세포의 많은 분열에 의해 생성되기 때문에 복제 오류를 일으킬 많은 기회가 있으나, 뉴론은 절대 분열하지 않는다. 그녀의 백혈구는 체세포 변이가 일어날 많은 기회가 있었다. 제20장에서는 일련의 체세포 돌연변이가 어떻게 대부분의 암을 유발하고 진행을 "추진"하는지 공부하게 될 것이다.

동일한 개체의 다른 기관에서 개별 세포들의 유전체를 염기서열을 분석한 결과, 체세포 모자이크성이 생각만큼 드물지 않다는 것이 밝혀졌다. 체세포 돌연변이 외에도 모자이크성은 출생 전에 사망한 이란성 쌍둥이에서 그 세포의 일부가 통합함으로써 발생할 수 있으며, 여성의 경우 임신 중에 유지된 태아세포로부터 발생할 수 있다. 우리 대부분은 어떤 면에서 유전체 모자이크일 수 있다.

핵심 개념 질문 12.1

*a. 돌연변이란 무엇인가?

*b. **다형성**을 정의하시오.

c. 생식세포 돌연변이와 체세포 돌연변이 결과는 어떻게 다른가?

d. 왜 특정 조건에서만 체세포 모자이크가 보이는 이유를 설명하시오.

12.2 두 가지 돌연변이 자세히 살펴보기

돌연변이가 어떻게 증상을 일으키는지를 확인하는 것은 임상 적용이 가능하며 생물학의 작용도 알 수 있게 된다. 다음은 질병을 유발하는 잘 연구된 돌연변이의 두 가지 예이다.

베타 글로빈(Beta Globin) 유전자 다시 보기

분자 수준에서 해석된 최초의 유전질환은 겸형 적혈구 빈혈증(sickle cell anemia)이다. 겸형 적혈구 빈혈증의 요인은 작은 돌연변이로 베타 글로빈 사슬에서 6번째 아미노산인 글루탐산이 발린으로 치환된 것이다(**그림 12.3**). DNA 수준에서 그 변화는 훨씬 더 작다. CTC가 CAC로, RNA 암호로는 GAG가 GUG로 변경되었다. 이 위치에서 발린으로 치환된 헤모글로빈은 분자 표면이 변환되어 저산소 상태(low-oxygen conditions)에서 글루탐산을 가진 정상 헤모글로빈보다 분자들 간의 접촉점이 증가하게 된다. 응집된 헤모글로빈 분자는 밧줄과 같은 케이블을 형성하여 적혈구를 끈적끈적하게 만들고 변형시킬 수 있으며 세포를 단단하고 깨지기 쉬운 낫 모양(겸형 모양)으로 구부린다. 겸형 적혈구들이 모세혈관에 머물게 되면 국소 혈액 공급을 차단한다. 막힘이 발생하면 산소 농도가 급속히 떨어지게 되며,

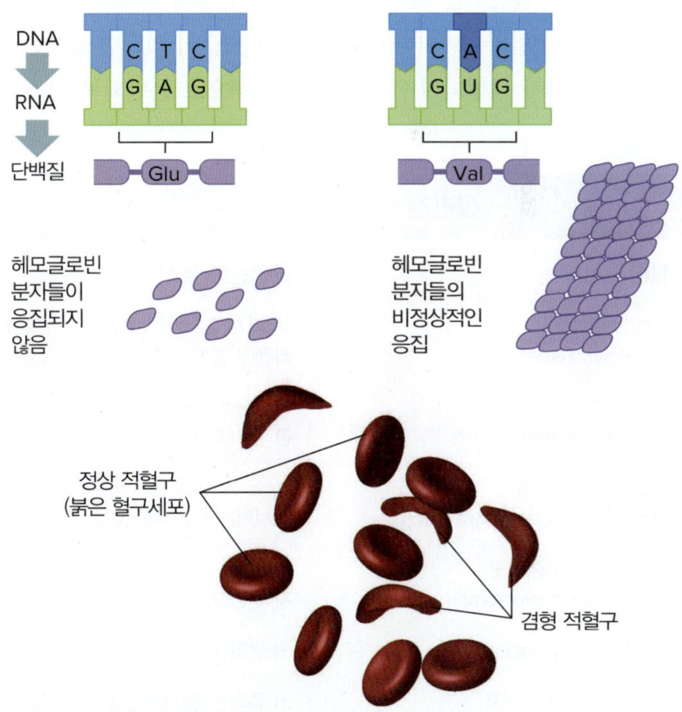

그림 12.3 겸형 적혈구병은 단백질 내 단일 아미노산을 치환하는 DNA상의 단일염기 변화로 생긴다(글루탐산이 발린으로 치환됨). 이것은 헤모글로빈 분자의 표면을 변화시키고 적혈구를 변형시키는 길고 구부러진 막대로 응집된. 그림은 겸형 적혈구의 모양을 보여준다.

적혈구 겸형화는 더 빠르게 진행되고 인접 부위로 확산하게 된다. 그 결과 차단된 신체 부위, 특히 손, 발 및 내장에 큰 통증이 발생한다. 뼈가 아프고 정상적인 적혈구의 고갈은 빈혈의 큰 피로를 유발한다. 동시에 간과 비장은 겸형 적혈구를 빠르게 파괴하여 원래 이름인 겸형 적혈구 빈혈증인 빈혈을 유발한다.

베타 글로빈 유전자에 생긴 돌연변이로 유발되는 다른 질환들이 보고되었다. 1925년 토마스 쿨리(Thomas Cooley)와 필 리(Pearl Lee)는 이탈리아 어린이에서 심한 빈혈 증세를 보고하였고, 그 후 10년 동안 이탈리아 어린이들에서 경미한 "쿨리 빈혈증(Cooley's anemia)"에 대한 보고들이 있었다. 지중해 지역에서 유병률이 높다는 점에서 이 질병은 그리스어로 "바다"를 뜻하는 지중해성 빈혈(탈라세미아, thalassemia)로 명명되었다. 두 개의 빈혈이 같은 것으로 판명되었다. 때때로 탈라세미아 메이저(thalassemia major)라고도 하는 중증 증상은 겸형 적혈구병을 유발하는 위치가 아닌 다른 위치의 베타 글로빈 유전자의 동형접합 돌연변이로 인해 발생한다. 탈라세미아 마이너(thalassemia minor)라고 하는 더 가벼운 증상은 이형접합인 돌연변이가 일부 개인에게 영향을 미친다.

연구자들에 의해 헤모글로빈 구조가 완벽히 밝혀짐에 따라 배아와 태아시기에 작용하는 헤모글로빈이 다르다는 사실을 알게 되었고 (그림 11.2 참조), 탈라세미아의 분자적 기전이 명확해졌다. 지중해 지역에서 흔히 발견되는 질환은 베타 사슬이 적게 생성되어 발병하기 때문에 베타 탈라세미아라고 한다. 베타 사슬이 없으면 충분한 헤모글로빈 분자가 생성되지 않기 때문에 조직으로 운반되는 산소 공급 효율이 떨어진다. 생후 1년 동안 아이의 혈액 내에서 태아 헤모글로빈이 고갈되기 때문에, '성체' 베타 글로빈 유전자가 예정대로 전사 · 번역되지 않으면 피로와 뼈 통증이 발생한다.

베타 탈라세미아 증세가 심하게 진행되면 과량의 알파글로빈 사슬이 헤모글로빈 분자를 형성할 수 없기 때문에 적혈구는 괴사한다. 적혈구에서 방출된 철은 점진적으로 심장, 간, 내분비선을 파괴한다. 주기적인 수혈로 빈혈 증세를 완화시킬 수 있지만, 철분 축적과 장기 손상을 촉진한다. 철을 제거하는 킬레이터(chelators)라는 약물로 초기 성인시기까지 수명을 연장시킬 수 있지만, 비용이 많이 들고 일부 국가에서는 사용할 수 없다.

콜라겐 배열 이상

단백질 콜라겐은 결합 조직의 주요 구성 요소이다. 콜라겐은 뼈와 연골을 구성하는 단백질의 60% 이상을 차지하며 피부, 인대, 힘줄, 치아의 건조 중량의 50~90%를 차지한다.

콜라겐 합성과 분포에는 매우 복잡한 유전적 조절 기작이 있다. 35개 이상의 콜라겐 유전자들이 알려져 있으며, 이들로부터 20여종의 콜라겐 분자가 암호화된다. 콜라겐을 암호화하는 유전자들의 돌연변이는 당연히 다양한 의학적 문제를 야기한다(**표 12.1**). 콜라겐은 신체 모든 부위에 분포하고 있기 때문에 이러한 장애는 매우 심각하다. 그리고 콜라겐의 구조는 섬세하게 배열된 정교한 형태를 취하는 특성 때문에 다른 단백질에서는 영향이 없을 정도의 사소한 변화에도 콜라겐은 쉽게 파괴된다(**그림 12.4**).

표 12.1 콜라겐 질환

질환	돌연변이(유전자형)	징후 및 증상(표현형)
알포트 증후군 (Alport syndrome)	세 가지 유전자(*COL4A3, COL4A4, COL4A5*) 중 하나의 돌연변이가 Type IV 콜라겐에 영향을 주어, 조직 경계를 파괴.	난청, 신장 염증
연골이형성증 (Alport syndrome)	결실, 삽입, 혹은 과오 돌연변이로 인해 *COL2A1* type II 콜라겐 유전자에서 Gly이 큰 잔기 아미노산으로 치환.	발육부진, 관절 변형
수포성 표피박리증 (Dystrophic epodermolyrs bullosa)	Type VII 콜라겐을 암호화하는 *COL7A1* 유전자의 돌연변이는 표피를 진피에 부착시키는 원섬유를 분해.	접촉에 의한 피부 물집
엘러스-단로스 증후군 (Ehlers-Danlos syndrome)	적어도 12개의 유전자에서 다양한 돌연변이는 콜라겐이나 콜라겐이 결합하는 분자에 영향을 미침.	신축성 있고 상처받기 쉬운 피부, 이완된 관절
퇴행성 관절염(Osteoarthritis)	α1 콜라겐 유전자(*COL1A1*)에서 Cys이 Arg으로 치환된 과오 돌연변이	관절 통증
제1형 불완전 골형성증 (Osteogenesis impertecta type I)	α1 콜라겐 유전자(*COL1A1 또는 COL1A2*)의 불활성화로 콜라겐 삼중 나선 수를 50%까지 감소.	뼈가 쉽게 부러짐; 청백색 눈; 난청
스티클러 증후군 (Stickler syndrome)	Type II 프로콜라겐 유전자(*COL2A1 또는 COL11A1*)의 종결 돌연변이로 콜라겐 분자의 수를 감소시킴.	관절 통증, 유리체겔 및 망막 변성

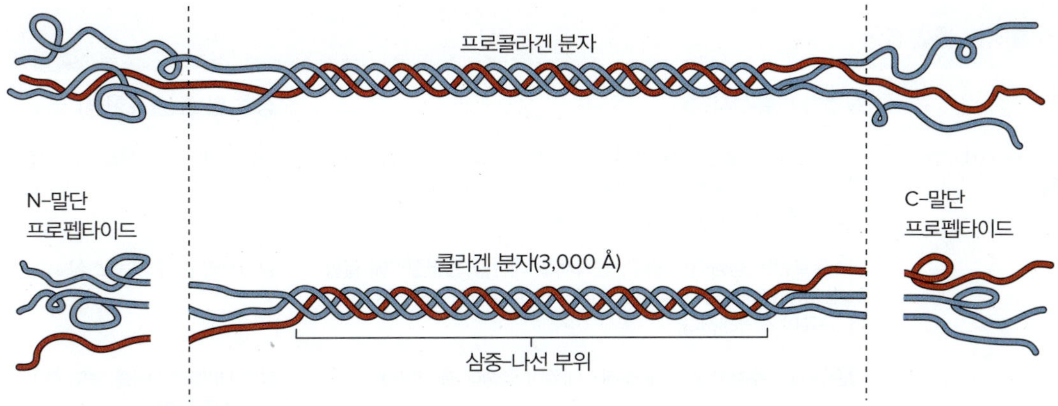

그림 12.4 콜라겐은 정확한 구조를 가지고 있다. α1 콜라겐 유전자는 두 개의 파란색 폴리펩타이드 사슬을 암호화하고 α2 프로콜라겐 유전자는 세 번째(빨간색) 사슬을 암호화한다. 기능을 갖기 전의 프로콜라겐 삼중나선은 말단이 잘려진 후 인체의 많은 부분을 구성하는 원섬유들과 네트워크를 형성한다. 삽입된 사진은 정렬된 콜라겐 섬유를 보여준다. (사진): *Science Photo Library RF/Getty Images*

콜라겐은 콜라겐 보다 긴 전구체 분자인 프로콜라겐으로부터 생성된다. 프로콜라겐에는 **글리신-프롤린-변형된 프롤린**(glycince-proline-modified proline)으로 구성된 서열이 많은 반복으로 구성되어 있다. 세 개의 프로콜라겐 사슬이 서로 감겨 삼중나선을 형성하는데, 이중 두 사슬은 한 유전자에서 암호화된 폴리펩타이드 사슬이고, 나머지 하나는 다른 유전자에 의해 암호화 되며 다른 아미노산 서열을 가지고 있다. 프로콜라겐은 단백질 사슬 내 아미노산 잔기가 가진 전하와 물 그리고 아미노산 잔기들 사이의 상호작용으로 매우 규칙적인 삼중나선을 형성한다. 삼중나선의 중간 공간에는 크기가 작은 아미노산인 글리신만이 위치할 수 있다. 폴리펩타이드의 들쑥날쑥한 말단은 효소에 의해 절단되면 성숙한 콜라겐이 생성된다. 세포외 기질에서 콜라겐 섬유는 서로 결합을 계속해서 신체의 구성을 유지하는 섬유와 망상구조를 형성한다. **그림 12.5**는 조립되지 않은 콜라겐 분자로 인한 특징적인 신축성 있는 피부를 보여 준다.

콜라겐 형성의 정확성이 매우 중요하여, 콜라겐에 단일 수산화기($—OH^-$)를 첨가하는 효소 유전자에 생긴 돌연변이가 일종의 불완전

역사 엿보기

1904년 젊은 의학 인턴 어니스트 아이언스(Ernest Irons)는 빈혈에 걸린 시카고의 치과대학생으로부터 혈액 시료에서 "배 모양과 길쭉한 형태"를 발견했다. 아이언스는 세포 수준에서 겸형 적혈구 질환에 대한 이 첫 번째 견해를 스케치하고 그의 관찰 결과를 그의 상사인 의사인 제임스 헤릭(James Herrick)에게 보고했다. 안타깝게도, 헤릭은 아이언스를 넣지 않고 연구 결과를 출판했고, 그 이후 헤릭이 발견에 대한 공로를 인정받았다.

1949년 라이너스 폴링(Linus Pauling)은 건강한 사람과 겸형 적혈구 빈혈증 환자의 헤모글로빈을 분리하여 전기장에 놓았을 때 서로 다른 위치로 이동한다는 것을 발견하였다. 부모가 겸형 적혈구 환자인 보인자 자손은 헤모글로빈 분자는 양쪽 위치로 이동했다.

두 가지 헤모글로빈 유형의 차이는 베타 글로빈에 있다. 그림 11.1에서 성인 헤모글로빈은 2개의 알파 폴리펩타이드 소단위와 2개의 베타 소단위로 구성되어 있다는 것을 배웠다. 단백질 생화학자인 인그람(V. M. Ingram)은 146개 아미노산으로 구성된 베타 사슬에서 돌연변이 위치를 쉽게 찾았다. 그는 단백질 분해 효소로 정상 헤모글로빈과 낫 모양의 헤모글로빈(sickle hemoglobin)을 잘라내고, 단편들을 분리하고, 염색한 다음, 여과지를 이용하여 확인하였다. 펩타이드 지문으로 알려진 단편들의 패턴은 두 종류의 베타 글로빈이 서로 달랐다. 이는 두 분자가 아미노산 서열이 다르다는 것을 의미한다고 인그람은 추론했다. 지문에서 분자들의 단편 중에서 단편 4는 베타 글로빈의 각 유형에 대해 다른 위치를 차지했다. 이 펩타이드의 길이가 8개의 아미노산밖에 되지 않았기 때문에 인그람은 돌연변이 부위를 찾기 위해 그 짧은 서열만 해독하면 되었다. 그것은 책 한 페이지에서 오타 한 자가 포함된 문장을 찾아내는 것과 유사하다.

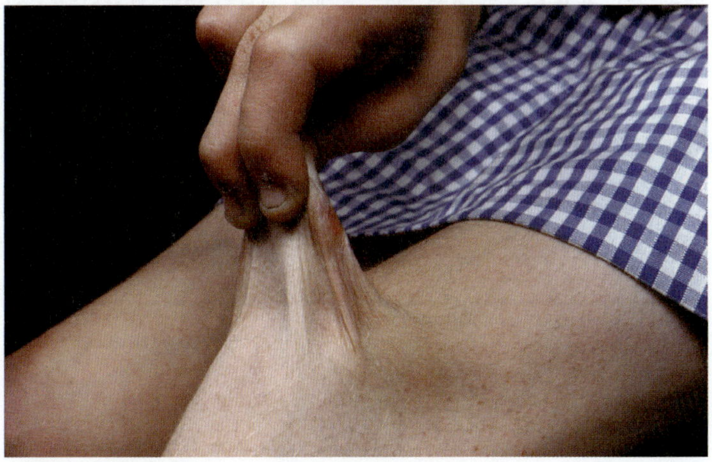

그림 12.5 콜라겐 돌연변이는 피부에 영향을 미친다. 엘러스-단로스 증후군 I형(Ehlers-Danlos syndrome)은 콜라겐 분자가 적절하게 조립되지 않아 관절이 매우 확장되고 피부가 늘어난다. *Biophoto Associates/Science Source*

표 12.2	질환 요인으로 작용하는 돌연변이		
질병	단백질	돌연변이(유전자형)	징후 및 증상(표현형)
낭포성 섬유증	Cystic fibrosis transmembrane regulator(CFTR)	아미노산 결실 혹은 다른 변이로 인해 특정 상피세포 원형질막의 염소이온 채널(Chloride channel)의 형태가 변형된다. 물은 세포 내로 유입되고 분비물이 말라 건조해진다.	빈번한 폐 감염, 췌장 기능부전
뒤쉔 근이영양증	Dystrophin	디스트로핀은 정상적인 경우, 근육세포 내면을 원형질막에 결합하게 하는 단백질인데, 결실로 인해 디스트로핀이 생성되지 않는다. 근육이 쇠약해진다.	점진적인 근육 기능 소실
가족성 고콜레스테롤혈증	LDL 수용체	결손된 LDL 수용체로 인해 콜레스테롤이 혈중에 축적된다.	혈액 내 콜레스테롤 농도 증가, 조기 심장질환.
혈우병 B	Factor IX	혈액응고인자 부재 혹은 결손으로 출혈이 조절되지 않는다.	혈액응고 지연 혹은 불능
헌팅톤병	Huntingtin	추가적인 염기에 의해 아미노산이 더 첨가되어 결과적으로 길어진 단백질이 형성된다. 이것은 특정 전사인자와 프로테아솜을 손상시킨다.	운동조절 능력 상실, 성격변화
마르팡 증후군	Fibrillin 혹은 transforming growth factor β receptor	수정체의 단백질 결핍은 백내장을 일으키고 대동맥 벽의 결핍은 동맥류(파열)를 일으킨다.	긴 팔다리, 약한 대동맥, 가는 손가락, 움푹 패인 가슴, 수정체 탈구.
신경섬유종증 제1형	Neurofibromin	세포분열을 일으키는 유전자의 활동을 정상적으로 억제하는 단백질의 결함으로 비정상적인 성장을 초래한다.	색소가 침착된 피부 패치 및 피부 하부 신경 조직의 양성 종양

골형성증("연약한 뼈 질환")을 유발한다. 다른 콜라겐 돌연변이들은 프로콜라겐 사슬 결손, 삼중나선의 꼬임, 세포 밖 기질이 축적되지 못하게 하는 요인으로 작용한다.

대동맥류는 단독으로 또는 마르팡 증후군(Marfan syndrome)의 일부로 발생할 수 있는 심각한 결합 조직 이상이다. 증상이 나타나기 전에 마르팡 증후군을 유발하는 돌연변이를 감지하면 생명을 구할 수 있다. 이는 초음파 검사를 자주 받게 되면 혈관이 파열되기 전에 이를 수선할 수 있을 정도로 조기에 약화된 대동맥을 감지할 수 있기 때문이다. **표 12.2**는 이 장과 다른 장에서 언급된 다른 돌연변이가 건강을 어떻게 손상시키는지 설명한다.

핵심 개념 질문 12.2

a. 돌연변이가 베타 글로빈 유전자에 어떤 영향을 미치는지 설명하시오.

b. 콜라겐 유전자가 비정상적으로 돌연변이 되기 쉬운 이유를 설명하시오.

12.3 대립유전자성 질환

인간의 유전체 분석은 단일-유전자 질환을 기술하는 방법을 변화시키고 있다. 과거에는 유전학자들이 질환에 돌연변이 명칭을 부여할 때 일관되지 않았다. 특정 유전자의 경우 돌연변이가 동일한 질병을 유발하지만, 다른 유전자의 경우 서로 다른 돌연변이가 다른 질병을 야기한다고 알려져 있다. 낭포성 섬유증(cystic fibrosis)을 야기하는 유전자와 겸형 적혈구병(sickle cell disease)을 야기하는 유전자를 비교해 보았을 때, *CFTR* 유전자의 모든 돌연변이는 낭포성 섬유증을 유발하며, 이는 호흡 및 소화장애의 전체 스펙트럼을 포함할 수도 있고, 남성 불임 또는 빈번한 기관지염을 포함하기도 한다. 반면에, 베타 글로빈 유전자의 다른 돌연변이들은 겸형 적혈구병과 베타 지중해 빈혈을 야기할 수 있다.

몇몇 유전자의 돌연변이들은 여러 질환들을 야기시킨다. **라민 A**(Lamin A) 유전자의 경우, 다른 돌연변이들은 다른 조직들 내에서 다른 질환들을 야기한다. 이러한 질환들은 급속한 노화 상태 허치슨-길포드 조로증(Hutchinson-Gilford progeria syndrome; 3장 서두 참조), 근이영양증, 심장질환을 포함한다. 라민 A 단백질들은 핵막 안쪽에 염색질과 상호작용하는 망상 구조를 형성한다. 라민 A 돌연변이들은 각기 다른 방법으로 염색질과 상호작용하는데 영향을 미치기 때문에 다양한 연관 질환들이 유발한다.

연구자들이 동일 유전자의 돌연변이들로부터 유발되는 다른 질환들의 더 많은 사례를 발견함에 따라, 이런 현상들은 이상한 것이 아니며 단순히 어떻게 질환들을 명명하는지에 대한 문제가 아니라는 것이 분명해졌다. 동일 유전자의 돌연변이들로부터 파생된 다양한

표 12.3	대립유전자성 질환	
유전자	기능	관련된 질환
ATP7A	구리 수송	멘커스(곱슬머리) 질환; 말초신경장애
DMD	디스트로핀(Dystrophin) 근육단백질	뒤센과 배커의 두가지 유형의 근이영양증
FBN1	세포 밖에 가는 섬유를 형성하는 피브릴린(fibrillin-1)를 암호화 한다: 연결조직 단백질	마르팡 증후군; 경직된 피부 증후(공피증)
FGFR3	섬유아세포 성장인자(Fibroblast growth factor)	2가지 유형의 난장이병 난쟁이
GBA	글루코세로브로시다아제(Glucocerebrosidase)	고셔병(Gaucher disease); 파킨슨병(Parkinson disease)
PSEN1	프레델린 1(Predelin 1, 막단백질을 절단하는 효소 부위)	화농성 한선염(Acne inversa); 알츠하이머병
RET	암 유전자(암의 요인)	다발성 내분비 종양증; 히르시쉬프룽병(Hirschsprung disease)
TRPV4	칼슘채널	말초신경장애; 척수성 근위축증

임상적 표현형들을 **대립유전자성 질병**(allelic disease)이라고 한다.

동일 유전자는 다른 방식으로 다양한 질병들의 원인이 될 수 있다(**표 12.3**). 한 쌍의 대립유전자성 질병은 유전자의 다른 부분에서의 돌연변이들로부터 발생할 수 있다. 국부적(단일염기 치환) 또는 파국적(유전자 결실), 또는 다른 단백질과의 상호작용에 영향을 미치는 단백질을 변경하는 돌연변이들을 포함한다.

대립유전자성 질병은 다른 조직에서 사용되는 단백질에 영향을 미치는 돌연변이로 인해 발생할 수 있다. 일부 연구자들은 폐에 영향이 가는지 여부에 따라 낭포성 섬유증을 두 가지의 대립유전자성 질병으로 재분류하고 있다. 적어도 아홉 개의 CF 유전자형들은 남성 불임증, 췌장염(pancreatitis), 축농증(sinusitis), 혹은 이들 중 복수의 질환을 야기하지만, 호흡계 손상만큼은 야기하지 않는다. 이러한 이 고전적인 단일 유전자 질병에 대한 임상적 관점은 더 많은 *CFTR* 돌연변이들이 발견될수록 현저히 진화했다.

핵심 개념 질문 12.3

a. 낭포성 섬유증과 겸형 적혈구 빈혈증에서 일관되지 않은 질환명을 갖게 된 이유는 무엇인가?

*b. **라민 A** 돌연변이들이 어떻게 광범위한 표현형을 발현할 수 있는지 설명하시오.

*c. **대립유전자성 질환**을 정의하시오.

d. 한 쌍의 대립유전자성 질환과 그 유전자를 서술하시오.

12.4 돌연변이의 원인

돌연변이는 자연적으로 발생하거나 화학물질 혹은 방사선에 노출되었을 때 유발될 수 있다. 돌연변이를 유발하는 물질을 **돌연변이원**(mutagen)이라고 한다.

자연발생 돌연변이

매우 놀랄만한 자연발생 돌연변이도 확인되는데, 예를 들어, 정상 키의 건강한 부부 사이에서 신생 상염색체 우성(*de novo* autosomal dominant mutation) 난쟁이증인, 연골무형성증(achondroplasia) 아이가 태어났다(그림 5.1a 참조). 이 난쟁이 형질을 가진 아이의 형제들은 일반 집단의 사람들처럼 난쟁이증을 가질 확률이 낮지만(부모들이 모자이크인 경우를 제외하고), 난쟁이증 부모의 자녀들은 50%의 확률로 형질을 물려받을 수 있다.

자연발생 돌연변이는 일반적으로 DNA 복제 과정 중 오류로 발생한다. 자연 돌연변이가 일어나는 요인 중에 하나는 자유 질소염기가 두 가지 형태인 호변이성질체(tautomers)로 존재하기 때문이다. 우연히 DNA 복제 중에 순간적으로 불안정한 호변이성질체가 새로 합성되는 가닥에 삽입될 수 있다. 이렇게 되면 잘못된 염기가 삽입되는 결과를 초래하고, DNA 가닥이 복제되면 염기 치환이 고정되어 버린다. **그림 12.6**은 잘못된 염기의 통합이 어떻게 일어나는 지를 보여준다.

자연발생 돌연변이율

다른 유전자들은 서로 다른 자연발생 돌연변이율을 가진다. 예를 들어, 신경섬유종증 제1형(neurofibromatosis type 1; NF1; 그림 11.12

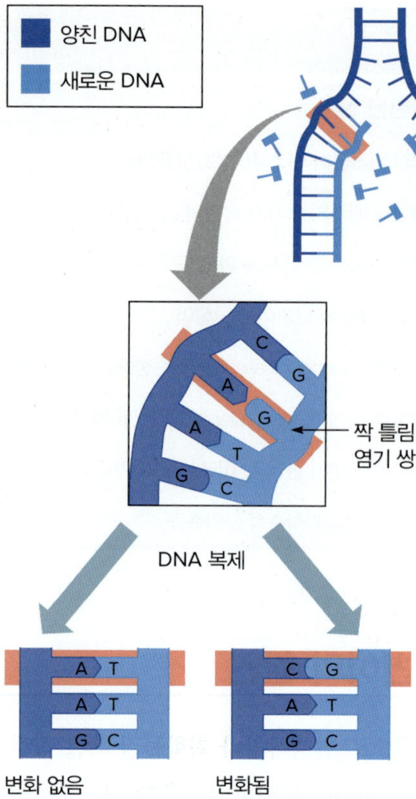

그림 12.6 자연발생 돌연변이. DNA 염기는 일시적으로 다른 형태로 존재할 수 있다. 불안전한 형태의 염기와 만나는 복제 분기는 비상보적인 염기쌍이 삽입될 수 있다. 복제가 한 번 더 진행되면, 딸세포 중 하나는 양친 DNA 염기쌍과 다른 염기쌍을 갖게 된다(그림에서는 2회의 DNA 복제를 나타내었다).

참조)을 유발하는 유전자의 돌연변이는 매우 높은 돌연변이율을 가지는데 백만 개의 생식세포 당 40~100개 돌연변이가 나타난다. NF1은 3,000명 중 1명의 비율로 가족력이 없는 경우 대략 절반의 확률로 나타난다. 해당 유전자의 큰 크기는 높은 돌연변이성에 기여할 수 있다. 짧은 문장보다 긴 문장에서 철자가 틀릴 가능성이 더 많은 것처럼, 서열이 치환될 수 있는 더 많은 위험이 있다. 반대로 혈우병 B 응고장애(clotting disorder hemophilia B)를 유발하는 돌연변이는 백만 개의 생식세포 중 1~10개의 비율로 발생한다.

자연발생 돌연변이는 많은 경우 체세포 모자이크성(somatic mosaicism)에 의해 일어나는데, 예를 들면, 프로테우스 증후군(Proteus syndrome)이 있다(그림 12.2 참조). 자연발생 돌연변이는 또한 **생식소 모자이크성**(gonal mosaicism)으로도 나타난다. 이러한 상황은 부모의 발달 중인 정소이나 난소에서 자연발생 돌연변이가 발생하여 돌연변이를 가진 원래 세포의 후손 세포에만 전달되기 때문에 일부 정자 또는 난모세포에 돌연변이를 가진다. 생식소 모자이크성은 가족 중 한 명 이상의 어린이에게 유전질환이 있지만 두 부모 모두 유전자 검사를 위해 표본 추출한 세포에 돌연변이가 없는 경우 의심할 수 있다. 즉, 두 형제에게 낭포성 섬유증이 있을 수 있지만 부모는 혈액 검사에서 보인자가 아닌 것으로 나타난다.

부모와 자녀들의 유전체 염기서열을 비교한 결과는 자연발생 돌연변이가 꽤 흔하다는 것이 밝혀졌다. 예를 들어, 신생아의 심장 결함의 최소 10%는 부모에게 없는 돌연변이로 인한 것이다. 우리 각자는 약 175개의 자연발생 돌연변이의 대립유전자를 가지고 있다. 미토콘드리아 유전자는 미토콘드리아가 DNA를 복구할 수 없기 때문에 핵에 있는 유전자보다 더 빠른 속도로 돌연변이를 일으킨다(12.7절 참조).

특정 유전자에 대한 자연발생 돌연변이율은 연골무형성증의 경우와 같이 새롭게 유발된 우성 돌연변이를 관찰함으로서 예측한다. 이것이 가능한 이유가 새로운 우성 돌연변이는 단순히 표현형을 관측할 수 있기 때문이다. 반대로 새로운 열성 돌연변이는 두 개의 이형접합자들이 확연한 표현형을 갖는 열성 동형접합자 자녀를 가질 때까지 분명하지 않다.

상염색체 유전자에 대한 자연발생 돌연변이율은 다음 공식으로 산출할 수 있다: 신생 돌연변이 수/$2X$, 여기에서 X는 조사된 개체수를 나타내며, 분모는 돌연변이 되지 않은 상동염색체를 보상하기 위해 2를 곱한다.

인간 유전자의 자연발생 돌연변이율은 우리의 세대 시간이 보통 20~30년으로 길기 때문에 측정하기 어렵다. 박테리아에서는 30분 정도마다 새로운 세대가 발생하므로 돌연변이가 훨씬 더 자주 발생한다. 일부 바이러스의 유전물질은 빠르게 번식하고 DNA 오류를 복구하지 않기 때문에 자연발생적으로 빠르게 돌연변이를 일으키기도 한다.

돌연변이 다발점

일부 유전자에서 서열이 반복되는 영역에서 돌연변이가 더 높게 발생할 가능성이 높고 이러한 영역을 다발점이라고 한다. 이는 짧은 반복 염기서열이 DNA 복제 관련 분자들을 혼란스럽게 하기 때문이다. 마치 원고를 검토하는 편집자가 "hipppopotamus"와 "bananana"라는 단어에 있는 스펠링 오류를 놓치는 것과 유사하다(**그림 12.7**).

반복서열에서 돌연변이율이 높은 물리적인 이유가 있다. 한 유전자 내에서, 대칭적 혹은 반복서열을 가진 DNA가 복제될 때, DNA 가닥이 부분적으로 풀리기 때문에 이 자리에서 가닥 내 염기가 쌍을 이룰 수 있다. ATATAT 서열은 동일한 가닥의 다른 곳에서 TATATA와 쌍을 이루어 복제 및 복구효소를 방해하는 고리를 생성하여 오류가 발생할 수 있다. 예를 들면, 혈우병 B(hemophilia B)는 혈액응고인자 4(clotting factor IX)을 암호화하는 유전자의 돌연변이로 발병

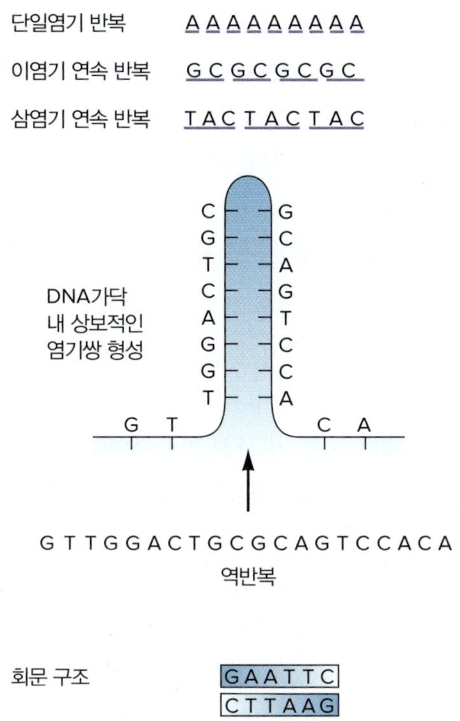

그림 12.7 대칭적 DNA 서열은 돌연변이율을 증가시킨다. 반복서열과 대칭서열은 복제효소를 혼란시켜 실수를 유발한다.

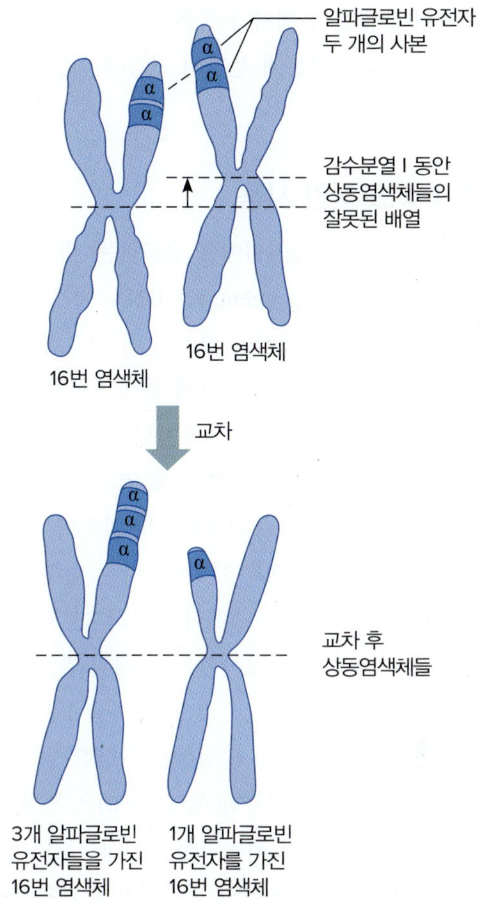

그림 12.8 유전자 중복과 결실. 반복된 알파글로빈 유전자들은 감수분열 시 상동염색체가 잘못 배열되어 돌연변이를 유발한다.

한다. 이 유전자에는 길게 뻗어 있는 CG 연속 반복서열이 11곳에 존재한다. 이 부위는 다른 부위에 비해 10~100배 이상 돌연변이가 빈번하게 유발되는 지점이다.

DNA 염기의 작은 삽입 및 결실은 회문 구조에서 좀 더 빈번히 일어날 수 있다(그림 12.7). 회문 구조의 염기서열은 상보 가닥에서 5′과 3′방향으로 서로 동일한 염기서열이다. 즉, 한 가닥의 서열은 상보가닥의 서열과 반대로 배열되어 있다. 회문 구조는 복제를 방해함으로써 자연발생 돌연변이율을 증가시킬 수 있다.

혈액질환인 알파 탈라세미아(Alpha thalassemia)는 전체 유전자가 직렬 반복(회문 구조와 반대)에 대한 혼란스러운 영향을 보여준다. 질병을 앓지 않는 사람은 알파 글로빈 사슬들을 암호화하는 4개의 유전자를 각각의 16번 염색체에 2개씩 가지고 있다. 직렬 반복된 유전자를 가진 상동염색체는 감수분열 동안 한 상동염색체 첫 번째 유전자와 다른 상동염색체의 두 번째 유전자가 잘못 배열할 수 있다. 정상적으로 상동염색체가 배열될 경우 각 상동염색체는 2개씩 알파 글로빈 유전자를 가지게 된다. 반면에, 불균형 교차가 일어나면 한쪽은 3개의 유전자를 다른 한쪽에는 1개의 유전자를 가진 정자 혹은 난자가 생성될 수 있다(**그림 12.8**). 이러한 배우자와 정상적인 배우자가 수정하면 여분의 유전자를 가지거나 1개의 유전자가 결실된 접합자가 생성된다. 색맹을 포함하여 적어도 30여 종류의 질환이 불균형 교차로 유발된다고 알려져 있다(임상 연계 6.1 참조).

알파 글로빈 유전자의 수는 건강에 영향을 미친다. 알파 글로빈 유전자가 3개만 있는 사람은 충분한 헤모글로빈을 생산하며 건강한 보인자이다. 유전자 사본이 2개만 있는 사람은 경미한 빈혈이 있고 쉽게 피로해지며, 하나만 가진 사람은 중증 빈혈을 나타낸다. 모든 알파 글로빈 유전자가 없는 태아는 생존하지 못한다. 자연발생 돌연변이는 또한 교차가 발생하는 지역 근처에서 발생할 가능성이 더 높으며, 남성의 유전체에서 더 빈번히 일어난다. 최근에 이러한 현상이 어떻게 발견되었는지 14.3절에서 설명한다.

유도된 돌연변이

특정 유전자에 돌연변이를 유발했을 때 나타나는 현상을 관찰함으로써 그 유전자의 정상적인 기능을 유추할 수 있다. 자연발생 돌연변이율은 실험을 위한 유전적 변이(variant)의 실제적인 근거가 되기에는 너무나 낮기 때문에, 연구자들은 돌연변이들을 만든다. 연구자들은 생쥐와 초파리와 같은 "모델" 생물체에 돌연변이원을 사용한다. 이러한 유형의 실험은 많은 유전자가 종의 차이에도 불구하고 유전자 서열의 유사성을 가지기 때문에 인간의 건강에 대한 통찰력을 얻을 수 있다.

돌연변이원의 의도적인 사용

화학물질들이나 방사선은 돌연변이를 유도하는 데 사용된다. 예를 들어, 알킬화제들(Alkylating agents)은 DNA 염기를 제거하는 화학물질로, 알킬화제에 의해 제거된 염기는 네 개의 염기 중 어떤 염기로도 대치될 수 있기 때문에 이 중 3개 염기는 상보적 가닥과 잘못된 짝이 된다. 아크리딘(acridines) 염료는 단일 DNA 염기를 삽입하거나 결실시킨다. DNA 서열은 연속된 세 염기씩 해독되기 때문에 단일염기의 삽입 혹은 결실은 유전정보를 파괴하여, 암호화된 단백질의 아미노산 서열을 변경시킬 수 있다. 다른 일부 돌연변이원은 A-T 염기쌍을 G-C 염기쌍으로 대체하거나 그 반대로 염기쌍을 변경시킨다. X-선과 기타 형태의 방사선은 몇 개의 염기를 결실시키거나 염색체를 절단한다.

특정 물질의 돌연변이 능력을 측정하는 다양한 방법들이 개발되었다. 가장 잘 알려진 에임스 검사법(Ames test)은 특정 물질이 박테리아 DNA에 어느 정도 손상시키는지를 평가하는 검사법이다. 에임스 검사법 중 한 방법은 아미노산인 히스티딘 결핍배지에서 성장하지 못하는 *Salmonella* 계통의 균주를 사용한다. 만일 특정 물질에 노출되었을 때 박테리아가 결핍배지에서 생존한다면, 유전자에 돌연변이가 생겨 생존할 수 있는 것으로 판단한다.

그 에임스 검사법의 변형으로 연구자들은 배양액에서 자라고 있는 인간의 결합조직 세포들을 액화된 담배 연기에 노출시켰다. 이런 연구를 통하여 담배 연기 유래 화합물들이 다양한 기전으로 두 가닥 DNA를 절단하여 염색체를 절단한다는 사실이 밝혀졌다. 절단된 염색체는 서로 결합하여 암 유발 유전자를 활성화할 수 있기 때문에 염색체 절단은 매우 해로운 상해이다. 이 검사법을 통해 담배가 암의 요인으로 작용하는 한 가지 기전이 알려지게 되었다. 대부분의 돌연변이원은 발암원(carcinogens)이기 때문에, 에임스 검사에서 돌연변이원으로 확인된 물질은 암을 유발할 수 있다. 돌연변이원을 포함한 일용품들 중에는 염색약, 탄 고기, 어린이의 잠옷에 이용되는 특정 난연제, 식품첨가물 등이 있다.

돌연변이원을 사용하는 것의 한계는 목적하는 특정 돌연변이를 일으킬 수 없다는 것이다 그러나 부위-특이적 돌연변이 생성(site-directed mutagenesis)을 이용하면 유전자를 목적하는 방식으로 바꿀 수 있다. 모든 책 사본에 원고의 오류가 인쇄되는 것처럼, 유전자 사본에 의도적으로 대체된 염기가 포함된 유전자는 대량 생산될 수 있다(9.3절 참조). 부위-특이적 돌연변이 생성은 자연발생 돌연변이나 돌연변이원을 이용하는 것보다 유전자가 빠르고 정확한 돌연변이를 얻을 수 있다. 21.4절 및 22.4절에 설명된 유전자 편집 기술은 또한 DNA 서열을 빠르게 변경시킬 수 있다.

돌연변이원에 대한 우발적 노출

일부 돌연변이원에 대한 노출은 개인의 의도와는 상관이 없다. 이러한 노출은 해당 위험이 알려지기 전의 작업 현장에서 접촉, 산업재해, 화학요법(chemotherapy)이나 방사선 같은 의료 치료, 방사선을 방출하는 무기에 대한 노출, 방사선 방출 장비를 손상하는 자연재해로 인해 발생한다. 가장 유명한 돌연변이 사고의 사례 중 하나로 1986년 4월 25일 오전 1시 23분에서 1시 24분 사이에 우크라이나 체르노빌 원자력 발전소의 4번 원자로에서 발생한 폭발 사고를 들 수 있다. 엄청난 양의 방사성 동위원소가 대기 중으로 폭발하여 수천 마일로 퍼졌다. 해당 원자로는 시험 중이어서 안전 시스템이 일시적으로 비활성화 되어 과부하가 걸리고 빠르게 통제 불능 상태가 되었다. 2명이 현장에서 사망하고 이후 3개월 동안 29명이 급성 방사성 질환으로 사망했다. 오늘날 그 방사능 수준은 75% 줄어들었고, 관광객들의 제한된 장소들만의 방문이 허용되었고 식물 또한 성장하고 있다.

급성 방사능 중독을 일으키는 돌연변이원의 영향에 대한 증거는 그 재앙이 발생했을 때 벨라루스의 체르노빌 발전소 근처에 살았던 어린이들의 갑상선암의 발병이 10배 증가하였다는 것이다. 어린이들의 갑상선은 폭발 후 며칠 동안 벨라루스를 적신 방사성 형태의 요오드를 흡수했다. 세계보건기구(World Health Organization, WHO)는 체르노빌 사고로 인해 러시아, 벨라루스, 우크라이나에서 향후 20년 동안 5,000건의 갑상선암이 진단될 것으로 예측한다.

연구자들이 체르노빌 폭발 이후 돌연변이율을 추적한 한 가지 방법은 그 당시 방사선이 누출된 지역에 살았고 계속 그 지역에 살고 있는 부모들과 1994년에 태어난 어린이들 사이의 미소부수체 서열(minisatellite sequence)이라고 부르는 짧은 DNA 반복서열의 길이를 비교하는 것이다. 미소부수체 서열은 한 개체의 모든 세포에서 동일한 길이로 존재한다. 자녀의 미소부수체 크기가 양부모 중 어느 쪽과도 일치하지 않는다면 양쪽 부모의 생식세포에서 돌연변이가 일어났음을 의미한다. 이러한 돌연변이는 다른 지역에 거주하는 대조군 가족보다 방사능이 노출된 가족에서 2배 정도 높게 나타났다. 반복이 없는 DNA 서열의 돌연변이율은 방사선 노출 영향에 대한 유용한 정보를 제공하기에는 너무 낮기 때문에, 연구자들은 미소부수체 서열을 유전적 변화의 민감한 시험으로 간주한다.

돌연변이원에 대한 자연적 노출

단순히 살아 있는 것만으로도 우리는 돌연변이를 일으킬 수 있는 방사선에 노출된다. 우리들이 노출되는 방사선의 81%는 우주선, 햇빛 및 라돈을 생성하는 라듐과 같은 지각의 방사성 물질을 포함한 자연 환경적인 방사선 원천에서 유래한다. 여기에 의료용 X-선 및 직업상 방사선 위해가 방사선 노출의 위험으로 추가될 수 있다. 방사선 노출이 많은 작업 현장으로는 무기 시설, 연구 실험실, 의료 시설, 원자력 발전소 및 특정 제조 공장이 포함될 수 있다.

우리가 노출될 수 있는 돌연변이 방사선의 대부분은 이온화(ionizing)이며, 이는 원자로부터 전자를 떼어내기에 충분한 에너지를 가지고 있다. 이온화성 방사능(Ionizaing radiation)을 방출하는 불안정한 원자들은 자연적으로 존재하고, 화학자들이 이것들을 합성할 수 있다. 이온화 방사선은 DNA 분자에서 당-인산 골격을 파괴한다. 이온화 방사선의 일종인 감마선은 신체에 침투하여 조직을 손상한다. 무기에 사용되는 플루토늄과 세슘 동위원소는 감마선을 방출하며, 이러한 형태의 방사선은 암세포를 죽이는 데도 사용된다.

인위적으로 만든 방사선인 X 선에 대한 노출이 가장 흔하게 일어난다. X 선은 에너지가 낮아 감마선처럼 신체 깊숙이 투과하지 못한다.

DNA에 대한 방사선 손상의 영향은 돌연변이 된 유전자의 기능에 달려 있다. 20장에서 논의할 종양 유전자 혹은 종양 억제 유전자에 생긴 돌연변이는 암을 유발할 수 있다. 방사선 손상은 광범위하게 일어날 수 있다. 세포를 방사선에 노출시킨 후 배양하면 유전체 전체가 불안정(genomewide destabilization)해져서 세포가 몇 번 분열된 후에도 돌연변이가 발생할 수 있다. 세포 배양 연구에서는 방사선이 직접 노출되지 않은 세포에 손상을 입히는 "방관자 효과(bystander effect)"도 확인했다.

화학적인 돌연변이원들 또한 자연에 존재한다. 특정 화학물질의 노출이 돌연변이를 야기하는 위험성을 평가하는 것은 어려운데, 이것은 대부분 사람들의 유전적 감수성이 다양한 차이를 가지며, 많은 화학물질에 노출되기 때문이다. 특정 화학물질에 의한 노출로 돌연변이가 일어날 위험은 한 집단에서 일어나는 감수성에 대한 자연발생적 변이보다도 낮기 때문에, 특정 돌연변이 유발에 대한 진정한 원인과 기작을 추적하는 것은 거의 불가능하다.

핵심 개념 질문 12.4

*a. 자연발생 돌연변이의 화학적 기작을 설명하시오.

*b. DNA 염기서열의 어떤 특성이 돌연변이 가능성을 높이는가?

c. 돌연변이원에는 어떠한 것들이 있는가?

d. 환경에서 접하는 돌연변이원들의 영향은 평가하기 어려운 이유는 무엇인가?

12.5 돌연변이의 종류

돌연변이들은 기능을 소실, 변경 또는 추가하는지, 또는 어떻게 DNA를 구조적으로 변경시키는지에 따라 분류된다. 동일한 단일 유전자 질환은 다른 종류의 돌연변이들로부터 발생할 수 있다. **표 12.4**는 돌연변이들의 종류를 영어 문장에 비유해서 요약했다.

점 돌연변이

점 돌연변이(point mutation)는 단일 DNA 염기의 변경을 의미한다. 퓨린 염기가 다른 퓨린 염기(A에서 G 혹은 G가 A로 변경)로, 피리미딘 염기가 다른 피리미딘(C → T, T → C)으로 치환되었을 때 **전이**(transition)라 한다. 반면, **전환**(transversion)은 퓨린을 피리미딘

표 12.4 돌연변이 종류

세 문자어로 구성된 영어 문장을 유전자 DNA 서열의 돌연변이 효과와 비교

정상(Normal)	THE ONE BIG FLY HAD ONE RED EYE
과오(Missense)	THQ ONE BIG FLY HAD ONE RED EYE
종결(Nonsense)	THE ONE BIG
번역틀 변경(Frameshift)	THE ONE QBI GFL YHA DON ERE DEY
결실(Deletion)	THE ONE BIG HAD ONE RED EYE
삽입(Insertion)	THE ONE BIG FLY WET HAD ONE RED EYE
중복(Duplication)	THE ONE BIG FLY FLY HAD ONE RED EYE
확장 돌연변이 (Expanding mutation)	
제1세대(generation 1)	THE ONE BIG FLY HAD ONE RED EYE
제2세대(generation 2)	THE ONE BIG FLY FLY HAD ONE RED EYE
제3세대(generation 3)	THE ONE BIG FLY FLY FLY FLY HAD ONE RED EYE

으로 혹은 피리미딘을 퓨린으로 치환하는 것(A, G ↔ T, C)으로, 퓨린과 피리미딘은 고리 숫자가 서로 다르기 때문에 전이보다 더 큰 변화이다.

단일 염기의 삽입 혹은 결실도 점 돌연변이로 간주한다. 점 돌연변이들은 여러 가지 특성을 나타낼 수도 있으나 침묵 돌연변이(silent mutation)로서 표현형에 아무런 영향이 없는 경우도 있다.

과오 돌연변이와 종결 돌연변이

특정 아미노산 암호가 다른 아미노산 암호로 치환된 점 돌연변이를 **과오 돌연변이**(missense mutation)라 한다. 만약 치환된 아미노산이 해당 단백질의 구조를 크게 바꾸거나, 그 기능에 중요한 부위에서 발생하면, 질환의 징후나 증상 또는 관찰 가능한 형질의 변이가 나타날 수 있다. 과오 돌연변이의 약 1/3은 건강에 해를 끼친다. **그림 12.9a**는 가족성 고콜레스테롤혈증(familial hypercholesterolemia)에서 비정상인 저밀도 지질단백질(low-density lipoprotein, LDL) 수용체를 암호화하는 유전자의 과오 돌연변이를 보여준다(그림 5.2 참조). 그림 12.3은 겸형 적혈구병이 가지고 있는 과오 돌연변이를 나타내고, 그림 1.6은 낭포성 섬유증을 야기하는 과오 돌연변이를 보여준다.

아미노산을 암호화하는 코돈이 "종결"코돈(mRNA의 UAA, UAG 또는 UGA)으로 치환된 점 돌연변이는 그림 12.9b에 표시된 것처럼 **넌센스 돌연변이**(nonsense mutation)이다. 이러한 미성숙 종결코돈은 유전자의 자연적 종결 이전에 발생하는 코돈이다. 이것은 표현형에 크게 영향을 줄 수 있는 것으로 단백질 산물의 길이를 짧게 만든다. 예를 들어, 혈액응고 장애인자 XI 결핍에서 글루타민산을 암호하는 GAA 코돈이 "종결"을 의미하는 UAA로 변경될 수 있다. 그 결과, 짧아진 응고인자는 수술 중이나 부상으로 인해 발생하는 다량의 출혈을 멈출 수 없다. 세포들은 이 짧아진 단백질에 반응을 나타내는데 이를 **넌센스-매개 분해**(nonsense-mediated decay)라고 하며, 이는 미성숙 종결코돈의 mRNA를 인식하여 파괴한다. 일부 짧아진 단백질이 "기능 획득 돌연변이(gain-of-faunction)"을 유발하고 정상적인 기능이 없는 상태를 넘어 세포를 손상시킬 수 있기 때문에, 이 넌센스-매개 분해는 세포를 보호한다.

종결 돌연변이와 반대로 정상적인 종결코돈이 아미노산을 암호화하는 코돈으로 바뀌게 되면, 정상적으로 번역이 끝나는 지점에서 종결되지 않기 때문에 길이가 더 신장된 단백질이 생성된다.

점 돌연변이는 전사를 조절함으로 단백질의 질보다는 양에 영향을 주기도 한다. 예를 들면, 베커 근이영양증(Becker muscular dystrophy) 환자 중 15%는 근단백질 디스트로핀(dystrophin)은 정상이지만 단백질 양이 감소되어 있다. 이는 디스트로핀 유전자 프로모터 부위에 돌연변이를 갖고 있어 전사 속도를 느리게 하여 단백질 양이 부족하게 된다. 반면에 베커 근이영양증 환자 중 나머지 85%에서는 정상 단백질이 결핍된 것이 아니라 크기가 짧은 단백질을 생성한다.

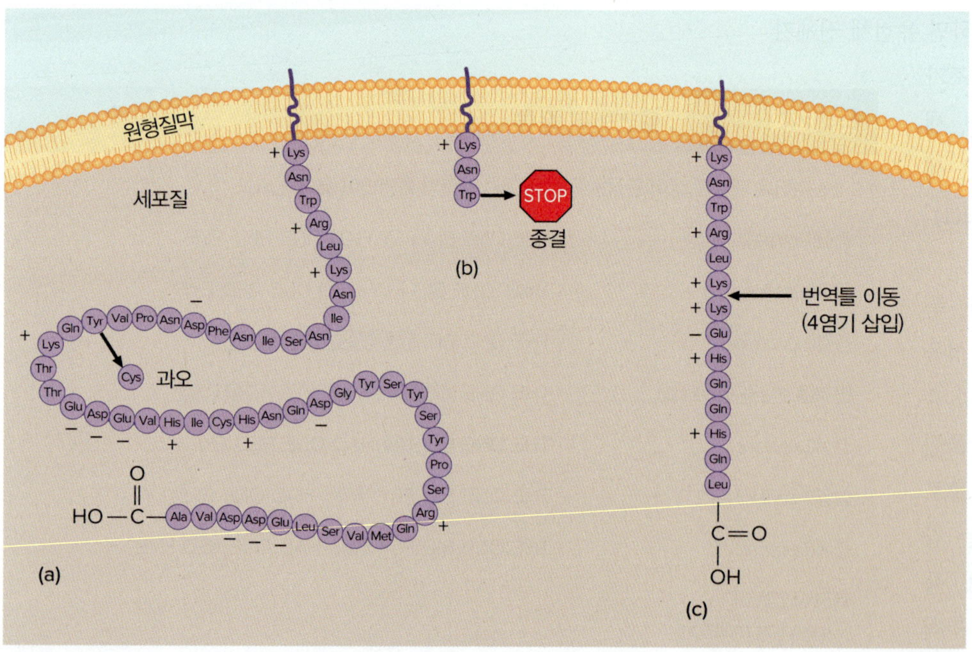

그림 12.9 한 유전자 내에서 생긴 다른 돌연변이들이 동일한 질환을 유발할 수 있다. 가족성 고콜레스테롤혈증에서, 여러 돌연변이들이 정상적으로 원형질막에 위치하는 LDL-수용체를 변화시킨다. (a) LDL-수용체가 과오 돌연변이를 가지고 있다 - 시스테인이 티로신으로 치환되어 수용체가 구부러져 그 기능이 손상된다. (b) 트립토판 암호가 종결코돈으로 치환된 넌센스 돌연변이로서 LDL-수용체 크기가 작아진다. (c) 네 개의 염기가 삽입되어 한 개 아미노산이 첨가되고 번역틀이 변경된다; +와 −는 전하를 나타낸다.

스플라이싱-자리 돌연변이

점 돌연변이는 mRNA로부터 인트론들이 제거되는 부위에서 변경된다면 그 유전자의 단백질 산물에 크게 영향을 줄 수 있다. 이러한 유형의 변경을 **스플라이싱-자리 돌연변이**(splice-site mutation)이라고 한다. 인트론이 아미노산으로 번역되어 단백질이 길어지거나, 엑손이 번역되지 않고 건너뛰어 단백질이 짧아지면 표현형에 영향을 줄 수 있다(**그림 12.10**).

대부분의 인트론은 모든 번역틀에 종결코돈을 갖기 때문에 인트론 영역이 번역되는 것은 매우 드문 일이다. 하지만 만약 종결코돈을 만나지 않는다면, 보유한 인트론 영역의 염기가 mRNA의 단백질 암호화 부분에 추가

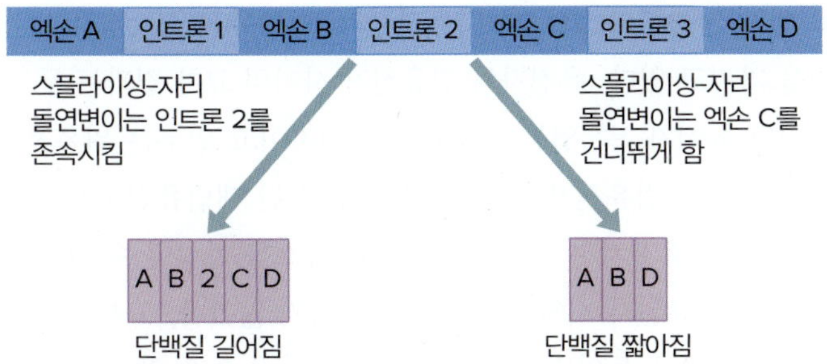

그림 12.10 점 돌연변이는 스플라이싱 자리를 변경시킬 수 있다. 인트론을 유지하여 암호화된 단백질에 아미노산이 첨가되거나, 엑손을 건너뛰어 암호화된 단백질을 단축시키는 영향을 보여준다.

된다. 예를 들어, 심각한 낭포성 섬유증을 가진 가족에서 돌연변이는 인트론 부위가 mRNA에서 제거되지 않도록 변경되어 있다. 여분의 아미노산을 포함한 이온 채널 단백질은 너무 부피가 커져서 원형질막의 정상 위치로 이동할 수 없게 된다(그림 1.5 참조).

엑솜(exome)는 오직 엑손들만 포함한다. 그러므로 전장 엑솜 서열결정(whole exome sequencing)은 인트론을 방해하는 돌연변이를 감지할 수 없다. 이것은 로타틴(rotatin)이라고 불리는 단백질을 암호화하는 *RTTN*이라고 불리는 유전자의 인트론에서 단일 염기 돌연변이를 가진 어린이의 경우였다. 그 아이는 머리가 매우 작고, 얼굴이 크고, 왜소하며, 뇌 주름이 줄어들어 있었다. 이러한 증상을 가진 11개의 알려진 변이 검사에서 음성이었고, 엑솜 서열결정은 그 상태를 설명할 수 있는 돌연변이를 발견하지 못했다. 그 아이는 스플라이싱-자리에 점 돌연변이를 가지고 있었다. 이로 인해 인트론의 일부가 암호화된 아미노산에 통합되어 종결코돈까지 번역되고 결과적으로 길어진 단백질을 가지게 되었다.

인트론 스플라이싱 자리(intron splicing site)에 만들어진 과오 돌연변이는 **엑손 건너뛰기**(exon skiping)를 유발할 수 있으며, 이는 단백질 산물에서 인접한 몇 개의 아미노산을 결실되게 한다. 엑손 하나가 인트론처럼 빠진 형태로 mRNA가 단백질로 번역될 수 있다. 이는 문서에서 문장을 잘라서 붙일 때 단어 하나를 빼는 것과 약간 비슷하다. 엑손 건너뛰기 돌연변이는 RNA 수준에서 보면 결실 돌연변이이고, DNA 수준에서 보면 점(단일-염기) 돌연변이이다. 예를 들면, 가족성 자율신경이상증(familial dysautonomia, FD)이란 질환은 감각과 불수의적인 반응을 조절하는 특정 신경세포 생존에 필수적인 효소를 암호화하는 유전자에서 엑손 건너뛰기 돌연변이로 유발된다. 증상으로는 폐렴, 구토, 탈진, 고열, 오한, 빠른 심장 박동, 발진, 발작 등이 있다. FD는 또한 통증, 열, 그리고 추위에 대한 감각을 감소시키고, 운동 능력을 손상해 먹기, 삼키기, 그리고 호흡에 영향을 미친다.

FD를 포함하여 엑손 건너뛰기로 인해 발생하는 일부 질환의 특성으로 일부 세포가 유전자에 돌연변이를 가지고 있음에도 불구하고 정상적인 단백질을 생성한다는 것이다. 이것이 가능한 이유는 아미노산 서열정보가 여전히 DNA 내에 있기 때문이다. 어떤 세포가 실제로 완전한 암호화된 단백질을 만드는가에 따라, 표현형은 동일 질병을 가지고 있지만 엑손에서 다른 유형의 돌연변이를 가진 환자보다 증상이 덜 심각할 수 있다. FD에서 특정 엑손이 빠진 세포는 증상을 나타내는 세포이다. 즉, 뇌와 척수의 많은 세포는 특정 엑손이 건너뛰지만, 근육, 폐, 간, 백혈구 및 땀샘의 세포는 정상 길이의 단백질을 생성한다. FD의 경우 임상 시험은 영향을 받은 어린이의 뉴런에서 mRNA에서 건너뛴 엑손의 유지를 회복하는 화합물을 시험하고 있다.

FD에서 볼 수 있는 자연적 엑손 건너뛰기는 뒤셴 근이영양증(Duchenne muscular dystrophy, DMD) 치료를 위한 약물 개발에 영감을 주었다. 한 약물은 번역틀을 변경하여 질병을 유발하는 돌연변이 근처의 거대한 디스트로핀 유전자의 일부에 상보적이거나 "안티센스"인 합성 DNA 유사 분자로 구성되었다(번역틀 이동 돌연변이, 그림 10.13 참조). 번역틀 이동 돌연변이는 **그림 12.9c**와 같이 단백질을 단축시킨다. 이 약물은 번역틀을 복원하는 방식으로 돌연변이를 포함하는 엑손을 건너뛰도록 전사를 유발하여 골격근 세포가 단백질의 일부를 생성하도록 한다. 타이핑된 문장의 오류를 지나쳐 읽고 의미를 이해하는 것과 같다. 이 약물은 결핍된 단백질인 디스트로핀을 생성하기 때문에 승인되었다. 그러나 연구는 환자의 이동성에 미치는 영향과 삶의 질과 생존의 차이를 만들기 위해 충분한 근육세포에 약물을 전달하는 방법을 계속 조사하고 있다.

결실과 삽입

유전자에서 3이란 숫자는 매우 중요하다. 이는 DNA의 삼염기(triplets)가 아미노산을 특정화하기 때문이다. 3의 배수가 아닌 염기수가 추가 혹은 삭제된다면 유전자 번역틀이 파괴되어 유전자의 기능은 소실된다. 이것이 번역틀 이동 돌연변이(frameshift mutation)이다. 대부분의 엑손들은 세 가지 읽혀질 수 있는 번역틀 중 하나만 읽혀질 수 있다(종결코돈이 없다).

결실(deletion) 돌연변이는 DNA를 제거한다. 3개의 염기 또는 3개의 배수의 염기를 제거해도 번역틀이동은 발생하지 않지만 표현형을 바꿀 수 있다. 결실은 단일 DNA 뉴클레오타이드에서 수천 개의 염기들, 염색체의 많은 부분에 이르기까지 다양하게 나타날 수 있다. **삽입**(insertion) 돌연변이는 번역틀을 변경시킬 수 있는 DNA를 추가한다. 예를 들어, 고셔병(Gaucher disease)의 한 형태에서, 단일

DNA 염기가 삽입되면 일반적으로 리소좀에서 당지질을 분해하는 효소의 생성을 막는다(그림 2.5 참조). 결과적으로 당지질의 축적은 간과 비장을 확장시키고 쉽게 골절되고 신경학적 장애를 일으킨다.

삽입 돌연변이의 한 유형은 유전자 배열의 일부를 반복한다. 삽입은 일반적으로 단어를 반복하는 키 오류와 같이 원래 염기서열에 인접하거나 가깝다. 서로 옆에 있는 유전자의 완전한 두 복사본은 **직렬 중복**(tandem duplication)이라고 불리는 돌연변이의 한 종류이다. 손발이 저리는 샤르코-마리-투스병(Charcot-Marie-Tooth disease)의 한 형태는 150만 염기 길이의 직렬 중복의 결과로 나타난다.

위유전자와 트랜스포존 다시 보기

위유전자와 트랜스포존은 돌연변이를 일으킬 수 있다. 11장의 설명된 위유전자는 단백질을 암호화하는 유전자 서열과 매우 유사한 DNA 서열이다. 위유전자는 전사될 수 있지만 단백질로 번역되지는 않는다. 위유전자는 감수분열 동안 DNA 가닥이 잘못 정렬되었을 때 복제된 유전자 서열에서 유래했을 수 있다(그림 12.8에서 알파 글로빈 유전자에 대해 묘사된 상황과 유사). 이런 일이 발생하면 유전자와 그 사본이 염색체에서 서로 옆에 위치하게 된다. 그런 다음 원본 유전자 혹은 사본에 돌연변이가 발생할 수 있는데 더 이상 기능하지 않을 정도로 변이가 일어나면 위유전자가 된다. 변이가 되지 않은 상대 유전자는 기능적인 유전자로 남아 있게 된다.

위유전자는 번역되지 않더라도 기능적 유전자의 발현을 방해하여 돌연변이를 일으킬 수 있다. 예를 들어, 고셔병의 일부 사례는 효소 글루코세레브로시데이즈를 암호화하는 기능 유전자와 96%의 동일한 서열을 갖고 16,000염기쌍 정도 떨어져 있는 위유전자 사이의 교차로 인해 발생한다(**그림 12.11**). 유전자와 그 위유전자는 각각 11개의 엑손을 가지고 있다. 유전자와 위유전자 사이의 교차 결과는 두 개의 재배열된 유전자, 즉 일부는 기능적 유전자이고 일부는 위유전자인 유전자 융합 대립유전자와 부분적으로 복제된 대립유전자가 생성된다. 융합 대립유전자는 세포가 암호화된 효소를 합성할 수 있도록 하는 정상적인 유전자 서열을 충분히 보유하지 않았다. 고셔병은 다른 부모가 유전자에 돌연변이를 가지고 있는 경우 25%의 확률로 자손에게 영향을 준다. 질환은 상염색체 열성이다.

또한 제11장에서는 트랜스포존에 대해 설명했다. 이러한 "점프 유전자(Jumping genes)"는 다양한 방식으로 유전자 기능을 변경할 수 있다. 그들은 염색체에서 빠져 나오면 그 부위에서 염기서열 변화가 유발되며, 점프되어 들어간 영역의 유전자의 전사를 차단하거나 삼염기의 배수가 아닌 경우 번역틀을 변경할 수 있다. 예를 들어, X-연관 혈우병 A를 가진 소년은 인자 VIII 유전자에 트랜스포존이 있었다. 이 서열은 보인자 어머니의 유전체에서는 22번 염색체에 있었다. 명백하게도, 난모세포에서 해당 트랜스포존이 22번 염색체로부터 X 염색체의 인자 VIII 유전자로 점프하여, 결과적으로 그 남자아이에게 혈우병을 유발했다.

반복 확장

반복 확장(expanding repeat)이라고 불리는 돌연변이 유형에서, 유전자는 실제로 DNA 서열의 작은 부분이 복사되고 추가되면서 커지게 된다. 제4장의 서문에 설명된 가족은 확장된 반복 돌연변이가 일으킬 수 있는 심각한 증상의 극단적인 예를 제공한다.

알려진 첫 30개 정도의 반복의 확장 질병들 중 하나는 근긴장성

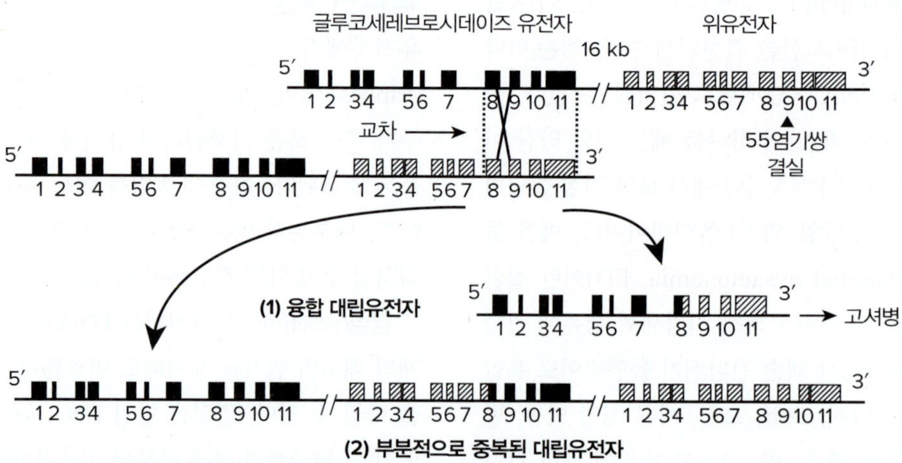

그림 12.11 위유전자는 돌연변이를 야기한다. 글루코세레브로시데이즈 유전자(glucocerebrosidase gene)으로부터 16,000개 염기(16 kb)가 떨어져 위치한 위유전자는 55개 염기가 결실된 사본이다. 감수분열 동안 이 유전자와 위유전자가 쌍을 이루지만 잘못 정렬되어 DNA가 너무 적은 부분을 가진 융합 대립유전자와 너무 많은 부분을 가진 부분 중복 대립유전자를 생성한다. 다른 돌연변이 대립유전자와 융합 대립유전자를 유전되면 고셔병이 발생한다.

이영양증(myotonic dystrophy)인데, 이 질환은 어린 나이 때부터 발병하고 한 세대에서부터 다음 세대로 갈수록 훨씬 더 심각한 증상들을 야기한다. 한 노인은 자신의 팔뚝에 약간의 무력함을 느낄 수 있지만, 그의 딸은 팔과 다리에서 더 두드러진 더 강한 무력함을 느끼고 얼굴 표정이 밋밋할 수 있다. 그녀의 자녀들은 더 심각한 근육 무력감을 느낄 수 있다.

많은 기간 동안 임상 의사들은 세대가 지날수록 증상이 더 악화되는 "예기성(anticipation)"은 심리적인 것이라고 생각했다. 그런 다음, DNA 염기서열을 분석할 수 있는 능력과 함께 연구원들은 유전자가 확장된다는 것을 발견했다. 19번 염색체에서 최초로 확인된 유형의 근긴장성 이영양증을 유발하는 유전자는 CTG 반복 부위(GAC mRNA 반복 부위)를 매우 긴 영역을 가지고 있었다. 야생형에서의 반복 수는 5~37번인데 반해, 질환에 걸린 사람은 50에서 수천 개의 사본을 가지고 있었다(**그림 12.12**).

대부분의 반복 확장 장애에 관련된 유전자는 40개 미만으로 존재하는 경우 증상과 관련이 없다. 더 많은 반복은 불안정하며, 각 세대에 따라 증가하고 반복이 길어질수록 더 심각하고 더 빨리 시작되는 증상을 유발한다. **임상 연계 12.1**은 첫 번째 연구 중 하나인 삼염기 반복(triplet repeat) 상태 취약 X 증후군(fragile X syndrome)에 대해 설명한다.

반복 확장 질병들의 메커니즘은 DNA 서열에 있다. 확장 질병(expansion diseases)들과 관련된 반복된 삼염기(repeated triplets)들의 염기들은 다른 것들과는 달리, DNA 가닥을 구부려 헤어핀 구조를 만들어 서로와 결합한다. 이러한 형태들은 DNA 복제를 방해하고, 확장을 연장한다. 일부 확장된 반복 장애에서 mRNA는 대칭적이어서 특정 단백질을 결합하고 비활성화하여 추가적인 증상을 유발한다. 만약 반복이 번역된다면, 여분의 긴 단백질은 여러 가지 방법으로 세포에 해를 끼친다.

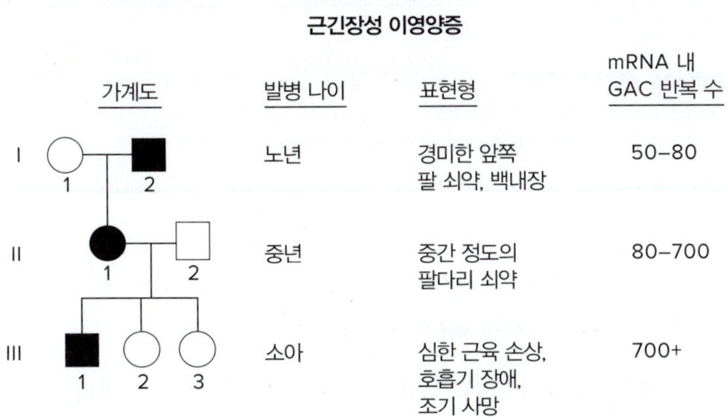

그림 12.12 확장된 유전자가 예기성(anticipation)을 설명해 준다. 예기성은 일부 질환에서 관찰되는 증상으로 한 세대에서 다음 세대로 갈수록 증상이 더 악화되는 현상을 말한다. 여기에는 물리적인 요인으로 반복 수가 증가함에 따라 유전자가 확장된다.

- 이들은 확장된 반복과 비슷하거나 일치하는 아미노산 반복을 갖는 전사인자의 일부에 결합한다.
- 그들은 단백질 분해효소 복합체(프로테아솜)를 차단하여 잘못 접힌 단백질이 지속 되도록 한다.
- 세포자살을 촉발한다.

삼염기 반복 돌연변이체에 의해 생성된 단백질인 경우, 정상 단백질은 세포질에서 기능을 하더라도 핵으로 유입될 수 있으며 이와 반대의 경우도 마찬가지이다.

삼염기 반복 질환은 그림 4.8에 설명된 "우성 독성 기능-획득(dominant toxic gain-of function)"을 유발한다. 그들은 열성 효소 결핍으로 발생하는 것과 같이 기능을 제거하기보다는 새로운 기능이 발생하도록 한다. 기능 획득에 대한 아이디어는 이러한 유전자가 결실된 사람들에게 관련 증상이 없다는 관찰에서 비롯되었다. 여러 삼염기 반복상태는 글루타민 아미노산을 암호화하는 mRNA 코돈 CAG의 반복으로 인한 "폴리글루타민 병(polyglutamine disease)"이다.

일부 삼염기 반복 질환의 경우, 돌연변이는 단백질이 만들어지기 전에 유전자 발현을 차단한다. 근긴장성 이영양증 제1형인 경우, 19번 염색체상에 위치한 특정 유전자의 비번역 부위(UTR 부위)에 위치하는 삼염기 반복서열 때문에 정상적인 mRNA 보다 크기가 큰 mRNA가 생성된다. 유전자 검사로 질환을 진단하는 방법이 개발됨에 따라, 연구자들은 19번 염색체에 야생형 대립유전자가 있는 환자에게서 근긴장성 이영양증 제2형 환자들이 발견되었다. 근긴장성 이영양증 제2형 환자는 3번 염색체상에 위치한 특정 유전자에 **사염기**(CCTG) 반복서열을 가지고 있다. 정상인들은 사염기가 10회 정도 반복되어 있지만, 환자들은 사염기가 100회 이상 반복되어 있다.

사본 수 변이

7장에서 설명된 사본 수 변이(copy number variant, CNV)은 DNA 염기서열 변이와 다른 형태의 정보라는 점을 상기하자. CNV는 사람마다 사본 수가 다른 특정 DNA 서열이다. 우리의 유전체는 수백에서 수천 개의 CNV를 가지고 있다. 최초의 인간 유전체의 염기서열 분석 기술은 DNA 염기서열을 한 번만 탐지할 수 있기 때문에 CNV를 놓쳤다. 그것은 이 책이 사용되는 횟수가 아니라 "변이"이라는 단어를 찾기 위해 이 책을 검색하는 것과 약간 비슷했다. **짧은 직렬 반복**(short tandem repeats, STR)이라고 불리는 CNV는 개인을 식별하기 위해 법의학에서 사용된다. STR은 2에서 10개의 염기 서열이

임상 연계 12.1

취약 X 돌연변이는 할아버지와 손자까지 영향을 미친다

취약 X 증후군(fragile X syndrome)은 지적장애의 가장 흔한 유전 형태이며 자폐증 사례의 3%를 차지한다. 1940년대에 유전학자들은 X 염색체에 있는 유전자가 지적장애를 유발한다고 생각했는데, 그 이유는 영향을 받는 사람이 남성이 더 많았기 때문이다. 1969년에 X-연관 지적장애의 유전적 기초에 대한 단서가 나타났다. 이 질환을 앓고 있는 두 형제와 그들의 어머니는 특이한 X 염색체를 가지고 있었다. 한 염색체 말단의 끝이 가는 실로 매달려 있었다(**그림 12A**). X 염색체의 이 부분을 가진 세포를 엽산이 결핍된 배양배지에서 키웠을 때 부서지기 쉬운 특징으로 취약 X 증후군이라는 이름이 붙었다. 전 세계적으로 남성 4,000명 중 1명에게 영향을 미치며 지적장애가 있는 모든 남성의 4~8%를 차지한다. 여성 8,000명 중 1명이 영향을 받지만, 정상적인 X 염색체를 가지고 있기 때문에 일반적으로 경증을 나타낸다.

취약 X 증후군 환자에서 뇌의 차이는 MRI 스캔에서 2세 정도의 빠른 나이에 나타나며 부모는 이 시기에 말과 언어 지연을 먼저 알아차릴 수 있다. 젊은 성인이 되면 얼굴이 길고 좁아지며 뚜렷한 턱과 튀어나온 귀가 특징이고 정소가 크다. 학습장애, 반복적인 언어 활동, 과잉행동, 수줍음, 사회적 불안, 짧은 주의 집중 시간, 언어 지연 및 분노 폭발도 증후군의 일부이다. 영향을 받은 환자의 약 30%가 자폐증을 갖고 있으며 남성의 15%와 여성의 5%가 발작을 경험한다.

취약 X 증후군은 특이한 패턴으로 유전된다. 이 증후군은 X-연관 형질과 마찬가지로 보인자 어머니에서 영향을 받은 아들로 전달된다. 그러나 침투는 불완전하여 이상 염색체를 물려받은 남성의 5분의 1은 증상이 나타나지 않는다. 그들은 영향을 받은 염색체를 모든 딸에게 전달하기 때문에(그중 절반은 약간의 정신장애가 있음) **전달하는 남성**(transmitting males)이라고 한다. 전달하는 남성의 손자는 취약 X 증후군이 유전될 수 있다.

삼염기 반복 돌연변이는 취약 X 증후군을 유발한다. 정상인인 경우, 취약 X 정신장애 유전자(fragile X mental retardation gene; FRM1)라 불리는 *FRM1* 유전자 내의 취약한 X 영역에 CGG 반복서열이 5~40회 반복되어 있다. 취약한 염색체를 갖고 그 증상을 나타내는 사람의 경우 이 영역이 CGG 반복이 200~2,000회로 확장되어 있다. 가벼운 증상을 보이는 여성 혹은 환자의 아들이 있는 여성뿐만 아니라 전파하는 남성의 경우에도 55~200회 반복된 "전돌연변이(premutation)"가 있을 수 있다. 전돌연변이를 가진 사람들은 큰 귀, 불안, 그리고 우울증과 같은 일부 증상을 보일 수 있다. 전돌연변이를 가진 여성의 약 5분의 1은 취약한 X 관련 일차 난소 부전으로 인해 불임을 가지고 있다.

FMR1 유전자는 취약 X 정신장애 단백질(FMRP)을 암호화한다. 이 단백질은 뇌에서 시냅스를 형성하는 데 중요한 역할을 하는 암호화된 단백질들의 여러 유형의 mRNA 분자와 정상적으로 결합한다. 취약 X 증후군에서는 mRNA가 풍부할 수 있지만, FMR1 단백질이 생성되지 않는다.

취약 X 증후군에 대한 그 수수께끼가 완전히 풀린 것은 아니다. 취약 X 증후군이 있는 소년의 외할아버지에게서 다른 형태의 일련의 증상이 나타났다. 취약 X 증후군이 있는 소년의 어머니는 아버지에게서 떨림, 균형 문제, 인지장애 또는 정신장애와 같은 동일한 증상을 보고했다. 할아버지들은 떨림과 나이 때문에 파킨슨병으로 오진되기도 했다. 그러나 파킨슨병 환자는 직선으로 걸을 수 있지만 할아버지는 걸을 수 없었다. 할아버지의 증상은 시간이 지남에 따라 악화되어 때로는 조기 사망으로 이어졌다. 할아버지에 대한 추가 조사는 취약한 X 관련 떨림/운동실조 증후군(fragile X-associated tremor/ataxia syndrome, FXTAS)에 대한 설명으로 이어졌다[운동실조(Ataxia)는 균형과 협응력이 좋지 않다].

취약 X 증후군에 대한 신생아 선별 검사가 가능하지만, 연구자들이 특정 횟수의 반복 확장에 대해 증상을 보이는 개인의 비율을 결정할 수 있을 때까지 일반 인구를 대상으로 하지 않는다. 산전 검사가 가능하며, 임산부에게 전돌연변이 또는 더 광범위한 돌연변이가 있는 경우 태아를 검사할 수 있다.

토론을 위한 질문

1. 왜 여성은 남성보다 취약 X 증후군의 증상이 더 경미한가?
2. "전달하는 남성"이란 무엇인가?
3. 취약 X 증후군을 일으키는 돌연변이를 설명하시오.

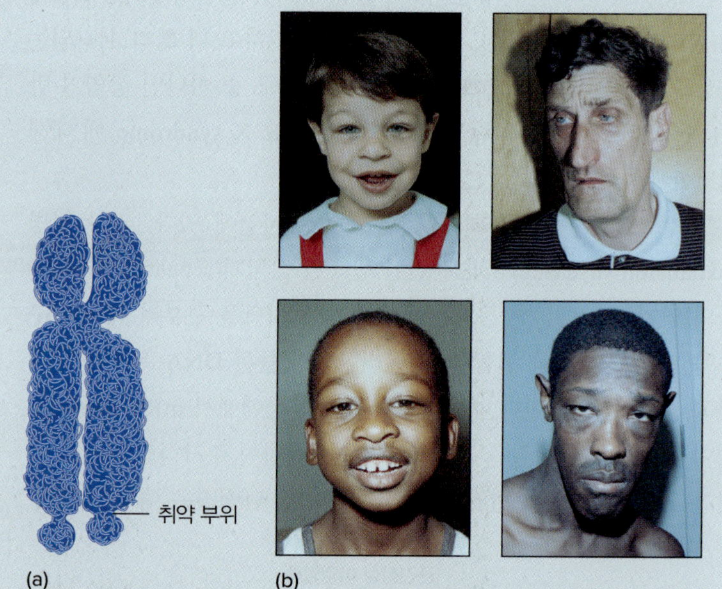

그림 12A 취약 X 증후군. (a) X 염색체 말단 끝에 위치한 취약한 부위. (b) 이 질환은 나이가 들면서 정신장애와 긴 얼굴형으로 변하는 것이 특징이다. *(b): Courtesy of Dr. Richard Simensen/Greenwood Genetic Center*

한 반복 단위로 된 직렬 반복 서열이다. 유전체의 특정 부위에서 특정 STR의 반복 횟수는 대립 유전자로 간주된다. STR은 18장에서 설명한다.

언어 유추는 점 돌연변이, 단일 염기 다형성(SNP) 및 CNV를 구별하는 데 유용하다. 야생형 짧은 서열과 2개의 SNP를 갖는 변이체가 다음과 같이 작성되는 경우:

The sad rat sat on a red cat (야생형)

The sad rat sat in a red hat (두 개의 SNPs)

그러면 두 종류의 CNV가 있는 서열은 다음과 같을 수 있다.

The sad sad rat sat on a red red red cat

CNVs는 사람들 간의 차이에 크게 기여하고 있다. CNV는 수 개의 DNA 염기서열에서부터 수백만에 이르기까지 그 크기가 다양하고, 사본은 염색체에서 서로 옆에 있을 수도 있고("직렬"), 멀리 떨어져 있을 수도 있으며, 심지어 다른 염색체의 일부일 수도 있다. CNV는 전체 유전자를 복제 또는 삼중 복제하거나 제거할 수 있다.

CNV는 표현형에 영향을 미치지 않기도 하고, 혹은 유전자 기능을 방해하고 건강을 해칠 수 있다. CNV는 단백질을 암호화하는 유전자에 삽입되어 번역틀을 변화시킴으로써 직접적인 효과를 가지거나 주변 서열을 불안정화시켜 간접적인 효과를 가질 수 있다. CNV는 주의력 결핍 과잉행동 장애(attention deficit hyperactivity disorder, ADHD), 자폐증 및 조현병과 같은 행동장애가 있는 사람들에게 특히 많이 나타난다.

핵심 개념 질문 12.5

*a. 점 돌연변이란 무엇인가?
b. 전이과 전환을 구별하시오.
c. 과오 돌연변이와 넌센스 돌연변이를 구별하시오.
d. 유전자 암호화 부위 이외의 돌연변이들은 어떻게 유전자의 기능에 영향을 주는지 설명하시오.
*e. 삽입과 결실이 유전자 기능에 어떤 영향을 미치는가?
f. 위유전자와 트랜스포존은 유전자 기능에 어떤 영향을 미치는가?
g. 반복 확장 돌연변이를 설명하고 그 효과를 설명하시오.
*h. 사본 수 변이(CNV)란 무엇인가?

12.6 위치의 중요성

돌연변이가 표현형을 변경하는 정도는 유전자에서 변화가 일어나는 위치에 따라 다르다. 위치는 암호화된 단백질의 접힘, 형태, 활성 또는 풍부함에 영향을 줄 수 있다. 아미노산을 유사한 것으로 대체하는 돌연변이는 단백질의 형태를 실질적으로 바꾸지 않기 때문에 표현형에 크게 영향을 미칠 가능성이 작다. 매우 다른 아미노산으로 대체하더라도 그 기능에 중요하지 않은 단백질의 일부에 변화가 있는 경우 영향을 미칠 가능성이 여전히 작다. 특정 돌연변이의 효과는 헤모글로빈에서 잘 연구되었다.

글로빈 유전자 변이들

수백 개의 글로빈 유전자 돌연변이가 알려져 있다. 이 유전자의 돌연변이는 겸형 적혈구가 있거나 혹은 없는 빈혈증을 유발하거나 청색증(산소 결합 불량으로 인한 청색 창백)을 유발할 수 있다. 드물게 돌연변이가 분자의 산소 친화력을 높인다. 일부 글로빈 유전자 변이체는 전혀 영향을 미치지 않으며 "임상적으로 침묵하는" 것으로 간주한다(**표 12.5**).

유전자의 동일 부위에 있는 다른 돌연변이는 다른 영향을 나타낼 수 있다. 예를 들어, 헤모글로빈 S(Hb S)와 헤모글로빈 C(Hb C)는 베타 글로빈 폴리펩타이드의 여섯 번째 아미노산을 다른 아미노산으로 변경시킨 돌연변이이다. 헤모글로빈 S에 대한 동형접합자에는 겸형 적혈구 질환이 있다. 헤모글로빈 C에 대한 동형접합자는 겸형 적혈구 질환의 중증 빈혈에 비해 경증 또는 경계성 빈혈을 앓는 헤모글로빈 C 질환을 갖는다. 두 조건의 차이점은 6번 아미노산을 헤모글로빈 S는 글루탐산을 발린으로 변경하는 반면, 헤모글로빈 C는 글루타민산을 라이신으로 변경한 것이다. 발린은 전하를 띠지 않고 라이신은 양전하를 띠기 때문에 두 개의 치환 돌연변이는 혈류의 다른 분자와 서로 다른 상호작용을 한다. 그 결과, 헤모글로빈 S는 불용성의 긴 실을 형성하는 반면, 헤모글로빈 C는 순환을 막고 중증 빈혈을 유발할 가능성이 낮은 작은 결정을 형성한다. 두 가지 유형의 동형접합자 모두 말라리아에 내성이 있는데, 그 이유는 특이한 헤모글로빈이 감염성 질병을 일으키는 기생충을 차단하는 방식으로 적혈구의 모양과 표면을 변경하기 때문이다(그림 16.13 참조).

돌연변이의 영향을 감소시키는 요인들

돌연변이는 DNA의 변화 능력의 자연스러운 결과이다. 이러한 유연성은 새로운 유전자 변이를 생성하기 때문에 진화에 필수적이며, 이 변이종 중 일부는 환경 변화에 저항할 수 있고 개체군 또는 종까지 생존할 수 있다. 그렇지만 표현형에 대한 돌연변이의 유해한 효과를 최소화하도록 작용하는 여러 요인이 있다.

유전자 암호 자체가 돌연변이로부터 어느 정도 보호된다. 제10장에서 설명한 동의코돈(synonymous codons)은 동일한 아미노산을 지정한다는 것을 알고 있다. 코돈의 세 번째 위치에 있는 돌연변이는 돌연변이 된 코돈과 원래 코돈이 동의일 때 "침묵"이라고 한다. 예를 들어, RNA 코돈 CAA에서 CAG로 변경되어도 아미노산인 글루타민을 동일하게 지정하기 때문에, 그 변화를 포함하는 단백질이 변하지 않을 것이다. 그러나 동의코돈은 인트론의 스플라이싱 및 mRNA 안정성에 영향을 줄 수 있다. 결과적으로, 동의코돈을 생성하는 돌연변이가 있는 유전자의 발현이 다를 수 있다.

또 다른 유전암호의 미묘성은 엄청나게 변형된 단백질이 합성되지 않도록 보호해 준다. 예를 들면, 유전암호의 두 번째 염기가 변화되면 유사한 구조를 가진 다른 아미노산으로 치환되기 때문에 단백

표 12.5 글로빈 돌연변이들

관련된 표현형	명칭	돌연변이
임상적으로 침묵(Clinically silent)	Hb Wayne	알파 글로빈 유전자 내 단일 염기결실로 인해 번역틀이 변경이 일어나 139~141번 아미노산 서열이 변경되고 아미노산이 첨가됨
	Hb Grady	9개 염기가 추가되어 알파 글로빈 사슬의 118번째와 119번째 사이에 3개 아미노산이 추가됨
산소결합(Oxygen binding)	Hb Chesapeake	베타 글로빈 사슬의 92번째 아미노산인 아르기닌이 루이신으로 치환됨
	Hb McKees Rocks	베타 글로빈 사슬의 145번째 아미노산인 티로신이 종결코돈으로 변경됨
빈혈(Anemia)	Hb Constant Spring	알파 글로빈 사슬에서 종결코돈이 글루타민으로 변화되어 알파 사슬이 크기가 신장됨
	Hb S	베타 글로빈 사슬에서 6번째 아미노산인 글루탐산이 발린으로 치환, 겸형 적혈구증을 유발함
	Hb Leiden	베타 글로빈 사슬에서 6개 아미노산이 결실됨
말라리아 저항성 (Protection against malaria)	Hb C	베타 글로빈 사슬에서 6번째 아미노산인 글루탐산이 라이신으로 치환됨. 겸형 적혈구증을 유발함

질 구조에 큰 영향을 받지 않는다. 예를 들어, 돌연변이가 GCC를 GGC로 변경시킨다면, 알라닌을 유사한 작은 크기를 가진 아미노산인 글리신으로 대체한다.

조건 돌연변이(conditional mutation)는 특정 상황에서만 표현형에 영향을 준다. 따라서 이런 질환자는 증상을 유발하는 요인에 노출되지 않는다면 돌연변이 영향을 피할 수 있다. 미성숙 적혈구가 포도당에서 에너지를 추출하는 데 사용하는 효소인 포도당-6-인산 탈수소효소(glucose-6-phosphate dehydrogenase)를 암호화하는 X-연관 유전자 *G6PD*의 일반적인 변이를 예를 들어 보자. 전 세계적으로 1억 명의 사람들이 이 X-연관 유전자의 알려진 200개 이상의 돌연변이로 인해 생명을 위협하는 용혈성 빈혈을 유발하는 *G6PD* 결핍증을 앓고 있다. *G6PD* 결핍증이 있는 사람들은 특정 분자의 불안정화를 방지하는 항산화 분자를 만들 수 없다. 다양한 유발 요인은 해로운 산화제를 생성하며, 파바 콩을 먹거나, 특정 항생제나 항말라리아 약을 먹거나, 특정 감염을 일으키는 것을 포함한다(**역사 엿보기** 참조). *G6PD* 결핍의 증상은 피로, 쇠약, 근육통 및 황달이며, 이것은 세계에서 가장 흔한 효소 결핍증이다. 겸형 적혈구 빈혈증과 마찬가지로 *G6PD*는 보인자가 말라리아에 내성이 있기 때문에 여전히 널리 퍼져 있다. 16.6절에서 자세히 설명하기로 한다.

돌연변이에 대한 또 다른 보호 기작으로 줄기세포를 들 수 있다. 줄기세포가 분열하여 또 다른 줄기세포 분열하거나 혹은 분화될 전구세포를 생성할 때, 원래 DNA 가닥(기존 DNA 가닥)은 줄기세포로 전달되고 새로 합성된 DNA 가닥은 분화될 전구세포로 전달된다(그림 2.17 참조). 이런 현상은 줄기세포가 왕성하게 분열하여 딸세포의 분화가 필요한 피부조직과 소장조직에서 그 의미가 높다. 돌연변이는 DNA가 새로이 복제될 때 발생하기 때문에 염색체 DNA의 이러한 편향된 배분은 유전물질의 유지에 도움이 된다. 즉, 원래 가닥에서 새로이 복제되어 돌연변이를 가질 수 있는 DNA 가닥이 분화되어 곧 탈락할 운명인 세포(피부에 문지른 수건이나 배변 시)에게 전달되도록 하고, 반면에 줄기세포는 새로운 돌연변이를 받지 않은 상태로 지속해서 조직을 재생할 수 있다.

역사 엿보기

기원전 5세기에 그리스 수학자 피타고라스는 그의 추종자들이 파바 콩을 먹는 것을 허락하지 않았다. 왜냐하면 파바 콩이 그들 중 일부를 병들게 한다는 것이라는 것을 알았기 때문이다. 그들은 G6PD 결핍증이었다. 제2차 세계대전 중에 항말라리아제 프리마퀸(primaquine)을 먹은 일부 군인들이 용혈성 빈혈에 걸렸다. 그들도 G6PD 결핍증을 가지고 있었다. 이러한 물질들과 다른 유발 물질들의 공통점은 적혈구를 다른 화합물로부터 전자를 빼앗는 화학물질인 산화제에 노출함으로써 "스트레스"를 준다는 것이다. 이 효소가 없으면 적혈구가 터지는 용혈 현상이 일어나게 된다.

핵심 개념 질문 12.6

a. 돌연변이의 영향을 결정하는 특성은 무엇인가?

b. 글로빈 유전자 돌연변이들을 설명하시오.

*c. 돌연변이 효과를 완화시키는 세 가지 현상들은 무엇인가?

12.7 DNA 수리

모든 제조 시설은 제품이 올바르게 조립되었는지 확인하기 위해 여러 가지 방법으로 제품을 테스트한다. 생산상의 실수는 제품이 시장에 출시되기 전에 대부분 수정된다. 세포의 DNA 제조에도 마찬가지다.

유전물질이 복제될 때 DNA의 손상은 중요한데, 이는 오류가 딸세포로 전달되기 때문이다. 손상에 대한 반응으로, 세포는 오류를 복구하거나 세포자살에 의해 죽을 수 있다. 오류가 수리되지 않고 세포가 죽지 않으면 암이 발생할 수 있다. 다행히도, DNA 복제는 매우 정확해서, 1억 개 정도의 염기 중 1개 정도의 오류를 가지게 된다. DNA는 인간의 평균 수명 동안 약 10^{16}번 복제되기 때문에 이것은 상당한 정확성이다.

DNA 중합효소와 "DNA 손상 반응(DNA damage response)" 유전자는 복제의 정확성을 감독한다. DNA 수리 과정에서, 세포는 손상을 감지하고 나서 세포 내의 신호체계는 손상을 복구하거나 세포 사멸을 신호로 반응한다. 50개 이상의 DNA 손상 반응 유전자가 확인되었다. 미토콘드리아 DNA는 스스로 회복할 수 없으며, 이는 더 높은 돌연변이율에 나타낸다.

많은 종류의 생명체가 DNA를 수리하는데, 어떤 것은 다른 것들보다 더 효율적이다. DNA 복구의 마스터는 크고 붉은 미생물인 *Deinococcus radiodurans*이다. 사람이 견딜 수 있는 방사선 수준의 1,000배를 견디며 원자로의 강렬한 방사선 속에서도 살 수 있다. 이 세균은 방사선으로 부서진 DNA 조각을 재정렬하고, 그런 다음 효소는 새로운 염기를 가져와 조각을 조립하는 능력을 갖추고 있다.

DNA 수리의 기작

방사선에 노출되는 것은 삶의 일부이다. 지구는 태초부터 다양한 강도의 자외선에 노출되어 왔었다. 화산, 혜성, 운석 및 초신성은 모두 대기의 오존을 고갈시켰고, 이로 인해 더 많은 자외선 파장의 빛이 생물체에 도달할 수 있었다. 긴 UV 파장(UVA)은 위험하지 않지만 짧은 UVB 파장은 인접한 피리미딘들, 특히 티민 사이에 추가적인 공유 결합을 형성하여 DNA를 손상시킨다. 이렇게 연결된 티민을 티민 이량체(thymine dimers)라고 하며, 이들의 여분의 결합은 복제를 방해하고 비상보적 염기의 삽입을 허용할 정도로 이중 나선을 구부린다. 예를 들어, A는 T의 반대쪽 대신 G 또는 C의 반대쪽에 삽입될 수 있다. 티민 이량체는 전사도 방해한다.

자외선은 1 mm만 투과하므로 일반적으로 인간에게는 피부암만 유발한다. 그러나 자외선은 행성의 최초 거주자인 단순한 미생물에게 치명적이었다. 생명체의 진화 초기에는 UV 손상을 견딜 수 있는 생명체가 유리하였다. 손상 수리효소는 UV 손상을 회복하게 했고, 효소는 유전자로 암호화되어 있기 때문에 DNA 수리가 지속되게 되었다.

현존하는 대부분의 생물체는 세 가지 유형의 DNA 복구 메커니즘을 이용하여, 짝 틀림 염기쌍(mismatched base pairs)에 대한 유전물질을 확인한다. 첫 번째 유형으로 광회복효소(photolyases)라고 불리는 효소는 가시광선으로부터 에너지를 흡수하고 그것을 사용하여 피리미딘 이량체를 감지하고 결합시킨 다음 여분의 결합을 절단한다. 이러한 회복을 광재활성화(광반응, photoreactivation)라 하며, 이 유형의 수리는 자외선에 손상된 곰팡이가 햇빛에 노출되면서 회복되도록 하는 것이다. 사람에는 이러한 광재활성화 회복계가 없다.

1960년대 초, 연구자들은 UV로 인한 DNA 손상을 복구할 수 없는 돌연변이 대장균에서 **절제 수리**(excision repair)라고 하는 두 번째 유형의 DNA 자가 수선을 발견했다. 효소는 DNA의 당과 염기 사이의 결합을 절단하여 피리미딘 이량체를 포함한 몇 개의 주변 염기를 절단한다. 그런 다음 DNA 중합효소가 노출된 주형 가닥을 사용하여 올바른 뉴클레오타이드를 채운다. DNA 중합효소는 또한 새로 복제된 DNA에서 일치하지 않는 염기를 감지하고 수정한다.

인간에게는 두 가지 유형의 절제 수리가 있다. **뉴클레오타이드 절제 수리**(nucleotide excision repair)는 최대 30개의 뉴클레오타이드를 대체하고 화학적 발암물질에 대한 노출, 햇빛의 UVB 및 산화적 손상을 포함하여 여러 유형의 원인으로 인해 발생하는 오류를 제거한다(**그림 12.13**). 30개의 다른 단백질이 뉴클레오타이드 절제수리를 수행한다.

두 번째 유형의 절제수리인 **염기 절제 수리**(base excision repair)는 한 번에 1~5개의 뉴클레오타이드를 대체하지만 특히 산화 손상으로 인한 오류를 수정한다. 산소 자유 라디칼(oxygen free radicals)은 대사 및 전사와 같은 화학 반응 중에 발생하는 반응성이 높은 형태의 산소이다. 활성산소는 DNA를 손상하며, 활발히 전사되는 유전자는 활성산소로부터 더 큰 산화적 손상에 직면한다. 염기 절제 수리는 이러한 유형의 손상을 대상으로 한다.

DNA 서열 교정의 세 번째 메커니즘은 **짝 틀림 수리**(mismatch repair)이다. 효소는 이중나선에서 나오는 작은 고리에 있는 새로 복제된 DNA를 검사한다. 효소는 일치하지 않는 뉴클레오타이드를 제거하고 올바른 뉴클레오타이드로 대체한다(**그림 12.14**). 작은 고리는 두 가닥이 상보적으로 정확히 정렬되지 않고 미끄러져 상보적이지 않는 곳에서 형성된다. 이것은 매우 짧은 DNA 서열이 반복되는 곳에서 일어나는데, 이러한 서열을 미세부수체(microsatellites)이라고

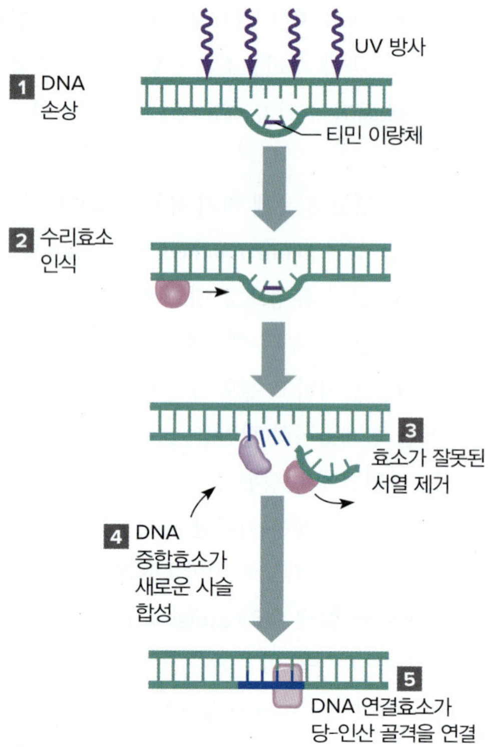

그림 12.13 뉴클레오타이드 절제 수리. 사람 DNA가 UV 노출되어 손상을 받게 되면 티민 이량체를 포함한 주변 염기들을 제거한 후 새로운 염기를 첨가하는 뉴클레오타이드 절제 수리로 DNA가 회복된다.

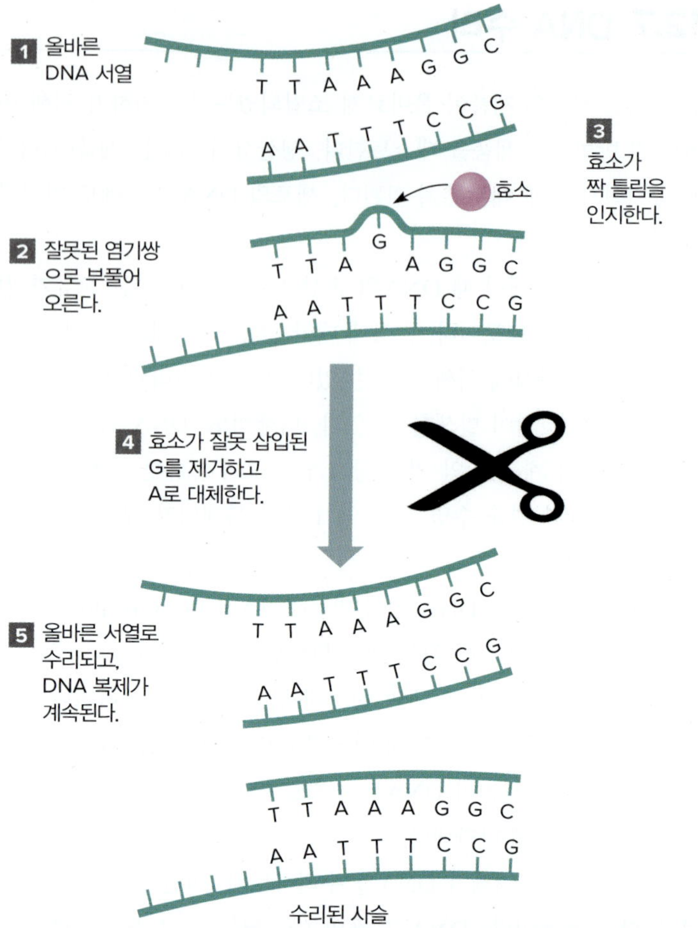

그림 12.14 짝 틀림 수리. 이러한 형태의 DNA 수리에서, 효소는 잘못된 염기쌍이 있는 부위에서 새로 복제된 DNA의 고리와 돌출부를 인지하여 오류를 수정한다. 고도로 반복되는 서열에서 이러한 유형의 오류가 발생하기 쉽다.

부르며, 유전체 전체에 흩어져 있다. 12.4절에서 언급한 미소부수체(minisatellites)처럼, 미세소부체 길이는 사람마다 다를 수 있으나, 개인 내의 유전체에서는 일반적으로 같은 길이이다. 절제 및 짝 틀림 수리는 오류의 원인이 자외선 유도 피리미딘 이량체 대 복제 오류로 다르고, 그리고 관련된 효소의 유형도 다르다.

인간세포의 절제 수리 및 짝 틀림 수리는 티민 이량체의 긴장을 완화하거나 잘못 삽입된 뉴클레오타이드를 대체한다. 또 다른 형태의 수리는 전리방사선에 노출되거나 산화적 손상에 의해 야기될 수 있는 두 DNA 가닥에서 부서진 당-인산 골격을 치료할 수 있다. 이러한 이중 가닥 손상은 암을 유발할 수 있는 염색체를 파손하기 때문에 특히 손상이 심각하다. 적어도 두 가지 유형의 다중 단백질 복합체가 절단된 말단을 재결합하거나 영향을 받지 않은 상동체의 DNA와 재결합하여 당-인산 골격을 재봉합한다. 이중 가닥 절단 및 자연적인 수리는 21.4절 및 22.4절에서 논의된 일부 유전체 편집 기술의 기초를 형성하였다.

손상 내성(damage tolerance)이라고 하는 또 다른 유형의 DNA 수리에서는 "잘못된" DNA 뉴클레오타이드가 그대로 남아 있지만 복제와 전사가 진행된다. 염기쌍 법칙에 대해 느슨한 "엉성한(sloppy)" DNA 중합효소는 오류를 지나쳐 읽고, 임의적으로 아무 뉴클레오타이드를 삽입한다. 이는 문장에 오타를 포함하고 있지만 그 의미가 변하지 않는 경우와 비유된다.

그림 12.15는 DNA 수리 메커니즘을 요약한 것이다.

DNA 수리장애

DNA를 수리하는 능력은 건강 유지에 매우 중요하다. DNA 수리 유전자의 두 복사본에 모두 돌연변이가 생기면 질환이 유발될 수 있다. 하나의 돌연변이 수리 유전자만을 가진 이형접합자는 환경적 독성물질에 의한 손상에 더 민감할 수 있다.

p53이라는 단백질을 암호화하는 유전자는 많이 연구되어 있으며 "유전체의 수호자"로 알려져 있다. 세포에서 p53은 DNA 손상을 회복하여 세포를 살릴 것인지 혹은 세포자살을 유도하여 세포를 죽일 것인지를 조절한다(그림 20.3 참조). 외부 신호 전달에 의해 p53이 활성화되면, 4개 단백질 복합체로 응집하여 안정화된다. 이 사량체는 세포주기를 늦추는 특정 유전자에 결합하여 DNA 수리가 이루어

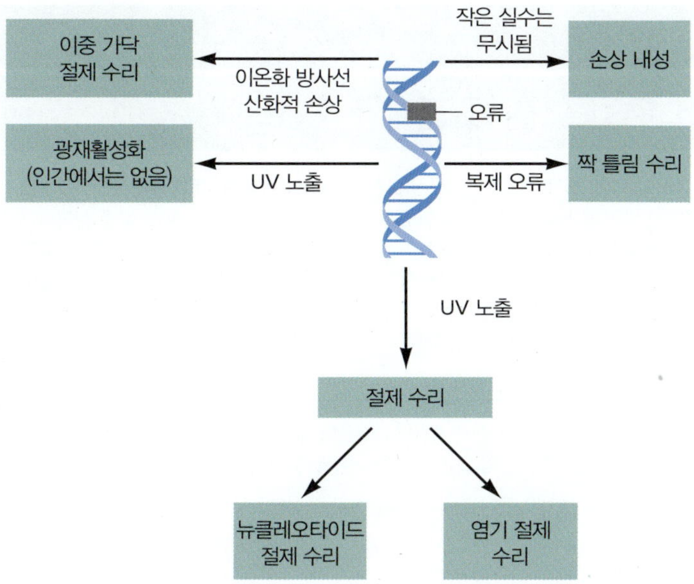

그림 12.15 DNA 수리 기작.

지게 하지만, 손상이 너무 심하면 p53 단백질 사량체가 수리하는 대신 세포자살을 촉진하는 유전자의 전사 속도를 증가시켜 세포는 사멸하게 된다.

DNA 수리장애에서는 돌연변이와 염색체 손상이 지속된다. 수리 유전자의 돌연변이는 돌연변이원에 노출된 후 특정 유형의 암에 대한 감수성을 크게 증가시킨다. 암은 DNA 염기서열의 오류가 누적됨에 따라 발병하는데, DNA 수리장애가 있으면 정상 수리 시스템을 갖춘 사람보다 훨씬 더 큰 규모로 오류가 쌓이게 된다. 우리는 이 장을 수리 장애(이 장애는 일반적으로 돌연변이로 인해 직접 증상이 발생하지 않기 때문에 질병이라고 불리지 않는다)에 대해 자세히 살펴보고 이 장을 마무리한다. 20장에서는 DNA 수리에 차질이 생긴 다른 암들에 대해 논의한다.

선모세포 이영양증

적어도 다섯 개의 유전자가 선모세포 이영양증(trichothiodystrophy)을 일으킬 수 있다. 최악의 경우, 이 상태는 왜소증, 지적장애, 약한 머리카락과 비늘 모양의 피부를 유발하며 둘 다 황 함량이 낮다. 아이가 1, 2년 동안은 정상으로 보일 수 있지만, 곧 성장이 급격히 느려지고 조로 증세가 시작되며, 빠른 사망에 이르게 된다. 또한 청력 및 시력이 저하가 나타난다. 증상은 축적된 산화적 손상을 반영한다. 개개인은 뉴클레오타이드 절제 수리, 염기 절제 수리, 또는 둘 모두에 결함을 가지고 있다. 선모세포 이영양증은 암 위험을 증가시키지 않는다는 점에서 이례적이며, 세계적으로 약 100건의 사례만이 알려져 있다.

유전성 대장암

린치 증후군(Lynch sybdrome)으로도 알려진 7가지 질환의 집단인 유전 비용종성 대장암(hereditary nonpolyposis colon cancer, HNPCC)은 연구자들이 개인 내에서 다른 길이의 짧은 반복된 DNA 배열을 확인했을 때 DNA 수리 결함과 관련이 있었다. 이런 종류의 대장암을 가진 사람들은 보통 사람의 미세부수체을 모두 같은 길이로 유지하는 짝 틀림 수리의 결함이 있었다. HNPCC는 200명 중 1명에게 영향을 미치며 새로 진단된 대장암의 3%를 차지한다. 대장암으로 새로 진단받은 모든 사람들에게 유전자 검사를 하는 것이 권장되는데, 만약 그들이 생식세포 돌연변이(germline mutation; 즉, 그들의 모든 세포에서)를 가지고 있다면, 그들의 친척들도 그 돌연변이를 물려받았는지를 알아보기 위해 검사를 받을 수 있기 때문이다. 건강한 친척들이 양성반응을 보인다면, 잦은 대장내시경 검사를 통해 질병을 조기에 발견할 수 있다. HNPCC의 침투율은 70세까지 약 45%로 높은 암 위험 요인으로 간주된다.

색소성 건피증(Xeroderma Pigmentosum, XP)

XP에 걸린 아이는 햇빛에 잠깐이라도 노출되면 고통스러운 물집이 생기기 때문에 인공적인 빛 아래 실내에 있어야 한다. 피부를 가리고 자외선차단제를 사용하지 않으면 피부암(**그림 12.16**)을 유발할 수 있는데, 이는 전체 XP 아동의 절반 이상이 청소년기 이전에 발병한다. XP 환자는 다른 사람에 비해 피부암에 걸릴 위험이 1,000배 높고, 체내 종양에 걸릴 위험이 10배 높다.

XP는 상염색체 열성 유전자로 7개의 유전자 중 하나에서 돌연변이로 인해 발생한다. 그것은 뉴클레오타이드 절제 수리의 오작동이

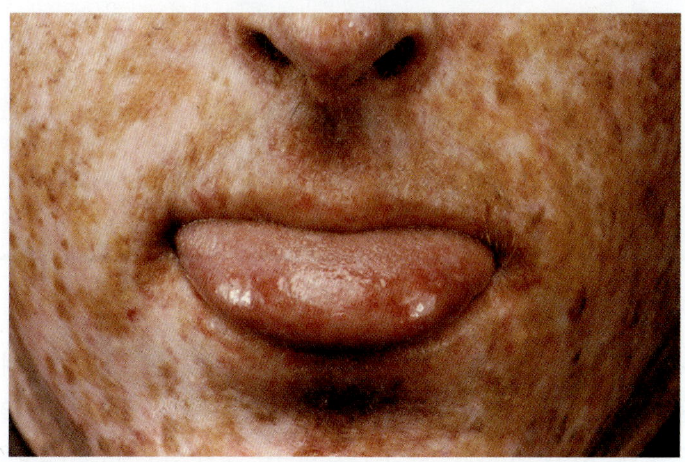

그림 12.16 DNA 수리장애. 이 사람의 얼굴에 생긴 자국들은 태양광선에 노출로 생긴 것이다. 색소성 건피증은 절제 수리 결함으로 유발되며, 태양광선에 매우 민감하게 된다. *Wellcome Image Library/Custom Medical Stock Photo*

생명윤리학

진단의 딜레마: VUS로부터 무엇을 할 것인가?

"내가 뭘 가지고 있다고?" 엘리(Eille)는 울면서 그녀의 유전상담사에게 물었다.

"당신에게는 불확실성 변이형이 있습니다. 우리는 그것을 VUS라고 부릅니다. 좀 혼돈스럽겠지만, 제가 설명해 드릴게요."

엘리는 난소암에 걸린 이모와 유방암에 걸린 두 사촌이 있기 때문에 *BRCA1*이나 *BRCA2* 암 감수성 유전자에 돌연변이가 있는지 알아보기 위해 유전자 검사를 받았다. 그 가족은 고위험군(아슈케나지 유대인)에 속해 있지만, 엘리의 친척들 중 누구도 유전자 검사를 받지 않았다. 그녀는 **"변이가 있다"**거나 **"없다"**는 대답을 기대했지만, 그러한 대답이 아니었다.

"당신의 두 *BRCA1* 유전자 중 하나는 특이한 DNA 서열을 가지고 있습니다. 우리가 알고 있는 암 감수성을 부여하는 돌연변이와 일치하지 않지만 '정상' 또는 야생형 서열은 아닙니다. 우리는 임상적 중요성을 알지 못합니다."라고 상담사가 말했다.

"그 정보로 무엇을 해야 합니까?" 엘리가 물었다. 그녀는 돌연변이가 있는 경우 유방과 난소를 제거하는 수술을 고려하고 있었다. 이제 그녀는 무엇을 해야 할지 알 수 없었다.

모든 유전자는 다양하다. 어떤 변이체는 암호화된 단백질과 표현형에 영향을 미치지만, 다른 변이체는 영향을 미치지 않는다. 결과적으로 어떤 유전자 변이는 다른 변이보다 더 위험하다. 아슈케나지 유대인에서 더 흔한 *BRCA1* 및 *BRCA2* 돌연변이는 하나 또는 두 개의 DNA 염기를 결실되어 번역틀은 틀어지고 부적절한 "종결"코돈이 생기는 것이다. 이 상태로 암호화된 단백질은 너무 짧아 암을 예방하는 짝 틀림 수리 반응에서 정상적으로 기능할 수 없다(그림 20.15 참조). 엘리가 그러한 돌연변이를 가지고 있지 않다는 것은 좋은 소식이었다. 그러나 그녀는 무엇을 가지고 있었을까?

유전상담사는 연구자들이 특정 유전자 변이를 확인하고 질환과 연관 짓는 것은 이러한 변이가 질환이 있는 사람들에게서만 발견되었기 때문이라고 설명했다. 큐레이터라고도 불리는 임상 변이 과학자들은 연구 보고서에 사용된 통계적 방법과 유전자 변화가 암호화 단백질의 구조와 기능을 변화시킬 것으로 예측되는 정도에 따라 유전자 변이를 분류하며, 때때로 알려진 돌연변이에 대해 훈련된 머신 러닝을 사용한다. 미국 의학 유전학 및 유전체학 대학, ClinVar 및 기타 분류기관은 5가지 위험 범주를 나타낸다(**그림 12B**). 유전자 변이는 다음 중 하나이다:

- 병원성(pathogenic)
- 추정 병원성(likely pathogenic)
- 불확실성 변이형(불확실한 의미의 변이; a variant of uncertain significance)
- 추정 비병원성(likely benign)
- 비병원성(benign)

BRCA1 및 *BRCA2* 유전자에 대해 2,000개 이상의 변이가 알려져 있다. 유전자 염기서열을 가진 사람들 중 약 15%가 엘리가 했던 것과 같은 중간 범주인 미스터리한 VUS의 결과 보고를 듣는다. 임상 의사들은 이 질환의 치료 여부를 안내하는 측면에서 "추정 병원성"을 "병원성"과 동등하게 간주하기 시작했다.

유전자 변이를 분류하는 것은 의심스러운 임상 상태를 가진 경우와 그 상태를 보이지 않았던 사람들의 경우를 포함한 모든 변이들 식별해야 하는 생물 정보학적인 과제이다. 시간이 지남에 따라, 그리고 아마도 유전자-유전자 상호작용도 고려될수록, "VUS" 결과를 얻을 가능성은 작아질 것이다. 하지만 그때까지는 상황이 혼란스러울 수 있다.

토론을 위한 질문

1. 5가지 변이 해석 수준 중 어느 수준에서 환자에게 검사 결과에 대해 알려야 하는가? 당신의 답변에 대한 이유를 말하시오.
2. 불확실성 변이종이 감소하게 될 이유를 설명하시오.
3. 간호사, 의사, 또는 유전상담사가 VUS의 소식을 전달해야 하는가? 당신의 답변에 대한 이유를 말하시오.
4. 아직 증상을 일으키지 않은 유전적 상태를 예방하기 위한 수술이나 다른 유형의 처치를 고려하기 전에 유전자 검사 결과의 확실성을 어느 정도 알고 싶은가?
5. 어떤 연구자들은 불확실성 발견의 상황을 **변이 해석의 위기**라고 불렀다. VUS 검사 결과를 받으면 어떤 임상 결과가 초래되는가?

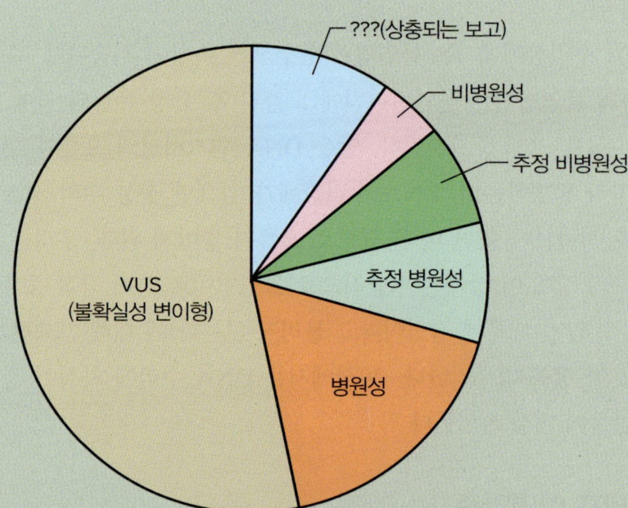

그림 12B 유전자 변이는 병원성, 추정 병원성, 불확실성 변이형, 추정 비병원성, 비병원성 등으로 분류된다. 유전자 변이 분류의 백분율은 표현형과의 연관성이 발견됨에 따라 변경된다. 연구자들이 변이를 분류하기 위해 다른 데이터베이스 기준을 사용하는 경우 결과가 일치하지 않을 수 있다.

나 "엉성한(sloppy)" DNA 중합효소의 결함으로 발병할 수 있으며, 둘 다 티민 이량체가 남아서 복제를 차단할 수 있다. 돌연변이를 일으킬 때, XP를 일으키는 유전자 중 하나는 또한 선모세포 이영양증과 또 다른 질병인 코카인 증후군(Cockayne syndrome)을 유발한다. 다른 증상은 돌연변이가 복제 중인 DNA를 풀어주는 것을 돕는 헬리케이즈(helicase) 단백질을 파괴하는 다양한 방식으로 인해 발생한다.

전 세계에서 약 250명만이 XP를 가지고 있는 것으로 알려져 있다. 뉴욕주 북부에 사는 한 가족은 밤이 낮으로 바뀌는 XP에 걸린 아이들을 위한 특별한 여름 캠프를 운영하고 있다. 활동은 밤이나 창문이 가려져 있고 저자외선 백열등에서 빛이 나오는 특별한 공간에서 이루어진다.

모세혈관 확장증(Ataxia Telangiectasia, AT)

이러한 다중 증상 상태는 세포주기 검문점에서 작용하는 인산화효소의 결함으로 유발된다(그림 2.14 참조). AT 환자에서는 세포주기가 검문지점을 건너뛰어 진행되기 때문에 DNA 복제 후에 새로 합성된 DNA에 생긴 실수들이 교정되지 않는다. 어떤 세포들은 회복될 수 없을 정도로 심각한 손상을 입어 세포자살 경로로 들어가 죽게 된다. 세포주기가 제대로 작동하지 않기 때문에, 이 상염색체 열성장애를 가진 사람들은 특히 혈액암에 걸릴 위험이 50배 높다. AT에 걸린 사람들의 약 40%가 30세까지 암에 걸린다. 추가적인 증상으로는 균형 및 조정 불량(운동실조), 얼굴에 붉은 반점(모세혈관 확장증), 성적 성숙 지연, 감염 및 당뇨병의 높은 위험이 높다.

AT는 드물지만, 이형접합자는 그렇지 않다. 그들은 다양한 개체군의 0.5에서 1.4%의 빈도를 나타낸다. 보인자들은 경미한 방사선 감수성을 가질 수 있으며, 이는 일반인보다 암 위험이 2배에서 6배까지 증가하게 한다. AT 보균자의 경우, 치과용 또는 의료용 엑스레이가 암을 유발할 수 있다.

종의 진화에 필수적인 DNA의 변이성은 때때로 개인에게 피해를 끼칠 수 있다. 우리는 각각 약 175개의 새로운 돌연변이, 많은 수의 오래된 돌연변이, 그리고 많은 다형성을 가지고 있다. **생명윤리학** 상자에서는 유전자 변이에 대한 학습이 혼란스러울 수 있는 상황을 고려해야 한다.

핵심 개념 질문 12.7

*a. 뉴클레오타이드 절제 수리는 어떻게 일어나는가?

*b. 염기 절제 수리는 어떻게 일어나는가?

*c. 짝 틀림 DNA 수리가 어떻게 작동하는지 설명하시오.

d. DNA 수리의 결함으로 인해 발생하는 장애를 설명하시오.

학습 가이드

핵심 용어

대립유전자성 질환(allelic diseases) 동일 유전자의 돌연변이들로 인해 발생하는 다른 질환들.

염기 절제 수리(base excision repair) 산화 손상을 교정하기 위해 1~5개의 인접한 DNA 뉴클레오타이드 교체.

조건 돌연변이(conditional mutation) 특정 환경조건에서만 발현되는 유전자형.

결실(deletion) DNA 서열의 일부 또는 염색체의 일부를 제거하는 돌연변이.

절제 수리(excision repair) 효소 촉매에 의한 DNA에서 피리미딘 이량체의 제거.

엑손 건너뛰기(exon skipping) 과오 돌연변이가 인트론 스플라이싱 자리에 발생하여 인접 아미노산이 누락된 단백질.

반복 확장(expanding repeat) 일반적으로 3개 또는 4개의 뉴클레오타이드로 구성된 짧은 DNA 서열이 야생형 개체에서 특정 범위의 사본 수로 존재하지만, 이 사본 수가 확장되면 질병을 야기한다.

생식세포 돌연변이(germline mutation) 수정란에 존재했기 때문에 개인의 모든 세포에 있는 돌연변이.

생식소 모자이크성(gonadal mosaicism) 난소나 정소에 두 개 이상의 유전적으로 구별되는 세포집단을 갖는 것.

삽입(insertion) DNA 염기를 추가하는 돌연변이.

짝 틀림 수리(mismatch repair) 짧은 반복 DNA 단편의 정렬 불량 여부를 확인.

과오 돌연변이(missense mutation) 코돈을 변경하여 다른 아미노산을 지정하는 단일 염기 변화(점 돌연변이).

돌연변이원(mutagen) 돌연변이를 일으키는 물질.

넌센스 돌연변이(nonsense mutation) 암호화된 아미노산 코돈을 종결코돈으로 바꾸는 점 돌연변이로 암호화된 단백질의 합성을 조기에 종료.

넌센스 매개 붕괴(nonsense-mediated decay) 종결 돌연변이가 세포에 독성 영향을 미칠 수 있는 단축된 단백질을 암호화하는 mRNA를 파괴하는 반응.

뉴클레오타이드 절제 수리(nucleotide excision repair) 여러 유형의 DNA 손상을 교정하기 위해 최대 30개의 뉴클레오타이드를 대체.

점 돌연변이(point mutation) DNA에서 단일 염기의 변경.

다형성(polymorphism) 특정 염색체 좌위에 있는 DNA 염기 또는 염기서열로, 개체군에서 개인들에 따라 작은 비율로 다양.

짧은 직렬 반복(short tandem repeat, STR) 유전체의 특정 부위에서 반복되는 2~10개 염기의 DNA 서열. 법과학에서 개인을 구별하는 데 사용.

체세포 모자이크성(somatic mosaicism) 체세포 돌연변이로 인해 표현형이 돌연변이가 발생한 원래 세포에서 유래한 신체 일부에 영향을 미침.

체세포 돌연변이(somatic mutation) 비생식세포에서의 유전적 변화.

스플라이싱-자리 돌연변이(splice-site mutation) 인트론 제거를 제어하는 유전자 부위의 점 돌연변이로, 단백질 산물에 아미노산이 추가되거나 제거됨.

직렬 중복(tandem duplication) 원래의 염기서열 옆에 자리한 DNA 서열의 복사본.

전이(transition) 퓨린 염기에서 다른 퓨린으로 또는 피리미딘 염기를 다른 피리미딘으로 대체하는 점 돌연변이.

전환(transversion) 퓨린을 피리미딘으로 또는 그 반대로 대체하는 점 돌연변이.

복습문제

1. **돌연변이**를 정의하시오.
2. 기능 상실과 기능 획득 돌연변이를 구별하시오.
3. **다형성**을 정의하시오.
4. 유해하지 않은 유전자 변이의 예를 들어 보시오.
5. 생식세포와 체세포 돌연변이를 구별하시오.
6. 인간의 몸은 어떻게 유전체 모자이크성인가?
7. 헤네 홀스테지(Henne Holstege)의 백혈구에는 수백 개의 돌연변이가 있었지만, 그녀의 뇌 뉴런에는 돌연변이가 없었던 이유를 설명하시오.
8. 돌연변이가 겸형 적혈구병을 일으키는 방법을 설명하시오.
9. 콜라겐 유전자의 돌연변이가 특히 건강에 영향을 미칠 가능성이 높은 이유는 무엇인가?
10. 한 쌍의 대립유전자성 질환을 설명하시오.
11. 어떻게 DNA가 자연발생적으로 돌연변이될 수 있는가?
12. 아래의 두 현상을 비교하시오.
    a. 전이와 전환.
    b. 과오 돌연변이와 넌센스 돌연변이.
13. 번역틀을 변경할 수 있는 두 가지 유형의 돌연변이를 설명하시오.
14. 표현형에 영향을 주지 않고 DNA가 돌연변이될 수 있는 네 가지 방법을 설명하시오.
15. 트랜스포존이 유전자 기능을 교란시킬 수 있는 두 가지 방법을 설명하시오.
16. 몇 세대에 걸쳐 유전되는 질병의 악화에 대한 분자적 설명은 무엇인가?
17. 사본수 돌연변이와 과오 돌연변이와 어떻게 다른지 설명하시오.
18. 단일 염기 돌연변이가 어떻게 많은 아미노산이 결실된 단백질을 암호화할 수 있는지 설명하시오.
19. 유전자 암호가 돌연변이의 영향으로부터 보호하는 세 가지 방법을 설명하시오.
20. 조건 돌연변이란 무엇인가?
21. 절제 수리와 짝 틀림 수리는 어떻게 다른가?

응용문제

1. 이 장의 서문에 설명된 푸카트 가족의 일부 구성원은 제I형 메트헤모글로빈혈증을 가지고 있다. 그들은 효소가 작용하기 때문에 푸르스름한 피부 톤의 가벼운 증상이 있지만 정상보다 약간 덜 효율적이다. 대조적으로, 제II형 메트헤모글로빈혈증이 있는 사람들은 심각한 지적장애가 있고 젊은 나이에 사망한다. 두 유형 모두 효소 CYP5R3을 암호화하는 유전자의 돌연변이로 인한 것이다. 유형 I을 유발할 수 있는 돌연변이 유형과 훨씬 더 심각한 유형 II를 유발할 수 있는 돌연변이 유형을 설명하시오.
2. 맥쿤-올브라이트 증후군(McCune-Albright syndrome)에서는 섬유질 결합 조직이 뼈를 대체하고, 피부에 황갈색 반점(카페오레 반점)이 나타나며, 호르몬 이상은 조기 사춘기 및 갑상선, 뇌하수체 및 부신의 기능 부전을 유발한다. 표현형은 매우 다양하며 모든 환자는 *GNAS1* 유전자에 있는 돌연변이에 대한 체세포 모자이크성이다. 이러한 증상이 모자이크성에서만 보이는 이유는 무엇인가?
3. 다음 DNA 서열 중 돌연변이가 잘 일어날 수 있는 것은 어느 것인가? 그 이유를 설명하시오.
    a. CTGAGTCGTGACTCGTACGTCAT
    b. ATGCTCAGCTACTCAGCTACGGA
    c. ATCCTAGTCGTCGTCGTCGTCATC
4. C를 T로 변경하는 돌연변이는 일종의 엘러스-단로스 증후군(Ehlers-Danlos syndrome)을 유발하여 "종결"코돈을 형성하고 프로콜라겐이 단축된다. 유전자 코드를 참조하고(표 10.3 참조) 이것이 일어날 수 있는 한 가지 방법을 제안하시오.
5. 다음은 혈액 단백질을 암호화하는 특정 유전자 엑손 부위의 mRNA 서열이다.
    AUG ACU CAU CGC UGU AGU UUA CGA
    유전암호를 참조하여 다음 물음에 답하시오.

a. 이 mRNA가 암호화하는 아미노산 서열은 무엇인가?

b. 10번째 염기인 C가 A로 변경된 점 돌연변이가 생긴다면 아미노산 서열은 어떻게 변경되는가?

c. 15번째 염기를 U에서 A로 변경하는 점 돌연변이가 일어난다면 그 영향은 어떠하겠는가?

d. 4번째와 5번째 염기 사이에 C가 삽입된다면 암호화된 아미노산 서열은 어떻게 변화되는가?

e. 한번에 3염기의 삽입 혹은 두 염기의 삽입 중에 어느 쪽이 암호화된 아미노산 서열에 더 치명적인 효과를 나타내는가?

6. 프리온 질병(10.4절 참조) 발병에 대한 감수성은 아스파라긴산(Asp)을 아스파라긴(Asn)으로 바꾸는 돌연변이에서 발생한다. 어떤 뉴클레오타이드 염기 변화가 이런 일이 일어날 수 있는가?

7. 한 남자가 48세에 헌팅톤병에 걸렸다. 그는 유전자 검사를 받았고 그의 돌연변이 유전자는 54번 반복되어 있었다. 그의 20세 딸은 검사를 받은 결과, 68번 반복되는 유전자를 가지고 있었다. 그 유전자가 어떻게 확장되었는지 설명하시오.

8. 한 가족에서 테이-삭스병(Tay-sachs disease)은 암호화된 아미노산 코돈을 "종결" 코돈으로 변경하는 4개 염기 삽입으로 인해 발생한다. 이것은 어떤 유형의 돌연변이인가?

9. 한 생명공학 회사는 리포솜이라고 하는 지방 버블에 DNA 수리효소를 캡슐화하였다. 이것이 왜 선탠 로션에 가치 있는 첨가물이 되는가?

법과학적 관점

1. 어느 늦은 밤, 콜린(Colleen)의 아파트에 한 남성이 침입하여 그녀를 성폭행하였다. 그는 가면을 쓰고 어두워서 그녀는 그의 얼굴을 볼 수 없었지만, 그녀는 그의 길고 기름진 머리를 잡아당겼다. 법의학 수사관은 머리카락을 조사한 후, 콜린에게 남자친구가 침대에 있었는지 아니면 저녁 일찍 그녀와 함께 있었는지 물었다. 머리카락은 분석된 반복서열 중 하나에 대해 두 가지 유전자형이었기 때문이다. 머리카락에서 두 가지 유전자형을 찾을 수 있는 또 다른 설명은 무엇인가?

사례 및 연구 결과

1. 로비노우 증후군(Robinow sydrome)은 이마가 높고 눈이 넓고 코가 납작하고 머리와 얼굴이 커서 태아와 닮은 얼굴을 유발한다. 다른 증상으로는 심장 결함, 난청, 두개골 치밀도가 있다. 돌연변이 유전자인 *DVL1*은 2,941개의 뉴클레오타이드로 구성되어 있다. 그것은 15개의 엑손을 갖는 670개의 아미노산 길이의 단백질을 암호화한다. 영향을 받은 8명의 개인을 대상으로 한 연구에서 그들은 서로 다른 돌연변이를 가지고 있는 것으로 나타났지만, 모든 돌연변이는 3의 배수가 아닌 다수의 뉴클레오타이드를 엑손 14에서 제거하여 단백질의 축소를 초래하였다.

   a. 작은 결실이 세 개의 뉴클레오타이드의 배수가 아니라는 사실의 의미는 무엇인가?

   b. 연구자들은 로비노우 증후군을 가진 8명의 사람들로부터 *DVL1* 유전자의 엑손 14를 암호화하는 mRNA를 확인하고 놀랐다. 그들은 왜 놀랐는가?

   c. 이 유전자의 인트론들에는 얼마나 많은 뉴클레오타이드가 있는가?

2. 라키타(Lakita)와 케이샤우나(Keyshauna)는 낭포성 섬유증을 가진 대학생들을 위한 병원에서 만났다. 리타카의 돌연변이는 엑손 건너뛰기에 의한 것이다. 케이샤우나의 돌연변이는 넌센스 돌연변이이다. 어느 쪽 여성이 더 심각한 증상을 가지겠는가? 당신의 답변에 대한 이유를 말하시오.

3. 마샬(Marshall)과 안젤라(Angela)는 색소성 건피증으로 인한 피부암을 앓고 있다. 그들은 10대 암 환자를 위한 행사에서 만났다. 그러나 그들의 돌연변이들은 다른 유전자들에 영향을 준 것이다. 그들은 결혼하기로 결정했지만, 상염색체 열성이기 때문에 각 자녀가 XP를 물려받을 확률이 25%라고 믿기 때문에 자녀를 갖지 않기로 결정했다. 그들이 결정이 옳은 것인가? 그 이유를 설명하시오.

CDC/C. Goldsmith, P. Feorino, E. L. Palmer, W. R. McManus

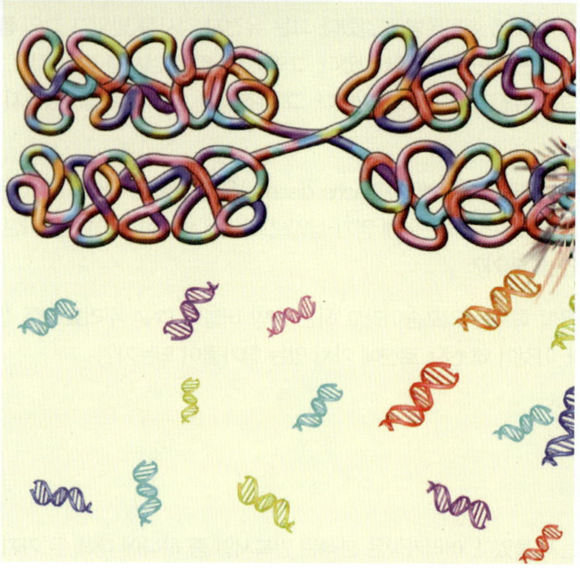

CHAPTER 13

염색체

염색체 파열은 자발적으로 단일 염색체(때로는 여러 개)를 산산조각 내는 흔하지 않은 일이다. 2011년 암세포에서 처음 발견된 염색체 파열은 일부 심각한 선천적 장애의 원인을 설명 가능케 한다.

학습 목표

13.1 염색체의 초상

1. 염색체의 주요 부위를 열거하시오.
2. 동원체 위치에 따른 염색체의 종류를 열거하시오.

13.2 염색체의 탐지

3. 염색체의 획득, 준비, 탐지, 묘사 방법에 대해서 설명하시오.

13.3 염색체의 수 이상

4. 염색체의 수 이상이 어떻게 발생하는지에 대해서 설명하시오.
5. 이수성과 다배수성을 구별하시오.
6. 특정 이수성의 조건에 대해 설명하시오.

13.4 염색체의 구조 이상

7. 평형 염색체와 불균형 염색체로 인한 결과를 구별하시오.
8. 결실, 중복 및 두 가지 주요 유형의 전좌에 대해 설명하시오.
9. 두 가지 유형의 역위를 구별하시오.
10. 2중팔 염색체에서 야기되는 결과를 설명하시오.
11. 고리 염색체에서 야기되는 결과를 설명하시오.

13.5 편부모 2염색체성—한쪽 부모로부터 온 다배체

12. 한쪽 부모로부터 DNA 서열 두 쌍이 어떻게 유전될 수 있는지에 대해서 설명하시오.
13. 한쪽 부모로부터 DNA 서열 두 쌍을 물려받으면 어떻게 건강에 영향을 미치는지에 대해서 설명하시오.

개관

사람 유전체는 24개 염색체에 20,000개 이상의 단백질을 암호화하는 유전자들을 가지고 있다. 염색체 수준의 질병은 개별 유전자 또는 그 발현 조절의 붕괴로 인해 나타난다. 염색체는 다음 세대로 함께 전달되는 유전자 집단을 결정하기 때문에 염색체를 감지하고 분석하면 임상적으로 유용한 정보를 얻을 수 있다.

산산조각 났어!

1965년 의학 저널의 한 보고서에 의해 최초로 인유두종 바이러스 감염으로 인한 사마귀와 박테리아 감염에 대한 감수성을 유발하는 면역질환이 있는 9세 소녀가 알려졌다. 이후 몇 가지 다른 사례들에 의해 이 질환은 면역계 유전자 *CXCR4*의 돌연변이에 의한 것으로 밝혀졌다. 단 하나의 유전자 돌연변이에 의해 골수에 있는 백혈구가 병원체와 싸우기 위해 혈류로 들어가는 것을 막은 것이다.

이 질병은 현재 WHIM 증후군이라고 불리고 있다. 몇 년 전, 50대 후반의 첫 번째 여성 환자가 성인인 두 딸을 데리고 국립보건원 임상센터를 찾아왔다. 그들은 어머니로부터 WHIM을 물려받았지만 어머니는 완전히 회복되었다. 감염도, 사마귀도 없이 질병이 말끔히 사라진 것이다. 무슨 일이 있었던 것일까?

불특정한 어느 시점에서 환자 골수의 조혈(혈액) 줄기세포는 이전까지 암세포에서만 발생하는 것으로 알려진 **염색체 파열**(chromothripsis)이라는 매우 드문 사건을 겪었다. 이중 가닥 DNA 파손으로 그녀의 염색체 중 하나가 산산이 부서져 마치 염색체가 폭발한 것처럼 보였다. 염색체 파열은 "산산조각난 발색체"에 대한 그리스어이다.

연구원들이 여성의 백혈구 일부의 유전체의 염기서열을 분석했을 때, 그녀의 2번 염색체 사본 중 하나가 다른 사본보다 짧다는 것을 발견했다. 이 사본에는 그녀의 질병을 일으킨 *CXCR4* 유전자 사본을 포함하여 164개의 유전자가 누락되어 있었다. 염색체가 부서져 다른 염색체로 조각들이 들어갔지만 DNA 수리로 그들을 회복시켰다. 이렇게 변형된 줄기세포에서 나온 백혈구가 골수에서 나와 기능을 하기 시작했고 감염도 멈췄다. 그러나 그녀의 난모세포 중 절반은 여전히 돌연변이를 갖고 있어, 이는 그녀의 딸들이 WHIM을 어떻게 물려받았는지 보여주고 있다.

현재 몇몇 사례들에 의해 과거 모든 세포에서 일어난 염색체 파열의 증거로 보이는 선천적 장애를 가지는 아이들이 나타나고 있다. DNA 수리는 모든 DNA가 존재하기 때문에 정상적인 염색체의 조각을 함께 엮어 재배치한다. 그러나 감수분열 동안 재배치된 염색체는 상동 염색체가 이상한 위치에서 끌어당겨서 잘못 짝을 이룰 수 있으며, 결과적으로 유전물질이 추가되거나 누락된 자손이 생겨 심각한 선천적 장애를 유발할 수 있다. 어머니의 유전체는 마치 커다란 퍼즐 조각과 같아서 잘라서 다시 붙일 수 있지만 자손은 너무 적거나 너무 많은 퍼즐 조각을 물려받게 되는 것이다.

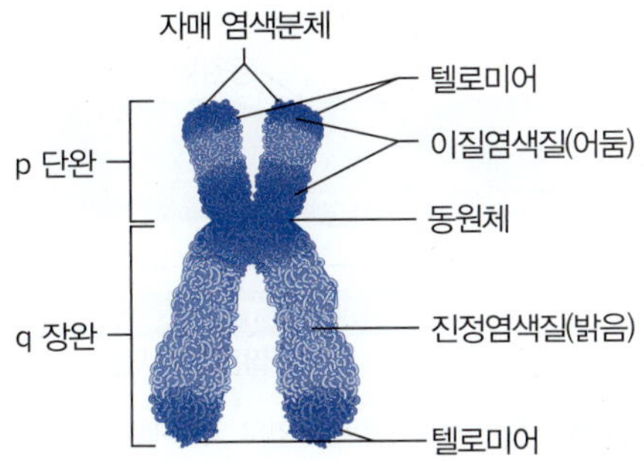

그림 13.1 염색체의 초상. 단단히 묶여 있고, 고도로 반복된 이질염색질은 동원체(가장 많이 응축된 부위)와 텔로미어(염색체의 끝)를 형성한다. 다른 곳에서 밝게 염색된 진정염색질은 단백질들을 암호화하는 유전자를 포함한다. 동원체는 염색체 단완(p)과 장완 (q)으로 나눈다. 이 염색체는 복제된 상태이다.

13.1 염색체의 초상

돌연변이는 단일 염기 변화에서 염색체 전체까지 광범위하게 일어난다. 염색이나 형광 탐침을 사용하여 염색체의 소실, 과잉, 혹은 유전물질의 이동이 광학현미경으로 충분히 관찰할 수 있을 만큼 돌연변이가 크다면 염색체 이상으로 볼 수 있다. 이러한 염색체는 수백에서 수천 개의 유전자를 포함하고 있다.

일반적으로 유전물질이 상당히 많은 경우에는 매우 적은 경우보다 건강에 가벼운 영향을 미치지만, 큰 규모의 염색체 이상은 발생이 방해받거나 멈춘 배아 또는 태아의 모든 세포에서 관찰된다. 그 결과, 신생아의 0.65%만이 증상을 나타내는 염색체 이상을 가진다. 추가로 0.2%의 신생아가 염색체 재배열을 가지는데 이는 염색체의 한 부분이 뒤집어지거나 교환이 이루어진 것이지만, 생존과 관련된 유전자가 변형되지 않는다면 증상을 보이지 않는다.

세포유전학(cytogenetics)은 질병을 포함하는 특성이 독특한 염색체 변이와 관련 있는 유전학의 한 분야이다. 이 장에서는 염색체 이상과 이들이 건강에 미치는 영향에 대해서 알아보고자 한다. 이를 설명하기 위해 실제 경우들이 인용되었다.

필수 요소: 텔로미어와 동원체

염색체는 대부분 DNA와 단백질 그리고 소량의 RNA에 의해서 구성된다. 염색체는 체세포분열과 감수분열에 의해서 다음 세대로 복제 및 전달된다. 염색체는 오래전부터 설명되어 왔으며, 크기와 형태에 따라 구별되었고, 염색을 통하여 어두운 부위의 **이질염색질**(heterochromatin)과 밝은 부분의 **진정염색질**(euchromatin)을 구분하였다(**그림 13.1**). 이질염색질은 대부분 고도로 반복된 DNA 서열로 이루어져있고, 진정염색질은 단백질 암호화 서열을 많이 가지고 있다.

염색체는 반드시 복제가 가능하고, 손상이 없는 상태의 구조를 가져야 한다. 무엇보다 중요한 것은 단백질을 암호화하는 유전자와 그들을 조절하는 조절자에 대한 정보이다. 염색체의 필수적인 부위는

- 텔로미어;
- 복제분기점 형성이 시작되는 복제개시점; 그리고
- 동원체.

그림 2.15를 상기해보면 텔로미어(telomere)는 염색체의 끝부분이다. 인간의 텔로미어 TTAGGG 서열이 반복되어 있다. 대부분의 세포에서 텔로미어 체세포분열마다 짧아진다.

동원체(centromere)는 염색체의 가장 많이 응축된 부위이다. 동원체는 세포분열 할 때 방추사가 붙는 부위이다. 동원체가 없는 염색체는 더 이상 염색체가 아니다. 동원체가 없는 염색체는 방추사가 붙지 못하기 때문에 세포분열이 시작하자마자 세포에서 사라진다.

동원체는 염색체처럼 대부분 DNA와 단백질에 의해서 구성된다. 동원체를 구성하는 수십만 개 이상의 DNA 서열은 특정한 171개의 염기서열이 반복되어 있다. 반복된 크기와 수는 종들마다 서열은 다르지만 유사하게 나타난다. 이것은 그들의 서열은 유전정보를 가지는 것이 아니라 염색체를 유지하는 구조적 역할을 가지는 것을 암시한다. 확실하게 동원체와 관련된 단백질들은 체세포분열이 시작할 때만 합성되며, 세포가 분열될 수 있도록 방추사가 결합하는 방추사 부착점(kinetochore)이라 불리는 구조를 형성한다.

동원체는 S기가 끝날 무렵 복제된다. 복제를 조절하는 단백질은 동원체 단백질 A(centromere protein A, CENP-A)이다. CENP-A 분자는 염색체가 복제되는 동안 동원체에 머물러 있고, 약 50만 개의 DNA 염기쌍에 걸쳐져 있다. 복제된(자매) 염색분체들이 세포분열 후기에 나눠질 때, 각 쌍에는 일부 CENP-A가 남아 있다. 그러므로 단백질은 다음 세대까지 전달되지만 DNA는 아니다. 이는 후성유전학적 변화의 한 예이다.

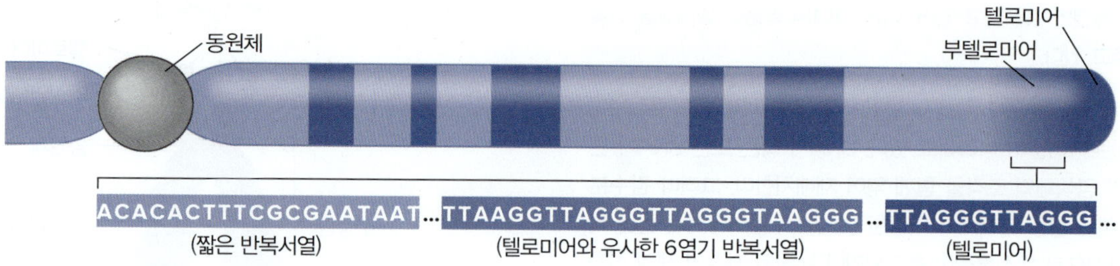

그림 13.2 부텔로미어. 텔로미어의 반복서열은 동원체를 향해서 점차적으로 다양해진다. 동원체는 보다 더 쉽게 구별하기 위해서 버튼 모양의 구조로 묘사하였다. 그러나 이것은 염색체의 여분처럼 DNA로 구성되어 있다.

동원체는 아주 넓게 뻗친 이질염색질 안에 놓여 있다. 염색체의 팔은 동원체로부터 밖으로 향하고 있다. 점차적으로, DNA는 동원체로부터 거리가 증가함에 따라 더 많은 단백질 암호화 서열을 포함한다. 유전자 밀도는 염색체마다 현저한 차이를 보인다. 21번 염색체는 유전자 사막이라 불리는데 단백질을 암호화하지 않는 유전자들만 백만 염기서열 정도 뻗어 있다. 이와 대조적으로 22번 염색체는 유전자 정글이라 불린다. 이 2개의 작은 염색체들은 매우 비슷한 크기를 가지지만, 22번 염색체는 545개 유전자를 가지고 21번 염색체는 225개의 유전자를 가진다. 즉, 유전자 함량으로 크기를 측정하면 21번 염색체의 크기가 실제로 가장 작다.

단백질이 풍부한 부분과 텔로미어 사이에 위치하는 염색체 일부를 부텔로미어(subtelomere)라고 한다(**그림 13.2**). 이 부위는 텔로미어로부터 동원체로 향하여 안쪽으로 8,000~300,000개 염기로 이루어져 있다. 부텔로미어는 단백질을 암호화하는 유전자를 가지고 있어서 유전자가 풍부한 부분과 텔로미어 반복서열과의 다리 역할을 한다. 그 전이는 점진적이다. 텔로미어의 바로 옆 부분인 50~250 염기 부분은 염기서열이 반복되어 있고, 텔로미어의 TTAGGG와 아주 유사하다. 그러고 나서 염기 구역에서 안쪽으로 이동하며 많은 6염기의 짧은 반복서열이 있다. 그들의 기능은 아직 밝혀지지 않았다. 최종적으로 염기서열은 아주 다양해지고 단백질을 암호화하는 유전자가 나타난다.

적어도 500개의 단백질 암호화 유전자는 부텔로미어에 존재한다. 이 중 반 정도가 위유전자(pseudogene)를 포함하는 유전자 집단(multigene family: 서로 옆에 위치하면서 아주 유사한 서열을 가진 유전자 그룹)에 속한다. 이러한 유전자 집단은 최근 진화를 반영할지도 모른다. 유인원과 침팬지는 인간의 수많은 유전자 집단에 비해 단지 1~2개의 유전자만 가진다.

핵형 차트와 염색체

오래되었지만 염색체 차트와 핵형(karyotype)은 여전히 유용한 도구이다. 어떤 유전자들이 같은 염색체의 특정 부분으로 이동하는지 보여줌으로써 핵형은 DNA 염기서열 분석으로 놓칠 수 있는 부분을 밝힐 수 있다. 13.4절의 **임상 연계 13.1**에서 이 부분에 대해 다시 살펴보기로 한다.

핵형은 크기와 DNA가 단단히 응축된 형태로 체세포분열 중기 동안 나타나는 형태적 기준에 의한 염색체를 나타낸다. **그림 13.3**은 **3염색체성**(trisomy)라고 불리는 여분의 염색체를 가진 핵형을 보여준다.

사람의 24개 염색체는 크기가 가장 큰 것에서 가장 작은 순으로 1~22번까지 번호를 매겼다. 나머지 2개 염색체는 X 염색체와 Y 염색체이다. 대부분의 염색체는 크기가 비슷하기 때문에 초기에 염색체를 일반적인 분류로 크기순으로 배열하였다. 염색약과 염료의 사용은

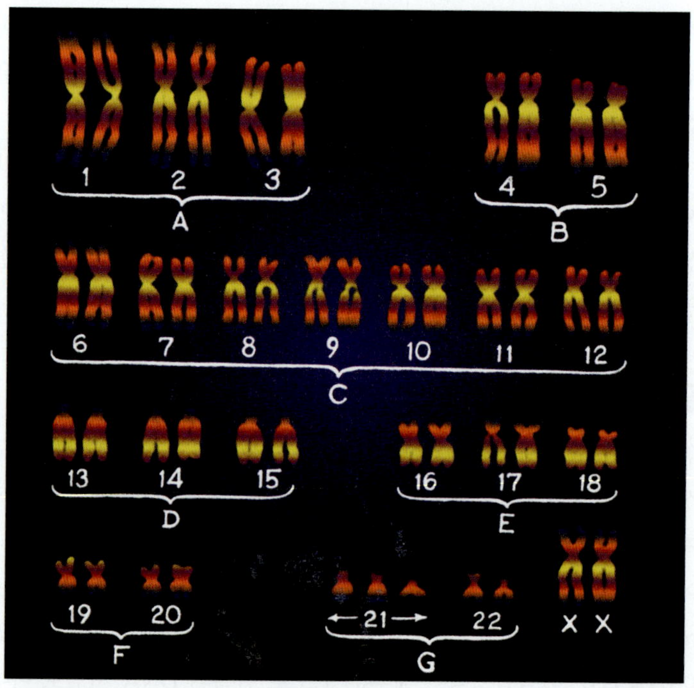

그림 13.3 핵형은 크기 순서에 따라 염색체 쌍을 나타낸다. 여분의 21번 염색체에 의해 3염색체성의 다운증후군이 초래된다(컬러 사진: A-G는 일반적인 그룹을 보여준다). *Biophoto Associates/Science Source*

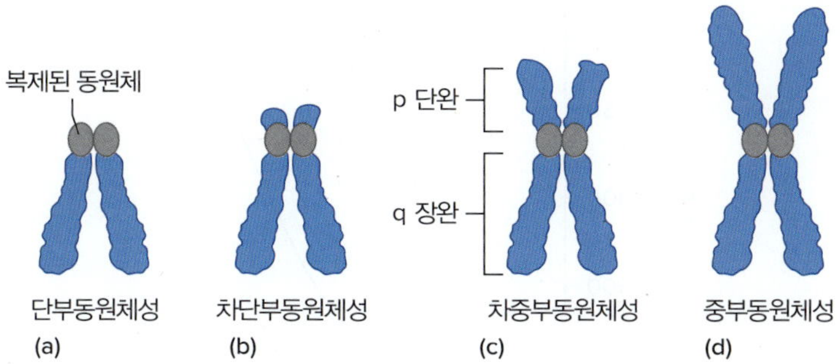

그림 13.4 동원체의 위치는 염색체를 구별한다. (a) 단부동원체성 염색체는 한쪽 말단에 동원체가 존재하며, 텔로미어 DNA 염기서열은 끝부분에 존재한다. 인간은 단부동원체성 염색체를 가지지 않는다. (b) 차단부동원체성 염색체는 끝 쪽 가까운 곳에 동원체를 가진다. (c) 차중부동원체성 염색체의 동원체는 장완(q)과 단완(p)를 만들어낸다. (d) 중부동원체성 염색체의 동원체는 동일한 크기의 팔을 만든다.

염색체를 띠의 형태로 보여주기 때문에 더 쉽게 분류할 수 있다.

동원체 위치는 염색체의 형태적 특징 중 하나이다. 만약 동원체가 거의 동일한 길이로 2개의 팔을 나눈다면 **중부**(metacentric) 염색체라 한다. 동원체가 하나의 장완과 하나의 단완으로 나누게 되면 **차중부**(submetacentric) 염색체라고 하고, 한쪽 끝에 염색체가 매우 작은 부분을 가지고 동원체가 존재한다면 **차단부**(acrocentric) 염색체라고 한다(**그림 13.4**). 몇몇 종들에게서 하나의 팔만 가지는 **단부**(telocentric) 염색체를 가지는데 인간에게서는 나타나지 않는다. 염색체의 장완은 *q*로, 단완은 *p*로 표시한다(*p*는 체구가 작은 여성을 나타냄).

5개의 인간 염색체(13, 14, 15, 21, 22)들은 부수체(satellite)라고 불리는 물방울 보양의 말단을 가지는데 염색체의 잔기로부터 연결이 되어 있는 줄기 모양의 얇은 것에서 확장되어 나와 있다. 줄기 부분은 염색이 잘 안된다. 이 줄기 부분은 리보솜 RNA와 리보솜 단백질을 암호화하는 유전자의 많은 반복서열을 가지고 있다. 이러한 부위는 리보솜의 기본 구조물이 만들어지고 조립되는 핵 안의 구조인인을 형성하기 위해 서로 결합한다(그림 2.2 참조).

핵형은 몇 가지 측면에서 유용하다. 아기가 염색체성 증후군 특징적인 얼굴을 가지고 태어났을 때, 핵형은 임상 진단으로 사용된다. 가족 내에서 핵형은 건강에 영향을 미칠 수 있는 특정한 염색체 이상과 관련이 있는지를 확인하는 데 사용된다. 한 가족의 예에서, 몇몇 어른이 신장암으로 죽었다. 핵형 검사를 통해 암에 걸린 가족 구성원 모두에게서 3번과 8번 염색체 사이에 전좌가 일어났음을 밝혔다. 핵형 검사로 구성원 중 젊고 건강한 두 명에게서 전좌가 확인이 되어, 내과 의사는 그들의 신장을 검사하였고, 매우 초기에 신장암을 발견하여 성공적으로 치료하였다.

만약 특정한 오염에 노출된 한 집단에서 이상이 나타난다면 다른 집단 내 구성원의 핵형 검사를 통해 환경오염의 영향을 밝혀낼 수 있다. 암을 일으키는 화학물질과 방사능 그리고 선천적 결손증은 종종 조각 또는 고리 모양의 염색체를 유발하기 때문에, 유전적 손상을 확인하는 것은 진단에서 암이 나타날 가능성에 대해 연구자들에게 환기해줄 수 있다.

핵심 개념 질문 13.1

a. 염색체의 기본 단위는 무엇인가?

*b. 핵형은 무엇을 보여줄 수 있는가?

13.2 염색체의 탐지

염색체는 핵이 있는 모든 유형의 인간세포에서 시각화될 수 있다(적혈구는 예외). 인간 염색체 검사의 가장 일반적인 적용은 산전 진단이다. 염색체 확인은 비정형 염색체를 가진 것으로 알려진 사람의 친척을 검사하여 불임을 설명하거나 암 진행에 따른 변화를 진단 또는 추적하는 데 이용된다.

오래된 기술들

태아의 비정형 염색체를 식별하는 기술은 1966년 최초의 태아 핵형이 구축된 이후로 진화해왔다. 지난 몇 년 동안, 모체 혈류에 떠 있는 짧은 태반 DNA 조각에서 염색체 수를 추론하는 것이 오래된 접근법인 양수천자와 태아를 지지하는 구조의 세포에서 핵형을 구성하는 융모막 융모 검사(chronic villus sampling, CVS)를 대체하였다.

양수천자에서 복벽을 통과한 바늘은 임산부의 자궁에서 소량의 양수 시료를 채취한다(**그림 13.5a**). 체액 내 태아세포를 7~10일 동안 배양한 후 20개의 세포를 핵형으로 분류한다. 체액의 생화학 물질에 대한 추가 검사와 단일 유전자 검사는 일부 선천적 신진대사 장애를 확인할 수 있다. 초음파는 바늘을 놓고 태아를 시각화하는 데 사용된다(그림 13.5c). 양수천자는 14주 후에 수행해야 안전할 수 있다. 수년 동안 양수천자는 절차의 위험성으로 인한 유산과 산모의 나이와 함께 증가하는 유산의 위험성과 동일해지는 35세 이상의 여성으로 제한되었었다(**그림 13.6**). 이후 안전성이 점차 향상됨에 따라 젊은 산모에게도 양수천자가 시행되었다. 그런 다음 다른 검사들이 개발되었다.

융모막 융모 검사를 통해 10주에서 12주 사이에 채취한 세포는 융

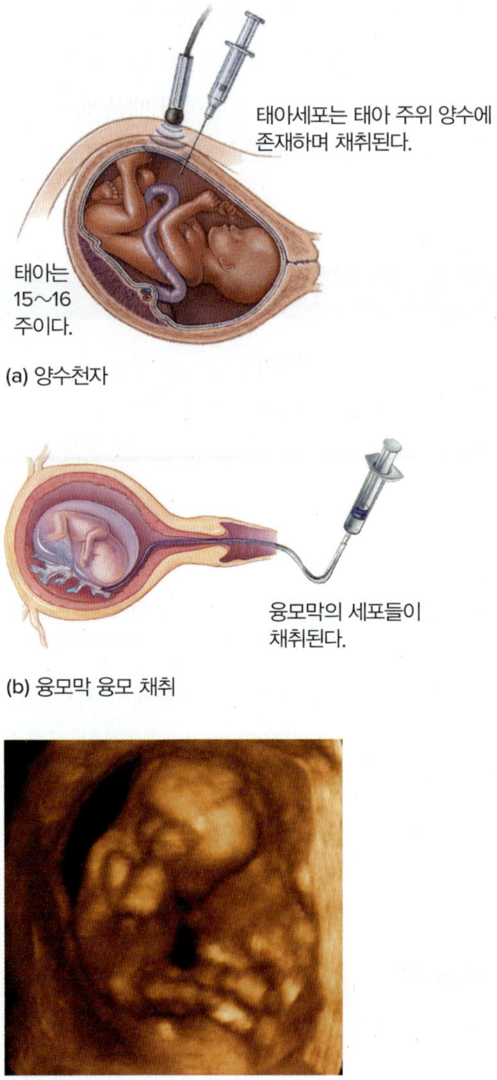

그림 13.5 태아의 염색체를 검사하는 세 가지 방법. (a) 양수천자는 양수에서 분리한 태아세포의 염색체를 확인한다. (b) 융모막 융모 검사는 태반의 세포로 염색체를 확인하는 방법이다. (c) 초음파는 태아와 특정 염색체 이상과 관련된 변화된 모습을 보여줄 것이다. *(C): Dr. Najeeb Layyous/Science Source*

모막 융모에서 유래하며, 융모막 융모는 태반으로 발달하는 손가락 모양의 구조이다(**그림 13.5b**). 융모막 융모세포와 태아세포는 수정된 난자에서 유래하기 때문에 동일한 염색체 함량을 가질 것으로 추정된다. 그러나 드물게 돌연변이가 두 유형의 세포에서 다르게 발생하여 위음성 또는 위양성을 유발할 수 있다. 융모막 융모 검사가 태아에서는 정상이지만 융모세포에서 비정상적인 염색체를 나타내는 경우, 부부는 염색체가 정상인 태아의 낙태를 선택할 수 있다. 반대의 상황에서 융모막 융모세포는 정상이지만 태아는 염색체 이상을 가질 수 있으며, 이는 모든 것이 정상이라는 잘못된 안전감을 제공한다. 융모막 융모 검사는 양수가 채취되지 않기 때문에 생화학 물질의 선천적 장애를 감지할 수 없다는 단점이 있다.

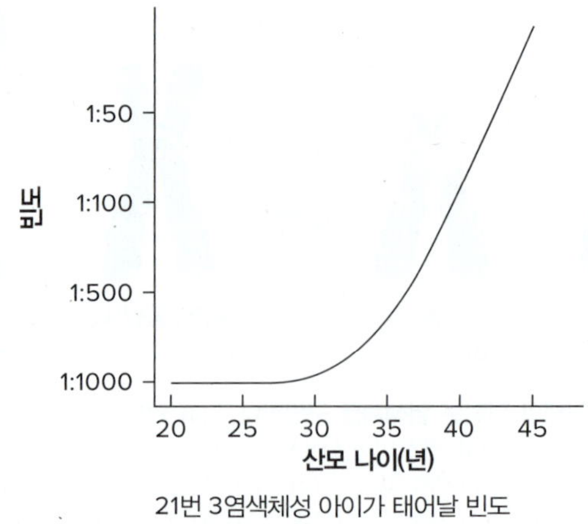

그림 13.6 산모 나이의 효과. 자손이 21번 3염색체성을 가질 위험도는 산모의 나이와 함께 증가한다. 출처: *Color Atlas of Genetics by Eberhard Passage, p. 401. Thieme Medical Publishers, Inc.*

염색체를 수집하는 기술이 발전되면서, 그것들을 구별하는 방법도 발전했다. 초기 핵형은 일반화된 염색을 사용했기 때문에 같은 크기의 염색체를 구별할 수 없었으며 같은 군으로 생각하였다. 보다 식별력 있는 결합 화학물질의 개발로 줄무늬 패턴에 의해 염색체를 구별할 수 있게 되었다. 형광 제자리 혼성화(fluorescence *in situ* hybridization, FISH)라는 기술은 탐침이라는 DNA의 조각을 적용하여 조직 샘플의 염색체상의 보체에 결합할 때 형광을 방출하도록 하여 정확도를 높였다. 알고리즘을 사용하여 각 염색체에 고유한 인공의 색을 적용하고 여러 형광 염료를 통해 핵형 "그리기"를 한다. 많은 실험실에서 가장 흔한 염색체 이상(13, 18 또는 21번 염색체 이상, 성염색체 이상)에 FISH 탐침을 이용한다. **그림 13.7**은 21번 3염색체

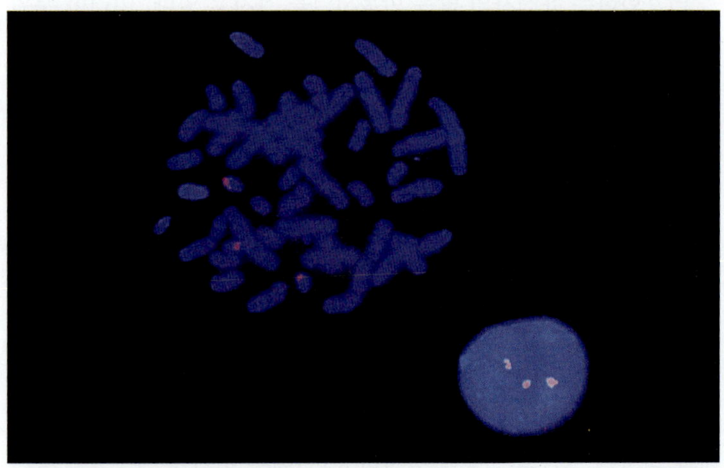

그림 13.7 유전자와 염색체의 FISH. FISH를 통해 3개의 21번 염색체에 해당하는 3개의 형광점을 보여준다. 각 형광점은 형광이 결합된 상보적인 DNA 서열과 탐침이 결합한 특정 DNA 서열을 나타낸다. *James King-Holmes/Science Source*

성을 가진 사람의 추가 세포 형광을 보여주고 있다.

무세포 태아 DNA 검사

작은 DNA 조각은 일반적으로 혈류에 존재한다. 임산부의 경우, 이 조각의 약 20%가 태반에서 나오므로 태아를 나타낸다(**그림 13.8**). DNA 조각은 세포에 둘러싸여 있지 않기 때문에 "무세포(cell-free)"라고 한다. 무세포 태아 DNA 검사는 10주 또는 그 이후에 실시되며, 기존 기술들을 빠르게 대체하고 있다. 이는 비침습적 산전 진단 또는 검사라고도 불린다(초음파 검사도 비침습적이다).

무세포 태아 DNA(cell-free fetal DNA)의 분석은 비율을 기반으로 한다. 예를 들어, 태아가 21번 3염색체성 다운증후군을 앓고 있는 여성의 혈액에는 다른 염색체보다 21번 염색체의 DNA 조각이 약 50% 더 많다. 그 여분의 DNA는 염색체의 세 번째 사본을 나타낸다. 무세포 DNA를 사용하여 발견된 추가적인 염색체의 구성을 확인하기 위하여 양수천자를 진행할 수 있다. 무세포 분석의 한 가지 장점은 모든 연령대의 여성이 이를 사용하여 더 오래되고 침습적인 기법에서 나이 든 여성을 구하는 동시에 이전 기법으로 놓쳤을 수 있는 젊은 여성의 태아에서 염색체 상태를 감지한다는 것이다. 무세포 검사는 매우 민감해서 흘러나온 DNA를 통해 암 증상이 없는 여성에게서도 암세포를 찾아낼 수 있다.

단일 유전자 상태를 감지하려면 무세포 태아 DNA를 동일한 염색체 영역에 대한 부모 혈액 시료의 단상형과 비교해야 한다. 이것은 태아의 돌연변이와 임산부의 돌연변이를 구별하기 위해 수행된다.

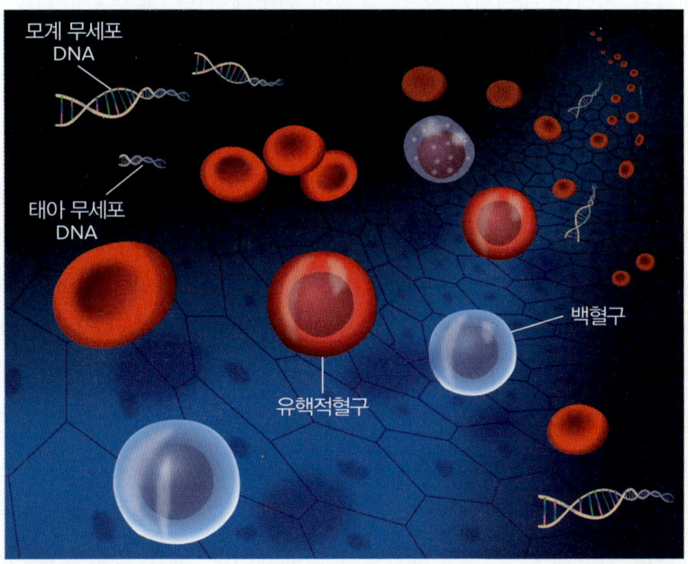

그림 13.8 무세포 태아 DNA 검사. 모체 순환계의 무세포 태아 DNA 조각이 모체 DNA 조각보다 훨씬 짧다는 사실은 겹쳐진 조각들 사이에서 태아물질과 유전체 염기서열을 모으는 단서이다.

예를 들어, 돌연변이 *CFTR* 대립유전자가 동일하지만 야생형 대립유전자가 없는 태아는 실제로 두 보인자 부모로부터 낭포성 섬유증을 유전 받았을 수 있지만 시료는 임산부로부터 돌연변이 대립유전자만 포착했을 수 있다. 단상형은 주변의 DNA 염기서열을 보여주어 태아와 모체의 유전체를 구별할 수 있게 한다.

일부 실험실에서는 더 일반적인 염색체 이상에 대해서만 무세포 태아 DNA를 분석하지만 전체 유전체는 DNA 조각에서 재구성될 수 있다. 이러한 보다 완전한 분석은 임상 연계 1.1에 설명된 가족과 같은 부모-자식 트리오의 유전 돌연변이와 신규 돌연변이를 구별하는 데 사용된다.

간접적인 유형의 검사는 비정상적인 염색체 수를 가질 위험이 높다는 것을 밝힐 수 있다. 정상 수의 염색체를 가진 태아를 낳는 임산부의 경우 혈액 내 농도가 일정 범위 내에 있지만 세포에 특정 염색체의 여분 사본이 있는 태아의 경우에는 그 범위 밖에 있는 생화학 물질을 측정될 수 있다.

염색체 약어

핵형의 정보는 염색체 번호, 성염색체 구성, 비정형 상염색체(이 장의 뒷부분에서 논의됨)를 나열하여 축약된다(**표 13.1**). 기호 및 약어는 염색체가 부분을 교환하거나 한 염색체의 일부가 다른 부분으로 이동하는 **결실**(deletion)을 뜻하는 "del" 및 **전좌**(translocation)를 뜻하는 "t"와 같은 결합 유형을 말한다. 약어 다음에 숫자는 염색 및 FISH에서 발생하는 염색체의 표시에 의한 밴드 및 부밴드에 해당한다.

염색체가 정상인 남성은 46,XY, 여성은 46,XX로 나타낸다. 밴

표 13.1 염색체 표기

약어	약어의 의미
46,XY	정상 남자
46,XX	정상 여자
45,X	하나의 X 염색체만 가지는 여자
47,XXY	여분의 X 염색체를 가지는 남자
47,XYY	여분의 Y 염색체를 가지는 남자
46,XY,del (7q)	7번 염색체 장완의 결실을 가지는 남자
47,XX,+21	21번 3염색체성 다운증후군을 가지는 여자
46,XY,t(7;9)(p21.1; q34.1)	7번 염색체의 단완 밴드 21.1과 9번 염색체 장완 밴드 34.1 사이의 전좌를 가지는 남자
48,XXYY	여분의 X와 Y 염색체를 가지는 남자

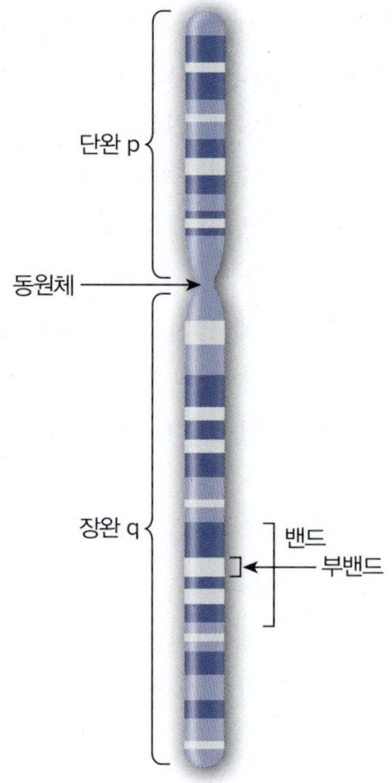

그림 13.9 핵형도. 이 핵형도는 7번 염색체를 도식화한 것이다. 길이는 약 1억 6천만 염기쌍으로 되어있다. 출처: *U.S. National Library of Medicine*

표 13.2	비정상적인 염색체
비정상적 염색체 유형	**정의**
다배체	여분 염색체 세트
이수체	여분 또는 결실 염색체
1염색체성	염색체 1개 부족
3염색체성	염색체 1개 여분
결실	염색체 한 부분의 결손
중복	염색체 한 부분의 중복
전좌	두 염색체 간의 장완의 연결 또는 한 부분의 교환
역위	염색체 한 부분의 반전
2중팔 염색체	동일한 팔을 가지는 염색체
고리 염색체	텔로미어의 결손에 의해 염색체 끝과 끝이 서로 연결되어 형성되는 염색체
염색체 파열	산산조각 나는 하나 또는 여러 개의 염색체

드 및 부밴드는 특정 유전자를 식별하게 된다. 예를 들어, 헤모글로빈의 베타-글로빈 소단위를 암호화하는 유전자는 11p15.5에 위치한다. 즉, 11번 염색체의 단완의 15.5번 부분에 있다는 것이다. 핵형도(ideogram)라고 하는 그래픽 표현은 염색체의 팔, 밴드 및 부밴드를 나타낸다(**그림 13.9**).

핵심 개념 질문 13.2

a. 염색체를 검사하는 세포 유형에는 어떤 것이 있는가?

*b. 태아의 지지 구조에서 채취한 세포에서 염색체를 분리하는 예전의 두 가지 산전 진단 기술의 이름은 무엇인가?

c. 염색체 유형을 구별하는 것이 어떻게 더 구체적으로 발전되었는지 설명하시오.

*d. 무세포 태아 DNA 검사에서 태아 DNA의 출처에 대해 설명하시오.

e. 정상적인 남성과 여성을 나타내는 염색체에 대한 기호는 무엇인가?

13.3 염색체의 수 이상

체세포의 염색체 수가 46개가 아니거나, 여분의 염색체를 가지고 있거나 특정 염색체의 결손 또는 재배열이 있다면 인간 핵형은 비정상적으로 나타날 것이다. 좀 더 개선된 기술들은 매우 소량 추가 또는 결실된 핵산을 확인할 수 있다. 그 결과 많은 사람이 모든 염색체를 염색해서 하루 걸리던 때보다 더 짧은 시간 내에 비정상적인 염색체를 확인하고 진단할 수 있게 되었다.

염색체 이상은 최소 50% 이상 자연유산 되고, 신생아로 태어나는 경우는 0.65%에 불과하다. 그러므로 비정상적인 염색체를 가지는 배아와 태아는 태어나기 전에 발생이 멈추게 된다. **표 13.2**에서 염색체 이상에 관해 정리하였으며, 순서대로 논의할 것이다.

다배수성

다배체(polyploid)란 전체 염색체들이 모두 한 쌍이 더 추가된 것을 뜻하며, 세포에 여분의 염색체 세트가 존재하는 것이다. 각각의 염색체를 3개씩 가지는 것을 삼배체라고 한다(염색체 3세트의 의미로 3N으로 표시함). 삼배체가 발생하는 원인 중 2/3가 1개의 난자와 2개의 정자가 수정이 일어나는 경우이다. 다른 경우는 정상의 반수체 정자와 이배체 난자의 수정과 같이 이배체 배우체에 의해 일어난다. 삼배체는 자연유산의 17%를 차지한다(**그림 13.10**). 아주 드문 경우로, 거의 모든 기관에 이상을 가지는 신생아가 며칠 생존한 경우가 있다. 그러나 인간세포 중 몇몇 세포들은 다배체이다. 예를 들어, 간은 사배체(4N)와 팔배체(8N)를 가진다.

다배체는 인간에서는 흔하지 않지만 장미, 목화, 보리나 밀을 포

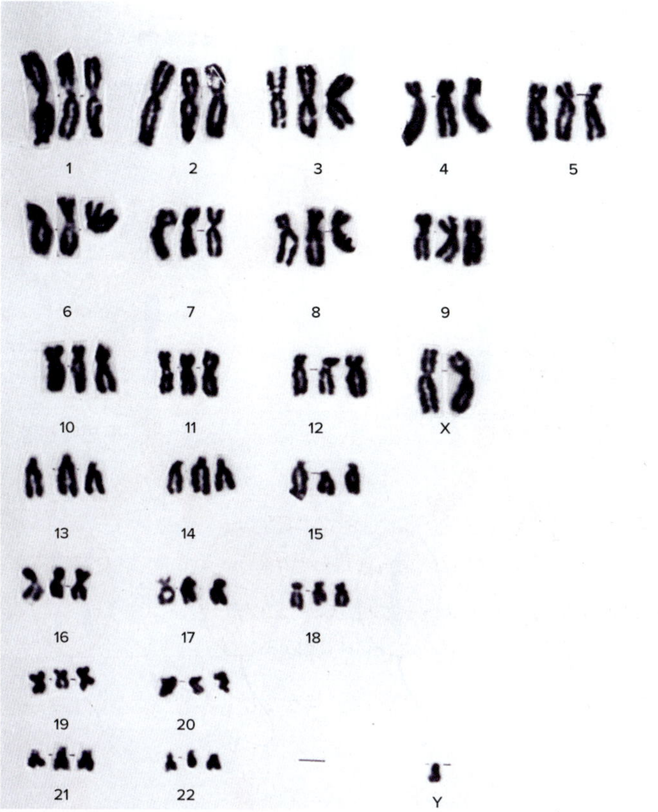

그림 13.10 인간의 다배체는 대부분 치명적이다. 모든 세포에서 각 염색체가 3개씩 존재하는 삼배체는 자연유산 중 17%를, 사산의 3%를 차지한다. *CNRI/Science Source*

함한 현화식물이나 일부 곤충에서 흔하게 나타난다. 양식업자들은 다른 수의 염색체를 포함하고 있는 생식세포를 가져 번식하지 못하는 연어를 키운다.

이수성

세포가 완전한 한 세트의 염색체를 가지지 못하고 하나의 염색체를 잃거나 더 가지는 것을 **이수체**(aneuploid)라 한다. 드물게, 이수체는 부모의 불완전한 감수분열로 하나 이상의 염색체가 결손 되거나 추가될 수 있다. 완전한 세트의 정상 염색체 수를 **정배수체**(euploid)라 한다.

대부분의 상염색체 이수체(비성염색체의 결손이나 추가)는 자연유산 된다. 살아남는 경우에는 어떤 염색체의 결실 또는 추가에 따라 특정 증후군이 나타난다. 매우 복잡하고 오랜 기간 지속되는 뇌의 발생에서 특정 염색체의 붕괴가 뇌에 영향을 끼치는 단백질을 생산하는 유전자에 영향을 주게 되므로 지적장애는 이수체에서 흔히 나타나는 증상이다. 성염색체의 이수체는 보통 가벼운 증상을 보인다.

비정상적인 염색체 수를 가지고 태어난 아이들은 염색체 하나의 결손(**1염색체성**, monosomy)보다 염색체 추가(3염색체성, trisomy)의 경우가 많다. 대부분의 이수체는 심각한 영향을 미치기 때문에 배아 발생 과정 중에 정지된다. 3염색체성과 1염색체성은 염색체와 관련해서 이름을 짓거나 과거 증후군을 발견한 사람의 이름을 따서 명명하였다. 오늘날에는 예전보다 원인이 명확하기 때문에 세포유전학적 전문 용어가 사용된다. 예를 들어, 다운증후군은 3염색체성이나 전좌에 의한 결과로 나타난다. 유전적 상담에서 그 차이는 매우 중요하다. 전좌에 의한 다운증후군은 전체의 4%를 차지하지만 한 가계 안에서의 발병률은 21번 3염색체성 다운증후군보다 더 위험하다. 이에 관해서 이 장 마지막에 다시 언급하기로 한다.

감수분열 중 오류에 의한 이수체를 **비분리**(nondisjunction)라고 한다. 정상적인 감수분열에서 염색체들은 상동분열하며 배우자는 염색체 쌍 중에서 하나의 염색체를 가진다. 비분리현상은 제1감수분열이나 제2감수분열의 후기에 염색체 쌍의 분리가 잘못되는 것이다. 이는 정상적인 한 세트의 염색체가 아닌 부분적인 두 세트의 염색체나 염색체가 없는 정자나 난자를 생성하게 된다(**그림 13.11**). 이러한 배우체가 수정하게 될 경우 접합자는 정상적인 46개의 염색체가 아닌 45개 또는 47개의 염색체를 가지게 된다. 다른 3염색체성도 제1감수분열이나 제2감수분열 과정 중 비분리현상에 의해 일어나기 쉽다.

한 세포는 각각의 상염색체의 결손이나 추가에 성염색체의 비정상적인 경우(Y, X, XXX, XXY, XYY) 5가지를 더해 49가지의 결손이나 추가의 경우가 있을 수 있다(가끔 각 세포는 4개 또는 5개의 성염색체를 가짐). 그러나 오직 9가지 형태만 신생아에서 확인된다. 다른 경우는 자연유산 되거나 실험상에서만 나타난다.

염색체 추가 또는 결손에 의해 발생하는 자연유산의 50%는 45,X(X 염색체 결실), 삼배체 또는 16번 염색체의 3염색체성이다. 자연유산의 9%는 13번, 18번, 그리고 21번 염색체의 3염색체성이다. 비정상적인 염색체 수를 가지고 태어나는 신생아의 95% 이상이 13번 18번, 그리고 21번 염색체 추가와 X 또는 Y 염색체의 추가 또는 결손이다. 이러한 경우는 매우 드물게 나타나며 전체 아동 중 0.1%를 차지하지만 임신 중 5%에서 비분리현상이 관찰되었다.

염색체 이상의 유형은 성에 따라 차이를 보이는 것 같다. 비정상 난자는 대부분 추가 또는 결손을 보이는 반면에 비정상 정자는 역위나 전좌와 같은 구조적 이상이 자주 나타나는데 이에 관한 논의는 이 장 후반부에 하도록 한다.

이수체와 다배체는 또한 체세포분열 중에서도 염색체의 결손 또는 추가가 발생한다(그림 12.2 참조). 발달 초기에 발생하는 유사분열의 이상이 많은 세포의 비정상을 초래하여 건강에 영향을 줄 수 있다. 예를 들어, 3염색체성에 의한 염색체 모자이크는 관련된 질병이 약하게 나타나기도 한다. 다운증후군을 가지는 사람 중 1~2%가 어

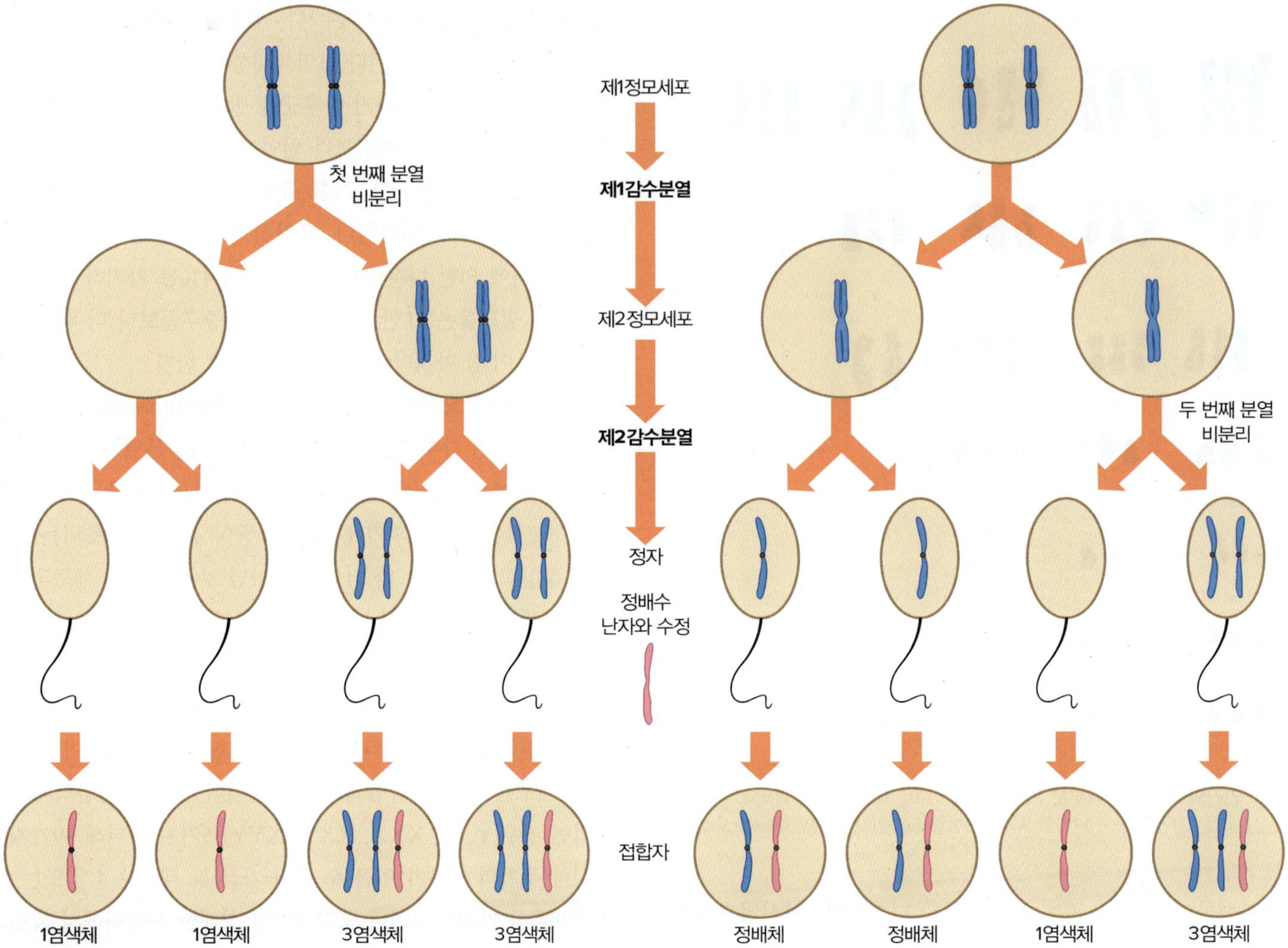

그림 13.11 염색체의 결손과 추가-이수성. 염색체 쌍의 부등분열은 제1 또는 제2감수분열 중에 일어날 수 있다. (a) 남성에게서 한 쌍의 염색체가 제1감수분열 중 불균형적으로 분리한다. 그 결과: 2개의 정자는 2개의 염색체를 가지고 다른 2개의 정자는 염색체가 없다. 2개의 염색체를 가진 정자가 정상의 난자와 수정할 경우 수정란은 삼배체가 된다. 염색체가 없는 정자와 정상의 난자가 수정할 경우는 1염색체성의 수정란이 만들어진다. (b) 제2감수분열 중 발생한 비분리현상. 제1감수분열로 만들어진 정세포는 정상이기 때문에 2개의 성숙한 정자는 정상이며 다른 2개의 정자는 이수체이다. 난자도 마찬가지로 비분리현상이 일어날 수 있으며, 이때 정상적인 정자와 수정하더라도 염색체 결손이나 추가가 있는 수정란이 만들어질 수 있다(정모세포의 두 염색체 쌍은 난모세포가 있는 모체 유전체의 도입과 구별하기 위해 동일한 색상으로 표시함).

떤 세포들에서 염색체가 추가되었는지에 의해 나타낸다. 다운증후군의 특수한 표현형은 염색체가 추가된 세포들에 의해 나타난다. 하지만 불행하게도 태아기의 검사로 비정상적인 세포를 확인할 수 없다.

상염색체 이수체

대부분 상염색체 이수체는 태어나기 전에 발생이 중단된다. 다음은 상염색체 이수체를 가지고 태어난 경우 중 가장 흔한 경우에 대한 설명이다. 21번, 18번, 13번 염색체는 전체 DNA 양을 비교해봤을 때 다른 상염색체들보다 매우 적은 단백질을 암호화하는 유전자들을 가지고 있기 때문에 염색체 추가를 가지고 태어나는 신생아들에게서

표 13.3 13번, 18번, 21번 3염색체성의 비교

3염색체성의 유형	출생 빈도	출생 후 1년간 생존할 확률
13번 (파타우, Patau)	1/12,500 – 1/21,700	<5%
18번 (에드워드, Edward)	1/6,000 – 1/10,000	<5%
21번 (다운, Down)	1/800 – 1/826	85%

대부분 21번, 18번, 13번 염색체가 관찰된다. 그러므로 이 세 가지 염색체들이 추가될 경우는 출생 및 생존이 가능하다(**표 13.3**).

21번 3염색체성

1994년 데이비드(David G)가 태어났고, 의사들은 19살 된 그의 어머니인 토니(Toni)에게 데이비드를 보호시설로 보내라고 말했다. "그들은 데이비드가 걷고, 말하기를 포함하여 아무것도 할 수 없다고 했어요. 하지만 지금은 데이비드를 데려가 걷고 말하고 운동장을 뛰고 고등학교를 졸업하는 것을 보여 주고 싶어요."라고 토니가 말했다.

데이비드는 다른 10대 아이들처럼 아르바이트하고 춤도 추고 컴퓨터도 사용한다. 하지만 다른 10대들과 다른 점은 그가 21번 염색체를 하나 더 가지고 있다는 것이고, 지능의 한계를 보인다는 것이다. "데이비드는 똑똑하지 않지만, 그가 하는 행동들을 보면 영리하다고 생각해요."라고 어머니가 말했다. 그는 이해하기 어려운 말을 하고 다운증후군의 특징을 가지고 있지만 매력 있는 성격과 사교성을 가지고 있다.

종종 데이비드는 사실 그대로를 받아들여 난감한 상황에 부딪힐 때가 있다. 데이비드는 다치면 911에 신고하라고 배웠는데 한 번은 그가 발가락을 부딪쳤을 때 911에 전화한 적이 있다. 현재 데이비드는 장애인수용시설을 다니고, 지역대학에서 강의를 듣는 등 매우 잘 지내고 있다.

21번 염색체는 매우 적은 유전자를 가지고 있기 때문에 살아 있는 사람 중에 가장 흔한 상염색체 이수체는 21번 염색체의 3염색체성이다. 초음파 검사에서 다운증후군이 있는 태아는 팔다리가 짧고 코가 납작하며 목뒤 쪽에 과도한 체액이 있다. 다운증후군을 가진 사람은 대개 짧고 곧으며 숱이 적은 머리카락을 가지고 있고, 두꺼운 입술 사이로 두꺼운 혀가 튀어나온다. 손에는 비정상적인 주름 모양이 있고, 관절이 약하고, 유연성이 떨어지며 근육이 힘없이 늘어지는 특징을 보인다. 성장 과정(앉기, 서기, 걷기)이 느리고, 화장실 가는 연습이 정상인에 비해 오래 걸린다. 지능의 정도는 다양하게 나타난다. 다운증후군을 가진 아이의 부모들은 좋은 환경을 제공하여 그들의 능력을 최대로 발휘할 수 있도록 도와야 한다(**그림 13.12**).

다운증후군인 많은 사람은 심장과 신장의 결함, 청각과 시각의 상실을 포함한 신체적인 문제들을 가지고 있다. 억제된 면역계는 치명적인 인플루엔자를 야기하기도 한다. 소화계의 방해가 자주 일어나고, 수술이 필요할 수도 있다. 1%이기는 하지만 다운증후군인 어린이가 그렇지 않은 어린이에 비해 백혈병에 걸릴 확률이 15배 높다. 그러나 다운증후군을 가진 사람들은 고형 종양으로부터 약간의 내성을 가진다. 다운증후군과 관련된 많은 의학적 문제들은 치료할 수 있어 최근 다운증후군 사람들의 평균 기대 수명은 60살이다. 1910년에는 기대 수명이 9살이었다. 다운증후군은 모든 인류집단에서 나타나고 있다.

그림 13.12 21번 3염색체성. 과거에는 다운증후군을 가진 사람들이 보호시설로 많이 보내졌다. 오늘날에는 의학적 치료와 특수교육 등으로 엄청난 진전이 있고, 다운증후군을 가지더라도 일을 하고 대학을 다닐 수 있다. 사진의 어린 소녀는 그림을 그리고 있다. *Angela Hampton Picture Library/Alamy Stock Photo*

40살이 넘은 다운증후군 환자 중 일부는 정도가 심하지 않을지라도 알츠하이머병 특이적인 증상인 뇌의 아밀로이드 베타 단백질의 덩어리와 검은 섬유 형성을 보이기도 한다(임상 연계 5.1 참조). 일반적인 사람들이 알츠하이머병을 일으키는 빈도가 6%이지만 다운증후군을 가지는 사람들은 25%에 달한다. 다운증후군 환자들이 가지는 여분의 21번 염색체가 아밀로이드 베타 단백질 축적에 의한 알츠하이머병을 초래하는 유전자 돌연변이와 비슷한 효과를 주는 것일지도 모른다.

생명윤리학

21번 3염색체성 다운증후군은 사라질 것인가?

1960년대에는 다운증후군이 있는 신생아를 보통 시설로 보냈다. 1970년대, 21번 3염색체성 다운증후군의 검사는 오직 양수천자와 융모막 융모 표본 검사밖에 없었기 때문에 자연유산을 초래할 확률이 오늘날보다 높았었다. 35살 이상의 여성 또는 가계 내 염색체 이상을 가진 구성원이 있는 경우에는 진단 검사를 통한 자연유산의 확률보다 비정상 염색체를 가질 확률이 더 높았기 때문에 검사를 했다. 1980년대에 산모 혈청 표지자 검사, 2011년에 시작된 무세포 태아 DNA 검사를 통해 임산부는 태아에게 21번 3염색체성 다운증후군이 있는지 알아보는 것이 더 안전하고 쉬워졌다.

21번 3염색체증을 태아기에 감지할 수 있는 능력은 이 질환이 있는 사람들의 비율을 감소시켰다. 영국에서는 자녀가 21번 3염색체증을 앓게 될 것이라는 사실을 알게 된 부부의 약 90%가 임신을 중단하였다. 미국에서는 약 60% 수준이었다. 동시에 다운증후군 환자를 대표하는 일부 조직은 시간이 흐르고 산전 검사가 더 널리 보급됨에 따라 해당 환자들이 점점 줄어드는 점을 우려하여 임산부에게 이 질환을 앓는 자녀를 갖는 것을 피하지 말라고 압력을 가하기 시작하였다. 검사 결과 후에 다운증후군이 나타나면 임신 중절을 금지하는 법률이 일부 주에서 통과되었다.

토론을 위한 질문

1. 주법을 통해 여성이 임신을 중단할 수 있는 상황을 통제해야 하는가?
2. 우생학의 정의를 보거나 제16장의 우생학과 관련된 내용을 읽어보자. 21번 3염색체성 확인을 위한 태아 검사의 사용은 우생학을 측정하는 것이라고 생각하는가?
3. 당신은 21번 3염색체성 다운증후군을 위한 초기, 안전, 그리고 정확한 진단의 광범위한 유용성이 사회에 어떤 영향을 주었다고 생각하는가? 산모의 관점과 다운증후군을 가지는 성인의 부모 관점, 그리고 태아 진단을 제공하는 의사 관점에서 논의하시오.

인간의 유전체 서열이 이용 가능하기 전, 연구자들은 어떤 증상들을 보이는 유전자를 찾기 위해 21번 염색체의 일부분을 3개 가지는 사람들을 대상으로 연구했다. 이를 통해 다운증후군에서 보이는 대부분의 비정상적인 형질에 관여하는 유전자들을 21번 염색체 장완 끝부분(다운증후군 핵심 부위)에서 발견했다. 다운증후군의 대부분의 증상들을 조절하는 2개의 유전자는 전사인자를 암호화하는 세 번째 유전자에 의해서 조절된다.

유전체 편집(genome editing)이라는 새로운 접근방법으로 세포 내 다운증후군에 대한 연구가 이루어지고 있다. 21.4절은 어떻게 이중나선 DNA를 자르고 특정 서열을 삽입하는 등 유전체 편집이 이루어지는지에 대해서 논의한다. 21번 3염색체성 다운증후군에서 이 기술은 여성세포의 X 염색체를 비활성화하는 기작을 적용한다. 연구자들은 X 염색체를 비활성화하는 XIST라 불리는(그림 6.9 참조) 비암호화 RNA 서열을 암호화하는 DNA 서열을 21번 3염색체성 다운증후군을 가지는 소년의 피부세포로부터 유도된 줄기세포에 하나의 21번 염색체에 삽입하였다(표 2.3 참조). 정상 여성세포 내 하나의 X 염색체가 XIST에 의해 바소체에 의해 비활성화되었을 때처럼 21번 염색체도 바소체를 형성하여 비활성화된다(남성세포에서는 X 염색체가 하나이기 때문에 바소체를 형성하지 않음). XIST가 처리된 다운증후군에서 유래된 세포에서는 바소체가 형성되고(**그림 13.13**), 3개의 21번 염색체 중 하나는 비활성화된다. 이 실험기법을 통해 세포 수준에서의 새로운 치료법들이 개발되고 있다.

다운증후군인 아이를 출산할 가능성은 산모의 나이와 함께 증가한다(그림 13.6 참조). 그러나 젊은 여성들은 임신율이 높고 양수천자 검사를 잘 하지 않기 때문에 다운증후군인 아이들 중 80%는 35세 이하의 여성에게서 태어난다. 3개의 21번 염색체를 가지는 태아의 90%는 여성의 제1감수분열 동안에 상동염색체의 비분리현상에 의해서 나타난다. 나머지 10%는 남성의 제1 또는 제2감수분열 동안의 비분리현상으로 발생한다. 3개의 21번 염색체가 한 가계 내에서 나타날 확률은 실험 자료에 기초했을 때 1%로 나타난다.

21번 염색체의 3염색체성 다운증후군과 다른 염색체의 3염색체성에 있어서 나이요인은 여성의 나이가 많을수록 난모세포는 더 오랫동안 감수분열이 완성되기 직전의 상태에서 머무르게 된다는 것을 반영한다. 이 기간은 15~45살에 이르는 기간이지만 난소에서 감수분열직전 상태로 오랫동안 머무르게 되면 난모세포는 독소, 병원체, 방사선 등에 노출될 수 있다. 산모 나이의 영향에 대한 두 번째 가능한 해석은 여성이 염색체 비분리현상을 초래하는 비정상적인 방추사로 인해 미성숙한 이수체 난모세포를 가진다는 것이다. 여성은 매달 선택적으로 정상적인 난자를 배출하기 때문에, 비정상적인 난자들이 많이 남겨지게 된다.

다운증후군은 종종 대가족의 가장 어린 막내에게서 나타나기 때문에 산모의 나이와 다운증후군과의 관련성에 대해서는 오랜 기간 동안 인지되어 왔다. 염색체와 관련된 것을 알기 전인 1959년에는 다운증후군이 매독, 결핵, 갑상선기능부전, 알코올 중독, 정신적 충격, 또는 산모의 출산력 저하에 의해 야기된다고 생각했다. 다운증후군은 가계 내의 자식 수가 아니라 산모의 나이와 관련 있다. 다음 쪽

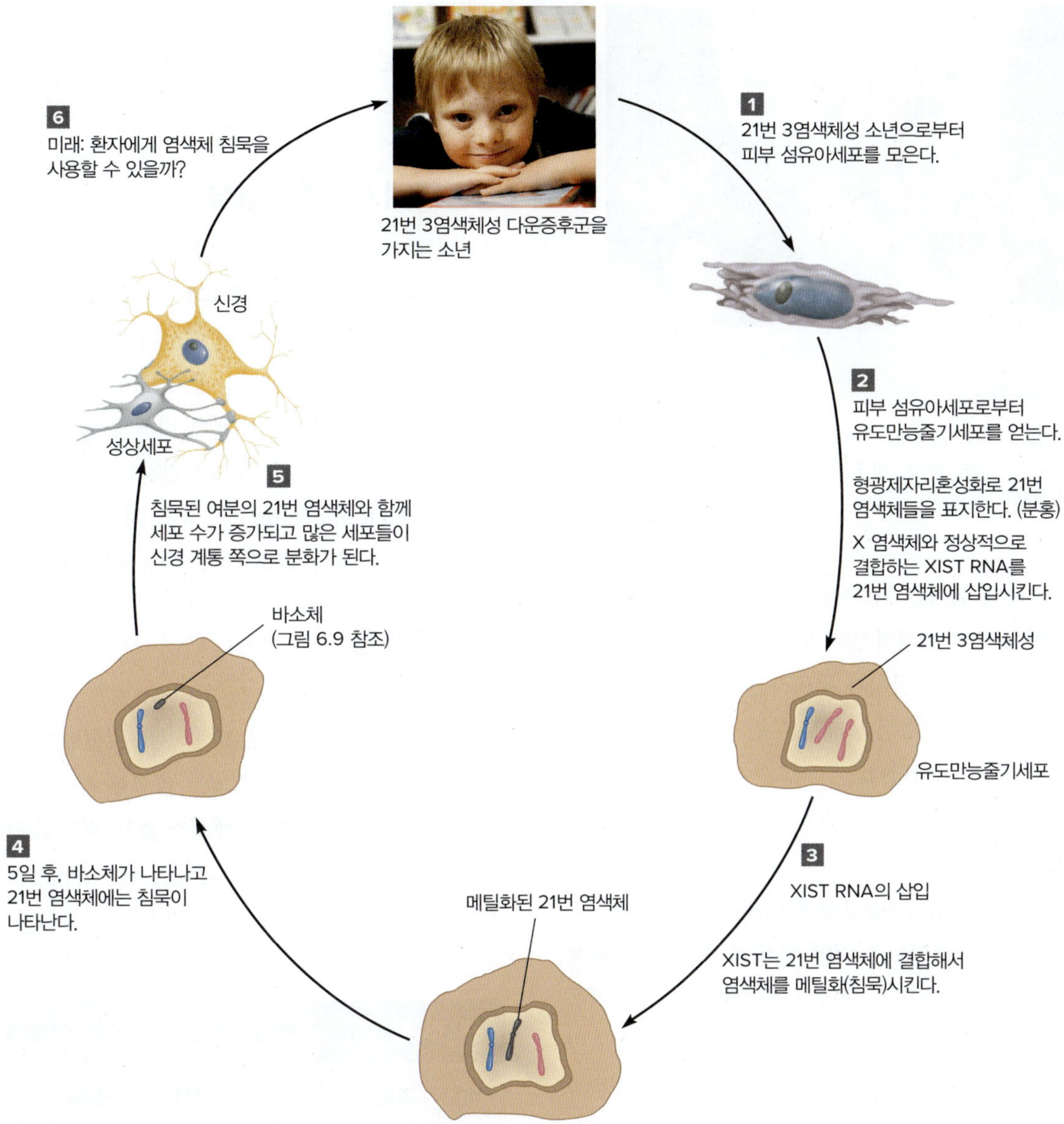

그림 13.13 다운증후군의 21번 염색체 여분의 제거. 유전체 편집의 응용으로 여분의 21번 염색체를 제거하기 위해 X 불활성화 기작을 사용해서 다운증후군 환자로부터 줄기세포 내 여분의 유전물질을 침묵시킨다. 증후군을 치료하기 위해 새로운 방법을 공개하기 위해 줄기세포가 자극되어 신경세포로 분화되는지 관찰 중에 있다. *George Doyle/Stockbyte/Getty Images*

의 **생명윤리학**에서는 출생 전 21번 3염색체성 다운증후군의 진단 효과에 대해서 설명한다.

18번 3염색체성

임신 초기에 초음파 검사를 했을 때 유난히 비정상적으로 낮게 위치한 귀와 작은 턱, 뇌액 주머니, 그리고 주먹을 꽉 쥐고 있는 작은 태아가 확인되었다. 곧 부모가 될 그들은 태아의 염색체를 확인하기 위해 양수천자 검사를 받게 되고 여분의 18번 염색체의 존재가 확인되었다. 더욱이 초음파 검사는 태아의 한쪽 신장만이 정상적인 기능을 하고 있었고, 심장에는 구멍이 있었으며, 장의 일부가 위의 바깥쪽에 있다는 것을 보여주었다. 그 아이는 심각하게 성장이 느렸고, 지적장애도 보였다. 그 아이는 태어나기 전 불규칙한 심박수가 나타난 이후 36주 만에 태어났다. 태어난 후 그는 단지 22일을 살았다.

18번 3염색체성(**그림 13.14**)(에드워드 증후군) 또는 13번 3염색체성(파타우 증후군)이 있는 대부분의 환자들은 태어나기 전에 사산되거나 영아기에 사망하지만, 일부는 젊은 성인기까지 살았다. 18번 염색체를 3개 가지는 아이들은 발달상태가 6개월 수준에서 멈춰 있고, 신체적, 정신적 장애를 갖는다. 주된 증상으로는 심장질환, 간의 위치 이상, 성장 지체, 그리고 이상하게 꽉 쥔 주먹 등을 들 수 있다. 밀더(Milder)는 서로 겹쳐져 위치하는 손가락, 좁고 평평한 두개골, 비

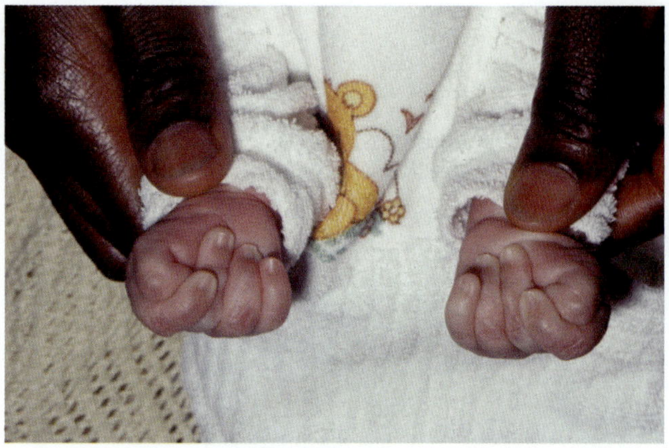

그림 13.14 18번 3염색체성. 18번 염색체가 3염색체성인 아이는 서로 겹쳐져 있는 손가락과 함께 비정상적인 방식으로 주먹을 꽉 쥐고 있다. *Wellcome Image Library/Custom Medical Stock Photo*

정상적인 형태로 아래쪽에 위치한 귀, 작은 입과 얼굴, 평범하지 않거나 없는 지문, 두 번째와 세 번째의 발가락이 융합된 짧고 큰 발가락, 그리고 오목 발바닥이면서 뒤꿈치가 두드러진 발을 특징으로 알려주었다. 18번 염색체의 3염색체성은 대부분 난자의 제2감수분열 시기의 비분리현상에 의해서 나타난다.

13번 3염색체성

생후 15개월 되었을 때, 그녀는 13번 3염색체성을 가지는 사람 중 가장 오랜 기간 생존자이다. 그녀는 나이에 비해 매우 작지만, 행복하고, 호기심 많고, 활달한 소녀이다. 그러나 신체적인 발달은 매우 지체되어 있었다. 그녀는 기어 다닐 수는 없었지만 많은 노력으로 마침내 일어나 앉을 수 있게 되었다. 그녀는 하루에 약 20회의 경련과 놀람을 동반하는 발작을 일으켰고, 지속적인 위산 역류로 인해 먹는 데 어려움을 겪었다. 그녀는 또한 갈비뼈를 잃었다. 초기 수술을 통해 벌어진 입술과 입천장을 교정하고, 여분의 손가락과 발가락을 제거하고, 탈장을 바로잡았다. 심장에서 폐로 연결되는 혈관은 태어나기 전에 닫혀야 하지만 그녀는 태어난 후 6개월이 될 때까지 닫히지 않았다. 그녀는 지적장애를 보였지만 그녀의 부모는 그녀가 학교 교육을 받기 전까지는 충분히 오래 살 것을 희망했다. 이러한 장애를 가짐에도 불구하고, 그녀의 경우는 증상이 가벼워 13번 3염색체성을 가지는 많은 사람과 달리 시각과 청각을 가졌다.

13번 3염색체성은 18번 3염색체성과는 다른 증상을 보인다. 대표적으로 나타나는 특징은 발달하는 눈이 융합되어 태아 얼굴의 중심부에 하나의 큰 눈 모양의 구조를 가지는 것을 의미한다. 더 일반적으로 눈이 작거나, 눈이 없다. 주된 이상은 심장, 신장, 뇌, 얼굴, 사지에 영향을 끼친다. 코는 종종 제 기능을 못 하고, 찢어진 입술과 입천장은 작은 머리 안에 존재한다. 그리고 여분의 손가락이나 발가락을 가지기도 한다. 초음파 검사를 통해 여분의 비장, 간 기형, 꼬인 장, 비정상적인 췌장 등은 태어나기 전에 확인할 수 있다.

성염색체 이수체: 여성

성염색체 이수체를 가지는 사람들은 여분의 염색체를 가지거나 성염색체가 결손된 경우이다. **표 13.4**는 성염색체 이수체가 어떻게 나타나는지를 보여준다. 남성 또는 여성의 감수분열 시기의 비분리현상으로부터 초래되는 이수체현상에 대해 주목해보자. 성염색체 이수체는 일반적으로 상염색체 이수체에 비해 증상이 심각하지 않다. 증후군은 더 이상 일반적으로 최초 발견자로 언급되지 않지만 47,XXY는 클라인펠터(Klinefelter) 증후군, 45,X는 터너(Turner) 증후군(45,XO라고도 함), 47,XYY는 야콥(Jacobs) 증후군을 말한다.

45,X 증후군

17세의 소녀는 여전히 12살처럼 보인다. 그녀는 작고, 가슴은 전혀 발달하지 않았으며, 아직 첫 월경을 경험하지 못했다. 그녀가 16살이 되었을 때, 그녀의 주치의는 염색체 검사를 제안했다. 그녀의 핵형분석 결과, 하나의 X 염색체가 없는 것을 확인했다. 이를 통해 그녀가 가지는 난청, 고혈압, 갑상선기능저하증, 그리고 피부에 많은 점 등의 문제들을 진단할 수 있었다.

표 13.4 비분리현상으로 인한 성염색체 이수체의 형성

비분리 조건	난자	정자	결과
정상	X	Y	46,XY 정상 남자
	X	X	46,XX 정상 여자
여성 비분리	XX	Y	47,XXY 증후군
	XX	X	47,XXX 트리플로-X
		Y	45,Y 생존 불가
		X	45,X 증후군
남성 비분리(제1감수분열)	X		45,X 증후군
	X	XY	47,XXY 증후군
난성 비분리(제2감수분열)	X	XX	47,XXX 트리플로-X
	X	YY	47,XYY 증후군
	X		45,X 증후군
남성과 여성의 비분리	XX	YY	48,XXYY 증후군

역사 엿보기

1938년, 의학 회의에서 헨리 터너(Henry Turner)라는 미국 내분비학자는 성적으로 발달하지 않은 키가 작고 목뒤 쪽에 주름이 있고 팔꿈치가 기형인 15세에서 23세 사이의 7명의 젊은 여성에 대해 설명하였다[8년 전에 영국 의사가 어린 소녀들에게서 나타나는 증후군을 기술했기 때문에 영국에서는 울리히(Ullrich) 증후군이라고 한다]. 미국에서 터너 증후군으로 알려지게 될 질병에 대해 경고를 받은 다른 의사들은 곧 그러한 환자를 식별하기 시작하였다. 의사들은 호르몬 부족이 증상을 유발한다고 가정했지만 염색체 불균형이 호르몬 결핍을 유발하였다.

1954년 런던 병원에서 의사는 터너 환자의 세포에 바소체가 없다는 것을 발견하였다. 바소체는 불활성화된 X 염색체를 나타내는 어두운 반점이다. 1959년까지 핵형 분석을 통해 X 염색체가 하나만 있음이 확인되었다. 나중에 연구자들은 환자의 50%만이 45,X라는 사실을 알게 되었다. 나머지는 X 염색체의 일부만 누락되었거나 모자이크이며 일부 세포에서만 X가 누락으로 인한 것이었다.

상염색체 이수체와 마찬가지로 45,X 증후군은 신생아보다 자연유산 된 태아에서 더 자주 발생한다(45,X 태아의 99%는 태어나지 않는다). 이 증후군은 2,500명의 여성 출생 중 1명꼴로 나타난다. 그러나 양수천자 또는 융모막 융모 검사를 시행하지 않은 경우 45,X 증후군이 있는 사람은 성 발달이 지연되고 염색체 검사를 받을 때까지 염색체 이상이 있다는 것을 알지 못한다. 여성의 정상적인 성 발달에는 두 개의 X 염색체가 필요하기 때문이다.

태어날 때, 45,X 증후군의 여자아이는 손상된 림프액 흐름으로 인해 야기되는 손과 발의 팽창을 제외하면 정상인처럼 보인다. 유년기를 거치면서 넓은 유두, 뾰족해지는 부드러운 손톱, 목덜미 피부의 접힘, 짧은 신장, 얼굴 피부가 거칠어짐, 숱이 적은 뒷머리 등의 45,X 증후군의 조짐들이 나타나기 시작한다. 45,X 증후군인 사람들 절반이 내이의 고리 모양의 결함으로 인해 손상된 청력과 잦은 귀 염증이 유발된다. 그들은 소리의 특정한 주파수를 들을 수 없다.

성적 성숙이 일어나 때쯤이 되어서, 체모의 숱은 적고, 배란과 월경을 하지 않으며, 가슴도 발달하지 않는다. 자궁은 매우 작지만, 질과 자궁경관은 정상적인 크기이다. 난소 안에서 난자들은 유아기 동안의 영양공급을 격감시킴으로써, 빠르게 발달한다. 지능은 정상이다. 3차원의 물체를 상상해야 하는 수학 문제를 푸는 능력에는 손상을 가져올 수도 있으며, 기억력 감퇴도 야기할 수 있다. 호르몬(에스트로겐과 프로게스테론)은 사춘기 전에 이차성징 발달을 촉진할 수 있으며 성장호르몬의 신속한 사용은 최대한 키를 클 수 있게 할 수 있다.

몇몇 세포에서만 X 염색체가 결손 된 45,X 증후군 사람들은 자녀를 가실 수는 있지만, 비정상적인 수의 염색체를 가지는 자손이 태어날 위험성이 높다. 45,X 증후군은 산모의 나이와 관련이 없다. 45,X 증후군의 영향은 생식 능력이 없어진 후에도 지속된다. 45,X 증후군인 사람은 생명주기가 다소 짧아질 수 있다. 45,X 증후군인 성인은 정상집단보다 골다공증(osteoporosis), 제1형, 제2형 당뇨병(types 1 및 2 diabetes), 직장암에 걸릴 확률이 높다. 이러한 많은 45,X 증후군의 증상들은 특정 유전자들의 결실로 인한 것이다. 수명이 약간 단축된다.

트리플로-X

1,000명의 여성 중 한 명은 그녀의 모든 세포에 X 염색체가 추가되어 있다. 이를 트리플로-X이라고 한다. 유일한 증상은 큰 키와 월경주기의 불순이다. 트리플로-X 여성은 지적장애를 가지지 않지만 그들의 형제자매에 비해 지능이 낮은 경향이 있다. 특정한 증상을 보이지 않는 것은 불활성 X 염색체의 보호 효과를 반영하는 것이다. 이러한 경우 X 염색체 중 하나는 불활성 상태에 있다.

성염색체 이수체: 남성

Y 염색체를 가지는 사람들은 모두 남성이다. 남성은 하나 또는 그 이상의 X 염색체와 Y 염색체를 가질 수 있다.

47,XXY 증후군

돌이켜 보면, 그 남성의 47,XXY 증후군의 유일한 징후는 작은 고환이었다. 그가 25살 때, 여분의 X 염색체를 발견할 수 있었던 것은 그의 갑작스러운 성격 변화였다. 그의 어린 시절과 10대 때, 그는 매우 부끄러움이 많고 친구를 사귀는 데 어려움이 있었으며 쉽게 화를 내고는 했다. 그의 부모님은 여러 명의 임상의와 상담을 했다. 심리학자, 정신과 의사, 그리고 치료 전문가들은 학습장애를 진단했다. 한 명이 그에게 말하길, 그가 절대 대학에 갈 수 없을 것이라고 했다. 하지만 그는 두 개의 학위를 얻고 성공적인 소프트웨어 기술자가 되었다.

남성 500명당 한 명은 X 염색체 1개를 추가로 가짐으로써 47,XXY 증후군을 야기한다. 이 증후군을 가진 사람들은 고환과 전립선의 발육부전, 음부와 얼굴의 빈약한 털을 가진 증상을 가진다. 그들은 매우 긴 팔과 다리, 큰 손과 발, 가슴 조직이 발달한다. 그러나 여분의 X 염색체를 가진 일부 남성은 관련 증상이 없다.

청소년기에 테스토스테론의 투여는 사지의 길이 생장을 저해하고 이차성징의 발달을 촉진한다. 47,XXY 증후군인 소년들과 성인 남성들은 학습이 늦지만 X 염색체를 2개보다 더 많이 가지지 않는 이상 정신적인 장애는 없다.

47,XXY 증후군인 남성은 의학적인 보조를 통해 아이를 가질 수 있다. 의사들은 하나의 성염색체를 가지는 정자를 선별하여 난자와 수정시킨다. 그러나 47,XXY 증후군인 남성에게서 나온 정자는 여분의 염색체(일반적으로 X 또는 Y 염색체이며 가끔 상염색체도 있음)를 가질 확률이 정상의 남성에 비해 높다.

48,XXYY 증후군

한 소년의 부모님은 그가 조금 다르다는 것을 일찍부터 알아 왔다. 그의 문제는 너무 일반적인 것이었지만, 이는 염색체 검사가 하나의 추가적인 X 염색체와 하나의 추가된 Y 염색체의 존재를 확인하기 전이었다. 그는 앉고, 기고, 걷고 말하는 게 늦었다. 학교 들어가기 전, 그는 자주 격분하고, 적절하지 못한 말들을 했다. 그는 키가 크고, 서투르며, 침을 흘리고, 쉽게 진저리를 냈다. 그는 그의 팔을 펄럭이다가 그다음엔 의자 아래로 숨기도 했다. 그의 다리에는 심각한 궤양이 발생하였다.

2학년 때, 그의 특수교사는 그의 부모들에게 그와 부모 모두 염색체 검사를 해볼 것을 제안하였다. 부모님의 염색체는 정상이었다. 그의 염색체는 비분리현상이 일어난 매우 비정상적인 난자와 비정상적인 정자가 수정된 것으로 생각하였다. 여분의 성염색체는 굽은 새끼손가락, 평발, 척추측만과 같은 잘 인지되지 않은 몇몇 증상을 포함하여 그 소년에게 나타나는 문제의 대부분을 설명했다. 그는 어려웠던 유년기보다는 좀 더 정상적인 청소년기를 보내기 위해 테스토스테론 투여를 받기 시작했다.

남성 17,000명당 한 명은 여분의 X 염색체와 Y 염색체를 가진다. 48,XXYY 증후군 남성은 47,XXY 증후군 남성보다 더 심각한 행동학적 문제를 야기하고 정맥 순환의 이상에 의해 다리와 발에 궤양을 일으키는 경향이 있다. 주의력 결핍장애, 강박장애, 자폐증, 학습 무능력증은 청소년기에 나타나는 전형적인 특징이다. 10대에 테스토스테론 수치가 매우 낮고 이차성징 발달이 지연되며, 고환은 제 위치로 내려가지 않는다. 48,XXYY 증후군을 가진 남자는 불임이다.

47,XYY 증후군

1965년, 패트리시아 야콥(Patricia Jacobs)이라는 세포 유전학자는 스코틀랜드에 있는 카스테어 감옥에서 197명의 수감자를 대상으로 조사를 하였다. 그중 12명의 남자가 비정상적인 염색체를 가졌고, 7명은 Y 염색체를 하나 더 가지고 있었다. 그렇다면 그들의 난폭한 행동이나 공격적인 성향은 추가된 Y 염색체와 관련이 있을까? 야콥의 발견은 정신학회에서 발표되었으며, '선천적 범죄자'라는 내용으로 뉴스위크지의 앞면을 장식했다. 야콥증후군으로 알려진 47,XYY 증후군은 하나의 법적인 것의 변호가 되었다. 그러나 생물학적 불확실성으로 인해 성공적으로 사용된 적은 없었다.

1970년대 초, 영국, 캐나다, 덴마크, 보스턴에 있는 병원의 신생아를 대상으로 조사가 이루어졌다. 사회학자들과 심리학자들은 XYY 형태의 성염색체를 가지는 소년들을 방문해서 부모들이 그 아이에게 미래의 범죄자라고 어떻게 말해야 하는지에 대한 '예상 지도안(anticipatory guidance)'을 만들어 제공했다. 1974년도에 유전학자들과 다른 이들은 이러한 지도안이 몇 개의 통계적인 것을 바탕으로 소년들을 추려낸 것이기 때문에 그들이 범죄자가 될 것이라는 예언대로 되게 하는 것이라면서 중단시켰다.

Y 염색체를 하나 더 가지는 남성은 1,000명당 한 명꼴로 나타난다. 오늘날 우리는 XYY 남성들은 매우 큰 신장과 여드름을 가지는 대신 96%가 범죄자가 될 운명이 아니라는 것을 알고 있다. 단, 유머를 이해하지 못하는 것과 같은 언어를 말하는 것과 이해하는 것에 대해서 문제를 가지고 있고, 옷 입기 및 사교 활동과 같은 기술 습득이 지연될 수 있다.

정신-교정기관(mental-penal institution)의 집단에 47,XYY 증후군을 가지는 사람이 계속 존재하는 이유는 아마 생물학적인 것보다 정신적인 것에 의한 것인지 모른다. 큰 몸집을 갖는 것은 선생님, 고용주, 부모, 그리고 직업들에서 선두적인 위치가 될 수 있다는 것을 의미하고, 또한 47,XYY 증후군을 가진 사람들은 스트레스에 내성을 보이는 경우가 있다.

47,XYY 증후군은 남성에서 비분리로 인해 2개의 Y 염색체를 가지는 정자와 X 염색체를 가지는 난자가 수정됨으로써 발생할 수 있다. 유전학자들은 X 염색체 없이 Y 염색체만 가지는 경우는 보지 못했다. Y 염색체는 매우 적은 양의 유전정보를 가지기 때문에 X 염색체의 부재로 인해 생긴 태아에서는 많은 유전자가 결실되어 세포분열이 진행되지 않아 발생이 불가능하다.

핵심 개념 질문 13.3

*a. 정상인 사람의 핵형은 얼마나 많은 염색체를 가지는가?

*b. 다배체란 무엇인가?

*c. 비분리가 어떻게 이수체를 형성하는지 설명하시오.

d. 1염색체성과 3염색체성의 중증도를 비교하고, 성염색체와 상염색체 이수체를 비교하시오.

e. 가장 일반적인 이수체 조건에 대해서 서술하시오.

13.4 염색체의 구조 이상

염색체 구조 이상은 몇몇 기작에 의해서 발생할 수 있다. 유전물질이 너무 많거나, 너무 적을 때 또는 염색체의 역위 또는 다른 염색체로의 전좌의 경우이다(**그림 13.15**). 비정상적인 염색체는 유전물질의 양이 정상적인 상태와 유전물질의 과잉 또는 결함을 나타내는 비균형 상태가 있다.

결실과 중복

아름다운 아기는 이상한 울음을 터뜨렸다. 아이가 태어난 지 몇 주 되었을 때, 그녀의 어머니는 의사인 여동생과 전화 통화를 하고 있었다. 아기의 울음소리를 엿듣던 여동생은 고양이를 언제 키웠는지 물었다. 그들은 고양이를 키우지 않았다. 놀란 그녀는 아이의 소아과 의사에게 그 울음소리에 대해 이야기하라고 조언했다. 소아과 의사는 고양이 소리를 듣고 인정하게 되었다. 그 아기의 핵형은 두 의사가 의심했던 5p$^-$ 증후군(5번 염색체 단암이 짧거나 결실된) 또는 묘성증후군이라고 불리는 형태를 보여주고 있었다. 아이는 낮은 기대에도 불구하고, 자폐행동이 있지만, 걷고, 먹고, 보고, 들을 수 있는 반면, 키가 작고, 화장실을 사용할 수 없고, 열이 자주 났다. 그녀는 말을 못 하지만 다른 방식으로 의사소통을 잘하고 학교에 다녔다.

결실(deletion)과 **중복**(duplication)은 각각 DNA 서열이 없어지거나 추가되는 것을 의미한다. 결실과 중복은 7.3절과 12.5절에서 소개된 사본 수 변이(copy number variants, CNVs)의 유형이다. 많은 유전자가 포함되어 있으면 더 심한 영향을 미친다. **그림 13.16**은 15번 염색체 한 부분의 일반적인 중복을 보여준다. 결실과 중복은 종종 새롭게(*de novo*, 부모 모두 정상이고 새롭게 만들어진 것을 의미함) 발생한다.

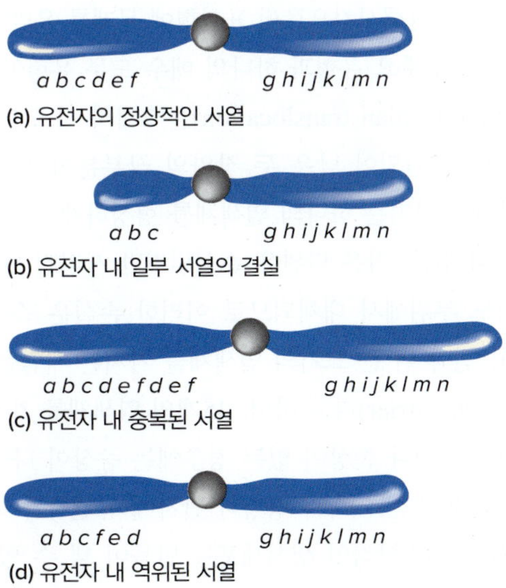

그림 13.15 비정상적인 염색체. 만약 정상 유전자 서열이 (a)와 같다면 (b)는 결실, (c)는 중복, (d)는 역위이다.

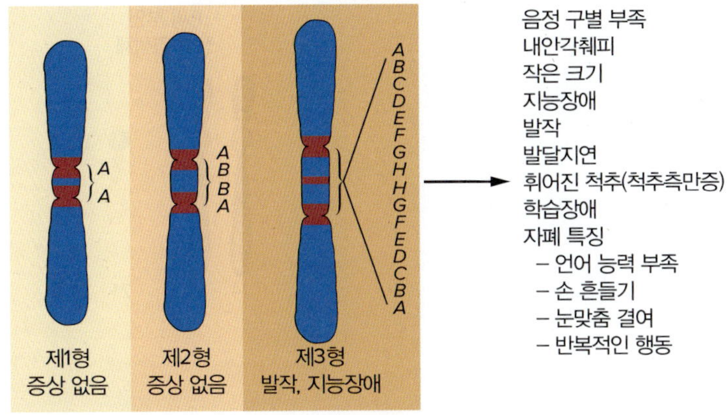

그림 13.16 중복. 15번 염색체 부위의 중복들은 작은 중복일 경우 표현형으로 나타나지 않지만 큰 중복의 경우에는 표현형으로 나타날 수 있다. 표기된 문자는 염색체 지역을 비교하는 표지로써, 특이적인 DNA 서열을 가리킨다. 중복이 나타난 부위는 또한 역위도 되었다.

비교유전체 혼성화(comparative genomic hybridization, CGH)라는 기술은 **미세결실**(microdeletion)과 **미세중복**(microduplication)이라고 하는 매우 작은 CNVs를 확인하는 데 사용된다. 이 기술은 환자와 정상인으로부터 얻은 동일한 DNA양으로 특정 CNV의 양을 비교하는 것이다. 비교유전체 혼합법은 자폐증, 지적장애, 학습무능력, 또는 비이상적인 행동을 보이는 아이들을 진단하는 데 도움을 주기 위해서 사용이 증가하고 있다. 예를 들어, 이 기술은 아무런 이유 없이 집중력이 떨어지고, 수면 부족, 그리고 가끔 비명을 지르는 어린 소년이 7번 염색체의 작은 부분 중복에 의한 것임을 알 수 있게 해준다. 한 어린 소녀가 보이는 머리를 흔드는 행동과 소화불량, 심각한 변비, 소리에 예민함 등은 16번 염색체 일부가 미세결실되어 보이는 현상이다. 다른 미세결실은 남성 불임을 야기한다.

결실과 중복은 염색체 재배열에 의해서 나타날 수 있다. 이는 전좌, 역위, 그리고 고리 염색체(ring chromosome)를 포함한다.

전좌 다운증후군

그 아이가 태어났을 때 그녀의 부모들은 그녀의 미모에 놀라워했지만, 산부인과 의사는 그녀의 얼굴 모양을 보고 불안해했다. 넓고 기울어진 눈과 움푹 들어간 코는 다운증후군을 가진 아이의 얼굴처럼 보였다. 의사는 그녀의 어머니가 두 번의 자연유산을 가졌었던 것은 알았지만 가계 내 염색체 문제에 대해서는 잘 알지 못했다. 그래서 의사는 손바닥에 주름이 한 줄로 된 것을 확인하고, 다운증후군이라

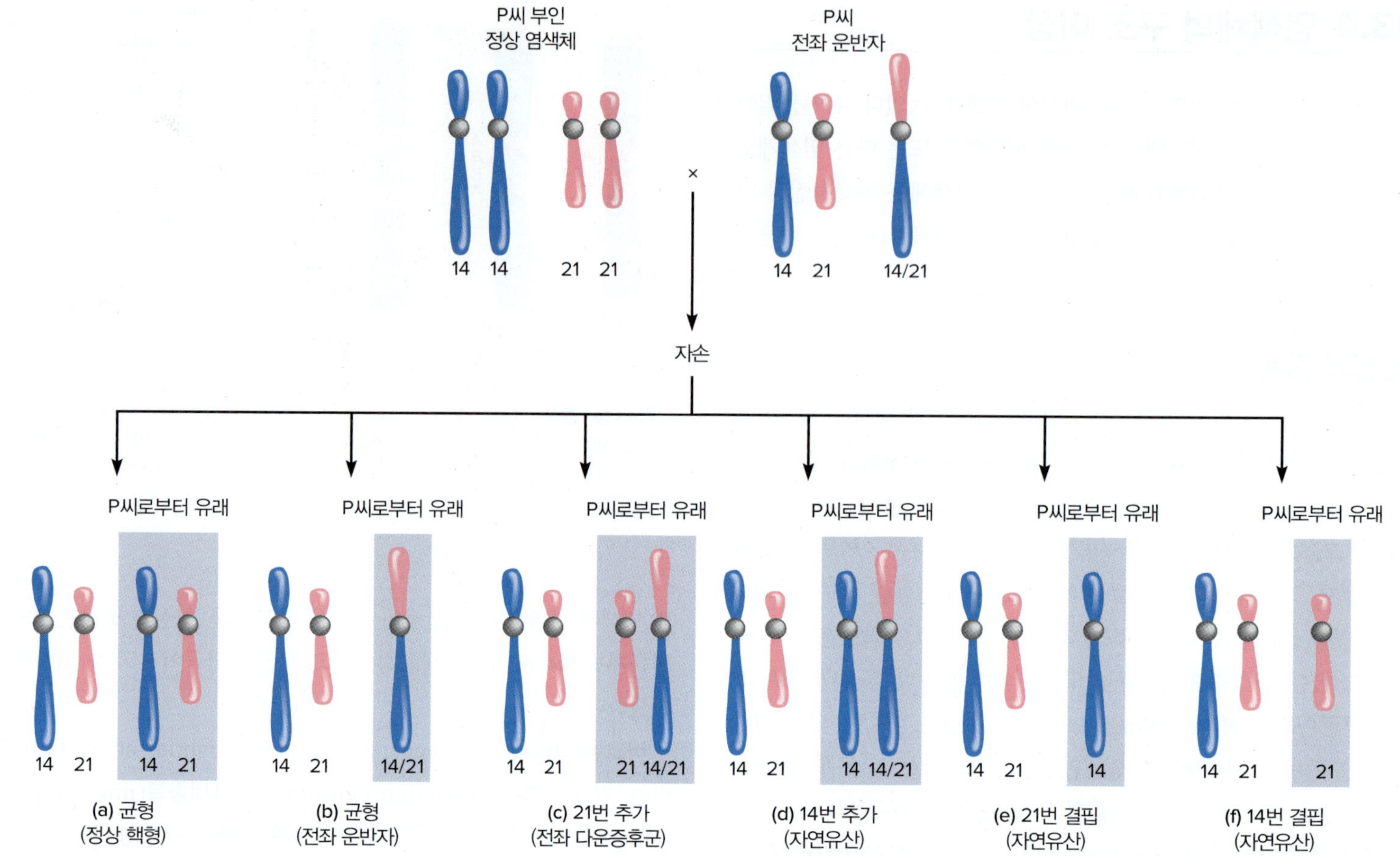

그림 13.17 로버트슨 전좌. P씨는 45개의 염색체만 가지는데 14번의 염색체 중 하나의 장완이 21번 염색체의 장완과 결합해 있다. 그는 아무런 증상이 없다. P씨는 6종류의 정자세포의 유형을 만들어낸다. 그리고 그것은 자식들의 운명을 결정짓는다. (a) 14번과 21번이 정상적인 정자는 정상적인 아이를 만든다. (b) 전좌 된 염색체를 가지는 정자는 P씨처럼 전좌를 가지는 보인자의 아이를 만든다. (c) P씨의 정상적인 21번 정자와 그의 전좌 된 염색체를 가지는 정자는 과잉인 21번 염색체의 물질을 받게 되고 다운증후군을 가진 아이가 된다. (d) 전좌 염색체와 정상적인 14번 염색체를 가진 정자는 14번 염색체의 유전물질이 과잉되어 배 발생시기나 태아시기에 죽는다. 만약 정자가 21번과(e) 14번(1) 염색체가 둘 다 부족하다면 1염색체를 초래하여, 태아가 태어나기 전에 죽는다(염색체 팔의 길이는 정확하지 않음).

는 것을 알아차렸다. 의사는 부모에게 염색체 검사를 권유했다.

며칠 후, 부모는 그들의 딸이 추가된 염색체를 가지는 기존의 3염색체성 다운증후군과는 조금 다른 형태를 보이는 것을 알게 되었고, 부모 중 한 명에게서만 염색체를 물려받은 것이었다. 아버지의 엄마와 누나는 여러 번의 유산을 했었고, 염색체의 교환이 아버지로부터 유래된 것으로 생각되었다. 부모는 핵형 분석으로 아버지는 전좌 운반자(translocation carrier)라는 사실을 알게 되었다. ***그림 13.17****에서처럼, 아버지의 14번 염색체 중 하나에 21번 염색체의 한 부분이 추가되면서 비정상적인 염색체를 만들게 되고 이것은 감수분열 시 여러 개의 불균형을 초래하게 된다.*

전좌의 경우, 다른(비상동) 염색체가 교환되거나 염색체의 일부가 결합하게 된다. 전좌는 정상적인 유전물질의 양을 가지는 보인자들이 존재하기 때문에 유전될 수 있지만 그것은 다시 재배열된다. 전좌는 다음 세대인 자녀의 염색체에서 유전자가 파괴되거나 염색체의 중복 또는 결실을 발생시킴으로써 표현형에 문제를 유발할 수 있다.

전좌는 두 가지 주요 유형과 하나의 매우 드문 유형이 있다. **로버트손 전좌**(Robertsonian translocation)는 2개의 서로 다른 단부 염색체의 단완이 파괴되어 남은 두 장완의 끝부분이 서로 결합하여 2개의 긴 장완을 가지는 하나의 염색체를 형성하게 된다(**그림 13.17**의 14번, 21번 염색체). 작은 단완은 손실되지만 사라진 DNA 서열은 유전체의 어느 부위에서 대체되므로 이러한 손실은 증상의 원인이 되지 않는다. 전좌 된 큰 크기의 염색체를 가지는 사람을 **전좌 운반자**(translocation carrier)라고 하며, 45개의 염색체를 가지지만 중요한 유전자의 결실이나 손상이 없는 경우에는 증상이 나타나지 않는다. 심지어, 남자 또는 여자가 정자나 난자에 유전자가 너무 많거나 적은 경우 등의 비정상적인 생식세포를 만들어 낼 수 있다. 이것은 자연유산이나 문제가 있는 아이가 태어날 수 있다.

다운증후군의 1/20의 경우, 부모는 21번 염색체와 다른 염색체(주

임상 연계 13.1

로버트손 전좌와 3염색체성 구분

인간 유전체는 23쌍의 염색체에 걸쳐 분포되어 있다. 두 개의 완전한 유전체가 존재하는 경우 염색체 쌍의 재배열은 유전체 염기서열 분석에서는 보이지 않은 잘못된 유형의 염색체 이상 진단으로 이어질 수 있다. 그러나 염색체상의 유전자 분포에 대해 감수분열 과정에서 교차에 의해 분리되지 않는 한 같은 염색체상의 유전자들이 함께 전달된다는 사실은 예비 부모의 유전상담에서 중요하다. DNA 염기서열이 로버트손 전좌를 가리고 염색체 이상 유형을 추론하는 데 오류가 발생하는 경우를 생각해 보자.

젊은 부부는 두 번의 임신 초기 손실을 겪었다. 두 번째에는 그 여성은 자신에게서 나온 조직의 일부를 수집하여 유전자 검사를 위해 산부인과 의사에게 전달하였다. 실험 보고서에 따르면 염색체상의 특정 부위의 단일 염기 다형성(SNP)을 조사하여 21번 염색체의 과잉을 감지했다. 보고서에는 구식 기술인 핵형 분석에 의한 태아의 실제 염색체 사진은 제공하지 않았다. 산부인과 의사는 여분의 21번 염색체 물질은 21번 3염색체성 다운증후군을 의미하며, 이는 경험적으로 인구 100분의 1의 위험 수준으로만 향후 임신에서 재발할 수 있음을 의미한다고 가정하였다. 의사는 환자와 그녀의 파트너를 안심시켰다.

그런 다음 부부는 세 번째 유산을 겪었다. 다시 수행한 SNP 테스트는 여분의 21번 염색체 물질을 밝혀냈다. 유전상담사는 3염색체성은 무작위적인 비분리에 의한 것이기 때문에 발견된 21번 염색체의 추가 물질은 3염색체성보다 전좌로 인한 것일 가능성이 더 높다고 말하였다. 3염색체성과 대조적으로, 전좌 다운 증후군은 3분의 1의 확률로 재발하게 된다(그림 13.17 참조). 전좌가 있다는 것은 이 부부의 모든 임신이 유전물질의 불균형을 가질 위험이 3분의 2가 된다는 것을 의미한다. 유전상담사의 조언과 해석에 따라 의사는 수태 산물의 핵형을 주문하였다. 물론 로버트손 전좌는 21번 염색체의 일부 물질이 14번 염색체 하나에 들어간 것이다. 21번 염색체의 정상적인 사본 2개가 있기에 과잉이 된 것이다(**그림 13A**).

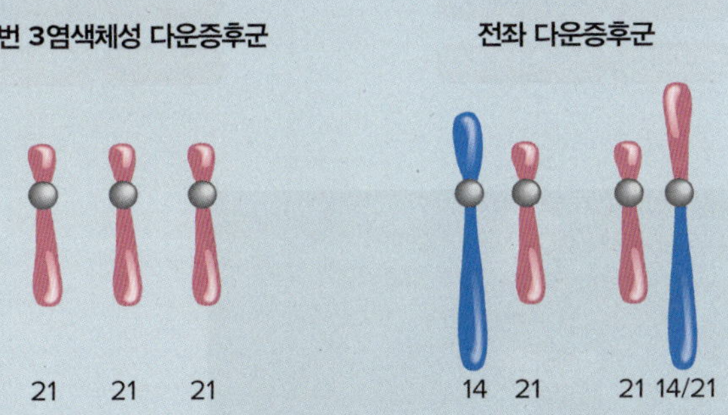

그림 13A 다운증후군의 두 가지 기원. 21번 3염색체성은 21번 염색체의 추가에 의한 것이다. 전좌 다운증후군은 염색체 부분의 교환으로 인해 생기는 21번 염색체의 추가 유전물질에 의한 것이다.

토론을 위한 질문

1. 이 가족에서 여분의 21번 염색체 물질이 재발하는 확률이 21번 3염색체성보다 로버트손 전좌에서 훨씬 더 높은 이유를 설명하시오.
2. 전좌 된 염색체를 물려받은 부모의 핵형을 설명하시오.
3. 이 부부의 미래 임신에서 발생할 수 있는 다른 유형의 염색체 문제는 무엇인가?

로 14번 염색체 간의 로버트손 전좌를 가진다. 부모는 관련된 염색체의 결핍을 가지는 몇 개의 생식세포와 전좌된 염색체 중 하나로부터 여분의 유전물질을 가지는 몇 개의 생식세포를 만들어낸다. 이러한 경우, 수정된 난자의 1/2은 자연유산되고, 1/6은 다운증후군이 발생하게 된다. 자연유산은 태아가 태어날 수 없기 때문에 이론적으로 다운증후군이 태어날 확률은 1/3이 된다. 그러나 몇몇 다운증후군은 태아가 자연유산이 되기 때문에 실제로 이러한 상황을 가지는 부부는 다운증후군이 태어날 확률은 15%이다. 정상 염색체를 가지거나 부모와 동일하게 전좌 된 염색체를 가지는 두 가지의 경우는 정상적인 표현형을 나타낸다. 남성 혹은 여성이 전좌의 보인자일 경우 나이와는 무관하다. 일반 인구의 약 1,000명 중 1명이 로버트손 전좌를 가지고 있다.

로버트손 전좌에 대한 이형접합자가 되는 것보다 훨씬 드문 경우는 동형접합자인 것이다. 왜냐하면 그러한 개인은 각 부모로부터 비정상적인 염색체의 한 복사본을 유전 받음으로써만 발생할 수 있기 때문이다. 이는 일반적으로 부모가 관련되어 있으며 공통 증조부모와 같은 공유 조상으로부터 전좌를 물려받았음을 의미한다. 로버트손 동형접합자는 정상적인 46개가 아닌 44개의 염색체를 가지고 있습니다. 한 사례 보고서에 따르면 각 14번 염색체가 약 15번의 염색체에 연결되어 44개의 염색체를 가진 중국의 건강한 25세 남성이 있었다. 그의 부모는 모두 전좌 보인자로 사촌이었다. 중국 남성의 정자는 21개의 상염색체와 X 또는 Y를 가지고 있었다. 그는 동일한 44개의 염색체 유형의 세포를 가진 여성과만 가임 할 수 있다.

로버트손 전좌 동형접합자는 흥미로운 시나리오를 제시한다. 동일한 44개 염색체 유형을 가진 여러 사람들이 서로 결혼하면 이론적으로 새로운 인간 아종이 나타날 수 있다. 같은 로버트손 전좌의 두 보인자가 무작위로 만나 아이를 낳을 확률은 약 400만 분의 1이다. **임상 연계 13.1**은 영향을 받는 염색체의 모든 부분이 존재하는 경우 서열 변이체의 유전체 전체에서 SNP 분석이 로버트손 전좌를 놓칠 수 있는 방법에 대해 설명한다.

두 번째로 전좌의 주된 유형은 서로 다른 두 염색체의 일부가 교환되는 **상호 전좌**(reciprocal translocation)이다(**그림 13.18**). 600명당 한 명은 상호 전좌 보인자이다. FISH는 염색체와 관련된 실험에 가장 많이 사용된다. 만약 염색체의 일부 교환이 유전자의 파괴를 일으

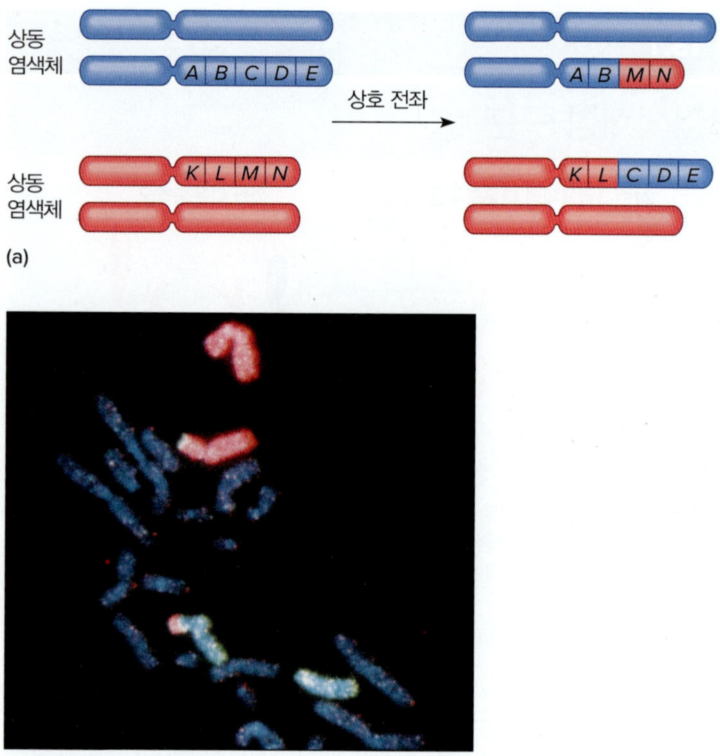

그림 13.18 상호 전좌. 상호 전좌는 2개의 비상동성 염색체들 간에 일부분이 교차되는 것이다. (a) 유전자 파란 염색체의 *C, D, E*는 빨간 염색체의 *M, N*과 교환이 일어났다. (b) FISH는 상호 전좌를 찾는 데 사용된다. 파란색으로 표시된 것이 있는 분홍색 염색체와 작은 분홍색 부위를 가지는 파란색 염색체 둘 다 전좌를 가지는 염색체이다. *(b): Courtesy Lawrence Livermore National Laboratory*

키지 않는다면 전좌 된 2개의 염색체를 가지는 사람은 건강하며 전좌 보인자가 된다. 그 또는 그녀는 정상적인 유전물질의 양을 가지지만 다시 재배열된다. 상호 전좌 보인자가 만약 2개의 교환 부위 중 하나에서 유전자가 파괴되어 기능을 할 수 없게 되면 증상을 보일 수 있다. 예를 들어, 11번 염색체와 22번 염색체 사이의 전좌에 의해 남성의 불임과 여성의 반복적인 임신 실패를 야기한다. 때로는 생식세포에 새로운 전좌가 발생한다. 이러한 경우 부모로부터 전좌 된 염색체를 물려받아 보인자가 되는 경우의 반대로써 질환을 가지는 새로운 구성원을 만들게 된다.

상호 전좌는 보통 염색체 간에 특이적으로 일어나지만, 불안정한 부위를 가지는 특정 염색체들이 존재한다. 염색체의 취약한 부위는 동일한 DNA 가닥에서 일어나는 상보적인 염기가 결합하는 서열인 매우 대칭적인 부위에서 발생하고, DNA의 복제가 일어나는 동안 고리와 교차에 의해서 접히게 된다. 이러한 뒤틀림은 이중 가닥의 파괴를 야기할 수 있고, 서로 다른 두 염색체 간에 일부분의 교차가 발생할 수 있게 된다.

불균등한 생식세포는 마치 로버트손 전좌가 형성되는 것처럼 상호 전좌의 유전 또는 생성을 초래할 수 있다. 발생 가능한 4개 조건은 (1) 2개 염색체를 포함하는 정상 염색체 쌍; (2) 생존에 필요한 유전자가 파괴되지 않는 조건에서 자손의 표현형에 영향을 미치지 않는 비정상의 염색체 쌍; 또는 (3과 4) 염색체의 추가 또는 결실이 발생한 전좌 염색체 2개 중 하나가 자손에게 전달되고 자손에서 표현형을 보이는 경우이다.

희귀한 유형의 전좌로서 삽입 전좌(insertional translocation)가 있다. 이러한 경우, 한 염색체의 일부가 비상동적인 염색체 속으로 삽입되는 것이다. 만약 생존과 관련된 유전자가 파괴되거나 유전물질이 손실되거나 초과하게 되면 증상이 나타난다.

어떤 유형의 전좌이든지 보인자는 몇 개의 불균등한 생식세포(전좌 된 염색체 안에 유전자의 결실 또는 중복을 가지는 정자 또는 난자)를 만든다. 표현형은 염색체의 재배열 결핍과 추가 또는 결실된 특정 유전자들을 따른다. 전좌와 결실이 한 염색체의 동일한 부위에 영향을 미친다면 동일한 증후군을 야기하게 된다.

유전상담사는 신생아에게 문제가 있거나 유산 혹은 사산의 가족력이 있을 때 전좌를 의심한다. 태아 검사는 태아에서 전좌가 있는지를 밝혀주며 부모 중 누가 전좌의 보인자인지 혹은 그것이 새로운 것인지를 나타내 준다. 만약 전형적인 방법을 통해서 염색체를 검사했을 때 부모 모두에서 전좌가 발견되지 않았다면, 전좌는 새로운 돌연변이 또는 부모의 몇몇 생식세포에서만 가지고 있을 것이다.

역위

부부는 이전에 한 번도 임신한 적이 없었기 때문에 양수천자 검사 결과를 받는 것에 매우 흥분되어 있었다. 그러나 의사 사무실에서 전화가 오고 그들에게 결과를 받으러 오라고 했을 때 그들은 불안해졌다. 최악의 경우까지 예상했었지만, 그 부부는 태아가 역위된 염색체를 가지는 것을 알고 놀라고 혼란스러워했다. 11번 염색체에서 정상적으로 보이는 몇몇 밴드가 뒤집어져 있었다. 유전상담사들이 문제가 될지도 모르는 유전자의 정보를 그들에게 주기 전에 그녀는 그 태아의 부모에게 그들의 염색체 검사를 받도록 권유했다. 어머니는 태아와 같은 역위된 염색체를 가지고 있었다. 그녀는 건강하기 때문에 비정상적인 염색체가 그들의 딸에게 어떠한 해도 끼치지 않을 것이라고 생각했다. 그러나 그들의 딸이 나이가 들었을 때 엄마처럼 임신의 경험을 할 수 없을지도 모른다.

염색체상의 역위에 의한 유전자 파괴와 건강에 영향을 끼치는 경우는 5~10%에 불과하다. 만약 부모에게서 어떠한 역위도 보이지 않는다면 이는 생식세포에서 일어난 것이다. 이러한 경우는 신생 또는 난소 또는 정소가 모자이크인 경우이다. 역위의 영향력은 이와 관

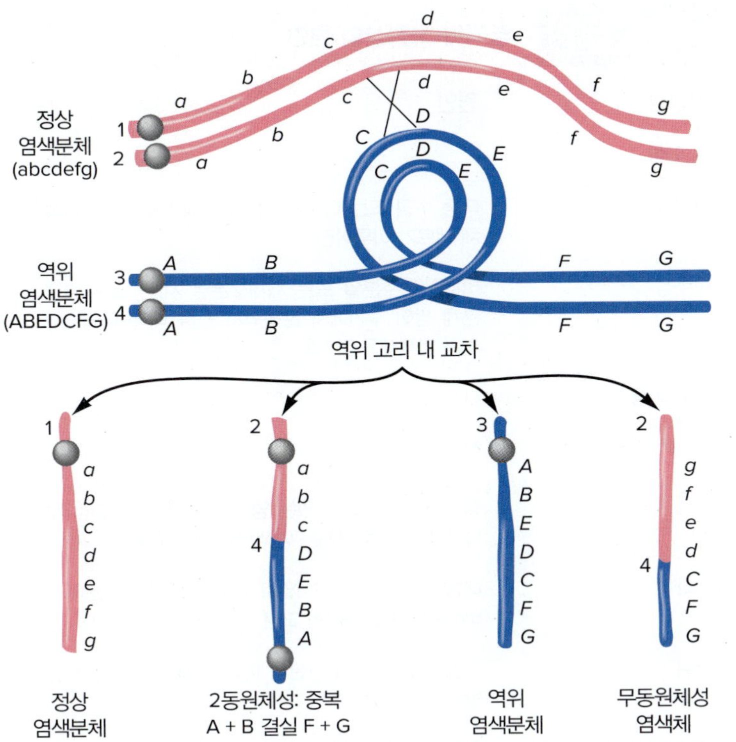

그림 13.19 측동원체성 역위. 만약 정상적인 상동성에 의해 교차가 일어난다면, 측동원체 역위는 하나의 정상적인 염색분체, 하나의 역위된 염색분체, 하나의 동원체를 2개 가지는 염색분체, 동원체를 가지지 않는 염색분체를 만들어 낼 것이다. *a*에서 *g*까지 문자는 유전자를 표기한 것이다.

련된 유전자가 어떠한 것인지에 따라서 다르다. 특정 역위 부위와 관련될 것이라고 생각되는 유전자들을 확인하기 위해서 인간 유전체 서열을 조사해야 한다.

전좌 보인자처럼 역위를 이형접합으로 가지는 성인은 건강할 수 있지만 생식 능력에서 문제를 보인다. 한 여성은 15번 염색체의 장완에서 역위를 가지고 있는데 두 번의 자연유산과 두 번의 사산 그리고 복합적 문제가 있어 태어난 지 며칠 만에 죽은 두 명의 아이를 가졌었다. 그녀는 마침내 건강한 아이를 출산했다. 어떻게 역위가 이러한 문제들을 야기하는 것일까?

감수분열 시 역위된 염색체와 비역위된 염색체의 상동 부위 사이의 교차가 일어날 때, 심각한 영향을 주는 역위가 될 수 있다. 유전자들이 배열될 때 위된 염색체는 고리를 형성한다. 고리 부위에서 교차가 일어날 때 몇몇 부위는 중복되거나 결실되어 재조합된 염색체를 만들어낸다. 위에서 비정상적인 염색체는 교차가 일어난 염색분체에 의해서 발생한다.

역위의 두 가지 유형은 역위 부위와 관련하여 동원체의 위치에 따라 구별된다. **측동원체성 역위**(paracentric inversion)는 동원체를 포함하지 않는다(**그림 13.19**). 역위 단편을 포함하는 단일 교차는 1개의 정상, 1개의 역위와 2개의 비정상적인 염색분체를 만든다. 하나의 비정상적인 염색분체는 2개의 동원체를 가지며 이를 2동원체성(dicentric)이라고 한다. 세포가 분열할 때 2개의 동원체 때문에 서로 반대 방향으로 당겨지게 되고 이로 인해 염색분체가 파괴되어 염색체 단편의 추가와 손실을 야기한다. 두 번째 비정상적인 염색분체 유형은 역위된 고리 안에서 교차가 일어나 동원체를 갖지 않는(acentric) 경우이다. 세포가 분열할 때 동원체가 없어 방추사가 붙지 못해 이 단편은 사라지게 된다.

협동원체성 역위(pericentric inversion)는 고리 안에 동원체를 포함하는 것이다. 교차에 의해 중복과 결실을 포함하는 2개의 염색체를 만들지만 각각 동원체에 정상의 염색분체와 역위된 염색분체를 가지게 된다(**그림 13.20**).

2중팔 염색체와 고리 염색체

2중팔 염색체(isochromosome)는 불균등한 유전물질을 유발하는 또 다른 감수분열 이상에 의해 형성되며, 동일한 팔을 가지는 염색체이다. 2중팔 염색체는 세포분열 시 동원체가 잘못된 방향으로 나눠질 때 형성된다(**그림 13.21**). 2중팔 염색체는 12번 염색체와 21번 염색체, X와 Y 염색체의 장완에 의해서 알려졌다. 예를 들어, 여성은 X 염색

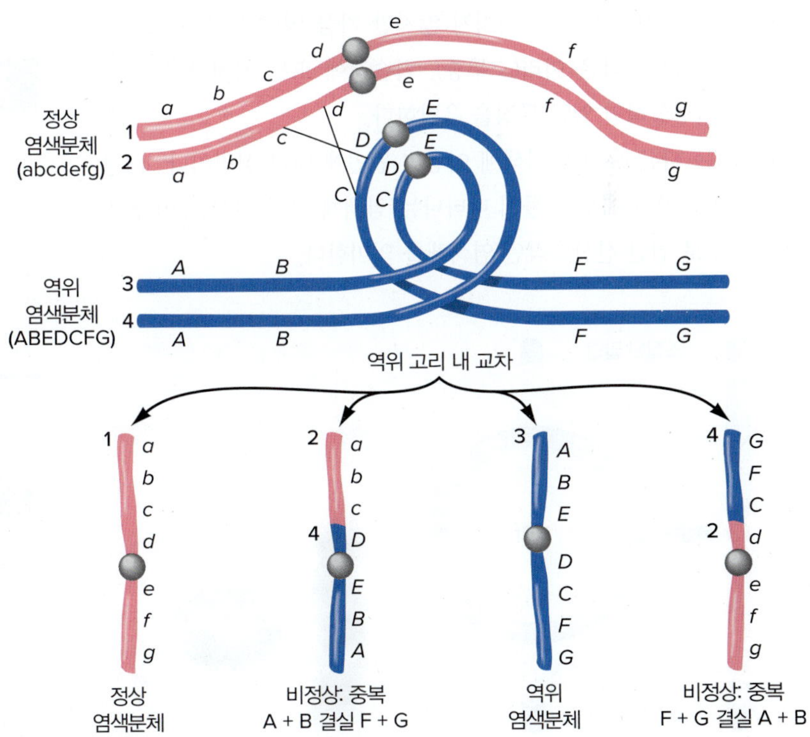

그림 13.20 협동원체성 역위. 만약 정상적인 상동성에 의해 교차가 일어난다면, 협동원체성 역위는 중복과 결실을 가지는 2개의 염색분체, 하나의 정상 염색분체, 역위 염색분체를 만들어낼 것이다.

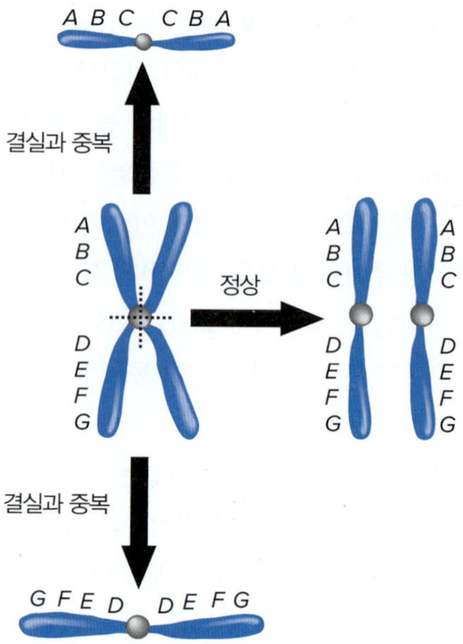

그림 13.21 2중팔 염색체는 동일한 팔을 가진다. 2중팔 염색체는 염색분체가 잘못된 방향으로 분리될 때 형성된다(이 그림에서는 수직보다는 수평적 분리를 묘사함).

체의 장완이 복제되었지만 단완이 없는 2중팔 염색체를 가질 수 있다.

태아 25,000명당 한 명꼴로 환(고리) 모양의 염색체를 형성한다. 고리 염색체는 텔로미어가 소실되고 점착성 말단이 달라붙었을 때 생길 수 있다(**그림 13.22**). 방사능에 노출되었을 때 고리 염색체를 형성할 수 있다. 대부분의 고리 염색체들은 DNA의 반복서열로 이루어져 있고, 건강에 영향을 끼치지 않지만 가끔 영향을 끼치기도 한다. 그들은 모두 작은 머리(소두증), 학습장애 또는 지적장애, 느린 성장 및 비정상적인 얼굴 특징을 유발한다.

표 13.5는 다른 유형의 염색체 이상의 원인에 대한 설명이다. 13장 시작에서 설명된 매우 드물게 나타나는 염색체 파열 현상은 이중 가닥 파손으로 인한 산산조각난 염색체를 의미한다.

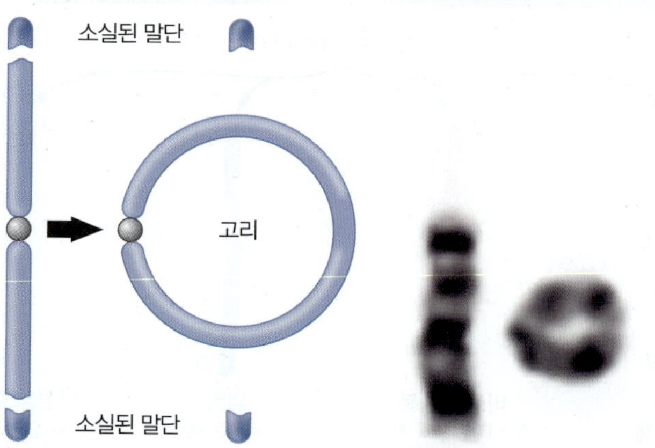

그림 13.22 고리 염색체. 고리 염색체는 염색체의 끝(텔로미어)이 파괴되고, 점착성 말단이 형성될 때 나타난다. 유전자는 소실되거나 결함이 생길 수 있어 어떠한 증상이 나타날 가능성이 있다. *Courtesy Ring Chromosome 20 Foundation*

표 13.5 염색체 비정상의 원인

비정상	원인
수 이상	
다배수성	다중 수정 또는 이수체 생식세포에 의해 추가 염색체 세트가 이루어짐
이수성	비분리(감수분열 또는 체세포분열 시)는 모든 염색분체 쌍이 후기에서 분리되지 않을 때 손실되거나 차가 염색체를 야기함
구조 이상	
결실과 중복	전좌
	협동원체성 역위가 있는 염색체와 역위가 일어나지 않고 상동성을 가지는 염색체들 간의 교차
전좌	대칭적인 DNA 염기서열로 인해 불안정한 부분에서 비상동염색체 사이의 교환
역위	동일한 염색체 내 단편의 파괴와 재결합 시 잘못된 방향으로 진행
2동원체성 및 무동원체성 염색분체	측동원체성 역위와 역위가 일어나지 않고 상동성을 가지는 염색체들 간의 교차
고리 염색체	염색체의 텔로미어가 소실되고 끝이 결합하여 원형을 형성
염색체 파열	최대 3개 염색체의 자발적 부서짐

핵심 개념 질문 13.4

*a. 염색체 재배열은 어떻게 결실과 중복을 야기하는가?
b. 전좌의 두 가지 주요 형태에 대해서 구별하시오.
*c. 전좌 또는 역위를 통해 증상이 초래되기 위해서 무엇이 꼭 발생해야 하는가?
d. 2중팔 염색체와 고리 염색체는 어떻게 발생하는가?

13.5 편부모 2염색체성-한쪽 부모로부터 온 이배체

만약 비분리현상이 정자와 난자에서 일어난다면, 멘델의 유전법칙처럼 각 부모로부터 받기보다는 한쪽 부모로부터 단독으로 염색체 쌍(또는 그 일부)이 다음 세대로 물려지게 될 수도 있다. 예를 들어, 만약 14번 염색체가 결핍된 정자가 14번 염색체를 2개 가지고 있는 난자와 수정하게 된다면 정상적으로 46개의 염색체를 가지게 되지만

14번 염색체는 오직 모친에서부터 물려받게 되는 것이다.

한쪽 부모로부터 2개의 염색체 또는 염색체 단편이 유전되는 것을 **편부모 2염색체성**(uniparental disomy, UPD)이라고 한다. 편부모 2염색체성은 여분의 염색체가 소실된 몇몇 세포를 가져서 한쪽 부모로부터 2개의 상동염색체를 가진 3염색체성 태아로부터 발생할 수 있다. 예를 들어, 한 태아가 3개의 21번 염색체를 가진다면, 추가적인 21번 염색체는 아빠로부터 물려받은 것이다. 만약 엄마로부터 물려받은 세포 중 일부가 21번 염색체를 잃었다면 염색체의 남은 복사본들은 모두 아버지로부터 물려받은 것이다.

편부모 2염색체성은 정자와 난자에서 같은 염색체에서 비분리현상이 일어나거나 염색체 결실에 의한 3염색체성이 발생해야 하는 매우 드문 현상이 동시에 일어나야 하기 때문에 매우 희귀하다. 게다가 이러한 경우가 잘 발견되지 않는 것은, 한쪽 부모로부터 유전되어함께 동반하는 상동성의 유발이 치사대립인자의 동형접합자로 수정된 난자를 물려줄 수 있기 때문이다. 그렇기 때문에 발달은 멈추었을 것이다. 편부모 2염색체성의 다른 경우는 만약 그들이 알려진 열성 상태이고 양쪽 부모가 보인자라면 실제로 오직 한 부모만 자식의 질병에 기여한 원인이 되므로 밝혀내지 못할 것이다. 이것이 바로 편부모 2염색체성이 발견된 방법이다.

1988년에 베일러 의과대학의 아더 뷰뎃(Arthur Beaudet)은 매우 드문 낭포성 섬유증 환자를 보았다. 환자와 환자의 부모의 낭포성 섬유증 유발 유전자인 *CFTR*의 대립인자를 비교한 결과, 아버지는 정상 대립인자를 가지고 있었고, 오직 어머니만이 보인자라는 사실을 알게 되었다. 뷰뎃은 각 부모의 7번 염색체의 *CFTR* 유전자를 포함하여 단상형(haplotype)을 작성하였고, 환자는 오직 어머니로부터 2개의 염색체를 물려받은 것을 알아냈다(**그림 13.23**). 어떻게 이러한 일이 일어났을까?

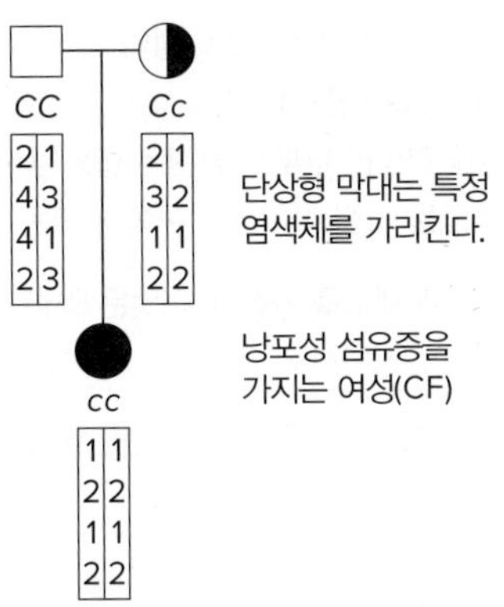

그림 13.23 편부모 2염색체성은 한 부모의 유전적 기여도가 2배가 되는 것이다. 이 가계의 경우, 낭포성 섬유증을 가진 여성은 어머니로부터 7번 염색체 쌍을 물려받았고, 아버지로부터는 받지 못했다. 불행하게도 그것은 질병을 유발하는 대립유전자를 가진 염색체였고, 그녀는 2배의 양으로 물려받았다.

환자의 어머니를 보면 제2감수분열 시기에 7번 염색체의 비분리현상에 의해 염색체 하나를 가지는 대신에 동일한 염색체 2개를 가지는 난자가 형성되었다. 정자 또한 비분리현상에 의해서 7번 염색체가 결핍되었으며, 이 정자와 난자가 수정하게 되었다. 어머니의 추가된 염색체는 아버지에서 결핍된 염색체를 보상해주기는 하지만, 자녀는 낭포성 섬유증 인자를 가지는 어머니의 염색체를 2개 가지게 된다. 사실상, 한 부모로부터 같은 염색체 2개가 유전되는 것은 양쪽 부모로부터 받은 유전적 물질의 조합을 방해하고, 유성 생식의 특성을 규정짓기 어렵게 만든다.

편부모 2염색체성은 만약 각인 유전자(imprinted gene)를 가진 부모의 유전자가 제거된다면 질병을 야기할 수 있다. 제6장을 다시 생각해보면, 각인 유전자는 한쪽 부모로부터 물려받을 때 발현되지만, 다른 한쪽 부모로부터 물려받은 것은 발현하지 않게 된다(그림 6.12 참조). 만약 편부모 2염색체성이 매우 중요한 유전자가 있는 부모의 유전물질을 제거한다면, 돌연변이 형질이 나타나게 된다. 전형적인 예로 프래더-윌리 증후군(Prader-Willi syndrome)과 엔젤만 증후군(Angelman syndrome)의 20~30%는 편부모 2염색체성에 의해서 야기된다(그림 6.13 참조). 이러한 질환은 각인이 일어나는 15번 염색체의 장완 부위 가까이에 있는 다른 유전자의 돌연변이에 의해 일어난다. 이 두 가지 증후군은 명확하지는 않지만 지적장애와 다양한 증상들이 나타난다.

연구자들은 프래더-윌리 증후군을 앓고 있는 아이들이 그들 어머니의 15번 염색체 장완의 두 부분을 가지는 것을 발견했다. 이 질환은 아이들이 병과 관련된 것을 피하고자 아버지의 프래더-윌리 유전자가 발현되어야 하므로 발생한다. 엔젤만 증후군에서는 상황이 반대이다. 아이들은 어머니 유전물질의 기여도 없이 프래더-윌리 증후군과 동일한 염색체 부위의 아버지 DNA의 이중 유입을 가지게 된다. 어머니의 유전자는 정상적인 상태로 존재한다.

사람들은 보통 가계 내 생식 문제, 독극물에 대한 노출, 암, 또는 알려진 염색체 질환의 증상 등의 문제를 발견했을 때 염색체에 대해서 알게 된다. 연구자들이 인간 유전체 서열을 분석하는 한, 염색체 연구는 태어나기도 전에 시작되는 건강관리의 한 부분으로 지속될 것이다.

핵심 개념 질문 13.5

*a. 편부모 2염색체성은 무엇인가?

b. 편부모 2염색체성이 발생하는 두 가지 기작은 무엇인가?

c. 편부모 2염색체성이 질병을 유발할 수 있는 두 가지 기작은 무엇인가?

학습 가이드

핵심 용어

차단부동원체성(acrocentric) 동원체가 한쪽 끝으로 치우쳐 있는 염색체.

이수체(aneuploid) 하나 이상의 추가 또는 누락된 염색체가 있는 세포.

염색체 파열(chromothripsis) 염색체를 산산조각 내는 매우 드문 사건.

비교유전체 혼성화(comparative genomic hybridization, CGH) 형광 표지를 사용하여 적은 수의 사본 수 변이를 감지하는 기술.

세포유전학(cytogenesis) 표현형과 감지된 염색체 이상을 일치시키는 것.

중복(duplication) 일반적으로 감수분열에서 잘못 정렬된 염색체 쌍으로 인해 발생하는 DNA 서열의 추가 복사본.

진정염색질(euchromatin) 염색되지 않고 활성 유전자를 포함하는 염색체 부분. 정배수성(euploid) 종의 정상적인 염색체 수를 가진 체세포.

이질염색질(heterochromatin) 어둡게 염색되는 단백질 암호화 유전자가 거의 없는 염색체 부분.

2중팔 염색체(isochromosome) 잘못된 평면을 따라 세포분열한 결과로 한쪽 팔에는 두 개의 복사본이 있지만 다른 쪽 팔에는 복사본이 없는 염색체.

중부동원체성(metacentric) 거의 같은 길이의 두 팔로 나누는 동원체가 있는 염색체.

미세결실(microdeletion) 매우 작은 염색체 결실(손실 부분); 사본 수 변이의 한 유형.

미세중복(microduplication) DNA 서열의 아주 작은 두 번째 사본. 사본 수 변이의 한 유형.

1염색체성(monosomy) 하나의 염색체가 없는 세포. 인간의 경우 45개의 염색체를 가진 세포.

비분리(nondisjunction) 감수분열 동안 염색체의 불균등한 분포.

측동원체성 역위(paracentric inversion) 반전된 부분에 동원체가 포함되지 않은 염색체 역위.

협동원체성 역위(pericentric inversion) 반전된 부분이 동원체를 포함하는 염색체 역위.

상호 전좌(reciprocal translocation) 두 개의 비상동염색체가 일부 교환되어 유전적 균형은 유지하지만 유전자가 재배열되는 염색체.

로버트슨 전좌(Robertsonian translocation) 비상동염색체의 두 개의 단완이 부러지고 장완이 융합되어 하나의 특이하고 큰 염색체를 형성하는 염색체.

차중부동원체성(submetacentric) 동원체가 장완과 단완을 구분하게 위치한 염색체.

전좌 운반자(translocation carrier) 증상은 없지만 큰 전좌된 염색체를 가진 사람. 그 사람은 정상적인 유전물질의 양을 가지지만 재배열되어있음.

전좌(translocation) 비상동염색체 사이의 유전물질 교환 또는 한 염색체의 조각이 다른 염색체로 이동하는 것.

3염색체성(trisomy) 총 47개로 하나의 염색체가 더 있는 인간세포.

편부모 2염색체성(uniparental disomy, UPD) 한 부모로부터 두 개의 염색체 또는 염색체 분절을 유전됨.

복습문제

1. 유전정보를 전달하고 세포분열의 힘을 견뎌내기 위해 염색체에 존재해야 하는 구조와 DNA 서열에 대해서 설명하시오.
2. 텔로미어로부터 먼 거리의 DNA 염기서열의 변화는 어떻게 일어나는가?
3. 정배수체, 이수체, 다배체를 구별하시오.
4. 양수천자와 융모막 융모 검사는 어떻게 다른가?
5. 모체 순환에서 무세포 태아 DNA의 분석이 어떻게 3염색체성에 대한 정보를 제공할 수 있는지 설명하시오.
6. 핵형도란 무엇인가?
7. 감수분열이 일어나는 동안 무엇이 일어나는가?
   a. 이수성 수정란?
   b. 다배수성 수정란?
   c. 나이가 40살이 넘은 것을 기준으로 여성의 자식이 21번 염색체의 3염색체성일 위험은 얼마나 증가하는가?
   d. 반복된 자연유산을 경험한 부부의 남편은 협동원체성 역위인가?
   e. 가계 내 다운증후군을 가진 아이들의 한쪽 부모는 전좌 전달자인가?
8. 사람의 간은 일부 8배체 세포를 가진다. 이것은 8세트 염색체를 가진다는 것이다. 어떻게 가능한지 설명하시오.
9. 아래 염색체들에 해당하는 성별과 발생 가능한 표현형을 적으시오.
   a. 47,XXX
   b. 45,X
   c. 47,XX, 21번 3염색체성
   d. 48,XXYY
10. 3배수체와 3염색체성 세포의 차이를 설명하시오.

11. 에드워드 증후군 환자의 약 80% 정도는 18번 염색체의 3염색체성에 의한 것이고, 10%는 18번 염색체의 모자이크 3염색체성에 의한 것이며, 10%는 전좌에 의한 것이다. 이 세 가지 염색체 이상을 구별하시오.

12. 중복이나 결실을 일으키는 염색체 이상의 세 가지 형태를 설명하고, 어떻게 일어나는지 설명하시오.

13. 전좌의 세 가지 유형을 구별하시오.

14. 왜 한 염색체에서의 삽입이 일어나는 것과는 다르게 상동 염색체 쌍의 두 염색체 모두 같은 삽입을 가지는 것은 불균형 생식세포를 유도하지 않는가?

15. 47,XYY 증후군과 21번 3염색체성을 모두 가지는 사람의 염색체 수는 몇 개인가?

16. 왜 여성에게서는 47,XXY 증후군이 없고, 남자에게서는 45,X 증후군을 가질 수 없는지 설명하시오.

17. 45,X 증후군의 세 가지 원인을 설명하시오.

18. 2중팔 염색체가 정상 염색체와 유전자의 서열이 어떻게 다른지 설명하시오.

19. 고리 염색체가 어떻게 형성되는지 설명하시오.

20. 편부모 2염색체성이 어떻게 멘델의 제1법칙(분리의 법칙)을 따르지 않는 것처럼 보이는지 설명하시오.

응용문제

1. 본 장의 시작 부분에서 하나 또는 몇 개의 염색체가 부서지는 염색체 파열에 대해서 설명하였다. 그렇다면 백혈구의 전체 유전자 염기서열 분석에서 염색체 파열이 나타나지 않는 이유는 무엇인가?

2. 46,XX,del(5)(p15)를 가지는 염색체 구성이 의미하는 것은 무엇인가?

3. 대학의 유전학 연구실 과정의 실험으로 건강한 학생이 그녀의 볼 안쪽의 세포로부터 핵형을 제작하였다. 그녀는 하나의 3번 염색체와 하나의 21번 염색체, 그리고 짝을 이루지 못한 것으로 보이는 비정상적인 2개의 염색체를 발견하였다.

   a. 그녀가 가지는 염색체 이상의 형태는 무엇인가?
   b. 왜 그녀는 아무런 증상을 보이지 않는가?
   c. 그녀는 다른 특정한 의학적 문제와 관련 있을 것이라 생각하는가?

4. 한 태아가 자궁에서 발달이 멈추었다. 몇몇 세포에 대해 핵형 분석을 하였다. 약 세포의 75%는 다배체였고, 25%는 사배체였다. 어느 발달단계에서 어떻게 이러한 현상이 일어나는가?

5. 한 부부는 4,XXY 증후군을 진단받은 아들이 있다. 아들의 염색체 구성은 각 부모로부터 어떻게 유전되었는지 설명하시오.

6. 디조지 증후군(DiGeorge syndrome)이라고 불리는 22q11.2 결실 증후군은 비정상의 부갑상선, 심장 이상, 그리고 덜 발달된 가슴샘을 야기한다. 환자의 약 85%는 22번 염색체의 미세결실을 가진다. 한 소녀와 그녀의 어머니, 외삼촌은 매우 약한 디조지 증후군 증상을 가진다. 그들은 모두 22번 염색체와 2번 염색체 간의 상호 전좌를 가진다.

   a. 어떻게 미세결실과 상호 전좌가 동일한 증상을 일으킬 수 있는가?
   b. 왜 미세결실을 가진 사람들보다 전좌가 일어난 사람들이 영향을 덜 받는가?
   c. 전좌가 일어난 가족 중에서 어떤 다른 문제가 일어날 수 있는가?

7. 자폐증을 가진 사람들의 2~6%는 2개의 장완을 가지는 추가적인 15번 염색체를 가진다. 이러한 보기 드문 염색체는 15번 염색체의 동원체를 2개 가진다. 또한 정상의 염색체도 2개를 가진다. 이러한 핵형을 유도하는 생식세포의 염색체 이상의 종류는 무엇인가? 이것을 15번 2중팔 염색체라 말할 수 있는가?

사례 및 연구 결과

1. 임신한 여성의 초음파는 태아 그리고 한쪽 끝에 남아 있는 얼굴 이목구비가 파괴된 비슷한 크기와 형태를 가진 구조를 확인한다. 양쪽 구조의 양수천자 검사를 통해 태아는 46,XX이지만 다른 구조의 세포는 47,XX, 2번 3염색체성인 것이 확인되었다. 지금까지 2번 3염색체성의 아기에 대해서는 보고된 바가 없다. 하지만 꼬이고 발달하지 않은 작은 창자(소장), 작은 머리, 횡격막의 구멍, 발작을 포함한 결함을 가지는 2번 염색체의 모자이크 3염색체성을 가지는 사람은 있다.

   a. 태아와 다른 구조로부터 세포의 염색체는 어떻게 다른가?
   b. 특이한 구조를 얻기 위해서 감수분열 동안 일어나야 하는 과정은 무엇인가?
   c. 이러한 정보를 사용해서 모든 세포에 여분의 2번 염색체를 가지는 아이는 볼 수가 없지만 여분의 21번 염색체를 가지는 사람들은 오래 살 수 있는지에 대해서 설명하시오.

2. 다운증후군이 있는 아이를 둔 두 부부가 병원에서 만났다. 펠프스 가족(Phelpses)은 그의 아들이 21번 3염색체성인 것을 알았다. 왓킨 가족(Watkines)은 병이 있는 두 아들이 있고, 왓킨 씨 부인은 두 번의 자연유산을 경험한 적이 있다. 왜 왓킨 가족은 펠프스 가족보다 앞으로 생식 문제에 있어서 더 염려가 되는가? 두 가족의 아이들은 같은 증상을 가짐에도 불구하고 어떻게 다른가?

3. 인간세포의 염색체 수를 결정하는 것은 실제로 눈으로 보기가 매우 어려웠기 때문에 수년이 걸렸다. 인간 염색체 수의 추정치는 30에서 80개 사이였다. 1923년에 테오필루스 페인터(Theophilus Painter)는 텍사스 주립 정신 병원에 있는 3명의 환자로부터 인간 염색체 그림을 출판했다. 그곳의 환자들은 폭력적인 행동을 통제하기 위해 거세되었고 페인터는 제거된 고환조직에서 수집한 세포에서 염색체를 얻었다. 그는 처음에는 세포에 46개 또는 48개의

염색체가 있는지를 알 수 없었지만 결국엔 48개를 보았다고 결정했다. 한동안 인간의 이배체의 염색체 숫자는 48개로 여겨졌다. 페인터가 연구한 연구를 기준으로 이러한 결론에 도달한 이유는 무엇인가?

4. 291명의 유전체 검사를 통해 17번 염색체의 q21.3에 미세결실을 가지는 4명의 정신지체 환자를 분리하였다. 아이들은 큰 코와 언어장애, 미세한 지적장애를 가지고 있었다. 이들 부모는 17번 염색체의 같은 부위에 역위가 있었다.

   a. 17번 염색체의 어떤 팔이 이 증후군과 관련 있는가?

   b. 어떻게 부모의 염색체의 역위가 아이들의 염색체 결실을 야기할 수 있는가?

   c. 아이들의 형제에게서 일어날 수 있는 다른 염색체 이상의 종류는 무엇이 있는가?

5. 한 아이가 심각한 지적장애, 발달 지연, 자폐증 및 특이한 얼굴 특징을 가지고 있다. 그의 어머니는 학습장애가 있었고 발달이 약간 지연되는 모습을 보인다. 유전체 염기서열 분석과 핵형 분석은 아이가 9번과 14번 염색체에서 너무 많은 물질을 가지고 있고 10번 염색체에서 너무 적은 물질을 가지고 있음을 보여주었다. 어머니는 모든 유전물질을 가지고 있지만 겉보기에는 혼합되고 그들 부위와 일치한 4개의 "파생" 염색체를 가지고 있다. 이 염색체는 9, 10 및 14; 9, 10, 16; 10과 16; 그리고 9와 4번 염색체 조각으로 구성된다.

   a. 어떤 유형의 사건이 염색체에서 발생했을 가능성이 있는가?

   b. 자연적인 염색체에서의 사건이 그의 어머니가 학습장애와 발달 지연을 가졌지만 다른 건강이나 전체 유전체에는 이상이 없는지 어떻게 설명할 수 있는가?

6. 한 가족에서 세 명의 성인 형제가 44개의 염색체를 가지고 있었다. 각각의 염색체는 13번과 14번 염색체로 구성된 두 개의 염색체를 가지고 있었다.

   a. 형제는 어떤 유형의 염색체 이상이 있는가?

   b. 세 형제의 부모의 염색체에 대해 설명하시오.

   c. 왜 형제 모두가 임신 문제가 있는지 이유를 설명하시오.

7. 한 아이는 임상 소견과 유전자 검사를 기반으로 거대 축삭 신경병(임상 연계 2.2 참조)으로 진단되었다. 이 질병은 상염색체 열성이다. 부모의 유전자 검사 결과 어머니는 보인자이지만 아버지는 기가소닌 유전자에 대해 야생형인 것으로 밝혀졌다. 아이의 유전자형은 어떻게 나타났는가? 두 가지로 대답이 가능하다.

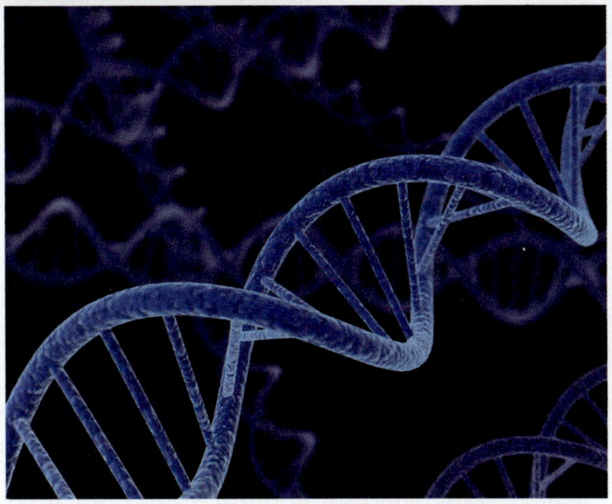

Olena_T/Getty Images

CHAPTER 14

유전체

사람의 유전체를 구성하는 염기서열로부터 우리는 무엇을 배울 수 있는가?

학습 목표

14.1 유전학에서 유전체학으로

1. 연관 연구, 위치 클로닝 실험 그리고 유전자 지도 작성 같은 기법들이 어떻게 인간 유전체 염기서열 결정으로 이어지게 되었는지 설명하시오.
2. 인간 유전체를 처음으로 염기서열 분석하고자 할 때 사용된 두 접근방식을 구분하시오.
3. 처음으로 제공된 염기서열이 결정된 인간 유전체가 갖고 있는 정보들의 형태에 대해서 논의하시오.

14.2 인간 유전체 콘텐츠의 분석

4. 참조 유전체를 정의하시오.
5. 유전체 염기서열 결정에 있어 한 유전체당 여러 카피가 필요한지 설명하시오.
6. 엑솜 및 유전체 염기서열 결정이 갖고 있는 한계들에 대해 논의하시오.
7. 건강 또는 보건 분야에서 엑솜 및 유전체 서열 분석을 적용함에 대해 실용적인 측면에서 논하시오.

14.3 유전체학적 관점은 지식의 확장을 가져온다

8. 염색체를 유전체 수준의 관점에서 바라봄이 교차라는 현상에 대해 어떻게 세부 정보를 보여주는지 설명하시오.
9. 신생아의 유전체 서열을 결정하는 일은 어떤 결과를 가져올지 논의하시오.

개관

지금으로부터 20년 전 인간의 유전체가 처음으로 결정되었다. 현재 수백만의 사람들이 자신의 유전체 염기서열을 알고 있다. 당신의 유전체로부터 어떤 정보들을 발견할 수 있을까? 우리의 유전체 염기서열로부터 가장 유용할 수 있는 정보들을 얻는 것은, 비록 익명일지라도 수 많은 사람이 그들의 정보를 수집하고 분석하도록 허용해야 가능하다. 유전체학은 앞으로 수많은 우리들의 미래에 큰 영향을 미칠 것이다.

죽은 자들의 유전체 서열결정

유전체는 시간을 초월한다. DNA 서열 분석은 가장 초기 배아로부터 떼어진 세포 하나로부터 그 배아가 자라서 될 백세인(centenarian)에 이르기까지, 인간의 건강이란 분야와 더불어 미라와 고대 인간의 DNA에 관한 단서를 제공한다. 망자들이 생존해 있을 당시, 자신의 유전체 염기서열을 알고 있었다면 그들의 건강 상태가 바뀌었을까? 이 질문에 대답하기 위해서는 위스콘신에 있는 마쉬필드 보건연구재단의 유전체 사후 연구 프로젝트에서는 300여 구의 죽은 이들의 유전체들을 배열하고, 그 정보들을 비교하여 전자적 의료기록으로 데이터화하고 있다.

연구자들은 데이터베이스로부터 추출하거나, 유전학 관련 기관으로부터의 추천에 의거, 특정 질병들을 예방, 감지, 그리고 치료할 수 있다고 생각되는, 2천 7백만 개 이상의 유전자 변이들을 추적하고 있다. 유전자 변이들은 12장의 생명윤리학 상자에서 기술된 바와 같이 병원성, 추정 병원성, "불확실성 변이", 추정 비병원성, 그리고 비병원성으로 분류된다. 이 연구는 유전체 배열이 어떻게 인간에게 도움이 되었는지에 대한 다수의 실례를 보여주었다:

- 유방암과 난소암으로 사망한 59세 여성은 암의 가족력이 없었고 암을 앓은 적도 없었다. 그녀는 희귀한 병원성 *BRCA1* 변이를 가지고 있었다. 이 돌연변이가 조기에 발견되었다면, 이 여성은 암을 예방하거나 또는 치료를 받을 수 있었을 것이다.
- 심부정맥 혈전증과 신장, 뇌 및 폐의 비정상적인 혈관 엉킴이 있는 남성은 유전성 출혈성 모세혈관확장증 유형 1이 있는 경우였다. 이 돌연변이가 일찍 발견되었다면 이 남자는 구약(탈리도마이드) 또는 신약(아바스틴)을 투약함으로써 위험한 혈전을 예방할 수 있었을 것이다.

• 사망한 300명 중 281명이 항우울제, 항암제, 진통제, 항정신병제, 혈액 희석제 및 콜레스테롤 저하제 등을 포함한 약물에 대한 반응에 영향을 미치는 유전자 변이를 갖고 있었다.

• 이런 정보는 의사에게 초기에 가장 효과가 좋은 약을 처방하도록 안내할 수 있었을 것이다.

14.1 유전학에서 유전체학으로

유전학은 아직 '젊은' 과학이며, 유전체학은 그보다도 '어린' 과학이다. 하나의 분야가 뛰어난 기술들에 의해 이끌려 또 다른 분야로 진화하듯이, 과학적 발전의 이정표는 이상할 정도로 일정한 간격을 갖고 이루어진다. 멘델이 그의 발견을 출판 및 공개한 지 1세기 후에 유전암호의 해독이 이루어졌으며, 멘델의 유전 법칙이 "재발견된 지" 1세기 후에는 처음으로 인간 유전체의 염기서열이 완전히 밝혀지게 되었다.

유전학자 윈클러(H. Winkler)는 1920년에 **유전체**(genome)라는 용어를 만들어냈다. 이것은 "유전자(gene)"와 "**염색체**(chromosome)"의 융합단어로서, 당시 유전체란 염색체들과 유전자들의 완전한 세트를 의미했다. 하지만 현재의 정의로는 염색체들의 반수체 세트(haploid set)에 있는 모든 DNA를 의미한다. **유전체학**(genomics)라는 용어는 로데릭(T.H. Roderick)에 의해 1986년에 창안되었으며 유전체를 연구하는 학문을 의미한다. 당시 연구자들이 유전의 단위를 묘사하고 설명함에 있어 서로 이견을 가지고 있었으므로, 이 책에서도 내내 그랬듯이, 이런 문제를 해결하기 위해 유전체의 DNA 염기서열을 파악해야 한다는 주장은 20세기 내내 관련 인사들 사이에서 울려 퍼지고 있었다.

21세기가 시작되면서 사람들은 자신의 유전체 염기서열을 분석하기 시작했다. 두 명의 슈퍼스타, 유전학자인 크렉 벤터(J. Craig Venter) 및 제임스 왓슨(James Watson)이 먼저 등장했다. 한동안은 다른 인종그룹들을 염기서열 분석 완료 리스트에 추가하는 형태로 논문들이 출판되었다. 그다음에는 몇 명의 부유한 배우, 음악가, 정치인, 과학자와 기업가들이 가족 또는 자신의 질병에 관심을 두고 개인 유전체 배열에 자금을 지원하였다. 호기심 많은 언론인도 유전체를 분석했고 지금도 그렇게 하고 있으며, 자기들의 유전자 변이 컬렉션을 서적, 블로그, 팟캐스트, TED 강연, 기사를 통해 보고하였다. 이집트 미라, 얼음 인간 외치, 네안데르탈인과 데니소바인(제17장에 설명된 고대 인간)을 포함한 오래전에 죽은 사람들의 유전체도 분석되었다.

소수의 저명하고 대표적인 개인이 유전체의 염기서열을 분석하고 있을 때, 유전체 정보를 전자 건강기록 및 일상적인 건강관리로 통합하겠다는 궁극적인 목표를 갖고 최초의 대규모 유전체 서열분석 연구 프로젝트도 시작되었다. 그림 1.2는 유전체 서열분석 비용이 초기 $10억에서, 현재 $1,000 미만(가장 중요한 해석을 포함하지 않았을 때)으로 얼마나 급감했는지 보여준다. 1억 명 이상의 유전체 서열분석이 이미 끝났다.

인간 유전체 서열을 결정한다는 아이디어는 한때 거의 그 복잡성으로 인하여 이해하기 조차도 어려웠다; 그러나 이제 이것은 곧 일상적인 것이 될 것이며, 가장 초기의 배아부터 가장 나이 든 이들에게도 이루어지고 있다. 유전체 서열정보는 이미 스마트폰에 저장할 수 있다. 우리의 유전체는 거의 동일하지만 동시에 충분한 변이성을 가지고 있다 – 우리는 수백만 개의 단일 염기서열 차이를 갖고 있으며, 이는 우리의 삶과 사회를 흥미롭게 하고 있다.

연관 연구와 위치 클로닝 연구 시작

인간 유전체의 서열분석은 염색체를 따라 존재하는 이정표들을 해독하는 식으로, 1980년대에 이미 비공식적으로 시작되어 있었다. 수많은 초기 단계의 실험방법이나 도구들은 기존의 기술을 기반으로 발달하게 되었다. 연관 지도(Linkage maps)와 염색체 이상 또는 특정 증후군을 갖고 있는 희귀 가계들에 대한 연구들은, 연구자들이 소수의 질병 관련 유전자들을 찾아내어 환자들의 염색체상에 표지하는 중요한 방법이었다. 이후 자동화된 DNA 염기서열 분석 기술을 통해 유전적 분석은 "정보"라는 새로운 수준으로 나아갈 수 있게 되었다.

점점 세밀해지는 유전자 지도의 진화는 지리학적으로 사용되는 위성지도를 고배율로 확대해서 보는 것과 유사하다(**그림 14.1**). 염색체의 세포유전학적 지도(염색체 지도)는 미국 전체 지도 내에, 대도시들만 표시되어 있는 캘리포니아주 지도와 비슷하다. 연관 지도는 소도시와 큰 마을들도 표시된 지도라고 볼 수 있으며, 물리적 지도(physical map)는 그 지역의 모든 마을이 표시된 지리학적 지도이다. 마지막으로 염기서열 지도(sequencing map)는 특정 지역의 모든 건물도 보여 줄 수 있는 요즘의 구글 지도와 같은 것이라 할 수 있다.

인간 유전체가 최초로 결정되기 전에는, 연구자들은 위치 클로닝(positional cloning)이라는 접근방법을 통해 각각의 특정 질병들에 대응되는 하나의 단일 유전자들을 찾아내고 있었다. 이 기술은 거대한 가족집단에서 멘델성 질병(Mendelian disease)에 대응하는 특정 표현형을 검사하는 것으로부터 시작한다. 만약 특정 표현형(여기서는 증상)이 나타나지 않는 다른 친척들과는 달리, 증상이 나타나는 가족 내 각 개인이 서로 동일한 염색체 이상을 가지고 있다면, 이 질병의 형태로 나타나는 표현형을 염색체 특정 부분에 쉽게 대응시킬

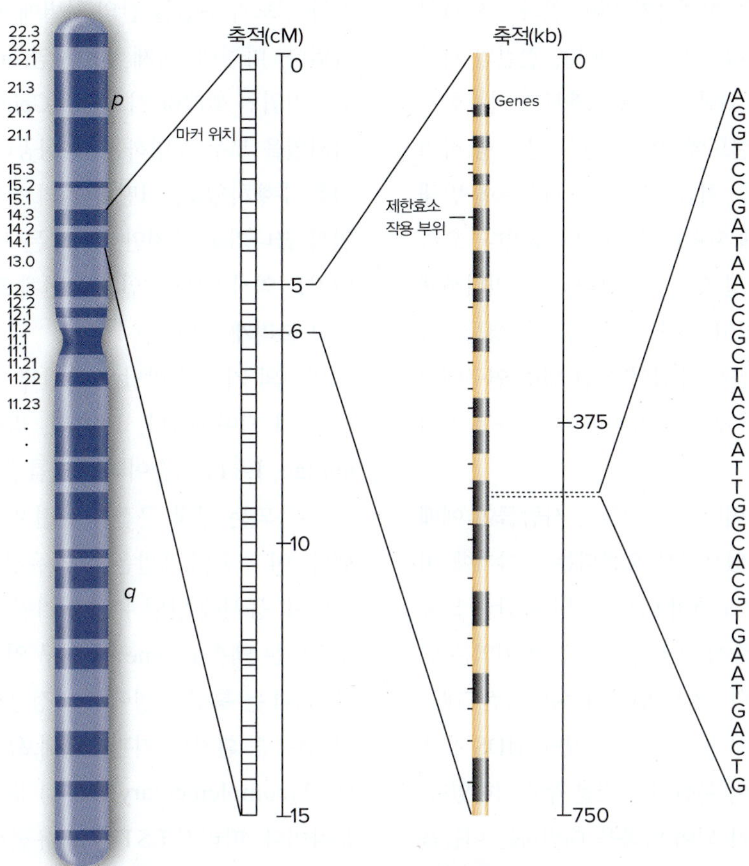

(a) 세포유전학적 지도 (b) 연관 지도 (c) 물리적 지도 (d) 염기서열 지도

그림 14.1 각기 다른 수준의 유전자 지도는 지도의 축적을 확대하는 것과 유사하다. (a) 염색체 이상과 질병들 간의 상관관계에 기초하여 제작된 세포유전학적 지도는 약 5,000kilobase (kb) 떨어져 있는 DNA 서열을 구분할 수 있다. (b) DNA 재조합 데이터에 기초한 연관 지도는 수백 kb 떨어져 있는 유전자들을 구분할 수 있다. (c) 서로 중첩되는 DNA 조각들로부터 조립되는 물리적 지도(physical map)는 수십 kb 떨어진 유전자들을 구분한다. (d) 염기서열 지도는 뉴클레오타이드 염기의 배열을 식별할 수 있다.

수 있을 것이다. 하지만 염색체 이상이 일어나는 빈도는 낮은 편이다. 위치 클로닝이 의료적으로 유전자나 염색체의 위치를 찾아내는데 유효했던 또 하나의 방법은 가족 내에서 같은 질병 증후군을 가진 구성원들에게서만 공유되고 있는 염색체 부분을 확인할 수 있는 연관지도를 사용하는 것이었다. 연구자들은 의심되는 염색체들의 짧은 조각들을 추출하여, 그중 관심 있는 부분의 염기서열을 확인한 후 이 조각들을 하나하나 겹쳐 보면서 관심 부위의 전체 염기서열을 확인함으로써, 단계적으로 해당 증상의 원인이 되는 유전자들을 찾았다.

위치 클로닝은 간접적이지만 관심 유전자로부터 생성되는 단백질의 성질에 대해 알 필요 없이, 염색체상 이들 유전자의 위치를 좁혀 들어가면서 확인하는 유용한 방법이었다. 1980년대와 1990년대를 걸쳐, 연구자들은 이 위치 클로닝 방법을 통해 뒤쉔 근이영양증(Duchene muscular dystrophy), 낭포성 섬유증(cystic fibrosis), 헌팅톤병(Huntington disease) 등에 관련된 유전자들과 그 밖에 다수의 다른 단일 유전자 이상들을 발견하였다. 위치 클로닝은 매우 시간이 걸리는 과정인데, 예를 들어 헌팅톤병의 경우, 연관 유전적 표지의 발견으로부터 유전자의 발견까지에는 십 년 이상이 걸리기도 하였다.

인간 유전체의 최초 서열결정

인간 유전체 전체의 서열을 결정하겠다는 생각은 당시 수많은 연구자에게 똑같이 떠오른 생각이었지만, 동시에 각자 서로 다른 목표를 갖고 있었다. 이런 생각들은 1984년, 미국 에너지부(Department of Energy) 주최로, 저강도 방사선에 장기간 노출된 인구집단에서 일어날 수 있는 유전적 효과를 논의하기 위한 회의에서 처음으로 발의되었다. 1985년 연구자들은 캘리포니아 주립대학교 산타크루즈(University of California, Santa Cruz)에서 회동을 하고, 바이러스의 유전체 염기서열의 확인이 가능해진 마당에 인간의 유전체 염기서열도 알아낼 수 있다고 확신하고, 인간의 유전체의 염기서열을 밝히기 위한 연구소 설립을 요청했다. 다음 해, 바이러스 학자인 레나토 두벨

코(Renato Dulbecco)는 암의 기원을 이해하기 위한 열쇠는 인간의 유전체 염기서열에 있다고 제안하였다. 결국 그 해 말, 일련의 과학자들이 인간 유전체를 서열분석하기 위한 위한 프로젝트가 가능한지 여부를 논의하기 위해, 뉴욕 롱아일랜드에 위치한 콜드 스프링 하버 연구소의 한 방에 빽빽이 모여들었다. 처음에는 이 프로젝트에 반대하는 사람들이 찬성하는 이들에 비해 5대 1 정도로 더 많았다. 요즘 세상에서는 생물정보학의 중요성이 강조되고 있으나, 아이러니하게도, 당시 이 프로젝트를 수행함에 있어 가장 큰 두려움은 생물과학 연구의 중심이 각 분야 개개인의 관심사 중심의 실험 위주 연구에서 막대한 양의 데이터를 다루는 방식의 연구로 가버릴 수 있다는 것이었다.

격론이 벌어졌고, 이 프로젝트를 비방하는 이들은 사람들이 에베레스트산에 오르는 것은 단지 산이 있으니까 오른다는 이야기에 비교하며, 이 프로젝트는 창의적, 지적 노력이 아니라, 단지 단순 노동이 될 것이라고 공언하였으며 이 프로젝트에 따른 실질적 이익은 먼 먼 미래의 것이 될 것이라고 주장했다. 일부 연구자들은 이런 "대규모 과학" 프로젝트들에 의해 기초 연구 및 아직 새로웠던 AIDS 유행 치료법 개발로부터 정부의 재정지원이 분산되는 것을 두려워하였다. 마지막으로 미국 과학학술원이 주체가 되어 양쪽을 대변하는 이들을 모아 하나의 위원회를 설치하고 이 프로젝트의 가능성, 위험성, 그리고 이득에 대해 토의를 하도록 하였다. 이 과정에서 많은 반대론자가 찬성 쪽으로 돌아섰으며, 1988년 미 의회는 미국 국립보건원과와 에너지부로 하여금 15년간 30억 달러를 인간 유전체 프로젝트에 지원하도록 위임하였으며, 1990년부터 시작된 이 프로젝트는 제임스 왓슨이 지휘를 맡게 되었다. 또한 이 프로젝트에서 약 3%의 예산은 윤리적 법적 그리고 사회적 관련 연구 프로젝트(Ethical, Legal and Social Implications, ELSI)에 할당하도록 하였다. 이 프로젝트는 유전자 정보가 인간들 간의 차별에 사용되지 않도록 하는 데 크게 기여하였다. 마침내, 국제 컨소시엄(international consortium)과 어울러 민간기업인 셀레라 지노믹스(Celera Genomics)가 인간 유전체의 염기서열을 모두 규명하는 데 성공하였다. 이들은 모두 독립적으로 작업을 수행하였고, 어떤 팀들의 작업은 다른 팀들에 비해 몇 달 전에 일찍 끝나기도 했지만, 이 모든 노력이 일구어낸 성과들을 모아 이 업적은 역사적으로 "인간 유전체 프로젝트(human genome project)"라고 불리게 되었다.

일련의 기술의 발달은 유전체 프로젝트의 진행 속도를 더 빠르게 하는 데 기여하였다. 1991년, 발현 서열 테그(expressed sequencing tag, EST) 기술이라는 지름길은 연구자들이 질병에 관련될 것으로 추측되는 가장 근접한 유전자들을 빠르게 골라내는 것을 가능케 했다. 이 기술의 개발은 이후 유전체 내에서 단백질을 암호화하고 있으면서, 동시에 단일 유전자 기원 질병의 약 85%에 관여되어 있다고 추정되는 엑솜(exome)에 연구 역량을 집중하게 되는 시발점이 되었다. EST는 특정 질병에서 비정상적인 한 세포 종류, 예를 들어 낭포성 섬유증 환자의 기관내피세포의 mRNA로부터 만들어진 상보성 DNA(complementary DNA) 또는 cDNA라고 불리는 짧은 DNA 분자이다. 따라서 EST란 그 유전자의 발현 여부를 대표한다고 할 수 있다. 또한, 1991년에는 연구자들은 그들이 가진 DNA나 mRNA 상보체를 붙일 목적으로 짧은 DNA 분자들을 배열 전시하기 위해, DNA 미세 배열(또는 마이크로어레이) 또는 칩(chips)이라고 불리는 장치들을 사용하기 시작하였다. 마이크로어레이 기술은 DNA 서열분석(타일링 어레이, tiling array)뿐만 아니라 유전자 발현 확인(유전자 발현 어레이, expression array)에도 중요하게 되었다.

수많은 단편 DNA들의 말단 염기서열을 서로 비교하고 중첩해 같은 염기 서열이면 이어 붙이는 방식의 컴퓨터 알고리즘에 의해, 더욱

```
무작위 단편들:   AGTCCT     CTAG         AGCTA
                       CTACT      TAGAGT       CCTAGC

정렬:           CTAG
                  TAGAGT
                       AGTCCT
                            CCTAGC
                                 AGCTA
                                    CTACT

염기서열:        CTAGAGTCCTAGCTACT
```

그림 14.2 DNA 서열의 유추. 자동화된 DNA 염기분석기는 먼저 짧은 DNA 조각들의 서열, 또는 그 조각의 말단 부위 서열만을 결정한다. 염기분석 소프트웨어는 이들 조각을 중첩시킴으로서 전체 DNA 서열을 유추한다.

긴 DNA 서열을 조합할 수 있게 되었다(**그림 14.2**). 이 프로젝트가 시작되었을 때, 연구자들은 몇몇 염색체 크기 규모의 DNA들을 서로 겹쳐지는 약 40,000염기(40 kb) 크기의 DNA로 자른 후, 이를 다시 보다 작은 조각으로 무작위하게 잘라냈다. 이들 각 서열이 서로 겹치는 횟수가 많으면 많을수록(조합에 의해) 더 완전한 최종 완성 서열을 얻어지게 된다. 이 중첩되는 부위는 유전체 내에서 단 한 곳에서만 발견되는 고유의 서열이어야 한다. 만약 유전체 내 몇몇 부위에 반복된 서열들이 있어서 이들이 겹치게 되면 전체 서열이 하나 이상인 것으로 도출된다. 이것은 마치 하나의 문서에서 상대적으로 흔치 않은 하나의 단어, 예를 들어, "민들레"라는 말을 찾아보는 것에 비해, 흔히 찾을 수 있는 "그것"이라는 말을 찾아보려 할 때 일어나는 상황을 생각해보면 알 수 있다. "민들레"란 단어를 찾고자 하면 문서 내 특정 문장으로 이어지겠지만, 반면에 "그것"이라는 단어를 찾으려고 한다면 마치 유전체 상의 반복서열처럼, 문서 내 수많은 부분에서 이들을 발견하게 될 것이다.

인간 유전체 프로젝트에서 고유한 서열들을 골라(조합 단서로) 사용한 방식은, 반면에 이 프로젝트에서 사본 수 변이(copy number variant)를 파악하지 못하게 한 이유가 되기도 하였다. 예를 들어, CTACTACTA라는 서열이 있었다면, 위의 방법을 통해서는 CTA라고만 읽히기 때문이다. 초창기 연구자들은 이러한 반복서열이 DNA 염기서열과는 또 다른 형태의 정보 또는 변이의 근원이라는 사실을 인지하지 못하고 있었다. 따라서 인간 유전체 프로젝트에서는 DNA 조각이 나름 고유성을 확보할 수 있도록 어느 정도의 길이가 되는 것이 필요한 동시에, 크기가 너무 커서 염기서열을 결정하는 데 지나치게 긴 시간이 걸리지 않도록 두 조건 사이에 적당한 균형이 필요했다.

처음에 인간 유전체의 염기서열을 유추해내기 위해서는 긴 길이의 DNA 염기서열이 구축되어야 했는데, 이를 위해 두 가지 접근법이 일반적으로 사용되었다(**그림 14.3**). 미국 정부지원금을 받아 활동하는 연구 집단들은 "클론-바이-클론(clone-by-clone)" 기법을 통해 DNA 조각들을 정렬하여 염색체를 하나씩 규명하는 전략을 취하였다. 반면

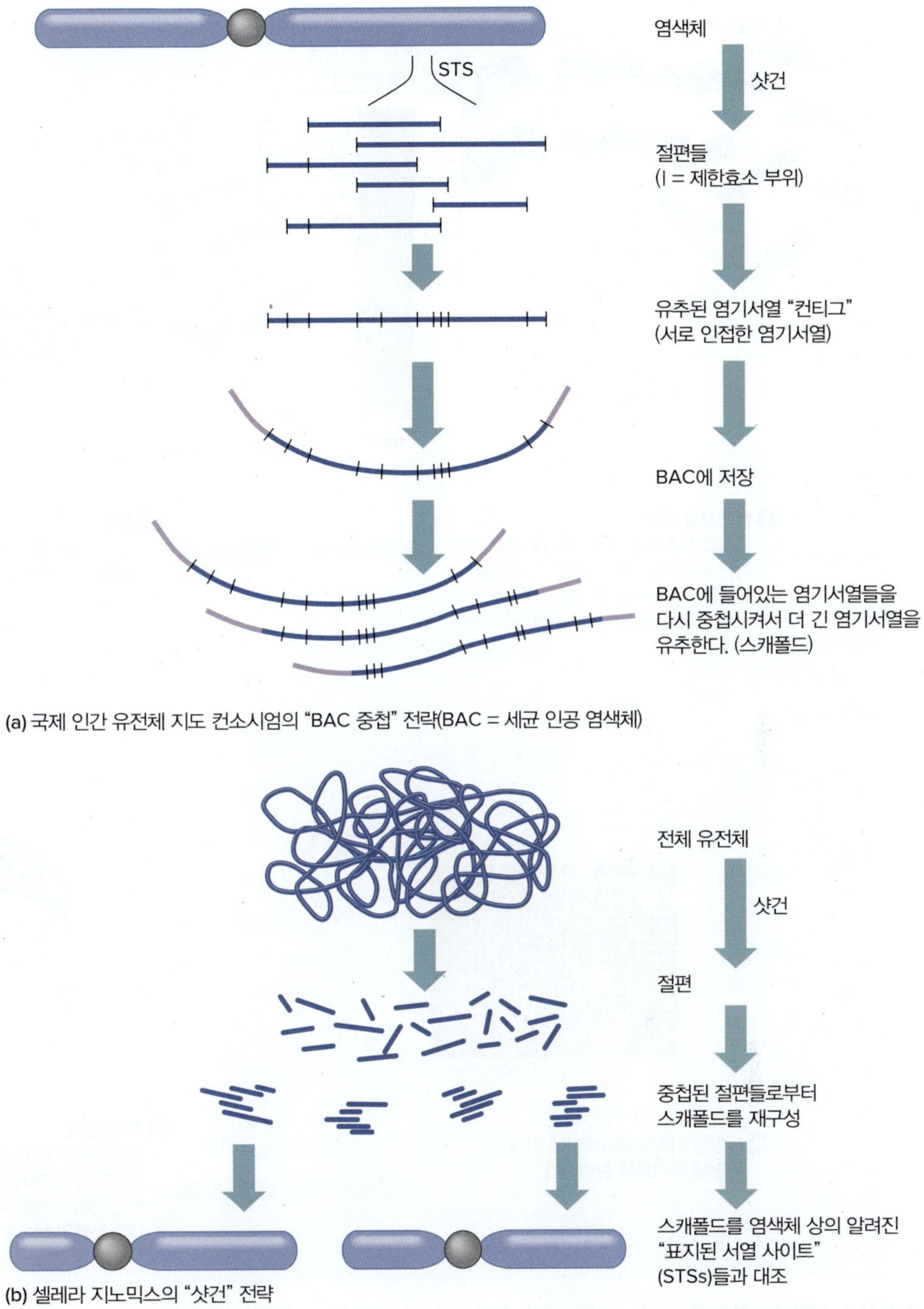

그림 14.3 인간 유전체를 밝히기 위한 두 가지 방법. (a) 국제 컨소시엄은 알려진 염색체 부위와 "contig"라고 알려진 중첩된 거대 조각들 – 수많은 더 작은 중첩 조각들로부터 재조립된–을 가지고 시작하였다. "STS"는 "sequence tagged site"(표지된 서열 자리)로서 염색체 내 이미 알려진 특정 부위를 말하는 것이다. BAC는 이러한 DNA 조각들을 보관하기 위한 세균 DNA를 사용한 클로닝 벡터를 말한다(21.2절 참조). 제한효소 자리란 특정 효소들이 DNA를 인지하여(염기서열 특이적으로) 절단할 수 있는 염기서열 부위를 말한다.

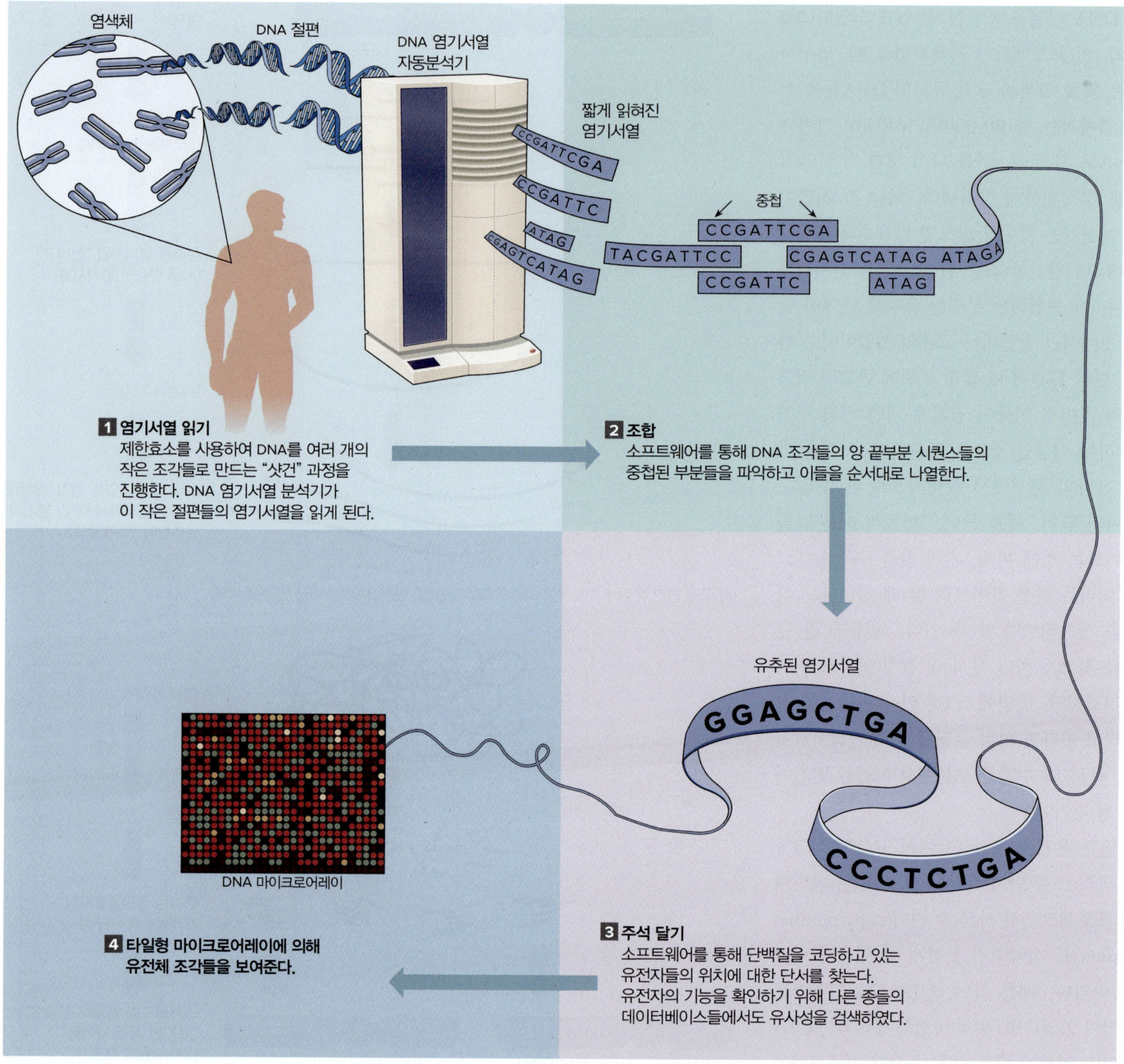

그림 14.4 유전체 서열 읽기. 유전체 서열결정을 함에 있어 1세대 전 유전체 "샷건" 전략은 여러 카피의 유전체들을 절단하여 만들어진 DNA 조각들을 서로 중첩하는 것이었다. 현재 사용되는 차세대 유전체 서열결정 기법은 미세유체 기법과 나노물질들이 적용되며, 그로 인해 더 빠른 속도의 분석이 가능하게 되었다.

에 셀레라 지노믹스는 "전장 유전체 샷건(whole genome shotgun)" 이란 접근법을 사용하였는데, 이 방법은 전체 유전체를 산산이 부순 다음, 컴퓨터 알고리즘을 통해 하나의 연속된 서열 내에 겹치는 부분들을 찾아서 확인하고, 이를 정렬하는 방식을 사용하였다. 전장 유전체 샷건 방식은 하나의 커다란 책의 접합 부분을 자르고 공기 중에 던져서 각각의 페이지를 산산이 흩어 버렸다가 다시 순서대로 모아 정리하는 것에 비유할 수 있지만, 클론-바이-클론 기법은 책을 해체하되 붙어있는 챕터 별로 해체해 놓은 것에 비유할 수 있다. 전장 유전체 샷건 방식은 속도상으로는 유리하지만, 일부 구획(특히 반복서열이 있는)을 놓칠 가능성이 있고, 반면에 클론-바이-클론 방식은 이런 부분을 감지하는 데 있어 오히려 유리한 면이 있었다.

이 분야의 기술적 진보는 계속되었다. 1995년에 DNA 서열결정의 자동화가 이루어졌으며, 여러 작은 조각의 DNA들로부터 서로 겹치는 고유한 서열들을 빠르게 찾아내는 동시에, 커다란 가이드 포스트 조각(guide post pieces)들을 모을 필요가 없이, 이 작은 조각들을 직접 하나의 조각으로 짜 맞출 수 있는(조합할 수 있는) 소프트웨어들이 개발되었다. 1999년 인간 유전체 서열을 밝히기 위한 경주는 점점 더 치열해져 갔으며, 결국 경쟁하던 두 그룹은 마지막에 정전협정을 맺기로 하였다. 2000년 6월 26일, 셀레라 지노믹스의 크렉 벤터(Cragi Venter)와 국제 컨소시엄을 대표하는 프랜시스 콜린스(Francis Collins)가 당시 미국의 클린턴 대통령과 함께 백악관의 장미정원에서 인간 유전체 염기서열의 "초고"를 공개하였다. 이 성과물은 십수 년의 계획과 수천의 연구원들 노력의 산물이며 세기의 발견이라 할 수 있는 것이었다. 이 작업물이 6월 26일에 공개되어 이날이 역사적인 날이 된 이유에는 백악관 달력에 일정이 빈 날이 그날밖에 없어서였다고 한다! 다시 말해 이 기념비적인 일을 공표하면서 미리 각본을 짜놓은 것이었다. **그림 14.4**는 유전체 서열결정의 개념적 개요이다.

인간 유전체에 담긴 정보의 유형

공공 컨소시엄에 의해 서열이 결정된 인간의 유전체 서열은 사실 여러 다른 개인들의 유전체의 복합체라고 할 수 있었다. 처음에 염기서열결정을 위해 선택된 두 개인으로 얻어진 유전체와 발표된 연구 결과는 유전체 연구의 선구자들인 크렉 벤터와 제임스 왓슨의 것이었지만 의학적으로 대단히 놀라운 결과를 준 것은 아니었다. 대신 이 결과들은 처음에 우리가 DNA 염기서열에만 관심을 두고 연구 초점을 맞추었던 것은 유전적 변이하는 것을 너무 간단하게만 생각하고 있었다는 것을 여실히 보여주었다. 짧은 염기서열들이 복제된 횟수-사본 수 변이(CNV) 또한 유전적 변이에 크게 기여할 수 있기 때문이다.

벤터는 알츠하이머병과 심혈관 질병이 발병할 위험성이 높아지는 유전적 변이를 갖고 있음을 알게 되었다. 그의 유전체 시퀀싱 결과는 또한 그가 마른 귀지, 푸른 눈, 락토오스 과민증, 야간 활동에 대한 선호와 반사회적 행동, 자극 추구, 물질 남용 등의 행동 경향에 대한 유전자형을 갖고 있음을 확인시켜주었다. 또한 그는 자기 스스로 깨닫고 있었듯이 높은 카페인 대사 효율을 갖고 있었다.

제임스 왓슨의 경우 자신의 유전체 염기서열에 의하면, 12가지의 희귀한 열성 유전질환의 보인자로서 이들 열성 유전자가 동형접합이면 글리코겐 저장, 시력 및 DNA 복구에 영향을 받을 수 있었으며, 그 밖에도 그는 20가지 다른 질환에 대한 높은 위험군에 속해 있었다. 그는 자신의 조부모가 알츠하이머병을 앓은 경력이 있으므로, 자신의 유전체 속에 알츠하이머병 발병 위험성을 증가시키는 *ApoE4* 유전자의 변이 여부에 대해 알기를 거부했지만, 사람들은 공개된 왓슨의 유전체 중 공개된 주변 정보만으로 그 결과를 추리해 내었다(왓슨의 공개된 정보를 다른 사람들의 유전체 주변 정보와 비교하는 방식으로). 베타 저해제나 항정신성 약제에 대해 대사가 느린 것으로 판명되었다. 다시 말해 이들 약물이 체중 대비 투약한 양이 정상적으로 이루어졌다고 해도, 실제로 본인에게는 과다 투여가 될 수도 있다는 것이다.

개인의 유전체를 분석한 세 번째 사람은 단순히 "YH"라고 불렸다. 그는 중국의 한족으로서 한족은 현대 인류의 30%를 차지하는 동아시아 민족집단이다. 그에게는 가족 내 유전된 질병도 없었지만, 그러나 그의 유전체에서는 열성 유전질환을 일으키거나 다른 발병 위험성을 높일 가능성이 있는 대립유전자들을 포함해 116개의 유전자 변이가 발견되었다. 그는 벤터와 마찬가지로 담배 중독 경향과 알츠하이머병에 대한 고위험 대립유전자들을 갖고 있었다.

이들 3인의 개인별 유전체 서열에 대한 전반적인 첫 비교는 우리가 갖고 있는 다양성의 일말을 엿볼 수 있게 해 주었다. 각각의 개인들은 대체로 약 백 이십만 개의 그러나 각자 고유의 SNP를 갖고 있었다. 각 대상자는 갖고 있는 SNP의 0.20에서 0.23%만이 비동의(non-synonymous)로, 다시 말해 SNP에 의해 아미노산이 바뀔 수 있는 변이였으며, 이렇게 더 유의미한 SNP 중 단 37%만이 각 대상자 간에 공유되고 있었다. 따라서 이러한 산술 계산이 가리키는 것은 우리의 SNP의 약 0.07%만이 우리의 표현형(겉으로 드러나는 형질)에 영향을 줄 수 있다는 것이다.

첫 세 명의 유전체 서열결정이 이루어진 후, 다른 집단의 사람들도 시퀀싱을 하게 되었다. 그 다음에는 경험을 기고하고 원고료를 받기로 한 저널리스트들이나 연예인들 같이, 초기 고비용을 감당할 수 있는 사람들이 그 뒤를 따르기 시작했다. 지금도 그렇듯이 이유는 다양했다. 故 스티브 잡스(애플 창업자)와 故 크리스토퍼 히친스(저널리스트)는 그들의 암세포 유전체 염기서열을 결정하여 항암제 선별에 도움을 받고자 하였다. 결과적으로는 유전체 정보가 그들을 살려내지는 못했지만 말이다. 학자이자 다큐멘터리 작가인 〈*Finding your roots*〉라는 프로의 진행자이기도 한 헨리 루이스 게이트 주니어(Henry Louis Gater Jr.)는 자신의 유전체 염기서열을 결정하여 그의 아프리카 쪽 족보를 추적하기도 하였다. 들리는 바에 의하면 한 명의 여배우와 또 한 명의 록 스타도 가족 내에 있는 정신 병력을 좀 더 잘 이해하기 위해 유전체 서열결정을 하였다고 한다.

한 유전학자는 그의 유전체는 염기서열을 결정해서 카타르의 모든 국민들의 유전체는 염기서열을 결정하는 것에 대한 대조군으로 제공하고자 하였다. 그 과정에서 그는 자신이 대머리증(거울에 비추어 보이는 모습만 봐도 그는 이미 그 사실을 알 수 있었다)과 어린이에게 영향을 미치는 열성 유전성 질병, 그의 선조가 바이킹이었다는 사실 그리고 무엇보다도 혈액응고이상증을 일으키는 유전자 변이들을 갖고 있음을 알게 되었으며, 그로 인해 왜 그가 상처를 입었을 때 유독 출혈이 심한지 설명할 수 있게 되었다. 이렇게 여러 가지 흥미있는 정보를 알게 되었음에도 불구하고, 이 유전학자는 이런 정보들을 통해 가족들이 그들이 알고 싶어 하지 않는 사실들도 알게 되고, 더욱이 어떤 사람들이 자신(유전학자)의 DNA 염기서열을 이용해 그(유전학자)가 범죄에 가담하고 있다고 모함할지도 모른다고 우려 또는 걱정의 목소리를 내기도 하였다.

핵심 개념 질문 14.1

*a. 유전자들을 염색체들에 매칭시킴에 있어 연관관계가 어떻게 사용되었는지 설명하시오.

*b. 인간 유전체 염기서열 결정의 초기 목표는 무엇이었는가?

c. 유전체 염기서열 결정은 일반적으로 어떤 단계들을 거쳐 이루어지는가?

d. 인간 유전체의 염기서열을 결정하면서, 클론-바이-클론 기법과 전장 유전체 샷건 방식의 차이를 구분하시오.

14.2 인간 유전체 콘텐츠의 분석

인간 유전체의 초고가 나오기도 전에, 이미 과학자들은 변이가 일어나는 부위를 확정하거나, 개별 유전자들의 기능을 발견해 나가면서, 분석단계 작업을 시작하고 있었다. 수백 수천만의 인간 유전체가 시퀀싱 되었음에도 불구하고, 각 유전체에서는 여전히 9,000여 개의 새로운 유전자 변이들이 발견되었다. 염기서열 비교 및 해석을 용이하게 하기 위해, 연구자들은 **참조 유전체**(reference genome) 염기서열을 도출하였다. 이것은 복수의 분석을 마친 유전체 안의 각 포인트에서 가장 일반적인 염기들을 조합하여 만들어진 디지털 DNA 염기서열을 말하며, 이것은 반수체(단일 사본)이다. 연구자들이 갖고 있던 서로 다른 생명체 간 참조 유전체 염기서열을 비교하거나, DNA 염기서열을 확인하는 것은 제17장에서 논의한 바와 같이, 진화적 관점을 제공하였다.

속도와 감지 범위의 향상

인간 유전체를 처음 염기서열 할 당시에는 전부 다 마치는데 약 6~8년의 시간이 필요했다; 현재는 수 시간 내에 이 모든 것을 마칠 수 있다. 서열결정 기술의 향상은 연구자들에게 **탐지 범위**(coverage)라고 불리는 각 개인 유전체의 더 많은 카피들을 연구할 수 있게 해주었다. 서너 개의 유전체들로부터 잘져 나온 DNA 조각들을 시퀀싱하고, 중첩해 전체 염기서열을 도출해 내었던 9.4절의 내용을 회상해 보자. 일부 조각들은 소실될 수 있으므로, 사용된 유전체의 카피 수가 많을수록, 중첩에 의해 각 염기가 확인될 확률이 높아진다.

적어도 유전체 카피가 28개는 되어야 대부분의 염기서열이 모두 포함된 최종 완성 서열이 만들어질 것으로 예상되었다-이것은 마치 컴퓨터에 들어있는 정보를 잃어버리지 않도록 확실히 하기 위해 컴퓨터의 내용물들을 외장 하드 드라이브에 백업하는 것과 비슷하다고 할 수 있다. 예를 들어, 40배 탐지 범위를 갖는 유전체가 하나 있다고 한다면, 이것은 유전체의 각 사이트가 평균 40번씩 읽힐 수 있다는 것을 의미한다. 임상 연계 1.1에서 언급된 아이를 진단하는 데 도움이 되었던 것처럼, 출현 빈도가 낮은 서열을 감지하기 위해서는 보다 높은 탐지 범위가 필요해진다. 오늘날에도 기술적인 한계로 인해 인간 유전체는 아직 완전히 서열이 결정된 것이 아니다. 2001년에 최초로 발표된 인간 유전체 염기서열에는 150,000여 개의 '작은 틈'들이 있었지만 현재의 최신 버전에는 단지 수백 개의 아주 작은 조각들만이 빠져있을 뿐이다.

단순히 단백질을 암호화하고 있는 유전자의 엑손 부위만의 집합인 엑솜의 염기서열을 알아내는 것 보다는 유전체의 염기서열을 알아내는 것이 훨씬 많은 정보들을 우리에게 제공해주었다. 왜냐하면 엑손들 주위의 염기서열을 아는 것은 역위(inversion)이나 균형 전좌(balanced translocation)와 같은 "구조적 변이(structural variant)"들도 감지할 수 있게 해주었기 때문이다(그림 13.15와 13.18 참조). 이러한 변이들은 DNA를 다른 곳으로 보내거나, 뒤집을 수 있지만, 염기서열 자체는 변하지 않는다. 엑솜 염기서열 결정 미세 배열 기법(exom sequencing array)는 같은 상동염색체 상에(*cis* 배치) 또는 다른 상동염색체 상에(*trans* 배치) 있는 SNP들의 쌍(pair)을 구분할 수 있도록 디자인되어야 한다. *cis* 배치는 연관이 있음을 의미하며, 유전형이 자손으로 어떻게 전달되는지 여부를 예측하는 데 있어 중요하다.

계속되는 목표: 주석 작업

외국어로 쓰인 어떤 책을 발견했다 하더라도, 내용이 번역될 때까지는 의미를 가질 수 없듯이, 인간 유전체 염기서열을 안다는 것만으로는 그 정보가 무엇을 의미하는지 알기 전까지는 우리에게 아무런 의미가 없다. 언어학적 관점에서 "주석 또는 주석 달기(annotation)"란 "어떤 문장이나 도해에 붙여진 설명 메모나 견해"를 말한다. 하지만 유전체학에서의 “주석”이란 “유전자들에 대한 기술 및 특정 유전자의 변이들이 어떤 중요성을 있는지에 대한 설명”을 말한다. 그동안 연구자들은 출판된 과학 저술과 각 유전자의 DNA 염기서열 데이터베이스, 그리고 특정 질병의 발병에 관여할 가능성이 높은 비암호화 지역의 SNP들을 매우 세심하게 컨설팅함으로써, 유전자에 주석을 단다는 막중한 임무를 수행하고 있다. 유전상담사 및 유전학 박사들이 이런 주석 작업을 하게 되며 이들을 큐레이터, 변이전문 과학자, 또는 큐레이션 전문가라고 부른다.

유전자의 변이에 대한 주석에는 다음과 같은 내용이 포함되어 있다:

- 유전자의 정상 역할
- 유전되는 양상
- 유전자형(이형접합자, 동형접합자, 복합이형접합자)
- 특정 집단에서 해당 변이의 출현 빈도
- 비병원성, 추정 비병원성, 불확실성 변이, 추정 병원성, 그리고 병원성의 분류

특정 유전자의 변이 출현 빈도를 아는 것이 중요한 데는 필연적 이유가 있다. 하나의 변이가 일반적으로 나타나는 것이라면-이는 많은 사람이 이 변이를 가진 채 살 수 있다는 것이며-희귀한 빈도로 나타나는 것에 비해 심각한 질병을 일으킬 확률이 상대적으로 낮을 것이다. 예를 들어, 만약 한 집단의 약 3분의 1이 고혈압에 연관된 하나의 유전자 변이를 갖고 있다면, 다인성 질병을 일으킬 전체 위험률 중에서 이 유전자가 기여하는 정도는 아마도 매우 낮다고 볼 수 있을 것이다. 그렇지 않았다면 이 집단의 3분의 1은 매우 심한 고혈압을 앓고 있어야 하기 때문이다. 그러나 그 반대가 참이라고만은 할 수 없다. 드물게 나타나는 변이들은 무해하며, 그냥 단지 비정상적일 뿐이다.

주석이 첨부된 유전체 염기서열들은 그 효용가치를 높이기 위해서, 사람들에게서 얻어진 건강 또는 특정 가계력의 정보들과 비교 및 분석되기도 한다. 과거에 주로 사용되던 가계도(pedigree)는 아직도 중요한 도구이며, 동시에 많은 사람들이 누가 어떤 것을 가족 내에 갖고 있는지 이미 알고 있는 정보라는 점에서 여러 가지 조사의 시발점이 되기도 한다. 유전체 주석 달기에는 마이크로바이옴 데이터(microbiome data)도 또한 포함되기도 하는데(2.5절 참조), 이것은 우리 몸속 또는 몸 위에서 사는 생명체들의 유전자들이 사람의 유전자 발현에 영향을 줄 수 있기 때문이다.

유전체 서열결정의 한계

유전체 서열결정은 건강 상태에 대한 완벽한 그림을 제시하지는 못한다. 이 한계는 기술적이면서 동시에 개념적인 문제이다.

기술적인 이유로 유전체 시퀀싱은 추가 유형의 테스트 없이는 반복 염기서열을 감지하지 못하는데, 이는 반복적인 염기서열을 갖는다고 해서 염기서열 자체가 변하는 것이 아니기 때문이다. 이러한 반복 염기서열에는 사본 수 변이, 3염기 반복 돌연변이 및 3염색체성의 완전한 여분의 염색체와 결실(deletion) 등이 포함된다. 유전체 서열결정은 또한 편부모 2염색체성(uniparental disomy), 즉 아이가 각 부모부터 하나씩 대립유전자를 받는 것이 아니라 부모 중 한 명으로부터 두 개의 대립유전자를 물려받는 희귀한 상황에 대해 장님과 다름없다(그림 13.23 참조). 두 사본은 DNA 서열이 동일하며, 따라서 전체 서열결정 과정에서 단지 한번 나타난 것으로 “계산”된다. 이에 더하여, 매우 높은 빈도로 반복되거나 매우 긴 인트론에 매몰된 엑손은 감지되지 않을 수도 있다. 유전체 서열분석은 또한 미토콘드리아 유전자를 포함하지 않는다.

개념적 의미에서 유전체 정보가 활용되기 위해서는 반드시 해석되어야 한다. 이는 단순히 유전자가 암호화하는 모든 단백질 유전자들을 식별하는 것뿐만이 아니라 그들이 형성하는 유전자 상호작용과 유전자 네트워크를 해독하는 것을 의미한다. 한 번에 한 글자씩 “읽는” 소설을 상상해보자. 이는 단어로 전달되는 단서와 연결들이 서로 일관된 미묘한 뉘앙스가 있는 이야기가 아닌, 단지 26개의 글자로 이루어진 수천 개의 사본들의 나열일 뿐이다. 따라서 마찬가지로 서열분석이 되었지만 주석이 안 된 인간 유전체는 유익하다 할 수 없다.

유전자 상호작용은 복잡하고 복합적이다. 그림 11.4에서는 유전자 발현량이 다른 유전자들이 서로 공유되고 있는 질병들의 간단한 예시를 보여주고 있다. 한 유전자의 활성이 다른 유전자의 활성에 영향을 미칠 수 있다는 사실은 왜 형제자매가 같은 단일 유전자 질병을 앓고 있음에도 고통의 정도가 서로 다른지 설명할 수 있다. 예를 들어, 비정상 단백질은 운동 뉴런의 축삭을 단축하는 중증 척수성 근위축증(SMA)이 있는 아동의 경우, 형제도 이 질병을 물려받을 수 있지만, 축삭이 확장되는 두 번째 유전자의 변이를 물려받은 덕분에 증상이 가벼운 경우도 있을 수 있다. 때로는 상호작용하는 유전자들의 네트워크, 커넥톰(connectome) 또는 인터랙톰(interactome)으로 불리는 것을 분류하기 위해 컴퓨팅 도구와 머신 러닝을 한다. 한때 단순 상위성 상호작용(유전자에 영향을 미치는 유전자)으로 간주하였던 것들이 사실은 서로에게 영향을 미치는 복잡한 유전자 네트워크의 빙산의 일각일 수도 있는 것이다.

마지막으로 환경적 요소에 의한 후성유전학적 변화는 DNA 정보에 적용돼야 하는 일련의 정보계층을 제공하며 이것은 아마도 가장 중요한 것일 것이다. 왜냐하면 이 부분에 대해서는 우리 자신이 많은 영향을 줄 수 있기 때문이다.

실용적 의료 사안들

인간유전학 분야는 여러 해 동안 순전히 학문적 분야, 생물과학으로서 존재해왔다. 1990년도에 유전자 발견 그리고 2000년대 인간 유전체의 염기서열이 완성될 때까지, 인간유전학에서 의학적 특성 분야라는 것은 작은 희귀한 질병을 가진 환자집단과 그 가족 구성원들 그리고 소수의 알려진 의사들이 대부분을 차지하는 매우 작은 분야에 지나지 않았다. 그러나 2008년 소비자 직접 서비스(direct-to-consumer) 유전적 검사가 도입되면서, 질병 유발성 돌연변이뿐만 아니라 오직 발병 위험도 측정용 변이를 보기 위한 유전자 검사들도 의료전문가의 의견도 필요 없이 그 누구나 받을 수 있게 되었다.

일반 소비자용 DNA 검사 제품이 제공할 수 있는 정보는 나름 풍부하지만 건강진단이라는 조건에서 볼 때, 이런 제품들은 의료 전문가들이 주문/사용하는 유형의 검사만큼 완벽하지는 못하다. 일반 소비자용 유전자 검사 중 하나, 예를 들어 유방암 진단검사는 *BRCA1* 및 *BRCA2*의 가장 흔한 세 가지 돌연변이를 검사할 뿐, 해당 유전자들에서 나타나는 수십 개의 다른 돌연변이나 유방암 위험을 증가시키는 다른 여러 유전자의 변이를 검사하지는 못한다. 반면에 건강진단용으로 의료 관계자들이 주문하는 유방암 유전자 검사 패널은 여러 변이 및 심지어 100개 이상 유전자의 완전한 염기서열들을 검사할 수 있다.

유전 그리고 유전체 검사들은 의료보건 측면에서 일정한 실용적 조건을 충족시켜야 했다. 규정된 DNA 검사나 처방 시 가장 중요한 조건은 임상적 유용성이었다. 과연 이 검사를 통해 얻는 환자의 이득이 검사에 따른 위험보다 높은 것일까? 이 DNA 방법이 기존의 증명된 검사나 치료보다 더 효율적일까? 이러한 검사나 치료들이 기존의 검사나 처방받지 못하는 환자들에게 도움을 줄 것일까? 따라서 이런 검사 방법의 효율성을 말하기 위해서는 가정을 넘어서 증명이 필요하다. 예를 들어, 분자적 증거들이 특정 유전형을 가진 일부 사람들은 다른 유전형을 가진 사람들에 비해 특정 약품에 더 잘 반응하는 것처럼 나타났다고 가정해보자. 두 그룹의 사람들에 대해 이 약에 대해 임상 시험을 시행하여 유전형에 따른 처방-약리유전학-이 실제로 전인 수준에서 도움이 되는지를 보여야 하는 것이다.

DNA 검사는 그 자체만으로는 질병을 진단하기에는 부족함이 있으며, 대신 의사가 관찰한 환자의 증상 및 다른 방식의 검사 결과들을 종합한 임상 진단 결과에 대해 부가적 검사로서 유용할 것이다. 예를 들어, 한 사람이 가족성 고콜레스테롤혈증에 대해 대립유전자가 이형접합성일 수 있으나, 혈청 내 콜레스테롤 농도가 올라가 있지 않거나 심혈관계 증상이 발병되지 않을 수도 있으며, 따라서 증상적으로 진단되지 않을 수 있다(그림 5.2 참조). 그러나 돌연변이가 있다는 사실을 알게 되면, 사람들은 유방암에서의 경우와 마찬가지로 또 다른 검사를 받고 싶다는 유혹을 받을 수 있다.

이렇게 추가로 진단 검사를 원하게 하는 유전학적, 유전체학적 테스트의 불확실성은 이전 제5장에서 논의되었던 멘델의 법칙의 복잡성에 기인한다. 한 번의 DNA 검사만으로는 진단하기 충분치 않은데, 이것은

- 불완전한 침투도(penetrance, 유전자형이 항상 표현형과 일치하지는 않는 현상),
- 다양한 발현도(서로 다른 개인들 간에 나타나는 증상의 정도 차이),
- 상위(epistasis, 유전자-유전자간의 상호작용),
- 유전적 이질성(genetic heterogeneity, 둘 이상의 유전자들에서 이루어진 돌연변이로 인해 한 가지 표현형이 나타나는 것), 그리고
- 환경적 영향(후성유전학적 효과)

등의 현상 때문이다.

유전체 데이터에서 발견될 미묘한 차이들은 전자 의료기록에서는 어떻게 다루어지게 될 것인가? 전자 의료기록에 DNA 염기서열 A, T, C, G로 쓰인 전체 서열을 데이터로써 포함해야 할 것인가 아니면 발병을 일으킬 수 있다고 알려진 유전자 변이들을 포함한 진단 기록만으로도 충분할 것인가? 향후 기존에 저장된 데이터 또는 진단에 큰 영향을 미칠 수도 있는 새로운 발견이 이루어질 때, 이들은 또 어떻게 기존의 기록에 포함해야 할까? 진단 코드들은 어떻게 활용해야 할까?

이런 문제들이 계속 논의되는 동안, 의료 전문직에 몸담고 있는 사람들은 수많은 새로운 유전적 검사 방법들과 유전체 기술들을 새로 익혀야 함과 동시에, 매우 박식한 다수의 환자가 DNA, 일반적인 내용 또는 그들 자신의 DNA에 대해 매우 박식하다는 사실을 따라잡아야 한다. 유전체학은 각 의학 전공 분야에 접목되는 중이며, 종양학과나 소아과에서는 유전체학을 이미 진료에 적용하고 있다. 의과대학에서 학생들은 자기 자신의 유전체를 분석하고 있으며, 의사들도 유전체학을 배우기 위해 계속해서 의학교육 프로그램에 참여하고 있다. 임상 유전학자들, 유전상담사들 그리고 분자병리학자들은 새로운 유전체 의학을 선도하는 이 분야의 전문가이다.

많은 연구자가 매우 복잡한 인간 유전체에 주석을 붙이는 데 노력을 기울이고 있으며, 어떤 이들은 화학물질이나 미생물학적 방법을 사용하여 간단한 유전체를 합성하고 있다. 이러한 노력은 합성 생물학이라는 분야의 일부이다. 합성 유전체에 대하여서는 **생명윤리학**에서 논의하게 된다.

생명윤리학

우리는 유전체를 창조해야 하는가?

유전체는 사실 화학물질이므로, 화학자들은 유전체를 합성하고 이것을 자체 유전체가 제거된 수용세포에 집어넣을 수 있다. 연구원들은 2010년에 최초로 합성 유전체를 소개하였으며, 이후로 계속 새로운 더 작은 버전을 만들며 업데이트해 왔다. 그들은 번식할 수 있는 가장 작은 생명체인 *Mycoplasma genitalium*의 작은 유전체로부터 시작하여, 그것을 점점 깎아내기 시작했으며, 그 결과 약 531,000개의 DNA 염기쌍이 구성하는 473개의 유전자로 구성된 "가상 최소 유전체"를 합성할 수 있었다. 이 유전체는 JCVI-syn3.0 또는 줄여서 syn3.0이라고 한다. 연구자들은 심지어 이렇게 만들어진 인조 생명체를 자연의 그것과 구별하기 위해, 문서의 워터마크처럼, 알파벳 문자에 해당하는 DNA 삼중코드를 사용하여 표지하면서 유전체에 그들의 이름을 새겨 넣기도 하였다. Syn3.0은 두 종의 *Mycoplasma*의 유전자 본부로서 "살아있다".

연구진은 일을 빨리 진행하기 위해 DNA 절단효소를 사용하여 한 번에 하나의 유전자를 파괴하면서, *Mycoplasma* 유전체의 8분의 1씩 검사했다. 만약 특정 유전자가 파괴당해 세포가 살아남지 못한다면, 그 유전자는 생명에 필수적인 것으로 간주된다. 유전자는 필수적인 것, 필수적이 아닌 것, 또는 준필수적인 것(생물체가 충분히 잘 성장하게 하는 데 필요하지만, 아주 오래 사는 데 필요한 것은 아닌)으로 분류된다.

염소의 자연적 미세 환경에서 당당히 살고 있는 *Mycoplasma*와 비교하여, 합성 유전체가 들어간 숙주세포는 아마도 실험실 내 거의 모든 소분자들을 원하는 응석받이이다. 연구원들은 자연 숙주가 거의 모든 영양분을 공급할 수 있어서, 미생물이 최소 유전체로도 살아남을 수 있기 때문에 *Mycoplasma*를 모델로 선택했다.

syn3.0에 들어 있는 유전자의 거의 절반이 원형질막 구조와 기능에 단백질을 만드는데 관여하는 것으로 큰 기여를 한다. 게다가 가장 흥미롭고 예상치 못한 것은 이들 유전자의 약 1/3의 기능이 아직도 알려져 있지 않다는 것이다. 그러나 여러 유전자는 고도로 보존되어 있으며(다른 생명체에서도 발견됨), 이는 이들 유전자가 생존에 필수적임을 시사한다.

합성 유전체를 만든다는 것은 자가 복제 및 변경이 가능한 화학물질들의 복잡한 컬렉션들이 서로 결합하고 연결되는 과정으로서, 생명체가 어떻게 살아가는지를 이해하기 위한 단서를 제공할 수 있을 것이다. 아마도, 이들 분자들은 점토나 미네랄을 주형으로 사용하여, 스스로 지방성 보호 덮개를 만들도록 짜 맞추어졌을 수도 있을 것이다. 실용적인 관점에서 단순 미생물을 디자인할 수 있는 능력은, 궁극적으로, 신약과 백신을 개발하기 위한 새로운 에너지원과 방법을 제공할 수 있을 것이다.

토론을 위한 질문

1. 합성 유전체는 정말로 생명을 창조하는 것인가, 아니면 버려진 소라껍질에 들어가 새 집으로 삼는 소라게의 경우에 더 비슷한 것인가?
2. 우리는 세상을 더 좋은 방향으로 바꿀 수 있는 세포를 만들기 위해 합성 생명 기술을 사용할 만큼 충분한 지식을 갖고 있겠는가?
3. 유전체를 합성하는 능력이 어떻게 오용될 수 있겠는가?
4. 합성생명 연구 협력체는 스스로 감시해야 하는가, 아니면 다른 규제기관 또는 조직들에 의해 제어되어야 하는가?

핵심 개념 질문 14.2

*a. 참조 유전체란 무엇인가?
*b. 하나의 유전체에 대해 여러 카피를 서열결정하는 이유는 무엇인가?
*c. 유전체 주석에는 어떤 형태의 정보들이 들어있는가?
d. 유전체 서열분석의 한계는 무엇인가?
e. 유전적 및 유전체 정보를 건강 분야에 통합시키는 것은 어떤 잠재적 이익과 위험이 있는가?

14.3 유전체학적 관점은 지식의 확장을 가져온다

인간 유전체를 서열분석할 수 있는 능력으로 인해, 연구자들은 우리 인간의 유전학에 관하여 우리들이 그동안 알아 왔던 것들에 대해 뒤돌아보고, 세부사항을 추가할 수 있게 되었으며, 또한 출생 시 확인된 변이 유전자의 발현이 일생 동안 어떻게 한 사람의 건강에 영향을 미칠 것인지를 예측할 수 있게 되었다. 각 연구팀들은 각각 나름대로의 방식을 가지고 유전체를 서열결정을 수행하였으며 그 정도도 다 달랐다. **엑솜 서열결정**(exome sequencing)은 엑손(단백질 암호화 부분인)을 대상으로 하며, **유전체 서열결정**(genomic sequencing)은 엑손 이상, 전체 유전체 이하의 범위가 대상이며, **전체 유전체 서열결정**(whole genome sequencing)은 다수의 중복된 카피로부터 얻어진 유전체 전체 염기서열을 대상으로 한다. 유전체 수준에서의 연구에는 또한 단일 염색체 내 분포하는 뉴클레오타이드 다형성(SNPs)들의 집합을 참조하는 전유전체 연관 연구(genome-wide association studies)도 포함된다(그림 7.11 및 7.12 참조).

여기 유전체 정보 응용의 두 가지 예를 한번 살펴보자.

교차에 대한 새로운 관점

유전체 서열결정을 통해 연구자들은 난자와 정자가 형성될 때 일어나는 첫 번째 감수분열의 전기 중, 교차하는 한 쌍의 염색체 영역에서 정확히 어떤 일이 일어나는지를 자세히 관찰할 수 있게 되었다. 그림 3.5 및 5.11은 상동염색체 사이에서 일어나는 교차를 파란색에서 분홍색으로의 색 변화를 통해 나타내고 있다. 유전체 서열결정은 교차가 발생했음을 확인해 줄 수 있을 뿐만 아니라, 관련 염색체들의 주변 영역에서의 불안정성도 보여줄 수 있다.

아이슬란드에는 전체 인구 대부분의 건강정보가 들어있는 데이터베이스가 존재하며, 연구자들은 이를 활용하여, 수 세대에 걸친 155,250명분의 유전체 서열을 분석하였다. 이 나라는 오랜 기간 생식적으로 고립되어 있었으며, 이것이 이들의 유전학적 연구를 통해 많은 병원성 유전자 변이들이 확인할 수 있었던 이유이다. 아이슬란드의 유전자 마커 지도는 2000년대 초 최초의 참조 인간 유전체를 확립하는 데 중요하며, 이것은 오늘날에도 여전히 중요하다.

아이슬란드 유전체는 연구자들이 인간의 유전적 다양성을 촉진하는 두 가지 과정, 즉 교차와 신생 돌연변이의 생성에 대해 이전에 없던 새로운 관점을 가능하게 했다. 수많은 사람 사이의 염색체 내 다양한 지점에서 DNA 염기서열을 비교함으로써 연구자들은 부모로부터 온 각 염색체가 재조합되는 450만 개의 교차 이벤트 사이트를 발견하였다. 그들은 또한 200,000개 이상의 신생 돌연변이들도 발견하였다. 후성유전적 변화, 예를 들어 히스톤 단백질이 DNA에 결합하는 패턴들과 같은 교차가 발생하는 염색체 영역들이 노출되게 된다(그림 11.6 참조).

이러한 발견들은 교차와 새로운 돌연변이의 생성이 이전에 생각되었던 것처럼 무작위적이지만은 않다는 것을 보여 준다: 최소한 35개의 유전자가 교차의 발생빈도 및 위치에 영향을 미친다고 알려졌다. 또한 두 과정(교차 및 새로운 돌연변이 생성)은 서로 연결되어 있다: 교차지점에서는 돌연변이가 일어날 가능성이 다른 곳보다 50배 이상 더 높다(**그림 14.5**). 성별 간 차이에도 후성유전학이 반영되어 있다. 일반적으로 남녀 모두에서 교차 부위의 위치 내 약 1 kb(1,000 bases) 범위 안에서 교차가 일어나지만, 여성 유전체에서는 교차 부위의 약 40 kb 범위에서도 다른 곳보다 더 높은 빈도로 교차가 계속 일어난다. 교차의 빈도는 산모의 나이에 따라 증가한다. 반면에 남성의 유전체에서는 어린이 대상 단일 유전자 질병의 주요 원인이 되는 새로운 돌연변이가 나타날 가능성이 더 높다. 이러한 발견들은 산모의 고연령과 자식의 염색체 이상간의 연간관계가 있다는 사실과 함께, 난자에서 염색체 불균형이 일어나는 동안, 정자에서는 단일 유전자 돌연변이가 도입되는 경향이 있다는 관찰 결과를 확인시켜 주고 있다(그림 13.6 참조).

이러한 결과를 해석하기 위한 가지 방법은 광범위한 진화론적 견해를 수용하는 것이다. 우리 유전체가 자연적으로 생성하고 있는 다양성은 한 종으로서의 인간의 번영을 증진시키지만, 한 개인 내에서 쌍이 되면 유전적 질병을 일으킬 수 있는 열성인자라는 대가를 치러야 한다.

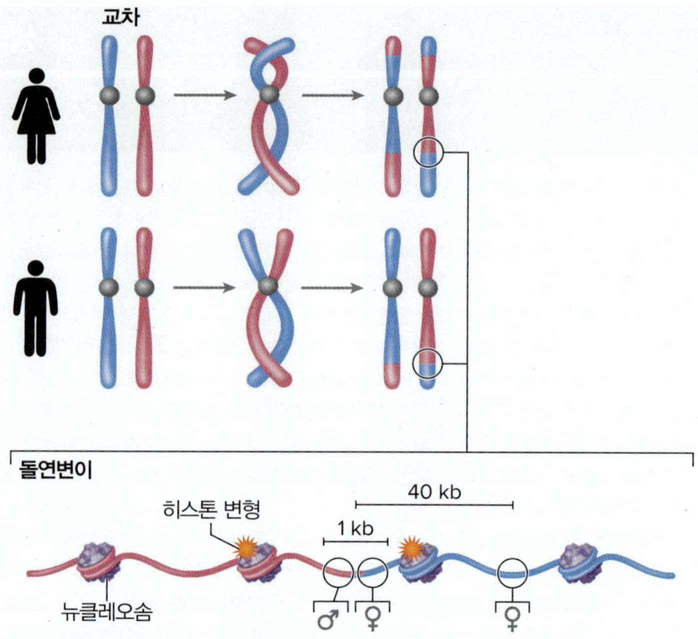

그림 14.5 전체 서열결정의 새로운 점. 돌연변이가 남성과 여성 염색체간의 교차가 일어나는 지점으로부터 약 1,000개 염기(1 kb) 내에서 발생할 가능성이 더 높다는 것을 보여준다. 또 다른 돌연변이 "다발점"은 교차지점에서 40 kb 떨어져 있지만 이것은 여성의 유전체에서만 해당된다.

신생아의 유전체 서열분석

태어날 때부터 개인의 유전체 서열을 알 수 있다면 이는 의학적으로 유리한 면이 있다. 여기에는 소아질환의 조기 진단, 초기 개입으로 예방될 수 있는 증상들을 식별, 한 사람의 평생을 아우르는 전자 건강기록에 대한 배경 정보의 제공 등이 포함된다. 한편, 출생 시 유전체 정보의 획득은 다양한 시나리오에서 이 정보의 사용 더 나아가 남용의 문제를 일으킬 수 있다는 점을 제기하고 있다.

다음의 신생아 유전체 염기서열 분석의 실현 가능성, 가치 및 가능한 위험에 관해 이해하기 위해, 미국 정부는 BabySeq라고 불리는 시범 연구에 자금을 지원하였다. 보스턴 지역 병원 두 곳의 127명의 건강한 신생아들과 신생아 중환자실(NICU)에 있는 32명의 아기가 이 연구를 위해 등록되었으며, 각 그룹 아이들의 절반에 대해 유전체 서열결정이 이루어졌다. 유전체 서열분석이 안 된 아이들은 해당 질병에 대해 가족력이 있었고, 발뒤꿈치에서 채취한 혈액 샘플을 사용하여 수십 개의 유전질환에 대한 표준 신생아 검진을 받았다. 연구원들과 부모들은 어떤 아기들이 유전체 서열을 결정했고 누가 받지 못했는지 알 수 없었다.

위 연구의 결과는 신생아 유전체 서열분석의 잠재적 가치를 증명하였다. 이 연구를 통해 15명의 아기에게서 아직 증상을 일으키지 않은 소아기 질병들이 발견되었다. 그들 중 10명은 건강한 아이 집단 소속이었으며, NICU 그룹에서도 5명이 나왔지만 해당 돌연변이는 아이들이 NICU에 있었던 이유와는 상관없었다. 159명의 유아들 중 140명의 유아들은 적어도 하나의 열성 대립유전자를 가지고 있어서 두 사본이 있으면 질병을 일으킬 수 가능성이 있는 것으로 밝혀졌다. 이러한 유형의 정보는 비록 매우 이른 면이 있지만 부모가 되는 것을 고려하여 산전 검사(parental testing)를 하도록 개인에게 권고를 줄 수 있을 것이다.

핵심 개념 질문 14.3

a. 유전체 수준의 정보가 교차에 관하여 어떤 내용을 드러내는지 설명하시오.

b. 신생아 유전체 서열결정이 갖고 있는 잠재적 득과 실에 대해서 열거하시오.

학습 가이드

핵심 용어

참조 유전체(reference genome) 여러 개체의 유전체 서열결정의 결과들을 통해 얻은 디지털 핵산 염기서열로서 한 종에 대한 대표 유전체 염기서열을 확립하는 데 사용.

복습문제

1. 인간 유전체 프로젝트(human genome project)라는 문구가 왜 부정확한 표현인지 설명하시오.
2. 가족 내에서 발견되는 연관 패턴과 염색체 이상이 어떻게 인간 유전체 염기서열결정의 기반이 되었는지 설명하시오.
3. 유전자 지도의 4단계가 어떻게 서로 다른지, 그리고 새로운 형태의 유전자 지도는 어떤 내용을 그릴 수 있는지, 서술하시오.
4. 위치 클로닝이 질병 관련 유전자를 확인하는데 어떻게 사용됐는지 설명하시오.
5. 처음에 연구자들 간에 인간 유전체의 서열분석에 대해 의견이 달랐던 이유는 무엇인가? 이와 유사한 "빅 데이터" 프로젝트에 대해서는 연구자들의 태도가 어떻게 바뀔 수 있었는가?
6. 염기서열을 파악함에 있어 여러 사본의 유전체를 사용하는 것이 중요한 이유는 무엇인가?
7. 한 집단에 높은 빈도로 나타나는 유전자 변이가 매우 낮은 빈도로 나타나는 유전자 변이 보다 덜 해로운 이유는 무엇인가?
8. 마이크로바이옴(microbiome) 정보를 유전체 주석 기록에 포함시키는 것이 유용한 이유는 무엇인가?
9. 유전체 서열결정으로는 검출할 수 없는 세 가지 유형의 DNA 염기서열 변이들을 나열하시오.
10. 유전체 정보 중 임상적으로 유용한 3가지 항목에 대해 설명하시오.
11. 사람들이 자신의 유전체 염기서열을 알게 됨으로써 어떤 종류의 정보들을 배울 수 있을지 예를 들어보시오.
12. 유전체 서열결정을 통해 드러난 감수분열 중 일어나는 교차의 결과가 무엇인지 설명하시오.
13. BabySeq 프로젝트의 디자인 과정을 설명하시오.
14. 유전체를 합성하는 것이 어떻게 가능한 것인가?

응용문제

1. 유전체 검사 연구 프로젝트가 살아있는 사람들에게 도움이 될 수 있는 방법을 제안하시오.
2. 참조 인간 유전체 염기서열을 기반으로 한 임상적 판단의 용도와 한계는 무엇인가?
3. 유전적 또는 유전체 정보는 어떻게 임상 진단에 통합되어야 하겠는가? 멘델 형질과 복합 형질간의 차이 및 침투도와 상위간의 차이의 중요성에 대해 논의하시오.
4. DNA 검사를 X선 또는 기타 표준 의료 진단 검사와 비교 및 대조하시오.

5. 일부 연구원들은 비용을 절감하고 더 많은 사람들이 유전체 분석 기술을 이용할 수 있도록, 실험은 특정 사람에서 돌연변이일 가능성이 가장 높은 유전자만을 찾아야 한다고 제안하고 있다. 이 전략의 장점과 단점은 무엇인가?
6. 유전자 연관성과 관련하여 베이트슨(Bateson)과 퍼네트(Punnett)가 수행한 실험(그림 5.10 참조)은 교차지점 근처의 유전체 염기서열을 분석하는 것과 어떻게 다른가?
7. 인간 유전체를 합성하는 데 있어 어떤 어려움을 예상해 볼 수 있는가?

사례 및 연구 결과

1. Exome Aggregation Consortium(ExAC)은 라틴계, 유럽계, 아프리카계, 남아시아계, 동아시아계 등 다양한 지리적 조상을 가진 60,706명의 엑솜을 분석하였다. 그 결과 이 컨소시엄에서는 약 740만 개의 유전자 변이를 확인할 수 있었다. 만약 인간 유전체가 32억 개의 염기로 이루어져 있고, 그 중 엑솜이 1.5%를 차지한다면, 얼마나 많은 변이가 가능한지 설명하시오.
2. 일부 연구자들은 모든 사람의 유전체의 서열을 결정하고 그 정보로부터 발병을 예측하는 것보다 건강한 생활습관(금연, 건강식단을 따르고, 규칙적으로 운동하고, 정기적인 건강검진을 받고, 흔한 질병을 조기에 진단하고 치료하는 것)을 갖게 하는 것이 더 많은 생명을 구할 수 있다고 주장해왔다. 건강을 유지하기 위한 이 두 가지 접근법들을 비교 평가하기 위한 실험을 제안해 보시오.
3. 아이슬란드 사람들 2,636명의 유전체를 평균 20배 심도(depth)로 결정한 결과, 2,000만 개의 SNP, 150만 개의 "인델(indels)"(삽입 및/또는 삭제), 그리고 많은 다른 집단에서 볼 수 있는 것보다 더 많은 동질성이 있음이 밝혀졌다.
   a. 여기서 "심도"란 무엇을 의미하며, 왜 그것이 판단의 정확성에 중요한가?
   b. SNP는 인델과 어떻게 다른가?
   c. 다른 사람들과 비교하여 아이슬란드 사람들 사이에서 동질성이 더 증가해 있다는 것은 무엇을 의미하는가?
4. 신생아 유전체 서열결정이 자율 선택이지만 부모가 이를 하지 않았다고 가정하자. 그런데 아이가 증상 발병 전 치료로 예방할 수도 있었을 질병에 걸린 것으로 나중에 확인된 경우, 이 부모들은 내지 않아도 되었을, 또는 최소화할 수 있었던 치료비에 대한 책임을 져야 하는가?

PART 4 집단유전학

SDI Productions/Getty Images

CHAPTER 15

대립유전자 빈도의 유지

낭포성 섬유증과 같은 유전질환이 다른 집단에서 다른 빈도로 발생한다는 사실은 유전자 검사의 중요성을 부각시켜 준다.

학습 목표

15.1 집단유전학은 진화의 바탕이 된다

1. 집단 수준에서 유전학 정보의 단위를 말해보시오.
2. 유전자 풀을 정의하시오.
3. 소진화 수준에서의 변화를 일으키는 5가지 과정을 나열하시오.
4. 대진화로 인해 나타나는 결과를 설명하시오.

15.2 대립유전자 빈도의 유지

5. 하디-바인베르크 공식의 각 부분을 대표하는 유전자형을 말해보시오.
6. 하디-바인베르크 평형에 필수적인 조건을 설명하시오.

15.3 하디-바인베르크 평형의 적용

7. 특정 표현형이 나타날 확률을 예측하는 집단 발생 통계에서 하디-바인베르크 평형이 어떻게 이용되는지 설명하시오.

개관

집단 수준에서 인체유전학은 대립유전자 빈도를 조사한다. 시간에 따라 변화해온 유전체의 일부분을 이용하여 인류의 기원, 이주, 혈연관계를 추적할 수 있다.

인구집단에 맞춤형 유전자 검사

전 세계적으로 낭포성 섬유증(CF)이 있는 사람들의 약 4분의 3이 *F508del-CFTR* 돌연변이 유전자를 최소 1개 갖고 있으며 CF를 가진 유럽인의 70%는 2개의 돌연변이 유전자를 가지고 있다. 그러나 일부 아시아 국가에서는 CF 대립유전자의 돌연변이가 12~31%만을 차지하며 한국, 일본, 태국, 베트남에서는 전혀 발생하지 않는다. 중국인은 다른 곳에서는 볼 수 없는 *CFTR* 돌연변이를 가지고 있다. 단지 몇 가지 돌연변이, 심지어 수십 가지를 다루는 검사가 모든 사람에게 도움이 되는 것은 아니다. 1,700개 이상의 돌연변이가 *CFTR* 유전자에서 확인되었으며 그림 1.5 및 1.6이 CF에 대해 설명한다.

아시아 혈통의 사람들은 전반적으로 폐 기능이 더 열악하기 때문에 백인 유럽인에 비해 CF가 있을 때, 폐 질환이 더 심한 경향이 있다. 이로 인해 염분 함유도가 높아 땀이 덜 나고 췌장의 기능이 훨씬 나으며 CF와 관련된 남성 불임의 사례가 적다. 유럽 백인 인구를 대상으로 한 검사에서 아시아인의 CF 사례를 놓치거나 결핵으로 잘못 진단될 수 있다는 것은 놀라운 일이 아니다. 새로운 표적 치료법에 대한 환자의 선택은 유전자형을 기반으로 하기 때문에 인구집단에 대한 맞춤형 유전자 검사가 중요하다.

CFTR 유전자 검사 패널을 더욱 포괄적으로 만드는 한 가지 방법은 생물정보학 접근방식을 사용하여 유전자의 188,702개 DNA 염기가 변할 수 있는 모든 방식과 이에 따른 이론적 대립유전자가 증상을 유발할 수 있는지 예측하는 것이다. 생물정보학적 분석은 어떤 돌연변이가 다른 형질의 단백질에 영향을 주어 보완(서로의 영향을 상쇄)을 하는지 예측하게 해 준다. 이 정보는 각 보인자의 자손이 부모의 돌연변이 대립유전자를 상속받아 심각한 CF 증상을 나타내지 않을지를 식별하는 데 유용하다.

아마도 미래에는 DNA 조상 정보가 특정 인간집단에 존재할 가능성이 가장 높은 대립유전자를 확인하는 단일 유전자 검사 패널에 포함될 수 있을 것이다.

15.1 집단유전학은 진화의 바탕이 된다

가족과 개인 수준에서 유전학의 언어는 DNA 서열로 기록된다. 그러나 집단 수준에서 유전학의 언어는 대립유전자(유전자의 변이 형태) 빈도이다. 집단 수준에서야 유전학은 과학을 뛰어넘어 역사, 인류학, 인간의 행동 및 사회학적인 정보를 포함할 수 있게 된다. 집단유전학은 인류의 기원을 추적하고, 오늘날 인류의 다양성을 이해하며, 우리의 미래를 추측하는 것을 가능하게 해준다.

생물학적 **집단**(population)은 일정 지역에 서식하는 동일 종에 속하는 개체들의 모임을 말하는데 이들은 교배가 가능하며 그로 인해 생식적으로 건강한 자손을 낳을 수 있어야 한다. 사회학적 의미에서 집단은 민족이나 경제 계층으로 더욱 제한될 수 있다. **집단유전학**(population genetics)은 생물학적 집단에 있는 **유전자 풀**(gene pool)을 구성하는 모든 유전자의 모든 대립유전자를 연구하는 유전학의 한 줄기이다. "풀"은 집단에 존재하는 배우자들(gametes)의 집합을 말한다; 한 명의 자손은 이 유전자 풀의 배우자 2개로 표시된다. 개체들이 다른 집단으로 이주하여 교배할 때 대립유전자들은 집단 사이를 이동할 수 있다. **유전자 흐름**(gene flow)이라고 표현되는 이러한 이동은 진화를 일으킨다. 이와 관련된 내용은 이어지는 다음의 두 장에서 자세히 다룬다.

유전자를 집단 수준에서 생각하는 것은 빈도를 조사하는 것에서부터 시작한다. 빈도는 유전자의 특정 변이형(대립유전자)이 어떤 집단에서 얼마나 자주 발견되는지를 의미한다. 대립유전자, 유전자형 또는 표현형에 관한 빈도를 계산할 수 있으며, 염기 하나에서 발생하는 돌연변이나 반복되는 짧은 DNA 서열의 수에 관한 빈도를 계산할 수 있다. 예를 들어, 낭포성 섬유증 유전자(*CFTR*)에 관한 대립유전자 빈도는 샌프란시스코에 사는 사람들에게서 나타나는 *F508del-CFTR* 대립유전자의 개수로 표현될 수 있다. *F508del-CFTR*은 가장 흔한 대립유전자로 동형접합자가 되면 질병을 야기한다. *F508del-CFTR* 대립유전자의 빈도는 샌프란시스코의 유전자 풀에서 이 유전자에 존재하는 모든 대립유전자에서 이 질병 대립유전자가 차지하는 비율을 조사하여 계산되는데, 집단 내 CF(낭포성 섬유증) 각 환자는 이 질병 대립유전자를 2개씩, 이형접합성인 사람(보인자)은 하나씩 보유하고 있다. 유전자형 빈도는 집단 내 이형접합자와 두 종류의 동형접합자가 차지하는 비율이다. 마지막으로 표현형 빈도는 집단 내에서 CF를 나타내는 (아니면 나타내지 않는) 사람들의 단순한 백분율이다. 한 유전자에 다수의 대립유전자가 있다면 더 많은 종류의 표현형과 유전자형을 고려해야 하므로 상황은 좀 더 복잡해진다.

그림 15.1 집단마다 단일 유전자 질환의 빈도가 다르다. 이 소녀들은 동일한 사회 집단에 속하지만 조상집단이 다르기 때문에 특정 유전질환에 대한 위험이 다르다. *Wavebreakmedia /iStock/Getty Images*

표현형 빈도는 경험적으로 결정된다. 즉, 조건 또는 형질이 집단 내에서 얼마나 흔한지 관찰하면 된다. 유전질환은 다른 인구그룹에서 다른 빈도로 발한다. **그림 15.1**의 두 친구는 같은 그룹에 속해 있으며 같은 마을에 사는 동급생이다. 그러나 그들의 조상이 세계의 다른 지역에서 왔다는 사실은 각 어린이가 일부 그룹에서 더 널리 퍼진 특정 유전질환의 보인자가 될 가능성이 다르다는 것을 의미한다. 백인 어린이는 겸형 적혈구병을 유발하는 베타 글로빈 유전자의 대립유전자를 보유할 위험이 더 높은 아프리카계 미국인 어린이보다 돌연변이 낭포성 섬유증 대립유전자를 보유할 위험이 더 높다. 증가된 유전자 빈도는 조상의 결혼 및 이주 패턴에서 발생한다. 특정 유전자가 특정 배경을 가진 사람들을 선호하는 것은 아니다. 백인 어린이도 겸형 적혈구병에 걸릴 수 있고, 아프리카계 미국인 어린이도 낭포성 섬유증에 걸릴 수 있다.

표 15.1	다양한 집단에서 나타나는 PKU의 빈도
집단	**PKU의 빈도**
중국인	1/16,000
아일랜드, 스코틀랜드, 예멘의 유대인	1/5,000
일본인	1/119,000
스웨덴인	1/30,000
터키인	1/2,600
미국 백인	1/10,000

유전상담사는 특정 선천성 질병의 가족력이 없는 사람이 이 질병을 가질 위험성을 예측하는데 표현형 빈도를 이용한다. **표 15.1**은 페닐케톤뇨증(PKU)의 발생 빈도를 보여주는데, PKU는 출생 후 단백질 성분이 적게 들어간 특별한 식단을 따르지 않으면 지적장애를 야기하는 선천성 대사 이상이다. 서로 다른 집단에서 빈도가 어떻게 다른지 주목해보자. PKU에 관한 가족력이 없는 터키계 사람은 PKU 아이를 가질 위험성이 일본계 사람보다 높다.

좀 더 넓은 수준에서 집단 내 대립유전자 빈도의 변화는 **소진화**(microevolution)라고 하는 유전적 변화의 작은 단계를 반영한다. 이러한 작은 단계적 변화는 유전자형 빈도를 변화시켜 진화를 야기한다. 유전자형 빈도는 좀처럼 일정한 상태에 머무르지 않는다. 유전자형 빈도는 다음에 서술하는 어떠한 상황에서도 변할 수 있다.

1. 어떤 유전자형을 가진 개체는 자신과 다른 유전자형을 가진 개체보다 자신과 동일한 유전자형을 가진 개체를 선택해 교배할 가능성이 높다(**선택적 교배**).
2. 개체들이 집단 사이를 이동한다(**이주**).
3. 배우자의 무작위적 표본 추출은 대립유전자 빈도를 변화시킨다(**유전적 부동**).
4. 새로운 대립유전자가 생겨난다(**돌연변이**).
5. 특정 유전자형을 지닌 사람들이 다른 유전자형을 가진 사람들보다 특정 환경조건에서 생존할 수 있으며 번식력 있는 자손들을 생산할 가능성이 더 높다(**자연 선택**).

돌연변이를 제외하면 이러한 모든 상황은 매우 흔하게 나타난다. 따라서 대립유전자 빈도가 변하지 않는 유전적 평형은 드물다. 자신의 결혼 상대자를 선택하고 자주 이주하는 경향성으로 인해 소진화는 반드시 일어날 수밖에 없다(제16장에서 이러한 요인들을 심도 있게 다룬다). 그러나 유전적 평형-변하지 않는 대립유전자 빈도-이 일어나지 않을 때의 결과를 이해하는 데 필요한 것이 무엇인지 이해하는 것이 중요하다.

그림 15.2 소진화와 대진화. *FOXP2* 유전자의 변이와 같은 소진화적 변화는 인간이 말을 할 수 있게 해주었다. 더 큰 규모의 변화는 우리를 가장 가까운 영장류 친척과 분리시켜 준다. *CAROLINE SEIDEL/DPA/AFP/Getty Images*

소진화 수준에서의 변화가 충분히 축적되어 생식할 수 있는 개체들이 만나 서로 함께 생식적으로 건강한 자손을 만들 수 없게 되면 새로운 종이 형성된다. 종분화를 일으킬 정도로 충분히 큰 변화를 **대진화**(macroevolution)라고 한다(**그림 15.2**). 긴 시간에 걸쳐 쌓이는 수없이 많은 작은 변화와 (또는) 표현형에 큰 영향을 미치는 소수의 변화를 통해 종분화가 일어나게 된다.

핵심 개념 질문 15.1

*a. 생물학적 집단이란 무엇인가?

*b. **유전자 풀**을 정의하시오.

*c. 소진화와 대진화를 구분하시오.

d. 유전자형 빈도를 변화시킬 수 있는 다섯 가지 요인을 나열하시오.

15.2 대립유전자 빈도의 유지

진화에 관한 수많은 유전학적 증거들이 존재한다. 하지만 이러한 증거들을 살펴보기 전에 이 장에서는 특정 대립유전자들의 빈도가 변하지 않고 일정하게 유지되는 흥미롭지만, 보기 드문 특수한 상황에 관해 논의한다. 이러한 상황을 **하디-바인베르크 평형**(Hardy-Weinberg equilibrium)이라고 한다.

하디-바인베르크 평형

1908년 캠브리지 대학의 수학자인 하디(Godfrey Harold Hardy, 1877~1947)와 유전학에 관심이 있었던 독일의 의사인 바인베르크(Wilhelm Weinberg, 1862~1937)는 대수학을 이용하여 각기 독자적으로 대립유전자 빈도로부터 이배체 유성생식 종의 집단에서 표현형 빈도와 유전자형 빈도를 예측하는 방법을 제시하였다.

하디는 과학 잡지 〈*Science*〉에 출간한 기사를 통해 의도하지 않게 집단유전학 분야를 공동 창설하게 되었다. 이 기사는 조심스러움과 겸손함이 뒤섞인 문장으로 시작하였다:

> *나는 내가 전혀 전문가적 지식을 갖추지 못한 문제에 관한 논의에 끼어들고 싶지 않으며, 나는 생물학자들이 정통하길 원하는 매우 간단한 요점을 기대했는데 그러지 못했다.*

이어서 하디는 수학에 서투른 생물학자들이 멘델의 연구로부터 우성 형질은 집단 내에서 증가하는 반면 열성 형질은 점차 줄어든다는 부정확한 추론을 해왔는지 설명하였다. 언뜻 보기에 기존의 생물학자들의 생각은 논리적으로 보인다. 하지만, 이것은 사실이 아니다. 왜냐하면 돌연변이나 이주에 의해 열성 대립유전자가 집단에 유입되면 이것은 이형접합자의 형태로 유지되기 때문이다. 또한 번식에 유리한 열성 대립유전자는 자연 선택으로 인해 더욱 많아질 수도 있다.

하디와 바인베르크는 대수학을 이용하여 우성 형질은 증가하지만 열성 형질은 줄어든다는 가설을 반박하였다. 대수학 용어를 이용한 집단유전학 표현은 단순한 공식에서 시작한다.

$$p + q = 1.0$$

이 공식에서 p는 어떤 유전자의 모든 우성 대립유전자들의 빈도를 나타내며 q는 모든 열성 대립유전자들의 빈도를 나타낸다. "$p + q = 1.0$"라는 표현은 모든 우성과 열성 대립유전자들이 집단 내 해당 유전자의 모든 대립유전자들을 구성한다는 의미이다.

그 다음으로 하디와 바인베르크는 이항전개를 이용하여 두 대립유전자를 가진 유전자에서 나타나는 가능한 유전자형을 기술하였다.

$$p^2 + 2pq + q^2 = 1.0$$

이 공식에서 p^2은 우성 대립유전자의 동형접합자 개체들의 비율을 나타내고, q^2은 열성 대립유전자의 동형접합자 개체들의 비율을 나타내

p^2	+	$2pq$	+	q^2	=	1
우성 동형접합자		이형접합자		열성 동형접합자		유전자형의 합

그림 15.3 하디-바인베르크 공식

		정자	
		$p=A$	$q=a$
난자	$p=A$	$p \times p = AA$	$p \times q = Aa$
	$q=a$	$p \times q = Aa$	$q \times q = aa$

그림 15.4 하디-바인베르크 공식의 출처. 두 대립유전자를 가진 유전자에서 무작위적 교배에 의해 유전자형 AA, Aa, aa가 $p^2+2pq+q^2$의 관계로 출현한다는 것을 퍼네트 사각형을 이용하여 확인할 수 있다.

는 이형접합자 개체들의 비율을 나타낸다(**그림 15.3**). p는 우성 대립유전자의 빈도를 뜻하며, q는 열성 대립유전자 빈도이다. **그림 15.4**는 대립유전자 빈도로부터 이항전개가 유도되는 것을 보여준다. 이 공식의 유도는 단성잡종 교배에서 대립유전자를 추적하는 것과 개념적으로 동일하다는 점을 주목하자. 단성잡종 교배에서 이형접합자는 2가지 방식으로 형성된다. 모계로부터 a가 유래하든지 부계로부터 A가 유래하든지 아니면 이와 정반대의 경우이다(그림 4.4 참조).

집단 내에서 유전자를 기술하는데 이용되는 이항전개는 하디-바인베르크 공식으로 알려지게 되었다. 이것은 진화의 바탕을 이루는 대립유전자 빈도의 변화를 밝혀준다. 만약 이 식이 의미하는 것처럼 유전자형들의 비가 세대와 세대 사이에서 동일하게 유지된다면, 이 유전자는 진화하지(변하지) 않는다. 하디-바인베르크 평형이라고 불리는 이러한 상황은 이론상에만 존재한다. 집단이 크고 다른 요인들에 의해 방해받지 않고 온전할 때만 이런 상황이 가능하다. 다시 말해, 집단의 구성원들은 무작위 교배를 하고, 이주하지 않으며, 유전적 부동, 돌연변이나 자연 선택이 없어야만 한다.

하디-바인베르크 평형은 표현형에 영향을 미치는 단백질 암호화 유전자에서는 매우 드문데, 그 이유는 개체의 외형과 건강은 번식 능력에 영향을 미치기 때문이다. 유해한 대립유전자의 조합은 집단에서 제거되는 반면에 유익한 조합은 다음 세대로 전달된다. 하디-바인베르크 평형은 표현형에 영향을 미치지 않는 많은 DNA 서열에서 관찰된다. 하지만 하디-바인베르크 평형에 있는 어떤 유전자가 자연 선택을 받기 쉬운 유전자와 염색체상에서 밀접하게 연관되어 있다면 자연 선택의 영향을 받은 유전자와 더불어 같이 유전되기 때문에 평형 상태에서 벗어날 수 있다. 이러한 효과를 **연관 불평형**(linkage disequilibrium)이라고 하며 제5장에 소개되어 있다.

하디-바인베르크 공식을 이용하여 문제 풀기

한 세대에서 다음 세대로 한 유전자에서 나타나는 두 대립유전자의

빈도를 추적하는 것은 하디-바인베르크 평형을 이해하는데 도움이 된다. 이러한 계산에는 멘델의 법칙들이 바탕을 이룬다.

상염색체 위에 있는 열성 형질(중지가 약지와 검지보다 짧은 형질)을 살펴보자. 우리가 우성과 열성 대립유전자의 빈도를 안다면 유전자형과 표현형의 빈도를 계산하여 다음 세대의 형질을 추적할 수 있다. 우성 대립유전자 *D*는 정상적인 길이의 손가락을 나타내도록 하며 열성 대립유전자 *d*는 짧은 중지를 나타내도록 한다(**그림 15.5**). 열성 동형접합자의 빈도를 관찰하여 우성과 열성 대립유전자의 빈도를 추정할 수 있다. 이것이 가능한 이유는 짧은 중지라고 하는 표현형은 오직 하나의 유전자형만을 나타내기 때문이다. 만약 집단 내에서 100명 중 9명이 짧은 중지(유전자형 *dd*)을 갖는다면 이 표현형의 빈도는 9/100 또는 0.09이다. *dd*가 q^2이므로 q는 0.3이다. 그리고 $p+q=1.0$이기 때문에 q가 0.3이라면 p는 0.7이 된다.

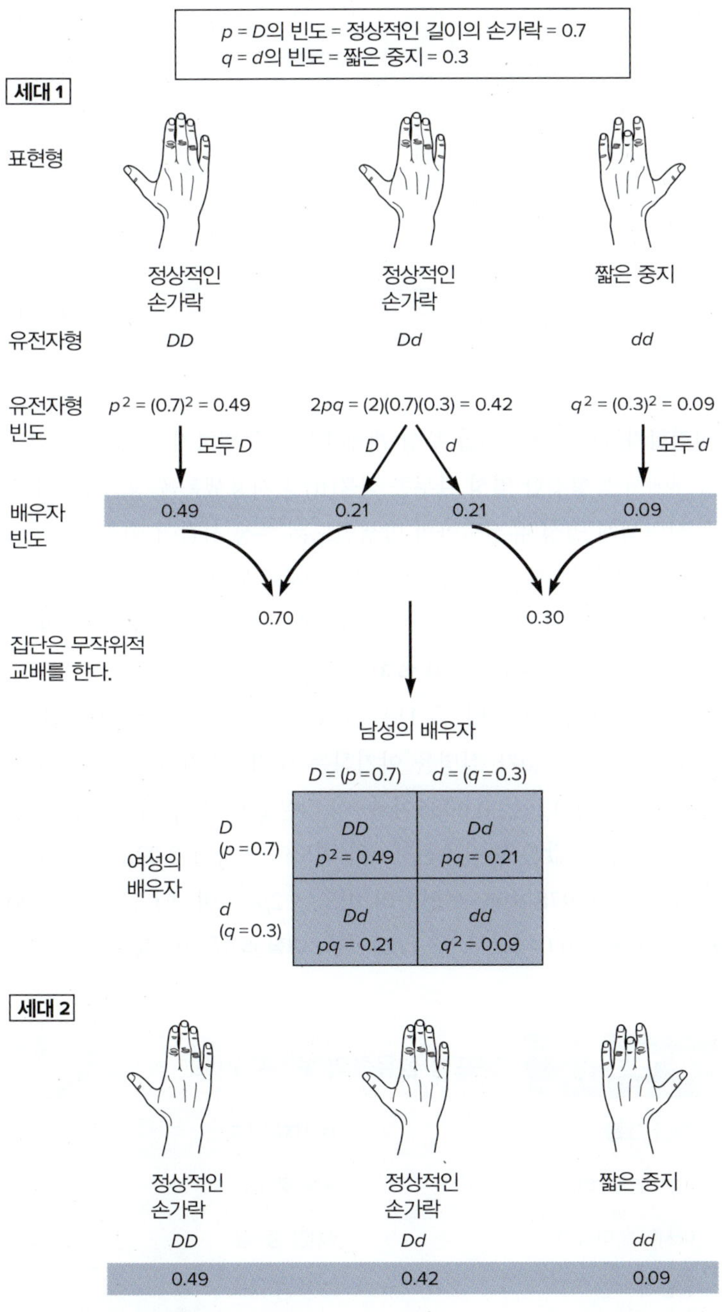

그림 15.5 하디-바인베르크 평형. 하디-바인베르크 평형에서 대립유전자 빈도는 한 세대와 그 다음 세대 사이에서 일정하게 유지된다.

그 다음으로 무작위적인 배우자의 조합에 의해 생겨나는 3가지 유전자형의 비를 계산할 수 있다:

우성 동형접합자 = *DD*
= 0.7 × 0.7 = 0.49
= 세대 1의 개체 중 49%

열성 동형접합자 = *dd*
= 0.3 × 0.3 = 0.09
= 세대 1의 개체 중 9%

이형접합자 = *Dd* + *dD*
= $2pq$ = (0.7)(0.3) + (0.3)(0.7) = 0.42
= 세대 1의 개체 중 42%

동형접합성 개체들이 집단 내에서 차지하는 비율은 각 열성 또는 우성 대립유전자 빈도를 제곱하여 계산할 수 있다. 이형접합자의 빈도는 $2pq$인데 그 이유는 *D*와 *d*가 2가지 방식(정자의 *D*와 난자의 *d*, 정자의 *d*와 난자의 *D*)으로 결합하기 때문이다.

이 집단에서 개체들의 9%는 짧은 중지를 갖는다. 이제 몇 세대 이전으로 이동하여 사람들이 손가락 길이와 상관없이 자기의 배우자를 선택한다고 가정하자. 이것은 어떤 여성의 각 유전자형(*DD*, *Dd* 또는 *dd*)이 남성이 가질 수 있는 3가지 유전자형(*DD*, *Dd* 또는 *dd*)과 동등한 확률로 교배하며 그 반대의 경우도 마찬가지라는 것을 의미한다. **표 15.2**는 일어날 가능성이 있는 각 교배에 대해 유전자형 빈도를 곱하였다. 그 결과 익숙한 비율의 자손들(*DD* 49%, *Dd* 42%, *dd* 9%)이 태어나게 된다. 따라서 이 유전자는 하디-바인베르크 평형을 나타낸다. 즉, 대립유전자 빈도와 유전자형의 빈도는 한 세대와 다음 세대 사이에서 변하지 않는다.

핵심 개념 질문 15.2

*a. 하디-바인베르크 공식이 설명하는 것은 무엇인가?
b. 하디-바인베르크 공식의 구성 요소를 설명하시오.
c. 왜 모든 유전자들이 하디-바인베르크 평형상태에 있지 않은가?

표 15.2 하디-바인베르크 평형-대립유전자 빈도가 일정하게 유지될 때

가능한 교배			자손의 유전자형 빈도		
남성	여성	집단 내 비율	*DD*	*Dd*	*dd*
0.49*DD*	0.49*DD*	0.2401(*DD* ×*DD*)	0.2401		
0.49*DD*	0.42*Dd*	0.2058(*DD* ×*Dd*)	0.1029	0.1029	
0.49*DD*	0.09*dd*	0.0441(*DD* ×*dd*)		0.0441	
0.42*Dd*	0.49*DD*	0.2058(*Dd* ×*DD*)	0.1029	0.1029	
0.42*Dd*	0.42*Dd*	0.1764(*Dd* ×*Dd*)	0.0441	0.0882	0.0441
0.42*Dd*	0.09*dd*	0.0378(*Dd* ×*dd*)		0.0189	0.0189
0.09*dd*	0.49*DD*	0.0441(*dd* ×*DD*)		0.0441	
0.09*dd*	0.42*Dd*	0.0378(*dd* ×*Dd*)		0.0189	0.0189
0.09*dd*	0.09*dd*	0.0081(*dd* ×*dd*)			0.0081
		결과로 나타나는 자손의 빈도	0.49	0.42	0.09
			DD	*Dd*	*dd*

15.3 하디-바인베르크 평형의 적용

처음으로 임신을 하게 된 어떤 여성이 병원이 모든 환자에게 낭포성 섬유증의 보인자인지를 판별하기 위한 혈액 검사를 제안한다는 것을 알게 되었다. 이 검사는 가장 흔한 CF 돌연변이 100종류 이상을 탐지한다. 이 여성은 CF에 대해 한 번도 생각해 본 적이 없었다. 그녀와 그녀의 남편은 동일한 집단(유럽계 백인)에 속하며 두 사람 모두 이 질병에 관한 가족력이 없다. 그들은 이번 장의 시작 부분에 설명된 유전자 검사의 한계에 직면하지 않을 것이다. 그녀가 보인자일 확률은 얼마일까? 만약 그럴 확률이 높지 않다면 아마 그녀는 그 검사를 받지 않을 것이다.

하디-바인베르크 공식은 그녀와 그녀의 배우자가 CF의 보인자일 확률을 계산함으로써 그녀가 궁금한 점에 답을 줄 수 있다. 만약 그들이 모두 보인자라면 멘델의 제1법칙에 따라 그들의 자식이 질병을 가질 확률은 1/4, 즉 25%이다. 그렇다면 이 커플은 출생 전 검사를 선택할 수도 있다.

보인자일 확률을 계산하기 위해 하디-바인베르크 공식이 유전질환 발생빈도에 관한 집단통계에 활용된다. 상염색체 열성 유전 형질에 관한 대립유전자 빈도를 계산하기 위해서는 집단에서 특정 유전자형 빈도를 알아야 한다. 이것은 보통 열성 동형접합자인데 그 이유는 표현형이 곧 유전자형을 의미하기 때문이다. 제4장에서 멘델은 **이형접합자**(Tt)를 동형접합 **우성 개체**(TT)와 구별하기 위해 그의 검정교배에서 **동형접합 열성 완두콩 식물**(tt)을 사용했음을 상기해보자.

상염색체 열성 유전질환의 발생빈도는 특정 사람이 이형접합자일 확률을 계산하는데 도움이 된다. CF의 예로 돌아가서 이 유전질환의 발생빈도와 그에 따른 보인자일 확률 역시 서로 다른 집단에서 매우 큰 차이를 나타낼 수 있다(**표 15.3**).

백인 신생아 2,000명 중 1명꼴로 CF를 갖는다. 따라서 집단 내 열성 동형접합자(c가 질병을 야기하는 대립유전자라고 하면) cc의 빈도는 1/2,000 또는 0.0005이다. 이 값은 q^2이다. q^2의 제곱근은 약 0.022이며 이 값은 대립유전자 c의 빈도이다. q가 0.022일 때 p 또는 $1-q$는 0.978이다. 보인자의 빈도는 $2pq$이며, 이 값은 (0.978)(0.022) 또는 0.043으로 약 1/23이다. **그림 15.6**은 이 계산을 요약한

표 15.3 낭포성 섬유증의 보인자 빈도

집단 그룹	보인자 빈도
아프리카계 미국인	66명 중 1명
아시아계 미국인	150명 중 1명
유럽계 백인	23명 중 1명
남미계 미국인	46명 중 1명

낭포성 섬유증

발생빈도(상염색체 열성 유전질환) = 1/2,000 = 0.0005

$\therefore q^2 = 0.0005$

$\therefore q = \sqrt{0.0005} = 0.022$

$\therefore p = 1 - q = 1 - 0.022 = 0.978$

$\therefore$ 보인자 빈도 = $2pq$ = (2) (0.978) (0.022) = 0.043 = 1/23

그림 15.6 집단의 발생빈도가 주어졌을 때 보인자 빈도의 계산: 상염색체 열성 유전질환.

것이다.

잠재적 부모 각자가 보인자일 확률은 약 4.3%로 23명 중 1명꼴이다. 독립적인 두 사건이 모두 일어날 확률은 각 사건이 발생할 확률들을 모두 곱한 것이므로(곱의 법칙) 부모 모두가 보인자일 확률은 1/23에 1/23을 곱한 값 또는 1/529이다. 하지만 그들 모두가 보인자라면 그들의 자식 각각은 멘델의 제1법칙인 분리의 법칙에 따라 질병을 물려받을 확률은 1/4이다. 따라서 CF에 대한 가족력이 없으며 서로 친족관계가 아닌 이 두 백인이 유전질환을 나타내는 자식을 가질 확률은 1/4 × 1/23 × 1/23로 1/2,116이다(**그림 15.7**). 이 여성은 검사를 받았지만 이 검사가 선택사항이었다는 것을 처음 알았을 때보다 걱정을 덜게 되었다.

X-연관 형질과 관련된 대립유전자 빈도 예측은 남성과 여성에서 서로 다르다. 여성은 열성 동형접합자, 우성 동형접합자 또는 이형접합자가 될 수 있으므로 표준 하디-바인베르크 공식이 이용된다. 하지만 X-연관 열성 대립유전자를 물려받은 남성은 대립유전자를 표현형으로 바로 나타내기 때문에 남성에서 대립유전자 빈도는 곧 표현형의 빈도이다.

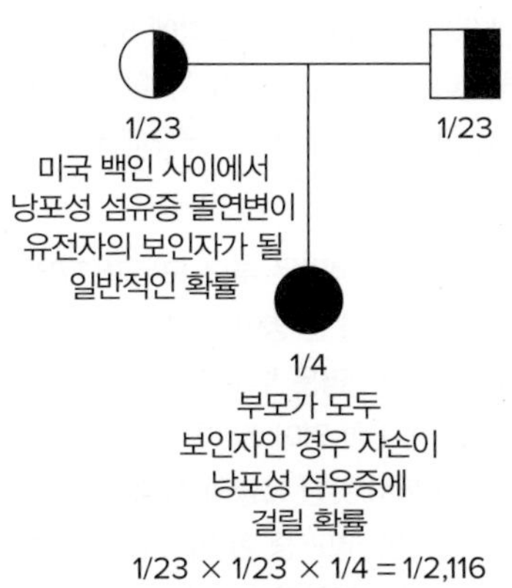

그림 15.7 비친척관계의 부모가 질병에 걸린 친척이 없는 경우 낭포성 섬유증을 가지고 태어날 위험은 두 부모가 보인자일 확률(1/23 × 1/23)에 아이가 각각의 돌연변이 대립유전자를 물려받을 1/4일 곱하여 계산된다.

혈우병 A

발생빈도 = 1/10,000 탄생한 남아 = 0.0001

$\therefore q = 0.0001$

$\therefore p = 1 - q \quad 1 - 0.0001 = 0.9999$

$\therefore$ 보인자 빈도(여성) = $2pq$ = (2) (0.9999) (0.0001) = 0.00019 = 약 1/5,000

$\therefore$ 여성질환자 = q^2 = (0.0001) (0.0001) = 1/100백만

그림 15.8 집단의 발생빈도가 주어졌을 때 보인자 빈도의 계산: X-연관 열성 유전질환.

예를 들어, X-연관 혈우병 A는 출생하는 남아 10,000명 중 1명(X^hY)꼴로 발생한다고 하자. 그러면 q(h 대립유전자의 빈도)는 0.0001이다. $p + q = 1$의 공식을 이용하면 야생형 대립유전자의 빈도는 0.9999이다. 모두 여성인 보인자(X^HX^h) 확률은 $2pq$ 혹은 (0.0001)(0.9999)로 0.00019이다. 이 값은 약 0.0002 또는 0.02%로 여성 5,000명 중 1명꼴로 보인자이다. 여성이 혈우병 A(X^hX^h)를 나타낼 확률은 q^2 혹은 $(0.0001)^2$이다. 여성 1억 명 중 1명꼴로 혈우병 A를 나타내게 된다. **그림 15.8**은 이 계산을 요약한 것이다.

0.6과 0.4 또는 0.7과 0.3처럼 딱 떨어지는 대립유전자 빈도는 보기 어렵다. 실제 유전자 하나에 의해 유발되는 유전질환은 매우 드물게 나타나기 때문에 하디-바인베르크 공식에서 q 성분은 거의 기여하지 않는다. 이것은 p값이 1에 가까움을 의미하기 때문에 보인자 빈도인 $2pq$는 거의 $2q$에 근사한다. 따라서 보인자 빈도는 매우 드물게 존재하는 질병 대립유전자 빈도의 약 2배이다.

아슈케나지 유대인 3,600명 중 1명의 빈도로 발생하는 테이-삭스병(Tay-Sachs disease)을 살펴보자. 이것은 q^2이 1/3,600 또는 약 0.0003이다. 여기에 제곱근을 씌워 계산하면 q는 0.017이다. 그러면 우성 대립유전자의 빈도(p)는 $1 - 0.017$ 또는 0.983이다. 아슈케나지 유대인이 테이-삭스병의 보인자일 확률은 얼마일까? 이 값은 $2pq$, (2) (0.983)(0.017), 또는 0.033이다. 이것은 돌연변이 대립유전자의 빈도(q)인 0.017의 약 2배에 가깝다. 하디-바인베르크 공식을 변형하면 2개 이상의 대립유전자를 가지는 유전자 분석에도 이용할 수 있다.

핵심 개념 질문 15.3

a. 집단의 대립유전자 빈도를 어떻게 계산할 수 있는가?

b. 하디-바인베르크 공식이 X-연관 형질에 어떻게 이용되는가?

*c. 매우 드물게 발생하는 유전질환에서 이용하는 보인자 빈도의 근사값이란 무엇인가?

학습 가이드

핵심 용어

유전자 흐름(gene flow) 개체가 이동하고 짝짓기를 할 때 집단 사이의 대립유전자의 이동.

하디-바인베르크 평형(Hardy-Weinberg equilibrium) 집단의 대립유전자 빈도가 대대로 변하지 않는 이상적인 상태.

대진화(macroevolution) 새로운 종을 형성하기에 충분한 유전적 변화.

소진화(microevolution) 집단에서 대립유전자 빈도의 변화

집단(population) 서로 교배 가능한 개체들의 그룹

집단유전학(population genetics) 생물학적 집단의 대립유전자 빈도 연구

복습문제

1. **유전자 풀**을 정의하시오.
2. **유전자 흐름**을 정의하시오.
3. 어떻게 진화는 소진화와 대진화 수준 모두에서 일어나는가?
4. 표현형에 영향을 미치는 대립유전자가 많으면 왜 하디-바인베르크 계산식이 더욱 복잡해지는가?
5. 대립유전자 빈도, 표현형 빈도와 유전자형 빈도 사이의 차이를 설명하시오.
6. 하디-바인베르크 평형이 성립되지 않은 조건은 무엇인가?
7. 집단 내에서 열성 동형접합자의 발생빈도를 아는 것이 대립유전자 빈도 계산에 중요한 이유는 무엇인가?
8. 하디-바인베르크 공식이 X-연관 열성 형질의 발생을 예측하는데 어떻게 이용되는가?

응용문제

1. 테이-삭스병은 한때 다른 인구집단보다 아슈케나지 유대인 혈통의 사람들 사이에서 훨씬 더 널리 퍼졌다. 1970년대에 보인자 비율에 대한 유대인 인구의 광범위한 검사가 시작된 이래로 거의 다른 인구집단의 새로운 사례가 밝혀졌다. 보인자 검사가 돌연변이 대립유전자 빈도를 어떻게 변경했는지 설명하시오.
2. "우리는 그를 좋아한다. 그는 굉장한 유전자 풀을 가진 것처럼 보인다." 딸의 남자친구를 만난 부모가 말한다. 이들의 진술이 이치에 맞지 않는 이유는 무엇인가?
3. 두 커플이 낭포성 섬유증을 가진 아이를 임신할 위험률을 알고 싶어 한다. 어떤 한 커플에서는 파트너 둘 모두에서 이 질병에 대한 가족력이 없었고, 다른 커플에서는 남자 쪽이 자신이 보인자임을 알고 있다. 이 두 커플에서 위험률은 어떻게 다른가?
4. X-연관 형질(질환)에 대한 대립유전자 빈도 계산은 상염색체성 열성 형질(질환)과 비교할 때 어떻게 다른가?
5. 제1장에서 논의한 것처럼 Y 염색체 DNA 감식 결과는 토마스 제퍼슨(Thomas Jefferson)이 그의 노예가 낳은 아이의 친부라는 것을 의미하였다. 이러한 결론에 있을 수 있는 문제점은 무엇인가?
6. 근긴장이상(Torsion dystonia; OMIM 128100)은 아슈케나지 유대인 집단에서 1,000명 중 1명꼴로 나타나는 운동 이상증이다. 이 집단에서 보인자의 빈도는 얼마인가?
7. 단풍당밀뇨증(Maple syrup urine disease, MSUD)(임상 연계 2.1 참조)은 상염색체 열성 유전질환이며 지능과 신체장애, 섭식장애와 달콤한 향을 내는 오줌의 증상들을 유발한다. 코스타리카에서 신생아 8,000명 중 1명이 이 질병을 갖고 태어난다. 이 집단에서 MSUD의 보인자 빈도는 얼마인가?
8. 페닐티오카바미드(phenylthiocarbamide, PTC)의 맛을 느낄 수 있는 능력(OMIM 607751)은 *PTC* 유전자에 의해 대부분 결정된다. 여기서는 문자 *T*와 *t*가 분석을 단순하게 하기 위해 이용된다. *TT* 사람들은 강한 쓴맛을 느끼며, *Tt* 사람들은 약간 쓴맛을 느끼며, *tt* 사람들은 전혀 쓴맛을 느끼지 못한다. 5학년 학급의 학생 20명이 작은 종이 조각에 묻은 PTC를 맛본 후 경험을 다음과 같이 평가하였다. "매우 싫음"(*TT*), "맛을 느낄 수 있음"(*Tt*), "맛을 느낄 수 없음"(*tt*). 숙제로 학생들은 자신들의 부모에게 테스트하여 다음의 결과를 얻었다.

   - 6명의 *TT* 학생들 중 4명은 부모 모두가 *TT*였고, 나머지 2명은 부모 중 한 명이 *TT*, 나머지 한 명이 *Tt*였다.
   - 4명이 *Tt* 학생들 중 2명은 부모 모두가 *Tt*였고, 나머지 2명은 부모 중 한 명이 *TT*, 나머지 한 명이 tt였다.
   - PTC의 맛을 느끼지 못한 10명의 학생들 중 4명은 부모 모두가 *tt*였지만, 4명의 학생들은 부모 중 한 명이 *Tt*, 다른 한 명이 *tt*였다. 나머지 2명의 학생들은 부모 모두가 *Tt*였다.

   두 세대 각각에서 *T*와 *t* 대립유전자의 빈도를 계산하시오. 하디-바인베르크 평형이 유지되는가? 아니면 이 유전자가 진화하고 있는가?

사례 및 연구 결과

1. 두 줄의 속눈썹이 있는 것은 남태평양의 어떤 섬에 사는 사람 10,000명 중 900명꼴로 나타나는 상염색체 열성 형질이다. 그레타(Greta)는 정상적인 속눈썹을 가지고 있지만 부모 중 한 명이 이 형질을 갖고 있기 때문에 자신이 이 유전자의 이형접합자라는 사실을 알고 있다. 그녀는 이 형질이 자식들에게 나타나지 않도록 우성 동형접합성 남성과 사이에서 아이들을 갖길 원한다. 이 집단에 속하는 정상적인 속눈썹을 가진 사람이 이 유전자에서 동형접합성일 확률은 얼마인가?

2. 글루타르산뇨증 1형(glutaric aciduria type 1; OMIN 231680)은 1989년 펜실베이니아의 랭커스터에 있는 구제도파 아미쉬족과 메노나이트 교인 공동체의 중심부에 설립된 특수 아동을 위한 병원에서 조사된 최초의 질병이다(임상연계 16.1 참조). 이 질병은 심각한 운동장애를 유발하여 마비, 뇌 손상 및 조기 태아 사망에 이르게 한다. 이 집단에서 신생아의 0.25%가 이 질병을 나타낸다. 이 병원의 연구자들은 대사 이상을 저지하도록 아미노산 수준을 맞춘 특수 유아 유동식을 개발하였다. 이 유동식을 섭취한 아이들은 이 증상을 피할 수 있다.

   a. 이 집단에서 글루타르산뇨증 1형의 보인자가 차지하는 퍼센트는?
   b. 이 치료법이 장래 이 집단의 돌연변이 대립유전자 빈도에 미치는 영향은 무엇인가?

MaraZe/Shutterstock

CHAPTER 16

대립유전자 빈도의 변화

젖당(우유의 당)을 소화하는 능력은 농업이 낙농 식품을 도입한 후 인류집단에서 더 널리 퍼졌으며, 이는 진화의 한 예이다.

학습 목표

16.1 집단의 문제: 이스트 할렘의 스틸 증후군

1. 가족 구성원에서 함께 유전되는 DNA 변이로부터 공유 유전 조상을 지정하는 방법을 설명하시오.
2. 집단 구조를 이해하는 것이 건강관리에 어떻게 도움이 될 수 있는지 토론하시오.

16.2 비무작위 교배

3. 비무작위 교배가 집단의 대립유전자 빈도를 어떻게 변화시키는지 설명하시오.

16.3 이주

4. 이주가 집단의 대립유전자 빈도를 어떻게 변화시키는지 설명하시오.

16.4 유전적 부동

5. 유전적 부동의 무작위 변동이 유전적 다양성에 어떻게 영향을 미치는지 설명하시오.
6. 창시자 효과와 집단의 병목 현상이 어떻게 유전적 부동을 증폭시키는지 논의하시오.

16.5 돌연변이

7. 돌연변이가 집단 유전 구조에 어떤 영향을 미치는지 토론하시오.

16.6 자연 선택

8. 음성 선택, 양성 선택, 인위 선택의 예를 들어 보시오.
9. 평형 다형성이 집단에서 특정 질병을 유지하는 방법을 설명하시오.

16.7 우생학

10. 우생학이 어떻게 대립유전자 빈도를 변경하려고 하는지 설명하시오.

개관

몇 가지 힘이 집단의 유전적 구성을 형성하고 시간이 지남에 따라 진화를 이끈다. 진화적 변화의 힘은 비무작위 교배, 이주, 유전적 부동, 돌연변이, 자연 선택이다.

젖당 내성의 진화

젖당(우유의 당분) 과민성이 있는 수백만 명은 유제품이 급성 복통, 복부팽만, 복부 가스 및 설사를 일으킨다. 그들은 젖당을 더 쉽게 소화되는 당으로 분해하는 유아기에 만들어지는 효소를 더 이상 생산하지 않는다. 그러나 젖당 과민성이 있는 사람들은 "정상" 또는 야생형 상태를 나타낸다. 전 세계 인구의 35%만이 성인에서 젖당을 소화할 수 있다. 유제품을 소화할 수 있는 사람들은 성인이 된 후에도 젖당분해효소를 지속해서 생성한다. 하나의 유전자는 젖당 소화 능력을 제어한다.

DNA의 단서는 농업이 젖당을 소화하는 능력의 차이를 주도했음을 시사한다. 5,000~10,000년 전 낙농업이 전 세계적으로 확산되면서 성인에서도 우유를 소화할 수 있는 유전자 변이를 가진 사람들이 유리했다. 그들은 이제 더 풍부해진 음식을 더 다양하게 먹을 수 있었고 더 건강해졌고 더 많은 자녀를 낳을 수 있었다. 시간이 지남에 따라 유제품을 섭취하는 인류 집단은 젖당분해효소 지속성을 가진 사람들이 더 많아졌다. 대조적으로, 유제품이 거의 또는 전혀 없는 집단에서는 젖당 과민성이 문제가 되지 않았다. 이에 따라, 젖당 소화 능력을 손상하는 유전자 변이가 해를 끼치지 않았기 때문에 이러한 변이가 만연했다.

기원전 2450년부터 2140년까지 현재 터키에 살았던 인간의 두개골에서 추출한 DNA의 SNP 패턴을 분석하여 젖당분해효소 지속성이 더 널리 퍼지기 시작한 시기를 알 수 있었다. 오늘날, 젖당 과민성이 있는 사람들의 비율은 다음과 같이 다양하다:

- 유럽계 미국인 21%
- 히스패닉 51%
- 아프리카계 미국인 75%
- 아메리카 원주민 79%
- 아시아계 미국인 90%

16.1 집단의 문제: 이스트 할렘의 스틸 증후군

현대 생활의 많은 측면은 집단의 대립유전자(유전자 변이) 빈도를 변경한다. 결과적으로, 많은 유전자가 대대로 변하지 않는 대립유전자 빈도인 하디-바인베르크 평형에 있지 않다. 비무작위 교배, 이주, 유전적 부동, 돌연변이 및 자연 선택을 포함하는 항상 존재하고 상호 작용하는 힘은 대립유전자 수준에서 집단의 특성을 결정한다. 대립유전자 빈도의 변화는 유전자형 빈도를 변경하고, 이는 표현형 빈도의 변화로 이어질 수 있다.

인간의 행동은 배우자의 유전자형 측면에서 집단 내 유전적 "하위 구조"를 만든다. 종교적 제한과 개인적 선호는 우리가 배우자를 선택하는 데 지침이 된다. 전쟁과 박해는 특정 인구를 감소시킨다. 경제 및 정치 시스템으로 인해 일부 그룹은 다른 그룹보다 더 많은 자녀를 낳을 수 있다. 우리는 여행을 하며 유전자를 집단 안팎으로 이동시킨다. 자연재해와 새로운 질병으로 인구가 줄어들고 인구는 다시 증가하여 유전적 다양성이 감소한다. 이러한 영향과 돌연변이 및 각 세대의 유전자 재배열은 유전자 풀을 매우 유동적으로 만든다.

연구자들은 단상형(haplotype) 분석으로 세대에서 세대로 전달되는 연관 대립유전자와 SNP를 통해 집단을 구성하는 개인의 유전가계를 추적할 수 있다(그림 5.17 및 5.3절 참조). 염색체의 동일한 사본에 연결되고 세대를 통해 함께 전달되는 이러한 DNA 서열은 **혈통 유전자**(identical by descent)라고 한다. 두 염색체 사본이 혈통에 의해 동일한 DNA 서열을 가질 때 **동형접합성 흐름**(run of homozygosity)이라고 한다. 그것은 두 개인이 증조할머니와 같은 최근 조상을 공유했음을 나타낸다.

그림 16.1은 다윈(Charles Darwin)의 근친혼 계통에서 동일 혈통 대립유전자와 동형접합성 흐름을 보여준다. 아이러니하게도 그는 식물의 근친 교배를 연구했다. 찰스 다윈과 아내인 엠마 웨지우드(Emma Wedgwood)는 조부모를 공유하는 사촌이었다. 그들은 결혼하여 10명의 자녀를 두었다. 그들의 딸 메리(Mary Eleanor)는 태어난 지 23일째에 사망했는데, 아마도 양쪽 부모에서 전달된 한 쌍의 상염색체에 있는 동일한 DNA 염기서열인 동형접합성 흐름 때문일 것이다. 감염으로 사망한 다른 2명의 아이는 유전성 면역 결핍증이 있었을 수 있다. 유아 사망이 흔한 시대에 근친혼 영향을 식별하는 것은 어렵다.

조상을 공유하는 것이 최근일수록 동형접합성 흐름이 나타나는 시간이 길어진다. 감수분열 동안 일부 DNA 부위가 함께 남아 있는 경향(연관 불균형) 때문에 두 사람이 10세대 동안 조상을 공유하지 않더라도 동형접합성 흐름은 400만 DNA 염기에 달한다. 유전체 내에서 이러한 동일성 영역은 한 연구원이 인구통계 및 가계도를 재구성하는 데 사용할 수 있는 "숨겨진 근연성 패턴(hidden patterns of relatedness)"이라고 부르는 것으로, 아마도 일기와 기억보다 더 멀리 시간을 거슬러 올라가 가계도를 확장하는 데 사용할 수 있다. 많은 사람이 DNA 혈통 검사를 통해 배우고 있는 것처럼 자신이나 조상에 대해 전혀 모르는 사람이 DNA 데이터를 사용하여 일치하는 인류집단 또는 친척을 찾을 수 있다. 실용적인 면에서, 유전정보와 족보, 전자 건강기록을 합치면 더욱 정확한 진단이 가능하다.

집단의 유전적 하위 구조를 이해하면 더 큰 그룹 내의 그룹, 특히 다양한 배경을 가진 사람들이 있는 도시에서 의료 서비스를 더 적절하게 적용할 수 있다. 스틸 증후군(Steel Syindrome)이 그 예이다. 이것은 일반 집단에서는 드물지만, 뉴욕시 이스트 할렘가에 거주하는 푸에르토리코 혈통의 8,000명 사이에 흔한 유전성 골 질환이다. 환자가 이 그룹에 속해 있다는 사실을 모른 채 의사는 상태를 잘못 진단하고 증상을 악화시킬 수 있는 고관절 수술을 수행할 수 있다.

스틸 증후군은 관절 통증, 고관절 탈구, 목 척수에 의한 끼임, 키가 작으며 긴 타원형 얼굴, 넓은 코, 약간 뒤로 회전된 작은 귀, 돌출된 이마를 가진 큰 머리를 유발한다. 뉴욕시 마운트 시나이에 있는 아이칸 의과대학의 연구원들은 바이오뱅크에서 추출한 11,000개의 DNA 시료에서 600,000개의 SNP를 분석했다. 그들은 푸에르토리코 혈통의 유전적 특징이 매우 독특하여 자신이 히스패닉/라틴계라는 사실만 아는 사람들도 그들의 조상이 그 섬에서 왔다는 사실을 알 수 있음을 확인했다.

연구자들은 이스트 할렘의 푸에르토리코 가계에서 키가 작은 몇몇 사람들도 관절 통증이 있었고, 어린 나이에 관절 치환술을 받았으며, 목이 끼었다는 사실을 알아냈다. 또한 비정상적인 증상은 분명히 가족에서 상염색체 열성 형질로 발생했다. 거의 동시에 또 다른 연구자 그룹은 콜라겐 유전자(*COL27A1*)의 특정 점 돌연변이에서 비롯된 연골과 뼈의 질병을 보고했다. 스틸 증후군은 1993년 푸에르토리코에서 온 23명의 어린이에게서 이를 처음 기술한 정형외과 의사의 이름을 따서 명명되었다(콜라겐 이상으로 인한 기타 의학적 상태에 대해서는 표 12.1 참조). 다른 증상으로는 부드러운 뼈끝, 탈구된 팔꿈치와 엉덩이, 융합된 손가락과 발가락뼈, 척추 측만증이 있다. 가장 중요하게, 스틸 박사가 고관절 수술을 하지 말 것을 권하는 이유는 일반적인 수술 원인이 되는 스포츠 부상이나 사고 등과 그 이상이 다르기 때문이다. 전체적으로 히스패닉계에서는 극히 드물지만, 푸에르토리코 인구에서 더 흔한 스틸 증후군은 사람이 사는 곳과 유전적 조상을 인식하는 것의 임상적 중요성에 대한 좋은 예이다.

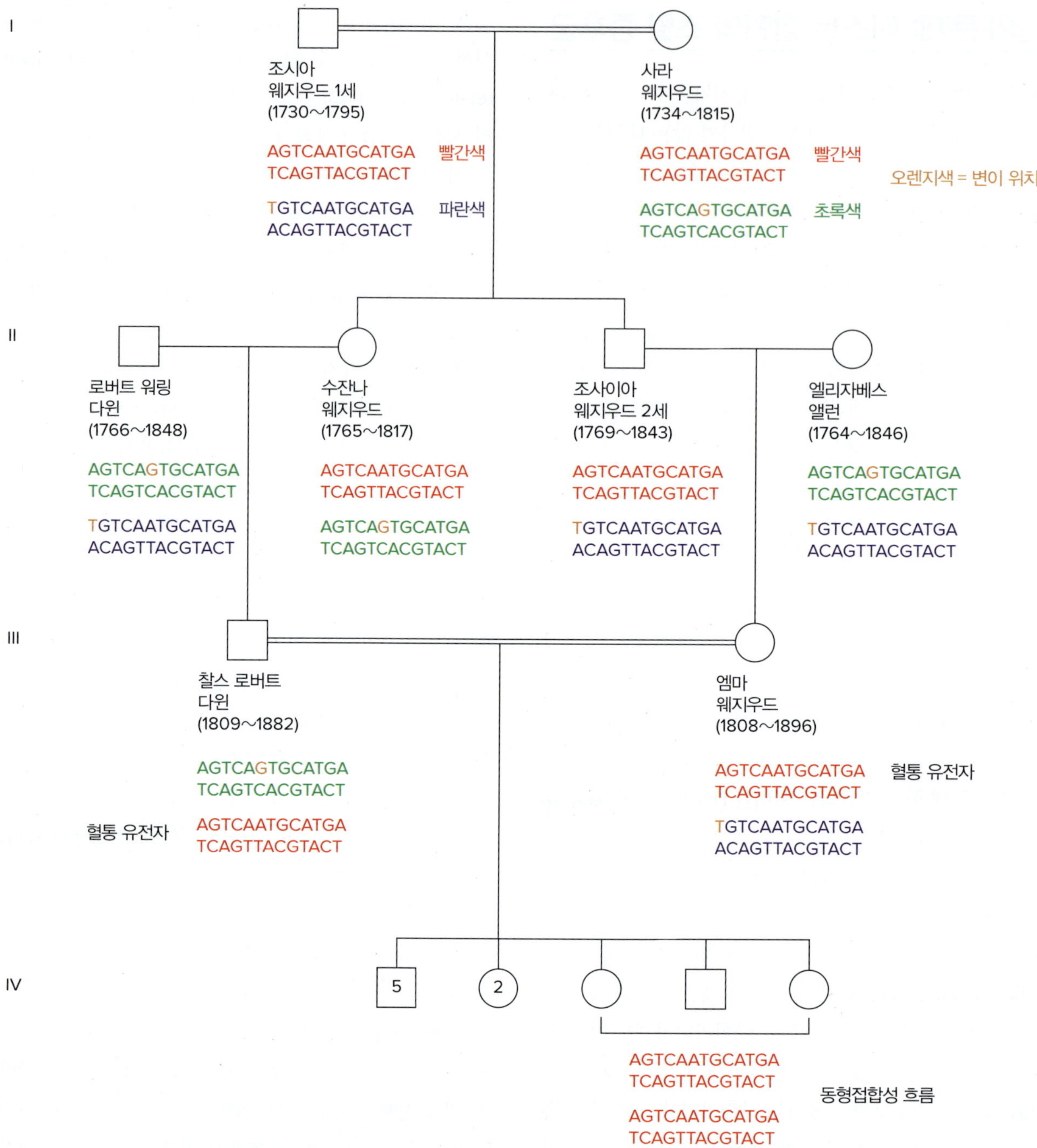

그림 16.1 찰스 다윈 가족의 근친혼. 찰스와 엠마 다윈의 세 자녀가 어린 나이에 사망한 원인이 될 수 있는 일련의 동형접합성 흐름을 형성하는 위해 결합된 혈통 서열. 동형접합성 흐름은 실제로 수천에서 수백만 개의 DNA 염기 길이이다.

핵심 개념 질문 16.1

*a. **혈통 유전자**를 정의하시오.

*b. **동형접합성 흐름**을 정의하시오.

c. 집단의 유전적 하부 구조를 고려하는 것이 건강관리를 제공하는 데 어떻게 도움이 될 수 있는지 설명하시오.

16.2 비무작위 교배

하디-바인베르크 평형의 이론적인 상태에서 모든 유전자형의 개체는 성공적으로 교배를 하고 무작위로 파트너를 선택할 가능성이 동일하다. 그러나 실제로 우리는 외모, 민족적 배경, 지능, 수입 잠재력, 공통 관심사 등 여러 가지 이유로 파트너를 선택한다. 비무작위

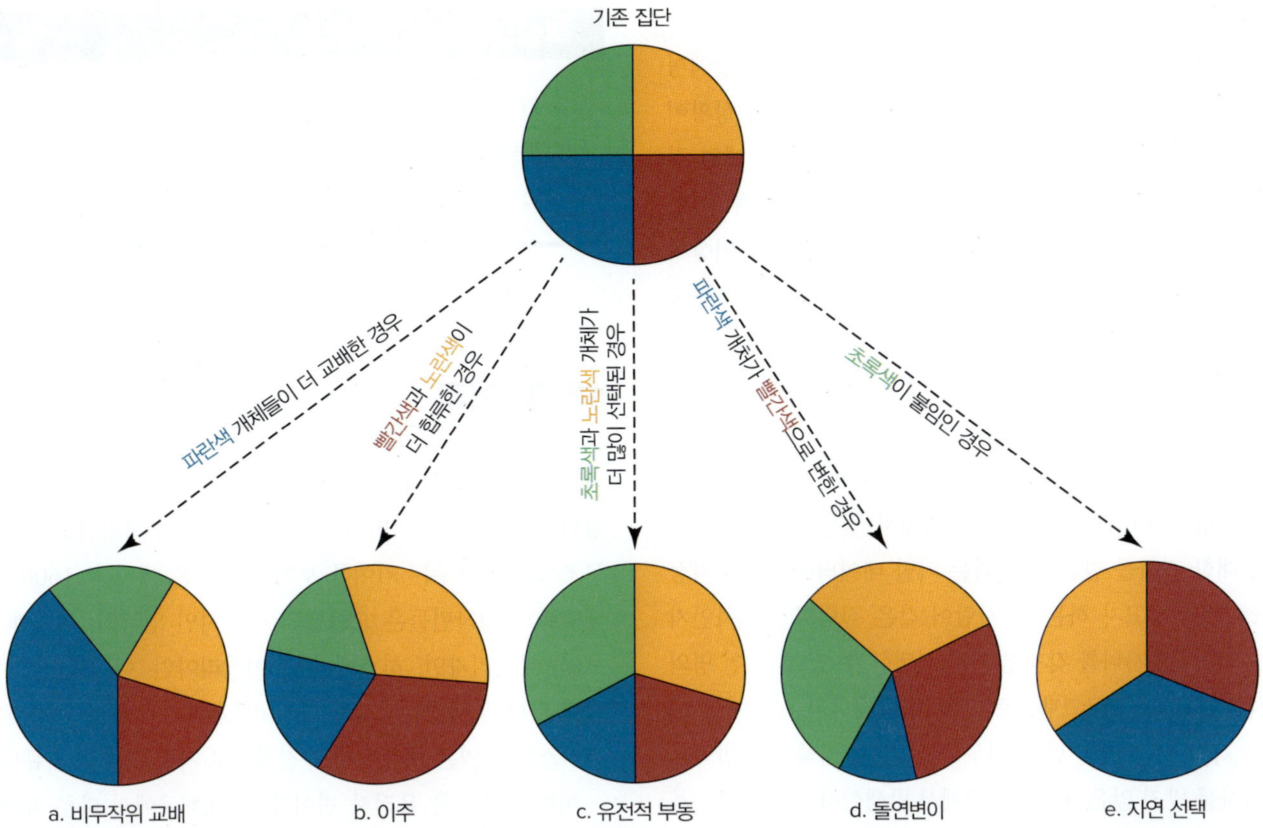

그림 16.2 집단 수준에서 진화적 변화의 다섯 가지 원인. 비무작위 교배는 (a) 자손이 더 많은 유전자형을 가진 개체의 수를 늘리고 자손이 적거나 없는 개체의 수를 줄인다. 이주는 (b) 다른 것보다 집단에서 일부 유전자형을 더 많이 제거하여 대립유전자의 분포를 변경한다. 유전적 부동은 (c) 다음 세대로 전달되는 유전자형을 무작위로 샘플링하여 대립유전자 빈도를 변경한다. 돌연변이는 (d) 하나의 대립유전자를 다른 대립유전자로 변경할 수 있다. 자연 선택은 (e) 특정 환경에 가장 적합한 유전자형에 따라 다른 유전자형보다 일부 유전자형을 선호한다.

교배는 인간집단에서 대립유전자 빈도를 변경하는 주요 요인이다. **그림 16.2a**는 비무작위 교배를 나타낸다. 이 그림은 집단 수준에서 다섯 가지 진화적 변화의 힘을 나타내기 위해 컬러 파이 차트를 사용한다. 이 그림은 이 장 전체의 내용을 보여준다.

비무작위 교배는 특정 개인이 다른 개인보다 다음 세대에 더 많이 기여할 때 집단에 영향을 미친다. 농업에서 한 마리의 황소의 정액을 사용하여 수천 마리의 소를 수정하는 것은 극단적이고 의도적인 비무작위 교배의 예이다. 한 기증자의 정자를 사용하여 많은 여성을 수정시키고 이복형제가 몇 년 후에 서로를 발견하는 경우에도 비슷한 상황이 발생한다.

희귀 유전질환의 높은 유병률은 비무작위 교배 때문일 수 있다. 예를 들어, 백색증의 한 형태는 일반 미국 인구에서는 드물지만, 애리조나에 사는 호피족 인디언 200명 중 1명에게 관찰된다. 이 특성이 널리 퍼진 것은 문화적인 이유 때문이다. 백색증이 있는 남성은 다른 남성과 함께 들판에서 심각한 일광 화상의 위험을 감수하기보다는 종종 뒤로 물러나 여성을 돕는다. 그들은 여성들과 더 많은 접촉을 하므로 집단에서 아이의 생성에 더 많이 공헌한다.

역사의 사건은 무작위 결혼 패턴으로 일어난다. 한 그룹의 사람들이 다른 그룹에 종속될 때 지배계급의 남성이 하위 계급의 여성과 종종 강제로 자녀를 낳기 때문에 유전자는 한 그룹에서 다른 그룹으로 "흐르는" 경향이 있다. 역사적 기록과 DNA 서열은 그러한 유전자 흐름을 보여준다. 17.3절은 남북 전쟁 이전에 미국 남부에서 노예 소유주에 의한 강간을 통해 많은 아프리카계 미국인 여성의 후손이 태어났음을 유전체는 표시하고 있한다.

형질은 우리가 알지 못하거나 파트너를 선택할 때 고려하지 않는 경우 다음 세대에서 무작위로 혼합될 수 있다. 예를 들어, AIDS가 극히 드물거나 존재하지 않는 집단에서 사람이 HIV 감염에 저항하도록 만드는 두 돌연변이는 하디-바인베르크 평형에 있다. 이 상황은 시간이 지남에 따라 HIV가 집단을 감염시키기 시작하면 바뀔 것이다. 왜냐하면, 이러한 돌연변이를 가진 사람들은 생존하여 자손을 낳을 가능성이 더 커지고 그들 중 일부는 보호 돌연변이를 영속시킬 것이기 때문이다. 자연 선택이 개입하여 궁극적으로 대립유전자 빈도를 변경한다. 자연 선택은 16.6절에서 논의된다.

우리는 혈액형으로 파트너를 선택하지 않기 때문에 많은 혈액형이 하디-바인베르크 평형상태에 있다. 그러나 때때로 반대 상황이 발생한다. 같은 유전자에 돌연변이가 있는 사람들은 가족이 관련 질병을 앓는 사람들을 위한 프로그램에 참여할 때 만난다. 예를 들어, 낭포성 섬유증이 있는 어린이 캠프를 방문하는 친척의 2/3 이상이 보인자일 가능성이 크지만, 더욱 다양한 인구 그룹에서는 23명 중 1명 이하이다.

사람들은 파트너 선택과 가족 계획을 통해 유전병을 피하려고 한다. 예를 들어, 뉴욕시에서 시작된 Dor Yeshorim이라고 하는 프로그램에서 젊은이들은 동유럽 혈통(아슈케나지)이나 스페인 또는 포르투갈 혈통(Sephardim)의 유대인들 사이에서 훨씬 더 흔한 중증 열성 질병에 대한 검사를 받는다. 결과는 기밀 데이터베이스에 저장된다. 자녀를 함께 낳고자 하는 두 사람이 같은 질병의 보인자인지 알 수 있다. 그렇다면 자녀를 갖지 않기로 선택할 수 있다. 수천 명의 사람이 검사받았고 이 프로그램으로 인해 아슈케나지 사이에서 테이-삭스병이 거의 사라졌다. 매년 매우 적은 수의 사례가 일반적으로 보인자 검사를 받지 않은 비유대인에게서 발생한다.

근친혼(consanguinity)을 하는 집단은 매우 비무작위적인 짝짓기를 한다. 제4장에서 혈연관계에서는 "혈연(blood)" 친척 사이에 자녀가 있음을 상기하자. 가족 수준에서 이 관행은 공유 조상의 해로운 열성 대립유전자가 결합하여 자손에게 전달되어 질병을 유발할 가능성을 높인다. 혈연관계의 자손에서 선천적 결함률은 약 3%인 정상 비율의 2.5배이다. 인구 수준에서 혈연은 유전적 다양성을 감소시킨다. 동형접합자의 비율은 이형접합자의 비율이 감소함에 따라 증가하고 동형접합성 흐름이 유전체에 모인다.

근친혼은 흔한 일이다. 세계 인구의 10%가 사촌이거나 그보다 가까운 사람들의 자손이며, 그 수를 합하면 7억 명이 넘는다. 일부 집단은 사촌 간의 결혼을 장려하여 특정 열성질환의 발병률을 높인다. 중동, 아프리카, 인도의 일부 지역에서는 결혼의 20~60%가 사촌 간 또는 삼촌과 조카 사이에서 이루어진다. 전 세계적으로 약 9억 6천만 쌍의 결혼한 커플이 친척관계이며 그들의 관계를 알고 있다. 또한 비무작위 교배에 기여하는 것은 커뮤니티 내에서의 결혼인 **동족 결혼**(endogamy)이다. 동족 결혼 사회에서 배우자는 멀리 떨어져 있고 연결을 인식하지 못할 수 있다. 사람들이 친척이 아닌 사람들과 자녀를 낳는다고 생각하더라도 인구가 적고 동성 결혼이면 착각할 수 있다.

핵심 개념 질문 16.2

a. 인간의 짝짓기가 일반적으로 무작위가 아닌 이유를 설명하시오.

*b. **동족 결혼**을 정의하시오.

c. 인구 유전 구조에 대한 혈통과 동족 결혼의 영향에 관해 토론하시오.

16.3 이주

다양한 민족으로 구성된 대도시들은 하디-바인베르크의 균형에 저항한다. 뉴욕시는 이민의 물결이 한 집단의 복잡하고 역동적인 하부 구조에 가져다주는 기여를 보여주는 좋은 예이다. 1600년대의 원래 네덜란드 정착민들은 오늘날의 대도시인 영국인, 아일랜드인, 슬라브인, 아프리카인, 히스패닉인, 이탈리아인, 아시아인 및 기타 많은 사람과 다른 대립유전자를 가지고 있었다. 오늘날 뉴욕시의 퀸즈 엘름허스트 지역은 세계에서 유전적으로 가장 다양한 커뮤니티이다!

이주는 새로운 유전자 변이가 한 개체군에서 다른 개체군으로 도입된 후 새 이민자와 거주자 간에 짝짓기에 의한 **혼합**(admixture)을 초래할 수 있다. **그림 16.2b**에 표시된 이주는 이미 존재하는 대립유전자를 추가로 가져온다. 과거 이주에 대한 단서는 역사적 문서와 지리적 또는 언어 장벽으로 정의된 지역의 다양한 대립유전자 빈도에 있다. 강제로 고국을 떠나야 하는 집단에 의한 이주는 역사의 공통된 특징이며 '흩어진다'라는 뜻의 **디아스포라**(diaspora)라고 한다.

대립유전자 빈도는 종종 누가 누구를 지배했는지 반영한다. 예를 들어, 오늘날 ABO 혈액형의 빈도는 1492년까지 아랍인이 통치했던 모든 지역인 북부 아프리카, 근동 및 스페인 남부에서 매우 유사하다. 대립유전자 빈도의 불균등한 분포를 통해 유목민이 언제 어디서 멈췄는지 알 수 있다. 예컨대, 18세기에 트렉보어(trekboers)라고 불리는 유럽 백인들이 남아프리카의 케이프 지역으로 이주했다. 남성들은 그곳에서, 나마 부족의 원주민 여성들과 결혼하여 아이를 낳았다. 혼합사회는 상당히 고립된 상태를 유지하여 해당 지역의 현재 유색인종에서 발견되는 독특한 대립유전자 빈도를 나타낸다.

연속 변이(cline)라는 상황에서 대립유전자 빈도는 이웃 인구에서 다른 인구로 변경된다. 이민 온 사람들이 대립유전자를 도입하고, 이민 가는 사람들이 대립유전자를 제거함에 따라 계통이 발생한다. 연속 변이는 이주 경로를 차단하는 것이 없으면 점진적일 수 있고, 장벽이 유전자 흐름을 차단하는 경우 급격할 수 있다. 장벽에는 지리와 언어가 포함된다.

산과 수역과 같은 지리적 구성은 이동을 차단하여 장벽 양쪽에서 대립유전자 빈도의 집단 차이를 유지한다. 서로 다른 시기에 여러 곳에서 일어난 농업을 생각해 보자. 유라시아에서는 위도가 크게 변하지 않았으며 상대적으로 안정된 환경에서 유전자 흐름의 증거가 적기 때문에 농업이 동쪽에서 서쪽으로 더 빨리 퍼졌다. 사람들이 이주하더라도 새 집단에 있는 사람들과 동일한 유전자 변이를 갖는 경향이 있다. 아메리카 대륙은 지리상의 이유로 농업이 남북으로 퍼져 상황이 달랐다. 경도에 따라 다른 일광 및 기후는 다른 환경 문제를 제시했으며, 이는 동쪽에서 서쪽으로보다 북쪽에서 남쪽으로 더 큰 유전적 변화를 반영한다.

의사소통을 할 수 없는 사람들이 함께 자녀를 갖지 않는 경우 언어 차이로 인해 대립유전자가 분리될 수 있다. 예를 들어, 여러 언어 변형이 있는 가족 역사 기록이 풍부한 국가인 이탈리아에서는 혈액형이 지리적 영역보다 언어 그룹에 더 많이 집중되는 경향이 있다. 아마도 언어의 차이는 사람들의 사회화를 방해하여 대립유전자를 그룹 내에 유지하도록 할 수 있다.

나일강을 감싸고 있는 비옥한 땅 위아래 지역의 대립유전자 빈도는 연속 변이의 개념을 보여준다. 연구자들은 15,000년 전에 정착한 지역인 나일강 양쪽에 사는 224명의 사람에게서 미토콘드리아 DNA 서열의 점진적인 변화를 발견했다. 나일강 유역에 사는 두 개인의 거리가 멀수록 mtDNA 서열은 덜 유사하다. mtDNA에 담긴 이야기는 이 지역이 한때 전쟁과 언어 차이로 분리된 왕국의 고향이었음을 나타내는 역사적 기록 및 미라의 증거와 일치한다. 그 지역이 하나의 큰 상호작용 정착지였다면, mtDNA 서열은 더 고르게 분포되었을 것이다.

핵심 개념 질문 16.3

a. 이주는 대립유전자 빈도를 어떻게 변경하는가?
*b. 연속 변이란 무엇인가?
c. 지리와 언어는 연속 변이에 어떤 영향을 미치는가?

16.4 유전적 부동

유전적 부동(genetic drift)은 배우자(gametes)에서 우연히 발생하는 대립유전자 빈도의 변동을 의미한다. 이것은 모든 집단에서 발생한다. 유전적 부동을 유발하는 대립유전자 빈도의 변화는 무작위로 발생하며 예측할 수 없다.

인구가 매우 작아지면 유전적 부동의 영향이 가속화되고 추출된 표본의 대립유전자 빈도가 변동될 가능성이 커진다. 이주, 자연재해 또는 소규모 그룹을 고립시키는 지리적 장벽과 같은 여러 상황, 또는 인간 행동의 결과로 인구가 줄어들고 유전적 부동이 증폭될 수 있다 (**그림 16.2c**). 더 큰 집단 내에서 작은 소수 민족 공동체의 구성원은 그들 사이에서만 자녀를 가질 수 있으므로 특정 대립유전자가 작은 그룹 내에서 더 널리 퍼질 수 있다. **임상 연계 16.1**은 300여 년 전에 유럽에서 가져온 질병을 유발하는 대립유전자를 유전적 부동이 분리하고

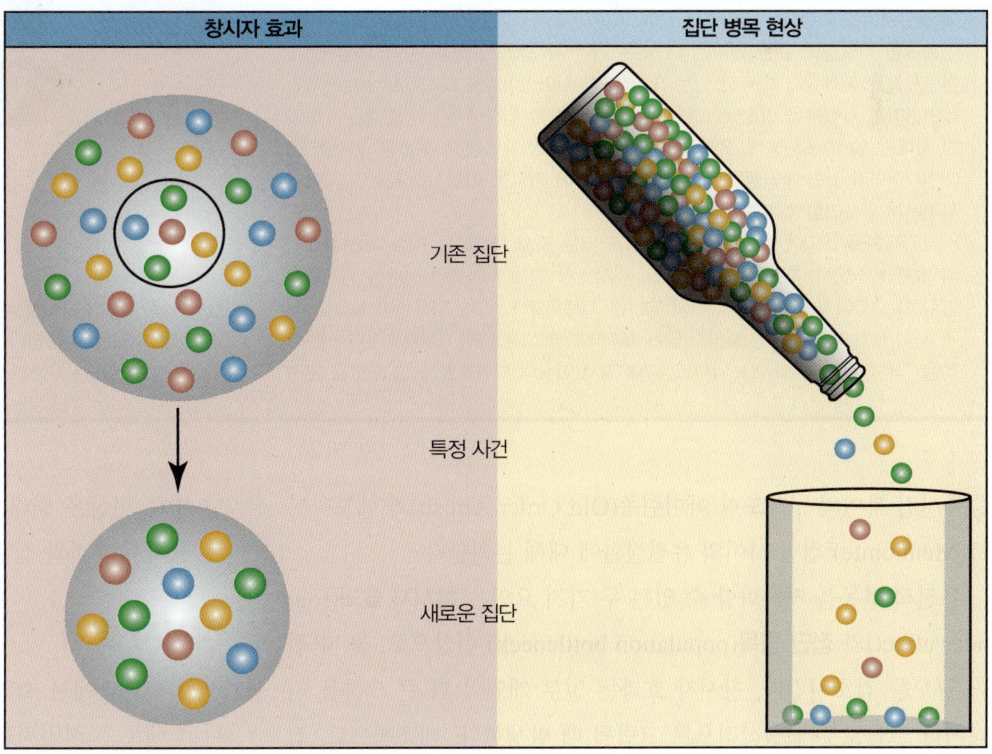

그림 16.3 유전적 부동의 유형. 창시자 효과는 모집단에서 소수의 개인을 무작위로 샘플링하여 새로운 집단을 생성한다. 집단 병목 현상은 한 집단의 규모가 특정 사건에 의해 급격히 줄고, 그 집단이 생존자들의 자손으로 다시 번창할 때 발생한다.

임상 연계 16.1

창시자 효과와 "플레인(Plain)" 집단

플레인 집단(Plain Populations)이라고 불리는 구제도파 아미쉬족과 메노나이트 사람들은 종교적 박해를 피하고자 18세기 초 스위스에서 북아메리카에 도착했다. 초기 이민자들은 펜실베이니아에 정착했고 유럽에서 추가로 이민자들이 오하이오에 소규모 농업 공동체를 설립했다. 플레인 사람들은 중서부와 캐나다로 퍼져나갔고 스스로를 고립시키고 더 단순한 생활 방식을 유지했다. 오늘날 그들의 후손 중 백만 명이 넘는 사람들이 중남미 및 북아메리카에 있는 수백 개의 지역 사회에 살고 있다. 이 인구집단에서 과도하게 대표되는 유전적 특성은 유럽에서 유래했으며 오늘날에도 여전히 존재한다.

유전적 부동과 강력한 창시자 효과, 비무작위 교배 및 이주가 이 사람들 사이에서 특정 유전질환의 유병률을 높이는 데 기여했다. 일부 가족은 진단과 치료를 위해 필라델피아 아동 병원에 갔다. 유전학자들은 가족을 도우며 유전병의 원인을 조사했고, 그래서 이 플레인 사람들은 유전병에 대한 현대 지식에 크게 기여했다.

통계는 일반 집단의 창시자 효과를 밝혀냈다. 예를 들어, 펜실베이니아주 랭커스터 카운티에서 단풍당밀뇨증(MSUD, 임상 연계 2.1 참조)은 신생아 400명 중 1명에게 영향을 미치지만, 일반 인구의 신생아 225,000명 중 1명에게만 영향을 미친다. 일부 상태는 "아미쉬 뇌성 마비"와 같은 보다 흔한 질병의 드문 변종이다. 필라델피아의 한 의사인 홈즈 모톤(Holmes Morton)은 이 질병이 글루타르산혈증 1형이라고 하는 선천적인 대사 오류이며 다른 사람들이 생각했던 것처럼 태어날 때 산소 부족으로 인한 것이 아님을 발견했다. 그는 농장을 방문하여 족보에 관한 사례를 추적하고 가계도를 작성했다. 그는 MSUD를 가진 거의 모든 가족이 열성 대립유전자를 전달한 부부의 후손임을 발견했다. 그들은 1730년에 정착지에 왔다.

모톤 박사는 1989년 펜실베이니아주 스트라스버그의 옥수수밭에 특수 아동 클리닉을 설립했다. 목표는 유전적 도구를 사용하여 어린이가 치료할 수 있을 만큼 아직 건강할 때 조기에 진단하는 것이었다. 1990년대 후반부터 이 병원은 유전체 기술을 사용해 왔다. 예를 들어, 피부가 두껍고 털이 없고 빠르게 발전하는 생명을 위협하는 세균 감염을 갖고 태어난 아미쉬 유아의 경우, 그녀의 건강한 7명의 형제와 유전적 표지를 비교한 결과, 심각한 복합 면역 이상을 유발하는 유전자 *RAG1*의 돌연변이를 가진다는 것이 밝혀졌다. 자매의 줄기세포 이식으로 생명을 구했다.

플레인 사람들에 관한 연구는 더 넓은 지역 사회에도 도움이 된다. 예를 들어, 연구자들은 자폐증과 발작이 있는 몇몇 아미쉬 어린이들은 *CNTNAP2* 유전자의 돌연변이를 가졌음을 밝혀냈으며, 이는 더 광범위한 집단에서 이유를 알 수 없었던 자폐증, 발작, 조현병 및 언어 문제의 일부 사례를 유발한다. 우울증, 양극성 장애 및 주의력 결핍 과잉행동 장애도 많은 집단에 영향을 미치지만 플레인 사람들 사이에서 두드러질 수 있다.

유전질환을 조기에 발견하고 증상이 나타나는 즉시 치료하는 특수 아동 클리닉의 접근 방식이 효과가 있었다. 그곳의 의사들은 현재 치명적인 상태를 감지하고 인식하는 110가지 유전질환의 거의 절반을 치료하고 있으며, 의사들이 플레인 지역 사회 특유의 질병에 익숙하지 않은 무의미하고 고통스러운 치료로부터 어린이들을 구한다. 아미쉬와 메노나이트는 100가지 이상의 희귀질환을 앓고 있을 뿐만 아니라 낭포성 섬유증, 페닐케톤뇨증, 취약 X 증후군, 응고 및 면역장애를 포함한 보다 일반적인 단일 유전자 질환의 변종도 가지고 있다.

현대 유전 기술은 플레인 집단에도 적용되고 있다. 유전자 요법의 임상 시험은 크리글러-나자르 증후군에 대한 지속적인 일회성 치료법을 테스트하고 있다. 이것은 모톤 박사가 운전을 하다가 아이들이 "빌리 라이트(bili lights)"(**그림 16A**)로 치료되고 있는 농가 침실 창문에서 섬뜩한 푸른 빛을 발견할 때 아미쉬 족 중 첫 번째 유전질환이었다. 빛의 자외선은 황달을 유발하는 빌리루빈이라는 물질의 축적을 분해한다. 돌연변이 유전자의 야생형 사본을 전달하는 단일 주사는 일회성 치료를 제공할 수 있다. 제22장에서는 유전자 치료에 대해 논의한다.

토론을 위한 질문

1. 대중의 인식은 아미쉬의 질병이 그들에게 독특하다는 것이다. 이것이 사실이 아닌 이유를 설명하시오.
2. 어떻게 특정 단일 유전자 질병이 다른 그룹보다 플레인 집단에서 훨씬 더 널리 퍼졌는가?
3. 아미쉬는 산전 진단을 허용하지 않기 때문에, 조산사가 수집하는 제대혈 검사를 통해 선천성 대사 이상이 감지된다. 아동에게 증상이 없더라도 그러한 분석이 어떻게 단일 유전자 질환의 진단으로 이어질 수 있는지 설명하시오.

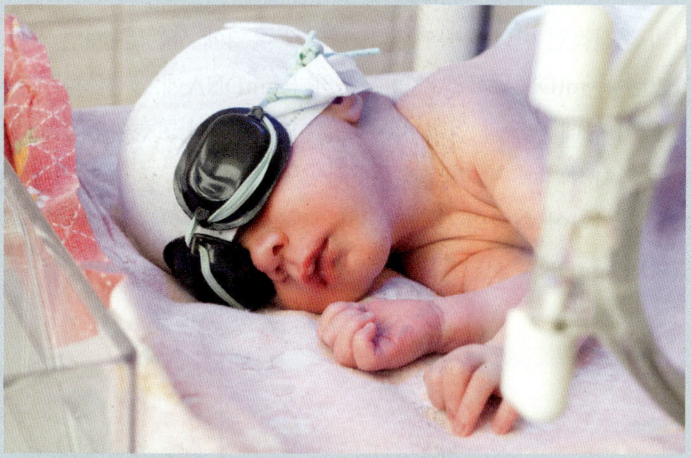

그림 16A "빌리 라이트"는 크리글러-니자르 증후군(Crigler-Najjar syndrome)의 황달 치료에 사용된다. 이 병은 구제도파 아미쉬족과 메노나이트를 포함한 플레인 집단들 사이에서 더 흔한 멘델 유전병 중 하나이다. *Li_AL/Shutterstock*

증폭시킨 북미의 구제도파 아미쉬족(Old Order Amish)과 메노나이트(Mennonite) 집단 사이의 유전질환에 대해 논의한다.

유전적 부동을 가속화할 수 있는 두 가지 요인은 **창시자 효과**(founder effect)와 **집단 병목**(population bottleneck) 현상으로, 둘 다 집단 규모를 감소시킨다. 창시자 효과는 일부 개인이 더 큰 그룹을 떠나거나 그들로부터 생식적으로 고립될 때 발생한다. 대조적으로, 집단 병목 현상은 원래 집단의 크기가 많이 감소하는 것이다. **그림 16.3**은 창시자 효과와 집단 병목 현상의 차이를 보여준다.

창시자 효과

창시자 효과에서 소그룹은 새로운 정착을 시작하기 위해 집단을 떠나고 새로운 식민지는 원래 인구와 다른 대립유전자 빈도를 가진다

(**표 16.1**). 유전학자들은 지역 역사에서 다른 곳에서는 보기 힘든 유전적 특성과 질병을 가져온 소수의 창시자의 후손으로 알려진 지역 사회에서 창시자 효과를 발견한다.

창시자 효과는 역사적 또는 족보적 기록이 있을 때 추적하기 쉽다. 이것은 대가족을 가진 네덜란드, 프랑스 및 독일 이민자의 작은 그룹의 후손인 남아프리카의 250만 아프리카인의 경우다. 19세기에 일부 아프리카인들은 북동쪽 트란스발주로 이주하여 1902년 보어 전쟁으로 더 나은 교통수단이 도입될 때까지 고립되어 살았다. 오늘날, 반문상 포르피린증(porphyria variegata)이라고 하는 비정상적인 헤모글로빈 상태를 가진 30,000명의 아프리카인은 1688년에 네덜란드에서 온 한 부부의 후손이다! 그들의 많은 아이는 또한 대가족을 이루었고 지배적 돌연변이를 물려주고 증폭시켰다.

창시자 효과에 대한 또 다른 유형의 증거는 특정 질병이 있는 인구집단의 모든 개인이 동일한 돌연변이를 가진 경우이다. 16.1절에 설명된 이스트 할렘에 사는 푸에르토리코 혈통의 사람들은 모두 스털 증후군을 유발하는 같은 점 돌연변이를 가지고 있다. 대조적으로, 같은 질병을 유발하는 여러 돌연변이를 가진 집단은 그룹에 합류하는 혈연이 없는 사람들로부터 그러한 변이를 얻었을 가능성이 더 크다. *BRCA1* 유전자의 돌연변이로 인한 유방암의 경우가 이에 해당한다. 아슈케나지 유대인 조상의 영향을 받은 개인은 특정한 3염기쌍 결실을 공유하는 반면, 아프리카의 코트디부아르, 바하마, 미국 남동부의 가족은 10 염기쌍 결실을 공유하며, 아마도 모든 서아프리카인의 조상으로부터 세 개의 현대 그룹으로 유전되었을 것이다. 노예들은 1619년에서 1808년 사이에 미국과 바하마에 질병을 가져왔고, 아프리카에 남아 있던 친척들은 그곳에서 돌연변이 대립유전자를 영속시켰다.

표 16.1 창시자 집단

집단	창시자 수	세대 수	오늘날의 집단 크기
코스타리카	4,000	12	2,500,000
핀란드	500	80–100	5,000,000
후터라이트	80	14	36,000
일본	1,000	80–100	120,000,000
아이스랜드	25,000	40	300,000
뉴펀들랜드	25,000	16	500,000
퀘벡	2,500	12–16	6,000,000
사르데냐	500	400	1,660,000

집단 병목 현상

집단 병목 현상은 그룹의 많은 구성원이 사망하고 소수만이 숫자를 보충할 수 있을 때 발생한다. 새로운 집단은 대재앙에서 살아남은 소규모 그룹의 대립유전자만 가지고 있다. 잔여 집단의 대립유전자는 원래의 대규모 집단보다 보충집단에서 더 흔해질 수 있다. 따라서 새로운 개체군은 더 큰 조상 개체군보다 훨씬 더 제한된 유전자 풀을 가지며 일부 변이체는 증폭되고 나머지는 감소한다.

집단 병목 현상은 사람(또는 다른 동물)이 섬을 식민지화 할 때 발생할 수 있다. 극단적인 예는 미크로네시아의 동부 캐롤라인 제도의 핑겔라피즈(Pingelapese) 사람들에게서 볼 수 있다. 여기서 4~10%의 사람들이 "핑겔라페스 실명(Pingelapese blindness)"을 가지고 태어난다. 이러한 예는 색맹, 근시 및 백내장을 포함하는 상염색체 열성 질병이 있다. 다른 곳에서는 20,000~50,000명 중 1명만이 유전되어 이 질병이 발병하지만, 핑겔라피즈의 거의 30%가 보인자이다. 핑겔라피즈 사이에 실명의 만연은 1780년 태풍으로 인해 현재 집단의 조상인 남성 9명과 여성 10명을 제외하고 모두 사망한 것에 기인한다. 이 심각한 집단 병목 현상과 지리적 및 문화적 고립으로 인해 인구가 다시 증가했을 때 실명 돌연변이의 빈도가 증가했다.

더 광범위한 집단 병목 현상은 제17장에서 논의된 아프리카로부터의 초기 인류 확장의 결과로 발생했다. 인류가 이동하는 동안 숫자가 줄어들었다가 사람들이 정착하면서 다시 채워지면서, 친척 간의 근친혼은 시간이 지남에 따라 아프리카에 남아 있던 더 크고 유전적으로 다양한 조상집단에 비해 동형접합 열성 유전형의 증가로 이어졌다. 그 증거는 현대 인간 유전체의 동형접합성 흐름에서 볼 수 있다.

많은 사람을 죽이는 인간에 의한 재난은 박해받는 그룹의 유전자 풀을 크게 바꾸는 집단 병목 현상을 일으킬 수 있다. 대조적으로, 쓰나미나 지진과 같은 자연재해는 경로에 있는 사람을 죽인다. 아슈케나지 유대인 집단은 일련의 집단 병목 현상을 겪었다. 이 병목 현상은 현재 연구자들이 유전체 정보에 컴퓨터 도구를 적용하여 밝히고 있다.

새롭게 대두되는 학설은 약 30~35세대 전에 아슈케나지의 조상이 중동 및 남부 유럽의 인구와 혼합되었다는 것이다. 그 후 1095년부터 1291년까지 십자군 전쟁을 하는 동안 유럽의 유대인 공동체는 종교적 박해로 인해 전멸되었다. 14세기에 서유럽에서 유대인들이 대대적으로 축출되었고, 15세기에는 극소수만이 남았다. 역사적 기록에 따르면 많은 생존자가 동유럽으로 이주했다.

연구자들이 128명의 현대 아슈케나지 개인의 유전체에서 SNP를 분석하여 오래전에 공유된 조상에서 반향된 혈통 DNA 시퀀스를 추적한 결과에 따르면, 그들은 30세대 정도 전에 십자군 전쟁을 하는

표 16.2	아슈케나지 유대인 집단에서 더 널리 퍼진 상염색체 열성 유전병		
병명	원인 유전자	징후 및 증상(표현형)	보인자 빈도
블룸 증후군	*RECQL3*	햇빛 민감성, 저신장, 면역력 저하, 생식 능력장애, 암 위험 증가	1/100
유방암	*BRCA1 BRCA2*	악성 유방 종양	3/100
카나반병	*ASPA*	뇌 변성, 발작, 발달 지연, 조기 사망	1/40
가족성 자율신경이상증	*IKAKAP*	눈물 없음, 손발 차가움, 피부 얼룩, 침 흘림, 삼키기 어려움, 과도한 발한	1/32
고셔병	*GBA*	간과 비장 비대, 뼈 변성, 신경계 장애	1/12
니만-픽병 A형	*SMPD1*	세포, 특히 뇌의 지질 축적; 지적 및 신체적 장애, 3세까지 사망	1/90
테이-삭스병	*HEXA*	지적장애, 마비, 실명, 4세까지 사망을 유발하는 뇌 변성	1/26
판코니 빈혈 C형	*FANCA*	모든 혈액세포 유형의 결핍, 성장 불량, 암 위험 증가	1/89

동안 집단 병목 현상이 매우 심각하다고 추론했는데, 가장 그럴듯한 설명은 중세 후기에 350명의 아슈케나지만이 존재했다는 것이다. 오늘날의 아슈케나지 유전자 풀은 중세 시대 서유럽에서 유대인들이 쫓겨나면서 동유럽에 혼재되어 형성되었다.

유대인들 사이에서 비무작위 교배와 집단 병목 현상은 대립유전자 빈도를 변화시켰고 다른 집단에 비해 수십 가지의 유전 질환 발병률을 거의 10배 이상 높이는 데 기여했다. "유대인 유전 질환" 검사는 고정관념이나 차별을 위한 것이 아니라 유전적 사실에 근거한다. 일부 질병은 인간 행동으로 인해 특정 인구 집단에서 더 흔하다. 그러나 DNA 자체는 차별하지 않는다. "유대인" 돌연변이는 누구에게나 새로 생길 수 있다. **표 16.2**는 아슈케나지 유대인들 사이에서 더 흔한 유전병에 대해 설명한다.

핵심 개념 질문 16.4

*a. **유전적 부동**을 정의하시오.

b. 창시자 효과와 집단 병목 현상이 유전적 부동의 효과를 증폭시키는 기작을 설명하시오.

16.5 돌연변이

돌연변이는 개체군에 유전적 변이를 지속해서 제공하며, 이는 하나의 대립유전자를 다른 대립유전자로 변경한다(**그림 16.2d**). 감수분열 동안 교차 및 독립적인 분리(independant assortment) 또한 유전적 다양성을 만들지만 이러한 일들은 새로운 특성을 도입하기보다는 기존 특성을 재조합한다.

단백질을 암호화하는 유전자의 일부에서 DNA 염기 변화가 발생하면 변형된 형질이 나타날 수 있다. 유전적 변화가 세대에서 세대로 발생할 수 있는 또 다른 방법은 대립유전자로 기능하는 사본 수 변이체(CNV)의 반복 횟수이다.

16.6절에서 논의된 자연 선택은 번식에 부정적인 영향을 미치는 대립유전자를 제거한다. 그러나 유해한 열성 대립유전자는 이형접합자에서 유지되고, 새로운 돌연변이에 의해 재도입된다. 따라서 모든 집단에는 동형접합자일 경우 해로울 수 있는 일부 대립유전자가 있다. 집단에서 유해한 열성 대립유전자의 집합을 **유전적 부하**(genetic load)라고 한다.

인간의 행동과 역사적 사건은 집단의 돌연변이 다양성에 영향을 줄 수 있다. 출생 후 특별한 식단을 통해 한 가지 아미노산 유형의 섭취를 제한하지 않으면 지적장애를 유발하는 상염색체 열성 질환인 페닐케톤뇨증(PKU)을 생각해 보자. 전 세계적으로 PKU 돌연변이는 매우 다양하여 질병이 한 번 이상 발생했음을 나타낸다. 반대로, 많은 인류집단에서 발견되는 동일한 돌연변이는 아마도 더 오래된 것으로, 그 집단이 분리되어 지속되기 전에 발생했을 것이다.

지리적으로 좁은 지역에서만 발견되는 돌연변이는 최근에 생겼을 가능성이 크며 아마도 유전적 부동으로 인해 분리되었을 수 있다. 이 돌연변이는 퍼질 시간이 적었다. 예를 들어, 터키, 노르웨이, 이스라엘에 거주하는 예멘 출신 유대인, 프랑스계 캐나다인은 "자체" PKU 대립유전자를 가지고 있다. 다른 인류집단에서는 점 돌연변이인 데 반해 예멘 돌연변이는 큰 결실(deletion)로 매우 독특하여, 연구자들

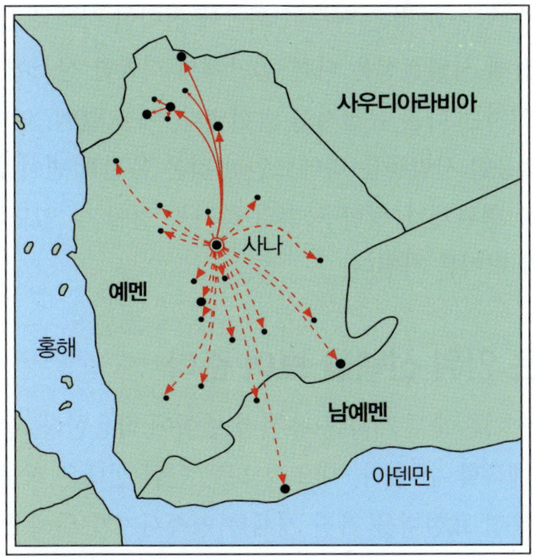

그림 16.4 PKU에 대한 명백한 돌연변이. 이스라엘 예멘 유대인 가족의 결실 돌연변이는 아마도 18세기 중반에 예멘의 사나에서 발생했을 것이다. 대립유전자는 1809년 가족이 사나에서 이사하면서 북쪽으로 퍼졌고(실선 화살표), 이후 다른 지역(점선 화살표)으로 퍼지며, 결국 이스라엘로 퍼졌다. (출처: Data from Smadar Avigad, et al., A single origin of phenylketonuria in Yemenite Students, Nature 344:170, 1990년 3월 8일)

은 법정 및 종교기록을 사용하여 이 돌연변이를 가진 가족이 예멘의 수도에서 북쪽으로 떠나 세 개의 마을로, 그런 다음 이스라엘로 이동했음을 알아냈다. 그들은 이스라엘에서 PKU를 가진 22명의 현대 예멘 유대인 가족의 조부모에서 명백한 유전자 결실을 테스트했다. 최초의 법원과 종교기록으로부터 예멘의 수도인 사나에서 PKU를 가진 두 가족이 식별되었다. 1809년까지 종교적 박해와 어려운 경제 상황으로 인해 독특한 돌연변이를 지닌 9가족이 북쪽으로 이주하여 세 개의 마을에 정착한 다음 더 멀리 퍼졌다(**그림 16.4**).

돌연변이가 드물기 때문에, 하디-바인베르크 평형에 대응하는 돌연변이의 기여는 이주 및 비무작위 교배의 영향에 비해 적다. 자발적 돌연변이 비율은 각 배우자의 반수체 유전체 당 약 170개 염기이다. 우리 각자에게는 최소한 5개의 "치명적 등가물(lethal equivalents)"이 있을 것이다. 대립유전자 또는 대립유전자 조합이 동형접합이면 죽거나 아이를 가질 수 없을 정도로 이상이 있을 것이다. 자연 선택은 대립유전자 빈도에 대한 모든 요인에 가장 큰 영향을 미친다.

핵심 개념 질문 16.5

a. 교차 및 독립적인 분리가 하지 않는 방식으로 돌연변이가 유전적 변이를 증가시키는 방법을 설명하시오.

b. 돌연변이는 대립유전자 빈도를 어떻게 변경하는가?

*c. **유전적 부하**를 정의하시오.

16.6 자연 선택

특정 환경에서 특정 표현형을 가진 개체가 다른 개체보다 생존하고 번식할 가능성이 더 클 때 환경 변화는 대립유전자 빈도를 변경할 수 있다. 환경 변화에 의해 유도되는 이러한 차별적인 번식 생존은 **자연 선택**(natural selection)이다(**그림 16.2e** 참조). 이번 장 시작 부분에서는 성인이 유당을 소화할 수 있도록 하는 유전자 변이에 작용하는 자연 선택을 연대순으로 기록하였다.

식이 패턴과 관련된 자연 선택의 또 다른 예는 대부분의 젖당분해효소 지속성을 유발 하는 점 돌연변이와는 반대인 사본 수 변이체(CNV)를 포함한다. 고탄수화물 식단을 따르는 집단에서 대부분의 사람들은 입안에서 탄수화물을 분해하기 시작하는 소화효소인 타액 아밀레이즈를 암호화하는 유전자 사본을 더 많이 가지고 있다. 저탄수화물 식단을 따르는 집단 구성원은 유전자 사본이 더 적고 아마 효소도 더 적을 것이다.

자연 선택에서 번식 성공은 매우 중요하다. 왜냐하면, 이것이 유리한 대립유전자를 전달하고 불리한 대립유전자를 제거하여 궁극적으로 집단 구조에 영향을 미치고 따라서 소진화를 주도하기 때문이다(그림 15.2 참조). 자연 선택과 동의어로 사용되는 일반적인 문구인 "적자생존"에서 "적자"는 신체적 능력이나 지능이 아니라(이러한 특성이 번식 성공으로 직접 연결되지 않는 한) 번식 성공을 의미한다.

음성 및 양성 선택

어떤 형질이 번식에 부정적인 영향을 미치기 때문에 집단에서 그 형질이 감소하면 자연 선택은 음성적으로 작용한다. 반면, 어떤 형질이 번식 성공의 기회를 향상하기 때문에 집단에서 그 형질이 더 흔해지면 자연 선택은 양성적으로 작용한다. 그러나 "음성적" 및 "양성적" 선택은 가치 판단이 아니다. 단순히 집단이 감소하거나 증가하는 특성을 나타낸다. 다윈 시대에는 자연 선택이 주로 음성적인 것으로 여겨졌다. 오늘날 DNA 염기서열 분석 결과는 인간 유전체에서 양성 선택의 "특징"을 드러냈다.

양성 선택의 한 신호는 어떤 유전자가 다른 영장류와 인간에게서 모두 존재하더라도 인간의 경우 DNA 서열뿐만 아니라 아미노산 서열에 적어도 하나의 뚜렷한 차이가 있는 경우이다. 아미노산을 대체하지 않는 DNA 서열의 변화는 단백질을 변화시키지 않으므로 표현형에 영향을 미치지 않는다. 표현형을 바꾸지 않는 변화는 자연 선택의 대상이 아니다.

젖당분해효소 지속성에 대한 대립유전자는 양성 선택의 예이다. 대립유전자는 개인 간에 서열 다양성이 거의 없는 큰 단상형(한 염색

그림 16.5 양성 선택은 셰르파(Sherpa)가 다른 사람들은 살 수 없는 높은 곳에서 번성할 수 있도록 한다. 셰르파는 지난 300~400년 동안 그들의 고향 티베트에서 네팔로 이주했다. 그들 중 다수는 특히 에베레스트 산을 오르는 등반가를 위한 등반 가이드로 일한다. 그들은 키가 작고 강하며 건강하다. 저산소증 유도인자 2(*EPAS1*) 유전자의 변이형은 저산소 조건에 대한 놀라운 적응을 담당하는 여러 대립유전자 중 하나이다. *GOODSHOOT/ Alamy*

체에 존재하는 연관된 유전자들)의 일부이다. 농업이 시작된 이래, 매우 짧은 시간 동안 인구에서 빈도가 크게 증가한 대립유전자의 DNA 서열의 지속성은 양성 선택을 나타낸다. 17.4절은 최근 인간 진화 동안 양성적으로 선택된 특성을 설명한다.

인간의 양성 선택의 극적인 예는 티베트고원에서 해발 2마일 이상에 사는 원주민("하이랜더")에서 볼 수 있다(**그림 16.5**). "높은 고도 적응" 덕분에 그들은 다른 사람들은 아프거나 생식력이 떨어지는 산소가 부족한 환경에서 번성하였다. 저지대에 사는 친척인 한족이라도 두통, 현기증, 귀울림, 두근거림, 호흡곤란, 피로, 수면장애, 피로감, 식욕 감소, 만성 고산병으로 인한 혼란 등의 증세 때문에 산에서 오래 버틸 수 없다. 그들이 높은 곳으로 올라가면, 그들의 혈류는 희박한 공기에서 최대한의 산소를 추출하는 여분의 적혈구로 가득 차서 심장마비와 뇌졸중의 위험이 커진다.

저산소 상태에 노출된 원주민이 아닌 다른 사람들에게는 저산소증 유도인자 2라는 단백질이 신장에 신호를 보내 호르몬 EPO(에리스로포이에틴)를 방출하도록 한다. EPO는 골수를 자극하여 더 많은 적혈구를 생성하여 혈액 내 헤모글로빈 수치를 증가시킨다. 토착 티베트인의 약 90%는 저산소증 유도인자 2를 암호화하는 유전자 *EPAS1*의 일부가 제거된 결실을 가진다. 이 결실은 극히 드물거나 다른 집단에서는 전혀 존재하지 않는다. 삭제가 있는 티베트인들은 또한 *EPAS1*에서 5개의 SNP 세트를 공유한다. 하이랜더 버전의 단백질은 그들이 고산 지역에서 번성할 수 있도록 한다. 티베트인들은 이 지역에 거주한 지 약 10,000년밖에 되지 않는다. 적은 양의 산소로 생존할 수 있는 능력은 빠르고 최근에 진화한 사례로 간주한다.

전장 유전체 서열결정은 다른 집단에서 희박한 산소에 대한 적응에 영향을 미치는 다른 유전자를 밝혀냈다. 예를 들어, 안데스산맥의 고지대에 적응한 사람들은 티베트인과 같은 유전적 변이를 가지지는 않지만 심장 혈관계가 적혈구 수의 증가를 견딜 수 있도록 하는 세 가지 유전자 변이를 가진다.

개 사육은 인위 선택을 보여 준다

자연 선택은 기존에 존재하는 유전적 변이에 작용한다. 통제되지 않고 대체로 예측할 수 없다. 대조적으로, 인위 선택은 작물이나 순종 개와 같은 특정 표현형을 가진 개체를 영속시키기 위해 통제된 번식이다. 자연 선택에 대한 다윈의 아이디어는 인위적으로 선택된 비둘기에 대한 관찰에서 비롯되었다.

우리는 동물의 진화를 제어하여 애완동물을 만들었다(**그림 16.6**). 애완동물은 야생종의 초기 가축화로 생겨난 후 인위 선택으로 탄생했다. 고양이는 약 10,000년 전 농업이 시작되었을 때 동쪽 지동에서 사육되기 시작했다. 그들은 살쾡이의 5개 아종 중 하나의 후손이다.

개는 약 30,000년 전에 동남아시아에서 회색 늑대로부터 길들여진 것으로 생각되었었다. 그러나 수십 마리의 고대 개에 대한 유전체 서열결정은 6,400년에서 14,000년 전 사이에 사람들을 따라 유럽으로 건너간 동부 개와 함께, 동부 및 서부 유라시아에서 2개의 원래 조상 늑대 집단이 2개의 개 집단을 발생시켰다는 가설을 뒷받침한다. 오늘날의 개 품종은 대부분 19세기에 인위적으로 선택되었지만, 오스트레일리아 불독과 실크 윈드 하운드와 같은 일부 품종은 1990년대에 개발되었다.

그림 16.6 작은 개와 큰 개. 몸집이 작은 치와와와 그레이트데인이 같은 종의 일원이라는 것이 믿기지 않는다. 인위 선택과 강력한 근친 교배 덕분에 길들여진 개의 몸 크기는 다른 육상 포유류보다 더 다양하다. *Brand X Pictures/Getty Images*

독특한 품종을 인위적으로 선택하는 데 필요한 강력한 근친 교배는 유전적 다양성을 낮추고, 그 결과 달마시안의 방광 결석에서 세인트버나드의 엉덩이 문제에 이르기까지 300가지 이상의 유전질환이 발생한다. 그러나 일부 특성에 대한 개 품종 간의 차이는 몇 가지 유전자에서 비롯된다. 예를 들어, 개털의 질감과 길이 변동성의 95%는 3개 유전자의 변이체에 의해서 생겨난다.

최근 개 가축화의 역사는 소수의 유전자만이 품종을 정의하는 이유를 설명한다. 우리는 개에서 기이함과 특이성을 선택하며, 이는 인위적으로 선택되지 않은 복잡한 특성의 기초가 될 수 있는 많은 유전자의 변이 모음이 아니라 단일 유전자의 돌연변이의 결과인 경우가 많다. 본질적으로 그 돌연변이는 살아남지 못했을 수 있다. 우리는 그것을 선택하기 위해 의도적으로 번식시킨다. 예를 들어, 바셋하운드에서 볼 수 있는 귀의 늘어짐과 왜소증은 각각 단일 유전자 돌연변이의 결과이다.

길들여진 개와 야생 친척의 유전체 분석을 통해 우리가 역사를 통해 알고 있는 사실, 즉 우리의 애완동물이 더 이상 늑대와 같지 않다는 사실이 확인되었다. 염색체에 있는 인접 SNP 블록은 현대 품종을 구별한다. 품종이 SNP 블록을 거의 공유하지 않는다는 사실은 우리가 많은 조상 DNA 서열을 선택했음을 나타낸다. 또한 동형접합성의 흐름은 강렬한 근친 교배의 명백한 징후이다. 길들여진 개별 품종이 들개보다 덜 다르다는 사실은 개 사육을 동반한 집약적인 집단 병목 현상을 반영하며 품종의 유전자 풀이 심각하게 좁혀져 있음을 의미한다.

항생제 내성은 자연 선택을 보여 준다

항생제는 세균 감염을 치료하는 데 사용된다. 많은 항생제는 박테리아가 특정 약물의 존재 하에서 생존할 수 있도록 유전적으로 변형되기 때문에 더 이상 효과적이지 않다. 질병 통제 및 예방 센터(Centers for Disease Control and Prevention)에 따르면 미국에서 매년 200만 개 이상의 항생제 내성 감염이 발생하고 23,000명이 사망한다. 항생제 내성은 돌연변이와 자연 선택 사이의 상호작용에서 발생한다.

유전적 변이는 우리 몸의 병원성 박테리아 집단에서 발생하며, 그 중 일부는 특정 항생제가 있는 경우에도 미생물이 생존할 수 있는 내성을 가지도록 한다. 감염된 사람이 약을 먹으면 민감한 박테리아가 죽으면서 증상이 완화된다. 그러나 내성 돌연변이가 번성하여 항생제에 민감한 박테리아가 비워진 틈새를 차지한다(**그림 16.7**). 머지않아 충분한 항생제 내성 박테리아가 축적되어 면역체계가 다시 감염에 반응함에 따라 다시 한번 증상을 유발한다. 일반적으로 항생제 내성 유전자는 세균집단에 이미 존재하며 이들은 약물에 대한 노출에서 살아남는다. 그러나 일부 항생제는 실제로 돌연변이를 유발한다.

내성 박테리아는 여러 가지 방법으로 항생제 작용을 우회한다. 페니실린은 박테리아의 세포벽을 불안정하게 하여 박테리아를 죽인다. 내성 박테리아는 페니실린을 분해하거나 약물이 결합할 수 없는 변경된 세포벽 구성 요소를 갖는 효소 변이체를 생성한다. 에리스로마이신, 스트렙토마이신, 테트라사이클린, 겐타마이신은 인간의 리보솜과 다른 리보솜을 공격하여 박테리아를 죽이는 항생제이다. 이들 약물은 내성 박테리아의 리보솜에 결합할 수 없다.

항생제 내성은 두 가지 방법 중 하나에서 시작될 수 있다. 박테리아 DNA는 돌연변이를 일으켜 세포 분열에 의해 한 박테리아 세대에서 다음 세대로 내성을 전달할 수 있다. 또는 저항 유전자 그룹은 플라스미드라고 하는 환형 DNA의 일종으로 박테리아에서 박테리아로 이동하는 트랜스포존(transposon)이라고 하는 이동 가능한 DNA 조각으로 전달된다. 박테리아는 일반적으로 유사한 박테리아에 트랜스포존을 전달하지만, 병원의 부자연스러운 환경에서는 유전자가 모든 박테리아로 날아가 박테리아 종 사이에 빠르게 약물 내성을 전달할 수 있다. 이것은 일반적인 박테리아 *Staphylococcus aureus*에 의한

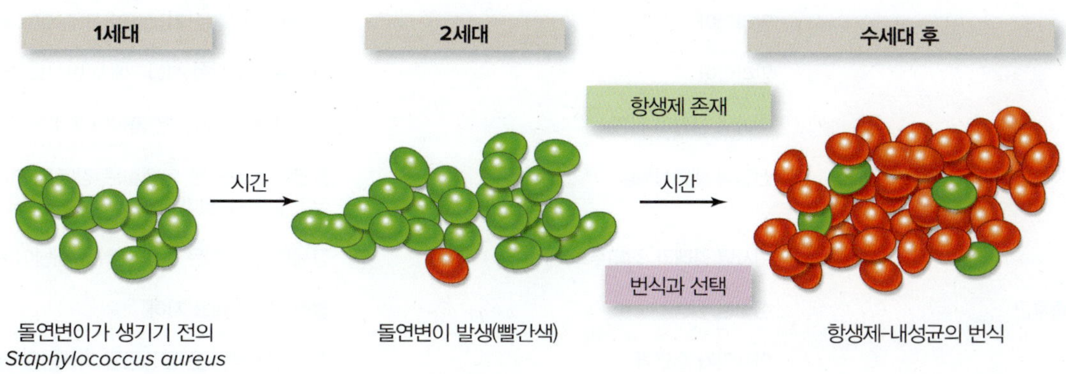

그림 16.7 항생제 내성. 항생제에 대한 내성은 박테리아 세포의 돌연변이가 약물의 존재 하에서 세포가 생존하고 번식할 수 있는 능력을 제공할 때 발생한다. 시간이 지남에 따라 돌연변이를 보유한 박테리아가 집단을 지배한다. 이는 감염이 다시 발생함을 의미한다.

감염으로 일어난 일이다.

*S. aureus*는 일반적으로 코와 피부에 적은 수로 존재하지만 많은 경우 종기, 식중독, 독성 쇼크 증후군, 폐렴 및 상처 감염을 유발한다. *S. aureus*는 1940년대에 페니실린이 도입된 직후에 페니실린에 내성을 갖게 되었다. 관련 페니실린인 메티실린이 한동안 효과가 있었지만 2000년에 메티실린 내성 *S. aureus*에 대해 MRSA라고 하는 내성 박테리아 균주가 나타났다. 2014년까지 MRSA는 일부 국가에서 *S. aureus* 감염의 90%를 차지하는 세계적인 문제가 되었다. 또 다른 항생제인 반코미신(vancomycin)은 일부 MRSA 감염 사례에 효과가 있지만 *S. aureus*는 이에 대해서도 내성을 갖게 되었다. 일부 플라스미드에는 두 약물에 대한 내성 유전자가 있다.

MRSA 감염이 증가함에 따라 자연 선택은 우리가 아니라 병원체에 이익이 된다. 즉, 우리가 싸우기 위해 사용하는 약물에 저항할 수 있는 박테리아가 생존하고 번식하여 *S. aureus* 감염이 계속되도록 한다.

평형 다형성

자연 선택이 개체군에서 해로운 표현형을 가진 개체를 제거한다면 어떻게 해로운 돌연변이 대립유전자가 유전자 풀에 남아 있을까? 유해한 열성 대립유전자는 새로운 돌연변이 생성과 이형접합자의 지속이라는 두 가지 방식으로 유지된다.

이형접합자가 감염성 질병에 저항하거나 환경 위협에서 살아남는 것과 같이 번식에 영향을 미치는 건강상의 이점을 누리면 열성 상태가 만연할 수 있다. 인구에서 질병을 유발하는 열성 대립유전자를 유지하는 이 "이형접합성 이익"을 **평형 다형성**(balanced polymorphism)이라고 한다. 다형성은 "변이체"를 의미한다는 것을 기억하자. 유전되지 않은 상태의 보호 효과가 두 개의 사본에서 유해한 대립유전자의 부정적인 효과를 상쇄하고 집단에서 빈도를 유지하기 때문에 효과가 균형을 이룬다. 평형 다형성은 평형 선택의 한 유형으로, 보다 일반적으로 집단에서 이형접합자를 유지하는 것을 의미한다. 몇 가지 예가 뒤에 서술되며 이들 및 기타 예가 **표 16.3**에 요약되어 있다.

겸형 적혈구병과 말라리아

겸형 적혈구병은 상염색체 열성이며 빈혈, 관절 통증, 비장 부종, 빈번하고 심각한 감염을 유발한다(그림 12.3 참조). 이것은 평형 다형성의 고전적인 예이다. 보인자는 말라리아에 내성이 있거나 매우 경미하게 발생한다.

말라리아는 오한과 발열의 주기를 일으키는 기생충 *Plasmodium falciparum* 또는 관련 종의 감염에 의해 걸린다. 기생충은 모기 *Anopheles gambiae*의 침샘에서 생애주기의 첫 번째 단계를 보낸다. 감염된 암컷 모기가 사람의 혈액을 채취하면 말라리아 기생충이 적혈구에 들어가 기생충을 간으로 운반한다. 적혈구가 터지면서 몸 전체에 기생충을 방출한다.

겸형 적혈구병에서 혈액은 여러 가지 방법으로 말라리아 기생충의 성장을 방해한다. 혈액은 정상보다 진해서 기생충의 감염 능력을 방해할 수 있다. 세포의 구부러진 모양은 기생충이 자라는 것을 방지하고 기생충이 적혈구를 빠져나가는 것을 차단하여 다른 유형의 숙

표 16.3 평형 다형성

질병 1 (유전성, 보인자)	질병 2로부터 →	질병 2	왜냐하면 →	기전
겸형 적혈구병		말라리아		비정형 적혈구는 기생충이 살 수 없도록 한다.
G6PD 결핍증		말라리아		기생충은 비정형 적혈구에서 번식할 수 없다.
페닐케톤뇨증		태아의 곰팡이 감염		증가된 페닐알라닌은 곰팡이 독소를 비활성화한다.
프리온 단백질 돌연변이		전염성 해면상뇌증		돌연변이 프리온 단백질은 감염성 프리온 단백질이 있을 때 잘못 접힐 수 없다.
낭포성 섬유증		설사병(콜레라, 장티푸스)		장세포의 더 적은 수의 염화물 채널이 수분 손실을 방지한다.
스미스-렘리-오피츠 증후군		심혈관 질병		혈청 콜레스테롤 저하.
신장병 (아포리포단백질 L1 변이체 G1과 G2)		아프리카 수면병		APO L1 단백질은 원생동물 기생충을 잘라낸다.

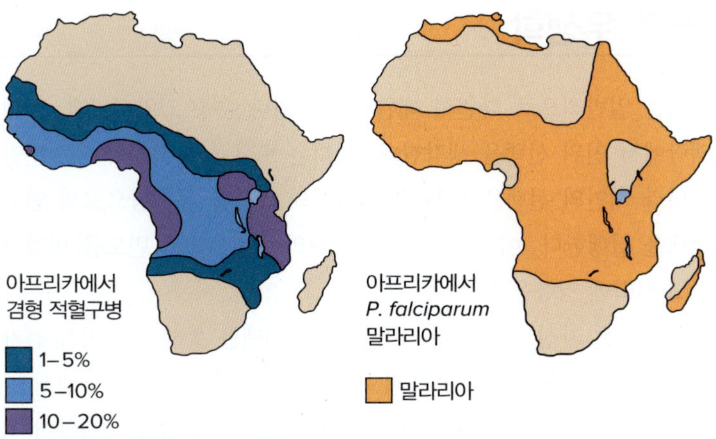

그림 16.8 지리는 평형 다형성을 보여준다. 아프리카에서 말라리아 환자와 겸형 적혈구병 환자의 분포를 비교하면 평형 다형성을 이해시킨다. 겸형 적혈구병 보인자는 혈액의 변화가 건강을 해치지 않지만, 말라리아 기생충을 억제하기 때문에 말라리아에 내성이 있다.

주 세포에 도달하여 감염을 퍼뜨리는 것을 방지한다. 또한 많은 적혈구가 너무 빨리 파열되어 기생충을 쫓아낸다. 겸형 적혈구병 보인자의 혈액에는 기생충의 활동을 방해할 만큼의 비정형 세포가 충분하지만, 일반적으로 순환을 차단할 만큼의 비정형 세포는 안 된다. 말라리아 기생충을 차단하는 두 가지 다른 글로빈 이상은 지중해성 빈혈과 헤모글로빈 C이다(표 12.5 참조).

겸형 적혈구병 보인자의 보호 효과에 대한 단서는 세계 여러 지역에서 두 가지 질병의 발병률이 현저하게 다르다는 것에서 알 수 있다(**그림 16.8**). 미국에서는 아프리카계 미국인의 8%가 겸형 적혈구 보인자이고 일부 아프리카 지역에서는 최대 45~50%가 보인자이다. 아프리카인들은 수명을 단축하는 고통스러운 질병에 대해 알고 있었지만 겸형 적혈구는 1910년까지 의학 저널에 보고되지 않았다(12.2절 참조). 1949년 영국의 유전학자 앤서니 앨리슨(Anthony Allison)은 열대 아프리카에서 겸형 적혈구병 보인자의 빈도가 일 년 내내 말라리아가 유행하는 지역에서 더 높다는 것을 발견했다. 말라리아로 입원한 어린이의 혈액 검사는 거의 모든 것이 야생형 겸형 적혈구병 대립유전자에 대한 동형접합자임을 보여주었다. 그들 중 소수의 겸형 적혈구병 보인자들은 가장 경미한 말라리아 사례를 보였다. 말라리아가 겸형 적혈구병 대립유전자를 가지지 않은 사람들을 죽임으로써 겸형 적혈구병 대립유전자가 지속되도록 하였는가? 말라리아가 드문 곳에서 겸형 적혈구병이 더 드물다는 사실은 겸형 적혈구병 이형접합자가 감염으로부터 보호한다는 생각을 뒷받침한다.

말라리아가 만연한 환경에서 겸형 적혈구병 보인자의 이점에 대한 추가 증거는 겸형 적혈구병의 증가가 *Anopheles* 모기의 번식지를 제공하는 작물 재배와 병행한다는 사실이다. 기원전 1,000년경에 동남아시아에서 온 말라요-폴리네시아 선원들은 바나나, 참마, 토란, 코코넛 등 새로운 작물을 가져오기 위해 카누를 타고 동아프리카로 여행했다. 정글이 이러한 작물을 재배하기 위해 개간되었을 때 모기가 열린 공간을 차지했다. 곤충은 말라리아 기생충의 생활사 중 일부를 위한 서식지를 제공했다.

겸형 적혈구병 대립유전자는 남부 아라비아와 인도에서 이주한 사람들에 의해 아프리카로 옮겨졌거나 동아프리카의 돌연변이에 의해 직접 발생했을 수 있다. 그러나 겸형 적혈구병 대립유전자의 한 사본을 물려받은 사람들은 살아남았거나 자연 선택의 본질인 말라리아에 감염되지 않았다. 이 건강한 보인자는 더 많은 자녀를 가졌고 보호 대립유전자를 그들 중 약 절반에게 전달했다. 점차, 동아프리카의 겸형 적혈구병 대립유전자의 빈도는 35세대에 걸쳐 0.1%에서 45%로 증가했다. 그러나 보인자 중 두 명이 겸형 적혈구병에 걸린 아이를 낳을 때마다 이러한 유전적 보호에 대한 대가를 치렀다.

사이클이 시작되었다. 다수의 겸형 적혈구병 보인자가 있는 정착지가 말라리아에서 탈출했다. 사람들은 식량을 재배하고 질병을 옮기는 모기를 지원하기 위해 더 많은 땅을 개간할 만큼 아주 강했다. 그러나 오늘날 말라리아를 잘 통제하는 아프리카 국가에서는 겸형 적혈구병 대립유전자의 빈도가 감소했다. 선택 압력이 꺼져 있다. 역사적 사례에서는 미국 일부 지역에서 말라리아가 흔한 시기에 대해 설명한다.

낭포성 섬유증 및 설사병

평형 다형성은 낭포성 섬유증(CF)이 그렇게 흔한 이유를 설명할 수 있다. 즉, CF에 의한 세포 결함이 특정 설사병을 예방한다. 설사병 전염병은 많은 인류에게 흔적을 남겼고 개발도상국에서 계속해서 주요 살인범이 되고 있다.

심한 설사는 몸을 빠르게 탈수시키고 쇼크, 신부전 및 심부전을 일으키고 수일 내에 사망에 이르게 한다. 콜레라에서 박테리아는 소장 세포에서 염화물 채널을 여는 독소를 생성한다. 염분이 장 세포를 떠나면서 물이 쏟아져 나와 설사를 일으킨다. CFTR 단백질은 정반대로 염화물 채널을 닫고 염분과 물을 세포에 가두어 점액과 기타 분비물을 건조시킨다(그림 1.6 참조). 독소가 소장세포에서 염화물 채널을 열 수 없으므로 CF가 있는 사람은 콜레라에 걸릴 가능성이 매우 낮다.

CF 보인자는 평형 다형성의 혼합 축복을 누린다. 그들은 CF로 인해 호흡이 힘들고 췌장이 막히는 것이 유발될 수 있을 만큼 비정상적인 염화물 통로가 충분하지 않지만 콜레라 독소를 차단하기에 충분한 결함을 가지고 있다. 역사 전반에 걸쳐 콜레라가 유행하는 동안 돌연변이 CF 대립유전자를 보유하는 개인은 선택적인 이점을 가지고 있었고, 그들은 이러한 대립유전자를 미래 세대에 불균형적으로 전달했다.

CF는 서유럽에서 발생했고 콜레라는 아프리카에서 시작되었기 때문에 CF 이형접합의 초기 증가는 다른 설사 감염인 장티푸스에 대한 반응일 수 있다. 원인이 되는 박테리아인 *Salmonella typhi*는 독소를 생성하지 않고 소장 내벽 세포로 들어간다. 단, CFTR 채널이 있는 경우에만 가능하다. 중증 CF가 있는 사람의 세포는 세포 표면에 도달하지 않는 CFTR 단백질을 생성하므로 박테리아가 들어갈 수 없다. CF 보인자의 세포는 일부 박테리아를 허용한다. 따라서 설사를 유발하는 감염에 대한 보호는 집단에서 CF를 유지했을 수 있다.

핵심 개념 질문 16.7

*a. **자연 선택**을 정의하시오.

*b. 양성 자연 선택과 음성 자연 선택을 구별하시오.

*c. 인위 선택이란 무엇인가?

*d. 질병을 유발하는 대립유전자가 집단에서 사라지지 않는 두 가지 이유를 제시하시오.

e. 평형 다형성이 집단에서 유전병을 어떻게 유지하는지에 대한 예를 드시오.

16.7 우생학

우리는 일반적으로 다윈의 애완용 비둘기나 순종 고양이, 개, 말의 맥락에서 인위 선택을 생각한다. 우리는 또한 사회적 수준에서뿐만 아니라 개인의 선택을 통해 우리 자신의 번식을 통제함으로써 인위 선택을 실행한다. 이 행동이 다음 세대의 대립유전자 빈도를 변경하면 소진화에 영향을 미친다.

사람들은 자신도 모르는 사이에 생식 선택을 통해 자손의 유전자를 제어할 수 있다. 그들은 특정 특성을 가진 짝을 찾고 보조 생식 기술에 사용할 특정 특성을 가진 난자 또는 정자 기증자를 선택하여 이를 수행한다(제23장 참조). 사회적 수준에서 **우생학**(eugenics)은 인구의 유전적 구조를 변화시킬 의도로 인간의 번식을 통제하는 프로그램이나 정책을 의미한다. 이것의 목표는 고통을 완화하는 의학적 유전학의 목표와 상당히 다르다(**생명윤리학** 참조). 우생학은 두 가지 방향으로 작용한다. 긍정적인 우생학은 우월하다고 여겨지는 사람들 사이에서 번식에 대한 인센티브를 창출한다. 부정적인 우생학은 열등하다고 판단되는 사람들의 번식을 방해한다. 분명히 우생학적 조치는 매우 주관적이다.

우생학이라는 단어는 1883년 프란시스 갈톤(Francis Galton) 경에 의해 만들어졌는데, "선한 출생"을 의미한다. 그는 우생학을 "더 나은 혈통을 통한 인류 생식질 개선의 과학"으로 정의했다. 우생학

역사 엿보기

인간 활동으로 인해 질병을 유발하는 기생충을 옮기는 모기에게 틈새가 열리면서, 3세기 동안 말라리아는 미국을 괴롭혔다. 크리스토퍼 콜럼버스(Christopher Columbus)를 시작으로 유럽 탐험가들은 말라리아를 가져왔지만 확산하지 않은 가벼운 상태였다. 말라리아가 미국에서 치명적인 전염병이 된 것은 기생충을 옮기는 모기가 서부 아프리카의 노예들과 함께 도착했을 때였다.

1776년까지 모기떼가 조지아에서 펜실베이니아를 거쳐 말라리아를 옮겼고, 개척자들은 이 질병을 서부로 옮겼다. 숲과 초원을 개간하고 수로를 파서 모기에게 새로운 광활한 환경을 제공했다. 일부 아프리카인은 겸형 적혈구병에 대한 이형접합자(보인자)였기 때문에 보호를 받았지만, 백인이 취약했고 아메리카 원주민이 가장 취약했다. 프랑스와 스페인의 정착민들은 각각 루이지애나와 텍사스에 말라리아를 가져왔다. 1850년까지 여름 말라리아 전염병은 플로리다에서 뉴잉글랜드 중부, 심지어 캘리포니아 계곡까지 퍼졌다. 1920년대까지 공중 보건 종사자들은 모기 서식지를 제거를 위한 배수로를 파기 위해 다이너마이트를 사용하기 시작했다(**그림 16B**).

그림 16B 말라리아 확산 방지. 1920년대에 공중 보건 요원은 모기 유충이 번성하는 고인 물을 배수하기 위해 나무 그루터기를 폭파했다. *Centers for Disease Control and Prevention (CDC)*

제2차 세계대전이 시작될 무렵, 미국의 말라리아는 주로 남부에 국한되었지만, 군사 훈련장 주변의 물 때문에 다시 질병이 퍼졌다. 1942년, 전쟁 지역의 말라리아 통제 사무소는 질병을 근절하기 위한 엄청난 노력을 시작했다. 거의 5백만 가구에 DDT가 살포되었으며 주민들은 오늘날 아프리카 일부 지역에서 흔히 볼 수 있는 것처럼 밤에 모기장을 사용했다. 1951년까지 이 질병은 사라졌다. 전쟁 지역의 말라리아 통제 사무소는 결국 질병 통제 및 예방 센터가 되었다. 오늘날 이 나라에서는 매년 1,000명 정도의 사례가 보고되며 대부분이 말라리아가 유행하는 지역을 다녀온 여행자이다. 미국에서 말라리아가 근절되지 않았다면 자연 선택은 겸형 적혈구병의 보인자에게 유리했을 것이다.

생명윤리학

맞춤 아기: 우생학을 위한 산전 유전자 검사인가?

DNA 기반 기술이 생식 선택에 영향을 미치고 어떤 대립유전자가 다음 세대로 전달되는지에 영향을 미칠 수 있기 때문에 의학적 유전학은 때때로 우생학과 비교된다. 그러나 의학적 유전학과 우생학은 그 의도가 다르다. 우생학은 전체 인구의 이익을 위해 특정 "가치 있는" 유전자형을 가진 사람들만 번식할 수 있도록 하는 것을 목표로 한다. 반면 의학 유전학의 목표는 개인과 가족의 고통을 예방하고 완화하는 것이다. 그러나 한때 명확했던 우생학과 유전학 사이의 경계는 태아기 DNA 검사에 대한 접근과 검사 범위가 확대되면서 모호해지기 시작했다.

수십 년 동안 태아기 유전자 검사는 가장 흔한 이수성 염색체(추가 또는 누락) 또는 가족에서 발생하는 것으로 알려진 단일 유전자 질병만을 검출하는 데 초점을 맞췄다. 오늘날 다음과 같은 여러 단계에서 DNA를 얻어 단일 유전자 질병을 유발하는 돌연변이와 같이 태아 유전체 서열 또는 그 일부를 재구성하는 것이 가능하다.

- 초기 배아의 세포(착상 전 유전 진단에 사용, 그림 23.6 참조)
- 샘플링된 양수의 태아세포
- 융모막 융모의 세포
- 모체 혈류의 무세포 태아 DNA

태아 유전체 서열을 면밀히 조사하는 능력은 이론적으로 어떤 태아가 어떤 특성을 가지고 태아기 발달을 완료하고 태어날 것인지에 관한 일종의 품질관리를 허용할 수 있는 정보를 제공할 수 있다. 그러한 긍정적이고 부정적인 인위 선택은 결국 사회적 수준에서 영향을 미칠 수 있다.

정자가 난자를 수정시키는 것처럼 유전적 변화에 개입하는 것도 가능하다. 도입된 DNA가 염색체에 통합되면 이 작용으로 생식세포가 변경된다. 즉, 다음 세대에 전달될 수 있다.

그림 16C는 미래 인류집단에서 유전 형질의 빈도를 변경하는 복잡한 아이디어를 간단하게 보여준다.

그림 16C 맞춤 아기. 부모가 원하는 특성을 가진 자녀를 만들거나 선택하기 위해 유전 기술을 널리 사용하면 우생학적 효과가 있을까? *Finn Brandt/Vetta/Getty Images*

토론을 위한 질문

1. 21번 3염색체성 다운증후군을 가진 신생아의 발병률 감소는 우생학의 징후인가(제13장의 생명윤리학 참조)?
2. 개인을 향상시키기 위한 유전자 조작이 우생학적 조치인가?
3. 인간 수정란의 유전체를 편집했다고 주장한 최초의 연구원은 기술이 작동하는지 확인하기 위한 테스트 사례로 HIV가 세포에 들어가는 것을 차단하는 돌연변이를 도입했다. 이 개입이 특정 유전자형을 식별하기 위해 배아 또는 태아의 세포를 선택하는 것과 어떻게 다른지 설명하시오.
4. 우생학은 의도에 따라 의학적 유전학과 구별되어야 한다고 생각하는가, 아니면 질병을 예방하기 위한 광범위한 유전자 검사가 본질적으로는 우생학이므로 집단에 영향을 미칠 수 있다고 생각하는가?

운동의 열렬한 지지자는 피셔(Ronald Aylmer Fisher) 경이었다. 1930년에 그는 집단 유전학의 원리를 인간 사회에 적용하려고 시도했으며, 사회의 최상위 계층은 "유전적으로 불임"인 경향이 있어 덜 부유한 계층보다 더 적은 수의 자녀를 낳는다고 썼다. 그는 이러한 가족 규모의 차이가 문명이 궁극적으로 무너지는 이유라고 주장했다. 그는 이 상황을 해결하기 위해 고소득 가정에서 태어난 자녀마다 국가에서 현금을 주는 것을 포함하여 몇 가지 실용적인 제안을 했다.

20세기 초에 우생학은 순수하다고 생각되는 것을 유지하는 데 중점을 두었다. 아이러니하게도 한 저명한 유전학자인 버뱅크(Luther Burbank)는 우생학적 노력의 시작 부분에서 유전적 다양성의 가치를 깨달았다. 흥미로운 식물을 선택하고 교배하여 유용한 특성을 가진 식물을 번식시키는 것으로 알려진 버뱅크는 1906년 그의 아이디어를 사람들에게 적용했다. 《*Training of the Human Plant*》이라는 책에서 그는 미국으로의 이민을 장려하여 새로운 미국인이 다른 인종과 결혼할 때 형질의 유리한 조합이 나타날 수 있도록 했다. 그러나 버뱅크의 계획은 "바람직한" 형질을 가진 개체만 번식할 수 있다는 선택단계에서 문제에 부딪혔다. 어떤 형질이 바람직한지 누가 결정했을까?

미국 동부 해안 지역에서 다벤포트(Charles Davenport)는 우생학 운동을 주도했다. 1910년 그는 뉴욕 콜드 스프링 하버에 우생학 기록 사무소를 설립했다. 그곳에서 그는 기관, 교도소, 서커스 및 일반

사회의 데이터를 수집하기 위해 엄청난 노력을 기울였다. 그는 "나쁜 마음", "범죄", "난잡함" 및 "사회적 의존성"과 같은 단일 유전자에 거의 모든 형질을 단일 유전자성으로 여겼다. 유명한 사건이 17세 캐리 벅(Carrie Buck)의 사건이다. 그녀는 학교에서 B학점 정도의 평범한 학생이었지만, 그녀는 어머니가 심신미약으로 정신병원에 있고, 그녀는 강간에 의해 혼외 자녀를 낳았는데, 자신과 마찬가지로 심신미약으로 여겨지는 딸을 낳았다는 이유로 1927년에 고향 샬러츠빌에서 범죄자로 재판받았다. 올리버-웬델 홈즈 주니어(Oliver Wendell Holmes Jr.) 판사는, **"3대에 걸친 어리석은 사람이면 충분하다."**라고 판결했다. 캐리 벅은 또 다른 "사회적으로 부적절한 자손"을 갖는 것을 방지하기 위해 불임 수술을 받은 최초의 사람이었다. 당시에 그려진 조잡한 가계도는 캐리 벅과 그녀의 심신미약의 "유전된 특성"을 보여준다.

다른 나라들은 우생학을 실천했다. 한 역사가에 따르면, 1934년부터 1976년까지 스웨덴 정부는 "사회를 더 나은 방향으로 변화시키는 과학적이고 현대적인 방법"의 일환으로 특정 개인을 불임 시술을 강요했다. 처음에는 정신질환자만 불임 시술을 받았지만, 나중에는 가난한 미혼모도 포함됐다. 1970년대 여성운동은 강제 불임의 폐지를 주장했다.

1994년 중국은 모자보건법을 통과시켰다. '신생아 인구의 질 보장'을 제안하고 신체검사에서 지적장애, 정신질환, 발작을 포함하는 '심각한 성격의 유전질환'이 나타나면, 이것이 보인자에 대한 우성이거나 열성이 아니고 복합적인 유전일지라도, 두 사람 사이의 출산을 금지했다. 신체검사는 실제로 같은 유전질환의 보인자를 놓칠 것이다.

우생학의 또 다른 모습은 전쟁하는 상대방이 유전적으로 다를 때, 전쟁과 침략이다. 역사를 통틀어 전쟁과 갈등은 때로는 극적으로 유전자 풀을 변경했다. 이러한 효과는 강간 피해자의 유전자를 "희석화"할 의도로 다른 그룹의 남성이 한 그룹의 여성을 강간하는 형태를 취할 때 우생학적이다. 최근 몇 년 동안 르완다, 콩고, 다르푸르에서 정복자들은 자신들의 의도가 희생자들의 유전적 기여를 줄이고 자신의 유전자를 퍼뜨리는 것이라고 주장했다. 그 진술은 우생학의 실제 정의이다.

인류는 약 200,000년 전에 아프리카에서 발생했다. 많은 사람이 아프리카에 남아 있는 동안 소수의 사람이 전 세계로 퍼져 나감에 따라 우리의 행동과 지능은 문화를 도입했다. 제17장에서는 DNA의 염기서열에서 발견되는 과거에 대한 단서를 통해 우리의 여정 중 일부를 탐구한다.

핵심 개념 질문 16.7

*a. 우생학이란 무엇인가?

*b. 우생학과 의학 유전학은 어떻게 다른가?

*c. 긍정적인 우생학과 부정적인 우생학을 구별하시오.

학습 가이드

핵심 용어

혼합(admixture) 이전에 서로 다른 두 집단의 개인이 결혼하여 자녀를 낳을 때 발생하는 유전자 변이의 새로운 조합.

평형 다형성(balanced polymorphism) 이형접합자가 번식에 유리하기 때문에 집단에서 유해한 열성 대립유전자가 유지되는 것.

연속 변이(cline) 한 지리적 영역에서 인접 영역으로 변경되는 대립유전자 빈도.

동족 결혼(endogamy) 한 집단 내에서 결혼하는 것.

우생학(eugenics) 사회적 목표를 달성하기 위해 개인의 생식 선택을 통제하는 것.

유전적 부동(genetic drift) 우연으로 인한 집단 내 대립유전자 빈도의 변화.

유전적 부하(genetic load) 한 집단에서 유해한 열성 대립유전자의 집합.

혈통 유전자(identical by descent) 여러 세대에 걸쳐 함께 전달되는 연결된 DNA 염기서열.

자연 선택(natural selection) 특정 환경에서 특정 표현형을 가진 개체의 차별적 생존 및 번식으로, 다음 세대의 대립유전자 빈도가 변경될 수 있음.

집단 병목(population bottleneck) 집단의 많은 구성원을 죽인 사건으로 인해 집단 규모가 크게 감소한 후 집단의 개체 수를 회복하는 것. 이것은 유전적 부동을 가속화함.

동형접합성 흐름(run of homozygosity) 연속 SNP(단일 염기 다형성)가 동형 접합인 유전체 영역으로, 동일한 패턴을 가진 다른 사람과 조상을 공유함을 나타냄.

복습문제

1. "동형 접합성 흐름"은 무엇인가?
2. 비무작위 교배, 이주, 집단 병목 현상 및 돌연변이가 각각 하디-바인베르크 평형에서 대립유전자 빈도를 변경할 수 있는 기작의 예를 드시오.
3. 동형접합자를 이룰 경우 유전병을 일으키는 돌연변이 대립유전자가 집단에서 어떻게 지속될 수 있는가?
4. 집단에서 동형접합성을 증가시키는 것이 왜 해로울 수 있는가?
5. 역사, 사회학, 인류학에 대한 지식은 유전학자들이 대립유전자 빈도 데이터를 해석하는 데 어떻게 도움이 되는가?
6. 창시자 효과가 집단 병목 현상과 어떻게 다른지 구별하시오.
7. 동일한 집단에 작용하는 음성 및 양성 선택의 예를 드시오.
8. 인위 선택과 자연 선택의 공통점은 무엇인가? 차이점은 무엇인가?
9. 전염병으로부터 보호하는 유전병 대립유전자의 이름을 쓰시오.
10. 유전적 부동, 비무작위 교배 및 자연 선택이 어떻게 상호작용할 수 있는지 설명하시오.
11. 기후 변화가 겸형 적혈구병의 보인자 빈도에 어떤 영향을 미칠 수 있는가?
12. 우생학적 행동이나 정책의 세 가지 예를 인용하시오.

응용문제

1. 아시아계 미국인이 유럽계 미국인보다 젖당 과민성이 더 많은 이유는 무엇일까?
2. 유태인 사이에 더 널리 퍼져 있는 단일 유전자 질병의 보인자를 선별하는 프로그램인 Dor Yeshorim은 양성 또는 음성 자연 선택의 예인가?
3. 데이트 앱이 비무작위 교배 측면에서 집단의 유전적 변화에 어떤 영향을 미칠 수 있을까?
4. 1500년 이전에 중세 아일랜드의 게일 사회는 물리적으로나 문화적으로나 유럽의 나머지 지역으로부터 스스로를 고립시켰다. "나일의 후손"이라고 불리는 그룹의 남성은 단일 조상으로부터 Y 염색체를 물려받았다. 그 사회에서 남성은 여러 파트너를 얻었고 혼외에서 태어난 아들은 완전히 받아 들여졌다. 오늘날 아일랜드 북서부의 한 지역에서는 남성 5명 중 1명은 "나일의 후손" Y 염색체를 가지고 있다. 아일랜드 전체에서 나일의 특징을 가진 Y 염색체의 비율은 8.2%이다. 켈트어가 게일어와 유사한 서부 스코틀랜드에서는 남성의 7.3%가 나일 Y를 가진다. 미국에서는 유럽 혈통 중 2%이다. 전 세계적으로 나일 Y 염색체는 전체의 0.13%만 차지한다. 이 연구 결과는 이 장의 어떤 개념을 설명하는가?
5. 다음 상황, 예 또는 발견 각각이 비무작위 교배, 이주, 유전적 부동, 돌연변이, 자연 선택 또는 이러한 요인의 조합을 나타내는지 여부를 표시하시오.
   a. "할머니 가설(granny hypothesis)"은 치매에 걸리지 않은 조부모가 손자의 지적 발달에 기여하여 손자가 생존할 가능성을 높인다는 것이다. 이 효과에 대한 증거는 혈관성(혈관 관련) 치매의 위험을 낮추는 11개 유전자의 변이가 노인들 사이에서 더 널리 퍼져 있다는 것이다.
   b. 10명의 버림받은 사람들이 섬에 난파되었다. 일등 항해사는 파란 눈을 가지고 있고, 나머지는 갈색이다. 일등 항해사는 우연히 떨어진 코코넛에 맞아 죽었다.
   c. 펜실베이니아주 랭커스터의 구제도파 아미쉬족은 다지증(손가락과 발가락이 정상인보다 더 많음)이 있는 경우가 나머지 세계의 다지증을 가진 사람들을 합친 것보다 많다. 다지증을 가진 모든 개인은 우성 돌연변이가 시작된 동일한 사람의 후손이다.
   d. 인간세포에서 HIV를 차단하는 *CCR5* 돌연변이는 페스트를 유발하는 박테리아에 의한 감염도 차단한다. 7세기 전 유럽에서 "흑사병" 전염병이 집단의 보호 대립유전자를 증가시켰다. 오늘날 돌연변이로 인해 미국과 영국의 300만 명이 HIV 감염에 내성을 갖게 되었다.
   e. 아프리카계 미국인은 유럽인보다 고혈압과 관련된 말기 신장질환을 가질 가능성이 더 크다. *ApoL1*이라고 하는 22번 염색체의 유전자에 있는 두 가지 변이체가 신장질환을 유발한다. 이 두가지 단백질은 혈액으로 분비되지만 신장질환이 있는 아프리카계 미국인이 가진 것만이 아프리카 수면병을 유발하는 기생충도 죽인다. 이 돌연변이는 아프리카 수면병으로부터 보호하기 때문에 지속된다.
6. 이 장에서 논의된 다음 공상과학 플롯은 어떤 원리를 설명하는가? 일부 플롯은 두가지 이상의 개념을 설명할 수 있다.
   a. 소설과 영화 〈*SevenEves*〉에서 달은 일곱 조각으로 부서진다. 2년 이내에 조각이 지구 표면으로 부서져 내려 수세기 동안 지구를 사람이 살 수 없는 곳으로 만들 것으로 예상되고 지구의 인류집단은 이에 대비해야 한다. 이미 거대한 우주 정거장에 살고 있는 일부 사람들은 생존하고, 다른 사람들은 그들과 합류하도록 선택된다. 다른 모든 사람들은 달 쓰레기와 강렬한 더위에 죽는다. 위의 "클라우드 방주"에서 인간 종은 줄어들었지만 아기를 낳는 보조 생식 기술의 도움으로 7명의 생존 여성에서 결국 부활한다. 달이 뜨고 5,000년이 지난 후, 치유된 지구에 살 준비가 된 인류 인구는 30억 명으로 부활했다.
   b. 지구의 먼 미래를 배경으로 한 〈*The Time Machine*〉에서 한 그룹의 사람들은 강제로 표면에 살고 다른 그룹은 동굴에서 살게 된다. 여러 세대에 걸쳐 그룹이 갈라진다. 지하에 사는 모록은 검은 피부와 검은 머리카락을 가지고 있으며 공격적으로 행동한다. 지상에 사는 엘로이는 금발, 고운 피부를 가지며 온순하다.
   c. 〈*In Children of the Damned*〉에서 작은 마을의 모든 여성은 갑자기 다른 행성에서 온 유전적으로 동일한 존재에 의해 임신된다.
   d. 딘 쿤즈(Dean Koontz)의 소설 《*The Taking*》에서 거대한 돌연변이 균류는 지구상의 거의 모든 사람을 죽이고 어린 아이들과 그들을 보호하는 소수

의 성인만 남겨 둔다. 인류는 생존자들로부터 스스로를 재건해야 한다.

e. TV 시리즈 〈*Wayward Pines*〉에서 대부분의 현대 인간은 기후 변화로 인한 환경 붕괴의 여파로 사망한다. 생존자들은 이후 수세기 동안 인간 가족 구조를 유지하면서도 점점 더 사나워진다.

7. 이 장에서 논의된 어떤 기작이 다음 상황에서 하디-바인베르크 평형을 변경하는 것인가?

a. 난소적혈구증가증에서는 적혈구 원형질막을 세포질에 고정시키는 단백질이 비정상적이어서 막을 너무 단단하게 만들어 말라리아를 유발하는 기생충이 들어갈 수 없다.

b. 18세기 중반에 영국에서 온 발가락이 여러 개 달린 수컷 고양이가 바다를 건너 보스턴에 정착했고, 그곳에서 새끼 고양이를 많이 남겼다. 사람들은 이 기묘한 고양이를 사랑했고 그들을 키웠다. 오늘날 보스턴과 인근 지역에서는 발가락이 여러 개 달린 고양이가 미국의 다른 지역보다 훨씬 더 흔하다.

c. 미국의 많은 노예들은 많은 소수 민족이 있는 아프리카 지역인 나이지리아에서 무리를 지어 도착했다. 그들은 몇 군데에 상륙하여 널리 흩어져 있는 농장에 정착했다. 일단 해방되면 남부의 노예였던 사람들은 자유롭게 여행하고 흩어졌다.

d. 미국에서 약 300,000명의 사람들이 presenilin-2 유전자의 돌연변이로 인한 알츠하이머병을 앓고 있다. 그들은 모두 1760년대 독일의 두 작은 마을에서 러시아로 이주한 후 1870년부터 1920년까지 미국으로 이주한 다섯 가족의 후손에 속한다.

8. 조로아스터교는 기원전 1,200년경 이란(페르시아)의 한 부족에서 예언자 조로아스터(Zoroaster)를 따랐던 고대 종교이다. 기원후 767년에 이슬람이 전파되기 시작했을 때, 종교적 박해에 직면한 조로아스터교도의 작은 그룹이 배를 타고 인도의 구자라트주로 갔다. 남성 페르시아인은 인도 여성과 가족을 이루었다. 오늘날 인도에는 약 61,000명의 조로아스터교도가 살고 있으며 파키스탄 남부에는 40,000명이 더 있다. 그들은 또한 중동, 캐나다, 북미, 영국 및 오스트랄라시아에 정착했다. 조로아스터교의 인도 인구는 10년마다 12퍼센트씩 감소하는 반면, 인도 전체의 인구는 21% 증가했다. 연구자들은 오늘날 인도에 있는 조로아스터교의 유전체 영역을 이웃 국가의 동일한 유전체 영역과 비교했다.

a. 조로아스터교의 역사에서 혼합은 어느 시점에 일어났는가?

b. 인도에서 조로아스터교인들의 사회적 고립을 반영하는 두 가지 유형의 유전적 증거를 말하시오.

c. 인도 조로아스터교도에 대한 유전 연구는 근친과 동족 결혼의 징후를 보여준다. 이 두 가지 집단 특성은 어떻게 다른가?

9. 7,000년에서 5,000년 전 사이에 인간 Y 염색체의 DNA 서열 다양성은 급감했다. 연구원들은 특정 유전자의 돌연변이율을 분자시계로 사용하여 현대 DNA 서열을 비교함으로써 이 결론에 도달했다. 그들은 또한 지리 및 역사적 정보를 고려했다. 스탠퍼드 대학의 두 학부생은 컴퓨터 분석을 적용하여 그 시간 동안 남성에게 일어난 일을 추론하여 후손의 Y 염색체를 매우 유사하게 만들었다. 그들은 당시 아프리카, 유럽, 아시아의 그룹은 남성 가계가 구성원을 결정했고 가족 내에서 Y 염색체가 현저하게 균일한 부계사회라는 사실에서 시작했다. 각 그룹을 축소한 컴퓨터 시뮬레이션은 오늘날과 같은 획일성을 가져오지 않았지만 전체 그룹을 제거한 시뮬레이션은 그렇게 되었다. 학생들은 전쟁이 많은 Y 염색체의 현대적 유사성을 설명할 수 있다고 결론지었다. 이 시나리오는 소진화적 변화를 주도하는 다섯 가지 힘 중 어떤 것을 설명하는가?

사례 및 연구 결과

1. 50~60대 22명이 DNA 조상 검사를 통해 이복형제임을 발견했을 때, 그들은 불임의사가 자신의 정자를 사용하여 어머니를 수정하였는지 추적했다. 의사의 진료소는 2009년에 문을 닫았고 그의 정액 샘플은 저장되었지만 소수의 자손만 확인되었기 때문에 검사를 받지 않았다. 22명의 자녀가 2018년 소송을 제기했을 때 네덜란드 법원은 의사가 어머니에게 그가 기증한 정자를 사용하고 있다고 말했다는 주장을 받아들였다. 그는 수년에 걸쳐 적어도 200명의 여성에게 자신의 정자를 사용했다. 샘플에서 채취된 그 남자의 DNA 테스트를 통해 다른 이들 또한 그의 인정된 아들과 마찬가지로 그의 자손임이 확인되었다.

a. 이 장에서 설명한 소진화적 변화에 영향을 미치는 5가지 요소 중 이 사례가 설명하는 것은 무엇인가?

b. 기증자의 정자를 사용할 수 있는 횟수를 제한할 때 어떤 요소를 고려해야 할까?

c. 기증자 정자의 사용은 우생학적인가? 당신의 대답에 대한 이유를 말하시오.

2. 10.4절은 1950년대 파푸아뉴기니에서 열린 식인 풍습에서 프리온에 노출되어 감염되는 질병 쿠루를 소개했다. 오염된 뇌를 먹은 30명의 포어 노인 여성을 대상으로 한 프리온 단백질 유전에 대한 연구에서 그들 중 23명이 이형접합자였으며, 20번 염색체의 129번 아미노산이 발린으로, 상동체에서는 메티오닌으로 암호화되어 있는 것으로 나타났다. 수십 년 후 영국에서는 광우병으로 사망한 사람들이 모두 동형접합자였다. 그들의 프리온 단백질은 129번 위치에 메티오닌만 있었다. 이 연구들을 함께 고려할 때 어떤 장의 개념을 설명하는지 설명하시오.

3. 라나(Lana)는 건강한 신생아처럼 보였다. 그녀는 계획보다 일찍 발달 이정표에 도달했고 단 3주 만에 머리를 들어 올리려고 했다. 그러나 그녀는 빠르게 기술을 잃었다. 그녀는 머리를 들지 않고, 몸을 뒤집으려는 것을 멈췄으며, 그녀의 팔과 다리는 경련을 일으켰다. 그녀가 더 이상 눈을 마주치지 않자 불안한 부모는 그녀를 소아과 의사에게 데려갔다. 의사는 가족을 소아 신경과 전문의에게 소개했을 때, 그는 어리둥절해했다. "그녀는 유대인이 아닌데도, 이상하게 카나반병의 모든 증상을 보입니다." 신경과 전문의가 어떻게 틀렸는지 설명하시오.

Peter Johnson/Corbis/VCG/Getty Images

CHAPTER 17

인간 조상과 진화

유전적 기원이 가장 오래된 현대인인 코이산(Khoisan)의 유전체는 매우 다양하다. 이들의 유전 변이들은 이들이 오래전부터 수렵채취인 생활에 적응되었다는 것을 보여준다. 이들은 보츠와나와 나미비아의 칼라하리 사막에 산다.

학습 목표

17.1 인류 기원

1. 어떻게 DNA 서열이 조상을 가리키는지 말하시오.
2. 아프리카에 살았던 오스트랄로피테쿠스와 사람속의 종으로부터 우리가 DNA 증거를 가지고 있지 못한 이유를 설명하시오.
3. 현대인의 유전체 증거에 따라 네안데르탈인과 데니소바인에서 무엇이 일어났는지 기술하시오.
4. 인간 유골의 DNA 분석이 어떻게 고대인들의 이동 양상을 보여주는지 설명하시오.

17.2 분자 진화의 연구 방법

5. DNA와 단백질 서열과 염색체 띠 양상이 진화의 증거들을 어떻게 제시하는지 설명하시오.
6. "분자시계"가 어떻게 시간의 흐름을 측정하는지 기술하시오.
7. 미토콘드리아 DNA와 Y 염색체 서열이 인간 조상을 추적하는 데 어떻게 사용되는지 설명하시오.
8. 단상형이 고대 이동의 증거를 어떻게 제공하는지 설명하시오.

17.3 전 세계로 인간의 이주

9. 미토콘드리아 이브가 나타내는 의미를 설명하시오.
10. 아프리카로부터 인류집단의 확산을 설명하시오.

17.4 우리를 인간으로 만든 독특성은 무엇인가?

11. 인간 유전체와 다른 유인원 유전체들을 비교하시오.
12. 인간과 가장 유사한 생물들을 구별하는 유전자들을 목록화하시오.

개관

인간 유전자와 유전체는 오랜 과거와 현재의 다양성에 대한 증거를 보유한다. 해부학적으로 현대인의 조상들은 멸종한 고대인들과 이종 교배하였다. 인간은 어떻게 진화를 계속할 것인가?

원주민

핸드폰, 인터넷 접속, 현대 인간의 존재를 알리는 다른 표시를 가지고 있지 않은 현대인의 한 그룹이 5,000개의 그룹으로 지구상에 산재한다는 것은 상상하기 어렵다. 원주민 그룹은 다른 어떠한 그룹들보다 가장 오래된 조상 연대로 올라가고, 독특한 문화, 사회 구조, 언어를 유지하고 있다. 이주자들로부터 격리되어 원주민의 유전자 풀이 분리되고 과거 삶의 방식에 대한 적응의 표시를 유지한다. 원주민 그룹을 토착인 혹은 최초 사람이라고 부른다.

약 3억 7천만 명에 해당하는 원주민은 오늘날 세계 인구의 5% 이하이다. 이들은 90개국에 무리 지어 살고 있는데 수십 명에서 국가 인구의 꽤 큰 부분을 차지하기도 하는 등 범위가 넓다. 이렇게 독특한 부족에 살고 있는 어떤 원주민들은 여타 다른 사람들과 같이 학교에 가고 옷도 입는다. 그러나 어떤 원주민 부족은 수렵 생활을 했던 조상과 비슷한 생활방식으로 살고 있다.

현재 살고 있는 원주민들은 아프리카의 코이산족(Khoisan)과 피그미족(Pygmy), 일본의 에타족(Etas), 뉴기니의 힐족(Hill People), 130명에 불과한 브라질의 아라웨트족(Arawete)을 포함한다. 흥미롭게도 과거를 보는 것은 가장 기원이 오래된 현대인인 코이산족의 유전체로부터 나온다. 수렵채취하는 코이산은 아프리카 남부의 칼라하리 사막에서 수천 년 동안 살아왔던 방식대로 현재도 살고 있다. 이들은 산족(San) 혹은 부시맨(Bushman)으로 알려져 있으며 언어는 "딸깍" 소리를 사용한다.

연구자들은 !Gubi라고 부르는 코이산족 남자 한 사람의 완전한 유전체 서열과 남아프리카의 유명한 인권 활동가인 데스몬트 투투(Desmond Tutu) 대주교의 유전체 서열, 유력한 반투족(Bantu)의 한 무리의 유전체 서열, 서로 가까이 살았던 코이산족 세 사람의 부분 유전체 서열을 서로 비교하였다. 결과에 의하면 아프리카에 나타난 인류에서 유래한 커다란 유전적 다양성이 현재 코이산족에 지속되고 있다. 비교된 아프리카인의 유전체들은 현대 유럽인 유전체와 현대 아시아인 유전체의 차이만큼 서로 크게 다르다. 코이산 4명과 데스몬트 투투의 유전체는 1백만 자리 이상에서 서로 다르다. 코이산 유전체들과 이후에 도착하는 그룹들의 유전체들을 비교하면 더 최근에 출현한 아프리카인 사이에서 농업방식에 대한 여러 적응이 일어났음을 암시한다.

코이산족의 유전자 변이들은 사막에서 이들의 생활방식을 반영한다. 액틴-3 근육 유전자의 변이 하나가 먼 거리를 달릴 수 있는 능력을 증진한다. 칼슘 통로를 암호화하는 유전자 하나는 물을 보전한다. 쓴맛 유전자 변이는 수렵채취인이 독을 피하게 하고 아마도 약초를 찾아내게 하였다. 코이산은 또한 이들의 유전체에 없는 것에 의하여 규정된다. 다른 집단들을 말라리아로부터 보호하는 유전자 변이 하나가 코이산에게는 없다. 말라리아를 옮기는 모기들이 살 수 없는 건조 기후에서 자연 선택은 이 변이를 무시하였다.

17.1 인류 기원

우리는 누구이며, 어디서 왔는가? 시간 퍼즐 조각들, 순서에 벗어난 몇몇 사건, 잃어버린 많은 것 등 우리의 시작에 대해 매우 부족한 증거를 가지고 있다. 전통적으로 고대 생물의 증거들을 연구하는 과학자들인 고생물학자들은 현대인 호모 사피엔스 사피엔스(*Homo sapiens sapiens*)의 조상을 찾기 위하여 지구 암석 속에 있는 기록인 화석을 조사한다. 연구자들은 화석이 들어있는 암석층을 관찰하고 주변 암석에 있는 특정 방사성 화학물질들의 비율로부터 지난 시간을 추정함으로써 화석에 대략적인 시간을 부여한다. 그러나, 거친 환경들이 과거 생물의 유해들을 파괴한다.

DNA의 서열들은 시간이 지남에 따라 변화 즉, 돌연변이 되기 때문에 오늘날 생물들이 가지고 있는 DNA가 과거에 대한 증거들을 제공한다. 돌연변이 속도는 "분자시계(molecular clock)"를 제공하다. 시간에 따른 유전정보의 또 다른 원천은 제16장의 주제들인 선택적 교배, 이주, 유전적 부동, 자연 선택의 힘에 의하여 집단 내에서 변하는 유전자 변이들(대립유전자들)의 빈도이다.

DNA 서열 비교에서 2종이 더 가까울수록 그들의 DNA 서열도 더 비슷하다는 전제가 있다. 비슷한 DNA 서열은 우연히 일어난 정확히 같은 자연발생 돌연변이들에서 왔기 보다는 조상을 공유한 개체 혹은 종으로부터 왔을 가능성이 더 크다. 드물게는 고대 시료의 DNA가 현생 생물의 DNA 서열이라고 알고 있는 것에 더해질 수도 한다. 그러나 아프리카 적도 지역의 열기가 과거 DNA 대부분을 파괴했다.

화석 증거 혹은 DNA 서열 유사성으로부터 추론에 의거한 진화유연관계를 표현하는데 나무와 비슷한 도표가 사용된다. 일반적으로 오래된 종들은 나무줄기를 만들고 최근 종들은 가지와 비슷하게 갈라진다. 도표의 분기점은 가장 최근에 공유한 조상을 나타낸다. 인간과 침팬지는 공동 조상으로부터 분화하였지, 인간이 침팬지로부터 바로 진화한 것이 아니다. 비슷하게 두 6촌 형제는 증조부모를 공유한 것이지 한 형제가 다른 형제로부터 유래한 것이 아니다.

이 장에서는 인류 기원을 살펴보고, 유전자와 유전체 증거들이 인간 진화에 대한 우리의 관점에 어떻게 더해지는지 고찰한다. 인간 조상에 대한 가장 최근 사건들을 살펴보고 인간을 구별하는 특징들을 고찰하는 것으로 결론을 맺는다.

영장류 계통도에서 인간의 위치

종은 같은 종 내에서만 건강한 자손을 생산할 수 있는 개체들을 포함한다. 호모 사피엔스 사피엔스(*Homo sapiens sapiens*, 현명한 사람)는 아마도 약 200,000년 전에 처음으로 나타났다.

인간과 인간에게 원시적인 동물들은 아프리카에서 약 6백만 년전에 인간과 다른 아프리카 유인원(고릴라, 침팬지, 보노보)의 공동 조상으로부터 분화된 호모니니(Homonini)라고 불리는 분류학적으로 족(tribe)의 구성원들이다. **그림 17.1**은 우리와 가장 가까운 영장류 사이에서 인간의 위치를 보여준다.

침팬지와 공동 조상에서 갈라진 후 지질학적으로 짧게 살았던 호모니니에는 적어도 3가지 유형이 알려져 있다: 에티오피아에서 알려진 아르디피테쿠스 카다바(*Ardipithecus kadabba*), 차드에서 알려진 사헬란트로푸스 차덴시스(*Sahelanthroppus tchadensis*), 케냐에서 알려진 오로린 투게네시스(*Orrorin tugenensis*). 이들 인간 선조에 대한 화석 증거는 불충분하다. 보다 최근인 약 4백 4십만 년 전에 살았던 또 다른 사람류(homonin)인 아르디피테쿠스 라미두스(*Ardipithecus ramidus*)가 있다. "아디(Ardi)"는 1994년에 거의 6백만 년 전으로 거슬러 올라가는 인간 조상의 화석화 된 유골들이 있는 암석지대인 에티오피아의 아파르(Afar) 지구대에서 발견되었다. 골격으로부터 고생물학들은 아디가 더 원시적인 사람류보다는 더 키가 컸고, 숲속에서는 두 발로 걸었지만(이족보행), 나무에 오를 때는 사지를 사용할 수 있었다고 추론하였다. 아디는 식물을 먹었을 것이다.

2백에서 4백만 년에 살았던 인간 조상의 화석 증거는 더 완전하다. 이들은 완전히 똑바로 서서 걸었고, 초원에 있는 넓은 새로운 서식지들을 정복하였다. 이때 오스트랄로피테쿠스(*Australopithecus*)라고 불리는 사람류 몇 종이 살았는데, 이들은 아마도 수렵인의 생활방식을 따랐을 것이다. 이들에는 한 종 이상이 공존했을 것인데, 왜냐하면 아마도 서로 접촉할 수 없었을 작고 넓게 분리된 무리들로 살았기 때문이다. 오스트랄로피테쿠스신(Australopithecine)은 인간이 속한 사람속(*Homo*)으로 점차 대치되었다. 다음에서 희귀한 화석 유

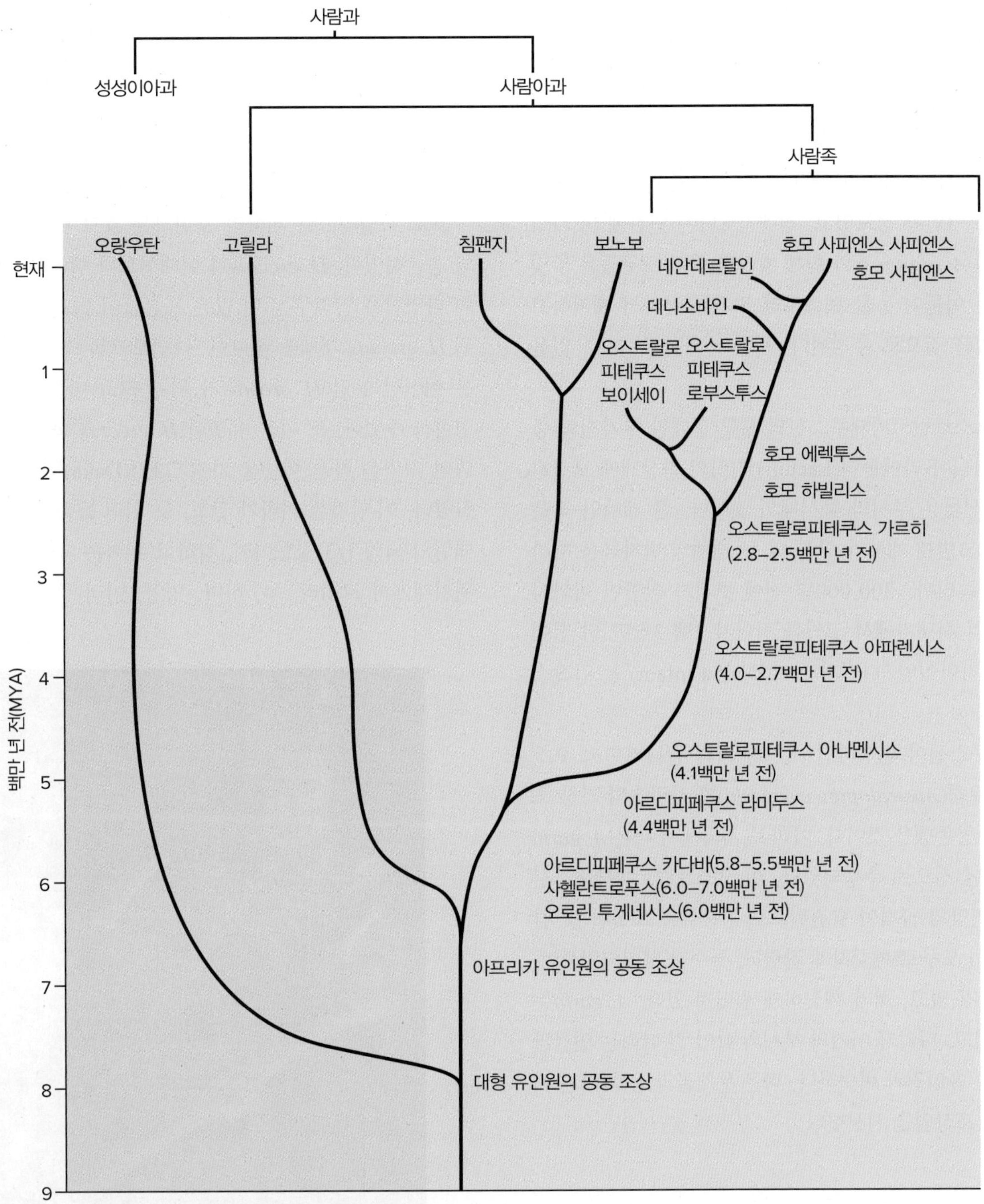

그림 17.1 영장류의 계통도에서 우리의 위치. 인간의 가장 가까운 조상들 즉, 고대인은 계통도의 우상단 인간 바로 아래에 있다.

골에서 알려진 소수의 조상과 컴퓨터 모델링과 상상으로 채워질 수 있는 것들을 소개한다. 고대 인류가 다루어지게 되면 DNA 증거는 중요하게 된다.

오스트랄로피테쿠스

오스트랄로피테쿠스신은 유인원 같은 특징들과 인간 같은 특징들이 섞여있다. 인간을 제외한 현생 영장류와 같이 편평한 두개골 바닥을 가지고 있다. 다리는 인간보다 짧으나 팔은 더 길다. 보전된 골반 뼈의 각도와 오스트랄로피테쿠스 뼈와 함께 발견되는 초식동물의 뼈로 보면 이 유인원-인간은 초원지대로 모험을 하려고 숲을 떠났다. 고생물학자들은 화석으로부터 오스트랄로피테쿠스신에 대하여 우리가 알고 있는 매우 작은 것들을 잘라 맞추기 한다. 이 사람류들은 DNA 증거를 남기기에는 너무 오래전에 살았다.

가장 오래된 오스트랄로피테쿠스 아나멘시스(*Australopithecus*

anamensis)는 약 4백 1십만 년 전에 살았다. 또 다른 종인 오스트랄로피테쿠스 아파렌시스(*Australopithecus afarensis*)는 루시(Lucy)라고 불리는 부분적인 골격 하나를 남겼는데 이것은 약 3백 6십만 년 전 에티오피아의 아파르 강 유역에서 약 20여 살까지 살았다. 루시는 신장이 약 4피트이지만, 나이가 약간 더 많은 남자에서 나온 부분적인 골격들은 5피트 3인치 정도였고, 침팬지보다는 인간에 더 가깝다. 3백 4십만 년 된 *A. afarensis*와 함께 발견된 석기 도구들은 뚜렷하게 잘려져 있어서 이들이 동물 뼈로부터 고기를 잘라서 제거하고 아마도 골수를 먹었을 것으로 추정된다. 턱은 견과를 부술 수 있을 만큼 튼튼했다.

다른 화석들이 오스트랄로피테쿠스신의 생활에 대한 부가적인 증거를 제시한다. 탄자니아 라에톨리(Laetoli) 지역의 화산재에 보전된 2개의 발자국 평행선들은 루시와 동시대의 것이다. 큰 개체와 작은 개체가 함께 걸었고 3번째 개체가 앞선 더 큰 개체의 발자국을 따라갔다. 이들은 한 가족일까? 300,000년 전에 루시가 살았던 아와시(Awash)강 삼각주의 시냇가에서 고기를 잡다가 3백 3십만 년 전에 화석이 된 3살의 여자아이인 "디키카 아기(Dikika infant)"는 갑작스런 홍수로 죽었다.

오스트랄로피테쿠스신이 번성하던 시기가 거의 끝나가면서 오스트랄로피테쿠스 가르히(*Australopithecus garhi*)가 사람속의 가장 초기 구성원들과 함께 공존했을 것이다. 아파르 지역에서 나온 *A. garhi* 화석은 2백 5십만 년 전으로 추정되었다. 이 오스트랄로피테쿠스신의 화석 근처에서 영양의 골격이 발견됨으로 짐승들을 도살한 것 같다. 영양의 장골 끝이 도구로 깨끗하게 잘렸고, 골수가 제거되었으며, 고기의 껍질이 벗겨져 있고, 혀가 깨끗하게 썰어져 있다. *A. garhi*는 키가 4.5피트 정도이고, 디키카 아기와 루시와 같이 긴 다리는 인간과 비슷하지만, 긴 팔은 유인원과 비슷하다. 작은 두개골과 큰 치아는 이들이 유인원과 같은 조상임을 시사한다.

초기 사람속

2백 3십만 년 전까지 오스트랄로피테쿠스는 사람속(genus *Homo*)의 사람류(hominin)들과 공존했다. 사람속이 어떻게 오스트랄로피테쿠스를 대체했는지, 초기 사람속이 한 종인지 여러 종이었는지 알지 못한다. 몇몇 오스트랄로피테쿠스신은 막다른 곳으로 자손을 남기지 못하고 사라졌다. 더 오래된 화석 증거에 의거하여 고생물학자들은 몇몇 사람속의 종들을 기재하지만, 골격 구조의 변이들을 나타내는 최근에 발견된 화석들은 하나이지만 사람속의 개체들을 다양한 타입으로 분류를 개정하는 작업으로 이끈다.

가장 오래된 사람속의 종은 사람속의 하빌리스(*Homo habilis*)로서 새끼들을 집중적으로 돌보기 위하여 동굴생활을 하였다. *Habilis*는 손재주가 있다는 뜻이며, 이 영장류는 동물 뼈로부터 고기를 발라내는 것 보다 더 어려운 일들을 할 수 있는 도구를 처음 사용했다. *H. habilis*는 다른 유인원-인간보다 더 다양한 음식들을 먹는 사람류로부터 기원하였을 것임으로 넓은 서식처에서 살게 되었다.

호모 하빌리스는 뒤따라 출현하는 호모 에렉투스(*Homo erectus*)와 공존하였다. *H. erectus*가 현대인보다 빨리 성숙하지만 키와 체격이 다양함을 알려주는 더 많은 표본들이 발견되기 전까지 처음 기재된 *H. erectus* 개체중 하나인 "나리오크톰 소년(Nariokotome Boy)"은 이십년 동안 *H. erectus*가 키가 크고 마른 종이라고 기재되는데 영향을 주었다. 또 다른 유명한 *H. erectus* 화석은 발견된 아파르 지역의 지명을 따른 이름을 가진 "다카(Daka)"인데 약 1백만 년 전에 살았다. 이 남자는 이마가 얕고, 눈 위의 돌출한 뼈가 억세고 뇌는 현대인의 뇌의 1/3 정도이며, 강하고 두꺼운 다리를 가졌다. 다카는 초원지대에서 코끼리, 누, 하마, 영양, 여러 종류의 돼지들, 자이언트

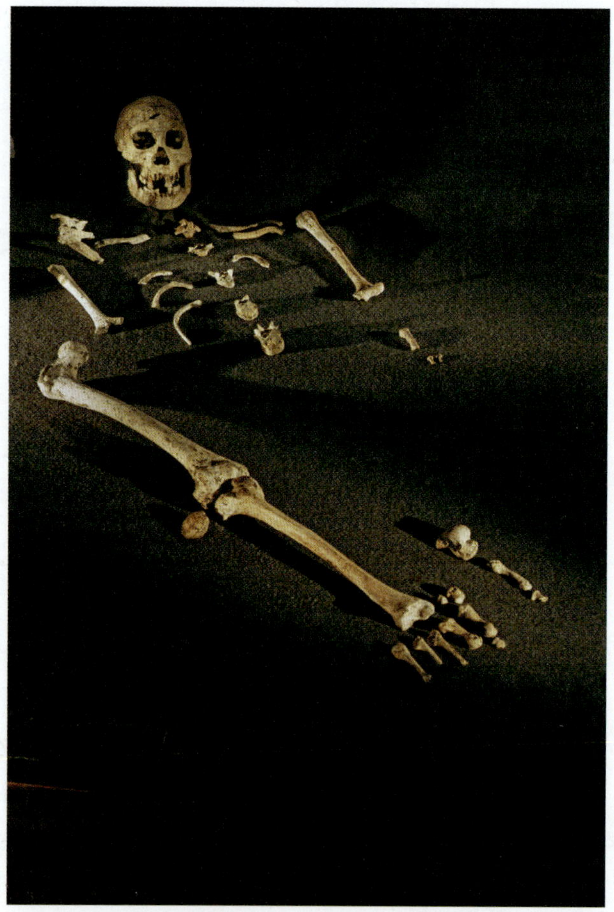

그림 17.2 재구성한 호모 에렉투스. 이 호미닌이 어떤 것과 비슷하였는지 얼마나 다양한지 알기 위하여 고생물학자들은 조지아의 드마니시(Dmanisi) 지역으로부터 나온 호모 에렉투스 몇 개체의 화석화된 골격들을 조립하였다. 이것은 약 1백 8십만 년 전에 살았다. *Danita Delimont/Alamy Stock Photo*

하이에나와 함께 살았다. **그림 17.2**는 조지아의 한 마을에 약 1만 8천 년 전에 살았던 *H. erectus*의 부분적인 골격 하나를 보여준다.

H. erectus 화석은 이들이 협동, 사회 구조, 도구, 불을 사용했다는 증거를 제시한다. 화석 치아와 턱은 이들이 고기를 먹었다는 것을 제시한다. 화석의 분포는 남자-여자 쌍으로 된 가족들로 살았다는 것을 가리킨다. 남자는 사냥하고 여자는 아이들을 양육했다. 이들은 처음으로 두개골 바닥에 각이 있어서 넓은 범위의 소리를 낼 수 있어서, 언어를 만들 수 있었다. *H. erectus* 화석은 중국, 자바, 아프리카, 동남아시아에서 발견됨으로 이들은 초기 영장류보다 더 멀리 이주하였다는 것을 가리킨다.

인도네시아의 플로레스 섬에서 발견된 3개체의 턱과 이빨 조각들로부터 *H. erectus*의 난장이 변이가 알려졌다. 이 3개체는 약 7십만 년 전으로 거슬러 올라간다. 2003년에 플로레스 섬에서 또 다른 개체의 흔적들이 발견되어 집중 보도되었다. 처음에 이 흔적들은 숯을 이용한 잘못된 분석으로 더 최근으로 연대가 측정되었지만, 이어서 바로 1십만에서 5만 년 전 사이로 측정되었다. 섬 이름이 종 이름으로 붙여진 *H. floresiensis* 혹은 소설 속 인물에서 따온 "호빗(hobbit)족"이라는 별개 종으로 보지만, 다른 연구자들은 몸이 작은 *H. eretus*의 한 곁가지로 간주한다.

고대인

DNA 증거가 호모의 가장 최근 구성원에 대한 화석 증거를 보강한다. 호모 에렉투스는 비교적 최근인 35,000년 전까지 살아남았다. 그

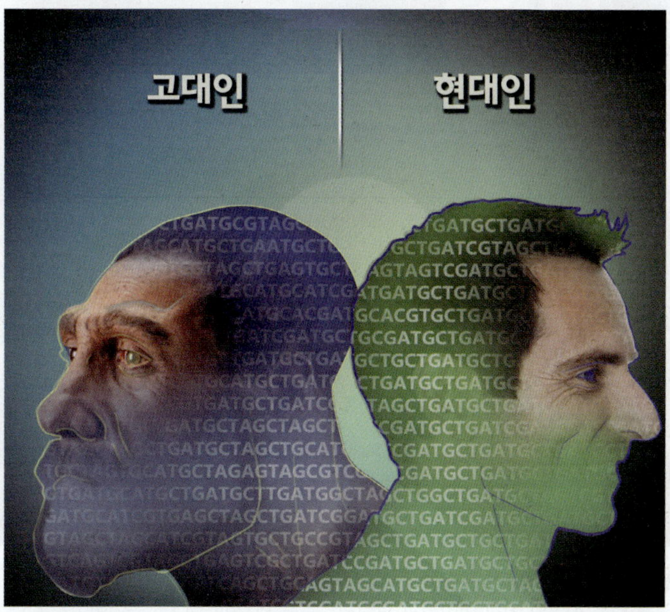

그림 17.3 고대인. 고대인의 몇 가지 계통들이 함께 공존했다. 이들은 우리와 다르기 보다는 서로 더 비슷했다. *National Human Genome Research Institute*

동안 진화 가지치기는 현대인과 비슷하고 "고대인(archaic human)"이라고 불리는 사람류의 새로운 계통들을 만들어냈다. 고대인의 2개 타입인 네안데르탈인과 데니소바인을 알고 있다(**그림 17.3**). 고대인과 달리 우리는 "해부학적으로 현대인"이다.

우리 조상 몇몇이 아프리카를 떠나서 아프리카 밖으로 퍼져나가면서, 생식적으로 성공한 집단들이 결국에는 서로 지리적으로 겹치게 되었다. 집단들이 상호 교배한다면, 유전자 흐름이 나타나면서 보전된 고대 DNA와 현대인의 유전체에 증거를 남기게 된다. 이 두 가지가 모두 나타난다. 과거 수십만 년에 걸쳐 아프리카에서 이주했던 사람들에 대하여 아는 것이 아직도 거의 없다. 다음에서 네안데르탈인과 데니소바인을 기술한다. 이들은 우리와 공유한 공동 조상으로부터 600,000년 혹은 그 이전에 갈라졌다.

네안데르탈인

약 400,000년 전에 네안데르탈인의 조상들이 현대인의 조상들과는 별개로 아프리카를 떠나기 시작했다. 이들은 유럽과 서아시아로 향했지만, 우리가 아는 한 증거를 남길 정도로 충분히 긴 기간인 약 230,000년 전까지는 그곳에 정착하지 못했다. 이들의 유전자 풀은 원시 아프리카 유전체들로부터 분화하는 시간을 갖게 되는데 아마도 더 추운 환경에 적응을 선호하는 자연 선택 때문일 것이다.

해부학적으로 현대인은 아프리카, 유럽, 아시아의 일부 무리들로서 약 200,000년 전에 처음 나타났다. 네안데르탈인의 아프리카로부터 초기 이동은 현대 아프리카인이 이들 유전체에 독특한 네안데르탈인 DNA 서열을 갖지 않는 것으로 보이지만, 그 이후에 네안데르탈인과 유럽인 및 아시아인의 조상들과 만났으므로 공유 DNA 서열을 가지고 있다.

100,000년에서 50,000년 전 사이에 아프리카를 떠난 현대인의 조상들은 유라시아로 가는 도중에 중동에서 네안데르탈인과 만났다. 이들이 공유한 DNA 변이들을 추론함으로 얻어진 증거에 의하면 이 두 계통의 사람류들은 상호 교배했다. 연구자들이 네안데르탈인의 뼈들에서 얻어진 미토콘드리아 DNA의 서열분석을 시작했을 때 상호 교배가 불가능했을 것으로 결론을 내렸다. 이후 네안데르탈인의 유전체 전체 서열을 해보니 이들이 서로 공유성이 없다는 오래된 개념이 변경되었다.

네안데르탈인은 북유럽이 빙하기에 있을 때인 30,000년 전 최근까지 지브롤터(GibraHar)의 따듯한 동굴에서 살았다. 이들은 100,000년 전부터 이 동굴에서 살았을 것이다. 화석 기록은 네안데르탈인은 사라졌지만 이들의 유전적 변이들은 현대인에 살아남아 있다고 알려준다. 이는 여러 다른 그룹들과 상호 교배하고 네안데르탈인의 생식력

역사 엿보기

1856년 여름 독일 네안더 석회석 계곡의 한 동굴 속에서 채석장 인부들이 폭발 작업할 때 네안데르탈인의 최초 골격들이 발견되었다. 흩어진 골격 잔해들을 조립해보니 작은 턱 위에 커다란 입과 이빨이 있고 돌출한 얼굴과 이마를 가진 크고 짐승과 같은 모습이었다. 50년 후에 프랑스 라샤펠오생인(La Chapelle-aux-Saints)에서 "오래된 사람"의 뼈들이 발견되면서 네안데르탈인을 원시적이고 우둔하고 아마도 관절염 때문에 몸이 구부러진 것으로 묘사하게 되었다. 또 다른 발견인 1957년에서 1961년에 걸쳐 이라크의 샤니다르 동굴로부터 발굴된 네안데르탈인 10구에는 도구들과 꽃의 잔해들이 포함되었다. 연구자들이 "낸디(Nandy)"라고 부르는 오래된 사람은 40에서 50세가량으로 늙어 죽은 것 같다. 보존된 이빨 위의 치석에는 오래 했던 녹말가루들이 남아 있었다.

네안데르탈인 DNA의 최초 시료들은 이베리아반도의 가장 서쪽인 스페인 북서부의 엘 시드론이라고 부르는 동굴 입구에서 약 700피트 떨어진 곳에서 동굴 탐험가들에 의해 우연히 발견된 뼛조각들로부터 왔다. 환경은 동굴에서 네안데르탈인 공동체가 살 수 있을 정도로 아주 따뜻했고 DNA를 포함한 유해들이 보전될 정도로 동굴 속은 서늘했다. 2000년에 엘 시드론 발굴이 시작되었고 2005년까지 연구자들은 핵 DNA 보다 가혹한 환경에서 더 살아남는 미토콘드리아 DNA로부터 최초 네안데르탈인 유전자들의 서열을 판독하였다.

크로아티아 빈디자 동굴에서 발견된 38,000년 된 여자 엉덩이뼈에서 네안데르탈인 DNA가 독일 라이프치히 막스 플랑크 진화인류학연구소 연구자들에 의하여 2010년에 출판된 최초의 완전한 유전체 서열을 재구성하는 데 사용되었다. 후속 작업을 위하여 뼈들을 온전한 상태로 만들기 위하여 3구의 뼈로부터 가루로 된 먼지를 정교하게 제거하는데 치과 수술용 드릴을 사용하였다. "무균실"에서 DNA 염기서열이 되어서 연구자의 DNA가 시료를 오염시키는 것을 방지하였고, 다른 기술들로 박테리아 혹은 균류 DNA가 염기서열 되는 것을 방지하였다. 2014년에 시베리아 알타이산맥에서 분리한 50,000년에서 100,000년 전에 살았던 여자 한 명에서 두 번째 네안데르탈인 유전체 서열이 출판되었다. 이 여자 유전체의 동형접합성 영역(그림 16.1 참조)은 근친 교배가 일어났음을 가리킨다. 여자의 부모는 남매였을 것이다.

이 감소하면서 이들이 서로 동화된 것이라는 것을 강력하게 시사한다. 타임머신이 없기에 우리는 어떤 일이 발생했는지 알지 못한다(**역사 엿보기** 참조).

현대인과 네안데르탈인의 유전체는 99.7% 동일하지만 네안데르탈인이 우리의 기원에 기여하는 바는 적다. 연구자들은 기여를 유전체의 비율이 아니고 일정한 세대 수 혹은 년수로 거슬러 올라가서 한 사람에서 네안데르탈인 조상들이 차지하는 비율로 기술하고자 한다. 그림 1.9로 돌아가면 한 사람의 기원의 50%는 어머니에서, 나머지 50%는 아버지에게서 왔다. 각 조부모는 25%를 각 증조부모는 12.5%를 기여했다. 100,000년을 거슬러 올라가면 아시아인에게 조상의 약 1.8%가 네안데르탈인이고 유럽인에게는 그 비율은 약 1.5%에 해당한다.

더 옛날에 살았던 현대인은 더 큰 비율의 네안데르탈인 조상을 가진다. 예를 들어, "오셀(Oasel)"이라고 부르는 루마니아에서 40,000년 전까지 살았던 한 현대인 턱뼈에서 DNA 염기서열을 분석하면 이들은 100,000년 전에 살았던 네안데르탈인 조상들의 6~9%를 보여서 현재의 인간보다 비율이 상당히 더 크다. 오셀의 유전체에서 차지하는 네안데르탈인 비율이 더 크다는 것은 단지 4~6세대 앞서서 생식적 상대와 만남이 일어났다는 것을 제시한다!

돌연변이율과 집단 데이터를 사용하여 컴퓨터 시뮬레이션하면 오셀이 살았던 시기나 더 이전에 살았던 한 집단에서 현대인은 네안데르탈인보다 10배 더 많거나 비슷하였고 이들은 서로 상호 교배하는 하나의 무리로 살았다. 현대인 유전체 내 네안데르탈인 유전 변이들은 염색체 사이에서도 퍼져나가지 못했다. 이러한 분명한 비무작위

그림 17.4 네안데르탈인 표현형. 네안데르탈인 DNA에서 발견되는 돌연변이들 중 몇몇은 옅은 피부와 빨간 머리털과 관련되었음을 제시한다. 다른 돌연변이들은 더 거무스름한 머리털과 피부와 관련된다. *Knut Finstermeier, Max Planck Institute for Evolutionary Anthropology*

성은 현대인과의 교배가 시작되면서 한때 자연 선택이 작동했다는 것을 가리킨다. 이때는 네안데르탈인이 작고 고립된 집단으로 살았을 때로 동계 교배가 빈번히 일어났고 유전적 다양성과 생식력이 함께 감소하였다. 작은 집단에서 유전적 부동이 큰 영향을 주었을 것이다. 그러나 네안데르탈인이 더 큰 집단의 부분이 되고 나서는 자연 선택은 유해한 유전자 변이들을 제거하는 부정적 방향과 유익한 유전자 변이를 유지하려는 긍정적인 방향이 모두 작용하였다.

특정한 유전자 변이가 다른 종이나 아종의 개체 유전체로 들어오는 것을 **유전적 침투**(introgression)라고 한다. 이것은 이전에는 분리되어 있던 집단들의 개체들이 서로 상호 교배할 때 일어나는 혼합 형태보다 더 광범위하다.

네안데르탈인으로부터 온 어떠한 유전자들이 현대인의 유전체에 남아있을까? 네안데르탈인이 가지고 있었던 *MC1R* 유전자의 변이들은 주근깨, 엷은 피부, 빨간 머리털을 나타낸다(**그림 17.4**). 유전체 서열판독이 되기 전에는 이들은 모두 검은 머리털과 눈을 가진 것으로 생각되었다. 연구자들은 유전체 차이들에 따라 가설들을 제안할 수 있다. 예를 들어, 네안데르탈인 Y 염색체는 가장 오래된 현대인 Y 염색체(카메룬의 반투족의 음보 사람들)보다 2배 정도 더 오래되었고 면역체계에 영향을 주는 몇몇 유전자들의 다른 변이를 가지고 있다. 네안데르탈인 정자와 수정되어 만들어진 현대인 여자의 배아는 아마도 유산되었을 것인데 이는 네안데르탈인으로부터 물려받은 현대인의 유전자 변이들이 몇 개 되지 않음을 설명해줄 수 있다. 네안데르탈인과 현대인의 교배로 생겨난 건강한 아이의 탄생은 아주 희귀한 사건임이 확실하다.

어떤 현대인 유전체에서 약 12,000개의 단상형(연관된 유전자 세트)을 만들어서 네안데르탈인 유전자 변이들은 살아남았다. 현대인과 네안데르탈인 유전체에서 차이를 확인하면서 연구자들은 선사시대로부터의 진행된 장면들을 재구성하고 몇몇 현대인의 질병들을 이해할 수 있었다. 이것은 네안데르탈인에서 적응성이 있을 것이라고 여겨지는 몇몇 유전자의 변이들이 현대인에게서는 질병을 일으킬 수도 있음을 나타낸다. 이 가설을 검증하기 위하여 연구자들은 질병진단요금청구암호와 DNA 서열 데이터를 목록화한 eMERGE(전자의학기록과 유전체, Electronic Medical Records and Genomics)이라고 부르는 데이터베이스를 참고하였다. 연구자들은 어떤 진단들이 특정 네안데르탈인 유전자 변이들과 함께 추적되는지 그렇지 않은지 알기 위해서 데이터베이스에 있는 유럽인의 후손들 28,416명 사이에서 6,000개 단상형을 찾았다. **표 17.1**은 이 영리한 연구로부터 우리에게 영향을 줄 수 있는 확인된 네안데르탈인 유전자 변이를 목록으로 만들었다.

고객들의 유전체 1,436자리에서 네안데르탈인 SNPs(단일 염기 다형성, single nucleotide polymorphisms)가 전혀 없거나 하나 혹은 두 개인지 알고자 하는 소비자 DNA 검사 기업이 있다. 1,436자리 모두에서 네안데르탈인 변이들이 나타날 가능한 최대 수는 2,872

표 17.4 현대 유럽인 유전체 속에 있는 네안데르탈인 유전자들

표현형	유전자	가설
더 빠른 혈액응고	*SELP*(P-selectin)	상처가 치료되고 유아기까지 살아남아서 네안데르탈인에 유리하다. 수명이 긴 현대인들에게 혈액응고가 빠르게 되면 뇌졸중과 심장마비가 발생한다.
선천적 면역	*TLR1, 6, 10* (Toll-like receptors)	100,000~550,000년 전에 살았던 미생물과 기생 생물들에 대항하려고 면역체계에 경고하는 수용체 변이들이다. 현재는 이것들이 알레르기, 자가면역질환과 염증성 질병을 일으킬 위험을 증가시킨다.
니코틴 중독	*SLC6A11* (solute carrier family 6 member 11)	뇌 중독센터 내에서 시냅스로부터 신경전달물질인 감마-아미노부티르산을 흡수하는 뉴런들의 능력을 약화한다.
티아민(비타민 B1)의 수송	*SLC35F3* (solute carrier family 35 member F3)	단백질은 비타민을 소장에 수송하여 네안데르탈인 먹을거리에 많았던 복합 탄수화물을 대사하도록 하지만, 현대인의 가공된 탄수화물 음식은 훨씬 적게 포함한다.
소변 증상(감염, 요실금, 방광에 오는 고통)	*STIM1* (stromal interaction molecule 1)	네안데르탈인 변이는 방광의 기능을 조절하는 뇌 부분들에서 잘 발현되지 않는다.
광선 각화증	생체시계 유전자들	고위도에서 낮 동안 자연적 양상들에 대하여 네안데르탈인의 적응은 현대인을 이러한 전암 증상의 피부 손상을 만들게 된다.
우울증	생체시계 유전자들	현대인에게 우울증을 일으키는 유전자 변이들은 생체 리듬과 깊게 연관되는데 네안데르탈인은 다른 변이를 가지고 있다.

이다. 이 기업의 기준은 다음과 같다: 검사한 사람들의 몇 %보다 당신은 네안데르탈인 변이들이 더 많다. 수천 가지 변이들은 유전체에서 아주 희귀하다. 즉, 네안데르탈인 기준은 이것이 유용하거나 쓸모있기보다 더 흥미롭다.

해부학적으로 현대인으로부터 네안데르탈인으로 분명한 유전자 흐름이 발생했다. 유전체를 비교하면 현대인의 조상 이외의 현대인들은 약 125,000~100,000년 전에 아프리카를 떠났고 유럽의 네안데르탈인과는 교배하지 않았고 고립된 시베리아의 알타이 네안데르탈인과는 교배했다는 것을 알게 된다. 네안데르탈인이 이집트를 향해 동쪽으로 이동한 약 100,000년 전 간빙기 동안에 현대인 DNA의 네안데르탈인 유전체로의 유전자 침투는 키프로스, 이집트, 이라크, 이스라엘, 요르단, 레바논, 시리아, 터키와 페르시아만 지역에서도 역시 발생했을 것이다, 현대인보다 약 40%가 생식적으로 덜 적합하였기 때문에 순수한 네안데르탈인은 멸종했을 것이다.

데니소바인

데니소바인 이야기는 시베리아 남부 알타이산맥의 데니소바 동굴에서 발견된 분홍색 손가락뼈에서 추출한 DNA를 바탕으로 한 2010년 기술에서 시작된다. 이 동굴에 네안데르탈인도 살았기 때문에 연구자들은 처음에는 이 뼈가 네안데르탈인의 것으로 생각했다. 그러나 손가락뼈 세포의 미토콘드리아 DNA 서열이 네안데르탈인이나 현대인과도 달랐다. 2012년까지 연구자들이 동굴 벽의 암석 여러 층에서 발견한 다른 개체들의 2개 어금니 세포로부터 유전체 서열을 분석해서 보니 어금니들은 서로 다른 시기의 것임을 알게 되었다. 이 데니소바인 유전체 서열은 서로 아주 달랐기 때문에 동굴에 살았던 데니소바인은 충분히 오래 살아서 유전적 다양성을 만들도록 충분한 자손들을 남겼음을 알 수 있다.

2018년에 연구자들은 데니소바인 11의 유전체 서열을 보고했는데, 유전자 변이들은 이 여자가 네안데르탈인 어머니와 데니소바인 아버지의 딸임을 나타낸다. 데니소바인 11의 미토콘드리아 유전체는 역시 데니소바인 어머니를 가리킨다.

데니즈(Denise)라는 별명이 붙은 분홍색 뼈를 가진 데니소바인 소녀 혹은 젊은 여자는 화석과 DNA 증거에 의하면 32,000~50,000년 전에 살았다. 유전체 서열에 의하면 데니즈는 검은 피부와 갈색 눈과 머리를 가지고 있었다. 현대인 집단에 있는 데니소바인 유전자 변이들은 이들이 아시아에 걸쳐 살았음을 제시한다. 현재 데니소바인과 가장 가까운 사람들은 파푸아 뉴기니, 멜라네시아, 오세아니아, 폴리네시아인들이다. 몇몇 호주 원주민들은 그들의 조상의 3.5%가 약 100,000년 전으로 거슬러 올라가는 데니소바인이다. 멜라네시아의 북부 섬과 파푸아 뉴기니에 사는 사람들은 데니소바인의 가장 가까운 친척이다.

데니소바인이 살았던 동굴은 알타이 네안데르탈인과 여타 종들에

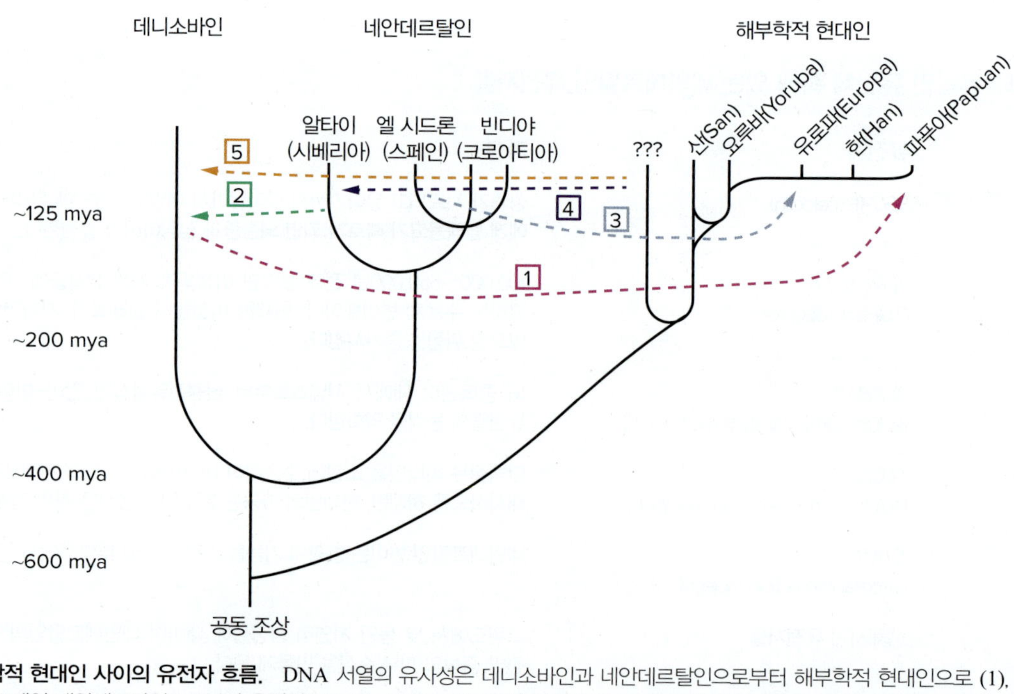

그림 17.5 고대인과 해부학적 현대인 사이의 유전자 흐름. DNA 서열의 유사성은 데니소바인과 네안데르탈인으로부터 해부학적 현대인으로 (1), 시베리아 네안데르탈인으로부터 데니소바인으로 (2), 스페인 네안데르탈인으로부터 유럽인으로 (3), 모르는 해부학적 현대인으로부터 시베리아 네안데르탈인으로 (4), 모르는 해부학적 현대인으로부터 시베리아 데니소바인으로 (5) 유전자 흐름(교배한 개체들)이 있었음을 가리킨다(mya는 백만 년 전을 나타내는 약자). 출처: *Adapted from the US National Library of Medicine National Institutes of Health.*

게도 역시 같이 사는 집이 된다. 알타이 네안데르탈인 유전체에서 나타나는 광범위한 동형접합성 영역으로 보면 이들이 자녀를 함께 가지고 있었고 아마도 극한 환경에서 이들이 격리된 결과로 보인다. 고대인과 현대인의 유전체 비교 결과에 의하면 데니소바인과 네안데르탈인은 이들이 현대인과 가깝기보다는 이들끼리 더 가깝고 네안데르탈인 유전자들이 더 오래된 데니소바인 유전체로 흘러 들어갔다.

이렇게 떠오르는 그림만큼이나 복잡하게 우리는 아직 모든 퍼즐 조각을 가지고 있지 않다. 예를 들어, 아직 모르는 또 다른 고대인 타입과 서로 혼합되었는지 데니소바인 유전체가 분명하게 보여준다. 또 아주 먼 현대인의 조상으로부터 데니소바인과 네안데르탈인으로 유전자들이 들어갔다. 이렇게 빈약한 증거를 가지고 있기 때문에 인류가 분리되었을 때 무엇이 발생했는지 우리는 알 수 없다. 아마도 고대인의 작은 몇몇 집단들은 함께 살았으며, 몇몇 고대인 유전자들을 유지하면서 나타나고 지속했던 우리 현대인 이전 적어도 100,000년 동안 결국에는 섞였다. 우리 현대인 일부에 소수의 고대인 유전자 변이들이 남아 있다.

그림 17.5는 복잡하게 앞뒤로 움직이는 유전자 흐름을 나타내고자 했다. 주의사항으로, 네안데르탈인과 데니소바인에 대하여 우리가 알고 있는 것은 새로운 발견과 DNA 서열에 의하여 변하는 대상이다!

현대인

약 14,000년 전 동굴 예술은 이때 우리의 선조들이 정교한 조율된 손작업을 수행하고 심볼을 사용할 수 있었음을 가리킨다. 이것은 문화진화의 이정표이다. 10,000년 전까지 인간들은 농업 방법을 가지고 중동에서 유럽을 가로질러 퍼져나갔다.

초기 농부들

DNA 증거는 농업 확산으로부터 장면 하나를 그린다. 연구자들이 베를린에서 남쪽으로 100마일 떨어진 독일 묘지에서 발견된 21개의 시신으로부터 미토콘드리아 DNA 단상형들의 서열을 얻어서 36개 현대 유라시아 집단의 DNA와 비교하였다. 시신들은 7,100년 전 것이다. 비교를 통하여 유전적 유사성을 보여주는 뚜렷한 연속성이 나타나는데, 이는 터키, 시리아, 이라크와 다른 근동의 문화에 속한 초기 농부들의 발칸으로부터 서쪽으로 다뉴브를 따라서 북쪽에서 중부 유럽으로의 구전을 통한 농업 기술의 단순한 전파가 아닌 오래전 이주를 가리킨다. 이주는 수백 년이 걸렸다. DNA에 의하면, 농부들이 유럽에 도착하였고, 기원전 40,000년부터 살았던 원래 집단으로부터 유래한 수렵인들과 조우하여서 두 집단은 상호 교배하였다. **그림 17.6**은 7,100년 전 고대 농부들이 어떻게 생겼는지 보여준다.

그림 17.6 현대인과 아마도 비슷한 7,100년 전 농부. *State Office for Heritage Management and Archaeology Saxony-Anhalt, Karol Schauer*

얼음 인간 외찌

1991년 북부 이탈리아 외츠탈 알프스의 여행자들이 얼음에 얼려진 고대인을 발견하였다(**그림 17.7**). 외찌(Ötzi)라고 이름 지어진 얼음 인간은 5,200년 전 것이고, 고도 10,000피트 이상인 산악지대에 있었다. 얼음 인간은 부드러운 털로 된 각반과 가죽으로 된 바지멜빵, 허리띠, 주머니, 곰 가죽으로 된 모자와 망토, 샌들 모양의 눈신을 입고 있었다. 얼음 인간은 문신을 하려고 피부를 벗겨냈고 귀에 새긴 자국으로 보면, 귀걸이를 하고 있었을 것이다. 항생제로 쓰려고 버섯들을 휴대하였다. 얼음 인간과 함께 발견된 열매들로 볼 때 늦은 여름 혹은 이른 가을과 같은 계절로 추정할 수 있다. 죽기 전에 마지막으로 먹은 음식은 아이벡스와 사슴고기였다.

외찌는 싸움을 한 후에 죽었다. 한 손에는 칼이 있었고, 베인 흔적과 멍이 있고, 기운찬 동맥으로 새겨진 왼쪽 어깨에는 화살촉이 깊이 박혀있다. 상처에는 다른 두 사람의 피가 있었고, 망토에는 제3번째 사람의 피가 있었다. 몸에 있던 이끼들은 상처를 싸매는 데 사용했다. X선으로 촬영하면 얼음 인간의 오른쪽 뇌가 부풀어 있는데, 연구자들은 이 뇌 조직에서 2개의 작은 시료들을 세밀하게 제거하여

그림 17.7 5,200년 전의 고대인. 도보 여행자들이 1991년 북부 이탈리아의 외츠탈 알프스에서 얼음 인간 외찌를 발견하였다. *AFP/Stringer/Getty Images*

단백질을 분석하였다. 몇몇 단백질들이 혈액응고에 작용했다. 얼음 인간이 쓰러져서 머리를 부딪쳤는지 공격을 받았는지는 수수께끼이다. 그러나 죽었을 때 도랑에 있었는데 이곳에서 눈이 몸을 덮고 있어서 몸이 보전되었고 DNA도 보전되었다.

외찌의 유전체에는 이 얼음 인간의 건강과 조상에 대한 증거가 있다. 외찌는 젖당비내성이고 혈액형이 O형이고 싸움 후에 바로 눈이 묻힌 것 아니고 심장질환에 의하여 결국 사망하였다. Y 염색체의 SNP 양상에 따르면 외치는 사르디니아와 코르시카에 현재 사는 사람들과 조상을 공유했다. 그러나 외치의 모계유전을 하는 미토콘드리아 유전체는 약 5,000년 전에 죽었음이 확실하다. 한 해석에 의하면 미토콘드리아 유전체를 가진 여자는 이 지역의 매우 가혹한 환경에서 죽었고, 몇몇 부계 조상들은 고립된 알프스를 떠나서 지중해를 향해 이동하였다.

핵심 개념 질문 17.1

a. **사람류**를 정의하시오.

b. 오스트랄로피테쿠스신과 초기 **사람속** 종들을 기술하시오.

c. 연구자들이 고대인과 현대인을 어떻게 비교하는지 기술하시오.

d. 어떤 DNA 증거가 초기 농부와 5,200년 된 얼음 인간을 밝히는 데 기여하였는가?

17.2 분자 진화의 연구 방법

현재의 유연관계를 연구하기 위하여 고대인과 유전적 계보에 대한 연구는 DNA 서열을 분석하고 비교하기 위한 기법들과 같은 기법들 몇몇을 사용한다. 인간 진화 그리고 인간들이 어떻게 연관되는지 추론하는 제18장의 관점에서 기법들을 여기에서 소개한다.

돌연변이들이 일어나고 계속됨에 따라 DNA 분자와 단백질 서열이 변화된다. 특정 유전자의 돌연변이율을 알게 됨은 서열 변화에 의거한 "분자시계(molecular clock)"를 이용하여 시간 흐름을 측정하는 방법을 제공한다. 2종 사이에서 혹은 같은 종의 두 개체 사이에서 유전자 혹은 단백질 서열이 더 비슷할수록 2종 혹은 두 개체들이 더 가깝다고 추정되는데 즉, 이것들은 더 최근에 조상을 공유했다는 것이다. **분자 진화**(molecular evolution) 분야는 종 혹은 개체들이 어떻게 관련되는지 추론하기 위하여 유전체, DNA, 단백질 서열, 염색체 밴드 양상을 비교한다.

유전자와 유전체 비교하기

단백질을 암호화하는 DNA 서열인 엑손은 유연관계가 가까운 종들 사이에서 흔히 매우 비슷한데 유전자가 이들이 공유한 조상으로부터 유전되었다는 것을 나타낸다. 이 유전자에서 변화는 생식적으로 유리한 점으로 양성 자연 선택(positive natural selection)을 제공하지 못하면 집단에서 유지되지 못한다. 동시에, 생식할 때까지 생존률이 낮으면 단백질들은 음성 자연 선택(negative natural selection)에 의하여 제거된다. 표현형에 영향을 주지 못하는 DNA 서열에 대해서는 자연 선택이 작동하지 않기 때문에, 서열의 변이가 다양할 수 있다.

서로 다른 종에서 보이는 비슷한 DNA 혹은 아미노산 서열은 "고도로 보전되어 있다(highly conserved)"고 말한다. 이러한 유사성은 인간 질병에 대한 동물모델의 기초이다. **그림 17.8**은 디스트로핀(dystrophin) 유전자의 부분을 비교한 것인데 인간, 생쥐, 개의 야생

종	디스트로핀 유전자 일부분	# 차이들
인간 야생형	TATGTGTATGTGTTTTAGGCCAGACCTATTTGACTG	
생쥐 야생형	TGTATGTGTTTGTTTCAGGCCCGACCTGTTTGATTGG	8
개 야생형	TATGTGTGTGTGTTTCAGGCCAGACCTGTTTGATTGG	4
골든 레트리버	TATGTGTGTGTGTTTCG*GGCCAGACCTGTTTGATTGG	5

그림 17.8 디스트로핀 유전자. 돌연변이가 있으면 뒤쉔 근이영양증을 일으키는 디스트로핀 유전자는 포유류 48종 사이에서 고도로 보전되어 있다. 서로 다른 개 품종들은 디스트로핀 유전자의 특정 돌연변이들을 가진다. 출처: *Adapted from Current Genomics, Aug 2013, 14(5):330-342, PubMed Central.*

형과 뒤쉔 근이영양증(Duchenne muscular dystrophy)을 일으키는 돌연변이가 있다. 생쥐는 돌연변이가 있어서도 심하지 않아서 적당한 모델이 아니지만, 골든 레트리버 근이영양증(GRMD)은 인간 남자아이들의 질환과 아주 비슷하다. 이 질환에 걸린 개는 호흡근육이 소실되기 때문에 태어날 때 체중이 빨리 줄어들고 대개 1년 이상 살지 못한다. 골든 레트리버의 근이영양증을 일으키는 돌연변이는 이 커다란 유전자의 엑손을 제거하는 스플라이스 자리에 있다(그림 17.8에 파란색 G로 표시되었는데 결과적으로 개들은 디스트로핀 유전자를 만들 수 없다). 이 질병을 가진 저먼 쇼트헤어드 포인터는 이 유전자가 완전히 결실되어 있고 코커 스패니얼은 염기 4개가 결실되어 있다. 티베탄테리어는 몇몇 엑손 길이의 결실과 래브라도 레트리버는 인트론에 하나의 삽입이 있다.

유연관계가 가까운 종들에서 DNA 서열들이 비슷하지만, 이것들은 단백질을 암호화하지 않고 때때로 전사 혹은 번역을 조절하기에 중요해서 자연 선택의 대상이다. 반대로, 종들 사이에 매우 다른 유전체 부분들은 표현형에 영향을 주지 않아서 자연 선택의 대상이 아니다. 단백질 암호화 유전자 안에서 엑손은 고도로 보전되어 있지만 이 유전자의 mRNA로부터 삭제되는 인트론은 보전되어 있지 않다.

염색체 비교하기

유전자와 유전체 서열 분석이 가능해지기 전에 연구자들은 진화적 관련성을 평가하기 위하여 염색체 밴드 양상의 유사성을 고려하였다. 인간은 침팬지와 99%의 염색체 밴드 양상을 공유하지만 고양이와는 35%, 쥐와는 7%를 공유할 뿐이다.

염색체 밴드 양상은 퍼즐 조각과 비슷하다. 인간 2번 염색체의 양쪽 카피가 절반으로 나누어졌다면, 염색체는 46개가 아니고 유인원 3종과 같이 인간은 48개 염색체를 가지게 된다. 그래서 인간 2번 염색체는 융합 사건의 결과이다. 인간, 침팬지, 고릴라, 오랑우탄 1번 염색체의 밴드 양상은 아프리카 녹색 원숭이의 작은 2개 염색체와 대응됨으로 아프리카 녹색 원숭이는 다른 영장류보다 더 원시적이라고 여겨지고 2개의 작은 염색체가 결합하였다. 영장류 사이의 핵형 차이의 대부분은 전좌이다.

인간과 가까운 종들과 비교하는 것만큼이나 더 관계가 먼 종들 사이의 염색체 양상을 비교할 수 있다. 예를 들어, 모든 포유류는 동일한 X 염색체 밴드 양상을 보인다. 인간, 유인원, 원숭이에서 비슷한 인간 1번 염색체의 한 부분은 고양이와 쥐의 염색체 부분과 매우 비슷하다. 심지어 인간은 염색체 부분들은 말과 공유하지만 인간 핵형은 가장 원시적인 포유류인 땅돼지 핵형과는 덜 비슷하다.

하나의 염색체 밴드에 있는 많은 유전자는 다른 종의 유전체 해당 좌위 속 한 밴드에 들어 있는 유전자들과는 다르기 때문에, 염색하여 염색체 밴드를 비교하여 얻는 정보는 DNA 서열정보와 비교하면 부정확하다 반대로, 형광 제자리 혼성화(FISH) 분석에서 사용하는 DNA 탐침은 특정 유전자를 나타낸다(그림 13.7 참조). 형광 제자리 혼성화는 밀접한 진화적 유연관계의 증거인 종 사이의 직접적인 유전자 순서의 일치 혹은 **신테니**(synteny)를 보여준다. 예를 들어, 인간 21번 염색체, 쥐 16번 염색체, 소 U10 염색체에서 11개 유전자는 밀접하게 연관되어 있다.

단백질 비교하기

다른 많은 유형의 생물들이 아미노산 서열에서 약간의 변이들을 나타내는 동일한 단백질들을 사용한다. 단백질 서열의 유사성은 공유한 조상으로부터 혈통, 즉 진화에 대한 강력한 증거이다. 인간과 침팬지의 여러 단백질들은 아미노산 서열이 99% 비슷하고 몇몇은 동일하다. 유전자 기능을 분석할 때 연구자들은 여러 생물들에서 알려진 유전자 데이터베이스를 통상적으로 조사한다.

시토크롬 c(cytochrome c)는 가장 원시적이고 잘 연구된 유전자 중 하나이다. 이 유전자는 미토콘드리아에서 영양물로부터 에너지 합성을 돕는다. 2종이 더 유연관계가 가까울수록 시토크롬 c 아미노산 서열이 더 비슷하다. 인간 시토크롬 c는 가장 유연관계가 먼 캥거루 시토크롬 c 보다는 말의 시토크롬 c와 더 비슷하다. 인간의 시토크롬 c는 침팬지 시토크롬 c와 같다. 임상 연계 3.1에서 논의했던 호메오 유전자는 진화 시간 동안에 변화가 적은 또 다른 유전자 무리이다.

서로 다른 종 사이의 단백질의 유사성은 의학적 활용이 된다. 세포가 혈액으로부터 포도당을 흡수하도록 하는 인슐린을 생각해보자.

인슐린을 만들 수 없으면 1형 당뇨병을 일으킨다.

인슐린은 각각 21개 아미노산과 30개 아미노산으로 된 2개의 펩타이드로 구성된다. 인간 인슐린은 돼지와 개 인슐린과 1개만 다르고 소 인슐린과는 3개, 고양이 인슐린과 4개가 다르다. 종 사이에 아미노산 서열이 매우 비슷하더라도 세포에 인슐린 얼마나 빨리 흡수되는지 흡수된 후에 얼마나 빨리 인슐린 수준이 올라가는지 등 혈액 속의 당 농도를 안정화하는 중요한 요소들이기 때문에 인슐린의 원천은 중요하다. 예를 들어, 고양이는 대사활동이 더 빠르기 때문에 개나 인간보다 2배 더 인슐린의 대사를 더 빨리한다.

인슐린은 보전이 아주 잘 되었더라도 당뇨를 치료하는 약물로 사용하려면 그 원천이 중요하다. DNA 재조합 기술(21.2절 참고)을 사용하여 인간 인슐린이 만들어졌던 1978년까지 당뇨를 가진 사람들은 소나 돼지로부터 얻은 인슐린을 사용하였다.

분자시계

시계는 초, 분, 시 등 특정하고 일정한 시간 간격으로 원의 특정 각도로 시계 팔이 움직이면서 시간의 흐름을 측정한다. 같은 방식으로 정보 분자의 단위체가 알려져 있고 일정한 속도로 변화된다면 정보 분자를 '분자시계'로 사용할 수 있다.

염기 치환 돌연변이의 속도를 알고 있으면 서로 다른 종들 사이에서 보이는 핵 DNA 서열의 유사성을 이들이 공동 조상으로부터 분화된 시간을 측정하는 데 사용할 수 있다. 예를 들어, 인간과 침팬지에서 연구된 많은 핵 유전자들은 유전자 염기가 5% 다르고, 염기 치환은 1백만 년당 1%의 속도로 일어난다. 따라서 2종이 분화된 이후로 아마도 5백만 년의 시간이 지났다. 미토콘드리아 DNA 서열도 역시 공동 조상으로부터 분화시간을 측정하는 데 사용될 수 있다.

화석 증거와 분자시계에 의한 시간 척도를 DNA 혹은 단백질 데이터로부터 작성된 진화계통수 도표에 덧붙일 수 있다. 그러나 데이터가 서로 다른 계통수 형태로 배열될 때 진화계통수는 복잡하게 된다. 예를 들어, 포유류 17종의 계통수는 서로 다른 10,395개로 작성될 수 있다! 새로운 서열정보를 가지고 계통수 가능성이 변화한다.

연구자들은 통계적 방법을 사용하여 많은 가능한 것 중에서 실제로 일어났을 가능성이 높은 하나의 계통수를 찾아낸다. 관찰된 DNA 염기서열 변화를 설명하는 데 가장 작은 가능한 수의 돌연변이 사건을 사용하여 하나의 알고리즘이 모든 진화계통수 서열 데이터를 연결한다. 돌연변이는 드문 사건임으로, 가장 적은 돌연변이를 요구하는 계통수는 실재를 나타낼 가능성이 더 높다. 통계적 방법들은 서로 다른 유전자들에 대한, 유전자 내의 서로 다른 자리에 대한, 그리고 불완전한 데이터에 대한 다른 돌연변이율을 설명할 수 있다.

미토콘드리아와 Y 염색체 DNA 서열의 사용

원시 인간의 이주 양상을 추적하기 위하여, 연구자들은 유전적 혈통에서도 사용했던 여러 종류의 유전 마커들을 사용한다.

- 단일 염기 다형성(SNP)
- **짧은 직렬 반복**(STR)
- 사본 수 변이(CNV)

미토콘드리아 DNA 마커는 모계 혈통을 추적하는 데 사용되고, Y 염색체 마커는 부계 혈통을 추적하는 데 사용되지만, **그림 17.9**에서 보듯이 조상들은 여럿 중 몇몇일 뿐이다. 상염색체에 있는 마커들은 다른 조상들을 집어넣을 수 있어서 "조상 정보 마커"라고 부른다. 세대 수가 증가하면서 조상 DNA 서열의 기여는 감소함으로 이것이 네안데르탈인 DNA가 현대 유럽인의 유전체의 작은 퍼센트만을 차지하는지 설명해준다.

미토콘드리아 DNA는 핵 DNA보다 돌연변이가 더 빠르게 일어나므로 최근 사건의 모니터링에 최적이다. 미토콘드리아 DNA 염기서열은 1백만 년당 2~3%가 변화한다. 미토콘드리아 DNA는 DNA 수선 방법이 없어서 핵 DNA보다 더 빠르게 돌연변이가 쌓인다. 미토콘드리아 DNA를 조사하는 또 다른 장점은 미토콘드리아는 여러 벌이 있어서 세포가 많은 미토콘드리아를 가지고 있기 때문에 핵 DNA보다 더 풍부하다. 미토콘드리아 DNA는 핵 DNA보다 열악한 환경을 더 잘 견딘다. 이러한 이유가 고대인의 첫 DNA 연구가 왜 미토콘드리아 DNA인지 설명해준다.

과거에 연구자들은 미토콘드리아에서 빨리 돌연변이가 일어나는 DNA 서열들을 비교하였으나, 현재 완전한 미토콘드리아 유전체(mitogenome으로도 나타냄)를 비교한다. 예를 들어, 아슈케나지 유대인(Ashkenazi Jews)의 미토콘드리아 유전체 연구는 유대인의 많은 모계 혈통이 제한된 미토콘드리아 DNA 분석에 근거하여 생각되어져 왔던 근동이 아니라 유럽의 여러 지방으로부터 유래했다는 것을 보여준다. 아슈케나지 유대인 남자가 유럽으로 이주하여 지역 여인과 결혼하고 여인이 유대교로 개종했다는 예상할 수 있다.

Y 염색체 서열의 대부분은 재조합되지 않는 장점을 제공한다. Y 염색체 쌍은 없기 때문에 X 염색체에서만 일어나는 교차는 과거 세대로부터 유전된 연관을 부수어서 연관관계를 추적하기 불가능하게 한다.

미토콘드리아와 Y 염색체 DNA의 SNP 쌍은 **하플로그룹**(haplogroup)이라고 부르는 긴 DNA 가닥을 결정한다[**단상형**(haplotype)은 제5장에서 더 짧은 DNA 서열의 연관을 기술하는 데 사용했다]. 하플로그룹은 생물학적 지정이 아니고 사회적 지정인 인종이나 민족보

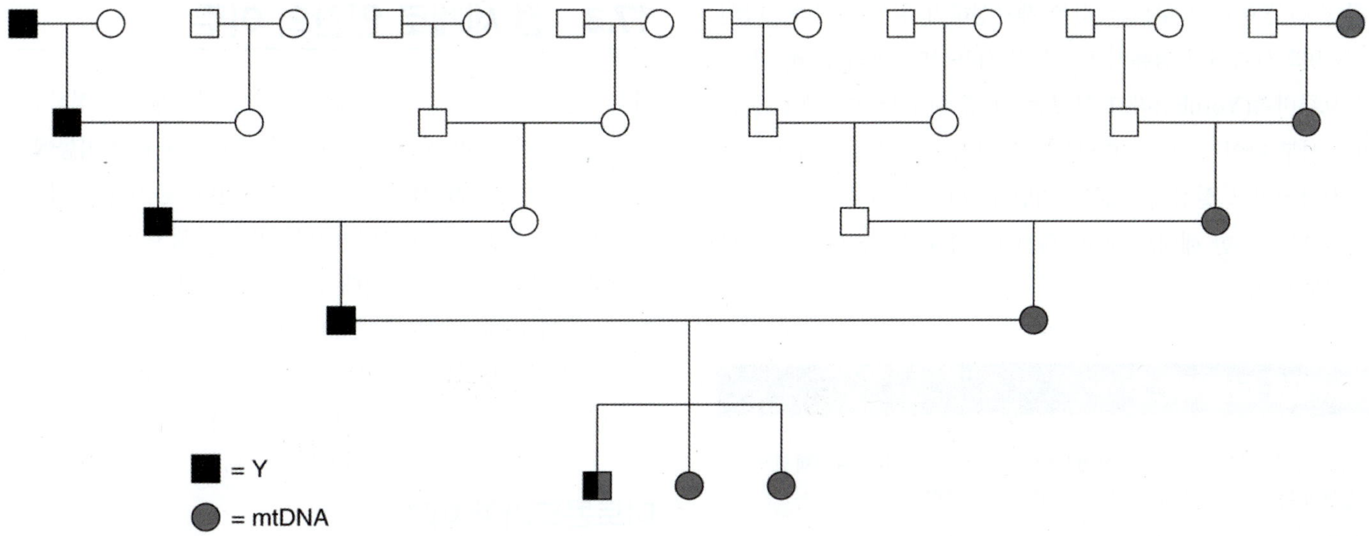

그림 17.9 하플로그룹. Y 염색체와 미토콘드리아 DNA 서열은 특정 그룹의 사람들에 대한 조상을 제시하는 하플로그룹을 규정한다. 상염색체 서열을 고려하면 이 가계도에서 빈 기호로 나타낸 다른 친척들의 기여를 예상할 수 있다. 가장 최근 세대에 있는 이 사람의 기호는 Y 염색체(검정색)와 미토콘드리아 DNA(회색)를 나타내는 2가지 색으로 표시되었다.

다는 아프리카를 떠나고 산맥에 의해 고립되는 것과 같은 지리학적 사건들을 추적한다.

Y 하플로그룹은 번갈아 있는 문자와 숫자로 표시되는 서브하플로그룹(subhaplogroup) 혹은 서브클레이드(subclade)라고 불리는 몇몇 하위그룹들도 이루어지는데 A에서 T까지로 분류된다. 하플로그룹과 그 하위그룹도 미토콘드리아 DNA를 기술할 수 있다. 집단을 미토콘드리아 DNA 그룹과 Y 염색체 그룹으로 분류할 수 있는데, 각각 모계와 부계 혈통의 원천을 가리킨다. 하위그룹들을 구별 짓는 돌연변이들이 존재한다.

공유된 하플로그룹은 단지 몇몇 세대로 거슬러 올라가는 친척이 아니고 "깊은" 조상관계를 나타낸다. 하플로그룹은 예를 들어, 사하라남부 아프리카와 같은 세계의 주요 지역에서의 기원이나 "아프리카계 미국인" 혹은 "나이지리아에 뿌리를 둔 아프리카계 미국인"과 같은 주요 집단 무리들 혹은 하위그룹들을 가리킨다. 그림 18.10은 모계(미토콘드리아 DNA)를 그림 18.11은 Y 염색체 하위그룹의 계통수를 보여준다.

혼합

성에 따른 특이성에 의하여 추적을 쉽게 함으로 초기 분자진화 연구들은 Y 염색체와 미토콘드리아 DNA 서열을 사용하였다. 유전체에서 수백만 개의 단일 염기 다형성을 알고 있고 유전체의 염기서열을 해독할 수 있기 때문에, 혼합(admixture)을 드러내는 하플로그룹과 단상형의 전달을 추적함으로써 인간 이주 역사의 많은 빈 공간을 채울 수 있다. 거의 현대인 집단들은 어느 정도 혼합되어 있다.

교차가 일어난다면, 한 세대에서 다음 세대로의 단상형 변화 양상이 어떻게 변화하는지 따라감으로써 혼합의 출현을 추적할 수 있다. 교차는 단상형 혹은 하플로그룹의 연관을 해체해서 결과적으로 조상 DNA 서열을 더 짧은 덩어리로 나누어진 혼합된 세대가 된다. 유전물질의 교환에 관련된 특정한 유전자의 교차율을 알고 있다면 혼합이 언제 일어났는지 25년과 같이 세대 기간을 가정하여 추정할 수 있다. **그림 17.10**은 세대에 따른 단상형의 해체를 도식적으로 보여준다.

혼합을 추적하면서 2백만 년 전으로 거슬러 올라가는 한 연구자가

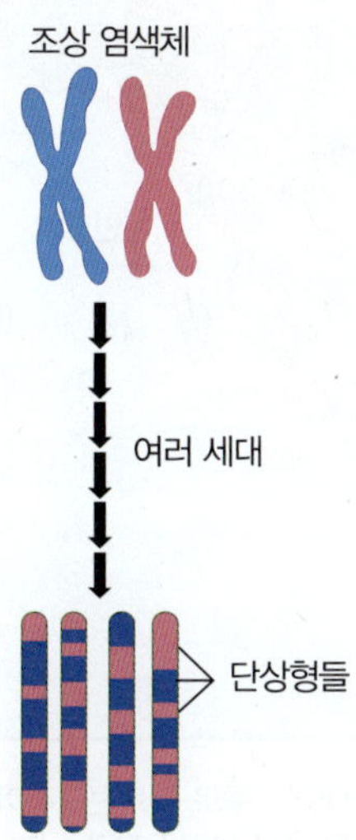

그림 17.10 혼합에서 교차는 조상집단을 대표하는 연관 유전자들의 부분들을 재조합시킨다. 단상형이 짧을수록 더 많은 세대가 지나간 것이다.

"시간의 스냅샷"이라고 부르는 것을 재구성하기 위하여 하플로타입 데이터를 변화시키면서 컴퓨터 도구들을 사용한다. 예를 들어, 한 연구에서 요루바족(Yoruba)라고 부르는 한 종족이 1550년에 그들의 고향인 남서부 나이지리아를 떠났는지 역사적으로 알려진 데로 노예무역이 시작되었고 절정에 이른 시기인 1790년에 떠났는지 측정하기 위하여 25년을 한 세대로 하고, 유전체의 2,400~35,000 서열 부분을 살펴보았다.

핵심 개념 질문 17.2

a. 인간 기원과 진화를 알기 위하여 DNA 서열, 단백질 서열, 염색체 밴드 양상과 유전체 서열을 비교하는 근거는 무엇인가?

*b. 분자시계의 근거는 무엇인가?

c. 미토콘드리아 DNA와 Y 염색체 서열이 인간 혈통을 추적하는 데 어떻게 사용되는가?

*d. **하플로그룹**을 정의하시오.

e. 과거에 대한 정보를 제공하는데 혼합을 어떻게 분석하는가?

17.3 전 세계로 인간의 이주

화석 증거와 DNA 서열 데이터로부터 유연관계를 추정하고 추론함으로써 지구의 여러 지역으로 인간이 이주한 중요한 이동에 대한 증거를 제공한다. **그림 17.11**은 이것을 요약한다. 증거를 분석하는 것은 소설의 서로 다른 부분들인 각 장을 읽고 전체 이야기를 이해하려고 노력하는 것과 비슷하다. 현대 인간 기원에 대한 이야기에서 이러한 3개의 장이 눈에 들어온다: 200,000년 전 인간의 시작, 아프리카로부터 확장, 신대륙으로의 이주. 더 최근에 쓰여진 장은 아프리카계 미국인의 "대이동"에 대한 유전적 증거이다.

미토콘드리아 이브

이론적으로 미토콘드리아 DNA의 특정 서열 하나가 돌연변이 되어 현대인의 미토콘드리아 서열이 되었다면 이어서 이 원시 서열이 바로 초기 인간 혹은 인간과 비슷한 여성 즉, 미토콘드리아 "이브(Eve)" 혹은 은유적으로 최초의 여성이 된다. **그림 17.12**는 하나의 모계 혈통이 어떻게 유지되는지 보여준다.

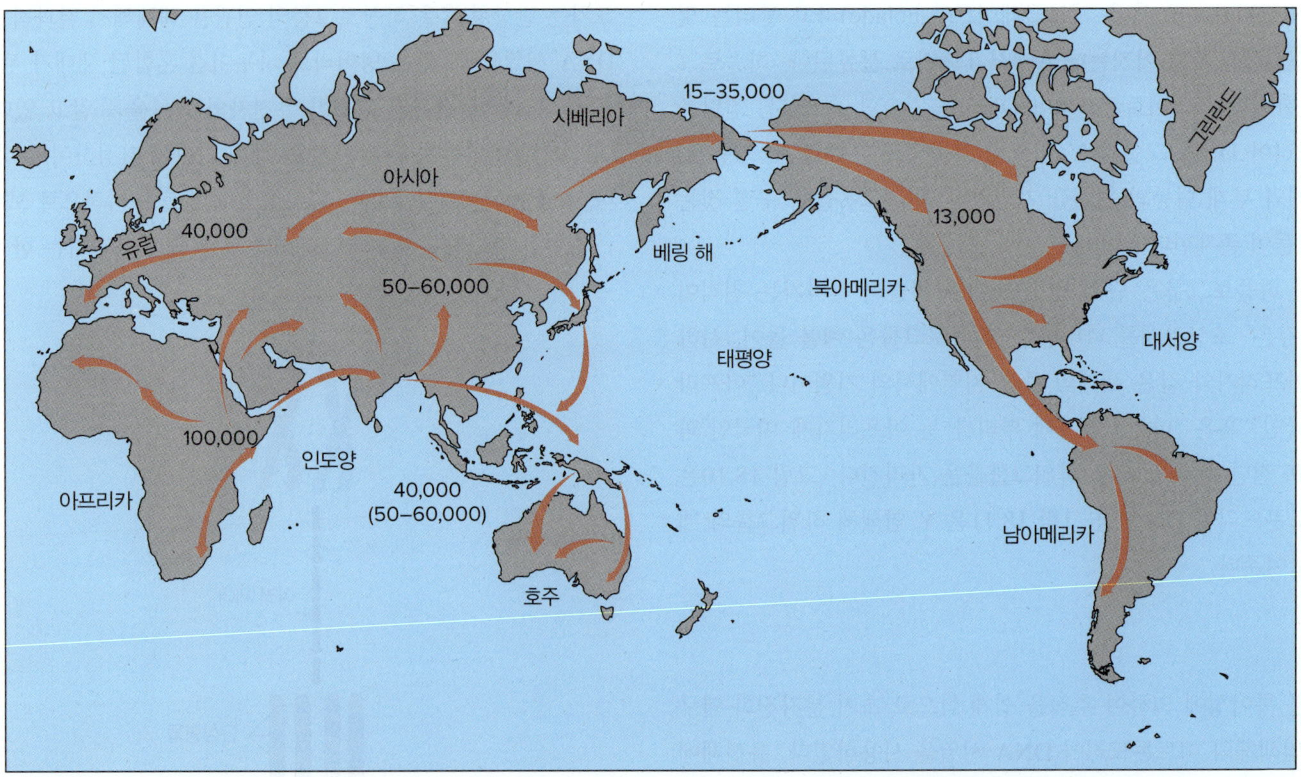

그림 17.11 인간의 이주. 이 지도는 주로 미토콘드리아 DNA와 Y 염색체로부터 온 DNA 하플로그룹 정보에 의하며 주요한 이동 경로를 표시한다. 화석과 DNA 증거는 동부 아프리카로부터 인간이 시작되었음을 보여주지만, 남부 아프리카 기원도 가능하다. 아메리카인은 상대적으로 빠르게 집단화되었는데 약 13,000년 전에 시작된다. 아메리카로 가는 다른 경로도 가능했을 것이다. 알려진 증거에 의하면 이러한 경로는 가설이다. 출처: *Adapted from Hua Liu, Frank Prugnolle, Andrea Manica and Francois Balloux, "A Geographically Explicit Genetic Model of Worldwide Human-Settlement History," The American Journal of Human Genetics, Vol. 79: 2, 2006.*

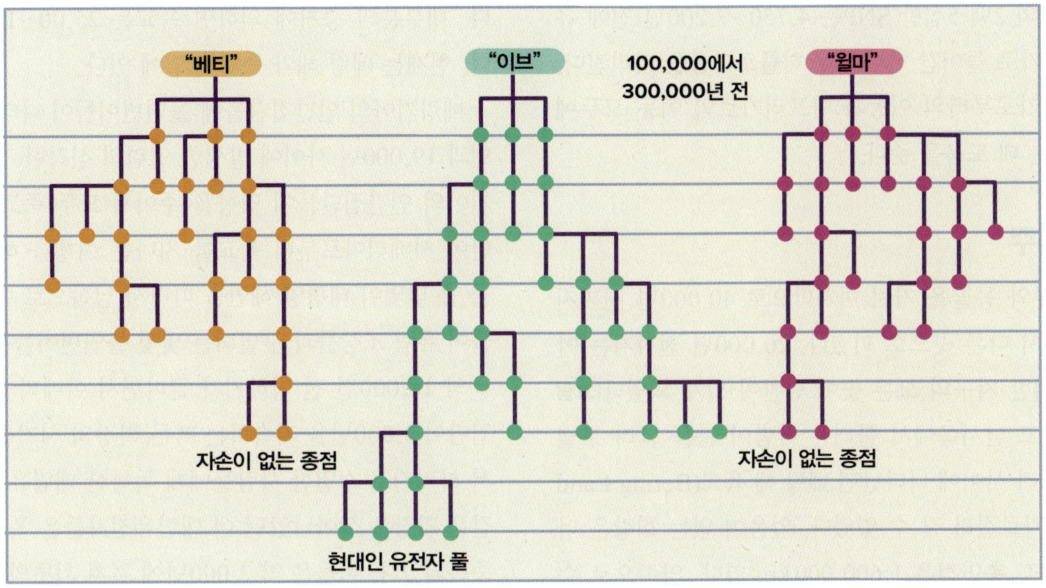

그림 17.12 미토콘드리아 이브. 미토콘드리아 이브 가설에 의하면 300,000년에서 100,000년 전에 아프리카에 살았던 상징적인 최초의 여성인 "이브"로부터 온 몇몇 서열들을 현대 미토콘드리아 DNA가 유지하고 있다. 이 모식도에서 선은 세대를 표시하고 원은 여성을 나타낸다. 여성 한 사람이 미토콘드리아 DNA를 전달하는 딸이 없을 때마다 혈통은 끝난다.

이론적인 최초 여성, 즉 인간 모두가 공유한 가장 최근의 여성 조상이 언제 살고 있었는가? 연구자들은 1980년대 중반 아프리카인, 아프리카 미국인, 유럽인, 뉴기니인, 호주인 등 다양한 현대인의 비암호화 DNA 지역과 단백질 암호화한 미토콘드리아 DNA 서열을 비교하였다. 연구자들은 아프리카에서 약 200,000년 전에 살았던 가설적인 원시 여성을 추론하였다. 더 최근에 아프리카 동부 사람들 600명의 미토콘드리아 DNA를 분석한 최근 연구는 현대인 계열의 시작을 170,000년 전으로 추정하였다. 이러한 시간을 추정하는 방법 중 하나는 현대인 사이에서 미토콘드리아 DNA 서열이 얼마나 다른가를 인간과 침팬지 사이가 얼마나 다른가와 비교하는 것이다. 현대인 사이의 미토콘드리아 DNA 차이는 인간과 침팬지 차이의 1/25이다. 화석과 분자 증거에서의 추정을 근거로 하면 인간과 침팬지는 5백만 년 전에 분화하였다. 미토콘드리아 DNA 돌연변이율이 시간에 따라 일정하다는 것을 가정하면, 5백만에 1/25을 곱하면 200,000년 전이라는 수치가 나온다.

어디서 이브가 살았을까? 화석 증거의 위치는 아프리카 기원을 지지하고 찰스 다윈(Charles Darwin)도 이것을 제시하였다. 더불어 현대인 집단들 사이의 미토콘드리아와 핵 DNA를 비교한 연구들은 일관되게 아프리카에 돌연변이가 많고 다양하다는 것을 발견한다. 그렇다면 돌연변이가 쌓이는데 시간이 지나야 하므로 아프리카 집단은 그 자리에서 다른 집단보다 더 오랫동안 살았어야 한다. 컴퓨터 분석에 의하여 구성된 많은 계통수에서 뿌리를 이루는 개인들은 아프리카인이다. 모든 현대인 집단 모두는 적어도 원시적인 아프리카인 유전체 부분과 그리고 조상들이 아프리카를 떠난 후에 생긴 돌연변이를 가지고 있다.

아프리카로부터 확장

미토콘드리아 DNA, Y 염색체 DNA, 상염색체 마커들로부터 오는 데이터들은 인간의 이주는 아프리카를 떠난 무리에서 일련의 창시자 효과로서 일어났다는 것을 가리킨다. 아마도 사하라 사막이 여행하기에 충분하게 정기적으로 습해지는 시기에 이동이 일어났다. 아프리카로부터의 커다란 팽창이 약 5만 년 전에 일어났지만, 추정 시기의 범위는 매우 넓다. 이러한 이동은 이웃들이 만났을 때 서로 겹치고 흡수되기도 하는 "이주지의 사슬(chains of colonies)"을 만들고, 한 지역에서 다른 지역으로 유전자가 흘러갔다.

자연 선택과 유전적 부동이 아프리카 유전자 풀을 좁게 하는 반면에, 지리적, 기후적인 장벽들이 주기적으로 인간집단들을 축소한다. 동시에, 아프리카를 떠난 그룹들 사이에서 생긴 새로운 돌연변이들이 현재 아프리카 밖의 조상들을 추적하는데 참고하는 하플로그룹들을 확립시킨다. 그룹들이 아프리카를 떠나서 세계의 다른 지역에 정착함에 따라 인간 진화는 아프리카에서도 계속되었다. 빙하기와 같은 지구적인 기후 변화가 생존 지역(refugia)이라고 불리는 살 수 있는 지역들로 인간들을 밀어 넣었다.

아프리카를 떠났던 몇몇 사람들의 후손들이 되돌아왔다. 예를 들어, 차드 사람 유전체의 2백 5십만 SNP는 4,750~7,200년 전에 유라시아로부터 아프리카로 들어간 하나의 Y 하플로그룹을 가리킨다. DNA 분석은 아프리카로부터의 이동과 아프리카로의 이동 모두에 관한 빈 공간을 채우는 데 도움을 준다.

신대륙으로의 이주

인간은 시베리아 남부와 몽골을 거쳐 마지막으로 40,000년 전까지 유라시아를 가로질러서 다른 곳으로 퍼졌다. 20,000년 전까지는 아메리카와 남극을 제외한 지구의 모든 곳에 인간이 살게 되었다(**그림 17.13**). 빙하가 물러갔고 남서쪽에서 불러온 바람이 눈을 날려 보낼 때 시베리아와 알래스카 사이에 나타났던 베링 해 육교(Bering Land Bridge)를 인간들이 가로질러 갈 수 있었다. 얼음이 없는 회랑은 너비가 약 1,000 km이고, 총면적은 1,600,000 km^{2}였다. 양쪽으로 수백 마일에 걸친 지역과 육교 자체를 베링기아(Beringia)라고 불렀다. 대부분의 증거에 의하면 육교는 25,00~15,000년 전까지 있었다. 현재는 베링 해와 축치해 밑에 있다.

베링기아의 인간집단들에 돌연변이들이 나타났다. 그리고 23,000년과 19,000년 사이에 발생한 일련의 심각한 집단 병목 현상이 베링기아의 인간집단들에 영향을 주어서 모두 죽고 이들 중 약 1,000명만이 시베리아로부터 육교를 지나는 여행을 하도록 살아남았다. 이들 중 몇몇이 태평양 해안을 따라서 남쪽으로 여행을 계속했는데, 이들이 유럽 조상들과 구별되는 몇몇 돌연변이들을 가지고 왔다.

약 18,000년 전 빙하기가 끝나면서 아메리카의 아주 작은 창시자 집단이 3,000년을 지속하는 빠른 확장의 시기를 시작하였다. 집단에서 사리지고 소멸한 사람들에게 독특한 대립유전자들이기 때문에 이 같은 확장은 살아남았던 이 대립유전자들은 폭발적인 생식에 의하여 증폭되었다. 이들은 약 2,000년에 걸쳐 최초의 아메리카 원주민으로서 아메리카를 가로질러 남쪽과 동쪽으로 퍼져나갔다. 아메리카 원

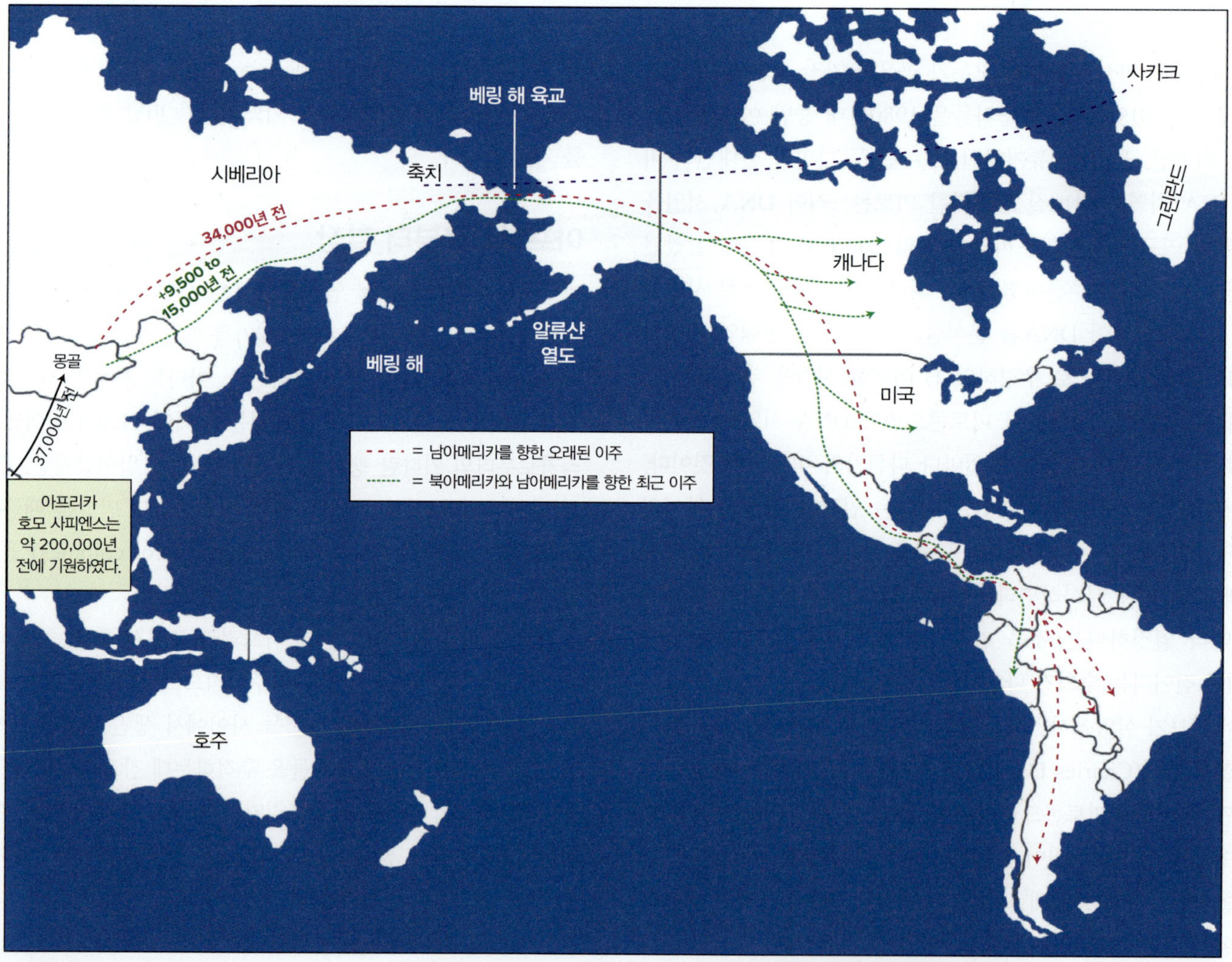

그림 17.13 아메리카 원주민 기원 추적. 미토콘드리아 DNA와 Y 염색체 DNA 서열분석은 아메리카 원주민의 조상들이 몽골과 시베리아로부터 왔다는 것을 보여준다.

주민들은 초기에 각각 조상형 A와 조상형 B라고 부르는 남부그룹과 북부그룹으로 갈라졌다.

DNA 증거는 베링기아를 가로질러서 한 번의 대규모 이동을 암시하지만, 다른 증거는 축소되는 빙하판 사이에 노출된 "식물로 덮인 회랑(vegetated corridor)"을 통해 북부 미국과 캐나다로 들어왔다고 제안한다. 해안 경로에 대한 증거는 인간 DNA이다. 내륙 경로를 지지하는 증거는 연어 사냥 표시, 노상 잔해 속 숱, 도살된 말, 아메리카들소, 낙타 뼈의 표식을 포함한다. 이러한 동물들의 탄소-14 연대측정은 13,000~15,000년 전을 가리킨다.

현재 아메리카 원주민 유전체들은 육교를 가로지르는 먼 옛날의 여행을 반영한다: 5개의 주요 미토콘드리아 하플로그룹(A, B, C, D, X)과 2개의 Y 염색체 하플로그룹(C, Q) 그리고 약간의 희귀한 하플로그룹들. 현재 남부 시베리아의 모든 고유 집단과 몇몇 시베리아 북부 집단에서 이러한 마커들이 보이는데, 하나의 유전자 풀이 한 번에 이주한 것을 나타낸다. 그러나 시베리아에 24,000년 전 살았던 소년의 완전한 유전체 서열은 아시아의 유럽쪽 가장자리로부터 온 유전자 변이들을 가지고 있다. 현재 아메리카 원주민 유전체의 1/3 정도는 서부 유라시아에서, 2/3는 동부 아시아에서 왔다. 아메리카 원주민들의 몇몇 조상들은 이러한 현재 유전자 풀에 전혀 영향을 주지 못할 정도로 유지되지 못했다. 유전적 부동, 감염, 집단학살을 포함한 몇몇 이유로 인하여 아메리카 원주민들 사이의 유전적 다양성은 시간이 지남에 따라 감소한다.

현재 아메리카 원주민 집단으로 추론된 DNA 서열정보는 고대 DNA로부터 얻어진 분자시계와 일치한다. 또한 아메리카 원주민 집단들은 시베리아 동부 사람들에서 볼 수 없는 STR 마커 하나와 몇몇 미토콘드리아 하플로그룹들을 가지고 있어서, 베링해협을 건넌 후 생긴 돌연변이들을 나타낸다.

29개 아메리카 원주민 집단과 전 세계 49개 토착그룹의 상염색체 상의 678개 STR을 비교하면 아메리카 원주민들은 다른 집단과 매우 다르지만, 아메리카의 해안선을 따라서 작지만 단단한 그룹으로 여러 세대에 걸쳐 남쪽으로 여행으로부터 예견된 것과 같이 서로 서로는 매우 비슷하다.

화석화된 배설물에서 볼 수 있듯이 14,000년~13,000년 전까지 아메리카 원주민들은 내륙에 도착했다. 유카탄반도의 물속에서 발견된 유년기 여자의 골격 DNA는 12,000년 전으로 추정되었고 여기에 아시아와 아메리카 서열이 포함되었다.

새로운 DNA 발견 때마다 선사시대를 재작성하거나 구체적인 내용이 추가된다. 그린란드에 발견된 사카크(Saqqaq)라는 처음 정착한 그룹의 한 고대 에스키모 남자의 약 4,000년 된 고대 에스키모 머리털 다발이 이러한 경우이다. 머리털 DNA 분석은 사카크가 거칠고 검은 머리와 피부, 갈색 눈, 삽 모양의 치아, 건조한 귓밥을 가진 남자였고 오래 살았다면 대머리가 되었을 것을 가리킨다. 이 남자는 혈액형이 A^{+}이고, 고혈압과 당뇨에 걸릴 위험이 크고, 알코올에 대한 내성이 높았고 이 얼어붙은 불모지에 담배가 재배되었다면 니코틴 중독이었을 것이다. 그러나 가장 크게 드러나는 정보는 사카크 에스키모 기원에 관련된 것이다. 이 남자의 미토콘드리아 DNA는 아메리카 원주민 혹은 현대 에스키모 모두와 달랐지만, 시베리아 축치인(Chukchis people)과는 매우 비슷하였다. 분명하게 아메리카 원주민과 현대 에스키모의 이동과는 별개로 그린란드 에스키모의 조상은 약 5,400년 전에 육교를 가로질렀으며, 현재 후손을 남기지 않았다. 그래서 몇몇 장에서 인간 존재 역사에 관해 기술한 내용에서 삭제되었다.

제18장에서는 법과학에서 깊은 인간 조상을 추적하고 소비자에 적용하는 기술로 되돌아간다.

아프리카계 미국인의 대이주

DNA 증거가 수백만의 아프리카계 미국인들이 경제적 성공을 찾아서 남부를 떠났을 때인 1910년부터 1970년 거쳐 일어났던 "대이주"와 같은 더 최근의 이주를 추적하는 데 도움을 준다. 이들은 주로 기차를 타고 미국 북동부 중서부 서부의 도시들로 이동하였다. 유전적 증거가 이러한 이동의 역사적인 증거를 지지한다. 아프리카계 미국인들의 유전체는 남자에서 여자로의 한 방향의 유전자 흐름으로 유럽인으로부터 유래한 유전자 변이를 포함하는데 이는 만연한 노예 강간을 나타낸다.

모두 50개 주에 살고 있는 3,726명의 아프리카계 미국인으로부터 50십만 개 이상의 SNP를 연구자들이 분석했다. 연구자들은 하플로타입을 사용하여 역으로 추론하면서 아프리카인, 유럽인, 아메리카 원주민 조상들로부터 유전자 변이의 비율을 추적하였다. 연구자들은 다음을 추정하였다:

- 전체적으로 평균적인 현대 아프리카계 미국인 조상의 82.1%는 아프리카이고, 16.7%는 유럽, 1.2%는 아메리카 원주민이었다. 비율은 지리적으로 약간 다른데 남부에서 평균적인 아프리카 조상은 83%, 북부에서는 80%, 서부에서는 79%였다.
- 17세기에 유입되었던 아메리카 원주민 DNA 서열은 대부분 아프리카 노예와 결혼한 여자들로부터 왔다.
- 유럽인 혼합은 1740년과 1863년쯤 두 단계로 일어났다. 혼합은 남북전쟁이 끝나자 감소하였다.

그림 17.14 SNP 유전자형 분석은 미국 남부에서 북부와 서부의 도시들로 이주 경로를 재구성한다. 유전정보는 사람들이 탈출하는데 사용했던 철도노선과 직접적으로 일치한다. 이 가족은 남부에서 시카고로 1910년 이동했다. *Chicago History Museum/Archive Photos/Getty Images*

- 모든 현대 연령대에서 아프리카 조상은 비슷한 수준임으로 1930년부터 1960년을 거쳐 유럽으로부터의 유전체 유입은 미약했다.
- 아마도 몇몇은 백인으로 받아들여졌거나 주인들이 이들을 도왔기 때문에 남부 아프리카 미국인은 더 큰 비율로 유럽인 유전자들을 가진다. 유전적 정보는 역사적인 정보와 일치하는데 더 일찍 이주한 사람들은 더 밝은 피부를 가진다.
- 연구자들이 혈통을 반영하는 유전체 지역과 지리적인 인구조사 정보가 같은지 알려고 3,726명의 모든 가능한 쌍을 비교했을 때 해방된 노예와 그들의 후손들이 대이주 동안에 사용했던 대서양 연안에 이르는 노선과 시카고에 이르는 일리노이 중심 노선을 포함하는 철도선과 정확히 일치하는 미국의 지도가 나타났다(**그림 17.14**).

핵심 개념 질문 17.3

*a. "미토콘드리아 이브"는 누구를 나타내는가?

b. 전 세계로 인간이 어떻게 이주하게 되었는지 우리가 생각하는 주요한 사건들을 기술하시오.

*c. 어떻게 사람들이 아메리카 대륙으로 이주했는가?

d. 아메리카 원주민 유전체들이 다른 집단들의 유전체들과 어떻게 비슷한가?

e. 아프리카계 미국인의 대이주에 관하여 DNA 증거는 무엇을 가리키는가?

17.4 우리를 인간으로 만든 독특성은 무엇인가?

인간과 가장 가까우면서 현재 살고 있는 침팬지, 보노보와 우리 사람을 구분할 수 있는 형질과 능력을 조사할 수 있다. 뼈 일부만을 이용한 고대인에 대하여 분석한 유전체 서열은 우리 조상과 이종 교배하면서 얻게 되는 능력을 나타내는 몇몇 고대인 형질들에 대한 증거를 제공한다.

DNA 서열과 서열 사본의 수, 혹은 인간 유전체에는 없는 서열들을 가지고 우리와 침팬지 보노보 사이의 유사성을 평가한다. 우리는 침팬지 보노보와 같은 가장 가까운 영장류 친척과 98.7% DNA 서열이 유사하지만, 특정 DNA 서열의 사본 수에서는 다르다. 이것들은 "indels"이라고 하는 삽입과 결실을 포함한다. **삽입과 결실**(indels)을 고려하면 우리와 침팬지나 보노보의 유전체 유사성 정도는 고작 약 96.6%이다. 인간 유전체에 없는 서열을 고려하면, 유사성 정도는 94%로 떨어진다. 즉, 존재하지 않는 것이 존재하는 것만큼 우리를 정의한다.

인간 유전체의 진화

인간 유전체와 다른 종의 유전체들을 비교하는 작업은 흥미롭고 소박하다. 예를 들어, 인간 유전체는 인트론과 반복서열을 포함하여 복어의 유전체와 그렇게 많이 다르지 않다. 인간 엑솜은 복어와 같이 다른 환경에 사는 동물들과 상당히 비슷하다.

전반적으로 인간 유전체는 초파리와 선충 유전체들을 구성하는 기본 부분들에서 보다 더 복잡한 구성을 가진다. 예를 들어, 초파리와 선충 유전체에서 섬유아세포 성장인자를 암호화하는 유전자 사본이 2개인 것과 비교하여 인간 유전체는 30개의 사본을 가진다. 이 성장인자는 매우 복잡한 기관들의 발생에 중요하다.

오랜 진화적 시간에 걸쳐 유전자와 유전자 조각들이 인간을 포함하는 척추동물들을 정의내리는 특징들을 제공한다는 것을 유전체 연구들이 가리킨다:

- 복잡한 신경 네트워크
- 혈액응고 경로
- 후천성 면역(19.2절 참조)
- 정교한 세포사멸
- 복잡한 전사의 조절
- 복잡한 발생
- 세포 내 및 세포 간의 더 복잡한 신호전달

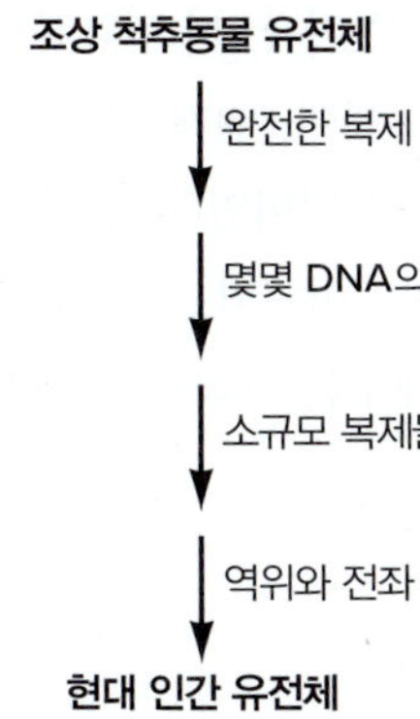

그림 17.15 인간 유전체의 진화. 인간 유전체의 복제된 많은 DNA 서열들은 완전한 복제와 이어서 일어나는 다른 염색체 수준의 사건들을 가리킨다.

인간 유전체를 서로 비교하는 것도 진화에 대한 증거를 제공한다. 인간 유전체에서 복제가 많이 된 유전자들과 염색체 부분들은 이것들이 약 5억 년 전 척추동물 조상의 유전체로부터 분화된 이후에 적어도 한 번 복제되었다는 것을 제시한다. 인간 유전체는 2번 복제되고 후에 몇몇 유전자들이 손실되었거나, 한 번 복제된 후에 어떤 DNA 서열들이 추가로 복제되었다.

인간 유전체에서 발생한 대규모의 복제는 인간 유전체와 다른 영장류 유전체를 구별한다. 일부 복제는 광범위하게 나타난다. 20번 염색체 반복서열의 절반은 18번 염색체에서 재구성되었다. 2번 염색체 짧은 팔의 대부분은 14번 염색체의 거의 2/3에서 다시 나타나고, 긴팔의 블록은 12번 염색체에 되풀이된다. 유전자가 모여 있지만 작은 22번 염색체는 8개의 거대한 복제와 몇몇 유전자 무리를 포함한다. 인간 유전체의 반복서열은 미래 진화를 위한 원료를 제공한다. 오래된 자동차를 팔기 전에 새로운 자동차를 타보는 것과 비슷하게, 한 사본은 오래된 기능을 지속하면서 DNA 서열의 두 번째 사본은 돌연변이 되어서 세포가 새로운 기능을 실험하도록 한다. 자주 똑같은 유전자들이 번역되지 않는 위유전자(pseudogene)로 돌연변이 되어서, 비슷하지만 번역되지 않는 DNA 서열로서 유전자 유령을 남기게 된다.

복제가 일어난 원래 DNA 서열 가까운 곳에 복제가 위치하거나 떨어져 있기도 하다. 원래 자리 바로 옆에 반복된 서열을 직렬 중복(tandem duplication)이라고 부르고, 이것은 대개 DNA 수선 동안에 짝짓기 오류에서 발생한다. 다른 염색체에서 위치한 유전자 한 사본은 전령 RNA가 DNA로 역전사하고, 염색체 사이의 다른 곳에 삽입되면서 발생한다.

유전체 전체가 복제되면 13.3절에서 논의했던 배수성이 생긴다. 식물과 몇몇 곤충에서 빈번하게 나타나지만, 척추동물에서는 없다. 배수체 사건과 이후에 몇몇 유전자들의 소실과 다른 유전자들의 복제가 따라 발생하게 되면 현대 인간 유전체와 상당히 비슷한 결과가 나온다(**그림 17.15**). 이러한 원시적인 유전체 전체의 복제와 같은 자취들은 역위와 전좌가 원시적인 DNA 지형을 변화시키면서 시간이 지날수록 뒤죽박죽되었다.

인간의 정의를 돕는 유전자들

침팬지와 인간 유전체를 비교하면 인간에서 빨리 변화하는 유전자들이 나타난다. 이것들은 인간에서는 아미노산 변화가 나타나지만 침팬지 혹은 오랑우탄의 유전자에서는 변화가 나타나지 않듯이, 인간에서 양성 선택의 신호를 보여주는 강하게 보전된 서열이다(양성 선택은 유익한 형질을 유지한다는 16.6절을 기억하라). 인간 유전체에서 양성 선택의 신호는 화석으로부터 얻는 우리 조상에 관한 관점을 보완할 수 있다.

상대적으로 적은 DNA 서열 차이가 데니소바인, 네안데르탈인과 인간을 구별한다: 31,000개 단일 염기 다형성(SNP 혹은 돌연변이)과 125개보다 적은 DNA 염기의 작은 삽입과 결실(indels). 인간 유전체의 DNA 변화 중에서 단지 96개가 단백질의 아미노산을 변화시켜서(비동의적, nonsynonymous) 자연 선택의 대상이 되게 한다. 유인원과 원숭이에서도 보전되어 오래됨을 나타내는 데니소바인 DNA를 제외하면 인간 유전체에 특이한 돌연변이 목록은 23개로 줄어든다. 이 중 8개는 뇌 기능과 발생, 신경접속, 시냅스에 관련되고, 2개 돌연변이는 자폐증에 관련된다. 유전자 발현을 조절하는 인간 유전체 부분들에서 약 3,000개 서열 차이들이 나타남으로 단지 적은 차이임에도 불구하고 커다란 효과를 나타낼 수 있다.

인간에게 독특한 형질들은 언어, 추상적인 추론 능력, 정교하게 서로 마주 보는 엄지, 뇌의 큰 전두엽을 포함한다. 데니소바인과 네안데르탈인이 말할 수 있었는지 생각할 수 있는 능력이 어느 정도인지 알 수 없다. 가장 가까운 유사 종과 인간을 구별하는 개별 유전자들에 의하여 결정되는 형질들의 사례는 다음과 같다(**그림 17.16**).

말하기

언어를 구사할 줄 모르는 사람들을 가진 런던에 사는 한 가족으로부터 말하는 능력을 조절하는 하나의 유전자(*FOXP2*)가 발견되었다. 현대 인간과 네안데르탈인은 침팬지에는 없는 동일한 2개의 *FOXP2* 돌연변이가 있다.

다른 발생 시간표

더 원시적인 영장류들은 태아 헤모글로빈이 없거나 매우 낮은 농도를 보인다(그림 11.2 참조). 더 최근에 진화되고 더 복잡한 영장류들

그림 17.16 무엇이 우리를 인간으로 만드는가? 인간과 가장 가까운 영장류들로부터 인간을 구별하는 형질 모음. *Ingram Publishing*

은 태아 헤모글로빈이 태아 발달기에 더 오랫동안 발현됨으로써, 태어나기 전에 실질적으로 뇌가 성장하고 발달하도록 시간을 준다. 뇌가 커지면서 기능들이 더 확대된다. 다른 단일 유전자들은 침팬지와 비교할 때 인간의 유년기와 청소년기를 길게 만든다.

털이 거의 없는 피부

거의 모든 포유류는 몸을 보온하고 보호하는 진하고 많은 털을 가지고 있는데, 이것은 사회적 표현과 종 인식에 중요하다. 침팬지와 고릴라는 인간에서는 발현되지 않는 케라틴 유전자 하나를 발현시킨다.

인간의 털이 거의 없는 피부는 진화적 관점에서 몇 가지로 이해할 수 있다. 상대적으로 털이 없는 피부에서 땀이 나오게 된다. 약 2백 5십만에서 3백만 년 전에 숲이 줄게 되어 초원으로 우리 조상들이 이동했을 때 털이 적고 땀샘을 많이 가진 사람들이 먹이를 찾으러 더 멀리 여행할 수 있거나 포식자를 더 피할 수 있었을 것이다. 이런 특징을 자연 선택이 선호했을 것이다. 더 빈약하고 덜 효과적인 땀샘을 가진 털 있는 포유류와 비교하여, 현재 인간의 피부는 하루에 몇 리터의 땀을 배출하는 땀샘으로 덮여있다. 털이 없어서 인간 조상들은 이와 같은 피부 기생충들을 떨어뜨릴 수 있었다. 인간 피부는 납작한 블록 같은 피부세포들을 채우는 케라틴 단백질들의 독특한 조합에 의하여 얇지만 강하다.

걷기

걷기는 한 발을 다른 발 앞에 두는 능력을 요구한다. 주버트 증후군(Joubert syndrome)을 가진 사람은 그렇게 할 수 없다. 신경세포 섬유들이 뇌의 한쪽에 있는 기원에서 다른 쪽으로 가로지를 수 없어서 팔 하나 혹은 다리 하나만을 움직이는 것이 불가능하여 양쪽이 동시에 움직인다. 자세, 균형, 협동을 조절하는 뇌의 일부가 손상된다. 주버트 증후군을 일으키는 유전자인 *AHI1*은 검사된 모든 현대인 그룹에서 동일하지만, 침팬지, 고릴라, 오랑우탄은 다른 대립유전자를 가진다. 아마도 인간에 이르는 혈통에서 이 유전자가 한 발이 다른 발 앞에 놓는 것을 가능하게 하게 하여 걷기를 조절하게 되었다.

달리기

호모 에렉투스는 특수한 해부학적 적응으로 먼 거리를 달릴 수 있는 첫 번째 사람류였다. *H. erectus*에서는 두개골과 목을 연결하는 목덜미 인대가 잘 발달되어서 달릴 때도 머리가 그대로 유지되도록 한다. 다리 근육은 스프링과 같이 작동하여 침팬지와 오스트랄로피테쿠스 신보다 더 잘 발달되어 있었다. *H. erectus*에서는 달릴 때 근육이 수축하는 큰 둔부가 기원했다. 이 3가지 구조들이 단지 걷게 하는 결과뿐만 아니라 초기 사람속과 현대인을 달리게 하였다. 이 기술은 인간 조상들을 포식자로부터 피하게 하고 먹이를 발견하고 새로운 집을 찾을 수 있게 하였다.

큰 뇌

단지 몇 개의 유전자만이 인간과 침팬지의 뇌 크기 차이를 조절한다. 약 2백 4십만 년 전에 *MYH16*이라는 유전자가 근육단백질의 한 유형인 미오신 생산을 막는 넌센스 돌연변이(nonsense mutation)를 겪었다. 이 돌연변이는 모든 현대인에서 볼 수 있지만, 다른 영장류에서는 볼 수 없다. 이러한 미오신이 없으면, 턱이 덜 발달하여 두개골의 골판이 확장되어 뇌가 더 크게 발달하게 한다. 연구자들은 이 돌연변이에 "생각을 위한 방(room for thought)"이라는 별칭을 부여하였다. 화석 증거는 약 2백만 년 전 호모가 오스트랄로피테쿠스를 점진적으로 대체했을 때 "큰 턱, 작은 뇌"에서 "작은 턱, 큰 뇌"로의 전환이 일어났다는 것을 가리킨다. 유전 분석은 새로운 것이지만 아이디어는 새로운 것이 아니다. 찰스 다윈은 1871년 다른 크기의 턱 근육은 유인원과 인간을 구별하는 뿌리에 있다고 기록하였다.

인간과 침팬지가 유전적으로는 비슷하지만 생김새와 행동이 다른 주요 이유는 유전체 서열보다는 유전자 발현과 더 관련되어 있을 것이다. 예를 들어, 간보다는 뇌에서 2종의 차이가 더 크다는 것을 발견한 간과 뇌의 유전자 발현을 비교한 연구는 간의 기능 보다 인간의 정신 능력이 침팬지의 능력 이상으로 확장되었다는 것을 제시한다. 따라서 뇌가 우리를 인간이 되게 한 중요한 부분이다.

더 큰 뇌는 아마도 더 큰 인지 능력으로 이끈다. 이 지역에서 유전자 복제 수는 유전자 본질보다 더 중요하다. 유인원보다 인간 유전체에서 적어도 134개 유전자들의 복제 수가 더 많다. 이러한 유전자 대부분은 뇌의 구조나 기능에 영향을 준다. 몇몇 유전자들은 장기 기억을 만들고, 돌연변이가 되면 유전자들은 지적장애 혹은 언어 능력 손상을 일으킨다. 인간 뇌 성장에 연료를 공급하는 개별 유전자는 태아 뇌의 앞쪽에서 신경세포의 이동을 조절한다.

최근에 일어난 돌연변이들은 역시 뇌 능력을 추진시킨다. 지방산 비포화효소라고 불리는 효소를 암호화하는 유전자의 돌연변이는 어류와 연체동물과 절지동물에 있고 뇌 발달에 유용한 긴 사슬 지방산을 소화기관계가 이용할 수 있게 한다. 180,000~80,000년 전에 인간 조상들이 아프리카 중부의 호수 근처에 살 때 이 돌연변이가 발생했다. 양성 선택이 이 돌연변이 빈도를 증가시켰지만 대가로 암호화된 단백질이 아프리카계 미국인 사이에서 염증을 일으켰고, 고혈압, 뇌졸중, 2형 당뇨병, 관상 동맥성 심장병 발병률을 증가시켰다.

냄새 감각

인간의 화학 감각인 후각과 미각은 인간이 이 감각에 의존함이 감소하면서 줄어들었다. 후각은 후각수용체(odorant receptor, OR) 단백질을 가진 1천 2백만 개의 많은 세포로 구성된 코에 작은 조직 조각에서 비롯된다(반면, 개의 한 품종인 블러드하운드는 40억 개의 세포를 갖고 있다!). 냄새 물질에 있는 분자들이 수용체 조합에 결합하면 뇌에 신호를 보내는 방식으로 관련된 냄새의 지각을 생성한다.

906개의 인간 후각수용체 유전자들이 17번 염색체에 모여 있다. 절반이 위유전자로서 서열은 활동하는 후각 유전자들과 비슷하나, 넌센스 돌연변이로 가득 차 있다. 아마도 이것들은 생존을 위하여 화학 감각들에 의지했을 때인 먼 과거의 흔적들로서 자연 선택이 이들을 침묵케 했을 것이다. 동시에, 자연 선택이 또한 기능을 계속하도록 OR 유전자를 유지하게 양성으로 작용했다. 위유전자들이 다양한 SNP를 가지고 있지만, 기능적인 OR 유전자들은 개인들 사이에서 서열이 놀랍도록 비슷하여 성공적으로 기능함을 가리킨다. 또, 유지된 OR 유전자 사이에서 나타나는 뉴클레오타이드 변화는 암호화된 아미노산을 변화시킴으로 자연 선택이 이러한 서열을 선호함을 제시한다.

인류의 미래는?

미래의 진화가 어떻게 인류를 만들까? 아마도 우리와 가까운 조상들을 구별하는 가장 심오한 특징은 환경을 변화시키는 능력인데, 이것이 우리가 지구를 지배하게 만들었다. 다양한 피부색, 몸 크기, 지적 능력, 수많은 관찰할 수 있고 측정할 수 있는 형질들이 우리에게 있다(**그림 17.17**). 동시에 다른 집단에 있던 사람들이 장거리 교통과 통신에 의하여 유례없는 수준으로 서로 만나고 그들의 유전체들이 섞인다. 현재 지구는 뚜렷하게 다른 종과 일련의 겹쳐서 존재할 정도로 지리학적 지역들에 흩어져서 살았던 오스트랄로피테쿠스신의 시대 혹은 그들이 살던 동굴로부터 멀리 떨어진 모험을 감행하지 않았던 네안데르탈인과 데니소바인들이 살았던 시대와는 매우 다르다. 과거 수천 년간 유지되었던 표현형들은 보건 관리와 기술로 인하여 음성 자연 선택에 의하여 사라질 것이다.

지금부터 10,000년 후에 인류는 어떤 모습일까? 혼합이 증가하여

그림 17.17 많은 사람은 서로 다른 집단들로부터 유래한 조상들을 나타내는 특징들의 조합을 가진다. 사진 속에 있는 여자의 곱슬머리, 캐러멜색의 피부, 옅은 색의 눈을 주목하자. *Geri Lavrov/Getty Images*

한때 특정 집단 무리와 관련되었던 유전체 부분들을 우리가 모두 가지게 될까? 새로운 기술과 의료 관리가 우리의 유전체를 증진하거나 과거에는 치사를 일으켰던 유전자 돌연변이체가 살아남아서 미래 세대에 전달될까? 미래 진화를 이끌도록 우리의 유전체를 조작할까? 우리 기원의 이해가 우리 미래에 대한 많은 질문들을 제기한다.

핵심 개념 질문 17.4

a. 일반적으로 다른 동물들과 인간의 유전체가 어떻게 다른가?

*b. 인간에게 독특한 형질을 제공하는 몇몇 유전자들은 무엇인가?

c. 우리는 우리 자신들의 미래 진화에 어떻게 영향을 주는가?

학습 가이드

핵심 용어

하플로그룹(haplohroup) 하나의 염색체 위에 연관된 SNP 마커들의 광범위한 세트로서 함께 유전되어서 먼 조상관계를 추적하는 데 사용.

삽입과 결실(indels) 하나의 유전체에서 DNA의 삽입과 결실.

유전적 침투(introgression) 한 종 혹은 아종의 개체로부터 특정 유전자 변이가 유전체로 유입.

짧은 연쇄 반복[short tandem repeats (STRs)] DNA 프로파일에서 비교되는 2~10개로 된 DNA 염기서열의 반복.

신테니(synteny) 2개 이상의 종에서 동일한 염색체에서 유전자 순서의 일치.

복습문제

1. 진화 계통수를 작성하는데 사용되는 증거들은 어떤 것들인가?
2. 그림 17.1에 있는 진화 계통수에서 어떻게 인간이 침팬지로부터 직접 진화되지 않았다는 것을 말하는지 설명하라.
3. 오스트랄로피테쿠스신에 몇 종들이 있었지만 아프리카에 초기 사람속 하나만이 있었는가?
4. 멸종한 종을 기술하는데 화석 증거에 의지하는 한계는 무엇인가?
5. 현대 유럽인 유전체에는 네안데르탈인 DNA 서열이 있고, 현대 아프리카인에게는 없는 이유는?
6. 네안데르탈인, 데니소바인과 인간 조상 사이의 유전자 흐름이 복잡한 이유는?
7. 외찌(Ötzi)의 얼음 인간과 초기 농부의 DNA로부터 우리가 알 수 있는 것은 무엇인가?
8. 분자 진화 연구 배후에 있는 두 가지 가정을 서술하시오.
9. 종들 사이에서 몇몇 DNA 서열이 크게 다르지만 다른 종들에서 크게 보전된 이유가 제16장에서 논의한 동력들 중 어느 것인가?
10. 엑손은 높게 보전되는데 인트론은 그렇지 않은 이유는?
11. Y 염색체와 미토콘드리아 DNA 서열이 제공하는 정보의 유형을 기술하시오. 그리고 왜 이것이 불완전한지 설명하시오.
12. 단상형이 유전적 혼합과 고대 이동에 대한 정보를 어떻게 제공할 수 있는가?
13. 다른 집단과 혼합되지 않은 인간집단 하나를 말하시오.
14. 아프리카에서 진화가 계속된 반면에 아프리카를 떠나 확산된 인간들을 어떻게 되었는지 설명하시오.
15. 변화하는 지리와 기후가 인간 진화에 어떻게 영향을 주었는지 보여주는 예를 하나 제시하시오.
16. 인간에 독특한 형질들 세 가지를 말하시오.

응용문제

1. 원주민과 다른 현대인의 유전체들을 비교하여 진화를 나타낼 수 있는 것을 설명하시오.
2. "나는 4% 네안데르탈인이야!"라고 정치인이 말했다. 이 말이 옳지 않고 소비자 DNA 검사로 부터 얻은 결과를 어떻게 잘못 이해했는지 설명하시오.
3. 흰색 피부를 가진 사람이 개인정보 양식에 "아프리카계 미국인" 박스에 체크하면서 우리의 가계도가 충분히 거슬러 올라간다면 우리 모두는 동일하다고 주장했다. 이 사람의 주장은 맞는가?
4. 제약개발자들이 인간과 다른 종으로부터 단백질을 사용하거나 근거하여 약

품을 개발한다면 무엇을 검토해야 하는가?

5. 중부 아프리카에서 음부티 피그미족(Mbuti Pygmie)은 알루르(Alur), 헤마(Hema), 난데(Nande)라고 부르는 농업 공동체 가운데 사는 수렵채취인이다. 연구자들은 이 네 가지 유형의 사람들에서 상염색체 STR, 미토콘드리아 DNA, Y 염색체 DNA 하플로그룹을 비교하였다. 피그미족이 Y 염색체가 가장 다양했고, 피그미족보다 더 큰 다양성을 보이는 미토콘드리아 DNA를 가진 농업 무리 사이와 같이 약 1/3의 서열이 같았다. 농업 무리의 남자들은 피그미 Y DNA 서열을 가지고 있지 않다. 이러한 결과들을 설명할 수 있는 유전자 흐름에 대한 이야기를 작성하시오.

6. 미토콘드리아 DNA와 Y 염색체 DNA가 인간 조상을 완전히 묘사할 수 없는지 설명하시오.

7. 한 여성이 Y 염색체를 가지고 있지 않다면 그녀의 부계 혈통을 어떻게 추적할 수 있는지 설명하시오.

8. 인간 혼합에 기여하는 기술 하나를 말하시오.

9. 인간은 아래턱이 있으나 오스트랄로피테쿠스와 네안데르탈인을 포함하는 다른 영장류들은 있거나 없다. 해부학적으로 현대인의 아래턱에 가해지는 양성 자연 선택을 설명할 수 있는 기능을 제안하시오.

법과학적 관점

1. 밀러 가족은 뒤뜰에 닭을 길렀다. 모두 잡종인 애완용 개 여섯 마리도 같은 이웃에 있었다. 어느 날 밀러는 기르던 닭이 모두 죽었다는 것을 발견했고 거기에 깃털과 싸움의 흔적으로 개털 다발이 있었다. 이웃한 개가 범인일지도 모른다는 증거로서 그는 털을 모아서 개 조상 검사 기업에 보냈다. 기업은 무엇을 검사하게 되는가?

2. 많은 아프리카 문화에서 "가족"은 유전학자들에 의하여 좌우되지 않고 그들을 보살피는 사람에 의하여 좌우된다. 어떠한 성인도 어떠한 아이를 위하여 "엄마"와 "아빠"가 될 수 있다. 1990년대 초부터 아프리카 동부의 많은 지역에서 내전이 발생했다. 아프리카인 수천 명이 친척들을 만나려고 미국에 입국 신청을 하였다. "가족 재결합과 이주 프로그램"은 미국 시민권을 가진 사람들의 부모, 자식 및 배우자가 미국에 올 수 있게 하였다. 2008년에 많은 사람이 미국에 사는 친지가 있다고 거짓말을 한다는 소문이 있어서 미 국무부는 친척이라고 주장하는 미국 시민의 DNA와 비교하기 위하여 케냐 난민들에게 DNA 시료를 자발적으로 제공하도록 요청하기 시작했다. DNA 검사 결과 가족이라고 주장하는 많은 사람의 경우에 혈연관계의 친척이 아닌 것으로 나타나서 이주 프로그램은 정지되었다.

   a. "가족"과 같은 문화적 정의를 어떻게 이민정책이 해결해야 하는가?
   b. 어떻게 DNA를 수집해야 하는가?
   c. 가장 유용한 정보를 얻기 위하여 어떠한 유전체 부분들이 비교되어야 하는가?

사례 및 연구 결과

1. 이 장 처음에 기술했던 고립된 원주민들은 때때로 "집단과 접근하고 시료 수집을 위하여 지역적인 접촉을 하는 외국 연구자들에 의해 수행되는 임상 혹은 역학 연구 프로젝트"로 정의되는 "헬기 연구"를 위하여 원주민의 DNA를 수집하려고 먼 거리를 오게 되는 과학자들을 싫어한다. 대신에 "지역사회 기반 참여 연구"는 조사에서 연구되어지는 사람들과 관련된다. 이 장에서 다루어진 정보들에 근거하여 이러한 프로젝트를 제안하시오.

2. 4,000년 된 그린란드의 사카크 고대 에스키모는 머리털 다발로만 알려져 있다. 어떻게 연구자들이 다른 특징들을 알 수 있는가?

3. 연구자가 남미의 아프리카 후손집단 3개와 6개 아프리카 국가에 사는 107명의 유전체에 위치한 4백만 SNP 비교하였다. 프랑스령 기아나에 사는 누아르 마롱[Noir Marron(마롱이라고도 부름)]이라고 불리는 집단은 98%가 아프리카 조상 기원인데 이는 아프리카 후손 중에서 가장 큰 비율이다. 누아르 마롱의 조상들은 수리남에서 16세기에서 17세기 초에 노예로 탈출하였다. 이 연구에서 아프리카계 브라질인에서 아프리카 조상 기원 비율은 71%였고, 아프리카계 컬럼비아인에서는 75%였다. 누아르 마롱 유전체에는 다른 집단에서 볼 수 없는 몇몇 커다란 동형접합성이 높은 구역들이 있다. 이러한 발견을 설명할 수 있는 사람들의 생활 행동에 대한 시나리오를 제안하시오.

4. **언어발생유전학**(glossogenetics)은 언어와 유전적 변이를 관련지어 연구하는 분야이다. 특정 지리학적 지역에서 언어와 Y 염색체 서열을 함께 하여 추적할 수 있으나 미토콘드리아 DNA 서열은 그렇지 않은데 그 이유를 설명하시오.

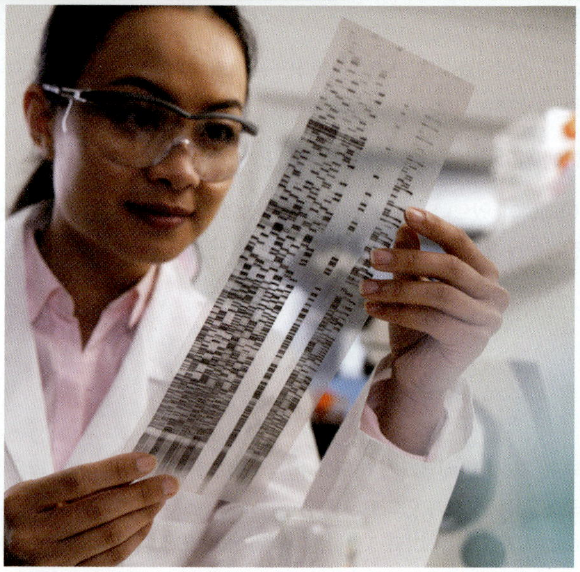

Andrew Brookes/Getty Images

CHAPTER 18

신원을 밝히는 유전학

법과학자는 DNA 프로파일을 조사한다. 검은색 막대는 짧은 연쇄 반복 나타내며 용의자를 배제하는 데 사용되는 패턴을 나타낸다. 그림 18.6은 STR DNA 조각의 전기영동을 사용하는 자동화된 접근 방식을 보여준다.

학습 목표

18.1 정보과학으로서의 유전학

1. DNA 서열이 어떻게 개인을 구별하는 데 사용될 수 있는지 설명하시오.
2. 마커 역할을 하는 DNA 서열의 유형을 설명하시오.

18.2 법과학적 DNA 타이핑

3. DNA 프로파일링에 사용되는 대립유전자를 정의하시오.
4. DNA 반복인 대립유전자에서 이형접합자를 동형접합자와 구분하시오.
5. 20개의 표준 법과학 마커를 집단 통계와 함께 사용하여 개인을 구별하는 방법을 설명하시오.
6. 법과학 DNA 타이핑이 유용한 상황에 대해 논의하시오.

18.3 유전적 계보학

7. 미토콘드리아와 Y 염색체 하플로그룹은 어떻게 오랜 조상을 추적하는 데 사용되는가?
8. 지리적 기원과 인종 추정이 어떻게 이루어지는지 설명하시오.
9. 공유된 센티모르간 범위는 가족관계를 어떻게 나타내는가?

18.4 법과학 STR과 유전적 계보학 SNP의 만남

10. 수사관들은 어떻게 범죄 현장 증거와 계보 데이터베이스의 DNA 정보를 결합하여 용의자를 식별할 수 있는가?

개관

짧은 연쇄 반복(STR)과 단일 염기 다형성(SNPs)은 개인을 식별하기 위해 비교되는 인간 유전체의 매우 가변적인 부분이다. 이 접근법은 법과학 및 유전자 계보에 적용된다.

유죄 판결 후 DNA 검사

법과학 DNA 타이핑은 많은 범죄자를 체포할 수 있게 하지만, 또한 억울하게 유죄를 판결 받은 사람이 무죄임을 밝혀 주기도 한다. 조시아 서튼(Josiah Sutton)은 무죄 입증 프로젝트(Innocence Project) 덕분에 무죄로 석방될 당시, 강간죄로 25년형을 선고받고 4년 6개월을 복역했다. 1992년에 설립된 이 비영리 법률 클리닉 및 공공 정책 단체는 부당하게 유죄 판결을 받은 수백 명의 죄수들을 석방하기 위하여 DNA 타이핑을 이용해 왔다. 서튼은 휴스턴의 한 여성이 자신과 친구를 알아본 후 용의자가 되었는데, 이는 그 여성이 강간당하고, 총으로 위협받고, 들판에 남겨진 후 5일 만에 일어난 일이었다. 두 젊은이는 침과 혈액 시료를 제공했고, 이 시료로부터 얻은 DNA 프로파일을 피해자와 그녀의 차에서 발견된 정액에서 나온 DNA 프로파일과 비교하였다. 재판에서 과학수사연구소 직원은 서튼의 DNA가 우연히 증거와 일치할 확률이 69만 4000분의 1이라고 증언해 유죄 판결을 이끌어냈다. 배심원들은 서튼의 신체적 특징이 가해자에 대한 피해자의 기술과 일치하지 않는다는 사실은 무시했다.

1999년 법과학자들은 DNA 지문(DNA fingerprint)이라고 불리는 DNA 프로파일을 생성하기 위해 일반적으로 비교되는 13개의 STR 마커 중 7개만을 조사했다. 그러나 유전자 검사 통계 처리를 올바르게 수행하면서 통곗값은 놀랍게 변했다. 서튼의 패턴은 원래 주장했던 694,000명의 흑인 중 1명이 아니라 16명 중 1명과 공유되는 프로파일이었다. 즉, 그의 DNA 프로파일은 너무 흔해서 그를 지목한다고 할 수 없었다.

감옥에 있는 동안 서튼은 DNA 프로파일링에 대해 읽고 독립적인 검사를 요청했지만 거절당했다. 그때 휴스턴 과학수사연구소를 취재하고 있던 기자들이 그의 사건을 알게 되었고 무죄 입증 프로젝트에 이를 알렸다. DNA 증거를 다시 검사한 결과 서튼은 풀려날 수 있었다.

18.1 정보과학으로서의 유전학

집단유전학은 한때 실용적이기보다는 이론적인 학문이었다. 오늘날, 그것은 정보과학이 되었다. 비록 우리의 유전체는 서열상 99% 이상 유사하지만, 그 차이는 사람을 구별하고 심지어 식별하기에 충분하다. 각 사람을 고유하게 식별하기 위해서는 유전자 마커로 기능하는 30~80개의 유전체 부위만 고려하면 된다. 이것은 우리의 유전자가 지구에 있는 사람들보다 훨씬 더 다양하기 때문이다. 유전체 서열분석은 개인을 구별하는 데 사용될 수 있지만, 이를 위해 그 정도로 세부적일 필요는 없다. 제7장에서, 유전자 마커는 관심 있는 유전자 또는 특징과 연관되고, 이를 나타내기 위해 사용되는 DNA 염기서열이라고 했던 것을 기억하자.

개인을 구별하고 친척을 식별하기 위해 사용되는 유전자 마커의 유형은 단백질을 암호화하지 않으므로 표현형에 영향을 미치지 않는다. 만약 단백질을 암호화했다면, 두 사람이 공통으로 가지는 마커는 공유된 조상으로부터 물려받았다기보다는 자연 선택에 의해 선호되어온 유전자의 일부이거나 그 근처에 있기 때문에 그렇게 두 사람이 공통의 마커를 가질 수 있을 것이다. 대신 신원을 확인하거나 조상을 밝히는 데 사용되는 마커는 단백질 암호화 유전자와 밀접하게 연관되어 있지 않으며, 제15장에서 논의된 하디-바인베르크 평형상태(Hardy-Weinberg equilibrium)에 있다.

다음의 세 가지 조건이 충족될 경우 유전자 마커의 DNA 염기서열 변이를 검사해서 개인을 식별하는 데 사용될 수 있다.

1. 특정 집단의 마커 빈도가 알려져 있다.
2. 유전체의 여러 부위의 마커가 동시에 고려된다.
3. 곱셈 법칙(product rule)이 적용된다.

유전물질의 정보성은 이 분야의 시작부터 인정되어 왔다. 그레고르 멘델(Gregor Mendel)은 눈에 보이는 특성을 부여하는 정보가 한 세대에서 다음 세대로, 즉 자신의 **요소**(elementen)로 전달된다는 것을 알았다. DNA의 4글자 알파벳(G, A, T, C)의 발견은 1950년대에 어떻게 분자가 자신을 복제할 수 있는지, 그리고 1960년대에는 DNA 뉴클레오타이드 염기의 배열이 어떻게 세포에게 형질을 제공하는 단백질을 합성하도록 지시할 수 있는지를 제시했다.

1980년대와 1990년대에 연구자들은 여러 종류의 유전적 마커를 개발했다. 이 짧은 DNA 염기서열은 처음에 유전자를 염색체에 매핑하는 데 사용되었고, 그 후에는 유전체의 염기서열 분석을 위한 랜드마크를 제공하는 데 사용되었다. 실제로, 유전적 마커는 개인을 구별할 수 있기 때문에 법과학에서 사용될 수 있도록, 또한 의료 분야에서는 질병을 유발하는 돌연변이를 나타내는 데 사용될 수 있도록 조정되었다. 유전적 마커는 또한 인류의 기원, 이동, 유전적 다양성을 추적하는 신호를 제공할 수 있다. 일반적으로 사용되는 마커는 단일 염기 다형성(SNP), 사본 수 변이(CNV), 그리고 특히 짧은 연쇄 반복(STR)이다(표 7.5 참조).

지난 40년 동안 발전된 유전학 기술은 신원 확인(identity)으로서의 새로운 유전학으로 수렴되고 있다. 수사관들은 범죄를 해결하기 위해 법과학에 사용된 반복적인 DNA 염기서열(18.2절)과 유전자 계보에 사용된 SNP(18.3절)를 함께 조사하고 있다(18.4절). 유전체 특정 부위의 반복 횟수와 단상형의 형태로 연결된 SNP의 긴 연속 배열은 비록 기존의 유전자들처럼 단백질을 암호화하지 않지만 대립유전자(유전자 변이)로 간주된다.

신원 확인으로서의 새로운 유전학은 이전 장에서 논의된 개념, 즉 제5장에서 논의된 유전적 연관성, 제7장에서 논의된 SNP을 이용한 전장 유전체 연관 분석, 제15장에서 17장까지 논의된 진화 등의 개념을 기반으로 한다. 이 유전적 신원의 새로운 분야는 실용적이면서도 불편하며, 또한, 역사, 정치, 법, 건강관리, 생명윤리, 사회사업, 심리학, 사회학, 정신의학, 자아와 가족에 대한 정의를 다룬다.

핵심 개념 질문 18.1

a. 사람을 구별하기 위해 왜 전체 유전체 서열을 비교할 필요가 없는가?
b. 단백질을 암호화하지 않는 DNA 서열이 왜 개인을 구별하거나 그들이 관련이 있는지 말해주는 데 중요한지 설명하시오.
*c. 두 가지 유형의 유전적 마커를 나열하시오.

18.2 법과학적 DNA 타이핑

DNA 프로파일링에서 반복되는 염기서열의 복사본 수는 단백질을 암호화하는 정보가 아니지만 정보력을 가지고 있기 때문에 대립 유전자로 간주한다. 사람은 두 개의 상동염색체 상의 동일한 위치에서 동일한 반복의 사본 수에 기초하여 이형접합자 또는 동형접합자로 분류된다. 동형접합자는 **그림 18.1**의 개인 2와 같이 두 개의 상동염색체에 동일한 수로 반복된 사본을 가지고 있다. 이형접합자는 그림의 다른 두 개체와 같이 두 개의 서로 다른 반복 수로 이루어진 복사본을 가지고 있다. 반복 수는 멘델의 분리법칙에 따라 다음 세대에 분배된다. 예를 들어, 그림 18.1의 개인 1과 개인 2의 자녀는 부모의 반복 수에 해당하는 번호들의 조합을 가질 수 있다. 즉, 두 개 반복과

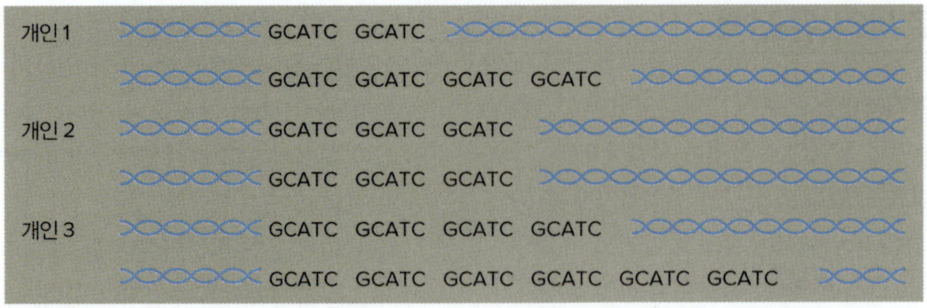

그림 18.1 DNA 프로파일링은 특정 염색체 위치에서 다른 수의 반복을 감지한다. 개인 1과 개인 3은 특정 염색체 부위에서 5염기 서열의 반복 수에 대한 이형접합자다. 개인 2는 두 개의 염색체 사본에서 동일한 수의 반복을 갖는 동형접합자다(반복 번호는 대립유전자로 간주된다).

세 개 반복, 또는 네 개 반복과 세 개 반복을 가질 수 있다.

DNA 프로파일링은 매우 짧은 반복의 사본 수 변화를 탐지하고 개인을 식별하거나 구별하기 위해 이를 사용하는 데서 선구적으로 도입되었다. 일반적으로, 이 기술은 반복 수의 특정 조합이 우연히 두 개의 DNA 출처로부터 발견될 확률을 계산한다. 예를 들어, 폭행 피해자의 손톱 아래에서 채취한 피부세포의 DNA 프로파일이 용의자의 머리카락에서 채취한 프로파일과 일치하고, 두 시료가 우연히 일치할 가능성이 매우 낮다면, 그것은 우연한 유사성보다는 유죄의 강력한 증거이다. 그러나 DNA 증거는 용의자를 배제하는 데 더 많은 가치가 있으며, 다른 유형의 증거와 함께 고려되어야 한다.

진화하는 기술

DNA 프로파일을 얻는 것은 분자 기술이지만, 해석은 집단 유전자 데이터의 통계적 분석이 필요하다. DNA 프로파일을 생성하는 방법은 질병을 유발하는 유전자와 밀접하게 연관된 DNA 서열을 식별하는 유전자 마커 검사에서 비롯되었다. 질병에 대한 유전자 마커는 1980년대에 사용되었는데, 이는 우리가 인간의 질병을 유발하는 유전자의 서열을 알고 그것들을 직접 발견할 수 있기 전이었다. 영국 레스터 대학의 알렉 제프리(Alec Jeffreys) 경은 법과학 사건에 DNA 타이핑을 사용한 첫 번째 연구자였다. 그는 각각 10에서 80개의 염기 길이를 가지는 **가변 연쇄 반복**(variable number of tandem repeats, VNTRs)라고 불리는 DNA 염기서열을 따랐다(**표 18.1** 및 **역사 엿보기**).

프로파일링을 위한 DNA는 머리카락, 피부, 분비물, 백혈구, 볼 안쪽에서 긁어낸 세포 등 핵이 있는 모든 세포에서 나올 수 있다. 제프리 경은 특정 서열에서 DNA를 절단하는 **제한효소**(restriction enzyme)라고 불리는 가위와 같은 효소로 DNA를 절단했다. 그리고 나서 그는 아가로스 겔 전기영동이라고 불리는 기술을 사용하여 DNA 조각들을 분리했다. DNA 조각은 인산기 때문에 음전하를 띤다. 겔 스트립의 전기장에 놓이면, DNA 조각들은 크기에 따라 양전하를 띤 끝을 향해 움직인다. 그 조각이 짧을수록, 그것은 더 빨리 이동한

역사 엿보기

알렉 제프리(Alec Jeffreys) 경과 당시에 DNA 지문이라고 불리던 것을 유명하게 만든 범죄 사건은 레스터 시골에서 두 명의 15세 소녀를 강간하고 목 졸라 살해한 27세의 제빵사이자 아버지인 콜린 피치포크(Collin Pitchfork) 사건이었다. 다른 초기 사례들로는 한 소년이 영국 시민의 아들이라는 것을 증명하여 영국에 입국하도록 한 사건과 두 명의 여학생을 강간한 죄로 부당하게 수감된 한 남자를 석방한 사건이 있다.

DNA 프로파일링 덕분에 가능했던 최초의 면죄부는 1993년 미국에서 이루어졌다. 1985년 9세 아동 성폭행 및 살인 혐의로 사형수로 수감 중이던 커크 블러즈워스(kirk Bloodsworth)는 콜린 피치포크에 대해 읽고 피해자의 속옷에 묻은 얼룩에 대한 DNA 검사를 요청했다. 블러즈워스의 DNA는 증거물의 DNA가 일치하지 않았다. 진짜 범인은 블러즈워스보다 한 층 아래 감옥에 살았었다!

표 18.1 DNA 프로파일링에 사용되는 반복 서열의 특성

유형	반복 길이	분포	예시	단편 크기
가변 연쇄 반복: VNTR(minisatellites)	10–80 염기	균일하지 않음	TTCGGGTTGT	50–1,500 염기
짧은 연쇄 반복: STR(microsatellites)	2–10 염기	좀더 균일함	ACTT	50–500 염기

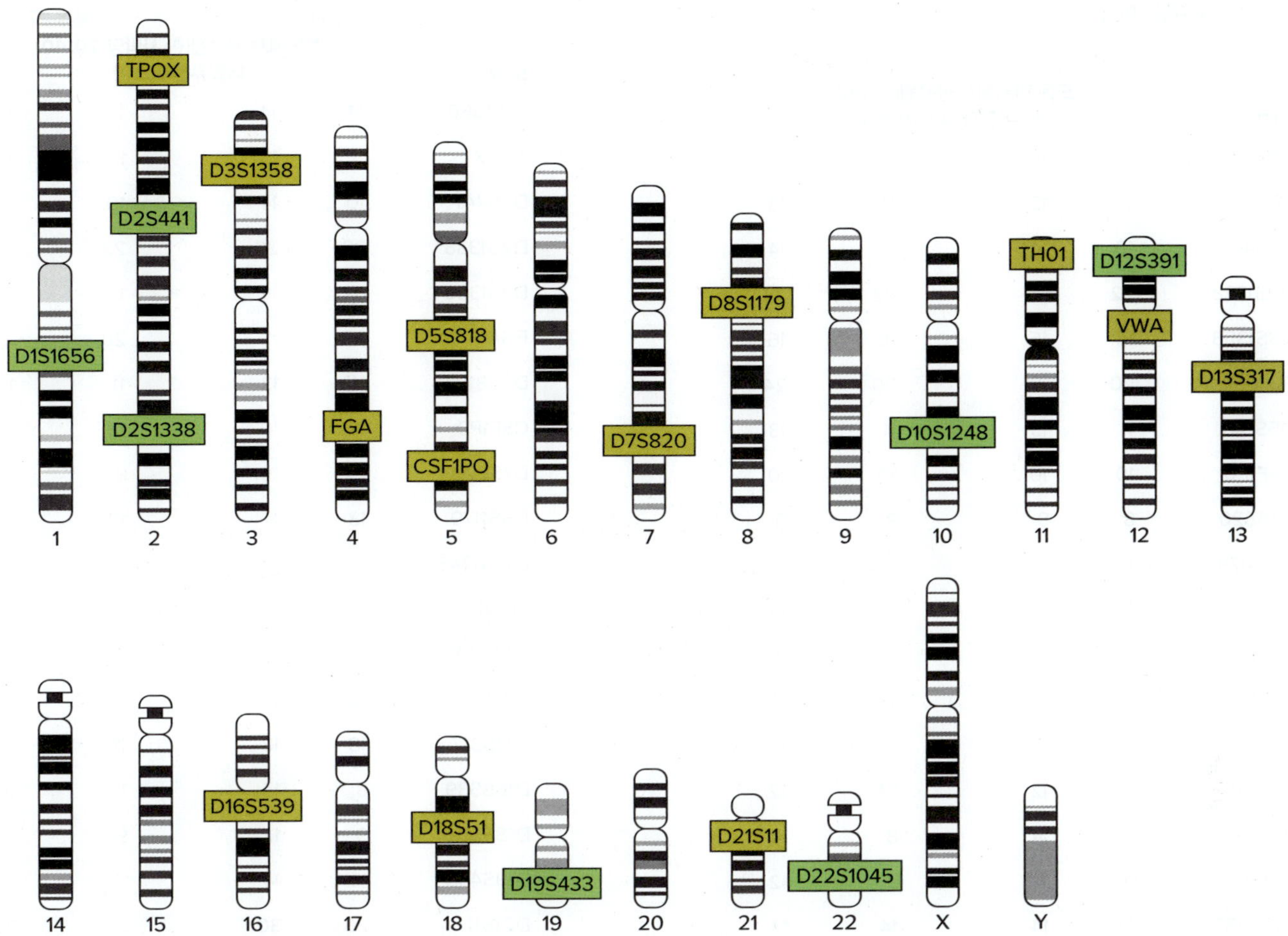

그림 18.2 CODIS 핵심 좌위는 DNA 프로파일을 생성하는 짧은 연쇄 반복(STR)이다. 유전체에서 20개의 짧은 연쇄 반복(STR) 부위는 범죄 용의자를 배제하기 위해 비교된다. 노란색 좌위는 13개의 원래 CODIS 위치를 나타내고 녹색 좌위는 2017년에 추가된 7개의 위치를 나타낸다. 그림 18.7의 STR은 11번 염색체의 짧은 팔에 있는 STR이다.

다. 크기가 다른 파편들이 움직임을 멈추면 이 장의 시작에서 개시한 사진 속 여성이 꼼꼼히 살펴보고 있는 겔 시트와 같은 얼룩무늬가 남는다. 특정 VNTR에 대해 이형접합자를 가지는 사람(두 개의 상동염색체 각각에 서로 다른 수의 반복 복사본 수를 갖는 것을 의미)은 해당 부위에 두 개의 밴드를 가진 DNA 프로파일을 가질 것이다. 동형접합자는 단 하나의 띠만 가질 수 있는데, 그 이유는 그의 DNA가 유전체의 그 부분에 해당하는 한 가지 크기의 조각만을 가질 것이기 때문이다. 이러한 초기 DNA 프로파일 중 하나는 복제 양 돌리가 주장하는 대로 실제로 암컷 양의 유방세포로부터 발생했는지 검사하는 데 사용되었고, 돌리는 그러했다.

연구자들은 짧은 연쇄 반복(STR)으로 VNTR을 대체하기 시작했는데, 이는 더 짧은 DNA 분자가 폭발, 화재 또는 자연재해와 같은 극심한 상황에서도 잘 견딜 가능성이 높기 때문이다(12.5절). 오늘날 미국 연방수사국(FBI)은 20개의 STR을 추적하여 DNA 프로파일링을 수행한다. 이렇게 하면 40개의 데이터 포인트가 생성되는데, 이는 한 사람이 각 STR의 복사본을 2개씩 가지고 있기 때문이다. CODIS, 즉 결합 DNA 색인 시스템(Combined DNA Index System)이라고 불리는 FBI 시스템은 지역, 주 및 연방 범죄 연구소 간에 DNA 프로파일을 공유한다. 이 시스템은 1990년에 13개의 "핵심 좌위(core loci)" STR로 시작했으나, 2017년에 7개를 추가하였다(**그림 18.2**). DNA 프로파일링의 변별력은 20개의 STR 각각의 반복 수가 특정 집단에서 특정 확률로 발생하는 것에서 비롯한다. 관련이 없는 두 개인이 우연히 동일한 40개의 CODIS STR 마커 대립유전자를 가질 확률은 전 세계 인구수를 훨씬 초과한다.

STR의 반복 단위 크기는 2에서 10까지 다양하다. 그림 7.10은 7개의 염기로 이루어진 STR을 나타낸다. 법과학 응용에 사용되는 STR의 대부분은 4개의 염기로 구성된 반복 단위를 갖는다. **그림 18.3, 18.4** 및 **18.5**는 과학수사에서 용의자의 DNA와 범죄 현장 증거물 DNA가 일치되는 경우의 공유 STR 패턴, 형제자매 간 공유되는 STR 패턴 및 이복형제자매 간의 공유되는 STR 패턴을 보여준다. 관계는 한눈에

검정색 = 공유하는 마커

STR	용의자		현장 증거물	
	모든 마커에서 공유됨(40/40) 대립유전자 크기(반복 수)			
D1S1656	14	14	14	14
TPOX	11	13	11	13
D2S441	10	14	10	14
D2S1338	22	24	22	24
D3S1358	16	16	16	16
FGA	20	24	20	24
D5S818	11	13	11	13
CSF1PO	10	10	10	10
D7S820	8	9	8	9
D8S1179	13	15	13	15
D10S1248	13	13	13	13
THO1	7	8	7	8
D12S391	12	12	12	12
VWA	15	17	15	17
D13S317	12	12	12	12
D16S539	8	14	8	14
D18S51	9	12	9	12
D19S433	14	14	14	14
D21S11	28	30	28	30
D22S1045	16	16	16	16

그림 18.3 용의자와 범죄 현장 DNA는 40개의 마커 모두를 공유한다.

STR	형제 #1		형제 #2	
	절반에서 공유됨(한 사람당 20/40) 대립유전자 크기			
D1S1656	14	14	14	14
TPOX	11	13	9	13
D2S441	10	14	10	14
D2S1338	22	28	22	24
D3S1358	16	16	18	18
FGA	20	18	20	24
D5S818	11	13	11	13
CSF1PO	10	10	13	13
D7S820	7	10	8	9
D8S1179	13	17	13	15
D10S1248	13	13	17	17
THO1	7	9	7	8
D12S391	12	12	15	15
VWA	15	17	15	19
D13S317	18	18	18	18
D16S539	8	14	10	14
D18S51	9	12	9	12
D19S433	14	14	11	11
D21S11	28	30	29	30
D22S1045	18	18	18	18

그림 18.4 두 명의 형제는 40개의 마커 중 검정색으로 표시된 20개를 공유한다.

분명하게 볼 수 있지만, 관련 집단에서 STR 반복 수의 확률은 결론을 정량화한다.

DNA 프로파일링은 또한 DNA 시료는 남긴 사람의 성별을 결정하기 위해 아멜로게닌이라고 불리는 유전자의 유전자형을 포함한다. 아멜로게닌은 X 염색체와 Y 염색체 모두에 존재하지만 X 염색체에서는 6개의 염기가 더 짧다. 따라서 아멜로게닌의 긴 대립유전자는 남성을 나타낸다.

오늘날 모세관 전기영동이라고 불리는 기술은 DNA 조각을 분리하는 데 사용된다(**그림 18.6**). 형광 표지가 부착된 짧은 DNA 조각은 CODIS STR을 포함하는 유전체의 일부에 해당하는데, 이것을 DNA 시료에 첨가하면 상호보완하여 결합한다. 이후 중합효소 연쇄반응(PCR; 그림 9.19 참조)은 선택된 염기서열을 합성하여 모든 CODIS 마커를 동시에 증폭시킨다. 증폭된 DNA 조각은 이 기술이 개발되었을 때 사용된 겔 판 대신, 모세관이라고 불리는 머리카락처럼 얇은 관을 통해 이동한다. 관을 이동할 때 창을 통해 비춰진 레이저가 각 DNA 조각에 부착된 형광 염료를 발광시켜 나오는 형광의 강도를 측정하여 판독 값의 피크로 표시한다. 특정 STR 위치에서 관찰되는 하나의 높은 피크는 그 사람이 동형접합자, 예를 들어, 상동 염색체 각각에 여섯 개 반복 수를 갖는 경우라는 것을 나타낸다. 강도가 낮은 두 개의 피크는 한 개 염색체에는 여섯 개의 반복 수를 갖지만 다른 상동 염색체에는 여덟 개의 반복 수를 갖는 것과 같은 이형접합자임을 나타낸다. 이제 DNA는 휴대용 장치를 사용하여 범죄 현장에서 단 몇 분 만에 타이핑할 수 있다.

FBI는 국가 DNA 색인 시스템(NDIS)을 유지하고 있고, 여기에 1,400만 명이 넘는 유죄 판결을 받은 범죄자, 3백만 명 이상의 체포된 사람들, 9십만 개의 식별되지 않은 범죄 현장 시료 DNA 정보를 가지고 있다. FBI는 국가 DNA 색인 시스템이 거의 50만 건의 수사를 도왔다고 주장한다.

DNA가 너무 분해되어 STR 서열 조차 파괴되면 미토콘드리아

STR	이복형제 #1		이복형제 #2	
	4분의 1에서 공유됨(한 사람당 10/40) 대립유전자 크기			
D1S1656	14	15	12	12
TPOX	11	13	9	13
D2S441	10	12	10	14
D2S1338	21	23	22	24
D3S1358	16	18	17	19
FGA	20	18	20	24
D5S818	9	13	11	13
CSF1PO	10	11	8	10
D7S820	6	11	8	9
D8S1179	13	17	13	15
D10S1248	14	14	14	14
THO1	7	8	7	8
D12S391	12	12	15	15
VWA	13	16	15	17
D13S317	11	15	10	12
D16S539	8	12	10	14
D18S51	9	10	11	12
D19S433	12	14	13	17
D21S11	28	31	29	30
D22S1045	17	17	16	16

그림 18.5 두 명으로 이복형제는 40개의 마커 중 검은색으로 표시된 10개를 공유한다.

DNA (mtDNA)가 대신 사용된다. 초가변 영역 I과 II라고 하는 두 개의 영역을 분석하는데, 이는 이 부위가 서로 다른 집단에서 구별되기 때문이다. 하나의 세포는 미토콘드리아 유전체의 수백 또는 수천 개의 사본을 생산할 수 있기 때문에, 심지어 극도로 작은 법과학 시료도 이 DNA를 포함하고 있다. MtDNA 분석은 2001년 9월 11일 테러 공격으로부터 나온 증거를 분석하는 데 매우 중요했는데, 이는 증거물들이 매우 심하게 분해되어있었기 때문이다.

DNA 프로파일의 해석을 위한 집단 통계의 사용

일반적으로 법과학에서 단서는 많을수록 더 좋다. DNA 프로파일링의 힘은 여러 염색체의 반복을 추적하는 데에서 나온다. 반복 수는 DNA의 근원이 되는 집단에서 관찰된 빈도에 따라 확률(존재할 가능성)이 할당된다. 서로 다른 염색체에 존재하는 반복을 고려하는 것은 멘델의 독립법칙에 기초하여 곱셈 법칙으로 집단에서 발생하는 특정한 반복 수의 조합을 얻을 확률을 계산하는 것을 가능하게 한다.

하디-바인베르크 방정식(Hardy-Weinberg equation, $p^2 + 2pq + q^2 = 1$; 그림 15.3 참조)과 곱셈 법칙은 DNA 프로파일을 백업하는 통계를 도출하기 위해 적용되며, 다음의 단계를 거친다:

1. 전기영동도에서 피크의 패턴은 각 반복에 대해 개인이 동형접합자인지 이형접합자인지를 나타낸다.
2. 하디-바인베르크 방정식의 일부를 사용하여 유전자형 빈도를 계산한다: p^2과 q^2은 서로 다른 2개 대립유전자 반복에 대한 각각의 동형접합자 빈도를 나타내며, $2pq$는 이형접합자를 빈도를 나타낸다.
4. 빈도를 곱해서 주어진 반복 수 조합이 특정 집단에서 발생할 확률을 구한다.
5. 용의자가 속한 인구집단에서 주어진 유전자형 조합이 드물고, 용의자의 DNA와 강간 피해자의 몸이나 훔친 물건 등 범행 현장 증거물에 해당 유전자형이 나온다면 유죄가 유력하다.

그림 18.7에는 다수의 STR을 사용하는 경우의 절차가 요약되어 있다.

DNA 프로파일링에 사용되는 서열의 경우, 하디-바인베르크 평형이 가정된다. 그것이 적용되지 않을 때는 문제가 발생할 수 있다. 예를 들어, 하디-바인베르크 평형을 위한 무작위 교배 요건은 먼 친척들이 우연히 서로 결혼할 수 있는 소수의 대가족 공동체에서는 충족되지 않을 것이다. 예를 들어, 사촌들은 DNA 프로필의 일부를 공유할 수 있다. 한 사례에서, 한 젊은 남자가 DNA 프로파일을 기반으로 강간죄로 유죄 판결을 받았는데, 프로파일의 일부는 실제 강간범인 아버지와 공유했다. 더 많은 수의 반복 위치를 고려하면 이러한 문제를 최소화할 수 있다. 즉, 강간 사건에서 더 많은 반복 위치를 고려했다면 아들이 유죄인 아버지로부터 물려받지 않고 어머니로부터만 물려받은 다형성을 나타냈을 가능성이 있다. 이러한 다형성의 확인은 아들이 무죄라는 것을 의미하지만, 그의 가까운 남자 친척이 유죄일 수 있다는 것을 나타냈을 것이다.

DNA 프로파일의 정확도와 의미는 대립유전자 빈도의 근원인 집단에 따라 달라진다. 집단이 너무 광범위하게 정의되면 모든 유전자 빈도가 일반적으로 낮기 때문에 용의자가 우연에 기초한 증거와 일치할 가능성이 매우 낮게 추정된다. 인구유전학적 하부 구조를 인식하지 못한 경우로 스틸 증후군이 이스트 할렘에 사는 히스패닉의 광범위한 인구가 고려되었을 때 더 일반적인 정형외과적 질환과 합쳐진 이유였다. 그 차이는 푸에르토리코 계통의 사람들만 고려되었을 때 명백해졌다(16.1절 참조).

최초의 DNA 프로파일링 데이터베이스는 유효한 통계를 산출할 만큼 현실적이지 않은 집단에 의존했다. 그들은 단지 세 가지 범주,

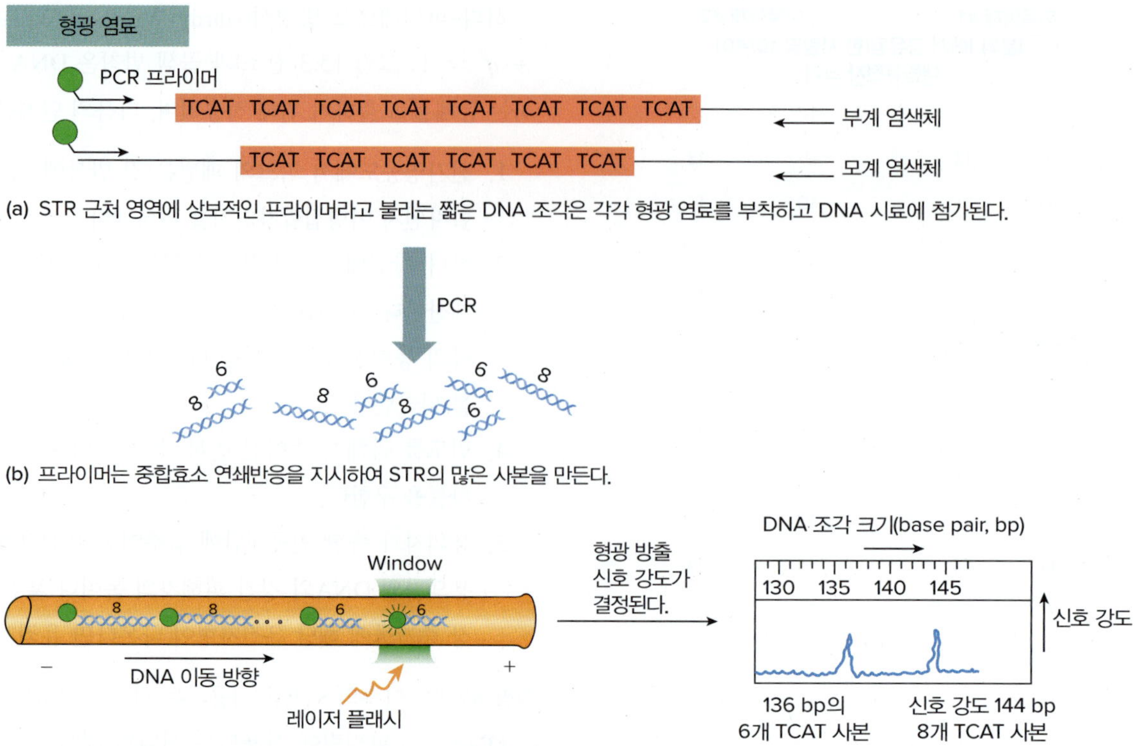

(a) STR 근처 영역에 상보적인 프라이머라고 불리는 짧은 DNA 조각은 각각 형광 염료를 부착하고 DNA 시료에 첨가된다.

(b) 프라이머는 중합효소 연쇄반응을 지시하여 STR의 많은 사본을 만든다.

(c) 증폭된 DNA 조각은 (이 경우 6개 또는 8개의 TCAT 반복을 포함) 겔 전기영동 장치에 들어간다. 여기서, 작은 조각들은 큰 조각들보다 양전하를 향해 더 빨리 움직인다. 프라이머에 결합된 염료는 레이저 자극으로 전기영동도라고 불리는 이미지로 변환되는 신호를 방출한다. 이 STR의 경우, 두 개의 피크는 이형접합자를 단일의 더 큰 피크는 동형접합자를 나타낸다.

그림 18.6 여러 단계로 STR을 식별한다. 이 예에서 TH01이라 불리는 STR은 11번 염색체에 존재하는 TCAT 반복으로 이루어져 있다. (a) STR 근처 영역에 상보적인 프라이머라고 불리는 짧은 DNA 조각은 각각 형광 염료를 부착하고 DNA 샘플에 첨가된다. (b) 프라이머는 중합효소 연쇄반응을 지시하여 STR의 많은 복사본을 만든다. (c) 증폭된 DNA 조각은(이 경우 6개 또는 8개의 TCAT 반복을 포함) 겔 전기영동 장치에 들어간다. 여기서, 작은 조각들은 큰 조각들보다 양전하를 향해 더 빨리 움직인다. 프라이머에 결합된 염료는 레이저 자극으로 전기영동도라고 불리는 이미지로 변환되는 신호를 방출한다. 이 STR의 경우, 두 개의 피크는 이형접합자를 단일의 더 큰 피크는 동형접합자를 나타낸다.

즉, 백인, 흑인, 히스패닉계만 가지고 작업했다. 폴란드, 그리스, 스웨덴 사람들은 모두 백인으로 간주되었고, 자메이카에서 온 검은 피부의 사람과 소말리아에서 온 사람은 흑인으로 간주되었다. 아마도 모든 것 중에서 가장 이상한 것은 히스패닉일 것이다. 쿠바인과 푸에르토리코인은 일부 아프리카인이고, 멕시코와 과테말라 사람들은 대부분 아메리카 원주민의 유전자 변이를 가지고 있다. 스페인과 아르헨티나 사람들은 아프리카 흑인이나 아메리카 원주민의 유전적 배경을 가지고 있지 않다. 아메리카 원주민들과 아시아인들은 완전히 소외되었다. 백인, 흑인, 히스패닉의 데이타베이스 분석은 특정 다형성 유전자에 대해 하디-베인베르크 방정식이 예측한 것보다 열성의 동형접합자가 훨씬 더 많다는 것을 밝혀내 모든 대립유전자 빈도가 평형상태에 있지 않다는 것을 확인시켜 주었다.

DNA 프로파일을 해석하는 데 대립유전자 빈도를 적용하기 위해서는 보다 제한적인 인종 데이터베이스가 필요하다. 모든 백인에서 1,000분의 1의 빈도를 나타내는 대립유전자는 실제로 결혼하는 구성원이 속한 각 하위집단에서는 훨씬 더 높거나 낮은 대립유전자 빈도를 나타낼 수 있다. 그러나 좁게 정의된 인종 데이터베이스조차도 어머니가 스코틀랜드계/에티오피아계이고 아버지가 그리스계/태국계인 등 혼혈인 사람들의 DNA 프로파일을 해석하기에는 불충분할 수 있다. 전 세계 다른 지역에서 온 사람들이 만나는 것이 더 쉬워지면서, 인류의 인구 하위 구조는 더 복잡해질 것이고, DNA 프로파일링을 위해 더 많은 마커를 고려하는 것이 요구될 것이다.

희생자 식별을 위한 DNA 프로파일링 이용

DNA 프로파일링은 범죄 사례와 비행기 추락으로 인한 사람의 유해를 식별하기 위해 처음 사용되었다. 그 후, 테러 공격과 자연재해 적용은 기술을 새로운 수준으로 끌어올렸다.

세계무역센터 희생자 확인

2001년 9월 말, 유방암 검사를 제공하는 회사는 세 가지 특이한 유형의 DNA 시료를 받았다.

그림 18.7 범죄를 해결하기 위해. 죽은 남자가 손톱 밑에 피부와 피를 묻힌 채 발견되었다. 그 증거물은 법과학 연구실로 보내졌고, 거기서 손톱 아래에서 혈액으로부터 얻은 5개의 STR 패턴을 희생자의 혈액 및 용의자의 혈액에 있는 동일한 STR 패턴과 비교했다. 범죄 현장 증거물의 패턴은 용의자와 일치했다. 하디-바인베르크 방정식에 사용된 그 남성의 인종집단에서 나온 대립유전자 빈도는 그의 DNA가 우연히 살해된 남자의 손톱 아래에 있는 피부와 혈액의 것과 일치할 확률을 산출했다. 이것은 가상의 경우이다. 20개 STR의 전체 세트를 사용하면 훨씬 더 유의한 확률을 얻을 수 있다. 피크 아래의 숫자는 STR 반복 횟수다. 소수로 표기한 숫자들은 모두 대립유전자 빈도다. *©Andrey Kuzmin/Alamy Stock Photo*

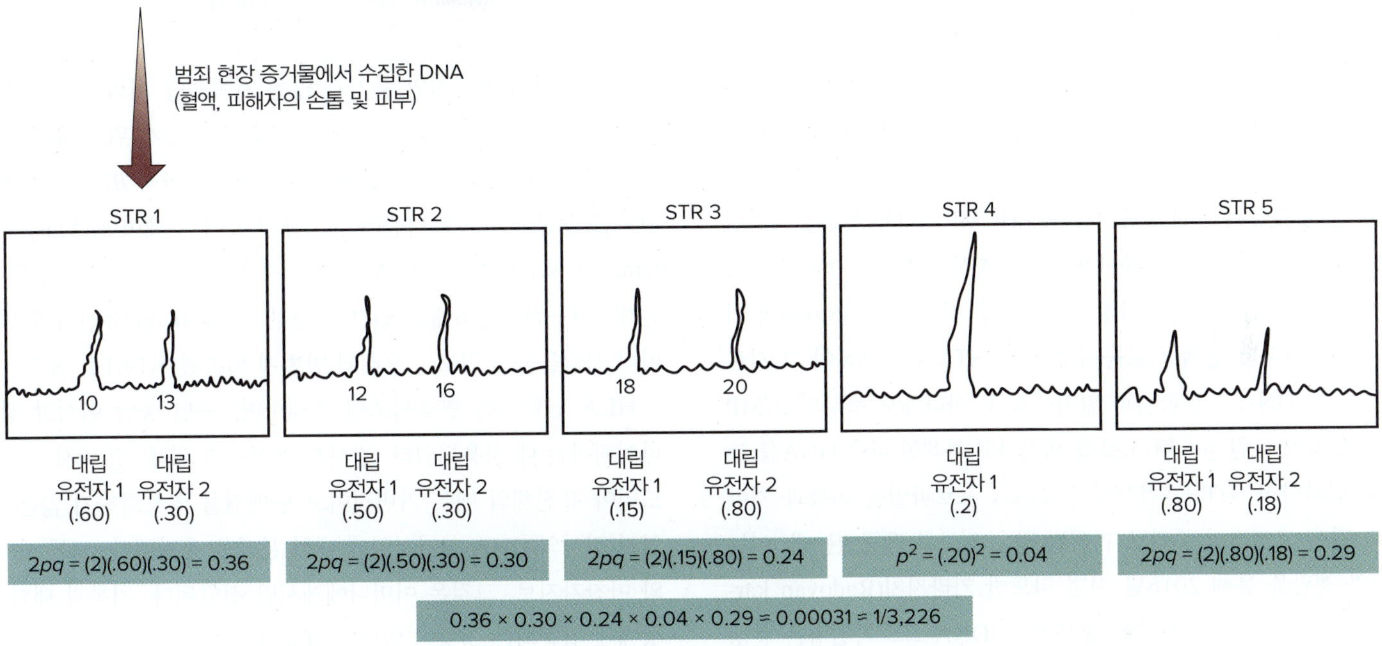

결론: 용의자가 속한 집단 내 다른 사람이 이러한 대립유전자의 동일한 패턴을 가질 확률은 3,226분의 1이다.

- 뉴욕시 세계무역센터로부터 나온 증거물
- 현장에서 실종된 사람들의 친척으로부터 채취한 구강상피 시료
- 희생자들의 칫솔, 면도기, 그리고 머리빗에서 나온 "참조 시료"

기술자들은 당시 표준이었던 13개의 STR과 성염색체(아멜로게닌 유전자)의 반복 수를 얻기 위해 DNA를 분석했다. 연조직의 경우, STR 분석 결과가 나왔지만, 현장에서 화재가 발생했음에도 불구하고 남아있던 뼛조각은 더 어려운 미토콘드리아 DNA 분석을 필요로 했다. 현장 증거물의 DNA 패턴이 피해자의 칫솔에서 나온 DNA와 일치한다면 신원 확인은 상당히 확실했다. 법과학자들은 DNA 결과를 가족과 희생자를 맞추기 위해 사용했다. DNA 프로파일링은 치아 패턴, 흉터, 지문과 같은 전통적인 법의학 식별자와 증거와 함께 발견된 장신구 같은 물건보다 신원에 대한 훨씬 더 신뢰할 수 있는 정보를 제공한다.

자연재해 희생자 식별

다양한 유형의 재해가 DNA 프로파일링에 대해 도전장을 내밀었다. 뉴욕시 인부들은 제한된 지역에서 세계무역센터 잔해를 수색했지만, 2004년 인도양 쓰나미로 인해 흩어진 약 25만 구의 시체는 도처에 널려 있었다. 재난 구조대원들은 전염병의 확산을 막기 위해 묻힌 시신을 빨리 발굴해야 했다. 파도가 친 후 접근할 수 있었던 유해는 덥고 습한 기후에서 빠르게 부패했다. 이러한 조건들은 도로와 실험실 부족과 결합하여, 시신의 75%가 표준 치과 기록 분석에 의해 식별되고, 10%가 지문으로 식별되는 결과를 낳았다. 희생자 중 0.5% 미만이 그들의 DNA로 확인되었다.

법과학자들은 9/11 사태를 통해 두 사람이 우연히 몇몇 유전체 위치에서 일치했을 때 오류를 피하고자 피해자의 DNA를 친척의 DNA와 일치시키는 것이 중요하다는 것을 알게 되었다. 뉴욕시에서는 친

척 중 많은 수가 인근 지역 출신이었다; 그러나 2004년 쓰나미 때에는 12개국이 직접적인 영향을 받았고 희생자들은 30개국에서 왔다. 칫솔과 같은 일상적인 증거물이 남아 있더라도 DNA를 제공할 친척이 거의 또는 전혀 남지 않은 채 가족 전체가 떠내려갔다.

대량 학살 확인

DNA 프로파일링은 대량 살인의 증거를 제공할 수 있다. 보스니아 헤르체고비나의 스레브레니차 집단 학살은 보스니아에 주둔하던 세르비아군이 1995년 7월 나흘 동안 8,100명의 이슬람 남성과 소년들을 살해한 사건이다. 죽은 사람들은 처음에 집단 무덤에 버려졌으나, 은폐 공작을 통해 파헤쳐지고, 부서지고, 넓게 흩어졌다. 32,000구의 시신 중 많은 수가 점토가 풍부한 토양에 깊이 묻혀 있었는데, 그곳에서 산소 부족으로 뼈에 달라붙는 연조직이 **시랍**(grave wax)이라고 불리는 비누 같은 물질로 변했다.

2000년에 결성된 국제 실종자 위원회(ICMP)는 DNA 프로파일링을 사용하여 1995년 7월 스레브레니차 대학살 희생자 7,000명 이상을 확인하였다. 연구자들은 사랑하는 사람을 찾기 위해 85,000명 이상의 친척들로부터 혈액 시료를 수집했고, STR을 사용하여 그 시료들을 유골의 DNA 프로파일과 일치시켰다. 사라예보 북부의 ICMP 실험실에서, 연구원들은 뼈 시료를 세척하고 분쇄한 다음 DNA를 추출하고 법과학적 STR을 검사했다. DNA 프로파일은 의복과 치아 패턴과 같은 고전적인 증거보다 훨씬 많은 정보를 제공했는데, 이는 6년간의 재판을 통해 2016년 전범 라도반 카라지치(Radovan karadzic)에게 유죄를 선고하기에 충분했다. DNA 프로파일링은 분쟁으로 실종된 총 4만 명의 사람 중 70% 이상을 확인했다. 게다가, 각 뼛조각이 발견된 위치를 기록함으로써, 연구자들은 몸을 숨기기 위해 취했던 움직임도 재구성할 수 있었다. DNA 프로파일링은 시리아, 이라크, 리비아의 전쟁 범죄 피해자들에게도 사용되고 있다.

가족 상봉

전쟁이나 이민과 같은 상황에서 헤어진 가족들을 재회시키기 위해 법과학적 DNA 타이핑이 사용될 때 유전학은 정치와 만난다. 1977년 아르헨티나에서 시작된 마요 광장의 할머니들 프로젝트가 그 선례다. 1976년 아르헨티나 군경이 최소 210명의 사라진 사람들의 아이들을 납치, 판매하거나 멀리 버리면서 8년간의 '더러운 전쟁(Dirty War)'이 시작되었다. 실종 아동의 친척들은 가족 재결합을 위해 문서와 같은 전통적인 증거를 사용하는 할머니 프로젝트를 시작했다(**그림 18.8**). 너무나 많은 엄마가 죽었기 때문에 할머니들에게 관심이 집중되었다.

그림 18.8 법과학 DNA 타이핑은 마요 광장의 할머니들이 전쟁 후에 가족들이 재회하는 것을 도왔다. *Alejandro Pagni/AFP/Getty Images*

1984년까지 전통적인 증거가 많은 가족들을 재회시키지 못하자, 미국과학진흥협회는 할머니들의 프로젝트를 돕기 위해 유전학자 팀을 부에노스아이레스로 보냈다. 그 그룹에는 아직 *BRCA* 유방암 유전자를 발견한 것으로 나중에 유명해진 메리-클레어 킹(Mary-Claire King)이 포함되었다. DNA 지문은 사용하기에는 너무 새로웠기 때문에, 연구원들은 6개의 인간 백혈구 항원(HLA) 유전자의 변이에 따라 사람들을 맞춰보는 오래된 방법에 의존했다(19.1절 참조).

HLA 단백질은 혈액세포에 존재하며, 수년 동안 이식할 장기를 타이핑하는 데 사용되었다. 검사를 개선하기 위해, 킹 박사는 미토콘드리아 유전체의 매우 가변적이고 단백질을 암호화하지 않는 1200 염기 길이의 DNA 염기서열에 대한 분석을 추가했다. 모든 mtDNA와 마찬가지로, 그것은 어머니에게서만 전달된다. 기록과 대화가 여성에게 집중되는 경향이 있었기 때문에, 여성 친척을 추적하는 것은 실현 가능했다. 또한 mtDNA는 법과학 검사에 사용되는 STR을 생성하는 핵 DNA보다 풍부하지만 힘이 든다. 이 미토콘드리아 접근법이 너무 잘 작용해서 아르헨티나는 자발적인 DNA 데이터 은행을 설립했다.

할머니 프로젝트는 50건의 사건을 해결했다: 44명의 아이가 군 지도자들에게 "선물"로 주어졌다. 나머지 6명 아이의 양부모들은 납치 사실을 모르고 있는 것 같았다. 납치 사실을 알고 있던 어른들에 의해 양육된 아이들은 그들의 양부모가 친부모가 살해되었다는 것을 알고 있다는 것을 알게 되었다.

DNA 검사는 여전히 가족들을 재회시키기 위해 사용된다. 타액 시료나 뺨 시료에서 20개의 CODIS 마커에 대한 검사는 가족관계를 증명할 다른 증거가 없는 미국의 이민 사례에서 사용된다. DNA는 미국혈액은행협회(American Association of Blood Banks)가 인가한 연구소에서 분석되며, 여기에는 학술기관, 미국적십자사, 법과학/법률회사 등이 포함된다. 이 검사는 자녀를 부모에게 맞추는 데 거의 100%의 "친척 가능성(probability or relationship)"을 제공할 만큼 충분히 빠르고 통계적으로 강력하지만, 부모나 부모가 같은 형제자매를 식별하는 것 이상으로는 유전체가 공유하는 비율이 떨어지기 때문에 유용하지 않다(표 7.3 참조).

법과학적 DNA 표현형 분석

단백질을 암호화하지 않는 DNA 반복을 비교하는 것은 유전적 관계를 드러내는 편견 없는 방법이다. 하지만 단백질을 암호화하는 유전자가 범죄를 해결하는 데에도 사용될 수 있는데, 특히 머리와 같은 분명한 특징을 갖는 신체 부위가 손실된 범죄 사건과 같은 경우에 사용될 수 있다. 스웨덴 기자 킴 월(Kim Wall)의 경우가 그랬다.

2017년 8월, 월(Wall)은 유명한 발명가와 함께 개인 잠수함을 타고 나갔다. 친구들이 그녀의 실종을 눈치챈 지 며칠 후, 머리가 없는 몸통이 코펜하겐 근처의 한 섬에 떠밀려왔다. 그러고 나서 다리가 나타났고, 그다음에 다른 다리가 나타났고, 마침내 심하게 손상된 머리가 나타났다. 신체 부위의 DNA는 잠수함에서 발견된 혈액의 DNA와 일치했다.

비록 그 발명가가 그녀의 신체를 훼손한 것에 대해 무죄를 주장했지만, **법과학 DNA 표현형 검사**(forensic DNA phenotyping)는 그렇지 않다고 말했다. 그 당시 새로운 검사는 희생자의 눈, 머리카락, 피부색의 변화를 식별하기 위해 SNP 마커를 고려했고, 59개의 글로벌 집단의 유전자 빈도를 사용하여 확률을 예측했다(**그림 18.9**). 그 결과는 푸른 눈, 주근깨, 그리고 창백한 피부를 가진 빨간 머리인 킴 월의 표현형과 일치했다. 이 기술은 또한 얼굴 특징과 같은 다양한 신체 부위의 모양, 크기, 부위 간 거리를 분석할 수 있다. 제1장의 사례 및 연구 결과에서 두 번째 질문은 공공장소에서 DNA를 수집하고 법과학 DNA 표현형 분석 방법을 사용하여 얼굴을 재구성하는 예술가에 관한 것이다.

그림 18.9 법과학적 표현형 분석. 눈에 보이는 형질에 영향을 미치는 유전자에 해당하는 SNP는 신체 부위를 식별하기 위해 사용된다. *Susan Walsh/Purdue School of Science*

법과학 DNA 증거의 한계

DNA 프로파일링은 집단유전학에 기반을 두고 있지만, 잘못된 기소를 피하기 위해서는 DNA가 발견된 곳까지 어떻게 도달했는지와 같은 범죄 현장의 세부 사항에 대한 논리와 고려가 필요하다. 지문, 섬유, 긁힘, 발자국과 같은 평범한 출처들도 DNA 증거를 해석할 수 있는 맥락을 제공한다. 잘못된 결론은 몇 가지 방식으로 도달할 수 있다.

배경 DNA(background DNA)는 나중에 범죄 현장이 되는 장소에 있던 DNA 흔적이 수집되는 것을 말한다. 룸메이트를 칼로 찌른 혐의로 이탈리아에서 5년간 수감된 미국 출신의 젊은 여성 아만다 녹스(Amanda Knox)가 그랬다. 살인 도구인 칼에서 녹스의 DNA 흔적이 발견됐지만, 이는 이전에 녹스가 그 칼을 빵을 자르는 데 사용한 적이 있었기 때문이었다. 그 칼에서는 실제로 녹말 알갱이가 발견되었고, 아만다 녹스는 결국 메러디스 커처(Meredith Kercher)를 살해한 혐의를 벗었다.

접촉 DNA(touch DNA)의 한 형태인 **이차 전이 DNA**(secondary transfer DNA)는 범인이 악수 같은 행위를 통해 다른 사람의 DNA를 전달함으로써 법과학 샘플을 오염시킨다(**일차 전이**는 용의자의 DNA가 장갑이나 무기 같은 물체에 전이된 경우). 한 복잡한 이차 전이 사례에서 한 교수가 아내를 살해한 혐의를 받았다. 살해 당일 그와 그의 아내는 수건을 함께 썼고, 그의 피부세포가 그녀의 얼굴로 전이되었다. 이후 장갑을 낀 살인범이 그녀의 얼굴을 만지면서 남편의 세포를 자신도 모르게 흉기로 옮겼다. 이 시나리오를 재구성하는 것은 남편의 무죄를 입증하는 데 도움이 되었다.

검체가 실험실에서 교차 오염되는 경우도 드물게 일어난다. 이것은 영국에서 공공장소에서 침을 뱉어 체포된 한 남자에게 일어났다. 그는 강간죄로 고소되어, 오류가 발견될 때까지 5개월 동안 감옥살이를 했다. 실험실에서 동일한 일회용 플라스틱판이 남성의 침 시료와 강간 피해자의 정액 시료에 사용되었다. 3개월 전 휴대전화 기록은 이 남성이, 아니 적어도 그의 휴대전화가 범죄 현장과 멀리 떨어져 있었다는 것을 알려주었지만, DNA 교차 오염이 밝혀지고 나서야 무죄가 확정되었다.

무고한 사람의 DNA가 우연히 범죄 현장의 DNA에 있는 여러 STR과 일치하는 경우는 드물다. 이와 같은 몇 가지 주목할 만한 사례들은 노인이나 건강이 좋지 않은 요양원 사람들이 더 유력한 후보

생명윤리학

오늘날 수집된 DNA는 과거의 범죄를 해결하기 위해 활용될 수 있는가?

2003년 메릴랜드주 솔즈베리에 있는 한 여성의 집에 복면을 쓴 남성이 침입해 성폭행했다. 그녀는 가해자를 묘사할 수 없었지만, 수사관들은 그 남자의 DNA를 수집하고 저장했다. 이 범죄는 2009년까지 미해결 상태로 남아있었다.

알론조 제이 킹(Alonzo Jay King)은 2009년 메릴랜드주 위코미코 카운티에서 "산탄총으로 사람들을 위협했다"는 이유로 폭행죄로 체포되었다. 주법은 그가 면봉으로 입속 DNA 시료를 제공할 것을 요구했는데, 그 이유는 범죄가 폭력적이라고 여겨졌기 때문이다. 메릴랜드주 법률은 또한 용의자가 기소되면 DNA 시료를 채취하고 데이터베이스에 정보를 입력하는 것은 합법이지만, 용의자가 유죄 판결을 받지 않으면 시료를 파기해야 한다고 규정하고 있다.

FBI 법과학자들이 범죄 현장에서 채취한 50만 개의 미확인 DNA 시료 데이터베이스(CODIS의 일부)와 대조했을 때, 그 시료는 2003년 미해결 강간 사건 피해자의 속옷에 있는 DNA와 일치했다. 킹의 두 번째 시료가 일치했을 때, 그는 대배심에 회부되어 기소되었고, 그 후 오래된 범죄에 대해 재판을 받고 유죄를 선고받았고 가석방 없는 종신형을 선고 받았다. 하지만, 그 유죄 판결은 더 최근의 범죄 현장에서 나온 DNA에 근거했다. 항소법원은 2009년에 DNA를 채취한 것은 불법적인 압수 및 불합리한 수색이었다고 판결하고 유죄 판결을 보류했다.

이 사건은 2013년 대법원으로 넘어갔고, 대법원은 킹에게서 DNA를 채취하는 것은 신원을 확고히 하거나 확인하는 비침습적인 방법인 지문이나 사진을 찍는 것과 같다고 판결했다. 법원은 DNA 프로파일링을 "합법적인 경찰 입건 절차"로 간주했다. 찬성 의견의 5명의 재판관은 다른 법과학적 방법에 비해 높은 DNA 프로파일링의 정확성과 비교되는 유전체의 부분이 형질이나 건강 어느 것과도 무관해 사생활은 문제가 되지 않는다는 사실을 주장했다. 4명의 판사의 반대 의견은 2009년에 킹을 식별하기 위해 DNA가 필요하지 않았고 모두가 그가 누구인지 알고 있었다는 상식에 더 초점을 맞췄다. 밝혀지지 않았다가 DNA로 밝혀진 것은 그가 이전에 범죄를 저질렀다는 것이다. 한 범죄에 대해 수집된 DNA가 한 개인의 다른 범죄에 대해 유죄 판결을 내리는 데 사용될 수 있는지 아닌지는 생명윤리적인 문제이다.

토론을 위한 질문

1. 용의자가 법 집행관에게 DNA 시료를 제공하도록 요구하는 기준은 무엇이어야 하는가?
2. 왜 DNA 프로파일은 체포된 사람의 건강에 대해 아무것도 드러내지 않는가?
3. 당신은 법원의 다수 의견에 동의하나 아니면 반대 의견에 동의하는가? 당신의 답변에 대한 이유를 말하시오.
4. DNA 프로파일은 어떻게 지문과 같고 어떻게 지문과 다른 것인가?
5. 왜 DNA 증거물을 파괴하는 것이 소용없는 것인가?
6. 강간 피해자가 이 사건에서 DNA 검사를 사용하는 것에 대해 어떻게 느꼈을 거라고 생각하는가?

나 설명이 나올 때까지 흉악 범죄로 비난받게 했다. **생명윤리학**은 한 사건을 조사하기 위해 수집된 DNA가 과거 사건을 해결하는 데 사용되어야 하는지 여부를 고려한다.

유전자 프라이버시

개인 식별이 고도로 가능한 유전자 이름표를 쉽게 할당하는 것은 범죄 수사에 도움이 되지만, 개인정보 문제를 야기한다. **DNA 드래그넷**(DNA dragnet) 수사를 생각해 보자. 이것은 폭력적인 범죄 사건이 해결되지 않은 마을의 모든 주민들의 DNA 프로파일을 수집하는 법과학적 접근 방식이다. 제프리 경은 1980년대 후반에 처음으로 몇 건의 DNA 드레그넷 수사를 수행했다. 지금까지 가장 큰 규모의 수사는 1998년 독일에서 이루어졌는데, 11세 아이를 강간하고 살해한 남성을 찾기 위해 16,000명 이상의 남성 DNA가 분석되었다. 이 수사는 실제로 살인자를 잡았다.

논란이 되는 DNA 프로파일링의 적용은 가족 DNA 검색인데, 이것은 가까운 친척들이 유전체의 많은 부분을 공유한다는 사실에 기반을 두고 있다. 범죄 현장의 DNA는 유죄 판결을 받은 중범죄자들의 DNA와 비교된다. CODIS 마커의 절반 가까이가 일치하면, 범죄자의 매우 가까운 친척이 용의자가 된다. 예를 들어, 이들은 감옥에 있는 사람의 아들, 형제, 아버지일 수 있다.

20여 년간 여성 9명과 소녀 1명을 살해한 캘리포니아 '저승사자(Grim Sleeper)'의 경우, 피해자에게서 발견된 DNA가 무기 밀매 혐의로 수감 중인 청년의 DNA와 강하게 일치하면서 용의자가 결국 검거됐다. 그 청년은 형제가 없었고, 너무 어려서 캘리포니아 저승사자가 될 만한 나이의 아들을 갖지 못했지만, 그 범죄를 저지를 수 있는 아버지가 있었다. 강도 높은 수사 후에, 로스앤젤레스 경찰은 버려진 피자 조각에서 로니 데이비드 프랭클린 주니어(Lonnie David Franklin Jr.)라는 이름의 쓰레기 트럭 운전사 아버지로부터 DNA를 수집했다. 그의 집을 수색한 결과, 180장의 피해자들로 추정되는 사진이 발견되었고, 이 사진들은 대중들이 그들을 식별하는 데 도움을 줄 수 있도록 경찰서의 웹사이트에 게시되었다. 그는 2016년에 유죄 판결을 받았다. 그러나 가족 DNA 검색에서 식별되는 모든 범죄자 중 일부 무고한 사람들은 유죄 판결을 받은 범죄자들과 CODIS 마커를 공유할 수 있는 가능성에 기반해서 기소된다.

DNA 염기서열과 관련된 개인정보 보호 문제는 DNA 드레그넷 수사와 유죄 판결을 받은 범죄자 데이터베이스에 대한 가족 검색의 맥락에서 처음 제기되었다. 의료 연구 영역에서는 생년월일과 고향 등 개인정보를 검사 결과와 진단에서 제거하고 대신 코드를 이용해 연계해 환자 시료를 **비식별화**(de-identify)하려는 조사가 이뤄졌다. 이는 유전정보를 다른 유형의 의료정보와 다르게 지정하여 더 접근하기 어렵게 하는 **유전자 예외주의**(genetic exceptionalism) 발상 때문에 필요하다고 판단되었다. 하지만 수백만 명의 사람들이 유전자 검사 업체로부터 얻은 DNA 정보를 공공 데이터베이스에 자발적으로 업로드하면서 유전자 프라이버시 문제가 폭발적으로 증가했다. 우리는 DNA 정보가 더 이상 사적인 것이 아닌 미래를 보고 있는지도 모른다.

핵심 개념 질문 18.2

a. 어떻게 하디-바인베르크 평형의 개념이 DNA 프로파일의 해석을 가능하게 하는가?

*b. VNTR과 STR을 구분하시오.

c. **이형접합자**와 **동형접합자**라는 용어는 어떻게 반복되는 DNA 염기서열에 적용되는가?

d. DNA 프로파일을 해석하기 위해 확률은 어떻게 사용되는가?

e. 법과학 DNA 타이핑의 적용을 나열하시오.

f. 법과학 DNA 타이핑의 한계는 무엇인가?

g. 법과학 DNA 타이핑은 어떻게 프라이버시 문제를 야기하는가?

18.3 유전적 계보학

사람들은 세 가지 수준에서 DNA 데이터를 사용하여 조상을 추적할 수 있다.

1. 주요 미토콘드리아 DNA와 Y 염색체 하플로그룹
2. 지리적 기원과 인종 추정
3. 공유하는 상염색체 SNP의 단상형

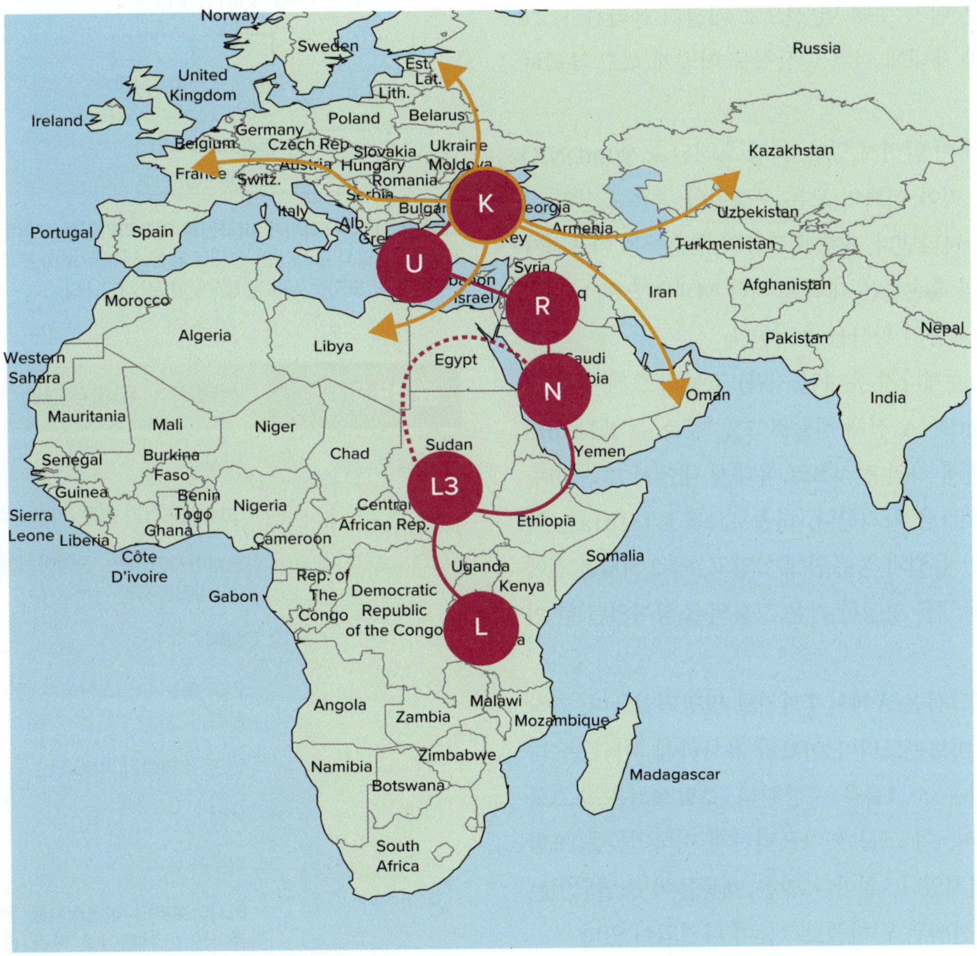

그림 18.10 대표적인 모계 하플로그룹 K1a1b1a. 화살표는 아프리카를 나와서 동유럽 및 그 너머로의 이동을 추적한다.

표 18.2	대표적인 모계 계통	
하플로그룹	~년 전	이주 패턴
L	180,000	아프리카 내부.
L3	65,000	동아프리카. 일부는 남았고, 일부는 홍해를 건너 아라비아 반도로 이주.
N	59,000	홍해나 시나이 반도에서 서남아시아에 도착.
R	57,000	서남아시아. 후손들은 하플로그룹 N의 구성원들 사이에서 살다가 분화.
U	47,000	R에서 가장 먼저 분화됨. 후손들은 유럽, 아시아, 그리고 다시 아프리카로 이주.
K	27,000	중동의 하플로그룹 U8에서 분화. 후손들은 중앙아시아 동부, 유럽, 북아프리카, 아라비아 반도 전역으로 이주.

미토콘드리아 및 Y 염색체 하플로그룹

제17장에서는 사람의 유전체에 기여하는 많은 계통 중 두 계통을 추적하는 데 사용되는 미토콘드리아 DNA와 Y 염색체 하플로그룹을 소개하였다(그림 18.9 참조). 하플로그룹은 고대의 이주 패턴을 추정하며 수천 년 전으로 거슬러 올라가 아주 먼 조상의 단서를 밝혀낸다. 대조적으로, 단상형은 단지 수백 년 전으로 거슬러 올라간다. 그림 17.10은 혼합과 교차가 세대에 걸쳐 단상형을 어떻게 섞고 분리하는지를 보여준다.

최소 78개의 하플로그룹이 알려져 있다. 가장 오래된 모계(mtDNA) 하플로그룹 L은 미토콘드리아 이브의 모든 구성원의 공통 조상인 아프리카 출신의 한 여성을 나타낸다. 6개 소그룹의 후손들은 아프리카에 남았지만, 소그룹 L3의 후손들은 대륙을 떠나 M과 N으로 나뉘었다. 그림 18.12는 이브의 계통의 확산을 추적한다.

그림 18.10과 **표 18.2**는 아슈케나지 유대인(저자) 조상의 모계 이주 패턴을 설명한다. 저자의 mtDNA 전체 하플로그룹 "주소"는 K1a1b1a이다. 이 하플로그룹은 현재 거의 전적으로 유대계 내에서 발견되며, 그들의 모계 혈통의 5분의 1을 차지한다. 하플로그룹 K1a1b1a는 약 4,500년 전에 현재의 중앙 유럽과 동유럽에 살았고, 약 2,500년 전에 동유럽의 아슈케나지 공동체를 형성한 작은 그룹의 조상이었던 한 여성으로 거슬러 올라간다.

20개 Y 염색체 하플로그룹은 A에서 T까지로 명명되었으며, 가장 오래된 A 하플로그룹은 미토콘드리아 이브와 유사하게 "아담"을 나타낸다. 하플로그룹은 많은 소그룹을 포함한다. **그림 18.11**은 소그룹 E1b1a의 기원을 보여주며, 이 그룹은 아프리카계 미국인들을 포함하며 아프리카에 널리 퍼져있다. 얼마나 많은 계통들이 소멸되었는지 주목하라. **표 18.3**에는 선택된 Y 하플로그룹이 나열되어 있다.

오랜 기간 DNA 조상 검사를 제공했던 AncestryDNA라는 회사

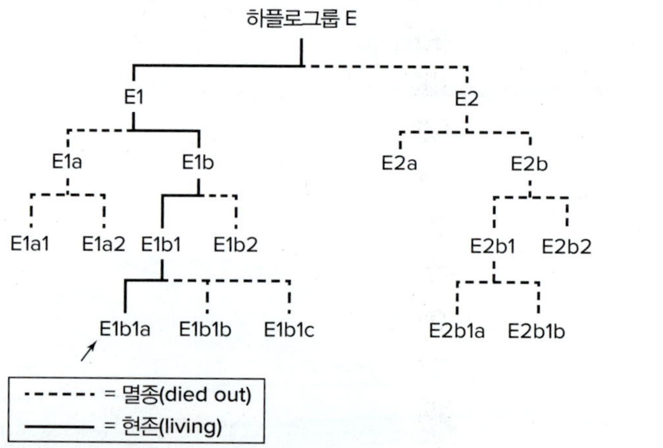

그림 18.11 아프리카계 미국인과 아프리카인을 포함하는 대표적인 부계 하플로그룹 E1b1a. 묘사된 세대는 실제로 많은 세대를 보여준다. 각 단계에서 추가적으로 지정된 문자 및 숫자는 새로운 돌연변이를 나타낸다.

표 18.3	선택된 Y 하플로그룹
하플로그룹	분포
B	고대 아프리카 혈통, 피그미족에서 가장 높은 빈도
C3	동남아시아 또는 중앙아시아에서 북아시아와 아메리카에 이르는 지역
D	일본
G	인도 또는 파키스탄에서 중앙아시아, 유럽 및 중동으로 분산
H	인도, 스리랑카, 파키스탄
I, R1b	유럽
M, S	파푸아 뉴기니
Q	아시아로부터 아메리카를 연결(Q3는 아메리카 원주민 중 유일한 계통이며, 베링기아를 통한 이주 과정에서 발생한 돌연변이를 특징으로 함)

는 2014년에 미토콘드리아와 Y 염색체 하플로그룹을 추적하는 것을 중단했는데, 이는 미토콘드리아와 Y 염색체 하플로그룹이 사람의 유전적 구성에 기여하는 수백 또는 수천 개의 계보 중 단지 두 개만을 나타내기 때문이었다. 대신 상염색체에 걸쳐있는 수십만 개의 SNP을 기반으로 하는 프로파일이 등장했다.

지리적 기원 및 인종 추정

그림 1.1에서 한 여성이 소비자 대상 유전자 검사 회사에 타액을 보낼 때 사용한 채집 장치를 들고 "저는 42% 이탈리아인, 24% 에티오피아인, 19% 스웨덴인, 14% 스코틀랜드인입니다!"라고 말한다. 일부 기업은 결과로 지리적 기원의 원형 차트를 보내주고, 다른 기업은 지리적 지도에 중첩된 다각형을 보내준다(**그림 18.12**). 이러한 묘사를 인종 추정이라고 한다. 이는 같은 장소에서 그들이 속한 민족집단 내 사람들하고만 아이를 가진 사람들로 적어도 5세대에 걸친 자신의 가족사를 알고 있는 개인들의 데이터베이스를 기반으로 하였다. 이러한 유형의 정보는 전통적인 계보학의 문서, 사진, 가족 이야기에서 얻을 수 있다.

또 다른 유형의 정보인 약 75만 개의 SNP 프로파일은 2002년 첫 인간 유전체 염기서열의 발표와 거의 동시에 확립된 유전적 다양성 데이터베이스에서 얻을 수 있다. 일부 SNP 데이터베이스는 지리학을 고려하지 않았기 때문에, 전통적인 계보학과 광범위한 SNP 지도의 혼합은 사람들의 기원을 밝히는 방법이 되었고, 이는 **유전적 계보학**(genetic genealogy)이라는 용어로 표현된다.

조상 찾기는 약간의 근사치와 추정치를 필요로 한다. AncestryDNA

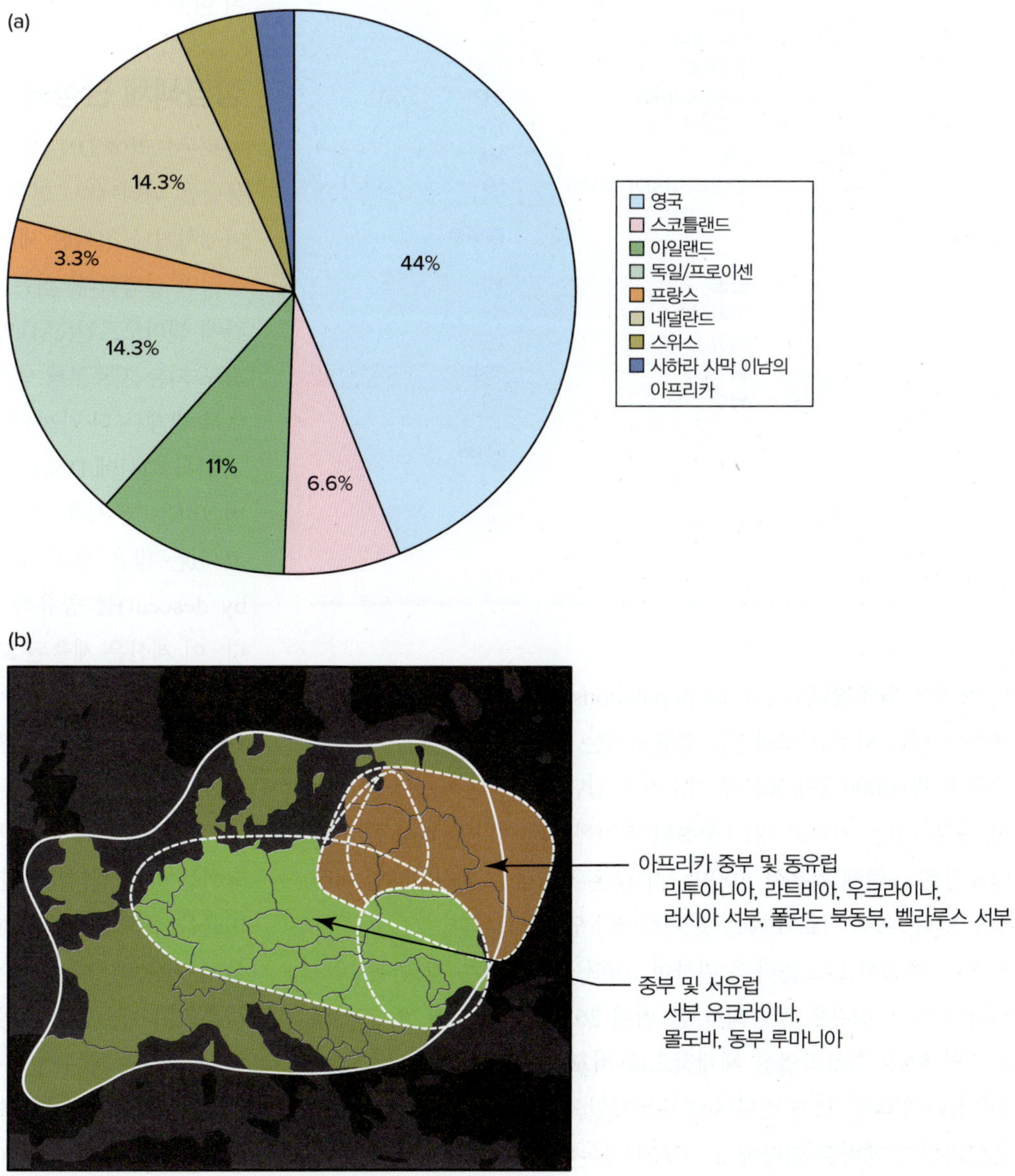

그림 18.12 인종 추정. (a) 이 파이 차트는 대체로 서유럽의 조상을 갖는 사람들을 나타낸다. (b) 지리적 지도에 겹쳐진 다각형은 아슈케나지 유대인 조상을 갖는 개인을 나타낸다.

표 18.4 26개 참조집단에 걸친 3,000개 SNP 프로파일의 분포

대륙	지역	시료 수/3,000
아프리카		총 464
	반투 남동부	18
	북부	26
	남중부 수렵채집인	35
	베냉/토고	60
	카메룬/콩고	115
	코트디부아르/가나	99
	말리	16
	나이지리아	67
	세네갈	28
유럽		총 1579
	영국	111
	아일랜드	138
	동부	432
	이베리아 반도	81
	유럽계 유대인	189
	스칸디나비아	232
	이탈리아/그리스	171
	서부	166
	핀란드/러시아 북서부	59
아시아		총 780
	근동	141
	코카서스	58
	중앙	26
	동부	394
	남부	161
오세아니아		총 36
	멜라네시아	18
	폴리네시아	18
아메리카 원주민		131

는 26개의 **참조집단**(reference populations)을 설정하기 위해 보고된 가족 기원과 SNP 프로파일을 연관시키는 것으로 시작했다. 이 지역들은 전체 3,000개의 표본에 기초하여 집단이이 비교적 독특한 유전적 프로파일을 가지고 있는 중첩된 지리적 지역이다(**표 18.4**). 국가의 대표성은 유럽에 치우쳐 있지만, 더 많은 사람들을 검사한다면 바뀔 수도 있다. 표의 시료 숫자는 몇 개월마다 업데이트된다.

인종 추정치를 도출하기 위하여, 어떤 알고리즘은 각 반복 마다 하나의 다른 집단을 생략해서 한 번에 26개의 참조집단 중 25개와 고객의 SNP 프로파일을 체계적으로 비교한다. 각 반복에서 "누락된" 집단이 다른 25개 집단에서 프로파일의 분포를 변경하지 않으면 프로파일은 생략된 집단에 포함되지 않는다. 이 전략은 프로파일이 발견되는 집단을 식별한다. 이렇게 지역이 좁혀진 후, 고객이 속한 집단의 SNP 패턴 빈도는 세계 다른 지역에서 온 조상의 상대적 비율을 결정하는 데 사용된다. 다각형 또는 파이 조각의 겹치는 부분의 크기는 특정 지역에서 유래한 조상 정도의 근사치를 계산한다.

민족 추정에는 컴퓨터를 이용한 복잡한 분석이 숨어 있다. 데이터의 특성에 대한 간단한 가상 예제로, 7번 염색체 끝으로부터 2000개의 염기가 떨어져있는 SNP을 상상해보라. 아일랜드 인구에서는 90%가 A/A(2개의 아데닌)이고 10%가 A/G이지만 나이지리아 인구에서는 70%가 A/A, 15%가 A/G, 10%가 T/A, 5%가 A/T이다. 이 알고리즘은 극히 드문 SNP을 인식하지 못하는데, 이는 이 접근법의 한계다. 친척에 의해 언급된 집단을 포함하지 않는 민족 결과를 받은 사람들의 경우, 그 집단이 기준 집단에 포함되지 않는다는 것이 하나의 설명이 된다. 그 집단은 집단 하부 구조 내에 숨겨진 사람들의 하위 집합일 수 있다.

상염색체 단상형과 공유하는 센티모르간

미토콘드리아 DNA와 Y 염색체 하플로그룹은 몇몇 소수의 조상 계통만을 나타낸다. 인종 추정은 조상이 어디에서 기원했는지에 대해 미세하거나 정확한 세부 사항이 아닌 주요 또는 일반적인 요점 또는 특징만 설명한다. 더욱 특이적인 세 번째 유형의 조상정보는 개체 쌍 간에 센티모르간(cM)으로 측정되는 공유하는 상염색체 구간이 어느 정도 되는 지로부터 얻을 수 있다. 공유하는 센티모르간의 수가 많을수록 관계는 더 가까워진다.

검사 회사에 DNA 시료를 제출한 사람들 사이의 SNP 프로파일을 비교하는 데 사용되는 알고리즘은 특정 혈연관계에 있다는 것을 알고 있는 많은 쌍의 개인에서 훈련되고, 기원에 따른 일치(identical by descent)를 공유하는 것에 기반하여 가능한 혈연관계를 할당한다. 이 계산은 제출된 모든 DNA 시료를 다른 모든 시료와 비교하여 수백만 명의 개인과 쌍을 나타낸다. 일치하는 염색체 영역은 그림 16.1에 표시된 찰스 다윈의 가족에서 혈연관계를 추적하는 데 사용된 이론적인 기원에 따른 일치 영역보다 훨씬 크다.

표 5.2는 형제자매, 부모 대 자녀, 사촌과 같은 친척의 정도에 해당하는 공유 센티모르간의 범위를 보여주고, 표 7.3은 공유 유전체의 비율을 추정하는 근연계수를 나열한다. 센티모르간 범위는 혼란스러울 수 있는데, 예를 들어, 두 사람이 센티모르간의 상한을 공유하는 사촌인지 아니면 하한을 공유하는 이복형제인지를 알고자 할 때 그렇다. 범위는 감수분열 동안 유전 물질이 어떻게 분포되는지에 대한 함수이다. 각 감수분열에서 교차(cross over)를 통해 연결이 끊기는 데에는 시간이 걸리기 때문에, 공유하는 염색체 부분이 길수록 두 개

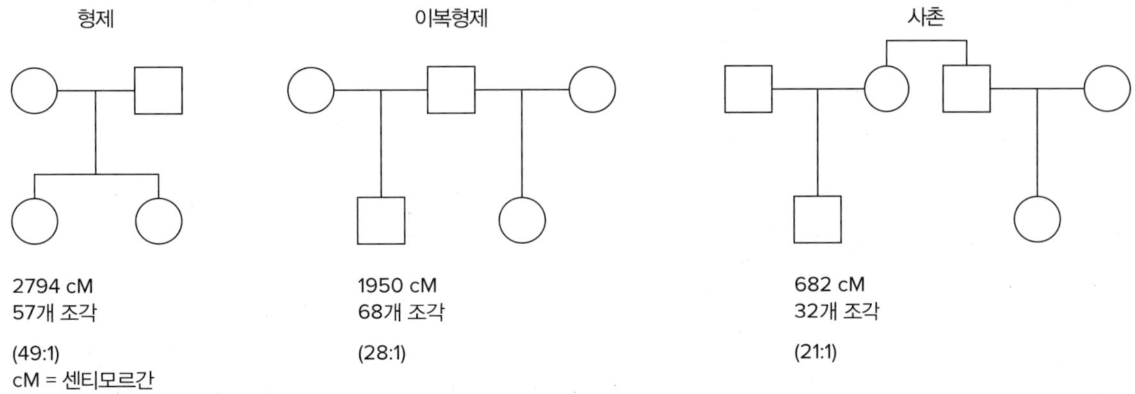

그림 18.13 염색체 부분들이 공유되는 센티모르간은 두 사람이 어떤 친척관계인지를 나타낸다.

체는 더 밀접하게 연관되어 있다고 가정한다(그림 17.10 참조). SNP 하플로타입이 분포하는 상염색체 부분의 수도 고려된다. 부분의 수에 대한 공유되는 센티모르간의 비율은 친족관계가 멀어짐에 따라 감소한다(**그림 18.13**).

아슈케나지 유대인이나 프랑스계 캐나다인처럼 병목 현상을 겪은 사람들의 경우, 먼 친척관계를 예측하는 DNA 데이터는 더 가까운 관계를 예측하는 데이터만큼 신뢰할 수 없다. 이는 높은 수준의 동족결혼 때문인데, 이는 동형접합자(한 쌍의 염색체 모두에 존재하는 기원에 따른 일치)가 나타나는 것으로 명백하다. 즉, 그러한 그룹의 많은 사람은 먼 사촌이다. 예를 들어, 얽히고설킨 가계도의 한쪽에서는 팔촌으로, 다른 쪽에서는 육촌으로 다른 개체와 관련된 사람은 사촌의 범주에 속할 만큼 충분히 공유된 센티모르간을 가질 수 있다.

공유된 상염색체 단상형에서 친족을 식별하기 위해서 찾아본 750,000개 SNP이 선택되었는데, 이는 이들 SNP 패턴이 집단 내에서 매우 다양하기 때문이다. 가변성은 이들 SNP이 그 보다 훨씬 큰 32억 개 염기의 유전체를 대표할 수 있는 이유이다. 유전체에 있는 750,000개의 SNP는 일반적인 10만 단어, 300페이지 책의 24개 단어와 맞먹는다! 그것은 우연의 여지를 남긴다. 사람들은 우연히 SNP 패턴과 DNA 서열을 공유할 수 있다.

상염색체 비교는 불안한 발견으로 이어질 수도 있다. 아버지로 자신을 키운 남자와는 공유하지 않은 채, 알려지지 않은 남자와 3,500 센티모르간을 공유하는 어떤 사람은 그녀를 임신했을 때의 환경이 그녀가 생각했던 것이 아닐 수도 있다는 것을 알게 된다. 한 명의 이복남매를 찾았다는 것은 그녀의 어머니가 바람을 피웠거나 성폭행을 당했다는 것을 의미할 수 있다. 많은 이복형제를 찾은 것은 정자 기증자가 있었음을 암시한다. 1950년대와 1960년대에 불임을 가진 수천 명의 여성이 주로 의대생들로부터 기증받은 정자를 사용하여 잉태했다. 나중에, 기증되는 정자는 익명을 보장하는 정자은행에서 더 자주 나왔다. 난자 기증자들도 익명을 약속했다. 소비자 대상 DNA 조상 검사 결과 부모가 예상한 사람들이 아니라는 사실을 알게 된 사람들은 온라인 지원그룹에서 서로 돕고 있다. 유전정보, 심리학, 그리고 사회학의 교차점은 마음을 착잡하게 할 수 있다. 제23장에서는 보조 생식에 대해 살펴본다.

핵심 개념 질문 18.3

a. 사람들이 그들의 조상을 추적하기 위해 DNA 데이터를 사용하는 세 가지 수준은 무엇인가?

*b. 미토콘드리아 DNA와 Y 염색체 하플로그룹이 혈통을 추적하는 데 어떻게 사용되는지 설명하시오.

c. 왜 미토콘드리아 DNA와 Y 염색체 하플로그룹은 제한된 정보를 제공하는가?

*d. **인종 추정**을 정의하시오.

*e. 두 사람이 얼마나 가까운 혈연관계인지 추정하는 데 사용되는 측정값은 무엇인가?

18.4 법과학 STR과 유전적 계보학 SNP의 만남

FBI는 범죄 현장 증거와 용의자의 DNA를 비교하기 위해 20개 STR의 대립유전자의 패턴을 사용한다. 유전자 계보학 회사들은 많은 SNP의 패턴을 비교하여 DNA 검사를 위해 제출한 친척들을 연결한다. 이 두 가지 접근법의 강력한 조합으로 수사관들은 STR을 둘러싼 SNP을 찾아봐서 데이터베이스에 DNA 염기서열 정보를 자발적으로 업로드한 사람들 중 범죄 현장에 DNA를 남긴 범죄자의 친척일 가능성이 있는 사람들을 식별한다. 이는 용의자가 없을 때라도 그렇다. 소비자 대상 시험 회사로부터 데이터를 입수할 수 있다는 것은 수사관들이 더 이상 유죄 판결을 받은 중범죄자들의 DNA 데이터베이스에만 의존할 필요가 없다는 것을 의미했다.

2018년 4월 골든스테이트 킬러 사건을 해결하면서 STR과 SNP를 사용하여 미제 사건을 해결할 수 있는 길이 열렸고, 다른 사건들도 곧이어 뒤따라 이제는 매주 몇 건씩 사건이 해결되게 되었다. 제1장의 **생명윤리학**은 유전적 프라이버시의 맥락에서 그 사례를 소개했다. 우리는 DNA 검사와 용의자를 배제하거나 찾는 데 사용되는 전통적인 수사의 결합을 설명하기 위해 그 이야기로 돌아간다.

정보를 상호 참조하는 아이디어

2012년, 화이트헤드 연구소의 대학원생 멜리사 짐렉(Melissa Gymrek)은 대담한 아이디어를 떠올렸다: 그녀가 미국 정부의 1000 유전체 프로젝트에 그들의 DNA를 제출한 사람들에게 약속한 익명성을 깨기 위해 온라인 자원을 사용할 수 있을까? 이 프로젝트는 유전되는 변이를 연구하기 위해 인간 유전체 서열을 수집하기 위해 2008년에 시작되었다. 동의서의 일부에는 **"…이 연구에서 누군가가 개인적으로 당신에 대한 어떤 것도 발견하기는 어려울 것입니다"**라고 쓰여 있다. 짐렉은 의심하였다. 만약 그녀가 사람들을 식별할 수 있다면, 그녀와 그녀의 교수 야니브 에를리치(Yaniv Erlich)는 정부 관계자들에게 익명의 데이터베이스가 사적인 것이 아니라고 경고할 수 있을 것이다.

짐렉은 1,000 유전체 프로젝트에서 확인된 특정 Y 염색체 STR 단상형에 해당하는 성씨를 공공 계보 데이터베이스에서 확인했다. 거주상태와 출생 연도와 같은 더 많은 단서가 기본적인 공공정보에서 나왔다. 그녀가 DNA로부터 개인을 정확히 식별하면, 가족 웹사이트와 페이스북 페이지는 그것이 사실임을 보여 주었다. 짐렉과 그녀의 동료들은 1000 유전체 프로젝트가 세포은행에 축적한 세포의 다른 DNA 염기서열을 상호 참조함으로써 Y 염색체를 가지고 있지 않은 여성들도 추적할 수 있었다.

연구원들이 쉽게 50명의 신원을 확인했을 때, 그들은 국립보건원 관계자들과 접촉했다. 기관은 출생 연도를 암호화하는 등 데이터 비식별화를 위한 신속한 조치를 취했다. 〈*Science*〉 잡지는 토론을 시작하고 아마도 개인 유전정보의 더 이상의 노출을 막기 위해 "성씨 추론에 의한 개인 유전체 식별"이라는 논문을 발표했다. 이 프로젝트가 시작된 2008년에 약속된 보호는 2012년까지 불가능했다. 짐렉은 오늘날 법과학에서 DNA 정보를 사용하는 최전선에 있다.

곧, 연구원들은 염색체의 표시된 영역을 확장하기 위해 STR과

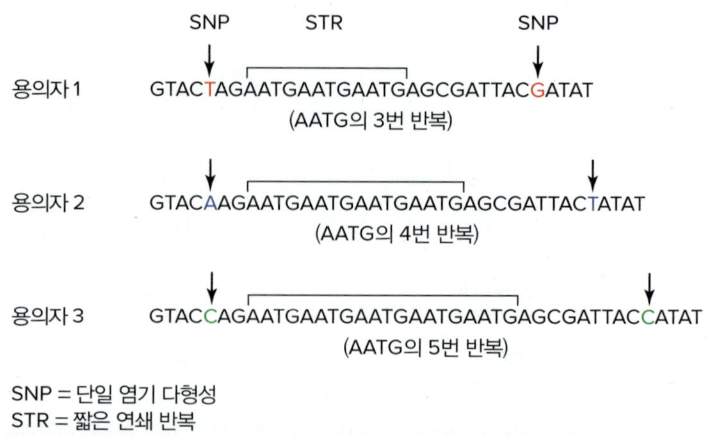

그림 18.14 SNP와 STR의 결합은 강력한 법과학 기법을 제공한다.

SNP 지도를 결합하기 시작했다. 2017년 스탠퍼드 대학교의 노아 로젠버그(Noah rosenberg)와 동료들은 872명의 사람들에 대한 642,563개의 SNP과 13개의 STR로 되어있는 두 개의 데이터 세트를 조사했다. 두 가지 정보 출처를 모두 사용함으로써 98%의 사람들을 식별할 수 있었다. 연구원들이 SNP 지도와 결합된 20개의 STR을 사용했을 때, 그들은 모든 사람들을 식별할 수 있었다. **그림 18.14**는 DNA의 STR 패턴과 SNP 패턴이 개인을 구별하기에 충분한 정보를 제공하면서 어떻게 서로 영향을 미칠 수 있는지를 단순화한 것을 보여준다.

살인자 찾기

그는 처음에는 이스트 에어리어 강간범, 그다음에는 비살리아 약탈자, 그리고 마지막으로 골든 스테이트 킬러로 알려져 있었다. 조셉 제임스 디안젤로(Joseph James DeAngelo)는 12건의 살인, 50건 이상의 강간, 100건 이상의 강도를 저질렀다. 1976년부터 1986년까지 줄곧 그는 캘리포니아에서 공포의 대상이었다.

수석 수사관이자 법과학 책임자인 폴 홀스(Paul Holes)는 새크라멘토에서 수년간 이 사건을 담당했다. 그는 DNA 증거를 사용하는데 오랜 관심이 있었다. 2002년에 그는 DNA 증거가 해결한 납치 사건에 대해 알게 되었다. 그는 Y 염색체 STR을 이용해 용의자를 가려내는 데 관심을 갖게 한 2012년의 사례를 기억했다. 2018년, 홀스는 이전 수사에서 손대지 않고 냉동고에 보관해 온 1980년 강간 살인 사건 범죄 현장 증거를 발견하고 분석을 위해 풍부한 정액을 얻은 후, 이 기술을 이스트 에어리어 강간 사건에 사용했다. DNA를 추출하고 조상 추정 서비스 회사가 사용하는 SNP 정보를 얻었고, 이는 조상 DNA 결과를 얻기 위한 자발적인 데이터베이스인 GEDmatch에 업로드될 수 있는 정보 유형이었다.

홀스는 GEDmatch에서 가명을 썼지만 큰 기대는 하지 않았다. 그래서 그는 그 프로파일이 오래전 범죄 현장에 자신의 DNA를 남겼던 남성의 25명의 팔촌을 보여줬을 때 깜짝 놀랐다. 가계도를 그리면서, 홀스는 삼각 측량이라고 불리는 과정을 통해 거슬러 올라가서 살인자와 팔촌이 현조 부모를 공유할 것이라고 추론했다. 그 노력은 사람들이 매우 큰 대가족을 가졌던 1800년대로 이어졌다. 연구원들은 1,000명 이상의 사람들이 관련된 25개의 있을 법한 가계도를 만들었다! 그리고 나서야 탐정 작업은 정말로 시작되었다.

홀스와 그의 팀은 4개월 동안 자료를 수집하고 비교하면서, 24시간 내내 신문 스크랩, 인구통계, 면허증, 경찰 데이터베이스의 270만 건의 항목, 묘지 탐사기들을 찾아보면서, 범행 시기와 나이, 지리적 위치가 일치하지 않는 남성 친척들을 제거했다. 추가 DNA 검사 결과 일부 용의자는 무죄로 판명되었다. 마지막으로, 오직 두 사촌만이 나이와 지리적 프로파일이 살인자와 일치했다. 더 많은 DNA 검사로 한 남자는 배제되었고, 조셉 제임스 디안젤로만 남겨졌다.

처음에 수사관들은 디안젤로가 경찰관이었기 때문에 그럴리가 없다고 생각했지만, 이후에는 이러한 경험이 그를 감추거나 보호하면서 그에게 도움이 될 수 있었다는 것을 깨달았다. 이웃들은 수년에 걸친 그 남자의 이상한 행동을 확인해 주었고, 전통적인 감시가 시작되었다.

수사관들은 용의자의 DNA 시료가 필요했다. 2018년 3월, 그들은 디안젤로가 만진 문손잡이를 표본으로 채취했지만, 그것은 여러 사람의 DNA가 섞여 있었다. 여전히, 문손잡이 DNA는 범죄 현장의 증거와 동일한 GEDmatch 프로파일을 내놓았다. 그 말은 살인자의 DNA가 혼합물에 섞여 있었다는 거였다. 마침내 수사관들은 디안젤로가 버린 쓰레기에서 구한 화장지에서 순수한 DNA 시료를 얻었다. 체포 경찰관들은 격렬한 대치에 대비했지만, 용의자는 쉽게 구금되었다.

단백질을 암호화하지는 않지만 반복 패턴이나 SNP 단상형에서 다양한 DNA 서열을 비교하는 것은 개인을 구별하는 데 효과적인 것으로 입증되었다. 법과학 및 유전자 계보학에서의 응용은 한 사람의 유전적 프로파일을 알면 다른 유형의 데이터를 사용하여 다른 사람을 식별할 수 있다는 것을 보여주었다. 새크라멘토의 법과학팀이 조셉 제임스 디안젤로가 그의 DNA를 계보학 데이터베이스에 제출하지 않고도 골든스테이트 킬러라고 추론할 수 있었던 것처럼, 조상 DNA 검사를 받은 소비자들도 친척을 식별하기 위해 소셜 미디어를 사용할 수 있다. 유전자 정보의 이용에 어떤 제한이 있다면, 우리는 어떤 종류의 제한이 필요할까?

핵심 개념 질문 18.4

*a. 수사관들이 골든스테이트 살인범을 식별하기 위해 사용한 두 가지 유형의 정보는 무엇인가?

b. 어떻게 익명으로 추정되는 데이터베이스에서 사람들을 식별하는 것이 가능했나?

c. 골든스테이트 킬러를 식별하는 데 있어 GEDmatch는 어떤 역할을 했는가?

학습 가이드

핵심 용어

법과학적 DNA 표현형 분석(forensic DNA phenotyping) SNP 마커를 고려하여 눈, 머리카락, 피부색 및 인구 빈도의 변화를 식별하고, 잔해로부터 신체 부위를 식별함.

가변 연쇄 반복(variable number of tandem repeats) 초기 DNA 프로파일링 기술에 사용된 10~80개 DNA 염기 길이를 갖는 반복.

제한효소(restriction enzyme) 전형적으로 박테리아로부터 특정 서열에서 DNA를 절단하는 효소. 초기 DNA 프로파일링, 재조합 DNA 분자 생성 및 유전체 편집에 사용됨.

복습문제

1. 개인을 식별하기 위해 왜 전체 유전체 서열을 비교할 필요가 없는가?
2. 개인을 구별하는 데 사용되는 DNA 서열은 왜 하디-바인베르크 평형에 있기 때문에 선택되는가?
3. 오늘날 법과학에서 흔히 사용되는 두 종류의 유전적 마커는 무엇인가?

4. 왜 DNA 프로파일링에서 STR이 VNTR을 대체했는가?
5. DNA 프로파일이 용의자에게서 나왔을 가능성을 해석하기 위해 왜 특정한 집단 데이터베이스가 필요한가?
6. CNV에 확률값이 할당되는 이유는 무엇일까? 그 확률의 근원은 무엇인가?
7. 교과서나 뉴스에서 미토콘드리아 DNA에서 반복되는 DNA 분석이 가치 있을 수 있는 상황을 말해보시오.
8. 법과학 DNA 표현형 분석과 하플로그룹 결정에 의해 제공되는 정보가 어떻게 다른지 설명하시오.
9. 법과학 DNA 타이핑이 잘못된 결론으로 이어질 수 있는 세 가지 방식에 대해 논의하시오.
10. DNA 드래그넷 수사, 가족 검색, 골든스테이트 살인자를 잡는 데 사용된 전략을 구별하시오.
11. 조상에 관한 세 가지 수준의 DNA 정보는 무엇인가?
12. 하플로그룹과 하플로타입(단상형)을 구분하시오. 각각은 어떤 유형의 정보를 제공하는가?
13. 그림 18.11은 가계도과 어떻게 유사하며 어떻게 다른가?
14. 인종 추정은 어떻게 이루어지는가?
15. DNA 조상 검사의 두 가지 한계를 인용하시오.
16. 기원에 따른 일치(identical by decent) 개념이 조상 검사에서 친족을 찾는 데 왜 중요한가?
17. SNP 및 STR 프로파일이 범죄 용의자를 찾는 데 어떻게 사용되는지 설명하시오.

응용문제

1. DNA 프로파일링이 어떻게 무죄 판결뿐 아니라 유죄 판결로 이어질 수 있는지 논의하시오.
2. 모든 유전적 마커가 그림 18.3에서 공유되지만 그림 18.4와 18.5에서는 공유되지 않는 이유를 설명하시오. 20개 STR 분석은 친자관계를 배제하기 위해 어떻게 사용될 것인가?
3. MeowPlex는 애완용 고양이, 퓨마, 오셀롯의 9개의 상염색체에 위치한 4개 염기로 구성된 11개 STR과 SRY 유전자를 검사한다. 이 검사가 유용할 수 있는 시나리오를 설명하시오.
4. 뉴스에서 개인을 식별하기 위해 DNA 검사를 사용하는 상황을 묘사하시오.
5. 건강과 관련된 DNA 정보는 콜레스테롤 측정이나 혈구 수치와 같은 다른 유형의 검사 결과와 다르게 고려되어야 하는가?
6. 소비자 대상 DNA 조상 검사 회사가 참조 데이터베이스의 다양성을 높이기 위해 할 수 있는 일은 무엇인가? 왜 이것이 중요한가?
7. 그림 16.1을 참조하시오. 찰스 로버트 다윈이 조지아 웨지우드 2세와 공유한 센티모르간 범위는 얼마나 되는가? 아내 엠마와는?
8. 소셜 미디어를 사용하여 어떻게 DNA가 데이터베이스에 저장된 사람들을 식별할 수 있을까?
9. 한 젊은 여성이 DNA 조상을 검사한 결과 자신이 여덟 명과 100~150 센티모르간, 다섯 명과 300~420 센티모르간, 그녀가 아는 다른 두 명과 690 센티모르간, 또 다른 그녀가 아는 두 명과 2600~2750 센티모르간을 공유하고 있다는 사실을 알게 됐다. 이 사람들은 그녀와 어떤 관계인가?
10. 그의 DNA를 한 검사 회사에 보낸 한 남성은 그의 결과가 도착했을 때, 8명의 사람들이 그와 1500 센티모르간 이상을 공유하는 것을 발견하고 충격을 받았다. 이러한 결과에 대한 설명을 제안하시오.
11. 소비자 대상 DNA 조상 검사 회사와 페이스북에는 동일한 mtDNA 또는 Y 염색체 하플로그룹에 속한 사람들을 위한 페이지가 있다. 당신은 그런 그룹에 가입할 것인가, 그렇다면 왜 가입할 것인가? 당신은 어떤 정보를 찾고 당신 자신에 대해 어떤 정보를 게시하고 싶은가?
12. 조상 DNA 데이터를 GEDmatch에 업로드하는 것은 자발적이다. 골든스테이트 킬러 검거 이후 소비자 대상 DNA 검사 업체들은 FBI가 영장 없이 DNA 데이터에 접근할 수 있다는 경고 문구를 사용자들에게 추가했다. 골든스테이트 킬러 사건 이전에 검사를 받은 사람들은 FBI가 그들의 데이터에 접근하는 것에 동의하지 않았다. 그들이 걱정하는 이유는 무엇인가?

법과학적 관점

1. 현장에서 사용할 수 있도록 단순화된 DNA 프로파일링 방법은 3개의 STR만 사용한다. 개인을 가장 잘 구별하기 위한 이 세 개를 어떻게 선택해야 하는가?
2. 2004년 인도양 쓰나미는 법과학 연구자들에게 자연재해 후 시료를 채취하기 위한 글로벌 DNA 대응 팀을 구성하고 시행할 아이디어를 주었다. 그러한 프로그램은 어떤 규칙을 가져야 하는가?
3. 아이린(Irene)은 80살이고 그녀의 검은 고양이 모에(Moe)와 단둘이 살고 있다. 어느 날 그녀가 쓰레기를 꺼내고 있을 때, 한 남자가 쓰레기통 뒤에서 뛰어나와 그녀를 밀친다. 그녀가 일어나려고 안간힘을 쓸 때, 그는 안으로 뛰어들어 그녀의 방문을 밀치고 들어가 부엌 테이블에서 잠든 모에 옆에 있는 그녀의 지갑을 잡으려고 한다. 모에는 무언가가 잘못되었거나 낮잠이 방해되었다는 것을 감지하여, 그 남자를 할퀴고, 그 남자는 비명을 지르며 고양이를 벽에 힘껏 내던지고, 그 과정에서 동물의 발톱 중 하나를 잡아 뺀다.
한편, 바깥에서 아이린은 도망가는 도둑이 그녀를 다시 쓰러뜨렸을 때 방향을 잡으려고 다시 일어서고 있었다. 이번에는 그녀가 의식을 잃고, 그 남자는 도망갔다. 몇 분 후 이웃이 그녀를 발견하고 경찰을 부른다. 사건 현장에서 그들은 테이블 위에 있는 피 한 방울, 곱슬곱슬한 금발 하나, 곧은 검은 머리 몇 개, 흰 머리 몇 개, 그리고 그 밑에 사람의 피부가 있는 고양이 발톱을 수집한다. 경찰은 아이린을 병원으로, 모에를 수의과 클리닉으로, 발톱, 피, 머리카락을 주립 법과학 연구소로 보낸다. 이어 경찰은 인접한 지역과 이웃을 철저히 수색하지만 용의자는 찾지 못한다. 아이린이 의식을 되찾았을 때, 그녀는 자신을 공격한 사람에 대해 아무것도 기억하지 못한다.

a. 범인을 식별하는 데 도움이 될 수 있는 DNA 검사를 나열하시오.
b. 가족 DNA 검색에서 현장 시료 중 두 개가 살인죄로 감옥에 있는 58세의 남자와 밀접하게 일치한다. 한 시료는 12개 CODIS 위치에서 일치하고 다른 시료는 10개 위치에서 일치한다. 수사관들은 그 죄수가 4명의 아들과 4명의 조카가 있다는 것을 발견한다. 경찰은 이 정보를 가지고 무엇을 해야 할까?
c. 유죄 판결을 받은 흉악범 데이터베이스를 참조해도 아무런 성과가 없다면 수사관들은 수사를 어떻게 진행할 수 있는가? 즉, DNA 정보를 얻을 수 있는 또 다른 소스는 무엇인가?

4. DNA 드레그넷 수사는 매우 성공적이어서 어떤 사람들은 모든 사람들로부터 언제든 DNA 프로파일을 얻을 수 있도록 태어날 때 모든 사람의 DNA 시료를 저장해야 한다고 제안했다. 당신은 이것이 좋은 생각이라고 생각하나 아닌가? 당신의 대답에 대한 이유를 들어보시오.

5. 고양이 루퍼스(Rufus)는 주인에 의해 쓰레기통에서 발견되었는데, 그의 몸은 상처와 물린 자국으로 덮여 있었고, 발톱에는 회색 털 조각이 달라붙어 있었다—이 털은 옆집에 있는 거대한 사냥개인, 킬러의 털과 매우 비슷해 보이는 회색 털이었다. 킬러가 그들의 다른 고양이들을 공격할까 봐 두려워서 제정신이 아닌 루퍼스의 주인은 그의 시신을 수의사에게 데려가 법의학 분석을 요구했다. 그 수의사는 그 털이 다람쥐에게서 왔을지도 모른다고 제안했지만, 시료를 유전자 검사 실험실로 보내기로 동의했다. 수의사가 보냈을 시료와 각 시료가 사례에 기여할 수 있는 정보를 알아보시오.

6. 이스라엘에서 발생한 한 범죄에서 한 남성이 여성을 때려 의식을 잃게 하고 강간했다. 그는 범행 현장에 털 하나도 남기지 않았지만 특이한 안경테를 가진 안경을 두고 나왔고, 안경사는 경찰이 그의 위치를 특정하는 것을 도왔다. 그 남자는 또한 현장에 반쯤 먹은 막대사탕을 남겼다. 용의자로부터 채취한 혈액의 DNA는 단서인 막대사탕의 아랫부분에서 채취한 뺨 안쪽 세포의 DNA와 서로 다른 염색체에 위치한 4개 STR에서 일치했다. 이스라엘에서 남성이 속한 민족집단에서 보이는 대립유전자 빈도가 여기 보이는 프로파일 패턴 옆에 나열되어 있다.

STR1	동형접합자	대립유전자 빈도 = 0.2
STR2	대립유전자 1 = 0.3	
	대립유전자 2 = 0.7	
STR3	동형접합자	대립유전자 빈도 = 0.1
STR4	대립유전자 1 = 0.4	
	대립유전자 2 = 0.2	

a. STR 1과 3의 전기영동도는 STR 2와 4의 전기영동도와 어떻게 다르게 보일까?
b. 용의자의 DNA가 우연히 막대사탕 강간범의 DNA와 일치할 확률은 얼마나 되는가? (계산해 보시오.)
c. 그 남성의 인구 집단은 높은 수준의 동족 결혼 비율을 보인다. 이것이 DNA 프로파일의 유용성에 어떤 영향을 미치는가? (추신 – 그는 DNA 분석에 너무 겁을 먹어 자백했다!)

사례 및 연구 결과

1. 2007년부터 2018년까지 브리티시 컬럼비아주의 해안으로 13개의 토막 난 발이 밀려 올라왔고, 12개의 발은 운동화 안에, 1개는 등산화 안에 있었다. 이 장에서 논의된 DNA 검사 중 발과 실종자를 일치시키는 데 사용할 수 있는 DNA 검사 유형을 말하시오.

2. 런던에서 택시 운전사 데이비드 버틀러(David Butler)는 한 성매매 여성의 손톱 밑에서 그의 DNA가 발견되었기 때문에 그녀를 살해한 혐의로 기소되었다. 영국은 거의 모든 시민들을 대상으로 하는 국가 DNA 데이터베이스를 가지고 있었기 때문에, 수사관들은 그를 빠르게 발견했다. 하지만 버틀러는 결백했다. 그의 세포가 시체에서 발견되었는데, 그 이유는 그가 피부가 벗겨지는 병을 앓고 있었기 때문이었고, 일부가 거스름돈으로 그녀에게 준 지폐에 묻어 있었기 때문이다. 이 경우는 DNA 프로파일링의 어떤 한계를 설명하는가?

3. DNA 시료 3,000개를 기반으로 유전적 조상을 추적하는 데 사용되는 26개 참조집단 중 1,579명은 유럽 출신, 464명은 아프리카 출신, 780명은 아시아 출신, 36명은 오세아니아 출신, 131명은 아메리카 원주민 출신이었다. 이러한 지리학적 지역 표현이 어떻게 고객에게 (가족 간 토론으로부터 기대했던 집단에 속하지 않는) 잘못된 결과를 초래할 수 있는지 설명하시오.

PART 5 면역과 암

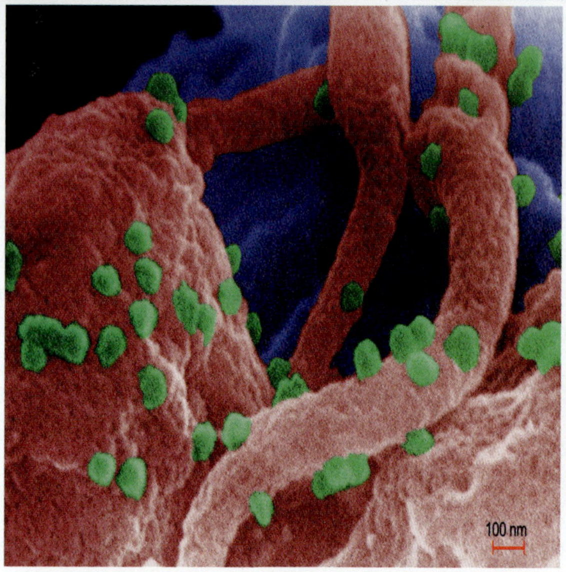

CDC/C. Goldsmith, P. Feorino, E. L. Palmer, W. R. McManus

CHAPTER 19

면역유전학

HIV 입자(녹색)는 백혈구(분홍색)에 부착되어 있다. *CCR5* 돌연변이가 2개인 사람의 경우, 백혈구는 HIV가 들어가는데 필요한 두 가지 유형의 수용체 중 하나를 만들지 않는다. 이 사람들은 HIV에 감염될 수 없다. 치료는 이 보호 유전자형을 가지고 있는 것처럼 모방하려고 시도한다. 내성 돌연변이를 모방하는 동일한 접근법이 신종 코로나바이러스 감염으로 인한 팬데믹 질병인 COVID-19를 치료하는데 도움이 될 수 있다.

학습 목표

19.1 세포 표면의 중요성

1. 면역계의 구성 요소를 나열하시오.
2. 혈액형의 기초를 설명하시오.
3. 인간 백혈구 항원이 무엇이며 건강에 대해 무엇을 나타내는지 설명하시오.

19.2 인간 면역계

4. 신체적 장벽, 선천성 면역, 후천성 면역을 구별하시오.
5. 체액성 면역반응과 세포성 면역반응을 구별하시오.

19.3 비정상적 면역

6. 면역체계가 활동적이지 않을 때, 지나치게 활동적일 때, 잘못 지시되었을 때 발생하는 질병에 대해 토론하시오.

19.4 임신 중 면역반응

7. 임신 중에 발생하는 면역체계 문제에 대해 설명하시오.
8. 모체 면역계와 태아 면역계 사이의 상호작용을 조절하는 면역계 세포의 유형을 제시하시오.
9. 유지된 태아세포가 어떻게 발견되었는지 설명하시오.
10. Rh 부적합이 어떻게 발생하는지 토론하시오.

19.5 면역성 변경

11. 의료 기술이 질병을 예방하거나 치료하기 위해 면역력을 높이거나 억제하는 방법을 설명하시오.
12. 신체가 다른 사람의 장기를 받아들이기 위한 요건을 설명하시오.

19.6 감염 극복을 위한 유전체학의 활용

13. 병원체의 유전체 서열에 대한 지식을 어떻게 활용할 수 있는지 논의하시오.

개관

면역계는 우리가 지구를 다른 생물과 공유할 수 있게 해주지만, 보통 우리 몸속이나 표면에 함께 살고 있는 미생물의 구성원들을 무시한다. 유전자는 면역반응을 조절한다. 우리는 여러 종류의 질병을 예방하고 치료하기 위해 면역성을 바꿀 수 있다.

HIV로부터 보호하기 위한 돌연변이의 모방

2008년, 40세의 한 남자가 베를린의 한 병원에서 백혈병을 치료하기 위해 줄기세포 이식을 받았다. 그는 적어도 10년 동안 HIV 양성반응을 보였고 4년 동안 항 HIV 약물을 복용했다. 백혈병은 그의 첫 HIV 관련 질병이었다. 처음에 '베를린 환자'로 알려진 티모시 브라운(Timothy Broun)은 획기적인 실험의 스타가 되었다.

브라운의 줄기세포 공여자는 조직 일치하였으며, 유전적으로 HIV 감염에 내성이 있는 백인의 0.5% 중 하나였다. *CCR5 delta 32* 유전자의 동형접합자로서, 공여자는 HIV가 세포에 들어가기 위해 결합해야 하는 CCR5라는 유형의 수용체를 가지고 있지 않았다(그림 19.11은 이 수용체를 보여준다).

이식된 줄기세포는 결국 브라운의 혈액과 골수를 HIV에 내성이 있는 세포로 대체했고, 그의 백혈병처럼 감염의 모든 징후가 사라졌다. 브라운이 대서 특필되면서, 연구원들은 이미 HIV로부터 보호하는 자연적인 돌연변이를 흉내 낼 계획을 세우고 있었다.

2017년 브라운과 같은 또 다른 환자는 *CCR5 delta* 32 동형접합자의 줄기세포 이식으로 HIV 치료를 받았다. 18개월이 지난 후에도 바이러스는 여전히 발견되지 않았다. 시험 중인 또 다른 접근법은 제21장과 제22장에서 논의된 *CCR5* 유전자를 편집하는 것이다.

19.1 세포 표면의 중요성

우리는 이 지구를 식물, 미생물, 곰팡이, 그리고 다른 동물들과 공유하지만, 그들 중 일부가 우리 몸에 들어와 감염을 일으킬 때 병에 걸릴 수 있다. 면역체계는 전염성 질병으로부터 우리를 보호한다. 그것은 또한 제20장의 주제인 암세포를 탐지하고 파괴한다. 인간의 면역체계는 약 2조 개의 세포, 그들이 방출하는 생화학 물질, 그리고 그것들이 생산되고 저장되는 장기로 이루어진 역동적 군대라고 볼 수 있다. 유전자는 감염에 대한 감수성을 포함하여 면역계 기능의 여러 측면을 조절한다.

감염에 대한 보호는 면역계가 신체의 일부가 아닌 "외부(foreign)" 또는 "비자기(nonself)" 세포 표면을 인식하는 능력에 기반을 둔다. 여기에는 박테리아와 효모와 같은 특정 미생물의 표면, 바이러스와 프리온과 같은 비생물인 감염 물질, 종양세포와 이식세포가 포함된다. 자극된 면역체계는 일반적이고 매우 구체적인 반응을 포함하는 고도로 조직화된 공격을 시작한다. 질병을 일으키는 생물 또는 전염성 물질을 병원체라고 한다. **임상 연계 19.1**은 일반적으로 발생하는 병원체 바이러스 유형을 강조하고 있다. **그림 19.1**은 또 다른 박테리아를 보여준다. 박테리아는 세포이다; 바이러스는 세포보다 간단하다.

유전자가 어떻게 면역을 조절하는지 이해하면 시스템의 질병 퇴치 능력을 향상하거나 방향을 바꿀 수 있다. 돌연변이는 면역 기능을 손상하여 면역 결핍, 자가면역질환, 알레르기 및 암을 유발할 수 있다. 유전자는 특정 전염병에 대한 감수성이나 내성을 부여함으로써 면역에 영향을 미친다. 다른 유전적 특성과 마찬가지로 면역 보호의 정도는 사람마다 다르다. 어떤 사람은 빈번한 호흡기 감염을 겪을 수 있지만 다른 사람은 거의 아프지 않다. 1918년 독감 대유행에서 살아남은 사람들의 면역계에 대한 연구에 따르면 수십 년 후에도 인플루엔자 바이러스를 빠르게 파괴할 수 있다. 그러나 5천만 명에서 1억 명의 사람들이 그 질병으로 죽었는데, 많은 사람이 불과 며칠 만에 죽었다.

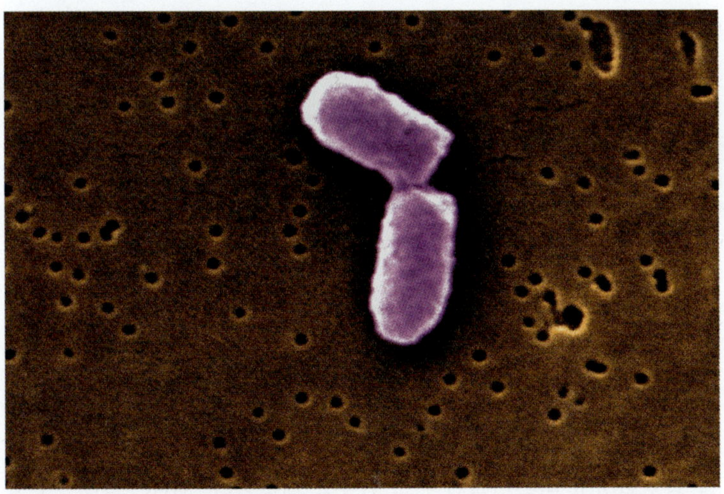

그림 19.1 박테리아 병원체. **대장균**은 인간의 소장에 정상적으로 서식하지만 특정 조건에서는 심한 설사(식중독)를 일으키는 독소를 생산할 수 있고 신장을 손상시킬 수 있다. *CDC/Janice Haney Carr*

몇 가지 종류의 유전자는 면역력에 강력하게 영향을 미치는 단백질을 암호화한다. **항체**(antibody)는 면역반응을 유도할 수 있는 분자인 외래 항원을 직접 공격하는 단백질이다. 대부분의 항원은 단백질이나 탄수화물이다. 유전자는 또한 신체의 세포를 "자기(self)"로 표시하는 세포 표면 항원을 제시한다.

혈액형

우리 세포 표면에 부착된 항원 중 일부는 혈액형을 결정한다. 그림 5.3과 5.4는 친숙한 ABO 혈액형을 설명한다. 인간은 적혈구 표면에 있는 단백질과 탄수화물 항원을 기초로 하여 36가지 주요 혈액형을 가지고 있다. 각 혈액형에는 아형이 포함되어 있어 적혈구의 형상적인 특징이 각 개인을 다른 수백 가지 방법으로 차이나게 한다. **표 19.1**에는 몇 개의 혈액형이 제시되어 있다.

수혈의 경우 혈액을 타이핑하여 공여자에서 수용자로 일치시킨다. 1세기 이상 동안 **혈청학**(serology)이라고 불리는 접근법은 적혈구 항원에 따라 혈액을 유형화했다. 혈액을 판정하는 새로운 방법은 세포 표면 항원, 즉 이러한 단백질을 암호화하는 유전자에 대한 지침을 확인하는 것이다. **유전자형 분석**(genotyping)이라고 불리는 이 접근법은 혈액형에 대해 100개의 별개 DNA "신호"를 감지하는 작은 장치를 사용한다. 유전자형은 백혈병이나 겸형 적혈구 질환과 같이 여러 번 수혈해야 하는 만성질환이 있는 사람들에게 특히 유용하다. 그

표 19.1 혈액형

혈액형	설명
MN	공우성 대립유전자 *M*, *N*, *S*는 6개의 유전자형과 표현형을 결정한다. 항원은 두 개의 당단백질에 결합한다.
Lewis	대립유전자 *Le*는 *H* 유전자의 산물이 적혈구에 놓이는 푸코스당에 항원을 첨가하는 푸코실트랜스퍼라아제(FUT3)를 암호화한다. *H* 유전자 발현은 ABO 표현형에 필요하다(그림 5.3 참조). *LeLe* 또는 *Lele*을 가진 사람들은 적혈구와 타액에 Lewis 항원을 가지고 있다. 유전자형 *lele*를 가진 사람들은 그렇지 않다.
분비형(Secretor)	*Se* 대립유전자를 가진 사람들은 A, B 및 H 항원을 체액으로 분비한다.

임상 연계 19.1

바이러스

바이러스 감염은 많은 불행을 가져올 수 있지만, 상당한 고통은 인간 면역계의 장용이다.

바이러스는 단백질로 싸인 RNA 또는 DNA의 단일 또는 이중나선이며 일부는 부착된 당과 일부 유형에서는 외부 지질 이중층을 갖는다. 11.4절에서는 바이러스가 숙주세포의 에너지 자원, 단백질 합성 기작 및 분비 경로를 어떻게 입력하고 사용하여 번식하는지에 대해 설명하였다. 바이러스는 단지 몇 개의 단백질 암호화 유전자를 가지고 있을지 모르지만, 같은 단백질의 많은 복사본이 모여서 온실의 유리창이나 코로나바이러스의 스파이크 모양의 단백질의 왕관 같은 복잡한 덮개를 형성할 수 있다. 예를 들어, 에볼라 바이러스는 단지 7종류의 단백질을 생산하지만, 이것들은 인체를 혈액 한 봉지와 분해된 조직 이상으로 며칠 안에 줄일 수 있는 구조를 형성한다. 이와는 대조적으로 천연두 바이러스는 100가지 이상의 다른 종류의 단백질을 암호화한다.

많은 DNA 바이러스는 숙주세포의 DNA에 DNA를 삽입하여 번식한다(그림 19.12 참조). HIV와 같은 일부 RNA 바이러스의 경우 바이러스 효소인 역전사 효소가 바이러스 RNA를 DNA로 복사하여 염색체에 삽입할 수 있다. 코로나19의 원인인 SARS-CoV-2(그림 9A) 등 특정 바이러스에 대해서는 감염된 세포가 바이러스 RNA에 전령 RNA인 것처럼 반응해 단백질로 번역한다. DNA와 RNA 바이러스 모두에서 활성화된 바이러스 유전자는 숙주세포가 바이러스 입자로 조립되는 바이러스 단백질을 생산하도록 지시한다. 세포가 터져서 많은 새로운 바이러스를 방출한다.

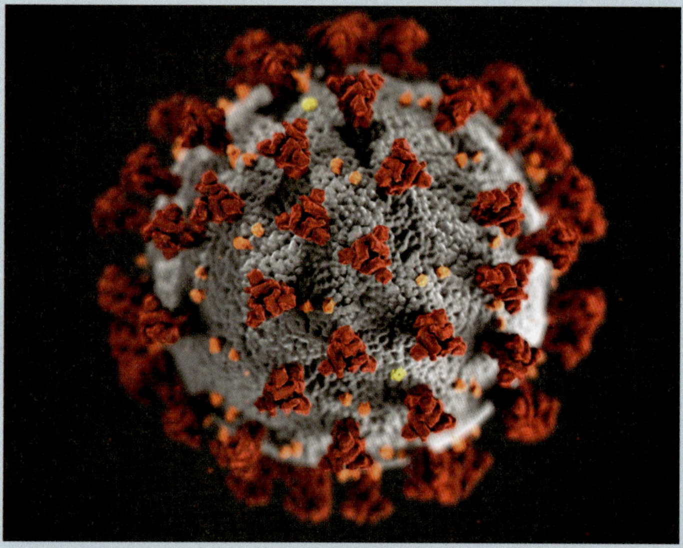

그림 19A SARS-CoV-2, 코로나19를 일으키는 바이러스. 바이러스를 장식하고 코로나바이러스라는 이름을 부여하는 스파이크 단백질의 삼중체(triplets)는 인간 호흡기 세포에서 ACE2라고 불리는 단백질 수용체에 결합하여 사람들에게 심각한 폐 질환을 유발한다. *CDC / Alissa Eckert, MS; Dan Higgins, MAMS*

다양한 종류의 바이러스는 모든 종류의 생물들을 감염시킨다. 바이러스 유전물질은 스스로 복구할 수 없기 때문에 돌연변이율이 높을 수 있다. 이것이 우리가 일반적인 감기 또는 노로바이러스에 대한 효과적인 백신을 개발할 수 없는 이유 중 하나이며, 매년 새로운 독감 백신을 개발해야 하는 이유이다.

인플루엔자 바이러스는 유전물질로 RNA를 가지고 있으며 A, B 및 C의 세 가지 변종이 있다. 인플루엔자 A는 가장 흔하며 주로 새로부터 전달되지만, 때로는 돼지를 통해서도 감염된다. 각 바이러스 균주는 표면에 두 가지 유형의 당단백질을 기반으로 하는 하위 유형을 가지고 있다. 특히, 인플루엔자 A는 헤마글루티닌(HA)이라고 불리는 큰 표면 당단백질의 16가지 변이체 중 많은 복사본과 뉴라미니다아제(NA)라고 불리는 또 다른 표면 당단백질의 9가지 변이체 중 많은 복사본을 가지고 있다. 1918년 스페인 인플루엔자와 2009년 돼지 인플루엔자는 "H1N1"이었고, 2004년 조류 인플루엔자는 "H5N1"이었다. 전통적인 백신은 두 종류의 인플루엔자 A와 한 종류의 덜 흔한 인플루엔자 B로 구성된다. 헤마글루티닌이 붙어 있는 줄기형 구조처럼 모든 인플루엔자 바이러스가 공유하는 부분을 대상으로 하는 '유니버설' 백신이 개발되고 있다.

일부 바이러스 질병은 독감과 같이 수 세기 동안 존재해 왔지만, 2020년에 세계가 배운 것처럼 언제든지 새로운 질병이 발생할 수 있다. 2019년에 중국에서 신종 코로나바이러스가 출현해 호흡기 증상이 심했다. 아무도 새로운 바이러스에 대한 면역성을 가지고 있지 않았고 일상 활동과 여행으로 인해 사람 대 사람으로 쉽게 퍼지기 때문에 초기 전염병은 빠르게 세계적인 현상인 전염병이 되었다. 6개의 코로나바이러스가 사람을 감염시켜 '콜드' 또는 호흡기 질환인 사스(중증급성호흡기증후군)와 메르스(중동호흡기증후군)를 일으키는 것으로 알려져 있었다. 많은 바이러스와 마찬가지로 사스-CoV-2는 박쥐에서 유래한 것으로 추정한다. 박쥐는 약한 면역반응을 일으켜 자신을 건강하게 유지하기에 충분하지만 바이러스가 번성하도록 한다. 박쥐에서 인간에 이르기까지 한 동물 종에서 다른 동물 종으로 "점프"하는 전염병을 인수공통(zoonosis)이라고 한다.

토론을 위한 질문

1. 바이러스의 구조는 세포의 구조와 어떻게 다른가?
2. SARS-CoV-2는 어떻게 인간세포가 더 많은 바이러스를 생성하게 하는가?
3. 바이러스의 돌연변이율이 높은 이유는 무엇인가?

들은 많은 종류의 공여자 혈액에 대해 너무 많은 항체를 생산하기 때문에 혈청학으로 혈액형을 결정하기가 종종 어렵다.

주조직적합성 복합체

우리의 세포 표면에 있는 많은 단백질은 주조직적합성 복합체(major histocompatibility complex, MHC)라고 불리는 염색체 6번의 짧은 팔에 있는 600만 염기 길이의 DNA 서열의 일부인 유전자에 의해 암호화된다. 이 지역은 200개 이상의 유전자를 포함하고 있으며, 면역에 대한 유전적 영향의 약 50%를 차지한다. MHC 유전자는 기능에 따라 세 그룹으로 분류된다.

MHC 클래스 III 유전자는 혈장(혈액의 액체 부분)에 있는 단백질을 암호화하고 비특이적인 면역 기능을 제공한다. MHC 클래스 I 및 II 유전자는 **인간 백혈구 항원**(human leukocyte antigen, HLA)을 암호화하는데, 사람의 백혈구에서 처음 연구가 시작되었기 때문에

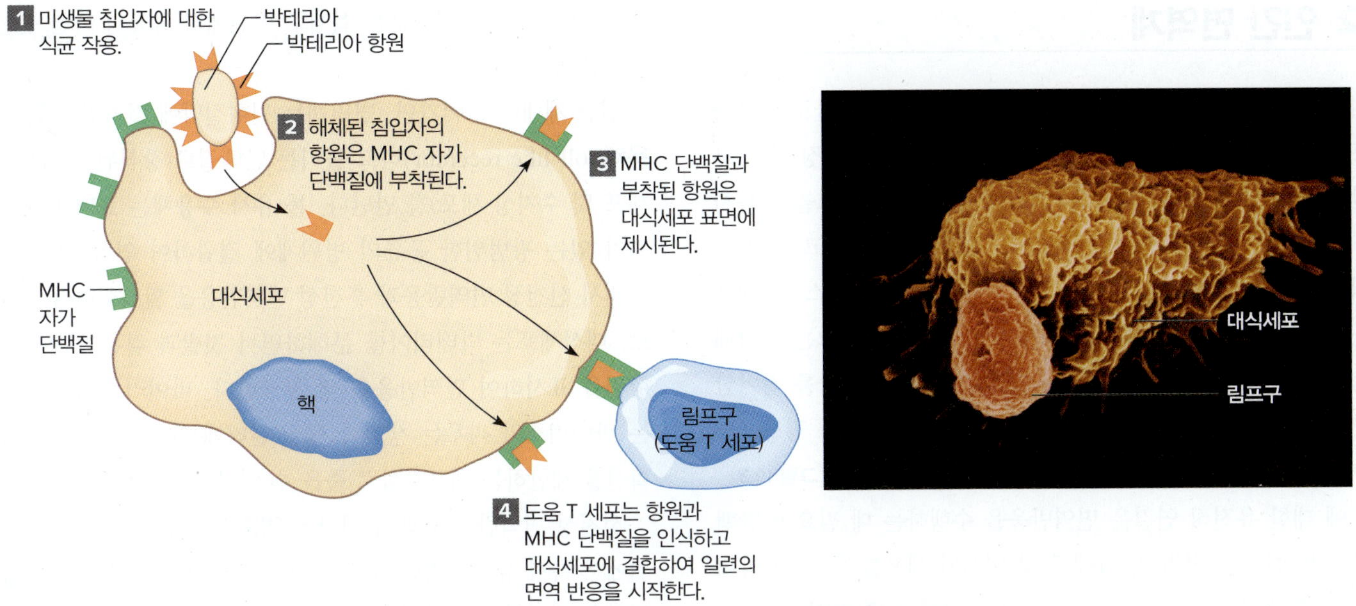

그림 19.2 대식세포는 항원-제시세포이다. 대식세포는 박테리아를 삼킨 다음 주조직적합성 복합체(MHC) 자가 단백질에 의해 제자리에 고정된 표면에 외래 항원을 표시한다. 이 '항원 제시'는 림프구에 결합하는 것을 포함하여 많은 면역반응을 일으킨다. *CNRI/Science Source*

그렇게 이름이 붙여졌다. HLA 단백질은 당과 연결되어 세포 표면에서 연장되는 가지 모양의 당단백질을 형성한다.

클래스 I 및 II HLA 유전자가 암호화하는 단백질은 경고하고 있는 면역계 세포의 유형이 다르다. 일부 HLA 당단백질은 박테리아 및 바이러스 단백질에 결합하여 다른 면역계 세포에 경고하는 배지처럼 표시한다. 항원 처리라고 불리는 이 작용은 종종 면역반응의 첫 번째 단계다. 외래 항원을 표시하는 세포를 **항원 제시세포**(antigen-presenting cell)라고 한다. **그림 19.2**는 **대식세포**(macrophage)라고 불리는 큰 세포가 박테리아 항원을 어떻게 제시하는지 보여준다. T 세포 (또는 T 림프구)라고 불리는 특정 백혈구도 항원 제시세포이다. **수지상 세포**(dendritic cell)는 피부와 호흡기 및 소화관의 안벽과 같이 신체가 환경과 접촉하는 장소에서 발견되는 항원 제시세포이다. 수지상 세포는 T 세포에 신호를 보내 면역반응을 일으킨다. 수지상 세포와 대식세포는 면역계의 다른 구성 요소에 병원체의 존재를 경고하기 때문에 **감시세포**(sentinel cell)로 알려져 있다.

사람의 HLA "유형"은 자신의 모든 세포를 "자기" 또는 자신에 속하는 것으로 식별한다. 3개의 유형 I HLA 유전자는 매우 다양하고 핵을 가진 모든 유형의 세포에서 발견되는 단백질을 암호화한다. 이 단백질들은 병원균에서 나올 수 있는 세포 내에서 펩타이드를 보여준다. 6개의 유형 II HLA 유전자는 주로 항원 제시세포에서 발견되는 단백질을 암호화한다. 일반적인 HLA 마커 외에도 특정 조직 유형을 구별하는 보다 구체적인 마커가 있다.

개인의 전체 HLA 유형은 6개의 주요 HLA 유전자를 기반으로 한다. 그래서 이 유전자들은 2만 명 중 2명만이 우연히 6개의 주요 HLA 유전자와 일치하는 것이다. 이식 의사가 공여자 조직을 잠재적인 수용자와 일치시키려고 시도할 때, 그들은 이 6개의 유전자의 변이체에 대해 두 사람이 얼마나 비슷한지를 결정한다. 일반적으로 적어도 4개의 유전자가 이식 수술에 적합해야 한다. HLA 유전자형은 현재 수백 개의 대립유전자가 알려져 있기 때문에 매우 복잡해졌다.

100가지 이상의 질병이 특정 HLA 유형을 물려받는 것과 밀접하게 관련되어 있다. 척추를 부풀리고 변형시키는 강직성 척추염의 경우가 그렇다. B27이라고 불리는 HLA의 두 가지 하위 유형 중 하나를 가진 사람은 항원의 어느 형태도 가지고 있지 않은 사람만큼 질병을 발전시킬 가능성이 100배이다. HLA와 관련된 위험은 절대적이지 않다. 강직성 척추염으로 고통받는 사람들의 90% 이상이 B27 항원을 가지고 있는데, 이는 일반 인구의 5%에서만 발생한다. 그러나 강직성 척추염을 앓고 있는 사람들의 10%는 B27 항원을 가지고 있지 않으며 항원을 가진 사람 중 일부는 결코 질병을 일으키지 않는다.

핵심 개념 질문 19.1

*a. 면역반응의 기초는 무엇인가?
b. 면역계의 주요 구성 요소의 이름을 지정하시오.
c. 어떻게 유전자가 면역반응의 일부로 작용하는가?
*d. 바이러스와 박테리아를 구별하시오.
*e. 혈액형과 HLA 유형을 결정하는 것은 무엇인가?

19.2 인간 면역계

인간의 면역계는 림프액을 림프절이라는 콩 모양의 구조물로 운반하는 림프관의 네트워크다. 림프액은 혈액의 액체 부분이 가장 작은 모세혈관의 벽을 통해 빠져나와 조직액으로 몸 전체에 세포를 목욕시킨다. 조직액은 일단 림프관에 들어가면 **림프**(lymph)라고 불린다. 림프액은 림프구라고 불리는 백혈구와 박테리아, 바이러스 및 세포 파편을 포획하고 분해하는 대식세포를 운반한다. **그림 19.2**는 대식세포를 림프구와 비교하고 그림 2.1은 대식세포가 박테리아를 집어삼키는 것을 보여준다. **B 세포**(B cell)와 **T 세포**(T cell)는 림프구의 두 가지 주요 유형이다. 비장과 흉선도 면역계의 일부이다(**그림 19.3**).

면역에 대한 유전적 연결은 면역반응을 수행하는 데 필요한 단백질이다. 면역반응은 병원체, 암세포 및 이식된 세포를 두 가지 방어선으로 공격한다. 즉, 즉각적인 비특이적 **선천성 면역반응**(innate immune response)과 보다 특이적이고 느린 **후천성 면역반응**(adaptive immune response)이다. 이러한 방어는 다양한 물리적 장벽이 병원체를 차단한 후에 작용한다. **그림 19.4**는 다음 절에서 설명하는 면역계의 기본 구성 요소를 요약한 것이다("면역반응"은 "면역"과 동의어로 사용된다).

물리적 장벽과 선천성 면역

몇 가지 친숙한 구조와 체액은 손상되지 않은 피부, 입안의 안벽과 같은 점막, 귀지 및 파편과 병원균을 호흡기관 밖으로 밀어내는 섬모와 같은 선천성 면역반응에서 병원균이 몸에 들어오는 것을 방지한다. 또한 위장에 도달하는 대부분의 미생물은 휘젓는 산성의 통에서 죽는다. 반면에 오래 살아남은 미생물은 일반적으로 설사로 씻겨 나온다. 이러한 물리적 장벽은 특이적이지 않다. 즉, 그들은 특정 병원균뿐만 아니라 이물질도 차단한다.

병원체가 물리적 장벽을 통과하면 선천성 면역이 신속하고 광범위한 방어를 제공한다. 선천성 용어는 이러한 일반적인 방어가 특정 자극을 요구하지 않고 항상 감염과 싸울 준비가 되어 있음을 의미한다. 우리가 감염으로 경험하는 통증과 통증의 대부분은 실제로 병원체의 작용이 아닌 선천성 면역반응 때문이다.

일단 체내에 들어가면, 병원체는 원형질막에 걸쳐있는 **톨 유사 수용체**(toll-like receptor)라고 불리는 단백질로 장식된 감시세포(대식세포 및 수지상 세포)를 만난다. 톨 유사 수용체는 표면에 동일한 분자가 있는 광범위한 종류의 병원체에 결합하여 연속적으로 신호를 보내서 선천성 면역반응과 후천성 면역반응을 활성화한다. 결과적으로, 대식세포는 박테리아를 분해하면서 깃발과 같은 일부 박테리아 항원을 표시하여 면역반응을 더 자극한다. 바이러스에 감염된 세포는 바이러스와 싸우는 생화학 물질(인터페론)을 생산하거나 감염의 확산을 제한하는 세포자살로 죽을 수 있다.

선천성 면역반응의 핵심 기작은 **염증**(inflammation)으로 부상 부위에서 특정 유형의 병원균에 적대적인 환경을 조성한다. 염증은 병원균을 집어삼키고 파괴하는 세포를 보낸다. 이러한 세포는 일반적으로 식세포(phagocyte)라고 불리며, 이들의 삼키는 작용은 식균 작용이다. 특정 유형의 백혈구와 크고 배회하는 대식세포는 식세포이다. 또한 감염 부위에는 혈장이 축적되어 독소를 희석하고 항균 화학물질을 유입시킨다. 염증과 함께 혈류량이 증가하면 그 부위가 따뜻해져 부어오르고 붉어진다.

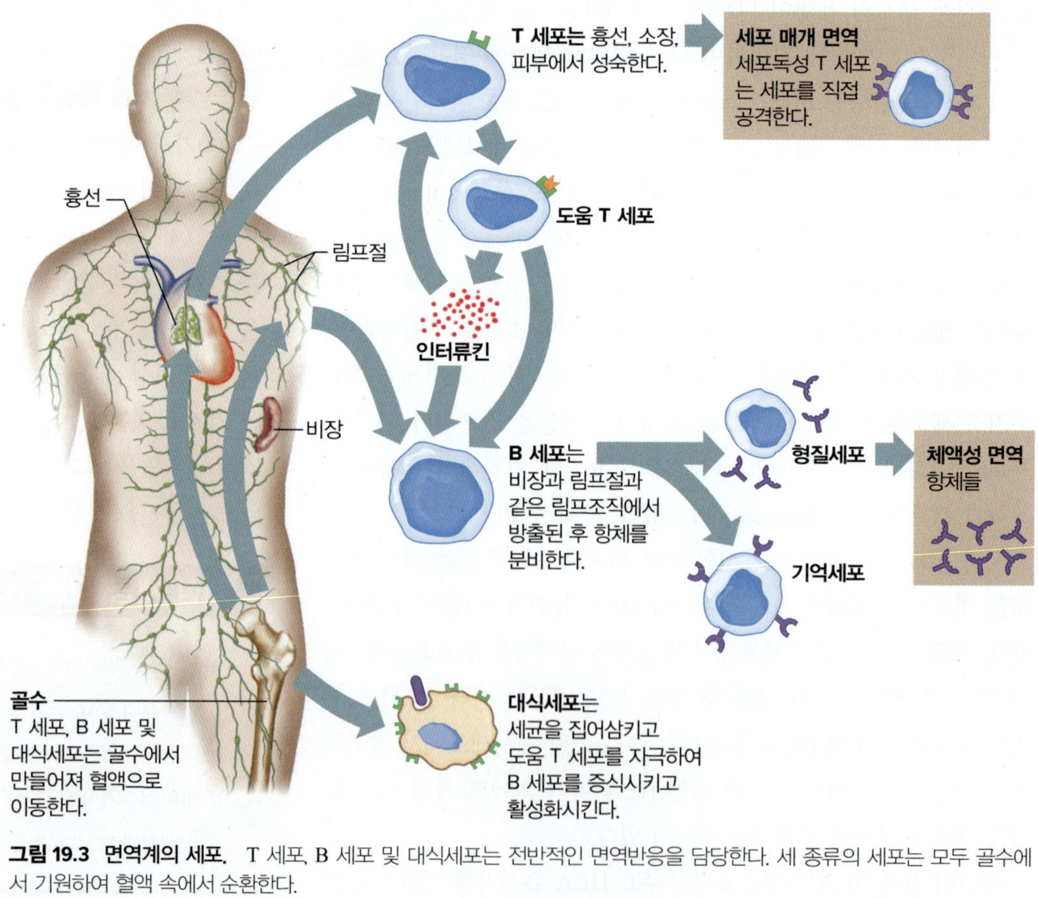

그림 19.3 면역계의 세포. T 세포, B 세포 및 대식세포는 전반적인 면역반응을 담당한다. 세 종류의 세포는 모두 골수에서 기원하여 혈액 속에서 순환한다.

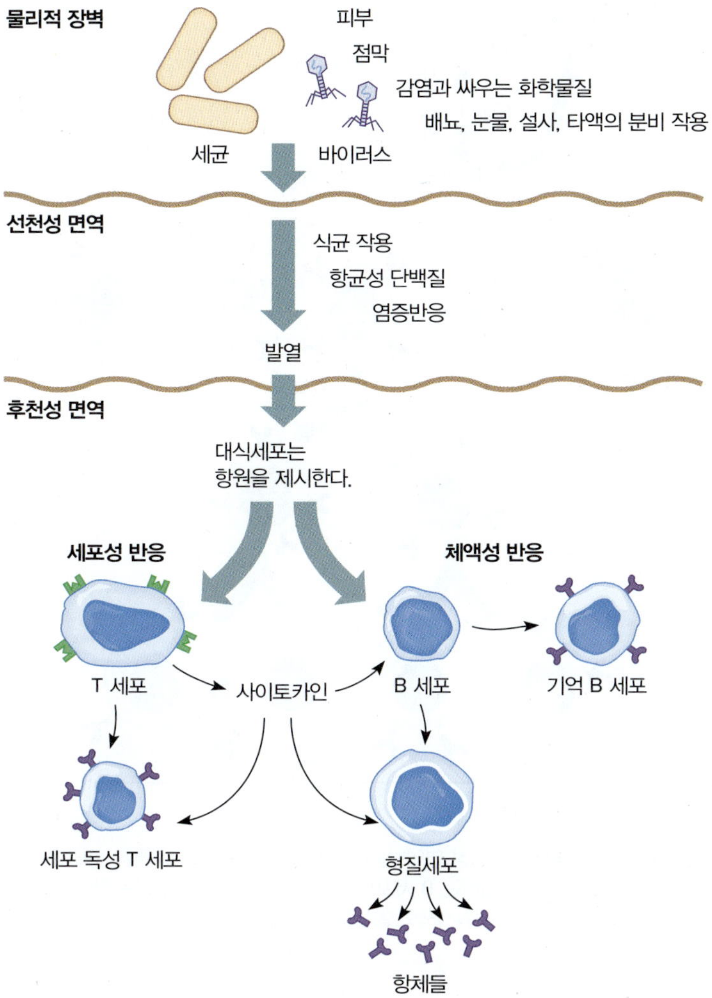

그림 19.4 면역 방어의 단계. 병원체는 물리적 장벽을 뚫고 비특이적인 세포와 선천성 면역반응의 분자를 만나야 한다. 이것이 효과가 없다면 후천성 면역반응이 시작된다. 항원 제시세포는 T 세포를 자극하여 B 세포를 활성화시켜 항체를 분비하는 형질세포로 분열시키고 분화시키는 사이토카인을 생성한다. 일단 활성화되면, 일부 B 세포는 병원체를 기억하여 후속 만남에 대한 빠른 반응을 가능하게 한다.

염증 외에도 3가지 종류의 단백질이 선천성 면역에 참여한다(**표 19.2**). 이들은 보체계, 콜렉틴 및 사이토카인이다. 이러한 단백질을 암호화하는 유전자의 돌연변이는 감염에 대한 저항력을 낮춘다.

보체(complement)는 여러 가지 다른 방어를 돕거나 보완하는 혈장 단백질로 구성된다. 일부 보체 단백질은 박테리아 원형질막을 뚫어 세포를 파열시킨다. 다른 보체 단백질은 바이러스를 분해하거나 알레르기에 관여하는 또 다른 유형의 면역계 세포인 **비만세포**(mast cell)에서 히스타민을 방출한다. 히스타민은 혈관을 확장시켜 감염되거나 손상된 부위로의 유체 흐름을 증가시킨다. 또 다른 보체 단백질은 식세포를 손상 부위로 끌어들인다.

콜렉틴(collectin)은 인간세포의 표면과 약간의 차이를 감지하여 박테리아, 효모 및 일부 바이러스로부터 광범위하게 보호한다. 인간 콜렉틴 그룹은 효모의 독특한 당, 특정 박테리아의 연결된 당과 지질, 일부 바이러스의 표면 특징과 같은 다른 병원체의 표면에 반응한다.

사이토카인(cytokine)은 선천성 면역과 후천성 면역 모두에서 역할을 한다. 선천성 면역반응의 일부로, **인터페론**(interferon)이라고 불리는 사이토카인은 면역계의 다른 구성 요소에 바이러스에 감염된 세포의 존재를 경고한다. 이 세포들은 파괴되어 바이러스 감염의 확산을 제한한다. **인터류킨**(interleukin)은 발열을 일으키는 사이토카인으로, 일시적으로 더 높은 체온을 유발하여 일부 감염 박테리아와 바이러스를 직접 죽인다. 발열은 또한 간접적으로 미생물 성장을 방해한다. 체온이 높을수록 혈액의 철분 수치가 감소하기 때문이다. 박테리아와 곰팡이는 체온이 올라감에 따라 더 많은 철분을 필요하므로 열이 있는 몸에서는 생존할 수 없다. 식세포는 또한 온도가 상승하면 더 격렬하게 공격한다. 종양괴사인자는 다른 보호 생화학 물질을 활성화하고 특정 박테리아 독소를 파괴하며 암세포를 공격하는 또 다른 유형의 사이토카인이다.

표 19.2 선천성 면역과 관련된 단백질의 종류

단백질 종류	단백질	기능
보체		세균의 구멍 내기, 바이러스 해체, 히스타민 방출을 위한 비만세포 활성화, 및 식세포를 유인한다.
콜렉틴		박테리아, 효모 및 일부 바이러스의 표면이 인간세포의 표면과 어떻게 다른지 인식한다.
사이토카인	콜로니 자극인자	골수세포를 자극하여 림프구를 생성한다.
	인터페론	바이러스 복제를 차단하고, 대식세포를 자극하여 바이러스를 집어삼키고, B 세포를 자극하여 항체를 생성하고, 암세포를 공격한다.
	인터류킨	림프구 분화 및 성장을 제어, 박테리아 감염을 수반하는 발열을 일으킨다.
	종양괴사인자	종양 성장을 멈추고, 성장인자를 방출하고, 림프구 분화를 자극하고, 박테리아 독소를 분해한다.

후천성 면역

후천성 면역은 활동으로 자극되어야 한다. 몇 분 안에 일어나는 선천성 면역에 비교하여 반응하는 데 며칠이 걸릴 수 있다. 후천성 면역은 매우 특이적이며 직접적이다.

B 세포와 T 세포는 두 가지 종류의 후천성 면역반응을 수행한다. **체액성 면역반응**(humoral immune response)에서 B 세포는 T 세포에 의해 활성화된 후 항체를 생성한다["유머"(humor)는 유체를 의미하며 항체는 유체로 운반된다]. **세포성 면역반응**(cellular immune response)에서 T 세포는 사이토카인을 생성하고 다른 세포를 활성화시킨다. B 및 T 세포는 골수에서 분화하여 림프절, 비장 및 흉선으로 이동하고 혈액 및 조직액에서 순환한다.

면역계의 후천적 측은 세 가지 기본 특성을 가지고 있다. 첫째는 다양성(diverse)으로, 많은 종류의 병원균을 정복한다. 둘째는 특이성(specific)으로, 질병을 일으키는 세포와 분자를 무해한 세포와 구별하는 것은 특이적이다. 셋째는 면역계의 기억(remember)으로, 처음보다 외부 항원과의 후속 만남에 더 빨리 반응한다. 첫 번째 공격은 **1차 면역반응**(primary immune response)을 시작한다. 시스템의 "기억"에 기초한 두 번째 공격은 **2차 면역반응**(secondary immune response)이다. 면역계의 기억력 때문에 단핵구증 같은 감염이 한 번밖에 일어나지 않는다. 그러나 앞에서 언급한 감염과 인플루엔자는 원인 바이러스가 돌연변이를 일으켜 계절마다 우리의 면역계에 약간 다른 얼굴을 보여주기 때문에 재발한다.

체액성 면역반응–B 세포와 항체

항체반응은 항원 제시 대식세포가 T 세포를 활성화할 때 시작된다. T 세포는 차례로 대식세포가 나타내는 외래 항원의 유형에 결합할 수 있는 표면 수용체를 갖는 B 세포와 접촉한다. 면역계에는 표면 항원의 조합이 서로 다른 많은 B 세포가 있어 특정 외래 항원에 해당하는 하나 이상의 B 세포를 거의 항상 사용할 수 있다. B 세포의 전환율이 높다. 매일 수백만 개의 B 세포가 림프절과 비장에서 죽고, 수백만 개의 B 세포가 골수에서 형성되며, 각각은 표면 분자의 독특한 조합을 가지고 있다.

활성화된 T 세포가 B 세포와 일치하면 B 세포를 자극하는 사이토카인이 방출된다. B 세포가 분열하면 두 가지 유형의 딸세포가 생성된다(**그림 19.5**). 첫 번째 **형질세포**(plasma cells)는 항체 공장으로, 각각 혈류로 초당 1,000~2,000개의 동일한 항체를 분비한다. 형질세포는 며칠밖에 살지 못한다. 이 세포들은 일차적인 면역반응을 제공한다. 서로 다른 B 세포에서 유래한 형질세포는 서로 다른 항체를 분비한다. 각 유형의 항체는 신체의 다른 부분에 있는 사람을 만지는

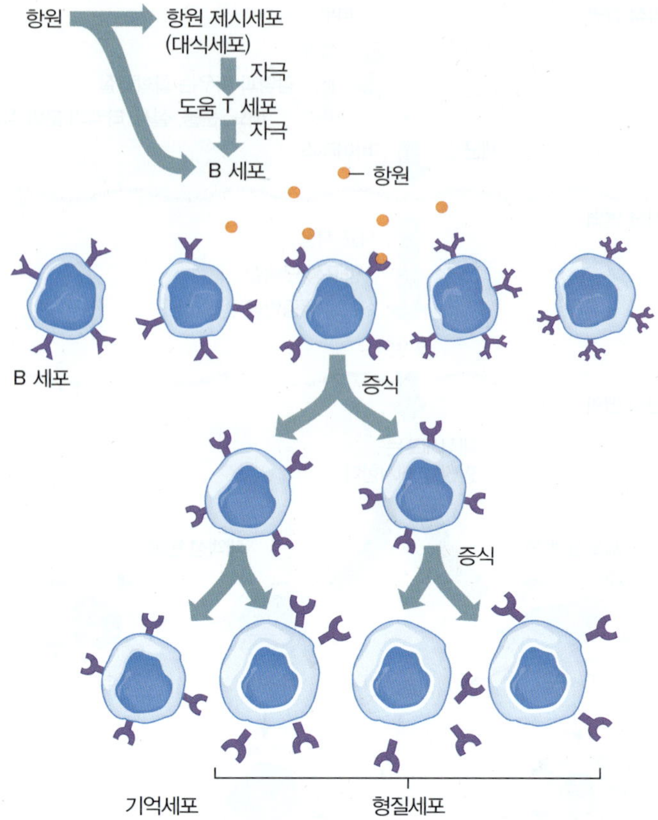

그림 19.5 항체 생산. 체액성 면역반응에서 B 세포는 증식하여 항체 분비 형질세포로 성숙한다. 항원에 결합하는 B 세포만 증식한다. 그것의 딸세포는 적은 수의 기억 세포 또는 보다 풍부한 형질세포로 발생할 수 있다.

것과 같이 병원체의 특정 부분에 해당한다. 이러한 다각적 공격을 다클론 항체반응(polyclonal antibody response)이라고 한다(**그림 19.6**). 두 번째 유형의 B 세포의 딸세포인 **기억세포**(memory cells)는 훨씬 적고 일반적으로 휴면 상태이다. 그들은 외부 항원에 더 빨리

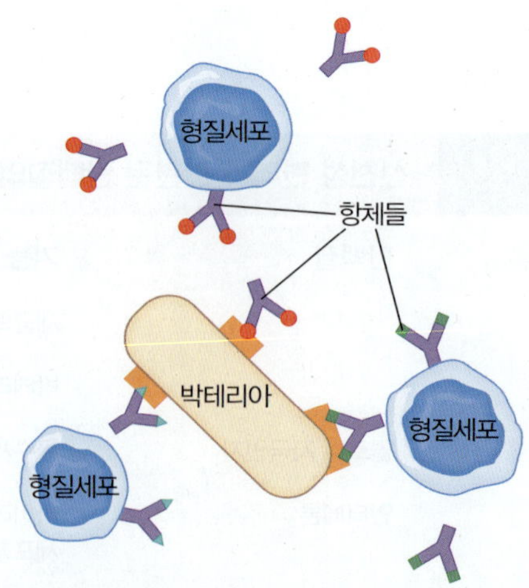

그림 19.6 면역반응은 많은 표적을 인식한다. 체액성 면역반응은 다클론성이며, 이는 다른 형질세포가 외부 세포 표면의 다른 특징을 인식하고 결합하는 항체 단백질을 생성한다는 것을 의미한다.

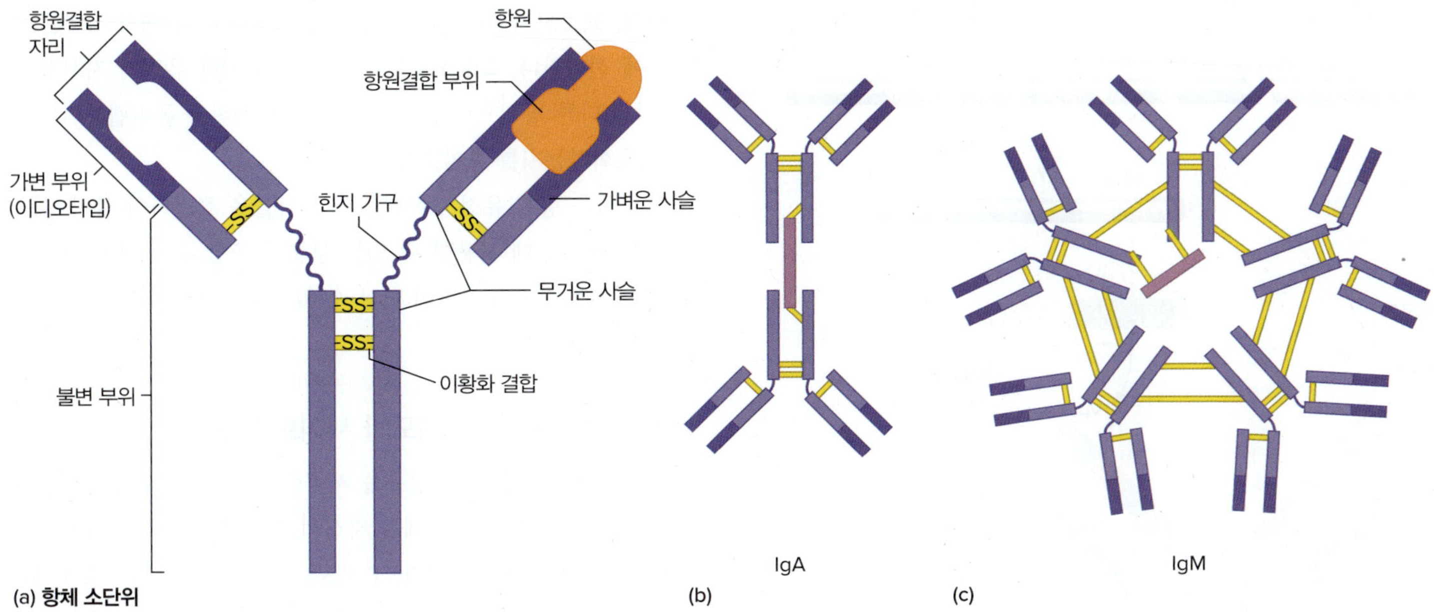

그림 19.7 항체 구조. 가장 간단한 항체 분자 (a)는 황 원자 쌍 사이의 이황화 결합에 의해 결합된 4개의 폴리펩타이드 사슬 즉, 2개의 무겁고 2개의 가벼운 사슬로 구성된다. 각 폴리펩타이드 사슬의 일부는 아미노산의 보존된 서열을 가지며, 나머지는 다양하다. Y자 모양 분자의 끝은 항원결합 부위를 형성한다. (b) IgA는 2개의 Y자형 소단위로 구성되고, (c) IgM은 5개의 소단위로 구성된다.

반응하고 다시 나타나면 더 많은 힘으로 반응한다. 이것은 2차 면역반응이다.

항체 분자는 여러 폴리펩타이드로 만들어지므로 여러 유전자에 의해 암호화된다. 가장 간단한 유형의 항체 분자는 이황화(황-황) 결합으로 연결된 4개의 폴리펩타이드 사슬로 문자 Y와 같은 모양을 형성한다(**그림 19.7**). 큰 항체 분자는 3개, 4개 또는 5개의 Y자형 소단위로 구성 될 수 있다.

Y자형 항체 소단위에서 두 개의 긴 폴리펩타이드를 **무거운 사슬**(heavy chain) 및 다른 두 개는 **가벼운 사슬**(light chain)이라고 한다. 각 사슬의 아래 부분은 다른 종에서도 모든 항체 분자에서 유사한 아미노산 서열이다. 이러한 영역을 불변 부위라고 하며, 항체의 **활성**을 제공한다. 가변 부위인 각 폴리펩타이드 사슬의 상부 부분의 아미노산 서열은 항체 간에 크게 다를 수 있다. 이 부분은 해당 항원에 대한 항체의 **특이성**을 제공한다.

항체는 가변 영역의 끝부분의 3차원 모양 때문에 특정 항원에 결합할 수 있다. 이러한 특수한 말단은 **항원 결합자리**(antigen binding site)이며, 항원과 실제로 접촉하는 부분을 **이디오타입**(idiotype)이라고 한다. 이디오타입이 결합하는 항원의 부분은 **항원결정 부위**(epitope)이다. 항체가 뒤틀리면서 항원 주위에 주머니를 형성한다.

항체에는 여러 가지 기능이 있다. 항체-항원 결합은 병원체를 불활성화하거나 생성하는 독소를 중화시킬 수 있다. 항체는 병원균을 뭉쳐 대식세포에 더 잘 보이게 하고, 그 후 병원균을 파괴할 수 있다. 항체는 또한 보체를 활성화해서 선천성 면역반응을 확장한다. 어떤 상황에서는 항체반응이 해로울 수 있다.

항체는 작용하는 장소와 무엇을 하는지에 따라 구분되는 5가지 주요 종류가 있다(**표 19.3**). [항체는 면역글로불린(immunoglobulin)이라고도 하며, 약자로 *Ig*] 다른 항체 유형은 감염의 다른 단계에서 우위를 차지한다.

어떻게 인체가 제한된 수의 항체 유전자의 정보로부터 얼핏 볼 때

표 19.3 항체의 종류

종류*	위치	기능
IgA	젖, 타액, 소변 및 눈물; 호흡기 및 소화기 분비물	신체로 들어가는 지점에서 병원균으로부터 보호하는 것
IgD	혈액 속의 B 세포	특히 유아에서 B 세포를 자극하여 다른 유형의 항체를 만듦.
IgE	IgA가 있는 분비물 및 조직의 비만세포	비만세포가 알레르기 매개체를 분비하게 하는 항원의 수용체 역할
IgG	혈장 및 조직액; 태아로의 이행	특히 2차 면역반응에서 박테리아, 바이러스 및 독소로부터 보호
IgM	혈장	1차 면역반응에서 박테리아와 싸운다; ABO 혈액 그룹의 항 A 및 항 B 항체를 포함한다.

* 문자 *A, D, E, G* 및 *M*은 항체의 각 부류의 특징인 무거운 사슬의 특정 형태를 나타낸다.

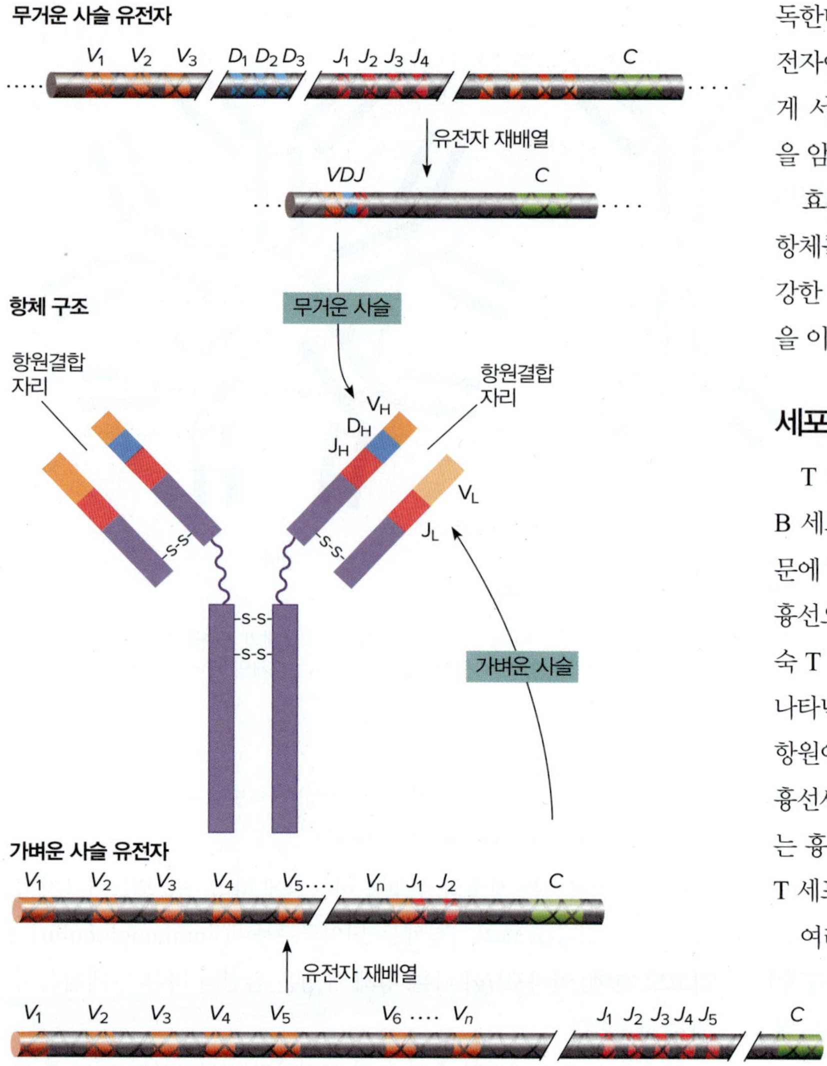

그림 19.8 항체의 다양성. 인간의 면역계는 각각의 폴리펩타이드가 두 개 이상의 유전자에 의해 암호화되기 때문에 수백만 개의 가능한 항원에 대한 항체를 생산할 수 있다. 즉, 항체의 많은 구성 요소는 여러 가지 방법으로 결합 할 수 있다.

무한한 종류의 항체를 제조할 수 있을까? 이러한 큰 다양성은 서로 다른 항체 유전자의 일부가 결합하기 때문에 가능하다. B 세포가 초기에 발달하는 동안 항체 유전자의 일부가 다른 염색체 위치로 이동하여 항체에 대한 새로운 유전 지침을 만든다.

항체 분자의 조립은 200쌍의 바지가 들어있는 옷장, 15개의 셔츠가 들어있는 서랍, 4개의 벨트 등 다양한 옷을 모으는 것과 같다. 구체적으로, 무거운 사슬 및 가벼운 사슬의 각 가변 부위는 V(변수의 경우), D(다양성의 경우) 및 J(결합의 경우)라는 세 부분으로 구성된다. 무거운 사슬에 대한 각각의 *V*, *D* 및 *J* 유전자는 14번 염색체에 있고, 가벼운 사슬에 해당하는 유전자는 2번 및 22번 염색체에 있다. *C*(불변인) 유전자는 각각의 무거운 사슬과 가벼운 사슬의 일정한 영역을 부호화한다. 제어서열은 *V*, *D* 및 *J* 유전자의 혼합 및 일치를 감독한다. 프로모터 서열은 *V* 유전자에 선행하고, 인핸서 서열은 *C* 유전자에 선행한다. **그림 19.8**은 항체 부분에 대한 유전적 지시가 어떻게 서로 다른 방식으로 결합되어 무겁고 가벼운 폴리펩타이드 사슬을 암호화하는지를 보여준다.

효소들은 항체 유전자 부분들의 조각들을 절단하여 붙여 넣는다. 항체를 만드는 데 사용할 수 있는 부품의 조합 수가 너무 많아서 건강한 면역계를 가진 사람이 만날 수 있는 거의 모든 항원이 면역반응을 이끌어낸다.

세포성 면역반응–T 세포와 사이토카인

T 세포는 세포성 면역반응을 제공한다. 항체를 혈류로 분비하는 B 세포와 달리 T 세포 자체가 자신이 활동하는 곳으로 이동하기 때문에 "세포성"이라고 불린다. T 세포는 골수의 줄기세포에서 내려와 흉선으로 이동한다(T는 흉선을 말한다). 흉선세포라고 불리는 미성숙 T 세포가 흉선 내부로 이동함에 따라 다양한 세포 표면 수용체를 나타낸다. 그런 다음 선택이 이루어진다. 방랑하는 흉선세포가 자기항원이 박힌 분비샘의 내벽세포에 닿으면 내벽세포를 공격하지 않는 흉선세포가 T 세포로 성숙하기 시작하는 반면 내벽세포에 해를 끼치는 흉선세포는 세포사멸에 의해 죽는다. 점차, 자기세포를 인식하는 T 세포는 지속되지만, 신체세포에 해를 끼치는 세포는 파괴된다.

여러 유형의 T 세포는 표면의 수용체 유형과 패턴 및 기능에 따라 구별된다. **도움 T 세포**(Helper T cell)는 많은 기능을 가지고 있다: 그들은 대식세포의 외래 항원을 인식하고, B 세포를 자극하여 항체를 생성하고, 사이토카인을 분비하고, **세포 독성 T 세포**(cytotoxic T cell, 킬러 T 세포라고도 함)라고 불리는 또 다른 유형의 T 세포를 활성화한다. **조절 T 세포**(Regulatory T cells, T reg)는 더 이상 필요하지 않을 때 면역반응을 억제하는 데 도움이 된다. 도움 T 세포가 분비하는 사이토카인으로는 인터류킨, 인터페론, 종양괴사인자, 콜로니 자극인자 등이 있으며, 이는 골수의 백혈구가 성숙하도록 자극한다. 사이토카인은 때로는 순차적으로 복잡하게 상호작용하고 신호를 보낸다.

구별되는 표면은 도움 T 세포의 하위집합을 구별한다. 차별화 항원 또는 CD 항원이라고 불리는 특정 항원은 T 세포가 대식세포에 표시된 외래 항원을 인식할 수 있게 한다. CD4 도움 T 세포라고 불리는 그러한 세포 유형 중 하나는 HIV의 초기 표적이다. 신종 코로나바이러스 SARS-CoV-2는 장기를 파괴할 수 있는 사이토카인의 조합을 방출하는 방식으로 도움 T 세포 부분집합의 균형을 바꾼다.

세포 독성 T 세포는 CD4 수용체를 가지고 있지 않지만 CD8 수용체를 가지고 있다. 이 세포들은 바이러스에 감염된 세포와 암세포

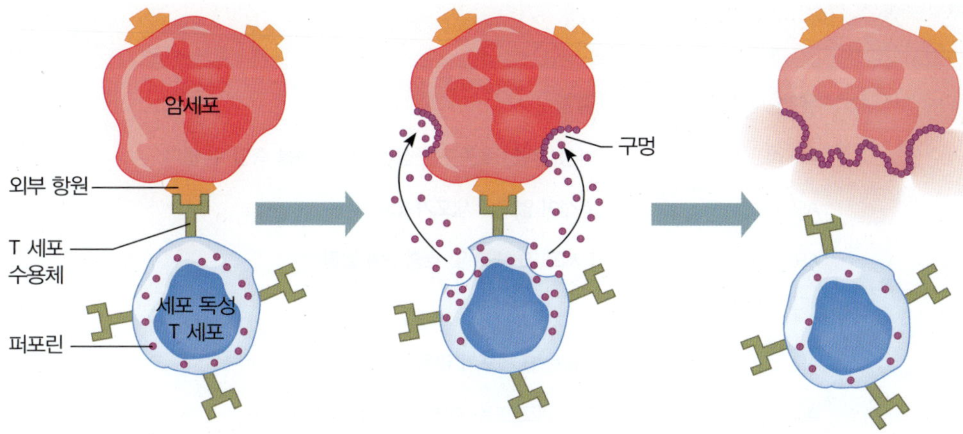

그림 19.9 암세포의 죽음. 세포 독성 T 세포는 암세포에 결합하고 암세포의 원형질막을 관통(용해)하는 단백질인 퍼포린을 주입한다. 암세포가 죽어서 남겨진 잔해는 대식세포가 깨끗하게 없앤다.

에 부착하여 화학물질을 방출함으로써 공격한다. 그들은 두 개의 표면 펩타이드를 연결하여 외부 항원과 결합하는 T 세포 수용체라고 불리는 구조를 형성함으로써 공격하는 것이다 세포 독성 T 세포가 비자기세포인 암세포와 마주칠 때, 예를 들어, T 세포 수용체는 두 세포를 물리적 접촉으로 끌어들인다. 그런 다음 T 세포는 퍼포린(perforin)이라는 단백질을 방출하는데, 퍼포린은 암세포의 원형질막을 뚫어 죽인다(**그림 19.9**). 세포 독성 T 세포 수용체는 또한 특정 바이러스로 덮인 세포를 끌어들여 바이러스가 감염되기 전에 세포를 파괴하고 복제하여 감염을 퍼뜨린다. 세포 독성 T 세포는 바이러스에 감염된 세포와 종양세포를 인식하고 제거하면서 신체세포를 지속해서 감시한다. **표 19.4**는 면역계 세포의 유형을 제시하고 정의한다.

표 7.4 면역계 세포의 종류

세포 유형	기능
대식세포	항원을 제시한다. 식균 작용을 한다.
수지상 세포	항원을 제시한다.
비만세포	염증에서 히스타민 방출한다. 알레르기 매개체를 방출한다.
B 세포	항체를 생성하는 형질세포 또는 기억세포로 성숙시킨다.
T 세포	
도움	대식세포에 제시된 비자기 항원을 인식한다. B 세포를 자극하여 항체를 생성한다. 사이토카인을 분비한다. 세포 독성 T 세포 활성화시킨다.
세포 독성	항원을 인식하여 바이러스에 감염된 암세포와 세포를 공격한다.
조절	면역반응을 억제한다.
호중구	박테리아를 공격한다.
자연 살해자 (Natural killer)	항원을 인식하지 않고 바이러스에 감염된 암세포와 세포를 공격하고, 다른 백혈구를 활성화한다.

핵심 개념 질문 19.2

a. 면역반응의 세 가지 주요 요소는 무엇인가?
*b. 선천성 면역과 후천성 면역을 구별하시오.
c. 항체의 구조와 기능을 기술하시오.
d. 세 가지 유형의 T 세포는 무엇을 하는가?

19.3 비정상적 면역

면역계는 지속적으로 환경 변화에 적응한다. 면역반응이 매우 다양하기 때문에, 면역성의 붕괴는 많은 면에서 건강에 영향을 미친다. 면역계의 오작동은 유전되거나 획득될 수 있으며 면역이 너무 약하거나 너무 강하거나 잘못 지시될 수 있다. 비정상적인 면역반응은 여러 유전자가 감염에 대한 감수성에 기여하는 다인자성이거나 단일 유전자의 돌연변이에 의해 야기될 수 있다.

유전성 면역 결핍

20가지 이상의 유전성 면역 결핍은 선천성 면역 또는 후천성 면역에 영향을 미친다(**표 19.5**). 이러한 유전성 면역 결핍은 여러 가지 기작으로 발생할 수 있다.

표 19.5	유전성 면역 결핍	
질병	**유전**	**결함**
만성 육아종증	AR, AD, XR	비정상적인 호중구는 삼킨 박테리아를 죽일 수 없다.
흉선 부재에 기인한 면역 결핍	AR	흉선이 없고 T 세포가 없다.
호중구 면역 결핍 증후군	AR	T 세포, B 세포 및 호중구의 결핍
중증 복합 면역 결핍증		
아데노신 탈아민화효소 결핍증	AR	T 또는 B 세포가 없음
이온화 방사선에 민감한 아데노신 탈아민화효소 결핍	AR	T, B 세포 또는 자연 살해 세포 없음
IL-2 수용체 돌연변이	Xlr	T, B 세포 또는 자연 살해 세포 없음
X-연관 림프증식병	Xlr	T 세포가 B 세포와 결합할 수 있게 하는 단백질의 부재
X1	Xlr	비정상 인터류킨-2

참고: AR = 상염색체 열성, AD = 상염색체 우성, XR = X-연관 열성

만성 육아종증에서 호중구라고 불리는 백혈구가 박테리아를 삼키지만 효소 복합체(NADPH 산화효소)의 결핍으로 인해 호중구는 박테리아를 죽일 활성 산소종을 생성할 수 없다. 5개의 유전자 중 어느 하나의 돌연변이가 효소 복합체를 파괴한다. 하나의 유전자는 X 염색체에 있으며 X-연관 열성 형태의 질병을 일으키고 다른 4개의 유전자는 상염색체에 있으며 상염색체 열성 형태를 일으킨다. 항생제와 감마 인터페론(사이토카인)은 이들 환자의 세균 감염을 예방하는 데 사용되며, 골수 또는 탯줄 줄기세포 이식은 질병을 치료할 수 있다.

사이토카인 또는 T 세포 수용체를 암호화하는 유전자의 돌연변이는 주로 바이러스와 암세포를 표적으로 하는 세포성 면역을 손상시킨다. T 세포는 항체를 생산하는 B 세포를 활성화하기 때문에 비정상적인 세포성 면역(T 세포 기능)은 체액성 면역(B 세포 기능)을 방해한다. 항체 단편을 암호화하는 유전자의 돌연변이, 즉 단편들의 연결을 저해하거나 B 세포의 성숙을 직접적으로 저해하는 돌연변이는 대부분 박테리아 감염에 대한 면역력을 손상시킨다. 유전성 면역 결핍 또한 결함이 있는 B 세포에서 발생할 수 있으며, 이는 일반적으로 특정 박테리아 감염에 대한 취약성을 증가시킨다.

중증 복합 면역 결핍(Severe combined immune deficiency, SCID)은 체액성 면역 및 세포성 면역 모두에 영향을 미치기 때문에 "복합성"이라고 한다. SCID 사례의 약 절반이 X-연관이다. 환자들은 덜 심한 상태로 B 세포가 없지만 일부 T 세포를 가지고 있다. 항생제를 사용할 수 있기 전에 이러한 형태의 SCID를 가진 어린이는 10세 이전에 압도적인 박테리아 감염으로 사망했다. X-연관 SCID의 더 심한 유형에서는, B 세포와 T 세포의 부재는 보통 심각하고 다양한 감염으로 출생 18개월 이내에 사망한다.

데이비드 베터(David Vetter)라는 젊은이는 에이즈가 오기 몇 년 전에 면역이 없는 삶의 어려움에 대해 세상에 일깨웠다. 데이비드는 SCID-X1이라고 불리는 X-연관 열성 형태의 SCID를 가지고 있어서 흉선 없이 태어났다. 그의 T 세포는 B 세포를 성숙시키고 활성화시킬 수 없어 세균이 가득한 세상에 무방비 상태로 남겨두었다. 1971년 텍사스에서 태어난 데이비드는 커다란 비닐 "거품"으로 울타리를 친 장소에서 짧은 생애를 보내며 절대 오지 않는 치료를 기다리고 있었다(**그림 19.10**). 그가 사춘기에 이르렀을 때, 데이비드는 그의

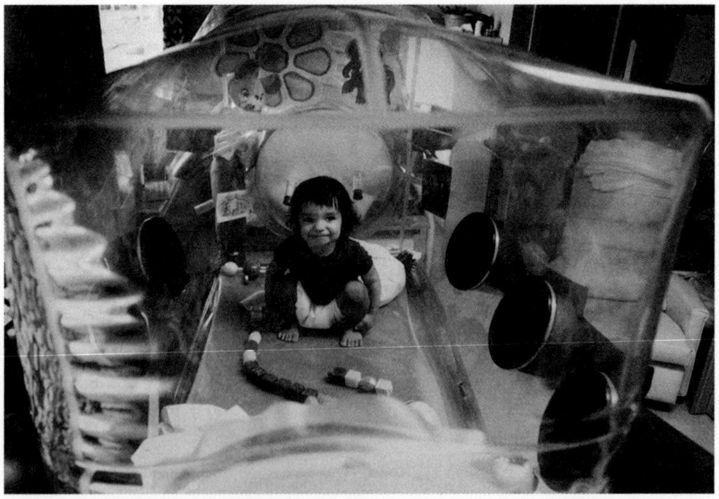

그림 19.10 원래 "버블 보이"인 데이비드 베터는 중증 복합 면역 결핍(SCID) X1을 가지고 있었다. 그의 T 세포가 성숙하지 못했기 때문에, 그는 사실상 감염에 대해 무방비 상태였다. 유전자 치료는 이제 이 병을 치료할 수 있다. *Bettman/Contributor/Getty Images*

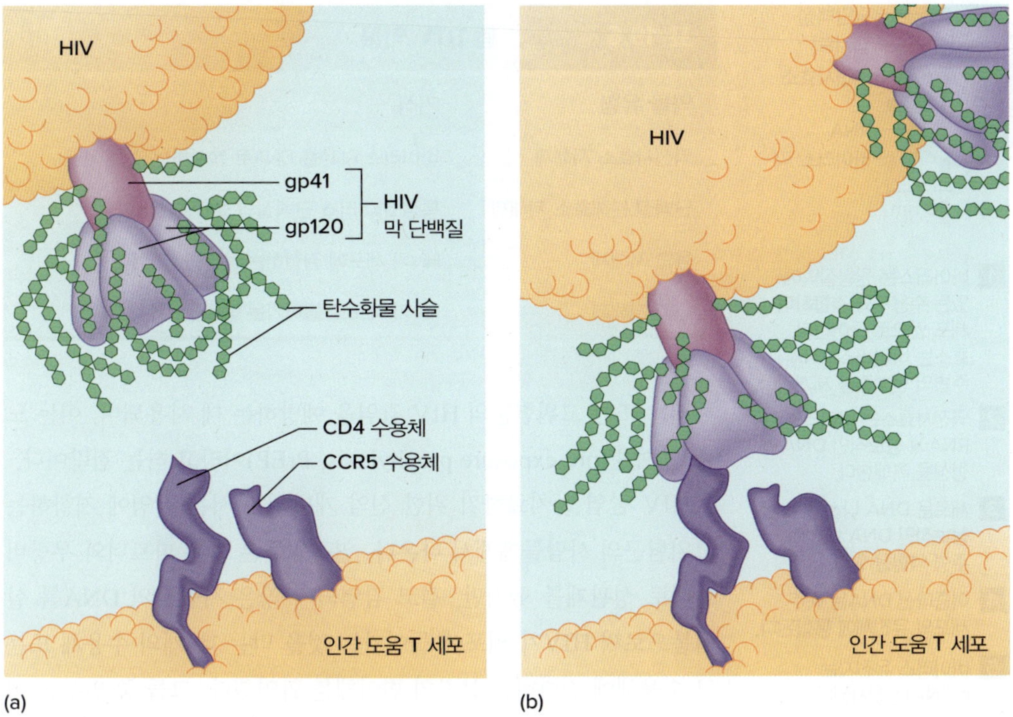

그림 19.11 HIV는 도움 T 세포에 결합한다. (a) 도움 T 세포에 결합하는 HIV의 부분은 gp120(gp는 당단백질의 약자)이다. (b) gp120의 단백질 부분을 차단하는 탄수화물 사슬은 세포 표면에 접근할 때 옆으로 이동하여 바이러스 분자가 CD4 수용체에 결합할 수 있게 한다. 또한 CCR5 수용체에 결합한 후, 바이러스 외피는 원형질막과 융합하여 HIV가 들어간다(HIV의 크기는 크게 과장되어 있다). 제19장의 시작에서 설명된 사람은 CCR5 공동 수용체가 없는 공여자로부터 줄기세포를 받았다.

거품 울타리를 떠나고 싶었다. 그는 실행에 옮기면서, 그의 여동생으로부터 골수 이식을 받았다. 안타깝게도, 그녀의 골수에는 엡스타인-바 바이러스(Epstein-Barr virus)가 포함되어 있었다. 그녀의 건강한 면역계는 바이러스와 싸울 수 있었기 때문에 아무런 증상도 없었지만 바이러스는 면역체계의 암인 림프종을 데이비드에서 발병시켰다. 그는 불과 몇 주 만에 죽었다. 오늘날 유전자 치료는 SCID-X1뿐만 아니라 아데노신 탈아민효소 결핍(adenosine deaminase deficiency)이라고 불리는 또 다른 형태의 SCID를 치료할 수 있다(그림 22.7 참조).

후천성 면역 결핍증

후전성 면역 결핍증(acquired immune deficiency syndrome, AIDS)은 유전되는 것이 아니라 면역계를 점차적으로 차단하는 바이러스인 HIV에 걸려 일어난다. HIV가 인체에 미치는 영향은 단순한 바이러스 크기에 비례하지 않는 것 같다. 그것의 유전체는 우리의 100만분의 1 크기인데, 약 9,000개의 RNA 염기로 구성된 9개의 유전자는 15개의 단백질만을 암호화한다! 그러나 HIV는 면역계를 침범하면서 200개 이상의 인간 단백질에 영향을 미친다.

HIV 감염은 바이러스가 대식세포로 들어가면서 시작되어 이 첫 번째 방어선을 손상시킨다. 이 세포들에서 바이러스는 gp120이라고 불리는 표면 단백질과 숙주세포 표면의 두 개의 공동 수용체인 CD4와 CCR5에 부착한다(**그림 19.11**). (CCR5는 이 장의 시작에서 논의된 돌연변이에 의해 변형된 당단백질이다.) 또 다른 당단백질인 gp41은 gp120 분자를 바이러스 외피에 고정시킨다.

HIV가 공동 수용체에 결합하게 되면, 바이러스 및 세포 표면을 결합하여 바이러스가 세포에 들어갈 수 있게 한다. 일단 내부에 들어가면 역전사효소는 바이러스 RNA를 DNA로 복제하여 DNA 이중나선을 형성한다. 그 후 바이러스 DNA는 핵으로 들어가 염색체에 삽입된다. 바이러스 유전자가 전사되고 번역됨에 따라, 세포는 바이러스 조각으로 채워지고, 이 조각들은 완전히 새로운 바이러스 입자로 조립되어 결국 세포로부터 출아되어 나온다(**그림 19.12**).

HIV는 또한 도움 T 세포로 들어가고, 일단 세포가 높은 비율로 죽기 시작하면 박테리아 감염이 시작된다. 왜냐하면 B 세포는 항체를 생성하기 위해 활성화되지 않기 때문이다. 훨씬 나중에 감염되면 HIV 변이가 발생하여 세포 독성 T 세포의 CXCR4라는 수용체에 결합하여 죽임으로써 신체가 바이러스 감염 및 암에 취약하게 된다.

HIV는 빠르게 복제할뿐만 아니라 빠르게 변하여 숨을 수 있다. 바이러스는 복제 오류를 복구할 수 없기 때문에 쉽게 돌연변이를 일으키는데, 이 오류는 바이러스 RNA를 DNA로 복사하는 데 있어서 "엉성함" 때문에 5,000개 정도의 염기 당 1개꼴로 빈번한데, 이것은 면역계가 따라갈 수 없는 이유다: 하나의 바이러스 변이체에 대한 항체는 다음 변이체에 대해 쓸모가 없다. 몇 년 동안 골수는 하루에 20

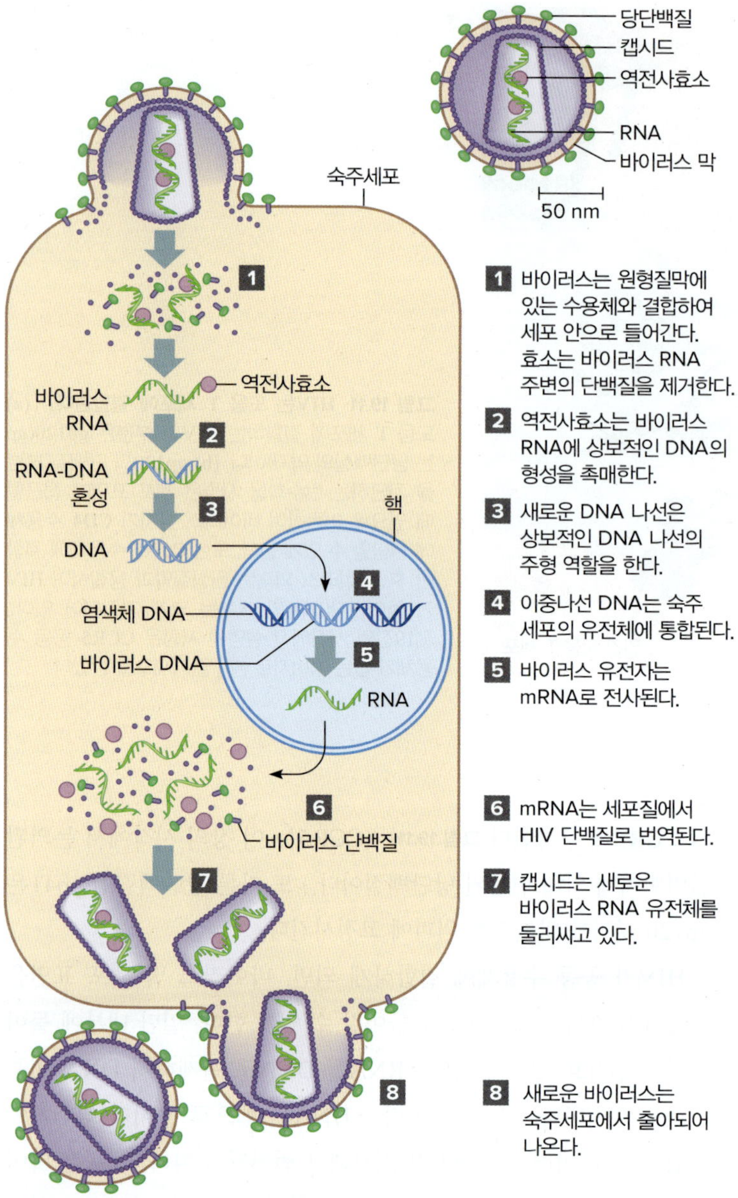

그림 19.12 HIV가 어떻게 감염되는가. HIV는 염색체에 통합되고 전사와 번역을 명령하여 궁극적으로 더 많은 바이러스 입자를 생성한다.

억 개의 새로운 T 세포와 B 세포를 생산한다. 감염된 세포로부터 매일 백만에서 십억 개의 새로운 HIV 입자가 생겨난다. 인간 숙주의 HIV 집단은 유전적으로 다양하다.

초기 감염 후 며칠 이내에 AIDS 치료에 사용되는 약물에 저항하는 바이러스 변이가 발생한다. HIV의 높은 변이성은 다른 방식으로 작용하는 여러 약물의 혼합이 AIDS를 살인자로 만들지 않고 만성적이고 평생 치료할 수 있는 질병으로 늦추는 가장 효과적인 전략인 이유이다(**표 19.6**). 여러 종류의 항 HIV 약물은 서로 다른 기작으로 작동하는데, 즉 T 세포로의 바이러스 결합 또는 진입 차단, 바이러스 유전물질 복제 및 바이러스 단백질 공정 저해 등이다. 역전사효소 저해제는 또한 고위험군의 HIV 감염을 예방하는 데 사용되며, 이는 노출 전 예방(pre-exposure prophylaxis, PrEP)이라고 하는 전략이다.

표 19.6 항 HIV 약물

약물 유형	기작
역전사효소 저해제	바이러스 RNA를 DNA로 복사하는 것을 차단
단백질 분해효소 저해제	특정 바이러스 단백질의 절단을 차단
융합 저해제	HIV가 세포에 결합하는 능력을 차단함
진입 저해제	HIV가 세포로 들어가는 능력을 차단함

HIV 감염을 치료하기 위한 신약 개발의 단서는 감염에 저항하는 고위험군의 사람들에게서 나온다. 연구원들은 많은 파트너와 무방비 상태로 성관계를 했지만, 결코 감염되지 않은 사람들의 DNA를 살펴봄으로써 HIV가 세포에 들어가는 것을 막는 네 개의 수용체 또는 그 수용체에 결합하는 분자의 변이체를 확인했다. 그들 중 일부는 이 장의 시작에서 설명된 *CCR5* 유전자의 32 염기 결실에 대한 동형접합자 열성이었다. 비정상적인 CCR5 공동 수용체는 감염된 세포의 표면에 도달하기에는 너무 성장이 저해되어 짧아서 HIV가 연결할 곳이 없다. 하나의 결실 사본을 가진 이형접합자는 감염될 수 있지만 결실이 없는 사람들보다 몇 년 동안 건강을 유지한다. 흥미롭게도, 이 돌연변이가 사람들이 중세시대에 유럽의 다양한 재앙에서 살아남을 수 있게 했을지도 모른다. 분명히, 두 개 이상의 병원체가 인간세포로 들어가는 CCR5 입구를 사용한다.

면역성 기억상실증

최근에 발견된 면역 결핍의 형태는 그 사람이 홍역에 걸린 후 개인에게 과거의 감염을 일으킨 병원균에 대한 항체가 사라지는 것이다.

홍역은 기침, 고열 및 장기간의 발열, 특징적인 발진을 일으키는 어린 시절의 전염병이다. 폐렴과 뇌염은 합병증이다.

1960년대 이후 홍역에 대한 백신은 한때 흔한 질병을 대부분 물리쳤지만, 최근 몇 년간 일부 사람들이 자녀들에게 예방접종을 허용하지 않아 홍역 사례가 나타났다. 홍역에 걸린 전후의 네덜란드 어린이들에 대한 연구는 항체 보호의 광범위한 손실을 보여주었다. 이러한 "면역성 기억상실증(immunological amnesia)"은 감염된 사람들을 인플루엔자나 결핵과 같은 다른 전염병에 더 취약하게 만들 수 있다.

자가면역

자가면역(autoimmunity)는 면역계가 **자가항체**(autoantibody)라고

표 19.7	자가면역질환	
질환	**증상**	**자가항체 대상 세포나 조직**
당뇨병(1형)	갈증, 배고픔, 허약함, 체중 감소	췌장 베타세포
그레이브스병	불안, 체중 감소, 과민성, 심박수 및 혈압 증가	갑상선 세포
용혈성 빈혈	피로, 허약	적혈구
다발성 경화증	허약, 조정 불량, 시력 저하, 언어장애	중추신경계의 백질에 있는 미엘린
중증 근육무력증	근육 약화	골격근세포의 신경전달물질 수용체
류마티스 열	허약, 호흡 곤란	심장 판막세포
류마티스 관절염	관절 통증 및 기형	관절막세포
전신성 홍반성 루푸스	붉은 얼굴 발진, 발열, 허약, 관절통	결합조직
궤양성 대장염	하복부 통증	대장세포

불리는 항체를 생산하여 신체의 자기 세포를 공격한다. 인구의 약 5%가 자가면역장애를 가지고 있다. 징후와 증상은 공격받는 세포 유형에 좌우된다(**표 19.7**).

대부분의 자가면역질환은 단일 유전자 질환이 아니라 다유전자 질환이다. 수십 개의 유전자는 각각 하나 이상의 자가면역질환과 관련이 있으며, 자가면역질환은 아마도 음식과 같은 특정 환경 유발 요인이 있는 경우 감수성에 기여하는 여러 유전자의 변이 작용으로 인해 발생할 수 있다. 예를 들어, 소화질환 크론병은 32 유전체 부위나 발병율을 높이는 변이를 가지는 유전자들과 연관되어 있다.

대부분의 자가면역질환은 다유전자성이지만, 단일 유전자의 돌연변이에 의해 야기되는 일부 희귀 자가면역질환에 대해서는 증상의 세포 내 기작이 밝혀지고 있다. 21번 염색체 *AIRE* 유전자의 우성 돌연변이에 의해 유발되는 자가 면역 다발성내분비병증 증후군의 경우이다. 증상으로는 지속적인 **칸디다**(*Candida*) 감염(균류)과 갑상선 및/또는 부신의 기능장애가 있다. 이 유전자는 AIRE라는 단백질을 암호화하는데, 이 단백질은 보통 T 세포와 B 세포가 자신을 '비자기'와 구별할 수 있게 한다. 유전자가 돌연변이일 때 흉선에서 발달하는 T 세포는 자신을 공격하면 파괴되지 않고, 대신 방출되어 순환에 들어가면 증상을 일으킨다. 동시에, 너무 적은 수의 조절 T 세포가 자가항체를 생성하는 B 세포를 지속시킬 수 있으며, 이들은 또한 자가 세포를 공격한다. 잘못된 T 세포와 B 세포는 순차적으로 내분비선을 해친다. 가족 내에서 영향을 받는 사람들은 다른 땀샘이 영향을 받으면 T 세포와 B 세포가 모두 자기를 인식할 수 없다는 유전적 무능력을 실제로 공유할 때 다른 장애가 있는 것처럼 보일 수 있다.

자가면역질환의 배후에 있는 유전자를 확인하는 것은 복잡하다. 보다 일반적인 자가면역질환 중 일부는 면역반응의 일부가 과도하게 작용할 때 여러 가지 방식으로 발생할 수 있다. 이것은 낭창으로 더 잘 알려진 전신성 홍반성 '루푸스'의 경우이다. 적어도 10개의 유전자의 변이는 사람이 낭창를 발병하는 경향이 있다. 이 질환은 미국에서 150만 명, 전 세계적으로 500만 명 이상의 사람들에게 영향을 미친다.

낭창에서는 나비 모양의 발진이 뺨에 나타난다. 이 질환은 또한 신장, 관절, 폐, 뇌, 척수, 심장 및 혈관의 결합조직에 영향을 미치는 자가항체를 생성한다. 신장이 관련되어 있을 때 투석이 필요할 수 있으며, 폐의 증가하는 압력에 대응하기 위한 혈압 약물 및 내부 동맥벽에 지방 침착물의 축적을 최소화하기 위한 약물이 필요할 수 있다. 낭창은 또한 뇌졸중, 기억력 상실, 발열, 발작, 두통 및 정신병을 일으킬 수 있다. 낭창세포 표면 특성, 인터페론 분비, 자가항체 생성, B 세포 및 T 세포 활성화, 항원 제시, 면역계 세포의 혈관 내벽 부착, 염증, 면역세포 및 외래 항원의 복합체 제거 및 사이토카인 생산을 포함하여 면역반응의 여러 측면을 포함한다.

일반적으로 자가면역은 여러 가지 기작으로 일어난다.

- 자가면역세포 내에서 복제하는 바이러스는 세포 표면의 단백질을 그 자체로 통합한다. 면역계가 바이러스를 파괴하기 위해 바이러스의 표면을 학습할 때, 그것은 또한 정상적으로 단백질을 가지고 있는 인간세포를 공격하는 것을 배운다.
- 흉선에서 죽었어야 할 일부 세포들은 대량 사멸을 피하고 나주에 자기 조직의 공격을 지속한다.

- 비자기 항원은 공교롭게도 자기 항원과 닮았고, 면역계는 둘 다 공격한다. 예를 들어, 류마티스 열에서 심장 판막세포의 항원은 연쇄상 구균의 항원과 유사하다. **연쇄상 구균**(Streptococcus bacteria)과 싸우기 위해 생성된 항체는 심장 판막세포도 공격한다.
- X 불활성화가 왜곡되면 여성은 한 부모의 X 염색체 유전자를 발현하는 몇 개의 세포를 가질 수 있다(그림 6.9 참조). 면역계는 대다수의 세포에는 없는 표면 항원을 가지는 이들 세포를 적으로 인식하여 반응할 수 있다. 잘못된 X 불활성화는 일부 자가면역질환이 여성에서 훨씬 더 흔한 이유를 설명 할 수 있다.

19.4절은 임신 중에 두 면역계가 공존해야 하는 특별한 상황을 강조한다.

알레르기

알레르기(allergy)는 실제로 위협을 나타내지 않는 **알레르겐**(allergen)이라고 하는 물질에 대한 면역계 반응이다. 많은 알레르기 항원은 공기 중에 운반되어 사람의 호흡기로 들어갈 수 있을 만큼 작은 입자이다. 알레르겐의 크기가 알레르기의 종류를 결정할 수 있다. 예를 들어, 잔디 꽃가루는 크고 상부 호흡기에 남아있어 건초열을 일으킨다. 그러나 집먼지진드기, 고양이 비듬, 바퀴벌레의 알레르겐은 폐에 침투할 정도로 작아 천식을 유발한다. 천식은 기도의 수축, 염증, 점액의 축적이 공기 흐름을 막는 만성 질환이다.

체액성 면역반응과 세포성 면역반응 모두 알레르기 반응에 관여한다(**그림 19.13**). IgE의 항체는 비만세포에 결합하여 비만세포를 여는 신호를 보내 히스타민 및 헤파린과 같은 알레르기 매개체를 방출한다. 알레르기 매개체는 염증을 일으키며, 건초열로 인한 콧물, 천식으로 인한 좁아진 기도, 발진 또는 아나필락시스성 쇼크라는 신체 전체의 알레르기 반응을 포함할 수 있다. 알레르겐은 또한 사이토카인을 생성하는 도움 T 세포의 부류를 활성화한다.

한 유전자의 돌연변이는 몇 가지 일반적인 알레르기를 일으킬 수 있다. 예를 들어, 필라그린이라고 불리는 정상적인 피부 단백질의 절반은 아토피 피부염(습진의 일종), 천식, 땅콩 알레르기, 건초열의 발생으로 이어질 수 있다. 필라그린은 가장 바깥쪽 피부층인 표피의 대부분을 형성하는 케라틴 단백질과 결합하는 거대 단백질이다. 필라그린은 보통 분해되어 피부 위로 올라오는 아미노산을 방출하고 보습을 유지한다. 표피는 자극제, 병원균 및 알레르겐을 차단하는 장벽을 형성한다.

희귀 유전질환인 심상성 어린선(ichthyosis vulgaris)을 가진 사람들은 필라그린 유전자에 두 가지 돌연변이가 있으며 심한 피부 박리를 경험한다. 더 많은 사람이- 아마도 우리 중 10명 중 1명- 심상성

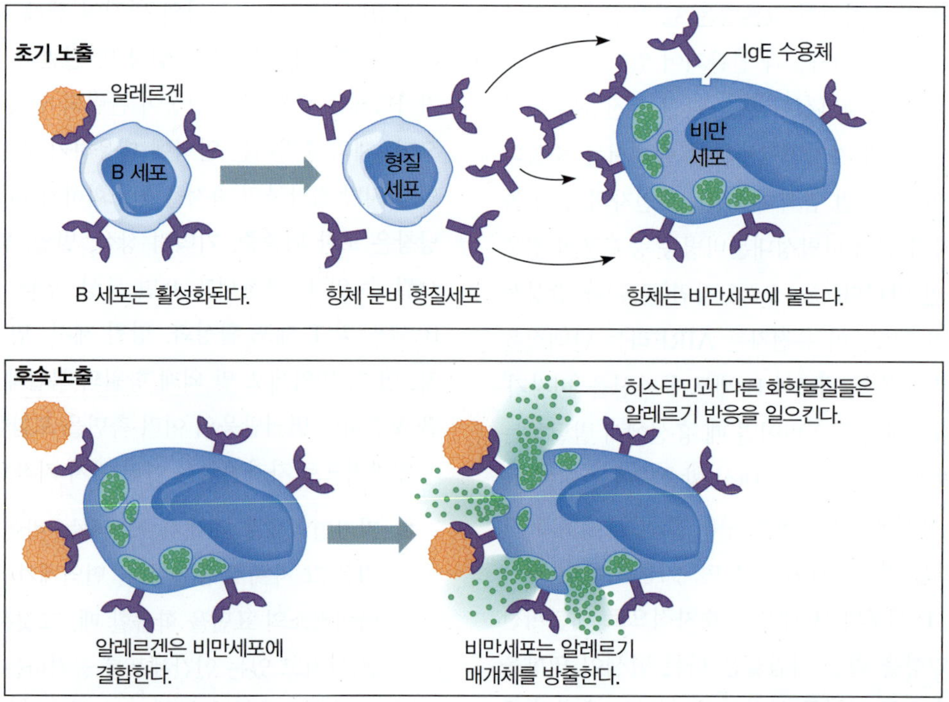

그림 19.13 알레르기. 알레르기 반응에서 꽃가루와 같은 알레르겐은 B 세포를 활성화시켜 분열시킨 후 항체 분비 형질세포로 된다. 항체는 비만세포에 붙는다. 사람이 다시 알레르기 항원을 만나면 알레르기 항원 입자가 비만세포의 항체와 결합하여 파열되고 눈을 가렵게 하거나 콧물을 유발하는 화학물질을 방출한다.

어린선을 일으키는 돌연변이를 가지고 있다. 이 돌연변이는 너무 가볍기 때문에 스킨로션으로 치료한다. 연구자들은 두 가지 형태의 어린선증을 가진 사람들이 아토피성 피부염의 가려운 붉은염증 피부를 가지고 있다는 것을 깨달았을 때 표피가 금이 가면 알레르기 항원이 들어가서 더 깊은 피부층에 도달하여 수지상 세포를 활성화하여 염증을 유발할 수 있음을 깨달았다. 아토피 피부염 결과이다. 수지상 세포는 또한 면역 기억을 활성화하여 수년 후에 사람이 깨진 피부를 통과한 동일한 알레르겐을 흡입하면 기도에서 면역반응이 일어나 피부 장벽 결핍으로 인한 천식의 형태를 일으킨다. 아마도 일찍 피부의 깨짐을 치료하면 아토피 피부염, 천식, 그리고 다른 알레르기를 예방할 수 있을 것이다.

핵심 개념 질문 19.3

a. 유전성 면역결핍의 원인은 무엇인가?

*b. HIV가 인간 면역계에 미치는 영향을 설명하시오.

*c. 자가면역질환에서 면역계가 어떻게 오작동 하는지 설명하시오.

*d. 알레르기 반응에서 면역계가 어떻게 오작동 하는지 설명하시오.

19.4 임신 중 면역반응

임산부의 면역계가 태아의 세포를 받아들이도록 하는 것은 무엇일까? 태아 유전체의 절반은 아버지에게서 유래하기 때문에 태아세포 표면에는 그에게서 나온 '비자기'로 인식될 수 있는 일부 항원이 포함되어 있을 가능성이 크다. 마찬가지로, 그녀의 항원 중 일부는 태아에게 이질적일 수 있다. 그러나 임산부와 태아는 정 기적으로 세포를 교환한다. 대부분의 여성들은 임신 후에 태아세포를 유지한다. 하나의 몸체에 있는 둘 이상의 개체로부터 유래한 세포집단의 존재를 미세키메리즘(microchimerism, 작은 모자이크)라고 한다. 우리는 임산부와 태아 사이에서 면역 내성이 어떻게 진화했는지 완전히 이해하지 못하지만, 두 사람 사이에 면역학적 "교감"에 대한 증거가 있다.

조절 T 세포

T 세포는 임산부와 태아가 세포 표면 항원의 차이를 견딜 수 있게 한다. 이것이 태아의 림프절 샘플이 최대 1%의 모세포를 갖는 이유이다. 여성의 세포는 태아 면역계를 자극하여 조절 T 세포를 생성하고 태아의 면역반응을 약화시킨다. 모성 면역계는 마찬가지로 태아세포에 대한 반응을 억제하는 조절 T 세포를 생산한다. 한 실험에서 태아 림프절 시료는 태아 조절 T 세포가 제거되지 않는 한 임산부의 세포에 반응하지 않았다. 아이들은 몇 년 동안이 세포를 유지한다.

전신경화증

임신 후 오랫동안 여성의 순환계에서 태아세포의 지속성은 전신경화증(systemic sclerosis)이라는 질병을 가진 여성에게서 발견되었다. 피부는 갑옷 같은 질감으로 굳어지는데, 한 환자는 "몸이 돌로 변하는 것"이라고 설명한다. 증상은 보통 중년에 시작되며 그 상태는 대부분 여성들에게 영향을 미친다. 그것은 오랫동안 자가면역으로 생각되었지만, 아들의 어머니인 환자의 피부세포에서 Y 염색체를 발견하면 태아의 세포가 남아있는 질병의 원인이 매우 다른 것으로 나타났다. 오래된 여성 태아의 세포는 아마도 동일한 효과를 가질 수 있지만 성염색체 검사를 기반으로 어머니의 세포와 구별될 수는 없다.

어머니와 아들의 유전적 차이의 정도는 전신경화증의 발병에 중요한 역할을 할 수 있다. 이 질환이 있는 어머니는 질환이 없는 어머니보다 아들의 세포 표면과 더 유사한 세포 표면을 갖는 경향이 있다. 아마도 세포 표면의 유사성으로 인해 태아세포는 어머니의 면역계에 의한 파괴를 피할 수 있었다.

Rh 부적합

잠재적 혈액형 부적합은 임산부와 태아의 면역계 사이의 소통 증거를 제공한다. "Rh"는 붉은털원숭이에서 발견되는 붉은털원숭이 인자를 의미한다. 적혈구가 RhD 항원이라고 불리는 표면 분자를 가지고 있다면 사람은 Rh^+이다. Rh 혈액형은 Rh^+ 남자와 Rh^- 여자가 Rh^+인 아이를 임신할 때 중요하다(**그림 19.14**). 여성의 면역계는 혈류로 들어가는 몇 안 되는 태아세포에 대한 항체를 만든다. 반응을 일으키는 태아를 해칠 수 있는 항체가 충분하지 않지만 항체의 수는 계속 증가하고 있다. 그녀가 다른 Rh^+ 태아를 임신하게 된다면, 항체는 태아의 혈액 공급을 공격하여 태아와 신생아의 치명적인 용혈성 질환을 일으킬 수 있다. 그것은 출생 시 Rh^- 혈액의 수혈로 치료할 수 있다.

다행히도, 자연적 및 의학적 보호는 오늘날 합병증을 희귀하게 만든다. 여성의 ABO 혈액형이 O이고 태아가 A 또는 B인 경우 면역계가 항 Rh 항체를 생성하기 전에 항 A 항체 또는 항 B 항체가 혈액순환에서 태아세포를 공격한다. 태아와 잠재적으로 호환되지 않는 임산부는 Rh 항원에 대한 항체인 RhoGAM을 복용할 수 있다. RhoGAM은 태아세포를 차단하고 모체 면역계를 자극하여 유해한 항체를 만들지 않는다. 여성이 다시 임신하게 되면 혈액 순환에 있는 태아 DNA를 검사하여 Rh^- 또는 Rh^+인지 확인할 수 있다. 두 번째

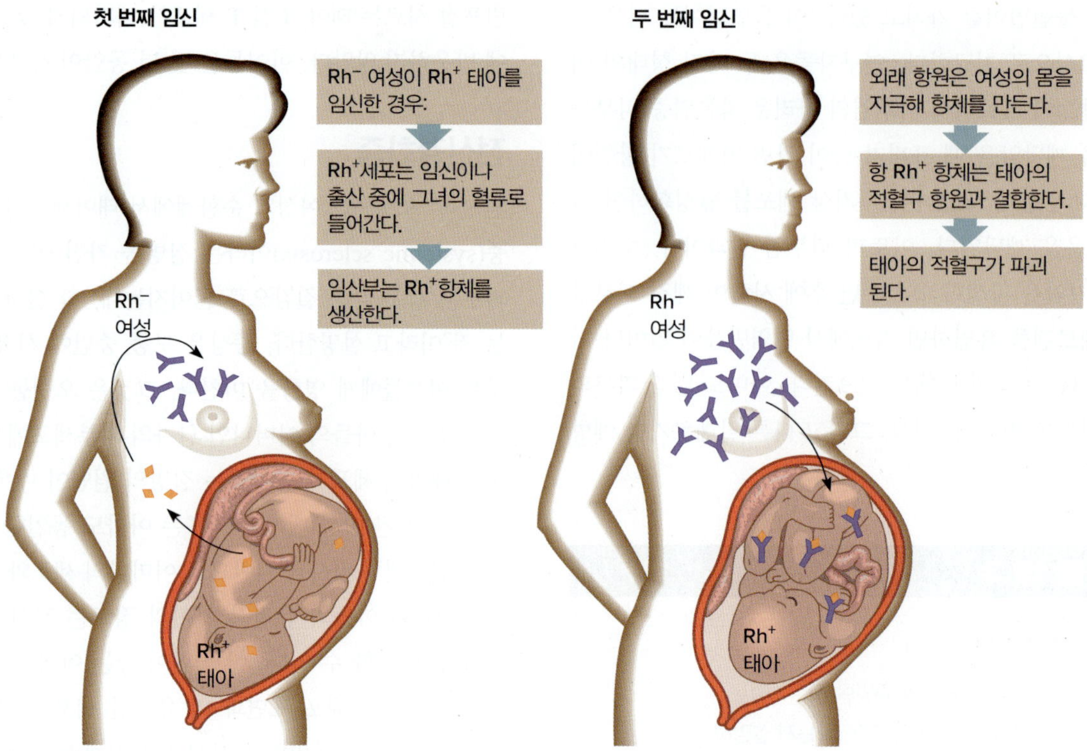

그림 19.14 Rh 부적합. 임산부의 혈류로 들어가는 태아세포는 태아가 Rh^+이고 산모가 Rh^-인 경우 면역계를 자극하여 항 Rh 항체를 만들 수 있다. RhoGAM이라는 약물은 후속 태아에 대한 공격을 예방한다.

태아가 Rh^- 인 경우 여성은 RhoGAM이 필요하지 않다. Rh^- 여성에서 발생하는 첫 번째 Rh^+태아는 양수천자, 수혈, 자궁외임신, 유산 또는 임신 종료 시 여성의 혈액이 Rh^+세포에 노출된 경우 영향을 받을 수 있다.

핵심 개념 질문 19.4

a. 여성의 면역계가 태아를 공격할 수 있는 이유를 설명하시오.

*b. 면역계의 어떤 구성 요소가 태아의 면역계를 공격하지 않고 여성의 몸에서 자랄 수 있게 하는가?

c. 전신경화증이 여성의 몸에 남아있는 태아세포로부터 어떻게 발병할 수 있는지 설명하시오.

*d. 임산부와 태아 사이의 Rh 부적합은 어떻게 발생하는가?

19.5 면역성 변경

의료 기술은 면역계 기능을 변경하거나 증가시킬 수 있다. 백신은 면역계를 속여서 일찍 행동하게 하여 감염을 예방한다. 곰팡이나 토양 박테리아와 같은 생물에서 유래된 항생제는 면역반응을 돕기 위해 수십 년 동안 사용되어 왔다. 사이토카인과 변형된 항체가 약물로 사용된다. 이식은 신체가 비자기 대체 부분을 수용할 수 있도록 면역계를 억제해야 한다.

백신

백신(vaccine)은 면역계를 자극하여 B 세포에 항체를 생성하도록 경고하는 병원체의 비활성 또는 부분 형태이다. 사람들은 천 년 동안 전염병을 예방할 방법을 개발하는 것에 대해 생각해 왔다. 처음에는 접종을 사용했는데, 이는 감염된 사람의 아픈 부위에서 나오는 고름과 같은 것에 사람을 직접 접촉시키는 기술이다(**역사 엿보기** 참조). 접종받은 사람이 자연 병원체를 만나면 증상이 나타나기 전에도 2차 면역반응이 일어난다.

백신은 경미한 증상을 유발하는 관련 병원체 또는 병원체의 약화한 형태를 사용한다는 점에서 접종과 다르다. 전체 바이러스 또는 박테리아로 구성된 백신은 병원성 형태로 돌연변이를 일으키는 경우 드물게 질병을 일으킬 수 있다. 이것은 천연두 백신의 위험이었다. 더욱 안전한 백신은 코로나바이러스의 "스파이크" 단백질과 같은 면역반응을 유도하는 병원체 표면의 일부만을 사용한다. 다른 질병에 대한 백신을 모아 한 번의 접종으로 가능하게 하거나 여러 병원체의

역사 엿보기

백신 기술의 시작은 중국의 11세기로 거슬러 올라간다. 사람들은 천연두에서 회복된 사람들이 다시는 그것에 걸리지 않는다는 것을 보았기 때문에, 그들은 천연두의 딱지를 흡입하거나 따끔따끔한 피부에 문지르는 가루로 만들었는데, 이것은 전체 살아있는 병원균을 사용하는 접종이라고 불리는 전략이다. 1796년 터키 주재 영국 대사의 아내는 중국의 접종 방법을 목격하고 영국의 의사인 에드워드 제너(Edward Jenner)에게 말했다. 흥미를 느낀 제너는 중국 방식으로 예방접종을 한 다음 다른 접근 방식인 예방접종을 생각했다.

젖소의 젖을 먹은 사람들은 우두라고 하는 가벼운 질병에 걸렸지만 천연두에 걸리지 않았음이 널리 알려졌다. 그 소들은 감염된 말들 때문에 병이 났다. 바이러스가 한 종에서 다른 종으로 전달되는 것 같았기 때문에, 제너는 건강한 사람을 우두 병변에 노출시키는 것이 천연두로부터 보호할 수 있을지 궁금했다. 약간 다른 바이러스가 우두를 유발하지만, 제너의 접근법은 효과가 있었고, 첫 번째 백신의 개발로 이어졌다(이 단어는 'cow'를 뜻하는 라틴어 '*vacca*'에서 유래했다). 천연두 바이러스로 만든 것이 아니기 때문에 예방접종이 아니라 백신이었다.

제너는 자원봉사자인 8세의 제임스 필립(James Phipps)에게 첫 번째 백신을 시도했다. 제너는 사라 넬메스(Sarah Nelmes)라는 이름의 젖 짜는 하녀에게 수두에 고름이 배어 나오는 고름에 바늘을 담갔다가 그것으로 소년의 팔을 긁게 하였다. 그리고 나서 그는 그 소년을 천연두에 걸린 사람들에게 노출했다. 어린 제임스는 결코 병에 걸리지 않았다. 결국 제너가 개발한 천연두 백신은 한때 수백만 명의 목숨을 앗아갔던 질병을 근절했다(**그림 19B**). 1970년대에 이르러서는 백신접종이 불필요해졌다. 바이러스가 생물 무기로 사용될 경우를 대비하여 여러 국가에서 천연두 예방접종을 재개했다. 천연두는 1977년 이후로 자연적으로 사람을 감염시키지 않았다. 많은 의사가 천연두에 익숙하지 않고 사람들이 더 이상 예방접종을 받지 않기 때문에, 발병은 큰 건강 재앙이 될 수 있다.

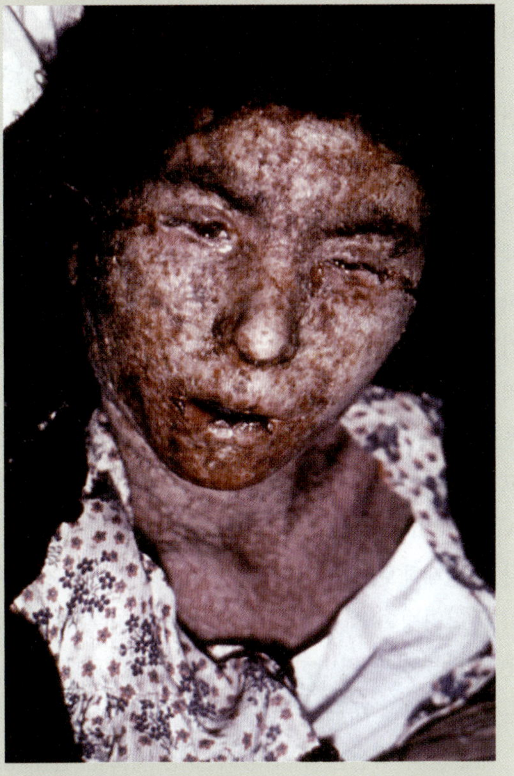

그림 19B 천연두. 이 여성은 천연두가 너무 심해서 병변이 합쳐졌다. 출처: *CDC/ Carl Flint; Armed Forces Institute of Pathology*

항원을 암호화하는 유전자를 무해한 바이러스에 삽입하여 "슈퍼 백신"으로 전달할 수 있다.

개인이 예방접종을 하는 것이지만 전체적인 효과는 집단 수준이기 때문에 공중보건 차원의 문제다. 전염병을 통제하기 위해서는 집단의 대부분이 예방접종을 받아야 한다. 이것은 **집단면역**(herd immunity)을 확립하는데, 병원균이 보호받는 인체에 들어가면서 집단 내

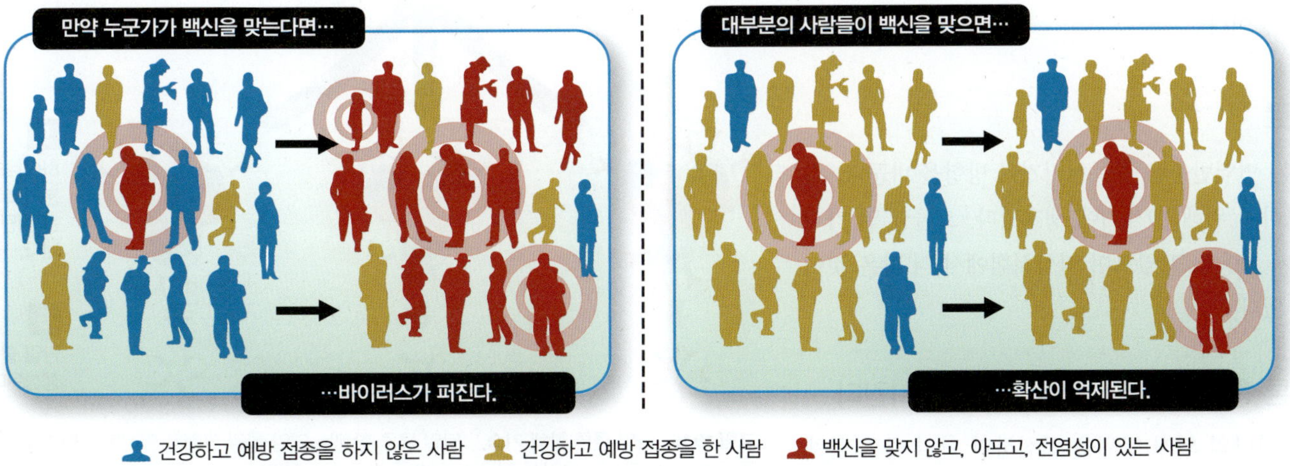

그림 19.15 집단 면역. 집단의 많은 사람들이 특정 병원체에 대한 예방접종을 받으면 관련 질병의 확산이 멈출 것이다.

에서 충분한 사람들에게 백신을 접종하는 것이 감염의 확산을 멈추게 한다는 것을 의미한다(**그림 19.15**). 만약 그 집단이 서로 접촉하는 예방접종을 받지 않은 사람들을 포함한다면, 그 질병은 퍼질 수 있다.

백신은 매우 효과적이다. 조지 워싱턴(George Washington)은 천연두를 접종하여 미국 혁명 기간에 군 병력을 보호한 일은 유명하다. 영국인들은 백신을 맞았기 때문에 면역성이 강했지만(당시에는 백신은 아직 발명되지 않았다), 천연두는 취약한 아메리카 원주민들을 황폐화시켰다. 훨씬 더 최근에, 홍역은 공포나 집단면역이 어떻게 작용하는지 이해하지 못하는 것을 포함한 다양한 이유로, 개인들의 숨기기가 그들의 아이들에게 예방접종을 하지 못하게 한 미국의 일부 지역으로 돌아왔다. 홍역은 합병증을 초래할 수 있으며 드물게 사망을 초래할 수 있다. 세계보건기구(WHO)는 백신의 가용성에도 불구하고 백신 접종을 꺼리거나 거부하는 것을 나타내기 위해 **백신 주저**(vaccine hesitancy)라는 용어를 사용한다. 일부 국가에서는 전쟁이나 자연재해로 인해 광범위한 예방접종이 불가능해졌고 결과적으로 일부 전염병이 재발했다. 백신접종을 거부하는 위험 중 하나는 대부분 사람들에게 경미하거나 무해한 독감과 같은 전염병이 면역계가 손상된 사람을 죽일 수 있다는 것이다.

대부분의 백신은 주사 방식이다. 새로운 전달 방법에는 비강 스프레이(인플루엔자 백신) 및 유전자 변형 과일 및 채소가 포함된다. 백신으로서의 바나나는 이론상으로는 의미가 있지만 실제로는 균일한 제품을 얻기가 어렵다. 식용 식물은 면역반응을 일으키는 항원을 암호화하는 병원균으로부터 유전자를 받은 세포에서 자란다. 식물 백신을 먹으면 외래 항원은 소장 안벽 아래의 식세포를 자극하여 근처의 T 세포에 항원을 전달한다. 여기에서 항원은 혈류로 이동하여 B 세포가 분열하고 소장 안벽을 코팅하는 항체를 생성하는 형질세포를 생성하여 음식의 병원균으로부터 보호한다. 감자와 토마토도 백신의 기능을 할 수 있도록 유전적으로 변형되었다. 먹을 수 있는 백신은 아직 실험 중이다.

면역치료

면역치료는 면역반응을 증폭시키거나 방향을 바꾼다. 질병을 치료하기 위해 19세기에 생겨났다. 오늘날 몇 가지 면역치료가 사용되고 있으며 임상시험에서 더 많은 것이 사용되고 있다.

단일 클론 항체는 체액성 면역을 증강시킨다

B 세포가 하나의 외래 항원을 인식하면 단일 클론 항체(monoclonal antibody)를 만든다. 많은 양의 단일 항체 유형은 항체의 높은 특이성 때문에 특정 병원체 또는 암세포를 표적으로 할 수 있다. 이와는 대조적으로, 자연 항체반응은 병원체에 대한 항체가 병원체 표면의 일부인 다른 항원에 대응하는 다른 구조를 가지고 있는 다클론이다.

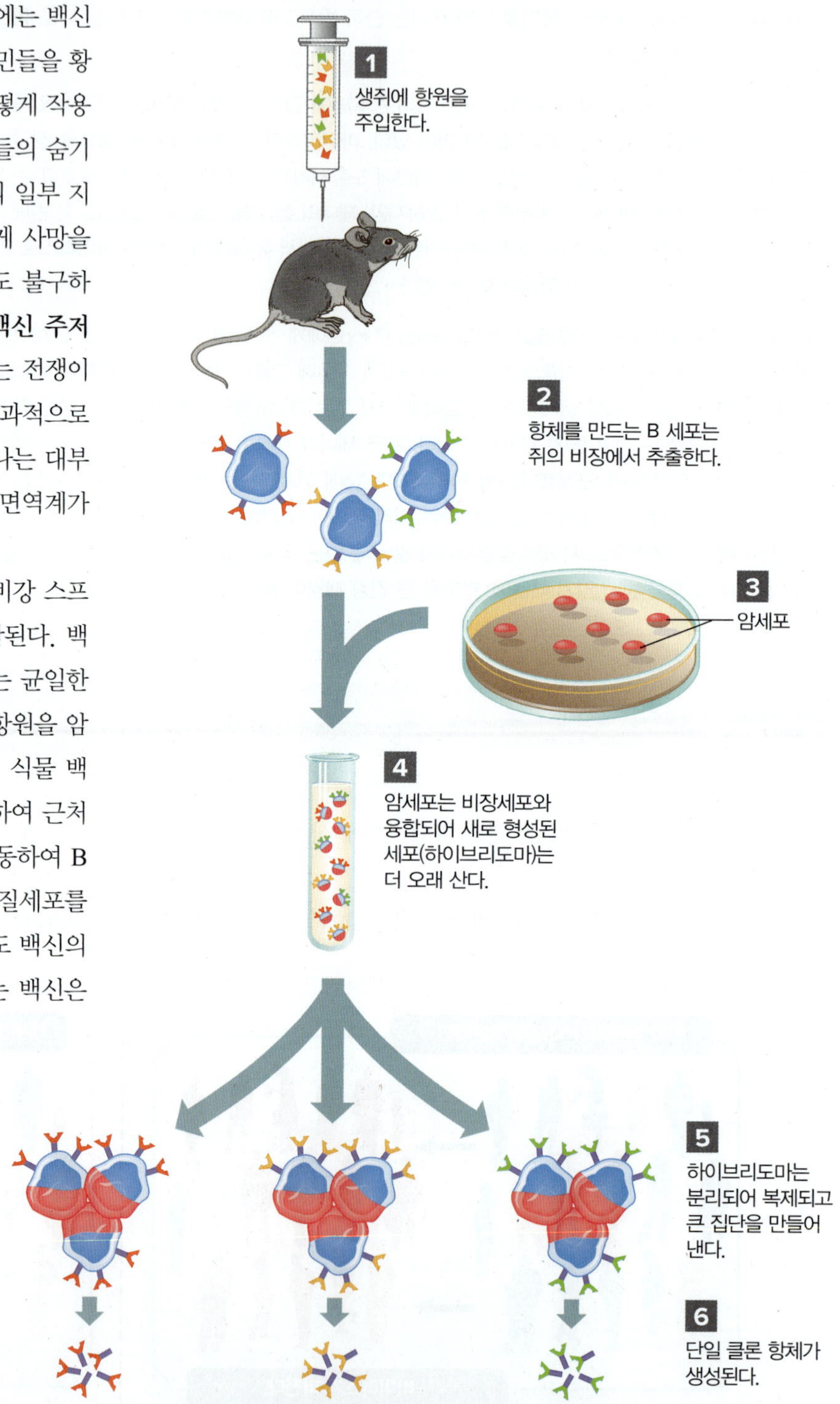

그림 19.16 단일 클론 항체 기술. 단일 클론 항체는 단일 항원 유형을 인식하는 단일 한 종류의 항체로 구성된다. 그들은 특이성 때문에 질병을 진단하고 치료하는 데 유용하다. 출처: *CDC/ Carl Flint; Armed Forces Institute of Pathology*

1975년 영국의 연구원 세사르 밀스타인(Cesar Mistein)과 조지 쾰러(George Köhler)는 단일 B 세포를 대량 생산하여 특이성을 보존하고 항체 유형을 증폭하는 단일 클론 항체(MAb) 기술을 고안했다. 먼저 쥐에게 양의 적혈구를 주입했다(**그림 19.16**). 그런 다음 그들은 쥐의 비장에서 단일 B 세포를 분리하고 쥐에서 암 백혈구를 융합시켰다. 하이브리도마라고 불리는 융합세포는 귀중한 재능을 가지고 있었다. B 세포와 마찬가지로, 그것은 많은 수의 단일 항체 유형을 생산했다. 암세포와 마찬가지로 지속적으로 분열되었다.

단일 클론 항체는 기초 연구, 수의학 및 인간 건강관리, 농업, 임업 및 법과학에 사용된다. 그들은 연쇄상 구균 인후염에서 잔디 질병에 이르기까지 모든 것을 진단하는 데 사용된다. 가정 임신 진단 검사에서 여성은 hCG, 즉 "임신"호르몬이 결합한 MAb가 들어있는 종이 스트립에 소변을 떨어뜨린다. 단일 클론 항체가 hCG 호르몬과 결합하면 색상이 변경된다. 암 진단에서 단일 클론 항체가 형광 염료에 부착되어 환자에게 주입되거나 조직이나 체액 시료를 적용되면 대부분 또는 암세포에서만 발견되는 항원이 질병을 나타낸다. 방사성 동위원소나 약물과 연결된 단일 클론 항체는 암세포에 치료를 제공한다. 단일 클론 항체 약물인 트라스투주맙(허셉틴)은 특정 유방암 세포 표면의 수용체를 차단해 분열 신호를 받지 못하게 한다. 인간에서 사용되는 단일 클론 항체는 원래의 생쥐 유래 제품이 알레르기 반응을 일으켰기 때문에 인간 항체와 일치하도록 만들어졌다.

30가지 이상의 단일 클론 항체 기반 치료법이 인간 질병에서 사용 가능하다. 암 외에도 단일 클론 항체는 류마티스 관절염, 다발성 경화증, 심혈관 질환, 루푸스, 염증성 장 질환 및 건선 치료에 사용된다.

사이토카인은 세포성 면역을 증강한다

사이토카인은 면역의 조정자로서 다양한 증상을 치료하는 데 사용된다. 그러나 이러한 체내 화학물질은 짧은 기간만 작용하기 때문에 약물로 개발하기가 어려웠다. 그들은 필요한 곳에서 정확하게 전달되어야 하며, 과다 복용이나 부작용이 발생할 수 있다.

인터페론(IF)은 대규모로 검사 된 최초의 사이토카인이었으며 오늘날 암, 생식기 사마귀, 다발성 경화증 및 기타 여러 증상을 치료하는 데 사용된다. 인터류킨-2(IL-2)는 신장암 재발을 치료하기 위해 정맥으로 투여되는 사이토카인이다. 미성숙 백혈구가 성숙하고 분화되도록 하는 콜로니 자극인자는 에이즈 환자 또는 암 화학요법을 받는 사람과 같이 면역계가 억제된 사람들의 백혈구 수치를 높이는 데 사용된다. 이러한 콜로니 자극인자로 치료하면 환자는 더 많은 양의 기존 약물을 견딜 수 있다.

다른 사이토카인인 종양괴사인자(TNF)가 과다하여 일부 질병의 기초가 되어 활동을 차단하면 일부 조건을 치료할 수 있다. 하나의 약물은 TNF 수용체의 일부로 구성된다. 이 약을 먹으면 TNF가 관절을 정렬하는 세포에 결합하는 것을 막아 류마티스 관절염 통증을 완화한다. 류마티스 관절염의 과도한 TNF는 관절을 감싸고 있는 세포가 윤활유를 분비하는 것을 막는다.

이식

자동차가 고장 났을 때 손상된 부분을 교체하면 종종 문제가 해결된다. 때로는 인간의 몸에 대해서도 마찬가지이다. 심장, 신장, 간, 폐, 각막, 췌장, 피부 및 골수는 흔하게 이식되며 때로는 한 번에 여러 기관이 이식된다. 장기는 사망한 공여자 또는 신장이나 간의 일부와 같이 부분적으로 없어도 생존할 수 있다면, 살아있는 공여자로부터 올 수 있다.

이식 의학은 불안정한 출발을 보였지만 많은 문제가 해결되었다. 오늘날, 매년 수천 건의 이식이 행해지고 수용자들은 수년간의 생명을 얻는다. 성공적인 이식에 대한 도전은 유전학에 있다. 왜냐하면 세포 표면의 개인적인 유전적 차이가 특정 수용자가 특정 공여자의 조직을 받아들일지 여부를 결정하기 때문이다.

이식 유형

이식은 공여자와 수용자의 관계에 따라 분류된다(**그림 19.17**).

자가이식(autogift)은 사람의 신체의 한 부분에서 다른 부분으로 조직을 옮긴다. 가슴에 화상을 입은 피부를 대체하기 위해 허벅지에서 채취한 피부 이식편 또는 관상 동맥을 대체하는 다리 정맥은 자가이식이다. 면역계는 조직이 자기 자신이기 때문에 이식을 거부하지 않는다. 엄밀히 말하면, 자가이식은 한 사람만을 포함하기 때문에 이식이 아니다.

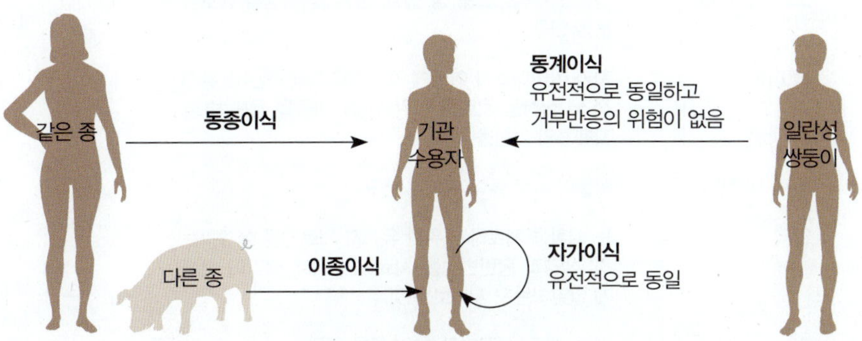

그림 19.17 이식 유형. 자가이식은 개인 내에서 조직을 옮기는 것이다. 동계이식은 일란성 쌍둥이 사이에, 동종이식은 같은 종의 구성원 사이에, 이종이식은 다른 종의 구성원 사이에 조직을 옮기는 것이다.

생명윤리학

교체되는 조직

1902년 독일의 한 의학 저널은 놀라운 실험을 보도했다. 의사 에메리히 울먼(Emmerich Ullman)은 신부전으로 죽어가는 환자의 혈관을 병상 옆에 설치된 돼지의 신장에 붙였다. 환자의 면역계는 거의 즉시 부착을 거부했다.

거의 1세기 후인 1997년에 비슷한 실험이 있었다. 급성 간부전을 앓고 있고 이식이 절실히 필요한 19세의 로버트 페닝턴(Robert Pennington)은 15주 된 118파운드의 돼지 스위티 파이(Sweetie Pie)에서 제거된 살아있는 간을 통해 혈액이 몸 밖으로 순환하면서 6.5시간 동안 생존했다. 돼지 간은 인간의 간을 이용할 수 있게 될 때까지 가교 역할을 했다. 하지만 스위티 파이는 평범한 돼지가 아니었다. 이 돼지는 유전적으로 변형되고 번식되어 돼지의 세포가 다른 종의 동물로부터 이식된 조직의 거부반응을 조절하는 인간 단백질을 보여주었다. 페닝턴의 몸은 이처럼 인간적인 면과 면역 억제제 덕분에 몇 시간 동안 돼지 간의 도움을 견뎌냈다. 개코원숭이도 장기 공여자였다(**그림 19C**).

성공적인 이종이식은 장기 부족을 완화하는 데 도움이 될 것이다. 이종이식의 가능한 위험은 사람들이 공여자 기관에서 바이러스를 얻을 수 있다는 것이다. 바이러스는 종을 뛰어넘을 수 있으며 새로운 숙주의 결과는 예측할 수 없다. 예를 들어, 돼지 내인성 레트로바이러스에 대한 PERV라는 돼지 바이러스는 배양 중인 인간세포를 감염시킬 수 있다. 그러나 돼지조직을 이식받은 수십 명의 환자는 몇 년 후 PERV의 감염 증거는 없었다. 그러나 그 연구는 오직 혈액만을 조사한 것이다. 우리는 아직도 돼지 바이러스가 인체에 어떤 영향을 미칠 수 있는지 모른다. 많은 바이러스 감염이 증상을 일으키는 데 수년이 걸리기 때문에, 미래에 새로운 전염병을 도입하는 것은 현재의 장기 부족을 해결하기 위해 이종이식을 사용하는 것에 대한 절충이 될 수 있다.

이종이식은 극단적인 조치처럼 보일 수도 있다. 우리의 부품을 대체할 다른 방법들이 개발 중이다. 한 가지 접근법에서, 인간 다능성 줄기세포는 특정 기관이 발달하는 것을 막는 돌연변이가 있는 돼지의 초기 배아에 통합된다. 인간의 세포는 분열하여 없어진 돼지 부분으로 발생한다. 무엇보다도 가장 좋은 방법은 사람의 세포에서 누락된 부분을 만들어 면역계가 경고하지 않도록 하는 것이다. 장기는 환자의 세포로부터 실험실 유리 제품에서 성장한 기관과 같은 구조이다. 그것들은 연구에 널리 사용되지만, 미래에 대체 부품을 제공할 수도 있다(**표 19A**). 대체 부품의 또 다른 원천은 사망한 개인의 신체 부위를 실험실 문화에서 살아있게 하는 것이다. 장기 이식을 위해 언젠가는 장기를 제공할 수 있는 또 다른 기술은 세포로 구성된 "잉크(inks)"를 사용하여 조직 또는 기관의 일부를 계층별로 형성하는 3D 바이오 프린팅이다.

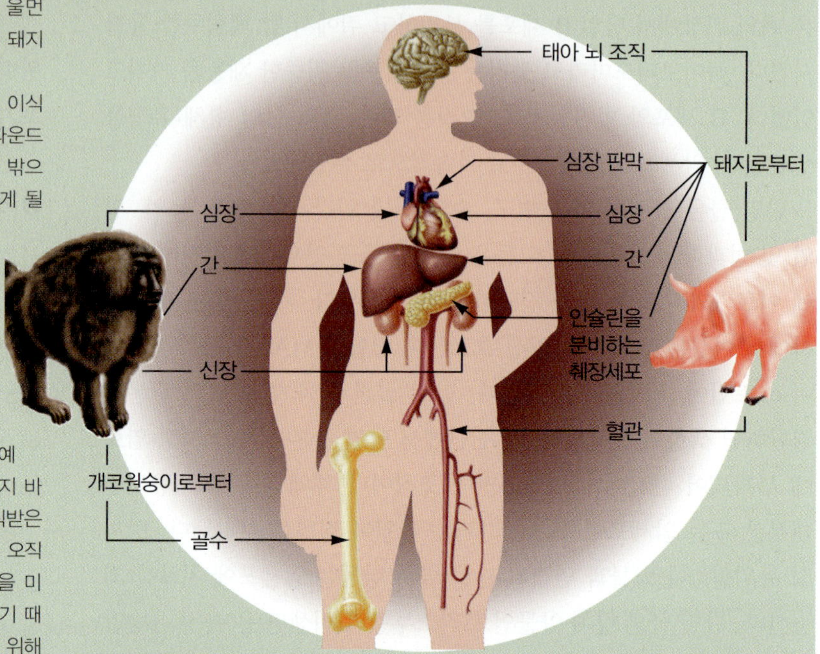

그림 19C 개코원숭이와 돼지는 인간에게 이식할 수 있는 조직과 장기를 제공할 수 있다.

표 19A	**인간 오가노이드**
장기	이용
미니 신장	다낭성 신장병이 어떻게 진행되는지 조사
방광	방광암 치료법 검사
식도	암, 기형아 출산, 위 역류를 조사
소장(십이지장)	영양소 수송, 소화, 장 질환, 감염 및 미생물 상호작용을 연구
뇌(피질)	지카 바이러스가 어떻게 소두증을 유발하는지, 유전적 뇌 질환을 치료하기 위해 HIV 약물을 용도 변경; 자폐증의 기원을 추적
혈관-뇌 장벽	약물이 뇌로 들어가는 것 연구
망막	눈 질환을 치료하기 위한 유전자 치료법을 설계하는 것; 색맹과 황반변성을 치료하기 위해 색각이 어떻게 발달하는지 지켜보는 것.
간	재생, 해독, 신진대사, 응고 등을 연구

토론을 위한 질문

1. 인간의 장기를 배급하기 위한 다음 시스템의 장단점에 대해 논의하시오.
   a. 선착순
   b. 세포 표면 항원 일치의 유사도
   c. 지급 능력
   d. 수용자의 중요성
   e. 최저 연령
   f. 가장 심각한 병, 곧 이식 없이 죽을 사람
   g. 이식에서 살아남을 수 있을 만큼 강한 가장 덜 중증인 환자
   h. 유전성 폐기종을 가진 비흡연자 대 흡연으로 인한 폐기종을 가진 사람 등 자신의 상태에 책임이 없는 사람
2. 이식 내용이 있는 책이나 영화를 선택하고 공여자, 수용자, 양 가족 및 정부의 관점에서 이식의 출처를 논의하시오.
3. 돼지에서 인간의 장기를 키우는 것에 대해 사람들이 불안해할 수 있는 문제에 대해 토론하시오.
4. 인간 장기를 임상적으로 사용되기 전에 검사해야 할 것은 무엇인가?

동계이식(isogift)은 일란성 쌍둥이의 조직을 이식하는 것이다. 쌍둥이는 유전적으로 동일하기 때문에 수용자의 면역계는 이식을 거부하지 않는다. 난소 동종이식은 불임 치료에 사용된다.

동종이식(allogift)은 수용자와 유전적으로 동일하지는 않지만 동일한 종의 구성원인 개체에서 유래한다. 친척이 아닌 공여자의 신장 이식은 동종이식이다. 이종 이식은 한 종에서 다른 종으로 조직을 이식한다(**생명윤리학** 참조).

거부반응 또는 수용

면역계는 대부분의 공여자 조직을 비자기로 인식하고 T 세포, 항체 및 활성화된 보체가 외부 조직을 파괴하는 조직 거부반응을 시작한다. 수용자와 공여자 세포 표면의 차이가 클수록 거부반응은 더 빠르고 심각하다. 극단적인 예는 다른 종에서 이식된 조직에 대한 초급성 거부반응이다. 다른 동물의 공여자 조직은 혈관이 검게 되고 혈액 공급이 끊어짐에 따라 보통 몇 분 안에 파괴된다.

의사는 이식 수용자가 생존할 수 있도록 거부를 제한하기 위해 여러 가지 접근법을 사용한다. 여기에는 공여자와 수용자의 HLA 유형을 밀접하게 일치시키고 공여자 조직의 항원을 제거하는 것이 포함된다. 유전자 발현 마이크로어레이는 공여자와 수용자를 더 잘 일치시키는 데 사용될 수 있다.

면역 억제제는 이식된 조직을 공격하는 항체 및 T 세포의 생성을 억제한다. 수용자가 장기 공여자로부터 골수 줄기세포를 주입받는 경우 짧은 시간 동안만 면역 억제제가 필요할 수 있다. 이것은 골수 줄기세포가 수용자의 신체가 이식된 조직을 받아들이도록 돕기 때문이다. 유전자 발현 감식법은 새로운 장기를 거부할 것 같지 않은 이식 수용자를 식별할 수 있어 일부 사람들은 부작용이 있는 면역 억제제를 복용할 필요가 없다. 이식이 거부되지 않을 가능성을 높이기 위한 또 다른 접근법은 조절 T 세포의 활동을 감소시키는 약물을 사용하는 것이다.

거부는 장기 이식에서 발생할 수 있는 유일한 문제는 아니다. 골수 이식이 특정 혈액 결핍 및 암을 교정하는 데 사용될 때 이식편대숙주병(Graft-versus-host disease)이 발생할 수 있다. 실제로 공여자 면역체계의 일부인 이식된 골수는 이식받은 사람의 새로운 몸을 비자기로 인식하여 공격한다. 증상으로는 발진, 복통, 메스꺼움, 구토, 탈모, 황달 등이 있다.

때때로 암을 치료하기 위한 골수 이식이 수용자와 너무 밀접하게 일치하면 문제가 발생한다. 암이 이전과 같은 세포 표면으로 돌아오면 환자의 새로운 골수는 오래된 골수와 매우 유사하여 똑같이 암과 싸울 수 없다. 이식을 위한 가장 좋은 조직은 타협일 수 있다: 암을 조절할 수 있을 만큼 아주 다르지만, 거부반응이 일어날 정도로 다르지는 않게 하는 것이다.

핵심 개념 질문 19.5

*a. 백신이 전염병으로부터 어떻게 보호하는지 설명하시오.

*b. **집단 면역성**을 정의하시오.

c. 단일 클론 항체는 임상적으로 어떻게 사용되는가?

d. 사이토카인은 임상적으로 어떻게 사용되는가?

*e. 이식의 종류를 설명하시오.

*f. 장기 거부반응은 어떻게 일어나는가?

19.6 감염 극복을 위한 유전체학의 활용

감염성 질병에 대한 면역은 두 유전체(우리와 병원체)의 상호작용으로 발생한다. 인간 유전체 정보는 면역계가 어떻게 질병을 멈추게 하는지를 보여주고 있다. 병원체 유전체의 정보는 그들이 어떻게 우리를 아프게 하는지를 보여준다.

연구자들은 유전체 정보를 사용하여 감염이 신체에 어떻게 영향을 미치는지, 감염이 어떻게 확산하여 발병과 전염병을 일으키는지 더 잘 이해한다. 유전체 정보는 새로운 치료 접근법에 영감을 줄 수 있다. 예를 들어, **폐렴연쇄상구균**(*Streptococcus pneumoniae*)의 DNA 염기서열은 박테리아가 인간 세포에 달라붙을 수 있게 하는 거대한 단백질에 대한 유전적 지시를 보여주었다. 잠재적인 약물은 이 부착 단백질을 분해할 수 있다. 병원체의 유전체 서열을 아는 것은 또한 다음 두 가지 예가 보여주는 것처럼 그들이 일으키는 질병의 확산을 막는 데 도움이 될 수 있다.

역백신학

오래된 백신은 표준 미생물학적 접근법을 사용하여 검출된 병원균의 일부로 구성되었다. 역백신학(reverse vaccinology)이라는 전략에서 연구자들은 병원균의 유전체 서열정보를 참조하여 백신의 기초가 될 수 있는 "숨겨진" 항원을 암호화하는 유전자를 확인한다. 유전자에 해당하는 병원체 단백질이 생쥐와 같은 실험 동물에서 면역을 유도하면 동일한 시도를 인간에게 수행할 수 있다.

첫 번째 역백신은 뇌 또는 척수 주변의 막에 염증을 일으키는 박테리아 감염인 수막구균 B를 대상으로 하였다. 이 시도는 치명적일 수도 있고, 청각장애나 뇌 손상을 일으킬 수도 있다. 박테리아의 일부를 백신으로 사용하는 것은 어렵다. 표면의 일부 분자는 인간 단백질과 너무 흡사하여 백신이 신체에 대한 면역반응을 유도할 수 있기 때문이다. 박테리아 고유의 단백질은 백신의 기초로 사용하기에는 너무 다양하다.

수막구균 B에 대한 백신을 개발하기 위해 연구자들은 생물정보학(DNA 서열의 컴퓨터 분석)을 사용하여 수백 개의 박테리아 항원을 확인하고 생쥐의 항원을 검사하여 면역반응을 자극하고 감염을 예방할 수 있는지 확인했다. 박테리아와 보호 생쥐에 매우 특이적인 몇 가지 항원이 현재 인간에게 사용되는 백신의 기초가 되었다. 중증 급성 호흡기 증후군(severe acute respiratory syndrome, SARS) 및 여러 종류의 인플루엔자에 대한 백신도 병원균 유전체의 정보를 사용하여 개발되었다. 역방향 백신은 DNA로 구성되어 있지 않고 병원체 유전체 정보를 사용하여 인간의 면역반응을 유도하는 단백질 항원을 찾는 데 기반을 두고 있다.

돌발 추적을 위한 유전체 서열결정

DNA는 변할 수 있는 분자이기 때문에, 시간이 지남에 따라, 심지어 짧은 기간에도, 돌연변이는 유전체 서열을 바꾼다. 역학자들은 체액이나 물체에서 채취한 병원체의 빠르게 변화하는 유전체 서열을 따라 발병 원인을 확인하고 전염병의 확산을 추적할 수 있다. 이 접근법은 호수 물방울, 지하철 카시트 표면 또는 혈액 또는 대변 시료와 같은 특정 환경에 존재하는 임의의 DNA 조각 또는 전체 유전체를 서열결정하는 메타유전체학(metagenomics)이라는 전략의 예이다. 다음은 유전체 서열결정 접근법이 공중보건을 보호하는 데 어떻게 도움이 되었는지에 대한 두 가지 예이다.

병원에서 습득된 폐렴

약물 내성균인 **폐렴균**(*Klebsiella pneumoniae*)의 감염은 메릴랜드주 베데스다에 있는 국립보건원(NIH) 임상센터에서 환자 6명이 숨지고 5명의 생명을 위협하는 폐렴을 일으켰다. **폐렴균**은 보통 피부와 입과 장에서 발견되지만, 특정 변이체는 흡입할 때 폐를 심각하게 손상시킬 수 있다. 인근 국립 인간 유전체 연구소(National Human Genome Research Institute)의 연구원은 병원균 유전체 서열결정을 고전적인 역학 조사로 팀을 구성하여 임상센터에서 발병 원인을 신속하게 확인하고 확산을 중단하고 생명을 구했다.

폐렴균의 폐 감염은 그들이 감염시키는 사람들의 절반을 죽이고 많은 항생제에 내성이 있다. 또한 박테리아는 유전적으로 매우 유사한 변이형으로 존재하므로 병원성 변이를 확인하기 위한 표준 미생물 기술은 미묘한 유전적 변화를 놓친다. 그러나 유전체 서열결정은 모든 뉴클레오타이드를 검사한다. 연구원들이 회복된 43세의 여성인 첫 번째 발병 사례에서 박테리아 유전체의 염기서열을 분석했을 때, 그들은 600만 염기 유전체의 41개 지점에서 구별되는 단일 염기 다형성(SNP)을 발견했다. 박테리아는 매우 빠르게 진화하여 환자 신체의 다른 부분에서 추출한 분비물이 약간 다른 SNP 패턴을 가진 **폐렴균**을 얻었다.

박테리아 염기서열을 비교하는 알고리즘을 사용하여 연구자들은 아픈 사람 중 일부가 SNP 패턴을 환자의 폐와 사타구니의 박테리아와 공유하고 일부 감염자는 첫 번째 환자의 목과 같은 SNP 패턴을 가지고 있음을 발견했다. 한 환자는 오염된 인공호흡기로부터 감염되었는데, 이것은 병원 감염에 대한 단서를 제공했다.

누가 감염되었을지 모르지만 아직 증상을 보이지 않는지 알아보기 위해, 연구원들은 그 당시 병원에 있던 1,115명의 모든 환자들의 유전체의 염기서열을 다음으로 분석했다. 검사의 이 부분은 증상이 나타나지 않고 박테리아를 운반하고 다른 사람들에게 감염을 퍼뜨린 사람들을 확인했는데, 그들은 병에 걸렸다. 이 모든 사람들을 확인하고 그들이 만진 물건을 발견함으로써 연구자들은 발병을 통제할 수 있었다.

병원체 유전체 서열결정을 사용하여 감염에 대한 두 가지 새로운 사실이 밝혀졌다. **폐렴균**은 무생물에서 생존하며 결코 아프지 않은 운반자에 의해 전염될 수 있다. 병원체 유전체를 비교하는 것은 매년 미국에서 발생하는 170만 건의 병원 감염 중 일부를 예방하는 데 도움이 될 수 있으며 거의 10만 명이 사망할 수 있다.

또 다른 연구에서 연구원들은 유전체 서열결정을 사용하여 시립 폐수 처리 공장의 배설물 박테리아를 인근 병원에서 획득한 혈류 감염과 연결시켰다. 항생제 반코마이신에 내성이 있는 **엔테로코커스 패슘**(*Enterococcus faecium*) 박테리아가 발병의 배후에 있었다.

독성 대장균

병원체 유전체 서열결정을 역학자들이 NIH 임상 센터의 폐렴보다 더 광범위한 발병을 통제하는 데 도움이 되었다. 그것은 인간 장내 미생물의 정상적인 부분인 박테리아인 대장균을 포함했다(그림 19.1 참조). **시가독소생성 대장균**(Shigatoxigenic *Escherichia coli*)에 대한 "STEC"라고 불리는 박테리아 균주는 심한 설사를 일으키는 독소를 생성하고 일부 개인에게는 치명적일 수 있는 신부전의 한 형태를 일으킨다.

독일에서의 발병은 거의 4,000명의 사람들을 아프게 하고 52명의 사망자를 가져왔다. 대장균의 특정 변이체는 전염병에서 본 적이 없었다. **대장균**을 확인하는 것은 시간에 대한 생사의 경쟁이었고, 표준 미생물 배양 기술은 너무 느렸다. 그래서 연구원들은 발병 기간에 설사를 겪은 사람들의 대변 시료에 대한 메타유전체 분석을 실시했다. 각 시료에는 수천 개의 미생물의 DNA와 환자의 많은 DNA가 포함되어 있다.

연구원들이 분석한 45개의 시료 중 40개는 **대장균**을 포함하고 40개 중 27개는 시가 독소 유전자를 가지고 있었다. 그 후 연구자들은 전통적인 역학적 방법을 사용하여 피해를 입은 사람들이 모두 독일의 한 특정 마을에서 생콩나물을 먹었다는 것을 알아냈다. 오염된 싹은 소의 배설물로 인한 유출로 오염된 농장으로 추적되었다. 환자의 대변 시료 중 5개는 **살모넬라**(*Salmonella*), **캄필로박터**(*Campylobacter*) 및 **클로스트리듐**(*Clostridium*) 종을 포함한 다른 유형의 박테리아의 유전체를 가지고 있었다. 감염은 항생제에 반응하지 않으며 유일한 치료법은 환자에게 수분을 공급하는 것이다.

전염병 학자들은 다른 발병을 막기 위해 유전체 탐정을 사용했다. 미생물 유전체의 염기서열을 빠르게 배열할 수 있게 되었기 때문에, 의사들은 감염을 훨씬 더 정확하게 진단하여 치료 선택을 안내할 수 있다. 연구자들이 감염으로부터 보호하는 인간 면역계 유전자의 변이체와 면역반응을 유발하는 병원체의 유전자 변이체를 계속 확인함에 따라 우리는 전염병을 예방, 억제 및 치료할 수 있게 될 것이다.

핵심 개념 질문 19.6

*a. 역백신학이 어떻게 병원균 유전체 정보를 사용하는지 설명하시오.

b. 병원체 유전체 서열은 전염병의 발병 원인을 확인하고 확산을 추적하는 데 어떻게 사용되는가?

학습 가이드

핵심 용어

후천성 면역반응(adaptive immune response) 외부 항원에 노출된 후 느리고 특이적인 유형의 면역반응.

알레르겐(allergen) 알레르기 반응을 유발할 수 있는 물질.

알레르기(allergy) 위험하지 않은 물질에 대한 면역계의 반응.

항체(antibody) 특정 외래 항원과 결합하는 B 세포에 의해 생성된 다중 소단위 단백질로 면역계를 변화시키거나 항원이 갖고 있는 병원체를 파괴시킴.

항원결합 부위(antigen binding sites) 항체 사슬의 특수 말단.

항원 제시세포(antigen-presenting cell) 외부 항원을 제시하는 세포.

자가항체(autoantibodies) 자신의 세포를 공격하는 항체.

자가면역(autoimmunity) 자기 몸의 세포에 대한 면역계의 공격.

B 세포(B cell) 다른 면역세포에 나타나는 비자기 항원에 반응하여 항체 단백질을 분비하는 림프구의 유형.

세포성 면역(cellular immune response) 반응 T 세포가 면역반응을 자극하고 조정하는 사이토카인을 분비하는 과정.

콜렉틴(collectins) 바이러스, 박테리아, 효모를 탐지하는 면역체계 분자.

보체(complement) 다양한 면역 기능을 가진 혈장 단백질

사이토카인(cytokine) 면역 기능을 조절하는 T 세포가 분비하는 생화학 물질.

세포 독성 T 세포(cytotoxic T cells) 바이러스에 감염된 암세포와 자가세포를 공격하는 T 세포의 부류.

수지상 세포(dendritic cells) 인체가 환경과 접촉하는 곳에 상주하는 면역계 세포로 면역반응을 자극하는 항원 제시세포 역할을 함.

항원결정 부위(epitope) 항체의 이디오타입이 결합하는 항원의 부분.

무거운 사슬(heavy chains) 항체 소단위의 두 개의 긴 폴리펩타이드 사슬.

도움 T 세포(helper T cells) 대식세포에서 비자기 항원을 인식하는 T 세포로 B 세포를 자극하여 항체를 생성하고 사이토카인을 분비하며 세포 독성 T 세포를 활성화시킴.

집단면역(herd immunity) 인구의 대다수가 예방접종을 받았을 때 발생하는 특정 감염으로부터 보호하여 질병의 확산을 차단함.

인간 백혈구 항원(human leukocyte antigens, HLAs) 면역계 기능에 중요하고 염색체 6번의 짧은 팔에 가깝게 연결된 유전자에 의해 암호화되는 세포 표면 단백질

체액성 면역(humoral immune response) B 세포가 항체를 혈류로 분비하는 과정.

이디오타입(idiotype) 항원이 결합하는 항체 분자의 부분

염증반응(inflammation) 감염되거나 다친 부위가 액체로 부풀어 오르고, 붉게

변하며, 식세포를 유인하는 선천성 면역반응의 일부.

선천성 면역반응(innate immune response) 태어날 때 존재하며 환경 자극에 노출될 필요가 없는 면역반응의 구성 요소.

인터페론(interferon) 사이토카인의 한 유형.

인터류킨(interleukin) 사이토카인의 한 유형.

가벼운 사슬(light chains) 항체 소단위의 두 개의 짧은 폴리펩타이드 사슬.

대식세포(macrophage) 세포를 포함하여 파편을 삼켜 소화하고 표면에 비자가 항원을 제공하여 다른 면역계 세포에 경고함.

비만세포(mast cells) 히스타민을 방출하는 세포로 감염되거나 부상당한 부위 근처의 혈관을 확장시킴. 잘못 지시된 비만세포 활동은 알레르기 반응을 일으킴.

기억세포(memory cells) 2차 면역반응을 수행하는 B 세포 또는 T 세포 자손.

형질세포(plasma cell) 단일 유형의 풍부한 항체를 생산하는 B 세포에서 유래한 세포.

1차 면역반응(primary immune response) 비자기 항원과 처음 마주치는 면역계 반응.

조절 T 세포(regulatory T cells) 더 이상 필요하지 않을 때 면역반응을 억제하는 데 도움이 되는 T 세포의 부류.

2차 면역반응(secondary immune response) 두 번째 또는 그 이후의 외래 항원과의 만남에 반응하여 면역계 활성화.

T 세포(T cell) 사이토카인을 생성하고 면역반응을 조정하는 림프구의 한 유형.

톨 유사 수용체(toll-like receptors) 많은 병원체에 공통적인 단백질을 결합하는 면역계 "감시병" 세포(대식세포 및 수지상 세포)의 원형질막에 내장된 단백질로 선천성 및 후천성 면역반응을 자극.

백신(vaccine) 항체 생산을 자극하는 병원체의 비활성 또는 부분 형태.

복습문제

1. 다음 세포 유형이 생산하는 생화학 물질의 종류와 일치시키시오.

1. 비만세포	a. 항체
2. T 세포	b. 유형 II 인간 백혈구 항원
3. 형질세포	c. 인터류킨
4. 대식세포와 수지상 세포	d. 히스타민
5. 핵이 있는 모든 세포	e. 인터페론
	f. 헤파린
	g 종양괴사인자
	h. 유형 I 인간 백혈구 항원
	I. 톨 유사 수용체

2. 비자기는 무엇을 의미하는가? 자신의 몸에 있는 비자기세포의 예를 들어보시오.
3. 바이러스와 박테리아를 구별하시오.
4. 혈액형의 물리적 기초는 무엇인가?
5. 혈액형을 결정하는 데 있어서 혈청학을 이용하는 것과 유전자형을 이용하는 것을 구별하시오.
6. HLA-질병 연관성이 진단이 아닌 이유를 설명하시오.
7. 점액, 눈물, 섬모 및 귀지가 면역반응의 일부인 방법을 설명하시오.
8. 다음을 구별하시오.
   a. T 세포와 B 세포
   b. 선천성 면역과 후천성 면역
   c. 1차 및 2차 면역반응
   d. 세포성 및 체액성 면역반응
   e. 자가면역질환과 알레르기
   f. 유전성 및 후천성 면역 결핍
9. 인간 면역반응의 어떤 구성 요소들이 많은 다른 유형의 바이러스가 질병을 유발할 때 우리가 상부 호흡기 감염("감기")과 동일한 증상을 경험하는 이유를 설명하시오.
10. 다음 면역계 생화학 물질의 각각의 기능을 진술하시오.
    a. 보체 단백질
    b. 콜렉틴
    c. 항체
    d. 사이토카인
    e. 필라그린
11. HIV는 인간의 면역계에 어떤 영향을 미치는가?
12. HIV 감염에 대한 백신을 개발하는 것이 어려운 세 가지 이유를 드시오.
13. 다음과 같은 각각의 세포가 부족할 경우 어떤 결과가 발생할 것인가?
    a. 도움 T 세포
    b. 세포 독성 T세포
    c. B 세포
    d. 대식세포
14. 면역계가 수백 개의 항체 유전자만을 사용하여 수백만 개의 서로 다른 비자기 항원에 어떻게 반응할 수 있는지 설명하시오.
15. 중증 복합 면역 결핍증(SCID)과 에이즈는 어떻게 비슷하고 다른가?
16. 항체는 알레르기 반응과 자가면역질환에서 어떤 역할을 하는가?
17. 같은 B 세포에서 만들어진 형질세포와 기억세포의 공통점은 무엇인가? 그들은 어떻게 다른가?
18. T 세포의 결핍이 B 세포의 결핍보다 더 위험한 이유는 무엇입니까?

19. 자가면역질환이 왜 여성에게서 더 흔하게 나타나는지에 대한 이유를 두 가지로 설명하시오.

20. 다음의 각각의 질병들은 어떻게 면역을 방해하는가?

   a. 이식편대숙주병
   b. 중증 복합 면역 결핍증
   c. 전신경화증
   d. 에이즈
   e. 아토피성 피부염

21. 왜 산모 면역계가 태아를 공격할 수 있는지 설명하시오.

22. 면역계의 어떤 구성 요소가 태아로 하여금 임산부의 면역 공격 없이 발달하고 성장할 수 있게 하는가?

23. 전신경화증이 모체의 태아세포에서 어떻게 발생할 수 있는지 설명하시오.

24. Rh 부적합이란 무엇인가?

25. 다클론 항체반응은 신체에서 가치가 있지만, 왜 단일 클론 항체는 진단 도구로서 가치가 있는가?

26. 다음 각 면역계 기능을 변경하는 방법을 설명하시오.

   a. 백신
   b. 항생제 약물
   c. 사이토카인 기반의 약물
   d. 항히스타민제
   e. 이식

27. '역방향' 백신이 전통적인 백신과 유사하지만 어떻게 다른지 설명하시오.

28. 병원체의 유전체 서열을 아는 것이 전염병 발병과 싸우는 데 어떻게 유용할 수 있는가?

응용 문제

1. 티모시 브라운(Timothy Brown)의 유명한 사례가 어떻게 HIV에 대한 백신 개발로 이어지고 있는지 설명하시오.

2. "겨울 구토병"은 때때로 "위독감"이라고 불리는 위장염의 일종으로, 노로바이러스라는 바이러스에 의해 발생한다. 그것은 하루나 이틀 동안 사람을 비참하게 만든다. 왜 어떤 사람들은 매년 이 병에 걸리는가?

3. 라스무센 뇌염에 걸린 아이들은 신경전달물질과 정상적으로 결합하는 뇌세포 수용체를 공격하는 항체를 만들기 때문에 하루에 100회 이상 발작이 일어난다. 이 질병은 유전면역 결핍, 자가면역질환 또는 알레르기 중 어느 가능성이 가장 높은가? 당신의 대답에 대한 이유를 설명하시오.

4. 특정 HLA 유전자형을 가진 사람들의 관절에 있는 단백질은 라임병을 일으키는 박테리아의 항원과 유사하다. 이 감염은 진드기에 물린 상태에서 전염되어 곧 독감 같은 증상을 일으키고 몇 주 또는 몇 달 후에 관절통(관절염)을 일으킨다. HLA 유전자형을 가진 사람들이 감염되면 면역계가 박테리아와 관절을 공격한다. 항생제가 질병의 초기 단계를 치료하지만 왜 관절염은 치료하지 않는지 설명하시오.

5. 콕사키 바이러스에 처음 노출된 사람은 고통스러운 인후염을 일으킨다. 면역체계는 어떻게 바이러스에 노출되는 것에 대해 경고를 받는가? 그 사람이 바이러스를 다시 만났을 때, 왜 증상이 나타나지 않는가?

6. 재생불량성 빈혈을 앓고 있는 젊은 여성은 림프구 수치가 급격히 떨어지면서 곧 사망하게 된다. 어떤 종류의 사이토카인이 그녀를 도울 수 있는가?

7. 2019년 세계보건기구(WHO)는 자녀에게 예방접종을 거부하는 사람들을 "세계 보건에 대한 최고의 위협"으로 선언했으며, 백신이 세계 보건에 대한 10대 위협 목록을 작성한 것은 이번이 처음이다. 부모가 백신접종을 거부한 일부 젊은 성인들은 스스로 백신을 맞았다. 당신은 정부가 공중보건을 보호하기 위해 예방접종을 받지 않은 아이들의 활동을 제한해야 한다고 생각하는가?

8. 요로 감염을 일으키는 일부 박테리아는 많은 항생제에 내성이 있다. 환자는 의료 제공자가 병원균을 확인하기 위한 검사를 명령하기 전에 두 가지 또는 세 가지 약물을 시도할 수 있다. 박테리아가 민감해질 약물을 초기에 사용할 확률을 높일 수 있는 기술을 제안하시오.

사례 및 연구 결과

1. 연구자들은 지카 바이러스로 인간의 신경 선조(progenitor)세포를 감염시켜 세 가지 종류의 실험을 수행했다.

   - 유전체 편집기술은 신경 선조세포에서 한 번에 하나의 인간 유전자를 제거하고 바이러스가 인간세포를 감염시키는 데 사용하는 9개의 유전자를 확인했다. 유전자가 암호화하는 단백질은 소포체가 바이러스 단백질을 어떻게 처리하는지에 관여한다.
   - "전사체학"은 감염이 일어나면서 감염된 세포가 생산하는 mRNA를 분류하고 유전자 증후군으로 인해 소두증으로 사망한 아이들의 뇌세포에서 만들어진 mRNA와 비교했다. 실험실 배양에서 지카 바이러스에 감염된 신경 선조세포와 소두증을 앓고 있는 어린이 모두에서 많은 유전자 변이가 과발현되었다.
   - 전사체학은 신경 선조세포에서 톨 유사 수용체, 인터류킨, 종양괴사인자, CXCR4, 인터페론 및 콜로니 자극인자를 암호화하는 유전자의 활성화를 밝혔다.

   a. 지카 바이러스 감염에서 인간 소포체의 역할 중 하나는 두 개의 바이러스 단백질을 반으로 절단하여 활성화시키는 것이다. 약물을 개발할 때 이 활동을 목표로 하기 위해 무엇을 알아야 하는가? (제2장 참조)
   b. 소두증에 대한 전사체 소견은 지카 바이러스 감염의 중요한 시기를 결정

하는 데 어떻게 사용될 수 있는가? (제3장 참조)

c. 지카 바이러스 감염은 선천성 면역, 후천성 면역 또는 둘 다를 활성화하는가, 그리고 어떻게 알 수 있는가? 지카 바이러스 감염 증상을 보이는 성인이 발열, 관절통, 발진, 결막염 등을 경험하는 이유를 설명하는 실험 결과는 어느 것일까?

2. 다음 상황 각각이 자가이식, 동계이식, 동종이식 또는 이종이식을 포함하는지 여부를 명시하시오.

   a. 한 남자가 간의 일부를 낭포성 섬유증으로 손상된 간을 가진 딸에게 기증한다.
   b. 불임인 여성은 일란성 쌍둥이로부터 난소 이식을 받는다.
   c. 사람은 돼지로부터 심장 판막을 받는다.
   d. 유방을 제거한 여성은 지방 허벅지 조직을 사용하여 새로운 유방을 만들었다.

3. 마크(Mark)와 루이스(Louise)는 첫 아이를 가질 계획이지만 Rh와 양립할 수 없다고 생각하기 때문에 걱정한다. 그는 Rh^-이고 그녀는 Rh^+이다. 무슨 문제가 있는가? 왜 그런지? 아니면 왜 그렇지 않은지?

4. 낭포성 섬유증을 앓고 있는 사람들을 위한 여름 캠프에서 24명의 어린이와 10대들이 다중내성 박테리아인 *Mycobacterium abscessus*로부터 심각한 폐 감염에 걸린다. 감염 전문가들이 캠프에서 감염이 어떻게 퍼졌는지 정확히 알아내기 위해 사용할 수 있는 유전학에 기초해서 설명하시오.

5. 네덜란드 가정에서는 아버지, 아들, 딸이 입, 목, 발의 피부에 곰팡이 감염(칸디다증)이 자주 발생한다. 세 가족은 각각 적어도 한 가지 자가면역 상태를 가지고 있다. 어머니는 영향을 받지 않는다. 아버지와 아이들의 면역반응을 조사한 결과, 충분한 도움 T 세포를 만들지 않으며 충분한 인터페론을 생산하지 못하는 것으로 나타났다. 그들은 또한 두 종류의 인터류킨에 대한 자가항체를 만든다.

   a. 아버지와 두 자녀에게 영향을 미치는 근본적인 면역계 기능장애의 유전성 가능성이 있는 방식(또는 방식들)은 무엇인가?
   b. 아버지와 아이들의 면역계가 어떻게 비정상인지 설명하시오.
   c. 어떻게 자가 면역이 간접적으로 감염의 위험을 증가시킬 수 있는가?

6. 몇 년 전까지만 해도 아이들에게 백신접종을 거부하는 일반적인 이유는 1998년 〈*The Lanc*〉에 실린 논문에 실린 자폐증과의 연관성이었는데, 이 논문에서 영국의 의사 앤드류 웨이크필드(Andrew Wakefield)는 12명의 아이들에게 "전반적인 발달장애"를 설명했다. 이 논문은 통제 장치가 없고 표본 크기가 작았을 뿐만 아니라 해를 입은 것으로 추정되는 어린이를 대표하는 변호사가 웨이크필드 박사에게 자신의 주장을 하기 위해 돈을 지불하고 있다는 사실이 드러났을 때 철회되었다. 백신접종이 자폐증을 유발한다는 생각의 지속성에 소셜 미디어가 어떻게 기여했는지 조사하시오.

Source: Jonathan Bailey, National Human Genome Research Institute

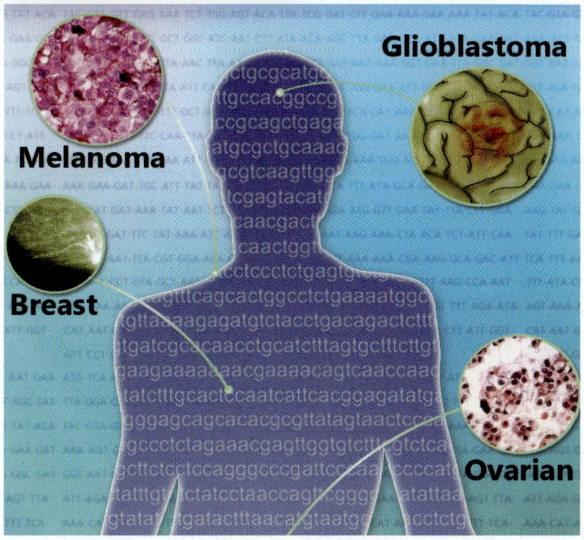

CHAPTER 20

암 유전학 및 유전체학

암 치료 방법에 대한 결정은 암이 생긴 신체 부위와 암이 시작되고 진행되고 치료될 때 일어난 유전적 변화(돌연변이)를 점점 더 연결하고 있다.

학습 목표

20.1 암은 다른 조직으로 침투하고 퍼지는 비정상적인 세포성장이다

1. 악성 종양의 특징을 나열하시오.
2. 세포주기 조절의 상실이 어떻게 암을 유발하는지 설명하시오.
3. 대부분의 암은 유전자에 의한 것이지만 왜 유전되지 않는지 설명하시오.

20.2 세포 수준의 암

4. 암세포에 대해 설명하시오.
5. 줄기세포에서 암세포가 어떻게 생길 수 있는지 설명하시오.

20.3 암 유전자와 암 유전체

6. 암에서 운전자 돌연변이와 탑승자 돌연변이를 구분하시오.
7. 여러 유전자의 돌연변이가 어떻게 암을 유발하는지 토론하시오.
8. 암세포의 염색체에 어떤 일이 일어날 수 있는지 설명하시오.
9. 종양 유전자와 종양 억제 유전자의 돌연변이가 어떻게 암에 대한 감수성을 유발하거나 증가하는지 설명하시오.
10. 암의 위험을 증가시키거나 암을 유발하는 환경적 요인에 대해 논의하시오.

20.4 암의 진단 및 치료

11. 암 진단 및 치료가 어떻게 점점 더 유전학과 유전체학에 기반을 두게 되는지 설명하시오.

개관

유전자, 염색체, 유전체 수준에서 일어나는 변화의 복잡한 연쇄반응은 우리가 암이라고 부르는 다양한 질병들을 유발하고 악화시킨다.

위치 및 돌연변이에 따른 암 치료

과거에 우리는 세포 유형, 조직 유형 또는 초기 발병 신체 부위에 따라 100가지 이상의 암 유형을 분류했다. 치료는 종양을 제거하거나 빠르게 분열하는 모든 세포를 죽이는 약물을 사용하였다. 반면 오늘날은 암세포의 돌연변이를 기반으로 암을 분류하고 치료 방법을 결정한다.

돌연변이를 기반으로 암을 공략하는 것은 매우 희귀하여 연구가 거의 없고 특정 치료법이 없는 형태의 암에 특히 도움이 된다. 광범위한 장기 부전과 뼈 통증을 유발하는 대식세포의 암인 에드하임-체스터병(Erdheim-Chester disease)이 그 예이다. 1930년대 이후로 보고된 사례는 약 500건에 불과하며, 암 환자의 약 절반은 *BRAF*라는 유전자에 V600E 돌연변이가 있다. 이 환자들은 BRAF V600E 돌연변이에 의해서 유발되는 피부암 흑색종을 치료하기 위해 개발된 표적 약물[Zelboraf 또는 베무라페닙(vemurafenib)]의 혜택을 받았다.

어느 암 센터의 주치의가 V600E 돌연변이를 가진 에드하임-체스터 환자에게 약물을 테스트했을 때 그 결과는 놀라웠다. "우리가 처음으로 치료한 환자는 더 이상 치료 가능성이 없어서 호스피스로 가는 길이었다. 그녀는 당시 걸을 수 없었는데 임상에 합류한 지 2주 만에 그녀는 걷을 수 있게 되었고 건강을 되찾게 되었다." 치료법이 없었던 특정 암으로 고통받던 그녀와 같은 사람들은 돌연변이 정보를 고려하여 치료법을 찾게 된 것이다.

사실 하나의 돌연변이를 기반으로 약물을 선택하는 것은 수십 개의 돌연변이를 가질 수 있는 암세포의 유전적 복잡성을 지나치게 단순화한 것이다. 미국 국립 암연구소 치료 전략을 위한 분자 분석(MATCH)프로그램은 수천 명의 암 환자들에게 그들의 암세포에 있는 143개의 암 유전자 돌연변이들의 유형에 맞추어 표적 약물의 조합을 제시해 주고 있다.

20.1 암은 다른 조직으로 침투하고 퍼지는 비정상적인 세포성장이다

암은 특정 세포가 더 자주 분열할 수 있게 되어 비정상적인 과다 성장(고형 종양)하거나 또는 혈액세포 유형 비율을 붕괴(혈액 종양)시킨다. 세 명 중 한 명은 암에 걸린다. 보통 자각 증상을 느껴 병원에서 진찰받고 여러 가지 검진을 하고 나서야 암에 걸린 것을 알게 된다. 예를 들어, 배변습관에 변화가 오거나 하복부가 불편하거나 혈변을 보거나 피로가 보통 때보다 많이 느껴진다거나 하는 것은 대장암의 위험신호가 된다. 또는 혈액 검사에서 암 바이오마커 수치가 상승하거나 스캔에서 조직 성장이 보이는 경우 정기선별 검사에서 암 진단을 받을 수도 있다. 때때로 암 진단은 폐렴 진단을 위해 찍은 X-선에서 그림자를 발견하는 것과 같이 증상 없이 나타난다. 그렇게 되면 의심되는 조직에서 시료를 채취하여 종양을 확진할 수 있다.

그러나 암이 오늘 발견되었더라도 그 암은 수년, 아마도 수십 년 동안 존재했을 가능성이 높다(**그림 20.1**). 암은 일련의 유전적, 유전체적 변화의 축적에 의한 것이기 때문에 성장하는 데 시간이 걸린다. 이러한 과정은 특정 세포가 정상보다 더 자주 분열하게 만들어 결국 건강한 조직에 무리를 주는 새로운 신성물을 형성하게 되는 것이다.

암의 엄청난 다양성 때문에 암을 근절하는 것은 어렵다. 처음에는 몇몇 "운전자" 작은 돌연변이가 세포 과정에 미비하게 영향을 줌으로써 암이 시작되지만, 이것은 아주 다양한 방식으로 일어날 수 있기 때문에 어떤 두 환자의 암도 정확히 똑같지 않다. 또한 같은 신체 내의 여러 부위의 종양 조직이 유전적으로 유사하지 않으며, 심지어 단일 종양 내의 세포들 간에도 유사하지 않다.

암은 세포주기의 이상으로부터 발생한다. 모든 세포에서 유전된 암 감수성(위험) 유전자에 의해 유발될 수도 있고, 더 일반적으로는 햇빛의 자외선이나 담배 연기의 독소와 같은 요소에 환경적으로 노출되어 영향을 받는 세포 내 체세포 돌연변이에 의해 유발될 수도 있다. 폐암에 걸린 흡연자가 폐암에 걸린 비흡연자에 비해 암세포에 돌연변이가 10배나 많다는 관찰 결과는 암을 유발하는 환경의 강력한 역할을 보여준다.

암을 유발하거나 암세포에 존재하는 유전적 변화를 더 잘 이해하기 위해 수천 개의 종양조직의 유전체 서열을 밝혀냈다. 시간이 지남에 따라 체세포에서 발생하는 염기서열 돌연변이, 염색체 절단, 유전자 발현 변화 등이 암이 확산되면서 암의 진행의 밑바탕이 된다. 돌

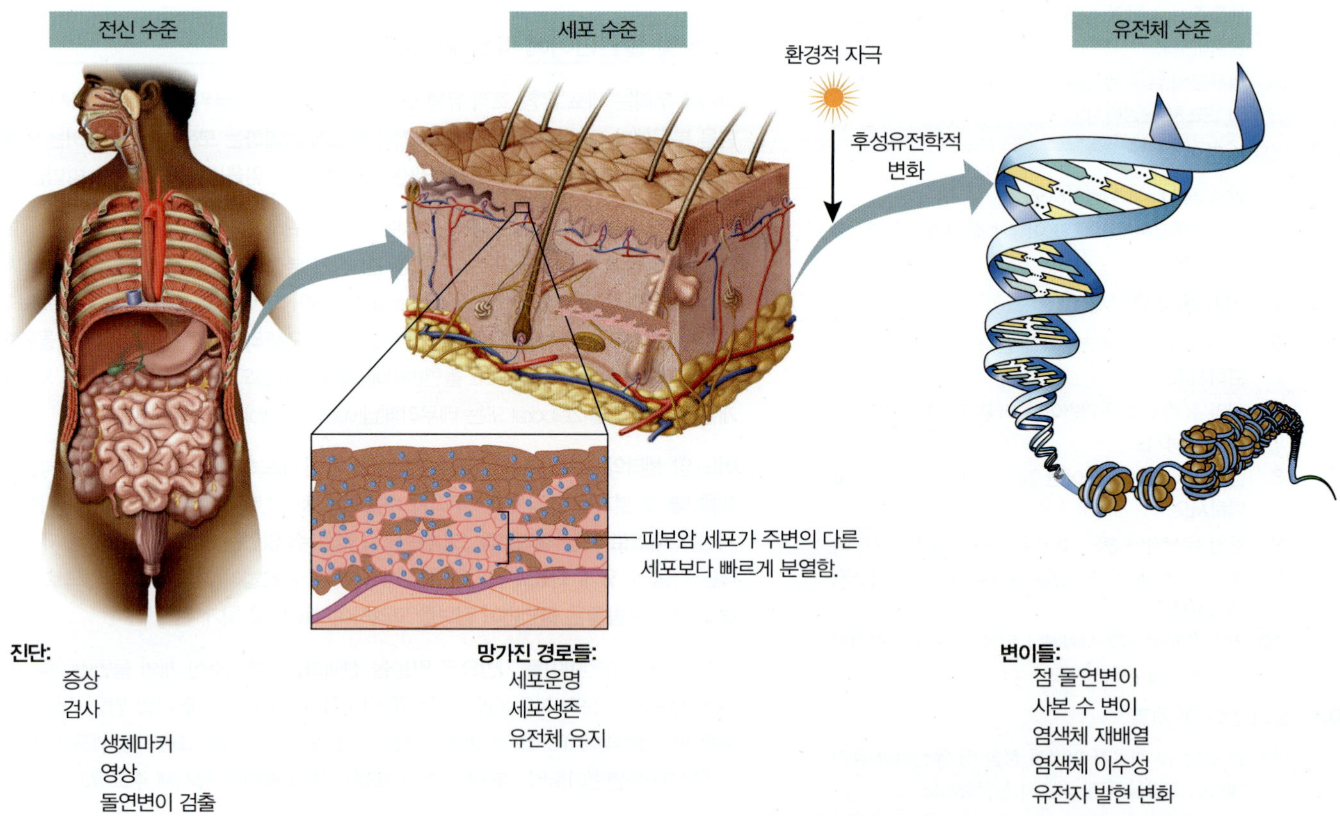

그림 20.1 암의 수준. 암이 증상을 나타내게 될 때 까지는 세포들이 점점 고유의 특성을 잃고 원래 자신들이 분열해 나온 조상세포보다 더 자주 분열을 하게 되기까지 수 년의 시간이 소요된다. 돌연변이들은-단일 염기의 치환으로부터 염색체 수준의 큰 변화에 이르기까지-암이라는 질병을 일으키고 유전자들의 발현 양 변화를 동반한다. 이 중 몇몇은 환경요인에 대해 반응하면서 후성유전학적인 효과를 유도하기도 한다.

연변이는 다른 유전자의 발현에 영향을 줄 수 있지만, DNA 메틸화와 염색질 리모델링(11.2절 참조)과 같은 후성유전학적 영향도 있을 수 있다. 한 연구자는 암 생성 뒤에 있는 축적된 DNA 변화를 "유전자 흉터(genomic scar)"라고 부른다.

이 장은 세포, 유전, 유전체 수준에서 암을 탐구한다. 그림 20.1은 주요 개념을 요약하고 있다. 설명은 어느 방향에서든 읽을 수 있지만, 중심 부분인 세포 수준은 궁극적으로 가장 유용하다는 것을 증명할 수 있는 암을 보는 방법이다. 돌연변이가 암에 대한 감수성을 증가시키거나 암을 유발하는 모든 유전자는 세포운명, 세포생존, 유전체 유지의 세 가지 기본적인 세포 경로에 영향을 미친다. 세포운명은 분화를 의미한다. 세포생존은 산소의 가용성과 세포자살을 예방하는 것을 의미한다. 유전체 유지란 활성 산소종과 독소가 존재하는 곳에서 생존하고, DNA를 복구하고, 염색체의 완전성과 구조를 유지하며, mRNA 분자를 올바르게 스플라이싱(splicing)하는 능력을 말한다.

암은 다세포 조직의 복합체이다. 우리의 전문화된 세포들은 장기와 다른 신체 부분들이 어린 시절에 적절하게 자라고, 성년 내내 특정한 크기와 모양을 유지하고, 조직을 대체함으로써 손상을 복구하기 위해 세포주기라는 유사분열의 일정을 따라야 한다. 만약 고체 조직의 세포가 분열 속도에 대한 정상적인 통제를 벗어나면, 그 딸세포들은 종양을 형성한다. 혈액에서 암세포가 다른 세포보다 더 자주 분열되어 일반 혈액세포들보다 많아지게 된다.

종양은 제자리에 자라나 주변의 조직으로 퍼지지 않거나 침입하지 않으면 양성(benign)이다. 종양이 주변의 조직으로 침투하면 악성(malignant)이다. 악성 종양의 조각들은 혈류나 림프관으로 들어가 암세포가 새로운 종양의 형성을 "씨앗"이 되며, 신체의 다른 영역으로 이동할 수 있다. 확산하는 과정은 "가만히 서 있지 않다"는 의미의 **전이**(metastasis)라고 불린다. 전이는 새로운 성장이 신체의 접근할 수 없는 부분에 있을 수도 있고, 질병 초기에 효과적이었던 약물이 더 이상 효과가 없을 정도로 원래의, 또는 원발성 종양과 매우 다를 수도 있기 때문에 치료하기 어려울 수도 있다. 그러나 몇몇 새로운 약들은 전이암을 치료하는데 그것들은 20.4절에서 논의된다. 전이는 발견하기도 어렵다. 의학적인 스캔에 전이 부위가 몇 군데 나타나면, 실제로 몸 안에 수십 개의 전이된 암이 성장하고 있을 수 있다.

암의 유전적 특성을 알려준 초기 힌트는 **발암원**(carcinogen, 암을 일으키는 물질)로 알려진 대부분의 물질도 돌연변이 물질(DNA를 손상시키는 물질)이라는 관측이었다. 연구원들은 1976년에 인간에게 암을 유발할 수 있는 유전자를 처음 발견했다. 이 유전자들은 19세기 중반의 연구에서 새들의 종양과 관련된 특정 바이러스들의 유전자였다. 1980년대와 1990년대에, 암을 유발하는 유전자를 규명하기 위한 연구는 같은 종류의 암을 가진 많은 젊은 구성원을 가진 드문 가족들로부터 시작되었다. 세포주기 조절을 바꿀 수 있는 단백질 생성물에 영향을 주는 염색체 영역에서 100개 이상의 **종양 유전자**(oncogene)의 발견으로 이어졌다. 종양 유전자는 건강한 세포에 존재하지 않거나, 이것이 과도하게 발현될 때 암을 유발한다. 즉, 종양 유전자는 부적절하게 활성화된다.

가계도 연구를 통하여 30개 이상의 **종양 억제 유전자**(tumor suppressor gene)를 확인했는데, 이 유전자는 결실되거나 비활성화 될 때 암을 유발한다. 종양 억제 유전자의 정상적인 기능은 특정 조건에서 특정 세포 유형에 적합한 속도로 세포주기를 조절하는 것이다.

암을 유발하는 대부분의 돌연변이는 종양 유전자나 종양 억제 유전자에 있다. 종양 유전자의 돌연변이는 한 개의 돌연변이만으로도 세포분열 속도를 높일 수 있기 때문에 주로 우성이며, 종양 억제 유전자는 두 개의 염색체 중 한 개만 결실되면 다른 하나가 여전히 보호기능을 수행하므로 열성이다. 암 유전자의 세 번째 타입은 다른 돌연변이가 지속해서 만들어질 수 있도록 하는 DNA 복구 유전자의 짝틀림 돌연변이(12.7절 참조)가 포함된다. 이러한 제3의 돌연변이들이 종양 유전자들을 활성화하거나 종양 억제 유전자를 비활성화할 때, 암이 발병할 수 있다. 대부분의 DNA 복구 손상은 단일 유전자 방식으로 유전되며, 매우 드물게 나타난다. 그것들은 주로 체내 여러 곳에 광범위하게 다양한 종양을 유발하며, 종종 어린 나이에 시작된다. 우리는 20.3절에서 이 유전자에 대해 다룰 것이다.

세포주기 제어의 상실

암의 가장 근본적인 특징은 세포주기 조절의 실패이다. **그림 20.2**는 그림 2.14에 표시된 세포주기를 반복한다. 암세포는 자신이 유래한 정상세포보다 더 자주 또는 더 많이 분열할 때 생겨나기 시작된다(**그림 20.3**). 암세포의 유사분열은 신호나 제어장치 없이 폭주하는 기차와 같다.

체세포분열의 시기, 속도, 횟수는 세포 외부로부터 오는 신호전달 물질과 세포 내부의 전사인자들과 성장인자들에 의해 결정된다. 이러한 물질들이 유전적인 통제 속에 있기 때문에, 세포주기 또한 그렇다. 암세포는 아마 세포분열 빈도가 너무 높은 경우 쉽게 세포가 통제를 벗어나기 때문에 자주 발생한다. 그러나 생성된 암세포의 대부분은 표면에 있는 종양 특이 항원이 면역계에 의해 인식되어 파괴된다.

세포주기를 조절하는 검문점(checkpoint)의 발견은 암이 어떻게 시작될 수 있는지를 밝혀냈다. 일반적으로 세포주기를 멈추거나 느리게 하는 유전자의 돌연변이는 부적절한 유사분열로 이어질 수 있다. DNA를 회복할 수 있을 만큼 충분히 오래 멈추지 않으면 암 유

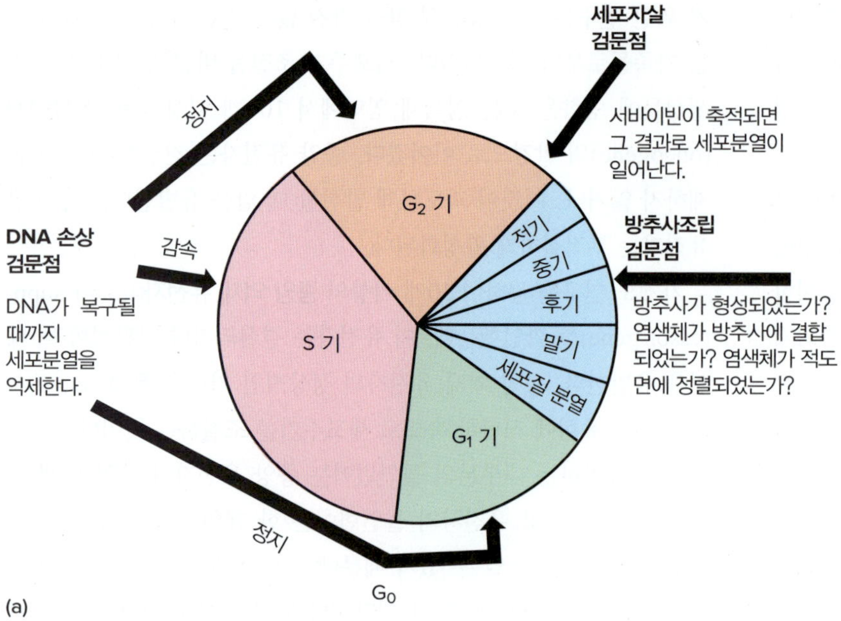

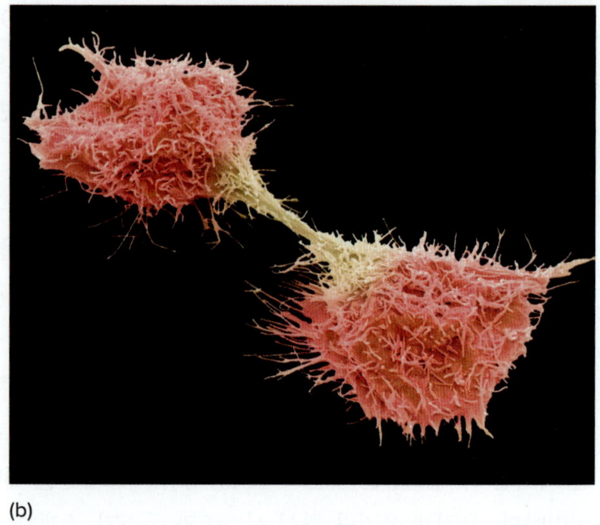

그림 20.2 세포주기 검문점. (a) 검문점은 체세포분열 활동이 정확한 순서에 의거하여 일어나도록 한다. 많은 종류의 암들은 잘못된 검문점의 결과로 일어난다. (b) 섬유육종 세포들은 뼈에 있는 섬유모세포라고 하는 결합조직 세포부터 유래한다. 사진은 체세포분열의 말기를 포착한 것이다. *(b): Steve Gschmeissner/SPL/Getty Images*

전자나 종양 억제 유전자에서 돌연변이가 지속될 수 있다.

텔로미어(telomere) 길이 조절 실패 역시 세포주기에 영향을 줌으로써 암의 발생에 영향을 끼친다. 텔로미어, 즉 염색체 말단이 염색체가 부서지는 것을 방지한다는 것을 기억하라(그림 2.15 참조). 인간의 텔로미어는 TTAGGG가 수천 번 반복된 DNA 염기서열로 구성되어 있다. 세포가 성숙함에 따라 세포분열 당 15~40개의 뉴클레오타이드가 텔로미어 말단으로부터 손실된다. 분화가 많이 된 세포일수록 텔로미어 길이가 짧아진다. 예를 들어, 피부, 신경, 근육세포의 염색체는 짧은 텔로미어를 가지고 있다. 그러나 정자나 난자의 염색체는 긴 텔로미어를 가지고 있다. 이 현상은 생식세포가 새로운 개체를 만들기 위해 수많은 횟수의 세포분열을 하는 동안 염색체를 보호해야 할 목적으로 긴 텔로미어를 갖고 있다고 생각하면 될 것이다.

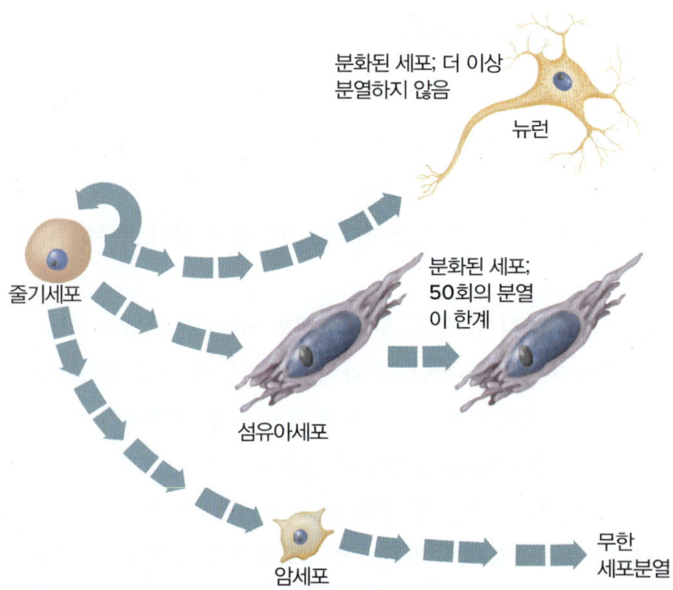

그림 20.3 암은 세포들이 무한정 분열하도록 한다. 세포들은 뉴런세포들처럼 최종적인 분화가 되어 더 이상 분열하지 않거나, 섬유아세포들처럼 분화된 후라도 제한적인 세포분열만을 한다. 암세포들은 특수성 잃거나 전혀 특수화되지 않고 계속 분열한다(화살표는 세포분열이 어느 정도 일어남을 의미한다. 모든 딸세포들을 표시하지는 않았다).

생식세포는 RNA와 단백질로 구성된 텔로머레이즈라는 효소를 사용하여 텔로미어를 길게 유지한다. RNA의 일부인 AAUCCC는 텔로미어를 만드는 6-DNA 기반 반복 TTAGGG의 주형이다. 텔로머레이즈는 한 번에 6개의 염기를 추가하면서 지퍼처럼 DNA를 아래로 이동시킨다. *TERT*라고 불리는 텔로머레이즈를 암호화하는 유전자의 돌연변이는 일부 암을 유발한다.

정상적으로 분화가 끝난 세포의 경우 일정한 크기가 되면 텔로머레이즈의 활성은 없어지고, 텔로미어는 줄어들며, 세포분열이 중단된다. 반면 암세포의 경우에는 텔로머레이즈는 다시 활성화되어 텔로미어가 점점 길어지고, 세포는 빠른 분열을 시작한다. 원래 비정상적인 세포의 딸세포들은 통제할 수 없이 계속 분열되면서 종양이 형성되고 자라며 퍼질 수 있다. 일반적으로 암세포의 텔로미어가 길어질수록 질병이 더 진행된다. 그러나 세포에서 텔로머레이즈 생산을 유도하는 것 자체만으로는 암을 유발하기에 충분하지 않다. 암이 시작되기 위해서는 다른 많은 것들이 잘못되어야 한다.

암세포는 충분한 영양분과 공간을 가지면 계속해서 분열될 수 있다. 1951년 사망한 헨리에타 라크스라(Henrietta Laeks)는 여성의 자궁경부암세포는 얼마나 이 암세포들의 생존력이 강한지를 생생하게 보여준다. 그녀의 세포는 오늘날 많은 연구실에서 표준 세포주로 지속적으로 사용되고 있다. 이 "HeLa" 세포들은 매우 생존력이 강력하여 다른 세포와 같이 배양할 경우 곧 그 자리까지 차지하며 자라난다.

세포들은 각기 그 분열하는 능력이 크게 다르다. 암세포는 그 암세포가 발생한 세포보다 더 자주 또는 더 많이 분열한다. 그러나 18시간에서 24시간마다 유사분열을 완료하는 가장 빠르게 분열하는 암세포도 정상적인 인간 배아에 있는 세포만큼은 빠르게 분열하지 못한다. 종양은 처음에 아주 적은 수의 세포가 분열하기 때문에 천천히 자란다. 종양이 완두콩만한 크기일 때쯤이면 수십억 개의 세포가 활발하게 분열하고 있다. 종양은 많은 세포를 계속해서 분열하기 때문에 결국 주변 조직보다 더 빨리 자란다.

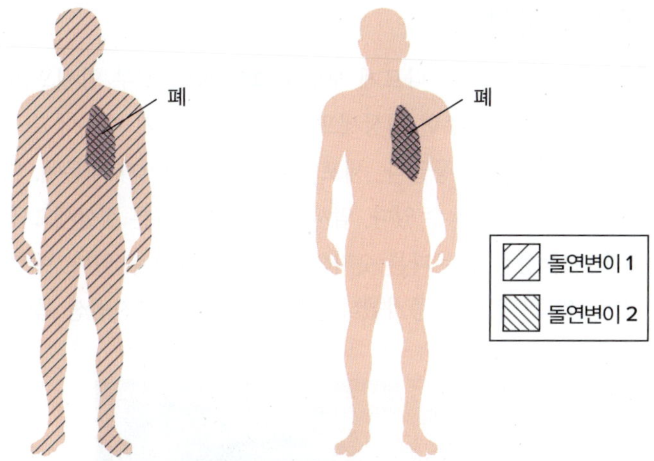

그림 20.4 생식세포 계열 암과 산발성 암. (a) 생식세포 계열 암에서는 모든 세포들이 암 감수성을 증가시키는 한 유전자의 변이를 갖고 있으며, 두 번째의 돌연변이가 발생하면 그 세포에서 암이 생겨난다. 이러한 종류의 암은 한 유전자 형질의 특성으로 유전되며 하나의 생식세포 돌연변이에 의해 생겨난다. (b) 산발성 암은 체세포의 한 유전자상에서 하나의 우성인 돌연변이가 발생하거나 두 개의 열성 돌연변이가 상동염색체상에서 일어날 때 생겨난다. 환경적 요인도 암을 유발할 수 있는 체세포 돌연변이를 야기할 수 있다.

다음 세대로 유전되는 암과 산발성 암

암은 DNA의 변이에 의해 발생하여 **유전성**(genetic) 질병이라고 할 수 있으나, 보통 유전되지는 않는다. 암 감수성 대립유전자를 부모로부터 물려받아 발생하는 경우는 약 10%에 불과하다. 유전된 대립유전자는 생식세포 돌연변이로서, 생식세포를 포함한 개인의 모든 세포에 존재한다. 암이 유발된 신체 부위의 체세포에서 두 번째 돌연변이가 발생할 때 주로 암이 발생한다(**그림 20.4**).

대부분의(90%) 암은 산발성(sporatic) 암이다(유전되지 않는 경우). 산발적인 암은 생식세포가 아닌 체세포에서 유발된 돌연변이(somatic mutations)에 의해 발생한다(그림 12.2 참조). 산발성 암은 하나의 우성 돌연변이 또는 두 개의 열성 돌연변이로 인해 발생할 수 있다. 이러한 돌연변이에 의해 세포는 세포분열에 대한 제어력을 잃고, 딸세포의 빠른 분열을 유도하여 종양을 생성한다. 결국, 종양 세포는 이웃하고 건강한 세포에 없는 수십 개의 돌연변이를 포함할 수 있다.

생식세포에서부터 시작된 돌연변이에 의한 유전성 암은 매우 드물지만, 침투성이 높고 산발적인 암보다 일찍 발병하는 경향이 있다. 생식세포 돌연변이를 통해 왜 어떤 흡연자의 경우 폐암이 걸리고 어떤 경우 그렇지 않은가에 대한 설명이 될 수도 있다. 운이 없는 흡연자의 경우 자신의 모든 세포에 감수성이 있는 대립유전자를 가진 것이다. 수년 동안 흡연에 의한 발암물질에 폐 조직을 노출하게 되면 결국 폐세포에 있는 종양 억제 유전자나 종양 유전자상의 돌연변이를 일으키게 되고, 보다 잘 분열하는 성격을 갖게 한다. 감수성 유전자가 없다면 암을 유발하기 위해 두 개의 열성 체세포 돌연변이가 필요하다. 이 역시 나쁜 환경의 결과일 수 있지만, 두 사건이 일어나는 데는 한 사건보다 더 오랜 시간이 걸린다.

핵심 개념 질문 20.1

*a. 양성 종양과 악성 종양을 구별하시오.
b. 유전자와 암의 관계는 무엇인가?
c. 암이 파괴하는 세 가지 세포 과정은 무엇인가?
*d. **종양 유전자**를 정의하시오.
*e. **종양 억제 유전자**를 정의하시오.
f. 유전성 암과 산발성 암을 구분하시오.

20.2 세포 수준의 암

암은 유전자와 세포 수준에서 시작된다. 면역계나 치료에 의해 멈추지 않는다면, 암세포는 조직을 통해 퍼질 수 있고 결국 장기와 기관계까지 침범할 수 있다.

암세포의 특성

암세포는 정상세포와는 다르게 보인다(**그림 20.5**). 일부 암세포는 다른 세포처럼 강하게 주변 정상세포에 달라붙지 않기 때문에 그들이 유래된 정상세포보다 둥글다. 세포막이 더 유동적이기 때문에, 다른 물질들이 막을 통과할 수 있다. 암세포의 표면은 다른 정상세포에 있는 것과 다른 항원 또는 다른 숫자의 항원을 나타낼 수 있다. 예를 들어, 전립선암의 위험이 증가했다는 것을 나타내는 "전립선 특이 항원" (prostate specific antigen, PSA) 혈액 검사는 암세포 표면으로부터 올 수 있는 이 단백질의 높은 수치를 감지한다.

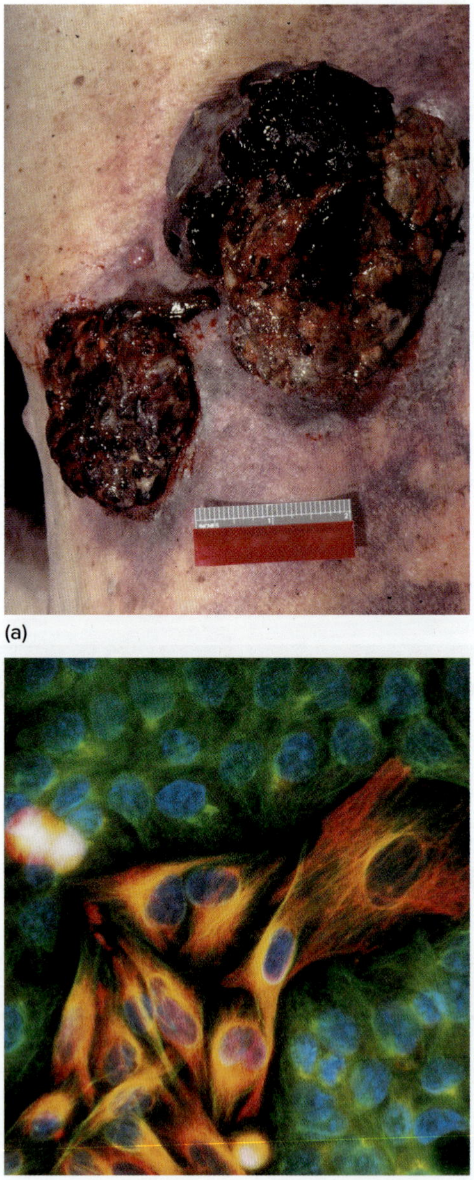

(a)

(b)

그림 20.5 밖으로 드러난 암세포들. (a) 흑색종은 피부에 있는 색소 생성세포인 멜라닌 세포에서 생기는 암이다. 이 암은 ABCDE라고 하는 네 가지 특징 중 적어도 하나 이상의 특징을 갖고 있다. 그 특징들은 불규칙한 경계, 색의 변이, 5 mm 이상의 지름, 그리고 융기이다. (b) 이들 흑색종세포들은 오렌지색으로 염색되는데, 암세포들이 다른 색으로 염색되는 이유는 정상세포들과 암세포들에서 유전자 발현 양상이 다른 것에 기인한다. *(a): McGraw-Hill Education; (b): Nancy Kedersha/Science Source*

암세포가 분열할 때는 변형된 세포주기 조절 능력을 물려받은 두 딸세포들도 암적(癌的)이게 된다. 즉, 부모세포로부터 딸세포로 물려지므로 암은 유전성(heritable)이 있다 할 수 있다. 또한 암은 전이성(transplantable)이 있다. 어떤 종의 암세포가 동종의 건강한 동물에 주입되는 경우 암세포는 그 곳에서 증식하게 된다.

암세포는 **탈분화**(dedifferentiated)되어 있다. 이것이 의미하는 것은 원래 암세포가 유래한 같은 종류의 정상세포에 비하여 덜 분화 되어있다는 것이다. 피부세포를 예로 들자면, 피부 암세포는 납작하고 딱딱하며 비늘 같은 정상 피부세포에 비해 둥글고 부드러워서 모양이나 세포분열 속도가 줄기세포와 비슷하다.

암세포의 성장 역시 비정상적이다. 정상적인 세포들이 배양 용기 내에서 분열하게 되면 한 겹으로 되지만, 암세포의 경우에는 여러 겹으로 겹쳐서 자라게 된다. 생체 내에서 이렇게 겹치는 특성이 종양을 생성하게 하는 것이다. 암세포들이 이렇게 서로 타고 올라가면서 자라는 특성으로 미루어, 암세포는 세포들의 밀도가 늘어나는 경우 세포분열을 중지하는 '접촉 저해(contact inhibition)' 특성을 결여하고 있다고 말한다.

암세포들은 어떤 공간으로라도 쥐어짜듯 파고들 수 있는 표면구조를 갖추고 있는데, 이러한 특성을 일컬어 **침투**(invasiveness)라고 한다. 이들은 기저막(basement membrane)이라 불리는 조직의 경계에 자신들을 단단히 고정시키고 난 뒤, 효소를 분비하여 건강한 조직으로 뚫고 들어갈 수 있는 통로를 확보한다. 양성 종양과는 달리 침윤성 악성 종양은 비정형적으로 자라서 모든 방향으로 그 촉수를 뻗을 수 있다. 즉, 세포가 움직여 나가게 되는 것이다. 돌연변이들은 세포골격(그림 2.8 참조)에 영향을 끼치게 되고 액틴 미세섬유를 붕괴시켜 세포가 안착해 있는 주변 조직으로부터 움직여나갈 수 있게 한다.

정상세포로부터 암세포를 만들어내고, 암세포를 증식하게 하고, 침윤하고 전이하게 하는 여기 보이는 모든 변화에는 어느 정도 시간이 소요된다. 예를 들어, 췌장암의 경우 처음으로 복부 통증을 느끼기까지 약 10~15년의 긴 세월이 소요되지만, 마지막 임종까지는 불과 2년밖에 소요되지 않는다. 흡연으로 인한 폐암의 경우 기관지 상피를 둘러싼 조직의 자극에 의해 시작되지만 거의 20년 동안은 아무런 증상을 나타내지 않는다. 원래의 자리로부터 움직이기 시작한 암세포들이 혈류를 따라 혹은 림프관을 파라 신체의 곳곳으로 이동하게 되면 이를 전이(metastasis)라고 한다. 암세포는 수년 또는 수십 년 동안 분열하거나 움직이지 않고 휴면 상태로 남아 있을 수 있다. 이것이 의사들이 일반적으로 재발을 감지하지 않고 5년이 경과한 경우더라도 암을 "완치"라고 선언하지 않는 이유다. "질병의 증거 없음"이 선호되는 용어이다.

종양이 압핀의 머리만한 크기로 자라면, 종양의 덩어리 안쪽에 있는 세포들은 산소부족의 압박에 반응하게 되는데, 이때 혈관내피성장인자(VEGF)를 분비하여 근처에 있는 모세혈관들이 종양 부위 쪽으로 뻗어오게 한다. 이러한 새로운 모세혈관의 성장과 확장을 **혈관형성**(angiogenesis)이라고 하는데, 이는 암의 성장과 확장에 필수적인 요소가 된다. 모세혈관은 종양의 안팎으로 뱀 같은 모양으로 형성되는데, 혈관에 감싸인 암세포는 이러한 촘촘한 구조로부터 빠져나와 주변 조직으로 침투한다. 암세포들은 자신을 위한 혈액 공급에 필

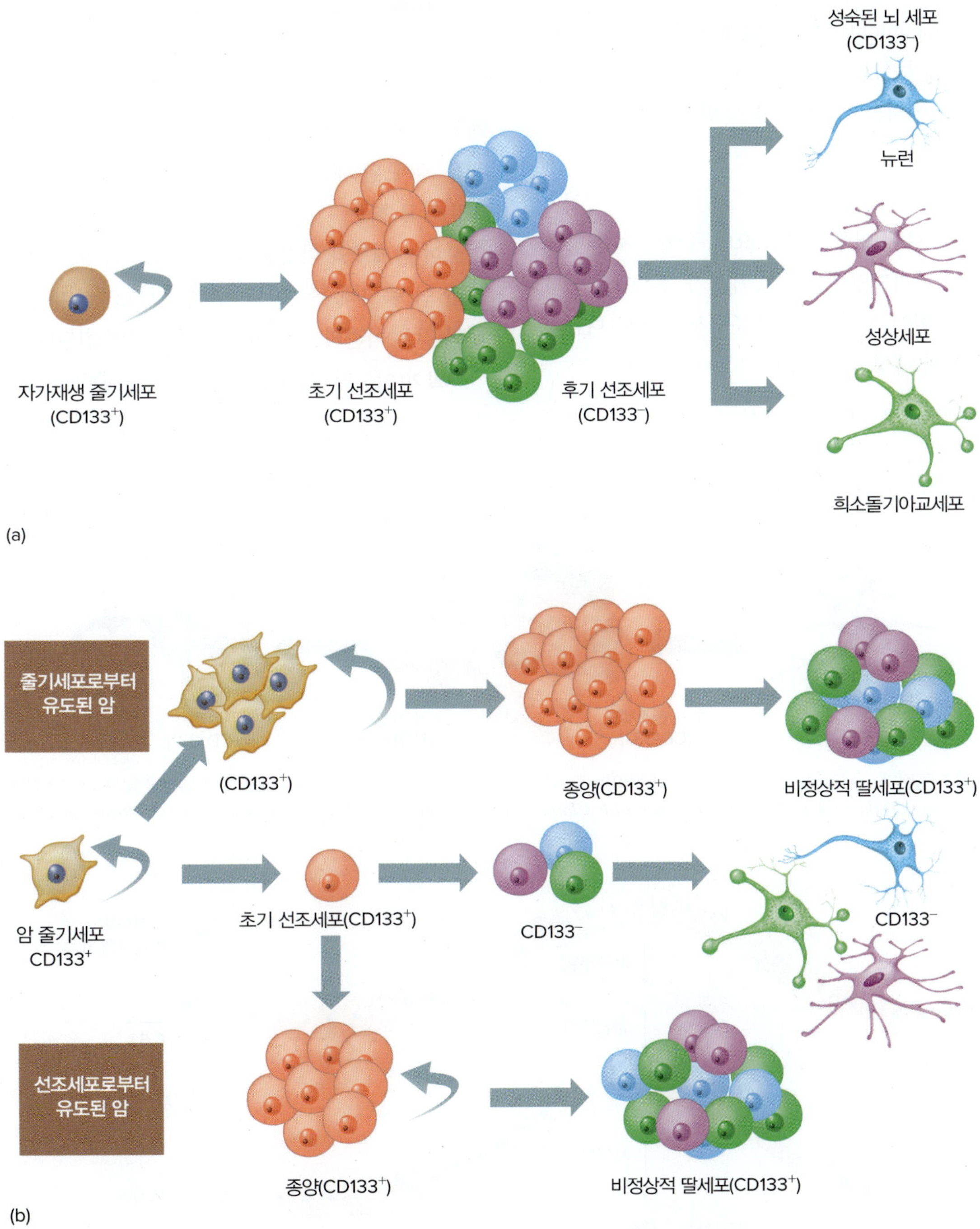

그림 20.6 암 줄기세포. (a) 발생 중인 뇌에서 줄기세포는 자가재생을 위해 분열하며 초기 선조세포들을 만들어내어 이들이 후기 선조세포가 되도록 한다. 이들 후기 선조세포들이 세포 표면 항원인 CD133를 잃게 되면 신경세포 혹은 성상세포나 희소돌기아교세포 같은 종류의 세포로 분화된 딸세포들을 만들어 낸다. (b) 암 줄기세포는 자가재생하도록 분열하여 암세포를 만들어 낸다. 이 세포들은 비정상적인 딸세포들을 만들게 된다. 어떤 초기 선조세포들은 정상적으로 분화된 세포들을 생성한다. 어떤 경우에는 암을 일으키는 돌연변이들이 암 줄기세포 유래의 초기 선조세포들에서 발생한다. 이러한 경우에는 초기 선조세포들이 종양을 형성하여 이것이 몇몇의 비정상적인 딸세포들을 만든다. 줄기세포, 암 줄기세포, 초기 선조세포 그리고 비정상 딸세포들 모두 CD133 항원을 갖고 있으나 이미 분화된 세포들에는 이 항원이 없다.

요한 단백질을 분비할 뿐만 아니라 자신의 성장을 위해 필요한 호르몬도 분비한다. 이는 암세포가 갖는 새로운 능력으로 원래 자신이 유래한 세포는 이러한 능력을 갖추고 있지 않다.

일단 암세포가 새로운 신체 부위로 이동하게 되면, 암은 전이된 것이다. 이러한 이차적인 종양세포의 DNA는 돌연변이를 일으키게 되며, 염색체들은 절단되고 재배열하게 되어 많은 암세포의 염색체는 정상적이지 않은 이수성(aneuploid) 상태에 있게 된다. 따라서 전이된 암은 새로운 유전학적인 특성을 갖게 되어 원래의 암을 치료하는 데 이용되었던 치료법에 대해서는 저항성을 갖게 된다.

암세포의 기원

암이 생기느냐 생기지 않느냐에 영향을 주는 요인 중에는 처음 암세포가 되는 세포가 얼마나 분화되었는가와 그 세포가 조직에서 어디에 있었는가 하는 것도 포함이 된다. 세포 수준에서 적어도 다음의 네 가지 상황으로 인해 암이 생성될 수 있다.

- 줄기세포의 활성화로 인한 암세포의 생성
- 역분화
- 줄기세포 혹은 선조세포로 이루어진 조직의 증가
- 잘못된 조직 복구

역분화는 실무율(all-or-none)의 한 현상은 아니다. 대부분의 암세포는 줄기세포들보다는 좀 더 분화되어있지만 주변의 정상적인 세포들에 비해 비교적 덜 분화되어있는 상태이다. 그렇다면 무엇으로부터 암세포가 생겨나는가? 암세포는 아마도 스스로 재생할 능력을 갖는 약간 분화된 딸세포를 생산하는 줄기세포로부터 유래하거나 분화하기는 했으나 원래의 특징을 좀 잃어버리고 계속 분열할 수 있는 능력을 갖게 된 세포로부터 유래할 수 있다. **암 줄기세포**(cancer stem cell)라고 하는 특정한 줄기세포는 정상적인 발달 과정에서 벗어나 있으며 암세포와 비정상적인 분화세포를 모두 만들어낼 수 있다. 이러한 암 줄기세포들은 뇌, 혈액, 그리고 상피조직(유방, 대장, 전립선과 같은 기관의 겉을 싸는 조직)에서 발견된다.

그림 20.6은 암 줄기세포가 어떻게 뇌종양을 일으키는지 보여주고 있다. (a)에서는 암 줄기세포가 선조세포로 되고 분화된 세포(뉴런,

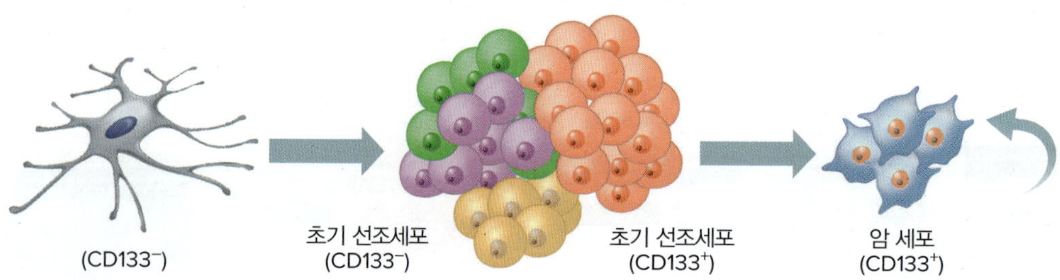

그림 20.7 역분화가 특수화를 되돌린다. 분화된 세포에서 발생한 돌연변이는 잠복된 "전형성능" 유전자를 활성화시켜 세포가 그 특성을 잃고 엄청난 분열을 할 수 있도록 한다.
출처: *Adapted from "Neurobiology: At the root of brain cancer," Michael F. Clarke, Nature 432:281–282. Macmillan Publishers Ltd, November 18, 2004.*

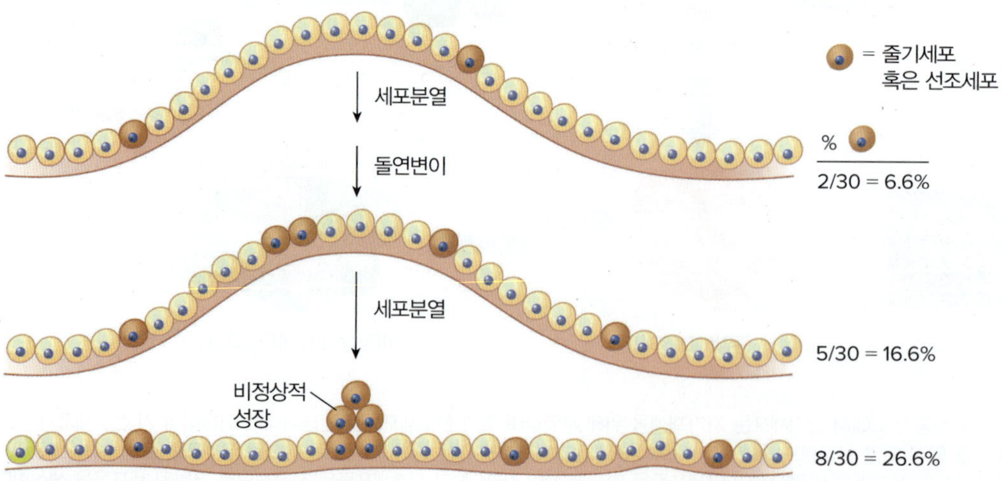

그림 20.8 조직 내에서 세포가 분열하는 방향으로 균형이 이동한다. 돌연변이에 의해 분화된 세포들이 좀 더 자주 분열하는 다른 종류의 세포들을 만들도록 한다면 오랜 시간에 걸쳐서 이 종류의 세포들이 점점 잠식을 하여 비정상적인 성장을 이루게 된다.

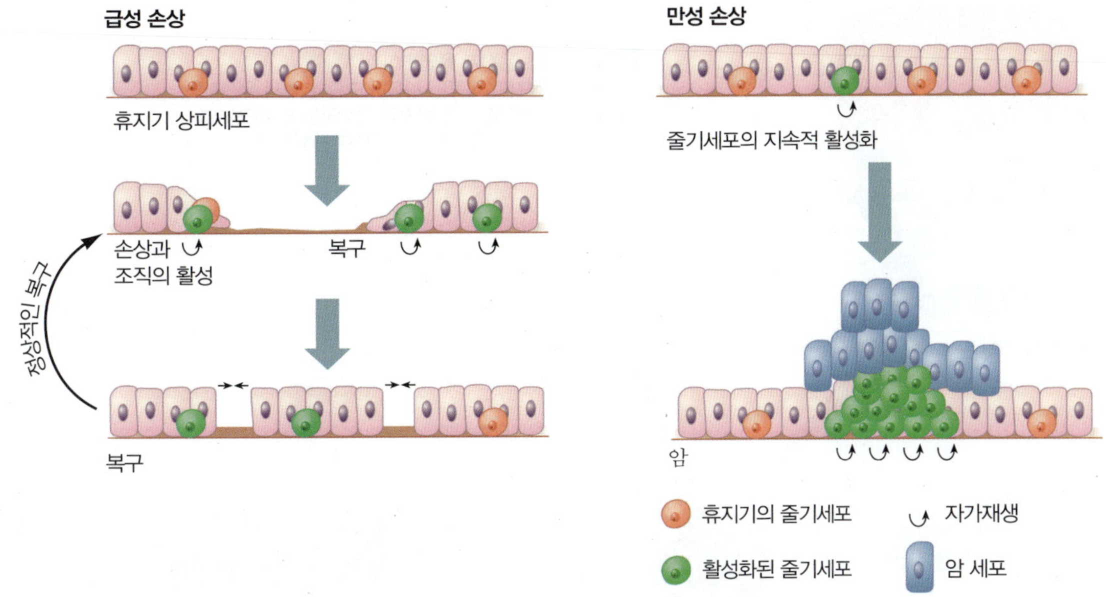

그림 20.9 너무 많은 복구가 오히려 종양을 야기한다. 상피조직이 망가지는 경우, 휴지기에 있던 줄기세포들이 활성화되어 분열을 하고 상처 난 조직을 메우게 된다. 그 피해가 장기적인 경우, 조직을 재생하기 위해 오랫동안 활성화 되어있던 줄기세포는 조절에서 벗어나 비정상적 성장을 하는 경우도 있다.

성상세포, 희소돌기아세포)로 되면, 선조세포(progenitor) 시기의 마지막 단계에서는 세포 표면 항원인 CD133를 잃기 시작한다(CD133$^-$로 표시). 반면에 (b)에서와 같이 암세포는 여전히 CD133를 갖고 있다 (CD133$^+$로 표시). 암 줄기세포로부터 유래한 몇몇 선조세포들은 끊임없이 분열하여 궁극적으로 축적되고 뇌 종양을 형성한다.

암은 세포가 분열하는 과정에서 그 세포만의 독특한 특징을 잃게 될 때 생길 수도 있으며, 암을 향해 변해가는 세포가 원래의 특이성을 압도할 수 있는 "전형성능(stemness)" 유전자를 발현하게 될 때 생겨날 수 있다(**그림 20.7**).

암이 되는 또 다른 길은 조직 수준에서 균형을 잃으므로써 세포들이 지속적으로 자주 분열하는 데 유리하도록 하여, 세포집단들이 마치 재생하는 시기에 있는 것처럼 빨리 성장하게 만든다. 만약 5%의 줄기세포와 10%의 선조세포 그리고 85%의 분화된 세포로 구성된 조직이 있다고 가정해보자. 시간이 경과하면서 돌연변이에 의해 세포 비율의 균형이 줄기세포와 선조세포 쪽으로 기울어진 경우, 잉여 세포들이 서로 쌓이게 되고 종양을 형성한다(**그림 20.8**).

잘못 조절된 조직 복구 역시 암을 일으킬 수 있다(**그림 20.9**). 조직 손상에 의해 생겨난 공간을 채우기 위해 필요한 세포분열이 과도하게 일어나는 경우 비정상적인 성장이 유발될 수 있다.

수많은 세포가 수많은 오류를 포함한 DNA 복제를 하고, 수많은 원인에 의해 암이 발생하므로 암이 이렇게도 흔하게 발견되는 것이 아마 놀랍지도 않을 지경이다. 그렇지만 대부분의 경우, 면역 시스템은 암이 급속히 진행되기 이전에 제거해 버린다.

핵심 개념 질문 20.2

a. 암세포의 특징들에는 어떤 것이 있는가?

*b. 종양줄기세포가 어떤 것인가?

c. 암을 일으키는 데 있어서 분화된 세포를 만들거나, 과도한 조직 복구를 하거나, 줄기세포와 선조세포의 균형이 어떻게 변화되는지 설명하시오.

20.3 암 유전자와 암 유전체

학자들은 수천 명의 암 환자로부터 얻은 세포의 유전체 염기서열을 분석했다. 그 결과 돌연변이들이 어떻게 암을 유발하고, 병이 진행되는 동안 어떻게 변해 가는지 보다 포괄적인 관점에서 바라볼 수 있게 되었다. 평균적인 암세포에는 267개의 체세포 돌연변이와 염색체 변형이 관찰된다. 이러한 암세포의 유전체 프로파일에 기반한 알고리즘은 약물 반응을 예측하는 데 사용된다.

운전자 돌연변이와 탑승자 돌연변이

차량의 운전자는 차를 목적지까지 운전해 간다; 승객(탑승자)은 운전자가 운전하는 동안 따라갈 뿐이다. 암 유전학에서 **운전자 돌연변이**(driver mutation)란 세포가 암의 상태를 유지하면서 성장에 선택적 이점이 발생하도록 하는 돌연변이를 의미한다. **탑승자 돌연변이**

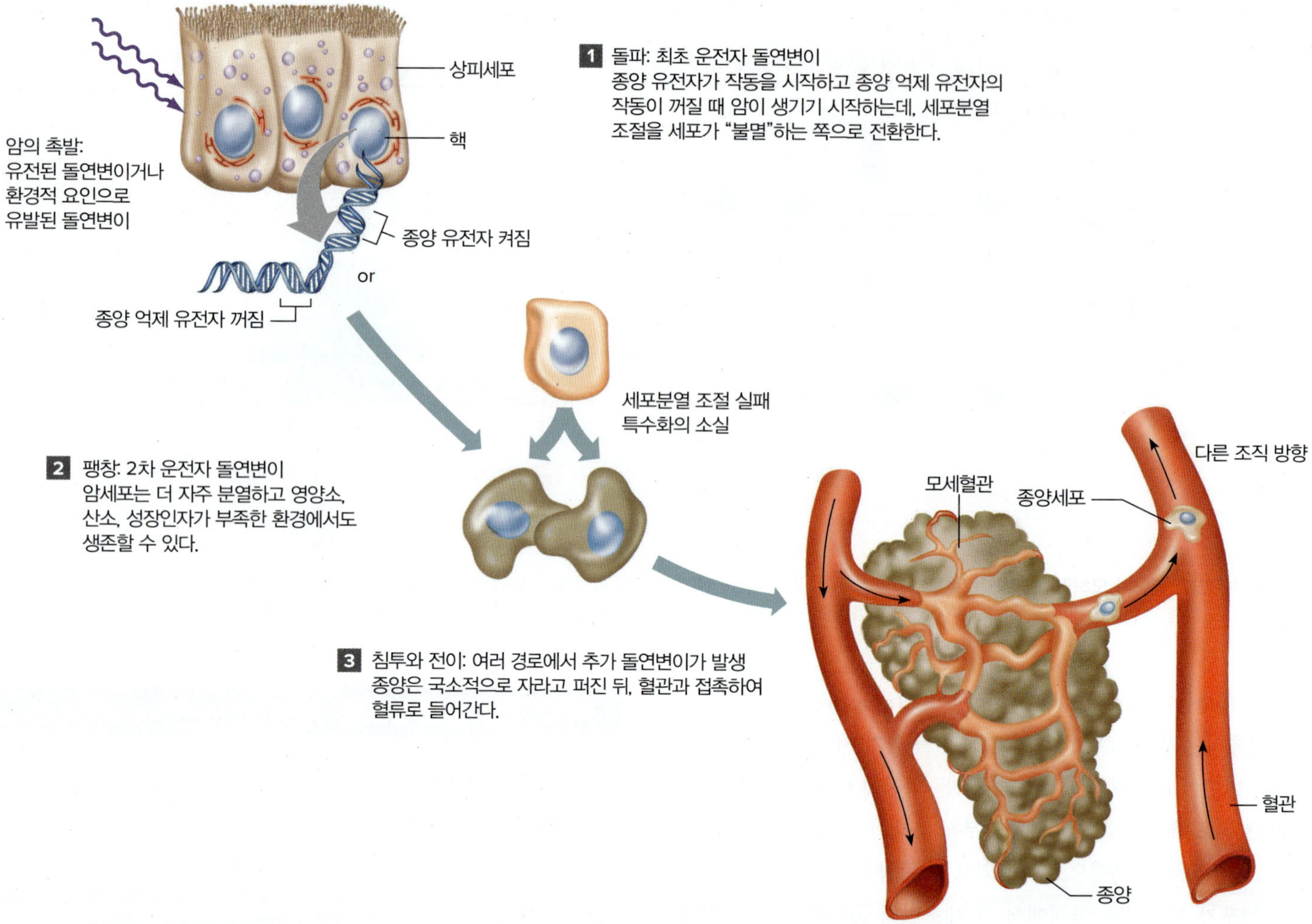

그림 20.10 암 발생의 세 번의 공격(주요 세 단계).

(passenger mutation)도 암세포에서 일어난다. 하지만 암의 성장과 확산을 일으키거나 증진하는 역할을 하는 것은 아니다. 운전자 돌연변이는 종양 유전자나 종양 억제 유전자에서 일어날 수도 있고 비정상적인 염색체에서 발생할 수도 있다.

현재까지 밝혀진 운전자 돌연변이는 200여 종에 불과하며, 수천 개의 유전자가 탑승자 돌연변이를 나타내는데, 이 돌연변이들은 사실 암세포뿐만 아니라 암이 아닌 세포들에서도 나타난다. 암세포에서 나타나는 돌연변이의 98%가 그냥 탑승자 돌연변이들이라고 보면 된다. 다른 방식으로 설명해 보면 우리 유전자의 약 2%가 세포주기 또는 DNA 복구에 관여하므로 어떤 식으로든 암과 관련될 수 있다.

종양들은 각각의 돌연변이가 얼마나 있는지의 관점에서 보면 매우 다양하다. 암은 보통 2개에서 8개의 운전자 돌연변이를 갖고 있으며, 탑승자 돌연변이의 숫자는 나이를 먹을수록 증가하는 경향이 있다. 조직학적으로 같은 종류의 암이 생긴 40세와 80세 환자를 비교해 보면, 나이가 많은 환자가 젊은 환자보다 많은 탑승자 돌연변이를 갖고 있을 것이다. 세월이 가면서 DNA 복제에서 에러가 발생하고 환경에 더 많이 노출되는 것을 감안하면 이러한 현상이 당연히 일어날것으로 이해할 수 있다.

운전자 돌연변이의 효과는 누적된다. 한 모델은 암이 형성되고 진행되는 것을 촉발, 팽창 및 침투의 세 단계에 해당하는 "세 번의 공격(three strikes)"으로 진행되며 돌연변이의 축적으로 설명한다(**그림 20.10**).

예를 들면, 초기 돌연변이("스트라이크")는 정상 상피(내벽)세포들이 주변 다른 세포보다 약간 빠르게 분열할 수 있도록 한다. 이러한 방식으로 더 빠르게 분열하는 세포의 클론(한 세포에서 파생된 세포 그룹)이 점차 축적된다. 두 번째 스트라이크는 두 번째 운전자 돌연변이가 이미 빠른 속도로 분열하는 돌연변이 함유세포들의 분열을 더욱 가속하고, 결과적으로 조직 내에서 이 세포들의 비율을 높아지게 한다. 이들 세포는 악성이 아닌 양성 종양을 형성한다. 각각의 운전자 돌연변이들이 분열 속도를 0.4%씩만 높여줘도 세포들이 일주

표 20.1	암을 유도하는 세 번의 공격			
	흑색종	췌장암	자궁경부암	대장암
돌파	*BRAF*	*KRAS*	*TP53, RB*	*APC*
팽창	*TERT*	*CDK2NA*	*PIK3CA*	*KRAS*
침투	*CDK2NA*	*SMAD4*	*MAPK1*	*SMAD4*
	TP53	*TP53*	*STK11*	*TP53*
	PIK3CA		*FBXW7*	*PIK3CA*
				FBXW7

일에 한 번 이나 두 번 정도 분열했을 때, 수년이 지나면 사람이 만져서 느껴질 정도의 종양은 이미 수십억 개의 세포로 이루어져 있을 것이다. 확장단계에서 암세포는 고형 종양의 내부 부분에서 발생할 수 있는 낮은 수준의 영양소 및 산소를 견딜 수 있는 능력과 성장인자를 획득하게 된다.

세 번째 공격인 침투에서 여러 경로를 나타내는 추가 운전자 돌연변이가 종양의 촉수를 주변 조직으로 보낸다. **표 20.1**은 4가지 유형의 암 뒤에 있는 돌연변이 사건의 순서를 나열한다. 종양이 전이되도록 하는 돌연변이는 질병의 시작부터 존재한 것이기 때문에 전이 자체는 "스트라이크" 단계로 간주하지 않는다.

학자들은 병을 일으키는 일련의 과정을 유추해 내기 위해 여러 가지 종양들을 비교하는 기법들을 사용한다. 한 가지 접근 방식은 신체 부위별로 분류된 동일한 유형의 암의 여러 단계에 있는 사람들의 종양 세포 돌연변이 개수를 세고 비교하는 것이다. 종양이 오래된 것일수록 더 많은 유전자의 변화가 축적되어있다. 따라서 여러 개인의 종양 중 모든 단계에 존재하는 돌연변이는 질병 진행 초기에 작용하는 반면, 진행 후기의 종양세포에서만 볼 수 있는 돌연변이는 나중에 작용한다. 즉, 동일한 개인에서 시간이 지남에 따라 진행된 암을 관찰해 보면, 후기에 관찰되고 널리 퍼진 암 조차 초기 운전자 돌연변이를 보유한다.

마지막 단계에 작용하는 유전자로 암이 퍼지게 하는 역할을 한다. 시간의 경과에 따라 유전적 변화가 축적되어 나타난다는 점에서 암의 진화는 종의 진화와 유사하다. 선형적인 변화는 진화 계통도에서 일부분을 나타내는 데 불과하듯이 돌연변이의 선형적 진행 역시 암을 바라보는 시각에서는 아주 작은 단편에 불과하다. 학자들은 이제 많은 종류의 종양에 있어서 암세포에 새로운 돌연변이가 생길 때마다 세포 계통의 분지가 일어나며 이로써 전이를 촉진하거나 전이와 동반한다고 생각하고 있다(**그림 20.11**).

다음 절은 특정 종양 유전자와 종양 억제 유전자에 집중하고 있다. 염색체 이상은 이러한 돌연변이들을 생성할 수 있는데, 암세포의 염색체들은 그 숫자와 구조에서 모두 비정상적인 면을 갖고 있다. 이들은 염색체의 전좌, 역위, 결실, 중복 등이 일어날 수 있다. 염색체 전좌는 비상동성 염색체의 일부를 연결하므로써 어떤 유전자가 종양 유전자가 될 수 있도록 충분히 많은 발현을 할 수 있도록 한다. 염색체 중복은 특정 종양 유전자의 카피를 두 개(상동염색체에 각 하나씩이므로 두 개)에서 많게는 100개까지도 늘일 수 있다. 염색체 결실은 종양 억제 유전자를 제거할 수 있다. 염색체 파열(chromochripsis)로 불리는 일회성 염색체 재배열 현상은 여러 개의 염색체의 정상적인 배열을 흐트러뜨려 결국 세포가 죽게 하거나 암세포가 되게 한다. 13장의 시작 부분은 염색체 파열에 대해 설명한다. 점 돌연변이는 또한 암을 유발할 수 있다.

종양 유전자 자세히 들여다보기

보통 세포분열을 촉발하는 유전자들을 **원종양 유전자**(proto-oncogene)라고 한다. 이 유전자들은 세포분열이 아주 빨리 일어날 필요가 있을 때 해당하는 곳에서 활성화 되어있다. 예를 들면, 상처가 아물어야 할 곳이나 발생단계의 배(胚)에서 활성화된다. 이러한 원종양 유전자가 적절하지 못한 때와 장소에서 너무 자주 활성화되면 종양 유전자로 역할을 하게 되는 것이다(*onco*-는 암을 의미). 종양 유전자의 활성화는 점 돌연변이에 의하거나 높은 발현을 보이는 유전자 근처로 염색체 전좌나 역위가 일어나 옮겨질 때 일어나게 된다. 종양 유전자 활성화는 기능 획득(gain-of-function)을 일으키지만 종양 유전자의 돌연변이는 주로 결실로 나타나며 기능 상실(loss-of-function)을 일으킨다(그림 4.8 참조).

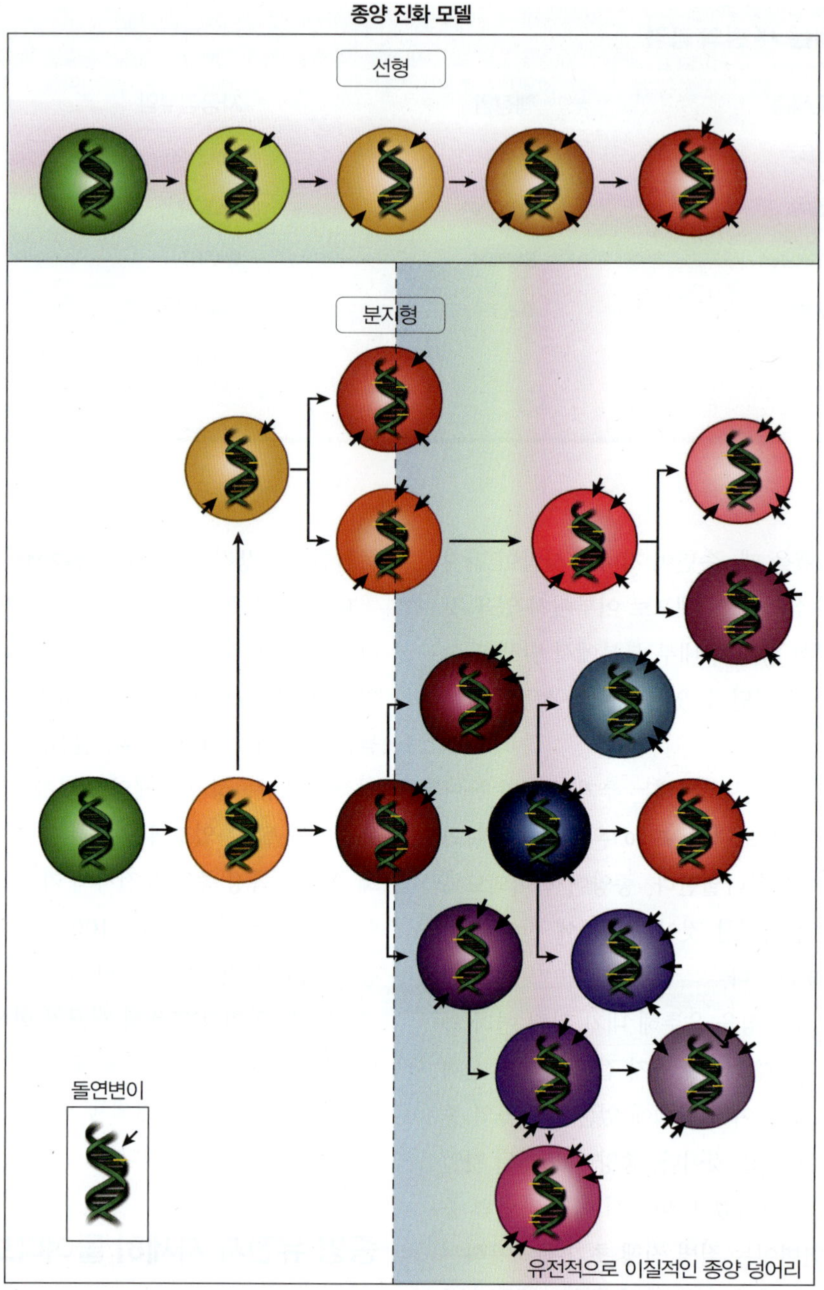

그림 20.11 암의 진화. 암에서 일어나는 유전적 변화는 선형으로 혹은 분지형으로 일어날 수 있다. 이질성을 띠는 종양 덩어리는 새로운 돌연변이의 형태로 생겨나며 이전 것은 그대로 남아있게 된다. 초기 선형 암은 이후에 분기될 수 있다. 또한 표 20.1은 암이 진행됨에 따라 돌연변이가 어떻게 축적되는지를 보여준다.

원종양 유전자는 발현이 매우 강한 유전자 근처로 전좌되어, 그 유전자와 함께 빨리 전사되므로써 종양 유전자가 되기도 한다. 원종양 유전자를 활성화하는 세 가지 예는, 바이러스 유전자, 호르몬을 암호화하는 유전자, 그리고 항체 유전자의 일부이다.

세포를 감염시키는 바이러스도 원종양 유전자의 옆으로 바이러스 자신의 DNA를 삽입하는 경우가 생길 수 있다. 이 바이러스가 자신의 DNA를 급속하게 전사할 때 인접한 원종양 유전자(이제는 종양 유전자가 되어버리는 것이지만)도 덩달아서 급속하게 전사된다. 종양 유전자가 암호화하는 유전자의 산물이 증가하게 되면 이 단백질들이 체세포분열을 촉진하게 되어 결국 암으로 이르게 하는 일련의 변화를 일으킨다(**표 20.2**). 바이러스에 의해 사람 유전체에 주는 피해는 "대재앙(catastrophic)" 수준이며, 염색체 전좌나 역위뿐만 아니라 종양 유전자를 활성화시키고 증폭시키게 된다.

원종양 유전자는 평소에 매우 발현이 강하게 일어나는 유전자 근처로 전좌하므로써 활성화되는 수가 있다. 이러한 현상은 11번 염색체의 역위가 일어날 때 원종양 유전자를 부갑상선 호르몬 유전자의

표 20.2	암을 유발할 수 있는 바이러스
바이러스	**암 종류**
엡스타인-바 바이러스	림프종, 위암, 인후암
C형 간염 바이러스	간암
헤르페스 바이러스 8	카포슬 육종
사람 면역결핍 바이러스	카포슬 육종, 자궁경부암, B 세포 림프종
인유두종 바이러스	자궁경부암, 인후암, 항문암, 질암, 음경암

전사를 조절하는 유전자 옆으로 옮길 때도 발생한다. 따라서 부갑상선에서 호르몬을 생성하게 되면 종양 유전자도 덩달아 발현하게 된다. 갑성선 세포가 분열하여 종양을 형성한다.

항체 유전자는 전사가 가장 활발하게 일어나는 유전자들 중 하나인데, 원종양 유전자가 항체 유전자의 옆으로 전좌될 때 그 발현이 높아질 것이라는 사실은 놀랄 일도 아니다. HPV(Human papilloma virus, 인유두종 바이러스)의 감염에 의해 발생하는 자궁경부암이나 항문암의 경우, 원종양 유전자가 항체 유전자의 활성화에 따라 같이 활성화되어 나타난다. 이와 유사하게, 아프리카에서 빈번히 발생하는 버킷 림프종의 경우 턱 주변에 있는 림프샘에서 커다란 종양을 발생시킨다. 버킷 림프종에 걸린 사람들은 엡스타인-바 바이러스(Epstein Barr virus, EBV)에 감염되어있고, 이 바이러스에 의해 B 세포에서는 특정 염색체의 전좌를 촉발하여 바이러스에 대한 항체를 만들어 내게 유도한다. 염색체 8번에 있던 원종양 유전자는 염색체 14번에 있는 항체 유전자 옆으로 전좌하게 되고, 종양 유전자는 같이 과발현되어 세포분열 속도가 더욱 증가하게 되는 것이다. 버킷 림프종 환자의 종양세포는 염색체 전좌를 나타낸다(**그림 20.12**).

종양 유전자는 원종양 유전자가 다른 유전자의 옆으로 전좌하므로 써 활성화되는 것이기도 하지만, 어떤 인접한 유전자들은 서로 짝을 이루어서 마치 하나의 유전자인 것처럼 전사도 번역도 함께 된다. 이러한 이중 유전자 산물을 **융합단백질**(fusion protein)이라고 하며 세포주기 조절을 활성화하거나 변화시킨다. 예를 들어, 급성 전골수구백혈병(acute promeyelocytic leukemia)에서는 15번 염색체와 17번 염색체 사이의 염색체 전좌가 동시에 일어남으로써 세포 표면에 발현하는 레티노산 수용체 유전자와 *myl*이라는 종양 유전자를 한 군데로 전좌시킨다. 이 융합단백질은 전사인자로서 역할을 하게 되는데 이 융합단백질이 과발현될 때 암이 생겨난다.

이 융합단백질의 특성을 살펴보면 왜 어떤 환자들의 경우 비타민-A 기반의 레티노이드 약물을 처방 받으면 병세가 호전되는지 설명이 된다. 이 환자들의 미성숙하고 역분화된 암세포들은 발생단계의 초기에 집중되어있는데, 이 상태에서 이들은 매우 자주 분열하고 갑자기 분화되어 성숙된 뒤 죽게 된다. 아마도 암을 유발하는 융합단백질은 영향을 받는 백혈구 세포들이 레티노이드를 받아들여 분화되는 것을 막으므로 써 이 세포들이 발생하는 배와 같이 급격하게 분열하는 상태로 묶어두는 것이다. 그러나 과량의 레티노산을 추가적으로 공급하게 되면 세포들이 정상적인 발생 과정을 계속하게 된다. **역사 엿보기**는 특정 돌연변이가 있는 세포를 표적으로 하는 최초의 항암제 중 하나의 개발로 이어진 융합단백질에 대해 설명한다.

종양 유전자가 암을 일으키는 또 다른 방법은 성장인자에 대해 과다한 반응을 통해서이다. 유방암을 갖고 있는 여성 중 25%의 경우, 암세포 표면에 약 1~2백만 개의 HER2 라는 표면단백질을 갖고 있는데 이 단백질이 종양 유전자의 산물이다. 정상적인 경우라면 이 단

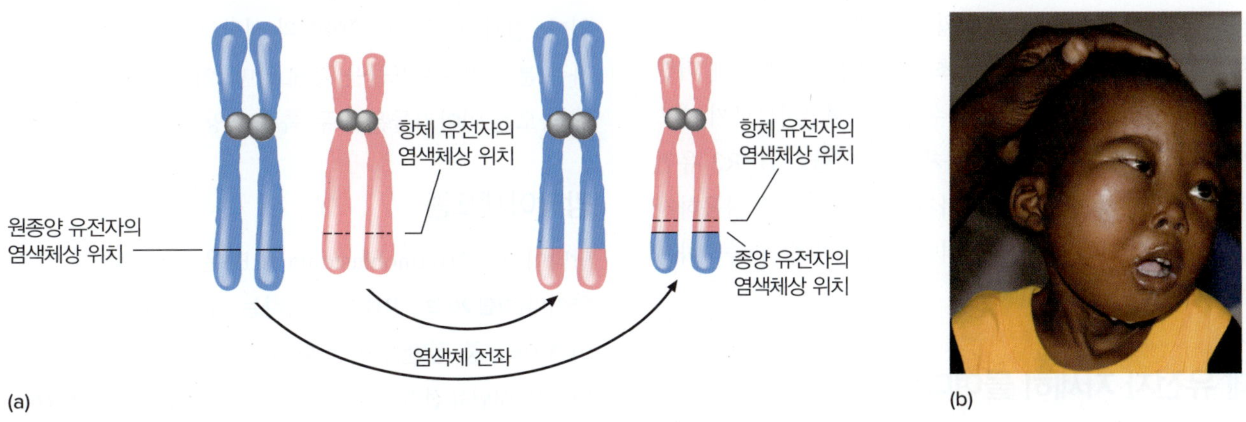

그림 20.12 염색체 전좌가 암을 일으킨다. (a) 버킷림프종에서 염색체 8번에 있던 원종양 유전자는 염색체 14번 상에 있는 매우 높은 발현을 보이는 항체 유전자 옆으로 전좌한다. 이제 종양 유전자가 되어버린 원종양 유전자의 과발현으로 암으로 되는 세포 수준의 그리고 분자 수준의 변화를 일으킨다. (b) 버킷림프종은 보통 턱에 생겨난다.
(a): 출처: Adapted from "Tissue repair and stem cell renewal in carcinogenesis," Philip A. Beachy, Sunil S. Karhadkar, and David M. Berman, Nature 432:324-331. Macmillan Publishers Ltd, 2004; (b): Mark Boulton/Alamy Stock Photo

역사 엿보기

1958년 8월 13일, 필라델피아의 어느 병원으로 두 남자가 찾아와 피로를 호소하였다. 두 사람은 모두 높은 수치의 백혈구를 갖고 있었고, 만성 골수성 백혈병(CML)으로 진단되었다. 그들의 혈액 시료는 결국 병리학자인 피터 노웰(Peter Nowell)과 세포유전학자인 데이비드 헝거포드(David Hungerford)에게 넘어가게 된다. 이들은 백혈구들이 배양액에서 분열할 수 있도록 유도하는 방법을 개발하였고, 그 두 명의 피곤한 남자와 다른 다섯 명의 CML 시료에서 정상과 백혈병을 보이는 백혈구들의 염색체를 조사하였다.

노웰과 헝거포드는 백혈병세포에서 작고 비정상적인 염색체를 발견하였다. 이것이 암과 연관된 첫 번째 염색체 이상이다. 나중에 이 염색체 이상을 "필라델피아 염색체(Ph)"라고 명명하였다. 1972년 A-T가 많은 부위를 G-C가 많은 부위와 구별할 수 있는 염색법을 개발하고 필라델피아 염색체가 염색체 전좌에 기인함을 밝히게 된다(그림 13.19 참조). 1984년에 이르러 연구자들은 9번과 22번 염색체의 전좌로 인해 두 유전자가 나란하게 배열됨을 알아내었다. 9번 염색체로부터 유래한 유전자는 Abelson 종양 유전자(*abl*)이며, 22번 염색체로부터 유래한 다른 하나는 breakpoint cluster region(*bcr*)이라는 유전자이다. 이로부터 두 가지 다른 형태의 융합단백질이 만들어지는데, *bcr-abl* 융합 유전자가 필라델피아 염색체의 일부로 CML을 일으킨다. 다른 융합 유전자는 건강에 영향을 미치지 않는다.

BCR-ABL 종양단백질이라고 하는 융합단백질이 *abl* 유전자의 정상적인 산물과 같은 타이로신 인산화효소의 한 형태라는 발견은 최초의 인산화 억제제 개발로 직접 이어졌다. 인산화효소는 인산기(PO_4)를 다른 분자로 전달하는 효소이며 신호전달 경로의 핵심 부분이다. 암을 유발하는 형태의 타이로신 인산화효소는 너무 오랫동안 활성화 되어 있어 세포가 과도하게 분열하도록 신호를 전달하게 된다.

1980년대를 거치면서 신약 개발팀들은 400개가 넘는 저분자량 물질들을 탐색하면서 정상적인 다른 주요 효소들에는 영향이 없으면서도 잘못된 타이로신 인산화효소만 억제하는 물질을 찾아내고자 하였다. 그들은 1992년에 최초의 인산화 효소 억제제가 될 약물을 찾아내게 된다. 이 약물은 타이로신 인산화효소의 ATP 결합에 필요한 포켓 구조 안으로 파고 들어가서, 세포분열시 필요한 ATP의 결합을 막다. ATP 결합을 차단함으로써 암세포는 세포분열을 시작하라는 신호를 받지 못하게 된다. 안전성 검사를 통과 한 후, 이 약물은 약효가 너무 좋아서 약품 사용 승인이 나는데 고작 10주밖에 걸리지 않은 신기록을 세우게 된다. 그러나 초기에 개발된 인산화효소 억제제를 몇 년 동안 사용하면 내성 암세포가 나타날 수 있다. 그렇지만 다른 약물들이 이러한 내성이 생긴 환자에 대한 표적치료제로서 계속 개발되고 있다.

백질의 수는 2만에서 10만 정도 수준이 되어야 한다.

HER2 단백질은 표피성장인자 수용체이다. 이 수용체는 세포막을 가로질러 밖으로는 세포외 기질로부터 안쪽으로는 세포질에까지 걸쳐있다. 이 수용체는 **역사 엿보기**에 설명된 백혈병의 경우와 같이 타이로신 인산화효소(tyrosine kinase)로 역할을 한다. 성장인자가 수용체의 타이로신기에 붙을 때, 타이로신은 인산기를 하나 붙이게 되고 이를 통해 세포분열을 유도하는 유전자들의 전사를 활성화시킨다. HER2 유방암의 경우, 지나치게 많은 타이로신 인산화 효소들이 세포분열을 유도하는 신호를 지나치게 많이 보낸다.

HER2 유방암은 일반적으로 성인기 초기에 발병하여 빠르게 퍼진다. 그런데 단일 항체 기반의 약품은 이 수용체에 결합하므로써 세포분열을 야기하는 신호를 막는다. 흥미롭게도 이 약물은 HER2 유전자 하나가 많이 전사되어 발현양이 많아지는 경우에는 잘 작용하지 않는 반면 *HER2* 유전자가 많이 복제되어 수용체의 수가 증가하는 경우 잘 작용한다.

종양 억제 유전자 자세히 들여다보기

어떤 종류의 암은 종양 억제 유전자의 소실이나 억제로 인해 발생하는데, 종양 억제 유전자들은 세포를 암으로 만드는데 관련된 유전자들의 발현을 억제하는 기능을 한다. 암은 종양 억제 유전자가 결손되거나 종양 억제 유전자의 프로모터에 메틸기(CH_3)가 많이 결합하여 전사가 활발하지 않을 때 일어난다. 종양 억제 유전자의 돌연변이는 열성이다. 돌연변이가 대립유전자 중 하나에 있을 때는 증상이 나타나지 않아서 유전될 수 있으며, 이 세포에 또 다른 대립유전자에 두 번째 돌연변이가 일어나게 되면 암이 발생한다.

빌름스 종양(Wilms' tumor)은 종양 억제 기작이 상실될 때 일어나는 대표적인 예이다. 이 종양은 태아에서 신장 세뇨관이 급격히 발달할 때 체세포분열을 정지시키는 기능을 하는 유전자가 상실되어 있다. 결과적으로, 어린아이의 신장도 마치 아직 태아시기인 것처럼 자주 분열하는 세포들을 갖게 되며, 이것이 종양으로 발전한다. 다음에 나오는 이야기들은 모두 특정 종양 억제 유전자들에 관한 것이다.

망막아세포종

망막아세포종(retinoblastoma, RB)은 그리 흔하지 않은 소아 안구종양이다(**그림 20.13**). RB가 발생하는 아이들의 비율은 2만 명 중 1명꼴이며 이들 중 절반은 이 질환에 감수성이 있는 유전자를 물려받는다. 이들은 대립유전자 중 하나가 생식세포에서 발생한 *RB1* 유전자의 돌연변이 대립유전자를 갖고 있다. 이러한 조건에서 *RB1* 유전자의 또 다른 대립유전자가 돌연변이일 때 암은 어느 체세포에서도 발생할 수 있다. 따라서 유전성 망막아세포종은 두 개의 점 돌연변이 내지는 결

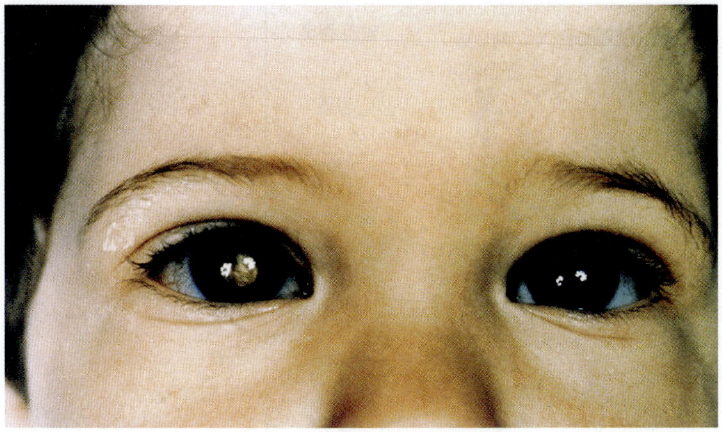

그림 20.13 망막아세포종 타입 1은 종양 억제 유전자의 돌연변이에 의해 생겨난다. 망막아세포종은 빛을 반사하기 때문에 사진상에서 흐리게 보인다. 다행히도 거의 모든 망막아세포종의 경우는 오늘날 수술이나 화확요법으로 치료가 가능하다. *National Cancer Institute/Science Source*

실을 필요로 하는데 그중 하나는 생식세포 돌연변이이고 다른 하나는 체세포 돌연변이이다. 산발성 (다음 세대로 유전되지 않는) 암의 경우 염색체 13에 있는 *RB1* 유전자의 각각의 대립유전자에 모두 체세포 돌연변이가 일어나 발생한다. 유전성이든 산발성이든 어떤 경우이건 망막아세포종은 보통 망막에 있는 원뿔세포(cone cell)에서 시작하는데, 이 원뿔세포는 우리 시각에 있어서 색 정보를 제공하는 세포이다.

망막아세포종의 연구는 발암 원인을 연구하는 데 있어 이른바 "two-hit" 가설, 즉 종양 억제의 결실이나 고장을 일으키기 위해서는 생식세포 돌연변이와 체세포 돌연변이 혹은 두 개의 체세포 돌연변이가 필요하다는 가설의 시발점이 된다(두 번째 형태의 망막아세포종은 종양 유전자인 *MYCN*의 돌연변이에 의해 일어난다).

많은 망막아세포종을 가진 어린이들에 있어서 13번 염색체의 장암에 일정한 부분에서 결실이 발견되었는데 이를 통해 학자들은 *RB1* 유전자와 그 단백질 산물도 함께 발견했으며, 이를 통하여 암과 세포주기와의 연관성을 알아내게 되었다. 이 단백질은 보통 전사인자에 결합하여 있어서 이들이 체세포분열에 필요한 유전자의 발현을 활성화하지 못하도록 한다. 그래서 세포주기의 시기를 G_1에 정지시키게 한다. 그런데 *RB1* 유전자에 돌연변이가 일어나거나 없어지게 되면 전사인자에 대한 구속이 사라지게 되고 세포분열이 진행되는 것이다.

수년간, 망막아세포종에 대한 치료법은 오직 눈을 제거하는 것뿐이었다. 오늘날 50%의 확률로 돌연변이 *RB1* 유전자를 갖고 있는 부모나 형제자매들은 태어나면서부터 모니터링해서 조기 발견이 되면 항암요법과 같이 비침습적 치료를 통해 일찍 치료를 시작할 수 있다. 완치되는 것은 물론이다.

RB1 유전자의 돌연변이는 또 다른 암도 유발한다. 망막아세포종이 성공적으로 치료된 어린이들이 자라 10대가 되면서 종종 뼈에 암이 발생하기도 하고 어른이 되면 방광암이 발생하기도 한다. 또한 눈에는 암이 생겨본 적이 없는 유방암, 폐암, 전립선암 혹은 급성 골수성 백혈병 환자의 경우에도 돌연변이 *RB1* 유전자가 발견되는 경우도 있다. 이러한 암이 발생하는 원인은 동일한 유전학적인 결함이 다른 조직에서 발현하기 때문이다.

*p53*은 많은 암을 억제한다

오직 하나의 유전자에 돌연변이가 발생하는 것만으로도 다양한 암의 발생을 유발하는 유전자는 바로 *p53* 유전자이다. 12장에서 언급된 *p53* 단백질이 전사인자로서 DNA 복제 실수를 복구할 것인지 아니면 세포자살을 할 것인지 "결정"하는 기능을 한다는 내용을 기억해보자. 세포에서 *p53* 유전자가 상실되거나 유전자에 돌연변이가 일어나거나 고장이 나면 DNA에 손상이 있는 세포들조차도 분열을 할 수 있게 되고 그 결과 암이 발생하게 된다.

사람에서 생겨나는 암의 절반은 이 *p53* 유전자에 돌연변이가 일어나거나 결실이 발생하는 것과 연관이 있다. 이는 p53 단백질이 환경에서 오는 상해와 암의 발생 사이에 유전학적인 매개체 역할을 하기 때문이라 할 수 있다(**그림 20.14**). 예를 들어, 피부암의 한 종류는 반복적인 햇볕 화상으로 인하여 피부세포에 과도한 염증반응이 일어나 피해를 입은 피부세포에서 *p53* 돌연변이에 의해 암이 발생한다. 즉, *p53*이 햇볕에 대한 노출과 피부암 사이의 매개자 역할을 한 것이다.

대부분의 *p53*-연관 암에서, 돌연변이는 체세포에서 일어난다. 그런데 리-프라우메니(Li-Fraumeni) 증후군처럼 생식세포에서 돌연변이가 발생하게 되면, *p53* 유전자의 돌연변이를 물려받은 가족 구성원은 매우 높은 암 발생률을 갖게 된다. 50%는 30대 이전에, 90%가 70대 이전에 암에 걸리게 된다. 생식세포 돌연변이에 의해 *p53* 대립유전자 하나는 이미 돌연변이를 갖고 있기 때문에 체세포에 *p53* 돌연변이가 일어나면 바로 암이 된다.

위암에서 세포접착의 떨어짐

E-cadherin은 조직을 감싸는 내막 부분에서 발견되는 세포부착단백질로, 이 유전자가 결실될 때 암이 생기는 것으로 보아 이 유전자는 종양 억제 유전자이기도 하다. 이것은 브래드필(Bradfield) 가문에서 실제로 발생된 일이기도 하다. 골다 브래드필드(Golda Bradfield)는 1960년 위암으로 사망했다. 또한 일부 그녀의 장성한 자녀들도 같이 암에 걸렸을 때, 그녀의 손자들은 자신들이 집안의 끔찍한 유산을 물

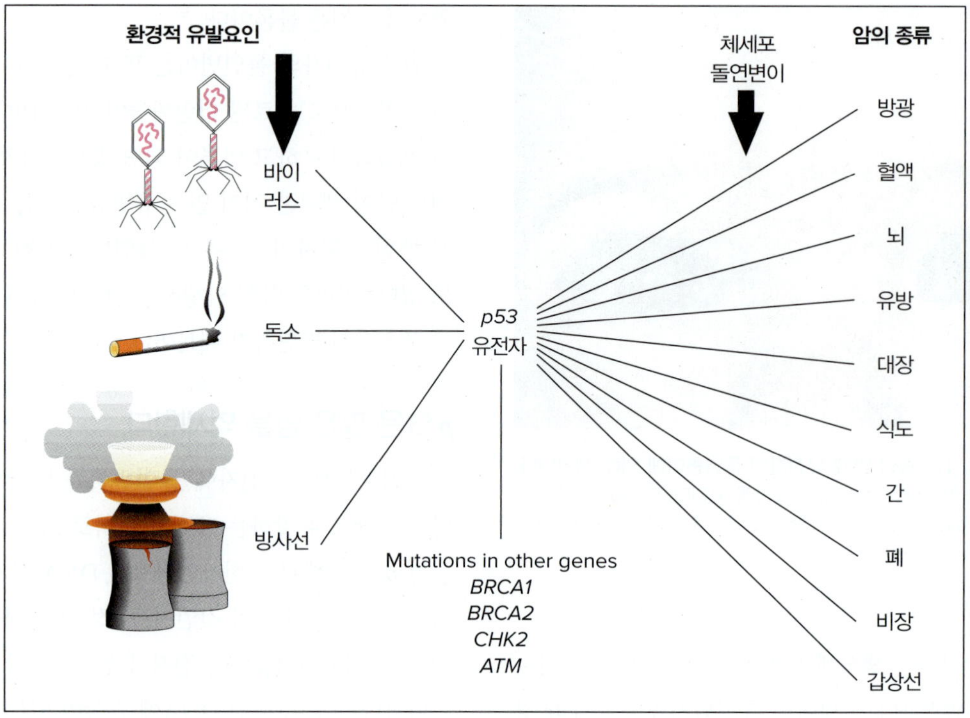

그림 20.14 ***p53*** **암은 환경에 의한 손상을 반영한다.** 환경은 유전자의 돌연변이나 발현의 변화를 야기하여 암 발생으로 유도한다. *p53* 유전자는 그러한 과정 중의 한 매개체일 수 있다. *p53*은 "유전체의 수호자"라고 일컬어질 정도로 중요한 유전자이다. 많은 유전자의 산물이 *p53*과 상호작용한다(*p53* 종양단백질의 경우 *TP53*이라고도 불린다).

려받았음을 깨닫기 시작했다. 유전자 검사 결과, E-cadherin 유전자의 mRNA 상에서 엑손 하나를 통째로 날려버리는 '엑손 건너뜀(exon skipping)'을 유도하는 과오 돌연변이를 찾았으며, 이 때문에 가족성 미만성 위암(familial diffuse gastric cancer)이 발병된다는 것이 밝혀졌다(12.5절 참조).

골다의 손자들은 유전자 검사를 받았고 그중 열한 명이 돌연변이 유전자를 물려받는 것이 밝혀졌으나 위에서 종양이 발견되지는 않았다. 그래도 그들은 모두 위 제거 수술을 받았다. 왜냐하면 그들 대부분은 의학적인 영상 검사로는 검출되지 않을 만큼 작은 종양이 수백 개는 갖고 있을 것이기 때문이다. 위를 제거한 가족들은 잘 지내고 있는데, 위를 제거하고 체중이 감소한 다른 사람들처럼 이들도 소화하기에 너무 딱딱한 음식을 피하고, 한 번에 조금씩 음식물을 섭취하며 살아야 했다. 그들은 이러한 불편함이 할머니, 부모님, 그리고 이모와 삼촌에게는 운명이었던 위암에 대한 두려움 없이 살 수 있기 위한 공정한 거래라고 말한다.

BRCA1/BRCA2 돌연변이로 인해 DNA 복구 중단

가계의 내력으로 내려오는 유방암은 생식세포 돌연변이가 생기고 그 이후에 또 하나의 체세포 돌연변이가 발생하여 생겨난 것이고(가족성), 가족성이 아닌 산발성 유방암은 한 세포에서 두 개의 체세포 돌연변이가 일어나는 경우이다. 그림 20.4에서 보여주는 폐암의 경우와 유사하다. 그런데 유방암은 이제 아주 흔하기 때문에 한 가족에서 관찰되는 유방암이 가족성이 아닌 산발성인 경우도 있다.

유방암의 약 5%만이 가족성 암이며, 적어도 20개의 유전자 중 어떤 유전자의 돌연변이에 의해 발생한다. 가족성 유방암에 대한 감수성과 관련된 대부분의 유전자는 DNA가 손상에서 살아남을 수 있는 방식으로 상호작용하는 단백질을 암호화한다. DNA가 복구되지 않으면 암을 직접 일으키는 돌연변이가 축적되고 계속 남아있게 된다.

유방암에 있어서 주요한 감수성 유전자는 *BRCA1*과 *BRCA2* 두 가지인데, 전체 유전성 유방암 환자의 15~20%가 이 두 유전자의 이상에 의해 발병하게 된다. *BRCA* 돌연변이는 상염색체 우성의 형태로 다음 세대로 유전되는데 이 돌연변이는 암을 직접 일으키기보다는 암에 대한 감수성을 증가시키는 방향으로 효과를 나타내는 것으로 보아 불완전 침투도(incomplete penetrance) 유전이 된다.

BRCA1 유전자는 "유방암 소인 유전자 1(breast cancer predisposition gene 1)"로 불리며, 이 유전자에 의해 유방암과 난소암(ovarian cancer)의 위험도가 매우 높게 증가한다. 그런데 이 위험도는 인류 집단마다 서로 다르게 나타나는데 그 이유는 다른 변경 유전자들의 효과 때문이다.

가장 흔한 *BRCA1* 돌연변이는 두 개의 나란하게 붙은 염기들이

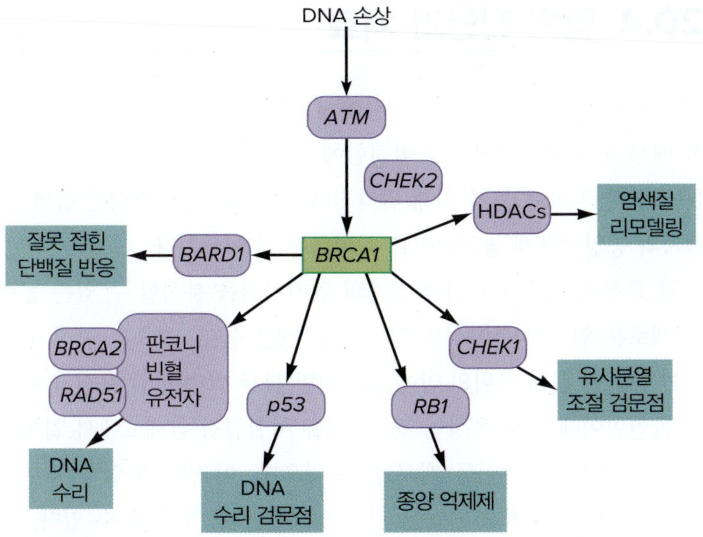

그림 20.15 ***BRCA1*** **유전자는 많은 세포 내 방어기작을 조절한다.** *BRCA1* 유전자는 DNA 손상을 복구하는 데 있어서 유전적으로 중추적인 역할을 수행한다. *BRCA1* 돌연변이를 물려받는다는 것은 여러 가지 암(유방암, 난소암, 자궁경부암, 자궁관암, 자궁암, 복강암, 췌장암, 전립선암)에 대한 감수성이 증가함을 의미한다. 이 유전자와 상호작용하는 다른 유전자상에 일어나는 돌연변이 또한 암에 대한 감수성을 증가시킨다(이탤릭체로 표시한 것이 유전자임을 의미한다. HDAC는 히스톤탈아세틸효소이다).

결실되었는데, 이 결과로 단백질로 번역되는 프레임이 변하게 되어 궁극적으로 짧은 단백질을 생산하게 된다. 이 유전자에 존재하는 수백 개의 돌연변이는 이미 알려진 것이며 그 대부분은 매우 희귀하게 나타난다. 암 위험은 돌연변이 부위에 따라 다르다. *BRCA1*의 경우, 유전자 말단의 돌연변이는 유방암 위험을 증가시킬 가능성이 높고, 유전자 중간 부분의 돌연변이는 난소암 위험을 증가시킬 가능성이 더 높다.

BRCA1 유전자는 여러 경로로 발생하는 DNA 손상에 대응하는 다양한 단백질들과 상호작용하는데, 중요한 보호 기능 중 하나는 같은 자리에서 DNA 두 가닥이 모두 잘린 유전체 부위를 수선하는 것이다. 이러한 이중나선의 절단은 특히 위험한데, 이는 염색체의 절단을 의미하고 이는 곧 염색체가 결실되거나 전좌되어 재배열할 수 있게 되는 것이기 때문이다. **그림 20.15**는 DNA 보호에 있어서 *BRCA1*의 중추적인 역할을 설명하고 있다.

BRCA1 돌연변이는 각각의 인류집단별로 서로 다른 발생빈도를 나타낸다. 미국의 일반적인 인구집단에서는 833명 중 1명꼴로 돌연변이가 생긴 *BRCA1* 대립유전자를 갖고 있으며, 아슈케나지 유대인 집단에서는 집단의 병목 현상과 무작위적이지 않은 결혼 때문에 50명 중 1명 이상이 돌연변이를 갖고 있다. 독일계 유대인 집단에서 *BRCA1* 유전자가 발견된 것은 가족 구성원 중 여럿이 어린 나이에 앓기 시작한 한 가족으로부터였다. 이 그룹에서 *BRCA1* 돌연변이를 갖는 여성이 생애에 걸쳐 유방암이 발생할 확률이 87%에 달하며, 난소암이 발생할 확률은 50% 이상이다. 강력한 병력이 없는 독일계 유대인 가계에서는, 유방암에 걸릴 확률은 65% 난소암에 걸릴 확률은 39% 정도 된다.

자신이 유방암이나 난소암을 유발하는 돌연변이 대립유전자를 물려받은 사실을 알게 된 여성 중 일부는 자신의 유방이나 난소를 미리 절제하는 수술을 받기도 한다. 이러한 행위는 낮은 발병 위험률을 갖는 다른 집단 사람들보다 87%라는 높은 발병 위험률을 갖는 아슈케나지 유대인 여성들에게는 좀 더 현실적인 문제로 다가오게 된다. 일반 집단에서는 하나의 돌연변이만을 물려받은 경우 *BRCA1*에 의한 암 발생 위험율은 경험적으로 보아 10% 내외이다. 이러한 돌연변이를 갖는 여성 중 1940년 이전에 태어난 사람들이 그 이후에 태어난 사람들보다 높은 위험률을 갖는다는 사실은 환경적 요인 또한 물려받은 돌연변이가 암을 일으키는 데 중요한 역할을 할 것임을 시사하고 있다.

BRCA2 유전자에 의한 유방암 역시 아슈케나지 유대인 집단에서 더 흔하게 나타난다. 아슈케나지 유대인 여성이 *BRCA2* 유전자의 돌연변이를 물려받았다면 45%에 이르는 유방암의 생애 위험도와 11% 정도에 해당하는 난소암의 생애 위험도를 갖게 된다. 남자의 경우 *BRCA2* 유전자의 돌연변이가 있으면 6%의 유방암 생애 위험도를 갖게 되는데 이는 일반인 집단에서의 위험률에 비교하면 약 100배에 해당하는 수치가 된다. *BRCA2* 유전자 돌연변이를 물려받음으로써 대장, 신장, 전립선, 췌장, 담낭, 피부 그리고 위에서의 암 발생률도 증가하게 된다.

모든 암 감수성 유전자에 대한 테스트는 "불확실성 변이(variant of uncertain significance)"를 밝혀낼 수 있다(12.7절의 **생명윤리학** 참조). 이것은 유전자 서열이 야생형은 아니지만 증가된 암 감수성에 연관되어 있거나 다른 표현형과 관련이 없다는 것을 의미한다.

암의 환경적 원인

환경적 요인은 세포주기, 세포자살, DNA 복구를 조절하는 유전자의 발현을 변화시키거나 돌연변이를 생성시킴으로써 암을 일으키는 데 공헌한다. 암 감수성 유전자를 물려받는다는 것은 그 사람을 암에 걸리는 쪽에 좀 더 근접시켜놓는 결과를 가져오지만, 암은 어떤 사람에서나 체세포 돌연변이에 의해서도 생겨날 수 있다. 현재로서는 암을 발생시키는 환경적인 요인을 찾아 그것들에 노출되는 정도를 줄이거나 조절하는 것이 유전자를 조절하는 것보다 더 실용적이다.

집단 수준에서 암을 바라보면 유전자와 환경 간의 상호작용이 드러나게 되는데, 예를 들어, 어떤 연구에서 비호지킨성 림프종을 갖고 있는 172명의 농부를 대상으로 조사해보니 그중 65명은 특정한 염색체 전좌를 갖고 있었다. 이 65명은 염색체 전좌가 나타나지 않은 다른 사람보다 더 오랜 시간 동안 독한 살충제, 제초제, 살진균제, 훈증제 등에 노출되어 있었다. 이러한 발견은 화학물질에 대한 노출을 암 발병과 연관시키고 있다. 비호지킨성 림프종의 일부 하위 유형은 이라크와 아프가니스탄에서 군 쓰레기 소각장(Brun pit)에 노출된 군인들과 9/11 테러 공격에 대한 최초 대응자들 사이에서 더 널리 퍼져있다.

먹는 음식 같은 환경적 요인들이 어떻게 암 위험률에 영향을 주는지 결정하는 것은 매우 복잡한 일이다. 브로콜리나 방울양배추 같은 십자화과 채소가 대장암 발병 감소에 연관되어 있다고 생각해보자. 이 채소들은 글루코시노산이라고 하는 화합물을 분비하는데, 이것이 조리된 육류육부터 생성되는 발암 원인 헤테로고리형 방향족 아민의 독성을 중화시키는 "외래유래물질 대사효소(xenobiotic metabolizing enzyme)"를 활성화한다. 반면에 채소가 별로 없는 육류 위주의 식사를 하게 되면 이러한 아민들이 축적된다. 이 아민들은 소화관의 내막을 통과해 들어가 간으로 전달되고 거기에 있는 효소에 의해 대장암의 운전자 돌연변이를 일으키는 물질로 바뀌게 된다. 이것이 식물성 식단이 붉은 고기를 먹는 것보다 더 건강한 이유 중 하나이다.

환경적 요인과 유전적 요인 모두 암 위험률에 영향을 준다. 피부암의 일종인 흑색종을 보면 알 수 있다(그림 20.5 참조). 햇빛에 노출되면 위험이 증가되지만, 붉은 머리, 고운 피부, 주근깨를 주는 것으로 알려진 멜라노코르틴-1-수용체(*MC1R*) 유전자의 특정 변이는 강렬한 햇빛을 피하더라도 흑색종이 발병할 위험을 두 배로 늘린다(제5장 여는 글 참조).

핵심 개념 질문 20.3

*a. **운전자 돌연변이**를 설명하시오.
*b. **탑승자 돌연변이**를 설명하시오.
c. 암으로 진행되는 다단계의 과정에 대해 설명하시오.
d. 암의 발생에 있어서 염색체는 어떤 역할을 하는지 토론하시오.
*e. **종양 유전자**를 정의하시오.
*f. **종양 억제 유전자**를 정의하시오.
g. 환경은 어떻게 암을 일으키게 하는가?

20.4 암의 진단과 치료

진단과 치료 모두 일반적인 검사에서 질병을 분류하고 통제하기 위한 매우 구체적인 전략으로 발전함에 따라, 최근 몇 년 동안 암에 대한 진단과 치료는 눈에 띄게 달라졌다. 새로운 접근 방식은 종양 유전자와 종양억제제 돌연변이를 식별하는 것 이상이다.

암 유전자 엑솜과 유전체 전체의 염기서열을 분석할 수 있는 능력은 새로운 임상적 특이성을 제공한다. 예를 들어, 가족의 여러 구성원이 동일한 신체 부위의 암에 걸렸지만 모두 알려진 암 운전자 유전자 돌연변이에 대해 음성인 경우, 엑솜 서열결정 암세포에서 일어난 다른 유전자 돌연변이를 제시할 수 있으며, 이 변이가 암 세포주기 또는 DNA 복구 억제 기능을 갖고 있다는 것을 알려줄 수 있다. 연구자들이 신체 부위에 따라 동일한 유형의 암을 가진 다른 가족에서 동일한 돌연변이를 찾을 수 있다면 암 운전자 유전자 목록에 새로운 항목이 추가될 수 있으며, 아마도 새로운 약물 표적을 찾은 것이 될 수 있다. 또는 기존 약물의 새로운 효과가 있음을 증명할 수도 있다.

암의 진단

오랫동안 암은 복부 팽만감, 덩어리, 멍, 피부 반점, 피로 등의 증상을 의사에게 보고한 후에야 진단되었다. 후속 검사에는 고형 덩어리를 낭종과 구별하기 위한 스캔, 조직 시료에서 암세포를 확인하기 위한 생검, 그림 20.5에서와 같이 암세포를 강조 표시하기 위해 특수 염색을 사용하거나 세포 모양 변화 및 손실을 기록하는 검사가 포함될 수 있다. 환자에서 보이는 증상을 확인한 후 받는 진단 검사와 달리, 암은 위험이 높지만 증상이 없는 사람들의 그룹에서 수행한 선별 검사가 수행된다. 암 선별 검사의 예는 유방암이나 난소암에 걸렸거나 앓았던 젊은 친척이 있지만 질병의 증상이나 징후가 없는 아슈케나지 여성에서 *BRCA1* 또는 *BRCA2* 돌연변이를 검사하는 것이다. 검사 방법이 경제적인 경우 때때로 많은 인구집단에 선별 검사로 사용된다. 예를 들면, 50세 이상의 남성을 대상으로 전립선암을 선별하는데 단백질 바이오마커인 전립선 특이적 항원 선별 검사가 사용된다.

돌연변이 검사는 암의 위험성을 식별하고 진단하기 위한 하나의 유전적 접근이다. **유전자 발현 프로파일링**(gene expression profiling) 또한 치료의 선택에 정보를 제공한다. 깜짝 놀랄만한 한 예는 **그림 20.16**에 나와 있는 혼합 세포계열 백혈병(mixed lineage leukemia, MLL)이다. 이러한 발견은 똑같은 열, 피로감, 멍 등의 증상을 보이는 어린이 급성 림프구 백혈병(acute lymphoblastic leukemia) 환자의 90%의 환자에게는 잘 듣는 항암제가 10%의 환자에게는 듣지 않

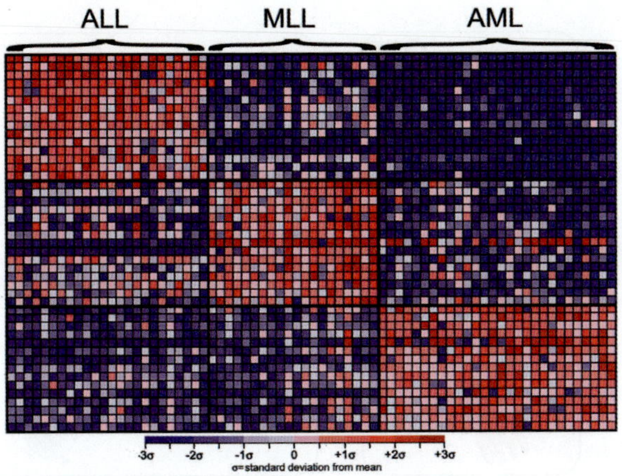

그림 20.16 유사한 암세포도 유전적으로 구별될 수 있다. 이 백혈병들은- ALL, MLL 및 AML-유전자 발현 패턴이 다르다. 정사각형 열은 종양 시료의 DNA를 나타내며 행은 특정 유전자의 활성을 비교한다. 빨간색 톤은 정상보다 높은 발현을 나타내고 파란색 톤은 정상보다 낮은 발현을 나타낸다. 현미경으로 보면 세포가 비슷해 보이지만, 다른 유전자 발현 패턴들은 뚜렷한 다른 암을 나타낸다.

는다는 사실로부터 시작되었다. 현미경에서 백혈구를 관찰할 때는 세포들이 비슷하게 보였지만, DNA 마이크로어레이를 통해 유전자들의 발현 양상을 분석한 결과, ALL 치료제에 반응하지 않는 10%의 환자에서는 1,000여 개의 단백질은 너무 적게 생성되는 반면 200여 개의 단백질은 지나치게 많이 생성되는 것이 밝혀졌다. 이 어린이들은 실제로는 ALL이 아닌 MLL인 것이었으며, 이 MLL 타입의 암 환자는 ALL의 10%에 해당하며 표준 약물이 아닌 다른 약물에 반응한다.

암 치료

전통적으로 암을 치료하는 방법은 다양하다. 가장 오래된 방법은 수술이고 이 방법은 아직도 혈류를 따라 전이되기 이전 상태에 있는 원발암 부위를 제거하는데 효과적인 방법이다. 항암요법과 방사선 요법은 빠르게 분열하는 세포들을 공격하지만 건강한 세포들에게도 해를 끼치는 부작용이 있다.

암을 치료하는 새로운 방법은 암세포의 특정 돌연변이를 표적으로 한다. 이러한 치료법은 세포주기를 방해하거나 면역반응을 변경하여 암세포를 보다 쉽게 파괴한다. 일부 새로운 치료법은 호르몬이 유방암 세포를 자극하는 것을 차단하는 전통적인 약물과 같은 사용되며 일부는 1차 치료제로 사용된다.

암세포의 증가된 유사분열 속도를 억제하는 약물은 세포주기 촉진 효소 인산화효소와 사이클린을 표적으로 한다. 인산화효소 특정 단백질에 인산염 그룹을 추가하여 세포주기를 추진하는 방식으로 단백질의 기능을 변경한다는 사실을 기억하자. 인산화효소는 특히 티

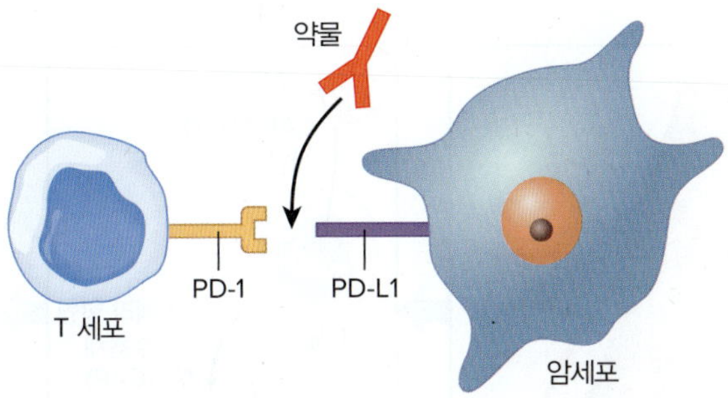

그림 20.17 PD-L1 면역 검문점 억제제 약물은 T 세포와 결합하여 암세포로부터 T 세포를 분리시키는 단일클론 항체이다. 면역 검문점 억제제는 여러 유형의 암에 효과적이다(PD는 프로그램 된 세포사멸 단백질 1을 나타내고 PD-L1은 프로그램된 세포사멸 단백질 1 리간드를 나타낸다).

로신, 세린 및 트레오닌의 세 가지 아미노산에 작용한다. 인산화효소 억제제는 키나제의 이러한 아미노산에 결합하는 약물이다. 예를 들어, mTOR 억제제라고 하는 약물은 세린/트레오닌 단백질 키나아제에 결합하고, CDK4/6 억제제라는 약물은 사이클린 의존성 키나아제라고 하는 유형의 키나아제를 차단한다. CDK4/6 억제제는 유방암 치료에 사용된다.

몇 가지 접근 방식은 면역반응의 일부를 활용하여 암에 대한 신체의 방어를 구축한다. 독감 유사 증상은 면역반응 활성화의 일부인 사이토카인의 방출로 인해 발생할 수 있다. 많은 환자의 경우, 면역반응을 촉진하는 약물이 암이 진행되지 않는 시간을 연장시키지만, 소수의 환자들은 오래 지속되는 반응을 보인다.

면역 검문점 억제제(immune checkpoint inhibitor)라고 불리는 약물은 암세포가 특정 T 세포에 걸릴 수 있는 교살(회피)을 차단하여 T 세포가 암세포를 공격할 수 있도록 한다. 세포주기에 상호작용하는 단백질 그룹이 사건의 순서를 제어하는 검문점이 있는 것처럼 면역반응에는 분자그룹이 T 세포 클래스가 활성화되거나 억제되는 정도를 제어하는 검문점이 있다. 일반적으로 흉선에서와 같이, T 세포 반응성은 자기 세포를 공격하는 것을 방지하기 위해 선별적으로 억제되어야 한다. 암세포는 면역반응을 제어하기 위해 신체 시스템을 이용하여 T 세포를 차단 및 비활성화하는 방식으로 면역 검문점에 개입할 수 있다.

그림 20.17은 암세포 표면에서 T 세포 수용체 PD-1 리간드(PD-L1)와 결합 파트너 PD-1의 결합을 방해하는 단일 클론 항체 기반 면역 검문점 억제제 약물을 보여준다. 암세포에는 많은 PD-L1이 있어 많은 T 세포를 비활성화 할 수 있다. 다른 약물들은 PD-L1을 억제한다. 어느 쪽이든 PD-1을 유리시키면 T 세포가 암세포에 의한 비활성화를 피할 수 있다. 면역 검문점 억제제는 여러 유형의 암을 치료하는 데 사용된다. 환자는 암 아형과 돌연변이, 이미 복용 중인 약물

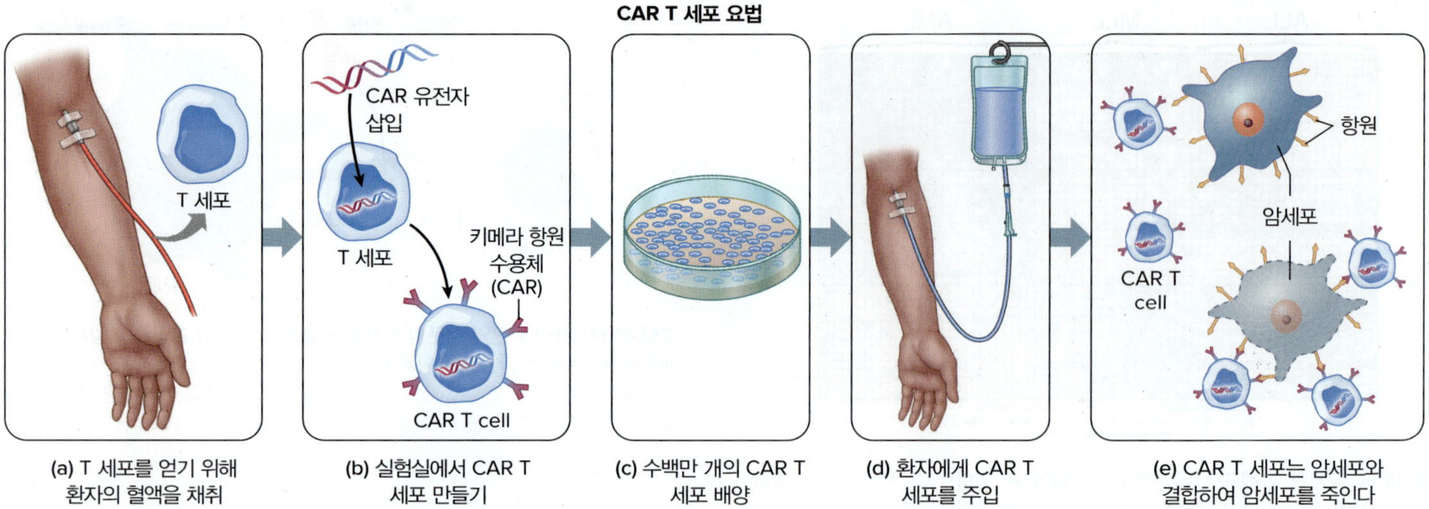

그림 20.18 키메라 항원 수용체(CAR) T 세포 요법은 암세포를 공격하도록 환자의 T 세포를 무장시킨다. (a) 환자에게서 혈액 시료를 채취하여 T 세포를 분리. (b) 환자의 T 세포를 시험관에서 T 세포 수용체와 항체 모두에 대한 유전자를 포함할 수 있도록 변형된 유전자에 노출시킴. (c) 수백만 개의 변형된 T 세포들을 실험실 배양 접시에 배양한 다음 (d) 환자에게 전달. 변형된 세포는 체내에서 순환하고 T 세포 수용체(e)와 항체를 포함한 단백질을 만들어 냄. 수용체는 T 세포를 항체 부분이 결합하는 암세포로 안내하여 면역계가 퍼포린을 보내도록 경고. 면역계는 암세포를 파괴하는 퍼포린과 암세포를 내부에서 분해하는 그래뉼리신을 보낸다. *(c): 2017 Terese Winslow LLC U.S. Govt. has certain rights*

의 유형에 따라 선택된다. 흑색종과 같은 일부 암의 경우, 면역 검문점 억제제가 첫 번째 약물일 수 있다.

키메라 항원 수용체 T 세포요법(CAR T)이라는 전략은 암세포를 인식하고 파괴하는 면역계의 능력을 향상시킨다(**그림 20.18**). 그것은 자연에서 발생하지 않는 T 세포에 하이브리드 단백질 항원에 대한 DNA 조합 지침을 만든다. 키메라 항원 수용체 또는 CAR이라고 하는 단백질은 일부는 T 세포 수용체이고 일부는 항체이다(**그림 19.4**는 T 세포 수용체와 항체). 수용체 부분은 드론처럼 T 세포를 암세포로 안내하도록 설계되었다. 그러면 항체 부분 표적에 결합하여 면역계가 반응하도록 경고하고, 암세포를 죽인다. 원형질막을 파괴하기 위해 퍼포린을 사용하고 암세포에 들어가는 그래뉼리신(granulysin)이라는 단백질을 이용하여 세포를 파괴한다.

CAR 기반 치료를 받은 첫 번째 환자는 모든 치료법에 지쳐있었던 65세 백혈병 남성이다. 그는 자신의 세포로 만든 CAR을 받은 후 회복했다. 2012년에 다른 형태의 백혈병을 앓고 있는 6세 아이의 예이다. 가능한 모든 것을 시도했던 그 아이가 본인의 세포에서 기인된 CAR 치료를 받았는데, 그녀는 그 치료를 받았을 4월 당시에, 거의 죽을 것으로 예상했지만, 9월까지 학교로 돌아갈 정도로 회복되어 그녀의 머리카락은 다시 자랐다. 이러한 치료법은 다양한 암 치료를 위해 임상시험 중이고 일부는 환자 자신의 세포를 이용하는 것으로 승인되었다. 다른 기증가로 부터 Car T 세포를 만드는 것은 계속 연구 중이다.

유전체 편집 도구(21.4절 참조)는 키메라 항원 수용체를 만드는데 사용된다. 일반적으로 환자는 10억 개 이상의 변형된 T 세포를 이식받는다.

암과 함께 산다는 것은 단순한 진단을 받고 치료하는 것 뿐 아니라, 병의 재발 가능성도 고려해야 한다. 이 때문에 환자는 몸 상태가 좋더라고 혹은 첫 번째 발암 이후 몇 년이 지났더라도 자주 검진을 받아야 한다. **임상 연계 20.1**은 혈액 검사로 액체 생검이 어떻게 암을 감지하는 하는지 설명하고 있다.

암세포의 유전체 분석을 인간의 유전체 연구(유전자가 하는 일을 찾아가는 일)와 함께 계속 진행하게 되면 세포가 악성이 되었을 때 어떤 일이 벌어지는지 알게 될 것이다. 그러나 암을 정복한다는 것은 매우 힘든 일이다. 암세포의 DNA는 그 세포를 죽이기 위해 보내진 약물을 피해가기 위해 계속 돌연변이를 일으킨다. 암세포에는 하나 이상의 여분의 경로가 있어서, 치료제가 혈관 형성이나 침윤을 막으면, 세포는 이것을 다른 경로를 통해 이루어 내고야 만다. 암을 근절하겠다는 것보다 현실적인 목표는 암세포를 충분히 죽여서 퍼져나가는 속도를 늦추고 암이 다시 해를 끼칠 정도로 자라기 전까지 건강한 삶을 영위하는 것이다. 이러한 이유에 의해 이제 암은 의학적으로 유지가 가능한 만성질병으로 간주되고 있다. 우리 몸의 세포가 살아 분열을 하는 한, 우리는 항상 암 발생의 위험에 노출되어 있음을 깨달아야 한다.

임상 연계 20.1

암 재발 및 치료에 대한 반응을 모니터링하는 액체 생검

종양이 세포 DNA 조각을 혈류로 흘린다는 사실은 질병의 진행을 관찰하거나, 증상이 없는 사람들의 암을 발견하는 데 사용될 수 있다(**그림 20A**). 혈액 속의 DNA 조각에 종양 유전자나 종양 억제 유전자 돌연변이를 확인하는 것을 **액체 생검**(liquid biopsy)이라고 한다. 암의 전체 유전체 서열은 혈류에서 관찰된 DNA 조각들의 겹침으로써 추론될 수 있다. 간단한 혈액 검사인 액체 생검은 유방이나 간 같은 고형 종양이나 피부 암세포 채취와 같은 전통적인 생검보다 훨씬 덜 고통스럽고 비침습적이다.

액체 생검에서 검출된 DNA는 순환 종양 DNA(circulating tumor DNA) 또는 ctDNA라고 불린다. 임산부에게서 검출되는 무세포 태아 DNA와 유사하다(그림 13.8 참조). 이러한 태아 검사는 때때로 미심쩍은 임산부의 암을 발견하기도 한다.

액체 생검의 첫 번째 용도는 이미 암에 걸린 사람들에게 모니터링하는 데 사용되었다. 종양을 제거하기 위한 수술 직후 액체 생검에서 ctDNA가 없지만 2년 후에 ctDNA가 있다면 암이 재발했을 가능성이 있으며 새로운 돌연변이를 가질 수 있다. 액체 생검은 치료에 대한 반응을 모니터링하는 데도 유용하다. 만약 치료제가 효과가 있다면, ctDNA의 수치는 감소할 것이다. 암이 약물에 내성을 갖게 되면 ctDNA 수치가 높아진다.

종양 DNA의 바이오마커는 단백질 바이오마커를 사용하는 것보다 더 정확도가 높다. 왜냐하면 단백질 바이오마커가 상승한 전립선 특이 항원과 같이 건강한 세포에서도 존재할 수 있기 때문이다. 소변(방광암), 가래(폐암), 대변(대장암)에서도 ctDNA를 채취할 수 있다. 액체 생검은 조직을 얻기 어렵거나 충분한 세포를 채취하지 못하거나 암이 전이되어 초기 부위를 알 수 없을 때 특히 유용하다.

이미 암에 걸린 사람들의 ctDNA 검출보다 더 논란이 되는 것은 흡연자(폐암)나 특정 암의 가족력이 있는 사람들과 같은 고위험군을 선별하기 위한 사용이다. 암 증상이 없는 사람에게서 ctDNA를 발견하면 암을 조기에 진단할 수 있는 추가 검사 유형을 찾도록 경고할 수 있다.

액체 생검은 앞으로 전혀 예상치 못한 암을 발견하기 위해 모든 사람에게 사용될 수 있다. 예를 들어, 난소암은 때때로 매우 늦은 단계에서 진단되는데, 이는 식생활이나 운동 루틴의 변화 등 다른 요인에 기인할 수 있는 더부룩함과 피로의 증상이 모호하고 흔하기 때문이다. 그러나 상대적으로 암 위험이 높지 않은 사람들에게 액체 생검을 사용하는 것은 잘못된 양성 소견을 줄 수 있다는 위험요인이 있다. 즉, 종양 유전자 또는 종양 억제 유전자 변이가 다른 유전자의 영향으로 인해 모든 사람에게 암을 일으키지 않는다. 이 기술의 예측 가치를 평가하기 위해 암 위험이 낮거나 평균인 수천 명의 건강한 사람들을 대상으로 한 임상 실험에서 액체 생검이 시행되고 있다.

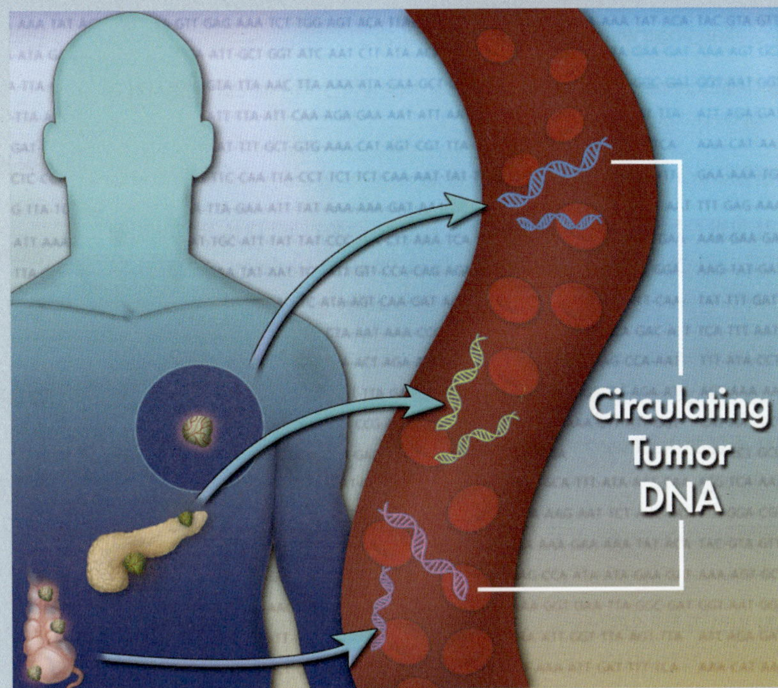

그림 20A 액체 생검. 혈액에서 종양세포 DNA를 검출하는 것은 전통적인 외과적 생검보다 암 재발을 감시하는 덜 침윤적인 방법이다. 출처: *National Human Genome Research Institute.*

토론을 위한 질문

1. 액체 생검을 하기 전에 무엇을 알고 싶은가?
2. 액체 생검의 장점과 단점은 무엇인가?
3. 수년에 걸쳐 암을 모닝터링하는 경우, 액체 생검의 결과가 달라질 수 있는 이유를 설명하시오.
4. 암 여부를 확인하는 과정에서 언제 액체 생검이 제공되어야 한다고 생각하는가?

핵심 개념 질문 20.4

a. 엑솜 염기서열을 알게 되면 기존에 가족력이 있는 암 유전자를 발굴하는 데 어떻게 도움이 되는가?

*b. 암을 진단하고 치료하는 기존의 접근 방식을 새로운 방법과 다른 점을 비교하시오.

c. 돌연변이 여부를 검사하고 유전자 발현 양상을 분석하는 것이 의사가 환자를 치료하는 방법을 결정하는데 어떻게 도움을 줄 수 있는지 설명하시오.

*d. 인산화효소 억제제를 정의하시오.

e. 면역 검문점 억제제의 어떻게 작용하는지 설명하시오.

f. CAR T 치료법이 어떻게 암을 치료하는지 논의하시오.

학습 가이드

핵심 용어

혈관 생성(angiogenesis) 종양을 향한 혈관의 생성

암 줄기세포(cancer stem cells) 암세포와 비정상적인 특수세포를 분열시키고 생산하는 줄기세포.

발암물질(Carcinogen) 암을 유발하는 물질.

키메라 항원 수용체 T 세포요법(CART) T 세포 수용체에 대한 DNA 명령과 항체에 대한 DNA 명령을 결합하여 T 세포를 암세포로 안내하는 세포 표면 분자를 만들어 면체계를 경고하고 반응을 유도하는 암 치료법.

탈분화(dedifferentiated) 암세포가 그 기원한 세포보다 덜 분화된 세포임. 암세포의 특징.

운전자 돌연변이(deriver mutation) 암세포의 선택적 성장 이점을 제공하는 돌연변이.

융합단백질(fusion protein) 두 유전자의 전사물이 번역되어 형성되는 하나의 단백질.

유전자 발현 프로파일링(gene expression profiling) DNA 마이크로어레이를 사용하여 특정 세포에서 mRNA로부터 역전사된 cDNA의 측정된 종류와 양.

면역 검문점 억제제(immune checkpoint inhibitors) 암세포를 억제하는 T세포에 대한 암세포의 결합을 차단하는 방식으로 수용체를 결합시키는 약물로, T 세포를 방출하여 암세포를 공격.

인산화효소 억제제(kinase inhibitors) 신호전달 경로의 일부인 효소인 인산화효소를 차단하여 암세포의 세포주기를 방해하는 약물.

전이(metastasis) 암이 발생 부위에서 신체의 다른 부분으로 이동하여 퍼지는 것.

종양 유전자(oncogene) 정상적으로 세포를 조절하는 유전자이지만, 과도하게 발현되면 암을 유발함.

탑승자 돌연변이(passenger mutation) 선택적 성장 이점을 제공하지 않는 암세포의 돌연변이. 그것은 암을 유발하지 않고 동반함.

원종양 유전자(proto-oncogene) 일반적으로 세포분열을 유발하지만, 과도하게 발현되면 암을 유발하는 유전자.

종양 억제 유전자(tumor suppressor gene) 세포가 겪는 분열의 수를 제한하는 것이 정상적인 기능이며 열성 유전자.

복습문제

1. 양성 종양과 악성 종양의 특징을 구별하시오.
2. 산발성 암은 환자 친척에서의 질병의 발생율 예측이라는 관점에서 멘델 유전을 보이는 질병과 어떻게 다른가?
3. 암이 파괴하는 세가지 주요 세포 경로는 무엇인가?
4. 전이란 왜 위험한가?
5. 암과 세포주기 조절 사이의 연계점에 대해 설명하시오.
6. 암세포의 네 가지 특징을 열거하시오.
7. 암이 세포나 조직 수준에서 생겨나는 네 가지 경로에 대해 기술하시오.
8. 운전자 돌연변이와 탑승자 돌연변이의 차이에 대해 말해보시오.
9. 암에서 일어나는 두 가지 염색체 이상에 대해 기술하시오.
10. 어떻게 동일 암종의 다른 진행 시기에 있는 암세포의 돌연변이를 비교함으로써 암을 유발하는 유전적인 변화의 순서를 밝힐 수 있는지 설명하시오.
11. 암을 유전체 관점에서 분류하는 것은 기존의 조직학적인 분류나 암이 최초로 발생한 신체기관으로 분류하는 것과는 어떻게 다른가?
12. 원종양 유전자와 종양 유전자의 차이를 구분하시오.
13. 종양 유전자를 활성화 시키는 두 가지 사건에 대해 설명하시오.
14. 왜 종양 유전자는 기능 획득과 연관되어있고 종양 억제 유전자의 돌연변이는 기능 상실과 연관되어 있는지 설명하시오.
15. *RB1*, *p53*-관련 암, 다음 세대로 유전되는 위암, 그리고 *BRCA1* 유방암은 왜 유사한가?
16. 어떻게 바이러스가 암을 일으키는지 설명하고 예를 하나 제시하시오.
17. DNA 손상 복구가 잘 안되는 것이 암을 일으키는데 어떤 역할을 하는가?
18. 암의 촉발과 진행 과정에서 세 가지 스트라이크를 설명하시오.
19. 왜 같은 암 종의 모든 암세포가 특정 치료제에 같은 반응을 보이지 않는지 설명하시오.
20. 전이된 암이 새로운 치료제에 반응할 것인지를 결정하는 데 있어서 수술 이외에 사용할 수 있는 방법은 무엇인지 설명하시오.
21. 인산화효소 억제제, 면역 검문점 억제제, CAR T 세포 치료제의 항암 작용 방법을 설명하시오.

응용문제

1. 단일 클론 항체 기반 약물은 아주 공격적이고 일찍 발병한 초기 유방암세포의 막에 존재하는 많은 수용체에 결합한다(단일 클론 항체는 19.4절에서 논의한다).
   a. 이 치료 방법은 표준 화학 요법과 어떻게 다른가?
   b. 이런 치료제는 이제 위와 식도의 종양을 치료하는데 사용된다. 다른 신체 부위에 영향을 미치는 암에 동일한 약을 어떻게 사용할 수 있는지 설명하시오.
2. 유방암은 생식세포 돌연변이를 물려받은 후 유방세포에서 두 번째 돌연변이를 겪거나, 종양 억제 유전자의 각 사본에 하나씩 유방세포에서 두 개의 열성 돌연변이를 겪으면서 발생할 수 있다. 이 장에서 논의된 이 두 가지 방법으로 발생할 수 있는 또 다른 유형의 암을 예로 들어보시오.
3. 여러 개의 치료제를 혼합하여 사용하는 일명 "칵테일" 요법은 왜 강력한 하나의 치료제를 사용하는 것에 비해 암의 진행을 늦추는데 더 효과적인가?
4. 폰 히펠-린다우 증후군(Von Hippel-Lindau syndrome, OMIN 193300)은은 다음 세대로 유전되는 암 증후군이다. 이 증후군의 원인이 되는 돌연변이는 특정 유전자의 전사 조절을 비정상적으로 과발현시켜 신장, 부신, 혈관에 종양을 일으킨다. 그렇다면 폰 히펠-린다우 증후군의 유전자는 종양 유전자인가 종양 억제 유전자인가? 답을 제시하고 그 이유도 함께 제시하시오.
5. 검은 해면에서 추출한 새로운 항암 신약이 유사분열 방추사에 결합한다. 이 약이 기존 화학요법 약물과 같은 부작용을 일으킬지 예측하려면 어떤 정보가 필요한가?
6. 생쥐에서 적출한 종양은 하나하나의 세포로 떼어내어 각 세포를 다른 생쥐에 주사할 수 있다. 이 실험에 사용된 모든 생쥐가 유전학적으로 동일하고 동일한 환경에서 길러지지만, 이 동물들에게 조금씩 다른 전이율의 다른 암이 발생하였다. 어떤 생쥐는 일찍 죽고, 어떤 생쥐는 생명을 근근하게 이어가고 어떤 생쥐는 회복이 되었다. 이러한 결과가 의미하는 바는 원래의 종양세포들이 어떤 특징을 갖고 있음을 시사하는가?
7. 흑색종 발병 위험을 증가시키는 유전적 요인 및 환경적 요인을 기술하시오.
8. 표 20.1에서 유전자를 선택하고 그림 20.15와 같이 일반적인 기능을 설명하시오.
9. 만약 액체 생검에서 암 유전체 서열이 임상 도구가 된다면, 왜 수년 동안 초기 암 유전체 서열 기반으로 치료 결정을 내리는 것보다 몇 년마다 서열분석을 반복하는 것이 유용한가?

사례 및 연구 결과

1. **교모세포종**(glioblastoma)이라는 뇌암이 여성보다 남성에게 더 많이 발병하고, 남성은 여성만큼 오래 살아남지 못한다. 교모세포종을 가진 남성의 종양세포는 여성의 종양세포와 유전자 발현 프로파일이 다르다는 연구 결과가 나왔다. 이 차이가 다른 운전자 돌연변이를 갖는 것과는 어떻게 다른지 설명하시오.
2. 한 여성이 침투성 유방암 진단을 받았는데, 이는 유관 밖에서 성장했다는 것을 의미한다. 암세포가 특정 화학요법 약물이 얼마나 효과적일지 상관관계가 있는 일련의 메신저 RNA에 대해 검사하였다. 한 회사는 그 결과를 종양형(oncotype)이라고 불렀고, 이는 이런 유형의 검사를 설명하는 일반명사가 되었다. 본 장에서 서술된 이 검사 기술은 무엇인가?
3. 특정 유형의 전립선암이나 유방암 진단을 받은 환자는 진단 직후 화학요법이나 수술, 방사선 치료를 받는 대신 스캔과 바이오마커 측정을 통하여 자주 지속적인 모니터링을 하는 **능동감시**(active surveillance)를 선택할 수 있다. 환자에게 능동적 감시만 해도 될지를 결정할 때 어떤 유형의 정보가 도움이 되는가?
4. 대부분의 망막아세포종은 종양 억제 유전자인 *RB1*의 생식세포계 돌연변이에 의해 일어나며 주고 양쪽 눈에 모두 발병한다. 학자들은 다른 친척들에게는 그 질병이 없고 *RB1* 유전자에는 돌연변이가 없으며 한 쪽 눈에만 망막아세포종이 있는 아이들에서 *MYCN* 유전자의 추가적인 사본이 있음을 발견하였다. *MYCN* 유전자는 종종 암이 많이 진행된 후기에 과발현 되기는 하지만, MYCN RB라고 하는 새롭게 발견된 질병에서는 이 종양 유전자가 초기 운전자 돌연변이가 된다. 이 돌연변이는 체세포 돌연변이이다. 즉, *MYCN*은 애당초 발병한 아이의 눈 세포에서 유래한 것이다. 종양 유전자 혹은 종양 억제 유전자에 의한 망막아세포종 중 어떤 것이 발병한 아이의 형제자매 중에 발생하기 쉬운가? 답을 말하고 그 이유를 이야기 하시오.
5. 급성 골수성 백혈병 환자 4명의 유전체 서열분석을 하여 다음과 같은 유전자의 돌연변이를 발견하였다.

   환자 1 *IDH1* 및 *NPM1*
   환자 2 *IDH1*
   환자 3 *IDH1*, *NPM1*, *IDH2*
   환자 4 *IDH1*, *NPM1*, *IDH2*, *FLT3*

   이 환자들이 서로 다른 돌연변이들을 갖고 있음에도 불구하고 같은 암으로 진단된 이유를 설명하시오.
6. 이번 장에서 설명한 기술 가운데 종양 내부 세포와 비교하여 종양 가장자리 세포에서 다른 세포 활동을 측정하는 데 사용될 수 있는 기술은 무엇인가?
7. 유방암 연관 유전자 돌연변이 80개로 구성된 다유전자형 위험 점수(polygenic risk score)는 유방암의 발병 위험을 14% 증가시킨다고 한다. 당신은 이 검사가 유용하다고 생각하는가? 당신의 대답에 대한 이유를 설명하시오.

Ingram Publishing/Alamy

CHAPTER 21

DNA 공학

베지버거에는 고기가 포함되지 않았지만, 고기의 맛과 식감을 가지고 있다. 이 버거는 혈액에 존재하는 헤모글로빈 단백질과 유사한 콩 단백질을 함유하고 있다. 제조상의 편의를 위해 콩 단백질은 효모세포에서 만들어 진다. 햄버거와 매우 유사한 맛을 지닌 이 베지버거는 생명공학기술의 결과물이라 할 수 있다.

학습 목표

21.1 DNA에 대한 특허

1. 특허화 할 수 있는 발명의 기준을 설명하시오.
2. 동물과 DNA를 대상으로 한 특허의 역사에 대해 토론하시오.

21.2 DNA 변형

3. 재조합 DNA와 형질전환 생물을 구별하여 설명하시오.
4. DNA 재조합 기술의 응용사례에 대해 설명하시오.

21.3 유전자 기능 모니터링

5. 유전자 발현 양상을 분석하는 데 있어 DNA 마이크로어레이의 활용 방안에 대해 설명하시오.

21.4 유전자 침묵과 유전체 편집

6. 특정 유전자의 발현을 감소시킬 수 있는 방법들에 대해 설명하시오.
7. 유전자 또는 유전체를 교정하는 방법들을 설명하시오.

개관

고대에도 생명공학 기술을 활용하여 인간이 필요로 하는 빵, 술, 음식과 의약품들이 생산되었다. 현대 생명공학 기술은 DNA 조작을 통해 질병에 대한 연구, 분석, 치료 그리고 농산물과 환경을 변형시킬 수 있는 새로운 방법들을 가능케 하고 있다.

개선된 베지버거의 개발

어떤 베지버거는 옥수수, 콩, 그리고 당근으로 구성된 알록달록한 덩어리를 가지고 있다. 반면에 또 다른 베지버거는 식감, 맛 그리고 **입안에서 느껴지는 느낌**이 쇠고기 버거와 유사하다. 이처럼 입안에서 느껴지는 감각 면에서 쇠고기와 유사하게 느껴지는 이유는 소의 근육세포에 포함된 헴(heme)이라는 분자에 기인한다. 헴은 박테리아, 콩, 소를 포함한 모든 종의 생명체 내에 존재한다.

헴은 작은 유기물질(탄소를 함유한)인 헴 그룹 가운데에 철 원자가 위치한 형태이며, 나선형 모습의 알파 또는 베타 글로빈 사슬 단백질 내에 위치하고 있다(그림 11.1 참조). 글로빈 사슬 단백질은 종마다 각기 다른데, 포유류의 고기 근육에 존재하는 단백질은 미오글로빈이며 단일 사슬이다. 반면, 혈액에 존재하는 헤모글로빈은 4개의 글로빈 사슬로 구성되어 있다.

고기 맛을 내는 식물성 버거를 만드는 비결은 헤모글로빈을 통해 쇠고기 특유의 맛을 내는 식물 종을 찾는 것이다. 그러한 패티 중 하나는 콩의 뿌리혹 헤모글로빈(leghemoglobin)이라고 불리는 헴을 둘러싼 단백질을 사용한 것이다. 그러나 콩 뿌리 결절에는 헤모글로빈의 양이 충분하지 않은데, 이 문제점은 생명공학을 활용하여 해결될 수 있다.

과학자들은 콩에서 유래한 뿌리혹 헤모글로빈 유전자를 효모세포에 도입하여 필요한 단백질을 대량생산 하는 기술을 개발하였다. 뿌리혹 헤모글로빈은 비타민, 아미노산, 설탕, 젖산, 식물성 기름을 포함한 향미 전구체 분자들과 함께 발효 과정을 거치고, 이후 밀과 콩 단백질과 혼합되었다. 맛을 검사하는 사람들과 분석화학 기술을 이용하여 이 혼합물이 요리될 때 생성되는 향기를 평가하였다. 효모에서 생산된 콩 유래 뿌리혹 헤모글로빈은 식물에 존재하는 단백질과 동일하기 때문에 미국에서는 "**유전자 변형 생물**(genetically modified organism, GMO)" 표지를 제품에 부착하지 않아도 된다.

이 버거를 만들기 위해서는 동물을 도축할 필요가 없다. 또한 붉은색 육류 섭취는 줄이고 식물성 음식을 섭취하도록 하여 사람의 건강 및 지구 환경에도 유익하다. 쇠고기와 비교할 때, 배지버거는 탄소 배출량을 89% 줄이고, 물 사용량은 87%, 대지 사용 면적은 96% 감소시키는 효과가 발생한다. 그리고 수질 오염은 92% 줄일 수 있다. 이 제품은 수프, 스튜 베이스, 스낵 및 파우더에 활용되고 있다.

21.1 DNA에 대한 특허

DNA는 생명을 유지하기 위한 지침서, 즉 생명체의 언어이다. 그리고 특정 목적을 위해 DNA를 이용하기도 한다. DNA를 조작하는 것은 **생명공학**(biotechnology) 기술의 일부이며, 특정한 목적을 달성하기 위해 세포나 생물체의 물질을 활용하거나 변형하는 것이다. 생명공학은 현대 과학일 뿐 아니라 고대의 기술이기도 하다. 효모를 이용하여 과일을 발효시켜 포도주를 만드는 것도 생명체로부터 생화학 물질을 추출하여 이용하는 것처럼 생명공학 기술에 포함된다.

흔히 생명공학이라는 용어는 혼란스러운데, 대중적인 용어인 **유전공학**(genetic engineering)과 **유전자 변형**(genetic modification)은 유전물질인 DNA를 다루는 모든 생명공학 분야를 광범위하게 지칭한다. 생명공학 분야에는 서로 다른 종에서 유래한 유전물질들을 서로 융합하거나, 자신의 유전자 발현을 억제하거나 촉진하기 위하여 생명체의 DNA를 조작하는 것도 포함된다. 다른 종의 DNA를 지니고 있는 생물체는 **형질전환**(transgenic)되었다고 하며, 이러한 조작된 DNA는 **재조합 DNA**(recombinant DNA)라 불린다. 대서양 연어는 형질전환된 생명체의 한 예인데, 치누크 연어와 장어와 유사한 오션 파우트 물고기에서 유래한 유전자를 가지고 있어, 적은 양의 사료를 섭취하면서 성장 속도는 자연산 연어에 비해 오히려 더 빠른 특징을 보인다. 재조합 DNA는 단세포 생물이나 배양액 내에서 성장하는 세포 내에 존재할 수도 있다.

모든 생명체에서는 3개의 염기가 하나의 코돈을 구성하고, 동일한 코돈은 같은 아미노산을 암호화한다는 점에서 유전암호를 공유하고 있기 때문에, 형질전환 생물체를 제작하는 것이 가능하다(**그림 21.1**). 서로 다른 종에서 유래한 DNA를 재조합시키는 것은 자연스럽지 못한 것으로 보일 수 있다. 하지만 실제 자연에서도 DNA는 이종 간에 서로 재조합되기도 한다. 예를 들어, 박테리아에서 이런 현상이 관찰되며, 인간의 염색체에도 바이러스의 DNA가 재조합되는 현상이 나타난다. 그러나 인간에 의해 수행되는 유전자 변형은 아마도 자연적으로는 획득하지 못했을 특성을 생물체에게 부여하는데, 거미줄을 만들어내는 염소, 소금물에서 자라는 토마토, 그리고 인간의 인슐린 단백질을 합성하는 박테리아 등이 그 예이다.

그림 21.1 유전암호의 보편성은 생명공학을 가능하게 한다. 녹색 생쥐는 해파리의 녹색 형광 단백질(green fluorescent protein, GFP)을 암호화하는 유전자를 지니고 있다. 연구자들은 GFP를 이용해 표적 유전자를 표지한다. GFP 형질전환 생쥐는 성장하면서 털이 많이 자라 피부를 덮으면 녹색 빛을 덜 낸다. 녹색을 띠지 않는 생쥐는 유전공학적으로 변형되지 않은 것이다. *Eye of Science/Science Source*

특허화 가능한 것은?

형질전환 생물을 만들어 내는 것은 법적인 문제를 야기한다. 왜냐하면 고유한 DNA 조합을 디자인하는 것은 지식재작권으로 간주하므로 특허등록이 가능하기 때문이다. 형질전환 생물이 특허로 인정받으려면, 다른 발명과 마찬가지로 새롭고, 유용해야 하며 그리고 관련 분야 전문가들에게 보편적인 것이 아니어야 한다. 깍지 콩(green bean)에서만 자연적으로 존재하는 단백질을 만들 수 있게 하여, 더욱 풍부한 영양소를 함유한 옥수수 식물은 특허화될 수 있는 형질전환 생물의 한 예이다.

DNA 서열의 경우 유전병이나 감염병을 진단하는 데 활용되는 의료 도구의 일부분으로 사용될 경우 특허화될 수 있다. 그 예로써 낭포성 섬유증을 유발시키는 돌연변이 유전자를 분석할 때 사용되는, DNA 기반 기술은 특허화 될 수 있다. 또한 병원성 박테리아 균주를 구분하는 검사 방법과 특정 항생제에 내성을 가진 균주를 스크리닝 할 수 있는 검사 방법 역시 특허화 가능하다. DNA 염기서열 데이터베이스로부터 정보를 추출할 수 있는 알고리즘이나 DNA 염기서열 데이터베이스 역시 연구 도구로써 특허등록이 가능하다. 제18장에서 언급된 가계혈통 분석에 활용되는 기계학습 기술과 중합효소 연쇄반응 및 DNA 염기서열 분석법처럼 DNA를 조작할 때 활용되는 여러 기술 역시 특허화 가능하다(9.3절 및 9.4절 참조).

특허권자는 출원일로부터 20년간 발명에 대한 권리를 가진다. 특허 관련 법은 현대 생명공학 기술 시류에 뒤처지지 않게 발전해야 했다. 유전자의 염기서열 분석이 매우 힘들고 느리게 진행되었던 1980

대에는 적은 수의 유전자들만이 특허화되었다. 그러다가 1990년대 중반부터는 염기서열 분석이 빠르게 진행되고, 유전체 내에서 단백질을 암호화하는 부분을 더욱더 빠르게 찾을 수 있게 되었다. 이때 미국 국립보건원과 생명공학 회사들은 기능이 아직 밝혀지지 않은 수천 개의 DNA 단편들에 대한 특허권 확보방안을 강구하기 시작하였다. 몰려드는 특허 출원신청으로 인해, 미국 특허청에서는 실용성에 대한 요구를 강화하였다. 즉, 그 발명은 연구에 필요한 유용한 도구가 될 수 있거나, 진단 검사 또는 치료제로 활용할 수 있는 신물질이거나 혹은 진보된 산물이어야 한다는 것이었다.

특허 분쟁

2009년에는 미국 시민자유연합 및 공공특허재단에서 생명공학 회사인 미리어드 제네틱스 및 유타대학에서 보유한 2개의 유방암 유전자(*BRCA1*, *BRCA2*) 특허에 대한 이의 신청을 하였는데, 이를 계기로 DNA 특허에 대한 논쟁이 시작되었다. 이 회사는 유방암 유전자의 염기서열에 대한 분석을 다른 회사에게 허락하지 않았는데, 이로 인해 일부 환자들은 2개 유전자의 염기서열 분석을 통해 가족성 유방암 발병 위험성이 높은지를 검사하는데 360만 원을 지불해야만 했다(이 회사는 두 개 유전자 내에서 가장 빈번하게 발견되는 몇몇 돌연변이에 대한 별도의 검사 제품도 시장에 내놓았다). 이 특허로 인해 관련 연구자들의 연구 활동은 위축되었고, 환자들은 추가 정보를 얻지 못하게 되는 부작용이 있었다.

2010년 미국의 연방판사는 *BRCA* 유전자는 "자연의 법칙"에 기반하고 있다는 이유로 이 유전자와 관련된 7개의 특허에 대해 정당하지 못한 것으로 판결하였다. 2011년 법원에서는 2개 유방암 유전자에 대한 특허를 무효화하였으나, 연방 고등법원에서는 분리된 유전자의 경우 세포 내 염색체의 일부인 유전자와는 상이하다는 이유를 들어 특허 무효 판결을 기각하였다.

2013년 미국 대법원에서는 "자연적으로 존재하는 DNA 단편은 자연의 산물이며, 분리되었다는 이유만으로는 특허화될 수 없다."라고 판결하였다. 반면에, mRNA와 상보적인 염기서열을 지니는 DNA를 만드는 효소(역전사효소)를 이용하여 실험실에서 합성한 **cDNA**(complementary DNA)에 대해서는 특허권을 인정하였다. mRNA가 만들어지는 전사 과정 중 스플라이싱 단계에서 유전자의 인트론은 제거되고 엑손들은 서로 연결되는데, cDNA는 이들 엑손들의 염기서열로 구성된다. cDNA와 완전히 동일한 염기서열은 생명체의 유전체에 존재하지 않는다. 따라서 cDNA는 자연의 산물로 간주되지 않는다.

유방암 유전자 관련 특허에 대한 논란이 종결되고 얼마 지나지 않아, CRISPR-Cas9(CRISPR-Cas9)를 이용한 유전자 편집 기술의 소유권에 대한 논란이 시작되었다. 이 기술은 박테리아가 바이러스에 감염되었을 경우, 유전체에 외래 유전자를 제거, 치환 또는 첨가하는 등의 현상을 응용한 것이다. 이 기술은 미국의 버클리에 위치한 캘리포니아 주립대학에서 가장 먼저 학계에 보고하였다. 그런데, 브로드 연구소(Broad Institute)에서 먼저 특허화하였다. 최초의 버클리 특허 출원서에는 세포의 종류에 대해 명확히 언급하지 않았는데 반해, 브로드 연구소의 특허출원서에는 사람을 포함한 여러 동물 및 식물을 포함하는 진핵세포 생명체(실험용 생쥐, 가축 및 애완동물 등)의 유전자를 편집하는 것에 대해 구체적으로 명시되어 있었다. 이들 두 기관이 서로 논쟁을 벌이고 있을 때, 다른 연구자들은 제초제 저항성 농작물의 생산, 유전병 치료, 키메라항원수용체 제작(그림 20.18 참조) 그리고 유도만능 줄기세포(2.4절 참조) 제작에 CRISPR-Cas9 기술을 이용하고 관련 특허를 출원하였다. CRISPR-Cas9에 대한 내용은 21.4절 및 22.4절에서 추가 서술되었다.

표 21.1에는 몇 가지 생명공학 관련 발명사례들이 예시되어 있다.

표 21.1 생명공학 분야 주요 발명들

발명 항목	자연계에서의 기능	기능
CART-T(그림 20.18)	T 세포 수용체와 항암반응에 관여하는 항체의 결합	항체를 암세포로 유도시킴
CRISPR-Cas9(그림 21.9)	박테리아 세포 내에서 이중가닥 DNA를 절단하여 그 결과 바이러스에 의한 감염 차단	특정 위치에서 유전자를 제거, 치환 또는 첨가하는 분자 수준의 가위 역할
녹색 형광 단백질(그림 21.1)	해파리에서 유래한 유전자이며 형광을 띠며 포식자를 쫓아냄	특정 유전자에 결합시켜 융합단백질로 하여금 빛이 나게 하여 "리포터"역할을 함
단일클론 항체(그림 19.16)	자연계에 존재하는 항체는 다클론 항체임(항체의 종류가 다수)	특정 항원에 대해서만 항체반응이 나타남

> **핵심 개념 질문 21.1**
>
> a. 고대와 현대 생명공학 기술의 응용 분야에서의 차이점은 무엇인가?
>
> *b. 특허 발명이 되기 위한 요건은 무엇인가?
>
> *c. 유전자의 DNA 염기서열은 특허 대상이 될 수 없다고 미국 대법원이 판결한 이유는 무엇인가?
>
> d. *BRCA* 유전자와 CRISPR-Cas9의 특허화에 대한 논쟁이 일어난 이유는 무엇인가?

21.2 DNA 변형

DNA 재조합 기술(recombinant DNA technology)이란 어떤 생물종에서 유래한 유전자를 다른 생물종의 유전체에 도입시키는 것이다. 이것은 유전자를 변형한 최초의 생명공학 기술이며, 박테리아를 대상으로 처음 시도되었으며, 이를 통해 유용한 펩타이드 및 단백질 의약품을 생산하였다. 박테리아가 재조합 DNA를 가진 채로 증식할 때, 수많은 "외래" DNA가 복제되고, 적절한 조건으로 외래 DNA가 암호화하는 단백질을 많이 만들어낸다. DNA 재조합 기술은 유전자 클로닝이라고도 불린다. 본 교재에서 "클로닝(cloning)"이란 용어는 특정 DNA 서열을 여러 번 복제하여 많은 수의 복제 DNA를 만드는 것을 의미한다.

재조합 DNA 분자의 제작 및 선별

1975년 2월, 여러 명의 분자생물학자가 캘리포니아 몬터레이 반도에 위치한 아실로마에 모여, 두 종의 서로 다른 생명체들의 유전자를 재조합하는 실험에 대한 안정성과 응용방안들에 대해 토론하였다. 그들은 DNA 재조합 연구에 사용되는 특정 생물종의 제한과 그 실험 결과물인 유전자 재조합 생물이 실험실 외부로 유출되지 않도록 막는 방법에 대해서도 토론하였다. 실험실용 후드(hood)와 기류 조절 장치를 이용하여 실험에 사용된 생물이 실험실 안에만 머무르도록 하는 "물리적 봉쇄"와 약한 생물을 실험에 이용함으로써 실험실 밖에서는

표 21.2 DNA 재조합 기술을 이용하여 단일세포에서 생산되는 의약품

약물 분자	효과
심방나트륨이뇨펩타이드(Atrial natriuretic peptide)	혈관을 확장시키고, 배뇨작용을 촉진시킴
콜로니촉진인자(Colony–stimulating factors)	골수이식 수술 이후에 골수 기능 회복에 도움; 암의 화학적 치료요법 이후에 혈액세포를 회복시킴
DNA 분해효소(Deoxyribonuclease (DNase))	낭포성 섬유증 환자들의 폐에서 나오는 분비물을 희석시킴
표피성장인자(Epidermal growth factor)	암환자에서 적혈구 생성을 촉진시킴
요소 VIII(Factor VIII)	혈우병 치료 시 혈액응고 촉진
글루코세레브로시데이즈(Glucocerebrosidase)	고셔병 환자에게 결핍된 효소를 보충해 줌
인간성장호르몬(Human growth hormone)	호르몬 결핍으로 인해 왜소증이 있는 사람들에게 사용하며, 근육과 뼈의 성장을 유도함
인슐린(Insulin)	제1형 당뇨병 치료에 사용되며, 세포들로 하여금 포도당 흡수를 유도함
인터페론(Interferon)	생식기의 혹, 털세포백혈병, C형 간염, B형 간염, 카포지육종, 다발성경화증 치료제로 활용됨
인터류킨-2(Interleukin-2)	신장암 재발 방지
폐 계면활성 단백질(Lung surfactant protein)	호흡장애 증후군이 있는 유아의 폐포 확장을 도움
레닌 억제제(Renin inhibitor)	혈압 낮춤
소마토스타틴(Somatostatin)	뇌하수체 거대증 환자에서 근육과 뼈의 성장을 감소시킴
과산화물 제거효소(Superoxide dismutase)	심장마비 후 추가적인 심근 기능장애 방지
트롬빈(Thrombin)	수술 후 출혈을 멈추게 함
조직 플라스미노겐 활성인자(Tissue plasminogen activator)	심근경색, 뇌졸중, 폐색전(pulmonary embolism) 치료시 혈전을 용해시킴

생존할 수 없도록 하는 "생물학적 봉쇄"에 관한 지침을 마련하였다.

DNA 재조합 기술은 예상보다 더욱 안전한 것으로 판명되었고, 다양한 방식으로 빠르게 산업계 전반으로 퍼져나갔다. **표 21.2**에는 재조합 DNA 기술을 이용하여 생산된 의약품의 예를 보여준다. 초기의 DNA 재조합 연구는 직접적인 유전자 산물, 예를 들어 인슐린, 성장호르몬, 혈액응고인자와 같은 단백질이나 펩타이드에 집중되어 있었다. 그러나 탄수화물이나 지질 합성에 관여하는 효소 유전자에 변형을 주어, 탄수화물과 지질을 생산할 수도 있다.

재조합 DNA를 제작하기 위해서는 3가지 요소가 필요하다.

1. 특정 염기서열 위치에서 DNA를 절단하는 **제한효소**
2. 특정 DNA 염기서열을 세포 내에 공여하는 역할을 수행하는 **클로닝 벡터**
3. 박테리아나 배양된 단일세포와 같은 **수용자 세포**

선택된 표적 DNA는 벡터에 삽입되며, 그 후 벡터는 세포 내부로 유입된다. 세포는 유입된 유전자의 정보를 바탕으로 표적 단백질을 만들어낸다.

자연계에는 수백 가지 서로 다른 제한효소들이 박테리아에서 발견되었으며, 이들은 박테리아에 감염된 바이러스 유래 DNA를 절단함으로써, 박테리아를 보호하는 역할을 한다. 메틸기(CH_3)는 제한효소로부터 박테리아 자신의 DNA를 보호하는 역할을 한다. 어떤 제한효소는 4~6개의 염기로 이루어진 DNA의 대칭되는 특정 염기서열을 자른다-제한효소가 인지하는 서열은 각각의 가닥을 5′에서 3′ 방향으로 읽을 때 동일하게 읽힌다. 예를 들어, 제한효소 EcoRI은 **그림 21.2**에서 보이듯이 GAATTC라는 서열을 자른다. 이와 상보적인 다른 가닥은 CTTAAG인데, 이것을 역방향으로 읽으면 GAATTC가 된다(다른 염기서열들을 살펴보더라도, 이러한 방식으로 배열된 서열은 거의 찾기가 어렵다). 이러한 종류의 대칭을 회문 구조(palindrome)라 명명한다. 이는 "Madam, I'm Adam."처럼 어느 방향으로 읽어도 똑같이 읽히는 글자 서열을 뜻하는 말이다. 그러나 언어의 문장을 비교하는 것과는 다르게, DNA의 회문서열은 DNA의 서로 상보적인 가닥 사이에 나타난다.

어떤 제한효소는 이중 가닥 DNA를 절단하여 단일 가닥이 돌출되는 부위를 생성시킨다. 이를 점착성 말단(sticky end)이라고 부르는데, 그 이유는 잘린 가닥이 서로 상보적이어서 각각의 염기쌍 사이에 수소결합을 형성하기 때문이다. 제한효소는 재조합 DNA를 제작할 때 분자 가위로 작용하는데, 그 이유는 어떤 DNA라도 동일한 서열을 인지해서 자르기 때문이다. 그러므로 잘리는 DNA가 사슴에서 유래된 것인지 단풍나무에서 유래되었는지 여부와 무관하게, 같은 제한효소로 잘리게 되면 동일한 점착성 말단 서열이 생성한다.

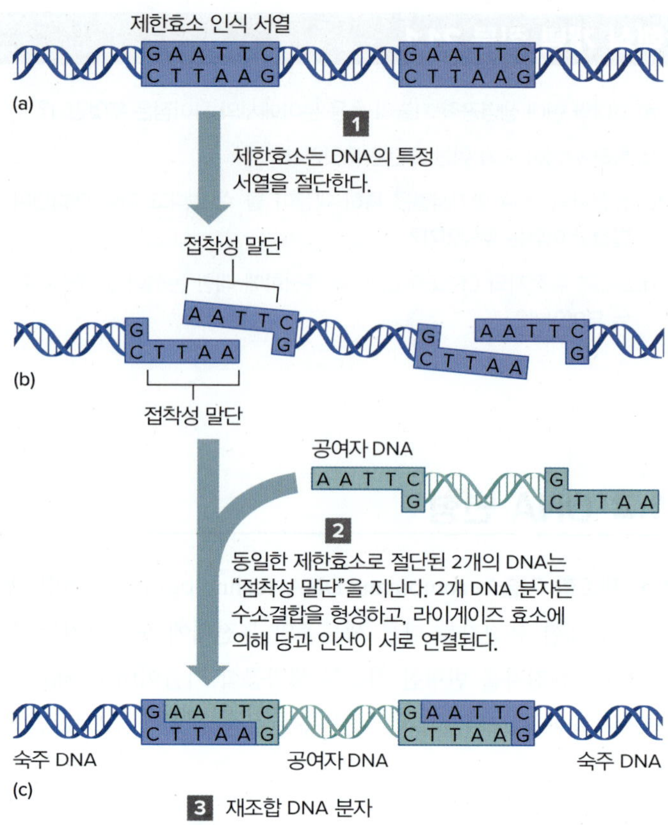

그림 21.2 DNA 재조합 과정에는 외래 DNA를 삽입할 목적으로 제한효소를 이용한다. 제한효소들은 분자 가위로 사용되는데, 그 이유는 염기서열만 동일하면 그 출처가 어느 생명체에서 유래되었는지 여부에 상관없이 항상 같은 위치를 자르기 때문이다.

DNA 재조합 기술에 사용되는 또 하나의 "도구"는 클로닝 벡터이다. 이것은 어떤 생물의 세포 내 DNA를 다른 종의 세포 내로 운반하는 역할을 한다. 벡터는 어떤 DNA 단편이라도 삽입이 가능한데 가장 일반적으로 쓰이는 벡터는 **플라스미드**(plasmid)이다. 이것은 작은 원형의 이중 가닥 DNA로 박테리아, 효모, 식물세포 그리고 다른 생물에 자연적으로 존재한다. 박테리아를 감염시키는 바이러스는 박테리오파지(bacteriophage)라고 불리는데, 이 또한 벡터의 한 종류이다. 박테리오파지는 DNA 운반을 위해 조작되지만 질병을 유발하지는 않는다. 변형된 레트로바이러스도 박테리아와 효모에서 유래된 인공 염색체와 같이 벡터로 사용된다.

벡터에 삽입될 수 있는 유전자의 크기에는 제한이 있다. 흔히, 유전자의 크기는 일반적으로 kilobase(kb)로 나타내는데, 1 kb는 천 개의 염기를 의미한다. 클로닝 벡터는 최대 약 2백만 개의 DNA 염기들을 운반할 수 있다.

재조합 DNA 분자를 만들기 위해, 제한효소는 공여자 세포로부터 표적 유전자를 자른다(**그림 21.3**). 효소는 DNA를 잘라 특정 염기서열

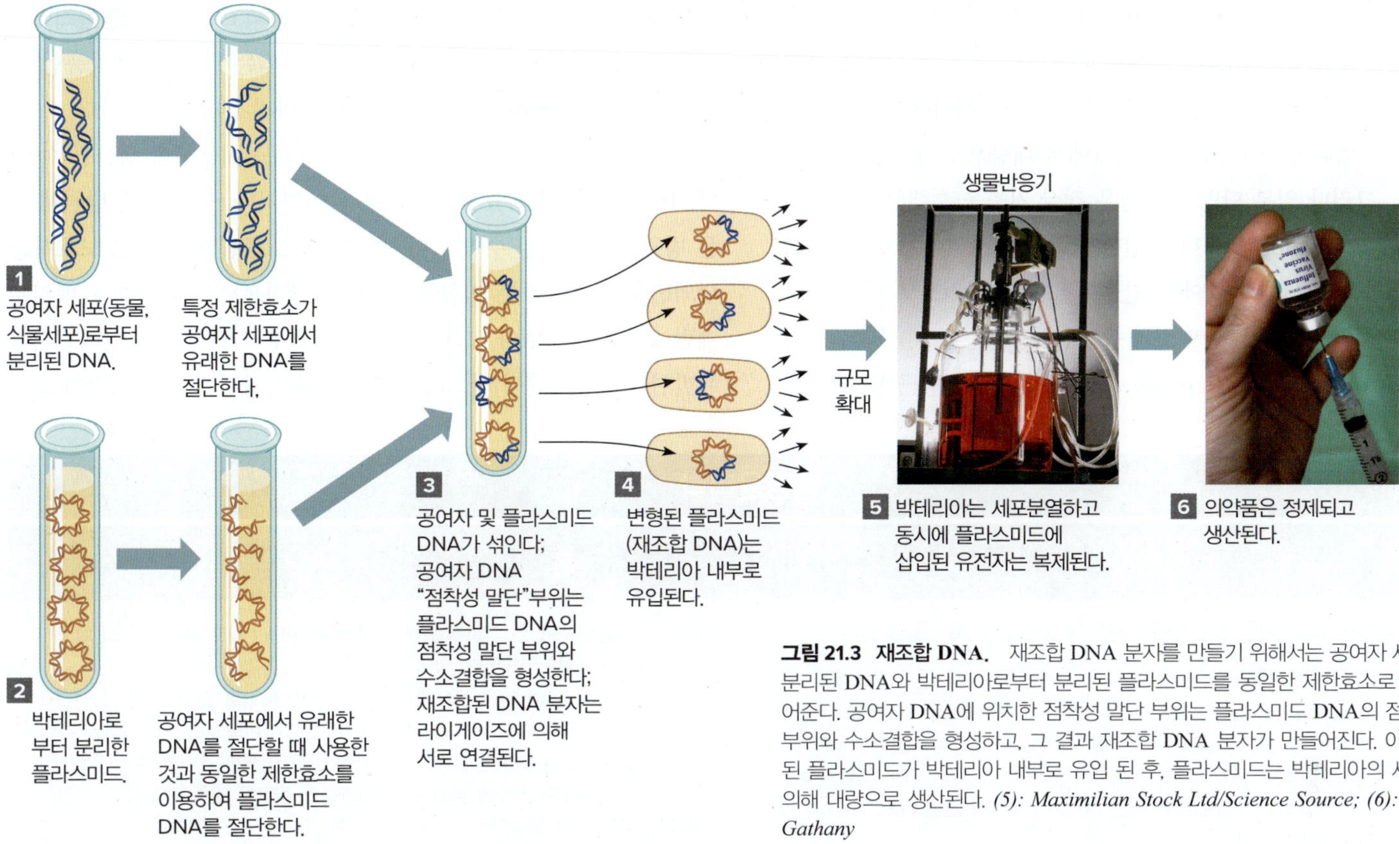

그림 21.3 재조합 DNA. 재조합 DNA 분자를 만들기 위해서는 공여자 세포로부터 분리된 DNA와 박테리아로부터 분리된 플라스미드를 동일한 제한효소로 자르고 섞어준다. 공여자 DNA에 위치한 점착성 말단 부위는 플라스미드 DNA의 점착성 말단 부위와 수소결합을 형성하고, 그 결과 재조합 DNA 분자가 만들어진다. 이렇게 조작된 플라스미드가 박테리아 내부로 유입 된 후, 플라스미드는 박테리아의 세포분열에 의해 대량으로 생산된다. *(5): Maximilian Stock Ltd/Science Source; (6): CDC/Jim Gathany*

을 지닌 단일가닥 DNA 말단을 만든다. 그 다음, 공여자 DNA를 자를 때 사용한 것과 동일한 제한효소로 플라스미드를 잘라서 분리한다. 그 이유는 같은 제한효소로 잘린 공여자 DNA와 플라스미드 DNA는 각각 잘린 부위로부터 이어진, 동일한 상보적 단일가닥 염기서열을 얻을 수 있기 때문이다. 절단된 플라스미드와 공여자 DNA가 섞이면, 일부 플라스미드의 단일가닥으로 된 점착성 말단이 공여자 DNA의 절단된 점착성 말단과 염기쌍을 이루게 된다. 그 결과 인간의 인슐린 유전자를 운반하는 플라스미드처럼 재조합 DNA 분자가 만들어지게 된다. 이러한 인간 유전자를 지닌 플라스미드는 박테리아나 백혈구 내부로 도입될 수 있다.

삽입된 유전자를 지닌 세포는 플라스미드가 결여되거나, 유전자가 삽입되지 않은 빈(empty) 플라스미드만 지닌 세포들로부터 분리되어야 하는데, 연구자들은 이러한 세포들을 구별해서 분리할 방법을 개발하였다.

재조합 플라스미드를 가진 세포들이 분열할 때, 플라스미드 또한 분열된다. 효소, 리보솜, 에너지 분자들과 단백질 합성에 필요한 요소들은 플라스미드 DNA에 삽입된 표적 유전자를 전사 및 번역시켜, 원하는 단백질이 생산되도록 한다. 그 후 생산된 단백질은 분리, 수집, 정제 과정을 거친 후 새로운 치료제로 탄생한다.

DNA 재조합 기술을 이용한 제품

기초 연구에서 DNA 재조합 기술은 개별 유전자를 복잡한 생물로부터 동정해 내고, 분자 수준에서 이 유전자의 기능을 파악할 수 있게 해준다. 재조합된 DNA는 단백질 의약품이나 백신의 대량생산에 활용될 수 있다.

DNA 재조합 기술을 이용하여 생산된 의약품은 혼합물이 아닌 순수한 물질이며, 인간 자신의 단백질이다. DNA 재조합 기술이 발명되기 전까지는, 인간 성장호르몬은 시체로부터, 여포자극호르몬은 폐경기 이후 여성의 소변으로부터, 혈액응고인자는 수백 또는 수천 명의 공여자로부터 얻어내었다. 이런 방식을 통해 얻은 의약품은 감염의 위험성이 높았고, HIV와 C형 간염이 확산된 후 특히 더 위험해졌다.

DNA 재조합 기술을 이용하여 만든 첫 번째 의약품은 박테리아 세포(**대장균**)에서 생산된 인슐린이다. 1982년까지만 해도, 제1형 당뇨병을 앓고 있는 사람들에게 매일 주사로 투여되던 인슐린은 도축장에서 죽은 소의 이자로부터 얻어내었다. 소의 인슐린은 인간의 것과 거의 비슷하며, 인슐린을 구성하는 51개 아미노산 중 2개만이 달라 당뇨병을 앓고 있는 대부분의 사람이 사용할 수 있었다. 그러나 약 20명의 환자 중 1명 정도는 이 약간의 화학적 차이 때문에 소의 인슐린에 의한 알레르기 반응을 보였다. 이렇게 알레르기 부작용을 보인 환자들은 DNA 재조합 기술이 개발되기 전까지는 다른 동물이나 인간의 사체로부터 얻은 값비싼 인슐린을 사용해야만 했다.

인슐린은 펩타이드이므로 박테리아에서 대량으로 생산하는 것이 용이하다. 그러나 일부 단백질의 경우 정상 기능을 수행하기 위해서는 당화(glycosylation)되거나 적절한 구조로 변경되어야 한다. 이러한 단백질들은 진핵세포 내에서 만들어질 때 정상적으로 당화될 수 있고, 구조적으로도 정상 단백질과 동일하게 된다. 효모, 중국햄스터 난소세포(Chinese hamster ovary cell), 곤충세포, 당근 및 담배세포들이 인간의 단백질을 생산하는 데 활용되고 있다. **생명윤리학**에서는 DNA 재조합 기술을 이용하여 생산되는 또 다른 의약품인 적혈구 생성인자(erythropoietin, EPO)에 대해 살펴보기로 한다.

좀 더 안전한 백신도 DNA 재조합 기술을 이용하여 생산될 수 있다. 19.5절에 서술되었듯이 백신은 살아있거나, 이미 죽은 병원체 혹은 병원체의 일부일 수 있으며, 병원체에 노출될 때 인간을 보호하는 면역반응을 촉진하는 역할을 한다. 일반적으로 인플루엔자 백신은 계란에서 배양되었다. 그러나 계란은 일부 사람들에게 알레르기를 유발한다는 문제점이 있으며, 또한 그 배양 과정에 오랜 시간이 소요

생명윤리학

EPO: 인체 내 혈액세포 생성촉진제인가? 경기력 향상을 위한 의약품인가?

"다른 누구보다도 더 오래 그리고 빨리, 자전거 타기, 달리기와 수영을 하라!"

이것은 적혈구 생성인자(erythropoietin, EPO)의 양을 증대시키는 의약품을 판매하는 회사의 홈페이지에 있는 광고 문구이다. 'EPO'는 당단백질 호르몬이며, 혈중 산소 농도가 낮을 때 신장에서 생산된다. 이는 골수를 타고 돌며 적혈구모세포(red blood cell progenitor)가 증가하도록 세포의 수용체와 결합한다. 곧, 더 많은 적혈구가 순환계로 유입되고 조직으로 더 많은 산소가 운반된다(**그림 21A**). 그 결과 체력이 증진되는 효과가 있다.

의약품으로써 EPO의 가치는 1961년 신장 기능 저하를 치료하기 위한 혈액 투석 기술의 개발 이후 더 높아졌다. 그러나 혈액 투석은 혈액에서 EPO를 제거하기 때문에 심각한 빈혈을 초래하기도 하였다. 투석 후, EPO 수준을 끌어올리는 것은 어려운 것으로 판명되었다. 왜냐하면 인간의 혈장에는 EPO의 농도가 매우 낮으므로, 공여자의 혈장으로부터 이를 충분히 획득하는 것이 어렵기 때문이다. 대신, 1970년대, 미국 정부는 십이지장충 감염과 일본 재생불량성 빈혈(Japanese aplastic anemia)을 겪고 있는 남미의 농부들로부터 EPO를 얻을 수 있었다. 그 이유는 이들의 소변에는 많은 양의 EPO가 존재하기 때문이다. 그러나 AIDS의 유행이 일어나면서, 그 이후에는 인간의 체액에서 유래한 생화학적 물질들이 더 이상 안전하지 않다는 인식이 널리 퍼졌다. DNA 재조합 기술은 EPO 부족 문제를 해결하였는데, 오늘날 EPO는 투석을 통한 빈혈 치료, AIDS 치료 그리고 암의 화학적 치료 과정에서 수혈의 필요성을 없애 준다.

혈액 내 산소 농도가 낮은 상황에서 산소의 운반 능력을 증대시켜주는 EPO의 기능을 고려하면, 왜 운동선수들이 지구력을 증진하기 위해 높은 고지대에서 훈련하는지를 알 수 있다. 1990대 초부터, 운동선수들은 이러한 효과를 보기 위해, 위험을 감수하고서라도 EPO를 남용하였다. EPO는 혈액을 걸죽하게 하고, 혈관이 막힐 가능성을 높여 심장마비나 뇌졸중의 위험성을 높인다. 올림픽에 출전하는 선수들은 소변 검사를 통해 재조합 EPO 복용 여부에 대한 검사를 받는다. 이때 재조합 EPO는 인간의 신장에서 합성되는 것과 비교할 때 당(sugar)의 구조 측면에서 조금 차이가 있다.

가족성 적혈구 과다증(erythrocytosis)은 크게 4종류가 있는데, 이 특징을 지닌 사람들의 경우 여분의 EPO를 자연적으로 가지고 있다. 상염색체 우성 유전되는 가족 적혈구 과다증 가계도 구성원은 EPO 수용체가 오랫동안 활성화되는 특징이 있고, 이로 인해 적혈구 세포가 다량 존재한다. 이러한 유전적 특성을 지닌 핀란드 가계도 구성원들 중 한 명은 선천적인 능력 덕택에 1960년부터 1972년까지 올림픽 스키 종목에 출전하여 여러 개의 메달을 획득하였다. 연구자들은 이 가족의 유전자를 연구하여 1850년대에 살았던 한 조상의 EPO 수용체 유전자(*EPOR*)에서 점 돌연변이를 발견하였다. 또 다른 가족은 EPO 유전자상에서 우성 기능 획득을 초래하는 번역틀이동 돌연변이가 발견되었다(**표 12.4**). 이 돌연변이는 유전자의 기능을 상실시키지는 않고 다른 mRNA를 전사하여 그 결과 호르몬의 양을 증가시키는 결과를 초래하였다. 상염색체 열성 돌연변이가 일어난 사람의 혈액에서도 EPO의 양은 증가하였다.

적혈구 과다증이 있는 사람의 경우 어지럼증, 두통, 코피나 숨 가쁨을 경험하지만, 아무런 증세가 없기도 하다. 그러나 혈액순환의 장애로 인해 뇌졸중이나 심장병 발병 위험성이 높아진다.

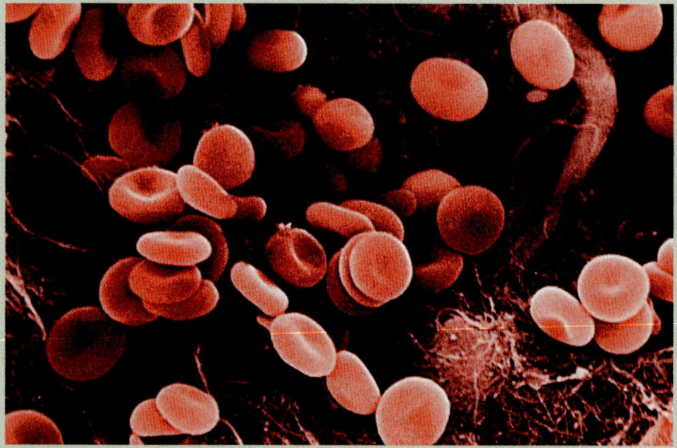

그림 21A 적어도 2개 이상의 유전자가 EPO 분비 과정에 관여한다. 일부 변이 유전자는 적혈구 수를 증대시키거나 적혈구 수명을 연장시키는 효과가 있지만, 이로 인해 심장병과 뇌졸중 위험성을 높이기도 한다. *Image Source/Getty Images*

토론을 위한 질문

1. 신체에서 자연적으로 합성되는 물질을 사용하여 경기력 향상을 도모하는 것은 적절한가?
2. 운동선수들이 유전적, 해부학적 및 생리학적으로 우수하여 경기력에 이점이 있는지의 여부를 검사하는 것이 필요한가? 왜 필요한가? 왜 불필요한가?
3. DNA 재조합 기술을 이용하여 의약품을 개발할때, 연구진들은 의약품의 남용 가능성에 대해 고려할 필요가 있는가?

된다는 단점도 있다. 이를 대체할 수 있는 독감 백신이 개발되었는데, 이 백신은 인플루엔자 A와 인플루엔자 B 바이러스에 있는 헤마글루티닌(hemagglutinin) 단백질을 만드는 유전자를 이용하여 개발되었다(임상 연계 19.1 참조). 이 인플루엔자 바이러스 유전자는 거염벌레(armyworm)에 감염시켜 백신을 생산해 낸다. 이렇게 계란을 이용하지 않고 생산된 백신은 기존의 독감 백신보다 훨씬 빠르게 생산될 수 있다. 2019년에 나타난 코로나바이러스인 SARS-CoV-2 백신은 이 기술을 활용하여 생산되었다.

말라리아를 예방하기 위해 개발된 백신은 모기의 내장에 기생하는 **박테리아**(*Pantoea agglomerans*)를 변형시켜 개발되었다. 모기는 자신의 체내에 말라리아의 원인이 되는 **말라리아 원충**(*Plasmodium falciparum*)을 가지고 있는데, 이 원충을 사람에게 전염시킨다. 그런데, **대장균**(E. *coli*)에는 곤충의 내장을 파괴하는 단백질이 존재하는데, 이 단백질을 암호화한 유전자를 박테리아에 주입함으로써, 그 결과 모기의 내장을 파괴하여 말라리아를 예방할 수 있다. 재조합 박테리아를 활용하는 것이 재조합 모기를 만들어 말라리아를 예방하는 것보다 훨씬 용이하다. 이와 관련된 내용은 21.4절에서 다시 다룰 것이다.

형질전환 생물

인간의 단백질을 세포배양을 이용하여 생산하고자 할 때 박테리아 같은 원핵세포보다는 진핵세포를 활용하는 것이 일반적으로 더 좋다. 이보다 더 효율적인 방법은 재조합 유전자가 만들어내는 단백질을 형질전환 동물들의 체액으로 분비되도록 하는 것이다. 인간의 단백질이 세포배양을 통해 만들어질 때보다는 온전한 다른 동물의 조직에서 만들어져 체액으로 분비될 때, 단백질 고유의 특징이 잘 보전된다. 형질전환된 생물을 만들기 위해서는 변형된 유전자가 반드시 수정된 난자에 삽입되어야 한다. 그래야만, 형질전환 생물을 구성하는 모든 세포에 변형된 유전자가 존재하기 때문이다.

형질전환된 포유류 동물들은 분비되는 젖에 인간의 유전자가 발현되도록 조작되었는데, 예를 들어, 혈액응고인자, 혈전용해제, 결합조직 단백질의 일종인 콜라겐 유전자를 발현시킨 사례가 있다. 또한 토끼와 젖소의 우유에서 생산된 인간 항체는 암 치료에도 활용되고 있다. 항체가 여러 개의 유전자 산물들의 결합으로 만들어짐을 설명한 그림 19.8을 기억하라. 연구진들은 인간 항체 유전자들을 우유에 존재하는 단백질을 암호화하는 유전자의 프로모터에 부착한다[프로모터는 유전자의 시작 부위에 존재하는 짧은 염기서열인데, 전사 효율을 조절한다]. 이 프로모터는 우유 단백질들을 만드는 과정을 조절한다. 형질전환 동물들의 유선조직 내 세포에서는 항체들이 결합된 후 분비된다. 이 과정은 일어나는 조직이 다를 뿐, 인간 면역계의 혈장세포에서 항체가 생산되는 것과 유사하다. **표 21.3**에는 형질전환 동물들을 이용하여 생산되는 의약품들이 예시되어 있다.

형질전환 동물을 만들기 위해서는 DNA를 동물세포에 도입시켜야 하는데, 이를 위해 사용되는 몇 가지 기술들이 있다. 한 예로, 화학물질과 짧은 전기충격을 세포에 가하면 원형질막에 일시적으로 구멍이 생성되는데, 이곳을 통해 DNA를 세포 내로 주입할 수 있다. 또 다른 방법은, DNA가 코팅된 작은 금속 입자를 총과 유사한 도구를 이용하여 세포 내로 직접 쏘아 넣는 것이다. 또한 DNA를 리포좀(liposome)이라 불리는 작은 지방 성분 거품에 넣어서, 원형질막 내부로 통과시킬 수도 있다. 식물세포의 경우에는 DNA가 원형질막 외에 세포벽도 통과해야 하는 점에서 차이점이 있다. 따라서 식물세포의 경우에는 특정 박테리아(*Agrobacterium tumefaciens*)를 식물에 감염시켜 유전자를 도입시킬 수 있다. 이 과정에서는 나무에 종양과 유사한 돌기가 형성되지만, 농작물의 유전체 내에 특정 유전자를 삽입시킬 수 있다.

외래 DNA를 수정란에 주입하는 것은 형질전환 동물을 제작하는 첫 번째 단계이다. 재조합된 DNA는 핵 안쪽으로 들어가서, 세포 내 다른 DNA와 함께 염색체상에서 복제될 수 있어야 하고, 세포가 분열할 때는 딸세포에게 전달되어야 한다. 마지막으로, 대리모(surrogate mother)의 몸에서 수정란이 발생 및 분화 과정을 거친 후 새로

표 21.3 형질전환 동물에서 생산되는 의약품

동물	의약품	치료가능 질병
닭	계란 흰자 단백질(알부민)과 함께 만들어지는 재조합 효소	리보좀산 지방분해효소 결핍
소	혈장에 존재하는 항체	감염병 치료
염소	젖에서 생산되는 안티트롬빈(혈액응고인자)	혈전 용해
토끼	젖에 함유된 재조합 C1 에스테레이즈 억제제	유전성 혈관부종

운 개체가 태어나야 한다. 우성 형질의 경우에는 발생 과정상 적절한 조직에서 또한 적절한 시기에 그 유전자가 발현되어야 한다. 반면에 열성 형질의 경우 이형접합자인 암컷, 수컷을 먼저 얻어, 이들을 서로 교배시켜 동형접합자를 얻어야 그 형질이 발현된다. 이 단계 이후엔, 생물은 그 특성들을 다음 세대의 개체들에게 전달해 줄 수 있어야 한다.

동물모델

형질전환 동물들로부터 의약품 성분을 함유한 우유를 생산하는 사례는 많지 않은데, 그 이유는 이들 형질전환 동물들을 사육 및 관리하는 것이 매우 어렵기 때문이다. 형질전환 동물들은 오히려 인간 질병을 연구하는 모델이 될 수 있다는 점에서 유용하게 활용된다(**그림 21.4**). 예를 들어, 겸형 적혈구병(sickle cell disease)을 유발시키는 돌연변이 베타글로빈 유전자를 생쥐에게 주입하면, 이 생쥐는 겸형 적혈구병 연구를 위한 모델 동물이 된다. 이 모델 동물들을 대상으로 신약 후보 물질들의 효과를 실험해 볼 수 있으며, 만약 심한 부작용이 관찰되면 사람 환자에게 시험해 보기 이전에 미리 신약 후보군에서 제외할 수 있다. 이보다 더 실용적인 형질전환 동물의 활용 예는 제19장의 **생명윤리학** 내용에서 서술되었던 스위티 파이라는 형질전환 돼지의 사례이다. 이 돼지의 간은 간이식이 필요한 젊은 남자가 이식을 받을 때까지 생명을 유지할 수 있도록 기여하였다.

형질전환 동물모델은 한계점도 가지고 있다. 더욱 정교한 유전자 편집 기술이 개발되기 전에는, 연구진들은 주입할 유전자들이 동물 유전체의 어느 부위에 삽입될지를 예측할 수 없었으며, 또한 몇 개의 유전자가 삽입될 것인지도 알 수 없었다. 그 결과 각각의 동물개체들은 서로 다른 수의 유전자를 가질 수도 있었다. 또한 표현형으로 나타나기 위해 필요한 유전자 발현량이 사람과 동물모델 간에 서로 다를 수 있다. 가족성 알츠하이머병에 대한 생쥐모델에서 그 예를 찾을 수 있다. 스웨덴에서 발견된 알츠하이머 가계도에서 발견된 것과 동일한 DNA 염기서열을 생쥐에 주입시켜 아밀로이드 전구체 단백질

그림 21.4 동물모델은 인간의 질병연구에 유용하다. 헌팅톤병을 유발시키는 돌연변이가 삽입된 형질전환 생쥐를 대상으로 울퉁불퉁한 표면을 가진 회전통 위에서 중심잡기 능력을 시험하고 있다. *Courtesy MRC Harwell*

의 기능을 제한하였음에도, 생쥐의 경우엔 알츠하이머병이 나타나지 않았다. 그런데 이 유전자의 발현량를 10배 증가시켰을 때는 생쥐에서도 알츠하이머병이 나타났다. 즉, 플라크(plaque), 얽힘(tangle) 그리고 신경세포사멸 현상들이 생쥐의 뇌에서 뚜렷하게 발견되었다.

동물모델은 성장 속도의 차이로 인해 인간과 다를 수도 있다. 예를 들어, 일부 유전성 질환의 경우, 사람에서는 성인이 된 후 발병하지만, 생쥐에서는 표현형을 확인해 볼 틈도 없이 일찍 죽는 경우가 있다. 이러한 이유로 인해 헌팅톤병의 연구에 있어서는 생쥐보다는 원숭이가 더욱 정확한 동물모델이 된다. 그 이유는 영장류인 원숭이는 생쥐에 비해 수명, 물질대사, 생식, 행동 및 인지기능이 사람과 더 유사하기 때문이다.

유전자 변형 식품

전통적인 농업에서는 식물이나 동물들을 교배시킴으로써, 유용한 형질을 지니는 개체들을 얻고자 하였다. 이를 통해 씨 없는 과일이나 지방이 적은 육류를 얻을 수 있었다. 이러한 방식은 맛이나 외형과 같은 표현형에 기반을 두어 유전자가 재구성된 개체들을 선별하는 방식이다. 그러나 많은 유전자가 영향을 받게 되므로, 정확하지는 않으며, DNA 수준에서 유전정보를 인위적으로 변형시키는 것은 아니며, 기존에 이미 존재하는 변이를 골라내는 기법이라 할 수 있다. 반면에 DNA에 기반을 둔 기술은 한 개 또는 소수의 특정 유전자들만 선택적으로 조작한다는 점에서 차이점이 있다. 다른 종에서 유래한 유전자가 주입되었거나, 자신의 유전자를 과발현 또는 저발현되도록 조작된 생물은 "유전자 변형" 생물(Genetically Modified Organism, GMO)이라 불린다. 다른 종에서 유래한 유전자가 주입된 생물은 형질전환(transgenic)되었다고 한다. 그러나 21.4절에 서술된 RNA 간섭처럼 유전자 발현을 차단하거나 유전자 편집 기술을 이용하여 유전자를 제거하는 일부 응용 기술을 활용한 결과물은 유전자가 변형된 사례로 여기지 않는다.

유전자 변형 농작물은 해충, 잡초, 자연적인 질병이나 제초제에 함유된 독성물질들로부터 스스로를 보호할 목적으로 만들어졌다. 황금 쌀(golden rice)은 유전자 변형 농작물인데 1999년에 처음 발명되었다. 황금 쌀은 수선화와 박테리아에서 유래한 유전자들을 이용하여, 비타민 A의 전구물질인 베타 카로틴(beta-carotene)의 함유량을 높게 만든 것이다. 황금 쌀은 쌀을 주식으로 하면서 비타민 A가 결핍된 많은 나라 국민들의 영양상태를 향상시킬 목적으로 개발되었으며, 지금도 여러 국가에서 재배되고 있다. 또 다른 유전자 변형 쌀이나 농작물을 개발하여 사람들에게 비타민 A 공급을 증대시키려는 노력도 진행되고 있다.

여러 특이한 생물체에서 유래한 유전자를 활용하여 흥미로운 특성을 지닌 농작물을 생산하는 시도가 이루어지고 있다:

- 쥐에서 유래한 유전자를 이용하여 만들어진 형질전환 상치는 많은 양의 비타민 C를 함유하고 있다.
- 나방에서 유래한 유전자가 도입된 형질전환 사과는 박테리아 감염이 원인인 화염병(fire bright)에 저항성을 가진다.
- 나방과 벌에서 유래한 유전자가 도입된 형질전환 감자는 곰팡이 감염이 원인인 감자 마름병에 저항성을 가진다.
- 누에에서 유래한 유전가 도입된 포도는 박테리아 감염으로 인해 유발되는 피어스병에 저항성을 가진다.

유전자 변형 식품의 섭취에는 논란이 있어왔다. 일부 국가에서는 유전자 변형 식품을 법적으로 금지하고 있지만, 미국의 경우 1990년대 중반 이후 유전자 변형 식품들을 안전하게 섭취해 오고 있다. 정부 보고서에 의하면 슈퍼마켓에서 판매 중인 가공식품들의 약 60%가 최소 한 가지 이상의 유전자 변형 재료를 함유한 것으로 나타났다. 미국 내에서 경작되는 옥수수, 목화, 대두의 92~94%는 유전자 변형 농작물이다.

그러나 일부 사람들은 다양한 이유를 근거로 유전자 변형 식품에 반대한다. 프랑스와 오스트리아의 행정관료들은 유전자 변형 식품을 "비자연적", "타락한" 그리고 "이단적인" 것으로 간주한다. 일부 소비자들은 텔레비전 뉴스 프로그램에 출연하여 "나는 DNA를 함유한 음식은 먹지 않겠다!"라고 격앙된 어조로 선언하기도 하였다. 유전자 변형 농산물은 비정상적인 유전 형질을 가지고는 있지만, DNA는 모든 음식물에 다 포함되어 있어 지나친 우려를 할 필요는 없다.

유전자 변형식품에 대해 반감을 품는 또 다른 이유에는 보다 실질적인 것도 있다. 식품에 원래 함유되지 않았던 성분–예를 들어, 땅콩에 존재하는 단백질을 옥수수에 넣은 것–을 함유하게 된 식품은 알레르기 반응을 유발할 수 있으므로, 제품 설명서에 명시될 필요성이 있다. 많은 유전자 변형 작물들은 특정 제초제에 내성을 띠도록 설계되어 있어, 이로 인해 특정 제초제만 사용하게 된다. 그런데 이러한 특정 제초제가, 유전자 변형 작물도 생산하는 회사에서 생산되기 때문에, 농부들이 이 회사로부터 제초제 및 유전자 변형 씨앗을 매년 구입해야 하는 상황이 발생한다는 점에서 문제점이 대두된다.

현장시험을 거치더라도, 유전자 변형 식물들이 생태계에 미칠 수 있는 영향들을 충분히 예측할 수 없다는 문제점도 있다. 유전자 변형 작물을 재배하는 공간 주변에, 유전자 변형이 없는 작물을 재배함으로써, 완충 영역을 설정해 두는 것도 시도되고 있지만, 바람에 의해 유전자 변형 작물이 멀리 날아가 퍼질 수도 있다. 미국 노스다코다주의 도로변에 자라고 있는 400개의 카놀라 식물을 채집하여 분석하였더니, 86%가 유전자 변형 작물에서 유래되었음이 밝혀지기도 하였다.

유전자 변형 작물에 대한 과학적 사실에 근거한 또 다른 반대 의견으로는, 이들에 대해 지나치게 의존하게 되면, 유전적 균일성(genetic uniformity) 현상을 초래함으로써 전통적인 단일경작을 하는 것과 같은 상황을 초래할 위험성이 있다는 점이다. 생물군이 유전정보가 동일하게 되면, 환경변화 시 생존 가능성이 취약하게 되며, 그 결과 자연선택 과정에서 살아남을 수 없게 된다. 그 외, 몸 크기가 2배에 달

표 21.4 유전자 변형 농작물

식물명	특징	방법
자주개자리(알팔파)	리그린 감소로 인해 소에게 먹일 사료 사용기간 연장	RNAi를 이용하여 효소 기능 억제
사과	갈변 현상 감소	특정 사과종으로부터 유래한 유전자를 다른 사과종에 도입시켜 그 결과 갈변현상에 관여하는 효소 유전자의 발현을 억제시킴
카사바	철, 아연 이온 함유량 증가	겨자식물 유래 유전자를 도입시켜 수송단백질의 기능을 억제함. 그 결과 해당 이온의 양을 증가시킴
아마	씨앗의 오메가-3 함유량이 생선기름보다 높음	조류, 이끼 및 물곰팡이에서 유래한 오메가-3 지방산 생산에 관여하는 유전자를 아마에 도입시킴
감자	갈변 현상 및 아크릴아마이드(발암물질) 감소	RNAi를 이용하여 폴리페놀 옥시데이즈 합성을 억제시킴
쌀	가뭄 스트레스에 대한 저항성	겨자식물에서 유래한 유전자를 벼에 도입시켜 세포 내에 당이 축적되는 데 관여하는 효소를 발현시킴. 그 결과 가뭄기간에 수분을 유지하게 함
대두	트랜스지방 없음. 올레산의 높은 향유, 유통기한 연장	TALEN(유전자 편집)

하거나, 극한의 온도에서도 생존 가능한 유전자 변형 물고기는 자연 생태계 시스템을 어지럽힐 수도 있다. **표 21.4**에는 형질전환 기술이나 21.4절에 서술된 유전자 침묵과 유전체 편집 기술을 활용하여 생산되는 유전자 변형 농작물이 예시되어있다.

생물정화

DNA 재조합 기술과 형질전환 된 생물체들은 원하는 생산물을 만들 뿐만 아니라 생물공정에도 활용된다. **생물정화**(bioremediation)란 환경 오염물질을 해독할 수 있는 박테리아나 식물을 오염된 지역에 살포하거나 재배하는 것을 의미한다. 아마도 이러한 생물체들은 포식자들이 싫어하거나 식욕을 느끼지 못하는 방향으로 자연 선택이 일어났을 것이다. 생물정화에서는 다른 종에게는 독소인 물질을 대사하는 데 관여하는 유전자를 통해 일어난다. 생물정화 기술은 변형되지 않은 생물체를 사용하거나, "해독(detox)" 유전자를 다른 종에 이식함으로써 "해독" 단백질이 더 쉽게 오염지역에 침투할 수 있게 한다.

자연에는 흥미로운 대사 작용 특성을 지닌 생물종들이 많이 있다. 예를 들어, 호주 인근 섬의 열대우림지역에 서식하는 어떤 나무는 토양으로부터 매우 많은 양의 니켈을 흡수하여 저장하고 있는데, 이 나무의 껍질을 베어보면 밝은 녹색의 수액을 분비한다. 이 나무로부터 분리한 유전자는 니켈로 오염된 토양을 정화시키는 데 사용될 수 있다. 미생물이 오염물질을 해독하는 단백질을 생산하도록 형질전환 시킨 후 식물에 도입시킨다. 그러면, 식물의 뿌리가 해독 단백질을 토양으로 분비할 수 있다. 예를 들면, 형질전환된 노랑 포플러 나무는 독성이 매우 강한 토양 내 수은을 상대적으로 덜 유독한 가스 형태로 전환시킬 수 있는 박테리아 유래 수은 환원효소 유전자를 가지고 있어, 수은으로 오염된 지역에서도 생존할 수 있다. 이때 노랑 포플러 나무의 잎을 통해 가스가 배출된다.

생물정화는 전쟁에서 사용된 탄약 쓰레기를 정화하는 데도 사용된다. 그중 한 가지 예로 박테리아를 이용하여 다이너마이트와 지뢰의 주성분인 트리니트로톨루엔(trinitrotoluene, TNT)을 분해할 수 있다. 분해 기능을 담당하는 효소 유전자는 해파리에서 유래한 *GFP* 유전자에 연결되어 있는데(그림 21.1 참조), 오염된 지역에 박테리아가 살포되면 지뢰가 매설된 지역 부근에서 증식하여 빛을 내게 된다. 이를 통해, 금속탐지기보다 쉽게 지뢰가 매설된 장소를 찾을 수 있다. 지뢰가 모두 제거되었을 때 박테리아는 영양공급원의 부족으로 인해 죽게 된다.

생물정화 기술은 심각한 환경문제를 야기하는 양돈 분뇨에 존재하는 인을 제거하는 데 활용되기도 한다. 동물들은 사료용 곡물에 존재하는 피트산 화합물(phytate)로부터 미네랄 영양물질인 인을 생성하는 효소를 만들지 못한다. 따라서 인 보충제를 인위적으로 먹어야 한다. 그 결과 양돈분뇨에는 인 성분이 다량 함유되어 있다. 인 성분은 하천으로 흘러들어 물고기를 죽이거나, 수중 생태계에서 산소고갈, 녹조현상 및 심지어 온실효과를 유발하는 요인이 된다. 다행히도 생명공학 기술을 이용하여 이러한 양돈분뇨 문제를 해결할 수 있다.

과거 양돈업자들은 돼지가 더 많은 인을 섭취할 수 있도록, 인을 포함하고 있는 동물 부산물이나 피타아제(phytase) 성분을 보충제 형태로 공급해 줌으로써 돼지를 더욱 건강하게 사육하는 동시에 환경을 보호할 방법들을 시도해 왔다. 그러나 동물 부산물을 가축에게 먹이는 행위는 프리온병(prion disease)을 유발할 수 있고, 피타아제는 너무 비싸다는 단점이 있다. 그런데 피타아제 형질전환 돼지의 경우 침샘에서 박테리아의 피타아제를 분비하도록 유전공학적으로 조작된 것이다. 피타아제 형질전환 돼지는 인 성분이 감소한 양돈분뇨를 체외로 배출한다.

형질전환 생물은 다른 종의 유전자를 자신의 세포에 가지고 있다. 친환경 돼지(enviropig)라 명명된 이 형질전환 돼지는 **대장균**에서 유래한 피타아제 유전자와 생쥐의 프로모터 DNA를 함께 가지고 있는데, 이를 통해 피타아제가 돼지의 침샘에서만 발현하도록 설계되어 있다. 따라서 유전자 변형 친환경 돼지는 일반 돼지에 비해 인 성분이 75% 감소된 분뇨를 배설한다.

핵심 개념 질문 21.2

*a. DNA 재조합 기술의 여러 단계들을 설명하시오.
b. DNA 재조합 기술의 응용 분야에 대해 토의하시오.
c. 유용한 형질전환 식물 및 동물의 예를 들어보시오.

21.3 유전자 기능 모니터링

우리는 일반적으로 조상으로부터 물려받은 변이 유전자들에 대해 특별히 할 수 있는 것이 많지 않다. 그러나 유전자 발현 정도는 분석할 수 있다. 유전자 발현을 분석하기 위해서는, 세포 내에 존재하는 mRNA를 특정 조건으로 감지할 수 있어야 한다. **DNA 마이크로어레이**(microarray) 혹은 유전자 칩(gene chip)은 세포 내 mRNA를 분석할 수 있는 장치이다. 이 기술의 창의적인 면은 분석할 세포의 유형을 선택하는 것에 있다. 그림 20.16은 백혈병의 종류를 분석하는 기술에 대해 설명하고 있다.

척수손상에 대한 평가 과정은 DNA 마이크로어레이를 이용하여

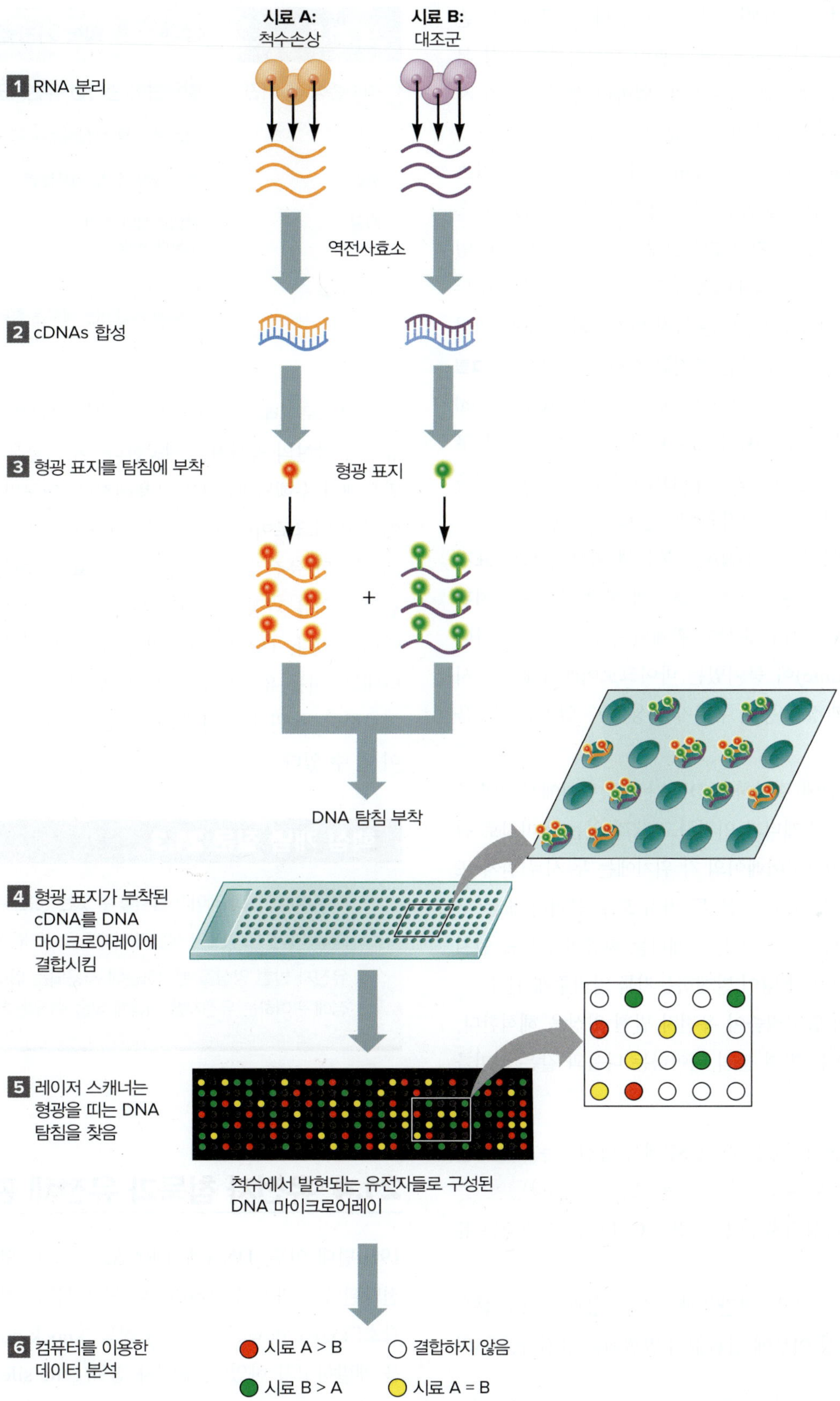

그림 21.5 DNA 마이크로어레이 실험은 척수손상 후 나타나는 유전자 발현 양상의 변화를 규명할 수 있다. 빨간색은 척수손상을 입은 환자에서 발현되는 DNA를 나타내고, 녹색은 건강한 정상인에서 발현되는 DNA를 의미한다. 빨간색 탐침에는 결합하지만, 녹색 탐침에는 결합하지 않는 DNA는 의약품 개발을 위한 새로운 지점이 될 수 있다.

유전자 발현 양상을 분석하는 기본 단계를 보여준다. 연구자들은 손상이 오고 몇 시간 후에 면역세포 및 염증 관련 생화합물이 손상 부위에 많이 몰려드는 것을 알았다. 그렇지만, 얼마나 빨리 치유가 시작되는지 파악하려면 유전자 발현 양상을 분석할 필요가 있었다.

마이크로어레이는 우표보다 작은 1.5 cm 크기의 유리 혹은 플라스틱 사각판으로 구성되며, 서열을 알고 있는 많은 수의 작은 DNA(올리고뉴클레오타이드) 조각들이 격자 모양으로 한쪽 표면에 붙어 있다. 연구진들은 미리 격자 안의 각 DNA 조각들의 위치를 기록해 두었다. 많은 경우에, 질병이나 손상, 또는 특정 환경에의 노출 등 비정상적인 상황에 있는 시료는 정상적인 조건의 시료와 비교된다. **그림 21.5**는 손상된 사람(시료 A)으로부터 얻은 대뇌척수액(cerebrospinal fluid, CSF)을 건강한 사람(시료 B)의 것과 비교한 것이다. 시료들로부터 mRNA를 추출한 후, 이것으로부터 cDNA를 만든다. 21.1절을 생각해보면, cDNA는 보통 한 유전자의 엑손들로 구성된다.

손상된 시료로부터 만들어진 cDNA는 붉은색 형광 염료로 표지되고, 대조군 시료로부터 얻은 cDNA는 초록색 형광 염료로 표지된다. 이렇게 표지된 DNA를 척수 손상에 관계된 수천 개의 유전자나 심지어 인간의 엑솜(exome)이 붙어있는 마이크로어레이에 결합시킨다. 놀랍게도 이러한 과정을 통해 우리가 예상할 수 없었던 것들을 발견할 수 있다.

격자 내 상보적인 서열에 결합하는 DNA는 그 위치에서 형광을 발광한다. 그것을 레이저 스캐너가 인지하고 색깔 있는 이미지로 결과를 전환하여 준다. 마이크로어레이의 각 위치에는 두 시료(환자 또는 정상인)의 DNA 중 한 가지, 혹은 두 가지 모두 붙거나 또는 두 가지 DNA 모두 붙지 않을 수도 있다. 스캐너는 형광의 강도를 인지함으로써, 그 유전자가 얼마나 많이 발현하는지를 알려주게 된다.

그리고 나서 컴퓨터의 알고리즘이 유전자 발현 양상을 해석한다. 척수 시료의 예에서 보이는 발현 분석 데이터는 다음과 같은 의미를 지닌다.

- 빨간색은 척수가 손상되었을 때, CSF에서 발현되는 유전자를 나타낸다(아마 유실되는 염증 분자들을 포함할 것이다).
- 초록색은 척수가 손상되지 않았을 경우 CSF에서 발현되는 유전자를 나타낸다.
- 노란색을 나타내는 경우는 빨간색과 초록색 형광이 모두 붙은 것이므로, 척수 손상 여부에 상관없이 발현되는 유전자들을 의미한다.
- 검은색 혹은 형광이 발광하지 않는 경우는 CSF에서 발현되지 않는 DNA 서열에 해당한다.

표 21.5 척수손상 후 회복 기간별 유전자 발현 양상

척수손상 후 기간	발현량이 증가한 유전자군의 기능
1일	남은 조직을 보전하는데 관여하는 유전자
3일	세포성장, 수리, 세포분열
10일	결합조직의 수리 가운데 정렬
30–90일	혈관 성숙 회복에 관여하는 새로운 형태의 결합조직 관련 유전자

마이크로어레이의 색깔과 그 강도 패턴은 척수 손상 후 수반되는 유전자 발현의 청사진을 제공한다. 이 기술은 손상 후 다른 시간대에 반복해서 수행될 때 더욱 유용해진다. 연구자들이 척수가 손상된 쥐에서 마이크로어레이를 수행하였을 때, 손상 후 발현되리라 상상하지 못했던 유전자들을 발견하였다. **표 21.5**에 요약된 마이크로어레이 결과는 치유 과정에 관련된 유전자들의 발현 양상을 시간대별로 나타내고 있다. 1일 차 분석 결과, 같은 부류의 유전자들이 활성을 나타내고, 이들 유전자들이 만드는 단백질들은 피부 깊은 층의 손상을 치료한다. 놀랍게도 이 결과는 의약품 개발이 가능한 새로운 출발점이 될 수 있다.

핵심 개념 질문 21.3

*a. DNA 마이크로어레이가 탐지할 수 있는 것은 무엇인가?

b. DNA 마이크로어레이 실험의 단계들을 열거하시오.

c. 유전자 발현 양상을 분석하는데 사용되는 마이크로어레이가 특정 과정에 관여하는 유전자를 어떻게 찾을 수 있는가?

21.4 유전자 침묵과 유전체 편집

1960년대 이후, DNA에서 RNA로, 그다음엔 단백질로 유전정보가 전달된다는 과정이 밝혀진 후, 연구자들은 특정 유전자들의 발현을 감소("knock down")시키거나 침묵("knock out")시킬 수 있는 방법들을 개발하고자 하였다. 유전자 침묵(gene silencing) 기술은 mRNA의 합성, 즉 전사 과정을 막거나, mRNA를 분해시키는 것이다. **유전체 편집**(genome editing) 기술은 DNA 서열을 절단한 후 연구자가 원하는 DNA 서열을 삽입하거나, 원하지 않는 서열을 제거하는 것이

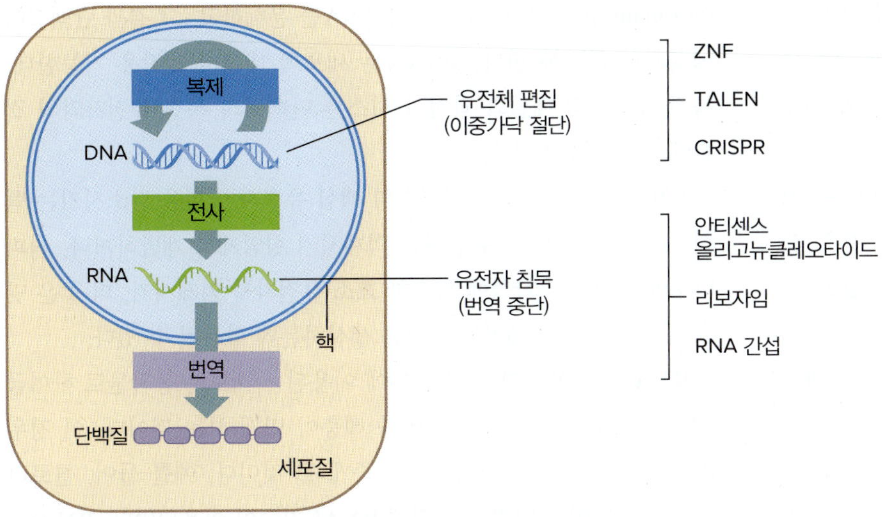

그림 21.6 유전자 침묵과 유전체 편집. 유전자 침묵 기술은 mRNA로부터 단백질이 만들어지는 과정을 막는다. 유전체 편집 기술은 연구자들로 하여금 DNA 이중 가닥 일부를 제거하여 표적 유전자를 제거하거나 혹은 치환을 가능하게 한다.

다. 유전자 침묵 및 유전체 편집 기술 개발을 위해 다양한 시도가 있었으며, 성공률은 다양하였다. **그림 21.6**에는 이러한 기술들이 적용되는 단계를 보여주고 있다. 이러한 기술들은 DNA 염기들의 상보적인 결합 현상에 기반하고 있으며, 이외에도 세포 내에 존재하는 DNA 수리 과정에 착안하여 개발되었다.

유전자 침묵

안티센스 기술(antisense technology)은 유전자 침묵 기술의 일종인데, mRNA와 상보적인 RNA를 세포 내로 주입하여 표적 유전자의 발현을 억제하는 것이다. 이때 주입되는 RNA는 안티센스 RNA라고 불리는데, 이것은 mRNA에 결합하여 번역 과정을 통해 단백질이 만들어지는 것을 막는다. 초창기 안티센스 기술은 토마토 개발에 활용되었다. 이 기술은 안티센스 RNA로 하여금 토마토의 숙성에 관여하는 효소의 활성을 감소시킴으로써 토마토의 신선도를 장시간 유지하는 것을 목표로 하였다. 이를 이용하여, 토마토의 숙성 속도는 느려졌지만, 여전히 토마토는 물컹물컹해졌으며 오히려 맛이 나빠지는 단점이 있었다.

안티센스 기술은 척수성 근위축증(spinal muscular atrophy, SMA) 치료제 개발을 위해 이용되었다. 이 상염색체 열성유전병 환자들은 척수의 운동신경세포 손상으로 인해 근육이 위축되고 몸이 늘어지는 증세가 수반된다. 심할 경우에는 호흡곤란을 경험하게 된다. 대부분의 척수성 근위축증 환자들은 2년 이상 살지 못하므로, 유아들의 사망률을 높이는 호발성 유전병이라 할 수 있다. 미국에는 신생아 10,000명당 1명 빈도로 나타나며, 50명당 1명이 돌연변이 유전자 한 개를 지니고 있다.

척수성 근위축증의 발병기작에는 독특한 특징이 있기 때문에 안티센스 기술을 이용하여 치료가 가능하다. 환자들은 "survival motor neuron 1(*SMN1*)" 유전자에 돌연변이가 있어 정상적으로 작동하지 못하는 유전자를 가지고 있다. 그러나 5번 염색체 내 가까운 위치에 두 번째 유전자인 *SMN2* 유전자가 위치하고 있다. 정상인과 환자들의 대부분은 *SMN2* 유전자 2개에 1개의 돌연변이가 각각 있어 전사가 일어나지 않는다. 그렇지만 DNA와 유사한 안티센스 물질은 돌연변이를 덮어, 그 결과 *SMN2* 유전자에서 전사가 일어나게 하여 단백질이 생성된다. 인티센스 물질로 치료받은 아이들은 걸을 수 있을 뿐 아니라, 비교적 정상적인 발달 과정을 거치게 된다.

두 번째 안티센스 기술에 대한 예는 **모폴리노**(morpholino)라는 합성 물질이다. 모폴리노는 당-인산으로 연결되는 DNA 뼈대와 유사한 유기물질에 25개의 DNA 염기가 붙어 있는 것이다. 모폴리노는 엑손 한 개를 통째로 사라지게 만드는 스플라이싱 자리 돌연변이가 작동하지 못하도록 한다. 예를 들어, 모폴리노 기반 의약품은 디스트로핀(dystrophin) 유전자에 작용할 수 있는데, 여기서 모폴리노는 건너 뛴 엑손(skipped exon)의 기능을 회복시켜 주는 역할을 하는데, 그 결과 근육세포에서 약간의 디스트로핀 단백질이 만들어지게 한다. 모폴리노에 기반을 둔 의약품은 뒤쉔 근이영양증(Duchenne muscular dystrophy)이 있는 어린이 환자의 운동 능력 향상에 효과가 있는지의 여부가 시험 중에 있다.

유전자 침묵에 활용되는 또 다른 방법에는 **리보자임**(ribozyme)을 이용하는 것이다. 리보자임은 RNA인데, 리보좀(번역이 일어나는 세포 내 기관)의 구성 성분으로써 효소처럼 초개 활성을 가진다. 리보자임은 특정 RNA 분자에 구조적으로 딱 맞게 끼어들어 가서, RNA를 자를 수 있다. 그러므로 HIV와 같은 병원체의 RNA를 파괴하는

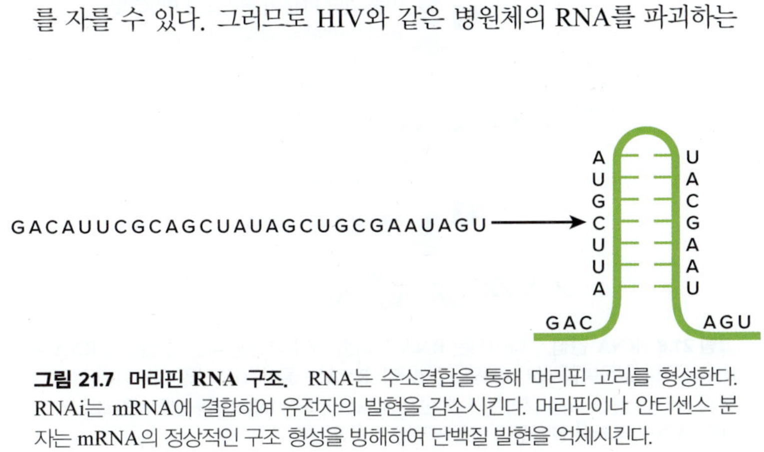

그림 21.7 머리핀 RNA 구조. RNA는 수소결합을 통해 머리핀 고리를 형성한다. RNAi는 mRNA에 결합하여 유전자의 발현을 감소시킨다. 머리핀이나 안티센스 분자는 mRNA의 정상적인 구조 형성을 방해하여 단백질 발현을 억제시킨다.

데 이용될 수 있다. 그림 13.13은 유전자 발현을 억제할 수 있는 또 다른 예인데, 포유류 암컷 세포 내에서, X 염색체 둘 중 한 개를 억제하는 비암호화 RNA인 XIST를 이용하는 것이다. 이를 이용하여, 다운증후군 환자의 21번 염색체 3개 중 하나를 침묵시킬 수 있다.

RNA 간섭(RNA interference, **RNAi**)은 또 다른 형태의 유전자 침묵 기술인데, RNA의 전체 염기서열 중 일부가 상보적인 경우, 짧은 이중 가닥 구조를 띠고 있다는 현상에 착안한 것이다. **그림 21.7**은 RNA 염기들이 서로 결합하면서 어떻게 머리핀 모양을 형성하는지를 보여준다. 짧은 이중 가닥 RNA가 세포 내로 주입되면 큰 효과를 유발할 수 있다.

RNAi 기술은 짧은 이중 가닥의 RNA를 세포 내로 주입했을 때, 이들이 단일 가닥으로 분리되고, 이들 중 하나가 상보적인 서열을 지닌 유전자의 mRNA에 결합하고, 그 결과 단백질 생성이 억제되는 현상에 기초한다. RNA 간섭 현상을 일으키는 짧은 RNA는 작은 간섭 RNA(small interfering RNA, siRNA)라 불린다.

몇 가지 단백질과 단백질 복합체들은 RNAi의 생성 및 기능을 조율한다(**그림 21.8** 및 11.2장 참조). 먼저 다이서(dicer)라 불리는 효소는 긴 이중 가닥 RNA를 절단시켜 21~24개의 염기로 구성되는 짧은 RNA를 만든다. 이러한 RNA 조각들은 RNA-유도 침묵복합체(RNA-induced silencing complex, RISC)와 결합한다. 짧은 RNA 이중 가닥 중에서 한쪽 가닥은 유도 가닥(guide strand)이라 부르는데, 이 유도 가닥은 RISC에 붙어 있는 상태로, 상보적인 RNA 서열을 찾아서 결합한다. 그 후 RISC의 다른 부위에 해당하는 아고노트 (argonaute)라는 단백질이 표적 RNA를 분해하고, 그 결과 단백질이 생성되지 않도록 한다. siRNA는 세포핵 내에서도 작용 가능한데, 특정 유전자의 메틸화 과정과 히스톤 단백질의 특정 유전자와의 결합에도 영향을 미친다.

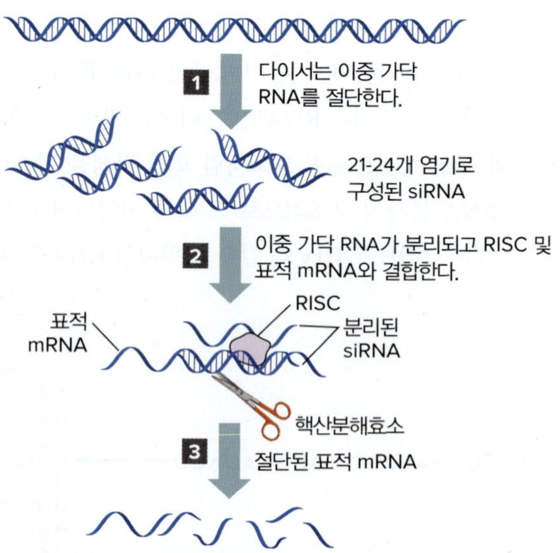

그림 21.8 RNA 간섭. 다이서는 RNA의 이중 가닥 부분을 자른다. 절단된 RNA는 RNA-유도 침묵복합체(RISC)와 결합한다. RNA는 풀어지고, 단일 가닥화된 부분은 특정 mRNA를 찾아서 결합한다. 핵산분해효소가 표적 mRNA를 절단시킴으로써 이 mRNA가 번역되어 단백질이 만들어지는 것을 막는다.

RNA 간섭 기술은 바이러스의 핵심 유전자 발현을 감소시키는 백신을 개발하거나, 암 유전자를 억제시켜 항암제를 개발하거나, 커피나무에서 카페인 합성에 필요한 효소 유전자를 억제시켜, 더 좋은 맛을 내는 카페인이 제거된 커피를 생산하는데 활용될 수 있다.

RNAi를 이용하여 농업 분야에 이용된 사례로는 농작물로 하여금 RNAi 분자를 만들게 하여 이를 해충이 먹게 하는 것이다. 이 경우 RNA 분자를 먹은 해충은 결국 죽게 될 것이다. 예를 들어, 콜로라도 감자풍뎅이를 박멸하기 위해 RNAi 기술이 이용되었다. RNAi로 처리된 농작물은 몇 가지 이점이 있는데, 일례로 독성이 있는 살충제에 대한 의존성이 낮고, 한번 처리하면 식물의 수명이 다 할 때까지 효과가 있다. 반면 일반 살충제는 반복해서 뿌려야 하는 단점이 있다. 그 외에도 RNAi는 한 종류의 해충에만 작용하기 때문에 다른 곤충에는 영향이 없다.

RNAi 기술을 이용하여 개발된 최초의 승인된 약은 유전성 트랜스티레틴 매개 아밀로이드증(hereditary transthyretin-mediated amyloidosis) 치료에 이용된다. 일반적으로 3주에 한 번씩 정맥주사를 맞는다. 이 질환의 증세로는 따끔거림, 화끈거림, 균형감각 상실, 요로감염, 어지럼증, 위장장애, 치명적인 심장 부정맥 등이 있다. RNAi에 의해 영향을 받는 단백질은 트랜스티레틴인데, 이 단백질은 간에서 비타민 A를 운반하는 역할을 수행한다. 돌연변이가 있는 트랜스티레틴 단백질은 구조 이상으로 인해 체내에 스파이크 형태의 덩어리가 생성되어 질병이 유발된다.

유전체 편집

DNA 재조합 기술처럼 유전체 편집 기술에는 자연계에는 존재하지 않은 방식으로 DNA를 절단하는 방법이 이용된다. 그러나 두 기술에는 차이점이 있는데, DNA 재조합 기술에서는 DNA가 무작위로 염색체에 삽입되지만, 유전체 편집 기술을 이용할 경우에는 개발자가 원하는 위치를 정확하게 절단 할 수 있다. DNA 재조합 기술에서는 제한효소가 DNA를 절단하면 "점착성" 말단 부위를 형성하게 되고, 이 말단 부위가 염기들의 상보적 결합에 의해 서로 연결된다. 유전체 편집 기술에서는 효소가 DNA 이중 가닥상의 특정 염기서열 위치를 정확히 절단하고, 그 이후 세포 내 자연적으로 존재하는 DNA 수리 과정에서 특정 위치에 DNA 염기서열이 제거, 치환 또는 삽입될 수 있다. 이처럼 세포 내 존재하는 DNA 수리 기작이 밝혀지

표 21.6	유전체 편집 기술
약칭	**기술의 완전한 명칭**
CRISPR–Cas9	Clustered regularly interspaced short palindromic repeats(CRISPR)-associated protein 9
TALEN	Transcription-activator-like effector nuclease
ZFN	Zinc finger nuclease

면서, 1980년대에 이를 응용하여 유전자 또는 유전체 편집 기술로 발전가능하게 되었다.

유전체 편집 기술은 체세포와 원생식세포(발생 중인 난자와 정자)를 대상으로 수행될 수 있다. 체세포를 대상으로 수행될 경우에는 충분한 수 이상의 세포 내 유전체가 편집되어야 유전병(22.3절 참조)을 치료할 수 있을 정도의 표현형 변화를 초래할 수 있다. 반면 원생식세포는 발생 과정의 초기 단계에 존재하기 때문에, 유전체 편집 기술 과정을 거치게 되면 생명체를 구성하는 모든 세포 내 유전자를 편집하게 된다.

3가지 대표적인 유전체 편집 기술은 기억이 쉽도록 약자로 표시된다(**표 21.6**). CRISPR-Cas9보다 몇 년 먼저 개발된 아연-집게 핵산분해효소(zinc finger nuclease, ZFN) 기술과 탈렌(transcription activator-like effector nuclease, TALEN)기술은 단백질을 이용하는데, 한 번에 유전자 한 개만 절단 가능하다. CRISPR-Cas9 기술은 RNA를 이용되는데, 가격이 저렴하고 쉽게 이용할 수 있다. 또한 동시에 여러 개의 유전자를 제거, 치환 및 첨가하는 것이 가능하다. 이러한 3가지 유전체 편집 기술은 제22장에서 설명된 돌연변이 유전자를 치환시키지는 않고 정상 유전자를 도입시키기만 하는 유전자 치료법에 비해 더 정확하다.

유전체 편집 기술에는 제한효소가 이용되는데, 이 효소는 DNA 염기서열 내 특정 위치를 절단하는 일종의 가위 역할을 수행한다. 효소의 DNA 결합 부위는 짧은 특정 DNA 서열에 제한효소가 결합할 수 있게 해주고, 내부핵산분해효소 역할을 하는 부위는 동일한 위치에서 이중가닥 DNA를 절단하는 역할을 한다.

아연-집게 핵산분해효소 기술(zinc finger nuclease technology, ZFN)은 아연 집게 단백질 모티프(특정 모양을 띠는 단백질의 일부)를 활용한다. 이때 모티프는 아연 원자에 의해, α 나선에 연결된 ß-병풍 구조로 이루어져 있다(그림 10.19*b* 참조). 다른 아연 집게는 서로 다른 DNA 3 염기서열에 결합한다. 아연 집게 부위가 DNA에 결합하면, 핵산분해효소(FokI) 부위가 DNA를 절단한다. 아연 집게 기작은 실을 작은 고리 모양으로 접어서 한 번에 두 가닥의 실을 동시에 자르는 것과 유사하다.

탈렌(transcription activator-like effector nuclease, TALEN) 기술에서는 식물병원체 박테리아(*Xanthomonas*)에서 유래한 제한효소를 이용하여 DNA 이중 가닥을 절단한다. TALEN은 동물세포를 대상으로도 작동한다. 군사 및 생물의학 분야에서 사용되고 있는 강하고 신축성 있는 재료인 거미줄을 생각해 보자. TALEN 기술을 이용하여 황금구슬거미에서 유래한 유전자를 누에거미에게 도입시켜 신축성이 더 강한 실크를 많이 생산할 수 있다.

크리스퍼(clustered regularly interspersed short palindromic repeats, CRISPR)는 여러 번의 반복 패턴을 보이는 짧은 DNA 서열이다. CRISPR는 자연계에 존재하는 특정 박테리아가 가지고 있는 유전체의 일부분이며, 면역반응과 유사한 역할을 수행한다. 특히 CRISPR는 박테리아가 Cas9(CRISPR 관련 단백질9) 제한효소를 이용하는데, 예를 들어, 박테리아 유전체에 삽입된 감염성 바이러스의 DNA 염기서열을 인식하여 절단한다. Cas9 외에 다른 효소가 사용될 수도 있다. CRISPR DNA는 바이러스 서열과 함께 크리스퍼 RNA로 전사되고, 이 RNA는 Cas9 단백질을 박테리아 유전체에 삽입된 바이러스 유래 서열 부위로 유도한다(**그림 21.9**). 그 후 Cas9 단백질은 DNA 이중 가닥을 절단한다. CRISPR RNA는 세포 내에 남아 있으면서 추후 바이러스의 감염이 재발할 때 DNA를 제거할 수 있다.

크리스퍼 기술은 응용도가 높다는 점에서 가치가 높은데, 연구자들은 가이드 RNA를 설계 및 합성하여 특정 DNA 염기서열을 제거할 수도 있고, 혹은 제거된 위치에 새로운 염기서열들을 삽입할 수도 있다. 또한 모든 생명체에 적용시킬 수도 있다. 박테리아 세포에서는 감염된 바이러스의 DNA를 제거하는 역할에 국한되지만, 인간 세포

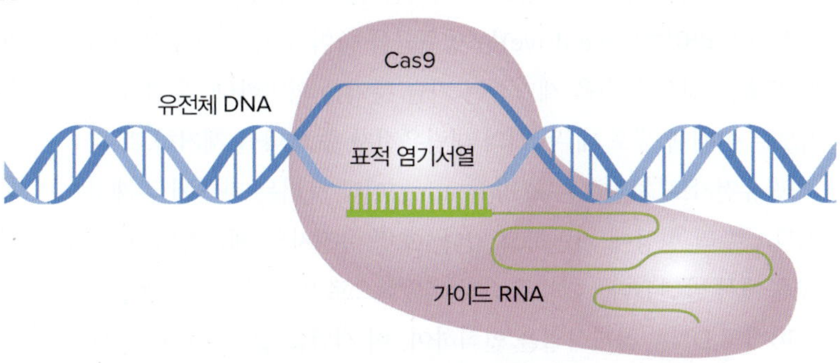

그림 21.9 CRISPR-Cas9. 유전체 편집 기술인 CRISPR-Cas9에서 합성된 가이드 RNA는 내부핵산분해효소인 Cas9(보라색)을 DNA상의 표적 염기서열 위치에 부착시킨다. Cas9은 이중 가닥 DNA를 절단하고, 이후 표적 DNA는 교체되게 된다. 출처: *Chemical & Engineering News 93(26), 20-21.*

표 21.7	CRISPR 유전체 편집 기술의 응용
응용	**적용 사례**
GMO 확산 방지	메기의 생식에 필요한 호르몬 유전자를 제거함으로써, 호르몬이 인위적으로 공급되는 양식장에서는 생존할 수 있지만, 유전자 변형 메기가 양식장 밖 자연계에서는 생존할 수 없음
멸종 생명체의 복원	맘모스의 유전자를 코끼리에 도입시키는 것처럼, 멸종된 생명체의 유전자를 유사한 동물에게 도입시켜 종을 복원시킴
전염병 확산 방지	모기, 진드기와 같은 질병 매개체 생명체에 유전자를 도입시켜 불임으로 만듦
백신에 대한 알레르기 방지	달걀 흰자에 존재하는 알부민 단백질을 암호화하는 유전자를 제거하여 달걀에서 생산된 백신에 알레르기 반응이 일어나는 것을 방지함
병충해 저항성 유전자 도입	CCR5 유전자에 돌연변이를 일으켜, HIV에 대한 저항성을 각게 함(제19장의 도입 부분 참조)
장기공여 생명체 제작	돼지 유전체에 사람 유전자를 도입시켜 돼지세포 표면에 변형을 일으킴. 그 결과 인간의 면역계의 의한 장기이식 거부반응이 일어나지 않게 함
동물에게 특정 형질 도입	애완 동물에게 유용한 형질(털 색깔, 신체 크기, 체력)을 지니도록 관련 유전자를 도입시켜 1~2세대만에 형질을 나타나게 함

에서는 돌연변이 유전자를 제거하고 정상 유전자를 유전체에 삽입시킬 수 있다. CRISPR 기술을 이용하여 유전병을 치료하거나 새로운 동물모델을 탄생시키는 것도 가능하다. **표 21.7**에는 몇 가지 혁신적인 응용사례가 열거되어있다.

유전자 드라이브

유전체 편집 기술은 매우 강력하고 효과적인 기술이지만, 때로는 논란의 소지가 있기도 한다. 인간에게 질병을 유발시킬 수 있는 병원체의 유전자를 CRISPR 기술을 이용하여 편집하여 병원체를 약화시키거나, 더 나아가 자연계에서 완전히 제거하고자 하는 시도가 논란의 대상이 되고 있다. 모기가 단연 관심의 중심인데, 지카 바이러스병(Zika virus disease), 뎅기열(dengue fever), 황열병(yellow fever)을 일으키는 **이집트 숲 모기**(*Aedes aegypti*)와 말라리아를 퍼뜨리는 **학질 모기**(*Anopheles*)를 대상으로 이러한 연구가 진행되고 있다.

유전자 드라이브(gene drive)는 병원균을 죽이거나, 특성을 변형시키거나 혹은 생식 능력을 제거하는 기술 분야를 의미한다. 유전자 드라이브는 이배체 세포 내 두 개의 대립유전자 중 하나를 제거하고, 다른 대립유전자로 치환하는 호밍(homing)이라 불리는 자연에 존재하는 DNA 수리 현상에 기반하고 있다. 호밍 유전자의 예는 일부 단세포 생물에서 발견된다. 호밍 유전자의 발현으로 만들어지는 단백질은 15~30개의 DNA 염기서열을 인식하여, 이 서열을 절단하고 다른 대립 형질의 DNA 서열로 치환시키는 기능을 수행한다. 어떤 유전자 드라이브에 대해 호밍 단백질은 CRISPR-Cas9에 적용시켜 특정 유전자를 제거하고, 다른 DNA 염기서열로 치환하는데 이용된다.

유전자 드라이브는 멘델의 첫 번째 유전법칙인 분리의 법칙에 위배된다. **그림 21.10**에 설명된 바와 같이 통상적인 멘델의 유전법칙에서는 한쪽 부모가 가진 두 개의 대립유전자 중 하나가 다음 세대의 특정 개체에 전달될 확률은 50%이지만, 유전자 드라이브 현상이 나타날 경우에는 두 개의 대립유전자 중 하나만 100% 확률로 다음 세대에게 유전된다. 이런 현상으로 인해 유전자 드라이브는 야생 집단 내 개체들의 분포 양상을 매우 빠르게 변형시킬 수 있게 된다. 그러나 유전자 드라이브에 의해 변화된 집단 내 유전자 분포는 진화 기작으로 인해 영구적이지 않을 수 있다. 항생제에 저항성을 지니는 것과 같은 새로운 돌연변이가 발생하면, 생물은 생존하기에 유리한 방향으로 선택이 일어날 수 있기 때문이다.

유전자 드라이브는 실험실 내에서 초파리를 대상으로 처음 연구되었으며, 그 이후 말라리아를 일으키는 모기를 대상으로도 연구되었다. 암컷 모기의 난자에서 수정에 관여하는 유전자 3개를 표적으로 하는 가이드 RNA에 돌연변이를 삽입시켜 응용하면 모기에게 불임을 유발시킬 수 있다. 이 난자에 정상 유전자를 지닌 정자를 수정시키면 수정란은 이 3개 유전자에 대해 모두 이형접합자이다. 이형접합자 모기가 서로 교배하게 되면 호밍 현상이 일어나게 되고, 이때 태어나는 모기 개체들은 동형접합자인데, 즉 수정에 관여하는 3개 유전자에 돌연변이 대립유전자들만 지니게 된다. 그 결과 모기 집단의 크기는 말라리아를 일으키는 원생동물들을 전염시키는 능력을 유지하는데 필요한 수준 이하로 급감한다.

전 세계적으로 말라리아로 인해 사망하는 사람은 매년 백만 명에 이르고, 뎅기열, 황열병이나 지카 바이러스도 인류의 건강을 위협하

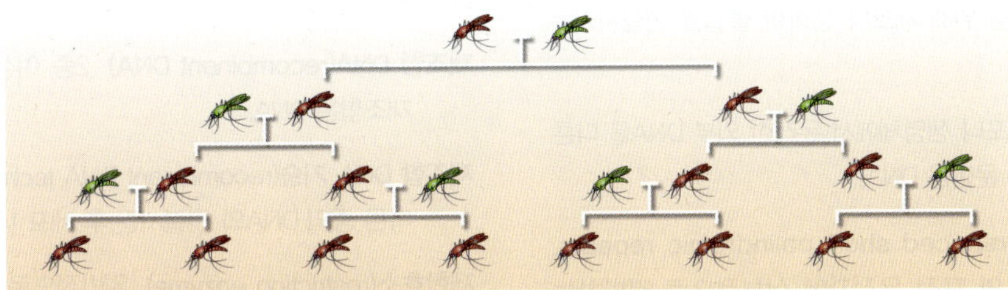

그림 21.10 유전자 드라이브. 호밍으로 불리는 세포 내 DNA 수리 기작을 이용하여 염색체상의 대립유전자를 잘라내고 다른 대립유전자로 교체하는 현상이 일어나게 되는데, 이는 멘델 분리의 법칙을 따르지 않는 유전 양상이다. 모기에게 불임을 유발하는 돌연변이 유전자를 모기에 도입시키면 유전자 드라이브 현상에 의해 전염성이 사라지게 된다. 출처: Dr. Kevin Esvelt, Wyss Institute at Harvard

고 있다. 그러나 모기집단의 급격한 변화는 먹이 그물의 구성 요소를 제거함으로써, 새로운 생태학적 틈새를 만들어 다른 해로운 종이 의도하지 않게 증가되는 결과를 초래할 수 있다.

인간 생식세포의 편집

곤충의 생식세포 내 유전자를 편집하는 것에 비해 인간의 생식세포를 편집하는 것은 많은 논란을 유발하고 있다. 많은 과학자들은 인간의 생식세포를 대상으로 유전자를 편집하는 것에는 동의하지 않지만, 그럼에도 불구하고 일부 시도되어 왔다.

초기 연구에서는 두 개의 핵을 가져 생존이 불가능한 인간의 배아를 대상으로 유전자를 편집하는 실험이 진행되었다. 그 이후에는 난자에 정자가 수정되기 전에 CRISPR 기술을 이용하여 생식세포 수준에서 유전자가 편집된 배아를 만들 수 있었다. 배아 수준에서 유전자를 편집하게 되면, 배아의 세포분열로 인해 만들어지는 모든 세포 내에 편집된 유전자가 존재하게 될 것이기 때문이다. 실제 우성 유전병의 일종인 심장병을 유발시키는 돌연변이 유전자를 정상 유전자로 편집한 사례가 있다. 또 다른 예로는 쌍둥이를 대상으로 HIV가 사람 세포 내로 침입하는데 필요한 *CCR5* 수용체 유전자를 제거하기도 하였다. 전장 유전체 서열을 분석하여 알아낸 바로는 CRISPR 기술을 이용하여 유전자를 편집하였을 때 목표한 위치에서 의도했던 서열 변화는 발견되었고, 예상치 않은 삽입 또는 결손 돌연변이는 발견되지 않았다는 연구 결과들이 나오고 있다.

때로는 생물학자, 의사, 통제기관, 정책전문가 및 생물윤리학자들이 모여서 유전체 편집 기술의 적용시기, 방법 그리고 궁극적으로 의료기관에서 어떻게 적용될 지에 관하여 열띤 토론이 벌어지고 있다. 유전학회 등에서는 허가 받은 조건하에서는 생식세포나 배아를 대상으로 CRISPR 유전자 편집 기술을 적용해 보는 것에는 긍정적이지만, 임신 중인 태아를 대상으로 유전자를 편집하는 것에는 반대하는 입장에 있다. 미래에는 적절한 의료상의 목적이 있거나, 윤리적으로 정당화 될 수 있고, 대중들에게 충분한 정보를 제공할 수 있을 경우에만 인간의 생식세포를 대상으로 유전체를 편집할 수 있도록 허용해야 한다고 주장하고 있다.

핵심 개념 질문 21.4

a. 안티센스 기술, 리보자임 및 RNA 간섭 기술들은 어떻게 유전자 발현을 침묵시키는가?

b. 3가지 유전체 편집 기술들의 작용 원리에 대해 설명하시오.

c. 유전체 편집 기술의 응용 가능한 예를 드시오.

*d. 유전체 편집 기술이 논란의 대상이 되는 이유는 무엇인가?

학습 가이드

핵심 용어

안티센스 기술(antisense technology) 유전자의 전사로 생성된 mRNA와 상보적인 서열을 지닌 RNA나 유사 서열의 RNA를 이용하여 특정 유전자의 발현을 저해하는 유전자 침묵 기술.

생물정화(bioremediation) 식물이나 미생물 또는 이들로부터 유래한 물질을 이용하여 환경 오염물질을 정화하는 기술.

생명공학(biotechnology) 특정 목적을 위해 세포나 생화학 물질을 변형시키는 기술 분야.

클로닝 벡터(cloning vector) 다른 세포나 생명체에서 유래한 외부 DNA를 다른 세포 내로 도입시킬 때 사용되는 운반용 DNA.

크리스퍼(clustered regularly interspaced short palindromic repeats, CRISPR) 박테리아 유래 DNA와 표적 유전자에 상보적으로 결합하는 RNA를 이용하여 표적 DNA를 절단하여 표적 유전자를 편집시키는 기술.

상보성 DNA(complementary DNA, cDNA) 유전자 전체 서열에서 인트론과 발현 조절 부위는 제외하고 단백질을 암호화하는 엑손 부위에 해당되는 합성된 DNA.

DNA 마이크로어레이(DNA microarray) 유리나 플라스틱 재질의 칩에 표적 유전자들이 부착되어 있는 분석도구이며, 임상 시료에서 유래한 cDNA가 칩에 부착된 유전자들과 결합하면 형광을 보임. 마이크로어레이는 유전자 발현 양상과 유전자 변이 존재 여부를 분석 가능.

유전자 드라이브(gene drive) 특정 병원체를 제거할 목적으로 개발되었으며 선택한 표적 유전자 변이가 다음 세대로 유전되는 것을 막아주는 유전체 편집 기술.

유전자 침묵(gene silencing) 유전자의 전사 과정을 저해하여 mRNA 합성을 억제하고 그 결과 단백질 번역이 되지 않도록 하는 현상.

모폴리노(morpholinos) 25개의 DNA 뉴클레오타이드와 유사한 합성 분자이며, 유전자 내에서 스플라이싱에 관여하는 염기서열에 발생한 돌연변이의 효과를 저해함. 그 결과 결손되었던 엑손을 다시 회복시키는 물질.

플라스미드(plasmid) 일부 박테리아, 효모 그리고 식물세포에서 발견되었으며 크기가 작고 원형의 이중 가닥 DNA. 재조합 DNA 기술에서 벡터(DNA 운반체)로 이용됨.

재조합 DNA(recombinant DNA) 2종 이상의 생물에서 유래한 DNA 조각들이 재조합된 DNA.

재조합 DNA 기술(recombinant DNA technology) 한 종에서 유래한 유전자를 다른 종의 DNA와 연결시킨 후 세포 내로 도입시키는 기술.

제한효소(restriction enzyme) 일반적으로 박테리아에서 유래한 효소이며 특정 염기서열을 인식하여 DNA를 절단함. 유전체 편집 기술에서 재조합 DNA를 만드는데 활용됨.

리보자임(ribozyme) 리보좀의 구성 요소이며 촉매 역할을 하는 RNA.

RNA 간섭(RNAi)(RNA interference, RNAi) 특정 mRNA에 결합하여 번역을 저해하는 RNA.

TALEN 기술(transcription-activator-like effector nuclease technology) 박테리아에서 발견된 이중 가닥 DNA를 절단하는 제한효소이며 유전체 편집 기술에 활용됨.

형질전환 생물(transgenic organism) 다른 종에서 유래한 유전자를 자신의 모든 세포에 지니고 있는 유전자 변형 생명체.

ZFN 기술(zinc finger nuclease technology) 특정 DNA 염기 3개를 인식하여 결합하는 단백질의 아연-집게 모티프를 이용하여 핵산분해효소로 하여금 DNA를 절단시켜 유전체를 편집하는 기술임.

복습문제

1. 특허가 될 수 있는 DNA 서열의 세 가지 예는?
2. DNA 서열은 특허화 될 수 없지만, 임상시험에서 질병 진단을 위해 사용되는 DNA 서열은 특허화 가능하다. 그 이유는 무엇인가?
3. 자료에 기초하여 표 21.1에 항목을 추가하시오.
4. 생명공학 기술에 활용되는 다음 도구들의 기능을 설명하시오.
   a. 제한효소
   b. 클로닝 벡터
   c. DNA 마이크로어레이
   d. 특정 서열을 포함한 짧은 핵산 분자
   e. CRISPR 서열
5. 이종간의 유전암호가 보편적이지 않다면, DNA 재조합 기술은 불가능하거나 제한되는데, 그 이유는?
6. 천연물로부터 의약품을 추출하는 것에 비해, DNA 재조합 기술을 이용하여 의약품을 생산하는 것은 어떤 장점이 있나?
7. 유전자가 변형된 형질전환 동물들은 유전자 변형 없는 동물들에 비해, 인간 질병을 연구하고자 할 때 더 적합한 모델 동물이 된다. 그 이유는 무엇인가? 형질전환 동물의 한계점은 무엇인가?
8. 다양한 식물 변이체들을 생산하고자 할 때, 전통적인 교배 방법에 비해, 유

전자 변형을 시키는 방법은 왜 더 정확하고 예측 가능한가?

9. 질병과 연관된 유전자에 대해 연구를 할 때, 이미 알려진 유전자를 이용하는 것에 비해, 엑솜이나 유전체를 분석할 수 있는 DNA 마이크로어레이의 장점은 무엇인가?

10. 질병을 치료하고자 할 때, 유전자 침묵 및 유전체 편집 기술들이 어떻게 사용될 수 있는가?

11. CRISPR-Cas9에서 사용되는 효소와 재조합 DNA 기술에서 사용되는 유사한 효소들과의 작용 관점에서의 차이점은 무엇인가?

12. 유전자 드라이브가 멘델의 제1법칙에 위배되는 이유를 설명하시오.

13. 인간의 체세포에 비해 생식세포를 대상으로 유전체 편집 기술을 적용하는 것은 매우 어렵고 논란의 대상이 되는데, 그 이유를 설명하시오.

응용 문제

1. 고기 맛이 나는 베지버거는 콩에서 유래된 헴 단백질을 효모에서 생산하여 버거의 재료로 사용하였는데, 유전자 변형 식품으로 간주되어야 하는가? 그 이유를 설명하시오.

2. 유전자는 특허 대상이 아니지만, cDNA의 경우에는 특허 등록이 가능하다고 판결한 대법원의 결정에 동의하는가? 그 이유는 무엇인가? 만약, 동의하지 않는다면 그 이유는 무엇인가?

3. 그림 20.18에 설명했듯이 암 치료에 이용되는 키메라 항원 수용체(CAR) T 세포 치료법이 특허화될 수 있는 이유는 무엇인가?

4. 유전자 변형은 생물에게 새로운 능력을 부여한다. 아래 주어진 세 개 목록에서(각각의 목록에서 한 가지 항목을 선택) 특정 단백질을 만드는 실험을 고안하고, 그것의 용도를 제안하라.

생물체	생물적 분비물	단백질 산물
돼지	우유	인간 베타글로빈 사슬
소	정액	인간 콜라겐
염소	우유	인간 EPO
닭	계란 흰자위	인간 tPA
포플러 나무	수액	인간 인터페론
누에	혈장	해파리 GFP
토끼	꿀	인간 혈액응고인자
쥐	타액	인간 a-1-항트립신

5. 콜라겐은 결합조직 단백질인데, 샴푸, 디저트 그리고 인공피부 등의 피부 관리용 제품에 사용된다. 수년간, 콜라겐은 도살장에서 죽은 소의 발굽과 가죽으로부터 수집되었다. 인간 콜라겐을 형질전환 생쥐로부터 생산할 수 있다. 콜라겐을 얻기 위해 생쥐 시스템을 이용하는 것의 장점에 대해 설명하시오.

6. 인간의 종양 유전자 중 하나인 *ras* 유전자를 생쥐에 도입시켜, 여러 종류의 종양이 생기는 형질전환 동물을 만들었다. 생쥐의 세포에서 인간의 유전자가 전사 및 번역될 수 있는 이유는 무엇인가?

7. DNA 마이크로어레이 실험에서 연구자는 DNA 조각들을 선택하고 이들을 격자에 붙인다. 예를 들어, 상처에 대해 연구할 때, 연구자는 염증반응에 관여한다고 알려져 있는 유전자들을 선택하게 될 것이다. 이 접근방법의 한계는 무엇인가?

사례 및 연구 결과

1. 인간의 아밀로이드 전구체 단백질 유전자를 지닌 생쥐는 알츠하이머병을 연구할 때 활용되는 동물 모델이 될 수 있다. 이러한 유전자 변형 생쥐를 제작하기 위해 사용된 생명공학 기술에는 어떤 것이 있는가?

2. 여드름의 원인을 연구하기 위해, 연구자들은 전 인간 유전체를 분석할 수 있는 DNA 마이크로어레이를 사용하였다. 이를 위해 얼굴이 깨끗한 사람과 여드름이 난 사람의 얼굴 피부로부터 시료를 채취하였다. 아래에 간략히 표현된 DNA 마이크로어레이 그림에서 보여주듯이 건강한 피부에서 채취한 시료는 녹색으로 표지 되었으며, 여드름 피부에서 채취한 시료는 빨간색으로 표지되었다. 마이크로어레이 상에서 두 가지 탐침자가 모두 결합한 곳은 노란색으로 표지된다. 각 유전자들은 알파벳과 숫자로 표시되었다.

   a. 여드름이 있는지 없는지에 상관없이 피부에서 발현되는 유전자는 무엇인가?
   b. 여드름이 있는 피부에서만 발현되는 유전자는 무엇인가?
   c. 얼굴 피부에서 발현되지 않는 유전자에 해당하는 3개의 DNA 조각은 무엇인가?

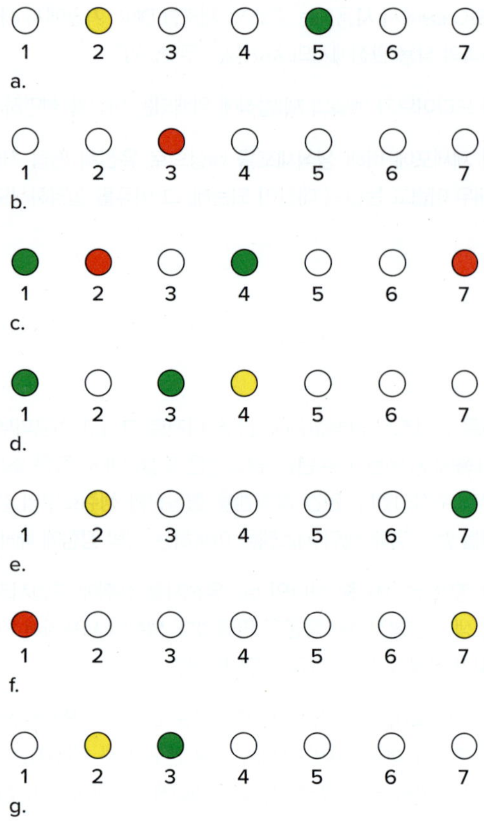

d. 여드름 초기 단계와 악화된 단계에서의 유전자 발현 양상의 차이를 추적하기 위해 마이크로어레이를 어떻게 이용할 수 있을까?

e. 햇볕에 심하게 탄 후 일어나는 유전자 발현 양상의 변화를 알아보기 위한 마이크로어레이 방법을 고안하시오.

3. 갓난아기의 하기도(폐와 기도)에 감염되는 대부분의 바이러스는 리노바이러스(흔한 감기 바이러스), 인플루엔자 바이러스 또는 호흡장애 바이러스(respiratory syncytial virus, RSV)이다. RSV에 대한 정보는 많지 않고, 치료법도 비특이적이다. 한 연구 결과에 의하면, RSV에 감염된 아기의 백혈구에서는 정상 아기에 비해 유전자 2,000개의 발현 양상이 크게 변화한다는 결과가 보고되었다.

   a. 이들 3가지 바이러스 중 어느 것에 의해 감염이 되었는지를 알고자 할 때, 이 단원에서 토의된 어떤 기술을 활용할 수 있는가?
   b. 어떤 추가적인 정보들이 있을 때, RSV 감염에 대한 더 많은 사실들을 규명할 수 있는가?
   c. 리노바이러스, 인플루엔자바이러스로부터 RSV를 구별할 수 있는 진단 검사방법을 어떻게 개발할 수 있는가?
   d. RSV에 감염된 아기들 중에서 앞으로 증세가 악화되어 산소치료요법 및 입원시켜야 할 아기들을 내과의사가 미리 결정하고자 할 때 사용할 수 있는 실험을 고안하시오.

4. 크론병(Crohn's disease)은 장에서 과도한 면역반응의 결과로 인해 발생하는 염증성 질환이다. 분자 수준에서 크론병은 SMAD7 단백질의 과잉 생산으로 인해 유발되는데, SMAD7은 TGFB1 단백질의 세포신호전달 기능을 저해한다. TGFB1 단백질의 기능을 정상으로 회복시키기 위해 연구자들은 SMAD7 mRNA에 상보적으로 결합하는 약물을 개발하여 TGFB1 단백질의 신호전달 기능을 증대시켜 질병의 증상을 호전시키려 하였다. 21장에서 학습한 내용 중 이 약물의 개발과 연관된 생명공학 기술은 무엇인가?

5. 라임병(Lyme disease)은 사슴의 진드기에 존재하는 박테리아의 감염으로 인해 발생한다. 사슴의 진드기를 제거할 수 있는 기술에 대해 설명하시오. 이 기술의 위험성과 장점에 대해 설명하시오.

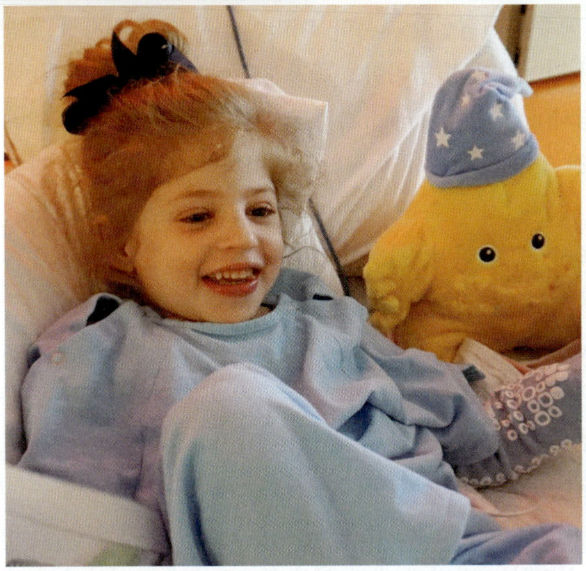

Courtesy Glenn O'Neill

CHAPTER 22

유전자 검사와 치료

엘리자 오닐(Eliza O'Neill)은 리소좀이 축적되는 병인 산필리포 증후군 A형(San- filippo syndrome type A)을 치료하기 위해 유전자 치료를 받았다.

학습 목표

22.1 유전상담

1. 유전상담사가 제공하는 서비스에 관해 설명하시오.

22.2 유전자 검사

2. 사람의 태아기와 일생의 다양한 단계에서 수행되는 유전자 검사의 종류를 설명하시오.
3. 소비자 직접(Direct-to-consumer) 유전자 검사의 장점과 한계를 토론하시오.
4. 약리유전체학 및 약리유전학이 어떻게 개인 맞춤형 약물치료를 하는지 설명하시오.

22.3 유전병 치료

5. 선천적 대사 이상을 치료하는 세 가지 접근 방식을 설명하시오.
6. 유전자 치료가 단일 유전자성 병의 증상을 고치거나 완화하기 위해 어떻게 기능성 유전자를 추가하는지 토론하시오.

22.4 CRISPR-Cas9를 이용한 진단과 치료

7. CRISPR-Cas9 유전체 편집이 단일 유전자성 병의 진단 및 치료법 개발에 어떻게 사용될 수 있는지 설명하시오.

개관

연구자들이 더 많은 유전자의 기능과 변이체를 확인하고 돌연변이를 더 빠르게 검출하는 방법을 개발함에 따라 질병을 예측하고 진단하는 데 도움이 되는 DNA 기반 검사가 점점 보편화되고 있다. 단백질은 특정 선천성 대사질환을 치료하기 위해 조작될 수 있다. 유전자 치료, 유전자와 유전체 편집은 잘못된 명령을 수정하기 위해 유전자를 추가, 제거 또는 대체하는 중재 과정의 한 종류이다.

유전자 치료를 받은 엘리자

엘리자 오닐(Eliza O'Neill)의 첫 번째 증상은 약간의 발달지체, 과잉행동, 반복적인 귀 감염, 유치원에서 다른 아이들과 많이 잘 어울리지 못함이 있었지만, 그다지 놀랍거나 특이적이지는 않았다. 자폐증 진단에서 모든 증상이 설명되지 않자 엘리자의 소아과 의사는 MRI 검사를 추천했다. 검사 결과, 엘리자의 뇌 뒤쪽에 체액이 있고 목에 납작한 척추가 있는 것을 발견하였다. 이러한 조사 결과는 추가 검사로 이어졌다. 소변 검사에서 리소좀 효소의 결핍으로 인해 유발된 당과, 황산헤파란(heparan sulfate)의 명백한 축적을 보여주었다(그림 2.5 참조). 그런 다음 효소 결핍을 감지하고 돌연변이 유전자를 확인하기 위한 검사가 수행되었는데, 산필리포 증후군 A형으로도 불리는 점액다당류증 IIIA형(mucopolysaccharidosis type IIIA)로 진단되었다. 이 병은 지적장애, 이동성 상실, 불면증, 발작, 청력 및 시력 상실, 치매 및 조기 사망으로 진행된다.

엘리자가 3살 반에 진단받았을 때, 그녀의 부모는 산필리포 치료 재단(Cure Sanfilippo Foundation)을 설립하고 치료할 방법을 연구하기 시작했다. 그들은 곧 이 질병에 대한 유전자 치료를 시험하기 위한 임상시험이 주요 소아병원에서 이미 계획하고 있다는 것을 알게 되었다. 엘리자는 증세가 더욱 악화되어 말을 하지 못했으며 과잉행동이 심해졌다. 6번째 생일 직후, 그녀는 유전자 치료 임상시험에 참여했다. 각각의 부족한 효소를 암호화하는 야생형 유전자를 가진 1조 개의 바이러스가 그녀의 팔 정맥을 통해 몸으로 주입되었다. 바이러스는 혈액뇌관문(blood brain barrier)을 통과하도록 변형되었으며 모든 것이 잘 진행되면, 새로 형성된 효소가 엘리자의 증상을 일으킨 황산헤파란을 사라지게 할 것이다.

몇 개월 이내에 첫 번째 치료를 받은 아이들에 대한 검사에서 생화학 축적물이 감소하는 것으로 나타났다. 그러나 유전자 치료가 이 질병의 진행을 어느 정도 늦출 수 있는지 말하기는 아직 너무 이르다.

22.1 유전상담

지난 수십 년 동안 인류유전학 분야는 학문적 생명과학으로부터 협소한 전문 의학 분야, 많은 임상 분야에서 성장하고 있는 부분, 일반인이 쉽게 접근할 수 있는 개인정보의 원천으로 진화해 왔다. 이 장에서는 보건의료에 대한 소비자가 만날 수 있는 유전상담, 유전자 검사, 단백질 및 유전자 기반 치료와 같은 유전적 서비스의 종류를 소개한다.

유전자 검사는 여러 단계에서 우리 유전체를 분석한다. 개별 유전자에서 단일 염기 또는 사본 수 변이를 감지하고, 비정상적인 염색체 또는 염색체 수를 보여주거나 식별하며, 전체 유전체의 다양성을 평가하고 유전체에서 전체 단백질을 암호화하는 부분(엑솜) 또는 전장 유전체를 결정할 수 있다. 미국 국립보건원(U.S. National Institutes of Health)은 Genetic Testing Registry(www.ncbi.nlm.nih.gov/gtr/)에서 75,000개 이상의 DNA 기반 검사에 대한 정보를 유지하고 관리한다. 보건의료 소비자, 의사나 연구자는 이 정보를 사용하여 특정 검사를 해주는 실험실을 찾는다. 이러한 검사를 통해 특정 질병을 일으키거나 기여하며, 발병위험을 증가시키는 유전자형을 확인한다.

유전상담사(genetic counselor)는 환자와 그 가족이 특정 의학적 상태의 유전 양상을 이해하고 위험을 평가하며 유전자 검사 과정을 알려줄 수 있는 석사 학위를 가진 보건의료 전문가이다(**그림 22.1**). 유전상담은 의학적, 심리적, 사회학적, 윤리적 문제를 다루며, 유전상담사는 의학적, 과학적, 그리고 의사소통 기술을 가지고 있다. 상담사는 DNA 검사를 권하고 해석할 수 있으며 불확실성을 설명한다. 그리고 유전자 검사를 받거나 받지 않는 것과 관련된 불안, 두려움 또는 죄책감에 대처하는 방법을 제안한다.

유전상담은 소아과와 산전 관리에서 시작되었다. 1947년 유전학자인 쉘던 리드(Sheldon Reed)는 단일 유전자성 병이 있는 환자에게 유전을 설명하는 방법에 대해 의사 동료들에게 조언하면서 처음으로 "유전상담"이라는 용어를 만들었다. 1971년에 특별한 훈련을 받은 유전상담사의 첫 번째 학생들이 뉴욕 브롱스빌에 있는 사라 로렌스(Sarah Lawrence) 대학을 졸업했다. 오늘날 많은 나라가 유전상담 훈련 프로그램을 가지고 있다.

유전상담은 암, 심혈관 질환, 신경학, 혈액학, 안과 등 전문 분야로 나뉜다. 유전상담사는 위험도에 기여하는 정도가 작은 유전자 변

유전상담을 하는 이유:

- 염색체 이상의 가족력
- 단일 유전자성 병의 위험 증가
- 복합 질환의 가족력
- 암의 가족력

유전상담 실시:

- 가족력
- 가계도 작성
- 특정 질병, 유전 방식, 위험한 가족 구성원을 확인하기 위한 검사에 대한 정보 제공
- 검사 준비, 결과와 치료에 대한 논의
- 지원 그룹, 적절한 서비스, 임상시험에 대한 연결
- 후속 조치를 위한 연락

그림 22.1 유전상담 과정. *Morsa Images/Getty Images*

이로부터의 감수성과 멘델의 법칙을 기초로 한 높은 위험도를 가진 단일 유전자 진단 검사의 차이를 설명할 수 있다. 교육과 공공정책이 그 일의 한 부분일 수 있다. 예를 들어, 뉴욕의 유전상담사는 주의회 의원을 교육하기 위한 "DNA의 날"을 개최한다. 유전상담사는 유전자의 기능을 밝히기 위해 엑솜과 유전체 서열결정 프로젝트를 수행하고 과학 문헌 및 질병 데이터베이스를 검색하는 연구팀의 필수적인 구성원이다.

유전상담사는 일반적으로 병원에서 의료팀의 일원으로 환자와 함께 일한다. 상담은 임산부가 척추성 근위축증(spinal muscular atrophy, SMA)의 보인자라는 것을 밝히는 것과 같이 검사 결과를 알아보기 위한 한 번의 방문으로 이루어질 수도 있고, 상담사가 헌팅톤병(HD)이나 *BRCA* 유방암에 대한 감수성과 같은 성인-발병 질병에 대한 검사를 받을 것인지를 결정하는 것을 안내하기 때문에 수개월의 상담이 필요할 수 있다.

유전상담사가 제공하는 정보는 이 책에서 다루는 주제와 유사하지만, 특정 질병이나 다른 표현형 또는 관심사에 개인 맞춤형으로 적용할 수 있다. 상담사는 멘델의 법칙을 설명할 수 있지만, 완두콩의 색깔 대신 가족의 상태를 사용한다. 또는 상담사가 유전적 감수성이 흡연이나 잘못된 식생활과 같이 조절할 수 있는 환경요인과 어떻게 결합하여 건강에 어떤 영향을 주는지 설명할 수 있다.

유전상담 시간은 가족의 건강기록에 관해 이야기하는 것으로 시작한다. 상담사는 온라인 도구나 연필과 종이를 사용하여 가계도를 작성한 다음 특정 가족 구성원의 질병 위험을 추정하고 설명한다. 상담사는 처음에는 가능성을 제시하고 검사 결과가 나올 때까지 특정 위험과 선택권에 대한 논의를 미룰 수 있다. 또한 상담사는 이모, 삼촌, 조카딸, 조카, 사촌과 같은 가까운 친척들이 검사 결과를 아는 것이 도움이 되는지 설명한다. 유전상담사는 상태에 대한 자세한 정보를 제공하고 가족에게 치료사를 비롯하여 적절한 의료 전문가와 지원 그룹을 소개한다. 부부가 질병이 없는 아기를 갖기를 원한다면, 보조 생식 기술(제23장 참조)에 대해 논의할 필요가 있다.

유전상담사 업무 중 많은 부분이 특정 생화학, 유전자, 염색체 또는 엑솜 검사가 필요한지 결정하고 사람들이 검사받도록 준비하는 것이다. 그런 다음 상담사는 검사 결과를 해석하고 다른 의료 전문가와 협의하여 환자 또는 가족이 의학적 선택권 가운데 고르는 것을 도와준다. 아주 최근에 사람들이 더 많은 질병에 대한 유전자 검사가 가능해질 때까지 종종 산전 진단 또는 가족 질병에 대한 유전상담을 받았다.

산전 유전상담(prenatal genetic counseling)은 일반적으로 집단(경험적) 및 가족 기반의 위험도를 알려주고 검사에 관하여 설명하고, 검사를 받았을 때 얻을 수 있는 이점이 위험성보다 큰지 논의한다. 부부나 여성은 무세포 태아 DNA(cell-free fetal DNA)를 이용한 태아 DNA의 비침습적 산전 검사, 양수천자(amniocentesis), 융모막 융모 검사(chorionic villus sampling), 산모의 혈청 검사, 초음파 검사 등을 수행할 것인지 혹은 아무런 검사를 받지 않는 것이 가장 좋은 선택인지를 결정한다(13.2절 참조). 산전 유전상담의 한 부분으로서 몇 가지 질병을 배제할 수 있는 검사가 건강한 아이를 반드시 보장하지 않는다는 것을 설명하는 것이다. 만약 검사에서 태아에게 심각한 질병이 있는 것으로 밝혀지면 유전상담사는 잠재적인 결과, 치료 계획 그리고 임신 중단의 가능한 선택권에 대해 논의한다.

어떤 가족에게 유전병이 있는 경우 유전상담은 일반적인 산전 상담보다 각각의 상황에 맞게 조정된다. 열성질환의 경우, 병을 앓는 사람은 대개 어린아이이다. 이런 발병은 보통 당황하게 하는데, 문제를 인식하는데 몇 달이 그리고 진단에는 몇 년이 걸릴 수 있다. 그러나 돌연변이 데이터베이스를 자세하게 검색하고 가족 엑솜 및 유전체 분석(임상 연계 1.1과 그림 4.18 참조)을 수행하여 한때 수년이 걸렸던 일부 질병을 지금은 몇 분 안에 진단할 수 있다.

어떤 가족에서 앞으로 태어나거나 현재 키우고 있는 다른 아이와 관련된 위험성을 이야기하는 것은 어려운 일이다. 사람들은 가족 중 한 아이가 상염색체 열성질환을 앓고 있다면 다음에 태어 날 세 자녀는 건강할 것으로 생각할 것이다. 실제 각 어린이가 유전병을 가질 확률은 25%이다. 이후의 임신에 대한 상담은 매우 세심한 주의가 필요하다. 어떤 사람들은 태아에게 이미 다른 자녀가 앓고 있는 병이 있는 것으로 밝혀진 후에도 그 선택을 자녀를 거부하는 것으로 인식하기 때문에 임신 중절 수술을 받지 않는다. 그러나 어떤 사람들은 임신 중절이 최선의 선택이라고 생각할 것이다. 질병의 심각성과 가능한 치료법은 사람들이 특정한 선택을 하는 것에 대해 어떻게 느끼는지에 중요할 수 있다. 유전상담사는 이런 감정을 존중하고 그에 따라 어떻게 결정할지 의논하고 동시에 모든 사실과 선택할 수 있는 것을 알려주어야 한다.

성인-발병 질병의 유전상담에는 잠재적인 부모가 현재 또는 미래의 자녀에 대해 중요한 결정을 내리는 문제는 없지만, 앞으로 질병이 발생할 수 있는지를 확인할 것인가에 대한 상반된 감정이 존재한다. 그들은 종종 사랑하는 사람들이 이 질병으로 고통받는 것을 본 적이 있다. 이것은 헌팅톤병의 경우이다(제4장 여는 글 참조). 예측 검사(predictive test)는 돌연변이를 가지고 있지만, 아직 증상을 보이지 않는 새로운 유형, 즉 "유전적으로 문제가 있는(genetically unwell)" 또는 "발병 전(premanifest)" 상태에 있는 환자를 알려준다. 이러한 질병 연관 유전자형은 높아진 위험도를 나타내지만, 여러 증상이나 다른 검사 결과를 기초로 한 의학적 진단은 아니다.

1970년대 시작된 유전상담은 "비지시적(nondirective)"이었다. 즉, 상담사가 선택권을 제시했지만, 의견을 주거나 행동 방침을 제안하지 않았다. 이러한 접근 방식은 난치성 희귀 단일 유전자성 병에서 유전적 감수성을 고려하여 치료의 효과를 높일 수 있고 생활방식을 변화시켜 현실적으로 결과를 바꿀 수 있는 훨씬 일반적인 질병으로 인식이 바뀌면서 달라지고 있다. 유전상담에 대한 가장 최근의 역할은 "상담사와 고객이 함께 깊이 고민하고 의사결정을 한다."이다.

유전상담사는 정기적으로 의사와 기타 보건의료 전문가와 이야기한다. 그들은 의사가 검사를 지시하거나 그 결과 해석을 도와주는 분자 진단 검사 실험실에서 팀의 중요한 부분을 차지한다. 의사가 검사를 지시하기 전에 상담사는 환자의 가계도로부터 위험성을 해석하는 데 도움이 되고 적절한 검사의 장단점을 논의하며, 다른 가족 구성원을 고려할 때 발생할 수 있는 윤리적 문제를 제기한다. 검사가 진행되는 동안 유전상담사는 임신 진행과 같은 시간적 제약이 고려되고 있는지를 확인하고 의사에게 알려준다. 검사 결과가 나오면 상담사는 그 결과가 환자의 증상과 일치하지 않으면 재검사를 요청하고, 결과를 해석하며, 추가 검사를 제안하고, 환자가 임상시험에 참여할 수 있는 후보이거나 새로운 치료법을 사용할 수 있다면 의사에게 알린다.

미국에는 약 5,000명의 유전상담사가 있다. 대부분은 도시 지역에서 활동하지만, 원격 의료 서비스는 모든 지역에 유전상담을 제공한다. 의사, 간호사, 사회복지사 및 유전학 박사도 상담을 제공할 수 있다. 영양사, 물리 치료사, 심리학자, 말하기와 언어 습득 병리학자는 특별히 훈련받지는 않았지만, 환자와 유전학에 대해 논의할 수 있다. 유전자 검사 회사는 전화, 온라인 또는 이메일 상담을 위해 환자를 유전상담사와 연결해 줄 수 있다. 또한 유전상담사는 큐레이터로 검사 회사에서 근무하면서 특정 유전자 변이의 위험을 이해하고 설명한다(제12장 생명윤리학 참조). 미국의 일부 주에서는 유전상담사가 면허를 취득하고, 특정한 훈련을 받아야 한다.

유전자 검사가 보편화되면서 개인과 가족이 새로운 정보를 최대한 활용할 수 있도록 도와주는 유전상담사와 유전학을 잘 아는 다른 전문가가 더 많이 필요하게 될 것이다. 의과대학에서는 학생들이 자기 유전자를 검사하고 엑솜이나 유전체 서열을 해석하는 과정을 개설한다. 의사들은 자신들의 유전체 서열을 분석하기 위해 2일간의 워크숍에 참석하며 그 결과가 들어있는 아이패드를 받는다. 이 지속적인 의학 교육의 목표는 유전학과 유전체 검사를 실제 임상에 적용하는 방법을 배우는 것이다.

핵심 개념 질문 22.1

*a. 유전상담사가 제공하는 서비스와 정보는 무엇인가?

b. 유전상담사는 어떤 문제에 민감해야 하는가?

c. 유전상담사는 어디에서 일하는가?

d. 유전자 및 유전체 검사를 더 많이 활용하는 것에 대해서 의료계는 어떻게 대비하고 있는가?

22.2 유전자 검사

유전자 검사는 인간이 살아가는 모든 단계에서 여러 가지 이유로 시행된다(**표 22.1**). 돌연변이를 확인하는 것은 어떤 사람이 알려진 증후군의 일부 증상만 가지고 있는 경우에 진단과 치료법 선택에 도움이 될 수 있다. 유전자 검사 결과는 한 개인뿐만 아니라 특정 증상과 관련된 유전자형을 공유하고 있는 가족 구성원에게도 영향을 미칠 수 있으므로 콜레스테롤 검사나 X-선과는 다르다.

엑솜과 유전체 서열결정 속도가 빨라지고 이러한 검사를 더 널리 사용할 수 있게 되면서 단일 유전자 검사를 수행하는 것보다 모든 정보를 얻고 개인과 관련된 결과를 분석하는 것이 더 경제적일 수 있다. 비용은 서열결정과 정보를 해석하려는 노력을 포함하여 몇 가지 요인에 따라 결정된다. 예를 들어서, 유전체의 "원시서열(raw sequence)"을 얻는 데 드는 비용은 1,000달러 미만이지만 *BRCA1*과 *BRCA2* 유전자의 알려진 변이체를 분석하는 비용은 3,400달러 이상이다.

다음 세부 항목에서는 성장 시기에 따른 임상 유전자 검사를 알아본 후 세 가지 일반적인 종류의 유전자 검사에 대해 자세히 살펴본다.

사람의 일생을 통한 유전자 검사

몇몇 산전 유전자 검사는 수십 년 동안 사용되어왔다. 다른 것들은 새로운 것이거나 개발 중이다.

임신 전 검사와 산전 검사

부모는 자녀의 생김새와 누구를 닮았을지를 궁금해 한다. "유전적 계산을 기반으로 한 생식세포 공여자 선택" 알고리즘은 한 개인의 생식세포에서 감수분열 결과를 예측하고 두 사람이 만드는 생식세포가 결합하여 그 형질을 가질 수 있는 특정 유전형 조합을 가진 아이를 낳는 방법을 분석한다. 예를 들어, 어떤 부부는 빨간 머리, 녹색 눈,

표 22.1 유전자 검사

검사	내용	장
출산 전		
정자선택	X 또는 Y를 가진 정자를 농축하여 자궁 내 수정 또는 시험관 수정시킴	6, 23
착상전 유전자 진단 및 서열분석	시험관에서 수정된 8세포기 배아의 1개 세포의 염색체를 검사하고 유전자, 엑솜, 유전체 서열을 분석함. 남은 배아는 며칠간 발생시킨 후 자궁에 착상	23
융모막 융모 검사	융모막 세포의 DNA와 염색체 검사	13
복구 핵형분석	과거의 원인을 알 수 없는 유산 후 보관된 세포에서 미세 결실과 중복을 감지	13
비침습적 산전 진단	무세포 태아(태반의) DNA를 검사	13
모계 혈청 마커	임신한 여성의 혈액에서 생물마커의 수준을 측정	13
양수천자	양수세포의 DNA와 염색체 검사	13
신생아		
유전자 스크린	50가지 이상의 치료가 가능한 질병에 대해 발뒤꿈치에서 채취한 혈액 표본의 대사체와 DNA를 검사	22
유전체 서열결정	임상적 의미를 평가하기 위한 많은 신생아의 유전체 서열결정	22
어린이		
염색체 미세배열 분석	특정 표현형과 관련이 있는 미세 결실, 중복, 사본 수 변이체 확인	8
엑솜 서열결정	인지하지 못한 증후군 또는 비전형적인 사례를 진단; 가족 비교는 어린이에게 유전된 돌연변이와 새롭게 발생한(*do novo*) 돌연변이를 구별	1, 4, 8
성인		
도르 예쇼림 프로그램	유대인 사람들에게서 많이 발생하는 유전병에 대한 임신 전 보인자 검사	16
겸형 적혈구병	증상에 대한 위험이 있는 보인자를 확인하기 위해 운동선수들을 검사	11, 12
포괄적 보인자 검사	많은 단일 유전자성 병에 대한 임신 전 보인자 검사	22
집단 보인자 검사	특정 집단에서 더 많이 발생하는 질병의 이형접합자를 검사	16
조상 검사	Y 염색체와 미토콘드리아 DNA 서열은 부계와 모계 계통을 확인; 상염색체 마커는 친척을 식별	18
법과학 검사	범죄 현장 또는 재해 증거에서 짧은 직렬 반복 서열(STRs)의 복제 수	14
군대	유해 확인; 우울증 위험도, 외상 후 스트레스 장애(PTSD); 빠른 감염 진단	22
감수성	*BRCA* 암, 알츠하이머병	5, 20
약리유전학	약물 유효성, 부작용과 용량	22
전유전체 연관성 연구	표현형에 조금씩 기여하는 유전자를 확인	7
친부 확인	아이 유전체의 절반을 아버지에게 받음	15
100세 이상 노인	최고령의 노인들이 공유하는 유전자 변이체를 확인	3
사망 후		
질병 진단	사망한 사람의 세포에서 돌연변이를 확인	2, 14
역사	유해 식별	5, 15
인류 기원	고대 인류와 현대 인류의 유전체를 비교	17

그리고 낮은 위험성의 *BRCA* 유방암, 가족성 알츠하이머병 및 낭포성 섬유증의 자녀를 가질 가능성을 예측하기 위해 DNA 분석을 요청할 수 있다. 이 알고리즘은 특정 유전 형질에 대해 검사한 난모세포 또는 정자는 파괴되기 때문에 "맞춤 아기(designer baby)"가 아니라 "가상 자손(hypothetical offspring)"을 나타낸다.

아직 특별한 아이를 주문할 수는 없지만, X 또는 Y 염색체를 가진 세포를 분획하여 정자를 수집하고 분리하여 각각 여아 또는 남아를 임신할 확률을 높이는 시도는 오랫동안 가능했었다. 유세포 분석(flow cytometry)이라는 기술을 사용하여 정자를 형광물질로 표지한다. X 염색체가 훨씬 더 크기 때문에 X 염색체를 가진 정자가 Y 염색체를 가진 정자보다 더 강하게 빛이 난다. 유세포 분석은 각 유형의 정자를 양전하 또는 음전하로 지정하고 그 차이를 이용해서 분리하고 수집한다. 이 접근 방식은 단일 정자를 선택할 만큼 특이적이지 않지만, 예를 들어, X-연관 질병이 있는 가족에게 질병이 유전될 확률이 50:50인 아들보다는 딸을 가질 가능성을 높일 수 있다.

수정 후 처음 며칠 동안 배아가 적은 수의 세포로만 구성되어 있을 때, 그 가운데 하나의 세포를 적출하면 X 또는 Y 염색체의 존재뿐만 아니라 돌연변이를 밝힐 수 있다. 그런 다음 나머지 배아를 자궁에 착상시켜 계속 발생시킬 수 있다. **착상 전 유전자 진단**(preimplantation genetic diagnosis)이라고 하는 이 기술은 제23장에서 더 논의하였다. 임신 후기에 사용되는 유전자 검사 기술은 제13장에서 논의하였다. 융모막 융모 검사, 양수천자, 모계 혈청 마커, 비침습적 산전 검사(무세포 태아 DNA를 검사함)가 있다.

복구 핵형 분석(rescue karyotyping)이라고 하는 또 다른 염색체 검사는 유산 후 여성의 자궁에서 채취하여 보관한 조직 표본을 분석한다. 전좌와 역위와 같은 특정 염색체 이상을 찾는 것은 다음 임신의 위험도가 높다는 것을 나타낼 수 있다. 복구 핵형 분석은 종종 반복될 가능성이 낮은 이수성(여분 또는 누락된 염색체) 배아 또는 태아를 밝혀서 걱정을 줄여준다.

신생아 유전자 검사

신생아 검사는 "치료할 수 있을" 것으로 생각되는 특정 유전질환이 발병할 위험성이 높은 아기를 찾는다. 즉, 부모와 보건의료 전문가가 아이의 삶의 질을 개선하기 위한 치료 및 서비스를 제공할 수 있다. 신생아 혈액 몇 방울에서 대사산물(선천적 대사 이상을 나타내는 생화학 물질)을 검사하는 것은 수십 년 동안 일상적인 일이었다(**그림 22.2**). 대부분 조건에서 질량 분석법(mass spectrometry)이라 불리는 분석화학 기술은 비정상적인 대사 산물을 감지하지만, DNA 검사가 추가되었다. 신생아에서 검사하는 질병의 숫자는 최초의 검사였던 페닐케톤뇨증(phenylketonuria, PKU)에서 오늘날 50종류 이상으로 꾸준히 증가하였다.

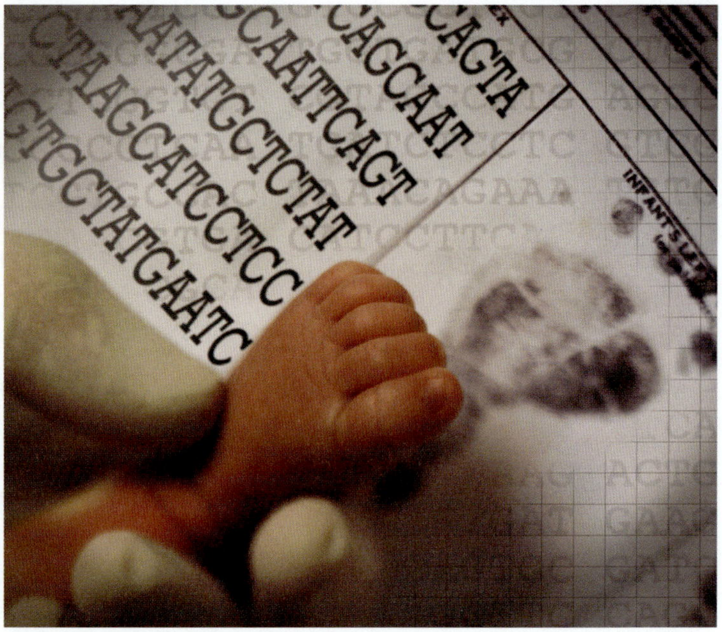

그림 22.2 신생아 유전자 스크린. 금방 태어난 아이의 발 도장을 찍으면서 대사 작용 및 유전자 검사를 위해 발뒤꿈치에서 몇 방울의 혈액을 채취한다.
출처: National Human Genome Research Institute

유전자 선별 검사에서 신생아가 특정 질병이 있을 위험성이 크다고 나타나면, 다음으로 질병의 증거를 찾기 위한 진단 검사를 수행한다. 유전 질환의 정확한 조기 진단은 치료로 이어질 수 있으며, 향후 임신에 대한 위험성을 보여준다. 신생아 선별 검사의 단점은 후속 검사에서 이상이 보이지 않을 수 있으며, 가족들이 병과 연관된 유전자형은 존재하지만, 표현형은 아직 나타나지 않고 있는 "기다리고 있는 환자(patients in waiting)"라고 불리는 불안한 상황을 겪을 수 있다는 것이다. 그 질병은 다른 유전자의 영향으로 인해 실제로 나타나지 않을 수도 있다. 여러 연구에서 이런 불완전한 지식이 부모와 자식의 유대를 방해하고 수년간의 불안을 유발할 수 있다는 것이 밝혀졌다.

유전질환에 대한 신생아 검사의 도전은 유전체 서열결정이 제공하는 훨씬 더 자세하고 다양한 정보의 제공에 의해 계속될 것이다. 14.3절에서는 신생아 유전체 서열결정의 이점과 의미를 논의하였다.

어린이 유전자 검사

아동에 대한 검사는 알려진 일련의 증상에 해당하는 단일 유전자 분석, 염색체 검사, 엑솜과 유전체 서열결정에 이르기까지 다양하다.

염색체 미세배열 분석(chromosomal microarray analysis)은 자폐 스펙트럼 장애, 발달지체, 지적장애, 행동 문제 및 기타 표현형과 관련된 작은 결실 및 중복을 찾는다. 부모가 결실 또는 중복이 있으면서 건강하면 위험하지 않은 것으로 간주할 수 있다. 또한 부모에게 없는 결실과 중복을 찾는다고 해서 꼭 치료 방법을 바꾸는 것은 아니지만, 아이의 문제를 설명할 수 있으므로 위안이 될 수 있다.

임상 연계 1.1에서 설명한 어린이와 같이 알려진 증후군과 증상이 일치하지 않는 아이들을 빠르게 진단하기 위해 엑솜과 유전체 서열결정을 이용한다. 이러한 진단은 아이의 맞춤 치료에 도움이 될 수 있으며, 다른 아동을 도울 수 있는 유전자 검사를 개발하는 것으로 이어진다.

엑솜과 유전체 연구는 몇몇 어린이와 실제 두 가지 유전병을 앓고 있어서 진단이 어려울 수 있다는 것을 보여주었다. 예를 들어, 나이가 9살인 한 남자아이는 몸이 매우 약했고, 호흡이 멈추는 증상이 있었다. 또한 이 아이는 처진 눈꺼풀을 가지고 있었으며, 잘 먹지 못했고, 호흡 분비물이 증가했으며 8개월에 심장이 커졌다. 그의 여동생은 열이 나면서 숨이 멈추어 20개월에 사망했다. 이 남자아이의 엑솜 서열은 이 아이가 열로 인해 신경전달물질을 너무 빠르게 분해하는 선천성 근무력 증후군(congenital myasthenic syndrome)을 앓고 있었다는 것을 보여주었다. 약을 이용하여 여동생처럼 열이 나면서 죽을 수 있었던 이 아이를 지켜냈다. 또한 그의 엑솜 서열은 그의 심장을 커지게 했던 두 번째 유전자인 *ABCC9*에 위치하는 돌연변이를 보여주었다.

어린 시기에 증상을 나타내지 않는 질병에 대한 아이들의 유전자 검사는 논란이 많다. 헌팅톤병의 경우, 18세 미만의 사람에게는 매우 불쾌한 일이 될 수 있으므로[4장 여는 글에서 논의한 유년기 헌팅톤병(juvenile HD)은 예외] 일반적으로 발병 전 검사를 시행하지 않는다. 그러나 부모는 건강과 관련이 있는 유전자 변이를 검사하기 위해 유전자 검사 회사로 자녀의 DNA를 보낸다.

성인 유전자 검사

어린이와 마찬가지로 성인은 증상 또는 다른 검사 결과를 기초로 진단을 위한 정밀 검사의 하나로 단일 유전자 검사를 받는다. 또한 성인은 특정 암 발병 위험이 증가하는지를 확인하기 위해 유전자 검사를 받는다. 제18장에서는 조상 및 법과학 응용 분야에서 성인 DNA를 사용하는 것에 관해 설명한다. 군대에서는 유해를 식별하고, 겸형적혈구 빈혈증이나 우울증에 걸릴 가능성을 감지하고, 전쟁터에서 전염병을 진단하기 위해 유전자 검사를 이용한다.

많은 성인은 아이를 가지려 할 때 유전자 검사에 대해 생각하기 시작하고 어떤 형질과 질병을 전해 줄지를 알고 싶어 한다. 검사를 통해 1,000개 이상의 열성질환의 보인자를 확인할 수 있다. 만약 한 여성이 특정 질병의 보인자라면, 그 여성의 배우자를 검사할 수 있다. 그리고 그 배우자 역시 보인자라면 유전상담을 받을 수 있다. 검사할 수 있는 질병은 어린이에게 영향을 미치고, 증상을 가진 어린이들에게 검사했던 질병이나 적어도 100명 중 1명의 보인자를 가지며 치료가 필요한 신체적 또는 인지적 장애를 일으키는 증상들에 대해서는 산전 진단을 수행할 수 있다. **생명윤리학**은 엑솜과 유전체 서열결정에서 발생할 수 있는 2차 발견(또는 의뢰하지 않은)이라고 부르는 예상하지 못했던 결과, 즉 본래 서열결정의 목적 이외 질병을 발견하고 보고하는 문제에 대해 생각한다.

유전자 검사는 젊은 사람만의 전유물이 아니다. 건강하게 100세를 넘긴 사람들의 유전체에서도 많은 것을 배울 수 있다. 사망 후 유전자 검사에서도 유용한 정보를 얻을 수 있다. 제14장 여는 글에서는 사망 원인을 자세히 진단하고 얻어진 유전적 지식을 통해 치료 방법을 바꿀 수 있었는지를 자세히 조사하기 위해서 죽은 사람의 유전체 서열을 분석하는 프로젝트를 논의한다. 제2장 여는 글에서는 사망한 지 몇 년 후에 보관되어 있던 유치의 DNA를 분석하여 레트 증후군(Rett syndrome)으로 진단받은 여자아이에 대해 설명한다.

세 가지 종류의 유전자 검사 자세히 알아보기

방금 논의한 유전자 검사는 연구 프로토콜의 한 부분이거나 정부 기관의 규제를 받는다. 보건의료 전문가는 질병이 발생할 위험성이 높은 사람을 찾거나 질병 진단을 위해 유전자 검사를 권장한다. 이익을 추구하는 회사는 조상 검사(ancestry test)와 같은 다른 유형의 DNA 기반 검사를 제공한다.

미국에서는, Clinical Laboratory Improvement Amendments 또는 CLIA가 예방, 진단 또는 질병이나 건강장애의 치료에 대한 반응을 관찰하기 위해 인체 유래물의 유전자 검사를 관리한다. 1988년에 제정된 CLIA 규정은 1992년에 면역학 또는 독성학처럼 매우 복잡한 검사를 다루기 위해 "전문 분야"를 추가하였다. 이들 검사는 당시에는 제한적이었던 유전자 검사를 포함하지 않았다. 이후 유전학계는 유전자 검사를 전문 분야로 포함해 달라고 요청했지만, 소용이 없었다. 주 규정은 CLIA를 무시할 수 있지만, 동등하거나 더 엄격한 경우에만 가능하다. 따라서 임상 유전자 검사 규정은 여전히 불분명하다. 엑솜 및 유전체 서열결정을 할 수 있게 되면서 서열결정을 통해 얻을 수 있는 정보의 양과 깊이가 늘어나기 때문에 검사 규정을 더 복잡하게 만든다.

유전정보를 제공하지만, 질병 진단에 이용되지 않는 검사는 CLIA 규정의 대상이 되지 않는다. 정보와 진단을 구별하는 것은 종종 신중한 단어 선택을 기초로 한다. 일부 회사 웹사이트는 "유전적 위험요

생명윤리학

2차 발견: DNA 서열이 너무 많은 정보를 제공하는가?

의료 현장에서 우연종(incidentaloma)은 폐암을 나타내는 폐렴을 배제하기 위한 X-선 검사처럼, 한 질병을 진단하는 과정에서 다른 질병을 발견하였을 때 나타난다. 유전적으로 "부수적인"(또는 "이차적인") 발견은 한 세트의 증상을 설명하는 돌연변이를 찾기 위해 개인의 엑솜이나 유전체 서열을 분석하면서 발생한다. "부수적"이란 정보가 유용하지 않다는 것을 의미하기 때문에 "2차 발견"이라는 용어가 사용된다.

2차 유전적 발견(secondary genetic findings)은 발달지체, 지적장애 그리고 다른 신경학적 증상과 선천적 결함의 익숙하지 않은 조합을 설명하기 위해 엑솜 서열을 분석한 아이들에게서 처음 확인되었다. 초기 사례는 기대하지 않았던 정보가 사람을 살리는 방법을 보여준다.

2살된 한 아이가 심각한 섭식장애, 발작, 성장장애, 발달지체, 그리고 지적장애를 가지고 있었다. 의사들은 감염, 엔젤만 증후군(Angelman syndrome), 레트 증후군과 미토콘드리아 질환은 배제했다. 가족 엑솜 서열결정(그림 4.18 참조)에서 이 아이가 시냅스 형성에 영향을 미치는 유전자 *SYNGAP1*에 상염색체 우성 돌연변이를 가지고 있는 것이 밝혀졌으며, 발달지체, 지적장애와 발작을 설명할 수 있었다. 그러나 이 엑솜 서열결정에서 결합조직 단백질인 피브릴린(fibrillin)의 돌연변이도 발견되었는데, 이 돌연변이는 아이에게 증상이 없었던 마르팡 증후군(Marfan syndrome)을 일으킨다. 심장 초음파를 통해 이 아이의 대동맥 뿌리가 확장된 것이 밝혀졌다. 대동맥 파열이 이 증후군의 초기 증상이면서 치명적인 증상이 될 수 있다. 약물치료를 통해 소년의 생명을 구했다.

우리가 모두 돌연변이를 가지기 때문에 더 많은 사람이 엑솜과 유전체 서열결정 결과를 알게 되었으므로 2차 발견은 불가피하다. 임상의가 환자에게 어떤 결과를 얘기해 줄 것인지를 결정해야 할까? 엑솜 또는 유전체의 모든 정보를 해독해야 할까?

ACMG(The American College of Medical Genetics and Genomics)는 발생빈도가 높으며, 단일 유전자 돌연변이로 인해 발생하고, "치료할 수 있는" 58종류의 질병을 보고하도록 권장하고 있다. 이 목록에는 암, 결합조직 질병, 그리고 특정 마취제에 노출되면 치명적일 수 있는 악성 고열을 포함한다. 서열결정 전에 환자가 알고 싶어 하는 것에 대한 논의가 먼저 이루어진다. 만약 환자가 특정 질병에 대해 알고 싶어 하지 않으면, 엑솜이나 유전체 분석에서 제외한다.

토론을 위한 질문

1. 어떤 유전적 소견을 기록할지 환자와 논의할 때 의사가 고려해야 할 것은 무엇인가?
2. 결과를 알고 싶지 않더라도 모든 사람이 자신의 엑솜 또는 유전체 염기서열을 분석하고 그 정보를 데이터베이스에 입력해야 하는가? 이러한 데이터베이스의 이유는 유전자 발견과 신약 개발 및 진단의 속도를 높이기 위한 것이다.
3. 많은 사람이 *APOE4* 돌연변이 유전자 검사를 받았다. 일부 변이체는 알츠하이머병의 발병 위험을 크게 높인다. 보다 최근에 발견된 유전자에는 질병을 예방하는 변이가 있다. 임상의는 유전정보의 불완전성으로 인한 피해를 어떻게 예방할 수 있는가?
4. 현재 아픈 사람을 돌보기에도 한도를 넘은 의료체계로 어떻게 유전자 검사에서 미래에 환자가 될 수 있는 것으로 조사된 사람을 지원할 수 있는가?

인" 과 특정 질병에 "연관된" 또는 "관련이 있는" 유전자 변이체처럼 모호한 문구를 사용한다. 다음은 정보를 제공하지만, 진단은 하지 않고 소비자에게 직접 판매하는 DNA 검사의 세 가지 예이다: 선천적 운동 능력 검사, 영양 유전학 검사, 약리유전학 및 약리유전체학 검사.

선천적 운동 능력

전 세계적으로 수십 개의 회사가 소비자에게 운동 능력에 관한 유전자 검사를 제공한다. 고객들은 DNA를 추출하기 위한 침이나 볼 안쪽을 긁은 도구를 우편으로 보내고 몇 주 후에 특정 유전자의 변이 목록을 받는다. 그 유전자들은 아마도 집단 수준에서 연구된, 신체 건강 및 운동 능력과 관련된 일반적인 생리기능을 가진다. **표 22.2**에는 운동에 대한 근육반응, 신진대사, 특정 식단에 대한 체중 증가 경향, 지구력, 힘, 특정 부상에 대한 감수성과 같은 형질에 영향을 줄 수 있는 변이를 가진 몇몇 유전자를 나열하였다.

운동 능력을 예측하는데 두 종류의 유전자가 가장 큰 주목을 받았다. 안지오텐신-1-전환 효소(angiotensin-1-converting enzyme, *ACE*) 유전자는 250개 염기가 존재하거나 결실되는 "삽입/결실 다형성"을 가지고 있다. "I" (또는 삽입) 대립유전자는 트라이애슬론을 하는 사람들과 같이 지구력 운동선수들과 엘리트 산악인 그리고 매우 높은 고도에서 사는 사람들에게 더 흔하다. 반면에 "D" (또는 결실) 대립유전자는 다른 운동 종목보다 엘리트 수영선수들에게 더 많으며 훈련을 통해 증가한 힘과 강도와 관련이 있다.

두 번째로 일반적으로 논의되는 운동 유전자는 *ACTN3*(alpha-actinin 3)이며, 모든 세포의 세포골격 구성 요소이고 근육의 두 가지 주요 단백질 중 하나인 액틴에 결합하는 단백질을 암호화한다. 한 유전자형이 엘리트 단거리 선수들에게서 더 많이 발견되며, 다른 유전자형은 지구력 운동선수들에게 흔하다. 7장 여는 글에서 이 유전자를 논의한다.

일부 부모는 운동 능력과 관련이 있는 유전자 변이를 어린 자녀에게 검사하고 그 결과를 예로 들면, 아이가 전력 질주 또는 지구력이 필요한 운동을 할 것인가를 결정하기 위해 사용한다. 유전학자들은 운동 능력에 대한 DNA 기반 검사가 너무 단순하다고 경고한다. 그러나 회사 웹사이트에는 주의사항이 있으며 유전자 작용이 운동 능력에 영향을 미치는 환경요인과 복합적이라고 강조한다.

표 22.1 운동 형질과 연관된 유전자

유전자(약칭)	암호화 단백질	단백질 기능
ADRBR	베타-2 아드레날린성 수용체	혈당 농도, 혈관 확장, 지방 활용 조절
APOA2	아포지질단백질 A2	고 포화지방 식단으로 체중 증가
COL1A1	1종 콜라겐 알파-1	수분 요구 증가, 지구력 활동에 대한 반응 감소
COL5A1	5종 콜라겐 알파-1	힘줄 손상에 대한 감수성
FABP2	지방산 결합 단백질 2	소장에서 지방산 흡수를 늘려 중성지방, LDL 및 총 콜레스테롤의 혈중 농도를 높이고 HDL을 낮춤
GDF5	성장분화인자 5	힘줄 질환 및 골관절염 위험 증가
GST	글루타티온 S-전달효소	해독, 항산화 활성, 활성산소 감소
IL6	인터류킨-6	부상 회복에서 면역반응과 염증
PPAR	페록시솜 증식 활성화 수용체 감마	지방 저장과 포도당 대사
TRHR	갑상선 자극호르몬 분비 수용체	신진대사율 조절
VDR	비타민 D 수용체	근력 운동으로 근육 성장 정도와 골밀도 증가
VEGF	혈관내피 성장인자	운동에 의한 혈관 확장 증가

영양 유전학 검사

"영양 유전학" 웹사이트는 식습관, 운동, 생활습관에 대한 일반적인 설문지와 함께 소비자 유전자 검사를 제공한다. 회사는 어떤 사람이 자신의 유전적 운명이 이루어지는 것을 방지하는 데 필요하다고 알려진 비싼 패키지의 정확한 보충제를 제공하면서 식이요법을 제안하고 자신에게 맞추었다는 프로필을 보내준다.

몇 년 전 언론이 이러한 서비스 내용을 퍼뜨린 후, 미국 정부 회계감사국(U.S. Government Accountability Office)은 그 검사에 대해 확인을 했다. 한 조사관이 두 사람의 DNA 시료 즉, 9개월 된 여자아이의 DNA 시료와 48세 남성의 DNA 시료를 수집하여 이 "가상의 소비자"를 위한 14종류의 생활 습관/식이 프로필(여성용 12개와 남성용 2개)을 만들었다. 표본은 4개 영양유전학 회사로 보냈으며 어느 회사도 건강기록을 요구하지 않았다. 다음은 회사에 보낸 정보의 예이다.

- 남성의 DNA를 담배를 피우며, 운동을 거의 하지 않으며 커피를 마시고 비타민 보충제를 먹는 68 kg, 175 cm인 32세 남성의 것으로 제출했다.
- 어린 여자아이의 DNA를 담배를 피우고, 아주 많은 커피를 마시며, 운동을 거의 하지 않고, 유제품, 곡물, 지방을 많이 먹는 84 kg, 165 cm인 33세의 여성의 것으로 제출했다.
- 같은 어린 여자아이의 DNA를 운동을 하고, 담배를 피우지 않으며, 비타민을 먹고, 커피를 싫어하며, 많은 양의 단백질과 튀긴 음식을 먹는 64 kg, 170 cm인 59세 남성의 것으로 제출했다.

세 사람에게서 발견된 골다공증, 고혈압, 제2형 당뇨병, 심장병의 높은 위험도는 정확하게 같았다. 한 회사는 종합 비타민 보충제를 1,200달러에 제안했는데, 조사 결과 약 35달러의 가치가 있는 것으로 밝혀졌다. 권고하는 내용으로 흡연자에게 금연해야 한다고 말하는 것과 같이 당연한 것을 적었다. 이러한 조언은 유전학이 아니라 가상의 생활방식과 식이 정보에 따른 것이었다. 연구는 다음과 같이 결론을 내렸다: "해당 권장사항이 상식적인 건강 및 식이지침을 구성한다는 점에서 소비자에게 도움이 될 수 있지만, 이러한 조언에는 DNA 분석이 필요하지는 않다." 특정 질병이 있는 사람들에게 비타민 과잉과 같이 일부 제안은 심지어 위험할 수 있다. 이러한 종류의 기업들이 2008년 정부 연구 이후 번창해왔다.

환자 맞춤형 약물

우리 몸이 약물에 반응하고 대사하는 속도가 달라서, 체중, 성별, 나이를 고려하더라도 같은 약물의 같은 용량에 대해 사람들은 서로 다른 반응을 보일 수 있다. 유전자 검사는 이런 차이점을 구별할 수 있다. **약리유전학**(pharmacogenetic) 검사는 약물대사에 영향을 주는 단일 유전자 변이를 검출하고, **약리유전체학**(pharmacogenomic) 검사는 약물대사에 영향을 주는 여러 유전자 변이나 유전자 발현 양상을 확인한다. 제약 및 생명공학 회사는 약물을 개발할 때, 이러한 검사를 사용하고 의료인들은 약을 처방할 때 이러한 검사를 이용한다.

약물을 선택하도록 안내하는 유전자 검사는 다음과 같은 이점을 제공한다:

- 약물 부작용으로 고통 받을 수 있는 환자를 확인
- 가장 효과적일 것 같은 약물을 선택
- 약물 치료에 대한 반응을 관찰
- 질병의 경과(예후)를 예측

많은 약리유전학 검사는 약물뿐만 아니라 정상 대사 작용의 독성 부산물을 포함하여 독소를 대사하는 시토크롬(cytochrome)이라고 불리는 효소를 암호화하는 유전자의 특정 변이를 확인한다. P450 시토크롬 효소는 특히 다양하며 많은 변이를 가진 57개 유전자가 암호화한다. P450 유전자형은 사람이 특정 약물을 얼마나 빠르게 대사할 수 있는지 예측하는 데 사용할 수 있다. "빠른 대사자(rapid metabolizer)"는 약물을 너무 빨리 분해하여 더 많은 용량이 필요하지만, "부실 대사자(poor metabolizer)"는 약물이 너무 느리게 분해면서 효과가 지속되고 독성을 나타낼 수 있다. **표 22.3**에 약물대사에 대한 특정 유전자 변이의 영향을 나열하였다.

약리유전학을 이용하여 처음으로 기술된 약물 중 하나는 혈액 희석제인 와파린(쿠마딘이라고도 함)이었다. 이 약은 혈액을 건강하게 유지하는 좁은 농도 범위를 가지지만, 사람들이 필요한 복용량이 최대 10배까지 다양할 수 있다. 너무 적은 약물은 혈액에 위험한 응고를 발생시키고 너무 많으면 위험한 출혈을 유발한다. 과거에는 의사가 환자의 나이, 성별, 건강 상태, 체중 및 인종을 기초로 초기 표준 용량을 제공한 다음, 몇 주 동안 환자를 관찰하여 너무 많이 응고되거나 출혈이 일어나는지 확인하고, 적정 용량에 가깝게 조정했다. 이러한 일반적인 접근법으로 인해 매년 약을 처방받은 200만 명의 사람 중에 43,000명이 비정상적인 출혈로 입원했다.

현재 와파린을 처방하기 위해 "약리유전학 알고리즘"을 사용한다. 이를 위해 2개 유전자, 즉 약물 민감도 증가와 관계가 있는 *CYP2C9*의 2개 변이와 *VKORC1*의 1개 변이를 확인한다. 이러한 유전자 변이를 가진 사람들은 더 낮은 용량의 와파린이 필요하다. 와파린 반응에 대한 유전자 검사는 효과적인 약물 농도 범위의 극단에 속하는 환자의 50%에게 특히 도움이 된다. 그러나 임상 정보를 확인하는 것은 특히 와파린과 일반적으로 다른 약물의 투여량을 결정하는 데 여전히 중요한데, 이는 검사 대상 이외의 유전자 변이가 각 사람의 몸에서 약물을 대사하는 방법에 영향을 줄 수 있기 때문이다.

어떤 사람에게 가장 효과적인 약을 선택할 수 있다면 효과가 없거나 심각한 부작용이 있는 약을 먹는 데 시간을 낭비하지 않음으로써 고통을 방지할 수 있다. 암 또는 우울증이 있는 사람들은 약리유전학적 접근으로 큰 혜택을 볼 수 있다. 수년 동안 항암제는 탈모, 소화장애 및 골수독성을 유발하면서 빠른 세포주기를 가진 모든 세포를 목표로 했다. 새로운 표적 약물은 유전자형을 기반으로 하며(20.4절 참조) 일부 환자의 경우 최고의 조기 치료법이 될 수 있다.

과거에는 의료인이 각 사람이 특정 약물을 어떻게 대사하는지를 분석하기보다는 주로 환자 본인의 평가를 기초로 항우울제를 선택했다. 좀 더 최근의 연구에서 P450 시토크롬 CYP2C19를 암호화하는 유전자 변이에 대해 특정 항우울제를 복용하는 2,000명 이상의 사람을 분석했다. 약물에 대한 반응이 충분하지 않은 참가자의 3분의 1은 약물에 반응한 사람들과 비교했을 때 약물대사를 더 빠르게 하거나 느리게 하는 유전자 변이를 가지고 있었다. 이들 중 많은 사람이 이미 약을 바꿨었지만, 원래 약의 용량을 바꾸어 다시 복용할 수 있게 되었다.

표 22.3 약리유전학

유전자(약칭)	암호화 단백질	유전자형	표현형
CYP2D6	시토크롬 P450	2D6	부실 대사자; 특정 베타차단제 심장약에 대한 민감도 증가
HTR2A	세로토닌 수용체	G 대립유전자	우울증과 불안을 치료하기 위한 SSRI 약물에 대해 강한 반응
OPRM1	오피오이드 수용체	A118G(asp to asn)	통증 완화를 위해 더 많은 양의 아편제 필요
SLCO1B1	용질운반 유기음이온 수송체	T/C(val/ala)	스타틴 약물로 인한 근육통 위험 4.5배 증가
		C/C(ala/ala)	스타틴 약물로 인한 근육통 위험 17배 증가
VKORC1	비타민 K 에폭시드 환원효소 복합체 소단위 1	1639G>A	와파린(혈액 희석제) 민감성 증가

핵심 개념 질문 22.2

*a. 앞으로 태어날 수 있는 아이들의 특징을 예측하기 위한 어떤 생물학적 과정이 생식세포의 유전자형을 분석하는가?
*b. 배아와 태아에게 사용되는 유전자 검사는 무엇인가?
c. 어떤 상황에서 아이들에게 유전자 검사가 이루어지는가?
d. 왜 성인은 유전자 검사를 받는아야 하는가?
e. 운동 능력과 영양에 대한 소비자-직접 유전자 검사의 한계는 무엇인가?
f. 약리유전학과 약리유전체학이 의료진이 환자에게 가장 좋은 약을 선택하는 데 어떤 도움을 주는지 설명하시오.

표 22.4 리소좀 축척병 치료

치료	작용기작
효소 대체 및 치환 치료	부족하거나 전혀 없는 효소를 보충하기 위해 주입한 인간 효소
기질 감소 치료(법)	효소가 더 효과적으로 기능하도록 기질 수준을 낮추는 먹는 약
약리학적 샤페론 치료	환자의 잘못 접힌 단백질에 결합해서 기능을 회복시키는 먹는 약

22.3 유전병 치료

치료법을 개발하는 것이 매우 어렵기 때문에 유전병에 대한 검사는 치료법보다 훨씬 더 많다. 유전병을 치료하기 위해서는 몸의 다른 부분에 해를 끼치지 않으면서 증상을 예방하거나 최소화하기 위해 충분한 양의 적절한 세포와 조직의 이상을 고쳐야 한다. 단일 유전자성 병에 대한 치료법은 신기술 개발과 함께 여러 단계를 거치며 발전해 왔다.

- 병이 생긴 신체 부위를 제거
- 병이 생긴 신체 부위 또는 생화학 물질을 기증자의 것으로 대체
- 재조합 DNA 기술로 만들어진 순수 인간 단백질 제공
- 잘못 접힌 단백질을 다시 정확하게 접음
- 유전자 발현 차단(유전자 침묵)
- **유전자 치료**(gene therapy)를 이용하여 돌연변이 대립유전자를 제거하지 않고 야생형 대립유전자를 추가
- 대립유전자를 대체, 삭제 또는 추가하기 위해 **유전자 편집**(gene editing)과 유전체 편집을 이용

단백질 기반 치료

질병의 표현형을 예방하는 것은 낭포성 섬유증이 있는 어린이를 위해 사과 소스에 소화효소를 추가하거나 혈우병이 있는 소년에게 응고인자를 주는 것처럼 간단할 수 있다. 특히 선천천성 대사이상은 생화학적 경로를 잘 이해하고 있을 때 치료할 수 있다.

리소좀 축척병은 선천성 대사이상 가운데 연구가 잘 된 질병이다. 이 장 여는 글에 설명한 어린 여자아이는 그런 종류의 질환인 산필리포 증후군 A형을 앓고 있었다. 이 질병은 결핍되거나 비정상적인 효소로 인해 기질(효소가 작용하는 분자)이 축적되며 기질 분해 생성물이 부족하게 되어 발생한다. 그림 2.5에서 리소좀은 세포 쓰레기를 제거하는 세포소기관이라는 것을 기억하자. 50종류 이상의 효소를 보관하며 각각 특정 분자를 분해한다.

표 22.4와 **그림 22.3**에 요약된 또 다른 리소좀 축적병인 제1형 고셔병(type 1 Gaucher disease)의 치료는 효소에 영향을 미치는 선천성 대사이상에 대응하기 위한 세 가지 일반적인 접근법을 보여준다. 제1형 고셔병은 글루코세레브로시데이즈(glucocerebrosidase)가 거의 없거나 전혀 없어서 기질이 쌓이면서 리소좀이 부풀어 올라 결국 세포가 파열된다. 증상으로는 간과 비장의 확대, 뼈의 통증, 혈구세포의 결핍 등이 있다. 적혈구 세포 수가 너무 적으면 빈혈로 인한 피로

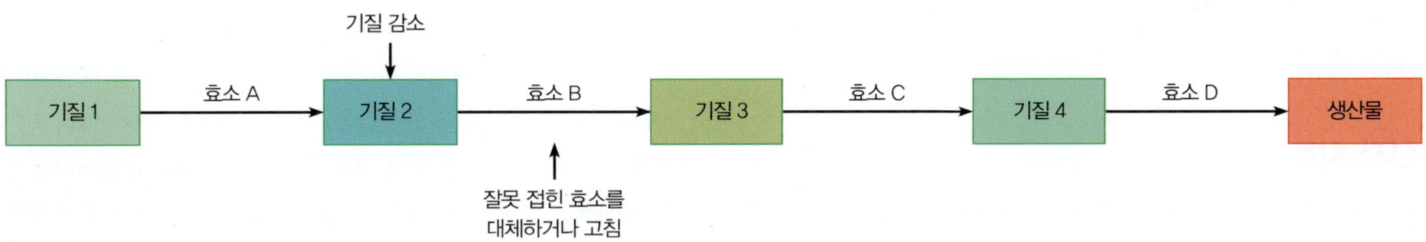

그림 22.3 대사이상의 대응. 효소가 부족하거나 활성이 차단되면 기질이 쌓이고 해당 경로의 산물이 결핍된다. 효소 대체 또는 효소 치환 치료는 없거나 부족한 효소 또는 대체 효소를 전달한다. 기질 감소 치료는 기질의 양을 줄이고 약리학적 샤페론 치료는 잘못 접힌 단백질을 고친다.

를 유발한다. 혈소판 수가 너무 적으면 쉽게 멍이 들고 출혈이 일어난다. 백혈구 세포 수가 너무 적으면 감염 위험이 커진다. 이 질병은 병이 시작되는 나이, 증상의 중증도 및 진행 속도가 다양하다.

고셔병의 초기 치료는 비장 절제, 관절 교체, 수혈 또는 골수 이식과 같이 병이 생긴 신체 부위를 고쳤다. 1991년에 **효소 대체 치료**(enzyme replacement therapy)가 사용되기 시작했는데, 이 방법은 부족한 효소를 공급해 주는 것으로, 이 경우에는 재조합 글루코세레브로시데이즈를 공급한다. 이 방법은 효과적이긴 하지만 연간 약 55만 달러의 비용이 들고 재조합 효소를 한 달에 두 번 몇 시간에 걸쳐 주입해야 한다. 적은 수의 질병만이 효소 대체 치료가 가능하다.

효소 대체 치료의 변형은 다른 효소가 아닌 특정 선천성 대사이상에서 비정상인 바로 그 효소를 제공하는 **효소 치환 치료**(enzyme substitution therapy)이다. 예를 들어, 페닐케톤뇨증의 효소 결핍은 혈액에 아미노산인 페닐알라닌을 독성 수준까지 혈액에 축적하게 한다. 오랫동안 신생아 선별 검사를 통해 페닐케톤뇨증 아기를 확인하였으며 지적장애를 비롯한 증상은 "의료 식품(medical food)"이라고 불리는 특정 아미노산이 매우 제한된 식단을 따르면 대부분 예방할 수 있다. 그렇지만, 이 프로토콜을 따르는 것은 어려우며 인지력 결핍은 지속될 수 있다. 부족한 효소를 공급하는 것은 효소가 매우 불안정하고 기능을 하기 위해 2차 분자가 필요하므로 어렵다. 연구자들은 식물에서 페닐알라닌 수치를 낮추는 또 다른 효소를 대량생산하기 위해 재조합 DNA 기술을 사용했다. 치료 약으로 이 비인간 효소가 매우 잘 작용하여 성인 환자들은 그들이 익숙해져 있던 "브레인 포그(brain fog)"가 걷혔다고 말했다.

2003년 **기질 감소 치료(법)**(substrate reduction therapy)라는 새로운 접근 방식이 도입되었다. 경구로 복용한 약은 결핍된 효소가 작용하는 분자인 기질의 양을 감소시킨다. **약리학적 샤페론 치료**(pharmacological chaperone therapy)라고 하는 세 번째 접근 방식에서 먹는 약이 환자의 잘못 접힌 효소에 결합하여 일부 기능이 가능하도록 충분히 안정시킨다.

신약을 개발하는 것보다 비용이 적게 드는 것은 이미 다른 질환을 치료하는 약을 "재창출(repurpose)"하는 것이다. 예를 들어, 3장 여는 글에서는 노화가 빨라지고 일종의 조로증을 앓고 있는 어린이를 치료하는 데 실패한 항암제에 관해 설명한다.

유전자 치료

유전자 치료는 기능을 하는 유전자 사본을 특정 세포 유형이나 신체 부분에 전달한다. 가장 일반적인 전달 방법은 벡터라고 불리는 변형된 바이러스를 이용하는 것이다. 1990년 이후 전 세계적으로 2,000건 이상의 유전자 치료 임상시험이 진행되고 있다. 유럽에서 2012년에 처음으로 승인된 유전자 치료는 췌장염을 일으키는 희귀 효소 결핍에 대한 것이었지만, 높은 비용과 적은 수요로 인해 중단되었다. 2017년 미국에서 판매가 승인된 첫 유전자 치료는 유전성 실명을 치료하는 것이다.

유전병을 치료하기 위해 기능적 유전자를 추가하면 증상을 치료하거나 단백질을 공급하는 것보다 더 오래 지속되는 효과를 나타낼 수 있다. 유전자 치료는 단 한 번 또는 몇 번의 치료가 필요하지만, 전통적인 약물이나 효소 대체, 기질 감소 또는 약리학적 샤페론 치료는 평생 환자에게 자주 시행하여야 할 수도 있다.

유전자 치료의 종류와 목표

유전자 치료 전략은 치유(healing) 유전자가 전달되는 방식과 위치에 따라 다양하다. **생식세포 유전자 치료**(germline gene therapy)는 배우자나 수정된 난자의 DNA를 변화시켜 개체의 모든 세포가 바뀌고 고친 부분이 유전되어 자손에게 전달되도록 한다. 제21장에서 논의한 형질전환 식물과 동물은 생식세포의 유전자를 조작했지만, 21.4절에서 설명한 것처럼 많은 사람들이나 기관, 정부는 인간의 생식세포(배우자 또는 수정란)를 조작하는 것에 반대한다.

체세포 유전자 치료(somatic gene therapy)는 병에 걸린 세포나 분열해서 질병을 일으키는 세포만을 치료한다. 이 치료를 받은 사람은 유전적 치료의 결과를 자손에게 전달하지 않는다. 즉, 유전되지 않는다. 기능성 *CFTR* 유전자가 포함된 비강 스프레이로 낭포성 섬유증으로 인해 막힌 폐를 청소하는 것은 체세포 유전자 치료의 한 예이다.

유전자 치료 전략은 침습성(invasiveness)에 따라 다르다(**그림 22.4**). **체외 유전자 치료**(*ex vivo* gene therapy, "신체 외부")에서는 세포를 신체 외부에서 고친 후 정맥 내 주입 또는 척수액을 통해 몸 안에 넣어준다. 더 침습적인 **생체 유전자 치료**(*in vivo* gene therapy, "살아있는 몸의 내부")에서, 유전자와 벡터를 안쪽으로 삽입하고 적당한 장기를 향해 꿈틀꿈틀 움직여 들어가는 카테터 등을 통해서 몸 안으로 직접 집어넣는다. 그곳에서 벡터는 표적세포로 들어가야 하며, 그 인간 DNA가 전사되고 단백질로 해독되며 그 단백질이 질병의 진행을 멈추거나 증상을 개선할 수 있을 만큼 충분히 기능을 해야 한다.

연구자들은 중합효소 연쇄반응, 재조합 DNA 기술, 그리고 기타 DNA 절단 기술을 사용하여 치료 유전자(therapeutic gene)를 얻는다. 미래에는 연구자가 그리고 언젠가는 임상의가 합성 유전자를 제공할 수도 있을 것이다. DNA는 DNA이고 유전암호는 보편적이기 때문에 그 기원이 차이를 만들지는 않는다.

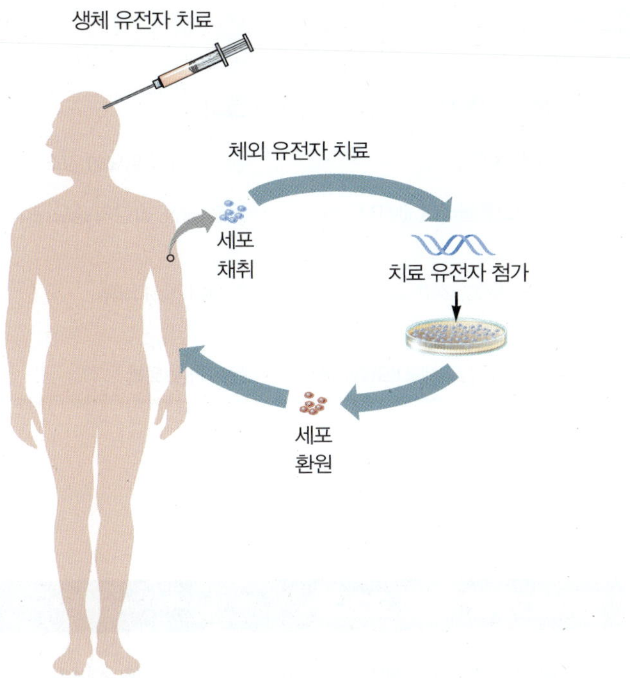

그림 22.4 유전자 치료 침습성. 치료 유전자는 다시 몸으로 돌려보내기 위해서 몸에서 떼어낸 세포에 전달하거나(체외 유전자 치료) 몸 안으로 직접 넣어준다(생체 유전자 치료).

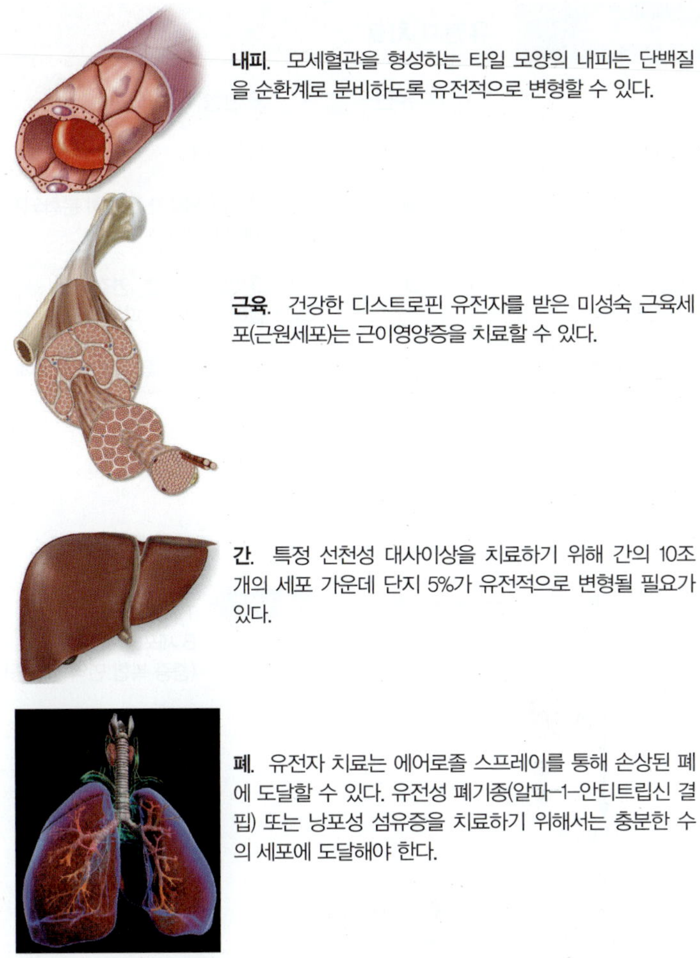

그림 22.5 유전자 치료의 여러 부위. *MedicalRF.com/Getty Images*

유전자 치료의 운반

유전자 치료의 다음 단계인 유전자 수송은 일반적으로 움직임이 자유로운 다른 DNA와 함께 치유 DNA를 운반한다. 바이러스 벡터를 만들기 위해 연구자들은 증상을 일으키거나 면역계에 감염을 경고하는 유전자를 제거하고 수정한 유전자를 넣어준다.

다양한 바이러스 벡터는 서로 다른 치료에 유용하다. 어떤 바이러스는 원하는 DNA를 특정 세포에 매우 효율적으로 전달할 수 있지만 짧은 DNA 서열만 운반한다. 또 다른 바이러스는 큰 조각의 DNA를 운반하지만, 많은 종류의 세포로 들어갈 수 있어서 "비표적(off-target)" 부작용을 일으킨다. 바이러스 벡터가 의도한 곳으로 이동하더라도 증상을 완화하고 질병의 진행을 늦추거나 중단시키기에 충분한 세포로 들어가야 한다. 끝으로, 바이러스 벡터는 암을 유발할 수 있는 종양 유전자나 종양 억제 유전자와 같이 환자에게 해를 끼치는 유전자에 통합되어서는 안 된다. 일부 도입된 유전자는 염색체에 전혀 삽입되지 않고 여전히 세포핵 안에 있는 **에피솜**(episome)이라고 하는 DNA 원 안에 남아있다. 만약 이런 세포가 분열되면 에피솜이 사라지고 유전자 치료의 효과가 약해진다. 그러나 분열하지 않는 세포들에 있는 에피솜은 지속적인 효과를 가질 수 있다.

몇몇 유전자 치료는 일반적으로 표적세포를 감염시키는 바이러스를 사용한다. 예를 들어, 단순 헤르페스 바이러스는 통증을 완화하는 펩타이드를 암호화하는 유전자를 피부의 신경 말단에 전달한다. 연구자들은 특정 세포 유형을 목표로 하기 위해 바이러스들의 일부로 한 팀을 만든다. 아데노-연관 바이러스(Adeno-associated virus, AAV)는 많은 세포 유형을 감염시키지만, 파보바이러스(Parvovirus) 유전자의 프로모터를 추가하면 골수의 적혈구 전구체 세포만 감염시킨다. AAV의 다른 하위 유형은 서로 다른 신체 부분에 위치한다. AAV9는 혈액뇌장벽(blood-brain barrier)을 통과할 수 있고 정맥주사로 투여될 수 있어서 카테터를 통해 뇌로 전달해야 했던 이전 버전을 대신한다. 이 장의 여는 글에서 설명한 여자아이는 AAV9 벡터를 이용하여 유전자 치료를 받았다. 리포솜이라고 하는 지방 구조도 벡터로 사용한다. **그림 22.5**는 체세포 유전자 치료의 네 가지 대상을 보여준다.

최초의 유전자 치료 노력은 비록 드물지만 잘 연구된 유전병을 대상으로 했다. 망가진 생화학 경로를 알면 연구자들이 개입할 위치를 알 수 있다. **그림 22.6**은 유전자 치료를 시험한 첫 번째 질병인 중증 복합 면역 결핍증(severe combined immune deficiency)의 한 종류인 아데노신 탈아민화효소(adenosine deaminase, ADA) 결핍에 대

표 22.5 유전자 치료

질병	유전	표현형	운반 유전자*	효과
혈우병 B	xlr	응고장애	요소 IX(*F9*), IV	응고인자의 필요성 감소
근세관성 근병증	xlr	골격근 세포가 완전히 분화되지 않음, 10대에 사망	마이오튜불라린 1(MTM1), IV	호흡 개선, 발달의 중요 단계에 도달
열성 수포성 표리박리증	ar	표피와 진피를 연결하는 콜라겐 섬유가 없어 발생하는 피부 수포 및 벗겨짐	콜라겐(*COL7A1*), 피부이식	향상된 상처 치유
척수성 근위축증	ar	극히 쇠약, 호흡장애, 아동기에 사망	생존운동신경세포1(*SMN1*), IV	운동기능 회복

xlr = X－연관 열성
ar = 상염색체 열성, IV = 정맥주입
*바이러스 벡터 이용

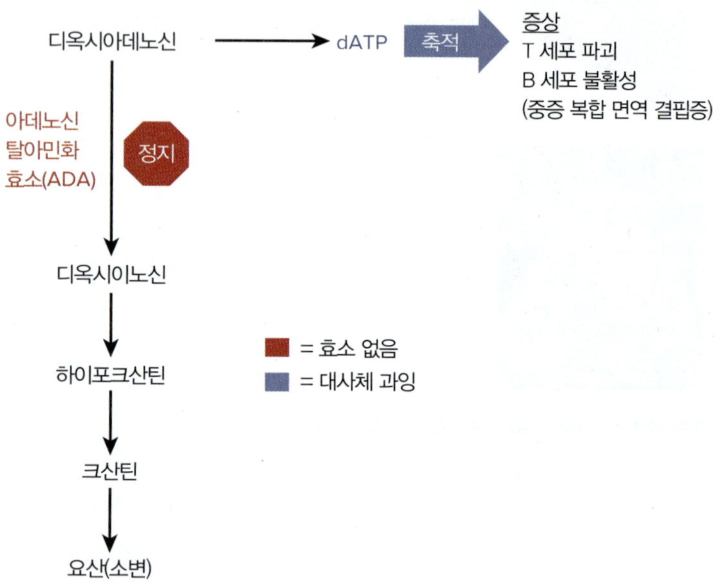

그림 22.6 ADA 결핍. 아데노신 탈아민화효소(ADA)가 없으면 dATP가 축적되어 T 세포를 파괴하고 항체를 분비하는 B 세포를 자극하지 못한다. 결과적으로 중증 복합 면역 결핍증(SCID)이 발생한다. © *Anna Powers*

한 생화학 경로를 보여준다(표 19.5와 임상 연계 22.1 참조). 오늘날 유전자 치료 임상시험의 약 8%가 단일 유전자성 병을 대상으로 한다. 약 65%가 암을 목표로 하며, 약 8%가 심혈관 질환에 초점을 맞추고 있다.

유전병에 대한 새로운 치료법 중 일부는 아이들을 훨씬 더 오래 살 수 있게 해주어서, 이전에는 그 질병을 앓았던 사람 중에 누구도 다른 증상이 나타날 정도로 오래 살지 못해서 확인할 수 없었던 새로운 증상이 나타날 수도 있다. 연구자들은 이러한 가능성에 주의를 기울이고 있으며 새로운 증상을 치료하는 방법을 개발하고 있다. **표 22.5**에는 유전자 치료의 네 가지 예를 설명한다.

핵심 개념 질문 22.3

a 세 가지 종류의 단백질 기반 치료법의 작동 원리를 설명하시오.

b. 체세포와 생식세포 유전자 치료를 구별하시오.

*c. 유전자 치료에서 바이러스의 역할은 무엇인가?

22.4 CRISPR-Cas9를 이용한 진단과 치료

유전체 편집 도구인 CRISPR-Cas9은 더 정밀하므로 언젠가 유전자 치료를 대체할 수 있을 것이다(그림 21.9 참조). CRISPR-Cas9은 유전자를 유전체 특정 부분에 전달할 뿐만 아니라 하나의 유전자를 교체하고, 제거하거나 추가할 수 있다. 그리고 여러 장소에서 동시에 이 작업을 수행하거나, 복수의 유전자를 삽입, 수정, 제거할 수 있다. 이와는 대조적으로, 고전적인 유전자 치료 방법을 통해 주입된 유전자는 무작위로 염색체에 통합되거나 에피솜의 일부로 염색체 외부에 남아있을 수 있다. **그림 22.7**은 유전자 치료를 유전자 편집과 비교한다. CRISPR-Cas9을 이용한 유전체 편집이 빠르게 개발되고 있지만, 진단과 치료에서는 이제 막 적용되기 시작한 연구 도구이다.

동물모델이 한 가족의 돌연변이를 찾는다.

CRISPR-Cas9 유전체 편집은 진단 정확도를 높이고 증상이 어떻게 나타나는지를 밝히기 위한 가족의 유전병 동물모델을 제작하기 위해서 유전체 서열결정과 조합할 수 있다. 흉부 대동맥류 및 박리(thoracic aortic aneurysm and dissection, TAAD)를 앓고 있는 가족의 경우, 심장에서 몸체로 뻗어 나가는 가장 큰 동맥인 대동맥의 벽이

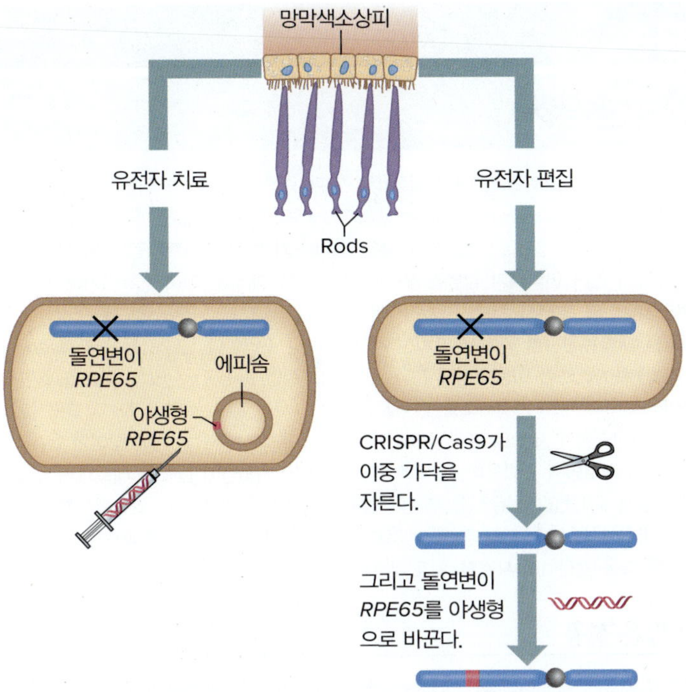

그림 22.7 유전자 치료와 유전자 편집 비교. 유전자 치료는 올바른 DNA 서열을 추가하여 무작위로 염색체에 삽입되거나 염색체 외부 에피솜에 남을 수 있다. 유전자 편집은 돌연변이 부위 하나의 염기나 여러 개의 염기를 추가, 제거 또는 교체해서 DNA 서열을 수정한다. 왼쪽은 1번 염색체 *RPE65* 유전자에 위치하는 2개의 돌연변이로 인해 발생한 망막이영양증을 치료하는 유전자 치료를 보여준다. 치료된 망막색소상피 세포가 분열하지 않기 때문에 야생형 유전자가 염색체에 삽입되지 않더라도 그 효과가 지속된다. 오른쪽은 유전자 편집을 사용하여 가능한 정확한 수정을 보여준다. 간상체는 흑백 시각을 제공하며, 나타내지 않았지만, 원추체는 색시각을 제공하는데 두 세포 모두 영향을 받는다.

늘어나고 얇아지며 부풀어서 파열되면 돌연사할 수 있다. 조기에 발견하면 동맥류(aneurysm)라고 부르는 부풀어 오른 부분을 치료할 수 있다. TAAD는 가족 구성원 사이에 나타나며, 결합연결조직에 영향을 주는 여러 유전적 증후군의 한 종류이다.

35세의 한 남성이 유전체 서열결정 센터 연구자들의 관심을 받았다. 이 남자는 19세에 갑작스러운 가슴 통증을 경험했다. 검사 결과 이 남자의 대동맥이 파열되기 직전이라는 것이 밝혀져, 혈관을 교체하는 수술을 받았다. 이 남자의 어머니도 대동맥을 치료한 적이 있으며, 두 명의 사촌도 대동맥류를 앓고 있었다. 가족 구성원 모두가 대동맥류를 일으키는 것으로 알려진 모든 돌연변이에 대한 검사를 받았고 모두 음성이었다. 그래서 연구자들이 두 사촌의 유전체 서열을 분석하여 7개의 후보 유전자를 찾았다. 멘델의 제1법칙을 기반으로 한 분리 분석에서 병이 있는 가족에게만 있고 건강한 가족에게는 발생하지 않은 돌연변이를 찾았다. 단 하나의 유전자가 기준을 만족하였는데, 그 유전자는 리실 산화효소(lysyl oxidase, LOX)를 암호화한다.

LOX 돌연변이가 이 가족의 증상을 일으킬 수 있을까? LOX는 결합조직 단백질인 콜라겐과 엘라스틴이 연결되어 동맥벽을 형성할 때 필요하다. *LOX* 돌연변이가 TAAD를 발생시킨다는 가설을 확인하기 위해, 연구자들이 CRISPR-Cas9를 사용하여 쥐 유전자에서 특정 DNA 염기를 대체하여 가족의 돌연변이 DNA 서열을 다시 만들었다. CRISPR를 이용해 사람의 돌연변이 *LOX* 유전자 사본 2개를 받은 세포를 가진 쥐는 출생 직후 대동맥이 파열되어 죽었다. 이 가족들처럼 사본 1개를 가진 쥐는 살 수 있었지만, 잘 찢어지고 파열되기 쉬운 대동맥 벽을 가졌다(인간에게서는 상염색체 우성인 많은 유전병이 쥐에게서는 상염색체 열성이다).

지금은 *LOX* 돌연변이로 발생하는 TAAD에 대한 유전자 검사가 가능하다. 드문 질병이지만, 정확한 검사를 할 수 있다면 가족 내에서 증상이 아직 나타나지 않은 사람을 진단할 수 있으며 생명을 구할 수 있을 것이다.

체세포 유전체 편집이 겸형 적혈구병을 치료한다

질병을 치료하기 위한 CRISPR-Cas9의 첫 번째 적용은 손상된 세포가 도달하기 쉬운 조건을 목표로 한다. 키메라 항원 수용체 기술(20.4절 참조)은 처음에는 암을 치료하기 위해 ZFN과 TALEN을 사용했으며 현재는 CRISPR-Cas9를 이용하여 수행하고 있다(표 21.6 참조). 유전체 편집을 기반으로 하는 다른 치료법은 제거하거나, 고칠 수 있으며 체내로 다시 넣어 줄 수 있어서 골수의 조혈(혈액 생성) 모세포에서 유래한 세포를 고친다.

겸형 적혈구병은 특히 유전체 편집에 적합하다. 그림 12.3에서 베타 글로빈 유전자의 과오 돌연변이에 의해서 발생한다는 것을 기억해보자. 그림 11.2에서 배아와 태아는 서로 다른 유전자를 사용하여 헤모글로빈의 배아 및 태아 형태를 생성한다는 것을 기억한다.

멈춰버린 글로빈 유전자를 재활성화하면 겸형 적혈구병을 치료할 수 있다. 하나의 접근법은 병에 걸린 사람들의 피부 섬유아세포를 연구실 유리 시험관에서 배양한 역분화 만능줄기 세포(induced pluripotent stem cells, iPS 세포; 표 2.3 참조)을 사용한다. 화학물질을 iPS 세포에 첨가해 성숙한 적혈구보다 앞선 세포 종류인 망상적혈구(reticulocyte)로 발달을 조절한다. 그런 다음 CRISPR-Cas9가 하나의 겸형 적혈구 돌연변이를 베타 글로빈 유전자의 정상 사본으로 대체한다. 망상 적혈구는 일반적으로 가능한 많은 헤모글로빈을 넣을 공간을 만들기 위해 성숙하면서 핵을 없앤다. 유전자가 편집된 망상 적혈구에서 유래한 적혈구 세포는 실제로 성숙한 이형접합자 적혈구 세포만큼 정상인 헤모글로빈으로 채운다. 즉, 병이 생기지 않을 정도로 충분하다.

임상 연계 22.1

유전자 치료의 험난한 역사

유전자 치료는 다른 새로운 의학 기술처럼 오르막과 내리막이 있었다.

초기 성공

1980년대 후반 아산티("아쉬, Ashi") 데실바(Ashanthi DeSilva)의 부모는 어린 딸이 멈추지 않고 계속되는 기침과 감기로 인해 오래 살 수 없을 거로 생각했다. 그녀는 몇 걸음만 걸어도 숨이 찼다. 아쉬는 ADA 결핍으로 인해 중증 복합 면역 결핍증을 앓고 있었다(**그림 22A** 참조). 2살에 효소 대체 치료를 시작했지만 2년이 안 되어 효과가 사라졌다. 그녀는 감염으로 인해 사망할 수도 있었다. 얼마 후 그녀의 주치의는 가능성 ADA 유전자를 가진 백혈구(T 세포)를 주입하는 유전자 치료 임상시험에 대해 알게 되었다. 아쉬는 1990년 9월 14일 메릴랜드주의 베데스다에 있는 국립보건원에서 고쳐진 자기 백혈구를 정맥주사로 주입받았다. 그녀는 잘 지내고 있다. 현재 더 오래 지속되는 형태의 유전자 치료는 좀 더 특화된 T 세포 대신에 줄기세포를 이용한다.

중대한 난관

1999년 9월, 18세의 제시 젤싱어(Jesse Gelsinger)는 유전자를 주입하기 위해 사용한 바이러스에 대한 강력한 면역반응으로 유전자 치료를 받은 지 4일 만에 사망했다. 그는 오르니틴 트랜스카바밀레이즈(ornithine transcarbamylase, OTC) 결핍이 있었고 식이 단백질을 분해하는 데 필요한 간 효소를 생성하지 못했다. 이 질병에서, 단백질을 소화하면서 발생한 질소는 소변으로 배출되는 대신 수소와 결합하여 암모니아(NH_3)를 생성한다. 암모니아는 혈액에 빠르게 축적되며 뇌로 이동하여 일반적으로 출생하고 72시간 이내에 회복할 수 없는 혼수상태를 일으킨다. 병을 가진 아이의 절반은 한 달 안에 사망하며 나머지 25%는 5살 이전에 죽게 된다. 생존자는 극도의 저단백 식단을 따르고 암모니아에 결합하는 약을 먹으면서 증상을 조절할 수 있다.

제시는 2살에 진단을 받았다. 그는 일부 세포가 효소를 생산할 수 있는 모자이크 표현형을 가지고 있었기 때문에 증상이 심하지 않았다. 제시는 10살 때 영양식을 잘못하는 바람에 몸이 심하게 아팠다. 몇 년 후인 1998년 12월 며칠간 약을 먹지 않아 혼수상태에 빠졌던 제시는 몸을 회복한 후에 주치의가 얘기한 유전자 치료에 자원했다. 1999년 9월 13일에 1조 개의 아데노바이러스가 튜브를 통해 제시의 간으로 기능성 인간 OTC 유전자를 전달했다. 그러나 바이러스는 의도한 간세포뿐만 아니라 면역계에 경고를 보내는 대식세포로도 들어갔다. 제시의 장기들이 기능을 멈추기 시작했다. 4일 뒤 뇌사상태가 되었고 그의 아버지가 생명 유지 장치를 끄는 동안 비탄에 잠긴 의료진이 옆에 서 있었다.

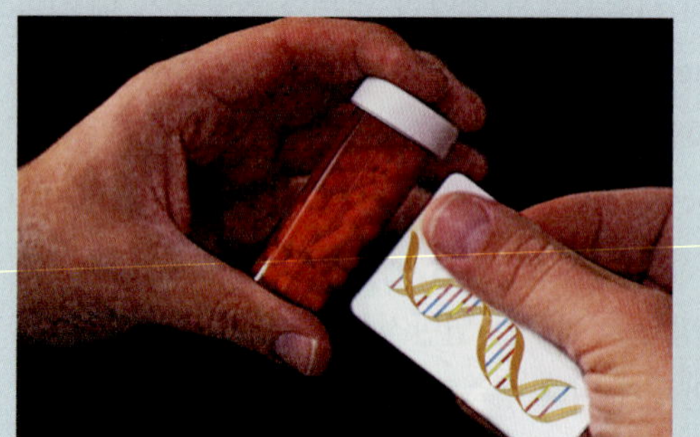

그림 22A 유전자 치료는 돌연변이 대립유전자를 대체하는 것이 아닌 보완할 수 있는 유전자를 주입한다. 출처: *Jane Ades/NHGRI*

또한 1999년 프랑스의 연구자들이 X-연관 중증 복합 면역 결핍증(X-linked severe combined immune deficiency, SCID X1)의 유전자 치료를 두 아기에게 시행했다(그림 19.10 참조). SCID X1의 경우, T 세포가 특정 사이토카인 수용체를 가지고 있지 않아 면역계가 감염을 인식하지 못한다. 대부분 아이가 유아기에 사망한다. 생체 외 유전자 치료는 골수에서 남자아이의 T 세포 전구세포를 제거하고 정상형 대립유전자를 넣어서 고쳐진 세포를 다시 주입한다. 연구자들은 레트로바이러스(retrovirus)를 이용했는데 분열 중인 세포로만 들어갈 수 있다. 치료를 위한 바이러스가 T 세포 전구세포를 감염시킨다면 고쳐진 세포는 면역계에 경고를 할 수 있는 성숙한 T 세포로 분화할 것이다. 그러나 2002년까지 시험에 참여한 한 남자아이가 백혈병에 걸렸으며 그 뒤에 여러 명이 더 백혈병에 걸렸다. 레트로바이러스가 염색체의 원발암 유전자 부분에 삽입되면서 발암 유전자를 활성화시켰다. "자기 비활성화(self-inactivating)" 벡터를 사용하면서 SCID X1에 효과적인 유전자 치료를 더욱 안전하게 사용할 수 있게 되었다.

더 많은 성공

유전자 치료의 극적인 성공 사례는 *RPE65* 유전자의 두 복사본 모두에 돌연변이가 생겨 발생한 망막이영양증을 치료한 것이다.

눈 뒤쪽에서 망막색소상피(RPE)라고 하는 얇은 층을 구성하는 세포가 비타민 A를 빛에너지를 뇌로 전달하는 세포인 간상체와 원추체가 사용할 수 있는 형태로 전환하는 효소를 만들지 못한다. 유전자 치료는 효소를 암호화하는 유전자를 간단한 수술을 통해 RPE 세포로 공급한다. 그림 5.5는 망막의 해부학적 구조와 유전자가 끼어 들어가는 위치를 보여준다. 유전자 치료는 단지 며칠 만에 시력을 회복시켜 어느 정도까지 추가적인 시력 손실을 예방하거나 늦춘다. 수술 4일 후, 한 남자아이가 눈 부신 햇살로 인해 눈을 가려야 했다. 다른 여자아이는 처음으로 자신의 접시에 있는 음식을 볼 수 있었다.

유전자 치료는 부신백질이영양증(adrenoleukodystrophy, ALD)에도 효과가 있다. 이 X-연관 열성질환은 효소를 보관하는 세포 안의 작은 주머니인 페록시솜에 영향을 미친다. 페록시솜은 ABCD1이라고 불리는 단백질에 의해 만들어진 둥근 창 모양의 구멍을 가진다. *ABCD1*의 돌연변이는 뉴런을 절연시켜 신호를 전달하는 지방 물질인 미엘린(myelin)을 만드는 특정 지방을 처리하는 데 필요한 효소 유입을 막는다. 병에 걸린 미세아교세포(microglia)라고 부르는 뇌세포는 골수의 전구세포에서 유래한다.

ALD에 대한 유전자 치료는 몸 바깥에서 고쳐진 골수세포를 혈관을 통해 뇌로 보내주어 그곳에서 정상적인 미세아교세포를 생성하게 한다. 사용된 바이러스 벡터는 AIDS를 유발하는 유전자가 제거된 HIV이다. 문제가 있는 HIV는 원발암 유전자에 삽입되지 않고 효율적이며 큰 유전자를 전달할 수 있고 많은 종류의 세포로 들어갈 수 있으므로 아주 훌륭한 벡터이다. 뇌 신경세포들은 치료받은 남자아이들이 학교에 다닐 수 있을 만큼 충분한 미엘린을 얻었는데, 단지 15%의 미세아교세포가 정상이었다! ALD에 대한 유전자 치료를 신생아 선별 검사와 함께하면 이 심각한 질병의 증상을 완전히 예방할 수 있다.

토론을 위한 질문

1. 임상시험의 목표는 안정성과 효능을 입증하는 것이다. 특정 개인을 돕는 것이 아니라 가능한 많은 사람을 돕기 위해 시험을 통해 가장 유용한 정보를 얻을 수 있는 환자를 선택한다. 그러나 다른 임상시험 프로토콜은 다른 방식으로 참여자를 선택한다. 유전자 치료를 평가하기 위한 다음의 실제 임상시험 프로토콜 각각에 대해 다양한 관점에서 위험과 이익을 설명하시오. 각 절차가 윤리적인지를 판단하기 위해 어떤 추가 정보가 필요한가?

a. 이염백질이영양증(metachromatic leukodystrophy)에 대한 임상시험은 병을 앓고 있는 아이가 적어도 한 명 이상인 가족을 참여시켰다. 나이가 많은 아이들은 더 어린 아이들의 진단에 사용되었고, 어린 아이들만 유전자 치료를 받았다. 그 이유는 이 치료가 증상을 예방할 수 있지만, 나이 많은 아이들의 증상을 나아지게 하거나 되돌릴 수 없기 때문이다.

b. 현재 *RPE65* 망막이영양증을 치료하기 위해 승인된 유전자 치료에 대한 임상시험에 이 병을 앓고 있는 아이가 적어도 두 명 이상인 여러 가족이 참여하고 있다. 나이가 많은 아이들은 시력이 안 좋아서 더 많은 것을 얻을 수 있었기 때문에 먼저 치료를 받았다. 시력의 지속적인 악화는 1년 후에 유전자 치료를 받은 동생들에게서 연구되었다.

c. 바텐병(Batten disease)이라는 신경학적 질환의 한 형태에 대한 임상시험에서 유명한 할리우드 제작자의 두 딸이 진단받은 직후에 치료받았는데 그 이유는 부분적으로 이 사례가 언론에 공개되었기 때문이라고 몇몇 사람이 말했다. 다른 아이들은 임상시험에 참여하기 위해 수년을 기다리거나 기다리다가 사망한다.

겸형 적혈구병을 치료하기 위해 CRISPR-Cas9을 이용하는 두 번째 접근법은 일반적으로 출생 후에 태아의 헤모글로빈을 생산하는 스위치를 *끄*는 유전자를 침묵시킨다. 연구자들은 조혈모세포의 *BCL11A*라고 하는 스위치 유전자에 작은 결실을 만들었다. 이렇게 조작된 세포에서 유래한 적혈구 세포들은 태아 헤모글로빈을 생성하는데, 낫 모양으로 변하지 않으며 효과적으로 산소를 운반한다.

새로운 생명공학은 일반적으로 초기 개념에서 질병을 치료하는데 적용하기까지 약 30년이 걸리며 때로는 더 오랜 시간이 필요하다. 유전자 치료를 위한 첫 번째 임상시험은 1990년에 있었다. 첫 번째 결과물은 2017년 말에 승인받았다. 그에 비해 유전자 편집은 초기 단계에 있으며 유전체 편집을 임상에 적용하려면 더 많은 시간이 필요하다. 유전자 침묵과 단백질 기반 치료법도 서서히 한 번에 하나의 질병에 가능해지고 있다. 예를 들어, 낭포성 섬유증을 유발하는 가장 흔한 돌연변이는 1989년에 발견되었다. 결함이 있는 이온채널을 고치는 3종류의 약이 환자의 90%를 도울 수 있게 된 것이 정확히 30년 후였다(임상 연계 4.1 참조).

1950년대 유전물질의 본질과 1960년대 유전자가 단백질을 어떻게 암호화하는지를 이해하고 유전자 발현 조절을 풀어낸 것은 모두가 새로운 유형의 검사와 치료법을 제공함으로써 우리의 삶을 나아지게 만들도록 인류유전학을 적용할 수 있는 길을 열었다.

핵심 개념 질문 22.4

*a. 유전자 편집과 유전자 치료를 구별하시오.

b. 유전자 편집이 어떻게 한 가족에서 질병을 일으키는 특정 돌연변이를 찾을 수 있는지 설명하시오.

c. 겸형 적혈구병을 치료하기 위해서 사용하는 유전자 편집의 두 가지 전략을 설명하시오.

학습 가이드

핵심 용어

염색체 미세배열 분석(chromosomal microarray analysis) 염색체의 작은 결실이나 사본 수 변이체를 찾는 기술.

효소 대체 치료(enzyme replacement therapy) 단일 유전자성 병에서 부족하거나 결실된 효소를 보충하기 위해 재조합된 인간효소를 주입.

에피솜(episome) 염색체와는 분리된 핵 안에 있는 작은 원형의 DNA.

체외 유전자 치료(*ex vivo* gene therapy) 몸 밖에서 정상 유전자를 세포 안으로 집어넣은 후 조작한 세포를 몸 안으로 주입하는 유전자 치료.

유전자 편집(gene editing) CRISPR와 같은 도구를 사용하여 다른 DNA 서열을 가진 사본으로 유전자를 추가, 삭제 또는 대체 하는 것.

유전자 치료(gene therapy) 유전자 돌연변이가 있는 세포에 정상 유전자 사본을 추가하는 것.

유전상담사(genetic counselor) 가족의 유전병 위험을 계산하고, 가계도에 유전 법칙을 적용하며 유전자 검사 결과를 해석하는 임상의.

생식세포 유전자 치료(germline gene therapy) 배우자 또는 수정된 난자의 유전적 변화는 생명체 전체에 걸쳐 영구한 변화를 일으키며 미래 세대로 전달.

생체 유전자 치료(*in vivo* gene therapy) 인간 유전자를 작용할 신체 부위에 직접 운반하는 벡터를 도입.

약리유전학(pharmacogenetics) 특정 약물의 대사에 영향을 미치는 유전자 변이를 검사.

약리유전체학(pharmacogenomics) 특정 약물의 대사에 영향을 주는 많은 유전자의 변이 또는 유전자 발현 양상에 대한 검사.

약리학적 샤페론 치료(pharmacological chaperone therapy) 잘못 접힌 효소에 결합하여 일정 수준의 기능이 가능하도록 충분히 안정화하는 먹는 약 사용.

착상전 유전자 진단(preimplantation genetic diagnosis, PGD) 초기 배아에서 세포를 떼어서 돌연변이를 검사하여 배아의 유전자형을 유추.

체세포 유전자 치료(somatic gene therapy) 특정 세포 종류의 유전적 변화가 다음 세대로 전달되지 않음.

기질 감소 치료(법)(substrate reduction therapy) 더 효과적으로 기능하도록 기질 수준을 낮추는 먹는 약 사용.

복습문제

1. 유전상담사가 제공하는 서비스와 간호사 또는 의사의 서비스와 차이점은 무엇인가?
2. 유전자 검사 결과와 콜레스테롤 검사 결과의 차이점은 무엇인가?
3. 받은 결과에 대한 반응으로 취할 수 있는 행동의 종류라는 측면에서 임신 전 종합 보인자 검진, 산전 진단, 신생아 선별 검사에서 얻은 정보의 종류를 비교하고 대조하시오.
4. 이 장이나 다른 장 또는 인터넷의 정보를 이용하여 태아, 신생아, 청년과 중년인 사람에게 주어지는 DNA 검사의 예를 드시오.
5. 표 22.2에서 유전자를 선택하고 그 변이가 특정 경기나 운동에서 성공하는 능력에 어떤 영향을 미치는지 논의하시오.
6. 약물유전학 검사가 어떻게 암에 걸린 사람의 삶의 질을 나아지게 할 수 있는지 설명하시오.
7. 효소 대체 또는 교환 치료, 기질 감소 치료와 약물학적 샤페론 치료를 구별하시오.
8. 연구자가 유전자 치료를 위한 바이러스 벡터를 선택할 때와 유전자 치료에 적합한 질병을 선택할 때 고려해야 할 요소는 무엇인가?
9. 유전자 치료와 유전체 편집은 어떻게 다른가?
10. 연구자들이 가족성 흉부 대동맥류 및 박리 진단을 하기 위해 유전체 서열결정, 멘델의 제1법 적용 및 CRISPR-Cas9을 어떻게 결합하였는지 설명하시오.
11. 혈액 상태가 CRISPR-Cas9 유전체 편집으로 치료하는 최초의 질병이 될 가능성이 큰 이유를 설명하시오.
12. CRISPR-Cas9 유전체 편집이 겸형 적혈구병을 일으키는 돌연변이를 치료하기 위해 실험적으로 사용될 수 있는 두 가지 방법을 설명하시오.

응용문제

1. 이 장의 여는 글에서 설명했던 엘리자 오닐에게 유전자 치료 이외에 도움이 될 수 있는 치료법을 제안하시오.
2. 왜 높은 침투율이 어떤 질병을 신생아 선별 검사에 포함시키는 중요한 기준이 되는가?
3. 유전상담사가 가족력이 없는 태아의 21번 3염색체성의 산전 진단 결과를 예비 부모에게 설명할 때 겪을 수 있는 어려움에 대해 논의하고, 유산이나 선천적 장애아를 임신한 경험이 있는 가족의 전좌 다운 증후군 진단을 비교하시오.
4. 리소좀산 지방분해효소 결핍(lysosomal acid lipase deficiency)은 간세포에 중성지방과 저밀도 지질단백질(LDL)을 축적하게 하지만, 낮은 수준의 고밀도 지질단백질(HDL)을 가진다. 그 결과로 "지방간"이 굳어지고 기능을 못 하게 된다. 특정 유전자형을 가진 아이는 1세가 되기 전에 사망한다. 이 질병은 리소좀 축적 질환이며 상염색체 열성이다. 이 건강하지 않은 지질 성분을 제거하기 위해 널리 사용되는 스타틴 약물은 이 약이 이 질병에 영향을 주는 곳이 아니라 다른 경로(내인성 콜레스테롤 합성)를 목표로 하므로 효과가 없다. 이 질병을 치료하기 위한 효소 대체 치료와 유전자 치료가 어떻게 다를 수 있는지 비교하시오.
5. 이전 장에서 설명한 한 질병을 선택하고 이 장에서 논의한 기술 중 하나를 적용하여 치료법을 만드는 방법을 설명하시오.

사례 및 연구 결과

1. 유전상담사가 다음 환자의 걱정을 어떻게 해결할 수 있는가?(구체적인 정보는 다른 장을 참조하시오)

   a. 40대 초반의 부부가 첫 번째 아이를 기대하고 있다. 무세포 태아 DNA 검사에서 태아가 XXX로 나타났다(표 13.4 참조). 그 부부가 결과를 알게 되면 여분의 염색체로 인해 심각한 선천적 결함을 두려워할 것이다.

   b. 정상적인 키의 한 부부에게 상염색체 우성질환인 연골무형성 왜소성(achondroplastic dwarfism) 아이가 있다. 앞으로 태어날 아이도 같은 질병을 앓을 수 있는가(그림 5.1 참조)?

   c. 한 부부가 소비자-직접 유전자 검사 회사에서 결과를 받았다. 전유전체 연관성 연구를 기초로 한 검사에서 두 사람 모두는 일부 인종집단에서 자

폐증과 관련이 있는 유전자 변이뿐만 아니라 천식의 유전적 감수성을 가지는 것으로 나타났다. 두 사람은 또한 폐암에서 발견되는 유전자 변이도 여러 개 가지고 있었다. 각자 서로 다른 유전자에 여러 개의 열성 돌연변이를 가졌다. 이러한 결과를 바탕으로 부부는 자기들이 아이를 가질 만큼 "유전적으로 건강"하다고 생각하지 않았다.

2. 질(Jill)과 스콧(Scott)은 소아과 의사인 스콧의 여동생이 아기의 배가 부어오르고 딱딱하다는 것을 알아내기 전에는 6개월 된 다나(Dana)가 잘 크고 있다고 생각했다. 근본적으로 비대해진 간과 비장이 선천성 대사이상의 증상일 수 있다는 것을 알고 있었던 스콧의 여동생은 아이가 몇 가지 검사를 받도록 제안했다. 다나는 유전성 니만–픽병 A형(Neimann–Pick type A)이라고도 알려진 스핑고미엘린 지질증(sphingomyelin lipidosis)을 앓고 있었다. 두 부모가 모두 보인자였다. 그러나 질은 임신했을 때 받았던 유대인 유전자 질병 패널 검사에서 그녀의 돌연변이는 빈도가 낮고 검사 대상이 아니었기 때문에 음성 판정을 받았다. 다나는 기증자의 제대혈세포를 이식받아 성공적으로 치료되었다. 그녀는 잘 발달하였으며 정신도 또렷해졌다. 제대혈에서 나온 백혈구의 일종인 단핵구는 다나의 뇌로 이동하여 결핍된 효소를 만들었다. 효소가 혈액에서 뇌로 이동할 수 없으므로 식이나 효소 대체 치료는 이 질병에 효과가 없다. 그러나 단핵구는 뇌로 들어갈 수 있다.

   a. 다나의 표현형과 유전자형에 대한 치료 효과를 설명하시오.
   b. 왜 보관 중인 다나의 제대혈이 아니고 다른 기증자의 것을 이식했는가?
   c. 이 부부가 다시 임신하려고 할 때, 유전상담사는 어떤 조언을 해줄 수 있는가?
   d. 남편이 보인자라면 다나가 이 병을 아이에게 전달할 확률은 얼마인가?

3. 응고장애인 혈우병 B에 대한 유전자 치료 임상시험에서 AAV를 통해 여러 남성의 간에 인자 IX를 주입했다. 연구자들이 치료받은 남성의 정액에서 변화된 유전자를 발견하고 시험을 중단했다. 연구자들이 이러한 예방 조치를 취한 이유는 무엇인가?

4. 이든(Eden)과 자말(Jamal)은 자기 아들 페리(Perry)가 형이나 누나처럼 눈을 마주치거나 반응하지 않는 것을 걱정했다. 그러나 소아과 의사는 이 아이가 괜찮고 단지 쉽게 집중력을 잃을 뿐이라고 확인했다. 그러나 페리는 학교에서 집중할 수 없었고 돌발적으로 화를 냈다. 간호사인 이든은 평생 교육 수업에서 염색체 미세배열 분석에 대해 배웠다. 그녀는 페리를 검사했고, 작은 중복이 발견되었다. 보고서에는 그 발견이 "불확실성 변이(variant of uncertain significance)"(제12장 생명윤리학 참조)라고 이야기했다. 중복은 정상이 아니었지만 어떤 증후군과 관련이 있지는 않았다. 이든은 의학적 설명이나 특별한 서비스가 도움이 될 수 있는 상황이 발생할 경우를 대비해서 페리의 학교 기록에 검사 결과를 남기고 싶었다. 그러나 자말은 유전자 검사 결과가 아이에게 낙인을 찍을 수도 있다고 두려워했다. 당신은 어느 부모의 의견에 동의하는가? 당신 대답의 이유를 설명하시오.

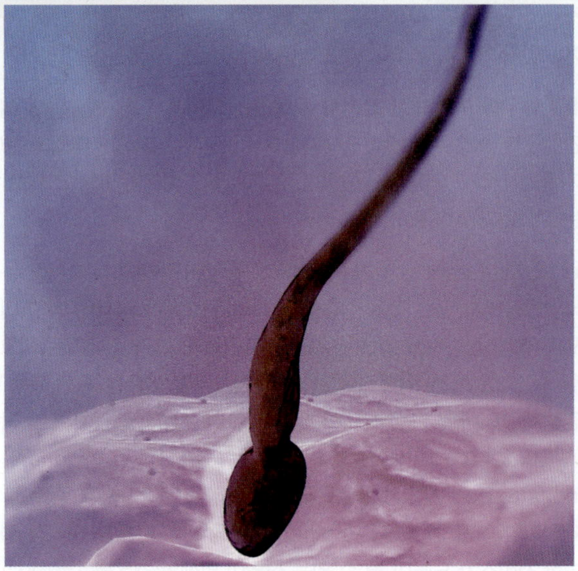

MedicalRF.com

CHAPTER 23

생식 기술

착상 전 배아의 유전자 검사와 결합된 체외 수정을 통해 예비 부모는 정상적인 수의 염색체를 갖고 특정 질병 유발 유전자 변이를 유전 받지 않은 완전한 발생을 하는 배아를 선택할 수 있다. 이것은 정자가 난모세포를 만나는 정형화된 보기이다.

학습 목표

23.1 구원자 자녀와 그 이상에 대해

1. 한 아이가 연상의 형제에게 조직을 제공하기 위해서 어떻게 태어날 수 있는지 설명하시오.
2. 보조 생식 기술을 정의하시오.

23.2 불임과 생식력 저하

3. 불임과 생식력 저하를 구별하시오.
4. 남성 불임의 원인을 서술하시오.
5. 여성 불임의 원인을 서술하시오.
6. 불임 검사에 대해 열거하시오.

23.3 보조 생식 기술

7. 정자, 자궁, 또는 난자(난모세포)를 공여하는 보조 생식 기술에 대해서 서술하시오.
8. 체외수정의 절차를 기술하시오.
9. 착상 전 유전자 진단이 어떻게 특정한 유전병이 있는 아이의 출생을 막을 수 있는지 설명하시오.
10. 극체를 검사하는 것이 어떻게 수정란의 유전자형 정보를 밝힐 수 있는지 설명하시오.

23.4 잉여 배아들

11. 보조 생식 기술로 얻어진 잉여 배아들의 사용에 대해서 논의하시오.

개관

보조 생식 기술(assisted reproduction technology, ART)은 특정 유전자 변이가 있거나 없는 배아를 임신하고, 선택하며, 자손을 출산하는 과정에 흥미롭고 때로는 복잡한 변화를 제공한다. 초기 배아를 검사하는 것은 염색체를 시각화하는 것에서 엑솜과 유전자 염기서열 결정을 통해 특정 유전자 변이를 식별하는 것으로 진화하고 있다. 생식 기술은 또한 생식세포의 형성과 성숙, 그리고 초기 배아 발생의 사건에 대한 이해를 발달시켰다.

배아의 선택

한 커플은 40대 초반에 만났다. 그들이 가정을 꾸리는 것에 대해 논의하기 시작했을 때, 그들은 유전자 검사를 받았고, 그들은 각각 같은 심각한 신경질환인 폼페병(Pompe disease)의 보인자라는 것을 발견했고, 그 남자는 비정상적인 혈전으로 인한 심정맥 혈전증과 폐색전증의 가족력을 설명하는 인자 V 라이덴(Factor V Leiden)의 돌연변이형을 가지고 있었다. 부부는 건강한 아이를 가질 가능성을 높이기 위해 착상 전 유전자 진단(preimplantation genetic diagnosis)을 통한 체외 수정(*in vitro* fertilization, IVF)을 선택하였다. 그들은 가족력, 그들 자신의 돌연변이, 그리고 여성의 나이에 의해 난모세포에 비정상적인 수의 염색체 발생 위험이 높은 것을 걱정하였다. 임신하거나 자연적으로 임신을 하는 데까지 훨씬 더 오랜 시간이 걸릴 수도 있다.

몇 주 동안 여성은 배란을 위한 호르몬을 주입한다. 적절한 시기에, 의사는 난소에서 불룩하고 가장 큰 난모세포를 채취하여 남성의 정자와 섞는다. 그 결과, 12개의 난자가 수정되었다. 그리고 수정란은 5일 동안 실험용 접시에서 자궁에 착상하기 직전 단계까지 분열한다. 남아 있는 건강한 아홉 개의 배아에서 몇 개의 세포를 분리하여 염색체 수, 폼페병, 인자 V 라이덴을 검사한다.

4개의 배아는 1개의 염색체가 더 있거나 없었으며, 1개의 배아는 2개의 염색체가 없었다. 그것들은 연구를 위해 기부하였다. 46개의 정상적인 염색체를 가진 4개의 배아 중 2개는 XX이고 2개는 XY이다. 한 XX 배아는 인자 V 라이덴 유전자 변이인자를 가지고 있지만 폼페병은 야생형이다. 하나의 XY 배아는 V 라이덴 돌연변이를 가지고 있지 않지만, 폼페병 돌연변이를 가지고 있다. 한 개의 XX 배아와 한 개의 XY 배아에서 부모의 돌연변이가 모두 유전되지 않았다.

그 부부는 2개의 돌연변이를 모두 가지고 있지 않은 XY 배아를 선택하였다. 라이덴 돌연변이가 있는 XX는 부적절한 응고 위험을 주기 때문에 선택하지 않았다. 부부는 가족의 돌연변이가 없는 XX 배아를 동결시켰다. 아마도 그 부부가 또 다른 아이를 가질 준비가 되었을 때, 배아의 유전체 염기서열 결정을 통해 유전되지 않고 수정란에서 발생한 새로운 돌연변이를 밝혀냄으로써 그들의 딸이 건강하리라는 것을 더욱 확인할 수 있을 것이다.

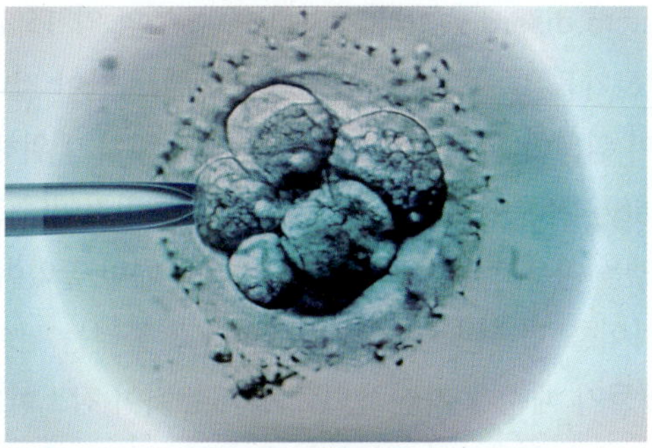

그림 23.1 구원자 자녀. 착상 전 유전자 진단은 초기 배아에서 한 개의 세포를 분리하여 특정 가족이 앓고 있는 유전질환을 검사한다. 수정된 난자는 세포가 파괴되기 때문에 검사를 진행할 수 없다. *Science Photo Library/Alamy*

23.1 구원자 자녀와 그 이후

난모세포 기증자를 찾는 한 부부가 대학 신문에 운동선수 가족이며, 매력적이고 활달한 젊은 여성을 찾는다는 광고를 내었다. 암 환자는 암 치료 전 난소조직을 분리하여 냉동 보관하였다. 2년 후, 냉동 보관된 조직 중 한 조각을 해동한 후 난모세포를 분리하여 실험실 배양접시에서 배우자의 정자와 수정시켰다. 배아들은 몇 번의 분열을 거쳐 성장시킨 후, 2개의 배아를 자궁에 착상하였다. 여자는 쌍둥이의 엄마가 되었다. 하반신 마비가 있는 한 남성은 본인 정자를 적출하여 배우자의 난모세포에 주입함으로써 생각지 못했던 아빠가 되었다.

리사(Lisa)와 잭 나시(Jack Nash)는 특별한 이유로 아이를 갖기를 원하였다. 1994년 7월 4일에 태어난 딸 몰리(Molly)는 판코니 빈혈(Fanconi anemia; OMIN 227650)을 가지고 있었다. 이런 상염색체 열성 질병은 그녀의 골수와 면역계를 파괴하여, 백혈병을 일으켰을 것이다. 이 질병에 걸린 환자의 평균 사망 연령은 30세이다. 형제의 탯줄 줄기세포 이식이 그녀를 치료할 수 있으나, 몰리는 형제자매가 없었다. 그녀의 부모는 멘델의 제1법칙에 따라 1/4 확률로, 유전병을 갖고 태어나는 또 다른 아이를 원하지 않았다. 생식 기술은 확률을 바꿀 방법을 제공하였다.

1999년 말, 연구원들은 실험실 접시에서 잭의 정자와 리사의 난모세포를 혼합하였다. 15개의 수정란을 8세포기까지 키운 다음, 각각의 배아에서 한 개의 세포를 분리하여 DNA 탐창을 결합시켰다(**그림 23.1**). 야생형 판코니 빈혈 유전자를 가지면서 몰리의 인간 백혈구 항원(Human leukocyte antigen, HLA)형과 일치하는 세포를 동정한 후, 나머지 7개의 세포를 리사의 자궁에 착상시켰다. 당시, 혁명적이었던 이 기술은 착상 전 유전 진단(PGD)이다. 그 결과, 늦여름에 아담(Adam)이 태어났다. 그의 탯줄 줄기세포는 몰리의 생명을 구하였다. 처음에는 나시 부부가 의도적으로 "구원자 자녀(savior sibling)"를 임신하는 것에 대해 비판받았지만, 다른 가족들이 이러한 사례를 따라가면서, 형제에게 세포를 제공하기 위해서 아이를 선택해서 임신하는 것이 점점 받아들여지게 되었다.

두 개인의 유전체가 어떻게 결합하고 상호작용하는지에 대한 지식의 증가는 아이를 가질 수 있는 몇 가지 새로운 기술들을 탄생시켰다. **보조 생식 기술**(Assisted reproductive technologies, ARTs)은 남성과 여성 생식세포의 원천을 대체하며 수정을 돕고 자궁을 제공한다. 이러한 과정들은 불임을 치료하는데 개발되었으나, 요즘은 점점 더 많은 유전자 검사를 포함하여 예비 부모가 이번 장의 처음에 나오는 부부처럼 예비 자녀를 선택할 수 있도록 한다. 나시 부부가 받았을 때는 충격적일 정도로 새로운 기술이었던 PGD는 현재 IVF의 일상적인 후속 조치로, 생존할 수 있는 배아를 선택하기 위해서 한층 더 발전하고 있다.

미국 정부는 ART를 규제하지 않았지만, 생식의학협회에서는 자체적인 지침을 제공하고 있다. ART에 선구적인 영국은 인간 수정 발생 위원회에서 정부 규제에 대한 기준을 제공한다. 생식 의료 서비스 및 기술에 관련한 영국 규제의 큰 장점은 데이터베이스가 다양한 시술에 대한 성공률을 포함한다는 것이다. 또 다른 장점은 생식기술을 필요로 하는 모든 사람에게 열려 있다는 것이다.

핵심 개념 질문 23.1

a. 몰리 나시를 살린 착상 전 유전자 진단에 대해 설명하시오.

*b. 보조 생식 기술이란?

23.2 불임과 생식력 저하

불임(Infertility)은 피임하지 않은 상태에서 1년간 정상적인 부부 생활을 했으나 아이를 갖지 못하는 상태를 말한다. **생식계 질환**(reproductive system disorder)이라고도 하며, 부부의 약 15%가 겪고 있다. 일부 전문가들은 일반적인 경우보다 오랜 시간이 걸리지만 의학적 도움 없이 임신이 되는 개인이나 커플을 구분하기 위해 **생식력 저하**(subfertility)라는 용어를 사용한다. 좀 더 개인적인 수준에서 불임은 매달 희망을 키우고 절망을 짓누르는 것을 매번 끝없이 반복한다.

여성은 나이를 먹으며 난소 예비력이라고 불리는 남아있는 난모세포가 줄어들기 때문에 자연적으로 생식 능력이 감소한다. 대략 51세쯤 폐경이 시작될 때까지, 여성의 난소에는 천 개 정도의 난모세포가 남아있다. 자연유산은 임신을 시도한 여성 중, 35세 미만의 경우 15%, 35세에서 45세의 경우 20~35%, 45세 이상의 경우 최대 50%에서 발생한다. 염색체 이상, 태아 사망, 조산 및 저체중아 등을 포함하여 임신과 관련된 문제 발생률은 산모의 연령이 증가함에 따라 높아진다. 매우 초기에 배아를 잃는 것은 배아가 몸 밖으로 나올 때 동반되는 출혈이 심한 월경과 유사하기 때문에 불임으로 보일 수 있다. 나이가 많은 남성은 자폐증이나 조현병에 걸린 아이를 가질 위험이 높다. 남성의 나이가 들수록 정자운동성이 떨어지고, 발기부전이 발생할 가능성이 높다.

여섯 커플 중 한 커플은 아이를 임신하고 출산하는 데 어려움을 겪고 있다. 미국 생식의학협회에 따르면, 남성과 여성은 불임에 거의 동등하게 기여하며, 불임 부부의 25%는 두 가지 요인 모두를 가지고 있다. 신체적인 문제가 명확하지 않을 때, 원인은 대부분 남성의 불임을 초래하는 돌연변이나 염색체 이상이다. 낮은 임신을 설명해주는 가장 일반적인 조합은 월경주기가 불규칙한 여성과 정자 수가 적은 남성이다.

남성 불임

남성 불임은 쉽게 진단되나 가끔은 여성 불임보다 치료가 어렵다. 일반적으로 100명 중 4명꼴로 불임으로 밝혀지며 그중 절반에서 정자를 만들지 못하는 무정자증(azoospermia)을 보인다. **남성인자 불임**(male factor infertility)이라는 용어는 일반적으로 정자 수가 적거나, 비정상적인 형태의 정자가 많거나, 운동성이 없는(움직이지 않는) 정자가 많은 남성을 의미한다.

정액 1 ml당 평균 1500만~2억 개 보다 적은 수의 정자세포를 생산하여 아이를 낳는데 어려움을 겪는 저정자증에는 여러 원인이 있다. 낮은 정자 수가 호르몬의 불균형에 의한다면 적절한 호르몬 치료는 정자의 생산을 늘릴 수 있다. 가끔은 면역계의 이상으로 정자를 덮는 IgA 항체가 만들어져 정자가 난자에 결합하는 것을 방해한다. 또한 남성 불임은 음낭에 있는 정맥류에 기인하는데 확장된 정맥은 발생과정에 있는 정자에 열을 가하게 되어 정자를 성숙시키지 못하게 한다. 수술을 통해서 음낭 정맥류를 제거할 수 있다. 장시간 노트북을 사용할 때 발생하는 열처럼, 꽉 끼는 속옷을 입으면 음낭 온도를 상승시켜 정자가 손상될 수 있다.

대부분의 남성 불임 원인은 유전자 문제이다. 불임 남성의 약 1/3은 Y 염색체에 약간의 소실을 보이는데 소실된 부분에는 정자 형성과정을 조절하는 주요 단일 유전자들이 배치되어 있다. 다른 유전적인 요인으로는 안드로겐 수용체와 생식호르몬 관련 단백질의 유전자나 정자의 발생과 운동성을 조절하는 유전자들의 돌연변이가 있다. **임상 연계 23.1**에는 증후군은 아니지만 희귀한 상염색체 열성인 남성 불임의 한 예를 보여주고 있다.

수정 속도를 높이기 위해서 정자 수가 적은 남자는 불임 클리닉에서 수 주에 걸쳐 여러 정액 시료를 제공할 수 있다. 이들 시료는 저온 보관되고 한데 모아둔다. 정자의 농도를 높이기 위해 정액의 액체 일부분을 제거한 다음 여성의 몸에 넣어 준다. 정자 수와 운동성을 평가하는 검사 키트는 처방전 없이 구입할 수 있다. 스마트폰 기반 정액 분석기는 마이크로칩 시료 장치와 전화기의 카메라를 현미경으로 사용하여 정자 수, 운동성, 농도 및 속도를 추적한다. 척수 손상으로 사정할 수 없는 남성은 음경 끝에 부착하거나 직장에 삽입하는 진동 장치를 사용하여 정자 방출을 자극할 수 있다. 모인 정자는 주사기를 사용하여 여성에게 전달된다.

정자의 질은 양보다 중요하다. 운동성이 없거나 비정상적인 모양의 정자는 난자에 도달하지 못한다. 움직이지 못하는 정자는 호르몬의 불균형 때문일 수 있고, 비정상적인 모양은 그러한 정자를 정상적으로 제거하는 세포자살(프로그램된 세포사망)이 손상되었기 때문일 수도 있다. 운동성이 없거나 비정상적인 모양의 정자의 유전적 꾸러미를 난자에 주입할 수 있는데 가끔은 수정까지 된다. 그러나 정상적인 운동성과 모양을 가지는 정자가 난자와 수정이 되지 않을 때도 있다.

여성 불임

여성 생식기관 어느 한 부분의 이상은 불임을 유발할 수 있다(**그림 23.2**). 불임과 생식 능력 저하를 보이는 많은 여성은 불규칙한 월경주기를 나타내기 때문에 임신이 언제 일어날지 정확한 때를 맞추기 어렵다. 보통 월경주기는 28일인데, 월경이 시작한 후 14일 정도에 배란이 일어나며 여성의 임신이 주로 이때 일어난다.

피임을 하지 않고 규칙적인 월경주기를 보이는 30세 미만 여성은 보통 3, 4개월 안에 임신한다. 월경이 불규칙한 여성은 배란 몇 시간 전에 증가되는 황체호르몬을 측정하는 배란 예상 검사를 통해서 임신을 언제 할 수 있는지 알 수 있다. 배란의 시작을 측정할 수 있는 오래

임상 연계 23.1

둥근 머리의 정자 사례

불임 남성의 10% 이하에서 정자는 난자 주변에 있는 바깥 층을 뚫고 들어갈 수 있는 효소들이 있는 첨체(acrosome)라 불리는 끝부분이 없다. 이런 정자를 구형정자증(globozoospermia)이라고 한다(**그림 23A**). 아슈케나지 유대인 가족은 특정 유전자를 연구하도록 연구자들을 이끌었는데, 그 유전자의 돌연변이는 상염색체 열성으로 계란형이 아닌 둥근 머리 모양의 정자를 만들어 남성 불임을 유발하였다.

이 가족은 네덜란드에 있는 생식의학센터에 방문하게 되었다. 여섯 명의 형제 중 세 명이 불임이었다(**그림 23B**). 네 명의 딸은 정상이었다. 불임 남성의 정자는 기형이었으며 부모는 정상이었기 때문에 정자의 기형은 열성으로 유전되는 양상을 보였다.

연구자들은 근친혼을 의심하였다. - 공동 조상을 가지는 경우 부모가 동일한 희귀 상염색체 열성 돌연변이를 물려받을 위험이 증가할 것이다. 그러나 그 가족은 친인척들 간의 결혼관계를 알지 못했다. 연구자들은 아마도 DNA 정보가 가족들이 몰랐던 근친혼이 드러날 수 있다는 생각에 여섯 명 모든 남성의 유전체를 검사하였고, 가계도에서 그리 멀지 않은 친인척들 간의 혼인을 나타내는 동형접합성(runs of homozygosity)을 확인하였다(16.1절 참조).

이 사례의 동형접합성은 동형으로 존재하는 25개의 연속적인 SNP이 있는 것으로 밝혀졌다. 여섯 아들의 유전체는 이러한 특징적인 영역을 가지고 있었는데, 이는 사촌 간에 결혼이나 삼촌-조카 혹은 고(이)모-조카 간에 결혼했을 가능성을 제기한다. 동형접합성은 3명의 불임인 형제에게서 보였으며 세 명의 정상 아들 중 두 명에서는 이형으로 관찰되었다. 나머지 형제는 이 부위가 야생형의 동형접합이었다.

다음으로 연구자들은 세 명의 불임인 형제들의 동형접합성 부분인 3번 염색체 장암(long arm)의 일부분을 분석하였다 이 부분은 50개의 유전자를 가지고 있었으며, 오직 한 개만이 고환에서 발현하였다. 이 유전자는 정자 생성에 관련된 단백질 16(spermatogenesis-associated protein 16, *SPATA* 16)을 암호화하고 있으며 11개의 엑손을 가진다. 이 가족은 4번째 엑손 끝부분(유전자의 848번째 위치)에서 G가 A로 단일 염기 변이가 발생한 경우이다. 이 돌연변이는 유전자가 전사될 때 인트론의 스플라이싱에 문제를 야기하였다.

정상적인 *SPATA16* 유전자의 단백질은 골지체에서 소포(vesicle)로 이동하며 분화된 정자의 앞쪽 끝부분이 짧아질 때 첨체로 전달된다. 연구자들은 해파리의 녹색형광단백질(그림 21.1)과 야생형 *SPATA16*의 유전자를 합성하여 배양세포에 발현시킴으로써 합성 단백질이 건강한 미성숙 정자의 첨체로 이동하는 것을 시각화하였다.

토론을 위한 질문

1. 본 가족의 불임이 상염색체 열성 유전자로 전달된다는 증거는 무엇인가?
2. 공동 조상으로부터 유래한 돌연변이 유전에 대한 증거는 무엇인가?
3. 연구자들이 어떻게 가족 내에 있는 돌연변이를 발견할 수 있는 지 토의하시오.

그림 23A 정자의 유선형 모양은 운동성을 증가시킨다. 비정상적인 모양의 정자는 난자와 수정될 수 없다. *Dr. Tony Brain/Science Source*

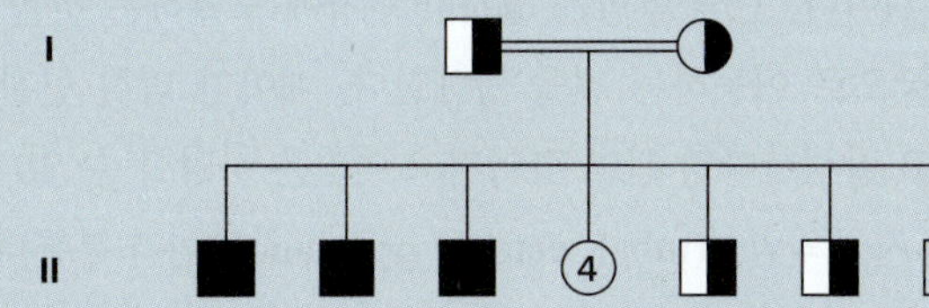

그림 23B 불임의 유전. 상염색체 열성 구형 정자증 가족에서 6명의 아들 중 3명이 불임이다.

된 방법은 화씨 100분의 1도까지 측정 가능한 전자 온도계를 이용하여 매일 아침 체온을 기록하는 것인데, 배란이 시작되면 0.4~0.6℃ 체온 상승이 있다. 여러 스마트폰 어플들은 여성의 월경주기를 추적하여 배란 시점을 알려준다. 정자는 여성의 몸에서 5일까지 생존하며 난자는 배란 후 24~48시간 정도 생존한다.

일반적으로 불규칙한 배란의 원인이 되는 호르몬 불균형에는 여러 가지 원인이 있다. 생식계를 조절하는 난소나 뇌하수체에 종양의 발생, 갑상선 기능 저하 그리고 코르티손과 같은 스테로이드 약물의 사용 등이다. 임신하지 않은 여성에게서 젖 분비호르몬인 프로락틴이 너무 많이 분비되면 배란이 일어나지 않게 된다.

생식 증진 약물들은 배란을 촉진할 수 있지만 한 개 이상의 난자를 배출하는 과배란을 일으킬 수 있다. 보통 사용되는 클로미펜(clomiphene)은 쌍둥이를 낳을 확률을 1~2%에서 4~6%로 증가시킨다. 태생적 결함이나 수술로 인해 난소의 기능이 완전히 상실된 여성은 난모세포를 제공받아 임신을 할 수 있다. 불임의 여러 경우는 너무 적은 수의 난모세포가 난소에 존재하는 **난소 예비력 저하**(reduced ovarian reserve) 때문이다. 이런 경우는 생식 증진 약물에 반응하지 않으므로 알 수 있게 된다. 난소 예비력 저하는 초음파로 매우 적은 여포의 숫자를 확인함으로 알 수 있고 월경 주기의 3일째에 증가한 여포자극호르몬(follicle stimulating hormone) 농도로 알 수 있다.

수정은 열린 관(open tubes)에서 일어나기 때문에 난관은 여성 불

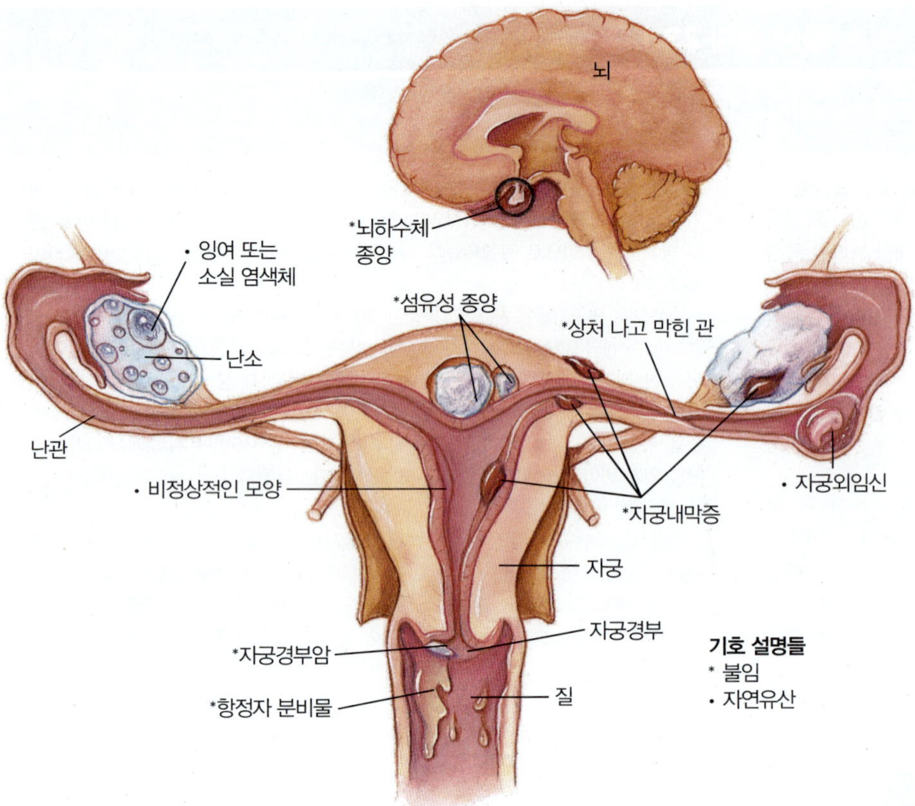

그림 23.2 여성 생식에 문제가 일어날 수 있는 위치들.

임의 주요 부위이다. 관의 막힘은 정자가 난자에 도달하는 것을 막고 수정란이 자궁으로 이동하는 것을 방해한다. 배아가 막힌 난관에서 제거되지 않고 발생한다면 관이 찢어지고 여성은 사망할 수 있다. 이를 난관 혹은 자궁외임신(tubal, ectopic pregnancy)이라 부른다.

난관 막힘은 선천적 기형이나 골반 염증 질환과 같은 감염에 의해 일어날 수 있다. 임신에 문제가 생기고 의학적 검사가 원인을 밝혀주기 전까지 보통 여성들은 난관 막힘을 모른다. 난관에 염료를 주입하고 해당 부위를 촬영하면 막힌 부분을 찾을 수 있고, 수술을 통해서 막힌 난관이 열리는 경우도 있다.

자궁 벽면의 과도한 조직 증식은 배아에 이롭지 못하다. 이런 조직은 섬유종(fibroid)이라 불리는 양성 종양일 수 있고 자궁내막증(endometriosis)이라 불리는 비대해진 부위일 수 있다. 과도하게 증식된 조직은 복강과 같은 자궁 밖으로 자라날 수 있다. 과도해진 내막벽이 월경주기를 조절하는 호르몬에 자극되면 출혈과 경련이 일어난다. 자궁내막증은 임신을 방해하는데, 흥미롭게도 본 질환이 있는 여성이 임신하고 출산하면 경련과 출혈이 보통 사라진다.

질과 자궁경부의 분비물은 정자에 대해서 적대적이다. 감염 등에 의하여 자궁경부 점막이 비정상적으로 비후해지고 끈적거리면 정자는 갇혀서 난자로 향해 나아가지 못한다. 질 분비물은 정자를 약화하거나 죽일 수 있을 정도로 강한 산성이든지 염기성이다. 산인 아세트산(식초)이나 염기성인 중탄산염으로 매일 질을 세척하여 질 pH을 바꿔주면 가끔은 정자에 대한 수용성이 증가한다. 점액이 너무 적은 경우도 임신이 억제될 수 있는데 매일 적은 양의 에스트로겐을 복용함으로 치료할 수 있다. 가끔 여성 몸의 점액은 정자를 공격하는 항체를 가진다. 난모세포가 정자를 유인할 수 있는 생화학물질을 분비하지 못하면 불임이 될 수 있다.

나이가 들수록 여성 불임이 증가하는 이유 중 하나는 염색체 이상이 있는 난자를 생산할 가능성이 높아지기 때문이다. 이런 경우 배아의 결함이 너무 심해서 정상적으로 발생하지 못하고 종종 자연유산이 되고 만다. 원인은 주로 2차 감수분열이 시작할 때 정렬이 안 된 방추사가 염색체 이수성을 유발하는 데 있다. 아마도 나이 든 난자는 오랫동안 위험한 화학물질, 바이러스 및 방사선에 노출되었기 때문에 감수분열에 문제를 갖게 되는 것 같다. 그러나 1,300명 이상의 여성을 대상으로 한 어떤 연구는 공기 오염에 대한 노출 증가와 난소 예비력 감소가 연관 있음을 보여주었다. 이 연구는 모든 연령대의 여성을 대상으로, 오염물질에 대한 노출 정도를 추적하기 위하여 "지리적 위치 측정"을 사용하였고 난소 예비력에 따라 증가하는 항뮐러관 호르몬을 측정하기 위해 매년 혈액 검사를 하였다. 오염에 가장 많이 노출된 여성은 난소 예비력이 현저히 낮았고, 나이는 요인이 되지 않았다.

불임 검사

많은 의학적 검사를 통해서 불임의 원인을 알 수 있다. 남성들을 일차로 검사하는데, 난자보다 정자를 얻는 데 쉽고 비용이 적게 들며, 고통이 심하지 않기 때문이다.

정자는 숫자(정자 유), 수영 능력(운동성), 모양(형태)을 검사한다. 정액 내 비정상적인 형태의 정자가 40%를 차지하여도 정상으로 간주하며 그 이상이면 임신에 문제를 야기한다. 비뇨기과 의사가 정자 검사를 하고 유전상담사가 저정자증과 관련된 Y 염색체 소실 여부를 평가할 수 있다. 남성 불임의 원인이 명확하지 않다면 산부인과 의사는 여성의 생식기관이 모두 존재하고 기능하는지를 확인하기 위해서 여성을 정밀 검사하거나 다른 검사를 진행한다.

일부의 불임과 생식 능력 감소에 대해서는 그 원인을 알 수 없다. 심리적인 요인이 작용할 수 있고 계속 시기가 맞지 않아서 임신이 되지 않을 수 있다. 가끔은 생식 능력 감소 부부가 아이를 입양한 후 얼마 지나지 않아 자신의 아이를 갖게 된다. 불임의 원인은 수수께끼로 남아있다.

핵심 개념 질문 23.2

*a. 남성 불임의 원인은 무엇인가?

*b. 여성 불임의 원인은 무엇인가?

c. 불임의 원인들을 알 수 있는 의학적 진단 방법을 설명하시오.

23.3 보조 생식 기술

불임 문제가 있는 사람들이 입양을 원하지 않을 때 임신을 위해 대체 방법들을 이용한다. 여러 가지 보조 생식 기술들이 인간보다는 쥐, 소, 토끼를 포함한 동물에서 발달되어왔다. 일부 국가에서는 연간 6%의 아기가 ART를 통해서 태어난다.

ART는 보통 부모가 될 사람(parent-to-be) 또는 공여자에서 유래된 생식세포를 이용하여 이루어지는데, 신선한 것(시술 전 바로 채취한 것) 또는 해동된 것(유리화라고 부르는, 급속 냉각 과정을 통해 액체질소에서 보관되어 있던 것)으로 시행된다. 일부의 ART는 수천 달러의 비용이 들며 미국의 일부 주에서만 건강보험이 적용된다.

기증된 정자-자궁 내 정자 주입

가장 오래된 보조 생식 기술은 **자궁 내 정자 주입**(intrauterine insemination, IUI)으로 의사가 기증받은 정자를 여성의 자궁경부나 자궁에 주입하게 된다(이전에는 인공 수정이라 지칭하였다). 성공률은 한번 시도에 5~15% 정도이다. 먼저 정액에서 여성의 조직을 자극할 수 있는 부분을 제거한다. 배우자가 불임이거나 물려주고 싶지 않은 돌연변이가 있으면 여성은 IUI를 생각할 수 있다. 또한 성관계 없이 부모가 되고 싶은 독신 여성이나 레즈비언 커플은 아이를 갖기 위해 IUI를 시행한다.

사람에서 IUI는 1790년에 처음으로 시행되었다. 오랫동안 의사들이 자신 정자를 기증하였으며 이런 일을 통해서 남성 의학도들이 약간의 부수입을 얻게 되었다. 그건 비밀에 싸인 오랜 관행이었다. 1884년 유명한 사례로, 제퍼슨 의과 대학의 한 의사는 그의 반에서 가장 매력적이라고 여겨지는 의대생의 정자를 사용하여 성병에 의해 불임이 된 나이 많고 부자인 남성의 젊은 아내에게 정자를 주입하였다. 몇 년 후, 의사는 정자 주입을 위해 마취를 하여 무슨 일이 일어났는지 몰랐던 그의 아내에게 무슨 일이 일어났는지를 남편에게 알렸다. 1909년에 의학 저널 기사에서 정자 기증자는 결국 이 속임수에 대한 자신의 역할을 인정하였다. 지난 몇 년 동안 많은 환자에게 환자 몰래 정자를 주입하는 "임신 사기(fertility fraud)"에 의사들이 관여한 증거가 드러난 후, 주 정부는 이러한 관행을 막기 위한 법안을 통과시켰다.

정자를 동결하려는 시도는 1800년대 중반까지 거슬러 올라가지만 1953년이 되어서야 냉동 정자를 이용한 수정이 출산으로 이어질 수 있을 만큼 기술이 발전하였다. 1970년대에 최초의 냉동은행(cryobank)은 익명의 기증자로부터 냉동 정자를 제공하기 시작하였다. 1980년대에 HIV/AIDS 유행으로 인해 받은 냉동 정자를 사용하는 것이 새로운 정자를 사용하는 것보다 안전해지면서 기증된 냉동 정자를 사용하고자 하는 사람이 많아졌으며, 미혼 여성과 레즈비언 커플들은 기증된 정자를 사용하여 IUI를 하기 시작하였다. 최근에는 국제 우주 정거장에서 냉동된 인간의 정자가 해동되자마자 정상적인 활동을 하면서 1년 이상 생존하였다.

지금도 정자은행(sperm bank)은 여전히 성행되고 있으며 고객은 특정 형질을 가진 기증자를 선택할 수 있지만 기증자가 익명을 요구한 경우에는 불가능하다. 소비자-직접 유전자 검사를 통해서 정자(또는 덜 일반적인 경우 난모세포) 기증자를 공유하는 이복형제를 간단하게 식별할 수 있다.

익명의 기증된 정자의 잠재적인 유전적 위험은 이복형제와 같이 혈연관계가 있는 사람들이 그들의 관계를 모르고 함께 자녀를 가지는 것과 같은 의도하지 않은 근친혼이다. 이것은 소비자-직접 DNA 검사를 통해 이복형제가 서로의 혈연관계를 알기 전에 아기를 낳은 부모들이 먼저 결혼을 했을 가능성이 더 크다. 알고 있든 모르든 근친혼은 유전적인 친척이 공동 조상으로부터 물려받은 돌연변이로 인해 열성 질환을 물려받을 위험이 높다. 지금의 정자은행은 한 사람의 기부 횟수를 제한하고 있다.

자궁 기증-대리모

남자는 자신의 유전적인 자아의 절반을 정자로 제공하여 유전적 부모만 될 수 있지만, 여자는 유전적 부모(난모세포 기증)와 임신하는 부모(자궁을 빌려주는 것)도 될 수 있다.

건강한 정자를 생산하는 남성이 배우자의 자궁에 문제가 있을 때 대리모가 그 남성의 정자를 받아 수정함으로써 도움을 줄 수 있다. 아이가 태어나면 대리모는 부부에게 아이를 건네준다. 이 경우의 대리모는 유전적이며 임신하는 엄마에 해당된다. 변호사가 대리모와의 관계를 조정하고 대리모는 아기에 대한 소유 포기각서를 쓴다.

미국의 일부 주에서는 대리모에게 9개월에 대한 급여를 제공하지만, 영국에서는 불법이다. 급여를 불법화하는 것은 부유한 부부들이 돈 때문에 대리모가 되고자 하는 여성을 이용하지 못하도록 하기 위함이다.

대리모의 문제점은 대리모 여성이 아기를 보내기 몇 달 전에 변호사 사무실에서 임신과 출산에 대한 본인의 반응을 예측할 수 없다는 것이다. 만약 대리모가 생각을 바꾸게 된다면 모든 결과가 변하게 된다.

또 다른 경우는 대리모가 자기 자궁만 빌려주는 것이다. 이 경우는 난소는 건강하지만, 기능을 상실한 자궁을 갖고 있는 여성의 난자에 남성의 정자로 수정시킨 후 그 수정란을 대리모의 자궁에 이식하는 형식이다. 이런 시술은 '이식받을 자궁으로 배아 이식하는 것'이라 하며 이런 형태의 임신 여성을 '임신만 하는 대리모(gestational-only surrogate mother)'라 부른다. 그녀는 생물학적인 부모에게 아이를 양도한다. 매년 약 1,600명의 아이가 미국에서 임신만 하는 대리모를 통해서 태어난다.

체외 수정

체외 수정(*in vitro* fertilization, IVF)은 "유리그릇에서의 수정"을 의미하며 실험실 접시에서 정자와 난자가 만나게 된다. 발생 5일째 혹은 그 이전에, 배아는 여성의 자궁에 넣어진다. 모든 것이 잘 되면, 배아가 자궁 내막에 이식되어 계속 발생한다. **그림 23.3**은 배아의 이러한 초기 단계를 보여준다.

많은 관심과 비난 가운데 태어난 최초의 "시험관 아기(test-tube baby)"는 1978년에 태어난 루이스(Louise Joy Brown)이다. 한 유명한 생명윤리 학자는 IVF가 "인간성과 인간의 삶에 대한 생각, 인간 구현(embodiment)의 의미 그리고 조상과 후손 간의 관계"에 도전한다고 언급하였다. 그러나 루이스는 특별한 관심 속에서 태어났지만 이제는 평범한 젊은 여성이다. 수백만 명의 어린이가 IVF로 태어났다. 그 과정에서 연구자들은 IVF "실패"를 연구하여 특정 돌연

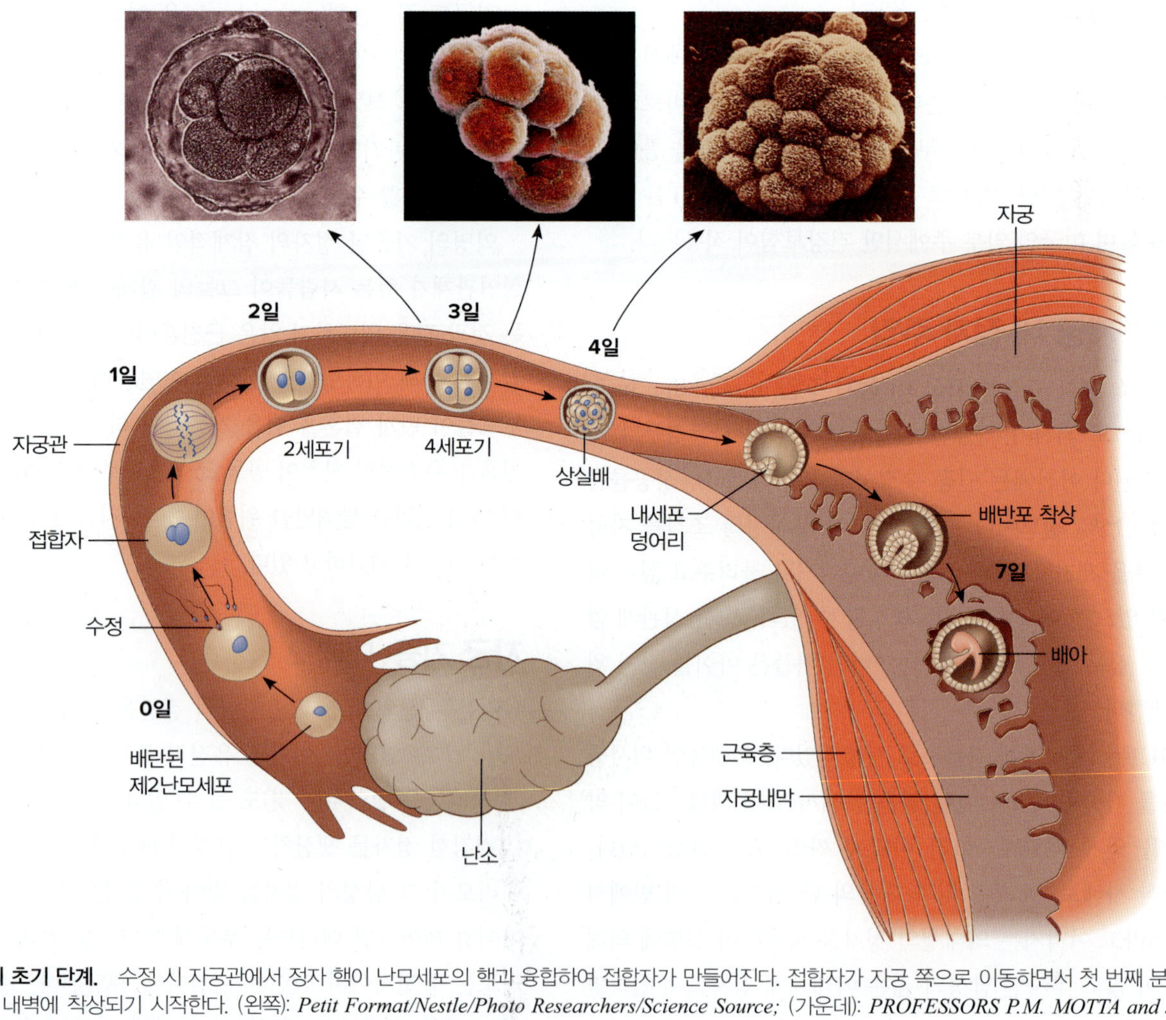

그림 23.3 배 발생의 초기 단계. 수정 시 자궁관에서 정자 핵이 난모세포의 핵과 융합하여 접합자가 만들어진다. 접합자가 자궁 쪽으로 이동하면서 첫 번째 분열이 일어난다. 7일째 배반포가 자궁 내벽에 착상되기 시작한다. (왼쪽): *Petit Format/Nestle/Photo Researchers/Science Source;* (가운데): *PROFESSORS P.M. MOTTA and J. VAN BLERKOM/Science Source;* (오른쪽): *PETIT FORMAT/Science Source/Science Source*

표 23.1	초기 배 발생을 방해하는 돌연변이
유전자	**돌연변이의 영향**
TUBB8	감수분열 시 방추사 형성에 필요한 튜불린이 없거나 비정상적이라서 난모세포에서 제1감수분열을 차단함.
ZP3	난모세포에 투명대가 없으며 퇴화하여 빈 난포만 남게 됨(그림 3.15 참조).
PATL2	난모세포 성숙을 방해함.
DNAH1	기형적인 정자 꼬리(편모)
CFAP43	기형적인 정자 꼬리
CFAP44	기형적인 정자 꼬리
TLE6	난모세포 세포막 아래에 단백질 그룹이 없기 때문에 분열이 일어나지 않음.

변이가 태아기 초기 발달을 어떻게 방해하는지 밝혀냈다(**표 23.1**).

난소와 자궁이 정상이지만 난관이 막혀 있는 여성은 IVF를 받을 수 있다. 호르몬제를 몇 주간 투여한 후, 의사는 여성의 자궁경부를 통해서 난소의 가장 큰 난모세포 몇 개를 분리하여 배양 접시로 옮긴다. 체내에서는 한 개의 난모세포만 난소에서 배란되지만 배양하면 많은 난모세포가 체외에서 수정될 수 있을 정도로 충분히 성숙할 수 있다. 화학물질, 정자, 그리고 여성 생식관에 존재하는 것과 유사한 다른 세포들을 배양 접시에 첨가한다. 정자의 침투를 용이하게 하기 위해 난자 주위의 층인 투명대에 산성 용액을 처리하기도 한다.

IVF는 여성은 가임력이 있지만 배우자의 정자 수가 적거나 비정상적이거나 운동성이 있는 정자가 많지 않아서 임신 되지 않은 경우에도 사용할 수 있다. **난자 내 정자 주입**(intracytoplasmic sperm injection, ICSI)은 정자가 난모세포 내로 들어가지 못하는 경우 IVF의 보조수단으로 사용되었다. 1990년대에 남성 요인 불임을 치료하기 위해 개발되었지만, 현재는 수정 가능성을 증가시키기 때문에 IVF 과정의 약 2/3에 사용된다. ICSI는 정자를 작은 주사기에 빨아들인 다음 난모세포에 미세하게 주입한다. ICSI는 신선한 정자를 사용하든 냉동 후 해동된 정자를 사용하든 간에 똑같이 출생으로 이어질 가능성이 있다(**그림 23.4**). ICSI는 척수 손상을 입은 사람과 같이 사정할 수 없는 남성도 아버지가 될 수 있게 한다.

시험 접시에서 정자를 난자에 묻히거나 난자에게 주입하고 2~5일 후에 분열단계의 배아 또는 배반포가 자궁으로 옮겨진다. 며칠 후 여성의 혈액에서 사람 융모성 생식소 자극 호르몬(human chorionic gonadotropin)이 검출되고 그 양이 증가하면 임신이 된 것이다. 배반포(5일째에 속이 빈 구체)를 이식하는 것은 분열단계의 배아(단단한 공 모양의 세포)를 이식하는 것보다 성공적인 임신을 할 가능성이 더 높지만, 태반이 조기에 분리되는 것과 같은 임신 합병증의 위험이 약간 더 높으며, 2개의 배아를 이식하면 쌍둥이를 가질 확률이 약 2배 증가한다.

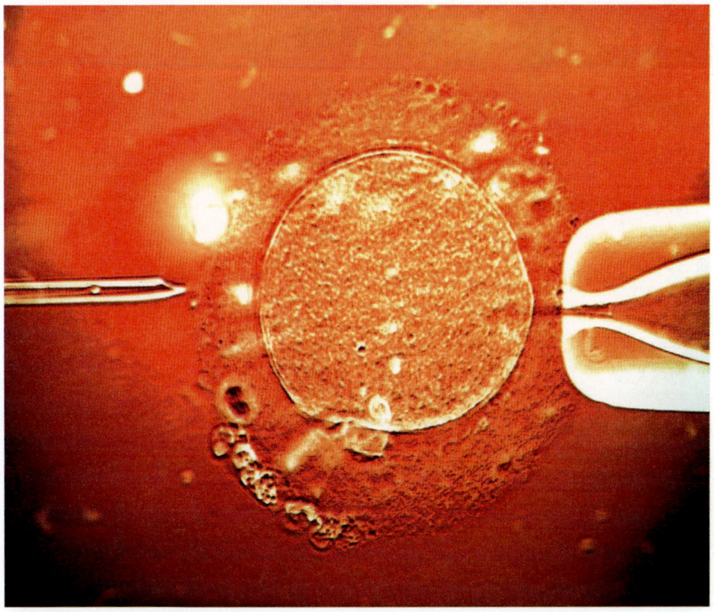

그림 23.4 난자 내 정자 주입. ICSI는 척수 손상이나 특정 질병을 가진 남성들과 같은 불임 남성들이 아버지가 될 수 있도록 하기 위해 개발되었다. 오늘날, ICSI는 IVF와 흔하게 수반된다. 하나의 정자세포를 난모세포의 세포질에 주입한다. *Science Photo Library/Getty Images*

IVF를 위해 만들어진 배아는 바로 여성에게 이식되지 않고 나중에 사용하기 위해 냉동할 수 있다. 동결 방지 화학물질은 염분이 쌓이거나 얼음 결정이 세포 부분을 손상하는 것을 방지한다. 얼리는 데는 몇 시간이 소요되고 해동 시에는 30분 정도 소요된다. "가장 오랫동안 얼린" 냉동 배아를 이용한 임신은 냉동 후 20년이 지난 것을 사용한 경우이다.

IVF 비용은 1회당 보통 12,000달러이며, 약물 치료를 하게 되면 3,000~5,000달러가 추가로 든다. ICSI를 하게 되면 추가로 1,500달러가 더 든다. IVF를 통해서 태어난 아이의 기형률은 약 4~7%이며 자연 임신을 통해 태어난 아이의 기형률 3~5%보다 약간 높은 수준이다. 이런 차이점은 시술하는 부모가 가지고 있는 의학적인 문제점이거나 IVF를 통한 임신이나 그에 대한 결과를 더 많이 추적 관찰하기 때문일 수 있다. IVF를 통해서 태어난 아이는 평균적으로 몸무게가 더 나가는데, 이는 초기 배아가 냉동 및 해동 시 실험실 배양과정에서 보내는 시간 때문일 것으로 생각된다.

과거에는 IVF 성공률을 높이기 위해 여러 개의 배아를 동시에 착상시켰다. 그러나 이 방법은 한 명의 아이를 출산하는 것보다 위험한 다태아를 출산하는 결과를 초래한다. 일부의 경우에서 의사가 생존

표 23.2	IVF를 통한 출생률
시술명	출생률
전체 IVF	37%
IVF한 여성의 나이:	
<35	41–43%
35–37	33–36%
38–40	23–27%
>40	13–18%
전체 ICSI	36%
난할단계 배아 이식	29%
배반포 배아 이식	32–42%
동결 배아 이식	30.5%
동결 난모세포 사용	29.9%

출처: Statistics from the European Society of Human Reproduction and Embryology

할 수 있는 배아의 공간 확보를 위해서 일부 배아를 제거해야 하였다. 다태아 문제의 해결과 IVF 기술의 발달로 의사는 일반적으로 하나 혹은 두 개의 배아만 이식하도록 권고하고 있다.

전체적으로 IVF를 통한 아이의 출산 성공률은 성공 가능성을 낮추는 여러 위험요인에 의해서 차이가 크게 난다. 이런 요인들은 다음과 같다.

- 산모 연령
- 불임으로 있었던 오랜 시간
- 실패한 예전의 IVF 시도 횟수
- 공여자 것이 아닌 자신의 난자 사용
- 원인을 알고 있는 불임

여러 웹사이트에서 위험 요인을 평가하고 IVF 성공을 예측해 준다. 한 예로 11년 동안 불임이었던 부부는 4번 IVF을 시도하였는데 2번의 실패와 2번의 자연유산을 경험하였다. 실패 요인은 많은 수의 비정상적인 정자로 평가되었으며 그들은 ICSI와 여성의 난자를 이용하여 IVF를 진행하였다. IVF의 성공 가능성은 약 8%로 예측되었으며 만약 부부가 공여 난자를 사용하였다면 성공 가능성은 두 배로 커졌을 것이다. **표 23.2**에는 일부 ART의 출생률이 나열되어 있다.

생식세포와 접합자의 나팔관내 이식

IVF 실패 요인 중 하나는 수정 시 인공적인 환경 때문일 수 있다. **생식세포 나팔관내 이식**(gamete intrafallopian transfer, GIFT)은 수정 시 환경을 향상시킨다(난관을 나팔관이라 부르기도 한다). 수정은 GIFT의 도움을 받지만, 유리관이 아닌 여성의 몸에서 이루어진다.

GIFT 시에는 여러 개의 큰 난자를 채취한다. 남성은 정자를 제공하고 그중 가장 활발한 정자가 분리된다. 모은 난자들과 정자는 수정을 방해할 수 있는 문제가 있는 부분 이후의 나팔관에 동시에 집어넣는다. GIF의 성공률은 약 22%이지만 여성의 나이에 따라 달라진다.

접합자 나팔관내 이식(zygote intrafallopian transfer, ZIFT)은 IVF를 진행한 난자를 여성의 나팔관내 이식한다. 수정란이 자궁에서 자신의 자리를 잡도록 도와주어 착상 성공률을 높인다. ZIFT의 성공률은 약 22%이다.

GIFT와 ZIFT 시술은 IVF 시술보다 시술 횟수가 적다. 이런 시술은 나팔관에 상처가 있는 여성에서는 어려우며 시술의 평균 비용은 15,000~20,000달러이다.

생명윤리학은 사람이 사망한 후에 바로 그의 생식세포를 채취하는 특수 상황을 고려한 것이다.

난자은행과 기증

난자(난모세포)는 정자와 마찬가지로 냉동 보관이 가능하나 보관 방법이 더 까다롭다. 난자는 매우 큰 세포이므로 물을 많이 포함하고 있다. 얼리는 과정에 세포에 손상을 줄 수 있는 얼음 결정이 생길 수 있다. 난자의 냉동 보관을 원하는 경우는 다음과 같다.

- 난모세포를 손상시키고 조기 폐경을 유발할 수 있는 암 치료(방사선 또는 화학 요법)
- 작업장에서 독소 또는 기형 유발 물질에 노출된 경우
- 난소의 질병
- XO 증후군 또는 취약 X 증후군으로 인한 조기 난소 부전(premature ovarian failure)
- *BRCA1* 또는 *BRCA2*와 같은 돌연변이로 인한 난소암을 예방하기 위한 난소 제거
- IVF 당일 생존 가능한 정자를 얻지 못한 경우
- IVF 후에도 여분의 난모세포가 남아 있는 경우
- 기부
- 개인적인 이유로 출산을 미루는 경우

미국 생식의학회는 2012년에 난자 동결이 더 이상 실험용으로만 사용되지 않는다고 선언하였다. 그 후 2018년에는 이 기술이 원래 개발된 암 환자뿐만 아니라 출산을 연기하려는 모든 여성을 위해 **계획된 난자동결 보존**(planned oocyte cryopreservation)이라는 용어를 도입한 지침을 발표하였다. 난자동결과 같은 사회적 매체에서 사용되

생명윤리학

사망 후 생식세포의 채취와 사용

생식세포는 사람 유전체의 한 복사본을 가진 꾸러미이다. 죽은 사람의 생식세포를 얻어 반대성의 생식세포와 결합한다면 죽은 사람은 부모가 될 수 있다. 이런 사후 생식세포 추출(postmortem gamete retrieval)은 수년간 이루어져 왔으며 남성의 경우가 대부분이다.

사후 정자 추출의 시행 초기에 있었던 한 경우로 30대 초반이었을 때 건강하므로 나중에 부모가 될 수 있다는 생각에 임신을 늦추게 되었던 한 부부가 있다. 갑자기 남편은 약물에 대한 알레르기 반응으로 사망했다. 아내는 남편이 생전에 얼마나 아빠가 되고 싶었는지 알고 있었기 때문에 의료진에게 남편의 정자 채취를 부탁했다. 시료는 냉동은행에 보내져 일 년 이상 냉동 보관되었다. 1978년 여름에 정자는 다시 해동되어 아내의 난자와 수정하게 되었다. 3월 17일에 부부의 딸이 태어났고 아버지의 의사와 상관없이 이루어진 최초의 사후 정자 추출에 의한 아이의 탄생이었다. 1990년 이후 화학 및 생물학적 무기 노출에 의해 발생될 수 있는 불임을 두려워하는 미국 군인들은 군대의 정자은행 할인정책을 잘 이용하고 있으며 자대 배치 전 정자를 냉동 보관하고 있다.

사후 정자 추출은 시간적인 문제로 법적 윤리적 논쟁을 일으킨다. 한 경우는 남편이 백혈병으로 사망하고 16개월 후 남편의 정자를 이용해 쌍둥이를 임신한 여성이다. 남편이 그렇게 하라고 이야기를 해 놓은 상태였다. 그러나 사회보장국(Social security administration)은 그녀의 남편은 쌍둥이 딸들의 아버지가 아니라 정자 공여자에 해당된다며, 딸들에게 상속권리를 허락하지 않았다. 그러나 매사추세츠 대법원은 이런 결정을 뒤집었다. 뉴저지에서는 엄마가 남편 사후에 태어난 쌍둥이에 대한 사회보장 연금을 주장하였다. 항소법원은 연금의 지급 거부를 인정하였는데 그 이유는 자녀는 아버지가 죽을 때 존재해야만 자녀로 인정된다는 것이다.

사후 난자 추출은 2010년에 보고된 사례가 있다. 36세의 한 여성이 비행기에서 오랜 시간 동안 한 자세로 자다가 일어나게 되었는데 갑자기 심정지가 오게 되었다. 비행기에 있던 한 의사가 심장을 다시 뛰게 하였으나 중요한 시간 동안 뇌에 산소가 공급되지는 않았다. 비행기는 비상 착륙하고 여성은 인공호흡기가 있는 병원으로 옮겨졌다. 진단 결과에 의하면 폐에 혈전이 생겨 문제를 일으켰다는 것이다. 4일째 여성의 두뇌는 위험할 정도로 부풀어 올랐고 9일째는 눈을 뜨고 자발적으로 움직일 수 있었지만, 뇌의 기능은 거의 상실된 상태였다. 남편, 부모와 친척들은 그녀의 생명을 유지하는 관을 제거해 달라고 요청하였다. 그리하여 관을 제거하였다. 그러나 그들은 마음을 바꾸어 다시 관을 넣어 달라고 요구하고 그녀의 난자 추출을 부탁했다.

의사는 또 다른 사람들의 의견을 알고 싶었다. 그래서 그들은 그녀의 산부인과 의사와 상담하였고 의사는 그녀가 자녀를 갖고 싶어 하였다는 이전의 환자동의서나 그에 대한 기록이 없다고 이야기하였다. 젊은 그녀의 두뇌는 완전히 죽지 않은 상태라 이런 일을 결정하는 것이 사후의 기관 기증과 같은 결정과는 다를 수 있었다. 그녀의 난자가 남편의 아이를 위해 사용된다면 IVF와 대리모가 필요할 것이다. 이런 시술이 행해지기 전에 여자는 배란을 위해서 2주 동안 호르몬 치료를 받아야 하며 또한 그 시간 동안 사망케 할 수도 있는 누워있는 자세를 유지해야 한다. 이런 현실적인 이유와 엄마가 되겠다는 그녀의 어떤 동의도 없었기 때문에 가족들은 생명 유지 기구를 멈추는 데 동의했고 그녀는 바로 사망하였다.

다른 ART들과 마찬가지로 사후 생식세포 추출은 미국 연방 수준에서 규제받지 않는다. 생명윤리 학자들은 지양해야 할 경우들을 다음과 같이 언급하였다.

- 생식세포를 사용하기 원하는 사람이 배우자가 아닌 사람
- 슬픔에 기반한 너무 빠른 결정
- 금전적 이익을 위한 생식세포의 사용

토론을 위한 질문

1. 뇌사 이후 난자 추출을 한 여성의 경우와 몇 주의 혼수상태에 있는 동안 아이를 출산한 임산부는 어떻게 다른가?
2. 여기서 언급된 사람들은 다른 아이를 가지고 있지 않았다. 이미 아이를 가지고 있는 커플의 경우는 상황이 어떻게 달라지는가?
3. 사회보장 또는 다른 연금체계가 태아, 배아 또는 생식세포에게도 제공되어야 한다고 생각하는가?
4. 사후 생식세포 추출이 어떻게 오남용될 수 있을까?

는 문구는 불임을 예방하려는 여성을 폄하하는 것으로 생각되었다.

2차 감수분열 중기에 있는 난자를 −40도 미만의 액체 질소에서 동결시킨다. 이 시기에는 염색체들이 방추사에 의해 정렬되어 있으며 온도에 민감하다. 동결 시 방추사가 떨어지면 난자는 염색체를 잃을 수 있고 이 경우 수정은 되지만 발생에 치명상을 초래할 수 있다. 또 다른 문제점은 이배체 난자를 초래할 수 있는 극체의 유지이다.

동결 시 난모세포의 손상위험을 최소화하기 위해 먼저 수분을 제거하고 얼음 결정 형성을 방지하는 동결 보호제를 처리한다. 동결된 난모세포를 사용하는 경우, 천천히 따뜻하게 하고 동결 보호제를 점차 제거하여 재수화시킨다. ICSI에 사용되는 경우에는 가장 바깥쪽 층인 투명대가 변형될 수 있기 때문에 냉동된 상태의 난모세포를 사용하여 시험관 내 수정을 진행한다. 연구에 따르면 동일한 여성의 냉동 난자와 신선한 난모세포가 수정될 가능성은 동일하며 생존 출생률에는 차이가 없다. 동결된 난자를 통해서 수천 명의 아기가 태어났다. 그러나 2018년에 액체 질소 부족과 온도 변동 문제로 인해 미국 두 도시에 있는 시설에서 1,200개 이상의 냉동 난모세포와 배아가 손실되었다.

난자 동결의 대안은 팔에 있는 피부나 복부 및 난소 근처의 골반강 같은 곳에 저장, 해동 및 이식할 수 있는 난소조직 동결 스트립이다. 이식한 조직에서 배란이 일어나면 난자를 얻어 체외에서 수정시킨다. 2004년 처음으로 이식한 난소조직에서 나온 난자를 이용하여 아이를 출산하는 데 성공하였다. 25세의 엄마는 진행된 호지킨 림프종을 앓고 있었다. 강력한 항암 및 방사선 치료는 암을 치료하였지만, 난소를 손상시켰다. 치료 전에 그녀는 왼쪽 난소에서 5개의 조직 조각을 분리하여 냉동 보관하였다. 나중에 외과의사는 자궁관 입구 근처 공간에 보관 중이던 몇 개의 난소조직을 녹여 이식하였다. 월경

주기가 다시 시작하였고 몇 달 안에 건강한 딸을 임신하였다. 가임기 암 환자에게 난소조직을 동결하는 것이 일상화 될 수도 있다.

난자가 없거나 돌연변이를 자녀에게 물려주기를 원치 않는 여성은 젊은 여성의 기부 난자를 사용할 수 있다. 일부 여성은 IVF 통해서 얻은 여분의 난자를 기부한다. 잠재적인 아버지의 정자와 기증 난자를 수여자의 자궁이나 자궁관에 넣어주거나 또는 실험실에서 수정하여 하나의 배반포를 여성의 자궁에 이식할 수도 있다. 영국의 한 프로그램은 '여분의 난자'를 기부할 경우 시술 비용을 지불할 수 없는 여성들에게 IVF에 대한 비용을 지원하고 있다. 젊은 여성으로부터 제공된 난자는 높은 성공률을 보이는데 이는 자궁벽 상태가 아니라 난자의 나이가 중요하다는 것을 말해준다.

배아 입양(embryo adoption)은 난자 기부의 다른 형태이다. 난소의 기능은 상실되었지만 정상적인 자궁을 가진 경우 남편의 정자를 이용하여 건강한 난자를 제공한 여성의 자궁내 수정을 통해 얻은 배아를 자신의 자궁으로 입양한다. 여성이 임신하면 배아를 일주일 후에 자궁 밖으로 배출시켜 난소에 이상이 있는 여성의 자궁에 자궁경부를 통과해서 배아를 넣어준다. 유전적으로는 아이의 엄마는 일주일간 배아를 가지고 있었던 여성이지만, 건강한 난자를 갖지 못한 여성에게서 태어난다. 또한 배아 기증에는 IVF 후 "여분(leftovers)"의 사용이 포함된다.

또 다른 기술인 세포질 공여(cytoplasmic donation)에서는 나이 든 여성이 자신의 난자를 젊게 만들기 위해 젊은 여성의 난자 세포질을 나이 든 여성 난자에 넣어주는 것이다. IVF을 통해서 출산한 아이가 건강하더라도 이형세포질성(heteroplasmy)이나 한 세포에 기원이 다른 미토콘드리아의 존재로 말미암아 생길 수 있는 잠재적 문제점을 계속 모니터링하여야 한다(5장 생명윤리학 참조). 아직까지는 연구자들은 한 세포에 수여자와 공여자의 미토콘드리아가 공존하고 있을 때 일어날 수 있는 건강상 문제를 이해하지 못하고 있다. 또한 이러한 수정은 자연 유산을 유발하는 XO 증후군의 가능성을 높여준다.

난모세포는 정자보다 얻기가 어렵기 때문에 난자 기증 기술은 정자은행에 비해 뒤처져 있지만 이제는 점점 따라잡아 가고 있다. 난모세포 기증을 통해 1988년부터 운영되고 있는 한 IVF 회사는 발간되는 책자에서 정자 기증자의 목록처럼 다양한 인종적 배경을 가진 120명의 난모세포 기증자에 대해서 서술하고 있다. 젊은 난모세포의 기증자는 폭넓은 영역에서 의학적 및 유전학적 검사를 받게 된다. 55세까지 난자를 기증 받을 수 있다.

착상 전 유전자 진단

착상 전 유전자 진단(preimplantation genetic diagnosis, PGD)은 종종 IVF와 함께 진행되며 임신 전에 유전자 및 염색체 이상을 발견할 수 있다(장의 여는 글과 23.1절에 설명된 대로). 한 쪽 혹은 양쪽 부모 모두에게 있는 것으로 알려진 특정 유전자 변이를 발견하는 것을 **진단**(diagnosis)이라 하며 특정 염색체적인 변이를 찾지 않고 핵형을 구성(즉, 염색체 수를 확인)하는 것을 선별 **검사**(screening)라고 한다. 부부는 검사를 통해서 특정한 유전적 이상이 없는 매우 어린 착상 전 배아를 선택한다. 착상 전(preimplantation)은 배아가 자궁에 착상하기 전에 검사가 이루어진다는 것이다. PGD는 약 29% 성공률을 보인다. 비용은 IVF보다 3,500달러가 더 든다.

적어도 8세포기 이상의 배아에서 하나의 세포나 할구 검사를 위해 분리할 수 있고 나머지 세포는 냉동 후에도 자궁에 넣어주면 정상적으로 성장하기 때문에 PGD가 가능하다. 배아를 여성에게 착상시키기 전, 분리된 하나의 세포를 이용하여 핵형 분석하거나 DNA를 증폭시켜 부모가 가지고 있는 유전자에 대한 검사를 하거나 엑솜 또는 게놈의 염기서열을 분석한다. 염색체가 정상이고 가족이 가지고 있는 질병을 유발하는 유전자형이 없는 배아를 완전히 성장시키기 위해 선택하거나 그렇지 않으면 보관한다. 세포 수가 80~120개 정도인 5일 된 배아의 세포를 검사하는 것은 여러 세포를 연구할 수 있기 때문에 8세포 배아의 세포를 검사하는 것보다 더 성공적이다. 8세포

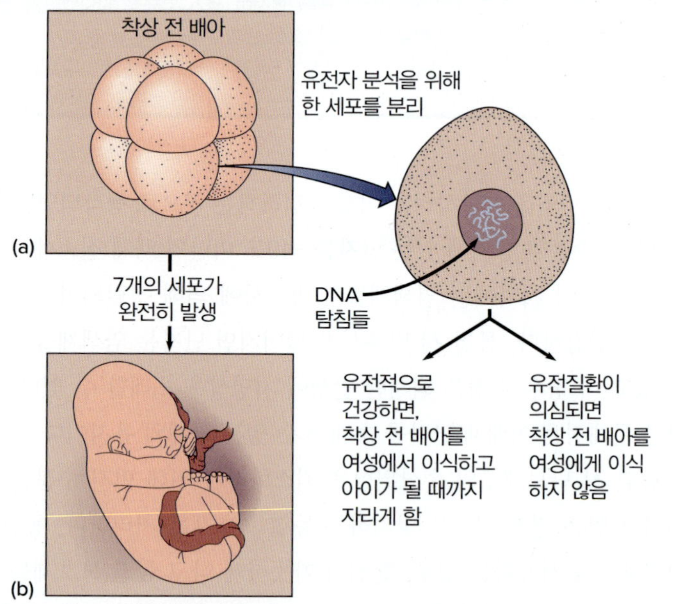

그림 23.5 8세포기 착상 전 배아나 그 이후의 배반포에서 질병 유발 유전자나 염색체 이상을 PGD로 검사. (a) 한 개의 세포를 분리하여 질병 유발 유전자나 염색체에 이상이 있는지 알아보기 위해 조사한다. (b) 만약 없다면 나머지 7개의 세포를 몇 번 더 분열시킨 후 발생을 완성시키기 위해 여성의 자궁(대부분 난모세포 제공자)에 이식한다.

단계에서의 검사를 할구 생검(blastomere biopsy)이라 부르고 그 이후의 검사를 배반포 생검(blastocyst biopsy)이라고 한다(**그림 23.5**). 배반포 생검은 배아로 발생하지 않는 주변 조직인 영양외배엽의 세포를 검사한다. 돌연변이나 염색체 이상을 찾아내는 정확도는 97% 정도 된다. 오류는 보통 체세포 돌연변이가 선택된 할구에서 일어나고 나머지 세포들에서는 일어나지 않았을 때 발생한다. 선택된 할구 DNA의 증폭은 그런 체세포 돌연변이를 검출할 수 있다. 새로운 기술은 배반포에서 배양 배지로 나온 DNA를 검사하는 것이다.

PGD는 새로운 기술이 아니다. 1989년에 처음으로 PGD를 실시한 아이가 태어났다. 처음에는 아들을 배제하고 엄마의 X 염색체 연관 질환을 전달받을 수 없는 딸을 선택하기 위해 Y 염색체의 특이적 DNA 서열의 탐침을 이용하였다. PGD를 하지 않을 경우에는 문제가 있는 남아를 출산할 수 있는 가능성이 25% 정도 된다.

1992년에 특이적인 유전병을 피하고자 PGD을 거친 첫 번째 아이가 태어났다. 그녀는 8세포기 착상 전 배아를 통해 검사를 받았는데 이는 그녀의 오빠가 가지고 있는 낭포성 섬유증을 피하기 위함이었다. 그 후 PGD는 단일 유전자성 질병이 없는 많은 어린이를 선택하는 데 도움을 주었다.

PGD는 새로운 돌연변이를 감지할 수 있기 때문에 단일 유전자성 질환의 가족력이 없더라도 여성에게 이식하기 전에 정상 염색체 수를 가졌는지를 확인하기 위해 많이 활용된다. 이러한 방식으로 PGD는 발생을 완료할 가능성이 없는 많은 배아를 제거하여 IVF의 성공률을 높인다. 또한 연구에서 가장 잘생긴 배아가 유전적으로 가장 건강한 것은 아니라는 사실이 밝혀지기 몇 년 전에 인간 배아를 연구한 연구원들이 했던 것처럼 어떤 것이 가장 튼튼해 보이는지 알아보기 위해 초기 배아를 검사하는 것보다 더 정확하다.

특정한 질환이 없는 아이를 선택하기 위해 PGD가 사용되는 것이 아니라 다른 목적으로 사용된다면 생명윤리적으로 "미끄러운 비탈(slippery slope)"로 빠져들 수 있다. 어떤 사람들은 성의 선택을 위해서 PGD를 오남용할 수 있다. 질병을 피하기 위한 PGD 이용도 많은 논쟁을 불러오고 있다. 정부가 생식 기술을 규제하는 영국에서는 유전되는 암 유전자 감수성(inherited cancer susceptibility) 검사를 위해서는 PGD 이용을 허가하고 있다. 이런 암들은 어른이 될 때까지 발생하지 않고 질병 감수성이 완전히 침투하지 못하며(암 유발 유전자가 모든 사람에서 암을 유발하지는 않는다) 암 치료가 가능하다.

순차적 극체 분석

순차적 극체 분석(sequential polar body analysis) 기술은 PGD를 대체할 수 있고 매우 초기 발생단계의 유전정보를 제공한다. 그것은

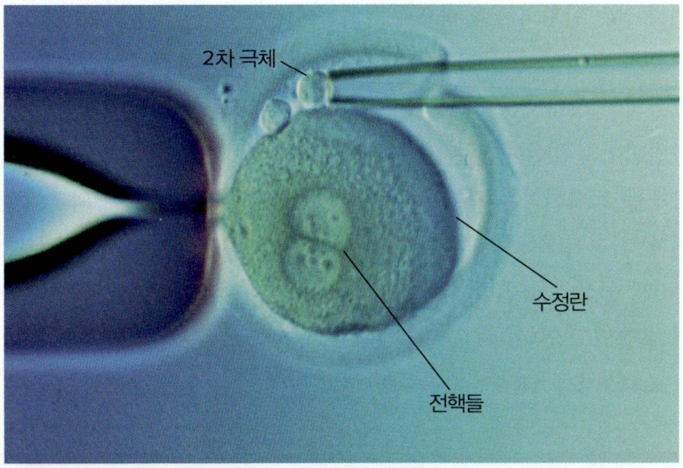

그림 23.6 2차 극체를 분석함으로 수정란의 유전자형 추론. 2차 극체에서 돌연변이가 확인되면 수정란에서 돌연변이가 있을 것으로 추론된다. *Courtesy Dr. Anver Kuliev*

특정 돌연변이가 첫 번째와 두 번째 극체에 존재하는지 여부를 결정한다. 본 기술은 여성 생식세포의 감수분열이 이차 난모세포가 수정될 때만이 완성된다는 사실을 활용한다(그림 3.12 참조).

여성이 한 돌연변이에 대해 이형접합자이면 난자는 돌연변이 대립유전자를 가지면 난자와 연관된 1차 극체는 정상 대립유전자를 가지거나 그 반대의 경우일 것이다. 본 결과는 멘델의 제1법칙 즉, 유전자 분리 법칙에 따른 것이다. 수정이 이루어질 때 만들어지는 2차 극체

표 23.3 몇 가지 보조 생식 기술들

기술명	절차
GIFT	수집한 난자들과 정자를 자궁관에 넣어 줌.
IVF	시험 접시에 정자와 난자들을 혼합하고 수정을 촉진시키기 위해 자궁내 환경을 화학물질로 자극함.
IUI	세척한 정자를 자궁경부나 자궁에 놓거나 주입함.
ICSI	IVF 전에 미성숙 정자 또는 정자수가 적은 남성의 정자를 난모세포에 주입함.
난자동결	난모세포를 추출하여 액체 질소에서 냉동 보존함.
PGD	초기 배아의 염색체와 유전자 변이를 체외에서 분석함. 선택된 배아는 자궁에 이식되고 아이는 검사한 항목에 한해서 질병으로부터 자유로울 수 있음
순차적 극체 분석	수정란에 붙어있는 극체 유전자 분석은 수정란에 가족력 있는 돌연변이가 있는지 없는지를 추론케 함.
대리모	다른 사람을 위해 대신 임신해 주는 여성.
ZIFT	자궁관에 IVF 난자를 넣어 줌.

는 수정된 난자와 유전적으로 일치하며 검사할 수 있다(**그림 23.6**).

순차적 극체 분석이 아직은 실험단계에 있기 때문에 연구자들은 그들의 예상을 검사하고 여성에게 이식된 IVF 배아에 가족력 있는 돌연변이가 있는지 없는지를 확인하기 위해 PGD와 함께 진행한다. 극체를 검사한다는 생각은 1980년대부터이나 2011년에 와서야 첫 번째 기술이 사용되었다. 지금까지 단일 유전자성 질환에 관련한 150개 이상의 돌연변이가 태아 초기단계의 세포 즉, 첫 번째 세포에서 발견되고 있다.

표 23.3에서 ART 기술을 요약하고 있다.

핵심 개념 질문 23.3

*a. 자궁 내 정자 주입이란?

b. 유전적 대리모이면서 임신을 한 대리모와 임신만 한 대리모의 차이점을 구별하시오.

*c. IVF의 절차를 나열하시오.

d. GIFT와 ZIFT을 설명하시오.

e. PGD를 통해서 IVF 결과를 극대화할 수 있는 방법을 설명하시오.

*f. 극체 유전자 분석이 어떻게 수정란의 유전정보를 말해줄 수 있는가?

23.4 잉여 배아들

ART에 의해 "잉여의" 난모세포, 수정된 난자 또는 매우 초기 배아가 발생하게 된다. 냉동된 배아는 다음과 같이 취급된다.

- 무기한으로 저장
- 저장되었다 일정 시간 후에 폐기
- 연구를 위해서 기부
- 생물학적 부모 또는 다른 부모의 사용을 위해서 해동
- 폐기

미국에서는 IVF를 통해서 거의 50만개의 배아들이 얻어지고 냉동 보관되어 있다. 어떤 것들은 수년간 냉동 보관되어 있던 것이다. 냉동 배아를 다른 사람에게 기증하는 부부는 생식 관련 의료시설을 통해 익명으로 기증할 수 있지만, 아이들은 소비자-직접 DNA 검사를 통해 몇 년 후 유전적 부모를 식별할 수 있다. 일부 부부는 소셜 미디어를 사용하여 배아를 사용하려는 사람들과 연락한다. IVF를 통해 얻은 18개 배아 중 2개를 이용하여 쌍둥이를 낳은 한 부부는 온라인 채팅을 통해서 그들의 나머지 배아를 원하는 다른 부부를 만났다. 다른 부부는 또한 쌍둥이를 가졌고 나머지 냉동 배아를 통해서 세 번째 부부 또한 쌍둥이를 출산하였다. 잉여의 냉동 배아는 필요한 경우 대리모의 도움으로 동성 커플이 자녀를 가질 수 있는 훌륭한 자원이 된다.

윤리적 딜레마는 이미 기증된 배아가 질병을 유발하는 돌연변이를 가질 가능성이 있는 것으로 밝혀지면 발생할 수 있다. 한 사례에서는 아버지가 폐암 진단을 받은 직후 한 소년이 뇌종양 진단을 받았고 유전자 검사에서 둘 다 조기 암을 유발하는 리 프라우메니 증후군(Li-Fraumeni syndrome) 증후군이 있는 것으로 나타났다. 이 희귀한 대립유전자를 가진 가족 중에는 여러 명의 암 환자가 있었다. 그 소년은 IVF를 통하여 태어났고 잉여의 배아가 기증되었다. 생명윤리학자들은 부모가 자신의 배아를 사용한 다른 사람들에게 자녀가 돌연변이를 물려받았을 수 있다는 "경고할 의무(duty to warn)"가 있다고 결론지었다. 양부모가 위험을 알고 있다면 면밀한 모니터링을 통해 조기 발견과 더 효과적인 암 치료로 이어질 수 있다.

연구를 위해 기증된 배아는 기존에 알고 있었던 지식을 뛰어넘어서 놀라운 발견을 밝힐 수 있으며, 이는 우리가 인간 초기 배아 발생에 대한 더 많은 연구의 필요성을 일깨워준다. 그 한 예가 몬트리올에 있는 왕립 빅토리아 병원(Royal Victoria Hospital)의 연구이다. 연구자들은 XXY 증후군 남성 정자의 염색체를 관찰하였다. 많은 정자가 염색체 비분리에 의해 추가적인 X 염색체를 갖고 있을 것으로 예측하였으며, 이는 더 많은 XXX 그리고 XXY 자손을 유도할 수 있다(그림 13.11 참조). 놀랍게도 그 남성 정자의 3.9%만이 추가적인 염색체를 가지고 있었지만 남성의 **정자**(sperm)로 만들어진 잉여의 10개 **배아**(embryos) 중 5개에서 비정상적인 X, Y 또는 18번 염색체를 가지고 있었다. 이런 사실은 남성의 대부분 정자가 비록 정상이더라도 그의 배아는 그렇지 않을 수 있다는 것이다. 따라서 XXY 증후군에서 생식 문제의 원인은 정자보다는 초기 배아에 있을 수 있다는 것인데, 이전에는 이런 사실을 몰랐고 예측할 수 없었다. 이런 지식은 초기 인간 배아의 연구를 통해서만이 알 수 있는 것이다.

또 다른 연구는 호주 연구자들이 너무 많은 또는 적은 염색체를 가진 단일 할구들의 운명을 관찰하였다. 연구자들은 이런 비정상적인 할구들이 배아로 발달하는 내세포 덩어리(inner cell mass)로 더 잘 갈까 아니면 배외막(extra-embryonic membrane)으로 발달하는 영양외배엽(trophectoderm)으로 더 잘 갈까? 에 대한 의문을 가졌다. 연구 결과는 뜻밖에도 비정상적인 염색체를 가진 세포가 예상하였던 것보다 높게 빈도로 내세포 덩어리에서 발견됨을 보였다. 이런 사실은 PGD을 위해서 채취된 한 할구의 태아 건강 예측 능력이 본 할구가 내세포 덩어리의 한 부분이 될 운명인지 아닌지에 따라 변할 수 있다는 것을 말해준다.

인간 유전체의 서열을 결정하고 해석하는 것과 관련된 ART는 소유권과 양육문제뿐만 아니라 인간 종의 진화 및 미래와 관련된 논란을 일으킨다. 사람들이 생식세포, 수정란 또는 초기 배아의 유전체를 일상적으로 분석하는 시대가 오면 누가 어느 유전 형질이 인간 삶에 가치가 있고 없는지를 결정할 수 있는가?

ART는 분자와 세포 수준에서 행해지지만 결과물들은 개인들과 가족들에게 영향을 미쳐 제1장에서 제시한 유전적인 수준으로 되돌아간다. 인위 선택은 생식세포를 변화시키고 이러한 개입과 기술은 결국 유전자 풀에 영향을 주게 된다.

핵심 개념 질문 23.4

*a. 여분의 수정란과 초기 배아를 어떻게 이용될 수 있는가?

b. 초기 배아 연구를 통해서 우리가 배울 수 있는 것은 무엇인가?

학습 가이드

핵심 용어

보조 생식 기술(assisted reproductive technologies, ARTs) 생식세포를 대체하거나 불임이 있는 사람들이 아이를 갖는 것을 돕기 위해 자궁을 제공하는 시술.

생식세포 나팔관내 이식(gamete intrafallopian transfer, GIFT) 여성의 난관에 정자와 난모세포를 넣는 불임치료.

체외 수정(*in vitro* fertilization, IVF) 난모세포와 정자를 적절한 생화학 물질과 함께 실험실 접시에 넣어 수정이 이루어지도록 한 다음, 몇 번의 세포분열 후에 배아를 여성의 자궁으로 옮김.

불임(infertility) 1년 동안 피임하지 않고 자주 성관계를 가진 후에도 아이를 임신할 수 없는 것.

난자 내 정자 주입(intracytoplasmic sperm injection, ICSI) 난모세포에 정자세포 핵을 주입하는 불임 치료로, 낮은 정자 수나 비정상적으로 생겼거나 움직이지 않는 많은 정자를 극복함.

자궁 내 정자 주입(intrauterine insemination, IUI) 자궁경부나 자궁에 기증된 정자를 넣는 불임 치료법.

착상전 유전자 진단(preimplantation genetic diagnosis, PGD) 분열단계 배아 또는 배반포에서 세포를 제거하고 배아의 유전자형을 추론하기 위한 돌연변이를 검사함.

순차적 극체 분석(sequential polar body analysis) 관련 수정란의 유전자형을 추론하기 위해 2차 극체의 DNA를 검사함.

접합자 나팔관내 이식(zygote intrafallopian transfer, ZIFT) 체외에서 수정한 난자를 여성의 난관에 넣는 보조 생식 기술.

복습문제

1. ART를 사용하여 학습한 초기 인간 배아 발달에 대한 세 가지 사실을 나열하시오.
2. 무정자증, 저정자증, 구형정자증을 구별하시오.
3. 왜 보통 여성보다 남성이 먼저 불임에 대한 진단을 받는가?
4. 남녀 모두 난임을 유발할 수 있는 한 상황을 예로 드시오.
5. 나이 든 여성들 사이에서 불임의 원인은 무엇인가?
6. 다음 커플들에게 도움이 될 수 있는 ART은 무엇인가? (두 개 이상의 답변이 상황에 따라 적합할 수 있다.)
   a. 자궁이 없이 태어났으나 정상적인 난자는 만든다.
   b. 남자가 정자에게 손상을 준 암 치료를 받았다.
   c. 유전자 검사에서 한 여성이 헌팅톤병을 앓게 될 거라고 예견한다. 그녀는 아이를 원하지만 질환을 물려주고 싶지 않다.
   d. 두 명의 여성이 아이를 갖고 싶고 함께 기르고 싶어한다.
   e. 남자와 여자가 겸형 적혈구 빈혈증의 보인자이다. 그들은 이런 질병을 갖는 아이를 원치 않고 그런 아이의 출생을 막기 위해 임신을 중단하고 싶어한다.
   f. 여성의 난관이 막혀 있고 상처가 나 있다.
   g. 젊은 여성이 난소암을 치료하기 위해 방사선 치료를 받는데 아이는 갖고 싶어한다.
7. ZIFT는 GIFT및 IVT와 어떻게 다른가?
8. PGD가 어떻게 작동하는지 설명하고 그 결과가 잘못될 수 있는 상황을 설명해줄 수 있는 초기 배아 발생의 두 사건을 나열하시오.

9. 다음의 보조 생식 기술들 각각은 정상적인 생물학적 과정과 어떻게 다른가?
   a. IVF
   b. GIFT
   c. 배아 기부
   d. 임신만 하는 대리모
   e. 자궁 내 정자 주입
   f. 세포질 공여
10. 어떻게 순차적인 극체 분석이 멘델의 제1법칙에 근거를 두는지 설명하시오.

응용문제

1. PGD를 제공하는 한 회사는 46개의 염색체를 가지고 있다면 "정상적이고 건강한" 배아라고 기술하고 있다. 왜 이 진술이 오해를 불러일으키는가?
2. 두 명의 유명한 남자 배우는 체외에서 수정한 두 개의 배아를 가진 대리모를 이용하여 쌍둥이를 낳았는데, 하나는 한 남자의 정자를 가지고 있고 다른 하나는 다른 남자의 정자를 가지고 있었다. 유전학의 관점에서, 남자아이와 여자아이는 서로 다른 아버지를 가지고 있다면 얼마나 가까운 혈육관계에 있는가?
3. ICSI는 사정할 수 없지만 생존 가능한 정자를 생산하는 남성이 아버지가 될 수 있도록 돕기 위해 개발되었다. 유사하게, 난모세포 동결은 악성 암 치료를 받는 여성이 생식 능력을 보존할 수 있도록 개발되었다. ICSI와 난모세포 동결이 모두 건강한 남성과 여성에게 시행되는 이유는 무엇인가?
4. 한 배아은행은 남겨진 IVF 배아들을 보관하거나 버리지 않고 배아당 2,500달러를 받고 아이를 원하는 사람에게 제공하였다. 은행은 배아를 판 것이 아니라 서비스를 한 것이라고 주장하며 생명윤리적 문제를 넘어간다. 은행을 지지하는 사람들은 배아를 구입하는 것은 정자, 난자 또는 아이 입양을 위해서 돈을 지불하는 것과 다르지 않다고 주장한다. 은행의 입장을 반대하는 사람들은 이런 행위는 배아를 하나의 상품으로 만든다고 주장한다.
   a. 당신이 생각하기에 배아은행이 좋은 생각을 하는 것인가 아니면 비윤리적인가?
   b. 누구의 권리가 배아은행의 운영에 관여되었나?
   c. 그 배아로 태어난 아이가 유전병이 있다면 법적 책임은 누구에게 있는가?
   d. 비용이 너무 높기 때문에 은행이 엘리트 주의자인가?
5. 많은 사람이 임신을 위해서 수천 달러의 돈을 사용한다. 부모가 되고자 하는 그들을 위한 어떤 대안이 있는가?
6. 빅 톰(Big Tom)은 가치 있는 유전 형질을 가진 소이다. 그의 정자는 1,000마리의 송아지를 위해서 사용되었다. 어떤 생식 보조 기술이 이런 농축산에 기초가 되었나?
7. 아래의 경우들 각각에서 누가 유전적 부모이고 누가 임신을 한 엄마인지 이야기하시오.
   a. 한 남성은 제1차 걸프전쟁 동안 강하고 불분명한 화학물질에 노출되었고 여러 번의 백신주사를 맞았다. 그리고 그 일 전후로 수년 동안 약을 남용하였다. 현재 그는 아빠가 되기를 원한다. 그러나 과거에 독성물질에 노출된 것이 그의 정자에 이상을 주었을까 걱정한다. 그의 부인은 평온하고 건강한 생활을 해온 남편 형제의 정자를 이용하여 자궁 내 수정을 하였다.
   b. 26살의 여성이 암 때문에 자궁을 제거하였다. 그러나 그녀의 난소는 정상이고 난자는 건강하다. 그녀는 난자를 꺼내 남편의 정자와 체외 수정을 시킨다. 2개의 배아를 그녀의 친한 친구의 자궁에 이식한다.
   c. 맥스(Max)와 티나(Tina)는 IVF를 통해 한 아이를 얻었고 나머지 3개의 배아를 냉동 보관하였다. 수년 후에 2개의 배아를 녹여 티나의 자매인 카렌(Karen)의 자궁에 이식하였다. 카렌의 자궁은 건강했으나 배란에 문제를 일으키는 난소 낭종이 있었다.
   d. 40살의 크리스토퍼(Christopher)는 아이를 원했으나 배우자는 원하지 않았다. 한 여자의 자궁 내 정자 주입을 위하여 자신의 정자를 제공했다. 여자는 돈을 위해서 태아를 임신하여 딸을 출산했다.
8. ART 및 DNA 검사를 통하여 개인의 기원에 대한 관점을 바꿀 수 있는 시나리오를 설명하시오.

사례 및 연구 결과

1. 난소 예비력에 대한 대기 오염의 영향을 평가하는 데 사용되는 것과 같은 연구 설계를 사용하여 물질 또는 행동이 여성 또는 남성의 생식 능력에 미치는 영향을 검사하는 실험을 제안하시오.
2. 리 프라우메니 증후군을 가진 가족은 여분의 배아를 사용한 사람들에게 경고할 의무가 있다는 생명윤리학자들의 결론에 동의하는가, 아니면 동의하지 않는가?
3. 둘라(Doola)는 28세이며 48세의 어머니가 알츠하이머병에 걸렸다는 사실을 알게 되었을 때, 그녀와 남편이 부모가 될 준비가 되었는지 결정하려고 한다. 산모의 주치의는 둘라에게 조기 발병 알츠하이머병이기 때문에 감수성 유전자를 통해 유전될 수 있다고 말했다. 둘라는 검사를 해보았고 실제로 동일한 우성 대립유전자를 가지고 있다. 그녀는 본인이 어머니로서 오랜 세월을 즐길 수 있도록 즉시 아이를 갖고 싶어한다. 그녀의 남편 데이비드(David)는 알츠하이머병이 둘라의 미래에 있을 것이라는 사실을 알면서도 아이를 낳는 것은 맞지 않는다고 생각한다. 그는 입양을 제안한다.
   a. 어떤 기술이 알츠하이머병 감수성 유전자 변이가 자녀에게 전달되는 것을 방지하는 데 도움이 될 것인가?
   b. 그녀가 알츠하이머병에 걸릴 운명이라고 가정한 둘라의 말이 맞는가?
4. 유명하고 큰 두 회사는 여성 직원에게 난자를 냉동시키는 데 2만 달러의 혜택을 제공하였다. 왜 그 회사들이 이런 일을 하였는가? 그리고 왜 많은 사람들이 그 제안에 반대했는가?

찾아보기

ㅇ

ㅈ

ㅊ

ㅋ

ㅌ

ㅍ

ㅎ

기타